二氧化碳捕集、驱油与埋存关键技术及应用文集

胡永乐　吕文峰　主编

石油工业出版社

内 容 提 要

本文集为国家科技重大专项支持“CO_2 捕集、驱油与埋存关键技术及应用”（2016ZX05016）项目“十三五”期间攻关取得的部分理论技术和研究成果，内容涵盖：二氧化碳驱油机理与油藏工程技术、二氧化碳驱油腐蚀规律与防护技术、二氧化碳驱油注采与地面工程技术、二氧化碳埋存机理与影响因素评价、二氧化碳捕集、驱油与埋存发展规划等 5 个方面，较为全面地反映了我国二氧化碳捕集、驱油与埋存理论技术水平和应用进展。

本书可供从事二氧化碳捕集、驱油与埋存技术等相关工作的科研人员、工程技术人员和高等院校师生参考阅读。

图书在版编目（CIP）数据

二氧化碳捕集、驱油与埋存关键技术及应用文集 / 胡永乐，吕文峰主编 .—北京：石油工业出版社，2023.6

ISBN 978-7-5183-6100-7

Ⅰ.①二… Ⅱ.①胡… ②吕… Ⅲ.①二氧化碳-驱油-文集 Ⅳ.①TE357.45-53

中国国家版本馆 CIP 数据核字（2023）第 119569 号

出版发行：石油工业出版社
（北京安定门外安华里 2 区 1 号　100011）
网　址：www.petropub.com
编辑部：（010）64523541
图书营销中心：（010）64523633
经　销：全国新华书店
印　刷：北京中石油彩色印刷有限责任公司

2023 年 6 月第 1 版　2023 年 6 月第 1 次印刷
787×1092 毫米　开本：1/16　印张：37.5
字数：960 千字

定价：230.00 元
（如出现印装质量问题，我社图书营销中心负责调换）

《二氧化碳捕集、驱油与埋存关键技术及应用文集》

编 委 会

前　言

二氧化碳等温室气体排放是气候变化的主因，气候变化给人类的生存和发展带来严峻挑战，控制二氧化碳排放已成国际社会共识，世界各国正积极发展低碳技术。2020 年 9 月，第 75 届联合国大会上，习近平总书记向全世界做出“力争于 2030 年前二氧化碳排放达到峰值，努力争取 2060 年前实现碳中和”的承诺，体现了中国作为一个负责任大国的勇气与担当。国内外大量实践证实，利用二氧化碳在提高油田采收率的同时可实现有效埋存，兼具驱油经济效益和减排社会效益，是目前二氧化碳效益减排最现实的方向。同时，随着国内待开发石油资源的逐渐劣质化，二氧化碳捕集、驱油与埋存技术优势愈发明显，技术应用潜力巨大、发展前景广阔。国家高度重视碳减排并积极推动二氧化碳捕集、利用与埋存(简称 CCUS)技术产业发展，自“十一五”以来，先后通过国家 973 计划、863 计划、国家科技重大专项和科技支撑计划等项目重点支持 CCUS 基础研究、技术研发和工程示范，编制了中国 CCUS 技术发展路线图，成立了 CCUS 产业技术发展联盟等。

国家科技重大专项“CO_2 捕集、驱油与埋存关键技术及应用”项目“十三五”攻关内容，是对“十一五”以来相关项目研究的继承和发展，目标是通过应用基础研究、应用技术研发集成和现场试验攻关，深化解决制约二氧化碳驱油与埋存技术效果和规模推广的共性关键问题，进一步提高开发效果和降低成本；创新发展符合长庆、新疆等油田实际的二氧化碳驱油与埋存特色技术；细分层级评价资源基础，靠实技术发展应用潜力；为 CCUS 在吉林油田工业试验的开展，长庆、新疆油田示范工程的实施提供重要支撑；完善技术体系及标准，助力技术发展和推广应用。项目自启动以来，在国家科技部、国家发展和改革委员会和中国石油天然气集团有限公司的大力支持下，在各参研单位的共同努力下，取得了一系列重要进展，展现了良好的应用前景。随着研究与试验工作的深入，一批新药剂、新工艺、新装置、新方法在现场试验应用中得到检验与验证，为 CCUS 进一步规模化应用奠定了坚实基础。

为了系统展示本项目的研究成果，我们从攻关过程中所撰写的 168 篇学术论文中筛选了 60 篇，分专业领域编纂成册，以论文集的形式出版发行。这些论文内容涵盖二氧化碳驱油机理与油藏工程技术、二氧化碳驱油腐蚀规律与防护技术、二氧化碳驱油注采与地面工程技术、二氧化碳埋存机理与影响因素评价、二氧化碳捕集、驱油与埋存发展规划等 5 个方面，希望本文集的出版，能够对我国二氧化碳捕集、驱油与埋存技术的发展和规模化应用起到积极推动作用。

本论文集涉及的学科多、专业广，错误和不当之处在所难免，敬请广大读者批评指正。

目 录

第三篇　二氧化碳驱油注采与地面工程技术

第四篇　二氧化碳埋存机理与影响因素评价

第五篇　二氧化碳捕集、驱油与埋存发展规划

二氧化碳捕集、驱油与埋存关键技术及应用

胡永乐　吕文峰　杨永智

（中国石油勘探开发研究院）

进入 21 世纪以来，由 CO_2 等温室气体排放引起的全球气候变化已经成为全人类需要面对的重大挑战之一。到 21 世纪中叶实现“碳中和”是全球应对气候变化的最根本的举措。在 2020 年 9 月第 75 届联合国大会上，习近平总书记向全世界做出“力争于 2030 年前二氧化碳排放达到峰值，努力争取 2060 年前实现碳中和”的承诺，体现了中国作为一个负责任大国的勇气与担当。这一承诺是全球应对气候变化进程中的一项有里程碑意义的事件，开启了中国以“碳中和”目标驱动整个能源系统、经济系统和科技创新系统全面向绿色转型的新时代，也为石油行业发展指明了目标和方向。在实现这一目标的过程中会有许多困难和挑战，但同时会带来科技创新、能源和经济转型的重大机遇。CCUS（Carbon Capture Utilization and Storage）是国际公认的三大减碳途径之一，是目前实现大规模化石能源零排放利用的选择。联合国政府间气候变化专门委员会（IPCC）报告指出：如果没有 CCUS，绝大多数气候模式都不能实现碳减排目标，更为关键的是，没有 CCUS 技术，碳减排成本将成倍增加。CO_2 捕集、驱油与埋存作为 CCUS 的主体方式，技术发展应用前景广阔。

国外以美国为代表的 CO_2 驱油技术趋于成熟，已形成千万吨年产量规模，技术经济有效，并在不断发展完善。自 1965 年起，国内开始探索 CO_2 驱油技术，但因气源限制等问题发展滞后。进入 21 世纪后，加快了技术研发与应用步伐。“十一五”和“十二五”期间，以解决吉林油田含 CO_2 火山岩气藏开发及 CO_2 利用问题为契机，系统开展了 CO_2 捕集、驱油与埋存技术攻关。“十三五”期间，针对制约和影响 CO_2 驱油开发效果的共性关键问题，并考虑技术应用对象由松辽盆地吉林油田低渗透油藏拓展到鄂尔多斯盆地长庆油田特/超低渗透油藏、准噶尔盆地新疆油田砂砾岩油藏，国家科技部、财政部、发展和改革委员会在国家科技重大专项“大型油气田及煤层气开发”中设立“CO_2 捕集、驱油与埋存关键技术及应用”项目，持续开展技术攻关与试验，目标是使 CO_2 捕集、驱油与埋存技术成为我国低渗透油藏水驱后稳产的接替技术、低品位储量效益动用的支撑技术、CO_2 效益埋存的主导技术。经过 5 年的攻关研究，项目在 CO_2 捕集、驱油与埋存的基础理论、关键技术和现场应用等方面取得重要进展。

1　项目简介

“CO_2 捕集、驱油与埋存关键技术及应用”项目“十三五”总体目标是：通过应用基础研究、应用技术研发集成和现场试验攻关，深化解决制约 CO_2 驱油与埋存技术效果和规

模推广的共性关键问题，进一步提高开发效果和降低成本；发展创新符合长庆、新疆等油田实际的 CO_2 驱油与埋存特色专有技术；细分层级评价资源基础，深挖技术发展应用潜力，做实规划；为技术在吉林油田 CO_2 驱油与埋存工业试验的开展，长庆、新疆油田 CO_2 驱油与埋存示范工程的实施提供重要支撑；完善技术体系及标准，助力技术发展和推广应用。

围绕这一整体目标，项目统筹顶层设计，分解为5个层次、6个课题，开展攻关研究。5个层次分别为共性关键技术、特色专有技术、矿场试验、推广应用和技术集成等，具体技术路线如图1所示。6个课题分别为 CO_2 驱油与埋存开发调控技术研究、吉林油田 CO_2 驱油与埋存工业化应用技术研究、长庆特/超低渗透油藏 CO_2 驱油与埋存关键技术研究、新疆低渗透砂砾岩油藏 CO_2 驱油与埋存关键技术研究、CO_2 捕集、驱油与埋存发展规划研究、国内油气开发发展战略研究等。

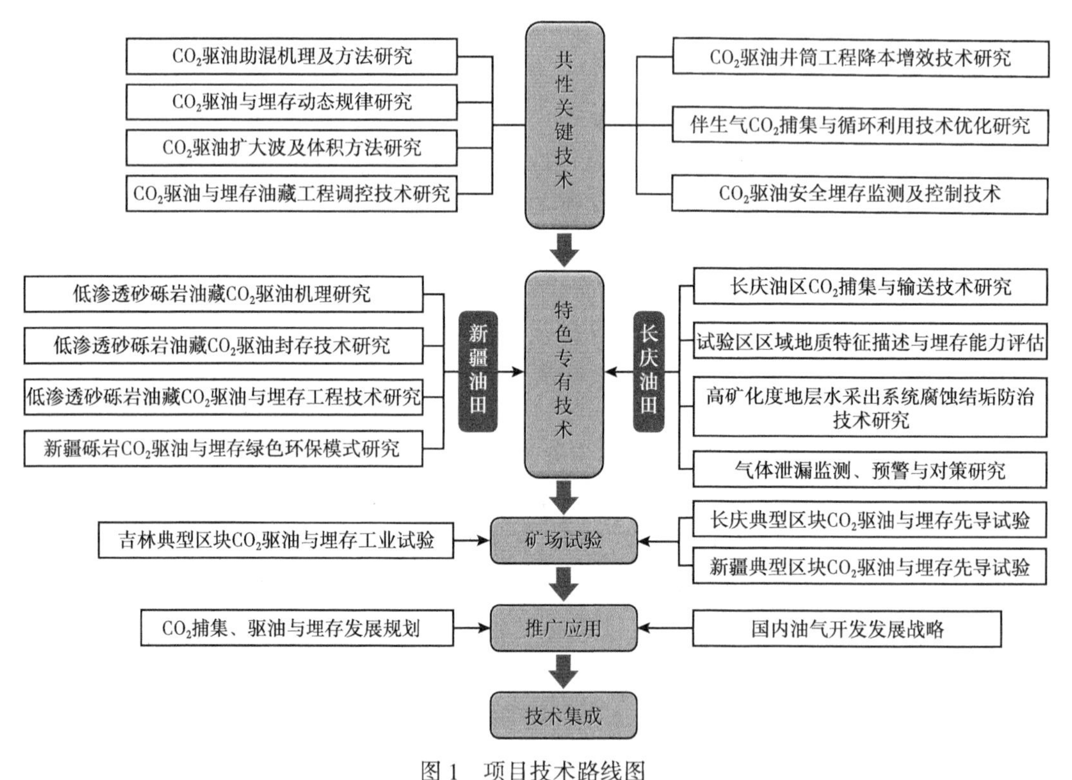

图1　项目技术路线图

项目由中国石油集团科学技术研究院牵头，联合中国石油吉林油田分公司、中国石油长庆油田公司、中国石油新疆油田公司、中国石化石油勘探开发研究院、中国海油研究总院、中国石油集团工程技术研究院、北京大学、吉林大学、华中科技大学、中国石油大学（北京）、中国地质大学（北京）、西南石油大学、东北石油大学、新疆大学等15家单位，组成一支“产—学—研—用”一体化联合攻关团队。经过全体人员的共同努力，项目获得一大批有形化成果和知识产权，有力支撑了吉林、长庆、新疆等油区 CO_2 捕集、驱油与埋存试验示范基地建设，在 CO_2 驱油提高原油采收率的同时减排了温室气体，为 CO_2 捕集、驱油与埋存技术在我国的规模化推广应用奠定坚实基础，提升了我国在 CO_2 捕集、驱油与埋存领域的国际影响力和 CO_2 减排的话语权。

2 理论与技术进展

通过5年的持续攻关，项目在 CO_2 捕集、驱油与埋存基础理论、关键技术、发展战略规划、指导现场试验等方面取得了显著进展和成果。现从3个方面简要介绍。

2.1 发展两项理论认识，为油藏有效开发提供技术思路

2.1.1 砂砾岩油藏 CO_2 驱油机理

以新疆油田砂砾岩油藏为研究对象，明确了低渗透砂砾岩油藏 CO_2 驱油渗流及孔隙结构变化特征、CO_2 驱油孔隙动用下限、CO_2 驱油剩余油分布规律，为新疆油田 CO_2 驱油可行性评价、油藏工程设计和调整提供了依据和关键参数。

低渗透砂砾岩油藏孔隙类型主要为粒间孔、粒间溶孔，局部见微裂缝，并可见少量剩余粒间孔，CO_2 气驱过程主要动用大孔隙中原油，气驱动用孔隙下限为0.3μm。CO_2 驱替后岩石孔隙和喉道表面有明显冲洗过的痕迹，孔隙度和渗透率增加，孔喉半径有所增加，分形维数降低，油藏的非均质性有所缓解，岩石物性整体变好。

低渗透砂砾岩油藏 CO_2 驱剩余油多以点状分布，与水驱相比分布更加不连续。由于砂砾岩油藏非均质性强，且与砂岩孔隙结构不同，导致剩余油分布特征多呈现出明显的“不连续性”分布，如孤滴状剩余油。而砂岩剩余油多呈现“连续性”分布，如点片状剩余油。

2.1.2 高矿化度地层水油藏 CO_2 驱油腐蚀、结垢机理及对策

长庆油田 CO_2 驱油试验区地层水矿化度为10489~102670mg/L，与吉林油田相比较，矿化度高约7~10倍；垢的防治是难题。通过对温度、CO_2 压力、流速、含水率、矿化度等相关因素进行系统综合研究，揭示了长庆油田高矿化度环境下实施 CO_2 驱油的腐蚀结垢机理和规律，并提出了相应的防腐防垢工艺技术对策，保障现场试验顺利进行。

(1)揭示了长庆油田高矿化度、高 CO_2 环境下油藏、采出系统腐蚀结垢机理和腐蚀特征。

①CO_2 含量变化对金属腐蚀的影响：在高含水环境下，随 CO_2 分压增大，碳钢发生严重腐蚀，腐蚀速率呈现先逐渐增大后减小趋势；CO_2 气体溶解在水中，产生电化学腐蚀，腐蚀产物以碳酸铁为主，晶粒粒间并没有堆积，且有缝隙存在，整个腐蚀产物表面弥散分布大量小孔洞，主要原因是高矿化度高氯离子穿透腐蚀产物而形成局部腐蚀。

②高含 CO_2、高矿化度采出系统的腐蚀机理：随着温度（≤80℃）、流速、含水率升高，碳钢腐蚀速率增大；碳钢在井筒比地面环境腐蚀更严重，腐蚀高风险区在井筒动液面附近和动液面以下；腐蚀对结垢起促进作用，无垢层时碳钢以均匀腐蚀为主，有垢层、低温时碳钢存在垢下点蚀，主要源自活化区腐蚀自催化效应与复合盐晶格错位。

③油藏结垢特征：试验区 $SrCO_3/BaCO_3$ 垢质沉淀运移会对储层深部岩心孔喉造成堵塞；CO_2 与地层水、岩石相互作用无机盐沉淀量最多占孔隙体积的0.05%，对驱油效率影响小；不同温度、压力条件下，注入 CO_2 后地层原油均出现不同程度沥青质沉淀，沉淀量为0.012~0.019mL/100mL原油，对渗透率影响比例为0.002%~0.004%。综合来看，CO_2 驱油与埋存对长庆油藏溶蚀作用大于沉淀对储层伤害作用，对驱油相对影响较小。

④注采和地面系统结垢特征：井底到井口，油管内压力变化巨大，且呈降低趋势，CO_2 逸出导致金属阳离子过饱和生成沉淀，因此结垢增加，井口油管管壁通常附着大量垢物；在地面管道输送过程中，压力变化较小，通常呈降低趋势，结垢量增大，一旦结垢，随运行时间延长，结垢量会快速增长。

(2)形成“涂/镀层管材+缓蚀阻垢剂”的防腐防垢工艺技术对策，在采出井高温、高压、高含 CO_2 环境下取得良好效果。

①涂镀层：优选出 W-Ni 合金镀层、5Cr（3Cr）镀层、合金衬里三种对采出井油管和地面管线进行腐蚀防护，镀层与金属基体是冶金结合，结合强度是有机涂层的 10 倍以上。

②缓蚀阻垢剂：研发兼具抗 CO_2 腐蚀及抑制钡锶垢功能的井筒地面一体化 2 种高低温度缓蚀阻垢剂，解决了常规缓蚀阻垢剂在超临界 CO_2 相中缓蚀效果不佳且对钡锶垢无效的难题。

③现场测试评价：采用 MIT+MTT（多臂井径+磁测厚）测井仪，对加注了一体化缓蚀阻垢剂的塬 28-103、塬 31-105，进行 2 口/5 井次井套管腐蚀检测分析，未发现腐蚀结垢加重现象。

(3)形成了三高环境下地面防腐防垢工艺技术对策，为完整性管理提供了保障。

①材料控制技术：材质优选（L245N/316L)+耐酸纤维内涂层+复配缓蚀阻垢剂和非金属管材推广应用。

②腐蚀监测技术：腐蚀挂片+电感探针+电场矩阵全周向监测。

③智能检测技术和装备：小口径管道超声涂层测厚+电磁涡流腐蚀检测+数字化观测，试验站无人值守、集中监控工艺流程，数字化橇装装备。

2.2 创新 6 项关键技术，为 CO_2 捕集、驱油与埋存规模应用提供支撑

2.2.1 改善 CO_2—原油体系混相条件技术

我国陆相沉积油藏原油与 CO_2 混相较困难，致使实施 CO_2 驱油提高原油采收率幅度受限。研究改善 CO_2—原油体系混相条件技术并应用于油藏，可以提高开发效果。通过系统的室内实验研究和对大量化学助混剂的筛选评价，初步优选出了具有较好效果的助混剂。

(1)通过分析 CO_2 与原油极性差异，确定酯、醚、酮、酰胺是具有助混效果的官能团，提出并设计了与 CO_2—原油两亲的助混剂分子骨架结构，建立 4 类 50 种助混剂分子库，用于筛选评价。

(2)建立了一种可快速评价助混剂效果的方法与装置，准确度接近细管法，耗时短(4h)、耗样少(35mL)，可用于平行实验和大批量的筛选研究，大大提高了助混剂的研发效率。

(3)通过大量实验对比，明确了亲 CO_2 基团种类和数目、亲油基团长度和数目等对助混效果的影响规律。

①亲 CO_2 基团种类和数目：酯类比醚类助混剂效果好，吐温 80 分子结构含有酯基和醚基，助混效果也较好；酯基基团数增加可提高助混效果。

②亲油基团长度和数目：烷基链增长可提高助混效果，过长会影响溶解性，长度接近原油主要成分时助混效率最高，C_{16}、C_{18}较为合适；相同链长甘油酯，多酯基数效果好。

(4)将广义阴阳复配概念引入助混剂复配体系，以“酯+醚”组合形成助混剂复配体系，提高了助混剂的助混效率。

(5)优化出了具有较好效果的助混剂全乙酰 C_{16} 蔗糖酯，并用原油和细管实验进一步确认助混效果，其可实现降低混相压力 20.5%，与轻烃比成本降低 20%以上。

2.2.2 CO_2 驱油与埋存规模应用油藏管理与调控技术

针对“十三五”期间不同类型油藏 CO_2 驱油与埋存试验区的特点，深化了吉林低渗透油藏、长庆超低渗透油藏和新疆砂砾岩油藏 CO_2 驱油开发特征与规律认识，发展了水气交替和化学辅助扩大波及体积技术，形成 CO_2 驱油开发调控技术与方案，应用于吉林、长庆、新疆油田 CO_2 驱油试验的动态跟踪与优化调整。

(1)深化 CO_2 驱油开发特征与规律认识，形成 CO_2 驱油开发特征与规律认识框架体系，提高了规律认识的系统性和针对性，夯实了 CO_2 驱油开发调控基础。

①吉林黑 79 低渗透油藏。动态分析表明，注气波及见效与注采井间储层物性有较好相关性，区块中心井区 1~2 年见效；见效井含水下降幅度与生产井多向受效程度有关，多向见效含水下降幅度大，可达 50%。剔除分批见效叠加影响和“拉平效应”，明确了吉林低渗透油藏中后期 CO_2 驱油主要开发指标变化规律。CO_2 驱油开发指标随注气量变化存在明显阶段趋势和规律，产量在注气量 0.3HCPV 附近时达到高峰；水气交替驱油阶段提高原油采收率幅度约占整个 CO_2 驱油开发生命周期的 70%，是改善 CO_2 驱油开发效果关键；气源保障、WAG 时机、注采井能力、气窜(防控)等对生产动态曲线影响较大。

②长庆黄 3 超低渗透油藏。动态分析表明，井网和裂缝发育方向影响 CO_2 驱油波及见效，主向井见效速度为 6.6m/d，全面见效；侧向井为 3.6m/d，逐渐见效，侧向井增油幅度大，主侧向井产量趋向均衡。数值模拟表明，超低渗透油藏 CO_2 驱油不同井网与裂缝方向 45°时，CO_2 驱油采收率均较高，效果最好；反五点、三角形井网对不同方向裂缝 CO_2 驱油展现较强适应性。

③新疆 530 砂砾岩油藏。动态分析表明，构造和沉积相影响 CO_2 驱油波及见效，构造高部位生产井全部见效，方向性明显；同一沉积微相带、顺物源方向叠加更易见效；垂直物源方向，受沉积结构界面影响，目前多为不见效。

(2)明确了水气交替驱油适应性界限，筛选和发展了适合试验区化学辅助体系和泡沫体系扩大 CO_2 驱油波及体积技术，并基于 CO_2 驱油不同扩大波及方式适应性评价认识，提出了以考虑储层物性差异和渗透率级差为主的差异化调控策略。

①水气交替驱油扩大波及体积技术。实验评价表明，水气交替驱油气水比低于 1∶2 后效果不明显，通过缩短交替周期可有效增加扰动和波及能力；储层渗透率高于 20mD 时，水气交替驱的压力扰动小，扩大波及能力有限；储层渗透率低于 20mD，水气交替驱比水驱增加渗流阻力更显著，水气交替驱能辅助 CO_2 驱取得比水驱更大的波及体积；储层渗透率级差达到 4 以后，水气交替驱总体扩大波及效果变差，应考虑化学辅助或者其他扩大波及体积方式。

②低黏聚合物溶液与 CO_2 交替驱辅助扩大波及体积技术。针对高温（>90℃）、低渗透（<20mD）扩大波及体积难题，筛选评价出 CO_2 响应蠕虫胶束（CRWN），与黄原胶、合成聚合物 OP 比，其具备更好的耐温耐酸性，适合低渗透油藏在水气交替驱油的基础上与 CO_2 交替驱油进一步扩大波及体积。

③CO_2 泡沫体系辅助扩大波及体积技术。研制出高温高压可视化泡沫液性能测试装置，研发优化吉林、长庆、新疆三个试验区 CO_2 泡沫体系配方，并采用起泡剂复配、纳米

颗粒添加剂体系及凝胶泡沫体系，增强泡沫结构，改善了泡沫体系的耐温抗盐性；不同物模方法评价出 CO_2 泡沫最优工程技术参数、不同渗透率级差泡沫适应性与扩大波及效果，完成了试验区典型井组泡沫施工方案设计，吉林 CO_2 驱油试验区现场试验初见成效。

(3)构建形成“四分四调、三辅一助” CO_2 驱油开发调控技术体系。

①以吉林黑46低渗透油藏 CO_2 驱油试验区为研究对象，通过大量数值模拟，结合试验区动态，初步建立了压裂引效、分层注气、加密射孔等措施调控的界限图版，为 CO_2 驱油措施调控的选井、选层提供依据。

②从调控目的、适用条件、调控时机、调控成本4个方面出发，梳理出了注采调控、化学辅助调控、井网调控、措施调控等4大类19种适合 CO_2 驱油开发调控的手段，建立了 CO_2 驱油开发调控工具箱，为“分层次、分阶段、分类别、分界限”等调控提供指导依据。

③构建形成“四分四调、三辅一助” CO_2 驱油开发调控技术体系。四分是调控基础，其中一分是指空间维度的分层级，打破单一井组调控局限，划分注采调控单元，实施组合调控扩大波及；二分是指时间维度的分阶段，根据 CO_2 驱油主要开发指标变化特征划分开发阶段，实施分段精准调控；三分是指属性维度的分类别，根据生产井差异化见效和气窜特征，实施分类别差异化调控；四分是指量的维度分界限，根据不同调控工具的特点划分调控界限，实施区间量化调控。四调是 CO_2 驱油开发调控主要手段，包括连续注气阶段基于气驱前缘预测与控制的注采调控、水气交替驱油阶段差异化注采参数调控、CO_2 驱油中后期的合理注采井数比调控、分层注气及压裂引效等措施调控。三辅为化学辅助扩大波及体积调控，包括凝胶和聚合物裂缝封窜、CO_2 泡沫调驱、低黏聚合物溶液辅助扩大波及调控等。一助指使用低成本高效 CO_2 驱油助混剂，降低混相压力，改善驱油效果。

2.2.3 CO_2 驱油与埋存规模应用低成本注采工艺

针对吉林油田 CO_2 驱油与埋存工业化应用中的一些关键问题，在前期成果基础上，发展完善了 CO_2 驱油与埋存注采工艺，应用成本显著降低。

(1)研发了缓蚀杀菌2大类、5种防腐药剂体系，降本增效显著。深入、细化不同功能药剂协同机理认识，自主研发适合不同工况的不同类型防腐药剂体系，降低药剂成本30%以上，矿场腐蚀速率小于0.076mm/a。

(2)研发新型注采井口、连续油管等工艺，新工艺一次降本33%。新型井口设计及应用降低了水气交替过程中水/气互窜风险、提升抽油机稳定性、减少密封薄弱点，单井成本分别降低2.93万元、17.4万元；创新设计井下多重插入密封、双体式悬挂器及多功能一体化井口等关键工具，研发形成 CO_2 驱油连续管笼统注气工艺，减少气密封薄弱点，在黑125 CO_2 驱油工业化应用区块矿场试验8口井，作业周期缩短50%以上。

(3)明确不同组合防气工具适用气液比范围，应用层次分析法建立携气举升制度，指导矿场应用38口井，进一步提高了防气工具利用率、降低工艺成本，实现“一井一策”精细化管理，完善形成高气油比油井举升技术，平均泵效提高14.1%。

(4)研发形成密相注入工艺流程，完成中试试验，实现管道气低成本注入。试验确定了密相注入进泵参数，得出 CO_2 在不同温度压力下对泵排量的影响；密相注入单泵最大注入量可达 $50\times10^4m^3/d$。密相注入站占地远小于气相注入站，类似普通注水站。设备投资约为国产气相注入设备的1/8，注水泵的1.5~2.0倍，运行成本低；缺点是无法实现 CO_2

循环注入，需另建循环注入系统。

(5)研发了新型气液分离装置，完善高气液比气液分输技术，实现 CO_2 循环注入。采用降压法实验分析了含 CO_2 原油泡沫演变机理，设计了"GLCC+重力分离"相结合的新型气液分离器，优化形成了 CO_2 驱泡沫原油气液分离技术，采出流体分离后气相中液滴的最小直径达到90μm；基于 CO_2 多相节流算法和混输仿真模拟，明确了防止段塞流的技术边界，发展并完善了气液分输技术，实现了不同气液比下集输系统平稳运行；优化形成了支干线气液分输不加热集输和气液分输技术，优化了变温吸附 PLC 自动化调控系统，提高了操作效率，降低系统运行成本。

2.2.4 复杂地形地貌条件下 CO_2 驱油与埋存地面工程技术

针对长庆油田 CO_2 驱油与埋存试验区的黄土塬沟壑纵横特点，发展形成复杂地形地貌条件下 CO_2 驱油与埋存地面工程技术。

(1)研发了4套 CO_2 捕集与液化技术，构建四级碳源保障体系。天然气净化厂排放气：焚烧碱洗净化+胺液捕集+增压+分子筛脱水+丙烷制冷；轻烃处理总厂尾气：不可再生溶液脱硫+分子筛脱水+丙烷制冷；炼油厂尾气：胺液捕集+增压+分子筛脱水+丙烷制冷；含 CO_2 伴生气(为循环注入)：膜/变压吸附捕集+增压+分子筛脱水+丙烷制冷。

(2)形成复杂山地条件下含杂质 CO_2 超临界长输管道工艺。针对长庆周边碳源，研究不同杂质对 CO_2 物性影响，形成物性图版。明确地形高差对 CO_2 相态的影响：沿线地形起伏程度越大，管路极值压降就越大，管内流体压力波动幅度越大；地形起伏对管线内流体的温度的影响较小；高差较大地区，为使管道全线维持单相态运行，必须对翻越点进行压力校核。形成分子筛脱水、多级压缩机+泵组合增压、管道不保温的超临界—密相长输工艺。基于泄漏、放空时物性变化规律，形成小管多级并联放空、分布式感温光纤法泄漏监测技术。

(3)形成了长庆油田 CO_2 驱油注入、采出流体集输处理工艺技术体系。开展了 CO_2 相态、含 CO_2 泡沫原油特性和破乳、不加热集输适应性、采出水水质分析等研究，初步形成了地面工程系列技术。

(4)研发覆盖全流程的一体化集成装置，推动地面工程的工厂化预制、模块化建设、智能化运行。研发了液相 CO_2 注入、单井计量、两相分离、三相分离、采出水处理与回注、腐蚀监控、橇装阴极保护以及真空抽吸、压缩、分子筛脱水、制冷、提纯等一体化集成装置，覆盖了注入、集输、处理全生产过程。

2.2.5 CO_2 捕集、驱油与埋存经济评价技术

(1)明确了 CO_2 捕集、驱油与埋存项目效益特征及构成要素。CO_2 捕集、驱油与埋存项目效益包括实施产生的直接或间接能源效益、经济效益、环境效益和社会效益。

(2)改进形成了 CO_2 捕集、驱油与埋存项目经济评价模型及方法。在吸收国外分析模型基础上，结合可获得的中国实际数据，将捕集、压缩、运输、驱油与埋存作为 CO_2 产品完整产业链流程，采取净现值、投入产出等方法对经济、社会等效益进行评价，建立 CO_2 捕集、压缩、运输、驱油与埋存各环节投资成本计算模型。

(3)形成 CO_2 捕集、驱油与埋存能源效益、经济效益、环境效益、社会效益评价方法和软件，开展了项目效益评价。采用原油产量增加带来的能源战略储备成本的减少量计算能源安全效益；采用全生命周期分析方法，计算全工艺流程的 CO_2 驱油与埋存项目的能耗、水资源效益和减排效益，进行环境效益评价；编制了以净现值为基础的"4个效益"

评价软件，开展了吉林、大庆、胜利、新疆、延长等 CO_2 捕集、驱油与埋存项目效益评价。

2.2.6 CO_2 埋存机理与长期埋存安全性评价技术

（1）定量分析埋存影响因素，深化了 CO_2 埋存和运移机理认识。埋存机理：体积置换作用为主，溶解滞留为辅，随时间增加，矿化作用贡献增大；敏感性分析：系统研究了储层、流体、非均质性、断层、地层倾角、盖层矿物溶解、沉淀作用等因素对 CO_2 埋存的影响。如高盐油藏盐度增加促进长石、方解石溶解，促进黏土矿物伊蒙混层的生成，导致注入能力下降。

（2）形成了“土壤碳通量+碳同位素+U 形管取样装置”一体化埋存监测技术，实现了 CO_2 埋存状况长期监测。建立了埋存状况监测评价流程，明确了埋存状况分析评价关键指标，确定了工业化应用试验区各项指标背景值并持续跟踪监测。

（3）研发了 CO_2 注入井环空测试装置 1 套，实现环空带压安全测试、取样及快速评价。建立了风险判别流程，结合矿场环空带压测试分析、新水基环空保护液应用，进一步完善了分析评价方法，指导环空带压井安全作业及措施。

（4）形成了较完备的 CO_2 驱油地面风险监测与防控技术体系。通过全流程风险辨识、CO_2 泄漏及射流实验，掌握了泄漏时的基本参数、变化规律，以及坡度和地面粗糙度对扩散的影响等规律，提出了泄漏射流的安全距离。形成了 CO_2 驱油地面设施安全设计体系，初步形成了 CO_2 驱油与埋存风险运行管理体系。

2.3 提出了 CO_2 捕集、驱油与埋存发展规划，为碳中和提供决策依据

（1）完善评价方法、靠实关键参数，完成主要油气盆地 CO_2 驱油与埋存潜力评价。根据油田区块地质、实验及开发资料完善程度，结合模型计算、数值模拟等方法，评价了 5 个油气盆地 CO_2 驱油与埋存潜力。

（2）形成 CO_2 埋存资源分级管理系统，完成主要油区 CO_2 埋存资源分级评价。以埋存 CO_2 的油气藏、盐水层、煤层等地质体空间孔隙体积为资源，建立 CO_2 埋存资源分级管理系统（SRMS），对埋存资源进行细分类和分级管理评价；以 CO_2 捕集、驱油与埋存项目总利润现值为零时可承受的 CO_2 极限成本作为依据，完成 11 个油区 230 个油田潜力分级评估。

（3）设定了我国 CCUS 发展情景模式及目标。短期：优先考虑 CO_2 捕集、驱油与埋存的研发、示范与产业化推进，通过增油的经济收益抵消部分增量成本，增加管道网络基础设施，在驱油过程中实现 CO_2 油藏封存。长期：通过技术进步和规模效益逐渐降低总减排成本，建立碳交易等多种市场驱动机制，实现 CCUS 产业化发展，最终实现大规模深度减排，为我国实现碳中和提供可行技术路径。

（4）制定了我国主要油区 CO_2 捕集、驱油与埋存项目发展应用规划。近期优先在松辽、鄂尔多斯、准噶尔、渤海湾等源汇条件匹配、驱油提高采收率需求急迫且潜力大的盆地展开。至 2030 年碳排放达峰期间，建成 CO_2 捕集、驱油与埋存百万吨规模工业化推广应用项目，技术具备产业化能力。2030 年后，技术成熟、成本大幅降低，气候政策（碳排放交易）完善，CO_2 捕集、驱油与埋存实现商业化运行，CO_2 捕集、驱油与埋存项目实现广泛部署，建成多个产业集群，埋存 CO_2 量（$3\sim5$）$\times10^8$t/a（占年排放 4%），成为碳中和有效途径；2040 年后，CO_2 捕集并埋存到潜力巨大的盐水层等地质体，埋存 CO_2 量（10~

15)×10^8t/a（占年排放大于 10%），成为碳中和主要途径。

(5)形成 CO_2 捕集、驱油与埋存潜力评价、源汇匹配、经济评价方法、区域发展规划、CO_2 捕集、驱油与埋存政策发展建议等研究成果。主导形成的碳封存量化与核查评价方法与 ISO 标准稿、CO_2 埋存资源分级管理系统等成果，奠定碳封存量核查基础，扩大了中国在 CCUS 领域的国际影响力。

3 现场应用效果

上述基础研究理论、方法、技术已成功应用于吉林、长庆和新疆油田 CO_2 驱油与埋存试验示范区，有效指导和支撑了现场试验顺利运行。

3.1 吉林低渗透油藏 CO_2 驱油与埋存试验效果显著

(1)试验进展：截至 2021 年 3 月，吉林油田 CO_2 驱油与埋存试验区覆盖储量 1183×10^4t，注气井组 88 个，累计注入 CO_2 212×10^4t、年产油能力 10×10^4t、年埋存能力 35×10^4t。

(2)应用效果：黑 79 小井距试验区，累计注入 CO_2 0.98HCPV，产油量较水驱提高 6 倍，中心区提高原油采收率 20%以上；黑 46 试验区，累计注入 CO_2 0.18HCPV，产油量较水驱提高 2 倍，预测提高原油采收率 15%。

(3)技术创效：研发应用的防腐加药、注采工艺、循环注气等新工艺直接创效 9657 万元。

3.2 长庆超低渗油藏 CO_2 驱油与埋存试验增油效果初显

(1)试验进展：截至 2021 年 3 月，长庆油田黄 3 CO_2 驱油与埋存试验区开展 9 注 37 采先导试验，覆盖储量 206×10^4t，具备 10×10^4t CO_2 年注入能力，累计注入 $CO_2$13×10^4t。

(2)应用效果：单井原油产能由 0.8t 提升至 1.28t，含水率由 53.3%下降到 39.5%，累计增油 1.48×10^4t。

(3)技术支撑："涂/镀层管材为主+缓蚀阻垢剂为辅" 防腐防垢技术，大幅节约油管更换作业费和套损井治理费；地面工程风险监控技术支撑地面安全设计；CO_2 捕集与液化技术、复杂地形地貌 CO_2 输送技术，为规模应用提供技术储备。

3.3 新疆砂砾岩油藏 CO_2 驱油与埋存试验试注顺利

(1)试验进展：截至 2021 年 3 月，新疆油田八区 530 CO_2 驱油与埋存试验区，开展 9 井次 CO_2 现场试注，编制油田首个 CO_2 混相驱油方案，累注 4.06×10^4tCO_2。

(2)应用效果：显示出 CO_2 混相驱油受效特征（含水降低、液量上升、泡沫油形成）。

(3)技术验证：研发的 CO_2 管柱及关键工具在试验区现场成功应用 10 井次；研发的 KTY-1 缓蚀阻垢剂已在 80206 井现场施工，总铁含量从 199mg/L 降至 54.8mg/L，防腐效果明显。

4 结束语

通过“十三五”以来集中攻关和试验，我国 CO_2 捕集、驱油与埋存技术攻关及现场试验取得重要成果和重大进展，初步形成具有中国陆相沉积油藏特色的 CO_2 驱油与埋存技术，工程配套技术基本成熟。“十四五”时期，有必要针对低廉稳定气源供给、扩大波及体积技术、低成本高效工程配套技术，持续开展技术攻关和商业模式探索，扩大 CCUS 应用规模和范围，充分发挥技术优势，为保障国家石油能源安全和积极应对气候变化做出更大的贡献。

第一篇　二氧化碳驱油机理与油藏工程技术

吉林大情字井油田 CO_2 注入井吸气能力主控因素

高　建[1,2]　杨思玉[1,2]　李金龙[3]　王　昊[3]　周体尧[1,2]

[1. 中国石油勘探开发研究院；2. 国家能源二氧化碳驱油与埋存技术研发（实验）中心；3. 中国石油吉林油田勘探开发研究院]

摘要：吉林大情字井油田二氧化碳试验区全部为笼统注气。为准确求取小层吸入量，开展了注气试验区的吸气剖面资料与地质参数的相关性研究。结果表明：多层低渗透砂岩储层分层的相对吸入量与储层厚度具有明显的正相关性，特定条件下与储层物性具有一定的正相关性，且各小层吸气量动态变化幅度非常小；大情字井油田青一段储层的吸气物性下限为孔隙度 8.6%；形成了储层厚度与相对吸气量的 3 种线性关系。研究成果对类似的 CO_2 注入区具有一定的参考意义。

关键词：大情字井油田；二氧化碳；吸气下限；吸气主控因素；线性关系

国内对于 CO_2 吸气能力研究主要做了理论数学模型的预测工作，确定了注入压力是其主要的动态质控因素[1]，对于多层砂岩的单层吸气定量确定很难具体操作，也缺少储层地质参数的考量。吉林大情字井油田油层埋藏深度为 1950~2250m，储层属中低孔、低渗透储层[2-4]，平均渗透率为 3.5mD。从 2008 年开展 CO_2 驱油试验，均为笼统注入，纵向单井上射开小层之间的差异导致单井各小层注入量不宜准确获取，难以深入地开展各小层的注气动态认识；为此，黑 59 全部和黑 79 部分注入井开展了吸气剖面测试，剔除工程因素，开展了能表达吸气能力的参数和与之相关的地质参数研究，最终明确了吉林大情字井油田注入井吸气能力的静态控制因素和动态变化规律，确定了相应的吸气下限，并且建立了单井小层相对吸气量的定量劈分模型，对以后类似的注气研究区都具有一定的参考意义。

1　资料来源及一致性检查

自 2008 年注气试验至今，黑 59 开展了 7 口井 32 井次的吸气测试，其中 6 口井开展了多轮次测试，采用了 3 种测试方法，存储式涡轮计共计 26 井次，氧活化测试 5 井次，直读式涡轮流量测试 1 井次，3 种测试方法对比测试 2 口井，5 井次；黑 79 开展了 3 口井 5 井次，全部为存储式涡轮流量测试方法。

3 种方法中，氧活化测试的主要原理是测量氧活化后发射的特征伽马射线流量，其余 2 种同为井下涡轮测量，主要是测试工艺存在差别[5-7]。在大庆和冀东油田二氧化碳试验区的生产测试实践中，发现氧活化测试存在流量下限问题，即吸入量小于 $10m^3$ 情况下，测试数据会出现较大误差，这样就会导致计算单层吸气相对吸入比例时出现错误，大情字井油田也有类似的反馈，3 种方法对比显示，2 种涡轮测试方法相差无几，而氧活化方法与之相对比差别较大，并且与基本的认识也有冲突，如黑59-10-8井的27号小层，厚度2.8m，声波时差219.2μs/m，压裂投产，注气前吸水剖面测试相对吸水比为10.77%，注气后连续6次涡轮测试均为24.3%，而氧活化测试为0%，综合多种考虑，氧活化测试的资料不作为此次研究的基础。

由于受到工程因素的影响，单井的绝对吸气强度是综合地质工程多因素体现，结合测试资料的数据录取情况，选择相对吸气比作为研究储层内在的吸气变化能力的参数。

2 吸气能力地质主控因素

多年的现场实践表明，储层厚度和物性与注入介质相关性最大[8-9]。为此，首先从储层厚度和物性入手，开展相对吸气比与两者相关性研究，在此基础上进一步探讨了不同投产方式与相对吸气比的关系。

在前期数据检查基础上，将测试数据分成2部分，一部分为注气段塞初期的测试数据，一般为注气开始后的3个月以内，剩余部分为段塞中后期的动态测试数据；首先对比5口井不同注气段塞初期的25个测试数据点，发现吸气能力的变化幅度小，平均绝对值为2.6%，其中变化幅度0~1%的占40%，1%~5%的占40%，其他为20%，而4口井同一段塞内15个动态测试点分析，单层动态吸气比平均变异系数为0.13，级差1.44，动态吸气变化均匀，数据分析结果表明：相对吸气比差异和储层差异密切相关。

从全部的相对吸气比与储层厚度和物性的交会图来看，发现物性（声波时差）与相对吸气比相关性差，具有明显的分区特征（图1），声波时差小于210μs/m的区域，目前的3个测试点都集中在200μs/m，从图1显示为储层不吸气区域，当然在200~210μs/m的区域没有相应的数据点，具体的吸气物性下限还不能确定；210~240μs/m的区域吸气比绝大部分数据点集中在5%~30%，与物性的变化不具有相关性，还有负相关的趋势；大于240μs/m的区域吸气比在50%，数据点分散，规律性不强。

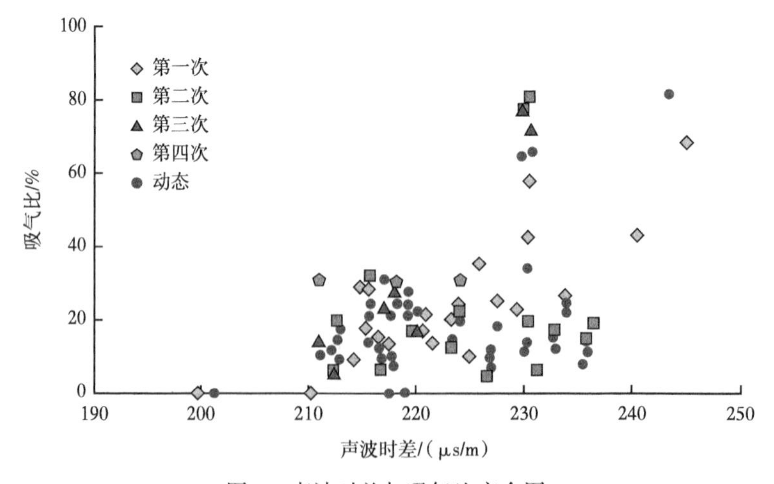

图1 声波时差与吸气比交会图

而储层射开厚度与吸气比就具有非常好的正相关性（图2），并且地层流动系数（储层厚度×渗透率）与吸气比的交会图与储层厚度图非常相似，当物性一致的时候，更能体现厚度是对吸气能力起到决定因素。例如 H59-12-6 井，该井一共射开 2 层，厚度相差 2.1 倍，声波时差为 230.4μs/m，和 230.6μs/m 相差无几，对比发现，2 层吸气能力也相差 2.1 倍。综上所述，储层的吸气能力主要是受储层的厚度控制，是其最重要的内在控制要素。

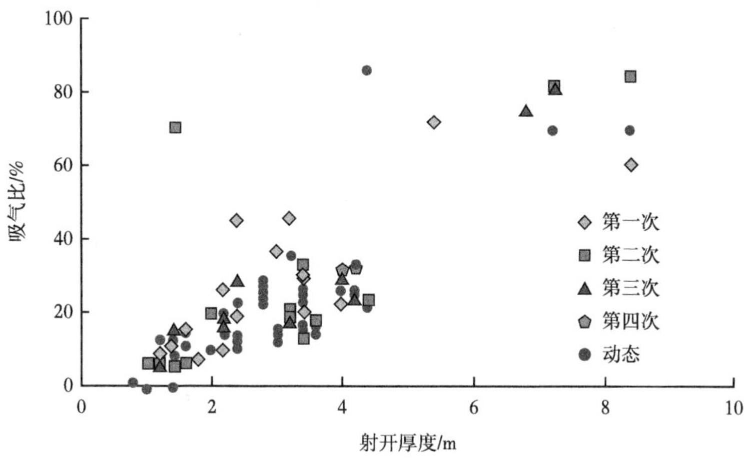

图 2　射开厚度与吸气比关系图

目前大情字井注气井有压裂投产和复合射孔 2 种方式，分类对比发现：两者的吸气趋势一致，厚度与吸气比具有很好的正相关性，在相同厚度下复合射孔的吸气能力要小于压裂投产的吸气能力（图 3）。

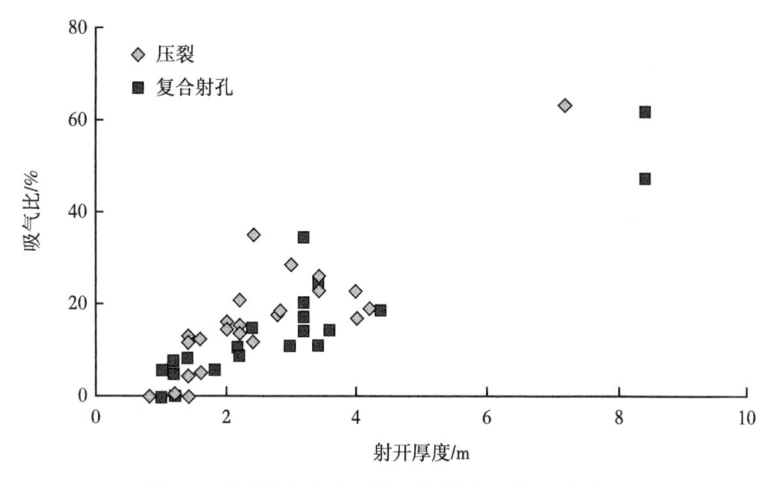

图 3　不同投产方式下射开厚度与吸气比交会图

3　吸气能力的物性下限

吸气物性下限的确定对于潜在可供驱替可动油的数量有更加明确的认识。大情字井地区上报储量常规水驱的物性下限为孔隙度 10.2%，对应的声波时差为 215μs/m，通过目前吸气测试资料显示（图 1），声波时差在 200μs/m 左右储层基本上不吸气，主要是 H79-

25-21 井的 36 号层声波 199.7μs/m，黑 59-10-8 井的 37 号层声波 201.1μs/m，测试 6 次均不吸气，在声波 210μs/m 上下的储层吸与不吸并存，其中 2 井层吸气，1 井层不吸气，由于 200~210μs/m 没有连续的测试数据，所以为了寻找物性下限，为此结合动态和静态的微观及物性分析论证。

通过物性参数解释模型，声波时差 200μs/m 的孔隙度为 6%左右，渗透率为 0.01mD，从微观参数来看，属于小孔细喉的储层，其排驱压力明显要高于其他类型储层一个数量级以上（表 1），这也是在压裂和复合射孔条件下，储层依然不吸气的原因。

表 1　大情字井油田青一段储层分类

分类名称	样品数	渗透率/mD			孔隙度/%			喉道半径/μm			分选系数	歪度	排驱压力/MPa
		最大	最小	平均	最大	最小	平均	最大	最小	平均			
一	7	12.7	6.11	9.02	17.8	16.1	16.7	1.515	1.284	1.42	2.29	0.51	0.177
二	7	5.88	0.57	2.84	14.8	13.2	13.97	1.294	0.458	0.97	2.64	0.49	0.269
三	4	2.24	0.16	0.922	11.9	9	10.9	1.257	0.258	0.68	2.48	0.42	0.483
四	4	0.04	0.03	0.035	7.1	4.5	6.1	0.105	0.046	0.07	1.85	0.395	4.155

为此，建立喉道半径与孔隙度关系，可见两者具有非常明显两段式线性关系，拐点对应的孔隙度为 8.6%；另外将黑 75 井、情 3-3 井和黑 79-3-03 取心井物性分析数据点开展逐步逼近法来寻找物性的下限，具体方法是将大于 6%的孔隙度切分成 1%的孔隙度区间，按照小于 0.1mD、0.1~1mD、1~10mD 和大于 10mD 4 个渗透率区间分别统计其所占的样品比例和平均渗透率，根据测试资料和微观资料大致推测不吸气渗透率可能为小于 0.1mD，所以将 3 口井 244 个数据点进行分析（表 2），认为孔隙度为 8%~9%区间可能存在与之相对应的物性下限，在此将 8%~9%进一步细分，发现 0.1mD 以下的渗透率数据主要集中在 8%~8.7%，综合 2 种方法将孔隙度 8.6%作为吸气物性下限，所对应的声波时差为 209.4μs/m；为进一步夯实上述结论，统计情 3-3 井含油饱和度数据，渗透率小于 0.1mD 校正后的含油饱和度平均值为 30%，而 0.1~1mD 的校正的含油饱和度平均为 47.7%。

表 2　青一段不同孔隙度的渗透率分区统计

孔隙度区间/%	渗透率/mD								平均值
	≤0.1		[0.1, 1)		[1, 10)		≥10		
	频率	平均值	频率	平均值	频率	平均值	频率	平均值	
[2, 6)	100.0	0.03							0.03
[6, 7)	100.0	0.04							0.04
[7, 8)	90.9	0.043	9.1	0.12					0.05
[8, 9)	68.2	0.04	31.8	0.18					0.08
[9, 10)	60.7	0.05	36.4	0.29	2.9	2.16			0.18
[10, 11)	36.4	0.05	51.5	0.26	12.1	2.25			0.42
[11, 12)	33.3	0.07	57.6	0.25	9.1	3.09			0.44
[12, 13)	7.2	0.03	57.1	0.32	35.7	4.56			1.81
[13, 15)			37.5	0.55	59.4	3.61	3.1	10.38	2.67
≥15					50.7	6.63	49.3	16.5	11.5

4　相对吸气比与厚度的线性关系

虽然已经明确吸气能力与储层厚度关系密切，存在明显的线性关系，但是进一步分析，建立了不同厚度级差下的射开厚度与吸气相对比的图版（图4），将吸气能力划分为3种类型，使吸气能力与厚度的相关性更加准确，也便于后期调控操作。

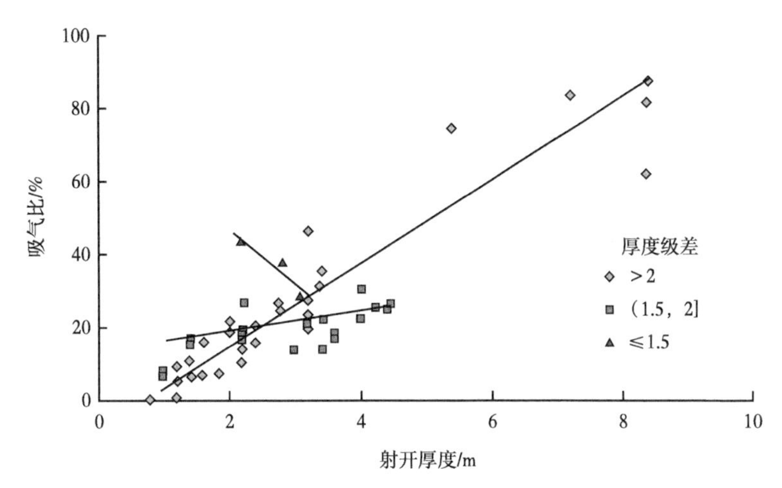

图4　不同厚度级差条件下射开厚度与吸气相对比关系图版

储层的射开厚度与吸气比的关系：

厚度级差小于1.5的储层吸气主要受到储层物性控制，这部分井占黑46所有注入井的10%；

厚度级差为1.5～2的储层吸气比较均匀，这部分井占黑46所有注入井的15%，$Y_{相对吸气比例}=4.401X_{储层厚度}+4.314$，相关系数为0.78；

厚度级差大于2的储层吸气能力明显受到储层厚度控制，这部分井占黑46所有注入井的75%，$Y_{相对吸气比例}=10.49X_{储层厚度}-8.132$，相关系数为0.95。

5　结论

（1）吉林油田大情字井地区多层低渗透砂岩储层厚度是其最主要吸气控制因素。

（2）结合岩石物性和测试资料分析，最终确定吸气物性可动下限为8.6%。

（3）建立了不同厚度级差下的储层厚度与吸气比例的图版，将吸气能力划分为3种线性关系，Ⅰ类：厚度级差小于1.5的储层吸气主要受到储层物性控制；Ⅱ类：厚度级差为1.5～2的储层吸气比较均匀；Ⅲ类：厚度级差大于2的储层吸气能力明显受到厚度控制。

参考文献

[1] 吴晓东，尚庆华，安永生，等. CO_2混相驱储层吸气能力预测［J］. 石油钻采工艺，2012，34(4)：81-84.

[2] 魏兆胜，刘运成，于孝玉，等. 吉林大情字井油田复杂岩性油藏评价与预测［M］. 北京：石油工业出版社，2011.

[3] 魏兆胜，宋新民，唐振兴．大情字井地区上白垩统青山口组沉积相与岩性油藏［J］．石油勘探与开发，2007，34(1)：28-33.
[4] 王安辉．大情字井油田黑 46 区块青一段储层成岩作用及其对物性的影响［J］．石油天然气学报，2012，34(12)：24-28.
[5] 吴华磊，王卫国．CO_2 驱注入剖面测井方法及应用［J］．测井技术，2013，37(2)：196-199.
[6] 张予生，曹和民．吸气剖面测井与资料解释方法［J］．测井技术，1999，23(增刊 1)：38-42.
[7] 徐海涛，肖勇，刘兴斌．氧活化测井技术在二氧化碳吸气剖面中的新应用［J］．石油仪器，2011，25(5)：42-45.
[8] 罗刚，蒋志斌，徐后伟，等．基于数据挖掘的单层产量劈分方法［J］．石油天然气学报，2014，36(10)：148-151.
[9] 阚利岩，张建英，梁光迅，等. 薄互层砂岩油藏产量劈分方法探讨［J］．特种油气藏，2002，12(9)：37-39.

（编辑：周琴）

Method for potential evaluation and parameter optimization for CO_2 -WAG in low permeability reservoirs based on machine learning

Wenfeng Lv[1] Weidong Tian[2] Yongzhi Yang[1] Jinghui Yang[3]
Zhenzhen Dong[2] Yongyi Zhou[4] Weirong Li[1] *

(1. Research Institute of Petroleum Exploration and Development (RIPED), Petro China; 2. Xi'an Shiyou University; 3. Institute of Petroleum Engineering Technology, SINOPEC Shengli Oilfield Company; 4. Sinopec North China Petroleum Bureau)

Abstract: The CO_2 water-alternating-gas flooding (CO_2-WAG) is a key technology to improve the oil recovery of low permeability reservoirs. The effect of CO_2 flooding to enhance the oil recovery is affected by geological conditions and production systems. The effect of CO_2 flooding parameters on the enhanced recovery factor should be clarified to optimize the production system. In this paper, the machine learning algorithms are used to carry out the study and establish a set of procedures for optimizing CO_2 flooding parameters based on the artificial neural network (ANN) and the particle swarm optimization (PSO) algorithm. Firstly, large amounts of basic data are generated by the Monte Carlo sampling method. Then, the recovery factor by the water flooding and the CO_2-WAG and the enhanced recovery factor by CO_2-WAG in different models are calculated in the reservoir numerical simulator. Moreover, the machine learning method is used to establish a neural network model, and analysis of the sensitivity of parameters of the enhanced oil recovery (EOR) is carried out by combining with the Sobol method. Finally, the neural network model and the particle swarm algorithm are combined to optimize the parameters of CO_2-WAG flooding. The results show that the established model has a good prediction accuracy (97.6%), thus it could be used to predict the enhanced recovery factor by CO_2-WAG, and it is applicable in potential evaluation of enhancing the oil recovery and optimization for parameters in the CO_2-WAG well group.

Keywords: Artificial neural network; particle swarm algorithm; low permeability reservoir; CO_2 flooding parameter optimization

1 Introduction

Low-permeability reservoirs are widespread in China and contribute to most of oil production in China. The development of low-permeability reservoirs is limited by the high water injection starting pressure, the low water injectivity, the rapid rise in the water injection pressure, the rapid water injection rate decline, the slow pressure build-up in the producer, the rapid production decline, and the low water injection volume, oil production, production rate, and recovery. Generally, the recovery factor of primary and secondary oil recovery is only 10%~15% on average[1]. Currently, due to increasing costs, the development of low-permeability oil reservoirs with the technology of enhancing the oil recovery by water injection is increasingly uneconomic and unsustainable. Especially, in some oil fields with scarce water sources and fragile environments, the water injection development has aggravated conflicts in water use in the industry, society, environment, etc. Therefore, it is inevitable to search alternative technologies for water injection development[2]. The CO_2 flooding is a water-saving/water-free way to improve recovery factor. With the rapid progress of CO_2 capture technology, a large amount of industrial emissions CO_2 that could not be recycled previously has been provided, which drastically reduces the CO_2 cost and makes CO_2 flooding economically feasible[3-4]. Generally, it is believed that CO_2 gas has the superiorities in the strong injectivity, the high expansion coefficient, and the good miscibility with oil. CO_2 flooding enhances the oil recovery by about 5%~10% on the basis of water injection development and shows the huge technical potential of enhanced oil recovery(EOR). Taking into account of all these factors, the CO_2 flooding EOR technology has become an indispensable alternative to the water flooding EOR technology. At the end of 2014, China had cumulative proven oil reserves of 108.5×10^8t, of which low-permeability reservoir reserves were 53.7×10^8t, accounting for 49% of the total resources. Therefore, the CO_2 flooding EOR technology is promising in China.

During CO_2 flooding, evaluation of influences of various factors on the CO_2 flooding effect is a necessity. The factors cover the reservoir properties such as reservoir pressure, temperature, reservoir heterogeneity, permeability, and fractures, and the gas injection parameters such as injected gas composition, injection method, water-alternating-gas (WAG) injection parameters and injection timing (Figure 1)[5-6]. The parameter optimization is traditionally performed by

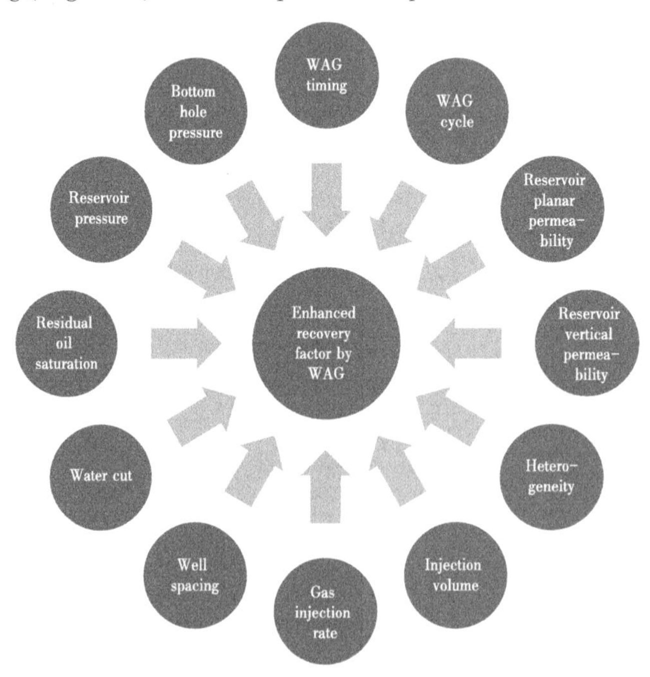

Figure 1 Factors affecting the development effect of CO_2 flooding

obtaining the optimal solution to each parameter through the controlled variable method of well type single factor analysis or through multi-factor analysis by orthogonal design[7].

In recent years, due to the rapid progress in computer, mathematical statistics, probability theory, etc. , machine learning has been used to perform prediction in several disciplines and engineering fields, which aims to make up for the deficiency in traditional prediction. In petroleum engineering, machine learning has been applied in remaining oil prediction[8], gas injection parameter optimization[9], minimum miscible pressure prediction[10], well logging[11], relative permeability prediction[12], etc. In this paper, the machine learning algorithms are used to carry out CO_2-WAG parameter optimization as follows:

(1) Determine the main factors that affect the EOR using the CO_2-WAG technology;

(2) Establish a CO_2-WAG EOR prediction model, which aims to obtain the optimal WAG timing and WAG working system with the known porosity, permeability, fluid properties or relative permeability curves.

2 Method and principle

2.1 Artificial neural network

BP neural network, which was proposed by Rumelhart, McClelland, et al. in 1986, is a multi-layer feed forward neural network trained according to the error back propagation algorithm and is the most widely used among the neural networks[13].

According to the continuous function mapping theory of BP neural network, a tri-layer grid can approximate a continuous function with arbitrary precision under certain conditions. Figure2 shows a tri-layer multi-neuron structure, which is divided into input layer, hidden layer, and output layer.

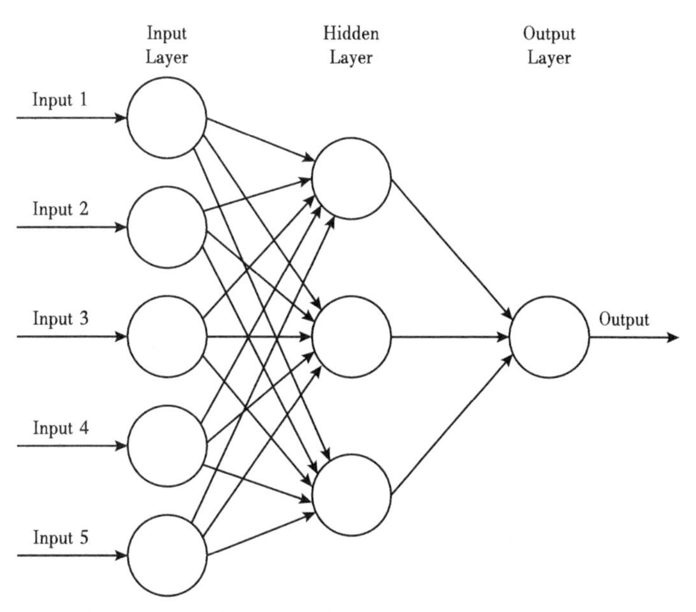

Figure 2 Tri-layer network composed of multiple neurons

2.2 Sobol sensitivity analysis

The core of the Sobol method, which was proposed in 1993, is to decompose the model into the combinations of a function of a single parameter and a function of several parameters[14]. Assuming that the model is $Y=f(X)$, $(X=x_1, x_2\cdots, x_n)$, where X follows $[0, 1]$ uniform distribution, and $f^2(X)$ is integrable, the model is decomposed into:

$$f(X)=f_0+\sum_{i=1}^{n} f_i(x_i)+\sum_{i<j}^{n} f_{ij}(x_i, x_j)+\cdots+f_{12\cdots k}(x_1, x_2, \cdots, x_k) \tag{1}$$

Then, the total variance of the model can be decomposed into the effect of a single parameter and the combined effects of each parameter:

$$D=\sum_{i=1}^{n} D_i+\sum_{i=j}^{n}\sum_{j=1, i\neq j}^{n}(D_{ij}+\cdots+D_{12\cdots n}) \tag{2}$$

The equation is normalized. We define:

$$S_{12\cdots n}=\frac{D_{12\cdots n}}{D} \tag{3}$$

The sensitivity S of a single parameter and the mutual sensitivity of several parameters are obtained, and according to Equation(2), we have

$$1=\sum_{i=1}^{n} S_i+\sum_{i=1}^{n}\sum_{j=1, i\neq j}^{n}(S_{ij}+\cdots+S_{12\cdots n}) \tag{4}$$

Where S_i is the 1st time sensitivity, S_{ij} is the 2nd time sensitivity, and so forth; $S_{12\cdots n}$ is the sensitivity of n times. There are 2^n-1 items in total. The total sensitivity S_{Tj} of the i-th parameter is defined as:

$$S_{Tj}=\sum S_{(i)} \tag{5}$$

Which represents all the sensitivity related to the i-th parameter.

2.3 Particle swarm optimization

The particle swarm optimization (PSO) algorithm is a random search algorithm based on swarm cooperation, inspired by the foraging behavior of birds. It was proposed by American social psychologist Kennedy and electrical engineer Eberhart in 1995[15-16].

The PSO algorithm is performed as follows: assume the search space is D dimensions, and the population number is NP, which represents the particle number, the position of the i-th particle is x_i, the particle velocity v_i, and the fitness value of the particle position p_i. During particle search, the particle speed and position are updated according to Equations(6) and (7).

$$v_{i,d}^{k+1}=\omega v_{i,d}^{k}+c_1 \text{rand}_1(\text{pbest}_{i,d}^{k}-x_{i,d}^{k})+c_2 \text{rand}_2(\text{gbest}_{d}^{k}-x_{i,d}^{k}) \tag{6}$$

$$x_{i,d}^{k+1}=x_{i,d}^{k}+v_{i,d}^{k+1} \tag{7}$$

where c_1 and c_2 are called as acceleration constants or learning factors, which determine the weight of the influence of the individual optimal position and the population optimal position on the final search direction of the particle; ω is the inertia weight factor, which determines the influence on the particle search speed by the previous search speed, and the appropriate ω value guarantees a

balanced wide-area search ability and a local search ability of the particle, which are called as the particle exploration ability and the particle development ability; rand is a random number between 0 and 1; $v_{i,d}^k$ and $x_{i,d}^k$ respectively represent the D-*th* dimensional velocity and position of the i-th particle in the k-th iteration; $\mathrm{pbest}_{i,d}^k$ represents the individual optimal position of the particle; gbest_d^k represents the global optimal position of the population. In the PSO algorithm, a maximum speed $v_{\max}$ needs to be set to control the maximum distance of particle movement.

3 Model training and parameter optimization

In this section, the study is carried out as follows:

(1) Establish a typical 1/4 five-point well pattern characteristic model;

(2) Determine variable parameters and parameter ranges;

(3) Perform multi-parameter sampling using Monte Carlo method to generate 3000 geological models;

(4) Use a reservoir numerical simulator to compute the generated model;

(5) Use the Sobol method to analyze the sensitivity of parameters;

(6) Use the artificial neural network (ANN) to establish the relation model (agent model) between parameters and recovery factor;

(7) Use the agent model and the PSO algorithm to optimize the CO_2-WAG production system under given geological parameters.

3.1 Building of the basic model

The first step of machine learning is to obtain a large amount of basic data. Thus, a 1/4 five-point well pattern is established, as shown in Figure3. The model is transformed to WAG after a period of time of water injection at a rate of 0.1PV/a. Other parameters are listed in Table 1.

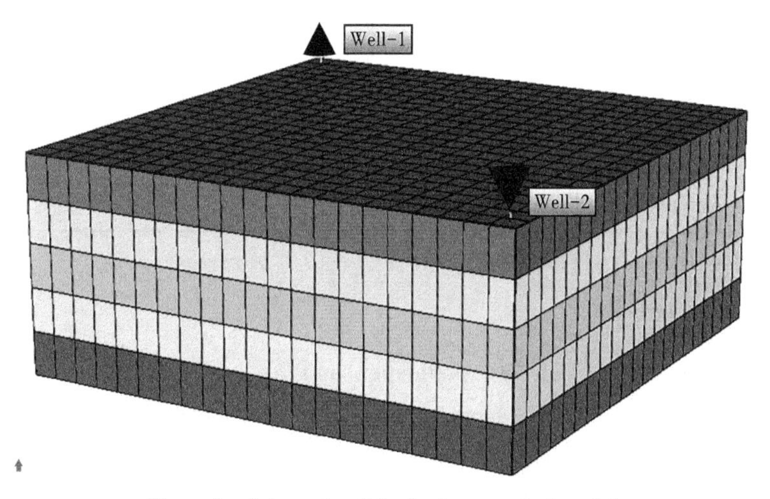

Figure 3 Schematic of the basic numerical model

Table 1 Model data

Parameters	Value	Parameters	Value
Grid number	21×21×5	Grid size/m	15×15×5
Component	Field data	Relative permeability	Field data
Injection-production relation	One injector and one producer	Injected gas	CO_2

3.2 Uncertain parameters and their ranges

Uncertain parameters and their ranges, as shown in Table 2, include: the planar grid size, which indicates the effect of well spacing on the recovery; the vertical grid size, which indicates the effect of the thickness on the recovery; the permeability in the X direction, the ratio of the vertical permeability to the horizontal permeability (K_v/K_h), and the variation coefficient of permeability(VDP), which indicates the effect of permeability, anisotropy, and range on the recovery; other reservoir physical properties and fluid components, including porosity, formation pressure, and initial water saturation; WAG production system, which includes the gas injection rate, the water injection rate, the gas injection timing, the WAG cycle number, and the gas-liquid ratio.

Table 2 Uncertain parameters and their ranges

Parameters	Value	Parameters	Value
D_x/m	10~25	K_y/mD	0.01~50
D_y/m	10~25	VDP	0.45~0.95
D_z/m	1~5	Initial pressure/MPa	10~42
K_x/mD	0.01~50	K_v/K_h	0.1~0.5
Porosity	0.05~0.20	WAG cycle number	10~100
Gas injection timing	Water cut	Gas injection timing/d	60~150
Gas injection rate/(PV/a)	0.05~0.20	Gas injection time/d	60~150
Water injection rate/(PV/a)	0.05~0.20		

3.3 Analysis of results

The curves of calculated daily oil production and recovery percentage for all samples are shown in Figure 4 and Figure 5. As shown in Figure 6, the recovery in CO_2-WAG flooding is mainly 50% ~ 80%. The enhanced recovery factor by CO_2 - WAG flooding is obtained by subtracting the recovery factor of water flooding from that of CO_2-WAG flooding. The distribution is shown in Figure 7. The value of the enhanced recovery factor by CO_2-WAG flooding is mainly 0~20%.

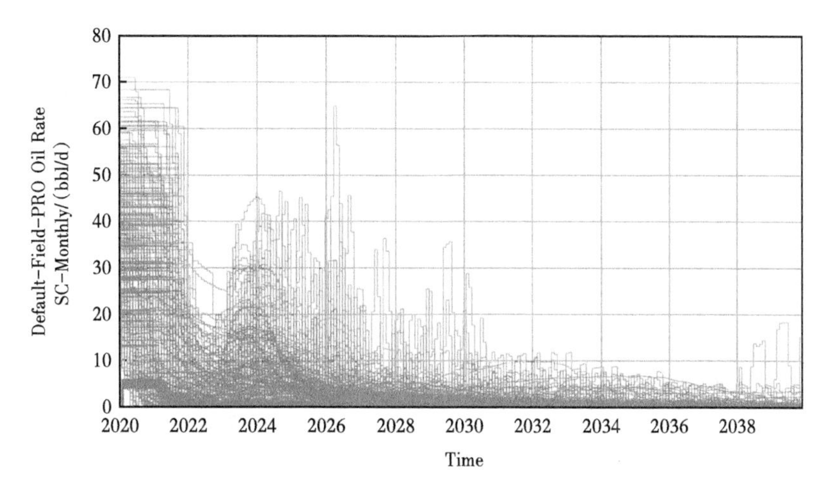

Figure 4 Daily oil production in the CO_2-WAG flooding

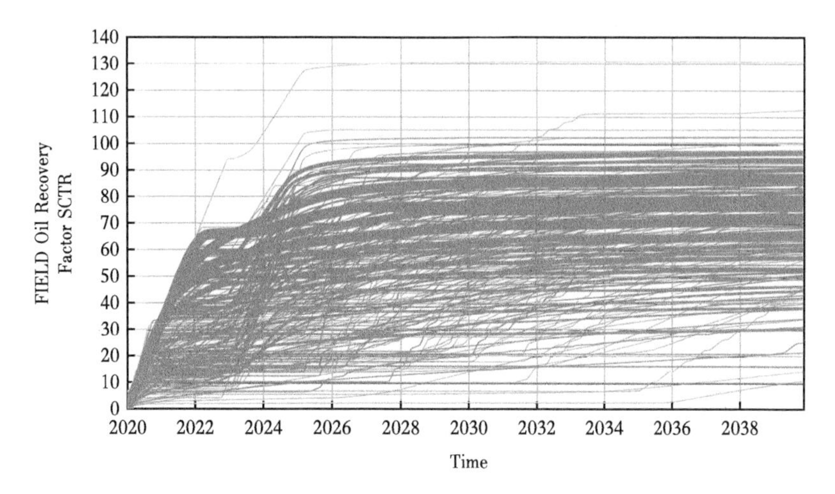

Figure 5 Recovery curve in the CO_2-WAG flooding

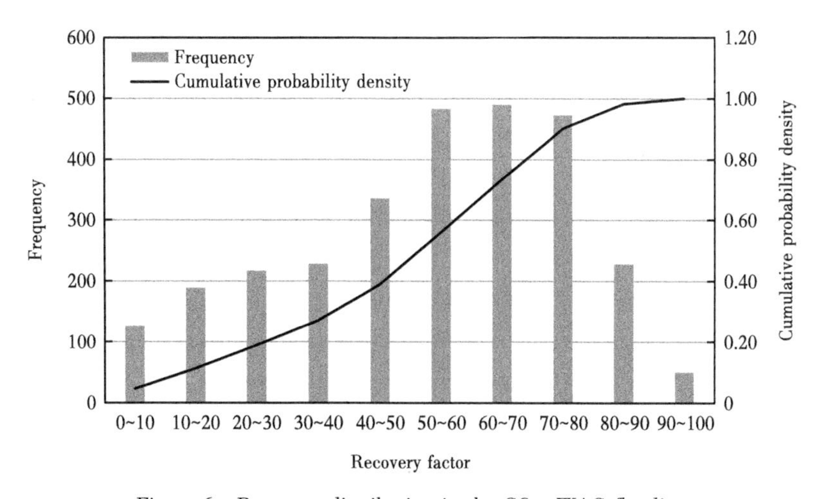

Figure 6 Recovery distribution in the CO_2-WAG flooding

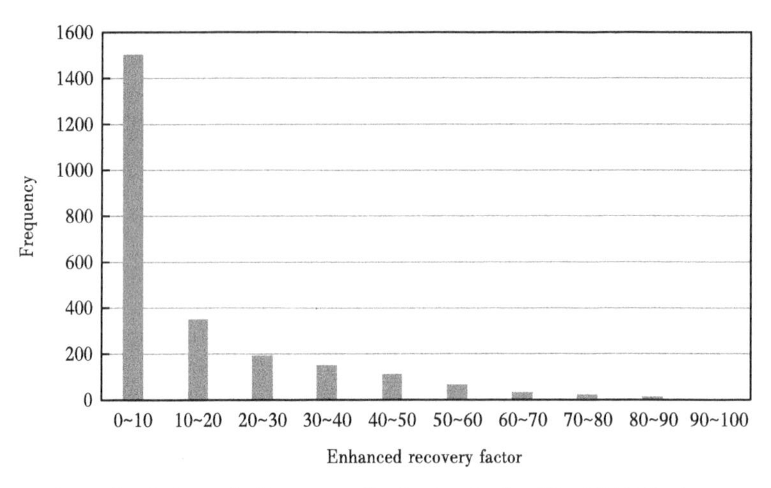

Figure 7 Enhanced oil recovery distribution in the CO_2-WAG flooding

3.4 Deep learning and sensitivity analysis

Next, the data are fitted using an ANN model.

(1) Determine the network structure.

According to Kolmogorov theory, the node number in the hidden layer is determined by the equation $n=\sqrt{l+m}+a$, where l and m are the neuron number in the input layer and the output layer, respectively, and a is a constant between 0 and 10. Due to 23 neurons in the input layer and l neuron in the output layer in the model in this section, the node number n in the hidden layer is an integer between 5 and 15. In network training, it is found after repeated experiments that the training error is the smallest in case of 11 nodes in the hidden layer, so the value of n is set as 11. The Gaussian function with probability meaning is selected as the activation function for hidden layer, and the integral function is selected as the aggregate function, which can meet actual needs. The activation function for the output layer is set as a linear function.

(2) Network training and prediction.

A total of 2100 sets of data, 70% of all the data, are taken as the training data, and the model training results are shown in Figure 8(a); a total of 450 sets of data, 15% of all the data, are used for validation, as shown in Figure 8(b). The remaining 450 sets of data are used for prediction, and the prediction accuracy is 97.6%, as shown in Figure 8(c). The results of the machine learning model and the numerical simulation model are compared in Figure 8(d), showing a good agreement.

The Sobol method is used to analyze the effect of each parameter on the enhanced oil recovery, as shown in Figure 9. It can be seen that the factors affecting the technology of CO_2-WAG EOR (from strong to weak) are ranked as the gas injection rate, the oil saturation before gas flooding, the gas injection volume, the water injection rate, the water cut before gas flooding, the initial pressure, the water injection volume, the cycle time, the gas injection time, the water injection time, the production rate, and the VDP variation coefficient. The cumulative effect of these factors is above 98%.

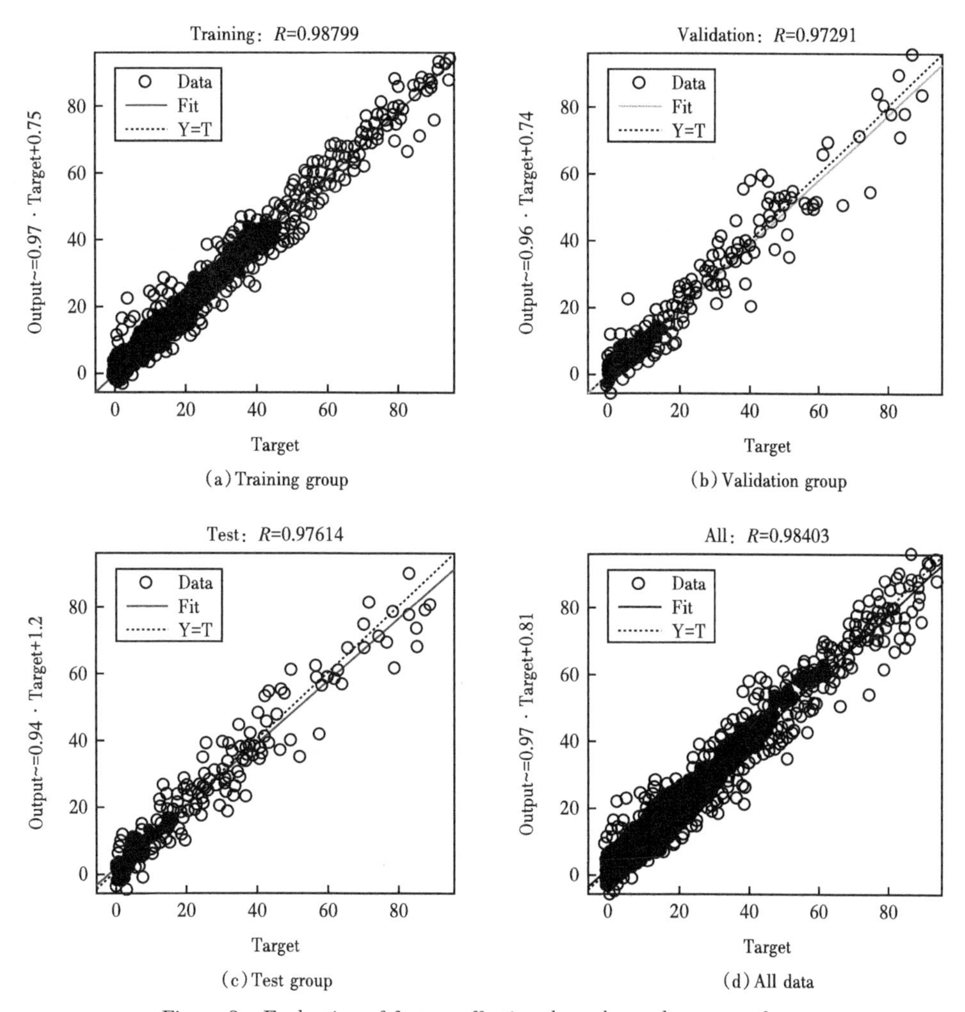

(a) Training group (b) Validation group

(c) Test group (d) All data

Figure 8 Evaluation of factors affecting the enhanced recovery factor

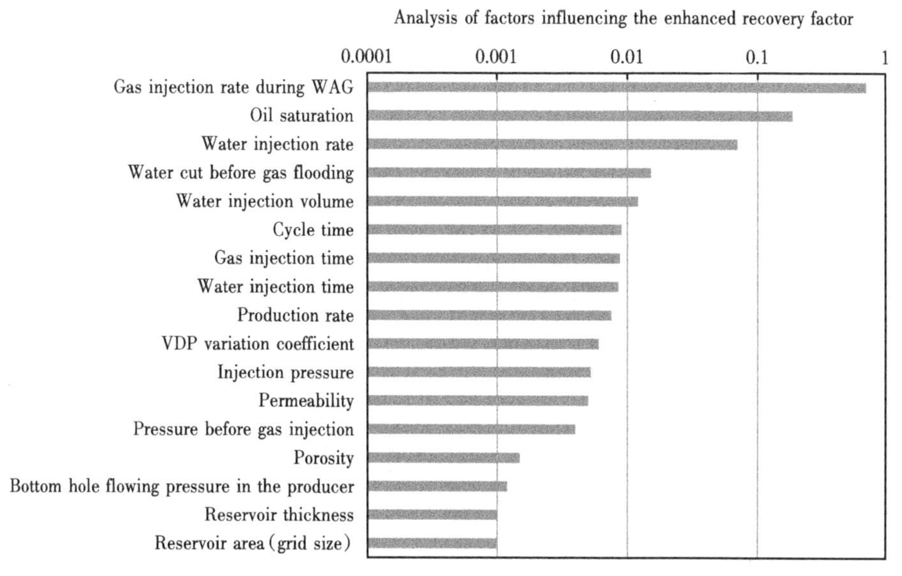

Figure 9 Evaluation of factors affecting the enhanced oil recovery

3.5 CO_2-WAG parameter optimization

With the known reservoir geological parameters and some production control parameters in a block (Table 3), the production system is optimized by combining with the neural network model and the PSO algorithm, targeting at realizing the highest enhanced recovery factor. The optimization results are listed in Table 4. The main optimized parameters include the WAG gas injection time, the WAG water injection time, the WAG total period, the bottom hole flowing pressure limit, the gas injection rate, and the water injection rate. The predicted overall recovery factor for the optimized plan is 39.44%, which increased by 15.21% compared with the enhanced recovery factor of water flooding.

Table 3 Input parameters of the artificial neural network model

Oil reservoir	Grid size in X direction/m	20
	Grid size in Y direction/m	20
	Grid size in Z direction/m	3
	Average permeability/mD	5.20
	VDP variation coefficient	0.75
	Vertical permeability/planar permeability	0.1
	Porosity	0.150
Initial condition	Initial water saturation	0.400
	Initial pressure/MPa	20
Production control	Liquid production rate during water injection/(m^3/d)	30
	Water injection speed during water injection/(m^3/d)	30
	CO_2-WAG start time/d	3000
	Current water cut/%	75
	Current saturation/%	60
	Reservoir pressure/MPa	12
	Injection pressure/MPa	30

Table 4 Input parameters of the artificial neural network model based on the particle swarm algorithm

Optimization parameters	Results
WAG gas injection time/d	123
WAG water injection time/d	171
WAG total cycle time/d	294
Bottom flowing pressure/MPa	12
Gas injection rate/(m^3/d)	24500
Water injection rate/(m^3/d)	30
Water flooding recovery/(%)	24.23
Total recovery/%	39.44
Enhanced recovery factor by WAG/%	15.21

4 Conclusions

In this paper, a machine learning algorithm is used to establish a method for parameter optimization of CO_2flooding in low-permeability reservoirs, and the sensitivity of the geological conditions and production systems that affect the effect of CO_2 flooding is analyzed. A parameter optimization model for CO_2 flooding is established based on the ANN and the PSO algorithm.

The model established in this paper has a good prediction accuracy (97.6%). The factors affecting the technology of CO_2-WAG EOR (from strong to weak) are ranked as the gas injection rate, the oil saturation before gas flooding, the gas injection volume, the water injection rate, the water cut before gas flooding, the initial pressure, the water injection volume, the cycle time, the gas injection time, the water injection time, the production rate, and the VDP variation coefficient.

The results show that the machine learning method can be used to predict the enhanced recovery factor by CO_2-WAG and is applicable in evaluation of the EOR technology and parameter optimization of CO_2-WAG in well groups.

Acknowledgments

The authors are grateful for financial support from the National Science and Technology Major Project (Grant No. 2016ZX05016-005 and 2016ZX05016-001), the Major Project of China National Petroleum Corporation (Grant No. RIPED-2020-JS-50214) and (Grant No. RIPED-2020-JS-50215), the project of Sinopec North China Petroleum Bureau (Grant No. 290018276) and project of Petroleum Engineering Technology Institute of SINOPEC Shengli Oilfield (Grant No. 290018276). We also thank Ennosoft Ltd. for the use of the UNCONG reservoir simulator.

References

[1] ZHAO Ziming. A Study on Heterogeneities and Development Characteristics of Chang 4+5 and Chang 6 Reservoirs in Hujianshan Area [D]. Xi'an Shiyou university, 2018.

[2] LIU Li, GAO Mingjing. Study on Effective Development Technology of Low Permeability Reservoir —a Case Study of Suderte Oilfield [J]. West-China Exploration Engineering, 2018, 30 (03): 102-105.

[3] SUI Zhicheng, REN Junping, ZHAO Weidong, et al. Analysis on Development Route of Carbon Capture, Utilization and Storage Technology in Xinjiang Oil and Gas Industry [J]. China Energy and Environmental Protection, 2020, 42 (2): 75-79, 84.

[4] SAPIB S. Leverage Energy Optimization to Reduce Carbon Capture Cost [J]. SPE-203377-MS, 2020.

[5] QI Wei. Study of Gas Channeling Law and Injection Method for CO_2 Flooding in Ultra-low Permeability Reservoirs [D]. Beijing: China University of Petroleum, 2018.

[6] ZHANG Kuangsheng, BAI Xiaohu, LIU Shun, et al. Energy enhancement effect and parameters optimiza-tion of CO_2 injection in tight oil reservoir [J]. Science Technology and Engineering, 2020, 20 (26): 10751-10758.

[7] YU Peng, YANG Fulin, OYINKEPREYE D O, et al. Storage and injection parameter optimization of CO_2 flooding of low permeability reservoir under medium and high water cut period: a case study of S-95 block, Damintun Sag [J]. Science Technology and Engineering, 2020, 20 (8): 3029-3034.
[8] YUAN Yihan. Research on the Prediction of Remaining Oil Parameters Based on Neural Net-works [D]. Northeast Petroleum University, 2017.
[9] CHU Hongyang, LIAO Xinwei, ZHANG Wenlong. Applications of Artificial Neural Networks in Gas Injection [J]. SPE-191606-18RPTC-MS, 2018.
[10] KHAN M R, KALAM S, KHAN R A, et al. Comparative Analysis of Intelligent Algorithms to Predict the Mini-mum Miscibility Pressure for Hydrocarbon Gas Flooding [J]. SPE-197868-MS.
[11] WANG Zhentao. Research on Lithology Identi-fication Method of Logging Curve for the Reservoir Characterization [D]. Northeast Petroleum University, 2019.
[12] SHAMS K, MOHANMED M, RIZWAN A K, et al. New Vision into Relative Permeability Estima-tion Using Artificial Neural Networks [J]. SPE-202443-MS, 2020.
[13] WEN Xin, ZHANG Xinwang, ZHU Yaping, et al. Intelligent Fault Diagnosis Technology: Applica-tion of MATLAB [M]. Beijing University of Aero-nautics and Astronautics Press, 2015.
[14] SOBOL I M. Sensitivity Estimates for Nonlinear Mathematical Models [J]. Matematicheskoe model-irovanie, 1990, 2 (1).
[15] KENNEDY J, EBERHART R. Particle Swarm Optimi-zation [C]. IEEE International Conference on Neural Networks, 1995. Proceedings. IEEE, 2002, (4): 1942-1948.
[16] EBERHART R, KENNEDY J. A New Optimizer using Particle Swarm Theory [C]. International Symposium on MICRO Machine and Human Science. IEEE, 2002: 39-43.

二氧化碳驱助混剂研究进展

刘卡尔顿[1]　马　骋[1]　朱志扬[1]　杨思玉[2]
吕文峰[2]　杨永智[2]　黄建滨[1]

（1. 北京大学化学与分子工程学院；2. 中国石油勘探开发研究院）

摘要： 二氧化碳驱提高石油采收率技术作为一种提高经济效益、降低温室气体排放的手段，具有良好的实际应用前景。但是我国油田多属陆相沉积，原油和 CO_2 的最低混相压力过高，这是制约二氧化碳驱提高石油采收率技术在我国发展的重要因素，因而研制有效的助混剂尤为关键。本文综述了国内外关于 CO_2-原油助混剂的研究现状，从基团类别、分子构架和应用效果三个层面考察分析，总结出高效的 CO_2-原油助混剂分子结构中需含有多个亲 CO_2 基团和多个亲油基团。同时提出，在有效控制成本和防止环境污染的前提下，研制稳定高效的 CO_2-原油助混剂体系是目前二氧化碳驱提高石油采收率技术的关键突破口。

关键词： 二氧化碳驱；提高石油采收率；助混剂；亲 CO_2 基团；研究进展；综述

二氧化碳驱，也称二氧化碳驱提高石油采收率技术（CO_2-EOR），是提高石油采收率的重要技术手段之一。在 CO_2 驱油过程中，CO_2 加压后注入油藏中，可驱动地下原油，实现驱替采油。通过降低原油黏度、使原油体积膨胀和减小 CO_2 与原油间的界面张力等，二氧化碳驱可以显著提高石油采收率[1]。自从 1952 年 Whorton 等[2]首次公开 CO_2 驱油的专利后，CO_2 驱油一直是油气田开发领域的一个热点方向。大量研究和实践表明，CO_2 驱油可以提高原油采收率 7%~15%，延长油井生产寿命 15~20 年[3-5]。这对于视提高采收率为永恒主题的油气田开发而言无疑极具吸引力。另外，CO_2 可以从工业设施如发电厂、化工厂、炼油厂、天然气加工厂等排放物中回收，在 CO_2 驱替结束后，大量的 CO_2 将会留存在油藏中，解决 CO_2 埋存的问题，减少温室气体的排放[6]。因此，二氧化碳驱提高石油采收率技术（CO_2-EOR）受到了世界各国政府和研究者的广泛的关注[7-9]。

与国外海相沉积油田相比，我国大多数油田属于陆相沉积，因此国外的相关研究经验可借鉴性较低。我国 CO_2 驱技术中最突出的难题就是 CO_2 与原油的混相压力过高，接近原始地层压力，致使油藏注采的调控空间窄，开发效果差。降低 CO_2-原油混相压力的方法可以分为物理法和化学法两种，其中，物理助混法的研究出现较早，二十世纪八十年代后科学家们相继开发了向地层段塞注入液氮降温[10]，CO_2 掺杂氮气、液化石油气或丙烷[11]等物理方法，调节 CO_2 与地层原油的混相压力，取得了一定的成效。与物理方法相比，化学方法一般具有助混效率高、针对性强、混相压力可控性强、成本低等特点，因而通过合成、复配等方法研制高效的助混剂成为降低混相压力的主要研究方向。近年来，国内在降低 CO_2 与原油混相压力的研究方面取得了一定的成果，但仍然缺乏有关助混机理的全面研究和助混剂研制经验的系统总结。为了推进二氧化碳驱提高石油采收率技术（CO_2-EOR）

在国内油藏开发中的规模化应用，加深 CO_2-原油助混机理的系统性研究、开发高效的助混剂体系是现阶段研究的当务之急。国内油藏分布范围广阔，地质条件和油品均有较大差异，从系统性的助混机理研究出发，归纳总结助混剂体系的研制设计思路，有助于在普遍规律的基础上研制具有针对性的助混剂体系。本文根据国内外助混剂的研究成果，总结助混剂分子中重要的基团类型和具有代表性的分子骨架结构，提出多位点、原油-CO_2“双亲”分子的整体研究思路。

1 助混剂分子基团设计

在设计 CO_2 驱用助混剂分子结构时，参考和借鉴水驱中理论研究完备且在国内规模化应用效果显著的表面活性剂分子是一条可行的技术路线。在水驱技术中，引进表面活性剂这种兼具亲水、亲油两种基团的特殊结构的分子，可以明显提高驱油效率，这表明双亲结构在两相混合时起着非常重要的作用。因此，在设计 CO_2-原油助混剂的分子结构时，采取兼具亲 CO_2、亲油基团两种结构的设计思路。其中，亲油基团的选择可以借鉴表面活性剂中研究成熟的亲油基团，例如长链烃基与原油主要组分的分子结构类似，可以根据不同油田原油的特点调节亲油基团的种类、饱和度、长短等；而亲 CO_2 基团的选择则成为设计助混剂结构的关键所在。

前人关于 CO_2-H_2O 乳状液的研究和小分子助混剂结构的设计方面[12-14]进行了较多的研究。Eastoe J 等[15]研究发现含氟的表面活性剂是一种优良的亲 CO_2 表面活性剂。Mohamed A[16]发现优化 F/H 的比例可以得到性质最为优异的含氟表面活性剂，进而在CO_2-H_2O 体系中得到较好的乳化效果(分子结构如图 1 所示)。含氟、含硅的表面活性剂效果虽好，但成本较高、环境污染严重，使得这类型的表面活性剂在应用开发上受到了一定的限制。

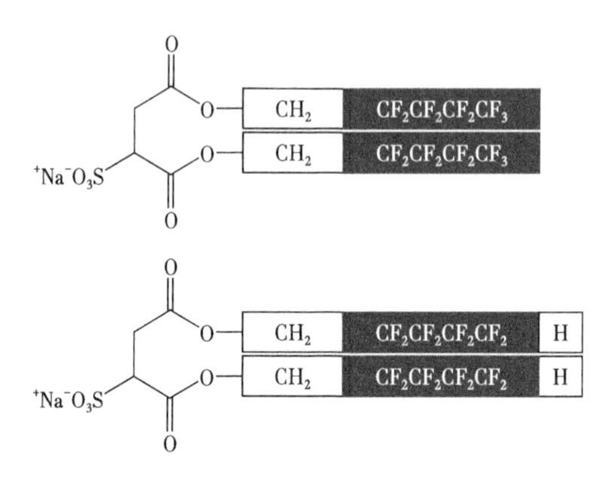

图 1　Mohamed A 等研究的含氟表面活性剂结构[16]

Hollamby M J 等[17]研究发现，两条链和三条链的支链化多酯基化合物(分子结构如图 2 所示)也能非常有效地稳定超临界 CO_2-水胶束结构。这说明酯基(尤其是多个酯基)是非常有效的亲 CO_2 基团。

2011 年郭平等[18]报道了两种可溶于超临界 CO_2 和原油中的非离子低分子量醚类化合物表面活性剂 CAE 和 CAF。

2015 年，董朝霞等[19]公开了其助混剂专利，使用 1%~4%的小分子醇、胺(包括甲

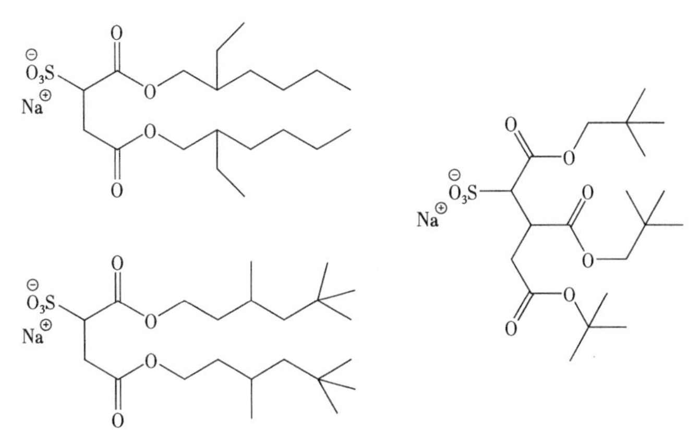

图 2　Hollamby M J 等研究的至莲花多酯基化合物结构[17]

醇、乙醇、丙醇、乙二胺和丁醇等，如图 3 所示）可降低最低混相压力。细管实验证实了加入 4%的质量比为 5:3:2 的乙醇-丁醇-乙二胺可以降低最低混相压力 12%。这表明羟基（醇）是一种可行的亲 CO_2 基团。

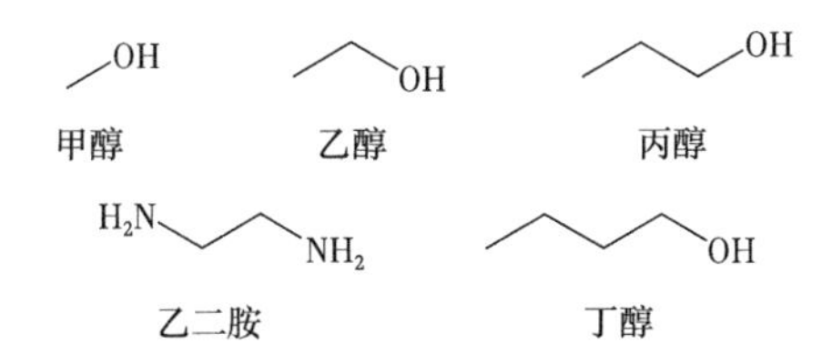

图 3　董朝霞等研究小分子醇、胺的分子结构[19]

2016 年，齐桂雪等[20]发现混苯和乙二醇丁醚（分子结构如图 4 所示）可以降低最低混相压力。加入 0.3%的乙二醇丁醚可以降低最低混相压力 18.1%，而加入 0.3%的混苯可以降低最低混相压力 16.8%。这也再一次验证了羟基（醇）和醚是有效的亲 CO_2 基团。另外混苯的有效性启示我们亲油基团的选择需要考虑烷烃链的不饱和程度。

综合以上 CO_2-H_2O 乳液和小分子助混剂的研究文献可以发现，亲 CO_2 基团主要包括

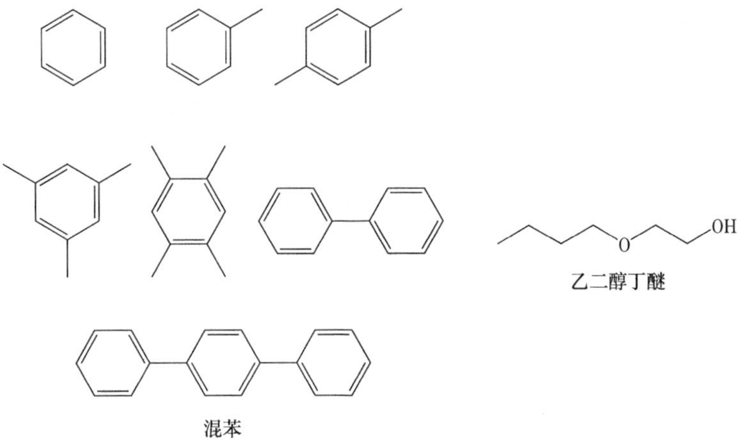

O　OH

乙二醇丁醚

混苯

图 4　齐桂雪等研究的混苯和乙二醇丁醚的分子结构[20]

以下几大类：氟、硅、羰基（酯、酮、酰胺）、醚、羟基（醇）等，而借鉴水驱的表面活性剂设计，亲油基团包括饱和或不饱和的烷烃。

2 助混剂分子设计

在明确亲 CO_2 和亲油基团后，如何将这些基团以适当的方式连接起来而产生双亲效果就是助混剂分子设计需要考虑的问题。类比经典的油-水体系表面活性剂的分子结构，单个亲 CO_2 基团和单个亲油基团共价连接就是最简单的一种分子结构。但是为了提高双亲效果，含多个亲油基团或多个亲 CO_2 基团的结构设计更具有前景，这一点也得到了很多文献和专利的支持。

2015 年 Abbas s 等[21]提出了多亲 CO_2 基团为聚醚、多亲油基团双头/三头长碳链的双头/三头非离子聚醚（分子结构如图 5 所示）可以促进超临界 CO_2 形成乳液，防止气窜，提高采收率。

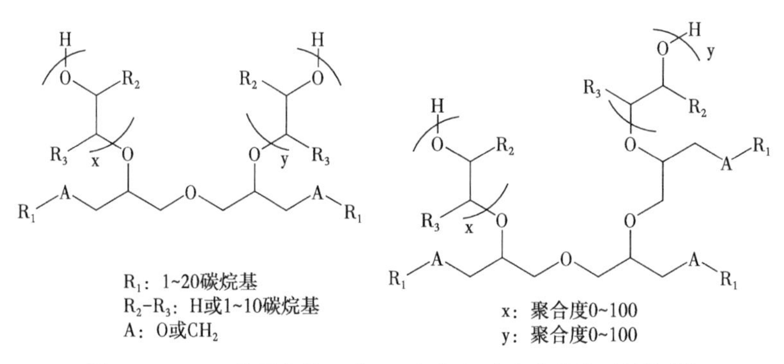

图 5 Abbas S 等研究的双头/三头非离子聚醚的分子结构[21]

2014 年，董朝霞等[22]公开了其实验室的助混剂研发专利，0.45%~1.65%表面活性剂+12.0%~14.5%助表面活性剂（分子结构如图 6 所示）可以达到降低混相压力约 8.5%的效果。其中，表面活性剂采用的有：二-(1-乙基-2-甲基-1-戊基)磺基琥珀酸钠及其同系物、聚乙二醇-2-6-8-三甲基-4-壬醚、全氟烷基聚氧乙烯、聚丙烯酸 1，1-二氢全氟辛基酯、聚二甲基硅氧烷、聚丙烯酸 1，1-二氢全氟辛基甲基酯-b-聚氧乙烯，助表面活性剂采用的有：乙醇、丙醇、丁醇、戊醇、己醇等小分子醇类。细管实验表明，0.05%聚乙二醇-2-6-8-三甲基-4-壬醚+13.5%乙醇可以降低 CO_2 最低混相压力约 8.5%。所采用的助混剂结构包括多个酯基、多个醚基、多个硅基或多个氟基，均是出于增多亲 CO_2 基团的考虑，而多烷基则是出于增加亲油性的考虑。

2015 年，罗辉等[23]公开了其实验室研发的助混剂专利，使用了 0.1%~0.8%表面活性剂+助表面活性剂（分子结构如图 7 所示）可达到降低混相压力的目的，其中表面活性剂是脂肪醇聚氧乙烯聚氧丙烯醚和烷基酚聚氧乙烯聚氧丙烯醚，助混剂是小分子醇。作者采用高温高压界面张力方法外推得到最低混相压力，结果表明，0.6%的脂肪醇聚氧乙烯聚氧丙烯醚+0.3%戊醇作为助混剂可以使混相压力降低 20%以上。可以发现，该聚醚含有多个亲 CO_2 基团（大约 10 个左右醚基），而脂肪链和芳香脂肪链则分别代表了饱和与不饱和的亲油基团。另外，选择小分子醇为助混剂，一方面因为羟基是亲 CO_2 基团，另一方面通

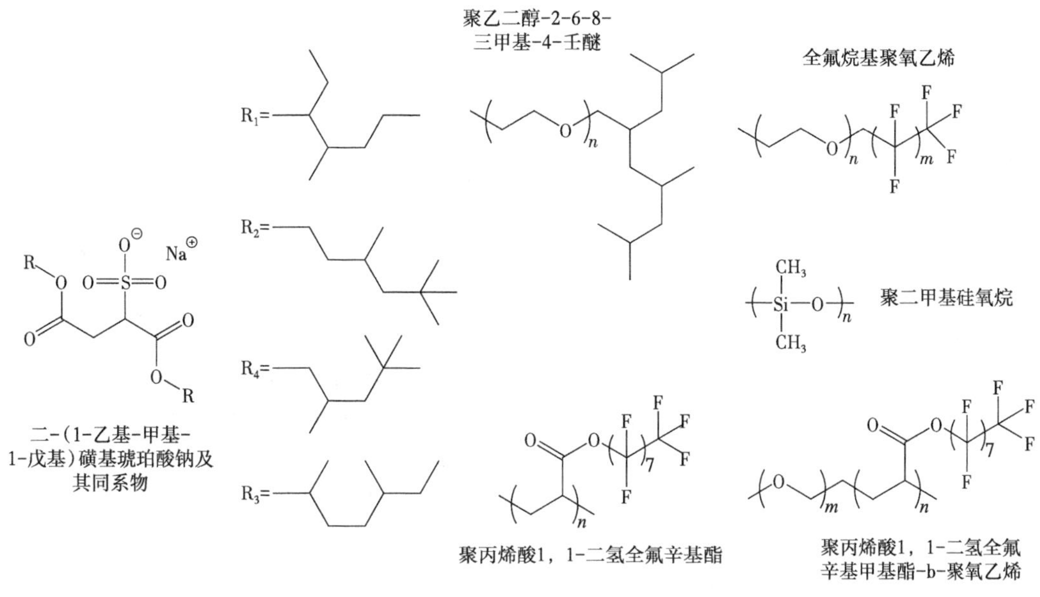

图 6　董朝霞等研究的助混剂分子结构[22]

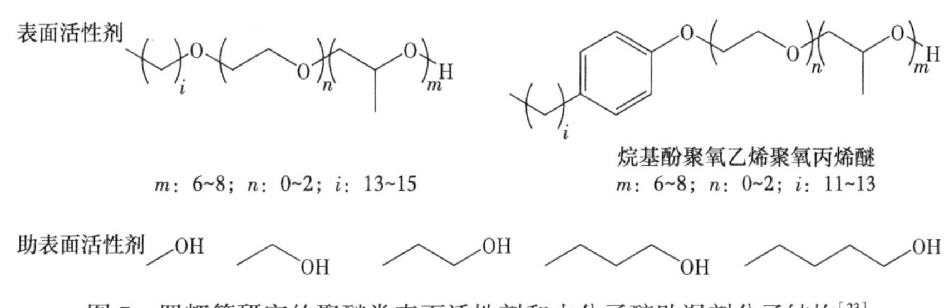

图 7　罗辉等研究的聚醚类表面活性剂和小分子醇助混剂分子结构[23]

过复配提高了表面活性剂的溶解度。

2015 年，程杰成等[24]公开了其关于硅醚类和聚醚类 CO_2 驱油助混剂的研究专利。通过一次接触混相实验和多次接触混相实验发现，丙烯基聚乙二醇和十六醇五聚氧乙烯醚(分子结构如图 8 所示)有较好的降低最低混相压力的效果，降低幅度约为 10%。采用的助混剂分子也符合多个亲 CO_2 基团(聚醚或多硅基)的结构特点。

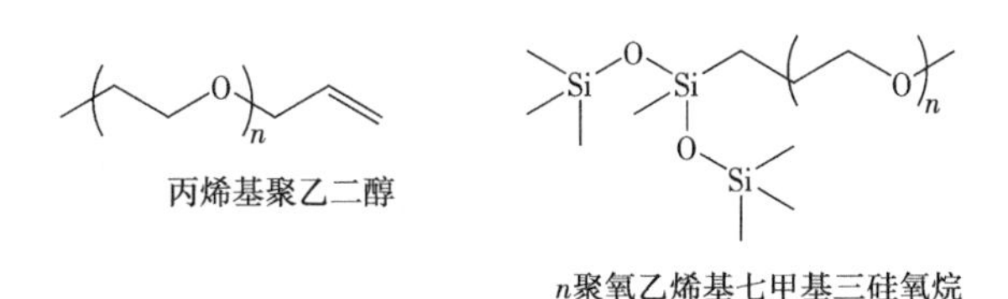

图 8　程杰成等研究的硅醚和聚醚类助混剂分子结构[24]

3 理想的助混剂结构

从以上分析可以得出：含有多个亲油基团和多个亲 CO_2 基团的结构是 CO_2 驱油助混剂的理想骨架结构，其中，亲 CO_2 基团主要包括以下几大类：含氟、含硅、含羰基（酯、酮、酰胺）、含醚基、含羟基等；亲油基团则主要是饱和或不饱和的烷烃。在现有的文献和专利中，高分子聚醚含有较多的醚基，是使用较多的一类助混剂骨架。作为典型的非离子表面活性剂，聚醚成本较低，效果可观，而且在水驱中研究较多。但是聚醚的溶解度低，这可能成为制约其发展的因素。另外小分子中含多个亲 CO_2 的骨架也值得探索，本实验室提出的糖酯也具有较好的骨架结构：酯基结构多（葡萄糖酯可有 6 个酯基，蔗糖酯的酯基更多），而且修饰性好，成本低。目前看来，有关糖酯的结构骨架所作的研究很少，只有一个专利的印证。

2015 年，杨思玉等[25]公开了用于 CO_2 驱的助混剂分子优选和评价的研究结果。界面张力实验结果表明，全乙酰葡萄糖十二烷基酯和柠檬酸三异丙酯（分子结构如图 9 所示）均有良好的助混效果，细管实验表明全乙酰葡萄糖十二烷基酯可以显著降低最低混相压力，降幅达到 27%。较大的最低混相压力降幅也验证了糖酯作为助混剂骨架的巨大潜力。不过，全乙酰葡萄糖十二烷基酯的合成成本较高，如何开发低成本的、助混效果好的糖酯应该得到研究者们的重视。

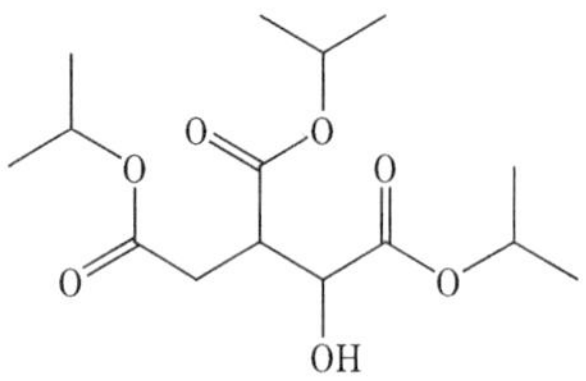

柠檬酸三异丙酯 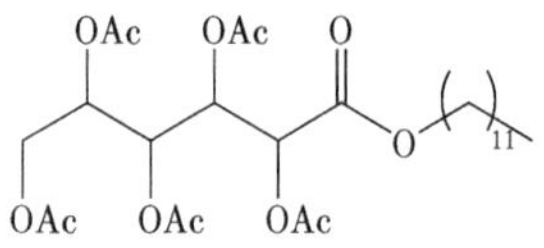　　全乙酰葡萄糖十二烷基酯

图 9　杨思玉等研究的柠檬酸三异丙酯和全乙酰葡萄糖十二烷基酯分子结构[25]

4 展望

二氧化碳驱提高石油采收率技术作为一种提高经济效益、降低温室气体排放的手段，具有良好的应用前景，因而引起了广泛的关注。二氧化碳驱提高石油采收率技术在我国遇到的难题之一是最低混相压力过高。为了解决这一问题，研制合适的助混剂尤为重要。通过文献调研，我们认为理想的助混剂应该包括多个亲油基团和多个亲 CO_2 基团，其中亲 CO_2 基团主要包括以下几大类：含氟、含硅、含羰基（酯、酮、酰胺）、含醚基、含羟基等；亲油基团则主要包括饱和或不饱和的烷烃。目前研究较多的分子骨架主要集中于聚醚。本实验室提出的糖酯也是值得探索的一类骨架。另外在研究助混剂的过程中，助混剂的稳定性、成本控制和环境相容性等也是值得研究者重视的方面。在有效控制成本和防止环境污染的前提下，研制稳定高效、多位点、“双亲”型助混剂体系是目前二氧化碳驱提高石油采收率技术的关键突破口，值得我们系统全面的研究。

参考文献

[1] 秦伟. 二氧化碳驱提高采收率技术及应用 [J]. 科技与企业, 2016, (02): 98-99.

[2] WHORTON L P, BROWNSCOMBE E R, DYES A B. Method for producing oil by means of carbon dioxide: US 2 623 596 [P]. 1952-12-30.

[3] LIAO X, GAO C N, WU P, et al. Assessment of CO_2 EOR and Its Geo-Storage Potential in Mature Oil Reservoirs, Changqing Oil Field, China [C]. //Carbon Management Technology Conference, Orlando, Fla, USA, 2012, February, 62-67.

[4] ZHANG L, WANG S, ZHANG L, et al. Assessment of CO_2 EOR and its geo-storage potential in mature oil reservoirs, Shengli Oilfield, China [J]. Petrol Explor Develop, 2009, 36(6): 737-742.

[5] DONG M, HUANG S, SRIVASTAVA R. Effect of solution gas in oil on CO_2 minimum miscibility pressure [J]. J Can Petrol Technol, 2000, 39(11): 53-61.

[6] GOZALPOUR F, REN S R, TOHIDI B. CO_2 EOR and storage in oil reservoir [J]. Oil Gas Sci Technol, 2005, 60(3): 537-546.

[7] MORITIS G. Enhanced oil recovery survey-2008 [J]. Oil Gas J, 2008, 106(15): 31-96.

[8] 陈志超, 李刚, 尚小东, 等. CO_2 驱提高采收率国内外发展应用情况 [J]. 内蒙古石油化工, 2009(9): 26-27.

[9] 江怀友, 沈平平, 陈立滇, 等. 北美石油工业二氧化碳提高采收率现状研究 [J]. 中国能源, 2007(7): 30-34.

[10] SHUW R. Lowering CO_2 MMP and recovering oil using carbon dioxide: US 4 513 821 [P]. 1985-4-30.

[11] FUSSELL D D, YELLIG JR W F. Miscible flooding with displacing fluid containing additive compositions: US 4 557 330 [P]. 1985-12-10.

[12] 张国栋, 韩富, 张高勇. 超临界二氧化碳微乳液中的表面活性剂 [J]. 化学通报, 2006(2): 84-90.

[13] LUO T, ZHANG J, TAN X, et al. Water-in-supercritical CO_2 microemulsion stabilized by a metal complex [J]. Angew Chem, 2016, 128(43): 13731-13735.

[14] TEOH W H, MAMMUCARI R, FOSTER N R. Solubility of organometallic complexes in supercritical carbon dioxide: a review [J]. J Organomet Chem, 2013(724): 102-116.

[15] EASTOE J, PAUL A, DOWNER A, et al. Effects of fluorocarbon surfactant chain structure on stability of water-in-carbon dioxide microemulsions. Links between aqueous surface tension and microemulsion stability [J]. Langmuir, 2002, 18(8): 3014-3017.

[16] MOHAMED A, SAGISAKA M, GUITTARD F, et al. Low fluorine content CO_2-philic surfactants [J]. Langmuir, 2011, 27(17): 10562-10569.

[17] HOLLAMBY M J, TRICKETT K, MOHAMED A, et al. Tri-chain hydrocarbon surfactants as designed micellar modifiers for supercritical CO_2 [J]. Angew Chem Int Ed, 2009, 48(27): 4993-4995.

[18] 郭平, 焦松杰, 陈馥, 等. 非离子低分子表面活性剂优选及驱油效率研究 [J]. 石油钻采工艺, 2012(2): 81-84.

[19] 杨子浩, 李明远, 尹太恒, 等. 一种降低二氧化碳驱油最小混相压力的方法: CN 105422066 A [P]. 2015-11-18.

[20] 齐桂雪, 李华斌, 谭肖, 等. 混相压力调节剂提高 CO_2 驱采收率室内研究 [J]. 科学技术与工程, 2016(24): 167-170.

[21] ABBAS S, ELOWE P R, SANDERS A W, et al. Method and composition for enhanced oil recovery based on supercritical carbon dioxide and a nonionic surfactant: US 20 150 136 397 [P]. 2015-5-21.

[22] 张娟, 李翼, 崔波, 等. 一种超临界 CO_2 微乳液提高原油采收率的方法: CN 104194762 A [P]. 2014-12-10.

[23] 罗辉，范维玉，王芳，等. 一种可降低二氧化碳与原油最小混相压力的超临界二氧化碳微乳液：CN 104610953 A [P]. 2015-5-13.
[24] 程杰成，庞志庆，白广文，等. 一种利用表面活性剂提高二氧化碳驱油采收率的方法：CN 105 257 264 A [P]. 2016-1-20.
[25] 杨思玉，廉黎明，杨永智，等. 用于 CO_2 驱的助混剂分子优选及评价 [J]. 新疆石油地质，2015 (5)：555-559.

一种便捷、可视化的 CO_2 驱助混剂评价方法

——高度上升法及其在油田化学中的应用

刘泽宇[1]　廖培龙[1]　马　骋[1]　刘卡尔顿[1]
杨思玉[2]　吕文峰[2]　杨永智[2]　黄建滨[1]
(1. 北京大学化学与分子工程学院；2. 中国石油勘探开发研究院)

摘要：在超临界二氧化碳提高石油采收率技术(CO_2-EOR)中，开发有效降低最低混相压力的助混剂是重要的一环。为有效缩短助混剂开发周期，大幅提高开发效率，介绍了一种便捷、可视化的最低混相压力测定方法——高度上升法。利用自行搭建的具有视窗的高压釜设备，将混相过程中油相的体积膨胀转化为高度信息，经数据处理获得混相百分比—平衡压力曲线，整个过程是可视化的，测得的最低混相压力与利用细管实验法测得的数据进行比对以确定准确性；提出了利用不同组成的模拟油进行助混剂筛选的实验方法。结果表明，高度上升法测定最低混相压力与细管实验法测定的相对误差小于5%。利用此方法筛选出了有效的八酯型助混剂，运用于长庆、新疆、吉林的原油样品时，在50~80℃、1%~3%用量下，均可有效降低最低混相压力，最大降幅超过20%。该方法可以准确测定最低混相压力，进而评价助混剂的助混效果。

关键词：最低混相压力；高度上升法；可视化；二氧化碳驱；助混剂；采收率

随着石油开采程度的加深，开采难度也逐步提高，提高原油采收率(EOR)技术愈发具有重要的战略意义[1-3]。在众多三次采油技术中，由于具有绿色、高效及同时解决温室气体排放问题的优势，超临界二氧化碳($scCO_2$)驱油技术在众多EOR技术中脱颖而出[4-11]。我国多数油藏的原油与$scCO_2$之间的最低混相压力(MMP)较高，接近甚至高于地层压力，从而成为制约我国$scCO_2$-EOR技术发展的技术瓶颈[12]。在$scCO_2$-EOR技术开发中，开发有效降低MMP的助混剂是非常重要的研究方向[13-15]，因此如果能建立一种准确、便捷的MMP测定方法，就能有效缩短助混剂开发周期，大幅提高$scCO_2$-EOR技术开发的效率。

MMP的测定方法主要有细管实验法[16]和界面张力消失法[17](VIT)两种。细管实验法是目前公认的较为准确可靠的直接测定方法[18-19]，实验过程模拟实际驱替过程，以采收率不再随驱替压力升高的压力点指示MMP，在我国也被作为标准方法(石油天然气行业标准SY/T 6573—2016《最低混相压力实验测定方法——细管法》)。但其所需设备严苛，操作复杂，经济成本高，实验周期通常在一个月以上[20]，同时混相过程完全无法实现可视化监控，不能批量实验以达到筛选的要求。除了细管实验，VIT法也是一种应用较为广泛的测定方法[20]。该法以原油与$scCO_2$之间界面张力(IFT)消失的压力点指示MMP，是一种间接测定MMP的方法[21-23]，但不同体系中IFT随压力的变化没有普适性规律[24-28]。这两

种方法在实际应用中都难以准确、直观地反映混相的物理过程。因此，该领域迫切需要发展一种科学、简易、快速、可视化的 MMP 测定方法，用以评价助混剂助混效果，从而达到高效筛选助混剂并研究助混机理和规律的目的。针对上述问题，本文依托简单的混相原理搭建有透明视窗的高压反应釜，将釜内油相液面高度随压力的变化关系转化为混相百分比曲线以反映和监控混相过程并测定 MMP；同时还提出了从 CO_2/模拟油样向 CO_2/真实原油推进研究的实验方法。

1 实验部分

1.1 材料与仪器

K812242 型煤油，上海麦克林生化科技有限公司；5# 白油，中国石油勘探开发研究院；原油分别来自长庆油田某区、新疆油田某区和吉林油田某区；CO_2，99.9%，海科元昌实用气体有限公司；三硬脂酸甘油酯、四硬脂酸季戊四醇酯，分析纯，梯希爱(上海)化成工业发展有限公司；八酯型助混剂，自制[29]。

高压釜，自行组装；DB-80A 单杠柱塞泵，北京星达科技发展有限公司；细管，20m×0.44cm，成都潜驱石油技术有限公司；125~150 μm（120~100 目）石英砂。高度上升法实验装置示意图如图 1 所示。

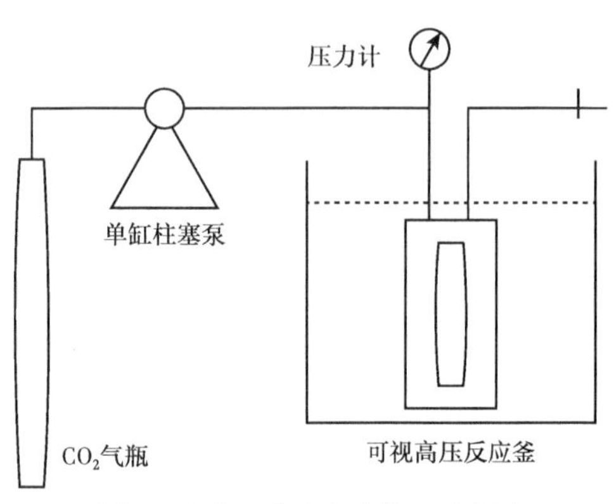

图 1　高度上升法实验装置示意图

1.2 实验原理

助混剂助混效果的评价基于 MMP 的测定。用于测定 MMP 的高度上升法的基本思路是回归混相驱的本质，将驱替过程简化为混相过程，在可视化的简易恒容高压设备中，观测油、助混剂和 $scCO_2$ 体系的相态变化。在横截面积恒定时，油相的体积膨胀将正比于油-$scCO_2$界面高度，并在某一压力下实现混相，此时恒容釜中将只存在一相，这一压力即为 MMP。该方法科学、直观、高效、可视化。

另一方面，原油成分复杂，不同组分与 CO_2 的作用机制差异也是重点研究课题[30-31]，且因我国不同油田油品差异大，不适宜直接进行助混剂助混过程和机理的研究，这成为助混剂筛选的障碍之一。针对这一问题，本文提出在助混剂开发、研究和筛选过程中，选用模拟油替代原油进行前期开发和筛选工作的方法：先以成分相对集中、MMP 低的模型油（如煤油）进行初步实验，有利于提高实验效率，明确不同助混剂之间助混效果的相对差异，指导优化体系的设计；再以成分与性质更接近原油的模拟油（例如白油或其与其他油样的混合物）进行下一阶段的实验，得到的 MMP 数据可以预测特定助混剂对原油的降低 MMP 效果；最终将优化后的助混剂应用于原油中，并通过细管实验验证，与行业标准对接。

1.3 实验方法

（1）高度上升法：利用带透明宝石视窗和高度刻度的恒容高压釜作容器以便观测油相

液面上升高度(图1)。将其置于设定温度的恒温水浴中，向恒容釜中加入油样(每次等体积)、助混剂和搅拌磁子，记录初始高度 H_0，用气瓶注入 CO_2 并调节压力 p，随压力增大，CO_2 进入超临界状态并逐渐溶于油相，油相高度 H 逐渐增大，每调节一次 p，稳定数分钟，读取一组 H—p 数据，至容器全被油相充满，此时高度为 H_m，定义该状态为完全混相，此时的压力 p_m 即为体系 MMP。定义混相百分比 δ 和助混效率 v(MMP 降低率)ω 为：

$$\delta=\frac{H-H_0}{H_m-H_0}\times100\% \tag{1}$$

$$\omega=\frac{p_{m1}-p_{m2}}{p_{m1}}\times100\% \tag{2}$$

以 δ—p 曲线反映混相过程，作为此方法的实验数据曲线，以 ω 作为反映助混剂助混效率的指标。其中，p_{m1} 为油样的 MMP，p_{m2} 为加入助混剂后油样的 MMP。ω 可以直观表示该助混剂降低 MMP 的效率。

(2)细管实验法：用石英砂填充细管，孔隙度为 33.5%，孔隙体积为 101.7cm^3，管路内饱和油量 80mL，注气量 1.2PV，温度 75℃(接近油样采样点地温)，驱替速率 0.10～0.25mL/min。

2 结果与讨论

2.1 高度上升法的准确性

在整套评价方法建立的过程中，利用传统的细管实验法检验高度上升法测定 MMP 的准确性。选取的助混剂为自制的八酯型助混剂，实验结果表明八酯型助混剂可以降低原油-scCO_2 的 MMP。在高度上升法实验中，测试体系置于 75℃水浴中，平衡压力点的选取完全是可控的，通过将体积膨胀(反映为釜内相界面高度)信息转化为混相百分比—压力曲线，可以很清晰地观察到曲线的上升趋势，对比助混剂施用与否的过程差异。由图 2 可见，在 12MPa 以下，助混剂没有发挥显著的作用，但混相百分比随压力上升的增幅较大，最终未施加助混剂的长庆油田某区块原油体积缓慢膨胀，在 16.97MPa 时达到完全混相，而加入助混剂的实验组中，在 13.91MPa 下即可达到完全混相，这两个混相时对应的平衡压力即为高度上升法测定的 MMP 值。

选用同样的原油样品和同样施用量的八酯型助混剂进行细管实验。由图 2(b)可见，原油样品在实验条件下的 MMP 测定值为 16.58MPa，而在加入助混剂后降至 13.19MPa。这两项数据的高度上升法测定值分别为 16.97MPa 和 13.91MPa，相对误差分别为 2% 和 5%，表明用高度上升法测定 MMP 可靠且准确，因此用高度上升法开展后续的助混机理研究及助混剂筛选实验。同时，八酯型助混剂作为本文筛选出的优良助混剂，在实际施用于长庆某区块原油中可使原油-scCO_2 的 MMP 降低 20%以上，这也表明整套评价筛选方法的有效性和实用价值。

另外，对于相同的体系，在和细管实验相同的条件下用 VIT 法进行了测试作为对比，但通过该方法并没有得到准确的 MMP 数据和正确的助混效果结论，结果如图 3 所示。如前所述，不同体系中 IFT 随压力的变化没有普适性规律。由于自制的八酯型助混剂在油相

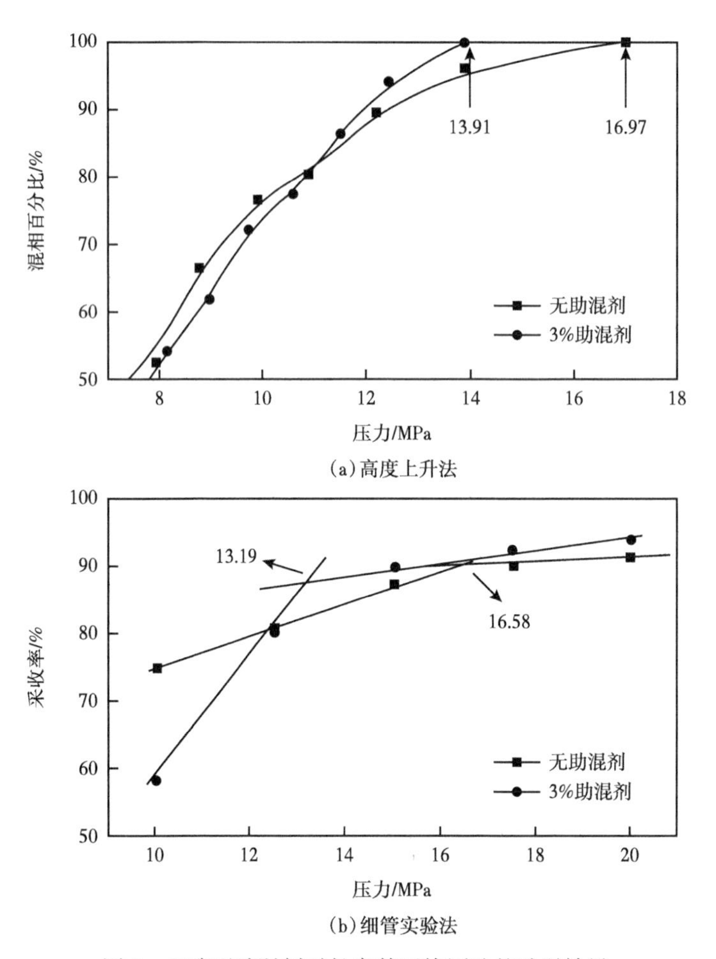

图 2 八酯型助混剂对长庆某区块原油的助混效果

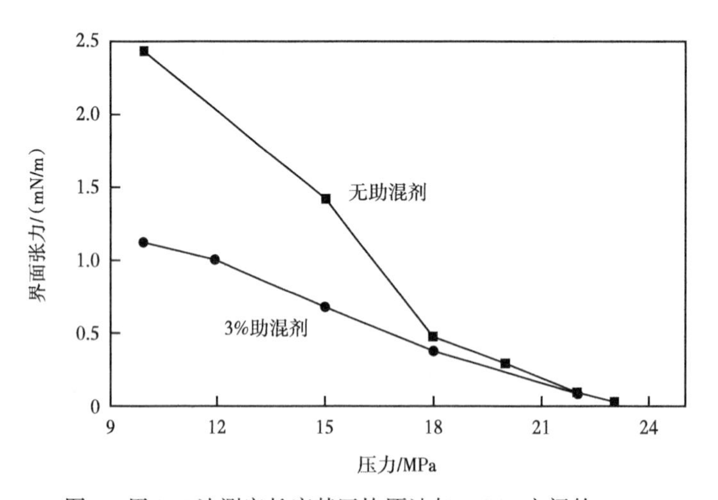

图 3 用 VIT 法测定长庆某区块原油与 $scCO_2$ 之间的 MMP

中溶解会显著改变油样的性质，导致施用助混剂前后，IFT 随压力上升而下降的曲线呈现出不同的线形。未施加助混剂时为双斜率型[24]，按照 VIT 理论计算后得到长庆某区块原油与 $scCO_2$ 的 MMP 约 19MPa；而施加助混剂后的曲线为单斜率型[23]，计算后得到的 MMP

约 22MPa。该结果与细管实验结果相比偏差较大，但其并非来自 IFT 测定本身，而是以界面张力指示混相终点的理论尚不具有完全的普适性，特别是在助混剂开发中，助混剂会影响油样性质。面对性质跨度大的样品，更适合用普适性好的方法测定 MMP。

2.2 可视化的混相过程

最低混相压力是一个描述状态的物理量，即在某个固定压力下原油和 $scCO_2$ 混合体系达到特定相状态，而混相是一个物理过程，MMP 作为过程终点十分重要，混相过程中的相态变化、界面状态等也具有重要的研究意义[32-33]。细管实验法和 VIT 法测定 MMP 都侧重于测定终点，而且无论是 IFT 的降低还是采收率的提高均不能直接反映混相这一物理过程。

高度上升法可以全程观测原油和 $scCO_2$ 的相行为，在 MMP 测定的同时也可以得到一条过程曲线，实现混相过程的可视化。实验过程中，通过单缸柱塞泵和气路逐步调节与反应釜平衡的 CO_2 分压，可通过数字式压力计读取平衡压力值，灵敏、准确，取点位置和取点间隔可控。同时，所用高压釜有一对通透的宝石视窗，可以清晰地观察到反应釜中由两相变为一相的过程。可通过视窗边缘的标尺直接读取油相与 CO_2 相之间相界面的高度值，由 1.3 中的方法计算得到混相百分比 δ。不同助混体系的 δ 随压力变化的曲线变化率和变化趋势会呈现差异性。例如表 1 所展示的白油助混体系，当实验压力低于或接近临界压力(7.38MPa)时，$scCO_2$ 相的性质与油相相差较大，助混剂助混效果不显著。在实验压力超过 10MPa 后，助混剂作用开始显现，CO_2 在油相中的溶解度显著提高，有助于混相，获得更高的体积膨胀率。通过分析大量高度上升法实验数据后发现，对大多数油样，10~12MPa 为助混剂助混效果显示的临界压力，正对应 $scCO_2$ 密度随压力变化最剧烈的区间，压力超过 12MPa 之后 $scCO_2$ 密度已经接近油样，且变化不再显著。密度在混相驱中的影响是通过高度上升法曲线分析得出，这是 VIT 实验和细管实验所不关注的实验信息。同时，相界面的软化现象、油相进入 CO_2 相的情况等，都可以被直接观察记录。高度上升法不仅能支持实施快速、高效的批量实验以筛选优良效果的助混剂，还可以展现更多混相过程中的信息，指导筛选工作和规律研究。

表 1 用高度上升法测定白油与 CO_2 的混相百分比

白油空白样品			白油+3%八酯型助混剂		
压力/MPa	高度/cm	δ/%	压力/MPa	高度/cm	δ/%
0.13	7.00	0.00	0.13	7.00	0.00
5.43	7.42	16.2	5.70	7.24	9.20
7.41	7.52	20.0	7.37	7.50	19.2
10.20	8.09	41.9	10.20	8.15	44.2
11.02	8.39	53.5	11.15	8.59	61.2
12.80	8.72	66.2	15.26	8.99	76.5
14.86	8.95	75.0	17.40	9.31	88.8
16.33	9.10	80.8	18.32	9.45	94.2
19.30	9.30	88.5	18.88	9.60	100.0
20.44	9.49	95.8			
22.60	9.60	100.0			

2.3 利用模拟油进行筛选与规律研究

我国油藏分布广泛，油品差异大，密度、黏度、成分等均不同，以往的助混剂研究工作多为直接针对特定油藏原油样品进行筛选，难以进行普遍性助混规律的研究。本文提出了使用合适的模拟油研究油-scCO_2混相及助混剂的思路，具有以下要点。(1)在助混规律研究中使用煤油、白油作为模型。煤油、白油均为原油分馏物，组成较原油相对集中，规避了不同油藏的差异性对助混规律研究的干扰。(2)煤油、白油属于轻质原油产品，相较于原油 MMP 低，有利于高效、便捷地实施混相实验。(3)在助混剂筛选时，利用与特定原油样品组成和性质相近的模拟油(白油或白油与轻质组分的混合油)进行助混剂初步筛选，可以保守估测该助混剂在原油中的助混效率。

用高度上升法测得 3 种助混剂在不同油样中的助混效率，结果见表 2。在温度 50℃、注混剂加量 1%的条件下，初期先用煤油进行实验，由于煤油油品轻，对 CO_2 的亲和力强，MMP 较低，有利于进行快速的筛选实验。但由于煤油本身的 MMP 已经很低，故多种助混剂降低其 MMP 效率的差异较小，体现出“拉平效应”。尽管如此，仍能对比得到分子中酯基越多助混效率越高的结论。接下来设计了模拟油的实验，选择 5#白油作为某原油油样的模拟油。由于其油品重，组分接近该原油，同时由于本身 MMP 较高，故不同助混剂下其 MMP 差异较为明显。数据显示，利用白油进行的高度上升法实验得到的助混效率，对该助混剂在原油中的助混效果有良好的预告作用，比较适合在原油实验前作为模拟油进行筛选实验。由此可见，在整个助混剂开发流程中，除了新的 MMP 测定方法的引入，在前期实验中使用模拟油进行规律研究和筛选工作具有科学性和高效性，不同助混剂体系之间有可比性，可以有效预测特定助混剂的原油助混效率。该实验方案可以大大缩短时间并减少原油样品的消耗。

表 2 助混剂在不同油样中的助混效率

助混剂	在不同油样中的助混效率/%		
	煤油	白油	原油
八酯	8.6	16.0	16.6
四酯	8.0	14.8	15.8
三酯	4.5	8.3	10.6

在高度上升法测定 MMP 和模拟油实验方案的助力下，主要围绕醚类以及多酯类助混剂展开了研究，总结助混机理以及构效关系，例如酯基数量以及分子中长碳链结构对助混效果的影响等[29]。由于高度上升法的便捷性，且其需要样品量少，可以进一步进行助混剂耐温性、最佳浓度的筛选，最终优选出一类含有八个酯基和部分长碳链的分子多酯类助混剂。在 50℃下，3%的用量即可将 5#白油的混相压力由 22.60MPa 降至 18.88MPa (表 1)，在 50~80℃范围内均不会失效。这一助混剂也应用于 2.1 中介绍的原油中，在新疆、吉林、长庆油田的原油样品中均能有效降低 MMP，细管实验同样证实了该助混剂优良的助混性能。

综上，利用便捷、可视化的高度上升法 MMP 测定技术，依据使用煤油、白油等构建模拟油的实验方案，进行了助混剂的开发筛选以及助混规律研究，得到了性能优良的助混剂，优化了助混条件，并在原油样品中取得了良好的应用，证实了本套可视化 MMP 测定方法的准确性、普适性和模拟油实验方案的可行性。

3 结论

便捷、可视化的 CO_2 驱助混剂评价方法——高度上升法依托简单的混相原理搭建有透明视窗的高压反应釜，将釜内油相液面高度随压力的变化关系转化为混相百分比曲线以反映和监控混相过程，从而测得 MMP 数据。用模拟油可以预测助混剂在原油中的效果，降低了筛选流程的难度。选用白油或白油与轻质组分的混合油作为模拟油，进行前期的开发和筛选工作。筛选出的八酯型助混剂具有用量低、耐温等优点，在 75℃ 下可以降低原油 MMP 达 20%。用模拟实际驱替过程的细管实验测得的 MMP 与高度上升法所得吻合良好。高度上升法实验周期短、设备简易、样品需要量少，可作为批量筛选助混剂和研究助混规律的有效方法。

参 考 文 献

[1] 胡文瑞. 中国石油二次开发技术综述 [J]. 特种油气藏，2007，14(6)：1-4.

[2] 何江川，廖广志，王正茂. 关于二次开发与三次采油关系的探讨 [J]. 西南石油大学学报(自然科学版)，2011，33(3)：96-100.

[3] 杨志钢. 三次采油技术及进展 [J]. 化工进展，2011，30(S1)：420-423.

[4] WHORTON L P，BROWNSCOMBE E R，DYES A B. Method for producing oil by means of carbon dioxide：US 2623596 [P]. 1952-12-30.

[5] 王友启，周梅，聂俊. 提高采收率技术的应用状况及发展趋势 [J]. 断块油气田，2010，17(5)：628-631.

[6] VLADIMIR A，EDUARDO M. Enhanced oil recovery：Anupdate review [J]. Energies，2010，3(9)：1529-1575.

[7] HOLM L W，JOSENDAL V A. Mechanisms of oil displacementby carbon dioxide [J]. J Pet Technol，1974，26(12)：1427-1438.

[8] GOZALPOUR F，REN S R，TOHIDI B. CO_2 EOR and storage inoil reservoirs [J]. Oil Gas Sci Technol，2005，60(3)：537-546.

[9] MEHDI E，NASIR M，SHAHAB A. The Gas-oil interfacial behavior during gas injection into an asphaltenic oil reservoir [J]. J Chem Eng Data，2013，58(9)：2513-2526.

[10] 吴忠宝，甘俊奇，曾倩. 低渗透油藏二氧化碳混相驱油机理数值模拟 [J]. 油气地质与采收率，2012，19(3)：67-70.

[11] 毕凤琴，李芳，梁辉. “CO_2-EOR” 技术的国内外研究及应用现状 [J]. 价值工程，2011，30(11)：206-207.

[12] 宋新民，杨思玉. 国内外 CCS 技术现状与中国主动应对策略 [J]. 油气藏评价与开发，2011，1(2)：25-30.

[13] 王芳，罗辉，范维玉，等. 非离子表面活性剂分子结构对 CO_2 驱混相压力的影响 [J]. 油田化学，2017，34(2)：270-273.

[14] GUO Ping，HU Yisheng，QIN Jishun，et al. Use of oil-soluble surfactant to reduce minimum miscibility pressure [J]. Pet Sci Technol，2017，35(4)：345-350.

[15] LUO Hui，ZHANG Yongchuang，FAN Weiyu，et al. Effects of non-ionic surfactant (C_iPO_j) on the interfa-

cial tension behavior between CO_2 and crude oil [J]. Energy Fuels, 2018, 32(6): 6708-6712.
[16] FLOCK D L, NOUAR A. Parametric analysis on the determination of the minimum miscibility pressure in slim tube displacements [J]. J Can Pet, 1984, 23(5): 80-88.
[17] RAO D N. A new technique of vanishing interfacial tension for miscibility determination [J]. Fluid Phase Equilib, 1997, 139(1/2): 311-324.
[18] DONG M Z, HUANG S, DYER S B, et al. A comparison of CO_2 minimum miscibility pressure determinations for weyburn crude oil [J]. J Pet Sci Eng, 2001, 31(1): 13-22.
[19] ZHANG Kaiqiang, GU Yongan. Two different technical criteria for determining the minimum miscibility pressures (MMPs) from the slim-tube and coreflood tests [J]. Fuel, 2015, 161: 146-156.
[20] AYIRALA S C, RAO D N. Comparative evaluation of a new MMP determination technique [C]//SPE/DOE Symposium on Improved Oil Recovery. USA, 2006: 1-15.
[21] RAO D N, LEE J I. Application of the new vanishing interfacial tension technique to evaluate miscibility conditions for the Terra Nova offshore project [J]. J Pet Sci Eng, 2002, 35(3/4): 247-262.
[22] RAO D N, LEE J I. Determination of gas-oil miscibility conditions by interfacial tension measurements [J]. J Colloid Interface Sci, 2003, 262(2): 474-482.
[23] ABEDINI A, MOSAVAT N, TORABI F. Determination of minimum miscibility pressures of crude oil-CO_2 system by oil swelling/extraction test [J]. Energy Technol, 2014, 2(5): 431-439.
[24] ZHANG Kaiqiang, GU Yongan. Two new quantitative technical criteria for determining the minimum miscibility pressures (MMPs) from the vanishing interfacial tension (VIT) technique [J]. Fuel, 2016, 184: 136-144.
[25] ABDOLHOSSEIN H S, SHAHAB A, GHAZANFARI M H, et al. Experimental determination of interfacial tension and miscibility of the CO_2-crude oil system: Temperature, pressure and composition effects [J]. J Chem Eng Data, 2014, 59(1): 61-69.
[26] KAZEMZADEH Y, PARSAEI R, RIAZI M. Experimental study of asphaltene precipitation prediction during gas injection to oil reservoirs by interfacial tension measurement [J]. Colloids Surf A: Physicochem Eng Aspects, 2015, 466: 138-146.
[27] MOSTAFA L, SHAHAB A. Experimental investigation on CO_2-light crude oil interfacial and swelling behavior [J]. Chin J Chem Eng, 2018, 26(2): 373-379.
[28] 王海涛，王锐，伦增珉，等. 高温高压 CO_2/原油界面张力及对驱油效率的影响 [J]. 科学技术与工程，2017，17(34)：38-42.
[29] 廖培龙，刘泽宇，刘卡尔顿，等. 基于多酯头基的“油-二氧化碳两亲分子”设计及其助混规律 [J/OL]. 物理化学学报，2020，36(10)：1907034 [2019-09-04] http://www.whxb.pku.edu.cn/CN/10.3866/PKU.WHXB201907034. doi: 10.3866/PKU.WHXB201907034.
[30] 吴润楠，魏兵，邹鹏，等. 超临界 CO_2 对普通稠油和超稠油物性的影响规律 [J]. 油田化学，2018，35(3)：440-446.
[31] 陈龙龙，余华贵，汤瑞佳，等. 沥青质沉积对轻质油藏 CO_2 驱的影响 [J]. 油田化学，2017，34(1)：87-91.
[32] 赵凤兰，张蒙，侯吉瑞，等. 低渗透油藏 CO_2 混相条件及近混相驱区域确定 [J]. 油田化学，2018，35(2)：273-277.
[33] 陈浩，张贤松，唐赫，等. 低渗油藏非纯 CO_2 近混相驱及实现条件研究 [J]. 油田化学，2017，34(4)：631-634.

CO_2 泡沫改善吸水剖面实验评价研究

王　健　吴松芸　余　恒　张作伟　徐　鹏

（西南石油大学油气藏地质及开发工程国家重点实验室）

摘要：针对注水开发油田高含水开发期平面水驱不均、纵向吸水差异大、水驱采收率低的问题，开展了 CO_2 泡沫驱改善吸水剖面室内评价试验研究，建立了三组渗透率级差分别为 3、6、9 的高、低渗透率并联岩心组合驱替模型，采用 CO_2 泡沫驱替岩心，研究 CO_2 泡沫驱替过程中渗透率级差以及含油饱和度级差对吸水剖面改善效果的影响及 CO_2 泡沫驱油效率。研究表明，渗透率级差越小，CO_2 泡沫对注入剖面的改善效果越好，并考虑到不同渗透率级差下 CO_2 的驱油效率，实际应用中应当将同一层系的渗透率级差控制在 6 以内；含油饱和度越高，CO_2 泡沫对剖面的改善效果越好，在实际应用中注入时机应当选择含油饱和度级差的范围为 4~6。目前该研究成果已在吉林油田 A 区块 CO_2 泡沫驱矿场试验中得到应用。

关键词：CO_2 泡沫；渗透率级差；含油饱和度级差；改善吸水剖面；驱油效率

CO_2 泡沫驱提高采收率技术始于 20 世纪 50 年代，1964—1967 年，美国联合石油公司在 Higgins 油田开展了泡沫驱油矿场试验，结果表明泡沫驱能有效降低油井含水率，增产原油 2.2×10^4t，在 20 世纪 90 年代，美国、英国、俄罗斯等国家相继进行了泡沫驱油矿场试验[1-2]，并且都取得了较好的效果。在 20 世纪 70 年代初，我国也对泡沫驱油技术进行了相关研究，1965 年在玉门油田进行了泡沫驱试验[3]，而后相继又在克拉玛依油田、大庆油田、田东油田进行了泡沫驱试验，都取得了较好的效果。胜利油田于 2003 年 5 月在孤岛中 28-8 井开展注入强化泡沫驱油试验[4]，试验井区综合含水率下降了 4.4%，日增油 67t。从国内外进行的泡沫驱室内实验和矿场试验成果来看，泡沫驱驱油技术在提高油藏采收率及控水增油方面有着独特的技术优势。

1　实验部分

1.1　实验原理

针对泡沫的控水增油性能，前人常用的阻力因子（泡沫对单根岩心的注入压力的提升程度）偏向于表征泡沫体系的封堵性能，并不能很好地反映出泡沫对高、低渗透层剖面改善效果，泡沫调驱技术的目标之一是通过改善层间差异程度使驱替前缘在高、低渗透层中趋于同步推进，实现近活塞式驱替，且一般来说高渗透层中残余油多，泡沫需要在改善高、低渗透层间差异的基础上对高渗透层也同时进行有效的驱替，为此，开展了 CO_2 泡沫体系改善吸水剖面室内评价研究，并根据流度的定义，得出以下关系式[5-7]：

$$\frac{\lambda_h}{\lambda_l}=\frac{K_h/\mu}{K_l/\mu}=\frac{K_hA_h\Delta p/\mu L_h}{K_lA_l\Delta p/\mu L_l}=\frac{Q_h}{Q_l}=\frac{Q_h/Q}{Q_l/Q}=\frac{f_h}{f_L}=\eta_p \tag{1}$$

式中 λ_h、λ_l——流体在高、低渗透层的流度，D/(mPa·s)；

K_h、K_l——流体在高、低渗透层的有效渗透率，D；

Q_h、Q_l、Q——流体在高、低渗透层的流量及总流量，cm^3/s；

f_h、f_l——高、低渗透层的吸水百分比(分流率)；

μ——流体黏度，mPa·s；

L——岩心长度，cm；

Δp——驱替压差，atm；

A——岩心横截面积，cm^3。

依据 η_p 与 1 的关系，可以评价出吸水剖面的改善效果，当 $\eta_p>1$ 时，高渗透岩心强吸水；当 $\eta_p<1$ 时，低渗透岩心强吸水；当 $\eta_p=1$ 时，驱替前缘在高、低渗透岩心中实现近活塞式驱替。这种改善效果不仅仅是局限于泡沫封堵性能的评价，更重要的是体现出 CO_2 泡沫体系“调驱”效果中“驱”的作用。

1.2 实验药剂与仪器

泡沫剂主要成分为：阴离子表面活性剂 SDS，聚合物稳泡剂 HPAM[8-9]，临沂绿森化工有限公司；实验用水的矿化度为 13768.1mg/L，主要离子组成为 0.4450g 硫酸钠、3.3334g 氯化钠、8.7356g 氯化钾、0.3196g 氯化钙、0.6062g 六水氯化镁，成都市科龙化工试剂厂；实验油样在油藏 96℃ 条件下的黏度为 9.3mPa·s；人造岩心六根，直径为 2.5cm，长度在 7~8cm，其渗透率范围在 5~30mD(表 1)；实验气体为 CO_2，纯度为 99.9%，由四川广汉劲力气体有限公司提供。

表 1 实验岩心基本参数

岩心编号	岩心长度/mm	岩心直径/mm	渗透率/mD	渗透率级差
1	79.4	25.0	3.23	2.98
2	80.1	25.1	9.69	
3	79.6	25.0	3.16	5.94
4	80.2	25.0	18.78	
5	79.8	24.8	3.07	9.03
6	79.5	25.1	27.72	

精密天平，Sartorius，德国制造，最大量程为 200g，可以精确到 10^{-4}g；恒温箱，控温范围 25~250℃，精 度±0.5℃；多功能岩心驱替装置，江苏海安；岩心夹持器两套；烧杯、滴管、玻璃棒、移液管、量筒、秒表、磁力搅拌器等。

1.3 实验方案

(1)在不同渗透率级差[10-13]的非均质并联模型中进行驱替实验，固定起泡液浓度、注入速度、注入气液比、注入方式，在不同渗透率级差下评价注水剖面改善效果。

(2)在不同含油饱和度级差[12-13]的非均质并联模型中进行驱替实验，固定起泡液浓度、注入速度、段塞尺寸、注入气液比、注入方式，在不同含油饱和度级差下评价剖面改善效果。

(3)在不同渗透率级差的非均质并联模型中进行驱替实验[14-15]，固定起泡液浓度、注入速度、段塞尺寸、注入气液比、注入方式、含油饱和度级差，在不同渗透率级差下评价泡沫驱油效率。

2 实验结果及分析

2.1 渗透率级差对剖面改善效果的影响

起泡剂组成为浓度为0.3%SDS+0.05%HPAM，注入速度为0.6mL/min，注入气液比为1:1，注入方式为水气交替注入，将1、2号岩心并联组合渗透率级差为3，3、4号岩心并联组合渗透率级差为6，5、6号岩心并联组合渗透率级差为9。在不同的渗透率级差下评价CO_2泡沫对注水剖面的改善效果。

由图1、图2可知：在CO_2泡沫初始的注入过程中，更多的泡沫进入的是并联组合中的高渗透岩心，对高渗透岩心进行封堵，因此三组并联岩心的η_p值都呈现出下降的趋势，并且渗透率级差为6和9的两组并联岩心的η_p值下降幅度较大，而渗透率级差为3的并联岩心组的η_p值下降幅度较小；并且随着CO_2泡沫的继续注入，并联岩心组中高、低渗透岩心的非均质性已被逐步改善，泡沫开始更多地进入低渗透岩心，因此三组并联岩心的η_p值的下降幅度逐渐变缓，最终η_p值趋于稳定，并且并联岩心组的渗透率级差越大，最后稳定的η_p值大于1也就越大，仍然表现出并联岩心组中的高渗透岩心强吸水的特性，表明CO_2泡沫对剖面的改善效果也就越差；在渗透率级差为3的并联岩心组中的η_p最接近1，并且还出现了小于1的情况，说明CO_2泡沫对并联岩心组的高渗透岩心的封堵性能较好，整体剖面改善效果较好。

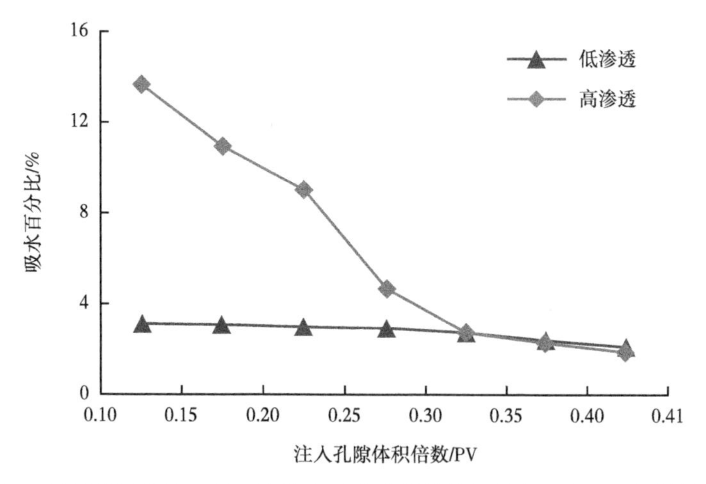

图1 渗透率级差为3的泡沫注入孔隙体积倍数与吸水百分比之间的关系

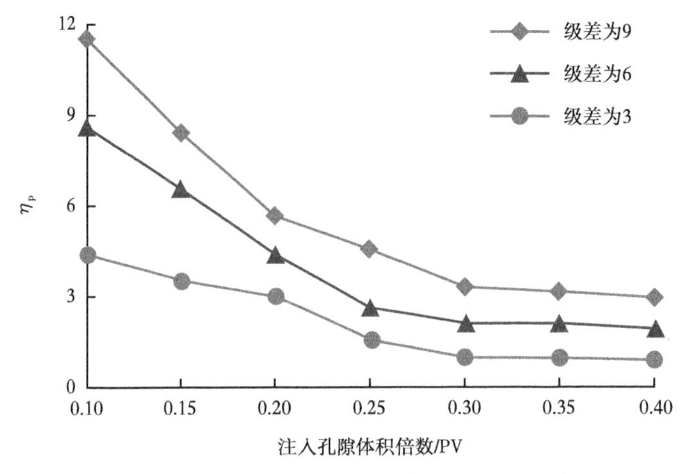

图 2　不同渗透率级差下的泡沫注入孔隙体积倍数与 η_p 值之间的关系

2.2　含油饱和度级差对剖面改善效果的影响

注入孔隙体积倍数为 0.3PV，其余注入参数保持不变，分别采用三组渗透率级差为 3、6、9 在不同的含油饱级差下进行驱替实验。图 2 为不同含油饱和度级差与 η_p 值的变化关系图。

由图 3 及图 4 可知：随含油饱和度级差的增大，三组岩心组合中的 η_p 值均呈现出递减的趋势；当含油饱和度级差在 1.5~3.0 变化时，三组岩心组合的 η_p 值降幅显著，表明更多的泡沫进入的是并联岩心组中的高渗透岩心[16]，改善高渗透岩心剖面的吸水性能；其后 η_p 值的下降幅度减小并逐步趋于稳定，说明随着含油饱和度级差的增大，CO_2 泡沫在大量进入高渗透岩心的同时，也开始逐步进入低渗透岩心。泡沫的剖面改善效果同时受到渗透率级差和含油饱和度级差的影响，残余油饱和度差异增大，泡沫在高、低渗透岩心中的调驱性能差异越显著，即表现出来的剖面改善效果好，综合影响下使泡沫在含油岩心中表现出更佳的调驱性能。

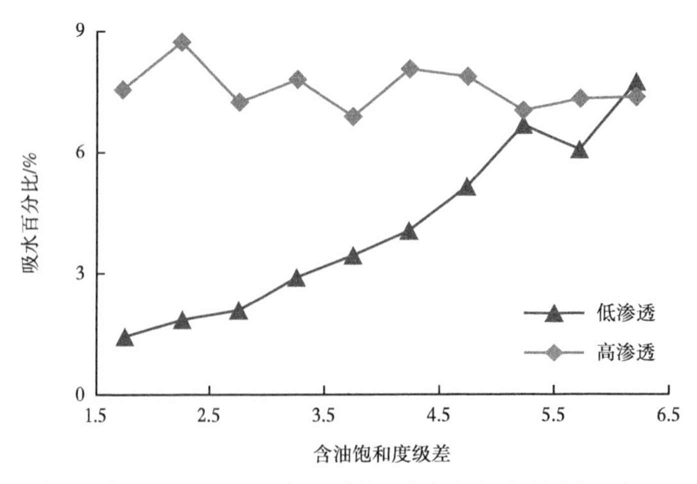

图 3　渗透率级差为 3 不同含油饱和度级差与吸水百分比关系

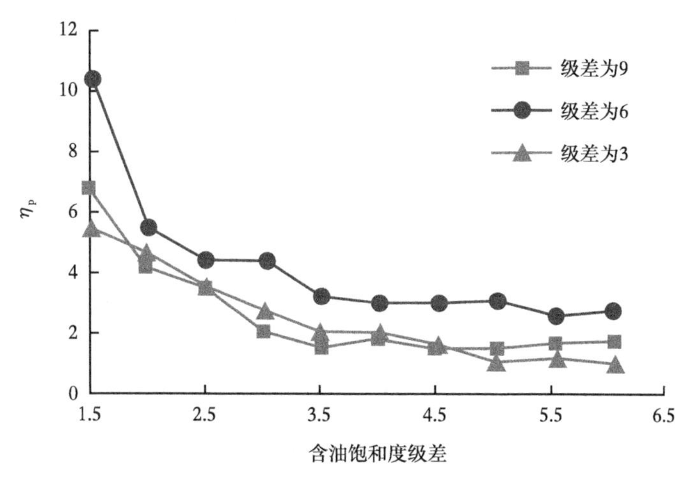

图4　不同含油饱和度级差下与 η_p 值的变化关系

2.3　驱油效率测定

其他注入参数保持不变，分别测定三组并联岩心水驱采收率、CO_2 泡沫驱提高采收率、后续水驱提高采收率及最终提高采收率值(表2)。

表2　不同渗透率级差下并联岩心组合 CO_2 泡沫调驱实验结果

编号		级差	含油饱和度/%	水驱采收率/%	泡沫驱采收率/%	后续水驱采收率/%	提高采收率/%
1	低渗透	3	61.89	10.67	5.31	9.35	14.82
	高渗透		58.36	39.54	6.29	8.69	
2	低渗透	6	63.28	9.52	8.64	11.39	20.95
	高渗透		59.36	45.39	9.21	12.68	
3	低渗透	9	60.39	6.36	3.25	6.58	10.63
	高渗透		59.21	49.35	4.03	7.31	

由表2可知：初始水驱阶段，由于渗透率级差的存在，导致总体初始水驱采收率不高，并且渗透率级差越大，低渗透岩心的水驱采收率越低；转注 CO_2 泡沫后再进行后续水驱，由于 CO_2 泡沫的调驱作用，使得并联的两组岩心后续水驱的采收率值基本保持不变，大大提高了低渗透岩心的采收率，并且随着渗透率级差的增加，原油的采收率提高呈现出先增加后减小的趋势。

3　现场应用

根据 CO_2 泡沫驱室内实验评价结果，认为试验区块在进行 CO_2 泡沫驱替时，应当遵循按照渗透率级差为6进行层系的划分与归位，并且 CO_2 泡沫注入的时机应该选择在含油饱和度级差的范围为4~6，这样能到达 CO_2 泡沫驱提高采收率的最佳效果。

针对吉林、新疆、长庆三个地区的不同类型油藏进行开展了 CO_2 泡沫驱室内实验评价，并且已针对吉林油田 A 区块注水开采过程中存在平面驱替不均衡、纵向吸水剖面变差等开发矛盾，根据各储层的渗透率级差和含油饱和度级差，制定了合理的 CO_2 泡沫驱现场试验方案。目前吉林油田 A 区块正在进行 CO_2 泡沫驱矿场先导性试验。

4 结论

(1)渗透率级差越小，CO_2 泡沫对注入剖面的改善效果越好，并且考虑到不同渗透率级差下的 CO_2 泡沫驱油实验结果，实际应用中同一层系渗透率级差控制在 6 以内为宜。

(2)含油饱和度级差越大，CO_2 泡沫对剖面的改善效果越好，在实际应用中注入时机应当选择含油饱和度级差的范围为 4~6 时，改善注入剖面效果最佳。

参考文献

[1] 王冠华．超临界 CO_2 泡沫调驱技术研究［D］. 北京：中国石油大学，2011.

[2] 宋鹤．中高渗油藏 CO_2 泡沫机理及实验研究［D］. 北京：中国石油大学(华东)，2013.

[3] 杜珊．低渗透油田 CO_2 驱过程泡沫扩大波及体积技术研究［D］. 大庆：大庆石油学院，2009.

[4] 赵人萱．X 试验区泡沫驱数值模拟研究［D］. 成都：西南石油大学，2013.

[5] 吴楠，姜玉芝，姜维东．剖面参数优化设计理论研究［J］. 特种油气藏，2007，14(3)：92-94.

[6] 宋刚祥，喻高明，韩鑫，等．定量评价调剖效果的新方法［J］. 石油钻探技术，2012，40(6)：96-98.

[7] 黄颖辉，刘东，李金蔓，等．弱凝胶矿场调驱效果评价方法研究［J］. 油气藏评价与开发，2013，3(2)：63-65.

[8] 章杨，张亮，黄海东，等．阴—非离子型表面活性剂 CO_2 泡沫影响因素研究［J］. 油田化学，2014，31(2)：241-243.

[9] 于春涛．CO_2 泡沫驱体系筛选与评价［J］. 油田化学，2014，31(3)：378-379.

[10] 张颖萍．稠油油藏聚合物驱剖面返转现象室内实验［J］. 特种油气藏，2016，23(6)：111-114.

[11] 叶仲斌，等．提高采收率原理［M］. 北京：石油工业出版社，2000：58-59.

[12] 赵金省，李天太，张明，等．聚合物驱后氮气泡沫驱油特性及效果［J］. 深圳大学学报理工版，2010，27(3)：362-365.

[13] 薛江龙，周志军，赵立斌，等．H 区块渗透率级差界限及水平井部署参数研究［J］. 石油地质与工程，2015，29(3)：113-115.

[14] 李兆敏，张超，李松岩，等．非均质油藏 CO_2 泡沫与 CO_2 交替驱提高采收率研究［J］. 石油化工高等学校校报，2011，24(6)：2-4.

[15] 王鹏，李兆敏，李杨，等．SiO_2/SDS 复合体系 CO_2 泡沫驱油实验性能研究［J］. 西安石油大学学报，2016，31(6)：75-78.

[16] 杜东兴，王德玺，贾宁洪，等．多孔介质内 CO_2 泡沫液渗流特性实验研究［J］. 石油勘探与开发，2016，43(3)：457-461.

（编辑：常燕）

高温高压条件下 CO_2 泡沫性能评价及剖面改善效果

王　健[1]　张作伟[1]　苏海斌[2]　任　旭[2]　秦　山[3]

（1. 西南石油大学油气藏地质及开发工程国家重点实验室；
2. 中国石油新疆油田分公司勘探开发研究院；
3. 中国石油西南油气田公司工程技术研究院）

摘要：针对吉林油田黑 79 区块 CO_2 气窜的问题，提出用 CO_2 泡沫封堵气窜。利用高温高压泡沫工作液性能测试装置评价 CO_2 泡沫体系的性能，探讨温度、矿化度和含油饱和度对 CO_2 泡沫体系性能的影响；通过分流实验，研究 CO_2 泡沫改善剖面的情况。结果表明：随着温度的升高，CO_2泡沫半衰期和综合指数先上升后下降；随着矿化度的增加，半衰期和综合指数先增大后减小，矿化度对泡沫高度影响较小；随着含油饱和度的增加，泡沫高度、半衰期和综合指数均减小；泡沫可以有效启动低渗透填砂管，低渗透填砂管提高采收率幅度优于高渗透填砂管。该项研究为吉林油田黑 79 区块控制气窜提供了参考依据，有助于进一步完善泡沫体系控制气窜理论。

关键词：CO_2 泡沫；高温高压；含油饱和度；分流实验；剖面

吉林油田黑 79 区块[1-2]小井距试验区共有注气井 10 口，采油井 27 口，于 2012 年 7 月实施 CO_2 驱油试验。随着 CO_2 驱油试验的持续推进，试验区逐渐出现了平面驱替不均衡、纵向吸水吸气剖面变差等开发矛盾，部分油井与注入井之间形成气窜通道。CO_2 气窜会减少 CO_2 驱的波及体积，降低驱油效率，加速产出系统腐蚀，为此多采用 CO_2 与起泡剂（表面活性剂）溶液混合形成泡沫，降低 CO_2 流度，以达到封堵气窜的目的。

目前，在 CO_2 泡沫性能评价方面取得了较多的研究成果。吴轶君等[3]在常压、高温下考察了阳离子 Na^+，Mg^{2+}，Ca^{2+}对非离子、两性离子起泡剂性能的影响。宋鹤等[4]在高温、高矿化度条件下，测试了矿化度对 CO_2 泡沫性能的影响。张守军[5]在 100~300℃下筛选起泡剂，证实温度对醇醚类（GMH-3）、磺酸盐类（GM-3B）、羧酸类（GMH-1B）和酚醛类（GPF-2C）起泡剂的性能基本无影响。L. Kapetas 等[6]在 20~80℃下测试 CO_2 泡沫体系（起泡剂为 AOS）注入砂岩多孔介质后的压力梯度或表观黏度。T. Holt 等[7]在 1~30MPa 条件下，对 α-烯基磺酸钠和氟化甜菜碱这 2 种起泡剂产生的泡沫进行岩心驱替实验，研究压力和泡沫表观黏度的关系。陈楠等[8]在 1~9MPa 和 30~90℃条件下，研究了压力、温度对泡沫稳定性的影响。任朝华等[9]研究了表面活性剂在矿化度为 120.67g/L 的盐水中，温度对泡沫稳定性的影响。张艳霞等[10]研究了温度对表面活性剂 SDS 产生的泡沫稳定性的影响，发现温度从 30℃升高到 70℃，泡沫稳定性先增大后减少。唐万举等[11]通过岩心驱替实验证明 CO_2 泡沫段塞比纯 CO_2 驱替提高采收率效果更好。

上述实验大多是在常温常压条件下进行的，而黑 79 区块油藏压力 24 MPa，油藏温度 96 ℃，有必要在高温高压条件下进行泡沫性能评价实验。

1 实验

1.1 实验准备

实验材料：地层原油（96℃下黏度 9.3mPa·s）、地层水、CO_2（纯度 99.9%）；模拟不同渗透率岩心的填砂管（尺寸为 ϕ2.54cm×50cm）、质量分数 0.3%的十二烷基磺酸钠（SDS）溶液等。

实验仪器：高温高压泡沫工作液性能测试装置、高温高压多功能岩心流动实验装置、Sartorius 精密天平、烧杯、量筒等。

1.2 实验步骤

1.2.1 泡沫性能评价实验

（1）将泡沫工作液性能测试装置内通入 CO_2 以排净装置内空气，向装置内泵入一定量（100mL）的 SDS 溶液，将装置加热至预定温度；（2）利用增压泵充入 CO_2 至实验压力 24MPa；（3）高速搅拌 2min，记录初始泡沫高度，测试泡沫半衰期，计算其综合指数[12-14]（综合指数=0.75×泡沫高度×半衰期）。

1.2.2 泡沫改善剖面实验

分流实验：（1）测量填砂管干重，在高温高压多功能岩心流动实验装置中并联高、低渗透填砂管；（2）以恒定流速（0.5mL/min）向高、低渗透填砂管中饱和地层水，至压力稳定后记录压差，测量填砂管湿重，并计算填砂管的孔隙体积、孔隙度及渗透率；（3）以恒定流速（0.5mL/min）向高、低渗透填砂管中注入 0.3PV 的 CO_2 泡沫[15]；（4）以恒定流速（0.5mL/min）进行后续注水，每隔一段时间分别记录高、低渗透填砂管的出水量，计算高、低渗透填砂管的分流率。

驱油实验步骤：（1）重复分流实验前两步，再以恒定流速（0.5mL/min）向高、低渗透填砂管中饱和原油，并计算含油饱和度；（2）以恒定流速（0.5mL/min）对高、低渗透填砂管进行水驱，至填砂管不出油为止，计算水驱采收率；（3）以恒定流速（0.5mL/min）向高、低渗透填砂管中注入 0.3PV 的 CO_2 泡沫，计算泡沫驱采收率；（4）以恒定流速（0.5mL/min）进行 CO_2 气驱，直至出口端不出油停止注 CO_2 气体，计算气驱采收率。

2 结果与分析

2.1 泡沫性能评价

2.1.1 温度的影响

泡沫是热力学不稳定体系，温度对泡沫性能影响较大[16]。泡沫在低温、高温下的衰变过程不同。低温条件下，衰变过程主要是气体扩散；高温条件下，泡沫液膜上侧总是向上凸的。高温条件下，蒸发作用最终会导致这种弯曲的液膜破裂[17]。泡沫体系的泡沫高度、半衰期和综合指数随温度的变化情况见表 1。

表 1　不同温度下泡沫高度、半衰期及综合指数

温度/℃	21	36	51	66	81	96	111
泡沫高度/cm	26	31	32	29	29	34	22
半衰期/min	32	99	169	122	91	78	43
综合指数/(cm · min)	624	2302	4056	2654	1979	1989	710

由表 1 可知，随着温度的增加，泡沫高度、半衰期、综合指数均先增大后减小[18]。泡沫高度在 96℃达到最大值(34cm)，泡沫半衰期在 51℃达到最大值(169min)，综合指数受半衰期的影响较大，也是在 51℃时达到最大值(4056cm · min)。这是因为：(1)51℃时，泡沫体系完全溶解，半衰期达到最大；(2)温度超过 51℃后，一方面，水分蒸发速度增加，泡沫析液速度加快；另一方面，温度升高，表面活性剂在气液界面的运动加快，分子排布状况发生变化，在气液界面的分子极限占有面积增大，尾链弯曲程度以及相对气液界面倾角发生改变，半衰期减小。

2.1.2　矿化度的影响

表面活性剂与地层水矿化度及高价离子的配伍性不同[19-21]。泡沫体系的泡沫高度、半衰期和综合指数随矿化度的变化情况见表 2。

表 2　不同矿化度下泡沫高度、半衰期和综合指数

矿化度/mg/L	0	2575	5151	7726	10302
泡沫高度/cm	34	33	34	30	34
半衰期/min	107	112	135	120	78
综合指数/(cm · min)	2728	2940	3433	2700	1989

由表 2 可知，(1)矿化度对泡沫高度基本无影响。(2)随着矿化度的增加，泡沫半衰期延长，原因可能是 SDS 的表面活性升高，临界胶束质量浓度(CMC)降低，即少量的表面活性剂质量浓度即可达到最低界面张力，有利于泡沫的稳定；当矿化度增加到 5151mg/L 时，存在一个最长半衰期(135min)和最大综合指数(3433cm · min)；矿化度超过 5151mg/L 后，半衰期和综合指数均下降，SDS 的 CMC 增大，界面张力上升，泡沫不稳定，导致泡沫半衰期缩短。

2.1.3　含油饱和度的影响

泡沫驱油实验表明[22-24]，当含油饱和度大于 30%时，泡沫性能显著下降。含油饱和度对 CO_2 泡沫性能的影响见表 3。

表 3　不同含油饱和度下泡沫高度、半衰期和综合指数

含油饱和度/%	5	10	15	20	25	30	35	40	45	50
泡沫高度/m	25	21	16	14	11	8	7	6	6	6
半衰期/min	44	29	16	13	5	3	2	1	1	1
综合指数/(cm · min)	825	457	192	137	41	18	11	5	5	5

由表 3 可知，泡沫中油的存在对泡沫性能影响较大，泡沫高度、半衰期和综合指数均随含油饱和度的增大而减小。含油饱和度为 30%时，3 个参数值达到最大；含油饱和度大于 35%后，3 个参数值不再变化。油的存在加速了 CO_2 泡沫的 Ostwald 熟化[25]，拉普拉斯压力的差异使 CO_2 小气泡消溶，大气泡变大，从而导致泡沫结构不均匀，泡沫性能变差。

2.2 泡沫改善剖面实验

2.2.1 分流实验

分流实验所用并联填砂管参数见表 4，实验结果如图 1 所示。

表 4　分流实验并联填砂管基本参数

填砂管类型	孔隙体积/cm^3	孔隙度/%	原始水测渗透率/mD
高渗透	53	20.90	281.6
低渗透	37	14.60	90.3

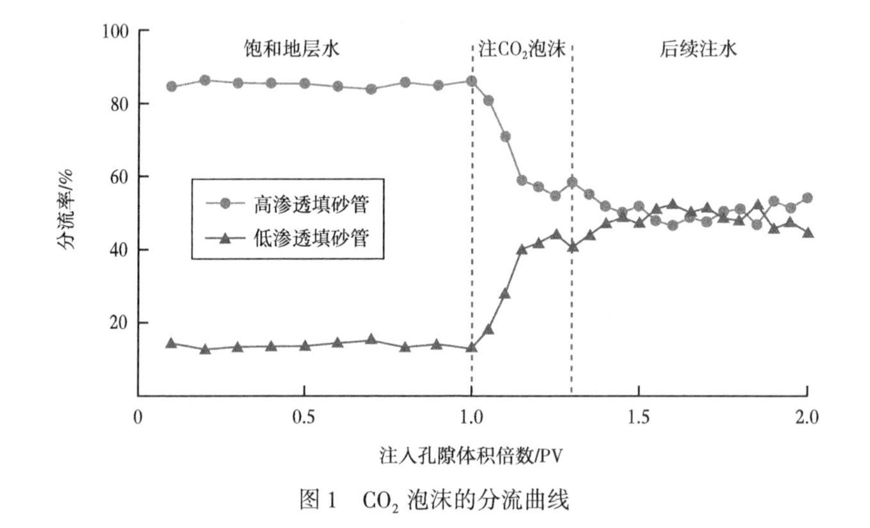

图 1　CO_2 泡沫的分流曲线

由图 1 可以看出：(1)初始饱和地层水阶段，高、低渗透填砂管的分流率分别为 85%和 15%；(2)随着 CO_2 泡沫的注入，高渗透填砂管分流率逐渐降低，当 CO_2 泡沫的注入量达 0.3PV 时，高渗透填砂管分流率为 59%；(3)后续注水阶段，低渗透填砂管分流率上升，高渗透填砂管分流率逐渐下降，最终趋于平稳。因泡沫存在破裂和再生的情况[26]，所以能够持续不断地产生泡沫，使得高、低渗透填砂管分流率保持稳定，能够达到良好的分流效果。

2.2.2 驱油效果

驱油实验所用并联填砂管参数见表 5，实验结果见表 6。

表 5　驱油实验并联填砂管基本参数

填砂管类型	孔隙体积/cm^3	孔隙度/%	原始水测渗透率/mD	含油饱和度/%
高渗透	68	26.83	344.9	78.95
低渗透	33	13.03	101.7	55.21

表6　并联填砂管驱油实验结果　　单位：%

填砂管类型	水驱采收率	水驱总采收率	泡沫驱采收率	泡沫驱后总采收率	CO_2气驱采收率
高渗透	57.31	47.91	69.74	63.69	74.67
低渗透	20.19		45.89		56.26

从表6可以看出：(1)水驱后进行泡沫驱可以有效提高采收率，泡沫驱后总采收率提高了15.78百分点；(2)高渗透填砂管泡沫驱比水驱提高采收率12.43百分点，低渗透填砂管提高采收率25.70百分点，说明泡沫针对低渗透填砂管的调驱效果好于高渗透填砂管，即泡沫具有堵大不堵小的特性；(3)在高渗透填砂管中，后续CO_2气驱采收率比泡沫驱提高了4.93百分点，低渗透填砂管中提高了10.37百分点，说明泡沫封堵气窜效果明显。

3　结论

(1)在实验温度范围内，泡沫半衰期和综合指数随着温度的升高，先上升后下降；泡沫高度在96℃时达到最大值。

(2)泡沫半衰期和综合指数随着矿化度的增加，先增大后减少；矿化度对泡沫高度影响较小。

(3)泡沫高度、半衰期和综合指数随着含油饱和度的增加而减少。

(4)CO_2泡沫能有效改善非均质并联填砂管的分流率，可有效改善吸水剖面，启动低渗透填砂管；低渗透填砂管提高采收率幅度明显高于高渗透填砂管。

参考文献

[1] 李蒙．吉林油田黑79区块注CO_2驱油效果评价［D］．成都：西南石油大学，2015.

[2] 杨昌华，邓瑞健，牛保伦，等．濮城油田沙一下油藏CO_2泡沫封窜体系研究与应用［J］．断块油气田，2014，21(1)：118-120，124.

[3] 吴轶君，孙琳，蒲万芬．高温下高矿化度对泡沫性能的影响［J］．石油化工，2017，46(5)：619-625.

[4] 宋鹤，章杨，陈百炼，等．高温高矿化度CO_2泡沫性能实验研究［J］．油田化学，2013，30(3)：380-383，388.

[5] 张守军．杜66块火驱注气井耐高温泡沫调剖技术［J］．特种油气藏，2017，24(6)：152-156.

[6] KAPETAS L，BONNIEU S V，DANELIS S，et al. Effect of temperature on foam flow in porous media［J］. Journal of Industrial and Engineering Chemistry，2016，36：229-237.

[7] HOLT T，VASSENDEN F，SVORSTOL I. Effects of pressure on foam stability：implications for foam screening［C］//Improved Oil Recovery Symposium，SPE/DOE，Tulsa，1996：543-553.

[8] 陈楠，王治红，刘友权，等．温度压力下起泡剂的起泡性和泡沫稳定性研究［J］．石油与天然气化工，2017，46(5)：65-68.

[9] 任朝华，罗跃，石东坡，等．氨基磺酸型两性表面活性剂配方体系的泡沫稳定性能［J］．油田化学，2013，30(3)：389-393.

[10] 张艳霞，吴兆亮，武增江，等．温度对高浓度SDS水溶液泡沫稳定性及分离的影响［J］．高校化学

工程学报，2012，26(3)：536-540.
[11] 唐万举，邓学峰，卢瑜林，等．致密储层 CO_2 驱油实验［J］. 断块油气田，2018，25(6)：757-760.
[12] 王庆，刘永革，吕朝辉，等．高温发泡剂性能评价新方法［J］. 特种油气藏，2015，22(3)：93-96，155.
[13] 王克亮，冷德富，仇凯，等. HY-3 型表面活性剂发泡性能室内评价［J］. 大庆石油地质与开发，2008，27（3）：106-109.
[14] 王其伟．泡沫驱提高原油采收率及对环境的影响研究［D］. 北京：中国石油大学(北京)，2009.
[15] 郭宇．耐温抗盐型复合表面活性剂驱油体系的合成及应用［J］. 断块油气田，2018，25(2)：258-261.
[16] 敬加强，李业，代科敏，等．一种高稳定性水基泡沫体系的制备与性能评价［J］. 油田化学，2013，30（3）：70-74.
[17] 刘德生，陈小榆，周承富．温度对泡沫稳定性的影响［J］. 钻井液与完井液，2006，23(4)：10-12，86.
[18] 李春秀．苛刻条件下的水基泡沫稳定性研究［D］. 济南：山东大学，2013.
[19] 谢飞，马季铭，顾惕人．电解质对聚丙二醇和离子表面活性剂混合溶液浊点的影响［J］. 精细化工，1989，5(3)：1-5.
[20] 李莉，颜杰．无机电解质对十二烷基硫酸钠性质影响的研究［J］. 广州化工，2010，38(7)：118-120.
[21] 陈永煊．无机盐对表面活性剂性能的影响［J］. 日用化学工业，1987，16(6)：6-10.
[22] 杨朝蓬，高树生，汪益宁，等．储层压力下氮气泡沫封堵性能影响因素研究［J］. 科技导报，2012，30(24)：23-27.
[23] 刘中春，侯吉瑞，岳湘安，等．泡沫复合驱微观驱油特性分析［J］. 石油大学学报（自然科学版），2003，44(1)：49-53.
[24] 万里平，孟英峰，赵晓东．泡沫流体稳定性机理研究［J］. 新疆石油学院学报，2003，15(1)：70-73.
[25] CHEN H，ELHAG A S，CHEN Y，et al. Oil effect on CO_2 foam stabilized by a switchable amine surfactant at high temperature and high salinity［J］. Fuel，2018，227：247-255.
[26] 赵国庆．泡沫表观性能研究及在稠油开采中的应用［D］. 济南：山东大学，2007.

（编辑：孙薇）

低渗透油藏二氧化碳气溶性泡沫控制气窜实验研究

李宛珊[1]　王　健[1]　任振宇[2]　木合塔尔[3]

（1. 西南石油大学油气藏地质及开发工程国家重点实验室；
2. 中国石油吉林油田公司；3. 中国石油新疆油田公司）

摘要： 吉林油田黑 79 区块 CO_2 驱气窜严重，水基泡沫的井筒 CO_2 腐蚀问题日益明显。为此，探讨了 CO_2 气溶性泡沫新技术，结合该区块油藏条件，对 5 种气溶性起泡剂的溶解性能及起泡性能进行了评价，并开展了气溶性泡沫的岩心流动实验，评价了泡沫的封堵效果、吸水剖面改善效果及提高采收率情况。研究表明：起泡剂 1529 在 $scCO_2$ 中的气溶性最好，随着醇类助溶剂的加入，其最高溶解量可达 1. 36%，起泡体积为 657. 8mL，半衰期为 47min；在气液比为 2:1、注入速度为 0. 01mL/min、注入 6 周期条件下，阻力因子最高可达 37. 92，吸水剖面改善率为 69. 89%，与水驱相比较可提高采收率 39. 045 个百分点。CO_2 气溶性泡沫新技术可封堵气窜通道，避免井筒腐蚀，提高低渗透油藏泡沫剂的注入性。研究成果对于改善黑 79 区块 CO_2 驱开发效果和大幅度提高采收率具有重要意义。

关键词： 低渗透；CO_2 泡沫；气溶性；溶解性；起泡性能；封堵性能

吉林油田黑 79 区块小井距试验区，含油面积为 1. 46km^2，石油地质储量为 108×10^4t，可采储量为 41.0×10^4t，平均孔隙度为 13. 0%，平均渗透率为 4. 5mD，原始地层压力为 24. 2MPa[1]。试验区于 2012 年 7 月开始实施 CO_2 驱试验，在 CO_2 驱油过程中，气窜十分严重，例如黑 79-3-1 井，生产气油比达到了 11165m^3/m^3，产出气中 CO_2 含量达到 75% 以上[2-3]。

泡沫封窜是一种可行的控制气窜技术[4]，目前常采用的水基 CO_2 泡沫控制气窜技术，必须通过水气交替注入方式，而不能采用水气同时注入的方式，否则 CO_2 会对井筒造成严重的腐蚀[5-8]，而采用水气交替注入方式又会影响泡沫体系的连续性[9]。

CO_2 气溶性泡沫作为一项新技术，其基本原理是采用超临界 CO_2 携带起泡剂，注入地层遇水生成稳定的泡沫体系，从而封堵气窜通道，扩大 CO_2 驱的波及体积[10-16]。该技术可实现连续注入，不会带来井筒中的腐蚀问题；以 CO_2 作为注入载体，可大大提高低渗透油藏泡沫剂的注入性。

针对吉林油田黑 79 区块的油藏特征，利用高温高压可视化泡沫仪评价了气溶性 CO_2 泡沫体系的溶解性能及起泡性能，并进行了配方筛选，利用高温高压岩心流动装置测定了泡沫阻力因子、剖面改善率和提高采收率值。

1 实验条件与方法

1.1 实验条件

黑79区块地层水及模拟地层水，总矿化度为10302.6mg/L，吉林油田提供(表1)；黑79区块原油，黏度为9.34 mPa·s(油藏96℃条件下)，吉林油田提供；CO_2纯度为99.9%，四川广汉劲力气体有限公司提供；气溶性起泡剂：AOT、SWP10、YJP10，江苏海安石油化工厂提供；气溶性起泡剂：1529、1209非离子表面活性剂，上海旌浩公司提供；YP-1型高温高压可视化泡沫液性能测试装置、高温高压多功能泡沫岩心流动装置、恒压恒速泵，中国海安石油有限公司提供。

表1 黑79区块模拟地层水离子组成

离子组成	$K^{+}+Na^{+}$	Ca^{2+}	Mg^{2+}	Cl^{-}	SO_4^{2-}	HCO_3^{-}	总矿化度
含量/(mg/L)	3589.4	41.7	72.6	3766.2	1123.9	1775.1	10302.6

1.2 实验方法

本文设计进行CO_2气溶性泡沫体系的溶解性评价实验、起泡性能评价实验及岩心流动实验。利用高温高压可视化泡沫液性能测试装置，评价优选配方的溶解性能，具体方案为向高温高压泡沫仪内注入CO_2及一定质量的气溶性起泡剂，设置实验温度、压力，搅拌一定时间后，记录该条件下气溶性起泡剂在$scCO_2$中的最大溶解量；利用高温高压可视化泡沫液性能测试装置，在油藏温度、压力下，测定5种气溶性起泡剂的起泡体积及半衰期[17]；通过泡沫驱岩心流动实验，测定单根岩心阻力因子，评价CO_2气溶性泡沫体系的封堵能力[18]；通过并联岩心流动实验，测定高、低渗透率两种岩心的分流率，计算吸水剖面改善率；通过依次进行饱和油、水驱油、CO_2气驱、泡沫驱、后续CO_2气驱驱油实验，计算采收率，分析驱油效果。实验装置图如图1所示。

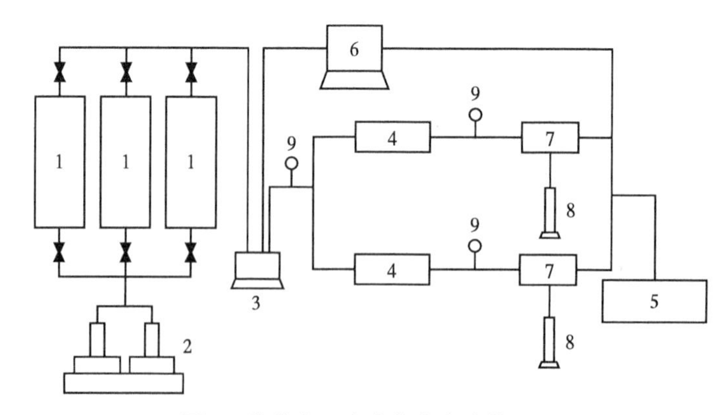

图1 并联岩心泡沫分流实验装置图

1—中间容器；2—恒压恒速泵；3—六通阀门；4—岩心夹持器；5—环(回)压泵；6—数据采集端口；7—回压阀；8—量筒；9—压力表

2 结果与讨论

2.1 CO_2 气溶性泡沫体系的溶解性能

2.1.1 起泡剂的气溶性能

对非离子型气溶性起泡剂 1529、1209、SWP10、YJP10 的溶解性能进行了评价，评价方法采用浊点测定法[12,19-20]。浊点是指非离子表面活性剂的水溶液被加热时，表面活性剂体系由澄清陡然变混浊时的温度，浊点温度对应的实时压力即为浊点压力。气溶性起泡剂在超临界 $scCO_2$ 中溶解的体积分数可由式(1)进行计算，4 种气溶性起泡剂在 $scCO_2$ 中的溶解性情况见表 2。

$$体积分数=\frac{V_{气溶性起泡剂}}{V_{气溶性起泡剂}+V_{scCO_2}}\times100\% \tag{1}$$

表 2 油藏温度 96℃时气溶性泡沫剂在 $scCO_2$ 中的溶解情况

气溶性起泡剂	浊点压力/MPa	溶解体积分数/%
1529	7	0.05
	11	0.08
	15	0.11
	19	0.15
	23	0.18
1209	9	0.03
	12	0.05
	16	0.09
	19	0.13
	22	0.15
SWP10	8	0.03
	12	0.06
	16	0.10
	21	0.14
YJP10	9	0.04
	13	0.08
	17	0.12
	22	0.16

由表 2 可知，4 种起泡剂在油藏温度、不同浊点压力的条件下，在 $scCO_2$ 中的溶解度均不高，因此，向 $scCO_2$ 体系中加入助溶剂，如低分子质量的醇进行助溶。由于加入等质量的起泡剂，起泡剂溶解的质量相对越多、同时浊点压力越低，则体系的溶解性能越好，因此，选用溶解性相对较为优良的 1529 起泡剂。

2.1.2 助溶剂对起泡剂气溶性能的影响

由于 CO_2 分子是非极性分子，且其介电常数、范德华力均很低，即 CO_2 在超临界状态下对高分子质量的起泡剂分子等的溶解能力有限，因此，$scCO_2$ 作为溶剂在应用方面受到了制约[11-12]。为了提高起泡剂在 $scCO_2$ 中的溶解性能，向 $scCO_2$ 体系中加入低分子醇类助溶剂，起泡剂溶液组成为：15%的 1529 起泡剂，85%的助溶剂。加入不同助溶剂后的 1529 起泡剂溶液在 $scCO_2$ 中的溶解情况见表 3。

表 3 加入助溶剂后的 1529 起泡剂溶液在 $scCO_2$ 中的溶解情况

助溶剂	温度/℃	压力/MPa	溶解体积分数/%
有机醇 1	36	6.9	0.94
	56	12.6	1.06
	76	18.5	1.11
	96	22.0	1.12
有机醇 2	36	8.4	1.08
	56	13.8	1.10
	76	19.0	1.21
	96	21.5	1.24
有机醇 1+有机醇 2	36	7.1	1.17
	56	11.4	1.18
	76	16.2	1.32
	96	20.0	1.36

由表 3 可知，加入助溶剂后，1529 起泡剂在 $scCO_2$ 中的溶解量得到了大幅提高。其中，2 种不同有机醇混合作为助溶剂的助溶效果要好于单类有机醇的助溶效果。根据“相似相溶”的原理，溶质与溶剂在结构上相似则更易彼此互溶，由于溶剂 CO_2 是非极性分子，因此，起泡剂体系的极性越小、越接近于非极性，则体系在 CO_2 中的溶解度越高。有机醇类自身在 $scCO_2$ 中具有良好的溶解性，因此，选择以其作为助溶剂加入起泡体系内，可有效地改变起泡剂与 $scCO_2$ 之间的相行为模式，使得二者间形成利于互溶的化学键，从而提高起泡剂的溶解性。

2.2 CO_2 气溶性起泡剂的起泡性能

表 4 为不同气溶性起泡剂的起泡体积与浓度关系。表 5 为不同气溶性起泡剂的半衰期与浓度关系。

表 4 不同气溶性起泡剂的起泡体积与浓度关系

起泡剂类型	不同浓度下起泡剂的起泡体积/mL				
	0.1%	0.2%	0.3%	0.4%	0.5%
1529	115.9	326.0	429.8	560.2	657.8
1209	57.0	89.8	161.7	231.9	268.9
SWP10	96.3	169.1	188.4	261.1	390.6
YJP10	76.6	133.9	213.5	367.1	449.5
AOT	76.6	151.2	228.1	332.8	351.4

表 5　不同气溶性起泡剂的半衰期与浓度关系

起泡剂类型	不同浓度起泡剂的半衰期/min				
	0.1%	0.2%	0.3%	0.4%	0.5%
1529	8	15	19	28	47
1209	1	6	9	17	25
SWP10	4	11	12	18	22
YJP10	2	8	13	28	36
AOT	4	9	14	24	34

由表 4 可知，在高温高压的油藏条件下，浓度为 0.1%时，5 种起泡剂的起泡体积均不高，随着浓度的升高，各类起泡剂的起泡体积呈现不同幅度增长趋势。其中，0.5%的 1529 起泡体积最高为 657.8mL，泡沫细腻稠密且状态稳定。由表 5 可知，5 种气溶性起泡剂在浓度为 0.1%时，半衰期均小于 10min，消泡速度很快；浓度为 0.2%、0.3%时，半衰期有小幅度稳定增长，但增幅不大；浓度大于 0.3%时，半衰期均开始呈现较大幅度增长趋势，其中，0.5%的 1529 起泡剂半衰期最长为 47min，泡沫细腻稠密且状态稳定。综上所述，最终优选配方为浓度 0.5%的 1529 起泡剂。

2.3　CO_2 气溶性泡沫岩心流动实验

2.3.1　阻力因子的测定

实验原料为 CO_2 气体、浓度 0.5%的起泡剂 1529。实验温度为油藏温度 96.7℃，压力为油藏压力 24MPa，地层水总矿化度为 10302.6mg/L。注入方式为气溶性起泡剂与 CO_2 段塞式注入。段塞的注入孔隙体积倍数对泡沫的综合性能也具有较大影响。设置注入速度为 0.01mL/min，气液比为 2∶1，对段塞的注入孔隙体积倍数及注入周期进行优化，测定阻力因子（表 6、表 7）。

表 6　岩心基本参数

天然岩心编号	长度/cm	直径/cm	孔隙体积/cm^3	孔隙度/%	原始水测渗透率/mD
1	8.35	2.50	6.20	15.12	6.32
2	8.56	2.50	2.59	6.16	0.16

表 7　段塞注入孔隙体积倍数及注入周期对阻力因子的影响

岩心编号	段塞注入孔隙体积倍数/PV		注入周期	压差/MPa		阻力因子
	气溶性起泡剂	CO_2		基础压差	工作压差	
1	0.10	0.05	6	0.25	9.48	37.92
	0.20	0.10	3	0.33	12.45	37.73
	0.30	0.15	2	0.30	10.14	33.80
2	0.10	0.05	6	0.46	13.17	28.63
	0.20	0.10	3	0.67	16.83	25.12
	0.30	0.15	2	0.71	14.92	21.01

由表7可知：由于段塞的注入孔隙体积倍数及注入周期的不同，最终泡沫的阻力因子存在很大差异。以1号岩心为例，随交替注入周期的增加，泡沫阻力因子随之增大，交替注入6周期后泡沫的阻力因子最大，为37.92，封堵效果明显好于交替注入3周期和交替注入2周期；2号岩心呈相同的规律，交替注入6周期的阻力因子最大为28.63。气液交替注入6周期气溶性起泡剂与CO_2充分接触，有利于起泡剂在CO_2中的更好溶解，随后与水接触产生更加丰富的泡沫，从而提高封堵能力。因此，在设备允许的情况下，推荐使用多周期小段塞的注入方式。

2.3.2 吸水剖面改善率及提高采收率的测定

吸水剖面改善率(η)定义为调驱前后高低渗透层吸水比之差与调驱前高低渗透层吸水比的商值。并联岩心基本参数见表8，实验结果如图2所示，见表9和表10。

表8 实验岩心基本参数

实验类别	渗透率类型	长度/cm	直径/cm	孔隙体积/cm^3	孔隙度/%	原始水测渗透率/mD	含油饱和度/%
剖面改善率实验	高渗透	8.12	2.50	5.01	12.57	12.28	—
	低渗透	8.17	2.50	1.08	2.69	2.10	—
驱油实验	高渗透	8.16	2.50	6.37	15.90	14.86	36.70
	低渗透	8.09	2.50	1.62	4.08	3.75	30.28

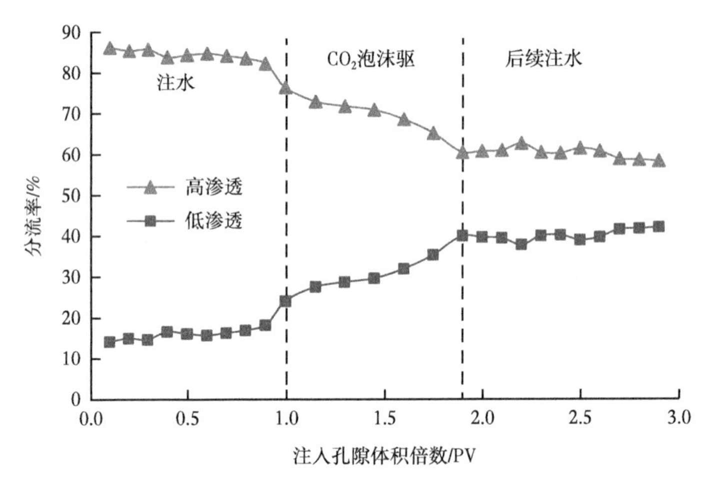

图2 分流率与注入孔隙体积的关系

表9 调驱实验结果

渗透率类型	渗透率级差	相对产液比/%		剖面改善率/%
		调驱前	调驱后	
高渗透	5.85	82.17	58.12	69.89
低渗透		17.83	41.88	

由图2、表9可知，岩心初始注水过程中，高、低渗透岩心的分流率分别约为86%和14%；随着泡沫的注入，低渗透岩心分流率逐渐上升、高渗透岩心分流率逐渐下降，当注

入 0.9PV CO_2 泡沫时，高、低渗透岩心的分流率分别为 64.94%和 35.06%；继续注水，分流率整体上均呈较为平缓趋势，最终高、低渗透岩心分流率分别为 58.12%和 41.88%。根据公式计算得剖面改善率可达 69.89%，因此具有良好的调驱效果。

表 10 并联岩心驱油实验结果

渗透率类型	水驱采收率/%	气驱采收率/%	泡沫驱采收率/%	后续气驱采收率/%	累计总采收率/%
高渗透	41.25	15.92	10.48	9.81	73.50
低渗透	27.66	14.13	12.36	15.39	

由表 10 可知：高渗透岩心的水驱、气驱采收率均大于低渗透岩心，这是由于高渗透岩心的分流率较大，优先驱替出高渗透岩心中的油；低渗透岩心的泡沫驱、后续气驱采收率均大于高渗透岩心，这是由于泡沫对高渗透岩心形成了有效封堵，迫使其分流率下降，从而驱替出更多低渗透岩心中的油。可见，该泡沫体系可有效提高原油采收率。

3 实践指导

黑 79 区块属于低渗透油藏，由于存在注水井吸水能力差、注水压力高甚至“注不进”的现象，导致表面活性剂水溶液无法注入，从而限制 CO_2 泡沫调驱技术在低渗透油藏中的应用。本文开展了 CO_2 气溶性泡沫控制气窜实验研究，得到了一种溶解性较好的 1529 气溶性起泡剂体系，阻力因子最高 37.92，剖面改善率 69.89%，较水驱提高采收率 39.045 个百分点。一方面，不会带来井筒中的腐蚀问题；另一方面，以 CO_2 作为注入载体，可大大提高低渗透油藏的泡沫的注入性。因此，CO_2 气溶性泡沫具有良好的现场应用前景，但由于该技术是一项新兴技术，目前在国内仍处于室内研究阶段，尚未有油田开展现场应用，故对于 CO_2 气溶性泡沫的注入工艺适应性等方面还需要做进一步的研究。

4 结论

(1)起泡剂 1529 在 $scCO_2$ 中具有较为良好的气溶性，随着醇类助溶剂的加入，其最高溶解量可达 1.36%。说明醇类助溶剂能有效提高起泡剂在 $scCO_2$ 中的溶解度。

(2)起泡剂 1529 在黑 79 区块低渗透油藏条件下的起泡性能较好，浓度 0.5%时可达最高起泡体积和最长半衰期分别为 657.8mL、47min，产生泡沫细腻稠密且状态稳定。室内实验表明，高、低渗透岩心分流率最终分别为 58.12% 和 41.88%，剖面改善率可达 69.89%，泡沫体系具有良好的调驱效果，与水驱相比较可提高采收率 39.045 个百分点，因此，该泡沫体系可有效提高原油采收率。

(3)油藏条件下，气溶性起泡剂 1529 在气液比为 2:1、注入速度为 0.01mL/min、注入 6 周期的条件下能产生具有一定稳定性的 CO_2 泡沫，阻力因子最高可达 37.92。

(4)起泡剂 1529 的应用前景较好，有助于为气溶性 CO_2 泡沫驱控制气窜理论的进一步完善提供技术参考，同时对于改善黑 79 区块 CO_2 驱开发效果和提高采收率具有重要的意义。

参 考 文 献

[1] 许志刚，陈代钊，曾荣树，等．我国吉林油田大情字井区块 CO_2 地下埋存试验区地质埋存格架［J］．地质学报，2009，83(6)：875-878，896，879-884.

[2] 张辉，于孝玉，马立文，等．吉林低渗透油藏气驱开发潜力［J］．大庆石油地质与开发，2014，33(3)：130-134.

[3] 娄毅，杨胜来，章星，等．低渗透油藏二氧化碳混相驱超前注气实验研究：以吉林油田黑 79 区块为例［J］．油气地质与采收率，2012，19(5)：78-80，116.

[4] 王璐，单永卓，刘花，等．低渗透油田 CO_2 驱泡沫封窜技术研究与应用［J］．科学技术与工程，2013，13(17)：4918-4921.

[5] 周迅．CO_2 泡沫封窜提高采收率实验研究［J］．化工设计通讯，2017，43(9)：145-146.

[6] 王海栋．CO_2 驱气窜机理及封窜技术研究［D］．大庆：东北石油大学，2017.

[7] 邵立民．耐温抗盐 CO_2 驱油泡沫封窜体系实验研究［J］．精细石油化工进展，2016，17(2)：38-42.

[8] 王弘宇．泡沫驱气窜规律及防气窜实验研究［D］．青岛：中国石油大学(华东)，2015.

[9] 王明梅，常志东，刁海玲，等．水基泡沫的稳定性评价技术及影响因素研究进展［J］．化工进展，2005，25(7)：723-728.

[10] 李兆敏，张超，李松岩，等．气溶性表面活性剂用于二氧化碳驱油流度控制中的方法：中国，CN103867169A［P］. 2014-06-18.

[11] 张营华．CO_2 泡沫剂的气溶性与封堵性研究［J］．科学技术与工程，2017，17(21)：233-235.

[12] 张超．基于气溶性表面活性剂的 CO_2 泡沫稳定机理与渗流特征研究［D］．青岛：中国石油大学，2016.

[13] 毕卫宇，张攀锋，章杨，等．低渗透油田用 CO_2 气溶性泡沫体系研发及性能评价［J］．油气地质与采收率，2018，25 (6)：1-7.

[14] 刘己全．超临界 CO_2 乳液稳定性及渗流特征研究［D］．青岛：中国石油大学(华东)，2016.

[15] 王冠华．超临界 CO_2 泡沫调驱技术研究［D］．北京：中国石油大学(北京)，2011.

[16] MCLENDON W J，KORONAIOS P，ENICK R M，et al. Assessment of CO_2-soluble non-ionic surfactants for mobility reduction using mobility measurements and CT imaging［J］. Journal of Petroleum Science & Engineering，2014，119 (3)：196-209.

[17] 章杨，张亮，陈百炼，等．高温高压 CO_2 泡沫性能评价及实验方法研究［J］．高校化学工程学报，2014，28(3)：535-541.

[18] 张昱．低渗油藏中泡沫对窜流通道封堵能力的影响因素研究［D］．北京：中国石油大学(北京)，2016.

[19] 王亚萧，郭立江，屠兰英．连续浊点法测定水盐体系溶解度研究［J］．青海大学学报(自然科学版)，2016，34(1)：105-108.

[20] 靖立帅．CO_2 混相驱用非离子表面活性剂的溶解性研究［D］．大连：大连理工大学，2014.

高温高压油藏纳米颗粒提高 CO_2 泡沫驱油效果实验

赵云海[1]　王　健[1]　吕柏林[2a]　杨志冬[2b]　胡占群[2b]　张作伟[3]

（1. 西南石油大学油气藏地质及开发工程国家重点实验室；
2. 中国石油新疆油田公司 a. 风城油田作业区，b. 采油一厂；
3. 中海油能源发展股份有限公司工程技术分公司）

摘要：吉林油田黑 79 区块小井距 CO_2 驱试验区，储集层非均质性强，驱替平面不均衡，吸气剖面和吸水剖面变差，形成气窜通道，影响混相驱采收率。试验区油藏温度高达 96.7℃，平均油层压力高达 23.9MPa，常规 CO_2 泡沫体系的稳定性较差。提出了在高温高压油藏条件下的纳米颗粒/CO_2 泡沫体系，并在模拟油藏条件下对其进行应用性能评价。实验结果表明，在油藏条件下，纳米颗粒/CO_2 泡沫体系具有很好的耐温耐盐性；随着压力的升高，当 CO_2 泡沫达到临界状态时，更容易与起泡剂溶液混合，形成更致密的网状结构，比在常压下形成的 CO_2 泡沫性能更优。注入纳米颗粒/CO_2 泡沫体系，高渗透层和低渗透层的分流率都在 50%左右，在驱油过程中，泡沫对高渗透层能进行有效封堵，调整吸气剖面，从而提高低渗透层的采收率。

关键词：高温高压油藏；CO_2 泡沫；纳米颗粒；泡沫体系性能评价；吸气剖面；吸水剖面；气窜；提高采收率

CO_2 驱替过程中，气窜减小了 CO_2 的波及体积，降低了驱油效率[1]。使用泡沫控制气窜是业界的研究热点之一[2-3]，对纳米颗粒稳定 CO_2 泡沫的机理及稳定性影响因素，前人进行了较多研究[4]，阐述了亲水纳米颗粒和疏水纳米颗粒的两类稳定泡沫的差异，论述了纳米颗粒在气液界面的不可逆吸附性[5]，论证了稳定泡沫中纳米颗粒和起泡剂的比例[6]。但前人的研究针对的是常温常压油藏，而吉林油田黑 79 区块为高温高压油藏，因此，有必要进行高温高压下的纳米颗粒/CO_2 泡沫体系性能评价实验。

吉林油田黑 79 区块试验区平均孔隙度为 13.0%，平均渗透率为 4.5mD，原始地层压力为 24.2MPa，地层原油黏度为 1.82～9.34mPa·s，地层水为 $NaHCO_3$ 型，矿化度为 10302.6mg/L，油层平均压力为 23.9MPa，油层平均温度为 96.7℃[7]。

2017 年，吉林油田黑 79 区块小井距试验区开始实施 CO_2 驱试验。试验区注采井网为 10 注 27 采，其中油井数 27 口，开井 23 口，日产液为 152.3t，日产油为 30.0t，含水率为 80.3%，通过对 CO_2 驱试验区油井的产油量、产气量、生产气油比和采出气 CO_2 含量的生产动态分析，周围大部分井见效明显，但是随着气驱的进行，试验区高产气井产量陆续下降。其中，黑 79-5-03 井产出气中 CO_2 超过 50%，气油比达 1100m^3/m^3；黑+79-3-3 井 CO_2 含量增多，气油比达 2700m^3/m^3；黑+79-3-1 井后期产出气中 CO_2 含量达 75%，气油比达到了 11165m^3/m^3，气窜严重，亟须实施控窜措施。而吉林油田开展的常规 CO_2 泡沫体系的研究与现场试验，一方面由于泡沫的稳定性较差，有效期短，控窜效果不理想；另一方面，油层高温高压，常压条件下进行的模拟不能反映高温高压油藏。因此，本文对适合黑79区块高温高压条件下的纳米颗粒/CO_2泡沫体系性能进行研究，以指导现场应用，进一步提高油藏的采收率。

1 实验部分

1.1 实验材料

实验用油为地层原油，油藏温度(96.7℃)下黏度为9.34mPa·s；模拟地层水为$NaHCO_3$型，矿化度为10300mg/L；CO_2纯度为99.2%，四川广汉劲力气体有限公司；起泡剂QP-1，含量为92%，起泡剂QP-2，含量为98.5%，山东优索化工科技有限公司；石英砂，粒径为150μm；SiO_2纳米颗粒，直径为20nm，有效含量99.5%，南京宏德纳米材料有限公司。

1.2 实验仪器

高温高压泡沫工作液性能测试装置，最高耐压为30MPa，最高耐温为200℃，腔体高度为100cm，内径为5cm，海安石油科研仪器有限公司；BH-2气体增压系统、HLB-10/40型恒流泵、多功能岩心流动实验装置，成都岩心科技有限公司；JB200-D型电动搅拌器，上海标本模型厂；QUANTA450型扫描电子显微镜，赛默飞世尔科技有限公司。

1.3 实验步骤

(1)泡沫性能评价实验。

往测试装置内通入CO_2，排净装置内的空气，再向装置内泵入100mL的起泡剂溶液；将装置加热至油藏温度，再利用气体增压泵充入CO_2至油藏压力；高速搅拌3min后，记录泡沫高度，测量泡沫半衰期，计算综合指数[8]。

(2)分流实验步骤。

称取填砂管干重，然后进行填砂；在岩心流动实验装置中并联高、低渗透填砂管，以0.20mL/min的流速向高、低渗透填砂管中饱和水，等到压力稳定后，记录压差，称取填砂管的湿重，并计算填砂管的孔隙体积、孔隙度和渗透率；以0.05mL/min的流速向高、低渗透填砂管中注入0.9PV的CO_2纳米颗粒泡沫；以0.20mL/min的恒速进行后续注水，通过记录不同注入体积时高、低渗透填砂管的出水量，计算分流率。

(3)驱油实验步骤。

按分流实验求取的高、低渗透填砂管孔隙体积、孔隙度和渗透率；以0.05mL/min的恒速向高、低渗透填砂管中饱和油，通过记录出水量，计算原始含油饱和度；以0.20mL/min的流速对填砂管进行水驱，至填砂管不出油为止，计算水驱采收率；以0.20mL/min的恒速向并联填砂管中注CO_2进行气驱；以0.05mL/min恒速向并联填砂管中注入0.9PV的纳米颗粒/CO_2泡沫，并设置一对照组，注入相同体积的CO_2泡沫，分别计算泡沫驱采收率；以0.20mL/min的恒速进行后续CO_2驱，直至出口端不出油，停止注气，计算气驱采收率。

2 实验结果分析

2.1 油藏条件下的起泡性能评价

(1)QP-1 起泡剂。

对不同质量分数的 QP-1 起泡剂溶液进行测试，测试结果见表 1。随着溶液中起泡剂质量分数的增加，起泡体积、半衰期和综合指数先增加后减少，当质量分数为 0.40%时，起泡体积、半衰期和综合指数均达到最大值，分别为 715mL，126min 和 67567mL · min。

表 1 QP-1 起泡剂性能

起泡剂质量分数/%	起泡体积/mL	半衰期/min	综合指数/(mL · min)
0.10	442	58	19227
0.20	575	71	30618
0.30	603	102	46129
0.40	715	126	67567
0.50	658	84	41454

(2)QP-2 起泡剂。

对不同质量分数的 QP-2 起泡剂进行测试，测试结果见表 2。起泡剂的综合指数随着质量分数增加，表现为先增加后降低趋势，当质量分数为 0.30%时，泡沫综合指数达到最大值，起泡体积、半衰期和综合指数分别为 683mL，81min 和 41492mL · min。

表 2 QP-2 起泡剂性能

起泡剂质量分数/%	起泡体积/mL	半衰期/min	综合指数/(mL · min)
0.10	508	42	16002
0.20	556	55	22935
0.30	683	81	41492
0.40	651	69	33689
0.50	589	63	27830

通过实验数据可以看出，QP-1 起泡剂的泡沫性能优于 QP-2 起泡剂的泡沫性能，因此，本文选用的起泡剂为 QP-1，质量分数为 0.40%。

2.2 纳米颗粒对起泡性能的影响

纳米颗粒是一种新型的材料，应用十分广泛[4,9-11]，泡沫中加入纳米颗粒，能发挥良好的耐温耐盐作用[12-13]，可以延长泡沫的半衰期，提高泡沫的稳定性[14]。

用黑 79 区块的模拟地层水配制质量分数为 0.40%的 QP-1 起泡剂溶液，在起泡剂溶液中分别加入纳米颗粒，使其质量分数依次为 0.05%，0.10%，0.20%，0.30%，0.40% 和 0.50%，充分搅拌后，在油藏温度压力下，测试起泡剂性能，记录起泡体积和半衰期，计算综合指数(表 3)。

表 3 纳米颗粒对泡沫性能的影响

起泡剂质量分数/%	起泡体积/mL	半衰期/min	综合指数/(mL · min)
0.05	697	143	74753
0.10	733	167	91808
0.20	631	139	65781
0.30	557	112	46788
0.40	516	85	32895
0.50	493	67	24773

随着溶液中起泡剂质量分数增加，泡沫性能先加强后减弱，当起泡剂质量分数为0.10%时，泡沫性能达到最好，起泡体积、半衰期和综合指数分别为733mL，167min和91808mL · min，而未加纳米颗粒的起泡剂溶液的性能明显较差，对应值分别为715mL，126min和67567mL · min（表1）。

通过实验数据可以看出，加入纳米颗粒的泡沫性能更好，半衰期和起泡体积比不含纳米颗粒的泡沫有所增加，综合指数相较于不含纳米颗粒的泡沫增加了35.87%。起泡剂中加入的纳米颗粒，主要附着在气液界面上，使气泡的液膜上附着纳米颗粒，增加液膜的厚度，延长泡沫的排液时间，抑制了气泡之间的变形和聚并，提高了泡沫液膜的稳定性[15,20]。

2.3 CO_2 泡沫应用性能评价及微观结构表征

(1)温度对泡沫性能的影响。

温度是影响泡沫半衰期的一个重要参数。测试不同温度下(36.0℃，51.0℃，66.0℃，81.0℃，96.7℃，111.0℃和126.0℃)CO_2 泡沫的性能，使用高温高压泡沫工作液性能测试装置，设置压力为油藏压力，记录起泡体积和半衰期，计算综合指数(表4)。

表 4 温度对泡沫性能的影响

温度/℃	加纳米颗粒的泡沫性能			未加纳米颗粒的泡沫性能		
	起泡体积/mL	半衰期/min	综合指数/mL · min	起泡体积/mL	半衰期/min	综合指数/mL · min
36.0	752	293	165252	770	213	123007
51.0	725	281	152793	767	179	102969
66.0	707	266	141046	713	148	79143
81.0	726	239	130135	742	129	71788
96.7	709	216	114858	703	121	63797
111.0	712	191	101994	695	107	55773
126.0	671	159	80016	687	78	40189

通过实验结果可以看出，在相同温度下，含纳米颗粒泡沫的半衰期和综合指数均大于不含纳米颗粒泡沫的半衰期和综合指数，当温度为36.0℃时，含有纳米颗粒泡沫和不含纳米颗粒泡沫的半衰期和综合指数都达到最大值。温度对泡沫的半衰期影响较大，随着温度

升高，半衰期降低，这是因为加快了液膜中液体蒸发，使泡沫液膜变薄，破裂速度加快；同时也加快了分子间的运动，使泡沫内部的压力增加，加速泡沫之间聚并。由于纳米颗粒吸附在气泡的液膜表面，能形成较为坚固的液膜[16]，延长了泡沫的排液时间，从而提高了泡沫的稳定性，使泡沫具有良好的耐温性。

(2)矿化度对泡沫性能的影响。

用泡沫体系 0.40%QP-1+0.10%SiO_2 和 0.40%QP-1 配制不同比例的地层水溶液，利用高温高压泡沫工作液性能测试装置搅拌起泡，记录起泡体积和半衰期，计算综合指数(表5)。

表5 矿化度对泡沫性能影响

矿化度	加纳米颗粒的泡沫性能			未加纳米颗粒的泡沫性能		
	起泡体积/mL	半衰期/min	综合指数/mL·min	起泡体积/mL	半衰期/min	综合指数/mL·min
淡水	545	107	43736	609	83	37910
矿化度为地层水的25%	597	121	54177	631	91	43065
矿化度为地层水的50%	634	172	81786	615	101	46586
矿化度为地层水的75%	769	230	132652	707	118	62569
地层水	716	208	111696	725	125	67968

从实验结果可以看出，含纳米颗粒的泡沫起泡体积、半衰期和综合指数随着地层水矿化度的增加先增加后减少，当矿化度为地层水的75%时，CO_2 泡沫性能达到最佳，起泡体积、半衰期和综合指数均达到最大值。在地层水条件下，泡沫性能有所下降，但下降幅度不大，说明地层水条件下，含纳米颗粒的泡沫性能较好。原因可能为该区块地层水矿化度不高，而含一定盐有利于提升泡沫的性能；在地层水条件下，含有纳米颗粒泡沫综合指数远大于不含纳米颗粒泡沫综合指数。因此，在相同地层水条件下，在 CO_2 泡沫中加入纳米颗粒，能够提升泡沫的性能。

(3)压力对泡沫性能的影响。

在油藏温度条件下，通过改变测试装置的压力，分析压力对泡沫性能的影响(表6)。从实验结果可以看出，当压力升高时，起泡体积、半衰期和综合指数也随着增加，在油藏压力条件下，起泡体积、半衰期和综合指数达到最大值；当压力小于8.0MPa时，半衰期和综合指数随着压力的增加上升幅度较大，分析可能因为在8.0MPa和96.7℃条件下，CO_2 达到超临界状态，其性质与液体性质相似，具有很好地溶解其他物质的性能，使得 CO_2 与起泡剂溶液易混合[17]，性能明显好于在常压条件下形成的 CO_2 泡沫[18-19]。

表6 压力对泡沫性能的影响

压力/MPa	起泡体积/mL	半衰期/min	综合指数/(mL·min)
0.1	295	6	1327
4.0	483	17	6158
8.0	550	114	47025
16.0	595	163	72738
23.9	707	216	114534

(4)纳米颗粒/CO_2 泡沫体系微观结构。

使用扫描电子显微镜，分别对不含纳米颗粒和含纳米颗粒的泡沫进行微观结构分析。在扫描电镜下，泡沫壁呈灰色，而泡沫中的气泡呈黑色(图 1)。其中不含纳米颗粒的泡沫间连接不紧密，在空间上不紧凑，结构规律性不强，稳定性较差；含纳米颗粒的泡沫互相连接成紧凑的网状，有利于泡沫的稳定。

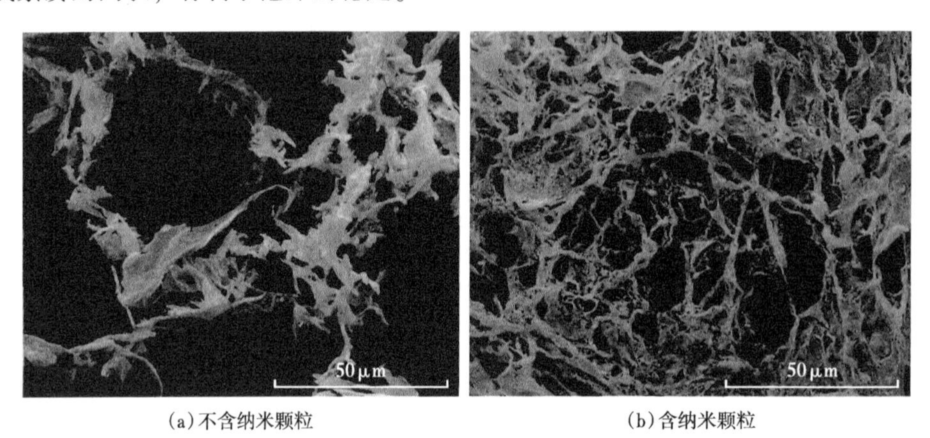

(a)不含纳米颗粒　　(b)含纳米颗粒

图 1　不含纳米颗粒和含纳米颗粒泡沫的微观结构

2.4　纳米颗粒/CO_2 泡沫体系的岩心流动实验

(1)剖面改善效果。

采用并联填砂管实验，对纳米颗粒/CO_2 泡沫的剖面改善效果进行研究，其中填砂管长为 50.00cm，直径为 2.54cm；高渗透填砂管中孔隙体积为 69.27cm^3，孔隙度为 27.33%，低渗透填砂管孔隙体积为 50.83cm^3，孔隙度为 20.07%；高渗透填砂管原始水测渗透率为 208.47mD，低渗透填砂管为 34.58mD。

在水驱过程中，高渗透填砂管和低渗透填砂管的分流率分别为 92.7%和 7.3%；随着水驱结束后的泡沫注入，低渗透填砂管的分流率开始上升，高渗透填砂管的分流率下降，当注入 1.9PV 泡沫时，高渗透填砂管和低渗透填砂管的分流率分别在 50%左右；后续水驱到 2.0PV 时，高渗透填砂管分流率最低，为 45.1%，而低渗透填砂管则达到 54.9%，随着后续水驱的进行，高渗透填砂管分流率逐渐上升，低渗透填砂管的分流率逐渐下降(图 2)。

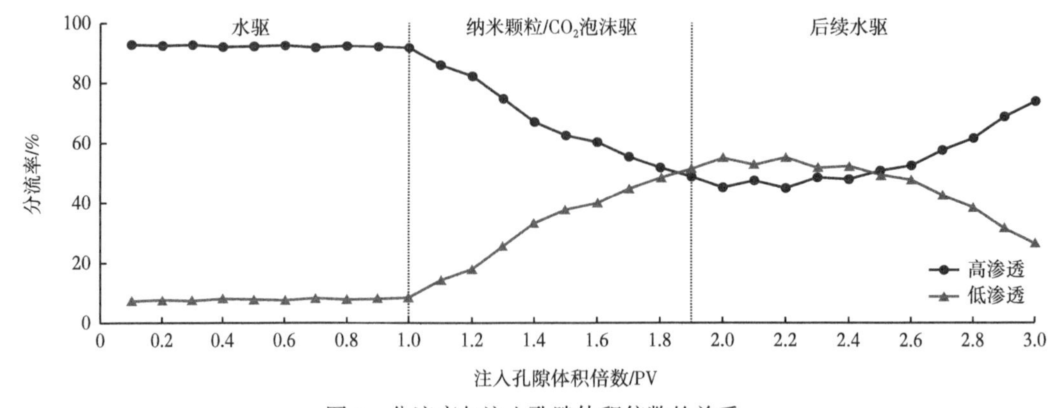

图 2　分流率与注入孔隙体积倍数的关系

(2)驱油效果对比。

采用并联填砂管进行驱油效果对比试验，其中填砂管长度为 50.00cm，直径为 2.54cm，Ⅰ组实验未加纳米颗粒，高渗透填砂管孔隙体积为 70.23cm^3，孔隙度为 27.73%，含油饱和度为 67.43%，低渗透填砂管孔隙体积为 61.37cm^3，孔隙度为 24.24%，含油饱和度为 60.35%；高渗透填砂管原始水测渗透率为 214.42mD，低渗透填砂管为 30.75mD。Ⅱ组实验加纳米颗粒，高渗透填砂管中孔隙体积为 68.77cm^3，孔隙度为 27.16%，含油饱和度为 64.37%，低渗透填砂管孔隙体积为 62.49cm^3，孔隙度为 24.68%，含油饱和度为 59.72%；高渗透填砂管原始水测渗透率为 198.35mD，低渗透填砂管为 29.69mD。

从实验结果(表 7)可以看出，不论是否含有纳米颗粒，开始驱替时由于高渗透填砂管的分流率大，会优先驱替高渗透填砂管中的油；在泡沫驱和后续气驱过程中低渗透填砂管的采收率均大于高渗透填砂管，这是因为泡沫有效封堵了高渗透层，从而提高了低渗透填砂管的分流率，也就提高了低渗透填砂管的采收率。而且在泡沫驱和后续气驱中，含有纳米颗粒的泡沫比不含纳米颗粒的泡沫提高采收率的幅度高，说明含有纳米颗粒的泡沫比不含纳米颗粒的泡沫在油藏高温高压的条件下稳定性更好。含有纳米颗粒泡沫的低渗透填砂管比高渗透填砂管采收率提高了 7.37%，同时含有纳米颗粒泡沫比不含纳米颗粒泡沫低渗透填砂管在泡沫驱和后续气驱的采收率提高了 4.77%。

表 7　并联填砂管未加纳米颗粒和加纳米颗粒驱油实验结果对比

实验条件	渗透率类型	水驱采收率/%	气驱提高采收率/%	泡沫驱提高采收率/%	后续气驱提高采收率/%
Ⅰ组实验未加纳米颗粒	高渗透	44.15	14.31	8.34	6.47
	低渗透	19.37	10.61	10.43	9.43
Ⅱ组实验加纳米颗粒	高渗透	41.27	16.14	10.52	6.74
	低渗透	23.65	12.57	13.06	11.57

3　结论

(1)在油藏温压条件下，含纳米颗粒的泡沫性能比不含纳米颗粒的泡沫性能好，半衰期和综合指数分别提升了 95min 和 51061mL · min，说明含纳米颗粒的泡沫具有较好的抗盐、抗温和抗压性。

(2)通过电子显微镜观察泡沫的微观结构，可以看出纳米颗粒附着在泡沫液膜表面，CO_2 泡沫呈紧密网状结构，增加了泡沫液膜的厚度，有利于提升 CO_2 泡沫的稳定性。

(3)泡沫能够有效改善填砂管的分流率，含有纳米颗粒的泡沫在驱油实验中低渗透填砂管经泡沫驱和后续气驱提高采收率为 24.63%，比高渗透填砂管的采收率提高了 7.37%，含有纳米颗粒泡沫比不含纳米颗粒泡沫低渗透填砂管中采收率提高了 4.77%。

参考文献

[1] 谷丽冰，李治平，欧瑾，等. 利用二氧化碳提高原油采收率研究进展 [J]. 中国矿业，2007，16 (10)：66-69.

[2] 廖广志，李立众，孔繁华，等. 常规泡沫驱油技术 [M]. 北京：石油工业出版社，1999：132-137.
[3] 林伟民，史江恒，肖良，等. 中高渗油藏空气泡沫调驱技术 [J]. 石油钻采工艺，2009，31(S1)：115-118.
[4] 李兆敏，孙乾，李松岩，等. 纳米颗粒提高泡沫稳定性机理研究 [J]. 油田化学，2013，30(04)：625-629.
[5] 杨兆中，朱静怡，李小刚，等. 纳米颗粒稳定泡沫在油气开采中的研究进展 [J]. 化工进展，2017，36(5)：1 675-1 681.
[6] BINKS B P，KIRKLAND M，RODRIGUES J A. Origin of stabilisation of aqueous foams in nanoparticle-surfactant mixtures [J]. SoftMatter，2008，4(12)：2373-2382.
[7] 徐鹏. 黑 79 区块 CO_2 气驱油藏泡沫控制气窜技术研究 [D]. 成都：西南石油大学，2015.
[8] 吴文祥，徐景亮，崔茂蕾. 起泡剂发泡特性及其影响因素研究 [J]. 西安石油大学学报(自然科学版)，2008，23(3)：72-75.
[9] HASANNEJADA R，POURAFSHARY P，VATANI A，等 . 二氧化硅纳米流体在储集层微粒运移控制中的应用 [J]. 石油勘探与开发，2017，44(5)：802-810.
[10] 何斌，杨振国 . 纳米 SiO_2 改性酚醛泡沫的制备及表征 [J]. 石油化工，2007，36(12)：1266-1270.
[11] 孙乾，李兆敏，李松岩，等 . 纳米 SiO_2 颗粒与 SDS 的协同稳泡性及驱油实验研究 [J]. 石油化工高等学校学报，2014，27(6)：36-41.
[12] 孙乾，李兆敏，李松岩，等 . 添加纳米 SiO_2 颗粒的泡沫表面性质及调剖性能 [J]. 中国石油大学学报(自然科学版)，2016，40(6)：101-108.
[13] 孙乾，李兆敏，李松岩，等 . SiO_2 纳米颗粒稳定的泡沫体系驱油性能研究 [J]. 中国石油大学学报(自然科学版)，2014，38(4)：124-131.
[14] 向湘兴，陈静，侯军伟，等 . 克拉玛依油田稠油油藏氮气泡沫驱应用 [J]. 新疆石油地质，2017，38(1)：76-80.
[15] ABKARIAN M，SUBRAMANIAN A B，KIM S H，et al. Dissolution arrest and stability of particle-covered bubbles [J]. Physical Re-view Letters，2007，99(18)：188301.
[16] 秦波涛，王德明 . 三相泡沫的稳定性及温度的影响 [J]. 金属矿山，2006，54(4)：62-65.
[17] 王庆，杨昌华，林伟民，等 . 中原油田耐温抗盐二氧化碳泡沫控制气窜研究 [J]. 油气地质与采收率，2013，20(4)：75-78.
[18] KAM S I，ROSSEN W R. Anomalous capillary pressure，stress，and stability of solids-coated bubbles [J]. Journal of colloid and inter-face science，1999，213(2)：329-339.
[19] 杨昌华 . 温度压力对 CO_2 泡沫相态和性能影响研究 [J]. 精细石油化工进展，2018，19(2)：26-28.
[20] 陈希，马德胜，田茂章，等. 基于 Janus SiO_2/PS 纳米颗粒的乳液相行为及流变性 [J]. 新疆石油地质，2018，39(3)：326-332.

（编辑：顾新元）

Formation damage due to asphaltene precipitation during CO_2 flooding processes with NMR technique

Kun Qian[a] Shenglai Yang[a] Hong-en Dou[b]
Jieqiong Pang[a] Yu Huang[a]

(a. State Key Lab of Oil and Gas Resources and Engineering, China University of Petroleum;
b. Research Institute of Petroleum Exploration and Development, CNPC)

Abstract: In order to quantitatively evaluate the pore-scale formation damage of tight sandstones caused by asphaltene precipitation during CO_2 flooding, the coreflood tests and NMR relaxometry measurements have been designed and applied. Five CO_2 coreflood tests at immiscible, near-miscible and miscible conditions were conducted and the characteristics of the produced oil and gas were analyzed. For each coreflood test, the T_2 spectrum of the core sample was measured and compared before and after CO_2 flooding to determine the asphaltene precipitation distribution in pores. It is found that, the solubility and extraction effect of the CO_2 plays a more dominant role in the CO_2-EOR process with higher injection pressure. And, more light components are extracted and recovered by the CO_2 and more heavy components including asphaltene are left in the core sample. Thus, the severity of formation damage influenced by asphaltene precipitation increases as the injection pressure increases. In comparison to micro and small pores (0.1-10ms), the asphaltene precipitation has a greater influence on the medium and large pores (10-1000ms) due to the sufficient interaction between the CO_2 and crude oil in the medium and large pores. Furthermore, the asphaltene precipitation not only cause pore clogging, but also induce rock wettability to alter towards oil-wet ditection.

Keywords: CO_2-EOR; asphaltene precipitation; permeability; NMR technique; pore distribution

1 Introduction

CO_2 flooding has been proven to be an effective technique to enhance oil recovery through both laboratory experiments and field application for several decades[1-3]. The injected CO_2 could interact with crude oil in the reservoirs, leading to significant effects on enhance oil recovery (EOR). The main mechanisms of CO_2-EOR technique include oil-swelling effect, viscosity reduction, light-hydrocarbon extraction and interfacial tension reduction[4]. However, it has been reported that the interaction between CO_2 and crude oil is the determined factor for asphaltene precipitation. For example, in Midale in Canada, no prior asphaltene problems was encountered until CO_2 injection. Asphaltene precipitation also occurred in other CO_2 floods, such as in Little

Creek Field, Mississippi and West Texas[5].

Asphaltene precipitation could cause serious damages to formations[5-7]. This is because the precipitated asphaltene will deposit on the reservoir rocks, which may cause reservoir plugging and wettability alteration[8-9]. To investigate asphaltene precipitation during CO_2 flooding processes, extensive coreflood experimental studies have been conducted. Wang[10] found that the degree of permeability reduction is positively correlated with the percentage of asphaltene precipitated through CO_2 core flooding tests. Cao and Gu[11] demonstrated that less amount of asphaltene remained in the cores in immiscible conditions while more asphaltene precipitation is observed under miscible conditions. Wang and Yang[12] found that permeability reduction due to asphaltene precipitation mainly occurs in the middle and tail end of the reservoir in the miscible CO_2-WAG injection after the continuous CO_2 injection through long coreflood experiments. Moreover, the wettability alteration also occurs due to asphaltene precipitation, which has negative influence on the formation. Amroun[13] and Escrochi[14] reported that the asphaltene precipitation was the main platform for wettability alteration and the porous media changed towards strongly oil - wet condition. Uetani[15] reported that the productivity dropped immediately and water cut increased from 2%~3% to 10%~15% in field "M", which was caused by the rock wettability altered form water-wet to oil-wet because of asphaltene precipitation.

Although, the asphaltene precipitation during CO_2 flooding could be determined through the measurement of permeability reduction combined with the asphaltene content of the produced oil[16-17]. The pore - scale distribution of asphaltene deposition have been rarely investigated. Srivastava[18] used X-ray CAT (computer aided tomography)-scanning technique to visualize the asphaltene deposition along the length of the core. Song[19] made a microscopic model to observe the distribution of asphaltene deposition in 2-D porous networks. However, these methods can only qualitatively observe the distribution of asphaltene precipitation, and the influence of asphaltene precipitation on the pores cannot be quantitatively evaluated. In order to quantitatively analyze the distribution of asphaltene precipitation in pores, Wang[10] applied nuclear magnetic resonance (NMR) to scan tight artificial cores before and after CO_2 flooding. Besides determining the distribution of asphaltene precipitation, NMR technique is a powerful tool for non - invasively analyzing the wetting state of rock[20-21]. Shikhov[22] studied the wettability change of sandstone cores over aging time with low-field NMR measurements.

In this study, an analysis method reference to Amott method[23] was proposed to quantitatively evaluate the wettability alteration before and after CO_2 flooding combined with determining the distribution of asphaltene precipitation. First, in order to determine the influence of CO_2-brine-rock interaction on the core samples, two core samples saturated with kerosene which don't contain asphaltene were applied to conduct CO_2 coreflood experiments. Then, five CO_2 coreflood tests were conducted at different injection pressures. The oil recovery factors, the viscosity and the asphaltene contents of the produced oil were measured during these tests. Then, through comparing the difference in the NMR transverse relaxation time (T_2) spectrum for the water-saturated cores before and after CO_2 flooding, the distribution of asphaltene precipitation in the pores and throats of core samples was quantitatively evaluated. At the same time, the wettability alteration condition was evaluated by calculating the condition of oil saturation in pores before and after CO_2 flooding. On these bases, this study can help to improve the system of quantitatively evaluating the distribution of the asphaltene precipitation and wettability alteration in pores and throats.

2 Experimental section

2.1 Materials

In this study, the stock tank oil (STO) sample was collected from Changqing Oilfield, China. The density and viscosity of the cleaned STO was measured to be 833.4kg/m^3 and 4.76mPa · s at the atmospheric pressure and 61℃ and the MW_{oil} = 229.7 g/mol. The asphaltene content of the cleaned crude oil was measured to be 0.94% (n-pentane insoluble) with the standard ASTM D2007-03 method[24]. The wax content was measured by the thin-layer chromatograph/flame ionization detection (TLC-FID) method and the SARA analysis of the crude oil was measured with the standard ASTM D4124, as shown in Table 1. The density and viscosity of the kerosene was measured to be 792.0kg/m^3 and 1.01mPa · s at the atmospheric pressure and 61℃. The Gas Chromatography (GC) compositional analysis of the cleaned crude oil sample and kerosene is givein Table 2.

Table 1 Was content and SARA analysis of the crude oil

component	Weight percent/%
Wax	0.10
Saturates	66.63
Aromatics	27.54
Resins	4.89
Asphaltenes	0.94

Table 2 Compositional analysis of the crude oil with the asphaltene content of w_{asp} = 0.94% (n-pentane insoluble) and the kerosene without asphaltene

carbon no.	mole fraction/%		carbon no.	mole fraction/%	
	crude oil	kerosene		crude oil	kerosene
C_1			C_{11}	5.73	14.23
C_2			C_{12}	4.34	2.52
C_3	0.33		C_{13}	3.49	0.96
C_4	3.82		C_{14}	3.64	0.71
C_5	6.46	0.54	C_{15}	3.26	0.60
C_6	7.05	0.69	C_{16}	2.60	0.52
C_7	10.62	2.32	C_{17}	2.33	0.51
C_8	9.90	8.84	C_{18}	2.17	0.40
C_9	8.49	28.36	C_{19}	1.90	
C_{10}	6.82	38.78	C_{20}	1.22	

Continued

carbon no.	mole fraction/%		carbon no.	mole fraction/%	
	crude oil	kerosene		crude oil	kerosene
C_{21}	1. 13		C_{30}	0. 54	
C_{22}	0. 99		C_{31}	0. 58	
C_{23}	0. 94		C_{32}	0. 49	
C_{24}	0. 78		C_{33}	0. 36	
C_{25}	0. 71		C_{34}	0. 28	
C_{26}	0. 67		C_{35}	0. 44	
C_{27}	0. 63		C_{36+}	6. 04	
C_{28}	0. 63		total	100. 00	100
C_{29}	0. 51				

The reservoir brine sample was collected from the same formation and cleaned. The reservoir brine has the total dissolved solids(TDS) of 30917. 8mg/L, which was considered to be the water type of calcium chloride. The brine viscosity was measured to be 0. 4mPa · s at the atmospheric pressure and 61℃. The purity of the CO_2 used in this study was equal to 99. 99% supplied by Beijing Huayuan Gas Chemical Co. ltd.

2. 2 MMP tests

Figure 1 shows the schematic diagram of the slim-tube apparatus (CFS-100, Core Lab, Tulsa, OK) for conducting a s series of displacement experiments to determine the MMP of the crude oil-CO_2 system in this study. The apparatus was consisted of a displacement pump(260D, ISCO, Lincoln, NE), a stainless steel slim tube packed with silica sands (Shengfa Mining Industry Co Ltd, China), a back-pressure regulator(Huada, Haian, China) and two pressure transducers to monitor injection pressure and back pressure constantly. A burette was used to collect and measure the produced oil and a gas flow meter to measure the volume of the produced gas.

In this study, the MMP of the CO_2-crude oil system was determined by six slim-tube tests with different injection pressure at the formation temperature of 61℃. The displacement system was cleaned by petroleum ether and dried by nitrogen several times in preparation of each slim-tube tests. Then, the apparatus was saturated with the crude oil at the reservoir temperature of 61℃ with a constant flow rate of 0. 2 cm^3/min and the back pressure should be maintained the desired production pressure in order to prevent the crude oil from degassing. The CO_2 was injected into the slim tube to displace the crude oil with a constant flow rate of 0. 1 cm^3/min at the set injection pressure. The injection and production pressure was continuously monitored and recorded during the entire experiment. The volume of the produced oil and gas was measured at every 0. 1 PV of pure CO_2 until 1. 2 PV CO_2 was injected.

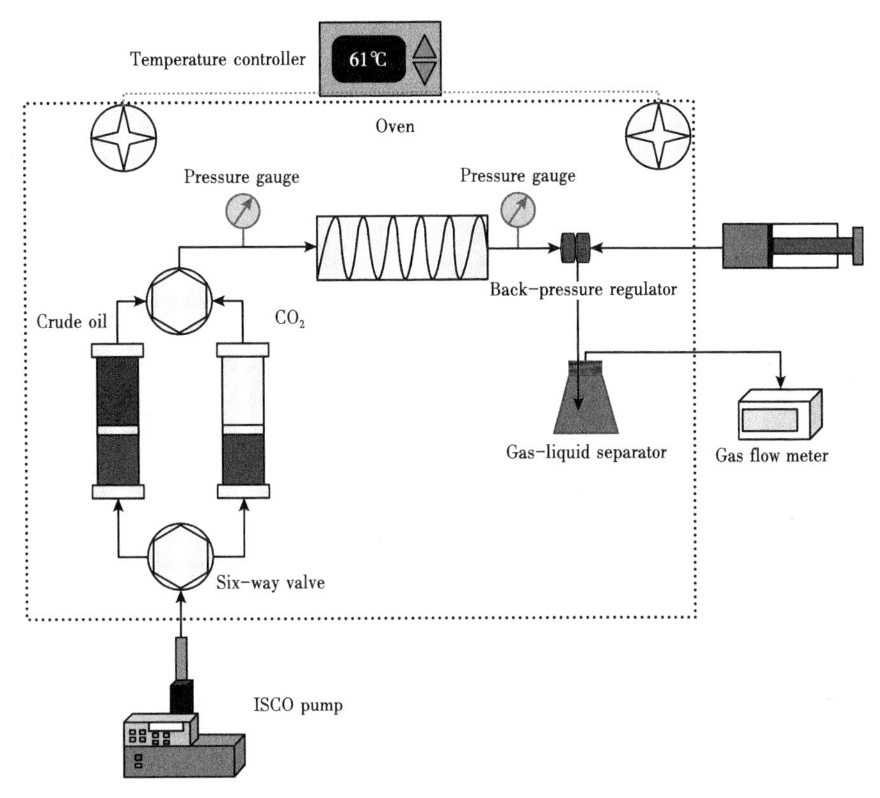

Figure 1 schematic diagram of the slim-tube test setup

2.3 Coreflood tests

Figure 2 depicts the schematic diagram of the high-pressure coreflood apparatus used for CO_2 coreflood tests. A constant flow pump (260D, ISCO, Lincoln, NE) was applied to displace dead crude oil, brine and CO_2 through the core plug inside a high-pressure stainless steel coreholder (Huada, Haian, China) with the inner diameter and outer diameter of 25 mm and 40mm. Three high pressure cylinders were applied to store and deliver crude oil, brine and CO_2, respectively. Another ISCO syringe pump was used to exert the confining pressure which was always kept 2 ~ 3 MPa higher than the injection pressure on the core plug. All above mentioned components were placed inside an air bath which was heated by two electronic heat guns. A temperature controller was used to keep the air bath at the reservoir temperature of 61℃. A back-pressure regulator (Huada, Haian, China) was used to target the desired production pressure during the coreflood test. A burette was used to collect and measure the produced oil and a gas flow meter to measure the volume of the produced gas.

The core samples used in this experiment are tight cores collected from Changqing Oil Field, China. It is noted that the core samples with nearly the same gas permeability pore size distribution are selected, which are from the same formation. The properties of cores are listed in Table 3.

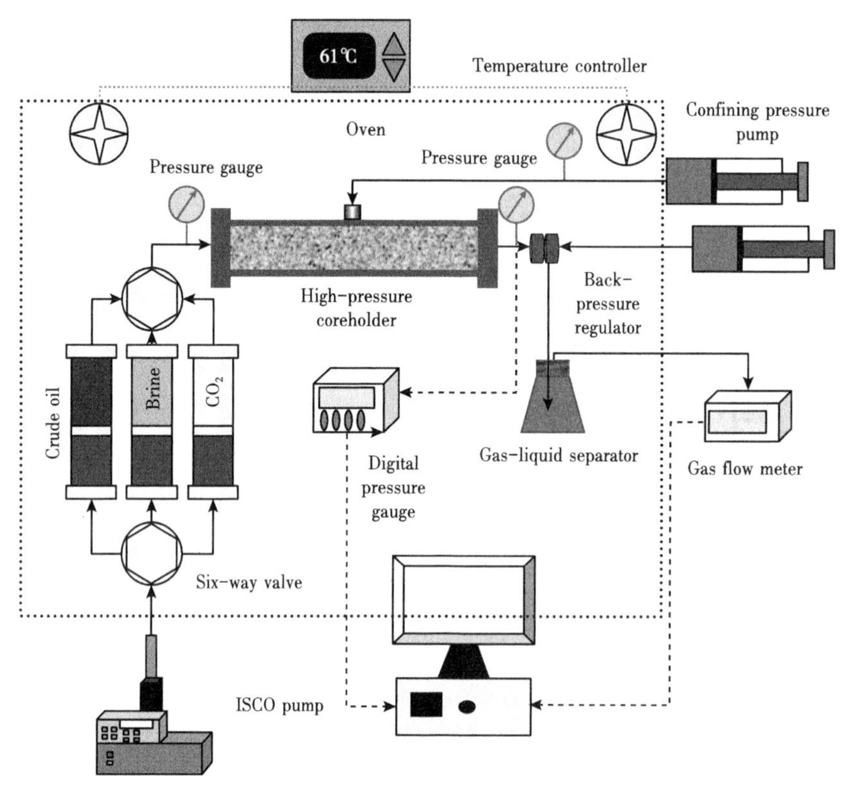

Figure 2 Schematic diagram of the high-pressure CO_2 coreflood apparatus

Table 3 Basic properties of tight core plug samples

No.	Length/cm	Diameter/cm	K/mD	ϕ/%	Saturated oil	S_{oi}/%	S_{wc}/%
1-1	5.872	2.504	2.67	16.74	kerosene	67.58	32.42
1-2	6.370	2.504	3.23	17.35		74.41	25.59
2-1	5.126	2.504	2.61	16.23	crude oil	66.71	33.29
2-2	6.722	2.504	2.91	17.27		68.30	31.70
2-3	5.874	2.504	2.98	16.18		62.75	37.25
2-4	5.660	2.504	3.14	17.94		65.24	34.76
2-5	5.938	2.504	3.31	17.07		70.93	29.07

Note: K: absolutely gas permeability of the core plugs.

ϕ: gas porosity of the core plugs.

S_{oi}: initial oil saturation.

S_{wc}: initial connate water saturation.

The general procedure for the CO_2 coreflood tests is briefly described as follows.

(1) Prior to each test, the core plugs were thoroughly cleaned by using a Dean-Stark extractor (SXT-02, Shanghai Ping Xuan Scientific Instrument Co., Ltd., China) for 20~30d. After the core plugs were cleaned and dried at 100℃. The gas permeability and porosity was measured with nitrogen (High-Pressure Gas Permeameter/Porosimeter, Temco, Tulsa, UAS).

(2) The core plug was placed in the high-pressure coreholder and vacuumed for 24h. Then

the formation brine was injected at the flow rate of 0. 2cm^3/min to saturate the core plug. Then, the NMR apparatus was used to measure T_2 transverse relaxation time of the core sample under initial water-saturated condition.

(3) The core was displaced with the $MnCl_2$ solution (15000 mg/L) of 5PV. And then the saturated core was scanned again by NMR apparatus to make sure the hydrogen signal of the brine eliminated.

(4) After that, 3. 0 PV of the crude oil was pumped through the core plugs at a constant rate of 0. 1 cm^3/min until no water was produced to achieve the connate water saturation (S_{wc}) the initial oil saturation (S_{oi}) at the reservoir temperature of 61℃. The physical properties of core plugs were listed in Table 3. The T_2 spectrum was measured again after the core had been saturated with crude oil.

(5) In each test, 2. 0 PV CO_2 was pumped into the coreholder to displace the crude oil at the desired injection pressure and reservoir temperature of 61℃. The injection and production pressure was continuously monitored and recorded during the entire test. The cumulative produced oil volume was recorded by a video camera and the cumulative volume of the produced gas was measured and recorded by using the gas flow meter. The produced oil and gas was collected during each coreflood test and the components of the produce oil and gas was analyzed by gas chromatograph (GC) technique.

(6) After the CO_2 coreflood test, the core samples, were cleaned by a Soxhlet Extractor with the solvent of petroleum ether which cannot dissolve asphaltene[25] and dried for 12h at 100℃. The gas permeability core samples was measured by permeameter with nitrogen.

(7) The cleaned core sample was conducted the same treatments from step 1 to step 4.

2. 4 NMR tests

NMR refers to the response of atomic nuclei to magnetic fields. The NMR apparatus (Mini-MR, Niumag, Suzhou, China) used in this study detects the transverse relaxation motion of ^1H of fluids in the pores, which produces a relatively strong signal compared to other elements in earth formations[26]. The magnetic intensity, gradient value control precision and frequency range of the NMR apparatus are 0. 5T, 0. 025 T/m, 0. 01MHz and 1 ~ 30MHz, respectively. As for the NMR transverse relaxation time of fluid in the pore is given as[27-28]

$$\frac{1}{T_2}=\frac{1}{T_{2S}}+\frac{1}{T_{2D}}+\frac{1}{T_{2B}} \tag{1}$$

Where T_{2S}——the surface relaxation time, ms;

T_{2D}——the relaxation time as induce by diffusion in magnetic gradients, ms;

T_{2B}——the bulk relaxation time of the pore-filling fluid, ms.

Because T_{2B} is much larger than T_2 for fluid in porous media, T_{2B} is usually neglected. T_{2D} is reasonably neglected, when the magnetic field is thought to be uniform with a quite small field gradient and echo time is small enough. Furthermore, T_{2S} is associated with specific surface of a pore. Then

$$\frac{1}{T_2} \approx \frac{1}{T_{2S}} = \rho_2\left(\frac{S}{V}\right) \tag{2}$$

Where ρ_2——the surface relaxation rate, μm/ms;

S——the interstitial surface area, μm^2;

V——the pore volume, μm^3.

S/V can be written as a function of the dimensionless shape factor of a pore, F_S, and pore radius, r(μm), as follows

$$\frac{S}{V} = \frac{F_S}{r} \tag{3}$$

Combine eq(2) and eq(3)

$$T_2 = \frac{1}{\rho_{2F_S}} r \tag{4}$$

Then

$$T_2 = Cr \tag{5}$$

$$C = \frac{1}{\rho_{2F_S}} \tag{6}$$

C is considered to be a constant for eq(5) and eq(6) so the T_2 response is proportional to the pore radius. In our work, 0. 1~1ms of T_2 is defined as micro pores, 1~10 ms defined as small pores, 10~100 ms defined as medium pores and 100~1000 ms as large pores.

3 Results and discussion

3.1 Experimental identification of CO_2-brine-rock interactions with NMR technique

In the CO_2 flooding process, the solid precipitation were partly generated due to CO_2-bine-rock reactions. The solid precipitation and clay particles would migrate in the pore and possibly cause a blockage in the pore throat[29]. So that, the CO_2-bine-rock reactions would induced permeability reduction of the cores[30]. Nevertheless the studies on the permeability reduction due to CO_2-bine-rock reactions are basically about aquifers. It is necessary to investigate the influence of the CO_2-bine-rock reactions on permeability reduction of oil reservoir formation before the experimental study on the impact of asphaltene precipitation on permeability. Therefore, instead the crude oil, the kerosene without asphaltene was used to conduct the coreflood experiments first.

As shown in Figure 3, the T_2 spectrum for the initial water-saturated cores 1-1 and 1-2, and the T_2 spectrum for the water-saturated cores after CO_2 flooding, were measured. It can been seen from Figure 3(a) and Figure 3(b) that the T_2 spectrum for the water-saturated core after CO_2 flooding didn't deviate from the T_2 spectrum for the initial water-saturated cores. Thus, in the case of experimental error, the distribution of pores was considered unchanged. The experimental result is different from similar experimental result in other literatures that the CO_2-bine-rock

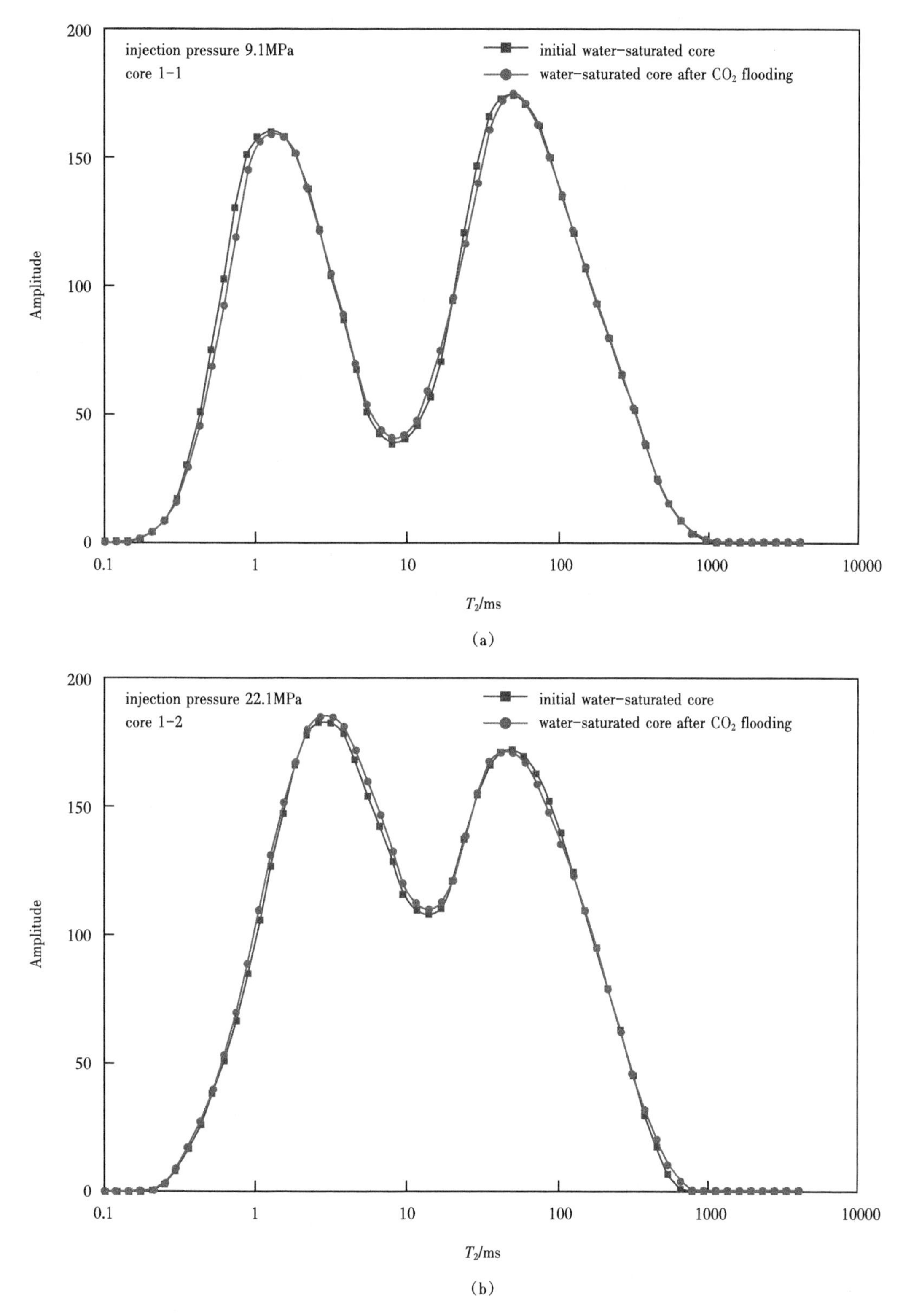

Figure 3 Comparison of T_2 spectrum for the initial water-saturated cores and for the water saturated cores after CO_2 flooding and cleaning

reactions occur and change the pore structure in the cores during CO_2 coreflood tests[31-32]. That is because the reaction time of these coreflood tests is too short in comparison with experiments in other literatures. Therefore, the CO_2-bine-rock reactions are considered to have no influence on the pore distribution of the sandstone cores saturated with oil during the CO_2 flooding process.

3.2 CO_2-oil MMP

In this study, the slim-tube tests at six different injection pressure under a constant reservoir temperature of 61℃ were conducted to determine the MMP of the crude oil sample. The measured oil recovery factors (ORFs) versus PV of injected CO_2 were illustrated in Figure 4. As expected, the ORF increased with the injection of CO_2 at each injection pressure, and the growth rate of the ORFs decreased rapidly after 0.6 PV of injected CO_2 because of the CO_2 breakthrough. There were no more oil obtained in each test at 1.2 PV of injected CO_2 which was the terminal point. Because the rate of CO_2 extraction and dissolution accelerated with the growth of injection pressure[16], leading to stronger swelling effect and lower capillary resistance. The ultimate ORF of each slim-tube test increased as the injection pressure increased. In addition, the ultimate ORF at p_{inj} = 20MPa, 23MPa and 26MPa have no obvious growth, which indicates that the MMP measured by slim-tube test is between 16MPa$\leqslant p_{in}\leqslant$20MPa. After that, the ultimate ORFs of each slim-tube test versus injection pressure were depicted in Figure 5 to determine the MMP. Figure 5 shows that the first three points and the last three points are linear respectively. The intersection point of two fitting curves is regarded as the MMP of the CO_2-crude oil system measured by slim-tube test, which is 17.02MPa.

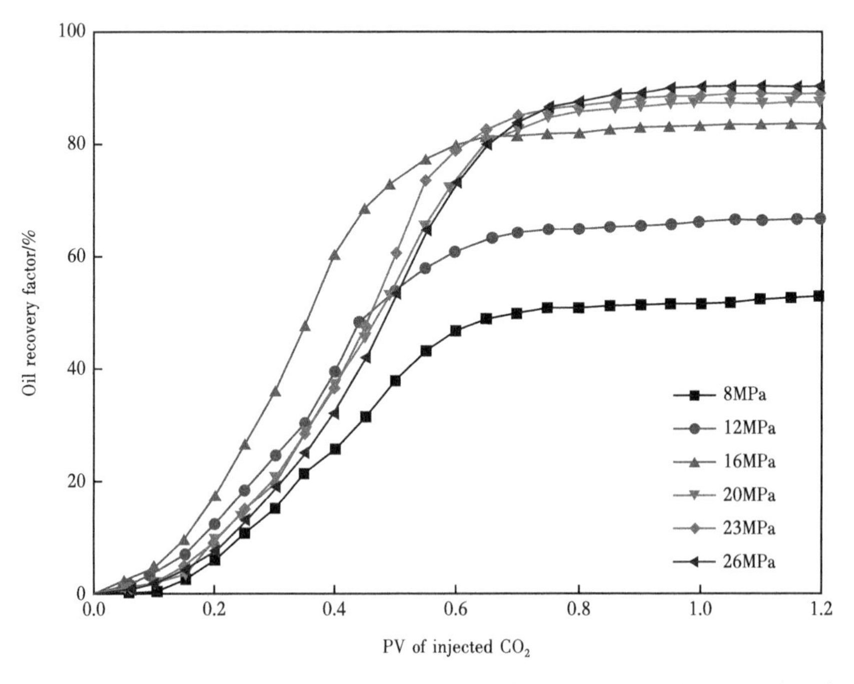

Figure 4 Oil recovery factors versus volume of the injected CO_2 in terms of the pore volume (PV) at injection pressure from 8~26MPa and a temperature of 61℃ in slim-tube tests

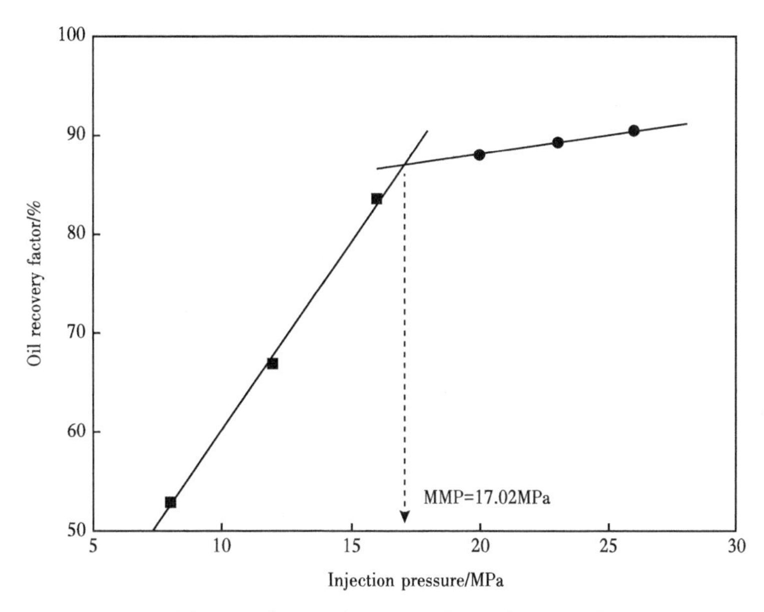

Figure 5 Variation of the cumulative oil recovery factor determined at 1. 2PV of injected CO_2 at different injection pressures

3. 3 Physicochemical characterization of produced fluids

Figure 6 shows the measured ORF versus PV of injected CO_2 at different injection pressure of five coreflood tests under the reservoir temperature of 61℃. As expected, the ORF increased with the injection of the CO_2 until no more oil was produced at 2. 0 PV of injected CO_2. And, the ORFs increased faster before the injected CO_2 of 0. 30PV, 0. 55PV, 0. 85PV, 1. 00PV and 1. 10PV corresponding to the injection pressure of p_{inj} = 9. 1MPa, 13. 5MPa, 16. 2MPa, 19. 5MPa and 22. 1MPa, respectively. More specifically, the ORF of lower injection pressure was greater than that of higher injection pressure in the initial period of process. Because a less portion of injected CO_2 was dissolved into the light crude oil at a lower injection pressure due to the lower solubility and a larger portion of the injected CO_2 played a major role in displacement at the same injection rate. With the growth of the injection pressure, the ultimate ORF at the terminal 2. 0PV increased due to the stronger interaction ability between the CO_2 and the crude oil.

Figure 7 shows the oil recovery, asphaltene content and viscosity of the produced oil for five coreflood tests at different injection pressure. The oil recovery factor increased significantly with the increasing injection pressure until reaching the MMP = 17. 02MPa. This is because the viscosity of the crude oil and the interfacial tension (IFT) between the crude oil and CO_2 decreased at higher injection pressure[11]. In addition, it can been seen from Figure 7 that the viscosity of the produced oil decreased form 10. 18mPa · s to 3. 72mPa · s when the injection pressure increased from 9. 1MPa to 22. 1MPa. And, the asphaltene content of the produced oil decreased from 0. 78% to 0. 58% as the injection pressure increasing from 9. 1 MPa to 16. 2 MPa, while the asphaltent content barely changed when the injection was higher than the MMP (Figure 7). The aphaltene

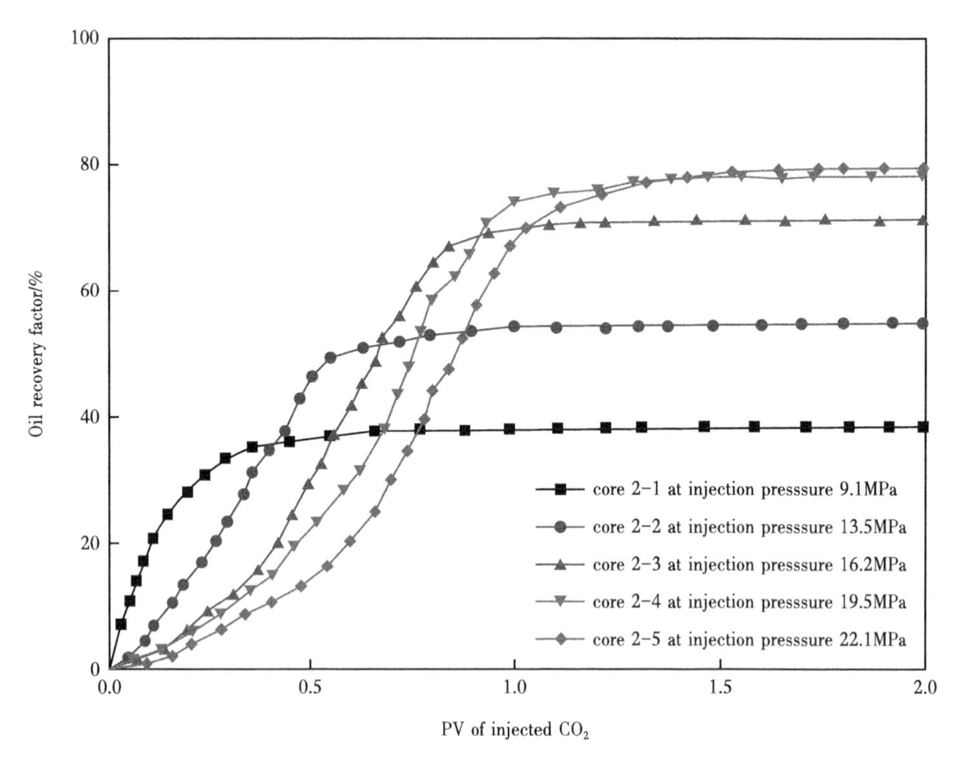

Figure 6　Oil recovery factor versus pore volume of the injected CO_2 at different injection pressures

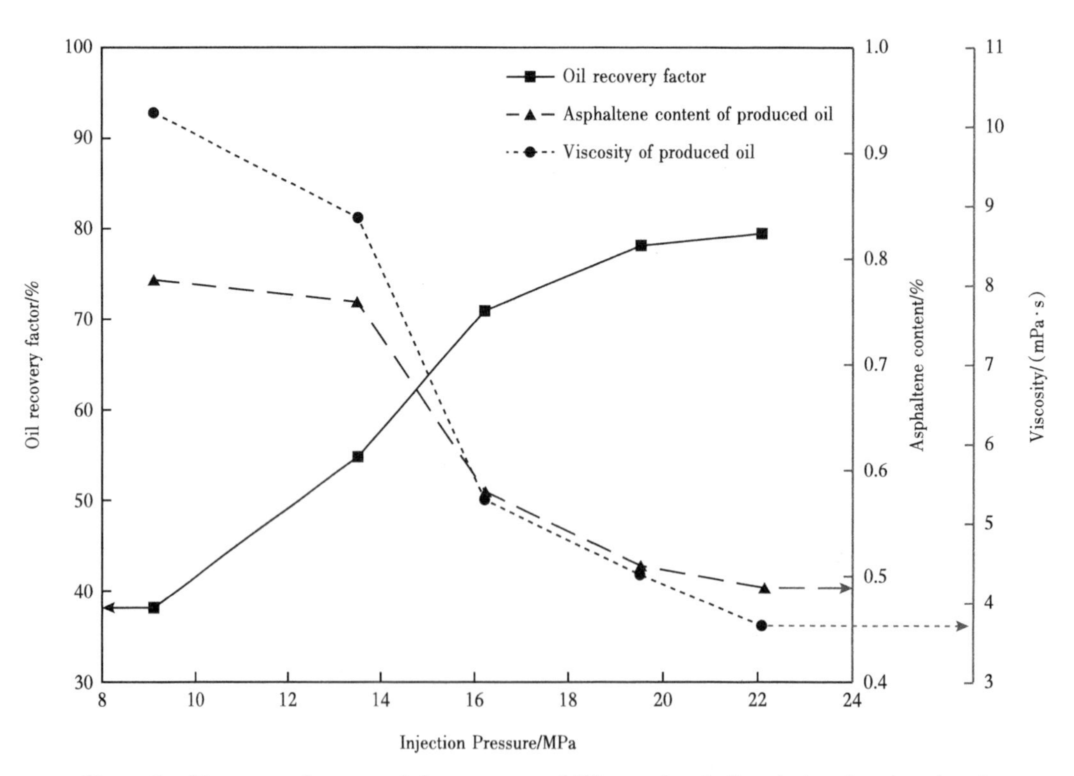

Figure 7　Oil recovery factor, asphaltene content of CO_2-pruduced oil and viscosity of produced oil versus the injection pressure of each coreflood test at the temperature of 61℃

content of the original oil is 0.94%, which is always higher than that of the produced oil. This results mean there is asphaltene precipitation left in the core during CO_2 coreflood process. The higher is the asphaltene content of the produced oil, the more is asphaltene left in the core sample.

3.4 Effect of asphaltene precipitation during CO_2 flooding

3.4.1 The effect of Asphaltene precipitation on permeability

In this study, the percentage of permeability reduction was obtained by comparing the gas permeability of the core before and after CO_2 flooding, as following equation

$$p_r = \frac{K_{gb} - K_{ga}}{K_{gb}} \tag{7}$$

Where p_r——the permeability reduction percentage of the core sample, %;

K_{gb}——the gas permeability of the core sample before CO_2 flooding, mD;

K_{ga}——the gas permeability of the core sample after CO_2 flooding, mD.

Figure 8 plots the percentage of permeability reduction of the core samples and asphaltene content of the produced oil at different injection pressure. The asphaltene left in the pores could be inferred from the content of the produced oil. If the asphaltene content of the produced oil was higher, it indicated that there was less asphaltene precipitation in the pores of core sample. It can

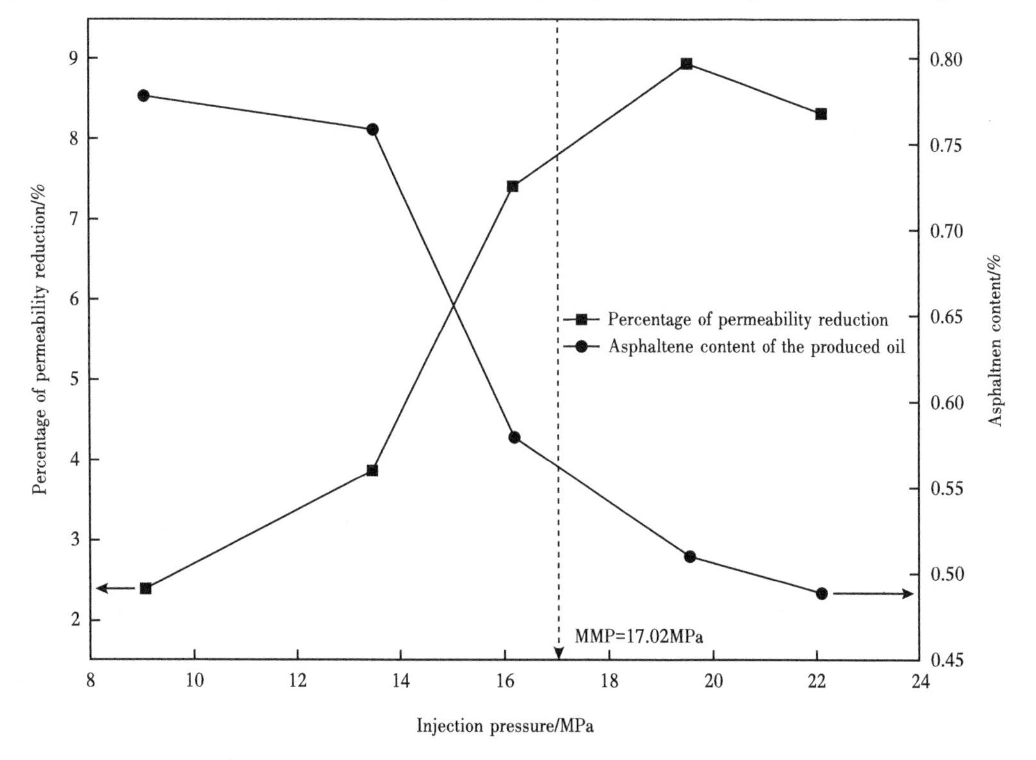

Figure 8 The percentage of permeability reduction of the core samples and asphaltene content of the produced oil at different injection pressures

be seen from Figure 8 that the asphaltene content of the produced oil decreased with the increased injection pressure. But, when the injection pressure approached the MMP, the asphaltene content was almost unchanged.

Similarly, the percentage of permeability reduction significantly increased from 2.4% to 7.41% as the injection pressure increased in the immiscible stage from 9.1MPa to 16.2MPa. When the injection pressure reached the MMP, the percentage of permeability reduction still increased with the injection pressure increasing, but changed slowly compared with that in the immiscible stage. The results were consisted with the asphaltene content of the produced oil at different injection pressure. As a result, more asphaltene would precipitate and block the pores with increasing pressure until the injection pressure reached the MMP.

3.4.2 The effect of Asphaltene precipitation on pore structure

As mentioned in the coreflood experimental procedure, the T_2 spectrum for the initial water-saturated cores and the T_2 spectrum for the water-saturated cores after CO_2 flooding were measured and compared. Figure 9 illustrates the T_2 spectrum distributions for core 2-1, 2-3 and 2-5. The NMR spectrum of the core samples were typical bimodal distribution as shown in Figure 3 and Figure 9. It could be seen from Figure 9 that the T_2 spectrum measured for the water-saturated core after CO_2 flooding moved a slightly lower position compared to that measured for the initial water-saturated core. Because the petroleum ether was used to clean the cores after CO_2 flooding and asphaltene cannot dissolve in the petroleum ether[12]. The reduced amplitude of the T_2 spectrum indicated the pores were clogged due to the asphaltene precipitation and deposition, which couln't be saturated with water. The initial water saturated in the pores and the water saturated in the pores after CO_2 flooding is defined as S_{wb} and S_{wa}, respectively, the severity of formation damage due to asphaltene precipitation could be calculated as follow equation

$$D_w = \frac{S_{wb} - S_{wa}}{S_{wb}} \times 100\% \tag{8}$$

Where D_w——the severity of formation damage due to asphaltene precipitation;

S_{wb}——the summation of the water saturated in the pores of the core before CO_2 flooding;

S_{wa}——the summation of the water saturated in the pores of the core after CO_2 flooding.

The severity of formation damage due to asphaltene precipitation of the core 2-1, 2-3 and 2-5 was 3.67%, 8.20% and 13.75%, respectively. And the permeability reduction corresponding to the three cores was 2.4%, 7.41%, 8.32%. The severity of formation damage due to asphaltene precipitation increased as the injection pressure increased. Moreover, the pore distribution influenced by asphaltene precipitation expanded in the miscible stage (Figure 9). Because CO_2 could expand sweep area and enter smaller pores to interact with the crude oil at higher injection pressure.

The amplitude variation of the micro(0.1~1ms) and small pores(1~10ms) was smaller than the amplitude variation of the medium (10 ~ 100ms) and large pores (100 ~ 1000ms). That indicated that the asphaltene precipitation had a greater influence on the medium and large pores. The interaction between the CO_2 and crude oil in the medium and large pores was sufficient,

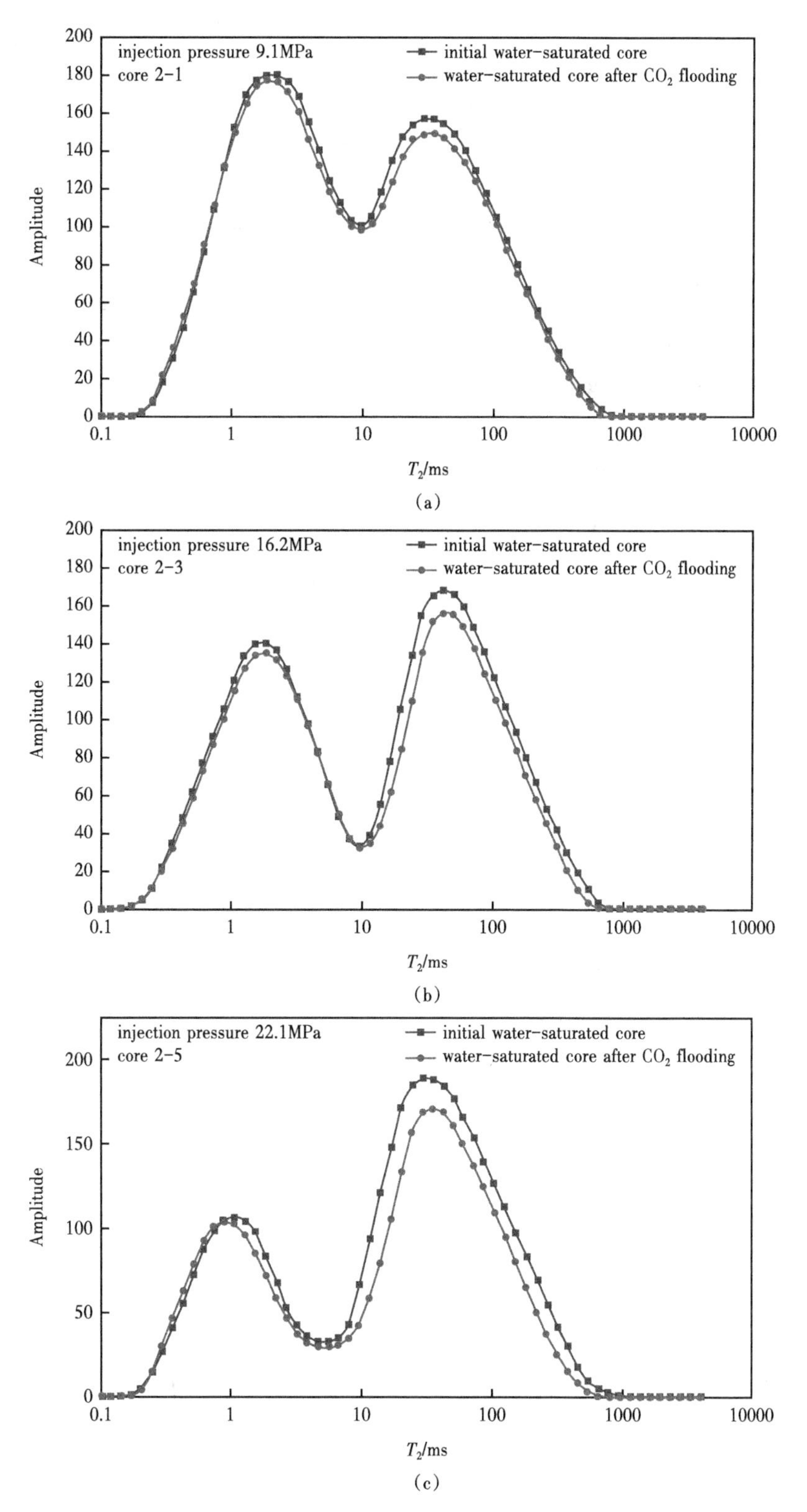

Figure 9 Comparison of T_2 spectrum for the initial water-saturated cores and for the water saturated cores after CO_2 flooding and cleaning

so that the asphaltene precipitation in the medium and large pores was more serious than micro and small pores (Figure 9). When the asphaltene precipitated in the tight sandstone reservoirs, the larger particles could block up the pore throat directly[33], while the smaller ones could cause an obstacle or blockage in the pore or pore throat[8]. On the other hand, although part of the micro and small cores were blocked by precipitated asphaltene particles, the medium and large pore radius decreased due to asphaltene precipitation. The medium and large pores transformed into the micro and small pores. Thus, the amplitude of micro and small cores changed little.

Table 4 shows the T_2 spectrum distribution which corresponds to pore distribution for the three core samples. The proportion of medium and large pores of the cores after CO_2 flooding decreased while the proportion of micro and small pores increased, compared to the initial water-saturated cores. The pore distribution of tight cores after CO_2 flooding overall changed to the direction of pore radius reduction after CO_2 flooding. Moreover, the proportion changed more greatly at higher injection pressure.

Table 4 T_2 spectrum distribution obtained from NMR tests for the three core samples

Core no.	Injection condition		T_2 distribution/%			
			0.1~1ms	1~10ms	10~100ms	100~1000ms
2-1	9.1 MPa	Before CO_2 flooding	14.07	38.50	35.87	11.55
		After CO_2 flooding	15.19	38.56	35.19	11.06
		difference	1.12	0.06	-0.68	-0.49
2-3	16.2 MPa	Before CO_2 flooding	11.84	32.97	39.00	16.19
		After CO_2 flooding	12.22	34.93	37.84	15.01
		difference	0.38	1.96	-1.16	-1.18
2-5	22.1 MPa	Before CO_2 flooding	13.12	20.71	49.32	16.85
		After CO_2 flooding	16.13	20.97	48.18	14.72
		difference	3.01	0.27	-1.15	-2.13

3.4.3 The effect of Asphaltene precipitation on wettability

In consistent with the variation of T_2 spectrum in Figure 9 due to the asphaltene precipitation, the T_2 spectrum measured for oil saturated core after CO_2 flooding also deviated slightly lower from that for initial oil-saturated core, as shown in Figure 10. The amount of saturated oil decreased more in medium and large pores (10~1000ms) than in micro and small pores (0.1~10ms), as well. However, compared with the difference between the initial water-saturated cores and the water-saturated cores after CO_2 flooding (Figure 9), the difference between the initial oil saturated in pores and the oil saturated in the pores after CO_2 flooding is smaller (Figure 10).

S_{ob} and S_{oa} respectively stands for the initial oil saturated in the pores and the oil saturated in the pores after CO_2 flooding. The relative variation of the T_2 spectrum in Figure 10 due to asphaltene precipitation could be calculated, as follow equation

$$D_o = \frac{S_{ob} - S_{oa}}{S_{wb}} \times 100\% \tag{9}$$

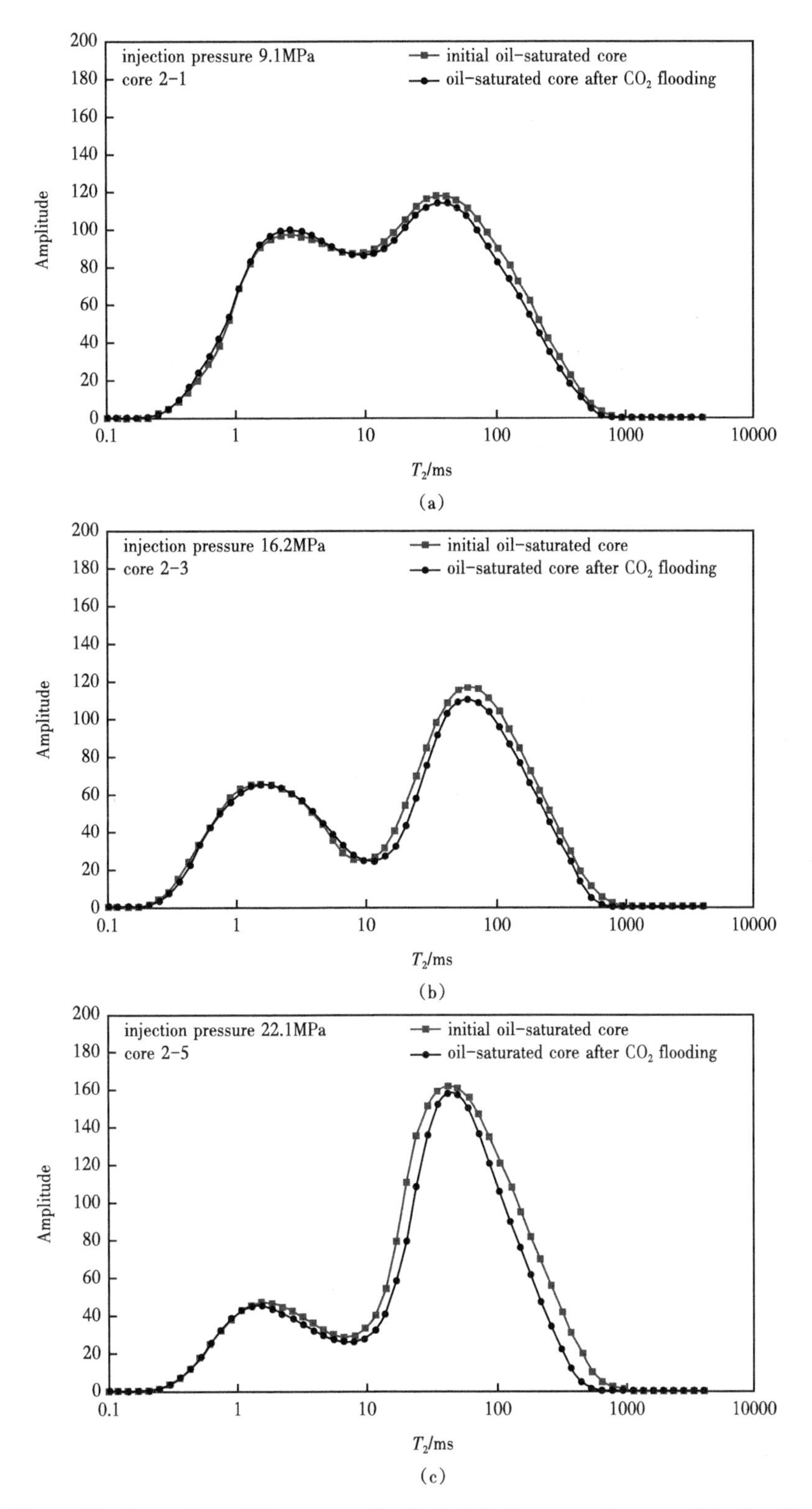

Figure 10 Comparison of T_2 spectrum for the initial oil-saturated cores and for the oil saturated cores after CO_2 flooding and cleaning

$$I_{WA}=D_w-D_o \tag{10}$$

Where D_o——the relative variation of the T_2 spectrum due to asphaltene precipitation;

S_{ob}——the summation of the oil saturated in the pores of the core before CO_2 flooding;

S_{oa}——the summation of the oil saturated in the pores of the core after CO_2 flooding;

I_{WA}——the wettability alteration index of the core before and after CO_2 flooding.

The pores occupied by asphaltene deposition is constant, so that the D_o should have bene the same as D_w, theoretically. However, the D_o is less than the D_w, which means that some pores could be saturated more oil than water after the CO_2 flooding compared with that before CO_2 flooding, relatively. The wettability alteration was assumed to occur due to asphaltene precipitation. The wettability of the rock after CO_2 flooding altered to the oil-wet directioin. The index of the wettability alteration can be represented by I_{WA}. When the I_{WA} is zero, there is no wettability alteration. When the I_{WA} is higher than zero, the wettability changes to oil-wet direction and the larger I_{WA} means stronger oil-wet alteration. The I_{WA} of the core samples after CO_2 flooding at different injection pressure are presented in Table 5. Therefore, the reduction of water permeability was caused by pore clogging and wettability alteration. If the CO_2-EOR technique is applied, it is necessary to inject chemical inhibitor into the reservoir to reduce the risk of asphaltene precipitation.

Table 5 The relative variation of the T_2 spectrum in condition of water saturation and oil saturation respectively

Core no.	Injection pressure	D_w	D_o	I_{WA}
2-1	9. 1 MPa	3. 67%	1. 96%	1. 70%
2-3	16. 2 MPa	8. 20%	4. 12%	4. 08%
2-5	22. 1 MPa	13. 75%	9. 79%	3. 97%

4 Conclusions

In this paper, five CO_2 coreflood tests were conducted at immiscible, near-miscible and miscible conditions. For each test, the oil recovery factors, the viscosity and the asphaltene content of the produced oil were analyzed. Then, the distribution of asphaltene precipitation in the pores and wettability alteration was quantitatively evaluated.

It is found that, the extraction effect of the CO_2 played a more dominant role in the CO_2-EOR process with higher injection pressure. So that more light components are extracted and recovered by the CO_2 and more heavy components including asphaltene were left in the core at higher injection pressure. And, the asphaltene precipitated in the core had little increase in the CO_2 miscible flooding stage.

The severity of formation damage influenced by asphaltene precipitation increased with the increasing of injection pressure. And, the asphaltene precipitation had a greater influence on the medium and large pores due to the sufficient interaction between the CO_2 and crude oil. Furthermore, the asphaltene precipitation not only caused pore clogging, but also induced rock wettability alteration towards oil-wet direction. If the CO_2-EOR technique is applied, it is necessary to inject chemical inhibitor into the reservoir to reduce the risk of asphaltene precipitation.

Acknowledfements

We thank the State Key Lab of Oil and Gas Resources and Engineering at the China University of Petroleum-Beijing(CUPB). This research is supported by the National Science and Technology Major Project of the Ministry of Science and Technology of China(Grant 2016ZX05016-006).

References

[1] HOLM L W, JOSENDAL V A. Mechanisms of oil displacement by carbon dioxide [J]. petrol. Technol., 1974, 26(12): 1427-1438.

[2] RAHIMI V, BIDARIGH M, BAHRAMI P. Experimental Study and Performance Investigation of Miscible Water-Alternating-CO_2 Flooding for Enhancing Oil Recovery in the Sarvak Formation [J]. Oil Gas Sci. Technol., 2017, 72(6): 35.

[3] Ko S, Stanton P M, Stepronson D J. Tertiary recovery potential of CO_2 flooding in Joffre Viking pool, Alberta. Journal of Canadian Petroleum Technology, 1985, 24(1): 30.

[4] Mungan N. Interfacial effects in immiscible liquid-liquid displacement in porous media [J]. SPE J., 1966, 6(3): 247-253.

[5] Sarma H K. Can we ignore asphaltene in a gas injection project for light-oils? [C]//SPE international improved oil recovery conference in Asia Pacific, Society of Petroleum Engineers, 2003.

[6] Tabzar A, Fathinasab M, Salehi A, et al. Multiphase flow modeling of asphaltene precipitation and deposition [J]. Oil Gas Sci. Technol., 2018.

[7] Abedini A, Ashoori S, Torabi F. Reversibility of asphaltene precipitation in porous and non-porous media [J]. Fluid Phase Equilibr., 2011 (308): 1-2, 129-134.

[8] Hu Y F, Li S, Liu N, et al. Measurement and corresponding states modeling of asphaltene precipitation in Jilin reservoir oils [J]. J. Petrol. Sci. Eng., 2004(41): 1-3, 169-182.

[9] Hamouda A A, Chukwudeme E A, Mirza D. Investigating the Effect of CO_2 Flooding on Asphaltenic Oil Recovery and Reservoir Wettability [J]. Energy Fuel, 2009, 23(2): 1118-1127.

[10] Wang C, Li T, Gao H, et al. Effect of asphaltene precipitation on CO_2-flooding performance in low-permeability sandstones: a nuclear magnetic resonance study [J]. RSC Adv., 2017, 7(61): 38367-38376.

[11] Cao M, Gu Y. Oil recovery mechanisms and asphaltene precipitation phenomenon in immiscible and miscible CO_2, flooding processes [J] Fuel, 2013(109): 157-166.

[12] Wang Z, Yang S, Lei H, et al. Oil recovery performance and permeability reduction mechanisms in miscible CO_2 water-alternative-gas (WAG) injection after continuous CO_2 injection: An experimental investigation and modeling approach [J]. J. Petrol. Sci. Eng., 2017(150): 376-385.

[13] Amroun H, Tiab D. Alteration of reservoir wettability due to asphaltene deposition in Rhourd-Nouss Sud Est Field, Algeria [J]. SPE Rocky Mountain Petroleum Technology Conference, Society of Petroleum Engineers, 2011.

[14] Escrochi M, Nabipour M, Ayatollahi S S, et al. Wettability alteration at elevated temperatures: the

consequences of asphaltene precipitation [J]. SPE International Symposium and Exhibition on Formation Damage Control, Society of Petroleum Engineers, 2008.

[15] Uetani T. Wettability Alteration by Asphaltene Deposition: A Field Example [J]. Abu Dhabi International Petroleum Exhibition and Conference, Society of Petroleum Engineers, 2014.

[16] Abedini A, Torabi F. Oil recovery performance of immiscible and miscible CO_2 huff-and-puff processes [J]. Energy Fuel, 2014, 28 (2): 774-784.

[17] Wang X, Gu Y. Oil recovery and permeability reduction of a tight sandstone reservoir in immiscible and miscible CO_2 flooding processes [J]. Ind. Eng. Chem. Res., 1999, 50(4): 2388-2399.

[18] Srivastava R K, Huang S S, Dong M. Asphaltene deposition during CO_2 flooding [J]. SPE Prod. Fac., 1999, 14(4): 235-245.

[19] Song Z, Zhu W, Wang X, et al. 2-D Pore-Scale Experimental Investigations of Asphaltene Deposition and Heavy Oil Recovery by CO_2 Flooding [J]. Energy Fuel, 2018, 32 (3): 3194-3201.

[20] Fleury M, Deflandre F. Quantitative evaluation of porous media wettability using NMR relaxometry [J]. Magn. Reson. Imaging, 2003(21): 3-4, 385-387.

[21] Looyestijn W J, Hofman J. Wettability-index determination by nuclear magnetic resonance, SPE Reserv. Eval. Eng., 2006, 9(2): 146-153.

[22] Shikhov I, Li R, Arns C H. Relaxation and relaxation exchange NMR to characterise asphaltene adsorption and wettability dynamics in siliceous system [J]. Fuel, 220, 692-705.

[23] Amott E. Observations relating to the wettability of porous rock [J]. Petoal. Trans. AIME, 1959(216): 156-162.

[24] ASTM D2007-03. Standard Test Method for Characteristic Groups in Rubber Extender and Processing Oils and Other Petroleum-Derived Oils by the Clay-Gel Absorption Chromatographic Method; ASTM International: West Conshohocken, PA, 2007.

[25] Sheu E Y. Petroleum asphaltene properties, characterization, and issues [J]. Energy Fuel, 2002, 16(1): 74-82.

[26] Coates G R, Xiao L, Prammer M G. NMR logging: principles and applications [J]. Houston: Haliburton Energy Services.

[27] Loren J D, Robinson J D. Relations between pore size fluid and matrix properties, and NML measurements [J]. SPE J., 1970, 10(3): 268-278.

[28] Megawati M, Madland M V, Hiorth A. Probing pore characteristics of deformed chalk by NMR relaxation [J]. J. Petrol. Sci. Eng., 2012(100): 123-130.

[29] Yu Z, Liu L, Yang S, et al. An experimental study of CO_2-brine-rock interaction at in situ pressure-temperature reservoir conditions [J]. Chem. Geol., 2012(326): 88-101.

[30] Mohamed I M, Nasr-El-Din H A. Formation damage due to CO_2 sequestration in deep saline carbonate aquifers [J]. SPE International Symposium and Exhibition on Formation Damage Control, Society of Petroleum Engineers, 2012.

[31] Fischer S, Liebscher A, Wandrey M, et al. CO_2-brine-rock interaction—First results of long-term exposure experiments at in situ P-T conditions of the Ketzin CO_2 reservoir [J]. Chem. Erde-Geochem, 2010(70): 155-164.

[32] Yu M, Liu L, Yang S, et al. Experimental identification of CO_2-oil-brine-rock interactions: Implications for CO_2 sequestration after termination of a CO_2-EOR project [J]. Appl. Geochem., 2016(75): 137-151.

[33] Mendoza de la Cruz J L, Arguüelles-Vivas F J, Matiías-Pérez V, et al. Asphaltene-induced precipitation and deposition during pressure depletion on a porous medium: an experimental investigation and modeling approach [J]. Energy Fuel, 2009, 23(11): 5611-5625.

低渗透油藏 CO_2 驱特征曲线理论推导及应用

陈　亮　顾鸿君　刘荣军　屈怀林　董海海　赵逸清

（中国石油新疆油田公司勘探开发研究院）

摘要：基于低渗透油藏 CO_2 驱过程中 CO_2 与原油渗流符合幂指数规律的假设，在甲型水驱特征曲线理论基础上，推导了低渗透油藏 CO_2 驱特征曲线，建立了 CO_2 拟含气率与采出程度关系式，形成低渗透油藏 CO_2 驱地质储量、可采储量和采收率等指标的预测方法。低渗透油藏 CO_2 驱特征曲线形式表明，修正后的累计 CO_2 产量与累计产油量呈半对数直线关系。现场生产实例应用表明，CO_2 驱特征曲线能较好地预测低渗透油藏 CO_2 驱的可采储量及采收率等动态指标，对区块开发评价具有指导意义。

关键词：低渗透油藏；CO_2 驱特征曲线；可采储量；采出程度；采收率

水驱特征曲线已广泛应用于油藏注水开发动态预测中[1-4]，但关于低渗透油藏注 CO_2 研究、油藏数值模拟研究及注 CO_2 开发动态预测的报道很少[5-11]。文献［12］分析了国内外十几个气顶油藏的生产规律，采用矿场统计法归纳出气顶油藏开发过程气驱特征曲线。文献［13］对气水交替驱替过程特征曲线进行了推导。文献［14］通过对现场 CO_2 驱生产数据统计，建立了油藏 CO_2 混相驱拟含气率与采出程度图版。由于公开发表的国内外有关低渗透油藏注 CO_2 矿场数据较少，CO_2 驱过程生产统计规律存在一定的局限性，因此笔者借鉴甲型水驱特征曲线理论，推导建立低渗透油藏 CO_2 驱特征曲线关系，为低渗透油藏 CO_2 驱过程可采储量与采收率预测及方案调整提供依据。

1　CO_2 驱特征曲线推导

根据气液相似及孔道渗流原理，提出以下假设：①注入的 CO_2 不与地层流体、储集层多孔介质发生化学反应；②忽略注入 CO_2 在地层流体中的溶解量，且驱替过程中满足达西定律，相渗曲线符合幂指数规律；③忽略 CO_2 注入过程中地层吸附损耗。

低渗透油藏在 CO_2 驱过程中，任意时刻地层压力 p 下孔隙体积中注入气体积为 $N_pB_o-V_{exp,o}$，设原始地质储量为 NB_{oi}，则油藏中 CO_2 含气饱和度为

$$S_g=\frac{N_pB_o-V_{exp,o}}{NB_{oi}} \tag{1}$$

由于 CO_2 具有较强的膨胀性，为了更合理地描述与产出油气的关系，将地面产出流体转化为地层条件，此时，地层条件下 CO_2 拟含气率可表示为

$$f_g=\frac{Q_g}{Q_g+Q_o} \tag{2}$$

将达西定律应用于式(2)，则可得

$$f_g=\frac{1}{1+\frac{\mu_g}{\mu_{oe}}\frac{B_o}{B_g}\frac{K_{oe}}{K_g}} \tag{3}$$

假设在注入过程中，油气相渗关系符合指数关系[9]，即

$$\frac{K_{oe}}{K_g}=a\mathrm{e}^{-bS_g} \tag{4}$$

油气比与瞬时油气产量存在以下关系：

$$\frac{1-f_g}{f_g}=\frac{\mathrm{d}N_pB_o}{\mathrm{d}G_pB_g} \tag{5}$$

将式(4)和式(5)代入式(3)，整理得到

$$a\exp\left(-b\frac{N_pB_o-V_{\mathrm{exp,o}}}{NB_{oi}}\right)=\frac{\mu_{oe}}{\mu_g}\frac{\mathrm{d}N_p}{\mathrm{d}G_p} \tag{6}$$

式(6)进一步变形，则可得

$$\frac{a}{\mu_r}\mathrm{d}G_p=\exp\left(b\frac{N_pB_o-V_{\mathrm{exp,o}}}{NB_{oi}}\right)\mathrm{d}N_p \tag{7}$$

对式(7)进行积分，则

$$\ln(G_p+c)=\frac{b}{NB_{oi}}(N_pB_o-V_{\mathrm{exp,o}})+\ln c \tag{8}$$

式中

$$c=\frac{\mu_rNB_{oi}}{abB_o}$$

$$\mu_r=\frac{\mu_{oe}}{\mu_g}$$

式(8)进一步变形，则有

$$\ln(G_p+c)=AN_p+B \tag{9}$$

式中

$$A=\frac{bB_o}{NB_{oi}}$$

$$B=\ln c-\frac{bV_{\mathrm{exp,o}}}{NB_{oi}}$$

式(8)和式(9)即为油藏 CO_2 驱特征曲线。与甲型水驱特征曲线相比，式(9)主要特征为三参数 A，B，c 特征曲线。式(9)表明，油藏在 CO_2 驱过程中，累计产气量与累计产油量并不是简单的半对数直线关系。定义 c 为累计产气量修正系数，修正系数 c 的存在，使得 CO_2 驱替过程任意阶段，累计产油量与累计 CO_2 产量符合线性关系。

将式(9)对时间微分，可得到

$$\frac{1}{(G_p+c)}\frac{dG_p}{dt}=A\frac{dN_p}{dt} \tag{10}$$

由于$\frac{dG_p}{dt}=Q_{gs}$，$\frac{dN_p}{dt}=Q_{os}$，$\frac{Q_{gs}}{Q_{os}}=R_{go}$，因此式(10)可改写为

$$G_p+c=R_{go}/A \tag{11}$$

将式(11)代入式(9)整理可得

$$\ln\frac{f_g}{1-f_g}=ANR_o+B+\ln\frac{AB_g}{B_o} \tag{12}$$

假设在地层条件下，拟 CO_2 废弃含气率为 98%，则可得到注气采收率为

$$E_R=\frac{1}{AN}\left(\ln\frac{49B_o}{A\,B_g}-B\right) \tag{13}$$

将式(13)代入式(12)则可得

$$\ln\frac{f_g}{1-f_g}=AN(R_o-E_R)+\ln 49 \tag{14}$$

只要给出 E_R 的值，就可以根据式(14)绘制出拟含气率与原油采出程度之间的关系曲线。

2　CO_2 驱特征曲线参数求解

如何准确求取式(9)中三参数 A，B，c，是得到注气特征曲线的关键。根据式(11)特点，采用线性回归方法进行参数求取。

将式(11)变形为

$$G_p=\frac{R_{go}}{A}-c \tag{15}$$

式(15)表明，累计 CO_2 产量与气油比呈直线关系。将实际生产 CO_2 产量与气油比进行线性回归，即可得到参数 A 与 c，参数 B 可由下式得到

$$B=\frac{1}{n}\sum_{i=1}^{n}\left[\ln(G_{pi}+c)-AN_{pi}\right] \tag{16}$$

3　实例分析

江苏油田 X 区块为典型低孔低渗透砂岩储集层，从 1981 年投产至 1998 年采用注水开

发，普遍存在注不进、注入压力超过地层破裂压力的问题，注水开发效果差。1998 年 12 月进行注 CO_2 试验性开发，表 1 统计了 X 区块自 1998 年 12 月注气以来的主要生产数据。

表 1　X 区块 CO_2 驱开发生产数据

累计注 CO_2 时间/mon	瞬时 CO_2 产量/10^4m^3	累计 CO_2 产量/10^4m^3	瞬时产油量/10^4m^3	累计产油量/10^4m^3	瞬时 CO_2 产量/瞬时产油量/m^3/m^3
6	0.00	0.00	1430	0.14	0.03
12	0.51	2.88	1091	0.91	4.64
18	0.66	4.18	980	1.53	6.76
24	1.56	11.48	791	2.06	19.76
30	2.77	23.96	1436	2.71	19.32
36	8.21	52.50	2025	3.84	40.55
42	31.71	201.29	2063	5.23	153.72
48	33.99	451.77	1593	6.41	213.42
54	46.78	715.68	2692	7.85	173.76
60	43.08	1004.96	1477	9.21	291.61
66	61.64	1396.34	1731	10.29	356.03
72	53.38	1784.65	1401	11.43	381.04

将表 1 中的累计 CO_2 产量与 CO_2 产量/产油量按照式(15)整理(图 1)，经线性回归得 $c=81.56$，$A=0.26$，相关系数 $R=0.9686$，相关性较好。将 A 与 c 代入式(16)则可得到 $B=4.29$。至此，完成注气特征曲线参数的全部求解。

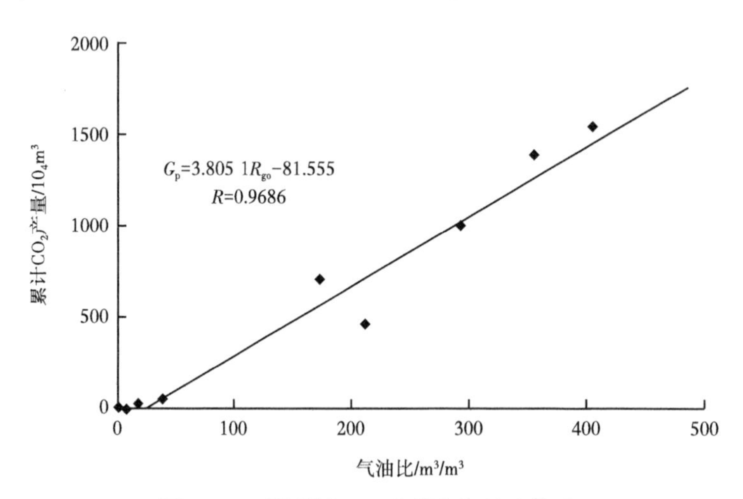

图 1　CO_2 驱累计 CO_2 产量与气油比关系

将三参数 A，B，c 代入式(9)，则可得到 X 区块 CO_2 驱特征曲线：

$$\ln(G_p+81.56)=0.26N_p+4.29 \tag{17}$$

图 2 为 $\ln(G_p+c)$ 与累计产油量关系曲线，相关系数 $R=0.9962$，表明 $\ln(G_p+c)$ 与累计产油量具有很好的线性相关关系，也进一步证明了 CO_2 驱特征曲线的正确性及适用性。

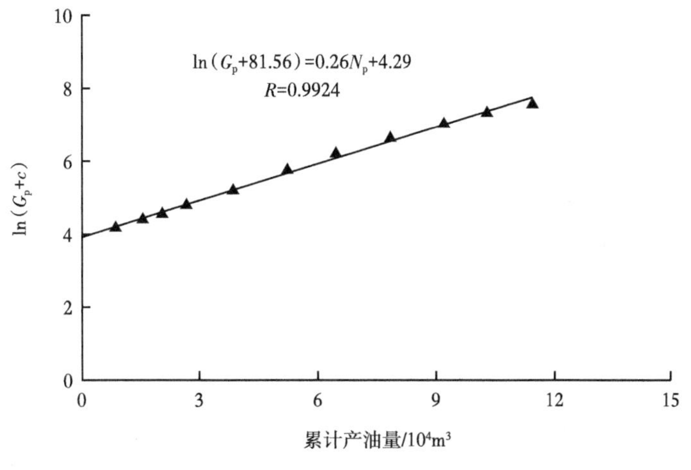

图 2　CO_2 驱 $\ln(G_p+c)$ 与累计产油量关系

将三参数 A，B，c 代入式(13)，计算出 X 区块注 CO_2 可采地质储量为 $26.59\times10^4m^3$，原油注 CO_2 采收率为 14.34%，即 CO_2 驱采收率可以在水驱基础上再提高 14.34%。根据式(14)可计算得到注 CO_2 驱过程中 CO_2 拟含气率与原油采出程度的关系图版(图 3)，计算值与实际值匹配性较好，证明低渗透油藏 CO_2 驱特征曲线的正确性及适用性。同时，通过文献调研可知，国内三次采油评估，低渗透油藏 CO_2 驱平均可提高采收率 16.38%[9,15]，与上述结果吻合，进一步证实本文方法的适用性。用建立的 CO_2 驱特征曲线表达式可以对 X 区块油藏注 CO_2 驱开发生产动态进行高效评价[16]，评价结果表明，油藏注采平衡状况保持良好，CO_2 驱试验效果较好。

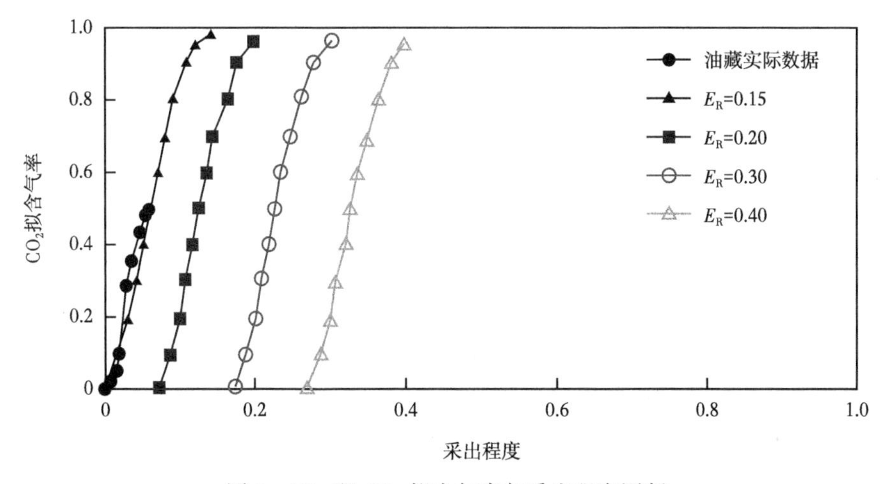

图 3　CO_2 驱 CO_2 拟含气率与采出程度图版

4　结论

(1)CO_2 驱特征曲线是典型的三参数曲线，$\ln(G_p+c)$ 与累计产油量具有较好的半对数线性关系，可用于 CO_2 驱替油藏地质储量、可采储量及采收率等动态指标的预测，实例证实切实可行、简单有效。

(2)中高渗透油藏 CO_2 驱过程存在较强的非达西渗流特征，因此，低渗透油藏 CO_2 驱特征曲线不适合中高渗透油藏 CO_2 驱替动态预测，需要进一步改进。

符号注释

A，B，c——CO_2 驱特征曲线的斜率、截距和修正系数；

a，b——相对渗透率比值与流体饱和度的关系曲线的斜率、截距；

B_o——目前地层条件原油体积系数，m^3/m^3；

B_{oi}——原始条件原油体积系数，m^3/m^3；

B_g——目前地层条件 CO_2 体积系数，m^3/m^3；

E_R——原油采收率；

f_g——地层条件下 CO_2 拟含气率,%；

G_p——累计 CO_2 产量，10^4m^3；

G_{pi}——阶段累计 CO_2 产量，10^4m^3；

K_g——气体渗透率，mD；

K_{oe}——原油有效渗透率，mD；

N——原油地质储量，m^3；

N_p——累计产油量，10^4m^3；

N_R——原油可采储量，10^4m^3；

N_{pi}——阶段累计产油量，10^4m^3；

Q_g——地层条件下折算 CO_2 产量，m^3；

Q_o——地层条件下折算产油量，m^3；

Q_{gs}——地面条件下 CO_2 产量，m^3；

Q_{os}——地面条件下产油量，m^3；

R_{go}——气油比，m^3/m^3；

R_o——原油采出程度；

S_g——CO_2 含气饱和度,%；

$V_{exp,o}$——过渡带原油注入 CO_2 后膨胀体积，m^3；

μ_g——地层条件下注入 CO_2 黏度，mPa·s；

μ_{oe}——地层条件下原油黏度，mPa·s；

μ_r——地层条件下原油黏度与注入 CO_2 黏度比值。

参考文献

[1] 陈元千．油气藏工程实用方法［M］．北京：石油工业出社，1999.

[2] 高文君，彭长水，李正科．推导水驱特征曲线的渗流理论基础和通用方法［J］．石油勘探与开发，2000，27(5)：56-60.

[3] 陈元千．水驱曲线关系式的推导［J］．石油学报，1985，6(2)：69-78.

[4] 俞启泰．关于如何正确研究和应用水驱特征曲线——兼答《油气藏工程实用方法》一书［J］．石油勘探与开发，2000，27(5)：122-126.

[5] 李士伦，张正卿，冉新权，等．注气提高石油采收率技术［M］．成都：四川科学技术出版社，2001.

[6] 李士伦，郭平，戴磊，等. 发展注气提高采收率技术 [J]. 西南石油学院学报，2000，22(3)：41-45.
[7] 杜建芬，陈静，李秋，等. CO_2 微观驱油实验研究 [J]. 西南石油大学学报(自然科学版)，2012，34(6)：131-135.
[8] 苏畅，孙雷，李士伦. CO_2 混相驱多级接触过程机理研究 [J]. 西南石油学院学报，2001，23(2)：33-36.
[9] 彭小龙，杜志敏. 注气开发驱替前沿的离散渗流模型 [J]. 西南石油大学学报(自然科学版)，2008，30(1)：67-69.
[10] 廖海婴. 腰英台 DB34 井区 CO_2 驱替油藏数值模拟研究 [J]. 西安石油大学学报(自然科学版)，2010，25(5)：50-53.
[11] 吕广忠，伍增贵，栾志安，等. 吉林油田 CO_2 试验区数值模拟和方案设计 [J]. 石油钻采工艺，2002，24(4)：39-41.
[12] 杨国绪，甄鹏，赵爱婷. 气驱特征曲线在油田开发中的应用 [J]. 石油勘探与开发，1994，21(1)：71-74.
[13] 李菊花，康凯锋，高文君，等. 水气交替驱特征曲线关系式的理论推导及应用 [J]. 石油天然气学报，2010，32(5)：139-142.
[14] 孙雷，冯乔，陈国利，等. CO_2 混相驱拟含气率与采出程度图版的建立 [J]. 西南石油大学学报(自然科学版)，2014，36(1)：83-88.
[15] 程杰成，姜洪福，雷友忠，等. 苏德尔特油田强水敏储集层 CO_2 混相驱试验[J]. 新疆石油地质，2016，37(6)：694-696.
[16] 李楠，潘志坚，苏婷，等. 超低渗油藏 CO_2 驱正交实验设计与数值模拟优化[J]. 新疆石油地质，2017，38(1)：62-65.

（编辑：杨新玲）

低渗透油藏二氧化碳混相驱注采方式研究

——以克拉玛依油田 X 区克下组低渗透油藏为例

李 玮[1] 师庆三[1] 董海海[2] 侯 锐[3]

（1. 新疆大学地质与矿业工程学院；2. 中国石油新疆油田公司勘探开发研究院；
3. 新疆正天华能环境工程技术有限公司）

摘要：克拉玛依油田 X 区克下组低渗透油藏存在物性差、水驱开发采收率低等问题，影响了油田的可持续发展。CO_2 是全球变暖的主要成分，世界各国都在想方设法减少 CO_2 的排放量，本文试图利用 CO_2 驱油气方式提高该油藏的采收率，变害为利。课题组选取研究区 60 余口取心井目标层位岩心样品，开展扫描电镜及压汞测试分析等研究，系统梳理储层孔隙结构特征。通过细管实验确定了原油与 CO_2 最小混相压力为 24.1MPa。采用油藏数值模拟方法对 CO_2 连续气驱与 CO_2 水气交替驱参数进行了优选，对比了各种开发方式的驱油效果。最后得到了最优的驱油方案：采用 CO_2 水气交替驱方法，15 口井连续注气 4 年后全部转水气交替注入，气水比为 2:1；气水比 10 年后调整为 1:1。数值模拟预测，注气开发 15 年，预测最终采收率将提高 30%。通过现场试注结果表明，试采效果注气后产油量较水驱阶段有明显提高，试采效果注气后产油量是水驱阶段的 1.85 倍，有明显提高，对实现老区稳产和油田可持续发展具有十分重要的意义。

关键词：低渗透油藏；细管试验；CO_2水气交替驱；CO_2连续气驱；数值模拟；油气勘查工程；克拉玛依油田；新疆

我国石油储量丰富，但新发现的储量其品质相对较差，老油田的开采程度又不断提高，油田开发难度日益加大[1-2]。许多老油田处于高含水开采阶段，开采效益相对较低。新发现的大量低渗透油藏水驱适应性差，有必要研究采用注气开采方式来替代注水开发。CO_2 驱是一种十分有效的注气驱油方式，它不仅可以提高驱油效率，还可以减少 CO_2 的排放量，降低温室效应，这也是 CCUS(Carbon Capture、Utilization and Storage)一直倡导的内容[3-15]。到目前为止，国内外都开展了 CCUS 研究及推广应用，并取得了显著的成效，中国石油的吉林油田和大庆油田、中国石化的华东局等单位都开展了 CCUS 先导试验或工业化应用研究[16-20]，并取得了一定成果，而对于非均质性很强的砂砾岩油藏，尤其是强水敏低渗透砂砾岩油藏则还没有开展相关研究。

X 区克下组油藏为强水敏性低渗透砂砾岩储层的典型代表，该油藏自 1992 年投入开发，共钻开发井 67 口。2011 年在前期研究成果基础上，开展了储层展布及油藏工程研究，在有效厚度大于 10m 区域整体部署扩边开发井 168 口，建产能 24.15×10^4t/a。截至 2017 年，全油藏部分井口关闭，目前开井采油井 86 口，注水井 70 口，受地层敏感性影响，研究区大部分注水井存在注不进或者注不够问题，造成地层压力保持困难，原油产量递减快，正常生产受到极大的影响。相比于水驱技术，CO_2 驱替技术在低渗透油藏提高采收率方面具有明显优势，它能够有效降低原油黏度，减小剩余油饱和度，因而具有良好的应用前景[21-23]。为了寻求强水敏低渗透砂砾岩油藏有效开发技术，在研究区进行了 CO_2 水气交替驱的驱油试验研究[24-28]，试图利用 CO_2 驱提高该油藏的采收率，变害为利。

1 区域地质概况

研究区位于克拉玛依市东 35km 处，地质构造简单，成东南倾的单斜，内部不发育断层，地层倾角约为 2°~5°，研究区地势平缓，平均海拔 265m，地质情况良好，符合开发条件。

1.1 地层划分

研究区自上而下钻揭地层有白垩系吐谷鲁群（K_1tg），侏罗系齐古组（J_3q）、头屯河组（J_2t）、西山窑组（J_2x）、三工河组（J_1s）、八道湾组（J_1b），三叠系白碱滩组（T_3b）、克上组（T_2k_2）、克下组（T_2k_1），二叠系下乌尔禾组（P_2w）、佳木河组（P_1j）及石炭系（C）。研究区目的层克下组与上覆地层为整合接触，与下伏地层为不整合接触[29-31]。研究区油藏埋深 2530.0~2677.5m，沉积厚度 147.5~206.0m。克下组 S_7 砂层组，细分为 S_7^1、S_7^2、S_7^3、S_7^4、S_7^5 5 个砂层（表 1），其中主力油层为 S_7^2~S_7^5。

表 1 研究区地质分层表

系	统	组	砂层组	砂层
三叠系	中三叠统	克拉玛依组	S_7	S_7^1、S_7^2、S_7^3、S_7^4、S_7^5

1.2 岩矿特征

研究区储层砂砾岩石成分主要以石英、长石、岩屑为主。胶结物以方解石、方沸石为主[32-33]。杂基主要为泥质，含量为 5.5%~6.9%，平均 6.3%；其次为水云母，含量为 1.9%~3.3%，平均 2.7%（表 2）。

表 2 研究区储层岩屑矿物成分

层位	碎屑颗粒/%			胶结物/%				杂基/%				
	石英	长石	岩屑	方解石	方沸石	菱铁矿	总量	高岭石	绿泥石	泥质	水云母	总量
S_7^2	21.7	41.7	12.2	7.2	3.7	2.0	12.8	1.4	—	6.9	3.3	11.6
S_7^3	12.7	21.5	53.6	2.1	3.9	1.2	—	2.5	—	6.4	3.3	12.2
S_7^4	8.2	12.7	62.8	1.4	3.7	1.0	6.1	2.0	—	6.3	1.9	10.2
S_7^5	10.0	9.0	62.4	3.9	3.5	1.4	8.8	—	2.0	5.5	2.3	9.8
合计	13.2	21.2	47.8	3.6	3.7	1.4	9.2	2.0	2.0	6.3	2.7	11.0

1.3 物性特征

克下组 730 块物性分析样品分岩性统计结果显示，各岩性中砾岩类储层物性最好，砂岩类储层物性相对差（表 3）。

表 3　研究区不同岩性储层孔渗分析

岩性	孔隙度/%			渗透率/mD		
	最小值	最大值	平均值	最小值	最大值	平均值
砂质小砾岩	4.68	19.03	12.09	0.05	1143.96	5.15
不等粒砾岩	6.93	17.23	11.84	0.07	792.61	6.13
不等粒砂岩	2.81	18.54	10.86	0.06	457.88	1.53
含砾砂岩	2.71	18.43	8.77	0.02	1576.27	0.38
砾岩	5.94	18.33	12.03	0.08	1119.24	9.49
砂砾岩	3.62	20.12	10.60	0.12	1320.78	5.32
砂岩	2.14	20.31	9.70	0.02	299.33	0.41
砂质砾岩	4.42	18.13	10.29	0.06	179.58	2.85
小计	2.14	20.31	10.71	0.02	1576.27	3.91

根据岩心资料分析，储层孔隙度为2.14%~20.31%，平均为10.71%（图1），储层渗透率为0.02~1576.27mD，平均为3.91mD（图2）。

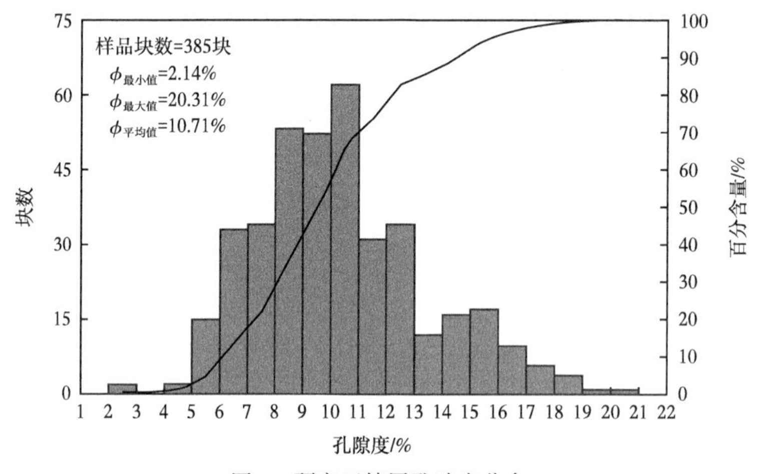

图1　研究区储层孔隙度分布

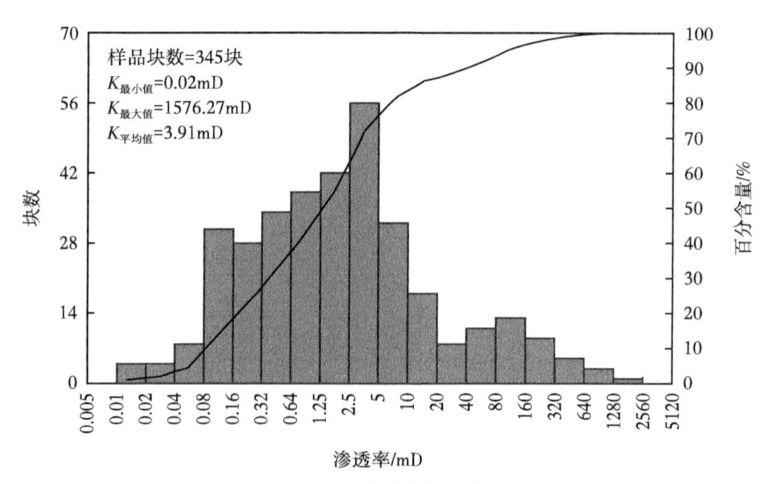

图2　研究区储层渗透率分布

根据测井解释，统计研究区储层层间孔渗分布（表4），研究区 $S_7{}^2$ ~ $S_7{}^5$ 孔隙度分布范围为6.92%~13.57%，渗透率为1.46~23.72mD，呈低孔低渗孔隙特征[34-35]。克下组孔渗性整体表现为中部较好，向上向下变差。

表4　研区测井孔隙度与渗透率

层位	孔隙度/%			渗透率/mD		
	最大值	最小值	平均	最大值	最小值	平均
$S_7{}^2$	11.9	6.9	10	18.6	1.5	5.3
$S_7{}^3$	13.6	9.5	11.5	23.7	1.8	7.3
$S_7{}^4$	12.8	10.1	11.2	15.1	4.0	6.9
$S_7{}^5$	11.9	9.0	10.1	11.4	2.4	4.9

1.4　孔隙结构分类

研究区储层孔隙结构可划分为4类（表5、图3），分别为：Ⅰ类储层，岩性以砾岩、砂质砾岩和含砾砂岩等为主；Ⅱ类储层，岩性包括砂砾岩、砂质砾岩，其次为砂岩和砾岩；Ⅲ类储层，岩性以砂质砾岩为主，以砂砾岩、砂岩和含砾砂岩为辅；Ⅳ类储层，岩性主要包括砂砾岩、含砾砂岩及砂岩。

表5　研究区储层孔隙结构分类

孔隙结构类型	Ⅰ	Ⅱ	Ⅲ	Ⅳ
孔隙度/%	>15	11~15	7~11	<7
渗透率/mD	>100	3~100	0.16~3	<0.16
排驱压力/MPa	0.01~0.17	0.04~2.81	0.25~4.82	0.59~5.16
最大孔喉半径/μm	4.24~148	0.26~20.12	0.15~3.02	0.14~1.26
中值压力/MPa	0.22~7.13	0.75~15.02	7.45~18.19	12.52~12.52
中值半径/μm	0.13~3.33	0.05~0.98	0.04~0.10	0.06~0.06
孔喉体积比	1.88~4.73	0.99~5.66	1.31~4.19	2.2~3.26
非饱和孔隙体积百分数/%	11.56~37.15	13.75~79.1	25.98~85.08	39.23~75.49

X区克下组油藏属于低渗透油藏，储层物性较差，针对油藏现状，运用数值模拟技术对驱替技术进行参数优选，选出最佳注采方案，与现场试注结合，进而验证方案的可行性。

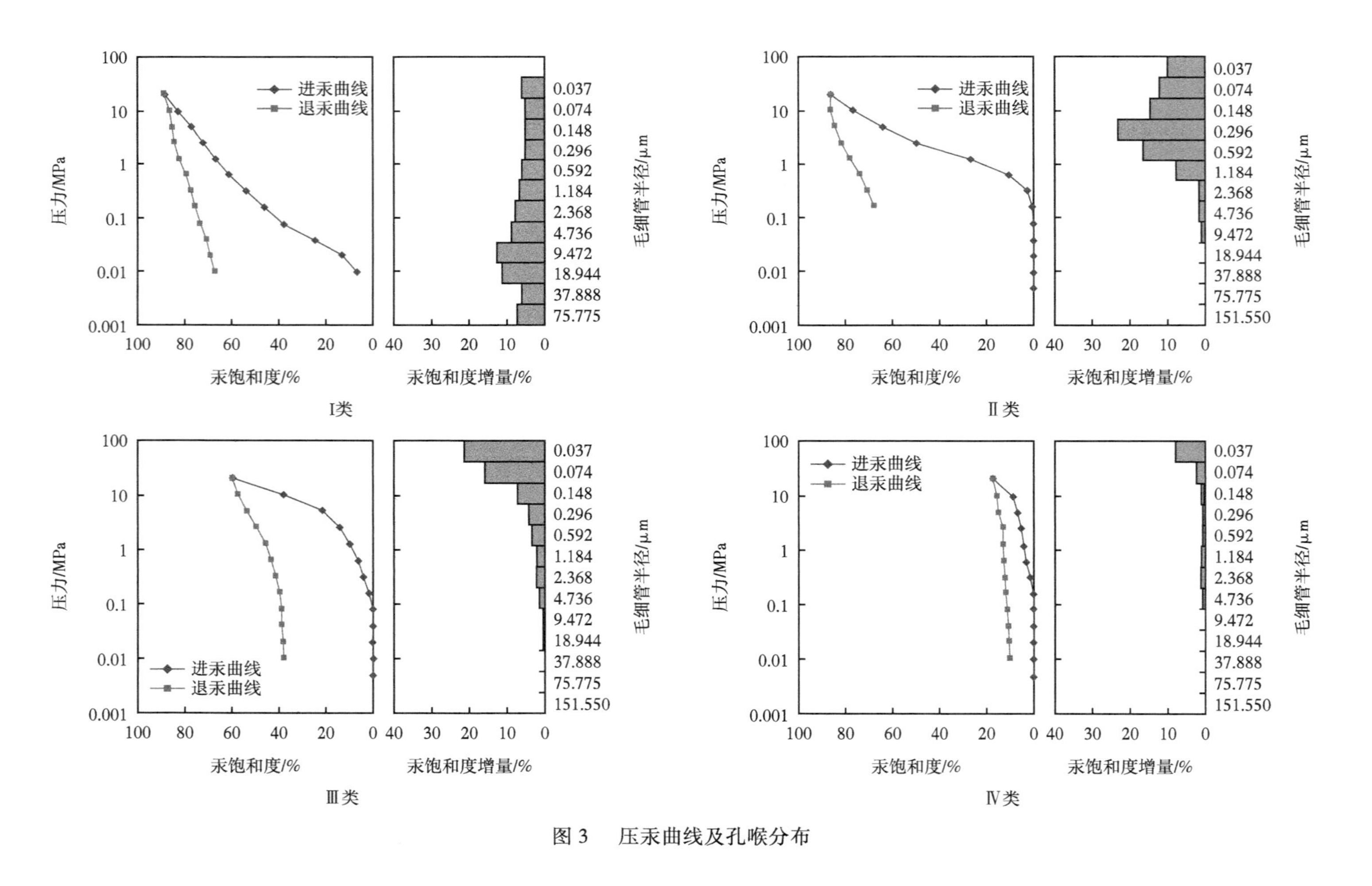

图 3　压汞曲线及孔喉分布

2 模型的建立

本次模拟根据油藏地质模型粗化后得到油藏数值模拟模型，应用 Eclipse 油藏数值模拟软件中 E300 组分模型，对该区域进行生产动态模拟。为了方便研究，选取研究区 60 余口井作为试验区，采用角点网格系统建立数值模型[36-37]，平面网格步长为 dx=dy=20m，垂向网格步长 dz=3m，纵向上选取 S_7^{2-1}、S_7^{2-2}、S_7^{2-3}、S_7^{3-1}、S_7^{3-2}、S_7^{4-1}、S_7^{4-2}，划分为 7 个小层，网格数为 89×104×7，共 64792 个，数值模拟总节点数约为 6 万个（图 4）。在模拟过程中，将原油视为由 8 种组分组成：N_2、CO_2、C_1、C_2、C_3、C_5、C_7、C_{16}。模型通过历史拟合进行修正。本次模拟采用的地层及流体参数见表 6。

表 6　试验区油藏地层及流体基本参数

类别	参数	类别	参数
层位	S_7^2、S_7^3、S_7^4	油藏温度/℃	65.4
地质储量/10^4t	192.7	饱和压力/MPa	20.31
油层深度/m	2350	地层原油黏度/(mPa·s)	2.9
平均有效厚度/m	13.8	原始地层压力/MPa	31.60
孔隙度/%	12.13	原始含油饱和度/%	50.45
渗透率/mD	8.05	原油体积系数	1.301
脱气原油密度/(g/cm^3)	0.8581	原始气油比/(m^3/t)	101

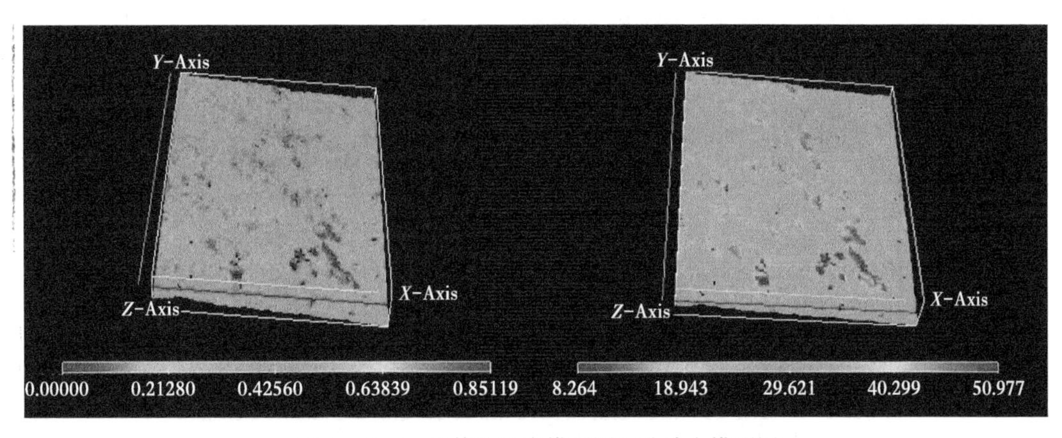

图 4　FloViz 流体饱和度模型图和孔隙度模型图

3 CO_2 驱注采参数的优选

影响 CO_2 驱开发效果的因素较多，主要因素是混相程度和气驱前缘突破速度，两个因素又相互关联，并非孤立或单向因果关系，通过优化注入压力、注入方式、注入时机、注入速度等注采参数，能够延缓气窜、提高混相程度，进而提高采收率。

3.1 注气压力

3.1.1 经验公式法

试验区地层破裂压力为45~54MPa，注气井射孔段深度为2550~2650m，基于中国石油勘探开发研究院注 CO_2 井井筒内压力随深度经验图版[38]确定研究区注气压力上限为20MPa（图5）。

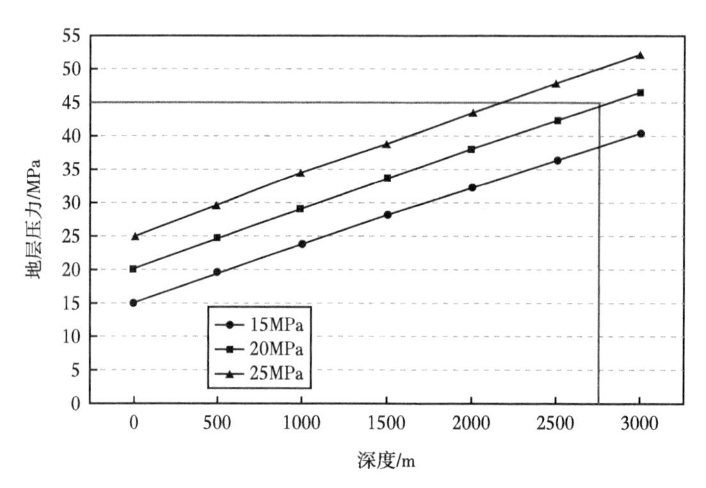

图5 注 CO_2 井井筒内压力随深度经验关系

3.1.2 矿场研究

单井试注阶段井口油压及井底流压分别为16~19MPa和35~42MPa，与预测结果较为一致，因此推荐注气压力上限为20MPa（图6）。

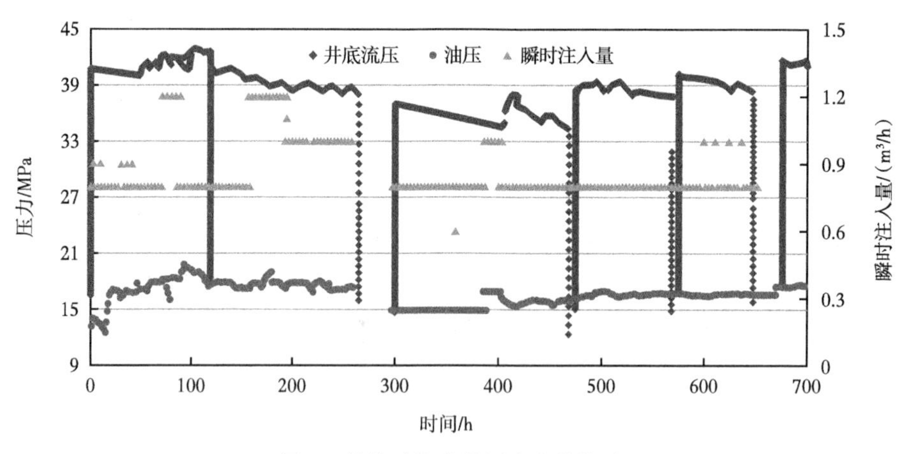

图6 单井试注阶段压力变化情况

3.2 驱替方式

通过细管实验，开展了 CO_2 驱油的混相条件。在细管实验中，通过改变驱替压力，得到驱油效率与驱替压力的关系曲线，然后确定出最小混相压力，并因此判断出方案实施的可行性。细管实验方案的模型参数见表7。

表 7　细管模型基本参数

参数项	最高压力	最高温度	外径	内径	长度	填充物(石英砂)	渗透率	孔隙度
数值	55MPa	150℃	6.35mm	3.86mm	18.3m	170~325 目	3.2mD	39%

在地层温度(65.4℃)条件下开展了 5 次 CO_2 气驱细管模型驱替实验，5 次实验驱替 1.2PV 时原油的采出情况见表 8。

表 8　注 CO_2 细管驱替结果

序号	1	2	3	4	5
压力/MPa	21.20	23.00	25.00	27.00	31.60
采出程度/%	70.28	83.57	90.23	92.35	94.63
评价	非混相	近混相	混相	混相	混相

图 7 中混相段与非混相段交点对应压力为 24.1MPa。当驱替压力小于 24.1MPa 时，采出程度相对较低，并且随驱替压力的增加而明显提高，为非混相驱替过程；当驱替压力大于 24.1MPa 时，采出程度高(>95%)，采出程度随着驱替压力的增大增加程度很小，表明此时为混相驱替。由细管驱替结果可知，X 区克下组油藏地层最小混相压力为 24.1MPa，即混相驱能够大幅度提高采收率。

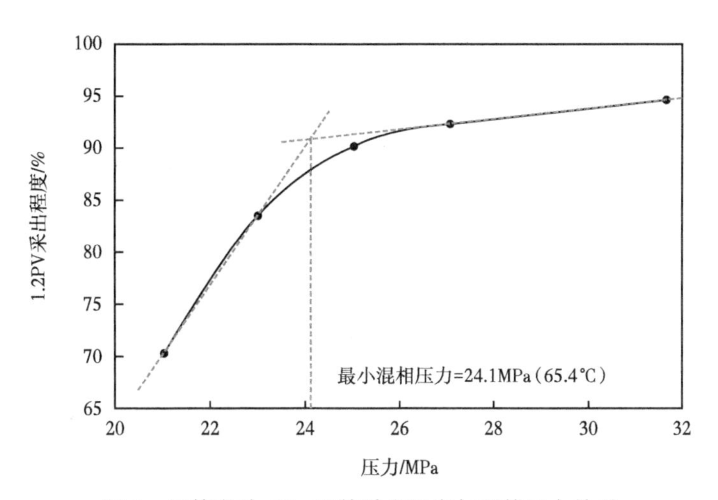

图 7　细管实验 CO_2 驱替采出程度与驱替压力关系

3.3　注气速度与方式

生产井地层压力约为 18MPa，低于混相压力 24.1MPa，需要恢复地层压力，因此设计了分阶段注气的开发方式，共分为恢复压力、连续混相驱、后期调控三个阶段。

3.3.1　恢复压力阶段

为了快速恢复地层压力，初期试验区油井全部关井，选取单井进行矿场 CO_2 试注并分析结果。矿场试注表明，单井注入压力(19.5MPa)接近注气压力上限时日注气 30t(图 8)。该井在试验区具有代表性，因此推荐试验区注气速度为 30t/d。

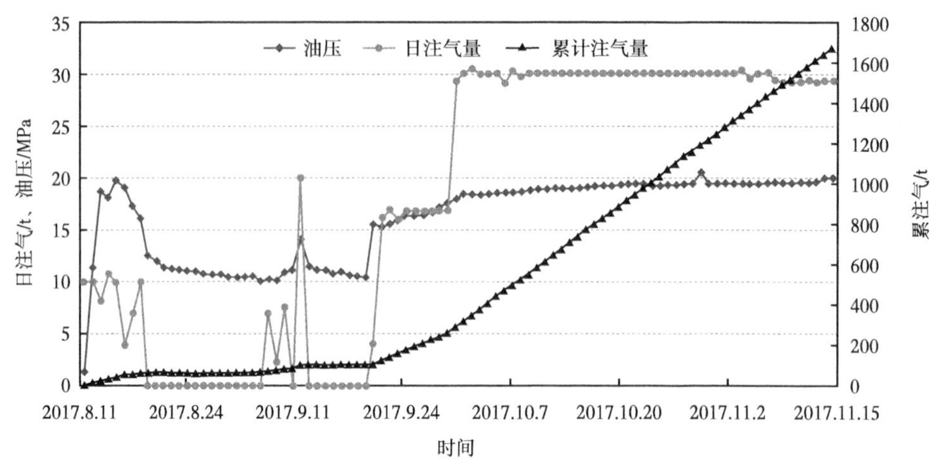

图 8　单井注 CO_2 曲线

3.3.2　连续混相驱阶段

当地层压力恢复到 24.1MPa 时，达到最小混相压力，进入连续混相驱阶段。采用数值模拟方法对比了 4 种注气速度（15t/d，20t/d，25t/d，30t/d）对采出程度的影响。在数值模型中，通过改变注气速度，其他条件不变的情况下，选取注不进水的低产井组，通过模拟单井采出程度，对比了 4 种注气速度（15t/d，20t/d，25t/d，30t/d）对采出程度的影响。连续混相驱阶段注气量为 0.23HCPV，在同等注入量条件下，由图 9 可知，注气速度为 20t/d 时，连续混相驱阶段采出程度最高，采出程度为 10.54%。

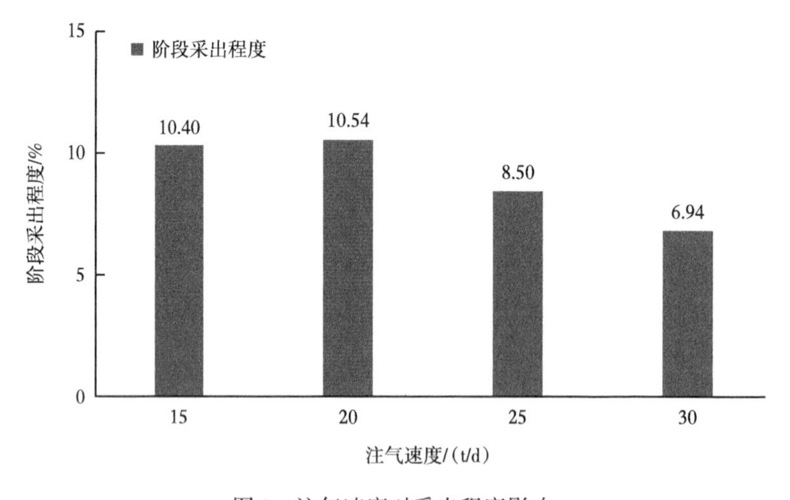

图 9　注气速度对采出程度影响

3.3.3　后期调控阶段

水气交替注入（WAG）是 CO_2 驱调控的主要技术，试验区多数井注水不理想，针对前期实现了较长期稳定注水的井组，优先开展气水交替注入，注水段塞为 1 个月，以尽可能确保储层稳定的吸水能力。其他井组可开展封堵气窜层等措施。

数模研究了不同气水段塞比对阶段产油量的影响（图 10），根据模拟结果，气水段塞比例为 2∶1 时，采出程度最高，按照注 2 个月 CO_2 再转注 1 个月水的方式，减少水敏伤害对储层注水的不利影响，以确保获得更高的阶段产量。

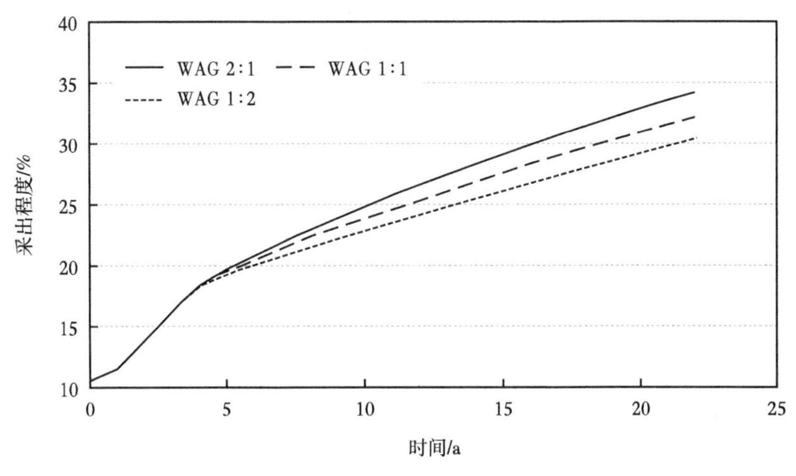

图 10　不同气水段塞比采出程度对比

为了估算气油比最佳值，维持长期持续生产，防止发生气窜，在气水段塞比 2:1 的比例下，对单井采出程度进行计算，由图 11 可知，当气油比控制在 1600m³/t 时，采出程度最高（图 11），相比连续混相驱阶段采出程度也有很大提高。因此当单井气油比超过 1600m³/t 后，建议对主要气窜层进行封窜处理。

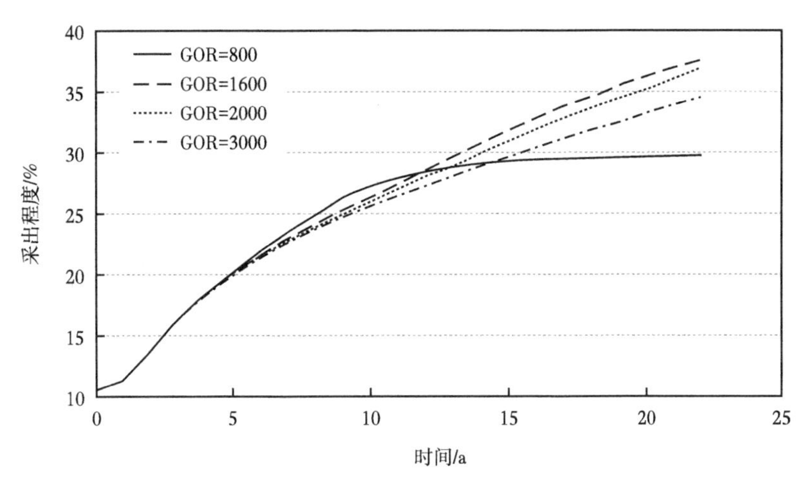

图 11　不同气油比封层条件下采出程度预测结果

4　方案设计及试注效果分析

4.1　方案设计

整个开发过程中，采用笼统注气方式（笼统注气方式是指在井口采用同一压力且不对各注气层进行分置处理），设计三段式开发方式：恢复压力阶段、连续混相驱阶段和后期调控阶段。恢复压力阶段设计注气速度为 30t/d；连续混相驱阶段设计注气速度为 20t/d；后期调控阶段以封堵窜流通道、改善流度比等方式延缓气窜，扩大波及体积。当气油比达到上限 1600m³/t 时，采取采油井调层、关井、井网调整等综合调控措施。基于不同阶段注气方式，制定了4套 CO_2 驱研究方案（表9），在同等注气速度条件下，不同阶段采用不同的注气方式，通过数值模拟方法预测开发指标，开展对比，优选油藏工程方案。

表9　不同方案设计参数对比及优势分析

设计参数	注气井	生产井	优势	风险
方案一	15口井连续注气	气油比大于 $1600m^3/t$ 后封堵气窜小层，所有小层均气窜时关井	储层具备一定的吸气能力，靠实	气窜关井影响效果
方案二	15口井连续注气；连续注气4年后6口井转水气交替注入，气水比2:1，其他井保持连续注气		储层注入能力基本靠实	注水调控的储量规模有限
方案三	15口井连续注气4年后全部转水气交替注入，气水比为2:1		水气交替注入的气窜调控技术较成熟	水敏储层，水气交替注入能力需研究论证，存在不确定性
方案四	15口井连续注气4年后全部转水气交替注入，气水比2:1，气水比10年后调整为1:1			

从4个方案的指标预测结果看（图12），方案四的采出程度最高，累计产油量最大，因此推荐方案四。

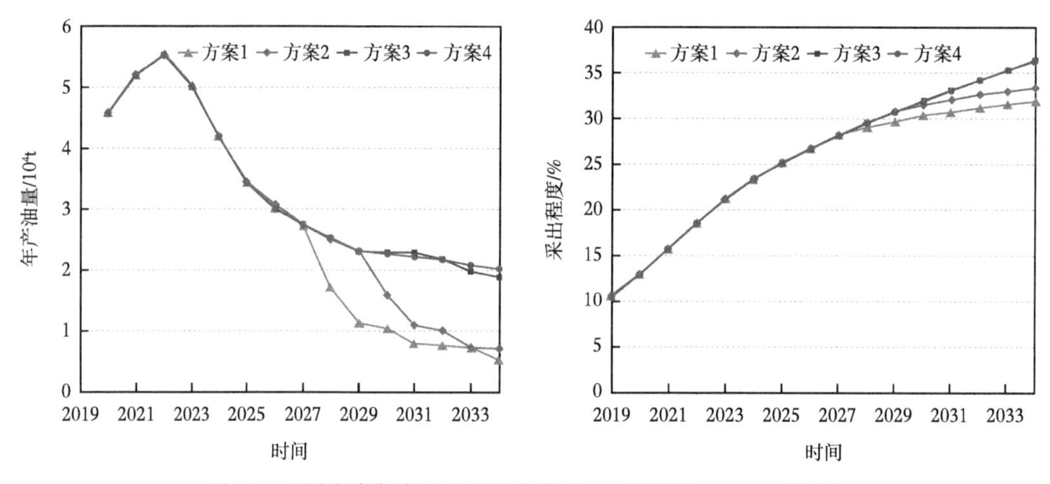

图12　不同方案年产油量预测曲线对比（预测从2019年开始）

4.2　试注效果分析

4.2.1　试注基本情况

通过对井况、固井质量、油井见水见效情况等几个指标进行筛选，最终筛选出正常注水的A井组和注不进水的B组井作为 CO_2 试注井组。两个井组于2017年8月开始现场试注 CO_2，11月中旬完成试注，设计注入3780t，实际注入3789.8t（表10）。

表10　CO_2 试注参数表

试注井组	井状态	设计状态		实际状态		
		试注速度/(t/d)	注入量/t	试注速度/(t/d)	注入量/t	注入HCPV
A	正常注	20/30	2100	20/30	2115.0	0.018
B	注不进	10/30	1680	16/30	1674.8	0.012

4.2.2 试注效果分析

试注井组 2017 年 1 至 6 月平均月产油 108.8t，试注阶段注 CO_2 后，试注井组 2017 年 11 至 2018 年 9 月，累计产油 2154t，平均月产油 201.4t，是注气前的 1.85 倍。注气后产油量较水驱阶段有明显提高，效果显著，验证了整体方案的可行性（表 11）。

表 11 A 和 B 井组试注前后生产情况对比表

试注井组	试注前			试注后			
	日产液/t	日产油/t	含水/%	日产液/t	日产油/t	含水/%	累计产油/t
A	5.5	3.1	71.2	20.9	8.7	61.6	1576
B	低能关井			7.6	3.2	63.3	578

4.3 经济效益分析

截至 2019 年底，研究区累计投入费用 1.70×10^8 元，其中投资费用占 38.2%，气源费用占 34.8%，其他成本费用占 30%。累计产油 49.51×10^4t，收入 1.87×10^8 元，投入产出比 1:1.1。当 CO_2 碳源市场价为 460 元/t 时，油价按 55 美元/bbl 计算，扣税后收益率为 9.63%，各项指标高于行业基准值（8%）。表明在经济上可行，满足行业基准要求。

5 结论

针对研究区水驱开发效果较差现状，通过改变开发方式，利用研究区能够注 CO_2 实现混相驱的条件，开展 CO_2 驱替研究，对探索强非均质强水敏低渗透砂砾岩油藏采收率提高研究具有重要价值。本研究得到的主要结论如下。

（1）X 区克下组油藏属低渗透油藏，储层物性条件较差，结合研究区地质开发特征，通过数值模拟、现场试注等方法和手段对研究区开发方式、注气方式及注入速度等方案进行了设计论证，研究区注采参数设计和开发指标预测基本合理，可操作性较强。

（2）整个开发过程中，采用笼统注气方式，设计三段式开发方式：恢复压力阶段、连续混相驱阶段和后期调控阶段。恢复压力阶段设计注气速度为 30t/d；连续混相驱阶段设计注气速度 20t/d；后期调控阶段以封堵窜流通道、改善流度比等方式延缓气窜，扩大波及体积。当气油比达到上限 1600m^3/t 时，采取采油井调层、关井、井网调整等综合调控措施。

（3）试注期间注气后产油量较水驱阶段有明显提高，是注气前的 1.85 倍，效果明显，经济条件可观，表明 CO_2 混相驱能够有效提高采收率，CO_2 驱在低渗透油藏开发中的应用是切实可行的。

参 考 文献

[1] SHIRAKI R, DUNN T L. Experimental study on water-rock interactions during CO_2 flooding in the Tensleep Formation, Wyoming, USA [J]. Applied Geochemistry, 2000, 15(3), 265-279.

[2] 袁庆峰，朱丽莉，陆会民，等. 水驱油田晚期开发特征及提高采收率主攻方向 [J]. 大庆石油地质与开发，2019，38(5)：34-40.

[3] OLDENBURG C M , PRUESS K, BENSON S M. Process modeling of CO_2 injection into natural gas reservoirs for carbon sequestration and enhanced gas recovery [J]. Energy and Fuels, 2001, 15(2): 293-298.
[4] GHARBI R B C. Use of reservoir simulation for optimizing recovery performance [J]. Journal of Petroleum Science and Engineering, 2004, 42(2-4): 183-194.
[5] KOVSCEK A R , CAKICI M D. Geologic storage of carbon dioxide and enhanced oil recovery. II. Cooptimization of storage and recovery [J]. Energy Conversion and Management, 2005, 46(11-12): 1941-1956.
[6] KOVSCEK A R, WANG Y. Geologic storage of carbon dioxide and enhanced oil recovery. I. Uncertainty quantification employing a streamline based proxy for reservoir flow simulation [J]. Energy Conversion and Management, 2005, 46(11-12): 1920-1940.
[7] 蒋有伟, 张义堂, 刘尚奇, 等. 低渗透油藏注空气开发驱油机理 [J]. 石油勘探与开发, 2010, 37(4): 471-476.
[8] ZHAO Yuechao, SONG Yongchen, LIU Yu, et al. Visualization and measurement of CO_2 flooding in porous media using MRI [J]. Industrial and Engineering Chemistry Research, 2011, 50(8): 4707-4715.
[9] 王成俊, 洪玲, 高瑞民, 等. 低渗透油藏提高采收率技术现状与挑战 [J]. 非常规油气, 2018, 5(3): 102-108.
[10] 杨铁军, 张英芝, 杨正明, 等. 致密砂岩油藏 CO_2驱油提高采收率机理 [J]. 科学技术与工程, 2019, 19(24): 113-118.
[11] 汪芳, 秦积舜, 周体尧, 等. 基于油藏 CO_2驱油潜力的 CCUS 源汇匹配方法 [J]. 环境工程, 2019, 37(2): 51-56.
[12] ASGHARI K, AL-DLIWE A. Optimization of carbon dioxide sequestration and improved oil recovery in oil reservoirs [J]. Greenhouse Gas Control Technologies, 2005(7): 381-389.
[13] 何佳林, 师庆三, 董海海, 等. 新疆准东油田各区块 CO_2地质封存潜力评估 [J]. 新疆大学学报(自然科学版), 2018, 35(4): 528-531.
[14] 赵继勇, 熊维亮, 范伟, 等. 特低渗透油藏提高采收率驱油体系筛选及应用 [J]. 新疆石油地质, 2019, 40(6): 720-724.
[15] 周雪, 张创, 王嘉歌, 等. 低渗透储层地质状况分析及提高采收率的方法研究: 评《低渗透油田开发技术》[J]. 新疆地质, 2019, 37(2): 284.
[16] 罗二辉, 胡永乐, 李保柱, 等. 中国油气田注 CO_2提高采收率实践 [J]. 特种油气藏, 2013, 20(2): 1-7, 42.
[17] 叶恒, 廖新维, 黄海龙, 等. 三叠系长 6 油藏二氧化碳驱技术方案优选 [J]. 特种油气藏, 2015, 22(4): 129-132.
[18] 王海妹. CO_2驱油技术适应性分析及在不同类型油藏的应用: 以华东油气分公司为例 [J]. 石油地质与工程, 2018, 32(5): 63-65.
[19] 郑永旺. 苏北低渗油藏 CO_2驱最小混相压力计算方法研究 [J]. 石油地质与工程, 2017, 31(2): 101-104.
[20] 孙丽丽, 李治平, 窦宏恩, 等. 超低渗透油藏 CO_2驱注入参数优化的研究研究 [J]. 科学技术与工程, 2018, 18(12): 66-70.
[21] 程杰成, 姜洪福, 雷友忠, 等. 苏德尔特油田强水敏储集层 CO_2混相驱研究 [J]. 新疆石油地质, 2016, 37(6): 694-696.
[22] 李剑, 段景杰, 姚振杰, 等. 低渗透油藏水驱后注 CO_2驱提高采收率影响因素分析 [J]. 非常规油气, 2017, 4(6): 45-52.
[23] 郭茂雷, 黄春霞, 董小刚, 等. 延长油田致密砂岩油藏 CO_2驱油机理研究 [J]. 石油与天然气化工, 2018, 47(2): 75-79, 88.
[24] 马云飞, 赵凤兰, 侯吉瑞, 等. 气水同注驱油技术提高采收率物理模拟 [J]. 油气地质与采收率,

2015，22(5)：89-93，98.

[25] 李铁超，姚先荣，王长权，等. X油藏注气混相驱可行性研究研究［J］. 石油与天然气化工，2017，46(4)：63-66.

[26] 孟凡坤，苏玉亮，郝永卯，等. 基于B-L方程的低渗透油藏 CO_2 水气交替注入能力［J］. 中国石油大学学报(自然科学版)，2018，42(4)：91-99.

[27] 王帅，王泰超，甘云雁，等. CO_2 驱最小混相压力预测方法综述［J］. 石化技术，2019，26(11)：52，178.

[28] 许正恩，辛文明，刘誉，等. 高凝油油藏 CO_2 驱转水气交替驱动态及储层伤害特征［J］. 断块油气田，2019，26(5)：613-616.

[29] 白玉彬，罗静兰，王少飞，等. 鄂尔多斯盆地吴堡地区延长组长8致密砂岩油藏成藏主控因素［J］. 中国地质，2013，40(4)：1159-1168.

[30] 肖晓光，李群. 鄂尔多斯盆地直罗油田长8油层组储层特征研究［J］. 中国地质，2014，41(1)：187-196.

[31] 曹宝格，韩永林，余永进，等. 马岭油田南二区延9油藏注水开发储集层特征变化研究［J］. 新疆地质，2019，37(3)：373-377.

[32] 杨甫，陈刚，李书恒，等. 庆城合水地区长8油层组储层成岩作用及孔隙演化［J］. 西北地质，2016，49(4)：207-218.

[33] 郗兆栋，田忠斌，唐书恒. 鄂尔多斯盆地东缘海陆过渡相页岩气储层孔隙特征及影响因素［J］. 中国地质，2016，43(6)：2059-2069.

[34] 陈浩，张贤松，唐赫，等. 低渗油藏非纯 CO_2 近混相驱及实现条件研究［J］. 油田化学，2017，34(4)：631-634.

[35] 赖锦，韩能润，贾云武，等. 基于测井资料的辫状河三角洲沉积储层精细描述［J］. 中国地质，2018，45(2)：304-318.

[36] 张伟，高倩，梁雷江. 基于Petrel技术的油藏三维可视化建模研究［J］. 西北地质，2013，46(3)：191-196.

[37] 宋进博，田涛，高沛. 鄂尔多斯盆地青平川油田十甲区块长6储层建模［J］. 陕西地质，2016，34(1)：19-24.

[38] 唐萍，石阔，柯文奇. 注 CO_2 井井筒温度压力分布计算方法及应用［J］. 流体动力学，2017，5(1)：29-37.

第二篇　二氧化碳驱油腐蚀规律与防护技术

吉林油田 CO_2 驱防腐蚀药剂针对性评价研究

范冬艳

(中国石油吉林油田公司油气工程研究院)

摘要：随着 CO_2 驱工业化推广应用，注采井服役环境及地质单元差异性使之呈现出多样化腐蚀现象，要在复杂环境下研究防腐药剂的使用才能合理有效的控制防腐成本和矿场安全。在前期防腐技术研究的基础上进一步细化腐蚀单元，明确不同工艺阶段、不同地质单元腐蚀主控因素，通过确定水质矿化度、细菌、CO_2 含量等腐蚀主控因素，模拟高温高压环境，开展合理的药剂适用性评价研究。实验结果表明不同的腐蚀单元主控因素有着明显的差异，针对不同的腐蚀主控因素加入有针对性的药剂，强化了多效性防腐药剂的针对性应用。不同腐蚀单元注入不同类型的防腐蚀药剂，能够更加精准地针对主控因素控制腐蚀速率，缓蚀剂与杀菌剂的配套使用，保障矿场安全平稳运行。

关键词：药剂利用率；腐蚀速率；硫化氢；缓蚀剂

CO_2 驱防腐技术是 CO_2 驱工程工业化推广能否安全有效顺利实现的关键，为保证生产的安全性和经济性，必须深入开展针对性精细化防腐研究。随着 CO_2 驱规模化推广，井数增多，实施时间长，各区块所面临的腐蚀环境存在一定的差异，需要进一步结合 CO_2 驱区块实际，针对性研究适合 CO_2 驱注采系统的不同腐蚀单元的防腐技术，有效降低 CO_2 腐蚀与防护技术现场应用的成本。

CO_2 驱不同区块、不同腐蚀单元腐蚀环境(水质、细菌、腐蚀性气体等因素)差异较大，存在复杂环境下多因素腐蚀，需要认清不同腐蚀单元的腐蚀机理与腐蚀主控因素，需要结合前期防腐技术和各区块的特点，进行药剂体系的调整及优化，满足不同区块的防腐需求。

1 注入系统的腐蚀主控因素研究

1.1 不同腐蚀单元开采层位储层特征

不同开采层位油井水质、矿化度差异较大，存在腐蚀差异性(表 1)。

表 1 区块不同层段的性质

层段	油层中部埋深/m	油层平均压力/MPa	油层平均温度/℃	平均矿化度/mg/L	平均 Cl^-/mg/L	水型
一段	2350	28.8	92.3	10450.3	10009.4	$NaHCO_3$
二段	2250	26	89.8	14530.8	8249.2	
三段	2120	24	85.9	27593.7	3788.0	

1.2 水质配伍性差异对腐蚀结垢的影响

一段、二段、三段水质不配伍，一段与二段混采井的配伍性最差，混合后钙离子沉积率为75.38%(表2)。

表2 不同层段配伍性分析结果

试样名称	配伍比例	沉积率/%	配伍性
一段：二段	1:1	75.38	差
一段：三段	1:1	67.14	差
二段：三段	1:1	74.03	差

在相同条件下，不同开采层位的两种地层水水质混合后，腐蚀速率都略大于单层地层水水质腐蚀速率(表3)。

表3 水质配伍性与腐蚀分析

不同开采层位	0:1	1:4	1:3	1:1
一段：二段	0.445	0.545	0.470	0.460
一段：三段	0.420	0.505	0.430	0.425
一段：二段：三段	0.450	0.530	0.458	0.464

1.3 细菌含量差异分析

通常情况下，地层水中的SRB含量较低，随着采出液被提升，由于温度、压力、流速的变化，SRB生长环境发生了变化，对区块井采出液做的SRB培养试验进行统计，细菌分析表明不同开采层段细菌数量不同，一段+三段较重、一段+二段次之、一段较少，总体来看细菌腐蚀不严重(表4)。

表4 不同层段细菌含量统计分析数据表

开采层段	菌量/(个/mL)
一段+三段	140
一段+二段	45
一段	9.5

1.4 CO_2 含量差异分析

CO_2 分压是影响 CO_2 腐蚀的一个重要参数。当 CO_2 分压高时，由于溶解的氢离子浓度升高，而使腐蚀加速。通过不同采出层段伴生气组分分析表明，注气前原生 CO_2 含量的影响程度为：一段>一段+二段>一段+三段，在实施 CO_2 驱后，随着伴生气中 CO_2 浓度上升，会导致严重 CO_2 腐蚀(表5)。

表 5　已实施 CO_2 驱区块 CO_2 含量及分压判断

开采层段	CO_2 含量	分压/MPa		腐蚀严重程度
一段	61.11	7.21	>0.21	严重
一段+二段	42.13	5.74	>0.21	严重
一段+三段	4.65	0.33	>0.21	严重

1.5　腐蚀主控因素差异分析与注入系统腐蚀主控因素的确定

注入系统腐蚀结垢的影响因素是多方面的，通过腐蚀产物定性与定量分析，可以看出不同腐蚀单元腐蚀结垢主控因素，在注入系统中影响腐蚀的主要因素为 CO_2 腐蚀，因此考虑主控因素的针对性，应该加入抗 CO_2 缓蚀剂。

2　采出系统的腐蚀主控因素研究

2.1　水质差异分析

采出水水质具有矿化度高、氯离子高、硬度高的特点，属于重腐蚀水(表 6)。

表 6　采油井水质分析

层段	序号	pH	钙离子/mg/L	镁离子/mg/L	钠、钾离子/mg/L	氯离子/mg/L	硫酸根/mg/L	二价铁/mg/L	总碱度 $CaCO_3$/mg/L	碳酸根/mg/L
一段	1 号井	7.61	117.8	71.5	6416.8	2570.3	435.1	0.02	0	0
	2 号井	8.01	115.4	72.6	6687.1	6592.1	300.9	0.02	0	0
二段	3 号井	7.33	189.3	32.5	5923.7	3800	359.1	0.05	0	0
	4 号井	8	109.9	26.2	6013.8	4934.6	346.2	0.07	1.5	182.9
三段	5 号井	8.5	180.7	16.7	6164.8	2056.1	200.8	0.05	6.6	1036.3
	6 号井	8.4	235.7	45.3	6145.6	14673.2	256.8	0.02	5.6	670.6

溶解盐类对腐蚀结垢的影响因素，油田采出水的电化学腐蚀性通常可用矿化度来描述，按造成腐蚀的程度，区块地层水具有矿化度高，水型单一的特点，其水型为 $NaHCO_3$ 型，高矿化度的水质会增加水的导电性，从而增大腐蚀反应电势，促进腐蚀加剧(表 7)。

表 7　相同条件下不同矿化度与腐蚀关系

矿化度/(mg/L)	11721	12004	7965.8
腐蚀速率/(mm/a)	0.529	0.535	0.2922

2.2　细菌含量与腐蚀性气体影响分析

当采出液含有 CO_2 和较高的 SRB（硫酸盐还原菌），SRB 的存在能够将硫酸根还原成二价硫离子，与 Fe 反应生成铁的硫合物，加速电化学腐蚀；副产物 H_2S 是有毒有害气体，会造成操作人员中毒，并且对生产管线腐蚀(表 8)。

表 8　含有 H_2S 采油井细菌培养实验数据表

序号	CO_2/m^3	$H_2S/(mL/m^3)$	读数	细菌/(个/mL)	腐蚀速率/(mm/a)
1号井	2.9	10	310×10^2	450	2.9422
2号井	0	10	333	140	1.2422
3号井	0	5	331	45	1.0374
4号井	11.7	160	310×10^3	4500	8.6714
5号井	3.2	20	310×10^2	450	3.1874
6号井	23.3	40	320×10^2	950	6.7697

2.3　采出系统腐蚀主控因素的确定

采出系统腐蚀影响因素是多方面的，通过一系列的实验分析，可以看出影响腐蚀的主要因素为 CO_2 腐蚀和 SRB 细菌腐蚀，因此考虑主控因素的针对性，应该加入杀菌缓蚀联合药剂。

3　药剂适用性评价

3.1　不同种类的缓蚀剂适用性评价

腐蚀速率的计算主要通过测量试片前后变化来计算试片的材料损失从而达到测量腐蚀速率的目的。对于具有固定几何尺寸的金属试片，其腐蚀速率与外形尺寸关系为：

$$F=C\times\Delta G/S\times t\times\rho$$

式中　F——腐蚀率，mm/a；

ΔG——试片试验前、后质量之差，g；

S——试片表面积，cm^2；

t——腐蚀时间，h；

ρ——试片材料密度，g/cm^3；

C——换算系数，8.76×10^4。

不同种类药剂适用性评价数据表见表 9，由以上数据可以看出，对于不同的腐蚀单元，药剂的利用率有所不同，从经济效益考虑抗 CO_2 缓蚀剂更适用于注入系统，而采出系统使用杀菌缓蚀联合药剂更加经济合理。

表 9　不同种类药剂适用性评价数据表

加药类型	模拟类型	试样编号	平均腐蚀速率/(mm/a)
抗 CO_2 缓蚀剂	注入系统	170	0.0360
		184	
		157	
	采出系统	172	0.0653
		186	
		194	

续表

加药类型	模拟类型	试样编号	平均腐蚀速率/(mm/a)
杀菌剂	注入系统	105	0.1514
		126	
		148	
	采出系统	197	0.0702
		158	
		178	
杀菌缓蚀联合药剂	注入系统	149	0.0171
		145	
		100	
	采出系统	270	0.0304
		108	
		198	

3.2 同种缓蚀剂加药位置适用性评价

以缓蚀杀菌联合药剂为试验药剂，在注入系统和采出系统设置加药地点，再分别设置近端和远端各2个取样点，做药剂适用性评价，评价结果见表10。

表10 不同加药地点药剂适用性评价数据表

加药系统	取样地点	试样编号	细菌/(个/mL)	平均腐蚀速率/(mm/a)
注入系统	加药近端	305	0	0.0000
		313	4.5	
		355	0	
	加药远端	336	20	0.0895
		312	16	
		329	30	
采出系统	加药近端	316	110	0.0307
		364	45	
		310	140	
	加药远端	304	9500	0.4207
		360	4500	
		390	4500	

由以上数据可以得出结论，对于同一种药剂，药剂的加药位置不同，远端的药剂利用率大大降低，从经济效益考虑应在不同的位置设置加药点，采用接力加药更为经济合理。

4 结论

(1)针对不同腐蚀单元的腐蚀速率进行对比分析，联合SRB菌实验结果可以判别腐蚀

主控因素是以 CO_2 腐蚀为主或 SRB 细菌腐蚀为主。

(2)不同的腐蚀单元主控因素有着明显的差异，针对不同的腐蚀主控因素加入有针对性的药剂，提高药剂利用率降低加药成本。

(3)针对 CO_2 防腐药剂体系系统评价，形成“缓蚀+杀菌”“注入+采出”联合防腐技术。

参考文献

[1] 马丽华．两种新型石油管道防腐技术实验［J］．油气田地面工程，2015(5)：16-17.

[2] 黄本生，卢曦，刘清友．石油钻杆 H_2S 腐蚀研究进展及其综合防腐［J］．腐蚀科学与防护技术，2011，23(3)：205-208.

[3] 杨洲，黄彦良，霍春勇，等．管线钢在含 H_2S 的 NaCl 溶液中氢渗透行为的研究［J］．腐蚀科学与防护技术，2008，20(2)：118-120.

[4] 万正军，廖俊必，王裕康，等．基于电位列阵的金属管道坑蚀监测研究［J］．仪器仪表学报，2011，32(1)：19-25.

[5] ASTM G. Standard Guide for Conducting Corrosion Tests in Field Applications［J］. Astm, 2008.

[6] 李勇．含 H_2S 和 CO_2 天然气管道防腐技术［J］．油气田地面工程，2009，28(7)：67-68.

[7] 刘斌，齐公台，姚杰新，郭兴蓬．Q235 取水管道腐蚀穿孔原因分析［J］．腐蚀科学与防护技术，2006，18(2)：141-143.

[8] 宋佳佳，裴峻峰，邓学风，等．海洋油气井的硫化氢腐蚀与防护进展［J］．腐蚀与防护，2012，33(8)：648-651.

[9] 王亚昆．潜油电泵机组防硫化氢腐蚀方案探讨［J］．油气田地面工程，2009，28(10)：75-76.

[10] 张林霞，袁宗明，王勇．抑制 CO_2 腐蚀的缓蚀剂室内筛选［J］．石油化工腐蚀与防护，2006，23(6)：3-6.

[11] 马向辉，顾礼军，郑学利．埕岛油田加药降黏输送技术［J］．油气田地面工程，2011，30(12)51-52.

[12] 王子明，刘海波．优化工程改造方案实现首站污水处理水质达标［J］．油气田地面工程，2004，23(3)：25-26.

[13] 万正军，廖俊必，王裕康．基于电位列阵的金属管道坑蚀监测研究［J］．仪器仪表学报，2011，32(1)：19-25.

[14] 张学元，邸超，雷良才．二氧化碳腐蚀与控制［M］．北京；化学工业出版社，2001.

复杂环境下 CO_2 驱低成本防腐技术研究

马　锋[1,2]

1. 吉林油田公司油气工程研究院；2. 中国石油 CO_2 驱油与埋存试验基地

摘要：吉林大情字油田 CO_2 驱受 CO_2 含量、压力、温度、含水及细菌含量等因素的影响，矿场工况变化复杂，各系统不同腐蚀区间严重影响了 CO_2 驱的安全生产。为了实现对 CO_2 驱高效防腐，开展了室内实验研究和评价工作。结果表明：在单一存在 SRB 时系统腐蚀速率较低；当 CO_2、SRB 共存时，二者的协同作用加剧了各系统腐蚀程度。根据腐蚀主控因素研发了 CO_2 缓蚀体系，它具有较好的防腐性能与扩散性能；通过临界防腐浓度与原油吸附性能评价，确定矿场加药质量浓度应在 80~150mg/L。结合矿场工况，优选了连续加药工艺，确定了不同工况下的加药时机和加药浓度，形成了合理的加药制度，提高了药剂的利用率。矿场整体腐蚀速率低于 0.076mm/a，实现了低成本防腐和安全生产。

关键词：CO_2 驱；腐蚀主控因素；加药浓度；加药工艺；加药制度

CO_2 驱腐蚀环节众多[1]，不同腐蚀单元 CO_2 含量、压力、温度、含水及细菌含量等多因素环境的影响，腐蚀具有普遍性和复杂性[2]，严重地影响了油田的安全生产[3]。针对 CO_2 驱低产油田，从低成本防腐层面出发，形成了“碳钢加缓蚀剂”的低成本防腐技术路线。如何优选低成本高效防腐药剂，配套加药工艺、优化矿场加药制度至关重要。

1　CO_2 驱腐蚀主控因素及腐蚀规律

导致油井腐蚀结垢的影响因素众多，通过对试验区块地层流体、腐蚀产物组分等分析，可以弄清腐蚀环境，明确油井腐蚀结垢主控因素。

1.1　CO_2 驱腐蚀主控因素分析

对吉林大情字油田 CO_2 驱区块地质单元、地层腐蚀流体的分析表明，水质矿化度、CO_2 含量[4]、高含 SRB（硫酸盐还原菌）是导致油井腐蚀的主要因素（表 1）。

表 1　腐蚀影响因素

区块	矿化度/(mg/L)	氯离子/(mg/L)	CO_2 质量分数/%	SRB 菌数/(个/mL)
CO_2 驱	21000	7342	60	10000

油井腐蚀结垢的影响因素是多方面的，通过腐蚀产物定性与定量分析，可以确定不同腐蚀单元腐蚀结垢主控因素，提高防腐防垢治理措施的针对性。腐蚀主控因素分析表明，矿场油井存在以 CO_2、水质、SRB 等为主的多因素腐蚀。其中开采青一段与青一段+泉四段油井腐蚀主要以 CO_2 腐蚀及 SRB 细菌腐蚀为主，所占比例高达 70%，开采青一段+青二

段以 CO_2 腐蚀为主（表 2）。

表 2　CO_2 驱区块不同开采层位油井腐蚀主控因素分析

开采层位	碳酸盐质量分数/%	FeS 质量分数/%	$FeCO_3$ 质量分数/%	SiO_2 质量分数/%	主控因素
青一段	4.32	37.76	50.12	7.80	CO_2 和 SRB 腐蚀为主
青一段+青二段	12.12	7.59	70.06	10.24	CO_2 腐蚀为主
青一段+泉四段	1.50	41.45	48.13	8.91	CO_2 和 SRB 腐蚀为主

综上所述，CO_2 驱试验区块腐蚀环境复杂，存在 CO_2、水质以及 SRB 等多因素腐蚀。

1.2　CO_2 驱多因素腐蚀规律分析

结合 CO_2 驱工况条件，开展了 CO_2 驱多因素腐蚀规律研究（图 1），实验表明：单一存在的 SRB 对腐蚀的初期影响是缓慢的[5]，系统腐蚀速率较低；当 CO_2、SRB 共存时，二者的协同作用促使系统腐蚀程度进一步加剧。

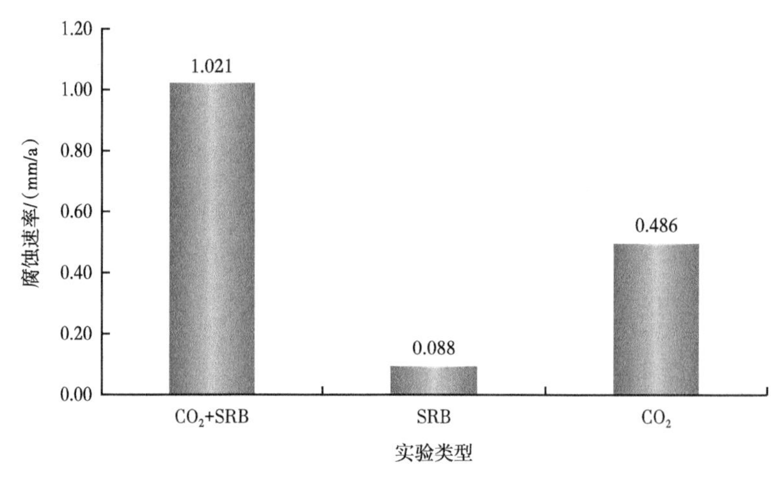

图 1　CO_2 驱油井多因素腐蚀实验

2　复杂环境下 CO_2 驱防腐技术优化

根据 CO_2 驱区块多因素腐蚀规律认识，结合 CO_2 驱试验区块注采井为老井的特点，需要开展针对性防腐药剂体系研发，配套合理加药制度，降低矿场防腐应用成本，提高矿场防腐效果。

2.1　防腐药剂优选

针对前期外购药剂成本高，根据 CO_2 驱腐蚀主控因素分析结果，以系统服役环境为基础，基于 CO_2、细菌等多因素腐蚀环境的认识，研发形成了抗 CO_2 缓蚀剂体系，腐蚀速率小于 0.076mm/a，杀菌率达到 100%（表 3）。

表 3　防腐药剂优选试验结果（N80 钢、72h）

CO_2 分压/MPa	温度/℃	防腐药剂*添加量/mg/L	腐蚀速率/mm/a	缓蚀效率/%	杀菌率/%
8	80	0	3.2768	—	—
8	80	150	0.0578	98.2	100

* 防腐药剂型号为 YQY-HS-SJ-C1。

2.2　药剂体系扩散性能评价

利用自主研发的药剂扩散性能评价模拟装置（图 2）评价了防腐药剂单位时间扩散速度。该装置为直径 25mm、长度 2m 的垂直玻璃管。在装置上方投加防腐药剂，下方通 CO_2 模拟井筒动态条件，在装置底部定时取样测定药剂浓度，评价药剂的扩散性能。实验表明：药剂扩散速度为 2.22m/h（图 3）；由于药剂体系具有较好的扩散性，对于井筒防腐可通过油套环空投加，实现从动液面到井底的扩散，从而起到防腐作用。

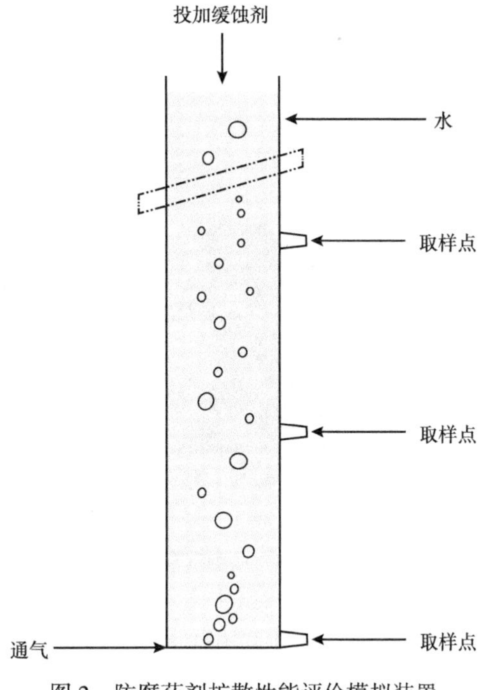

图 2　防腐药剂扩散性能评价模拟装置

2.3　加药制度优化

确定合理的防腐药剂浓度，可以避免药剂使用量的浪费和不足[6]，在保障防腐效果的同时，降低药剂使用成本。针对优选出的防腐药剂体系，确定了最佳加药浓度和合理加药工艺，形成了矿场合理加药制度。

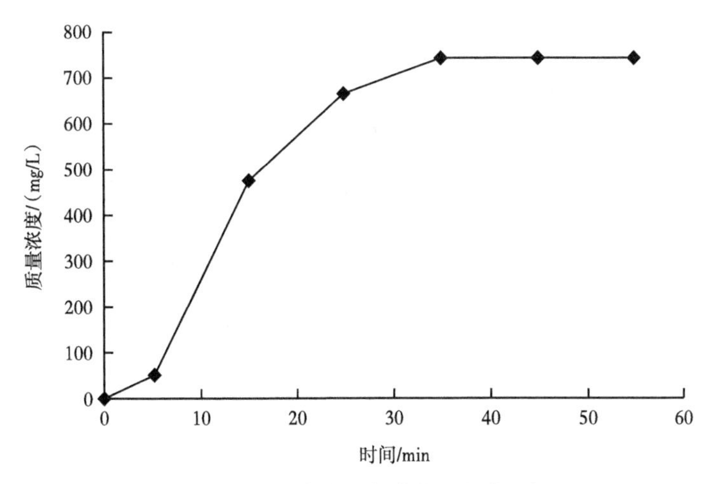

图 3　防腐药剂扩散能力评价

2.3.1 加药浓度

结合矿场采油井工况，研究了药剂临界使用浓度和原油吸附对防腐药剂浓度的影响，确定合理的油井加药浓度。

在室内高温高压动态防腐性能评价的基础上，利用 CO_2 腐蚀中试试验模拟评价装置，开展了矿场腐蚀流体在全尺寸、管流状态下的药剂体系防腐性能评价。实验表明：在矿场工况 80℃、8MPa 及 50mg/L、100mg/L、150mg/L 不同药剂使用质量浓度下，不同碳钢材质的腐蚀速率随药剂使用质量浓度增加而降低；当药剂使用质量浓度超过 50mg/L 时，可以达到 0.076mm/a 的临界腐蚀要求（图 4）。

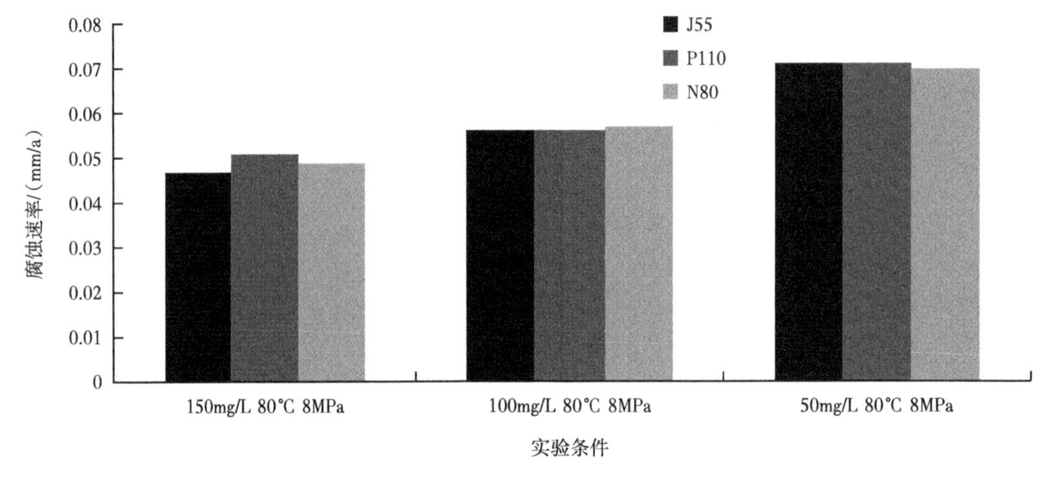

图 4　高温高压实验结果（现场水，CO_2 流量 10t/d，试验时间 7d）

同时考虑在矿场应用环境中开展不同含水率条件下原油对防腐药剂浓度的影响性能评价。研究表明：原油对防腐药剂具有吸附性，当含水率在 40% 以下时，防腐药剂浓度大幅度下降，原油对防腐药剂吸附作用明显；矿场加药质量浓度应在 80~150mg/L（图 5）。

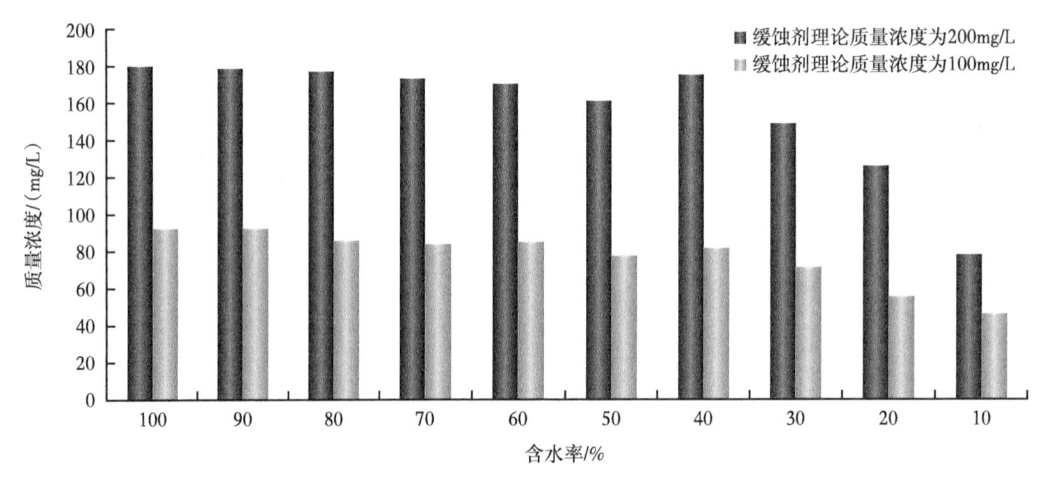

图 5　防腐药剂质量浓度随含水率的关系变化

2.3.2 加药工艺

有效的防腐药剂加药方式是保证防腐效果的重要手段[7]。根据防腐药剂加注需求，研发设计了柱塞恒流连续加药配套装置(图6)，形成了连续加药工艺，保证药剂平稳加注，实现药剂残余质量浓度大于50mg/L的临界防腐浓度，确保最佳防腐效果。

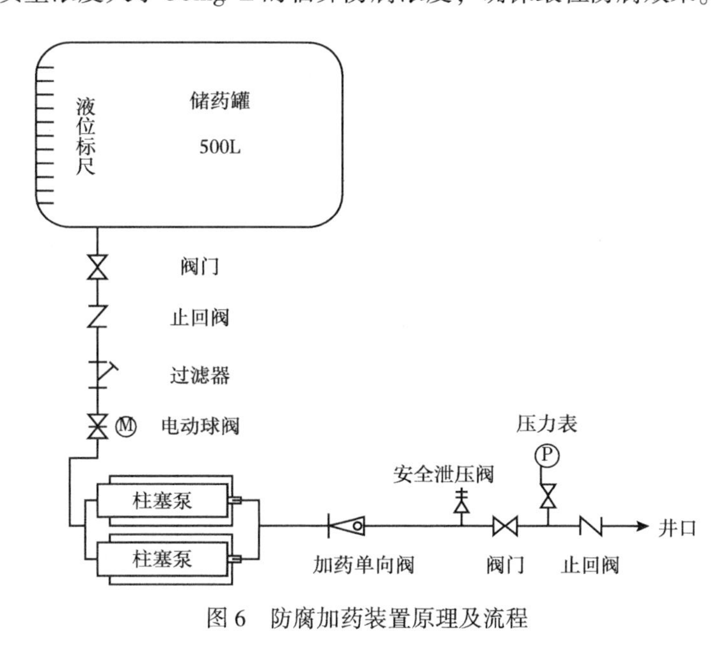

图6　防腐加药装置原理及流程

3　现场应用

由于油田采出液属于油、气、水三相混合物[8]，所处环境复杂，材质表面处于非清洁状态，对药剂性能要求更高[9]。根据药剂加药浓度优化结果与CO_2腐蚀性经验规律[10]，确定了加药时机(井底流压×CO_2含量≥0.021MPa)及最佳的加药质量浓度(表4)，降低了防腐应用成本。矿场腐蚀速率总体低于0.076mm/a，矿场作业跟踪表明管、杆表面形貌未发现明显腐蚀，综合防腐措施满足矿场需求。

表4　油井加药制度

条　　件	加药质量浓度/(mg/L)
含水率>30%，CO_2分压>0.21MPa	150
含水率>30%，CO_2分压<0.21MPa	120
含水率<30%，CO_2分压>0.021MPa	80
含水率<30%，CO_2分压<0.21MPa	0

4　结论与建议

(1)吉林大情字油田CO_2驱油井腐蚀环境分析表明，影响腐蚀的主要因素是CO_2、水质、SRB，其严重影响油井安全生产。

(2)针对复杂环境下腐蚀主控因素，通过室内及中试试验评价，优选了多功能CO_2防腐与杀菌剂，其防腐及扩散效果较好。

(3)在有水条件下当 CO_2 分压大于 0.021MPa 时实施加药防腐，确定矿场加药质量浓度应在 80~150mg/L，采用连续加药工艺，形成了合理的 CO_2 驱矿场加药制度，满足矿场防腐需求。

(4) CO_2 驱防腐是一个持久的技术与管理问题，需要密切关注腐蚀工况的变化，针对性地做好各环节的研究与实验，及时优化调整防腐加药制度，提高药剂的利用率和针对性。

参考文献

[1] 艾俊哲．油气田二氧化碳腐蚀及防护技术［J］．湖北化工，2002，27(3)：3-5.

[2] 姜守华．二氧化碳驱配套技术［J］．油气田地面工程，2012，3(3)：64-65.

[3] 苏峋志．油气田生产中二氧化碳腐蚀机理与防腐技术探讨［J］．试采技术，2005，26(2)：52-54.

[4] 孙亚云．防腐工艺在二氧化碳驱的应用［J］．内蒙古石油化工，2014(22)：30-31.

[5] 张学元．油气工业中细菌的腐蚀和预防［J］．石油与天然气化工，1999，28(1)：53-56.

[6] 张学元，邸超，雷良才．二氧化碳腐蚀与控制［M］．北京：化学工业出版社，2001：19-112.

[7] 鲁章成，宁顺康，康金成，等．油井连续加药配套技术［J］．江汉石油学报，2002，24(4)：63-64.

[8] 王嘉亮．二氧化碳驱引起管线穿孔的统计分析及防治措施［J］．油气田地面工程，2017，36(4)：86-89.

[9] 马锋．CO_2 驱采油井缓蚀剂加药制度优化［J］．化工管理，2005(2)：61.

[10] 赵军栋，张阳，李哲，等．二氧化碳驱油集输管道腐蚀机理研究［J］．油气田地面工程，2018，37(2)：87-90.

（编辑：王艳）

油田快速腐蚀监测评价方法研究与应用

马　锋[1]　邹　铭[2]　石芮铨[2]

（1. 中国石油吉林油田公司油气工程研究院；2. 中国石油吉林油田公司扶余采油厂）

摘要：目前室内腐蚀实验评价与矿场腐蚀监测主要采取失重法，测试周期长，通过测试管测定溶液中铁离子浓度，换算成试片的失重，形成了室内铁离子腐蚀速率评价方法，可实现在一个实验评价周期内掌握任意时刻试样腐蚀速率变化情况，与失重法腐蚀速率相比，有比较一致的趋势，误差在10%以内。通过地层原始流体与采出液中铁离子浓度的变化情况，结合采出流体与套管内部、油管外壁、油管内壁、抽油杆等易腐蚀部位的接触面积，建立了铁离子腐蚀监测评价方法，可及时监测油田生产系统各环节腐蚀状况，与矿场监测数据相接近，实现了矿场快速腐蚀监测评价。

关键词：铁离子浓度；腐蚀速率；失重法；腐蚀监测

目前测定金属腐蚀速度的方法很多，其中重量法是一种较经典的方法[1]，但是此方法操作繁琐，对操作的规范性、准确性要求都很高[2]。目前油井井下管柱腐蚀状况的判断主要依靠作业检管发现，但是作业检管发现腐蚀状况只能定性判断，无法定量判断[3]。采用测试管测定油井采出液中铁离子浓度的方法来判断油井腐蚀情况[4-5]，具有操作简便，时效性高等特点，适用于室内和现场检测，检测结果可靠。

1　铁离子浓度测定腐蚀方法研究

室内腐蚀评价主要采取失重法，评价试样在高温高压釜内的环境下特定时间段内的腐蚀状况，实验的评价周期较长，通过腐蚀实验前后溶液中铁离子浓度的变化测定，可实现在一个实验评价周期内掌握任意时刻试样腐蚀速率变化情况。

1.1　铁离子浓度检测方法

在酸性条件下，水样中 Fe^{2+} 与 α-联吡啶在测试管中，生成红色二价铁络合物，红色深浅与水样中 Fe^{2+} 含量成正比，通过与配套的标准色阶目测比较，可直接读取 Fe 含量。

反应式：

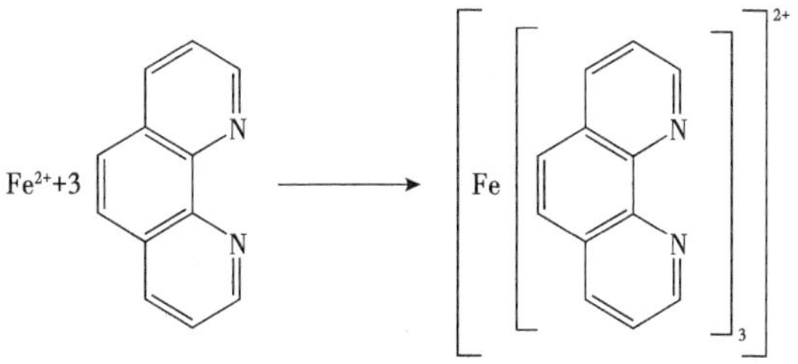

Fe^{2+}+3 (N, N) ⟶ $[Fe[\ldots]_3]^{2+}$

准确称取 0.8634g 铁铵矾[$FeNH_4(SO_4)_2 \cdot 12H_2O$]置于烧杯中，加蒸馏水使之溶解，再加入 5mL 硫酸，最后将溶液转移到 1000mL 容量瓶中，并用蒸馏水稀释至刻度后摇匀，此溶液每毫升含三价铁 0.1mg。吸取上述溶液 1mL 置于 1000mL 容量瓶中，并用蒸馏水稀释至刻度后摇匀，此溶液中总铁的浓度为 0.1mg/L。用测试管法与总铁系列标准溶液的比对分析结果，无显著性差异(表 1)。

表 1　标准铁溶液分析结果

标准溶液	测定方法	浓度值/(mg/L)									
总铁系列	标准值	0.2	0.4	0.6	0.8	1	2	4	5	6	8
	测试管法	0.2	0.4	0.55	0.75	1	2	4	5	6	8

1.2　铁离子浓度与腐蚀速率关系的建立

将实验溶液前后铁离子浓度的增量，转换成试片的失重，从而得出铁离子腐蚀速率，公式如下：

$$v = \frac{(C_1 - C_0) \times V_t \times 8.76 \times 10^4}{s \times t \times p \times n} \tag{1}$$

式中　v——腐蚀速率，mm/a；

C_0——腐蚀实验前溶液中铁离子浓度，g/L；

C_1——腐蚀实验后溶液中铁离子浓度，g/L；

V_t——腐蚀溶液总体积，L；

S——钢片表面积，cm^2；

t——腐蚀时间，h；

ρ——试片材质的密度，g/ cm^3；

n——实验中每个腐蚀挂片实验所用容器中所挂试片的个数。

1.3　失重法与测试管法腐蚀速率对比评价

利用室内挂片失重法所测得的试片的腐蚀速率与挂片失重法试验容器中因腐蚀而产生的铁离子浓度所转化而来的腐蚀速率相比较，二者之间有较为一致的趋势，相对误差小于 10%(图 1、图 2、表 2、表 3)。

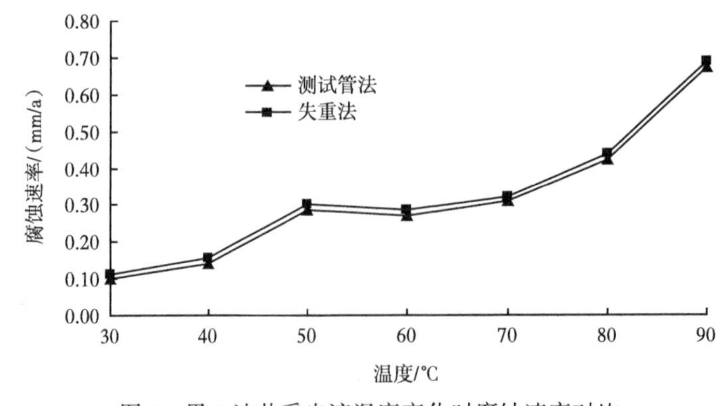

图 1　黑 1 油井采出液温度变化时腐蚀速率对比

表 2　黑 1 油井采出液温度变化时腐蚀速率对比

温度/℃	30	40	50	60	70	80	90
测试管法腐蚀速率/(mm/a)	0.1016	0.1403	0.2854	0.2709	0.3096	0.4208	0.6724
失重法腐蚀速率/(mm/a)	0.1122	0.1567	0.2999	0.2844	0.3231	0.4373	0.6869
相对偏差/%	9.4	10.5	4.8	4.7	4.2	3.8	2.1
平均相对偏差/%	5.6						

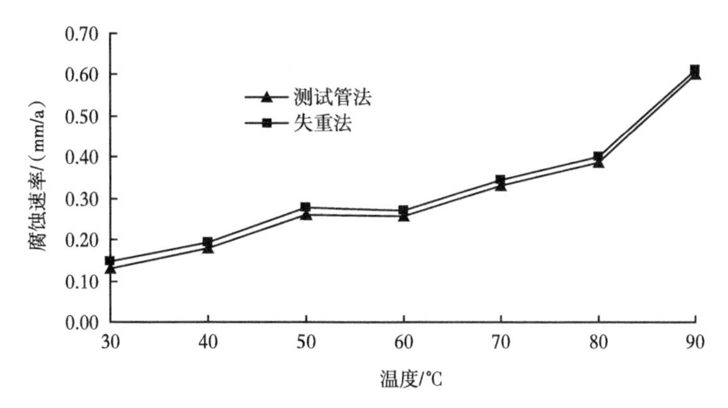

图 2　黑 2 油井采出液温度变化时腐蚀速率对比

表 3　黑 2 油井采出液温度变化时腐蚀速率对比

温度/℃	30	40	50	60	70	80	90
测试管法腐蚀速率/(mm/a)	0.1306	0.1790	0.2612	0.2564	0.3289	0.3870	0.5998
失重法腐蚀速率/(mm/a)	0.1471	0.1935	0.2786	0.2709	0.3444	0.4025	0.6134
相对偏差/%	11.2	7.5	6.2	5.3	4.5	3.8	2.2
平均相对偏差/%	5.8						

2　矿场腐蚀监测方法研究与应用

2.1　油井腐蚀速率监测方法建立

2.1.1　油井腐蚀速率预测方法

采用铁离子浓度法，根据地层原始流体与采出液中铁离子浓度的变化情况，结合采流体与套管内部、油管外壁、油管内壁、抽油杆等易腐蚀部位的接触面积，形成了换算成铁的失重，从而得出油井腐蚀速率的预测方法，公式如下：

$$v=\frac{(C_{总铁}-C_0)\times Q_{水}\times 365\times 10}{\pi(DL\gamma_{油管}+dl\gamma_{抽油杆}+D_{油外}L_{油管}\gamma_{油管}+D_{管内}L_{套管}\gamma_{套管})} \tag{2}$$

式中　$C_{总铁}$——井口产出水总铁含量，mg/L；

D——油管内径，cm；

L——油管长度 cm；

$\gamma_{油管}$——油管密度，g/cm³；

d——抽油杆外径，cm；

$\gamma_{抽油杆}$——抽油杆密度，g/cm³；

$D_{油外}$——油管外径，cm；

$L_{油管}$——油管在动液面以下的长度，cm；

$D_{套内}$——套管外径，cm；

$L_{套管}$——套管在动液面以下的长度，cm；

$\gamma_{套管}$——套管密度，g/cm³；

$Q_{水}$——单井平均产水量，m³；

C_0——原始地层中铁离子含量，mg/L。

2.1.2 原始铁离子浓度的确定

水中铁离子可能是天然存在的[6]，也可能是由于腐蚀而来的。公式中 C_0 为原始地层中铁离子含量，在油井正常投入生产后，水中铁离子浓度一般较高，高含铁量往往是腐蚀的结果而非地层水中天然铁的含量[7]。所以 C_0 的测试有一定的困难。根据现场实际情况 C_0 的选取有以下几种方法：

（1）本井新投产时的油井采出液中的原始铁离子浓度；

（2）油田注水见效后，注入水水质中的铁离子浓度；

（3）与本井同区块、同开采层位、井距较近的新投产井的油井采出液的铁离子浓度。

2.2 矿场腐蚀监测方法应用

利用井口产出水中总铁浓度对油井的腐蚀状况进行判断和对油井腐蚀速率的计算可知，黑2、乾1、乾2油井腐蚀最为严重（表4），腐蚀严重的油井因腐蚀结垢而修井的次数也多[8]（表5），这与油井腐蚀的状况的判断也吻合。

表4 油井腐蚀状况的判断

项目	$C_{铁}$/(mg/L)	井口产出液中铁离子浓度/(mg/L)	油井腐蚀状况判断	腐蚀速率/(mm/a)
黑1	4.46	6.0	较轻	0.0880
黑2	3.81	10	严重	0.3866
乾1	3.90	9	严重	0.1842
乾2	4.26	10	严重	0.1815

注：利用早期注水开发的区块的水质分析数据中的地层采出水中铁离子浓度为原始地层中铁离子含量（C_0）。

表5 油井修井状况统计表

项目	黑1	黑2	乾1	乾2
2016—2017年修井次数	1	7	8	7
因腐蚀结垢修井次数	1	6	6	5

试验表明，矿场连续腐蚀监测难度较大[9]，测定结果需要相当长时间才能获得，通过井下挂片腐蚀监测与铁离子浓度检测方法相结合，评价试片在井筒环境内的腐蚀速率[10]，铁离子浓度检测腐蚀方法与矿场监测数据接近，实现了矿场快速腐蚀监测评价（表6）。

表 6　腐蚀监测对比评价实验　　单位：mm/a

井号	井底挂片(82d)	铁离子浓度检测腐蚀方法
黑 1	0.0776	0.0733

3　结论

(1)通过测试管测定溶液中铁离子浓度，换算成试片的失重，形成了室内铁离子腐蚀速率评价方法，可实现在一个实验评价周期内掌握任意时刻试样腐蚀速率变化情况，与失重法相比，趋势一致，误差在 10%以内。

(2)通过地层原始流体与采出液中铁离子浓度的变化情况，结合采流体与套管内部、油管外壁、油管内壁、抽油杆等易腐蚀部位的接触面积，建立了铁离子腐蚀监测评价方法，与矿场监测数据接近，可实现矿场快速腐蚀监测评价。

(3)油田生产系统腐蚀监测可及时了解油田生产系统各个环节腐蚀状况，能有效地监督和评价矿场效果从而提出针对性防腐措施。

参 考 文 献

[1] 梁晓锋，曾科．测定腐蚀速率新方法在油田中的应用研究 [J]．沿海企业与科技．2007，2(2)：82-84.

[2] 屈撑囤，焦琨，薛瑾利．油田污水腐蚀测试方法的评价与改进 [J]．石油工业技术监督，2014，30(2)：54-56.

[3] 李淑华，朱晏萱．井下油管的腐蚀防护 [J]．油气田地面工程，2007(12)：45，56.

[4] 王建华，鄢捷年，李志勇．邻菲罗啉分光光度法测试腐蚀速率 [J]．腐蚀与防护．2007，28(2)：93-98.

[5] 尹志良．水中铁快速检测—测试管法研究 [J]．河南科学．2004，22(5)：632-634.

[6] 李宁．天然气管道内腐蚀的原理及直接评价 [J]．腐蚀与防护，2013，34(4)：362-366.

[7] 张炜强，秦立高，李飞．腐蚀监测/检测技术 [J]．腐蚀科学与防护技术，2009，21(5)：477-479.

[8] 陈家晓，崔晓燕，陈智，等．气井井下挂片腐蚀监测工艺研究及应用 [J]．石油与天然气化工，2015，44 (1)：63-66.

[9] 于志华，孟祥刚．腐蚀监测技术及其在油气田的应用 [J]．管道技术与设备，2012(2)：48-49.

[10] 于海涛．哈拉哈塘油田哈 6 联合站腐蚀监测 [J]．油气田地面工程，2014，33(5)：88.

用于 CO_2 注气驱的油井缓蚀剂加注工艺优化研究

张德平[1,2,3]　马　锋[2,3]　吴雨乐[4]　董泽华[4]

[1. 东北石油大学石油工程学院；2. 国家能源 CO_2 驱油与埋存技术研发(实验)中心；3. 中国石油吉林油田公司；4. 华中科技大学化学与化工学院]

摘要：吉林某油田 CO_2 注气驱油井受 CO_2 分压、温度、采出液含水率及细菌含量等因素影响，造成井下管柱的严重腐蚀。为减缓腐蚀，当前主要采用井筒加注咪唑啉缓蚀剂来保护油井井筒和井下设备。通过研究 CO_2、SRB 等多因素条件下的腐蚀规律和腐蚀主因素，从降低防腐蚀成本的角度考虑，考察了缓蚀剂类型、加药方式、加药浓度、加药周期对井下油套管腐蚀的抑制效率和长期有效性，并根据现场情况制定了合理的加药制度，提高了缓蚀剂的作用效率，延长其服役寿命，使区块整体腐蚀速率低于 0.076mm/a，实现了井下腐蚀的防护效率与成本的最优化。通过工艺优化，不仅延长井下设备的服役寿命，也降低了防腐蚀成本。

关键词：CO_2 驱油；提高采收率；CO_2腐蚀；缓蚀剂；加注工艺

吉林油田采用 CO_2 驱提高原油采收率，获得了国家“十二五”重大专项的支持，将采收率提高了 5%～10%，取得了良好的示范效果。然而，高压 CO_2 溶解到井下流体中，导致井下腐蚀环境的复杂化[1]，在高浓度 CO_2、高矿化度地下水和硫酸盐还原菌（Sulfate Reducing Bacteria，SRB）等多因素的交互作用下，给油井管柱带来了严重的腐蚀问题[2-4]，影响了油田的安全生产。吉林大情字井油田属于低渗透、低产油田，主要采用 CO_2 驱来提高采收率。为缓解井下 CO_2 腐蚀，当前采取井口加注缓蚀剂[5]，即在油套环空投加 CO_2 腐蚀缓蚀剂来降低油套管的腐蚀速率[6]。

缓蚀剂效率与油井作业深度及缓蚀剂加注工艺有很大关系。黄雪松等采用油井连续加药来实现防腐蚀[7]。鲁章成等根据油井服役环境和腐蚀主控因素，提出了油井连续加药的配套技术[8]。米力田等提出了相应加注工艺装置设计和流程实施方案[9]。谷坛等通过缓蚀剂残余浓度分析和腐蚀挂片结果相结合的方法[10]，推断出可行的缓蚀剂投加量和对油套管的有效保护周期。龚金海等针对高含 H_2S/CO_2 天然气气井[11]，采用缓蚀剂预膜+连续雾化注入工艺，实现了缓蚀剂优化加注[12]。然而，如果缓蚀剂加注装置或参数不根据现场条件予以优化，则可能造成井口堵塞，如连续加注缓蚀剂后，重庆气矿部分气井出现含有缓蚀剂成分的堵塞物[13]，影响了气井正常生产。

本文重点分析了缓蚀剂在吉林大情字井油田应用过程中存在的问题，根据现场生产工艺参数，提出了相应的解决措施，以指导现场优选缓蚀剂，优化加药工艺、确定加药浓度和加药周期等。

1 CO_2 驱多因素腐蚀规律分析

导致油井腐蚀结垢的影响因素众多，通过对试验区块地层流体、腐蚀产物组分等分析，可以弄清腐蚀环境，明确油井腐蚀结垢主控因素。吉林油田 CO_2 驱区块地层水矿化度为 21000mg/L，氯离子为 7342mg/L，SRB 菌量为 10^4 个/mL，伴生气中 CO_2 体积百分含量为 60%。可见，水质矿化度、CO_2 含量、高含 SRB 是导致油井腐蚀的主要因素。

井下腐蚀产物表明，CO_2 驱试验区块腐蚀环境复杂，矿场油井的主要腐蚀因素为 CO_2、SRB 腐蚀，二者所占比例高达 70%以上（表 1）。

表 1 CO_2 驱区块不同开采层位油井腐蚀主控因素分析

开采层段	碳酸盐/%	FeS/%	$FeCO_3$/%	水合氧化铁/%	酸不溶物/%	主控因素
青一	4.50	38.02	48.28	4.78	4.42	CO_2+SRB 腐蚀
青二	2.50	47.52	20.22	19.11	10.65	CO_2+SRB 腐蚀
青一+青二	9.50	20.60	50.92	14.28	4.70	CO_2 腐蚀

结合 CO_2 驱工矿条件，开展了现场 CO_2 驱多因素的 N80 钢腐蚀规律研究。结果表明，在 SRB 单一因素作用下，SRB 对 N80 腐蚀的影响是缓慢的，腐蚀速率较低；有水条件下 CO_2 具有很强的腐蚀性，腐蚀速率大约是 SRB 腐蚀的 5.5 倍；在 CO_2、SRB 共存时，二者的协同作用促使腐蚀程度进一步加剧，现场 N80 腐蚀速率测量结果如图 1 所示，这与 Fan 等对 CO_2+SRB 协同腐蚀的实验室结果具有一致性[14]。

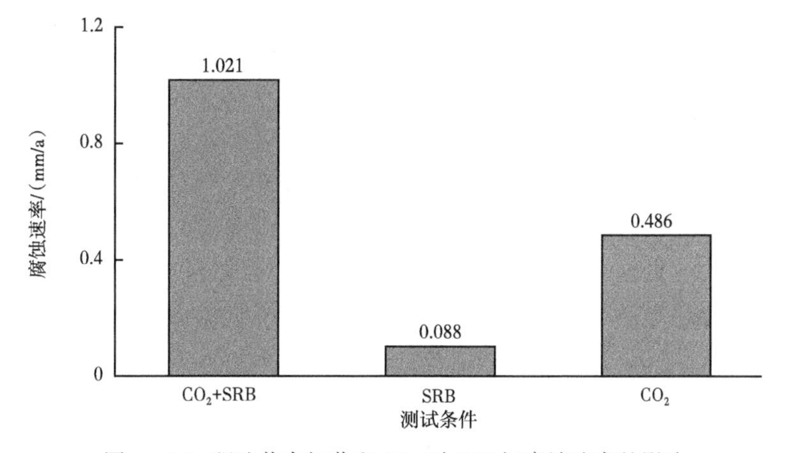

图 1 CO_2 驱油井中细菌和 CO_2 对 N80 钢腐蚀速率的影响

2 CO_2驱缓蚀剂优选及加药制度优化

根据吉林大情字井油田 CO_2 驱区块的 CO_2、SRB 和水质等多因素分析，对咪唑啉缓蚀剂体系的配方进行了优选，采用油酸咪唑啉+凝析油的复合配方，提升了缓蚀剂在油套管表面的成膜效果。同时，根据缓蚀剂残余浓度和腐蚀监测数据对加药工艺、加药浓度和加药周期进行优化，达到腐蚀控制与缓蚀剂加注成本的平衡，降低生产成本。

2.1 缓蚀剂优选及性能优化

根据CO_2驱腐蚀主控因素分析结果，结合采油系统特点，缓蚀剂需具备在多因素复杂腐蚀环境下的良好防护性能。根据CO_2、水质、SRB 细菌含量特点及降低加药强度考虑，通过单剂优选、体系复配形成具有缓蚀和杀菌性能的一体化缓蚀剂体系。从细菌抗药性考虑，优选出了两种不同类型的 JL-1+SJ-1 和 JL-1+SJ-3 缓蚀、杀菌一体化缓蚀剂体系（表2，CO_2分压 8MPa，80℃）。井口挂片试验表明：当加注浓度达 150mg/L 时，腐蚀速率降到 0.0365mm/a，杀菌率达到 100%。

表 2 N80 钢缓蚀剂与杀菌剂配方优选试验（72h）

咪唑啉缓蚀剂	添加量/(mg/L)	腐蚀速率/(mm/a)	缓蚀效率/%	杀菌率/%
无	0	3.2768		
JL-1	150	0.0378	98.85	
JL-l+SJ-1	150	0.0352	98.93	100
JL-l+SJ-2	150	0.9391	71.34	54
JL-l+SJ-3	150	0.0365	98.89	100

2.2 缓蚀剂加注制度优化

对于井口加注缓蚀剂，影响加药工艺实施的主要因素为缓蚀剂性能和油井生产参数两个方面，缓蚀剂性能包括缓蚀效率和扩散能力，油井生产参数包括套压、动液面等变化情况。

2.2.1 缓蚀剂效率评价

现场缓蚀剂的配方是通过室内电化学与失重法进行初步筛选，以饱和甘汞电极（SCE）为参比电极（RE），Pt 片为对电极（CE），N80 碳钢为工作电极（WE）。为了避免缝隙腐蚀，将截面积为 $1cm^2$ 的 N80 圆柱体嵌入聚四氟乙烯圆环中，并用 F51 环氧树脂进行封装，待固化后试样暴露面采用 $400^{\#}$、$600^{\#}$和 $800^{\#}$金相砂纸依次打磨至光亮待用。交流阻抗利用 CS350 电化学工作站（科思特仪器） 进行[15]，阻抗扫描在开路电位（OCP）下进行，采用 5mV 正弦波激励，对数扫频范围为 0.010Hz～100.000kHz，10 点/10 倍频。腐蚀介质为大情字井油田产出水，并在其中加入 JL-1 咪唑啉缓蚀剂 150mg/L。采用定时扫描来测量电化学阻抗谱（Electrochemical Impedance Spectroscopy，EIS）随时间的变化趋势，进而判断缓蚀剂吸附成膜速度和可能的脱附时间，从而评价缓蚀剂长期有效性。

图 2 显示了油酸咪唑啉缓蚀剂在大情字井油田污水中，从 1～7h，缓蚀效率逐步上升，并在 7h 时面积比阻抗值达到最大，为 $7500\Omega \cdot cm^2$，此时缓蚀效率达到 96%，之后缓蚀效率缓慢下降，35h 后阻抗仅为 $3700\Omega \cdot cm^2$，缓蚀效率为 91.9%。说明缓蚀剂成膜比较快，具有较好的后效性。然而，由于缓蚀剂吸附损失，或者由于碳钢表面出现了锈蚀，阻碍了缓蚀剂的吸附，导致阻抗半圆环在 67h 后出现了显著收缩，这可能是因为该缓蚀剂为吸附弱成膜型[16]，在流动冲刷条件下容易从腐蚀产物表面脱附，导致保护效率下降[17]。因此，在防腐加药工艺优选时需要保证井底有一定浓度的缓蚀剂，随时补充损失的缓蚀剂，保证缓蚀剂的长期防腐蚀效果。

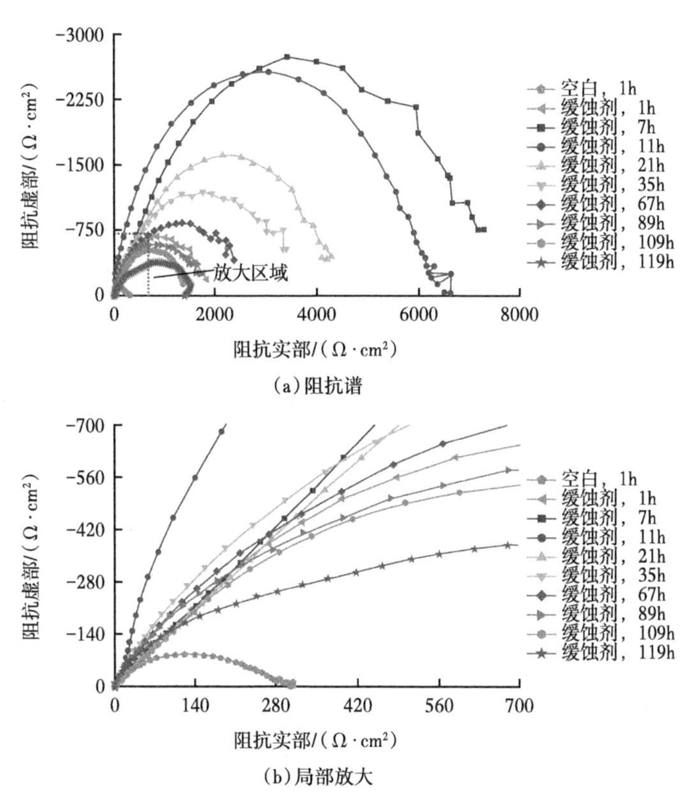

图 2　N80 碳钢在大情字井产出水中的电化学阻抗谱随时间的变化趋势

2.2.2　扩散性能评价

利用自主研发的缓蚀剂扩散速率模拟评价装置(图 3)，测试了咪唑啉缓蚀剂在大情字井产出水中的扩散速度。采用 UV 紫外吸收光谱对各个取样点的缓蚀剂浓度进行监测，实验结果如图 4 所示。实验表明，该缓蚀剂体系具有较好的扩散性，投药 40min 就可以完全扩散均匀，因此可采取油套环空投加缓蚀剂的注入工艺。

2.2.3　加注工艺优化

井筒缓蚀剂加注包括两部分，其一是周期性预膜，第二是连续加药工艺。预膜的目的是要在油套管表面形成一层浸润保护膜，为连续加药提供缓蚀剂成膜条件。预膜工艺所加注缓蚀剂量一般为连续加药浓度的 10 倍以上。缓蚀剂膜从形成到破坏的时间决定了加药周期，根据缓蚀剂残余浓度分析，确认预膜周期为 15d。连续加药仅仅是起到修复和补充缓蚀剂膜的作用，考虑到咪唑啉缓蚀剂附着在油、套管壁上

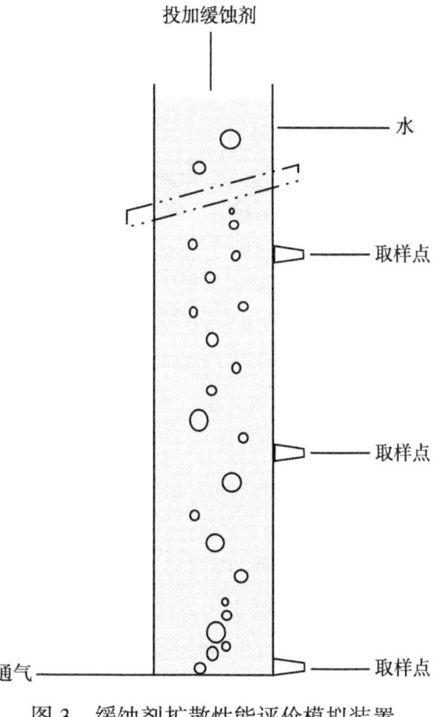

图 3　缓蚀剂扩散性能评价模拟装置

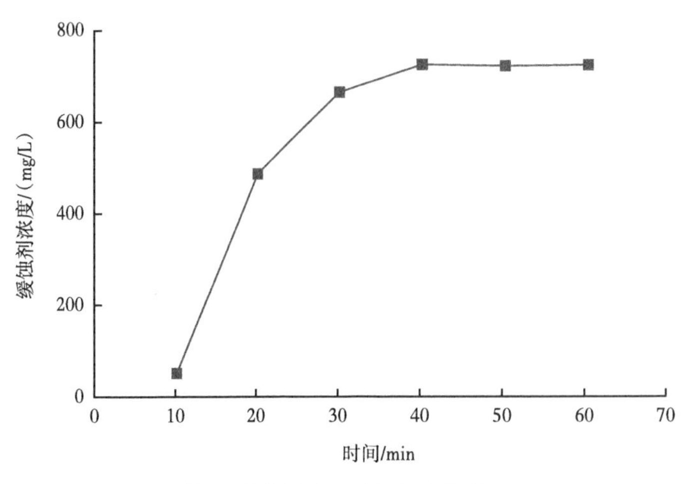

图4　缓蚀剂扩散能力测试曲线

所形成的保护膜在 CO_2 气流运动下会逐步散失，因此，后续的连续补加必须在井筒中维持一定的成膜浓度，以达到缓蚀剂膜的动态修复平衡。

根据采油井缓蚀剂加注需求，研发了采油井井口柱塞恒流连续加药装置［图5(a)］，形成了一套现场连续加药工艺。当套压变化大或套压大于连续加药装置额定使用压力时，推荐使用高压加药车进行加注［图5(b)］，这在提高缓蚀剂利用率的同时，保障了井下管柱的保护效果。

(a)柱塞恒流连续加药装置

(b)间歇车载缓蚀剂加药装置

图5　采油井井口缓蚀剂加药装置

2.3　加药浓度的确定

结合矿场采油井工况，研究了缓蚀剂临界使用浓度和原油吸附对缓蚀剂浓度衰减的影响，以确定合理的油井加药浓度和加药周期，避免缓蚀剂的浪费和不足，实现了缓蚀剂的优化加注，降低了防腐蚀成本。

2.3.1　缓蚀剂浓度的影响

图6为高温高压动态条件下(3MPa，70℃，CO_2 流量10t/d，实验时间7d)，采用挂片

失重法计算的不同浓度缓蚀剂存在下，缓蚀剂对油管钢 CO_2 腐蚀的保护效率。实验表明，当缓蚀剂浓度为 50mg/L 时，P110 钢的腐蚀速率已降到 0.056mm/a，而空白条件下的 P110 钢的腐蚀速率为 0.640mm/a，缓蚀剂缓蚀效率可以达到 91%。

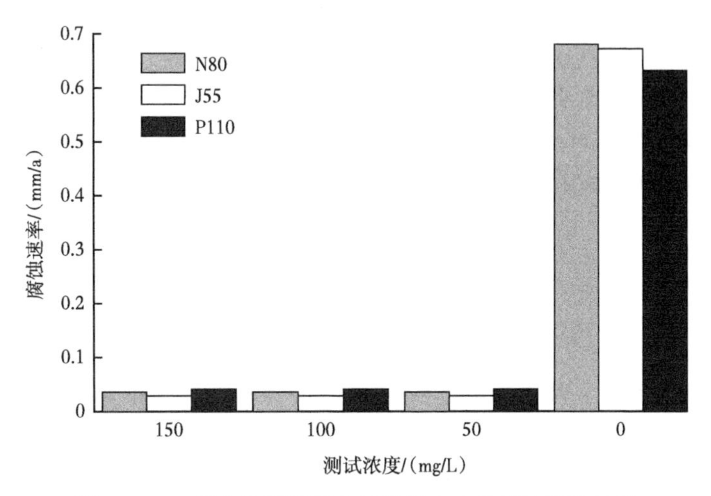

图 6　P110 钢在高温高压失重现场水中的腐蚀实验结果

2.3.2　原油对缓蚀剂吸附的影响

考虑矿场应用环境中，采油井介质属于油水混合系统，研究了不同含水率下原油对缓蚀剂浓度变化的影响，如图 7 所示。研究表明，原油对缓蚀剂具有吸附性，当含水率在 40%以下时，缓蚀剂浓度大幅度下降，原油对缓蚀剂吸附作用明显。这是因为油酸咪唑啉缓蚀剂属于油溶水分散型，对原油具有更好的亲和性。

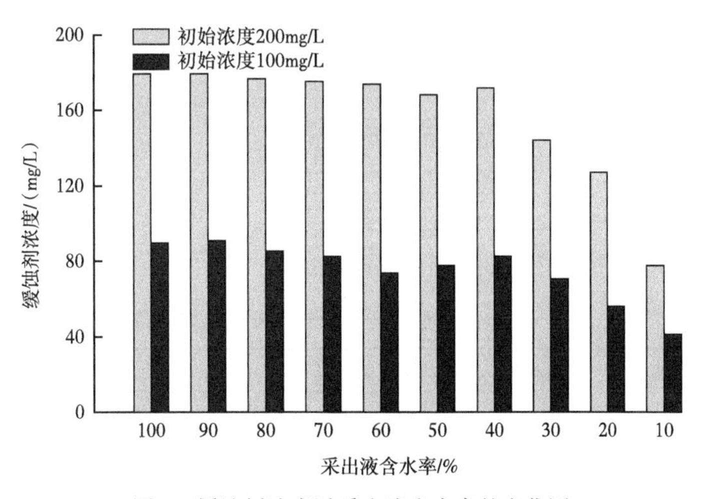

图 7　缓蚀剂浓度随采出液含水率的变化图

由于采油井的介质属于油、气、水三相混合系统，所处环境复杂，杆管表面处于非清洁状态，对缓蚀剂吸附能力要求更高。根据采油井产液量、含水、水质、CO_2 含量、井底流压等生产参数，矿场设计加药浓度应维持在 80~150mg/L。

2.4 加药周期

采用柱塞恒流连续加药装置的采油井加药周期是储药罐中缓蚀剂量的有效使用时间，一般应根据储药罐液位变化情况及时添加缓蚀剂。间歇加药井的加药周期则是根据油井一次性加药后井口采出液中缓蚀剂残余浓度低于有效浓度 50mg/L 所需的时间来确定。

2.4.1 油井生产参数模拟预测

缓蚀剂按一定量加入井底后，会随油井举升返出，假设泵在每一冲程所提升的液体体积 ΔV，冲次为 n，动液面基本恒定时，油套环形空间始终保持的液体体积不变，有

$$C=m/V \tag{1}$$

$$\Delta V=\frac{Q}{1440n} \tag{2}$$

式中 C——缓蚀剂刚加入时油套环形空间缓蚀剂实际浓度，mg/L；

m——每次所加的药量，g；

V——油套环形空间始终保持的液体体积，m^3；

ΔV——每一冲程所提升的液体体积，m^3；

Q——产液量，m^3/d；

n——冲次，min^{-1}。

第一个冲程后环空井筒缓蚀剂的浓度为

$$C_1=C(1-\Delta V/V) \tag{3}$$

式中 C_1——第一个冲程后环空井筒缓蚀剂的浓度，mg/L。

t 小时以后环空井筒缓蚀剂的浓度为

$$C_t=C(1-\Delta V/V)^{60nt} \tag{4}$$

式中 C_t——t 小时后环空井筒缓蚀剂的浓度，mg/L；

t——时间，h。

缓蚀剂残余浓度随产液量的变化趋势见表 3。大情字井区块平均日产液 $5m^3$，对照表 3，拟合运算对比分析可得，加药周期预计在 3~4d。

表 3 环空缓蚀剂残余浓度随产液量的变化趋势

日产液/m^3	环空体积/m^3	冲次/min^{-1}	初始浓度/mg/L	残余浓度/(mg/L)			
				24h	48h	72h	96h
2	5	4	420	282	189	126	85
4	5	4	840	377	170	76	34
6	5	4	1260	379	114	34	10
8	5	4	1680	339	68	14	3
10	5	4	2100	284	38	5	1

2.4.2 井口缓蚀剂残余浓度检测

根据咪唑啉缓蚀剂的紫外吸光度曲线，利用紫外分光光度法检测其在 250nm 处的吸光

度，并以此确定井内返出流体中缓蚀剂的残余浓度。综合油井生产参数模拟预测以及井口缓蚀剂残余浓度检测结果（图 8），在加药第 4d 后采出液中缓蚀剂的残余浓度低于有效浓度 50mg/L，因此，加药周期设计为 4d。

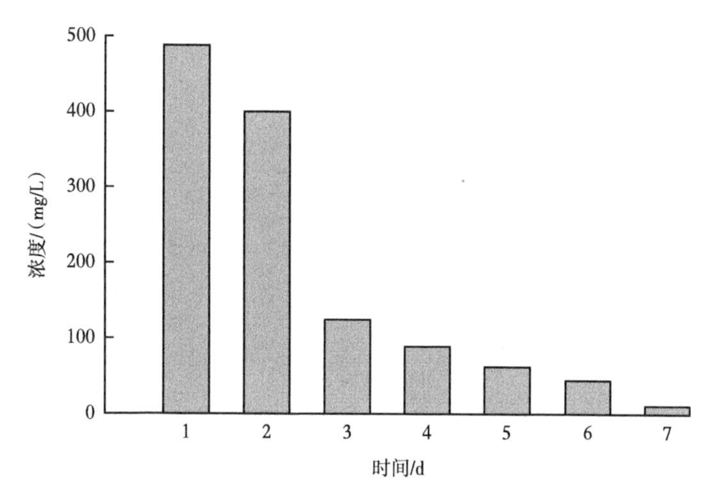

图 8　矿场井口采出液中缓蚀剂残余浓度随时间变化图

3　现场应用情况及效果分析

根据大情字井油田 CO_2 驱油井缓蚀剂类型、加药浓度、加药工艺、加药周期优化结果，结合油井和生产参数（CO_2 含量、含水等）不同加药类型，形成了一套有针对性的缓蚀剂加药制度（表 4），实现了“一井一策”的腐蚀防护对策，连续加药井缓蚀剂浓度控制在 80~120mg/L，间歇加药井缓蚀剂加药浓度在 100~150mg/L，加药周期为 4d。

表 4　油井加药浓度设计

加药井类型	加药量/(mg/L)		
	f_w>30% p_{CO_2}>0.21	f_w<30% p_{CO_2}>0.21	f_w<30% p_{CO_2}<0.21
连续加药井	120	100	80
间歇加药井	150	120	100

注：p_{CO_2}—CO_2 分压，MPa；f_w—含水率，%。

在 CO_2 驱区块连续加药井实施 157 口井，间歇加药井实施 75 口。连续实施 1a 后，部分井筒腐蚀剖面如图 9 所示。

矿场腐蚀监测表明，不同油井的腐蚀速率均控制在 0.06mm/a 以下，基于缓蚀剂残余浓度监测的加药工艺可以满足现场需求。

实际生产中，随着采出液中含水率的上升，缓蚀剂的注入量还需要根据腐蚀监测结果进行优化调整。后期需要开展井下腐蚀在线监测试验，实时测量井下油套管腐蚀速率，并建立一套 PID 自动反馈系统来调节缓蚀剂加药泵的加注量，从而实现缓蚀剂加注的全自动控制，这将更有利于缓蚀剂加注工艺的优化。

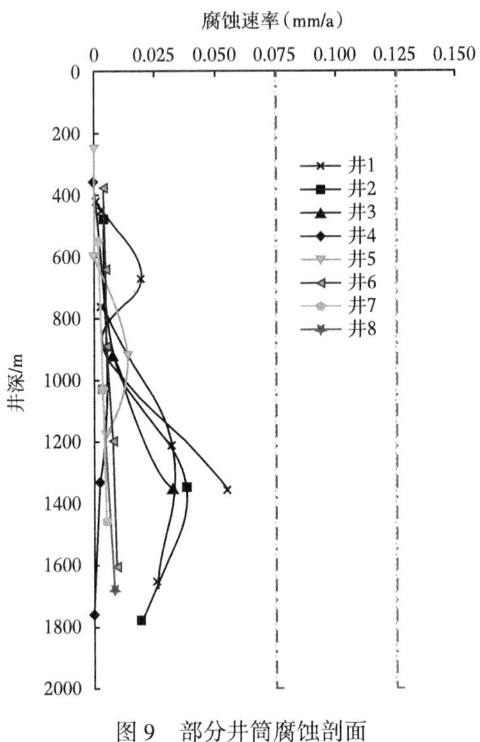

图 9　部分井筒腐蚀剖面

4　结论

(1)吉林大情字井油田 CO_2 驱油井腐蚀环境分析表明，影响油套管腐蚀的主要因素是 CO_2 和 SRB 菌，因此，井筒腐蚀控制必须采用缓蚀剂与杀菌剂的复配型药剂。

(2)根据矿场条件，筛选了一类适用于 CO_2 驱的缓蚀杀菌复合药剂。通过缓蚀剂复配，加药方式、加药浓度和加药周期的优化，形成了一套合理的 CO_2 驱矿场加药制度，满足矿场防腐需求。

(3)井筒腐蚀与 CO_2 分压、流体流速、温度、含水率和 SRB 含量关系密切，需要根据矿场条件来及时优化调整缓蚀剂加药制度，保障 CO_2 驱矿场安全平稳生产。

参 考 文 献

[1] 张绍辉，王凯，王玲，等 . CO_2 驱注采工艺的应用与发展［J］. 石油钻采工艺，2016，38(6)：869-875.

[2] 张学元. 二氧化碳腐蚀与控制［M］. 北京：化学工业出版社. 2001.

[3] 苏峋志. 油气田生产中二氧化碳腐蚀机理与防腐技术探讨［J］. 试采技术，2005, 26 (2)：52-54.

[4] 王成达，尹志福，李建东，等. 二氧化碳驱油环境中典型管柱材料的腐蚀行为与特征［J］. 腐蚀与防护，2013，34(4)：307-309.

[5] 王珂，张永强，尹志福，等. N80 和 3Cr 油管钢在 CO_2 驱油环境中的腐蚀行为［J］. 腐蚀与防护，2015，36 (8)：706-710.

[6] JIANG X. ZHENG Y G, KE W. Corrosion inhibitor performances for carbon dioxide corrosion of N80 steel under static and flowing conditions［J］. Corrosion，2005，61(4)：326-334. doi：10. 5006/1. 3279884.

[7] 黄雪松，蔡彩霞. 油井连续加药防腐蚀技术 [J]. 石油化工腐蚀与防护，2003，20(4)：42-45.
[8] 鲁章成，宁顺康，康金成. 油井连续加药配套技术 [J]. 江汉石油学报，2002，24(4)：63-64.
[9] 米力田，黄和. 缓蚀剂加注工艺系统研究 [J]. 天然气与石油，1998，16(3)：20-30.
[10] 谷坛，康莉. 川东峰七井 CT2-4 缓蚀剂加注工艺及效果监测 [J]. 天然气工业，1999，19(6)：72-75.
[11] 龚金海，刘德绪，王晓霖. 普光气田集输系统的腐蚀控制技术 [J]. 腐蚀与防护，2012，33(4)：317-319.
[12] 杜威. 抑制 CO_2 腐蚀用咪哩琳类缓蚀剂及机理研究进展 [J]. 腐蚀科学与防护技术，2017，28(6)：584-588.
[13] 黎洪珍，林敏，李娅，等. 缓蚀剂加注存在问题分析及应对措施探讨 [J]. 石油与天然气化工，2009，38 (3)：238-240.
[14] FAN M. M, LIU H F, DONG Z H. Microbiologically in-fluenced corrosion of X60 carbon steel in CO_2-saturated oilfield flooding water [J]. Materials and Corrosion, 2011, 64(3): 242-246.
[15] DONG Zehua, SHI Wei, GUO Xingpeng. Initiation and repassivation of pitting corrosion of carbon steel in carbon-ated concrete pore solution [J]. Corrosion Science, 2011, 53(4): 1322-1330.
[16] ZHANG Huanhuan, PANG Xiaolu, ZHOU Meng, et al. The behavior of pre-corrosion effect on the performance of imidazoline-based inhibitor in 3 wt. % NaCl solution saturated with CO_2 [J]. Applied Surface Science, 2015, 356: 63-72.
[17] ZHAO Jingmao, Duan Hanbing, Jiang Ruijing. Syner-gistic corrosion inhibition effect of quinoline quaternary ammonium salt and Gemini surfactant in H_2S and CO_2 saturated brine solution [J]. Corrosion Science, 2015, 91: 108-119.

CO_2 对水泥石腐蚀机理及密封性的影响研究进展

冯福平[1]　刘子玉[1]　路大凯[2]　张德平[1,3]
潘若生[2]　严茂森[1]　丛子渊[1]

（1. 东北石油大学石油工程学院；2. 中国石油吉林油田公司油气工程研究院；
3. 中国石油吉林油田公司 CO_2 捕集埋存与提高采收率开发公司）

摘要：CO_2 对水泥石的腐蚀加剧了长期埋存与驱油期间 CO_2 沿井筒逃逸的风险，CO_2 环境下水泥石的长期密封完整性是制约该项技术能否顺利实施的关键。总结了 CO_2 对水泥石的腐蚀机理，重点阐述了 CO_2 对水泥石的腐蚀规律、水泥石物性的变化规律及其内部各反应区域的特征，并在此基础上分析了 CO_2 腐蚀对水泥石微裂缝渗透率的影响机理及自密封条件，最后根据目前的研究现状展望了该领域未来的发展方向。

关键词：二氧化碳；水泥石；腐蚀机理；动力学反应；渗透率；自密封

CO_2 的大量排放引起空气污染和全球气候变化，严重威胁着人类赖以生存的自然环境，CO_2 捕集与埋存技术（CCS）是未来降低温室气体减排的主要途径[1-2]。目前 CCS 技术已经在国际上得到了广泛的应用，全世界已有 CCS 项目 300 余项，其中 60%以上的 CCS 项目与提高采收率（EOR）项目相关，向衰竭油气藏中注入 CO_2 能够在提高采收率的同时达到 CO_2 减排的目的，是目前经济技术条件下实现 CO_2 效益减排的最佳方式[3-5]。

CO_2 长期埋存与驱油过程中，埋存区域已有的油、气、水井井筒完整性是该项技术面临的重大挑战[6-7]。井筒完整性破坏引起的 CO_2 逃逸一旦发生，不仅达不到减排的目的，释放出来的气体轻则影响注采井网的完整性和上部地层的地下水水质，重则释放到大气中危害人类健康，引起油气井和地面装置的损毁和人员伤亡。固井两个胶结面、水泥环本体以及废弃井内水泥塞是 CO_2 沿井筒逃逸的主要通道[8]。由于固井过程中钻井液的残留、生产过程及后期废弃的较长时间内井眼周围应力、温度的交替变化，固井胶结面以及水泥石本体（含水泥环及水泥塞）不可避免的会产生微裂缝（含微间隙）[9-11]，同时 CO_2 在湿相环境中会与水泥石发生化学反应，改变水泥石本体以及微裂缝的微观结构和宏观性质，进一步增大了 CO_2 沿井筒水泥石逃逸的风险[12-13]。因此 CO_2 埋存条件下水泥石的腐蚀机理及对其密封性能的影响研究是近年来业界关注的热点问题。本文总结了 CO_2 对水泥石的腐蚀机理，重点阐述了 CO_2 对水泥石的腐蚀规律及其内部各反应区域的特征，并在此基础上分析了 CO_2 腐蚀对水泥石微裂缝渗透率的影响机理及自密封条件，最后根据目前的研究现状展望了该领域未来的发展方向。

1　CO_2 对水泥石的腐蚀机理及性能的影响

水泥熟料矿物的主要成分为硅酸三钙(C_3S)、硅酸二钙(C_2S)、铝酸三钙(C_3A)和铁铝酸四钙(C_4AF)，其中 C_3S 为主要矿物相，占据水泥总质量的50%~80%[14]，因此水泥水化后形成的水泥石主要组分为水化硅酸钙(CSH)和氢氧化钙[$Ca(OH)_2$]。

CO_2 埋存过程中会溶于水形成碳酸(H_2CO_3)[15]，H_2CO_3 与水泥石接触时会发生一系列的化学反应，对其造成腐蚀(也称碳化)，导致水泥石的微观结构和宏观性质发生变化。CO_2 溶于水后与水泥石首先发生如下化学反应[16-20]

$$CO_2+H_2O \rightarrow H_2CO_3 \rightarrow H^+ + HCO_3^- \tag{1}$$

$$Ca(OH)_2+H^+ + HCO_3^- \rightarrow CaCO_3+2H_2O \tag{2}$$

$$CSH+H^+ + HCO_3^- \rightarrow CaCO_3+SiO_2+H_2O \tag{3}$$

随 H_2CO_3 的不断作用，会持续发生下列反应

$$CO_2+H_2O+CaCO_3 \rightarrow Ca(HCO_3^-)_2 \tag{4}$$

$$Ca(HCO_3^-)_2+Ca(OH)_2 \rightarrow 2CaCO_3+H_2O \tag{5}$$

由于 $Ca(OH)_2$ 的溶解和反应速率要高于 CSH，因此反应初期的腐蚀速率很高且主要是 $Ca(OH)_2$ 发生方程(2)的反应，此时在水泥石表面形成致密的膨胀性腐蚀产物 $CaCO_3$，导致水泥石的抗压强度和硬度提高[21]，孔隙度降低，CO_2 与水泥石反应提高其强度的这一特性在建筑工业上得到了广泛的应用[22]。

但在富含 CO_2 的地层条件下，随着碳酸水的不断侵蚀，水泥石表面的 $Ca(OH)_2$ 被消耗完之后，CO_2 又与 CSH 通过方程(3)发生反应生成非胶结性的无定型 SiO_2，并造成水泥石体系的 pH 值降低。同时初期反应生成的致密性腐蚀产物 $CaCO_3$ 在方程(4)的作用下转变为易溶性的 $Ca(HCO_3)_2$，并通过方程(5)不断消耗水泥石内部的 $Ca(OH)_2$ 形成淋滤作用，淋滤作用使水泥石的孔隙度和渗透性增大，抗压强度降低。随着反应的不断进行，反应方程(4)不断地将方程(2)、(3)、(5)形成的 $CaCO_3$ 溶蚀掉，使得水泥石内部的 $Ca(OH)_2$和 CSH 不断消耗，易溶性的反应产物 $Ca(HCO_3)_2$ 溶解成 Ca^{2+}扩散到碳酸水中，同时水泥石内部非胶结性的无定型 SiO_2 增多破坏了整体胶结性，致使水泥石的强度降低、渗透率增大[23-27]。

由此可知，CO_2 与水泥石反应过程中，由于反应初期 $CaCO_3$ 的生成以及后期的淋滤作用，水泥石的孔隙度和渗透率先减小后增大，抗压强度先增大后减小。由于 CO_2 对水泥石腐蚀的这种动力学反应主要受扩散过程的控制，因此不同的离子浓度、反应温度、水泥石原始渗透率、压力等条件下 CO_2 与水泥石的反应速率是不同的，具体表现为其孔隙度、渗透率以及抗压强度的变化趋势随时间存在较大差异，这也合理地解释了不同学者在其实验中得出的 CO_2 对水泥石腐蚀不同时间后孔隙度、渗透率及抗压强度变化规律相反的结论[28-30]。

Connell[31]指出，CO_2 与水泥石初期反应生成的 $CaCO_3$ 是否会发生后期淋滤作用主要取决于两个方面：一是含有 CO_2 的水溶液不饱和 Ca^{2+}；二是水溶液能够不断流动维持接触

表面的低 pH 值并将溶解的 Ca^{2+} 带走。在满足这两个条件的前提下，Kutchko[32]、James[33]、Laure[34]、Mason 等[35]指出长时间反应后水泥石由外向内将会形成 4 个区域（图 1）：Ⅰ无定型 SiO_2 富集区；Ⅱ $CaCO_3$ 沉淀层；Ⅲ $Ca(OH)_2$ 耗尽区；Ⅳ未反应区域。

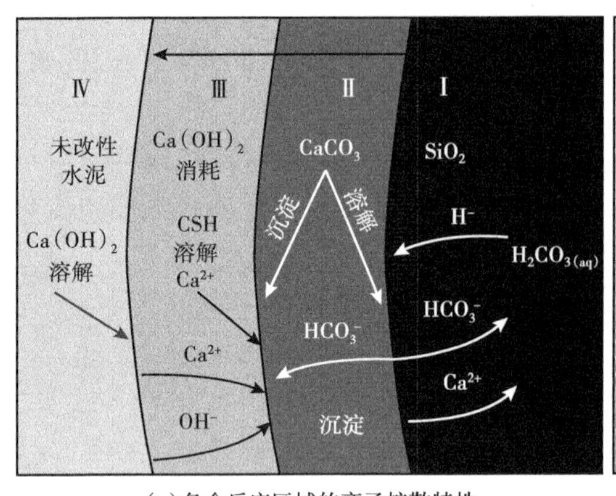

(a)各个反应区域的离子扩散特性

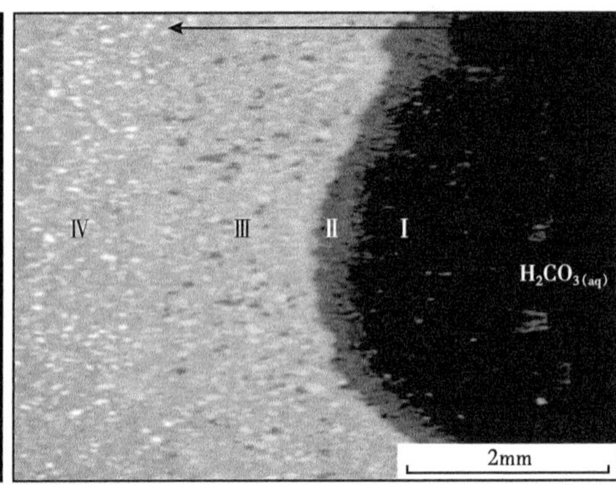

(b)SEM观察到的各反应区域形态

图 1 CO_2 长时间作用下水泥石内部反应区域划分[35]

区域Ⅰ为无定型 SiO_2 富集区：反应过程中，由于富含 CO_2 流体的不断淋滤作用，反应初期在水泥石表面形成的 $CaCO_3$ 被溶蚀成 Ca^{2+} 扩散到溶液中或被带走，同时 CO_2 与 CSH 发生反应在该区域内形成疏松多孔的无定型 SiO_2，导致水泥石的孔隙度和渗透率增加。随着反应时间的增加，$CaCO_3$ 不断被溶蚀，区域Ⅰ不断向水泥石内部扩展，但由于扩散受到的阻力作用扩展增加的趋势变缓。

区域Ⅱ为 $CaCO_3$ 沉积层：该区域内由于致密的膨胀性反应产物 $CaCO_3$ 的生成，使得孔隙度和渗透率降低，该区域的宽度取决于该区域左右两侧的 $CaCO_3$ 沉积速率和溶蚀速率，在富含 CO_2 的地层水作用下，随着反应时间的增加，区域Ⅱ的左右 2 个边界都要向水泥石内部扩展；

区域Ⅲ为 $Ca(OH)_2$ 耗尽区：由于 $Ca(OH)_2$ 的溶解及反应速率要高于 CSH，该区域内溶解的 $Ca(OH)_2$ 不断向右侧运移形成 $CaCO_3$ 沉淀，待 $Ca(OH)_2$ 消耗完全以后该区域内的 CSH 再参与反应，随着时间的进行该区域逐渐向水泥石内部扩展，但扩展的速率逐渐降低。由于该区域内 $Ca(OH)_2$ 的消耗，水泥石变得疏松多孔，孔隙度和渗透率增加，抗压强度明显下降。

区域Ⅳ为未反应区域：该区域内的水泥石并未受到腐蚀，其微观结构和宏观物性没有发生变化。该区域的右边界通常定义为腐蚀深度，随着时间的增加腐蚀深度逐渐增加，但增加的速率逐渐降低，在腐蚀实验中表现为腐蚀深度增加的趋势逐渐减小。

由于 CO_2 对水泥石的腐蚀受到实验温度、离子浓度、压力、水泥石原始渗透率、流体性质、水泥类型等多因素的影响，致使不同的实验条件下测得的腐蚀深度有较大的差异[36]。根据 Kutchko[32,37]、Barlet 等[38]不同的压力、温度、反应流体性质等条件下 G 级和 H 级水泥石的腐蚀实验测试结果可知，反应 100 a 后腐蚀深度在 1~200mm 的范围内，不同的反应条件对腐蚀速率有较大的影响。Houst[39]、Guiglia[40]、Siriwardena[41]等通过室内实验提出腐蚀深度与时间的函数关系为

$$H = A\sqrt{t} \tag{6}$$

式中 H——腐蚀深度，mm；

A——拟合系数，与实验温度、离子浓度、压力、水泥石原始渗透率、流体性质等条件有关；

t——腐蚀时间，h。

这一函数关系得到了众多学者的广泛认同，但是由于拟合系数 A 与实验温度、离子浓度、压力、水泥石原始渗透率、流体性质等条件有关，致使不同学者在其实验中得出的拟合系数有较大差别。

由于 CO_2 腐蚀初期会引起水泥石的强度增加，因此学者对造成此现象的反应区域Ⅱ $CaCO_3$ 沉积层进行了较多的研究[21,32,42]，但是对于反应区域Ⅲ中 $Ca(OH)_2$ 耗尽区的研究相对较少。Mason[35]、Fabbri 等[43]指出 $Ca(OH)_2$ 耗尽区的杨氏模量会降低 30%，并且在 $CaCO_3$ 沉积层边缘出现的微裂缝也会降低水泥石的强度；Li[44]通过 X 射线衍射和扫描电镜观测指出，反应区域Ⅲ由于 $Ca(OH)_2$ 的消耗，由此形成了一个力学弱层，即使微小的外力也会在该区域内产生微裂纹，一些微裂纹甚至延伸到了 $CaCO_3$ 沉积层，由此降低了水泥石的整体完整性和强度。同时反应区域Ⅱ $CaCO_3$ 沉积层由于膨胀性腐蚀产物的堆积，在水泥石内部产生隆起膨胀作用，这种隆起膨胀作用一方面会对 $Ca(OH)_2$ 耗尽区产生挤压作用导致其产生微裂纹，同时还会导致该区域破裂产生连通至表面的裂纹。

Mustafa[45]通过螺旋断面 CT 扫描技术也观察到了腐蚀 100d 后水泥石反应区域内微裂纹的产生，反应区域内部次生微裂纹的产生显著提高了水泥石的渗透率，即使在水泥石强度增大的反应初期，也可能出现渗透率增加的现象[29]；Li[44]进一步指出，反应区域Ⅱ $CaCO_3$ 沉积层的硬度和弹性模量要高于水泥石基质 2~3 倍，反应区域Ⅲ $Ca(OH)_2$ 耗尽区的硬度和模量降低了至少 50%，由于 $Ca(OH)_2$ 耗尽区的厚度要远大于 $CaCO_3$ 沉积层的厚度，因此 $Ca(OH)_2$ 耗尽区对水泥石性质的影响要大于 $CaCO_3$ 沉积层，从而导致长时间反应后水泥石整体抗压强度的降低。

由 CO_2 对水泥石的腐蚀机理及过程可以得出如下规律。

(1)反应初期由于 $Ca(OH)_2$ 的溶解和反应速率较高，短时间内会在水泥石表面形成致密的膨胀性腐蚀产物 $CaCO_3$，反应生成 $CaCO_3$ 的速率要高于溶蚀的速率，无定形 SiO_2 富集区尚未形成或厚度很小，$CaCO_3$ 沉积层对水泥石性质的影响要超过 $Ca(OH)_2$ 耗尽区，因此表现为水泥石的孔隙度减小，硬度和抗压强度增大，渗透率在大多数条件下会降低，但也不排除由于反应区域内微裂纹的产生出现水泥石强度和渗透率同时增大的现象。

(2) 由于腐蚀受到动力学扩散过程的控制，随着腐蚀时间的增加，$CaCO_3$ 的生成速率逐渐减小，无定形 SiO_2 富集区与 $CaCO_3$ 沉积层的交界面、$CaCO_3$ 沉积层与 $Ca(OH)_2$ 耗尽区的交界面、$Ca(OH)_2$ 耗尽区与未反应区域的交界面逐渐向水泥石内部扩展，但扩展速率都逐渐降低，具体表现为腐蚀速率逐渐降低；无定形 SiO_2 富集区域的厚度逐渐增大，$CaCO_3$ 沉积区和 $Ca(OH)_2$ 耗尽区的厚度变化规律还需进一步的研究确定。在这种情况下，水泥石的抗压强度和硬度较低，且其内部会产生很多次生微裂缝，进一步增大了水泥石的整体渗透率，造成环空水泥石本体及其胶结面密封能力的降低。

但以上腐蚀规律有一个前提条件，即要有充足的富含 CO_2 流体在水泥石表面流动更新，也即动态腐蚀条件，流体流动对反应速率有较大的影响[46]。Stuart[47]动态流动实验中

8d 的腐蚀深度大约 2mm，腐蚀速率远高于 Kutchko[32,36] 静态实验 9d 腐蚀深度 500μm 和 Carey[12] 400h 腐蚀深度 50~150μm 的实验结果。Stuart[47] 进一步指出，CO_2 对水泥石的腐蚀受菲克扩散定律控制，在低流速条件下腐蚀深度要急剧降低(图 2)，并且碳化沉积层的厚度要高，说明流动使得富含 CO_2 的流体在水泥石表面及时更新，促进了 $CaCO_3$ 沉积层的溶解和腐蚀速率的增大，动态流动条件下的腐蚀速率要远高于静态条件。若反应条件为静态，动力学扩散过程会逐渐达到平衡，腐蚀深度及各反应区域的位置逐渐稳定，但在何时体系达到平衡与实验温度、离子浓度、压力、水泥石原始渗透率等参数有关，还需进行长时间的测试分析进行验证。

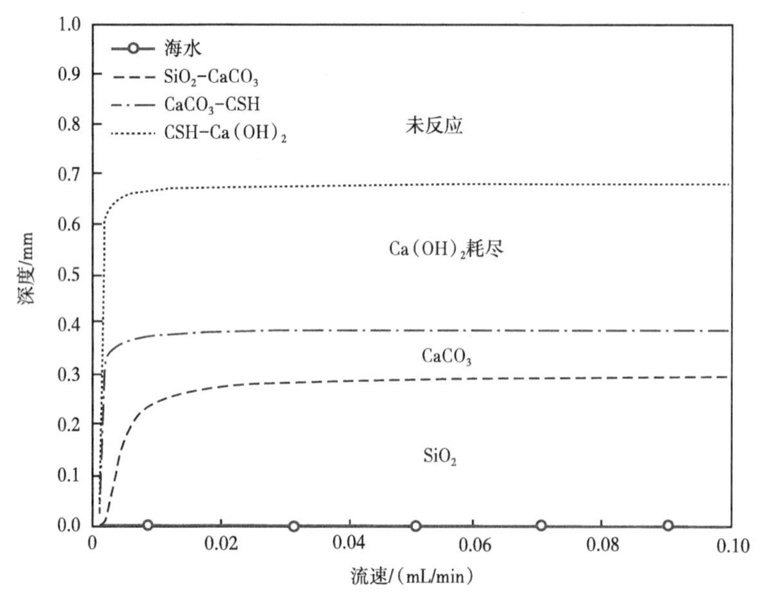

图 2 流速对腐蚀深度的影响曲线(1d)[47]

2 CO_2 对水泥石微裂缝渗透率的影响

实际固井过程中，由于井径的不规则以及套管的偏心，套管及井壁附近的钻井液不可能被完全清除[48]，这些滞留的钻井液内的水分缓慢向地层渗滤发生体积收缩，并伴随不同程度的粉化，在胶结面处的不可固化层形成不同程度的剥离和微裂缝[49-50]，同时凝固期间水泥石的收缩以及生产过程和废弃的较长时间内井眼周围应力、温度的交替变化，固井胶结面以及水泥石本体(含水泥环及水泥塞)不可避免的会产生微裂缝，这些微裂缝包括两个胶结面处的微环隙以及水泥石本体内部的纵向裂纹和横向裂纹，这些微裂缝的存在显著增大了环空水泥石的渗透能力，是 CO_2 埋存期间导致泄漏的主要通道[34]。

CO_2 与水泥石反应初期会形成致密的膨胀性产物 $CaCO_3$，若 CO_2 水溶液中 Ca^{2+} 浓度饱和或是溶液不能及时的流动将 Ca^{2+} 带走，则反应生成的 $CaCO_3$ 将不会被淋滤溶解，从而导致水泥石体积膨胀，从而能够在一定程度上将水泥石的微裂缝堵塞[51-53]。

Carey[54] 对美国得克萨斯 SACROC 油田处于 CO_2 环境中 30a 的水泥石性能进行了分析(图 3)，从图 3 可以看出：在水泥石与套管的胶结面处能够看到明显的黑色表皮，经 X 射线衍射测试发现该黑色表皮的主要成分为 $CaCO_3$；水泥石的结构完整性以及气测渗透率数据表明水泥基质仍有足够的能力阻止流体流动；由界面处的腐蚀产物 $CaCO_3$ 以及界面附近的橙黄色反应区域可以推测 CO_2 沿套管—水泥和水泥—页岩的胶结面发生了运移，虽然无法推测沿两个界面运移的 CO_2 量，但界面处 $CaCO_3$ 表皮的存在说明腐蚀产物对微裂缝起到了一定封堵作用，CO_2 对水泥石的腐蚀可能会造成其微裂缝渗透率的降低。

图 3　CO_2 环境中井下套管、水泥、页岩试样[54]

Mason[55]、Newell[56]、Walsh[57]等也通过实验观测到了水泥石微裂缝通过 CO_2 水溶液以后渗透率降低的现象，从而证明了 CO_2 条件下能够实现水泥石微裂缝的自密封。然而 Cao[58-59]、Luquot[60]、Huerta[61]等却得到了相反的结果，CO_2 与水泥石反应后提高了微裂缝的宽度和渗透率，由此表明 CO_2 只有在一定的条件下才能实现对水泥石微裂缝的自密封。Bachu[62]、Abdoulghafour 等[63]进行了油藏条件下 CO_2 通过水泥石的实验，结果表明：CO_2 溶于地层水中形成的弱酸会对水泥石产生腐蚀，当酸性盐水不流动时腐蚀产物会在水泥石表面形成更为致密的碳酸盐层，从而阻碍了水泥石的进一步腐蚀，并降低了其渗透率；而用流速比较高的酸性盐水持续冲刷水泥石表面时，碳酸盐保护层并没有形成，水泥石的腐蚀没有得到遏制。Huerta[64]等通过一系列的实验证明：具有较大微裂缝尺寸的短试样在高流动速率条件下渗透率会提高，而较小微裂缝尺寸的长试样在低流动速率条件下会实现自密封，即 CO_2 腐蚀能否实现水泥石微裂缝自密封与微裂缝尺寸、试样长度以及流动速率有关。针对这一现象，Connell[31]、Fabbri[65]、Brunet[66]、Gabriela[67]、Zhang 等[68]根据扩散理论建立了 CO_2 与水泥石反应的动力学传输模型，试图通过模拟分析水泥石微裂缝内的动力学反应过程来揭示其对渗透率的影响。2016 年 Brunet 等[69]根据 250 组水泥石微裂缝渗透率演化模型的结果指出：决定能否实现水泥石微裂缝自密封的关键参数为微裂缝内流体的停留时间(微裂缝体积与流量的比值，即微裂缝长度与流速的比值)，停留时间大于临界停留时间会实现微裂缝的自密封；反之则不能实现。停留时间反映了微裂缝内流体与水泥石的接触时间，停留时间越长，碳酸水的 pH 值和 Ca^{2+} 浓度升高，从而促使 $CaCO_3$ 沉淀增多；而较短的停留时间意味着微裂缝内流体的快速流动，这种流体的快速更新抑制了 pH 值的升高，使得微裂缝内前期反应生成的 $CaCO_3$ 溶蚀，同时流体的快速流动更新将微裂缝内的 Ca^{2+} 及时携带走，从而降低了 Ca^{2+} 的浓度，使得微裂缝内流体形成 $CaCO_3$ 沉淀的可能性降低。

水泥石微裂缝的自密封能力也受其自身尺寸的影响：相同的停留时间，宽度较小的微裂缝由于其较小的裂缝空间，堵塞微裂缝所需的 $CaCO_3$ 沉淀较少从而更容易实现自密封；微裂缝宽度越大临界停留时间就越长，越不容易实现自密封。

Brunet[69] 根据 250 组数值模拟的结果给出了实现自密封的图版以及临界停留时间与微裂缝尺寸之间的拟合关系式

$$\tau_c = 9.8\times10^{-4}\times b^2 + 0.254\times b \tag{7}$$

式中 τ_c——临界反应停留时间，min；

b——微裂缝尺寸，μm。

对于不同的微裂缝尺寸，方程(7)给出了实现自密封所需的临界停留时间，为 CO_2 环境下水泥石微裂缝渗透能力的演化分析提供了有效的评价手段。

同年，Timotheus 等[70] 对长 1~6m 的水泥石微裂缝试件进行了长达 6~12 个月的腐蚀实验，该实验设计消除了沿流动方向压力降低引起的脱气效应对渗透率的影响，实验发现：流体入口附近腐蚀深度较大且微裂缝表面没有发现 $CaCO_3$ 的沉积；而距离流体入口超过 30cm 时，腐蚀深度明显降低并且微裂缝表面可以明显看到 $CaCO_3$ 的沉积。由此推断在流体入口附近由于 H_2CO_3 浓度较大，反应生成的 $CaCO_3$ 由于淋滤作用发生了再次溶解，Ca^{2+} 被溶液携带至微裂缝内部增加了下部流体的 Ca^{2+} 浓度，同时入口附近的反应提高了流体的 pH 值，促使在下部重新生成 $CaCO_3$ 沉淀堵塞微裂缝，其反应传输堵塞微裂缝过程如图 4 所示。

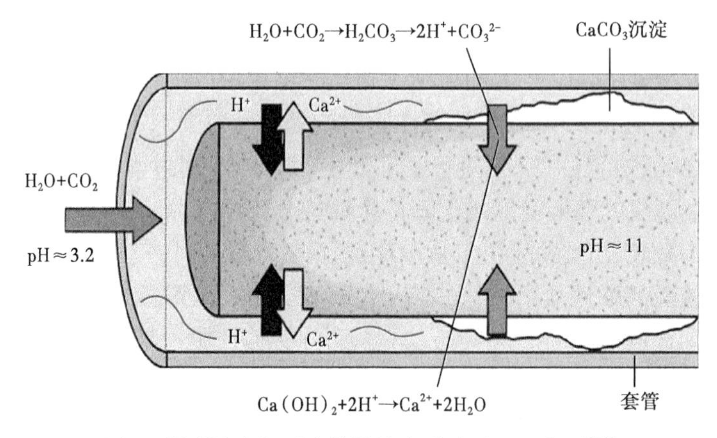

图 4 微裂缝内部反应传输堵塞裂缝过程示意图[70]

高流速下流体的快速更新会促使微裂缝内初期反应产物 $CaCO_3$ 的再次溶解，同时流体流动引起的冲刷携带作用也会造成表面反应产物 $CaCO_3$ 颗粒的运移，然而目前尚不明确这种冲刷携带引起的颗粒运移作用对微裂缝内动力学反应过程以及渗透率的影响机制。按照 Brunet[69] 提出的临界停留时间关系式(7)，T60-1 和 T80-1 试样能够实现自密封，Brunet 模型预测渗透率会降低 1~2 个数量级，而 Wolterbeek[70] 实验测得的渗透率降低了 3~4 个数量级；Brunet 模型预测 T60-2 和 T80-2 试样的渗透率增大，不能实现自密封，而 Timotheus 实验测得的渗透率也出现了一定的降低。由此可以看出，Brunet 模型与实验结果还存在较大的差异，其原因主要在于：(1) Brunet 模型未考虑流体流动冲刷携带作用引起的反应产物颗粒运移对动力学反应速率以及微裂缝渗透率的影响，流体流动一方面会将水泥石微裂缝内生成的 $CaCO_3$ 颗粒清除，促使微裂缝尺寸增加及反应速率、反应深度的增大。另一方面被流动冲刷运移的 $CaCO_3$ 颗粒存在将下部微裂缝堵塞的可能，从而对整个微裂缝内的动力学反应速率和渗透率起到相反的作用。目前尚不明确这种流动冲刷作用对水泥石微裂缝渗透率的主控因素及其发生条件；(2) CO_2 与水泥石的动力学反应受扩散过程控制，各组分的扩散速率受温度影响较大[71]，Brunet 模型选用的动力学参数为 25 ℃条件下获取的，其他温度条件下由于数据的缺少并未展开分析，因此需要获取更多温度条件下的动力学参数从而对现有模型进行完善。

3 结论与展望

CO_2 与水泥石反应初期会在表面生成致密的膨胀性腐蚀产物 $CaCO_3$，从而降低水泥石的孔隙度和渗透率，增大抗压强度和硬度。但在富含 CO_2 的地层水不断冲刷侵蚀作用下，水泥石表面初期反应生成的 $CaCO_3$ 发生淋滤作用，长期腐蚀作用下水泥石由外向内形成无定型 SiO_2 富集区、$CaCO_3$ 沉淀层、$Ca(OH)_2$ 耗尽区以及未反应区 4 个区域，长期腐蚀降低了水泥石内部的结构强度导致反应区域内微裂缝的形成，显著增大了水泥石的渗透率，腐蚀速率受实验温度、离子浓度、压力、水泥石原始渗透率、流体流动速率等影响较大，但总体上随着时间的增加逐渐降低；较低的流体流动速率时微裂缝表面会形成致密的 $CaCO_3$ 层，对微裂缝起到封堵作用实现自密封，高流动速率时微裂缝的渗透率会提高，CO_2 腐蚀能否实现水泥石微裂缝的自密封与微裂缝尺寸、试样长度以及流动速率有关；水泥石在 CO_2 作用下渗透能力的演化是一种极其复杂的动态过程，受到化学反应和流动冲刷的双重耦合作用，目前尚不清楚这种耦合作用对长期埋存条件井筒完整性的影响，需要在以下方面开展更为细致的研究。

(1) 符合井下环境的含水超临界 CO_2 对水泥石本体及微裂缝的影响实验测试。

CO_2 在常温常压(20℃，0.1MPa)下密度为 1.96kg/m^3，是空气密度的 1.52 倍。但是当温度超过 31.1℃、压力超过 7.38MPa 时 CO_2 进入超临界状态。CO_2 埋存位置地层温度一般超过 40℃，压力超过 20MPa，因此在井下与水泥石发生反应的是含有水的超临界状态的 CO_2，而现有实验测试研究大多采用的是饱和 CO_2 的酸性溶液，超临界状态的 CO_2 与饱和 CO_2 的酸性溶液由于渗透扩散能力的差异，与水泥石的动力学反应规律及微缝渗透率的影响会有较大的不同。因此模拟真实的井下外界环境，实现含水的超临界 CO_2 环境下水泥石腐蚀及微裂缝渗透率的定量测试是在室内实验方面未来的发展趋势。

(2) 明确水泥石反应区域内微观物性变化对宏观物性的影响程度及规律。

长期腐蚀作用下水泥石由外向内 4 个区域的存在得到了广泛的认识，研究者主要关注腐蚀后水泥石整体性质的变化，例如整个试样抗压强度和渗透率的改变。然而对于每个反应区域的微观物性演化规律研究较少，例如无定型 SiO_2 富集区、$CaCO_3$ 沉淀层以及 $Ca(OH)_2$ 耗尽区的水泥石微观结构、孔隙度、渗透率(沿着腐蚀方向及垂直腐蚀方向)、抗压强度、硬度以及微观裂缝的形成机理和条件，同时缺乏每个反应区域的物性变化对水泥石宏观物性影响程度的量化分析。

(3) 完善动力学反应与冲刷耦合作用下水泥石微裂缝渗透率演化机制的研究。

CO_2 环境下水泥石微裂缝能否实现自密封主要受微裂缝尺寸和流速的制约，二者决定了 Brunet 提出的临界停留时间。高流速下流体的快速更新会促使微裂缝内反应产物 $CaCO_3$ 的再次溶解，同时流体流动引起的冲刷携带作用也会造成表面反应产物 $CaCO_3$ 颗粒的运移，存在将下部微裂缝堵塞的可能性，从而反过来抑制整个微裂缝内的动力学反应速率和渗透率的增大。因此需要明确流体流动冲刷作用对微裂缝内动力学反应过程以及微裂缝渗透率的影响规律，完善动力学反应与冲刷耦合作用下水泥石微裂缝渗透率演化的机制。

(4)明确超临界 CO_2 环境中水泥石微裂缝自密封的条件。

超临界 CO_2 环境中水泥石微裂缝渗透率的变化受到动力学反应速率、离子浓度、反应温度、流动速率以及微裂缝尺寸的共同影响，由于目前研究尚不明确流体冲刷携带以及温度作用对微裂缝渗透率的影响规律，导致室内实验结果与理论研究模型存在较大的差别。因此需要综合考虑影响超临界 CO_2 环境中水泥石微裂缝渗透率变化的各项因素，完善动力学反应与冲刷耦合作用下水泥微裂缝渗透率的演化模型，从而提出更为准确的超临界 CO_2 环境中水泥石微裂缝的自密封条件。

参 考 文 献

[1] 柏明星，REINICKE M，艾池，等．二氧化碳地质存储过程中沿井筒渗漏定性分析［J］．地质论评，2013，59(1)：107-112.

[2] WARDA A. Carbonation of cement-based materials: Challenges and opportunities [J]. Constructi Build Mater, 2016, 120: 558-570.

[3] LANGSTON M V, HOADLEY S F and YOUNG D N. Definitive CO_2 flooding response in the SACROC unit [C]. SPE Enhanced Oil Recovery Symposium, Tulsa, Oklahoma, 1988: 1-5.

[4] ASHOK K S, RONALD S. Understanding the long-term chemical and mechanical integrity of cement in a CCS environment [J]. Energy Procedia, 2011, (4): 5243-5250.

[5] BAI M X , ZHANG Z, FU X F. A review on well integrity issues for CO_2 geological storage and enhanced gas recovery [J]. Renewa Sustain Energy Rev, 2016, 59: 920-926.

[6] BENSON S M, COLE D R. CO_2 sequestration in deep sedimentary formations [J]. Elements, 2008, 4 (5): 325-331.

[7] OLDENBURG C M, BRYANT S L and NICOT J P. Certification framework based on effective trapping for geologic carbon sequestration [J]. Int J Greenhouse Gas Control, 2009, 3: 444-457.

[8] GASADA SE, BACHU S and CELIA M A. Spatial characterization of the location of potentially leaky wells penetrating a deep saline aquifer in a mature sedimentary basin [J]. Environ Geol, 2004, 46: 707-720.

[9] GAUS I. Role and impact of CO_2-rock interactions during CO_2 storage in sedimentary rocks [J]. Int J Greenhouse Gas Control, 2010, 4: 73-89.

[10] LECAMPION B, QUESADA D, LOIZZO M, et al. Interface debonding as a controlling mechanism for loss of well integrity: importance for CO_2 injector wells [J]. Energy Procedia, 2011, 4: 5219-5226.

[11] HEEGE J H, ORLIC B and HOEDEMAN G C. Characteristics of mechanical wellbore failure and damage: Insights of discrete element modelling and application to CO_2 storage [C]. 49th US Rock Mechanics / Geomechanics Symposium , San Francisco, USA, 2015: 1-4

[12] CAREY J W. Geochemistry of wellbore integrity in CO_2 sequestration: Portland cement-steel-brine-CO_2 interactions [J]. Rev Mineral Geochem, 2013, 77: 505-539.

[13] BAI M X, SUN J P, SONG K P, et al. Risk assessment of abandoned wells affected by CO_2. Environ Earth Sci, 2015, 73(11): 6827-6837.

[14] 孔祥明，卢子臣，张朝阳．水泥水化机理及聚合物外加剂对水泥水化影响的研究进展［J］．硅酸盐学报，2017，45(2)：274-281.

[15] RUNAR N, SAEED S and ROBERT G L. Effect of dynamic loading on wellbore leakage for the wabamun area CO_2 sequestration project [C]. Canadian Unconventional Resources Conference, Calgary, Canada, 2011: 1-6.

[16] 姚晓．二氧化碳对油井水泥石的腐蚀及其防护措施［J］．钻井液与完井液，1998，15(1)：8-12.

[17] 张景富，徐明，朱健军，等．二氧化碳对油井水泥石的腐蚀［J］．硅酸盐学报，2007，35(12)：1651-1656.

[18] ABDOULGHAFOUR H, LUQUOT L, GOUZE P. Characterization of the mechanisms controlling the permeability changes of fractured cements flowed through by CO_2 rich brine [J]. Environ Sci Technol, 2013, 47: 10332-10338.

[19] 郑友志，佘朝毅，姚坤全，等．川渝地区含硫气井固井水泥环界面腐蚀机理分析［J］．天然气工业，2011，31(12)：85-89.

[20] GLEN B. Improving wellbore seal integrity in CO_2 injection wells [C]. SPE/IADC Drilling Conference and Exhibition, Amsterdam, Netherlands, 2009: 1-7.

[21] ASHOK K S, REDDY B R, FENG L, et al. Reaction of CO_2 with Portland cement at downhole conditions and the role of pozzolanic supplements [C]. SPE International Symposium on Oilfield Chemistry, Texas, USA, 2009: 1-9.

[22] 侯贵华，卢豹，郜效娇，等．新型低钙水泥的制备及其碳化硬化过程［J］．硅酸盐学报，2016，44(2)：286-291.

[23] 李冠颖，郭俊志，谢其泰，等．二氧化碳储存环境对油井水泥性质影响之研究［J］．岩土力学，2011，32(增2)：346-350.

[24] 周仕明，王立志，杨广国，等．高温环境下 CO_2 腐蚀水泥石规律的实验研究［J］．石油钻探技术，2008，36(6)：9-13.

[25] 郭建华．高温高压高含硫气井井筒完整性评价技术研究与应用［D］．成都：西南石油大学，2013.

[26] WIGAND M, KASZUBA J P, CAREY J W, et al. Geochemical effects of CO_2 sequestration on fractured wellbore cement at the cement/caprock interface [J]. Chem Geol, 2009, 265: 122-133.

[27] NICOLAS J, JACQUES P, VINCENT L, et al. Armouring of well cement in H_2S-CO_2 saturated brine by calcite coating-experiments and numerical modeling [J]. Applied Geochemistry, 2012, 27: 782-795.

[28] HUET B, TASOTI V and KHALFALLAH I. A review of Portland cement carbonation mechanisms in CO_2 rich [J]. Energy Procedia, 2011, 4: 5275-5282.

[29] KIM T, LEE H K, KIM G D, et al. Analysis on the chemical and mechanical stability of the grouting cement for CO_2 injection well [J]. Energy Procedia, 2013, 37: 5702-5709.

[30] 严思明，戴珍珍，裴贵彬，等．气态二氧化碳对气井固井水泥石的腐蚀分析［J］．天然气工业，2010，30(9)：55-59.

[31] CONNELL L, DAVID D, MENG L, et al. An investigation into the integrity of wellbore cement in CO_2 storage wells: Core flooding experiments and simulations [J]. Int J Greenhouse Gas Control, 2015, 37: 24-420.

[32] KUTCHKO B G, STRAZISAR B R, LOWRY D A, et al. Degradation of well cement by CO_2 under geologic sequestration conditions [J]. Environ Sci Technol, 2007, 41: 4787-4792.

[33] JAMES C W, STEVEN J B, RICHARD M, et al. Fully coupled modeling of long term cement well seal stability in the presence of CO_2 [J]. Energy Procedia, 2011, 4: 5162-5169.

[34] LAURE D, MATTEO L, BRUNO H, et al. Stability of a leakage pathway in a cemented annulus [J]. Energy Procedia, 2011, 4: 5283-5290.

[35] MASON H E, FRANE D, WALSH W L, et al. Chemical and mechanical properties of wellbore cement altered by CO_2-rich brine using a multianalytical approach [J]. Environ Sci Technol, 2013, 47 (3): 1745-1752.

[36] ZHANG L W, DAVID A D, DAVID V N, et al. Rate of H_2S and CO_2 attack on pozzolan-amended class H well cement under geologic sequestration conditions [J]. Int J Greenhouse Gas Control, 2012, 27: 299-308.

[37] KUTCHKO B G, STRAZISAR B R, LOWRY G V, et al. Rate of CO_2 attack on hydrated class H well cement under geologic sequestration conditions [J]. Environ Sci Technol, 2008, 42: 6237-6242.

[38] BARLET G V, RIMMELE G, GOFFE B, et al. Mitigation strategies for the risk of CO_2 migration through wellbores [C]. IADC/SPE Drilling Conference, Florida, USA, 2006: 1-17.

[39] HOUST YF, WITTMANN F H. Depth profiles of carbonates formed during natural carbonation [J]. Cem Concr Res, 2002, 32: 1923-1930.

[40] GUIGLIA M, TALIANO M. Comparison of carbonation depths measured on in field exposed existing strctures with predictions made using fib-model code [J]. Cem Concr Res, 2013, 38: 92-108.

[41] SIRIWARDENA D P, PEETHAMPARAN S. Quantification of CO_2 sequestration capacity and carbonation rate of alkaline industrial byproducts [J]. Construc Build Mater, 2015, 91: 216-224.

[42] ZHANG L, DZOMBAK D A, NAKLES D V, et al. Characterization of Pozzolan-amended wellbore cement exposed to CO_2 and H_2S gas mixtures under geologic carbon storage conditions [J]. Int J Greenhouse Gas Control, 2013, 19: 358-368.

[43] FABBRI A, JACQUEMET N, SEYEDI D. A chemo-mechanical model of oil well cement carbonation under CO_2 geological storage conditions [J]. Cem Concr Res, 2012, 42 (1): 8-19.

[44] LI Q Y, YUN M L, KATHARINE M F, et al. Chemical reactions of portland cement with aqueous CO_2 and their impacts on cement's mechanical properties under geologic CO_2 sequestration conditions [J]. Environ Sci Technol, 2015, 49: 6335-6343.

[45] MUSTAFA H O, MILEVA R. An experimental study of the effect of CO_2 rich brine on artificially fractured well-cement [J]. Cement & Concr Compos, 2014, 45: 201-208.

[46] JOSE C, KOOROSH A. Experimental study of stability and integrity of cement in wellbore used for CO_2 storage [J]. Energy Procedia, 2009, (1): 3633-3640.

[47] STUART D C W, WYATT L D F, MASON H E, et al. Permeability of Wellbore-Cement Fractures Following Degradation by Carbonated Brine [J]. Rock Mech Rock Eng, 2013, 46: 455-464.

[48] 冯福平，艾池，杨丰宇，等. 偏心环空层流顶替滞留层边界位置研究 [J]. 石油学报，2010，31(5)：859-862.

[49] 郭辛阳，步玉环，沈忠厚，等. 井下复杂温度条件对固井界面胶结强度的影响 [J]. 石油学报，2010，31(5)：834-837.

[50] 顾军，李新宏，先花，等. 油井水泥浆与多功能钻井液泥饼界面离子扩散阻碍机理 [J]. 石油学报，2013，34(2)：359-364.

[51] JENA J, PAUL S, HAMIDREZA R, et al. Modeling of the induced chemo-mechanical stress through porous cement mortar subjected to CO_2: Enhanced micro-dilatation theory and ^{14}C-PMMA method [J]. Comput Mater Sci, 2013, 69: 466-480.

[52] TIMOTHEUS K T W, SUZANNE J T H and CHRISTOPHER J S. Effect of CO_2-induced reactions on the mechanical behaviour of fractured wellbore cement [J]. Geomech Energy Environ, 2016, 7: 26-46.

[53] CLAUS K, LYKOURGOS S, PETER F, et al. Cement self-healing as a result of CO_2 leakage [J]. Energy Procedia, 2016, 86: 342-351.

[54] CAREYA J W, MARCUS W, STEVE J C, et al. Analysis and performance of oil well cement with 30 years

of CO_2 exposure from the SACROC Unit [J]. Int J Greenhouse Gas Control, 2007: 75-85.

[55] MASON H E , FRANE D, WALSH W L, et al. Chemical and mechanical properties of wellbore cement altered by CO_2-rich brine using a multianalytical approach [J]. Environ Sci Technol, 2013, 47: 1745-1752.

[56] NEWELL D L, CAREY J W. Experimental evaluation of wellbore integrity along the cement- rock boundary [J]. Environ Sci Technol, 2013, 47: 276-282.

[57] WALSH S D C, MASON H E, FRANE D, et al. Experimental calibration of a numerical model describing the alteration of cement/caprock interfaces by carbonated brine [J]. Int J Greenhouse Gas Control, 2014, 22: 176-188.

[58] CAO P, KARPYN Z T and LI L. Dynamic alterations in wellbore cement integrity due to geochemical reactions in CO_2-rich environments [J]. Water Resour Res, 2013, 49: 4465-4475.

[59] CAO P, KARPYN Z T and LI L. The role of host rock properties in determining potential CO_2 migration pathways [J]. Int J Greenhouse Gas Control, 2016, 45: 18-26.

[60] LUQUOT L, ABDOULGHAFOUR H, GOUZE P. Hydro-dynamically controlled alteration of fractured Portland cements flowed by CO_2-rich brine [J]. Int J Greenhouse Gas Control, 2013, 16: 167-179.

[61] HUERTA N J, HESSE M A, BRYANT S L, et al. Experimental evidence for self-limiting reactive flow through a fractured cement core: implications for time- dependent wellbore leakage [J]. Environ Sci Techno, 2013, 47: 269-275.

[62] BACHU S, BENNION D B. Experimental assessment of brine and/or CO_2 leakage through well cements at reservoir conditions [J]. Int J Greenhouse Gas Control, 2009: 494-501.

[63] ABDOULGHAFOUR H, GOUZEA P, LUQUOT L, et al. Characterization and modeling of the alteration of fractured class-G Portland cement during flow of CO_2-rich brine [J]. Int J Greenhouse Gas Control, 2016, 48: 155-170.

[64] HUERTA N J, HESSE M A, BRYANT S L, et al. Reactive transport of CO_2-saturated water in a cement fracture: application to wellbore leakage during geologic CO_2 storage [J]. Int J Greenhouse Gas Control, 2016, 44: 276-289.

[65] FABBRI A, JACQUEMET N, SEYEDI D M. A chemo-poromechanical model of oilwell cement carbonation under CO_2 geological storage conditions [J]. Cem Concr Res, 2012, 42: 8-19.

[66] BRUNET J P L, LI L, ZULEIMA T K, et al. Dynamic evolution of cement composition and transport properties under conditions relevant to geological carbon sequestration [J]. Energy Fuels, 2013, 27: 4208-4220.

[67] GABRIELA D, JORDI C, SALVADOR G, et al. Efficiency of magnesium hydroxide as engineering seal in the geological sequestration of CO_2 [J]. Int J Greenhouse Gas Control, 2016, 48: 171-185.

[68] ZHANG L W, DAVID A D, DAVID V N, et al. Reactive transport modeling of interactions between acid gas (CO_2+H_2S) and Pozzolan-amended wellbore cement under geologic carbon sequestration conditions [J]. Energy Fuels, 2013, 27: 6921-6937.

[69] BRUNET J P L, LI L, ZULEIMA T K, et al. Fracture opening or self -sealing: Critical residence time as a unifying parameter for cement-CO_2-brine interactions [J]. Int J Greenhouse Gas Control, 2016, 47: 25-37.

[70] TIMOTHEUS K T W, COLIN J P, AMIR R, et al. Reactive transport of CO_2-rich fluids in simulated wellbore interfaces: Flow-through experiments on the 1-6 m length scale [J]. Int J Greenhouse Gas Control, 2016, 54: 96-116.

[71] AMIR R, NICK H M, WOLTERBEEK K T, et al. Pore-scale modeling of reactive transport in wellbore cement under CO_2 storage conditions [J]. Int J Greenhouse Gas Control, 2012, 11: S67-S77.

Effects of temperature on polarity reversal of under deposit corrosion of mild steel in Oilfield produced water

Yu-Le Wu[1] De-Ping Zhang[2] Guang-Yi Cai[1]
Xin-Xin Zhang[1] Ze-Hua Dong[1]

(1. Hubei Key Laboratory of Material Chemistry and Service Failure, School of Chemistry and Chemical Engineering, Huazhong University of Science and Technology (HUST);
2. Production Technology Research Institute of Jilin Oilfield of Petro China)

Abstract: Under-deposit corrosion (UDC) is one of the main factors leading to perforation or leakage of gathering pipeline in oilfield. In this paper, galvanic corrosion of mild steel under $CaCO_3$ deposit was investigated by using wire beam electrodes (WBE) in the oilfield-produced water. It was found that the galvanic polarity could be reversed due to the formation of dense $FeCO_3$ crystal on deposit-covered wire electrodes. Potential and galvanic mappings indicated that, the wire electrodes covered by $CaCO_3$ deposit mainly acted as anode while the rest bare wire electrodes acted as cathode at the beginning of corrosion, causing apparent UDC. However, the deposit-covered electrodes were finally transformed from anode to cathode along with the bare electrodes from cathode to anode, indicative of intensive galvanic polarity reversal, and the deposit-covered electrodes saw higher anodic current than the bare ones. It is supposed that $FeCO_3$ corrosion products could fill into the deposit layer and form a physical diffusion barrier to block the transportation of aggressive ions from the bulk solution to the metal substrate.

Keywords: under-deposit corrosion; polarity reversal; electrochemical mapping; diffusion barrier

1 Introduction

The corrosion under scale, also known as under deposit corrosion (UDC), is a main kind of localized corrosion occurring on the inner surface of steel pipes or containers. UDC is recognized to be one of the significant integrity risk in the transmission and distribution industry of oil and gas[1]. The mineral solids such as sands and carbonates accumulate at the bottom of the pipelines owing to insufficient fluid flow rate or logjam during power-off[2]. If there is a difference in oxygen concentration or pH across the deposit layer, a serious galvanic corrosion cell may form between the deposit-covered region and the bare region, resulting in failure and perforation of pipelines[3-4], even causing serious accidents and environmental pollutions.

Recently, many studies aimed at the simulation of UDC by using mixed solids deposits adhered to metal electrodes[5-8], and some researchers investigated the impact of certain inhibitors on UDC[9-13], ending up revealing that most inhibitors cannot penetrate into deposit and even worsen the galvanic corrosion effect. Unfortunately, it is difficult to simulate the oilfield UDC condition where solids deposited tightly bonded on the inner wall of pipes, while the deposits formed in labs usually lack of strong adhesion to metal surface[14-17]. Barneys studied the deposits formed naturally on metal surfaces, and found that the deposits showed a stronger bonding strength to the metal matrix[18-24]. Furthermore, in some oil and gas gathering pipelines with a long length of several thousand kilometres, calcium deposits formed by changes in local temperature and pH value cover a main part of the solid deposits[25], which tend to form in cathodic protection (CP) sectors of pipelines[26], and its formation mechanism and influencing factors have also been studied extensively[27-31]. A mathematical model of $CaCO_3$ growth on electrode based on the first principle was used to explain these factors affecting the deposit process at molecular level[32-33]. However, the corrosion problem caused by the formation of the scale has not been considered. S. M Hoseinieh et al. [34-35] used potentiostatic polarization to grow in-situ calcareous scales on the metal, and proposed a new way to evaluate localized corrosion effect of UDC in seawater based on electrochemical impedance spectroscopy (EIS) and electrochemical noise (EN) mapping.

Most conventional electrochemical methods, including linear polarization resistance (LPR), electrochemical impedance spectroscopy (EIS) or Tafel polarization[36-37], often failed to give information about the initiation and propagation of pit corrosion. It's worth noting that, a wire beam electrode (WBE) (also named as arrayed electrode) based technique has been proven suitable to evaluate both galvanic and localized corrosion of UDC. Zhang et al. [38] studied the corrosion evolution behaviours under the mixture of sands, clays, and corrosion products at different temperatures by a 10×10 WBE, and revealed that the bare regions act as cathode while the deposit-covered regions act as anode suffering from severe localized corrosion. Currently, the combination of WBE technique and EIS, Tafel polarization and electrochemical noise measurement, is becoming more and more important for characterization of localized corrosion thanks to their convenience and accuracy on measuring the potential, galvanic and impedance difference between electrodes[39-41].

In this work, calcareous deposit layer was in-situ grown on the surface of cylindrical electrodes and partial electrodes in a WBE by cathodic polarization, aiming to simulate the calcareous scale formed in gathering pipeline due to cathodic alkalisation effect. In addition, a local potential, current and impedance mapping technique was employed to study the evolution of galvanic corrosion between the deposit-covered electrodes and the rest bare electrodes at different temperatures.

2 Experimental

2.1 Preparation of wire beam electrodes

A set of wire beam electrodes (WBE) was fabricated from 100 identical wires (1.5mm diameter) of Q235A mild steel with total working area of 1.75cm^2, all wires were arranged regularly as 10×10 array and embedded in epoxy resin with an interval of 0.2mm from one another for electric insulation, which has been described elsewhere by Dong[42]. The WBE was used to map the distribution of potential, current and impedance of wire electrodes during the UDC evolution. The WBE was polished with 400#, 800# and 1000# grit SiC papers and cleaned with deionised water and ethanol. During electrochemical test, all wire terminals in the WBE were together connected so that electrons could move freely among wires to simulate electrochemically a conventional one-piece electrode.

2.2 Scale growth

In order to in-situ grow $CaCO_3$ deposit layer on the surface of WBE, the WBE as working electrode was polarized cathodically in a potentiostatic or galvanostatic mode in a synthetic solution (see the composition in Table 1), where the brine A and brine B contain HCO_3^- and Ca^{2+}, respectively. The brine A and brine B are quickly mixed to obtain 1L of synthetic solution, and then the WBE was put into the mixture and polarized cathodically at −1.0V vs. SCE and $-1.0mA/cm^2$ at 28℃ for different times[40]. Figure 1 shows the schematic of scaling formation due to the cathodic alkalisation on the WBE.

Table1 Chemical compositions of synthetic water, brine A and brine B

Species	NaCl/(g/L)	$CaCl_2$/(g/L)	$NaHCO_3$/(g/L)
Synthetic water	17.20	1.98	1.28
Brine A	17.12	3.96	—
Brine B	17.20	—	2.56

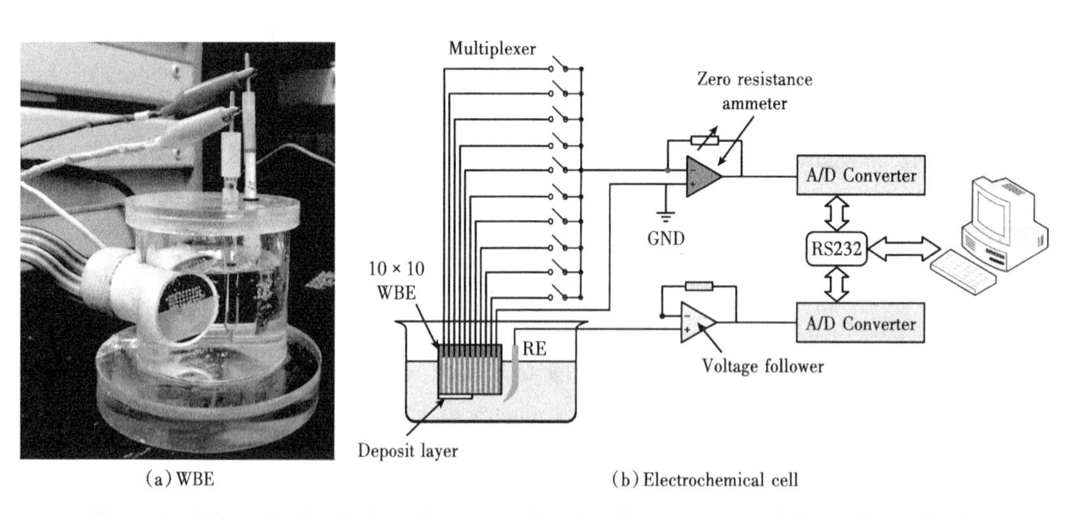

(a) WBE (b) Electrochemical cell

Figure 1 Schematic of cathodic polarization induced scaling on WBE and electrochemical cell

For clarification on the electrochemical difference between the scaling-covered and the bare electrodes, the WBE is equally divided into two parts, with the left part sealed with a vinyl electrical tape to avoid scaling and the right part exposed to solution during cathodic polarization process. Afterwards, the electrical tape was stripped away, and then the whole WBE was dried with cold airflow for latter corrosion test.

2.3 Electrochemical measurements

All corrosion electrochemical tests were carried out in the produced water of Shengli Oilfield of SINOPEC using CS350 electrochemical workstation (CorrTest, China) based on a conventional three-electrode mode. The deposit covered WBE was used as working electrode (WE), with a saturated calomel electrode (SCE) as reference electrode (RE) and a platinum sheet as counter electrode (CE). The produced water was not prior deoxygenated during the electrochemical tests. Tafel polarization curves were conducted in the potential range of −0.3V to +0.3V around open circuit potential (OCP) at a sweeping rate of 0.5mV/s. For EIS measurements, a 10mV vs. OCP sinusoidal perturbation ranging in frequency from 100kHz to 0.01Hz was applied to the WBE, with 10 logarithmic steps per decade. Tafel curves and EIS were analysed by CView2 ® and ZView2 ®, respectively.

The galvanic current between the deposit-covered electrodes and the bare electrodes was monitored by a zero-resistance ammeter module in the electrochemical workstation. To prevent external electromagnetic interference, the whole electrochemical cell was placed in a Faraday cage. The temperature of testing medium was controlled by circulating water from a super incubator.

Potential, current and impedance distributions of WBE were mapped by a multi-electrode switcher attached to the CS350 workstation, in which the potential is the OCP of each wire electrode vs. SCE, and the current is the coupling current between a certain selected wire electrode and all rest wire electrodes. Eventually, the electrochemical impedance mapping was carried out in a single frequency mode with a sinusoidal perturbation of10 mV vs. OCP to a certain wire electrode.

2.4 Surface characterization

The morphology of deposits and corrosion products was characterized by a field-emission scanning electron microscope (FESEM, Sirion 200, FEI, Holland) equipped with Energy Dispersive X-ray(EDX) detector for element analysis. X-Ray photoelectron spectroscopy(XPS) was conducted using AXIS-ULTRA X-Ray photoelectron spectrometer.

3 Results and discussion

3.1 Scaling on mild steel

The galvanostatic and potentiostatic methods were used to grow lime scale on mild steel surfaces in the synthetic water at 28℃, with an applied current density of −1.0mA/cm^2 for 24h or applied potential of −1.0V vs. SCE for 6h. Figure 2 shows the EIS trends of bare electrodes and deposit-covered electrodes by different polarization methods. The impedance of the lime scale formed potentiostatically is higher than that formed galvanostatically. It is seen that the current during potentiostatic polarization decays with time to nearly 0A/cm^2, indicating that the lime scale grown on the mild steel electrode is almost electrically insulated. And this also accounts for the phenomena that only a very thin deposit layer could form during the potentiostatic polarization. On the other hand, the lime sale layer could grow continuously during the galvanostatic polarization, and eventually form a loose and thick $CaCO_3$ scale because the hydrogen bubbles evolution at a higher polarization potential (increasing with time at galvanostatic mode) could generate a large number of porous defects in the scale layer. It is therefore supposed that the scale layer formed under the potentiostatic mode is much denser than that formed under the galvanostatic mode. As for the bare electrode, it is unsurprised to exhibit the lowest impedance value (three orders of magnitude lower than the scale-covered electrodes).

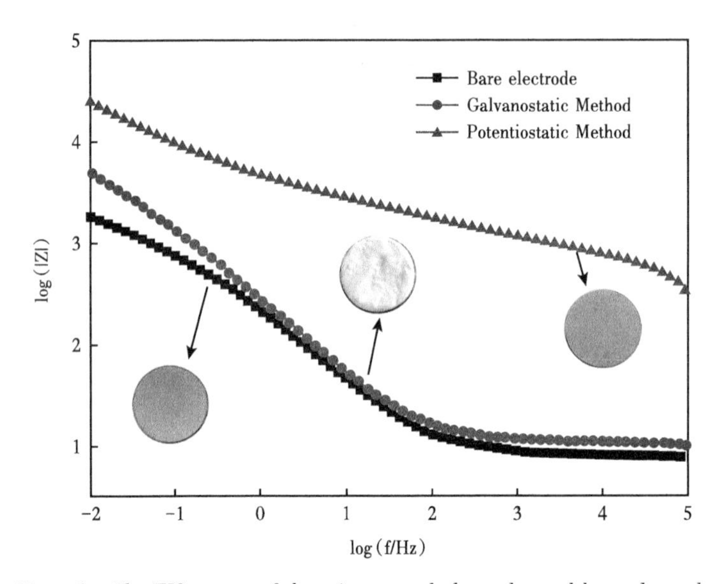

Figure 2 The EIS curves of deposit-covered electrodes and bare electrode

Under cathodic polarization, the surface of the mild steel electrode could be alkalized according to the following reactions:

$$O_2+2H_2O+4e^- \rightarrow 4OH^- \tag{1}$$

$$2H_2O+2e^- \rightarrow H_2+2OH^- \tag{2}$$

Localized alkalization leads to Ca^{2+} deposition on the steel electrode and forms a $CaCO_3$ layer according to the following reactions:

$$OH^- + HCO_3^- \rightarrow H_2O+CO_3^{2-} \tag{3}$$

$$Ca^{2+}+CO_3^{2-} \rightarrow CaCO_3 \downarrow \tag{4}$$

Figure 3 shows the decay curve of cathodic current from the mild steel electrode at constant potential of −1.0V vs. SCE. Initially, the current increases rapidly, revealing that the scale growth is quite fast due to that the scale is rather loose on the electrode surface. When the scale layer becomes increasingly dense on the whole electrode, the cathodic current begins to decay slowly and fades away eventually. Figure 4 shows the SEM morphology of the electrodes covered by limescale, in which the electrode was fully covered by dense and orderly $CaCO_3$ crystals.

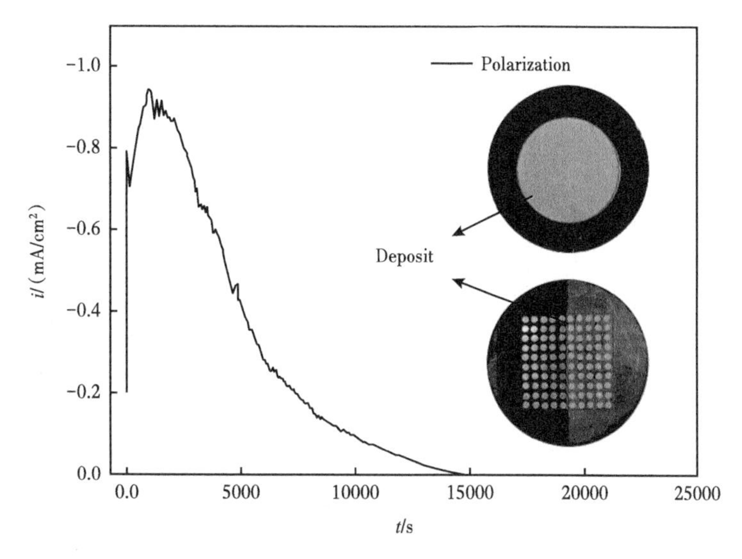

Figure 3 Potentiostatic curve of mild steel electrode at −1.0V vs. SCE in synthetic oilfield produced water at 25°C, and the inset photos showing the limescale growing on the WBE

Figure 4 SEM micrograph of the deposit layer on mild steel electrode

3.2 Potential and current mapping

The localized corrosion behaviours of WBE under deposit were analysed by potential and galvanic mapping methods. Figure 5 shows the distribution evolution with time at 25℃, where a-1, b-1…, f-1 are the potential maps, and a-2, b-2…, f-2 are the current maps. The potential maps reflect the inhomogeneity of UDC, with the galvanic map indicative of the anodic and cathodic regions during the UDC, in which a positive current means the corresponding wire electrode suffer more severe anodic dissolution than the wire electrode with negative current.

As shown in Figure 5, at the early immersion stage, the deposit-covered wire electrodes exhibit the maximum anodic current ($1.070\mu A/cm^2$) with corresponding corrosion potential at −0.6525V. While the bare wire electrodes present somewhat positive potential of −0.5471V, indicating that the deposit-covered electrode act as anode and the bare one as cathode. After 2h,

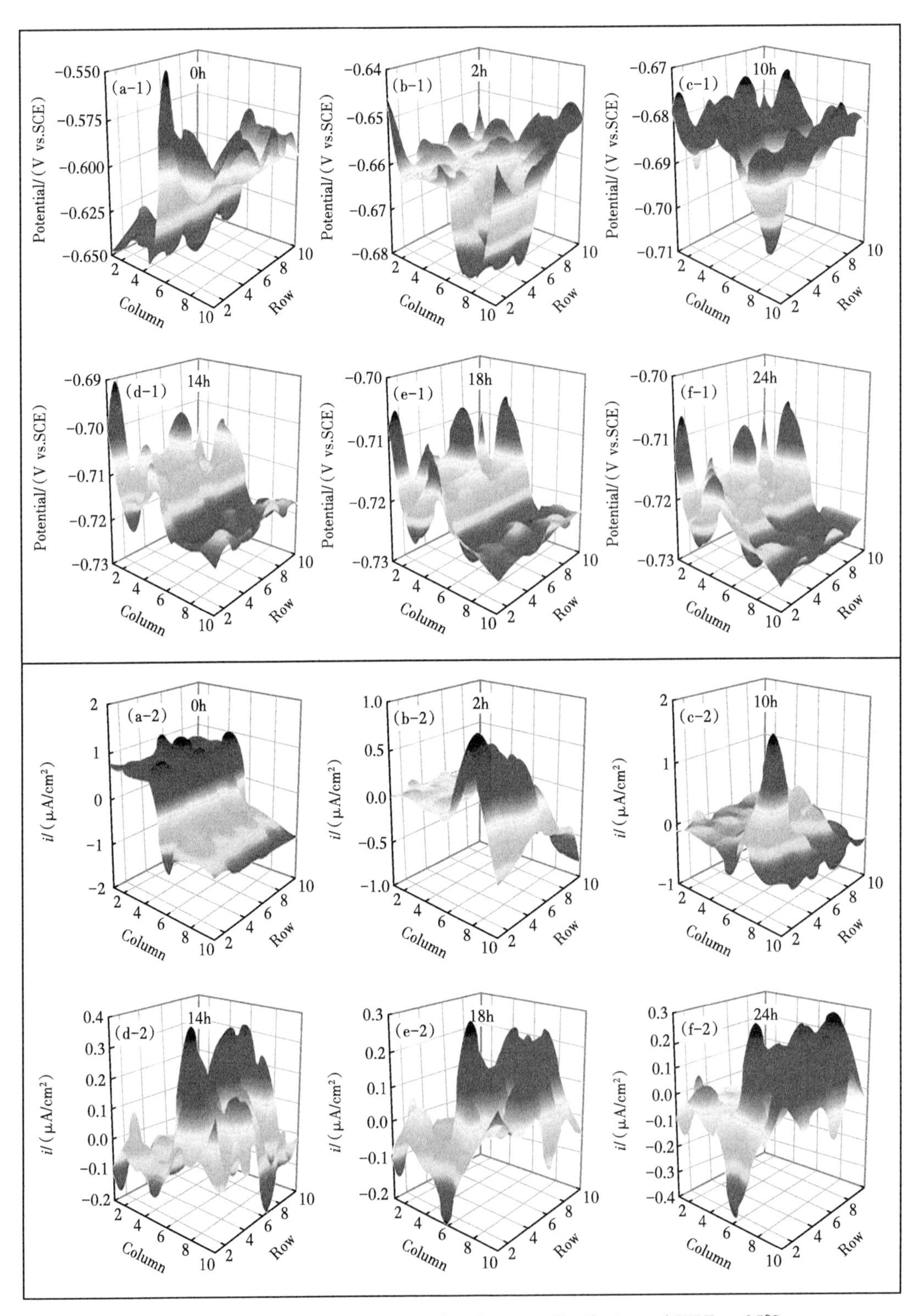

Figure 5 Time dependence of potential and current distributions of WBE at 25℃:
(a) 0h; (b) 2h; (c) 10h; (d) 14h; (e) 18h; (f) 24h

both the maximum anodic peak and cathodic peak emerge on the bare regions of WBE, while the deposit-covered regions become cathodic, indicative of a typical polarity reversal. The anodic region gradually spreads to the entire bare electrodes, meanwhile, the overall potential of the WBE negatively shifts to −0.706V, and the anodic current finally reaches its highest of 0.2640μA/cm^2 in the bare region.

Figure 6 shows the potential and galvanic mappings of the WBE at 40℃. Like the circumstance under 25℃, the deposit-covered electrodes are anode and the bare electrodes are cathode in the beginning. Meanwhile, the maximum anodic current peak of 1.290μA/cm^2 (corresponding to the potential of −0.6990V) emerges on the deposit-covered regions of WBE, while the positive potential of −0.6240V corresponding to the cathodic current emerges on the bare regions. After 2h, both the maximum anodic peak and cathodic peak emerge on the bare electrodes, but the maximum anodic current peak decreases to 0.890μA/cm^2. After 24h, the anode potential of the bare regions shifts negatively to −0.7405V with the corresponding anodic current falling to 0.310μA/cm^2. With the temperature further elevated to 60℃, as shown in Figure 7, the overall potential of WBE declines firstly and then rises continuously. The deposit-covered region on the WBE still act as anode, showing the maximum anodic current peak of 2.460μA/cm^2 and the most positive potential of −0.7880V. Although the bare electrodes act as cathode at the initial stage, the cathodic current decay gradually until a galvanic polarity reversal reached. After 24h, the maximum anodic peak current from the bare electrodes decreases to 0.3480μA/cm^2, which is higher than that at 25℃ and 40℃, indicating that the UDC accelerates with increasing temperature.

By comparing the potential and current distributions of WBE at 25℃, 45℃ and 60 ℃, it can be found that the deposit-covered wire electrodes manifest themselves as more intensive anodic regions than the bare regions because of the apparent occluded cell effect and the differential of dissolved oxygen levels between the deposit-covered region and the bare region. The anodic peak current densities of both the bare and deposit-covered wire electrode rise with increasing temperatures because elevated temperature accelerates the dissolution of wire electrodes. As for the reversal of galvanic polarity, it is possibly attributed to that the limescale layer on the WBE becomes denser, along with more and more $FeCO_3$ or FeOOH corrosion products being crammed in the micropores or gaps inside the limescale. Thus, the compact limescale layer prevents aggressive species (Cl^-, H^+, O_2, etc.) from reaching the steel substrate and inhibiting the UDC of limescale-covered electrode.

Figure 8 shows the optical morphologies of the WBE immersed in the oilfield-produced water for 24h. The bare part of the WBE was covered with yellow-brown loose corrosion products, which increase in amount with elevated temperature, since the bare electrodes suffer more severely. However, there is no observable corrosion product on the deposit-covered electrodes, suggesting that the deposit layer could provide a good protection on the mild matrix.

In order to quantitatively explain the UDC, LP[41] (Localised corrosion Parameter) and LF (Localised Factor) were introduced to evaluate the non-uniformity of corrosion on the WBE, as defined by Eq. (2) and Eq. (3). LP reflects the ratio of the maximum anodic peak current

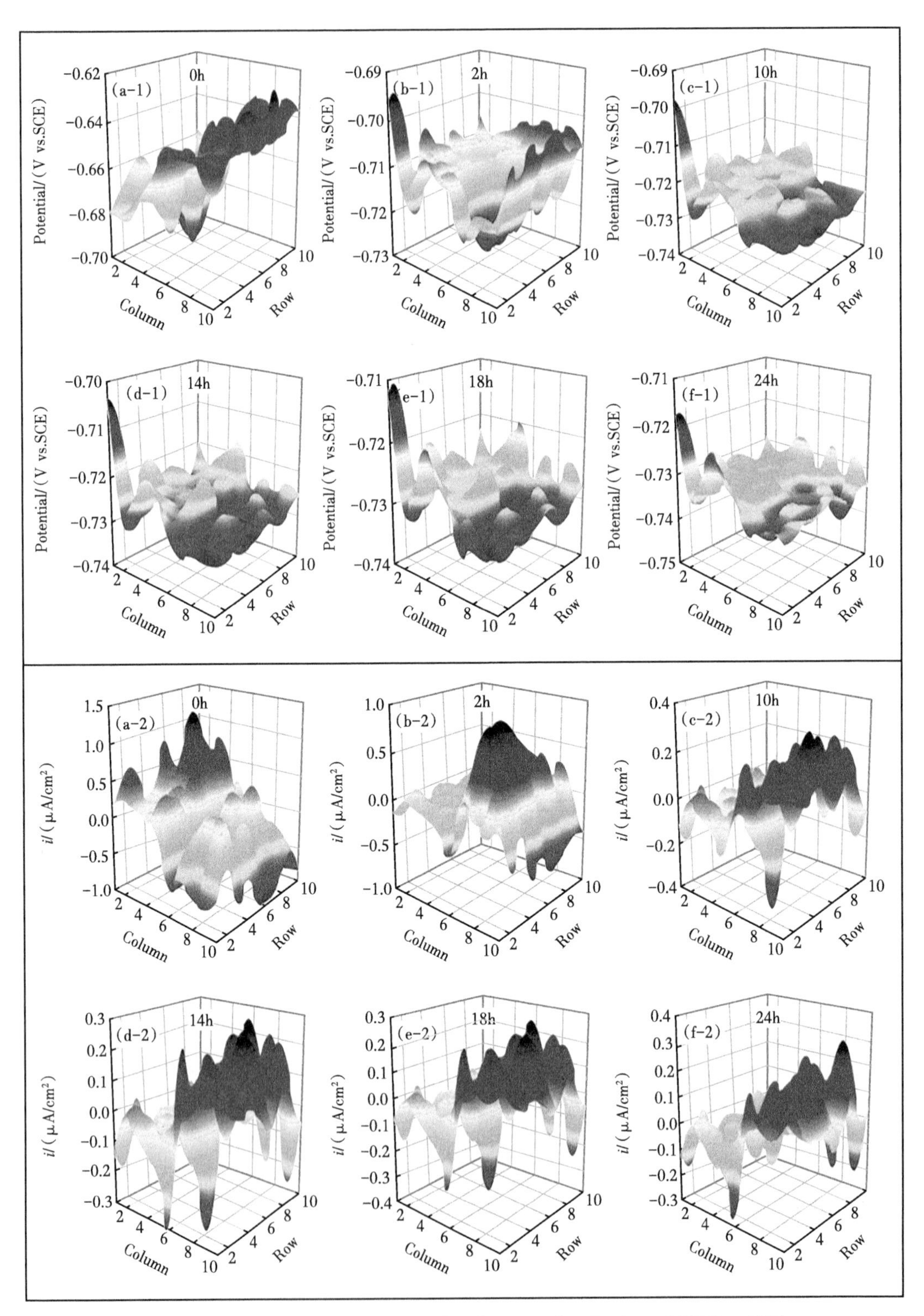

Figure 6 Time dependence of potential and current distributions of WBE at 40℃:
(a) 0h; (b) 2h; (c) 10h; (d) 14h; (e) 18h; (f) 24h

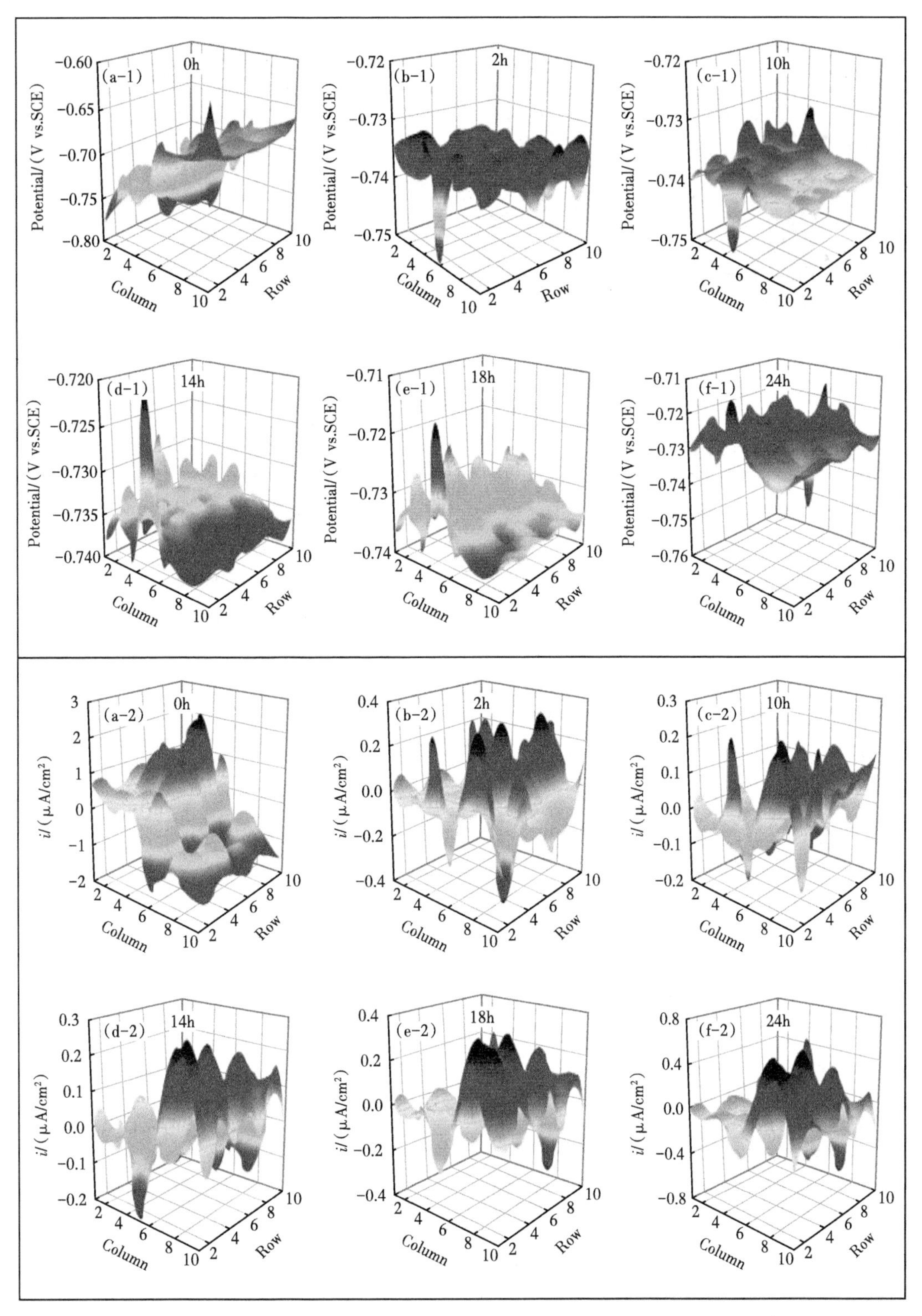

Figure 7 Time dependence of potential and current distributions of WBE at 60℃:
(a) 0h; (b) 2h; (c) 10h; (d) 14h; (e) 18h; (f) 24h

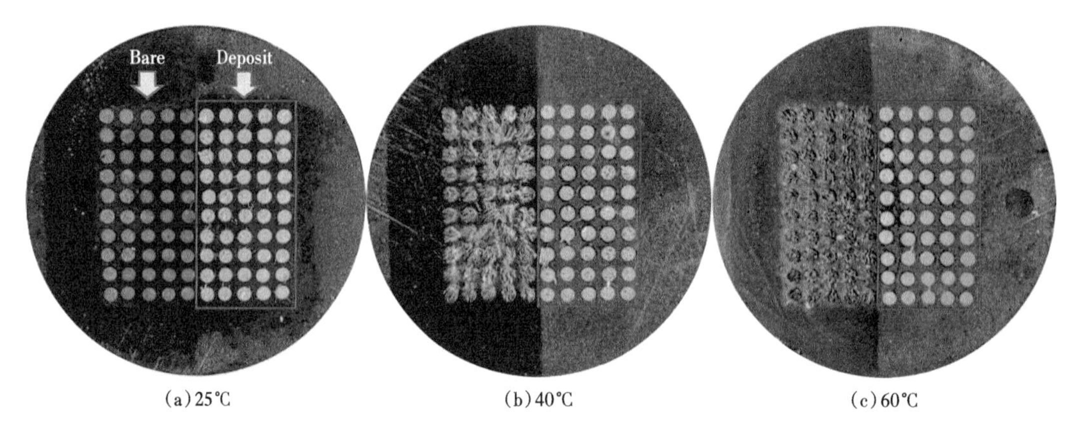

(a) 25℃ (b) 40℃ (c) 60℃

Figure 8 Optical photos of the limescale pre-covered WBE at 25℃、40℃、60℃ after being immersed in oilfield produced water for 24h

(i_{max}) to the average anodic current (i_{ave}). LF reflects the RMS (Root Mean Square) ratio of total anodic current to total cathodic current on the WBE. The higher values of LP and LF are, the more concentrated the anodic region becomes, and the more intensive the localization of UDC is. Figure 9 shows the time dependence of LP and LF. After the 24h immersion at 60℃, the LP reaches its maximum, suggesting a significant difference between the bare and the deposit-covered region on the surface of WBE, while the LF reaches its maximum at 25℃. Compared with the current mapping of WBE, LP seems more consistent with the visual characteristic of UDC.

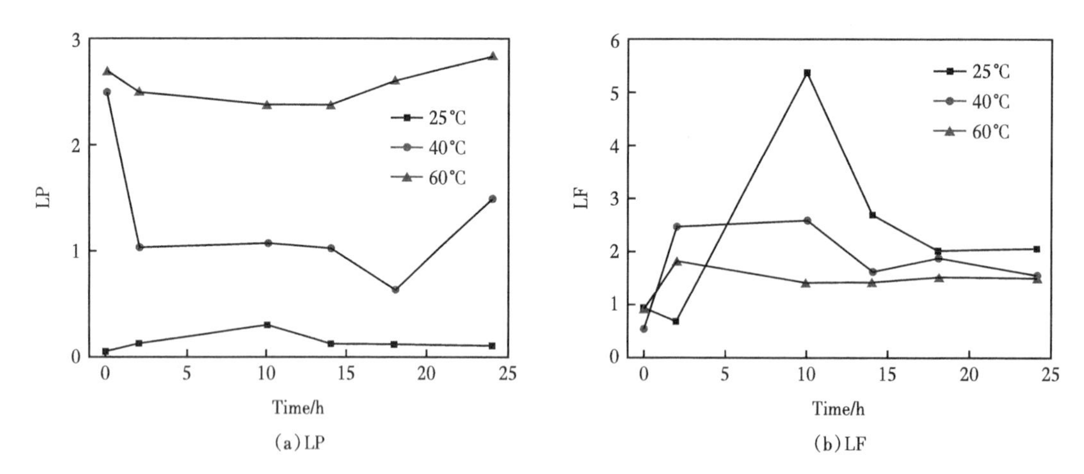

(a) LP (b) LF

Figure 9 Time dependence of two localized corrosion parameters LF and LP of WBE

$$i_{ave} = \sum_{j=1}^{N_a} I_{j,g}/S \tag{1}$$

$$LP = i_{max}/i_{ave} \tag{2}$$

$$LF = \sqrt{\sum_{j=1}^{N_a} (I_{j,g}^{a})^2 / \sum_{i=1}^{N_c} (I_{i,g}^{c})^2 \times \frac{N_c}{N_a}} \tag{3}$$

Where $i_{j,g}$ and S represent the anodic current of the j th single wire electrode and the whole aera of WBE respectively; N_a and N_c represent the total number of electrodes in the anodic and cathodic regions respectively. $I^{a}_{j,g}$ and $I^{c}_{j,g}$ represent the coupling current of any single electrode that belongs to the anodic or the cathodic region on WBE.

3.3 Galvanic corrosion

Figure 10 demonstrates the time dependence of coupling potential and galvanic current from WBE in the produced oilfield water. At the beginning, the deposit-covered electrodes act as anode while the bare electrodes as cathode, and the potential curves [Figure 10(a)] initially drop rapidly and then stabilize gradually. It is worth noting that the potential at 60℃ sees a positive shift at the late stage but the potential at 40℃ keep stable in the period. At 60℃, the corresponding galvanic currents [Figure 10(b)] decreases rapidly from positive to negative and then stabilize around 0, forming a negative current peak ($-19.2\mu A/cm^2$) in the early stage, the negative current means that the deposit covered region on the WBE is cathodic in this test. Compared with the weak peak at 25℃($-0.67\mu A/cm^2$) and the peak ($-8.7\mu A/cm^2$) at 40℃, the peak ($-19.2\mu A/cm^2$) at 60℃ are more noticeable, which illustrates that the reinforced electrochemical difference between the deposit-covered and bare regions due to elevated temperatures can accelerate the initial corrosion of bare electrode after polarity reversal, then the decrease of galvanic current is the result of the lime scale accumulating on the bare electrodes. At 40℃, the coupling potential and galvanic current fluctuate remarkably, which means that localized corrosion becomes more intensive at 40℃ than that at 25℃. With prolonged time, the galvanic polarity reverses [see the curve at 60℃ in Figure 10(b)], along with the galvanic current varying from positive to negative, which suggests that the bare electrodes act as anode and the deposit-covered electrodes act as cathode. In addition, the inclusion of $FeCO_3$ corrosion products into the micropores or gaps in the limescale may densify the deposit layer and prevent further corrosion of the mild steel substrate. This can explain why the galvanic current reduces dramatically at the initial stage, as shown in Figure 10 (b).

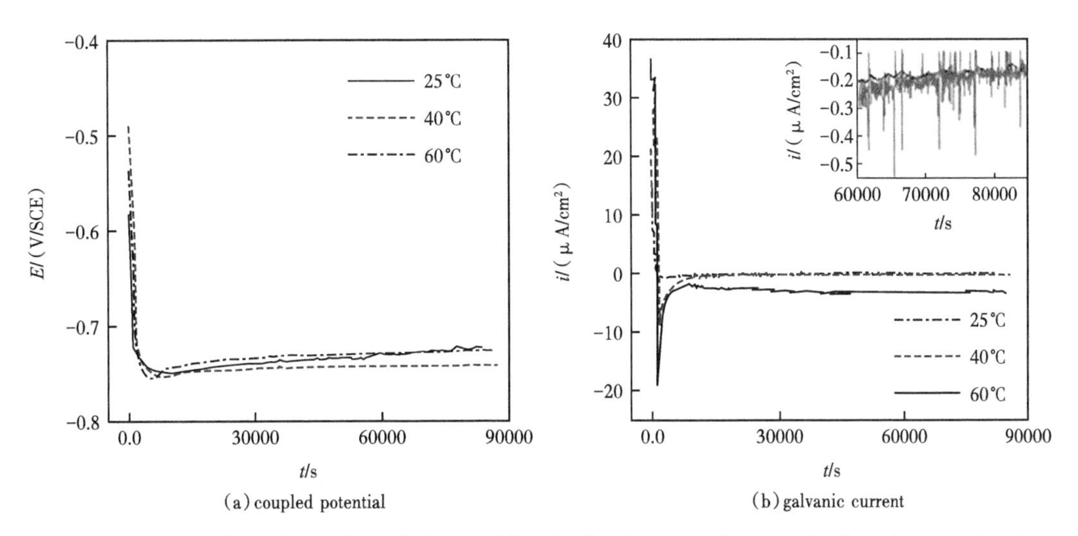

Figure 10 Time dependence of coupled potential and galvanic current between the deposit-covered and bare WBE at different temperatures in Oilfield-produced water

3.4 Characterization of corrosion products

Figure 11 shows the SEM morphologies of the bare electrode and the deposit - covered electrode samples subject to galvanic corrosion for 24h under different temperatures. It can be seen from Figure 11(a, c and d) that there is a loose corrosion products layer with flaky texture on the bare electrode, followed by a layer of granular layer. The amount of granular corrosion products rises with increasing temperature. The corresponding EDX analysis about the distribution of Fe, C and O elements on the electrode can be referred to Figure 12, which indicates that the whole electrode surface is covered with similar corrosion products at different temperatures.

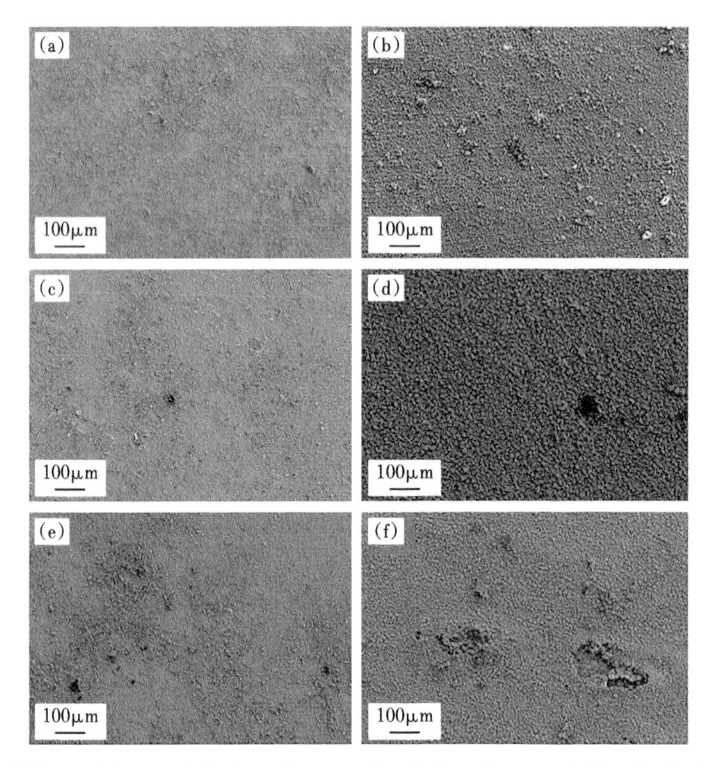

Figure 11 SEM morphologies of the bare (a, c, e) and deposit-covered (b, d, f) electrodes after galvanic corrosion at different temperatures: (a, b) 25℃; (c, d) 40℃; (e, f) 60℃

Figure 13 shows the XRD patterns of the corrosion products of the bare electrode and the deposit-covered electrode subject to the galvanic corrosion under different temperatures. At 25℃, the corrosion products on the deposit-covered electrode are mainly composed of crystalline $FeCO_3$. But the corrosion products on the bare electrode are element Fe almost without any existence of crystalline $FeCO_3$, which has been demonstrated in previous experiments by Zhang[4]. With increasing temperature, the crystallinity of $FeCO_3$ on the surface of the bare electrode is enhanced, but the crystallinity of $FeCO_3$ on the deposit - covered electrode seems irrelevant to the temperature. In addition, figure 13(a) shows the XRD patterns of corrosion products at different temperatures, it seems that the corrosion products are crystallographic $FeCO_3$ at 40℃ and 60℃ and amorphous $FeCO_3$ at 25℃.

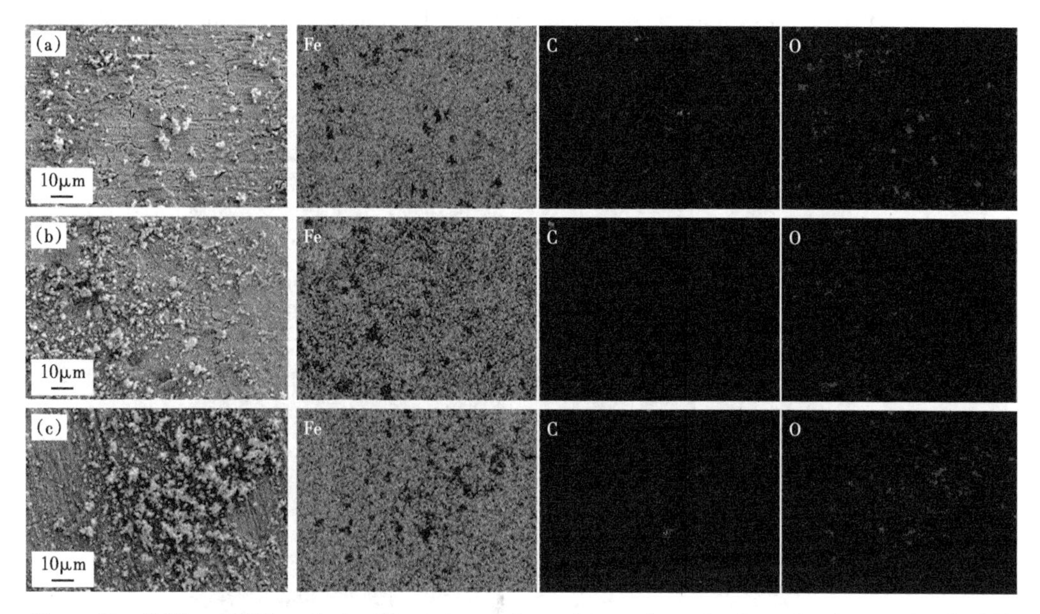

Figure 12 SEM and EDS analysis of corrosion products of bare electrode after galvanic corrosion for 24h at different temperatures: (a) 25℃; (b) 40℃; (c) 60℃

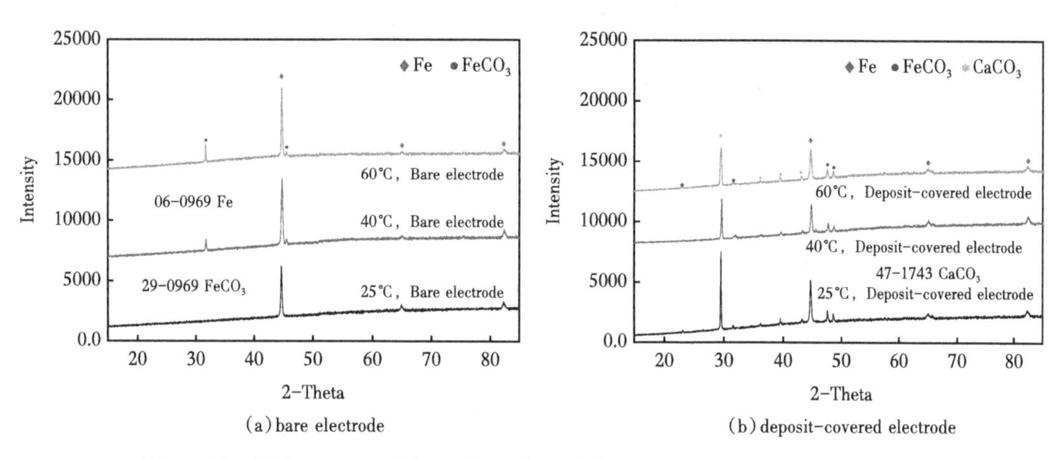

Figure 13 XRD patterns of bare electrode and deposit-covered electrode after 24h galvanic corrosion at different temperatures

From Figure 11 (b, d and f), there are many obvious pores on the deposit-covered electrode, and the pore size increases with rising temperature. Further observation reveals that the deposit layer becomes smoother (Figure 14), which results in the denser corrosion products compared to the bare electrode (Figure 12). EDS and XRD [Figure 13(b)] shows that the corrosion products are mainly $FeCO_3$ inside the micropores of the limescale, and the $FeCO_3$ corrosion products are surrounded by a layer of $CaCO_3$. At 60℃, it can be clearly seen that the corrosion product is divided into two layers, the outer layer is full of cracks, and the inner layer is very dense, providing a certain protection for the electrode beneath it, which is similar to the report by Wei[19]. Figure 15 shows the profiles of the deposit-covered electrode subject to 24 h galvanic corrosion at various temperatures, demonstrating that the deposit-covered electrode was attacked more severely with the rising temperatures. This may prove that limescale covered electrodes suffered indeed corrosion even before polarity reversal.

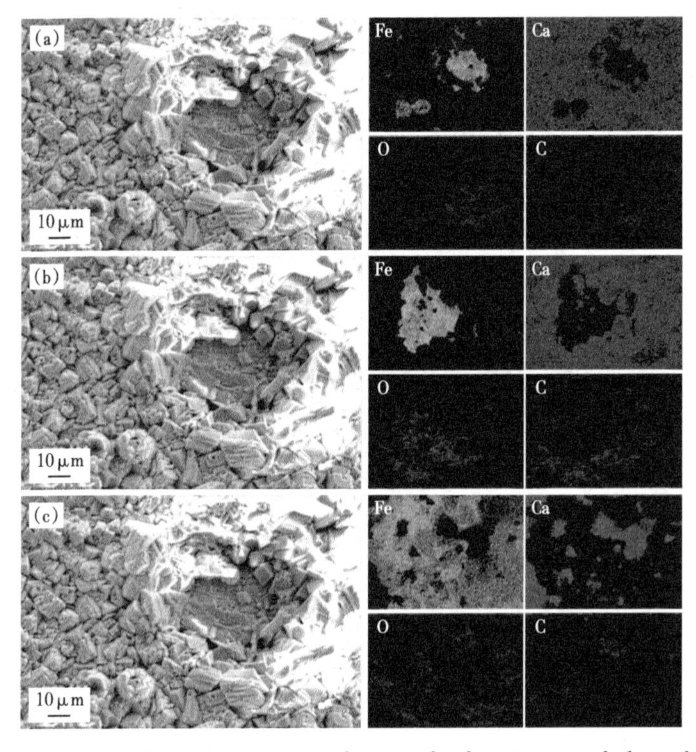

Figure 14 SEM and EDS analysis of corrosion products on the deposit-covered electrodes after galvanic corrosion at different temperatures: (a) 25℃; (b) 40℃; (c) 60℃

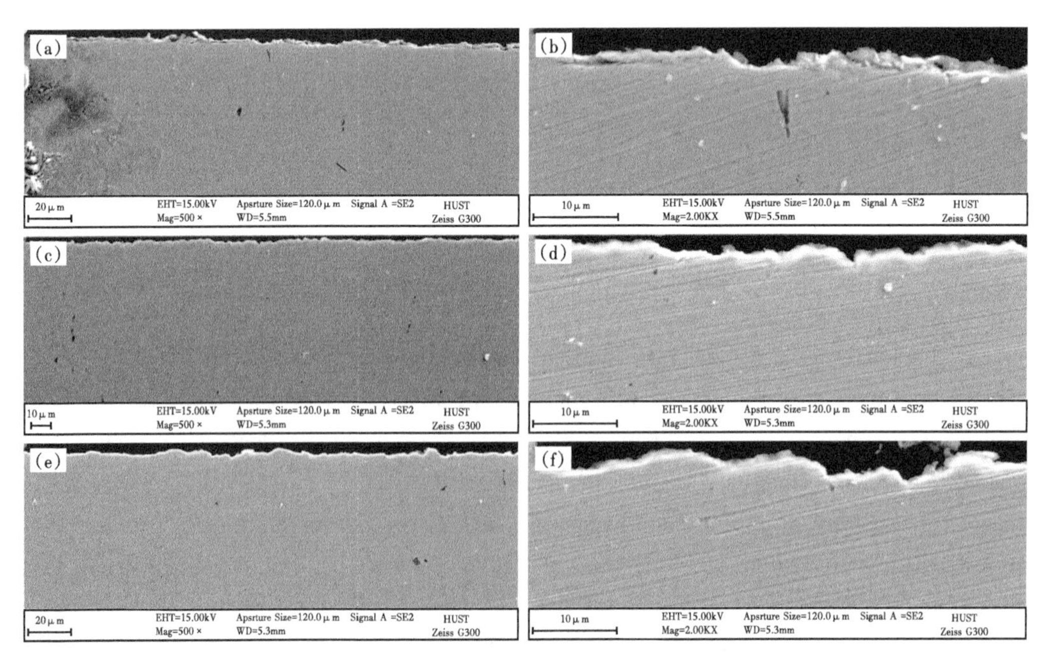

Figure 15 Corrosion profiles of deposit-covered electrodes after galvanic corrosion at different temperatures: (a) 25℃; (b) 40℃; (c) 60℃

3.5 Tafel polarization tests

Figure 16 shows Tafel polarization curves of the bare electrode and the deposit - covered electrode subject to 24h galvanic corrosion at different temperatures. It is demonstrated that the

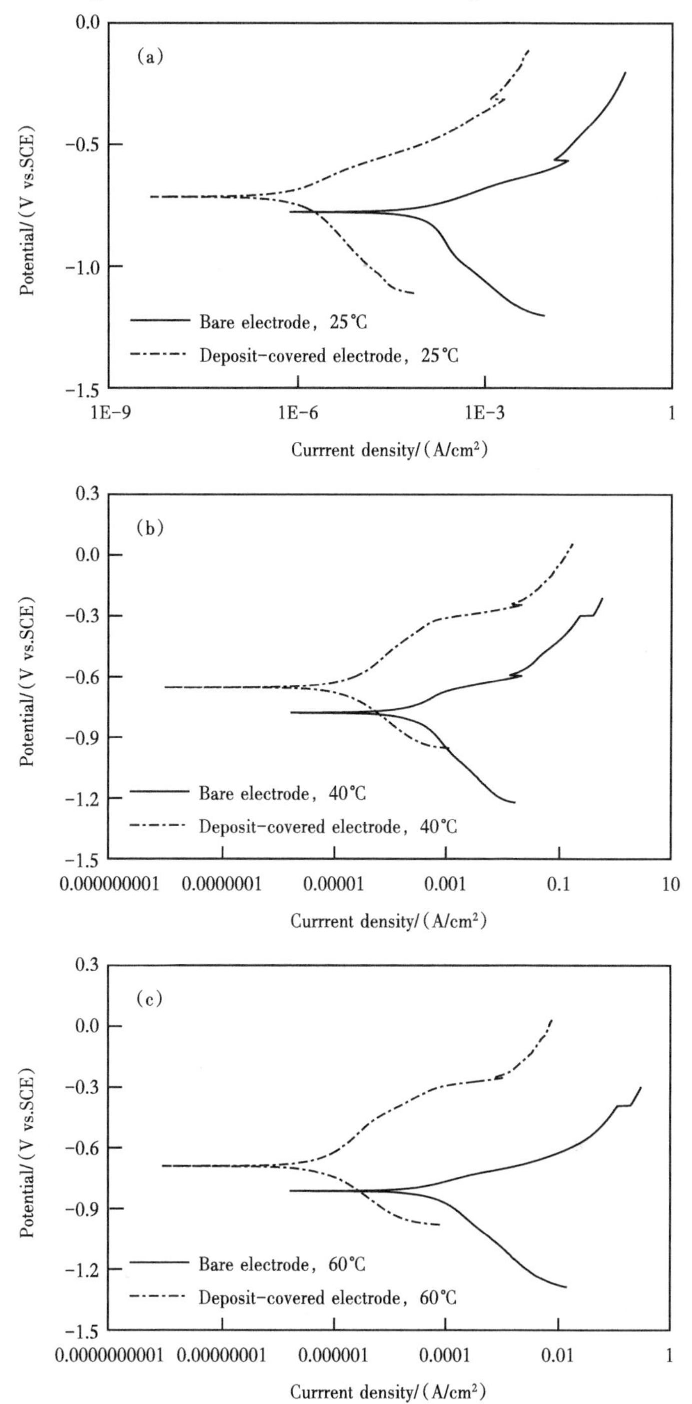

Figure 16 Tafel polarization curves of bare electrode and deposited electrode after 24h galvanic corrosion at different temperatures: (a) 25℃; (b) 40℃; (c) 60℃

corrosion potential of the deposit – covered electrode is more positive than that of the bare electrode, so the deposit–covered electrode acts as cathode while the bare electrode acts as anode at the late stage of corrosion. A pseudo–passivation behaviour[38] is visible on the anodic Tafel region of the deposit–covered electrode at 40℃, and it becomes more remarkable with the elevated temperature, which could be resulted by the fact that the micropores or crevices inside the deposit layer get filled by the corrosion products, forming a dense barrier retarding the anodic process. Table 2 shows the kinetic parameters of Tafel curves, it can be seen that the corrosion current density of the deposit – covered electrode is significantly lower than that of the bare electrode, which suggests that the densified deposit layer indeed forms a promising corrosion barrier for the mild steel electrodes.

Table 2 Fitting results of Tafel parameters for polarization curves

Samples	b_a/mV	b_c/mV	i_{cor}/(A/cm^2)	E_{cor}/V	Corrosion Rate/(mm/a)
Bare electrode, 25℃	122.63	233.49	1.2603×10^{-5}	−0.77601	0.14997
Under–deposit electrode, 25℃	266.73	401.09	2.0367×10^{-7}	−0.71324	0.0023893
Bare electrode, 40℃	94.099	388.42	1.1499×10^{-5}	−0.78528	0.1349
Under–deposit electrode, 40℃	226.72	234.82	1.8101×10^{-7}	−0.75094	0.0021235
Bare electrode, 60℃	77.49	172.68	3.5875×10^{-6}	−0.80627	0.042086
Under–deposit electrode, 60℃	326.93	230.14	9.3908×10^{-8}	−0.78448	0.0011017

b_a, b_c: Tafel slope of anodic and cathodic curves, i_{cor}: corrosion current density, E_{cor}: corrosion potential

3.6 Electrochemical resistance spectra (EIS) measurement

Figure 17 summarizes the bode plots of the bare electrode and the deposit–covered electrode, with an equivalent circuit (EC) model for fitting of the EIS illustrated in Figure 18. According to the impedance modulus vs. frequency curves, the corrosion resistance of the deposit – covered electrode seems much higher than that of the bare electrode. The EC can be denoted as R_s ($CPE_{scale}R_{scale}$)($CPE_{dl}R_{ct}$) according to the curves of the angle phase vs. frequency, suggesting there are two semicircles in the EIS. The semicircle at the high–frequency region is related to the deposit layer and another semicircle at the low–frequency region is related to the electrochemical corrosion process of mild steel electrode. Table 3 shows the fitting result of EC, and the R_{ct} of the deposit–covered electrode is higher than that of bare electrode, indicating that the $CaCO_3$ and $FeCO_3$ mixing deposit could provide promising corrosion barrier for the mild steel substrate.

Table 3 Fitting results of EIS of mild steel electrodes at different conditions

Samples	R_s/ (Ω · cm^2)	CPE_{scale}–T/ (F · cm^{-2} · Hz^{1-n})	CPE_{scale} –P	R_{scale}/ (Ω · cm^2)	CPE_{dl}–T/ (F · cm^{-2} · Hz^{1-n})	CPE_{dl} P	R_{dl}/ (Ω · cm^2)
Bare 25℃	6.57	2.69×10^{-3}	0.61	15.82	2.53×10^{-5}	0.68	284.0
Under–deposit, 25℃	5.09	3.80×10^{-5}	0.30	859	1.48×10^{-3}	0.55	1.21×10^4
Bare, 40℃	3.60	1.49×10^{-3}	0.69	22.25	3.95×10^{-3}	0.86	207.2
Under–deposit, 40℃	4.70	4.73×10^{-8}	0.82	1237	1.13×10^{-4}	0.41	3.19×10^4
Bare, 60℃	3.59	4.15×10^{-4}	0.79	38.76	1.08×10^{-3}	0.58	273.0
Under–deposit, 60℃	4.75	5.83×10^{-6}	0.55	2002	1.61×10^{-4}	0.40	1.11×10^5

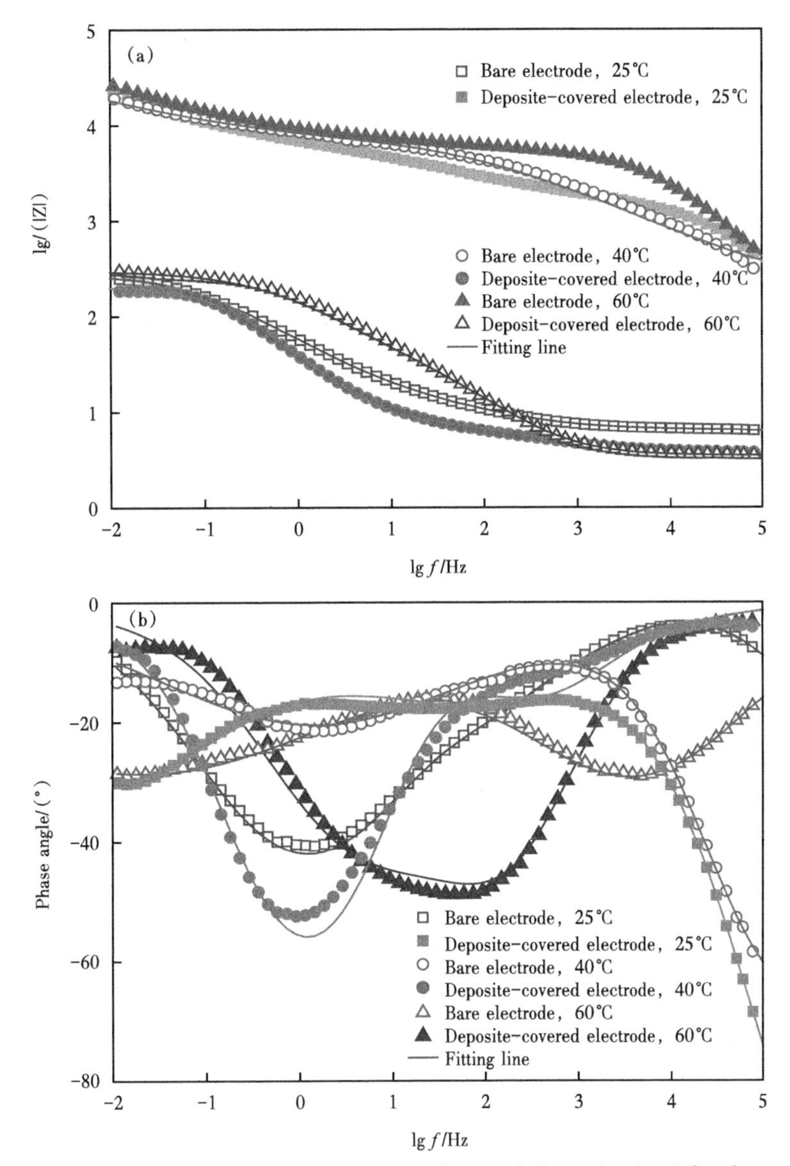

Figure 17 Bode plots of bare electrode and deposited electrode after 24h galvanic corrosion at different temperatures

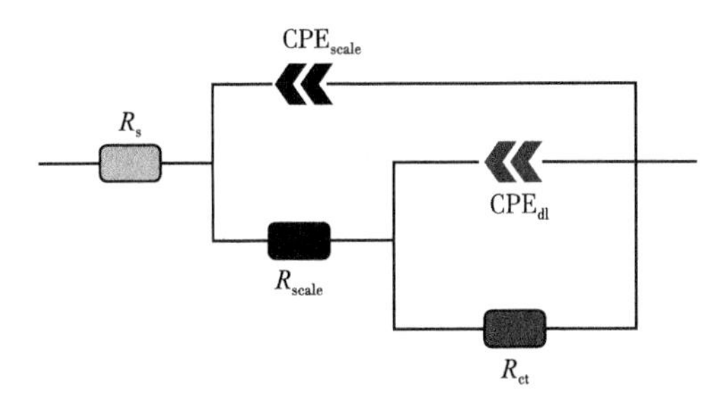

Figure 18 Equivalent circuit of EIS, where R_s represents solution resistance, CPE$_{scale}$ and R_{scale} the capacitance and resistance of deposit or/and corrosion scale, CPE$_{dl}$ and R_{ct} the double layer capacitance and charge transfer resistance at metal/solution interface

4 Conclusion

Both the potentiostatic and galvanostatic polarization can grow $CaCO_3$ deposit layer on the surface of the mild steel, but the potentiometric method produces denser and more protective deposit layer. The potential and current mapping indicates that the deposit-covered electrode acts as anode and the bare electrode acts as cathode, due to the apparent occluded cell effect and the differential of dissolved oxygen levels between the deposit-covered region and the bare region. Elevated temperature could strengthen the non-uniformity of UDC which could be characterized well by LP. The galvanic polarity between the deposit-covered electrode and the bare electrode can be reversed due to the formation of crystalline $FeCO_3$ corrosion products, which could densify the $CaCO_3$ layer and inhibit the corrosion of deposit covered region on the WBE. This also suggests that the $CaCO_3+FeCO_3$ mixing deposit could provide a promising protection for the mild steel substrate.

Acknowledgement

This work is granted by the National Natural Science Foundation of China (No. 51771079) and the Key S&T Special Projects of China(2016ZX05016-002-004). We also acknowledge the help of the Analytical and Testing Centre of the Huazhong University of Science and Technology for SEM, XRD and XPS measurements.

References

[1] HAN D, JIANG R J, CHENG Y F. Mechanism of Electrochemical Corrosion of Carbon Steel under Deoxygenated Water Drop and Sand Deposit [J]. Electrochimica Acta, 2013, 114: 403-408.

[2] WANG X, MELCHERS R E. Long-Term under-Deposit Pitting Corrosion of Carbon Steel Pipes [J]. Ocean Engineering, 2017, 133: 231-243.

[3] ZHANG G, CHENG Y. Localized Corrosion of Carbon Steel in a CO_2-Saturated Oilfield Formation Water [J]. Electrochimica Acta, 2011, 56: 1676-1685.

[4] ZHANG G A, YU N, YANG L Y, et al. Galvanic Corrosion Behavior of Deposit-Covered and Uncovered Carbon Steel [J]. Corrosion Science, 2014, 86: 202-212.

[5] SKRIFVARS B J, BACKMAN R, HUPA M, et al. Corrosion of Superheater Steel Materials under Alkali Salt Deposits Part 1: The Effect of Salt Deposit Composition and Temperature [J]. Corrosion Science, 2008, 50: 1274-1282.

[6] MENG G, ZHANG C, CHENG Y. Effects of Corrosion Product Deposit on the Subsequent Cathodic and Anodic Reactions of X-70 Steel in near-Neutral Ph Solution [J]. Corrosion Science, 2008, 50: 3116-3122.

[7] ZHU M, OU G, JIN H, et al. Top of the Reac Tube Corrosion Induced by under Deposit Corrosion of Ammonium Chloride and Erosion Corrosion [J]. Engineering Failure Analysis, 2015, 57: 483-489.

[8] WINTERS M, STOKES P, ZUNIGA P, et al. Real-Time Performance Monitoring of Fouling and under-Deposit Corrosion in Cooling Water Systems [J]. Corrosion science, 1993, 35: 1667-1675.

[9] PEDERSEN A, BILKOVA K, GULBRANDSEN E, et al. CO_2 Corrosion Inhibitor Performance in the Presence of Solids: Test Method Development [J]//CORROSION 2008, NACE International, 2008.
[10] ZHANG Y, MOLONEY J, MANCUSO S. Understanding Factors Affecting Corrosion Inhibitor Performance in under-Deposit Testing with Sand [J] //NACE - International Corrosion Conference Series, 2013.
[11] HUANG J, BROWN B, NESIC S. Localized Corrosion of Mild Steel under Silica Deposits in Inhibited Aqueous CO_2 Solutions [C]//NACE - International Corrosion Conference Series, 2013.
[12] HUANG J. Mechanistic Study of under Deposit Corrosion of Mild Steel in Aqueous Carbon Dioxide Solution [J]. 2013.
[13] HUANG J. BROWN B, JIANG X, et al. Internal CO_2 Corrosion of Mild Steel Pipelines under Inert Solid Deposits [J]//CORROSION 2010, 2010.
[14] XU Y Z, YANG L J, HE L M, et al. The Monitoring of Galvanic Corrosion Behaviour Caused by Mineral Deposit in Pipeline Working Conditions Using Ring Form Electronic Resistance Sensor System [J]. Corrosion Engineering Science and Technology, 2016, 51: 606-620.
[15] HOU Y, ALDRICH C, LEPKOVA K, et al. Detection of under Deposit Corrosion in a CO_2 Environment by Using Electrochemical Noise and Recurrence Quantification Analysis [J]. Electrochimica Acta, 2018, 274: 160-169.
[16] MACHUCA L L, LEPKOVA K. A. Petroski, Corrosion of Carbon Steel in the Presence of Oilfield Deposit and Thiosulphate-Reducing Bacteria in CO_2 Environment [J]. Corrosion Science, 2017, 129: 16-25.
[17] WEN X, BAI P, LUO B, et al. Review of Recent Progress in the Study of Corrosion Products of Steels in a Hydrogen Sulphide Environment [J]. Corrosion Science, 2018, 139: 124-140.
[18] BARNEY M M, EMBAID B P, NISSAN A. Identifying Phases in Protective Scale Formed During High Temperature Corrosion [J]. Corrosion Science, 2017, 127: 21-26.
[19] WEI L, PANG X, LIU C, et al. Formation Mechanism and Protective Property of Corrosion Product Scale on X70 Steel under Supercritical CO_2 Environment [J]. Corrosion Science, 2015, 100: 404-420.
[20] SUN J B, ZHANG G A, LIU W, et al. The Formation Mechanism of Corrosion Scale and Electrochemical Characteristic of Low Alloy Steel in Carbon Dioxide-Saturated Solution [J]. Corrosion Science, 2012, 57 : 131-138.
[21] DE MOTTE R A, BARKER R, BURKLE D, et al. The Early Stages of $FeCO_3$ Scale Formation Kinetics in CO_2 Corrosion [J], Materials Chemistry and Physics, 2018, 216: 102-111.
[22] HUANG F, CHENG P, ZHAO X Y, et al. Effect of Sulfide Films Formed on X65 Steel Surface on Hydrogen Permeation in H_2S Environments [J]. International Journal of Hydrogen Energy, 2017, 42: 4561-4570.
[23] WEI L, PANG X, GAO K. Effect of Small Amount of H_2S on the Corrosion Behavior of Carbon Steel in the Dynamic Supercritical CO_2 Environments [J]. Corrosion Science, 2016, 103: 132-144.
[24] WEI L, PANG X, GAO K. Effect of Flow Rate on Localized Corrosion of X70 Steel in Supercritical CO_2 Environments [J]. Corrosion Science, 2018, 136: 339-351.
[25] GARCÍA M, VEGA J, PINEDA Y, et al. Development of an Experimental Methodology for Assessing the Growth of Scale ($CaCO_3$) in Pipelines [J]. Journal of Physics: Conference Series, 2016, 687: 012002.
[26] YANG Y, SCANTLEBURY J, KOROLEVA E. A Study of Calcareous Deposits on Cathodically Protected Mild Steel in Artificial Seawater [J]. Metals, 2015, 5: 439-456.
[27] LI C J, DU M. The Growth Mechanism of Calcareous Deposits under Various Hydrostatic Pressures During the Cathodic Protection of Carbon Steel in Seawater [J]. RSC Advances, 2017, 7: 28819-28825.
[28] BARCHICHE C, DESLOUIS C, FESTY D, et al. Characterization of Calcareous Deposits in Artificial Seawater by Impedance Techniques [J]. Electrochimica Acta, 2003, 48: 1645-1654.
[29] BARCHICHE C, DESLOUIS C, GIL O, et al. Role of Sulphate Ions on the Formation of Calcareous

Deposits on Steel in Artificial Seawater; the Formation of Green Rust Compounds During Cathodic Protection [J]. Electrochimica Acta, 2009, 54: 3580-3588.

[30] BARCHICHE C, DESLOUIS C, GIL O, et al. Characterisation of Calcareous Deposits by Electrochemical Methods: Role of Sulphates, Calcium Concentration and Temperature [J]. Electrochimica Acta, 2004, 49: 2833-2839.

[31] LI C, DU M, QIU J, et al. Influence of Temperature on the Protectiveness and Morphological Characteristics of Calcareous Deposits Polarized by Galvanostatic Mode [J]. Acta Metallurgica Sinica (English Letters), 2014, 27: 131-139.

[32] YAN J F, NGUYEN T, WHITE R E, et al. Mathematical Modeling of the Formation of Calcareous Deposits on Cathodically Protected Steel in Seawater [J]. Journal of The Electrochemical Society, 1993, 140: 733-742.

[33] YAN J F, WHITE R E, GRIFFIN R. Parametric Studies of the Formation of Calcareous Deposits on Cathodically Protected Steel in Seawater [J]. Journal of the Electrochemical Society, 1993, 140: 1275-1280.

[34] HOSEINIEH S M, HOMBORG A M, SHAHRABI T, et al. A Novel Approach for the Evaluation of under Deposit Corrosion in Marine Environments Using Combined Analysis by Electrochemical Impedance Spectroscopy and Electrochemical Noise [J]. Electrochimica Acta, 2016, 217: 226-241.

[35] HOSEINIEH S, SHAHRABI T, RAMEZANZADEH B, et al. Influence of Sweet Crude Oil on Nucleation and Corrosion Resistance of Calcareous Deposits [J]. Journal of Materials Engineering and Performance, 2016, 25: 4805-4811.

[36] AL-MAZEEDI H, COTTIS R. A Practical Evaluation of Electrochemical Noise Parameters as Indicators of Corrosion Type [J]. Electrochimica Acta, 2004, 49: 2787-2793.

[37] XU C, ZHANG Y, CHENG G, et al. Localized Corrosion Behavior of 316l Stainless Steel in the Presence of Sulfate-Reducing and Iron-Oxidizing Bacteria [J]. Materials Science and Engineering: A, 2007, 443: 235-241.

[38] ZHANG G, YU N, YANG L, et al. Galvanic Corrosion Behavior of Deposit-Covered and Uncovered Carbon Steel [J]. Corrosion Science, 2014, 86: 202-212.

[39] TAN Y. Experimental Methods Designed for Measuring Corrosion in Highly Resistive and Inhomogeneous Media [J]. Corrosion science, 2011, 53: 1145-1155.

[40] ZHU T, WANG L, SUN W, et al. The Role of Corrosion Inhibition in the Mitigation of $CaCO_3$ Scaling on Steel Surface [J]. Corrosion Science, 2018, 140: 182-195.

[41] AUNG N, TAN Y J. Monitoring Pitting-Crevice Corrosion Using the Wbe-Noise Signatures Method [J]. Materials and corrosion, 2006, 51: 555-561.

[42] SHI W, WANG T Z, DONG Z H, et al. Application of Wire Beam Electrode Technique to Investigate the Migrating Behavior of Corrosion Inhibitors in Mortar [J]. Construction and Building Materials, 2017, 134: 167-175.

井下环空液中P110油管钢应力腐蚀开裂的电化学噪声特征

余　军[1]　张德平[2,3]　潘若生[2,3]　董泽华[1]

[1. 华中科技大学化学与化工学院；2. 中国石油吉林油田公司；
3. 国家能源 CO_2 驱油与埋存技术研发(实验)中心]

摘要：采用慢应变速率拉伸试验(SSRT)，并结合电化学噪声(ECN)、SEM与EIS等方法，研究了P110低合金油管钢在模拟井下环空溶液中的应力腐蚀开裂(SCC)行为，并探讨了 S^{2-} 浓度对裂纹萌生和扩展过程的影响。结果表明，在P110钢的弹性形变阶段，环空溶液中低浓度 S^{2-} 的加入加速了P110钢拉伸试样表面钝化膜的破坏，导致ECN曲线上出现许多由亚稳态点蚀引起的短时电流噪声峰。S^{2-} 的加入还显著缩短了亚稳态点蚀向稳定点蚀转变的时间，促使拉伸试样表面出现较大尺寸的蚀坑，这些蚀坑在拉应力作用下可以转变为裂纹萌生源。相比亚稳态点蚀，裂纹生长产生的噪声峰平均寿命更长(~400s)，且噪声幅值(~40μA)和积分电量(~4000μC)也更大。P110钢的SCC以阳极溶解为主，且裂纹生长速率随 S^{2-} 浓度的增加而增大，但裂纹生长则是断续而非连续进行的。

关键词：低合金钢；应力腐蚀；电化学噪声；环空保护液

CO_2 驱等三次采油技术可以显著提高油气采收率(Enhanced oil recovery，EOR)，如中国石油吉林油田公司采用该项技术使EOR提高了5%~10%，取得了很好的示范效果。然而高压 CO_2 溶解到井下流体中，导致井下腐蚀环境的复杂化，在多因素[高浓度 CO_2、矿化水和硫酸盐还原细菌(SRB)]交互作用下，给油井管柱造成了严重的腐蚀问题[1-2]。尤其是SRB的存在可将环空保护液中的 SO_4^{2-} 还原成 S^{2-}，形成的 CO_2 与 S^{2-} 共存环境可能给井下管柱带来应力腐蚀开裂(SCC)的危险。目前关于H2S、CO_2 的应力腐蚀开裂问题已引起广泛关注[3-9]，国内外学者针对该问题进行了非常细致的研究工作[10-14]，但针对环空保护液中油套管SCC行为的研究不多。

Wang等[15]研究了 H_2S/CO_2 分压比对X80管线钢拉伸性能的影响，发现拉伸强度和伸长率随着 H_2S/CO_2 分压比的增加而显著下降，断口形貌表现为含有韧性和脆性的混合断裂，且解理特征区域随 H_2S/CO_2 分压比的增加而增多。Ding等[12]研究316L不锈钢在 H_2S-CO_2-Cl- 环境中的SCC行为，也发现高的 H_2S/CO_2 分压比会加速阳极溶解过程，破坏钝化膜，增加SCC敏感性。Wei等[16]研究微量 H_2S 对X65钢在动态超临界 CO_2 环境中腐蚀行为的影响，发现 H_2S 提高了水和离子在钢表面的吸附从而促进了腐蚀。Liu等[17]研究了酸性环空环境(低温高压 H_2S/CO_2)中13Cr和P110钢的硫化物应力腐蚀(SSCC)行为，发现在纯 CO_2 环境中13Cr钢表现出均匀腐蚀，而P110钢呈现严重点蚀，且P110钢的SCC敏感性更大。Fan等[18]研究发现L316NS管线钢在高硫环境下主要发生脆性断裂，SCC敏感性随着S浓度的增加而增加。郝文魁等[19]研究了35CrMo钢在含有不同浓度 H_2S 溶液中的腐蚀行为，发现含200mg/L H_2S 时SCC敏感性最大，SCC机制是以氢脆（HE）为主、阳极溶解（AD）为辅的协同机制。Zhou等[20]研究X60管线钢在 H_2S 环境下的SCC行为，表明阳极溶解抑制了裂纹的钝化以及氢脆，并增加了裂纹扩展速率。Kong等[21]研究X80钢在含有 H_2S 的NACE溶液中的SCC行为，同样得出了 H_2S 提高了X80钢的SCC敏感性。

P110钢作为一种低成本油套管钢，在 CO_2 和 H_2S 共存环境中存在SCC风险，如果能通过无损监测技术实现SCC的早期诊断，则可以大大降低油套管和抽油杆断裂导致的安全事故。当前，国内外对于油套管钢SCC萌生阶段的监测方法研究相对较少[22-24]。本工作基于电化学噪声（Electrochemical Noise，ECN）技术，利用其高灵敏度和无损特征实时跟踪了P110钢在慢应变（SSRT）条件下的噪声发射特征，结合本课题组以前提出的ECN特征分析方法[25]，剖析了P110钢在含硫环空溶液中的裂尖萌生、扩展以及钝化过程中的噪声谱和阻抗谱特征，着重探讨了 S^{2-} 浓度对P110钢SCC敏感性的影响，期望通过ECN监测技术来实现油套管钢SCC损伤的早期识别。

1 实验方法

1.1 材料与装置

实验材料为P110低合金钢棒材，其化学成分（质量分数,%）为：C 0.27，Si 0.25，Mn 1.17，P 0.011，S 0.018，Ti 0.028，Ni 0.027，Cu 0.018，Mo 0.022，Cr 0.032，Fe余量。钢棒参考GB/T 15970标准加工成圆棒状拉伸试样，试样标距为25.4mm，直径为6.4mm，试样尺寸规格如图1所示。试样表面用SiC砂纸（180#~2000#）逐级打磨，并先后用去离子水和乙醇、丙酮超声清洗，接着在中间部位裸露1cm² 作为工作区域，其他部位用环氧树脂封涂。

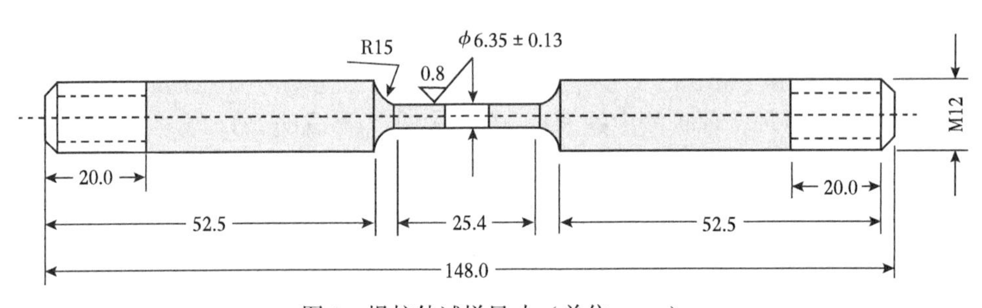

图1 慢拉伸试样尺寸（单位：mm）

SSRT试验采用应力腐蚀拉伸机（WOML-5）进行，应变速率为 $2\times10^{-6}s^{-1}$。拉伸机中间带有可控温的玻璃电解池，如图2所示。拉伸试样作为工作电极（WE1）固定在轴心处，周围对称布置有4只相同直径的P110钢试样，并作为ECN测试中的对电极（WE2），以保证WE1表面受到均匀极化。电化学测试以饱和甘汞电极（SCE）作为参比，介质为模拟吉林油井环空（simulated annular fluid，SAF）保护液。SAF溶液中含有0.2mol/L Na_2CO_3、0.5mol/L $NaHCO_3$、0.01mol/L Na_2SO_4 和0.5mol/L 的NaCl。为模拟SRB产生的 S^{2-} 对SCC过程的影响，其中加有不同浓度的 Na_2S（50mg/L、100mg/L、200mg/L），SAF溶液的pH值约为9.1，实验温度为30℃。

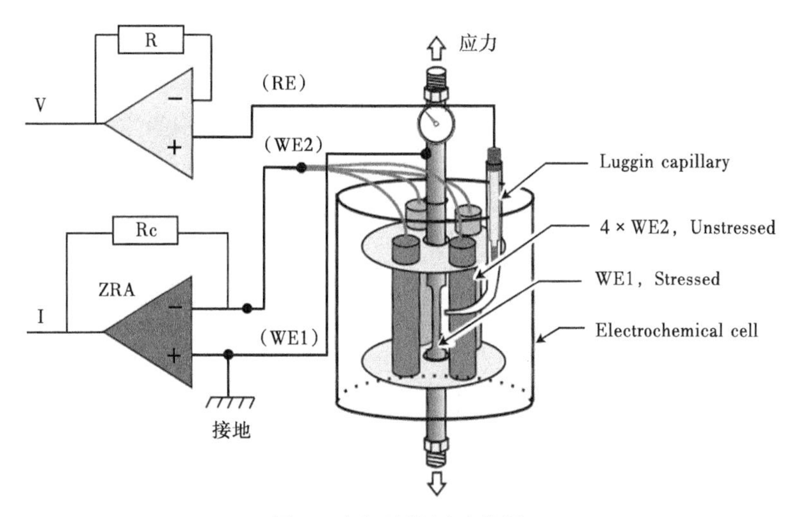

图 2　电解池装置示意图

RE—参比电极；ZRA—零电阻电流表；R—反馈电阻；RC—计数电阻；ZRA—零电阻电流表

1.2　电化学测试

ECN 测试采用 CST500 电化学噪声监测仪同步记录拉伸试样的电流和电位信号，采样频率 5Hz，仪器内置 2 个截止频率为 20Hz 的低通滤波器来消除高频干扰和混叠噪声[26-27]。

电化学阻抗谱(electrochemical impedance spectrum，EIS)与极化曲线采用 CS350 电化学工作站进行。测试基于传统三电极体系，以饱和甘汞电极(SCE)为参比电极，Pt 片为对电极，以受力的拉伸试样为工作电极。极化曲线电位扫描范围为-0.95V～0.13V（vsSCE)，扫描速率为 0.5mV/s。EIS 在开路电位(OCP)下进行，10mV 正弦波激励，对数扫频范围为 100kHz～10MHz，每 10 倍频程 10 个点。

1.3　形貌分析

SSRT 和电化学测试之后，将断裂的拉伸试样取出，并依次用去离子水和乙醇、丙酮超声清洗，采用 Sirion200 场发射扫描电镜(FESEM)和 Quanta200 环境扫描电镜对其断口、侧面和横截面进行形貌分析。

2　实验结果与分析

2.1　应力—应变曲线分析

图 3(a)是 P110 钢在空气以及分别含有 0mg/L、50mg/L、100mg/L、200mg/L S^{2-} 的 SAF 溶液等 5 种介质中的应力—应变曲线。本实验以伸长率损失因子(I_δ)和断面收缩率损失因子(I_R)来表征 P110 钢的 SCC 敏感性[28]，I_δ 和 I_R 越大说明 P110 钢越容易发生 SCC，即 SCC 敏感性越大。图 3(b)为计算的损失因子随 S^{2-}浓度的变化曲线，其中，I_δ、I_R 的计算公式为

$$I_{\delta}=[1-(\delta_f/\delta_o)]\times 100\% \quad (1)$$

$$I_R=[1-(R_f/R_o)]\times 100\% \quad (2)$$

式中 δ_f，R_f——分别为拉伸试样在含有不同 S^{2-} 浓度的 SAF 溶液中的伸长率、断口收缩面积；

δ_o，R_o——分别为拉伸试样在空气中的伸长率、断口收缩面积。

从图 3(a)可以看出，在空气中 P110 钢拉伸试样的伸长率为 17.38%，随 SAF 溶液中 S^{2-} 浓度的增加，伸长率逐渐减小，依次为 17.25%、16.85%、16.19%、14.59%，但拉伸强度无明显变化，说明 SCC 敏感性的增加不一定伴随着抗拉强度的下降。图 3(b)更直观地显示了损失因子随着 S^{2-} 浓度的增加而增加，说明溶液中 S^{2-} 促进了 P110 钢的 SCC。

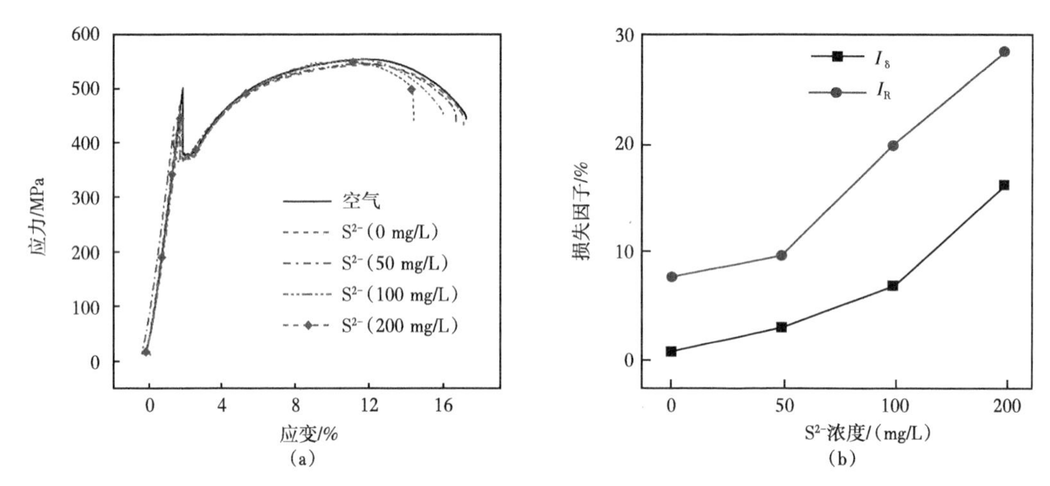

图 3 P110 钢在含不同浓度 S^{2-} 离子的模拟环空液中的应力—应变曲线及 S^{2-} 浓度对断面和伸长率损失因子的影响

2.2 电化学噪声分析

ECN 方法可以用于监测试样在非极化状态下的自发电位与电流发射信号，尤其对于局部腐蚀过程中所产生的非连续信号等比较敏感。因为 ECN 测试无须对试样进行外部极化，因此可以更真实地反映材料的腐蚀行为。图 4 显示了在不同 SAF 溶液中，SSRT 同步记录的 P110 钢电流和电位发射噪声。从图 4(a)中可以看出，在试样拉伸的弹性形变阶段，其电位和电流稳定在-300mV 和 0.1μA 左右，说明拉伸试样表面处于钝化状态，此时电位与电流噪声峰均以寿命较短的亚稳态点蚀峰为主；当试样进入屈服阶段后(约 12h)，电位噪声从-300mV 急剧负移至-800mV，表明此时拉伸试样形成了稳态蚀坑，钝化膜出现了不可修复的缺陷。随着 SAF 溶液中 S^{2-} 浓度的增加，电位瞬降时间点不断提前，分别为第 12h、6h、2h、1h，这表明溶液中 S^{2-} 浓度的增加促进了 P110 钢钝化膜的破裂和稳态蚀点的形成。当电位负移至-800mV 后，无论是电位还是电流噪声峰，均出现了寿命与幅值的大幅增加，这意味着稳态蚀点在拉应力和侵蚀性离子(如 Cl^-、S^{2-} 等)的协同作用下促进了裂纹萌生。由于裂纹尖端的电位较负，与 P110 试样的外表面可能会形成大阴极小阳极效应，促进了裂纹尖端的阳极溶解。另外，由于裂纹侧面受力较小，钝化膜自修复使裂纹侧壁的阳极溶解受到抑制，导致裂尖受到应力和电化学效应的双重作用而不断向前扩展。图 4 还显示，随着 S^{2-} 浓度的增加，P110 试样的断裂时间从 45h 缩短为 38 h，表明 P110 钢的

SCC 敏感性也逐渐增大。

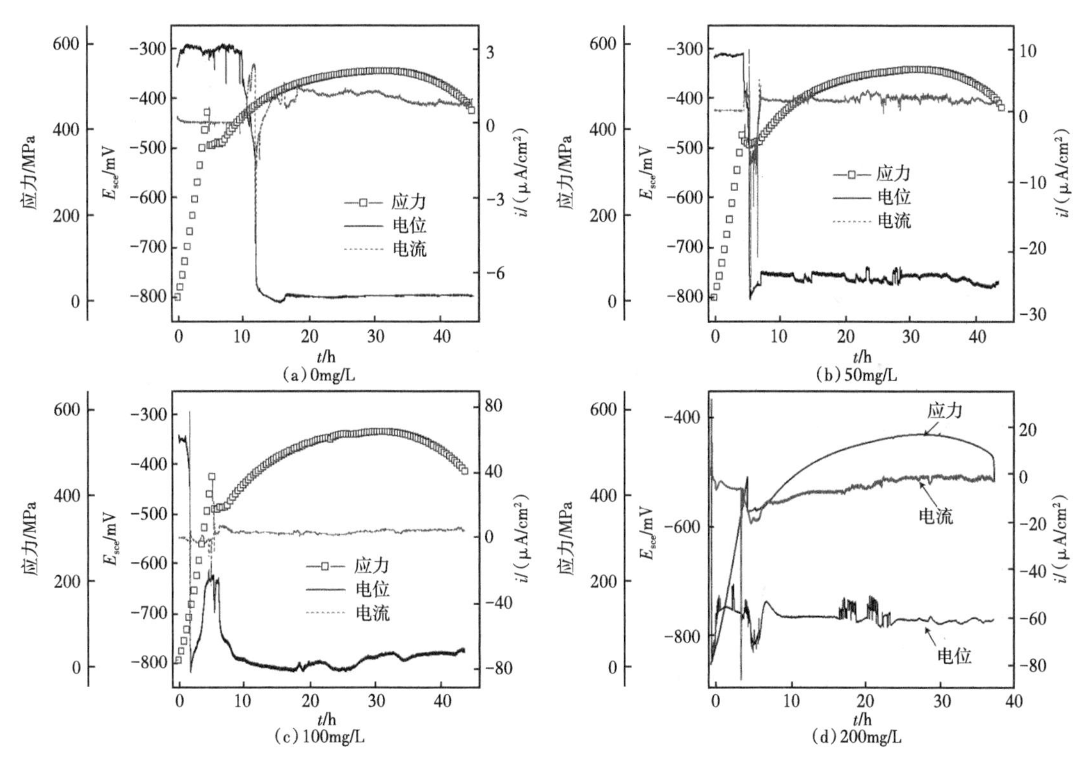

图 4　P110 钢试样在含硫 SAF 溶液中进行 SSRT 试验时的电化学噪声曲线

图 5 显示了裂纹萌生时刻相应的 ECN 谱的局部特征。可以看出，随着溶液中 S^{2-}浓度的增加，电化学噪声峰的寿命从 49s 逐渐扩大到 803s，电流幅值也明显增加。可以认为，每一个噪声事件都相应于一个裂纹扩展进程。非连续的脉冲峰表明裂尖的溶解过程也是不连续的，且每个裂尖单次生长进程随着 S^{2-}浓度的增加而延长，这表明 S^{2-}促进了 P110 钢裂尖生长，抑制了裂尖的自我钝化，导致 SCC 敏感性增强。

对图 5 中噪声峰的特征参数进行统计分析，计算了每个噪声事件的积分电量(q_c)、峰幅值(A_c)，峰寿命(L_c)等，其中 q_c 计算公式[25]为

$$q_c = \sum_{n=1}^{\lambda T} \left[\int_{t_n}^{t'_n} \left| i_n(t) - i_b \right| \mathrm{d}t \right], \quad L_c = t'_n - t_n \tag{3}$$

式中　λ——形核速率，表示单位时间内噪声峰数量，s^{-1}；

T——噪声数据测量时长；

t_n、t'_n——分别为第 n 个暂态峰的起始与终止时间；

$i_n(t)$——第 n 个暂态峰对应的电流与时间的函数；

i_b——暂态峰的基线电流。

分析结果如图 6 所示，其中 q_c 随着 S^{2-}浓度的增加而快速上升，从 16.08μC 迅速增加至 6380μC，同时 A_c 也从 1.05A 增加至 83.62A，L_c 则从 49s 增加至 803s，这表明 S^{2-}浓度的增加，显著促进了裂尖的稳定生长进程，即 P110 钢的 SCC 敏感性随着 S^{2-}浓度增加而快速上升，这与图 3 中的 SSRT 拉伸曲线结果非常一致。

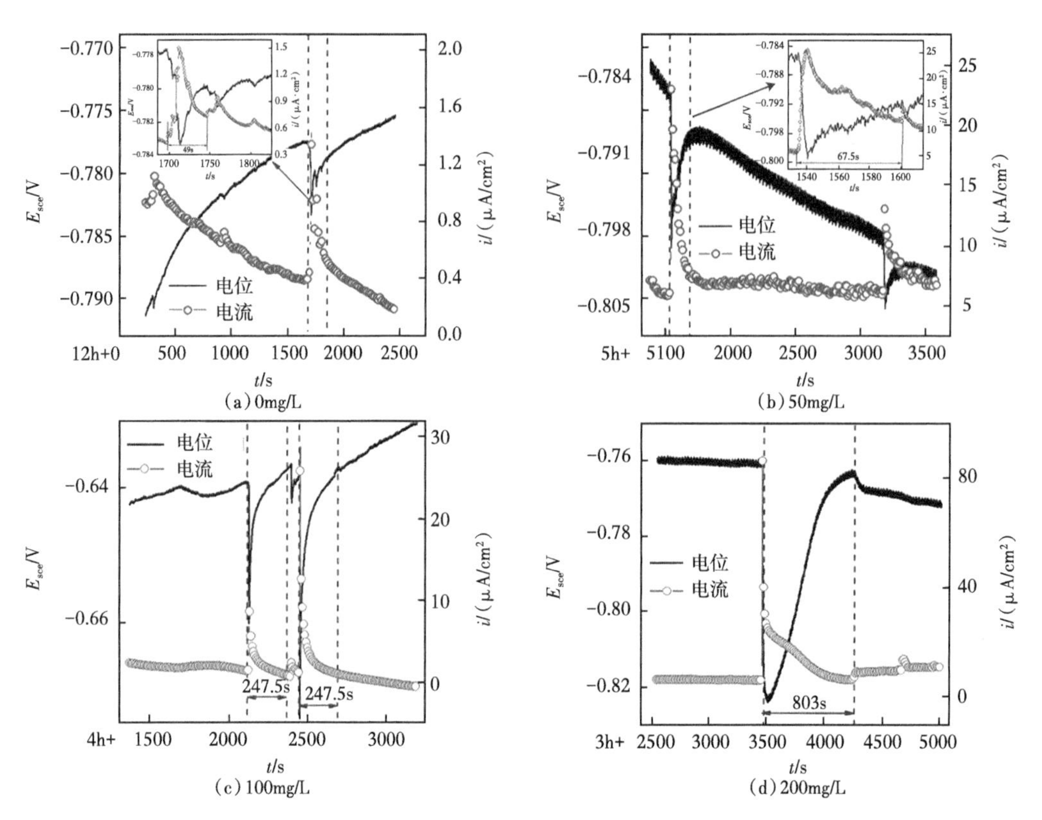

图 5　P110 低合金钢在不同含硫量模拟环空液中裂纹形成时的特征噪声谱细节图

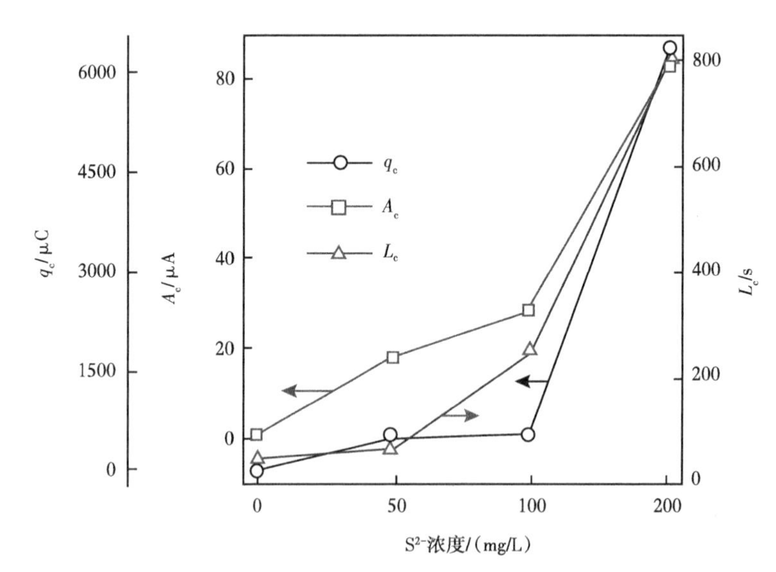

图 6　P110 钢在含不同浓度 S^{2-} 模拟环空液中的噪声峰的积分电量(q_c)、峰幅值(A_c)和峰寿命(L_c)

根据 Faraday 定律可以计算出与积分电量值相应的金属溶解体积，假设裂纹前端形状为半圆形，且裂纹宽度 w 范围为 50～500nm，则可以计算出对应的裂纹长度 l_{crack}，Wells 等[29]做了类似的计算，计算公式为

$$l_{crack}=\sqrt{2Mq_c/(\pi w\rho zF)} \tag{4}$$

式中 M——Fe 的摩尔质量，g/mol；

ρ——Fe 的密度，g/cm^3；

z——Fe 的价电子数；

F——Faraday 常数；

q_c——积分电量。

由图 6 可知，P110 钢在不同 S^{2-}浓度的 SAF 溶液中，相应于裂纹扩展的噪声峰积分电量分别为 16.08μC、493.57μC、565.06μC 和 6380μC，根据式(4)可得单次裂纹最大生长长度 l_{crack}分别为 14μm、76μm、82μm 和 253μm。

综上所述，可以认为 S^{2-}的加入抑制了 P110 钢的钝化，促进了亚稳态点蚀的发展，从而缩短了稳定蚀点出现的时间。在拉应力和 Cl^-的共同作用下，稳态蚀坑底部容易形成应力放大效应，从而促进了裂纹萌生；随着溶液中 S^{2-}浓度增加，S^{2-}离子按反应(5)水解成 HS^-，在浓差驱动下 HS^-渗入裂纹内部，促进了裂纹尖端的阳极溶解，如反应式(6)和式(7)所示。裂纹间隙的逐步溶解使缝口打开，反过来又会促进 HS^-和 Cl^-的渗入，导致裂纹进一步长大。此外阴极还原产生的原子 H，还可能会沿着位错向裂尖运动，并与裂尖区的金属或者 C、Mn 等元素反应，形成金属氢化物，如反应(8)。这将降低裂尖的塑性，促进裂尖的氢致开裂(HIC)。可以想象，S^{2-}促进的 P110 钢 SCC，可能是采用一种混合生长机制进行，即裂纹尖端的阳极溶解和氢致开裂共同促进了 P110 钢的 SCC。

$$S^{2-}+H_2O \rightarrow HS^-+OH^- \tag{5}$$

$$1/2Fe-e^- \rightarrow 1/2Fe^{2+} \tag{6}$$

$$Fe^{2+}+HS^-+e^- \rightarrow H+FeS \tag{7}$$

$$xH+M \rightarrow MHx,\ (M=C,\ Fe,\ Mn,\ etc.) \tag{8}$$

2.3 极化曲线与电化学阻抗分析

为了探究 P110 钢在 SAF 溶液中的电化学腐蚀行为，在慢拉伸过程中还同步进行了电化学阻抗与极化曲线测试。图 7 为含不同浓度 S^{2-}的 SAF 溶液中 P110 钢的极化曲线。可以看出，无硫溶液中 P110 钢存在明显的钝化区，说明 P110 钢表面能形成稳定的钝化膜。随着溶液中 S^{2-}浓度的增加，钝化区间逐渐缩短，表明 S^{2-}抑制了 P110 钢的钝化，加速了亚稳态蚀点的形核，这与图 4 的结果一致。

图 8 显示了含不同浓度 S^{2-}的 SAF 溶液中 P110 钢的 EIS，可见所有阻抗谱均表现为单一容抗弧特征。在不含 S^{2-}的溶液中[图 8(a)]，5h 后阻抗半圆环的直径约为 $3.4\times10^5\Omega\cdot cm^2$，表明初期的钝化膜是完整的；11h 后下降至 $2.6\times10^4\Omega\cdot cm^2$，这是由于屈服阶段产生的塑性形变使得钝化膜破裂，P110 钢表面逐渐出现局部腐蚀；12h 后阻抗环迅速减至 $1270\Omega\cdot cm^2$，表明试样表面可能形成了稳定蚀坑，之后阻抗环仅仅略微减小，仍维持在 $1100\Omega\cdot cm^2$ 左右，表明稳态蚀坑形成后，在拉应力和 Cl^-的作用下，P110 钢一直处于活性溶解状态直至断裂。在含有 50mg/L S^{2-}的溶液中[图 8(b)]，3h 后阻抗环为 $1.7\times10^5\Omega\cdot cm^2$，P110 钢表面无明显腐蚀，5h 后下降至 $2.1\times10^4\Omega\cdot cm^2$，6h 后则快速降至 $1100\Omega\cdot cm^2$。在含有

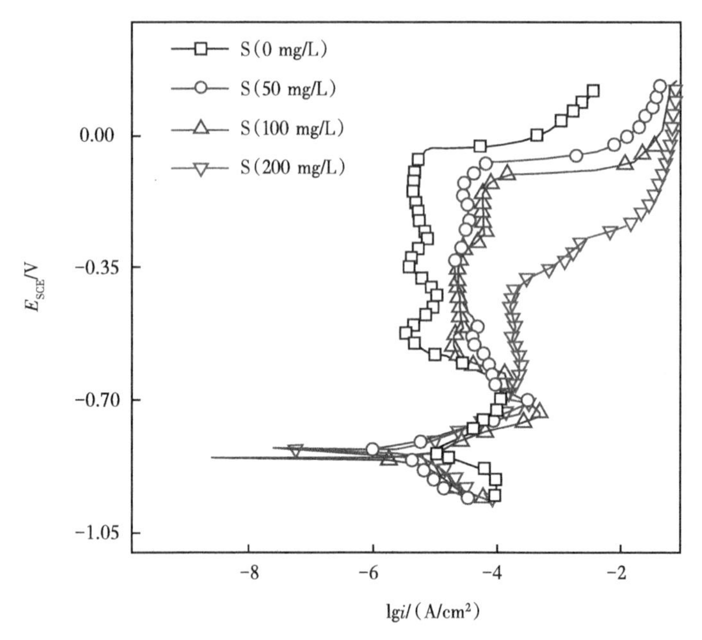

图 7　含有不同硫浓度的 SAF 溶液中 P110 钢的极化曲线

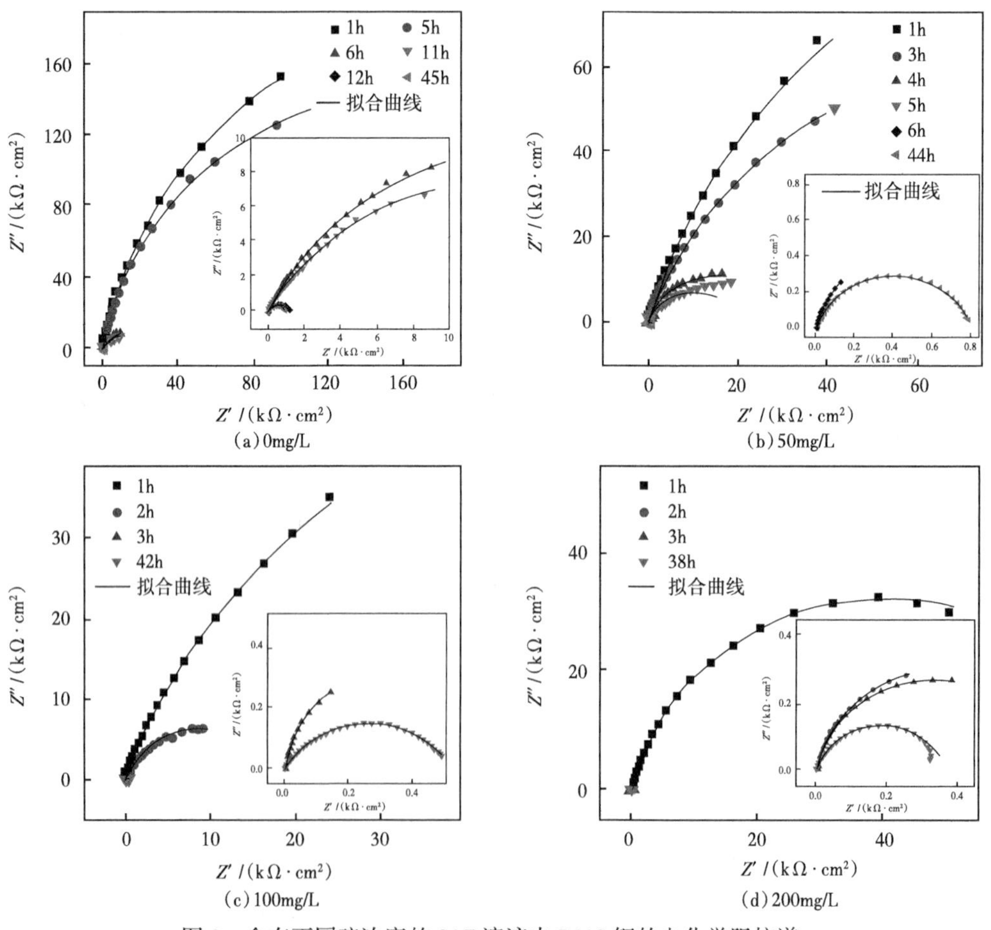

图 8　含有不同硫浓度的 SAF 溶液中 P110 钢的电化学阻抗谱

100mg/L S^{2-}的溶液中［图 8(c)］，1h 后阻抗为 $1.5\times10^5\Omega\cdot cm^2$，2h 后降至 $1.8\times10^4\Omega\cdot cm^2$，3h 后阻抗环急剧降至 $800\Omega\cdot cm^2$，表面 P110 钢已进入高活性溶解区。在含有 200mg/L S^{2-}的溶液中［图 8(d)］，初始阻抗为 $8.1\times10^4\Omega\cdot cm^2$，由于 P110 钢表面难以形成致密的钝化膜，很快阻抗就开始下降，第 2h 阻抗就降至 $715\Omega\cdot cm^2$，38h 断裂时阻抗仅为 $369\Omega\cdot cm^2$，说明 P110 钢在高含硫 SAF 溶液中表面难以钝化，其全面腐蚀速率较无硫体系高出近 3 倍。这种高活性溶解一致持续到 P110 试样被拉断。

上述结果表明：SAF 溶液中的 S^{2-}抑制了 P110 钢的钝化，使得 Cl^-更容易破坏钝化膜，造成阻抗环迅速减小，这表明 S^{2-}的确会促进了 P110 钢的活性溶解。从图 8 中阻抗环急剧下降的时刻来看，与图 4 中的 ECN 结果基本一致。这表明，阻抗弧的“断崖式下降”应该正好对应于亚稳态蚀点向稳态转变的时刻。

2.4 微观形貌分析

图 9 显示了在不同实验条件下，P110 钢拉伸试样断裂后的断口形貌。可以看出，在空气和不含硫的 SAF 溶液中，整个断裂面布满了韧窝，断口特征为典型的韧性断裂，说明该条件下 P110 钢的 SCC 敏感性较小；随着溶液中 S^{2-}的加入，断面开始呈现光滑平整的脆断区［图 9(c)至图 9(e)］，断口处解理面范围逐渐增大，韧窝明显减少，断口特征以脆性断裂为主，说明 S^{2-}的加入增大了 P110 钢的 SCC 敏感性。比较图 9(c)至图 9(e)，可以发现断面腐蚀产物明显增多，这是因为 S2-渗入裂缝中，促进了裂缝侧壁的腐蚀。

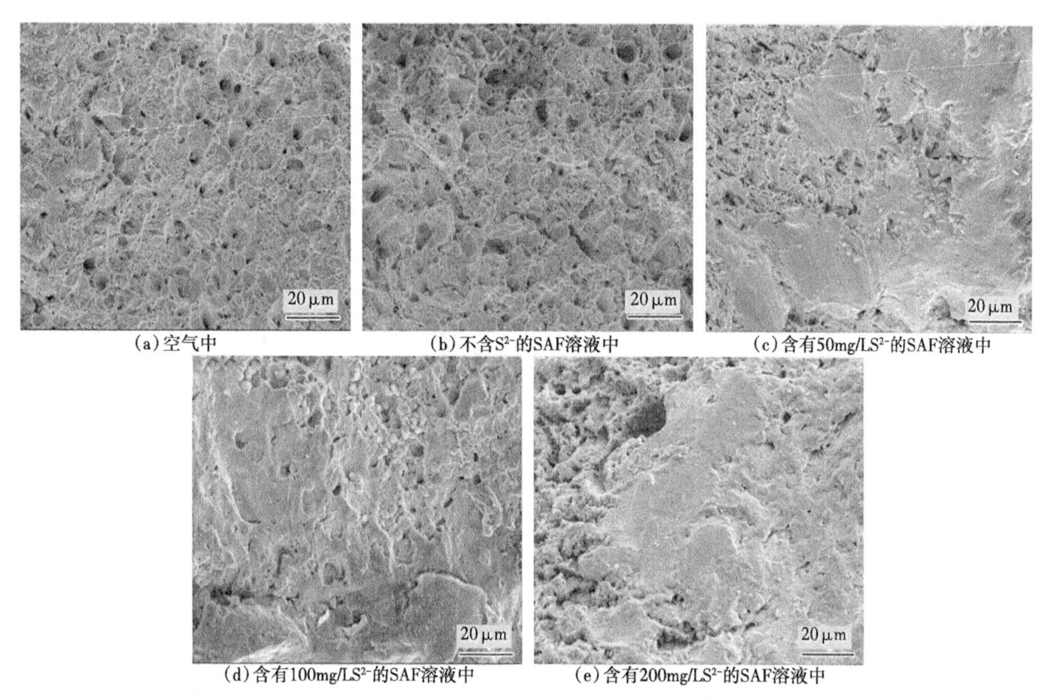

(a)空气中　(b)不含S^{2-}的SAF溶液中　(c)含有50mg/LS^{2-}的SAF溶液中

(d)含有100mg/LS^{2-}的SAF溶液中　(e)含有200mg/LS^{2-}的SAF溶液中

图 9　不同应变速率条件下 P110 钢拉伸试样的断口形貌 SEM 像

图 10 显示了 P110 钢拉伸试样靠近断口的侧面形貌。可以看出，在空气中的样品侧面没有观测到裂纹，即拉伸试样的 SCC 敏感性较小；SAF 溶液中试样侧面已出现少许浅而短的裂纹，此时试样 SCC 敏感性仍不显著；向溶液中加入 S^{2-}，试样侧面的裂纹数目、尺寸

明显增加，且随着 S^{2-} 的浓度增大而增大，说明 S^{2-} 浓度增加，显著促进了 P110 钢的裂纹生长。

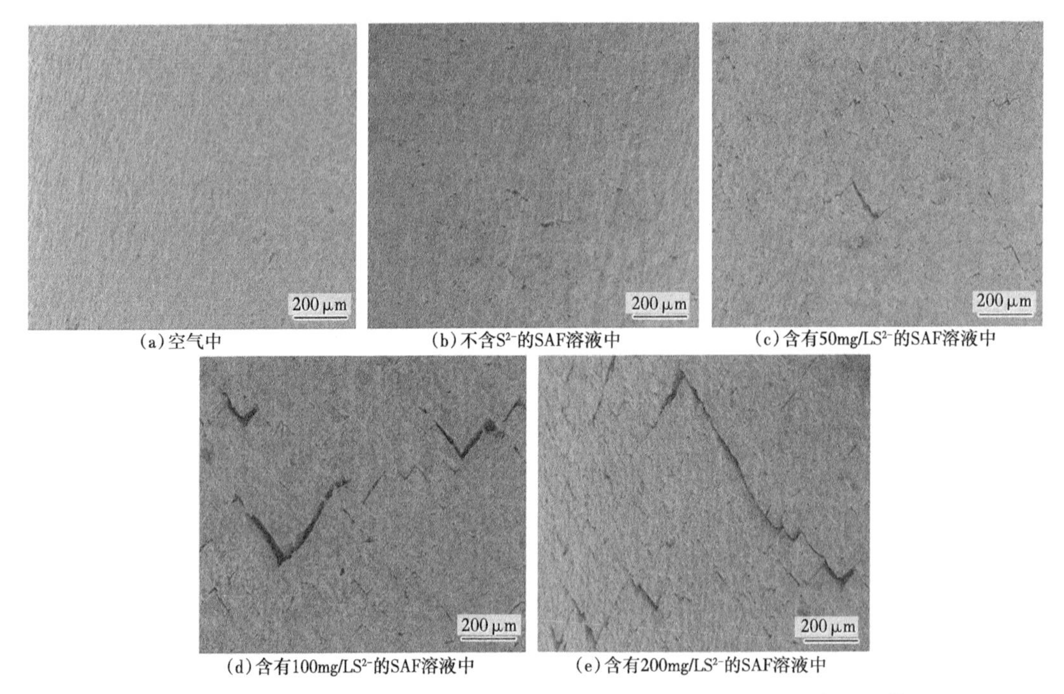

图 10　不同应变速率条件下 P110 钢拉伸试样靠近断口的侧面形貌 SEM 像

图 11 显示了 P110 钢拉伸试样的横截面形貌。可以看出，在空气中样品表面并无裂纹向内部扩展，拉伸试样的 SCC 敏感性较小；而在 SAF 溶液中主裂纹长度达到了 40μm，当

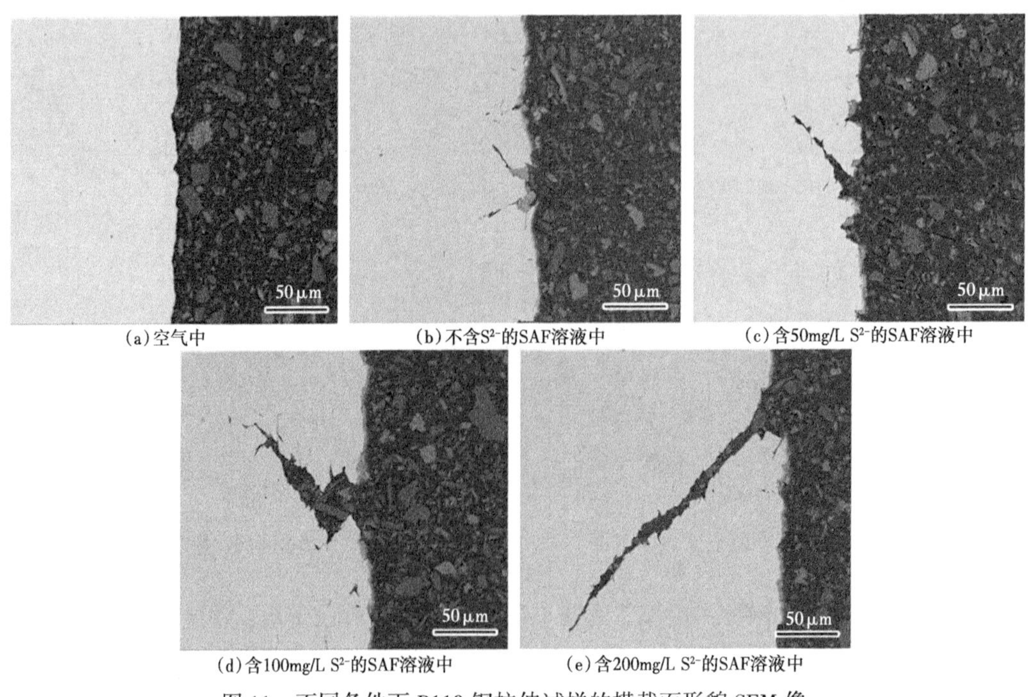

图 11　不同条件下 P110 钢拉伸试样的横截面形貌 SEM 像

溶液中含有 50mg/L S^{2-} 时主裂纹长度约为 73μm，100mg/L 时为 123μm，200mg/L 时为 235μm。说明随着溶液中 S^{2-} 浓度的增加，裂纹在垂直于受力方向的横向生长显著加速。这些数据与由 ECN 积分电量计算出的裂纹长度值在数量级上一致的，说明 ECN 作为一种在线监检测技术不仅可以有效捕捉 SCC 过程中的单次裂纹生长时间，而且还可以用于粗略计算裂纹的单次生长长度和总长。

综合 SEM 的形貌分析可以看出，S^{2-} 浓度的增加的确促进了 P110 钢的应力腐蚀开裂，且与 ECN 测试曲线和 SSRT 拉伸曲线的结果基本一致。

3 结论

(1)电化学噪声技术能有效监测 P110 钢在模拟油井环空液中的 SCC 行为，准确捕捉稳定蚀点的形成以及裂纹萌生的时间点。根据电化学噪声峰的积分电量、幅值和寿命还可以计算每个蚀点或裂纹事件的生长尺寸；

(2)P110 钢的 SCC 敏感性随着 S^{2-} 浓度的增加而增大。S^{2-} 抑制了 P110 钢的钝化，促进 P110 钢的阳极溶解，有利于裂纹的扩展；ECN 中非连续的电位与电流噪声峰表明，SCC 过程中的裂纹生长是断续而不是连续进行；

(3)P110 钢的 SCC 是以阳极溶解为主、氢致开裂为辅的混合机制。在侵蚀性离子(Cl^-、S2$^-$等)作用下，钝化膜破裂形成亚稳态蚀点，而蚀点底部的应力放大效应则促进了裂纹萌生；此外，裂缝内的大阴极小阳极效应也可能会促进裂尖溶解，而阴极还原产生的原子氢向裂尖运动反过来又会促进裂尖脆裂。

参考文献

[1] LIU Z Y, ZHAO T L, LIU R K, et al. Influence factors on stress corrosion cracking of P110 tubing steel under CO_2 injection well annulus environment [J]. J. Cent. South Univ., 2016, 23: 757.

[2] WANG P, LV Z, ZHENG S, et al. Tensile and impact properties of X70 pipeline steel exposed to wet H2S environments [J]. Int. J. Hydrogen Energy, 2015, 40: 11514.

[3] ROFFEY P, DAVIES E H. The generation of corrosion under insulation and stress corrosion cracking due to sulphide stress cracking in an austenitic stainless steel hydrocarbon gas pipeline [J]. Eng. Fail. Anal., 2014, 44: 148.

[4] BAO M, REN C, LEI M, et al. Electrochemical behavior of tensile stressed P110 steel in CO_2 environment [J]. Corros. Sci., 2016, 112: 585.

[5] MERIEM-BENZIANE M, BOU-SAïD B, BOUDOUANI N. The effect of crude oil in the pipeline corrosion by the naphthenic acid and the sulfur: A numerical approach [J]. J. Pet. Sci. Eng., 2017, 158: 672.

[6] LIU Z Y, LI H, JIA Z J, et al. Failure analysis of P110 steel tubing in low-temperature annular environment of CO_2 flooding wells [J]. Eng. Fail. Anal., 2016, 60: 296.

[7] ALEXANDROV V, SUSHKO M L, SCHREIBER D K, et al. Adsorption and diffusion of atomic oxygen and sulfur at pristine and doped Ni surfaces with implications for stress corrosion cracking [J]. Corros. Sci., 2016, 113: 26.

[8] ZHANG L, LI X G, DU C W, et al. Corrosion and Stress Corrosion Cracking Behavior of X70 Pipeline Steel in a CO_2-Containing Solution [J]. J. Mater. Eng. Perform., 2009, 18: 319.

[9] MONNOT M, NOGUEIRA R P, ROCHE V, et al. Sulfide stress corrosion study of a super martensitic stainless steel in H_2S sour environments: Metallic sulfides formation and hydrogen embrittlement [J]. Appl.

Surf. Sci. , 2017, 394: 132.
[10] QIN M, LI J, CHEN S, et al. Experimental study on stress corrosion crack propagation rate of FV520B in carbon dioxide and hydrogen sulfide solution [J]. Results Phys. , 2016, 6: 365.
[11] ZIAEI S M R, KOKABI A H, NASR-ESFEHANI M. Sulfide stress corrosion cracking and hydrogen induced cracking of A216-WCC wellhead flow control valve body [J]. Case Stud. Eng. Fail. Anal. , 2013, 1: 223.
[12] DING J, ZHANG L, LI D, et al. Corrosion and stress corrosion cracking behavior of 316L austenitic stainless steel in high $H_2S-CO_2-Cl^-$ environment [J]. J. Mater. Sci. , 2013, 48: 3708.
[13] YIN Z F, ZHAO W Z, BAI Z Q, et al. Corrosion behavior of SM 80SS tube steel in stimulant solution containing H_2S and CO_2 [J]. Electrochim. Acta, 2008, 53: 3690.
[14] CHOI Y S, NESIC S, LING S. Effect of H2S on the CO_2 corrosion of carbon steel in acidic solutions [J]. Electrochim. Acta, 2011, 56: 1752.
[15] WANG P, WANG J, ZHENG S, et al. Effect of H_2S/CO_2 partial pressure ratio on the tensile properties of X80 pipeline steel [J]. Int. J. Hydrogen Energy, 2015, 40: 11925.
[16] WEI L, PANG X, GAO K. Effect of small amount of H_2S on the corrosion behavior of carbon steel in the dynamic supercritical CO_2 environments [J]. Corros. Sci. , 2016, 103: 132.
[17] LIU Z Y, WANG X Z, LIU R K, et al. Electrochemical and sulfide stress corrosion cracking behaviors of tubing steels in a H_2S/CO_2 annular environment [J]. J. Mater. Eng. Perform. , 2014, 23: 1279.
[18] FAN Z, HU X, LIU J, et al. Stress corrosion cracking of L360NS pipeline steel in sulfur environment [J]. J. Petrol. , 2017, 3: 377.
[19] 郝文魁，刘智勇，张新等．H_2S 浓度对 35CrMo 钢应力腐蚀开裂的影响 [J]．中国腐蚀与防护学报，2013, 33: 357.
[20] ZHOU C, HUANG Q, GUO Q, et al. Sulphide stress cracking behaviour of the dissimilar metal welded joint of X60 pipeline steel and Inconel 625 alloy [J]. Corros. Sci. , 2016, 110: 242.
[21] KONG D J, WU Y Z, LONG D. Stress corrosion of X80 pipeline steel welded joints by slow strain test in NACE H_2S solutions [J]. J. Iron Steel Res. Int. , 2013, 20: 40.
[22] ZHU L K, YAN Y, QIAO L J, et al. Stainless steel pitting and early-stage stress corrosion cracking under ultra-low elastic load [J]. Corros. Sci. , 2013, 77: 360.
[23] BREIMESSER M, RITTER S, SEIFERT H P, et al. Application of electrochemical noise to monitor stress corrosion cracking of stainless steel in tetrathionate solution under constant load [J]. Corros. Sci. , 2012, 63: 129.
[24] ACUÑA-GONZÁLEZ N, GARCÍA-OCHOA E, GONZÁLEZ-SÁNCHEZ J. Assessment of the dynamics of corrosion fatigue crack initiation applying recurrence plots to the analysis of electrochemical noise data [J]. Int. J. Fatigue, 2008, 30: 1211.
[25] DONG Z H, SHI W, GUO X P. Initiation and repassivation of pitting corrosion of carbon steel in carbonated concrete pore solution [J]. Corros. Sci. , 2011, 53: 1322.
[26] DONG Z H, GUO X P, ZHENG J X, et al. Investigation on Inhibition of Cro_4^{2-} and MoO_4^{2-} Ions on Carbon Steel Pitting Corrosion by Electrochemical Noise Analysis [J]. J. Appl. Electrochem. , 2002, 32: 395.
[27] 董泽华，郭兴蓬，郑家燊．电化学噪声的分析方法 [J]．材料保护，2001, 34: 20.
[28] JAVIDI M, HOREH S B. Investigating the mechanism of stress corrosion cracking in near-neutral and high pH environments for API 5L X52 steel [J]. Corros. Sci. , 2014, 80: 213
[29] WELLS D B, STEWART J, DAVIDSON R, et al. The mechanism of intergranular stress corrosion cracking of sensitised austenitic stainless steel in dilute thiosulphate solution [J]. Corros. Sci. , 1992, 33: 3955.

超临界 CO_2 缓蚀阻垢剂的合成及性能评价

唐泽玮[1,2]　慕立俊[1,2]　周志平[1,2]　黄　伟[1,2]
范希良[1,2]　周　佩[1,2]　何　淼[1,2]　李明星[1,2]

（1. 中国石油长庆油田公司油气工艺研究院；
2. 低渗透油气田勘探开发国家工程实验室）

摘要：针对高矿化度低渗透油藏 CO_2 驱油过程中超临界 CO_2 腐蚀结垢问题，合成一种由苯甲酸硫脲基咪唑及磷酸酯基咪唑啉、喹啉季铵盐和聚环氧琥珀酸盐为主要成分构成的缓蚀阻垢剂 CQ-HS。利用高温高压实验、电化学和阻垢率评价方法，在超临界条件下研究了 CQ-HS 的抗 CO_2 腐蚀性和阻垢性能。研究结果表明，在 80℃、CO_2 分压 9.0MPa 条件下，添加 200mg/L 的缓蚀阻垢剂 CQ-HS 后，碳钢的腐蚀速率降为 0.068mm/a，具有良好的缓蚀性能；当缓蚀阻垢剂 CQ-HS 加量为 200mg/L 时，其对硫酸钡锶垢的阻垢率可以达到 80%以上。在超临界 CO_2 条件下，CQ-HS 缓蚀阻垢剂同时具有缓蚀和阻垢性能，可实现一剂多用的目标。

关键词：超临界 CO_2；缓蚀阻垢剂；缓蚀率；阻垢率；苯甲酸硫脲基咪唑啉；喹啉季铵盐

随高含 CO_2 油田的开发以及 CO_2 驱油技术的广泛应用，CO_2 对油田油、套管和地面设备的严重腐蚀将会产生安全隐患和造成巨大的经济损失。加注缓蚀剂是一种防治 CO_2 腐蚀的经济有效、简单方便且易实施的方法，国内外油气田加注缓蚀剂取得较好的防腐效果[1-4]。目前缓蚀剂的研发和应用主要是针对低 CO_2 分压条件下的，随着注 CO_2 驱油采油工艺的应用，采出井井筒则可能面临超临界 CO_2 腐 蚀。超临界 CO_2 相与水相形成混相流体，具有强烈的电化学腐蚀特征[5-6]，绝大部分 CO_2 缓蚀剂在此环境下会失效，无法抑制 CO_2 对碳钢造成的腐蚀。国内外主要通过动电位极化和高温高压腐蚀模拟对低压条件下 CO_2 缓蚀剂进行缓蚀性能评价[7-9]，超临界 CO_2 条件下的缓蚀性能评价文献几乎未见报道。本文针对高矿化度低渗透油藏 CO_2 驱采出井筒可能存在的超临界 CO_2 腐蚀结垢问题，为了防止驱油过程中采油井同时发生腐蚀和结垢，达到一剂两用的目的，研究了一种抗超临界 CO_2 腐蚀的缓蚀阻垢剂 CQ-HS，在超临界条件下对合成的缓蚀阻垢剂 CQ-HS 进行缓蚀性能及阻垢性能评价，确定最优加注浓度，为现场应用提供依据。

1　实验部分

1.1　材料与仪器

苯甲酸、硫脲、四乙烯五胺、二甲苯、乙酸、正辛醇、亚磷酸二甲酯、磷酸二氢钠、异丙醇、乙醇，分析纯，国药集团化学试剂有限公司；聚环氧琥珀酸（PESA，40%），枣庄凯瑞化工有限公司；喹啉季铵盐，实验室自制；实验用水为油田采出水和注入水，水质见表1，模拟地层水按采出水离子组成配制而成。

表1　油田采出水和注入水离子组成（单位 mg/L）

水样	pH值	Cl^-含量	SO_4^{2-}含量	HCO_3^-含量	Mg^{2+}含量	Ca^{2+}含量	$Sr^{2+}+Ba^{2+}$含量	Na^++K^+含量	矿化度	水型
注入水	7.65	9972.09	1196.85	162.45	77.60	42.65	71.60	6884.5	18407.74	Na_2SO_4
采出水	6.70	15610.05	113.59	114.67	12.35	305.41	1109.32	9480.0	26745.38	$CaCl_2$

CS350型电化学工作站，武汉科斯特仪器有限公司；TFCZ 3-10/220型磁力驱动三电极电化学高压釜，威海金鑫石化设备有限公司；EQUINOX 55型傅立叶红外光谱仪，德国BRUKER公司；Nova Nano-SEM型场发射扫描电镜（FSEM），荷兰FEI公司；ICP-MS电感耦合等离子体质谱仪，美国赛默飞公司。

1.2　苯甲酸磷酸酯基硫脲基咪唑啉的制备

在装有冷凝管和搅拌装置的四口烧瓶中加入22.2g的苯甲酸和20mL的二甲苯，在搅拌作用下混合均匀；逐渐升温至130℃，用恒压滴液漏斗缓慢滴加26.5g的四乙烯五胺，升温至140~150℃回流反应2.5h；继续升温至180℃加热搅拌1h，按照10℃/h的升温速率将温度升至240℃，直至没有水生成，停止加热，继续搅拌冷却直到温度降至120℃左右收集产品，得橘色透明苯甲酸五胺咪唑啉溶液，反应式见式(1)。根据反应冷凝收集水的质量判断反应的产率为73%，反应的副产物溶解产品中，混合后不影响产品的性能评价。

$$C_6H_5COOH + H_2N\text{-}CH_2CH_2\text{-}NH\text{-}CH_2CH_2\text{-}NH\text{-}CH_2CH_2\text{-}NH\text{-}CH_2CH_2\text{-}NH_2 \longrightarrow \text{2-phenyl-imidazoline}\,N\text{—}(CH_2CH_2NH)_2\text{—}CH_2\text{—}CH_2\text{—}NH_2 \qquad (1)$$

将苯甲酸五胺咪唑啉和硫脲加入三口烧瓶中，再加入正辛醇，在150℃下反应2h，然后升温至160℃冷凝回流1h反应直到没有刺激性气味（氨气）生成，得到深红色的溶液硫脲基苯甲酸咪唑啉，反应产率为72%。将得到的硫脲基苯甲酸咪唑啉溶解在乙醇中，在70℃下缓慢滴加亚磷酸二甲酯，恒温搅拌2h后升温至90℃反应3h，得到苯甲酸磷酸酯基硫脲基咪唑啉（记作PBTI），反应产率为97.8%。

1.3　缓蚀阻垢剂CQ-HS的合成

取质量分数20% PBTI和异丙醇混合加热溶解搅拌均匀，加入一定量蒸馏水和乙酸搅拌后静置得到深黄色溶液；然后再加入质量分数15%的PESA，搅拌后静置得到暗红色透明溶液；最后加入一定量的表面活性剂OP-10和喹啉季铵盐，充分搅拌后得到紫红色非透明溶液即得到缓蚀阻垢剂CQ-HS。

1.4 测试与表征

1.4.1 红外光谱测试

依据国家标准《红外光谱分析方法通则》(GB/T 6040—2019)，分别取少量的苯甲酸咪唑啉和 PBTI 装入液体样品池，采用 EQUINOX55 型傅立叶红外光谱仪测试分析。

1.4.2 电化学测试

采用 J55、N80 为工作电极，Ag/AgCl 电极为参比电极，Pt 为辅助电极，应用 CS350 型电化学工作站对缓蚀剂溶液进行动电位扫描等电化学测试，扫描速率为 0.005mV/s。

1.4.3 缓蚀性能评价

按照中华人民共和国机械行业标准《金属材料实验室均匀腐蚀全浸试验方法》(JB/T7901—1999)的挂片失重测试方法，考察缓蚀阻垢剂对挂片的缓蚀性能。实验所用的挂片为 J55、N80 碳钢，规格为 50mm×10mm×3mm，孔径大小为 6mm。腐蚀介质为根据采出水离子组成配制的模拟地层水，试验前溶液通 CO_2 饱和。考察碳钢在不同温度、压力、缓蚀阻垢剂浓度下的静态腐蚀速率，包含超临界状态下的腐蚀速率，实验时间 24h。腐蚀速率按式(2)计算：

$$V_{corr}=\frac{8.76\times10^{7}\ (W_0-W_1)}{\rho St} \tag{2}$$

式中 V_{corr}——腐蚀速率，mm/a；

W_0 与 W_1——分别为实验前后钢片质量，g；

ρ——挂片密度，kg/m^3；

S——钢片表面积，cm^2；

t——腐蚀失重时间，h。

1.4.4 阻垢性能评价

按照中国石油行业标准《油田用防垢剂性能评定方法》(SY/T 5673—2020)，测定缓蚀阻垢剂对钡锶垢的阻垢性能。将注入水与采出水等体积混合，采用电感耦合等离子体质谱仪(ICP-MS 法)检测混合水在加入缓蚀阻垢剂前后溶液中钡锶离子的浓度，按式(3)计算缓蚀阻垢剂对水样的阻垢率 η：

$$\eta=\frac{M_2-M_1}{\frac{1}{2}M_0-M_1}\times100\% \tag{3}$$

式中 M_0——采出水中钡锶离子含量，mg/L；

M_1——未加缓蚀阻垢剂的钡锶离子含量，mg/L；

M_2——加缓蚀阻垢剂后的钡锶离子含量，mg/L。

2 结果与讨论

2.1 苯甲酸磷酸酯基硫脲基咪唑啉的结构分析

图 1 为苯甲酸咪唑啉的红外光谱图。在 3288cm^{-1}处的吸收峰为氨基 N—H 键伸缩振动

吸收峰，在 2939cm^{-1}、2819cm^{-1}处为苯环上—CH—的伸缩振动吸收峰，1649cm^{-1}处为咪唑啉环 C ═N 特征吸收峰，说明有咪唑啉环的存在，1542cm^{-1}处裂开的几处峰为苯环上—C ═C—骨架伸缩振动，1470cm^{-1}处为—CH_2—面内变角振动吸收峰。

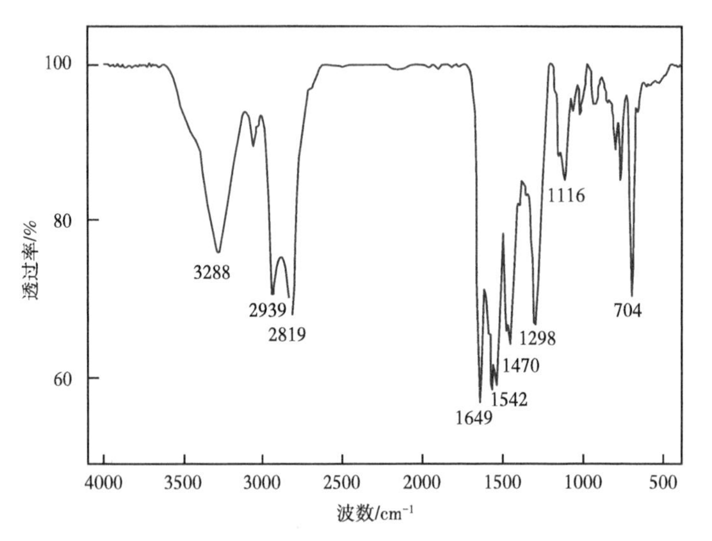

图 1　苯甲酸咪唑啉的红光外谱图

图 2 为苯甲酸磷酸酯基硫脲基咪唑啉的红外光谱图。3288cm^{-1}处为氨基 N—H 伸缩振动吸收峰，2943cm^{-1}处及右侧分峰分别为—CH_2—不对称伸缩振动和对称伸缩振动吸收峰，2054cm^{-1}处为叠氮峰对应为咪唑啉环上被季铵化的 N^+，1650cm^{-1}处为咪唑啉环上 C ═N 特征吸收峰，1490cm^{-1}处为—CH_2—面内变角振动吸收峰，1222cm^{-1}处为硫脲中 C ═S 键吸收峰，1052cm^{-1}处为 P—O—C 弯曲振动吸收峰，810cm^{-1}处为苯环上烯烃═C—H 面外弯曲振动吸收峰。红外光谱分析结果表明所合成的产物即为目标产物。

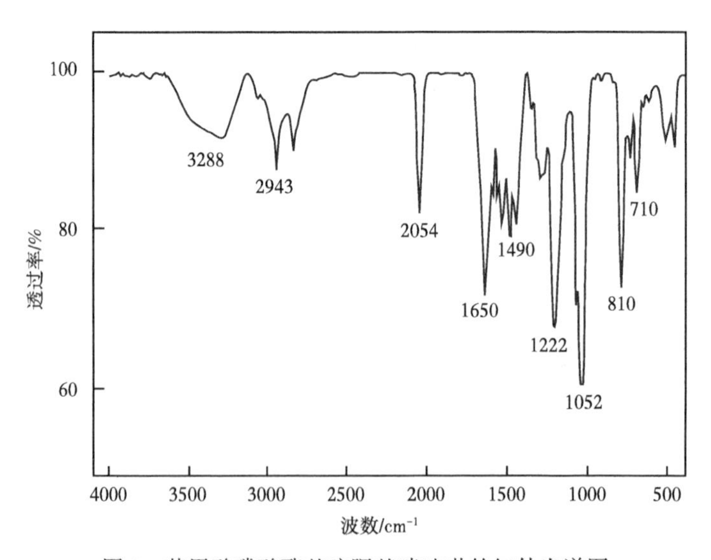

图 2　苯甲酸磷酸酯基硫脲基咪唑啉的红外光谱图

2.2 动电位极化曲线评价

分别在温度 40℃和 80℃下，利用电化学工作站对加入 200mg/L 的超临界 CO_2 缓蚀阻垢剂（CQ-HS）（或常用缓蚀剂 A）前后的 CO_2 饱和的模拟地层水进行动电位扫描测试极化曲线（图 3）。由图 3 可知，在 40℃下，缓蚀阻垢剂使体系的腐蚀电位明显正移，采用弱极化区三参数拟合发现缓蚀阻垢剂 CQ-HS 的腐蚀电流密度最小，相对于空白体系而言，缓蚀效率可达到 80%以上。在 80℃下，缓蚀剂的效果更加明显，缓蚀效果可以达到 90%以上，且极化曲线中以阳极抑制过程最为明显，说明在高温下缓蚀阻垢剂是以抑制阳极反应为主的混合型缓蚀剂[10-11]。

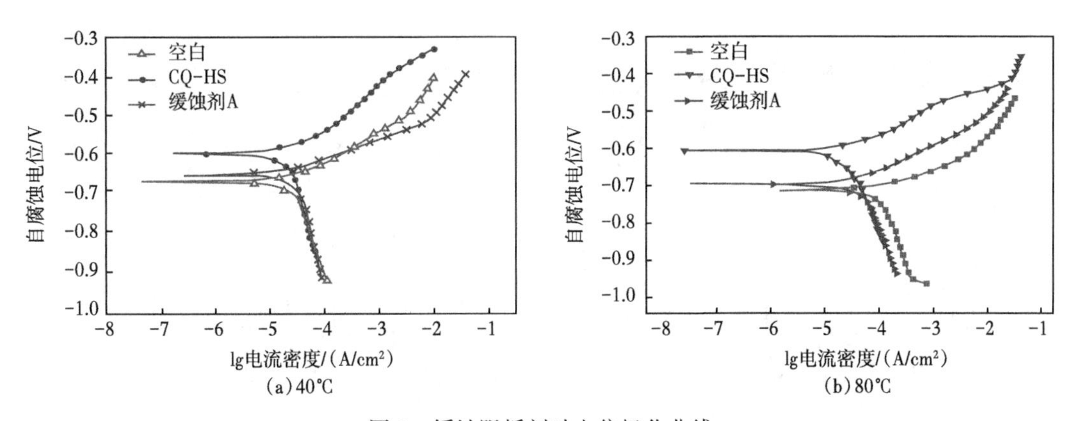

图 3　缓蚀阻垢剂动电位极化曲线

2.3 超临界 CO_2 条件下的缓蚀性能

在不同温度下，碳钢在不同加量缓蚀阻垢剂 CQ-HS 溶液中的腐蚀速率随 CO_2 分压的变化如图 4 所示。当缓蚀阻垢剂 CQ-HS 加量在 200mg/L 以上时，无论在 CO_2 超临界状态（CO_2 分压>7. 38MPa）还是在非超临界状态下，缓蚀阻垢剂 CQ-HS 均具有较好的抗 CO_2 腐蚀能力，均能将普通碳钢腐蚀速率控制在 0. 076mm/a 以下，满足现场试验要求。当 CQ-HS 加量为 100mg/L 时，CO_2 分压≤3MPa 下的碳钢腐蚀速率为 0. 068mm/a（≤0. 076mm/a），说明较低浓度的缓蚀阻垢剂在 CO_2 非超临界状态时同样具有很好的缓蚀性能。

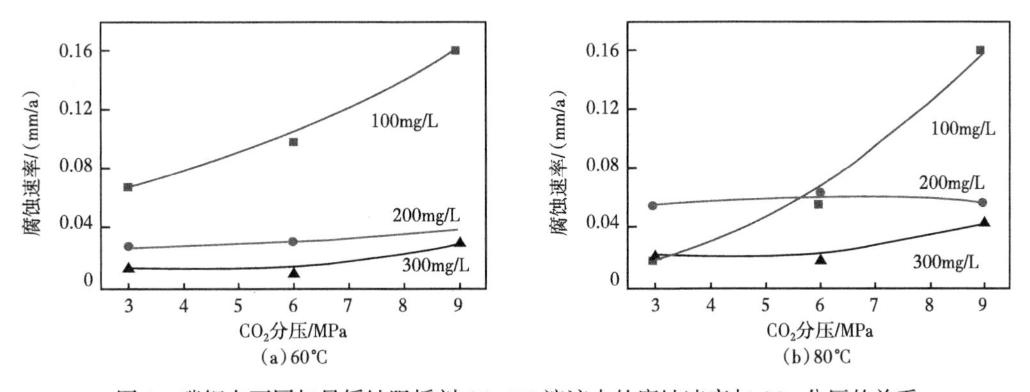

图 4　碳钢在不同加量缓蚀阻垢剂 CQ-HS 溶液中的腐蚀速率与 CO_2 分压的关系

在超临界 CO_2（80℃、9MPa）条件下，在油田现场水样中加入 200mg/L 的缓蚀阻垢剂 CQ-HS，碳钢在水样中的腐蚀速率仅为 0.031mm/a，低于相同条件下在模拟地层水中的腐蚀速率。油田采出水样中含有少量原油，原油中具有缓蚀作用的有机化合物会吸附在金属表面起到物理屏障作用，抑制腐蚀过程的阳极反应和阴极反应，从而阻碍水相对金属的腐蚀[12-15]，与缓蚀剂形成良好的协同作用，提升缓蚀效果。

图 5 为超临界条件下碳钢挂片在加有 200mg/L 常用缓蚀剂 A 或缓蚀阻垢剂 CQ-HS 的模拟地层水中腐蚀后的微观形貌。在添加缓蚀阻垢剂 CQ-HS 的模拟地层水中的碳钢挂片表面完整致密，腐蚀得到明显的抑制，而在添加常规缓蚀剂 A 的模拟地层水中的挂片表面存在明显的瘤状腐蚀产物膜，说明常用缓蚀剂 A 在超临界条件下的缓蚀作用不明显。

（a）缓蚀剂A　　（b）缓蚀阻垢剂CQ-HSA

图 5　超临界条件下碳钢挂片在加有 200mg/L 缓蚀剂的模拟地层水中腐蚀后的微观形貌

2.4　阻垢性能

在常压条件下，将采出水和注入水等体积混合，加入一定量缓蚀阻垢剂 CQ-HS，在 60℃恒温 24h，缓蚀阻垢剂 CQ-HS 加量对硫酸钡锶垢阻垢率的影响如图 6 所示。当缓蚀阻

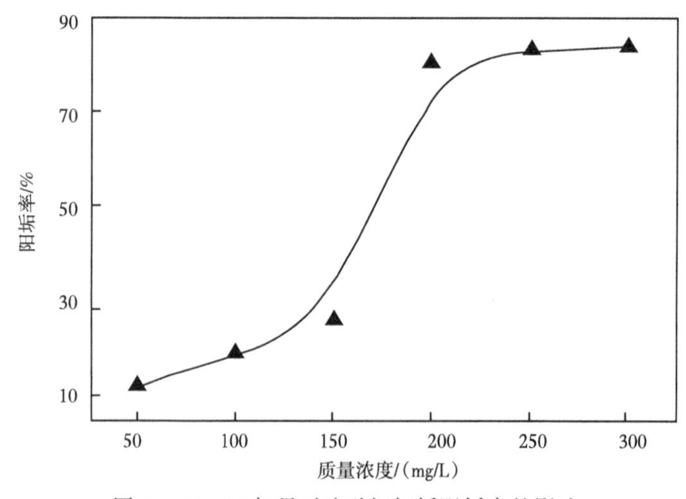

图 6　CQ-HS 加量对硫酸钡锶垢阻垢率的影响

垢剂 CQ-HS 加量为 200mg/L 时，其对硫酸钡锶垢的阻垢率可以达到 80%以上，继续增大 CQ-HS 加量时，阻垢率变化不明显。缓蚀阻垢剂 CQ-HS 具有较好的硫酸钡锶垢阻垢效果，建议现场应用加量为 200mg/L。

3 结论

CQ-HS 缓蚀阻垢剂在超临界条件下能有效提高碳钢自腐蚀电位，延缓腐蚀反应发生，并对油田采出水具有硫酸钡锶垢阻垢性能。

CQ-HS 缓蚀阻垢剂在超临界 CO_2（80℃、CO_2 分压 9MPa）条件下具有良好的缓蚀性能，加入 200mg/L 的 CQ-HS 可使碳钢腐蚀速率降至 0. 076mm/a 以下；当 CO_2 分压不大于 3. 0MPa 时，添加 100mg/L 的 CQ-HS 可使碳钢腐蚀速率降为 0. 068mm/a。

在现场水样添加 200mg/L 的 CQ-HS，对硫酸钡锶垢的阻垢率可以达到 80%以上，表明 CQ-HS 具有良好的阻垢作用，可实现缓蚀阻垢一体化目标。

参考文献

[1] 田建峰，吕江，刘学蕊. IMC-80BH 型气井缓蚀剂应用效果评价［J］. 石油化工应用，2012，31(1)：78-94.

[2] 曹楚南，陈家坚. 缓蚀剂在油气田的应用［J］. 石油化工防腐与防护，1997，14(14)：34-36.

[3] 张大全，高立新，周国定. 国内外缓蚀剂研究开发与展望［J］. 防腐与防护，2009，30(9)：604-609.

[4] 王彬，杜敏，张静. 油气田中抑制 CO_2 腐蚀缓蚀剂的应用及其研究进展［J］. 防腐与防护，2010，31(7)：503-511.

[5] CHOI Y S，NESIC S. Corrosion behaviour of carbon steel in supercritical CO_2-water environments［C］// Corrosion 2009. Houston：NACE，2009.

[6] 张玉成，屈少鹏，庞晓露，等. 超临界 CO_2 条件下钢的腐蚀行为研究进展［J］. 防腐与防护，2011，32(11)：854-858.

[7] HESjEVIK S M，OLSEN S，SEIERSTEN M. Corrosion at high CO_2 pressure［C］//Corrosion 2003. California：NACE，2003.

[8] WANG B，DU M，ZHANG J，et al. Electrochemical and surface analysis studies on corrosion inhibition of Q235 steel by imidazoline derivative against CO_2 corrosion［J］. Corros Sci，2011，53(1)：353.

[9] 杨怀玉，曹殿珍，陈家坚，等. CO_2 饱和溶液中缓蚀剂的电化学行为及缓蚀性能［J］. 腐蚀科学与防护技术，2000，12(4)：211-214.

[10] 宋蔚，田禾，张津红. 缓蚀剂的成膜机理分析［J］. 天津理工学院学报，2004，20(4)：67-70.

[11] 张天胜. 缓蚀剂［M］. 北京：化学工业出版社，2002.

[12] 孙冲，孙建波，王勇，等. 超临界 CO_2/油/水系统中油气管材钢的腐蚀机制［J］. 金属学报，2014，50(7)：811-820.

[13] 刘建新，张瑞霞，杨洁，等. 超临界 CO_2 环境中原油对 N80 油套管腐蚀的影响［J］. 防腐与防护，2014，35(增刊 2)：194-197.

[14] 姬鄂豫，李爱魁，张银华，等. 原油对碳钢腐蚀行为影响的研究［J］. 材料保护，2004，37(5)：43-44.

[15] 张学元，杨春艳，王凤平，等. 轮南油田水介质对 A3 钢腐蚀规律的研究［J］. 石油与天然气化工，1999，28(3)：215-217.

316L 不锈钢在模拟含二氧化碳原油中的耐腐蚀性能

孙银娟[1]　潜　忠[1]　张志浩[1]　贺　三[2]　孙芳萍[1]　成　杰[1]

(1. 西安长庆科技工程有限责任公司；2. 西南石油大学)

摘要：长庆油田采用多层系开发，采出水矿化度高(40~160g/L)，是吉林、大庆等油田的7~10倍，Ca^{2+}、Ba^{2+}、Sr^{2+}等成垢离子含量高，层系间水质配伍性差，严重的结垢、腐蚀与垢下腐蚀并存，平均腐蚀速度在0.25~0.75mm/a，CO_2驱油后腐蚀和结垢更加突出。国内CO_2驱油过程中，主要地面工艺单元选材采用了316L不锈钢。因此，长庆油田需要根据综合腐蚀环境，进一步研究采出流体中Cl^-质量浓度、Ca^{2+}质量浓度、CO_2分压、温度及流速对316L不锈钢的腐蚀影响规律，为长庆油田CO_2驱油地面工艺选材提供依据。结果表明：在长庆油田综合腐蚀环境下，316L不锈钢的腐蚀速率在10^{-3}~10^{-2}mm/a数量级之间变化，腐蚀速率极低，属于很耐蚀的等级，故不需要考虑其全面腐蚀行为。但根据电镜扫描和能谱分析发现，由于试件中耐腐蚀元素Mo的质量分数略高于低限，在Al杂质较多的部位，316L不锈钢出现了腐蚀轻微的开口型点蚀坑。所以，在316L不锈钢的选材过程中建议对Mo等有利微量元素的质量分数提出更高要求。

关键词：316L不锈钢；腐蚀规律；油田；二氧化碳腐蚀

316L不锈钢是奥氏体不锈钢，其Ni和Cr元素的质量分数较高是抗二氧化碳腐蚀的根本原因，这两种元素在金属表面形成自然氧化膜，阻碍了腐蚀的进行[1-2]。研究表明[3-4]，当碳钢含Cr达到3%以上时即能显著提高抗腐蚀性。对于不太苛刻的二氧化碳环境，316L不锈钢是目前比较公认的耐蚀材料。但国内外对316L不锈钢的研究主要集中在含硫化氢、氯离子等复杂环境中的应力腐蚀行为上[5-7]，对于原油中含二氧化碳环境下316L的腐蚀规律研究较少。长庆油田采出水矿化度高(40~160g/L)，是吉林、大庆等油田的7~10倍，Ca^{2+}、Ba^{2+}、Sr^{2+}等成垢离子含量高，层系间水质配伍性差，平均腐蚀速度在0.25~0.75mm/a。基于此，根据长庆油田综合腐蚀环境，在室内模拟研究了Cl^-质量浓度、Ca^{2+}质量浓度、CO_2分压、温度及流速对316L不锈钢的腐蚀影响规律，为油田含二氧化碳环境中316L不锈钢的选材提供了依据。

1　实验过程

实验材料为316L不锈钢。分析检测数据(表1)，各个元素的质量分数符合316L不锈钢的成分范围，但值得注意的是，其中重要的抗腐蚀元素Ni、Cr及Mo控制在低限。腐蚀失重实验试样尺寸为50mm×10mm×3mm，电化学测试试样为10mm×10mm×3mm的方形电极，电化学试样背面采用锡焊连接Cu导线，环氧树脂封样。各试样表面依次利用水磨砂纸逐级打磨至1200#，打磨后的试样依次用去离子水、丙酮及无水乙醇中的超声波辅助清洗 5min，冷风吹干后备用。分析方法主要为腐蚀失重法、SEM 分析法、EDS 分析法及电化学行为分析法。其中腐蚀失重实验在高温高压反应釜中进行，通过调节减压阀的开度，调节总压以及 CO_2 分压大小，调节转轴的转速控制流速大小。在不同实验条件下，浸泡 72h 后从混合溶液中取出后用去离子水冲洗，放入酸洗液（配比为盐酸 500mL，六次甲基四胺 3.5g，加蒸馏水至 1L）中超声波辅助清洗 5min，取出后用无水乙醇脱水，吹干后放入干燥器中，8h 后用分析天平（精度 0.1mg）进行称重，每个条件下对 3 个平行样分别称重，结果取平均值。

表 1　316L 不锈钢化学成分检测结果

元素	C	Si	Mn	P	S	Ni	Cr	Mo
质量分数/%	0.023	0.46	1.19	0.026	0.001	10.34	16.81	2.02

电化学测试采用三电极体系，在 PARSTAT 4000A 型电化学工作站上进行电化学实验。工作电极为 316L 钢试样，参比电极为饱和甘汞电极（SCE），辅助电极为 Pt 片，溶液体积为 1000mL。动电位极化曲线的扫描速率为 1mV/s，扫描电位范围为-0.8~2V（相对于开路电位）。腐蚀产物形貌采用 ZEISS 扫描电子显微镜（SEM）对试样表面形貌和元素组成进行分析，扫描电压为 20kV。

2　实验结果

2.1　Cl^-质量浓度的影响

实验设定 Ca^{2+} 的质量浓度为 3000mg/L，总压 3MPa，CO_2 分压 0.3MPa，温度 35℃，流速 0m/s，在高温高压反应釜中进行腐蚀实验，实验周期为 72h。当 Cl^- 的质量浓度分别为 3000mg/L、10000mg/L、20000mg/L、35000mg/L 及 50000mg/L 时，316L 不锈钢的腐蚀速率分别为 0.0019mm/a、0.0015mm/a、0.0079mm/a、0.0068mm/a 及 0.0037mm/a。

实验条件下，316L 不锈钢的腐蚀速率随氯离子质量浓度的增加先增加后减小（图 1），

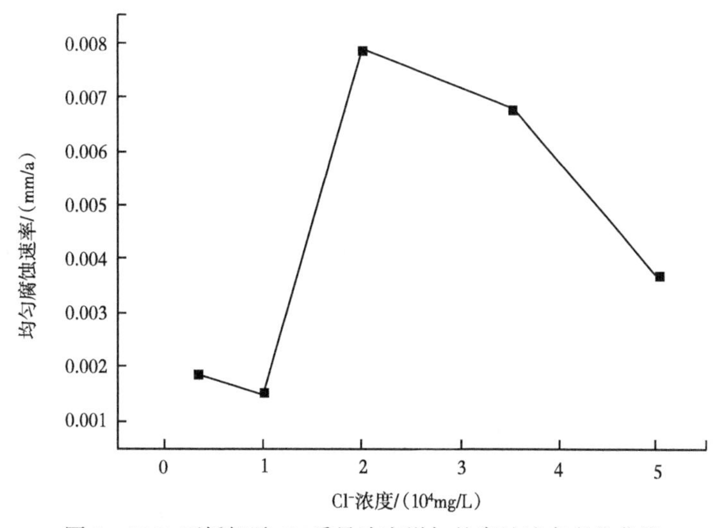

图 1　316L 不锈钢随 Cl^- 质量浓度增加的腐蚀速率变化曲线

这是因为在 Cl^- 质量浓度较低时，氯离子的存在会大大阻碍钝化膜的形成[8-10]，其对金属的腐蚀影响显著，主要表现在碳钢的全面腐蚀、不锈钢的点蚀及应力腐蚀开裂等局部腐蚀。而随着 Cl^- 质量浓度的进一步增加，使得 CO_2 在溶液中的溶解度减小，导致碳钢的腐蚀速率降低；但 316L 不锈钢的腐蚀速率均在 10^{-3}mm/a 数量级，远低于《钢质管道内腐蚀控制规范》（GB/T 23258—2009）的规定限值，其腐蚀属于很耐蚀的等级，因此其腐蚀规律受 Cl^- 质量浓度变化的影响较小。

2.2 Ca^{2+} 质量浓度的影响

在其他实验条件相同的条件下，当 Cl^- 质量浓度为 20000mg/L，Ca^{2+} 质量浓度分别为 100mg/L、3000mg/L、6000mg/L 时，316L 不锈钢的腐蚀速率分别为 0.0012mm/a、0.0079mm/a、0.0038mm/a，由腐蚀速率随 Ca^{2+} 质量浓度的变化（图 2）可见，尽管腐蚀速率随 Ca^{2+} 质量浓度的增加先增加后减小，但腐蚀速率依然在 10^{-3}mm/a 数量级，故其腐蚀规律受 Ca^{2+} 质量浓度变化的影响较小。

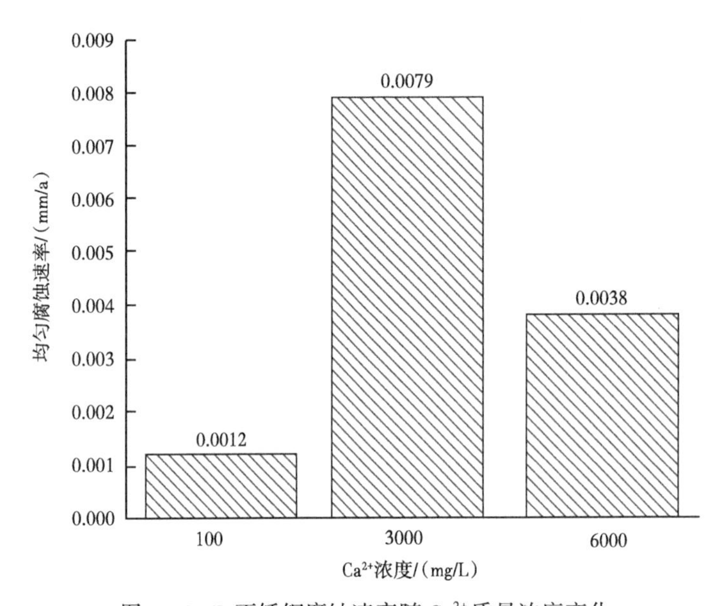

图 2 316L 不锈钢腐蚀速率随 Ca^{2+} 质量浓度变化

也有文献研究显示[11]，腐蚀产物膜的保护性随着 Ca^{2+} 质量浓度的增加而增加的同时，金属发生点蚀的倾向增大。Ca^{2+} 质量浓度的增加会加快点蚀的产生，这是因为在一定的 Ca^{2+} 质量浓度下，钙盐会由内层氧化膜表面析出，随着时间的增加，钙盐层覆盖区域下的溶解氧因为迁移受阻而不断消耗，从而促进该区域下氧浓差电池的形成，最终产生点蚀。

2.3 CO_2 分压影响

其他实验条件相同，调整 CO_2 分压分别为 0.15MPa、0.3MPa、0.45MPa、0.6MPa、0.75MPa，进行腐蚀加速实验，316L 不锈钢的腐蚀速率依次为 0.0178mm/a、0.0800mm/a、0.0110mm/a、0.0092mm/a、0.0011mm/a（图 3）。虽然 316L 不锈钢腐蚀速率随 CO_2 分压的增大而缓慢降低，但其腐蚀速率在 10^{-3} ~ 10^{-2} mm/a 数量级之间，远小于行业标准的限值。

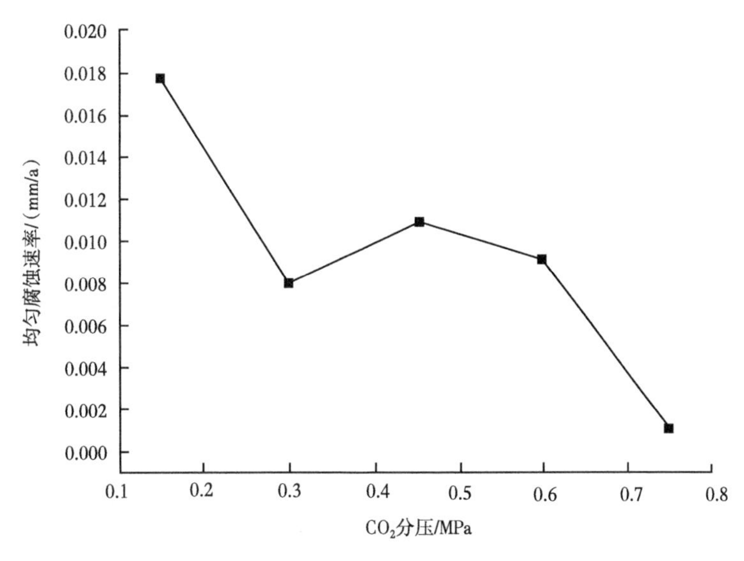

图 3　316L 不锈钢腐蚀速率随 CO_2 分压变化曲线

研究指出[12]，CO_2 的存在会促进碳酸亚铁膜的生成，从而对钢的腐蚀产生抑制作用。因此，单一的二氧化碳腐蚀环境不会对不锈钢产生严重的点蚀。但是在其他离子(例如 Cl^-)的协同作用下则会加重点蚀。

2.4　温度影响

其他实验条件相同，调整温度分别为 15℃、25℃、35℃、45℃、55℃进行腐蚀加速实验，316L 不锈钢腐蚀速率分别为 0.0035mm/a、0.0031mm/a、0.0079mm/a、0.0215mm/a、0.0119mm/a（图 4）。实验结果表明，316L 不锈钢的腐蚀速率基本上随温度的升高而增加，腐蚀速率最大值出现在 45℃，这主要是由于温度小于 45℃时，形成的 $FeCO_3$ 膜附着力较差，疏松多孔，对于金属基体保护性差，随着温度升高，腐蚀速率增加，因此，出

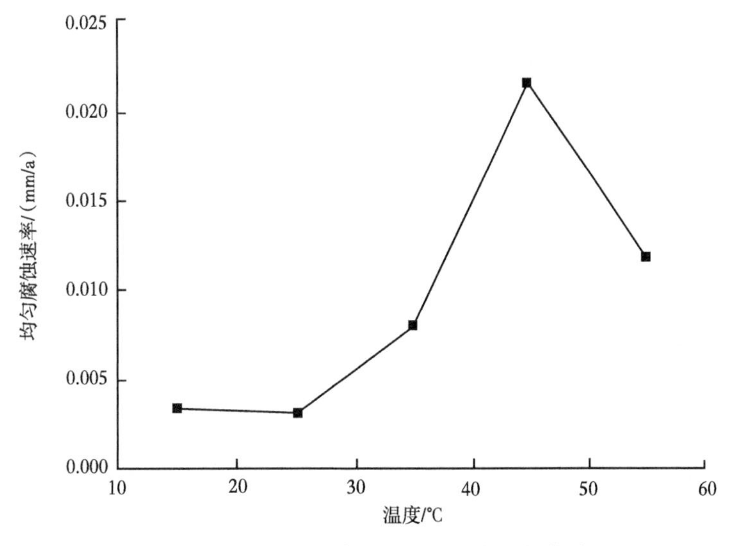

图 4　316L 不锈钢腐蚀速率随温度变化曲线

现钢的第一个腐蚀速率极大值，腐蚀类型主要以钢的均匀腐蚀为主。当温度大于45℃时，由于 $FeCO_3$ 的溶解度具有负的温度系数，溶解度随温度的升高而降低，此时金属表面形成较为致密的 $FeCO_3$ 膜，这层膜具有一定的保护性，因而腐蚀类型以局部腐蚀为主。但是与碳钢相比，其腐蚀速率依然非常小。

2.5 流速影响

其他实验条件相同，调整流速分别为 0、0.25m/s、0.5m/s 进行实验，316L 不锈钢的腐蚀速率依次为 0.0079mm/a、0.0072mm/a、0.0078mm/a。3 种流速下 316L 不锈钢的腐蚀速率几乎没有变化（图 5），故流速变化对 316L 不锈钢的腐蚀几乎没有任何影响，表现出良好的耐腐蚀特性。

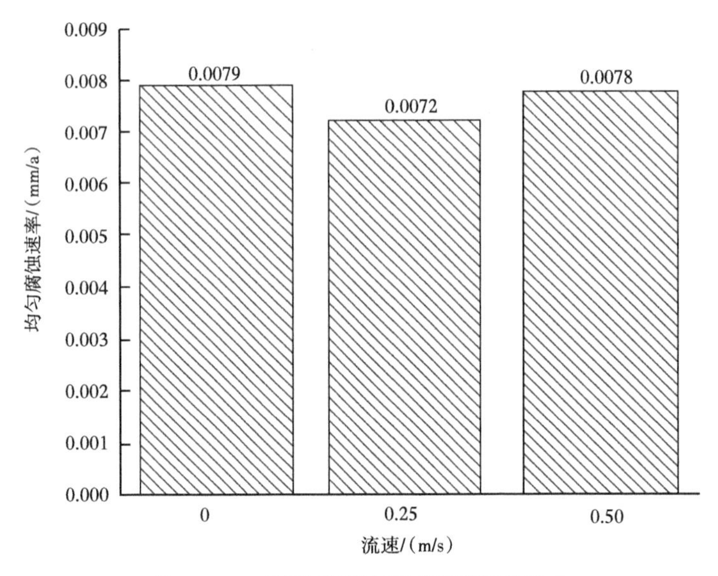

图 5　316L 不锈钢腐蚀速率随流速的变化

王志军等[13]研究发现，腐蚀介质在高流速状态下能够获得较强的冲刷能力，此时金属表面的腐蚀产物膜遭到严重破坏，腐蚀产物膜对金属基体的保护性严重下降，此时的腐蚀形式变为台面侵蚀，产生严重的局部腐蚀。但是，实验条件中涉及流速较低，属于层流范围，流体的冲刷作用有限。

2.6 油水比影响

总压不变，以 Cl^- 质量浓度 10000mg/L，Ca^{2+} 质量浓度 100mg/L，CO_2 分压 0.75MPa，温度 55℃，流速 0.5m/s 为条件，分别在 20%、85%两种水比（含水率）下进行了腐蚀加速实验，316L 不锈钢的腐蚀速率分别为 0.0037mm/a 和 0.0011mm/a。316L 不锈钢受到油水比变化的影响依然较小（图 6），表现出良好的耐腐蚀特性。

刘达京等[14]研究发现，油水状态转化（油包水和水包油）的临界值为 30%～40%的含水率，低于 30%会形成油包水结构，高于 40%将会形成水包油状态，因此该项目设定的实验条件为 20%和 85%，分别代表了油包水和水包油两种状态。20%含水率和 85%含水率条件下的数据分析显示，316L 不锈钢在两种条件下的腐蚀速率均较低，其腐蚀速率依然在 10^{-3}mm/a 数量级。

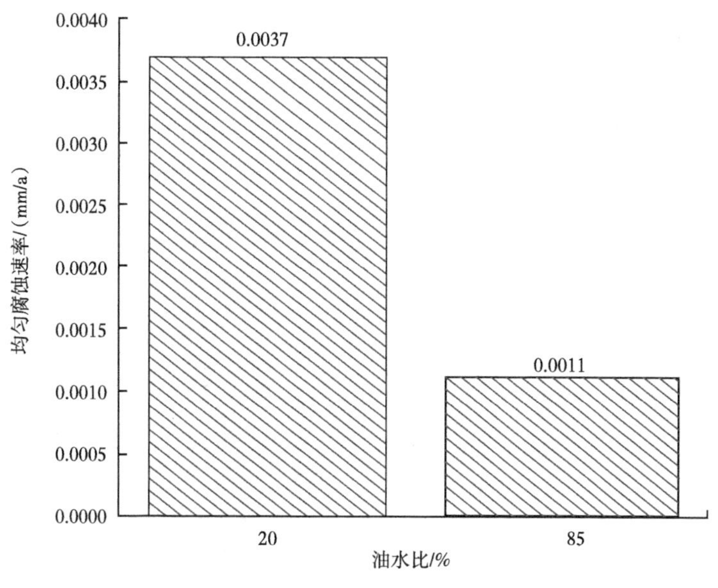

图 6　316L 不锈钢腐蚀速率随油水比的变化

2.7　腐蚀特征

点蚀是对不锈钢造成危害最大的腐蚀形式，其中氯离子浓度是造成不锈钢点蚀的主要因素[10]。因此，为了能够直观地观察和分析可能引起的点蚀行为，试验选取了氯离子浓度为 10000mg/L 和 50000mg/L 条件下的 316L 不锈钢腐蚀试验挂片，通过扫描电镜和能谱对试验结果进行了进一步分析。

当 Cl^- 质量浓度为 10000mg/L 时，观察 316L 不锈钢点蚀坑 2000 倍的扫描电镜图(图 7)，点蚀坑尺寸(最大跨度)约为 5μm，该点蚀为开口型蚀坑，由于腐蚀速率很低，腐蚀产物无法覆盖其表面，因此无法形成闭合型蚀坑，其危害程度比闭合型蚀坑小。

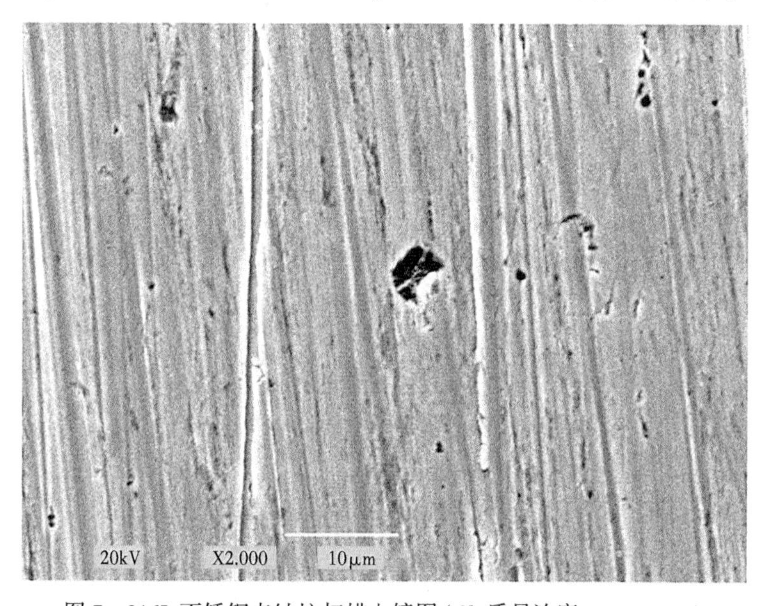

图 7　316L 不锈钢点蚀坑扫描电镜图(Cl^- 质量浓度 10000mg/L)

对点蚀坑进行能谱线扫描(图8)显示，在蚀坑位置，氧、铝、铬、铁、镍等元素发生了突变，孔蚀区域Al和O的质量浓度较高，说明该区域产生了Al_2O_3等铝的氧化物，并加剧了蚀孔的历程。通常认为，不锈钢孔蚀成核最敏感的位置是包着Al_2O_3的复合硫化锰、硫化钙夹杂物；用铝脱氧时，不锈钢中这类“活性夹杂物”较多，导致抗孔蚀性能变差[15]。

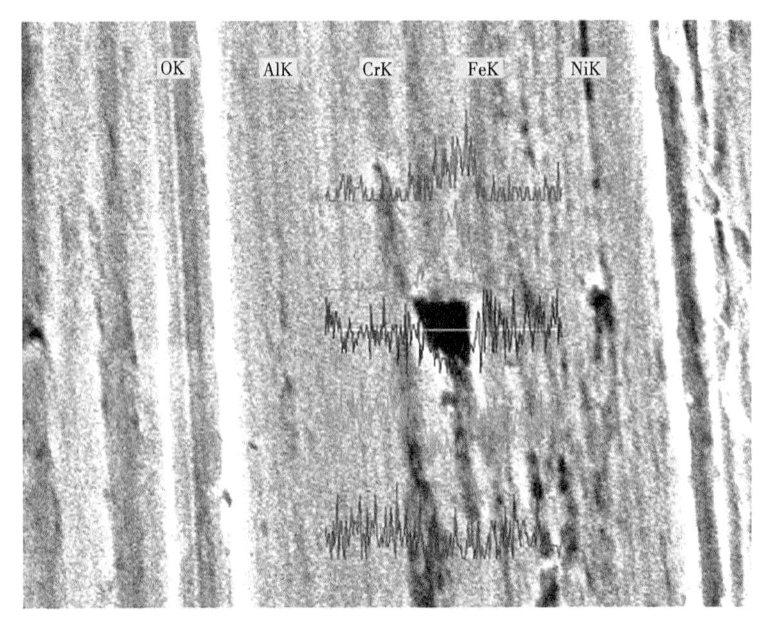

图8 316L不锈钢点蚀坑扫描电镜与能谱(Cl^-质量浓度10000mg/L)

当Cl^-质量浓度为50000mg/L时(图9)，观察316L不锈钢点蚀坑2000倍的扫描电镜图(图9)。点蚀坑尺寸(最大跨度)约为7μm，也为开口型蚀坑。

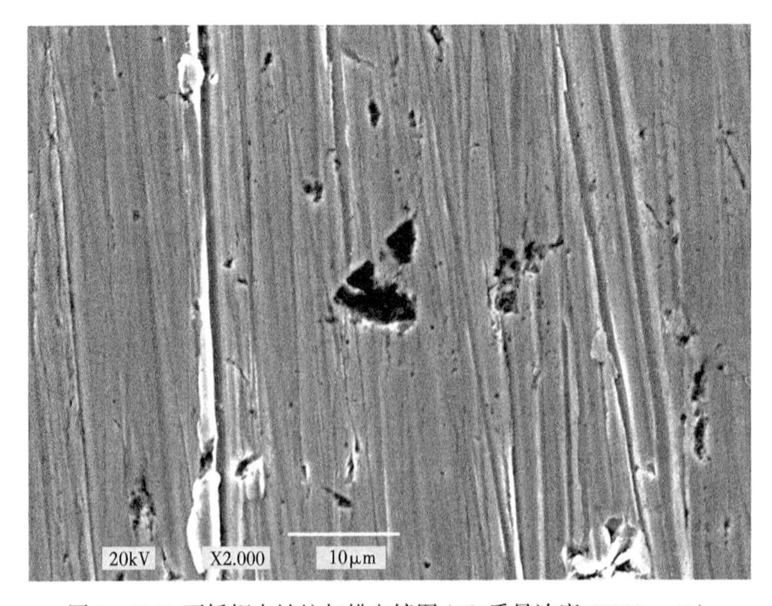

图9 316L不锈钢点蚀坑扫描电镜图(Cl^-质量浓度50000mg/L)

对点蚀坑进行能谱线扫描（图 10）显示，与 Cl^- 质量浓度为 10000mg/L 时的分析结果相似。尝试利用测深规测量上述点蚀坑的深度，发现无法进行直接测量，说明腐蚀坑太小。

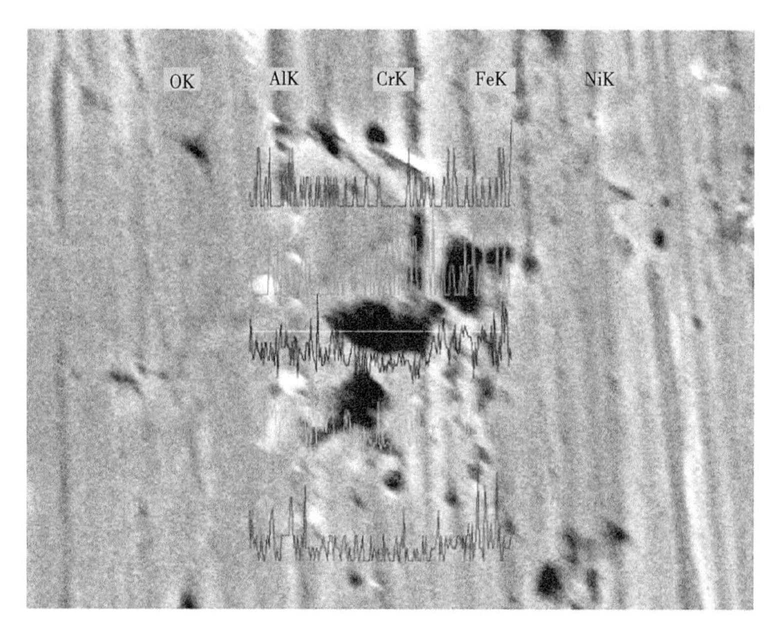

图 10　316L 不锈钢点蚀扫描电镜图（Cl^- 质量浓度 50000mg/L，5000 倍）

马力等[10,16]研究指出，由于氯离子的存在会局部阻碍及破坏钝化膜，使部分金属暴露在腐蚀介质环境下，造成局部腐蚀。但是，点蚀倾向并不会随着 Cl^- 质量浓度的增加而一直存在。对不锈钢点蚀行为存在一个阈值，氯离子质量浓度在这个阈值以下，不锈钢产生点蚀倾向较为敏感，而在这个阈值以上不锈钢点蚀倾向并不明显[17-18]。

316L 不锈钢在 Cl^- 质量浓度为 10000mg/L 时的自腐蚀电位为-0.61V（图 11），整体由阳极极化控制。曲线上大于-0.61V 的部分为阳极区域，曲线出现钝化现象（表现出较明显的钝化区间），316L 不锈钢表面存在一层钝化膜，故阳极阻力很大，在 0.08V 时腐蚀电流进入过钝化状态。316L 不锈钢按照《不锈钢蚀电位测量方法》（GB T 17899—1999）测量

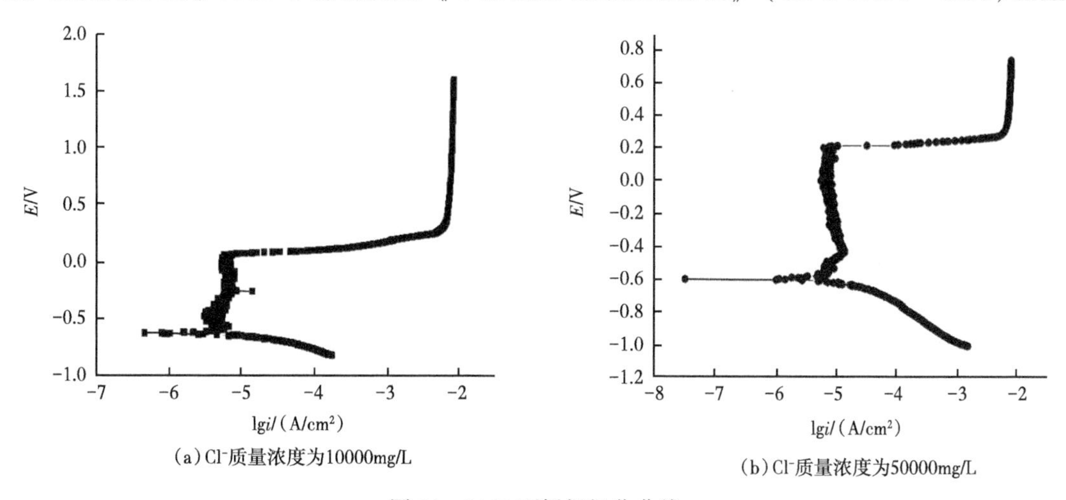

（a）Cl^- 质量浓度为10000mg/L

（b）Cl^- 质量浓度为50000mg/L

图 11　316L 不锈钢极化曲线

316L不锈钢的临界点蚀电位为0.275 V，超过点蚀电位，点蚀核开始形成并逐渐长大。保护性腐蚀产物膜遭到严重破坏，腐蚀电流再次快速变化。

当Cl^-质量浓度增大到50000mg/L时，其极化曲线与10000mg/L时一致，同样存在较大的钝化区间，结合调研数据[19-20]，氯离子会显著影响316L不锈钢的腐蚀，氯离子的存在会使维钝电流增大，自腐蚀电位趋于负移，明显表现出氯离子对不锈钢点蚀的催化作用。另外，316L不锈钢具有优秀耐蚀性的主要原因是其金属表面形成了一层致密的腐蚀产物膜，这是其腐蚀率小于碳钢的根本原因[21-22]。这层腐蚀产物膜的腐蚀保护性通过不同条件下的腐蚀速率数据以及极化曲线显示，316L不锈钢在二氧化碳环境下具有优良的耐全面腐蚀特性。

3 结论

本研究以长庆油田CO_2驱的油水混合采出液为基础，实验条件下，316L不锈钢的腐蚀速率随Cl^-质量浓度的增加先增加后减小，随Ca^{2+}质量浓度的增加先增加后减小，随CO_2分压的增大而缓慢降低，但腐蚀速率远低于规范限值，属于很耐蚀的等级。316L不锈钢的腐蚀速率随温度的升高而增加，最大值出现在45℃，但是与碳钢相比，其腐蚀速率依然非常小，属于很耐蚀的等级。实验条件中涉及流速较低，属于层流范围，流体的冲刷作用有限，流速变化对316L不锈钢的腐蚀几乎没有任何影响。

当Cl^-质量浓度为10000mg/L和50000mg/L时，316L不锈钢有点蚀发生，蚀坑最大宽度分别为5μm和7μm。在蚀坑位置Al和O的质量浓度较高，但点蚀均为开口型蚀坑，其危害程度比闭合型蚀坑小。在Cl^-质量浓度为10000mg/L时，316L不锈钢的自腐蚀电位为-0.61V，整体由阳极极化控制；在0.08V时腐蚀电流进入过钝化状态。当Cl^-质量浓度增大到50000mg/L时，其极化曲线与10000mg/L时一致，同样存在较大的钝化区间。这层腐蚀产物膜的腐蚀保护性通过不同条件下的腐蚀速率数据以及极化曲线显示，316L不锈钢在长庆油田CO_2驱地面工艺流程中具有优良的耐全面腐蚀特性。

参考文献

[1] CHEN J J, LU Z P, XIAO Q, et al. The effects of cold rolling orientation and water chemistry on stress corrosion cracking behavior of 316L stainless steel in simulated PWR water environments [J]. Journal of Nuclear Materials, 2016, 472: 1-12.

[2] 孙江勇，曾良. 先进喷涂技术制备316L不锈钢涂层的结构与性能研究 [J]. 硬质合金，2018，35(2)：95-100.

[3] WU TAO, WU HUIBIN, NIU GANG, et al. Effect of microstructure on the corrosion performance of 5% Cr steel in a CO_2 environment [J]. Corrosion, 2018, 74(7): 757-767.

[4] WANG S, ZHANG S, ZHANG C H, et al. Effect of Cr_3C_2 content on 316L stainless steel fabricated by laser melting deposition [J]. Vacuum, 2018, 147: 92-98.

[5] 杨宏亮，薛河，倪陈强. 冷加工对316L不锈钢裂尖力学特性的影响 [J]. 西安科技大学学报，2018，38(3)：484-489.

[6] 周霄骋，崔巧棋，贾静焕，等. Cl^-浓度对316L不锈钢在碱性$NaCl/Na_2S$溶液中SCC行为的影响 [J]. 中国腐蚀与防护学报，2017，37(6)：526-532.

[7] 王硕，陶然. 316L不锈钢应力腐蚀慢应变速率拉伸试验 [J]. 物理测试，2016，34(2)：12-15.

[8] 王健云，高永钢，周育英．工业纯钛和00Cr25Ni22Mo2不锈钢在酸性介质中的电化学行为［J］．北京化工大学学报(自然科学版)，2000(2)：70-72，75.
[9] EZUBER H，ALSHATER A，ABULHASAN M. Role of thiosulfate in susceptibility of AISI 316L austenitic stainless steels to pitting corrosion in 3.5% sodium chloride solutions［J］. Surface Engineering and Applied Electrochemistry，2017，53（5），493-500.
[10] 常钦鹏，陈友媛，宋芳等．地下咸水阴离子协同作用对316L不锈钢耐蚀性能的影响［J］．材料导报，2015，29（04）：107-111.
[11] 安洋，徐强，任志峰，等．循环冷却水中不同离子对不锈钢点蚀的影响［J］．电镀与精饰，2010，32(7)：10-13.
[12] 刘鹤霞，张高林，赵景茂，等．四种钢材在含CO_2盐水溶液中的腐蚀行为［J］．腐蚀与防护，2007（4）：202-205.
[13] 王志军，凌国平．双相不锈钢管路的腐蚀失效分析［J］．金属热处理，2013，8(388)：116-122.
[14] 张万铭，封承明，马腾，等．2Cr13不锈钢小孔腐蚀敏感位置的研究［J］．中国腐蚀与防护学报，2009，1(1)：1-9.
[15] 石林，郑志军，高岩．不锈钢的点蚀机理及研究方法［J］．材料导报，2015，29(23)：79-85.
[16] 王晶，尚新春，路民旭，等．316L不锈钢在不同环境中点蚀形核研究［J］．材料工程，2015，43（9）：12-18.
[17] 赵春梅，王正君．氯离子的腐蚀机理分析及防腐处理［J］．黑龙江水利，2016，2(7)：6-9，17.
[18] 谢文州，郦和生，杨玉．316L不锈钢在循环水中点蚀的氯离子浓度阈值研究［J］．石油化工腐蚀与防护，2013，30(1)：8-10，15.
[19] 曹占锋，乔利杰，褚武扬．321不锈钢点蚀电位影响因素的研究［J］．中国腐蚀与防护学报，2006，26(1)：22-25.
[20] 鲍明昱，任呈强，郑云萍，等．基于点蚀的316L不锈钢在酸性气田环境中的适应性评价［J］．材料导报，2016，30(17)：10-15，35.
[21] SÁEZ-MADERUELO A，GÓMEZ-BRICEÑO D. Stress corrosion cracking behavior of annealed and cold worked 316L stainless steel in supercritical water［J］. Nuclear Engineering and Design，2016，307：30-38.
[22] 邱伟刚，张慧友，隋永江，等．粉末冶金316L不锈钢抗腐蚀性能及其合金元素Si的作用［J］．金属科学与工艺，1992(1)：19-24.

非金属管材在模拟含二氧化碳原油中的耐腐蚀性能研究

孙银娟[1]　张志浩[1]　王大伟[2]　贺　三[3]

（1. 西安长庆科技工程有限责任公司；2. 中国石油长庆油田公司第五采油厂；3. 西南石油大学）

摘要：通过室内模拟，研究了塑料合金复合管、柔性复合管和芳胺玻璃钢管三种非金属管材内衬层，在Cl^-浓度为10000mg/L，Ca^{2+}浓度为100mg/L，温度为55℃，总压力为3MPa，CO_2分压为0.75MPa，流速为0m/s的环境中，分别浸泡5天、10天和20天后，质量、体积和力学性能变化情况，为原油集输系统中聚合物管材的选用提供依据。研究得出，塑料合金复合管渗透率较高，芳胺玻璃钢管渗透率相对较小，柔性复合管发生较小的失重；塑料合金复合管的体积变化率较大，芳胺玻璃钢管的膨胀率次之，柔性复合管膨胀率较小；塑料合金复合管、芳胺玻璃钢管和柔性复合管力学性能保持较好。

关键词：非金属管材；二氧化碳腐蚀；原油集输

管道腐蚀结蜡结垢后会造成巨大损失。因此，不断有人尝试去寻找一种新型复合材料来取代传统的防腐保温金属材料，从源头上让管道不再被腐蚀，于是非金属材料管道逐渐被人们所重视[1]。其中的非金属管材实质为聚合物，是由树脂、纤维、助剂等组成的复相材料，其中纤维起到增强作用，形成骨架而承受主要的应力，树脂填充在纤维中，起到抗腐蚀抗渗透作用，助剂则含有较多的小分子[2]。当腐蚀介质浸泡后，一方面，腐蚀介质会渗透到聚合物材料中，产生溶胀作用，使聚合物结构松弛，体积增大，力学性能下降，称为溶胀性腐蚀；另一方面，部分小分子助剂也会从聚合物中溶解出来，使聚合物的致密性降低，抗渗透能力降低，称为溶出性腐蚀。无论哪种腐蚀，都可以从质量、体积和力学性能变化进行综合评定[3]。只有质量、体积变化小、力学性能保持优良的聚合物材料才具有更好的抗腐蚀性能[4-5]。本文根据油田腐蚀环境，研究了塑料合金复合管、柔性复合管和芳胺玻璃钢管三种聚合物管材的耐腐蚀性能，为油田集输管线选材提供了依据。

1　实验材质及方法

实验材料为塑料合金复合管、柔性复合管和芳胺玻璃钢管。渗透性和溶胀性试样参考《塑料耐液体化学试剂性能的测定》（GB/T 11547—2008）和《玻璃纤维增强热固性塑料耐化学介质性能试验方法》（GB/T 3857—2005）标准设计为80mm×15mm×(3~4)mm的长方形试样，如图1所示。将三种材料在CO_2腐蚀环境下，通过不同时间高温高压腐蚀浸泡后的质量、体积和力学性能变化对比，得到非金属材料的腐蚀渗透性、腐蚀溶胀性和力学性能变化，从而评价非金属材料的腐蚀耐久性。

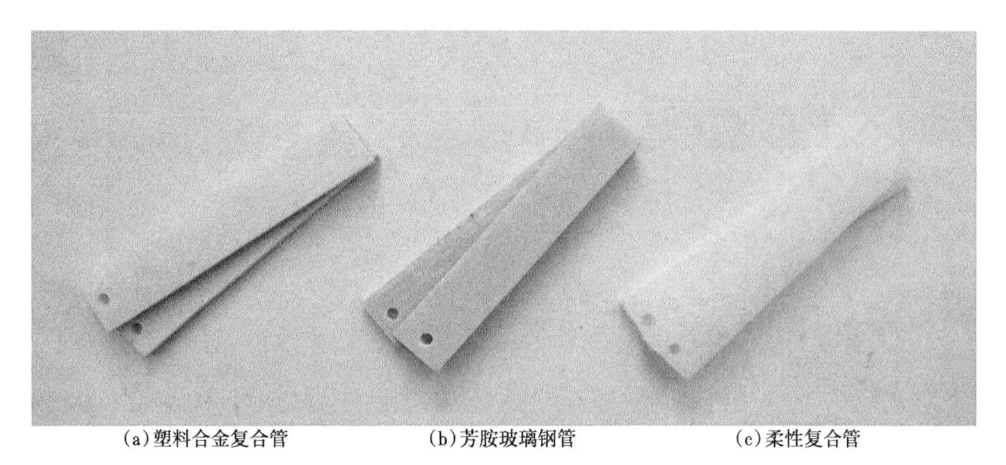

(a)塑料合金复合管　　(b)芳胺玻璃钢管　　(c)柔性复合管

图 1　渗透性和溶胀性测试试样

力学性能试样参考《塑料拉伸性能的测定第 2 部分：模塑和挤塑塑料的试验条件》(GB/T 1040.2—2006)和《塑料拉伸性能的测定第 4 部分：各向同性和正交各向异性纤维增强复合材料的试验方法》(GB/T 1040.4—2006)设计为哑铃型拉伸试样，如图 2 所示。

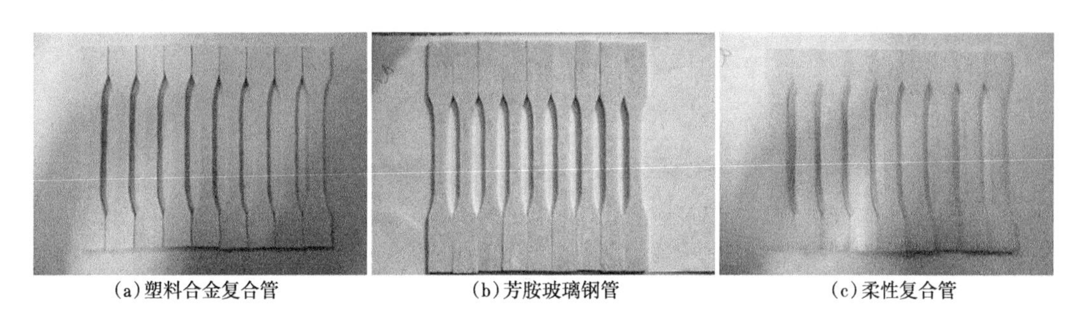

(a)塑料合金复合管　　(b)芳胺玻璃钢管　　(c)柔性复合管

图 2　力学性能测试试样

2　实验结果和讨论

2.1　腐蚀初期非金属管性能测试

非金属试样浸泡时间：5d；浸泡溶液中 Cl^- 浓度为 10000mg/L，Ca^{2+} 浓度为 100mg/L。实验温度为 55℃，总压力为 3MPa，CO_2 分压为 0.75MPa，流速为 0m/s。试样浸泡 5d 后，塑料合金复合管发生变色(图 3)。

对浸泡试样烘干 2h 后进行质量、尺寸和应力变化分析，发现芳胺玻璃钢管增重率平均为 0.134%；柔性复合管增重率为-0.059%，几乎没有增重；塑料合金复合管平均增重率为 0.491%，增重最大。芳胺玻璃钢管平均体积膨胀率为 0.675%；柔性复合管 0.121%；塑料合金复合管为 1.566%，膨胀率最大。应力应变测试显示芳胺玻璃钢管拉伸强度最高，弹性模量最大，说明芳胺玻璃钢管刚度保持较好；柔性复合管和塑料合金复合管拉伸强度几乎没有变化，但弹性模量有所减小，说明其发生弹性形变倾向增强[6]，但其发生塑性变形受力没有受到影响。

（a）塑料合金复合管　　（b）芳胺玻璃钢管　　（c）柔性复合管

图 3　浸泡 5d 后试样

如图 4 所示，芳胺玻璃钢管浸泡 5d 时的应力应变曲线没有明显的屈服，在应力达到断裂强度（拉伸强度）后发生断裂。如图 5 所示，柔性复合管浸泡 5d 时的应力应变曲线有

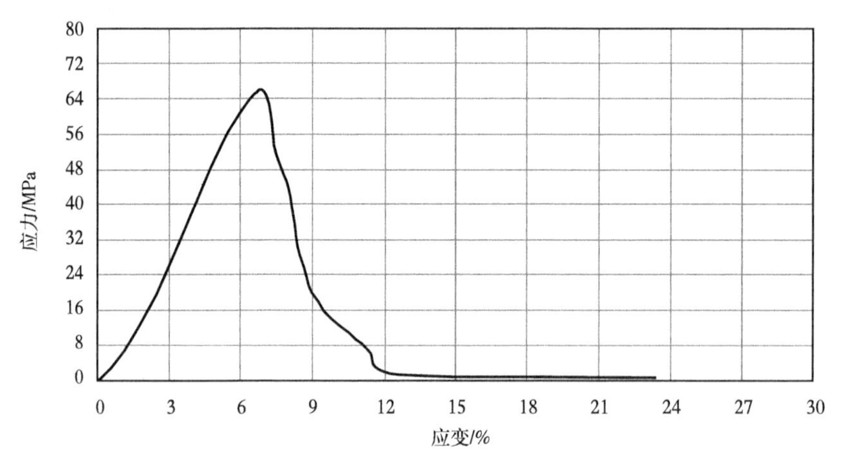

图 4　芳胺玻璃钢管应力应变曲线

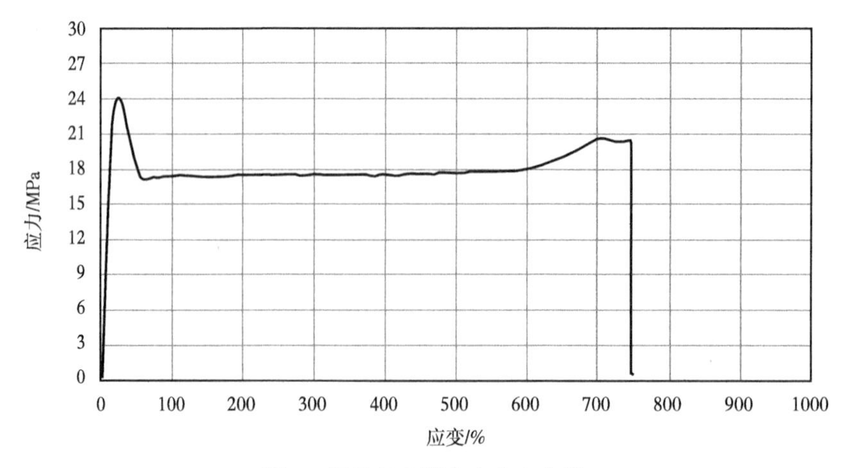

图 5　柔性复合管应力应变曲线

明显的屈服，在应力达到屈服强度后发生明显的应变软化，之后进入颈缩阶段，有明显的取向硬化阶段，到达断裂强度后断裂。如图6所示，塑料合金复合管未浸泡时的应力应变曲线到达屈服强度后发生屈服，进入短暂的应变软化后，进入颈缩阶段，没有明显的取向硬化阶段，在到达断裂强度后发生断裂。

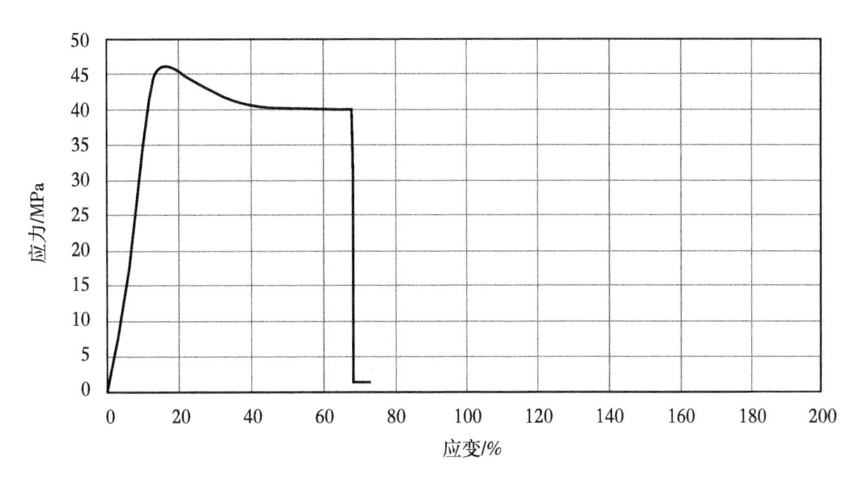

图6　塑料合金复合管应力应变曲线

2.2　腐蚀中期非金属管性能测试

非金属试样浸泡时间：10d；浸泡溶液中 Cl^- 浓度为10000mg/L，Ca^{2+} 浓度为100mg/L。实验温度为55℃，总压力为3MPa，CO_2 分压为0.75MPa，流速为0m/s。经过10d的浸泡，塑料合金复合管试样发生变色，由淡黄色变为灰色。其他试样颜色没有变化(图7)。

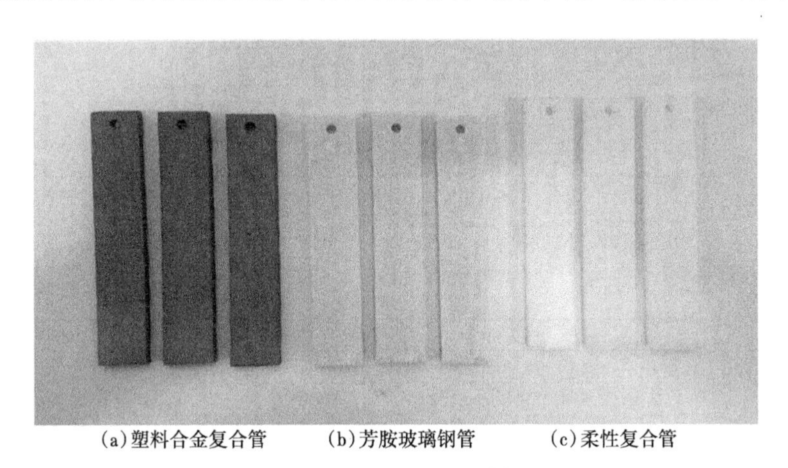

(a)塑料合金复合管　(b)芳胺玻璃钢管　(c)柔性复合管

图7　浸泡10d后试样

对浸泡试样烘干2h后进行质量、尺寸和应力变化分析，发现芳胺玻璃钢管增重率平均为0.212%；柔性复合管增重率为-0.107%，出现失重现象；塑料合金复合管平均增重率为0.703%，其中芳胺玻璃钢管和塑料合金复合管渗透性有增加趋势。芳胺玻璃钢管平均体积膨胀率为0.663%；柔性复合管为-1.240%；塑料合金复合管为1.997%，总体上来说，塑料合金复合管体积膨胀较大。实验发现，三种材料经过10d浸泡后，弹性模量增加，其原因还不清楚。但拉伸强度几乎没有变化，即发生塑性变形能力没有受到影响。

如图 8 所示，芳胺玻璃钢管浸泡 10d 时的应力应变曲线依然没有明显的屈服，在应力达到断裂强度(拉伸强度)后发生断裂。如图 9 所示，柔性复合管浸泡 10d 时的应力应变曲线有明显的屈服，在应力达到屈服强度后发生明显的应变软化，之后进入颈缩阶段，有较明显的取向硬化阶段，在到达断裂强度后断裂。如图 10 所示，塑料合金复合管浸泡 10d 时的应力应变曲线到达屈服强度后发生屈服，发生应变软化后，进入颈缩阶段，没有明显的取向硬化阶段，在到达断裂强度后发生断裂。

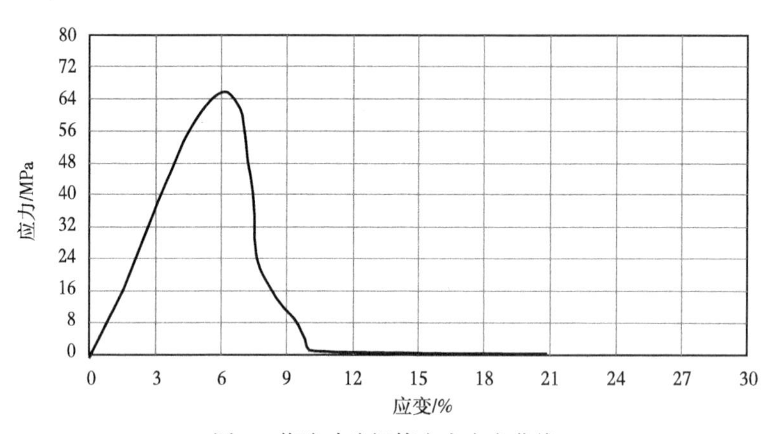

图 8　芳胺玻璃钢管应力应变曲线

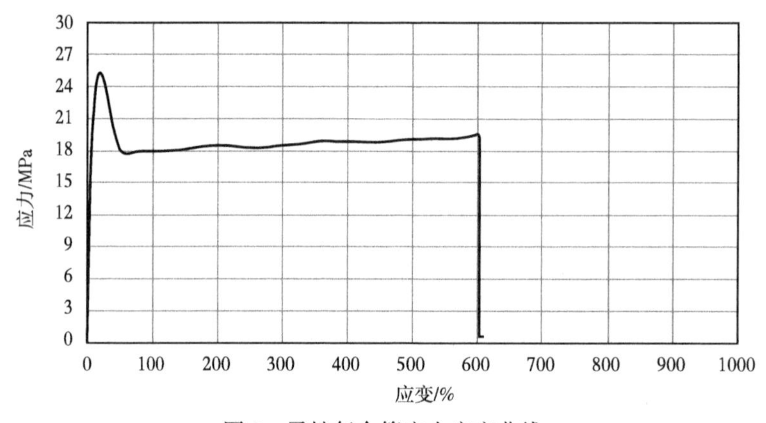

图 9　柔性复合管应力应变曲线

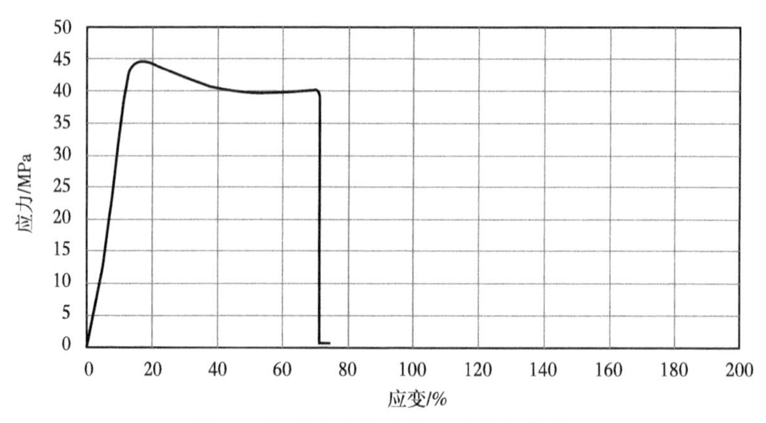

图 10　塑料合金复合管应力应变曲线

2.3 腐蚀后期非金属管性能测试

非金属试样浸泡时间：20d；浸泡溶液中 Cl^-浓度为10000mg/L，Ca^{2+}浓度为100mg/L。实验温度为55℃，总压力为3MPa，CO_2 分压为0.75MPa，流速为0m/s。经过20d的浸泡，塑料合金复合管试样发生变色，由淡黄色变为灰色。其他试样颜色没有变化(图11)。

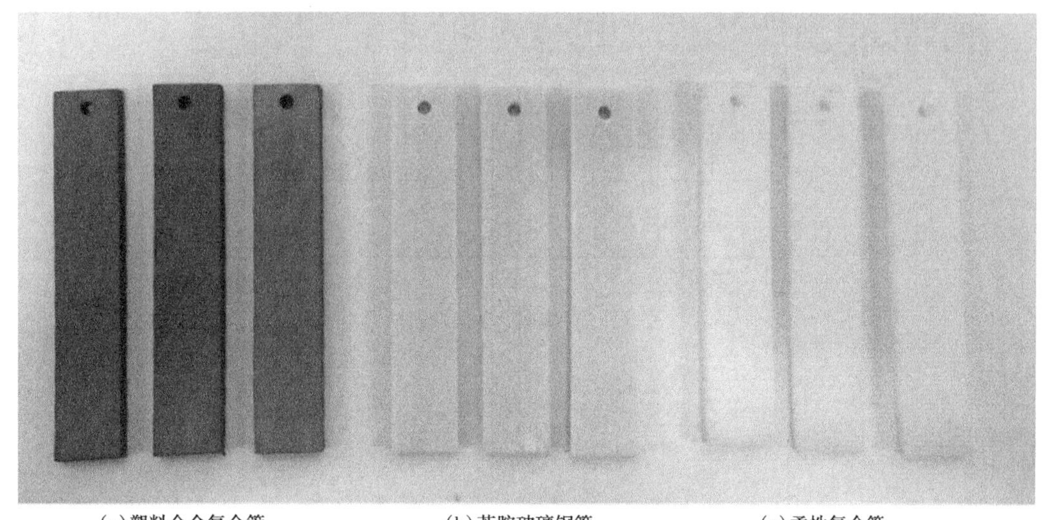

(a)塑料合金复合管　　(b)芳胺玻璃钢管　　(c)柔性复合管

图11　浸泡20d后试样

对浸泡20d试样烘干2h后进行质量、尺寸和应力变化分析，数据显示，芳胺玻璃钢管增重率平均为0.284%，柔性复合管增重率为-0.124%，塑料合金复合管平均增重率为0.891%，其中芳胺玻璃钢管和塑料合金复合管渗透性有增加趋势。芳胺玻璃钢管平均体积膨胀率为0.130%，柔性复合管0.053%，塑料合金复合管为0.833%。芳胺玻璃钢管平均体积膨胀率为0.130%；柔性复合管0.053%；塑料合金复合管为0.833%。三种材料经过20d浸泡后，弹性模量增加，其原因还不清楚。但是拉伸强度几乎没有变化，即发生塑像变形能力没有受到影响。

将腐蚀不同时期的渗透率数据汇总在图12中，发现芳胺玻璃钢管随着浸泡时间的延长，重量逐渐增加；柔性复合管的重量逐渐减小，出现少许失重；塑料合金复合管重量逐渐增加。数据显示，芳胺玻璃钢管渗透率小于塑料合金复合管，但柔性复合管发生失重，说明材料发生了少量溶解。

将腐蚀不同时期的膨胀率数据汇总在图13中，发现塑料合金复合管的体积变化率相对较大，芳胺玻璃钢管的膨胀率次之，柔性复合管膨胀率较小。

如图14所示，芳胺玻璃钢管浸泡20d时的应力应变曲线依然没有明显的屈服，在应力快速到达断裂强度(拉伸强度)后发生断裂。如图15所示，柔性复合管浸泡20d时的应力应变曲线有明显的屈服，在应力达到屈服强度后发生明显的应变软化，之后进入颈缩阶段，有较明显的取向硬化阶段，在到达断裂强度后断裂。如图16所示，塑料合金复合管浸泡20d时的应力应变曲线到达屈服强度后发生屈服，之后快速发生应变软化，颈缩阶段很短，没有明显的取向硬化阶段，在快速到达断裂强度后发生断裂。

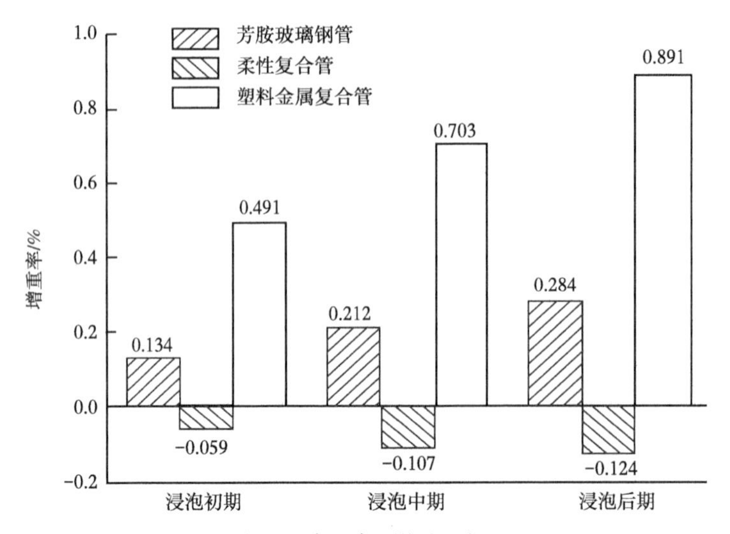

图 12　渗透率(增重)对比

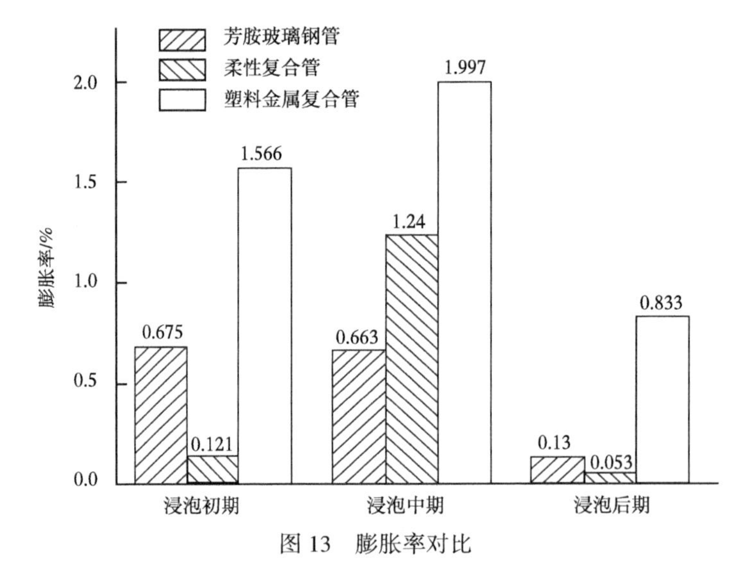

图 13　膨胀率对比

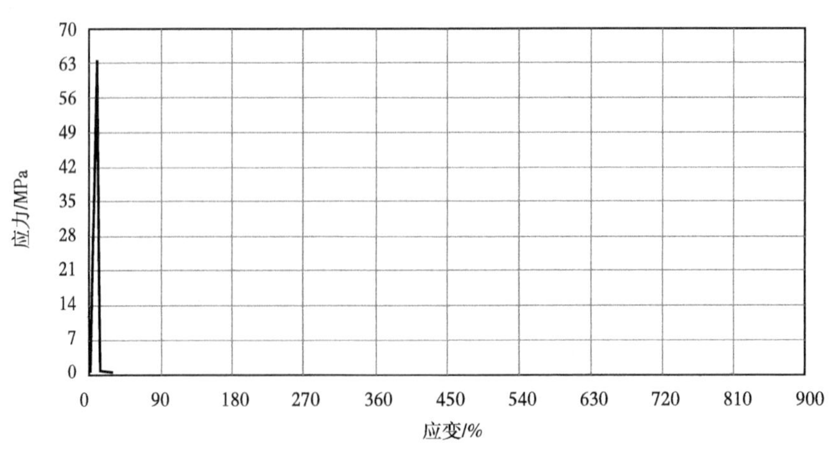

图 14　芳胺玻璃钢管应力应变曲线

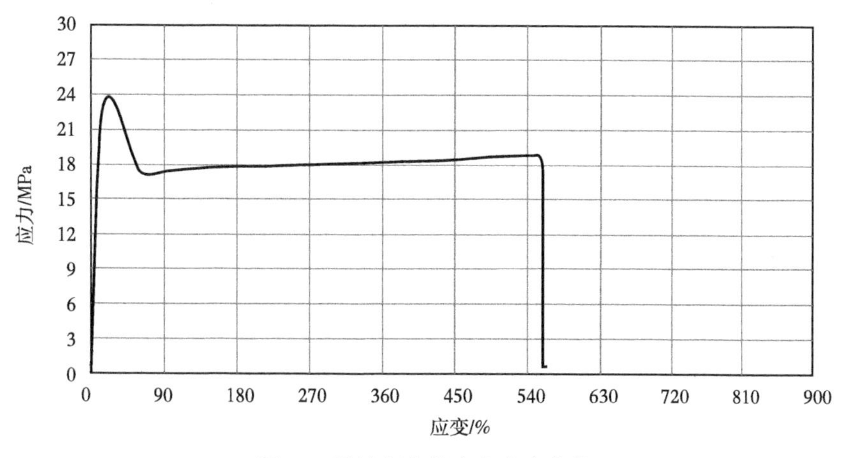

图 15　柔性复合管应力应变曲线

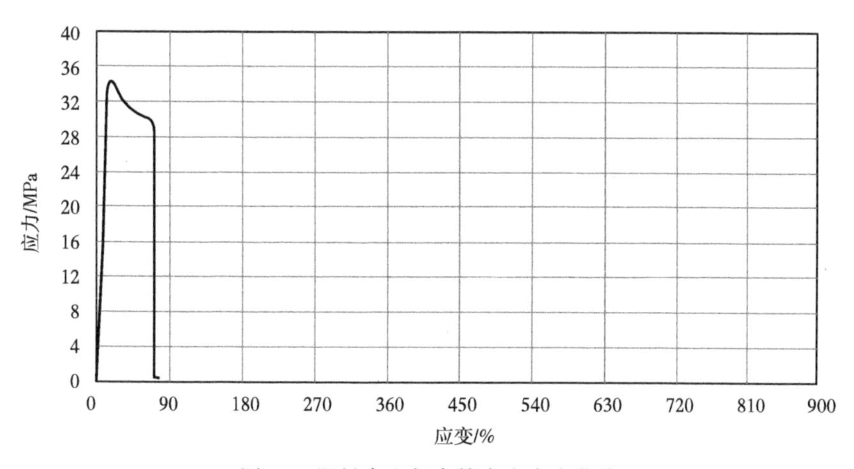

图 16　塑料合金复合管应力应变曲线

3　结论及认识

经过模拟腐蚀浸泡后，三种非金属管材试样中，塑料合金复合管发生变色，可能与其渗透率较高有关。但三种材料的表面均无明显的腐蚀痕迹，初步表明三种材料的耐腐蚀性均较好。通过渗透测试，柔性复合管的增重率为负，出现了失重现象，表明该材料在此腐蚀环境下发生了溶出性反应，而塑料合金复合管和芳胺玻璃钢管均有所增重，表面发生了渗入性反应。从质量变化数据分析，其变化量非常小。

通过膨胀测试，塑料合金复合管的膨胀率最高，芳胺玻璃钢管次之，柔性复合管最小。但是膨胀数值很低。通过力学性能测试，发现芳胺玻璃钢管强度最高、韧性最差，而柔性复合管强度最差、韧性最好，塑料合金复合管强度和韧性适中。三种材料强度保持率均较好。

参 考 文 献

[1] 辜晟恩，孙晓．非金属管道在国内管道集输系统的发展与应用 [J]. 科学管理，2012，(12)：161.

[2] 盛丽媛．非金属管道在油田地面工程中的应用 [J]. 广州化工，2017，45(17)：15-17.

[3] 李晓平，李愚，王茀玺．非金属复合材料管道综述 [J]. 石油工业技术监督，2017，33(10)：1-4.

[4] 郑美花，王蕾．聚乙烯塑料在含氟废水处理中的应用 [J]. 化工生产与技术，2004，11(3)：41-42.

[5] 白耀武．聚乙烯(PE)管及在天然气工程中的应用 [J]. 安装，1998，(4)：15-16.

[6] 许腾云．基于非线性虚拟材料的机械结合部建模及其应用 [D]. 北京：北京工业大学，2014.

油田二氧化碳驱 20# 和 L245NS 管线钢腐蚀规律研究

胡建国　张志浩　孙银娟

(西安长庆科技工程有限责任公司)

摘要：根据油田腐蚀环境，研究了 Cl^-、Ca^{2+}、CO_2 分压、温度和流速对 20# 和 L245NS 两种管线钢的腐蚀影响规律。由于两种碳钢的成分相近，腐蚀速率和腐蚀规律也十分相近。两种碳钢的腐蚀速率均随温度、CO_2 压力和流速的升高而增大，但随 Cl^- 和 Ca^{2+} 含量变化的规律较复杂。从电化学阻抗谱分析看，L245NS 钢的耐腐蚀性能略优于 20# 钢，但结合腐蚀速率和极化曲线数据发现，两种钢材的耐腐蚀性能差异甚微。在油田实际生产中，若介质平均腐蚀速率大于 0.25mm/a 或点蚀率大于 0.38mm/a，这两种碳钢在应用时必须采取适当的内防腐措施。

关键词：20# 钢；L245NS 钢；成垢离子；CO_2 分压；温度；流速；腐蚀规律

近年来，随着 CO_2-EOR 技术的迅速发展，伴随的 CO_2 腐蚀问题一直为人们所重视。由于油田地面集输系统中主要材质大多数为碳钢，因此，对碳钢的 CO_2 腐蚀从温度、流速、CO_2 分压、成垢离子等影响因素方面做了大量研究[1-6]。涉及的碳钢主要有 N80、P110、J55、Q235 和 Q245R 等，其中，N80、P110 和 J55 主要为井下石油套管用碳钢，Q235、Q245R 等主要为消防管线、地面集输管线套管及设备用碳钢。刘晓辉等[7]对集输管线常用 20# 碳钢随 CO_2 和 H_2S 含量的变化规律进行了研究，未涉及其他影响因素和其他集输管线用碳钢。本文根据油田腐蚀环境，研究了 Cl^-、Ca^{2+}、CO_2 分压、温度和流速对集输管线常用 20# 和 L245NS 两种碳钢的腐蚀影响规律，为油田集输管线用 20# 和 L245NS 钢在二氧化碳环境中的选材提供了依据。

1　实验材质及方法

实验材料为 20# 和 L245NS 管线钢，挂片试样尺寸为 50mm×10mm×3mm，试样使用前用砂纸进行打磨、抛光处理，最高至 800 目。表 1 为两种管线钢的化学成分检测结果，数据

表 1　20# 和 L245NS 化学钢成分检测结果　　单位：%(质量分数)

20# 管线钢	C	Si	Mn	P	S	Ni	Cr	Cu
	0.20	0.26	0.45	0.0013	0.002	0.02	0.03	0.04
L245NS 管线钢	C	Si	Mn	P	S	V	Ti	Nb
	0.10	0.24	1.18	0.008	0.002	<0.005	0.02	<0.01

显示两种碳钢的化学成分及含量相近，符合《优质碳素结构钢（GB/T699—2015）》与《石油天然气工业管线输送系统用钢管（GB/T 9711—2017）》的要求。分析方法主要采用失重法、SEM 分析法、XRD 分析法、EDS 分析法和电化学行为分析法。

2 腐蚀规律影响因素

水质为除油罐进口水样，参照长庆油田集输油系统主要运行参数，分别研究了 Cl^-、Ca^{2+}、CO_2 分压、温度和流速对 20#钢和 L245NS 钢腐蚀速率的影响。

2.1 Cl^-浓度对腐蚀规律的影响

实验设定 Ca^{2+}质量浓度（以下简称浓度）3000mg/L，总压力 3MPa，CO_2 分压 0.3MPa，温度 35℃，流速 0，Cl^-浓度分别为 3000mg/L、10000mg/L、20000mg/L、35000mg/L、50000mg/L，在高温高压反应釜中进行腐蚀实验，实验周期为 72h。由实验结果可知，当 CO_2 分压为 0.3MPa 时，20#钢和 L245NS 钢均在 Cl^-浓度为 10000mg/L 时腐蚀速率相对最大，分别为 1.2701 和 1.2340mm/a；均在 Cl^-浓度为 20000mg/L 时的腐蚀速率相对最小，分别为 0.8889 和 0.8892mm/a（图 1）。

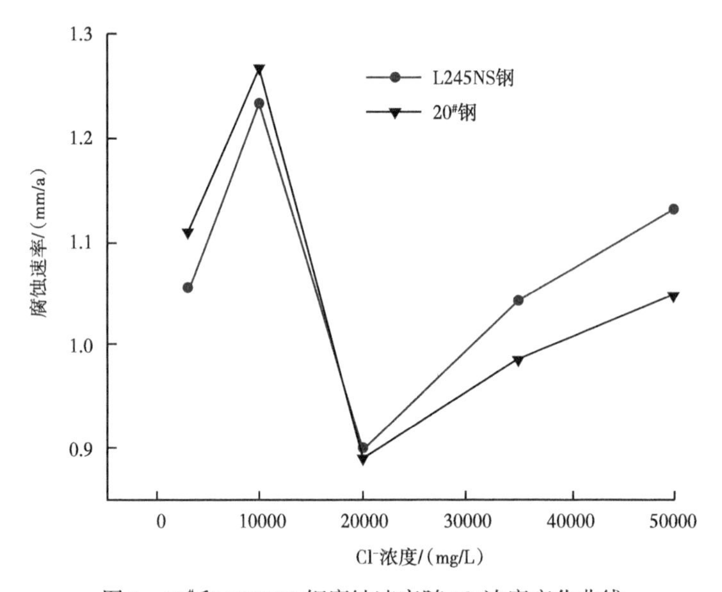

图 1 20#和 L245NS 钢腐蚀速率随 Cl^-浓度变化曲线

由图 1 可见，两种碳钢受 Cl^-浓度影响规律基本一致，腐蚀速率数值也较为接近。通过对文献［5］调研分析，在常温下，Cl^-的加入会使 CO_2 的溶解度减小，导致碳钢腐蚀速率降低，但随着 Cl^-浓度增加，Cl^-的存在会降低钝化膜的形成，促使碳钢的腐蚀速率急剧增加。相关文献［6-8］从两个方面解释了 Cl^-浓度对二氧化碳腐蚀的影响：一方面，油田污水中 Cl^-的含量相对于其他离子较高，Cl^-可能先于其他离子吸附于金属表面，占据阴极表面活性点，进而抑制阴极反应；另一方面，Cl^-的存在会引发催化机制，Cl^-的这种催化机制会促进金属阳极的活化溶解。但是，人们对 Cl^-影响腐蚀的机制有不同的看法，正是这些不同机制使得腐蚀速率变化并不成单调递增和递减的规律，这可能还与具体实验环境中其他因素的影响有关。

2.2 Ca^{2+}浓度对腐蚀规律的影响

在其他实验条件相同的条件下，设定 Cl^-浓度为 20000mg/L，Ca^{2+}浓度分别为 100mg/L、3000mg/L、6000mg/L。进行不同 Ca^{2+}浓度下 20#和 L245NS 钢的腐蚀速率实验。由图 2 可以看出，当 Ca^{2+}浓度为 100mg/L 时 20#钢和 L245NS 钢的腐蚀速率均相对最高，分别为 1.3462 和 1.3074mm/a。

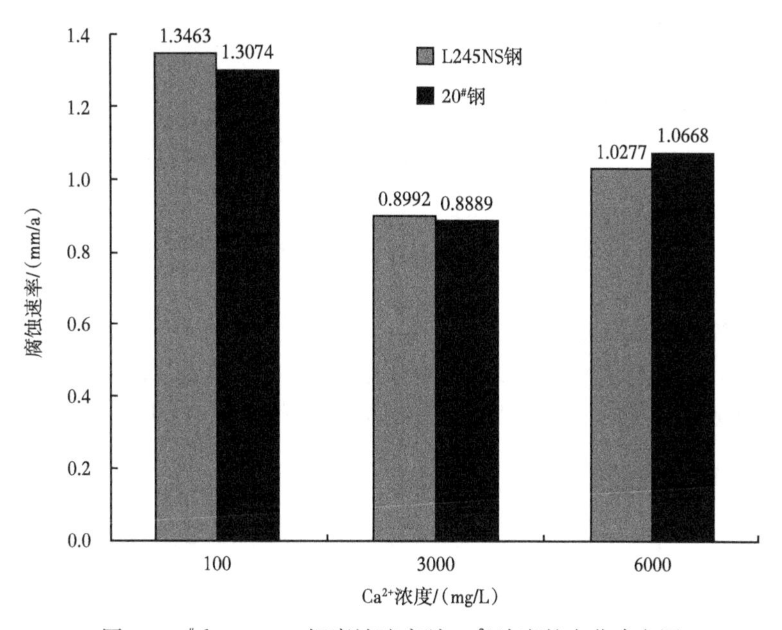

图 2 20#和 L245NS 钢腐蚀速率随 Ca^{2+}浓度的变化直方图

实验结果显示，两种碳钢受 Ca^{2+}浓度变化的影响规律基本一致。研究表明[9]，金属腐蚀速率随着 Ca^{2+}浓度增加而降低的原因是 Ca^{2+}的存在会提升腐蚀产物膜的致密度，腐蚀产物膜致密度的增加能够有效地阻碍侵蚀性离子对金属的腐蚀。此外，受 Ca^{2+}与碳酸根生成沉淀影响，一旦在金属表面有垢生成，其腐蚀将变得更为复杂。短期内，由于垢阻碍了腐蚀介质的扩散，使腐蚀速率降低，但因为垢与腐蚀产物膜在结合强度等方面的性能差异，当表面垢或腐蚀产物膜局部破损时，就可能导致垢下腐蚀或裸露部分发生局部腐蚀。

2.3 CO_2 分压对腐蚀规律的影响

在其他实验条件相同的条件下，调整 CO_2 分压分别为 0.15MPa、0.3MPa、0.45MPa、0.6MPa、0.75MPa，进行腐蚀速率规律影响实验。实验结果表明，20#钢和 L245NS 钢的腐蚀速率随着 CO_2 分压的增加而逐渐增大，当 CO_2 分压达到 0.75MPa 时，腐蚀速率分别为 1.6677 和 1.7471mm/a（图 3）。

由图 3 可见，20#和 L245NS 钢腐蚀速率随 CO_2 分压的变化趋势基本一致。研究认为[10-11]，一定范围内，随着 CO_2 分压的增大，腐蚀速率会逐渐上升。一方面，可能因为 CO_2 分压的增大会降低介质的 pH 值，阻碍具有一定保护性腐蚀产物膜的形成；另一方面，

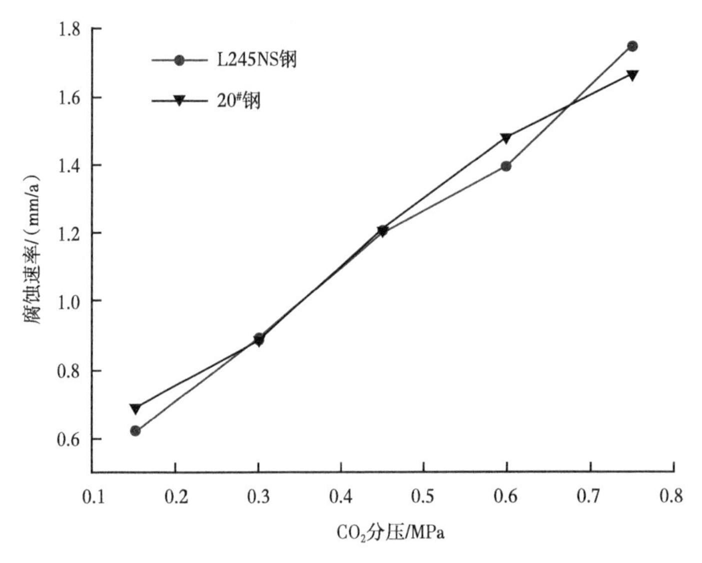

图 3　20#和 L245NS 钢腐蚀速率随 CO_2 分压变化曲线

CO_2 分压升高，腐蚀的阴极去极化剂会由 HCO_3^-变为 H^+，前者的一次产物含 CO_3^-，而后者需要从溶液中扩散到金属表面形成碳酸亚铁膜。此外，集输温度不高，钢材表面较难形成保护性较好的腐蚀产物膜，因此实验范围内腐蚀速率随 CO_2 分压增加而持续增大。

2.4　温度对腐蚀规律的影响

在其他实验条件相同的条件下，根据长庆油田生产实际，调整温度分别为 15℃、25℃、35℃、45℃、55℃，进行腐蚀速率规律影响实验(图 4)。实验结果表明，20#和 L245NS 钢的腐蚀速率随温度升高而逐渐增加大，当温度上升至 55℃时，腐蚀速率分别达到 1.7268 和 1.6085mm/a。

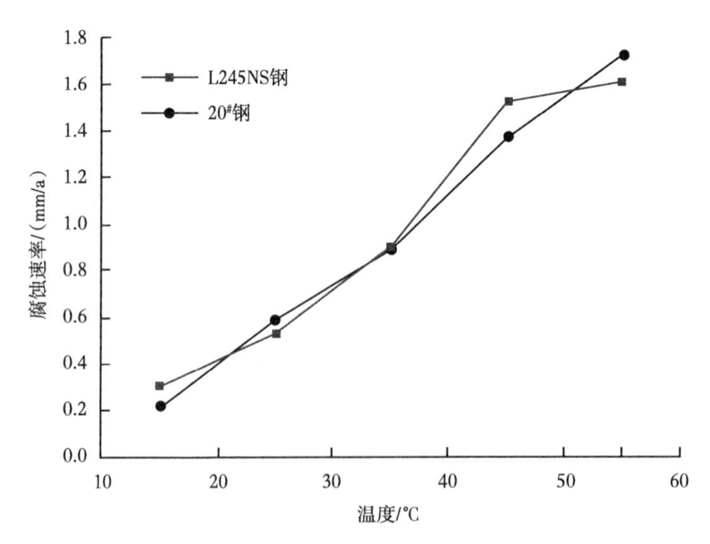

图 4　20#和 L245NS 钢腐蚀速率随温度变化曲线

文献调研表明[12]，温度主要是对腐蚀产物膜形态结构产生影响。温度低于60℃时形成的腐蚀产物膜为 $FeCO_3$ 膜，但是这层膜软而附着力低。在腐蚀产物膜保护性不太强时，温度对腐蚀反应速度具有促进作用。

2.5 流速对腐蚀规律的影响

在其他实验条件相同的条件下，调整流速分别为0m/s、0.25m/s、0.5m/s，进行腐蚀速率规律影响实验。由图5可见，随着流速增加，两种钢的腐蚀速率逐渐增大。当流速达到0.5m/s时，20#和L245NS钢腐蚀速率分别达到1.4079mm/a和1.3768mm/a。

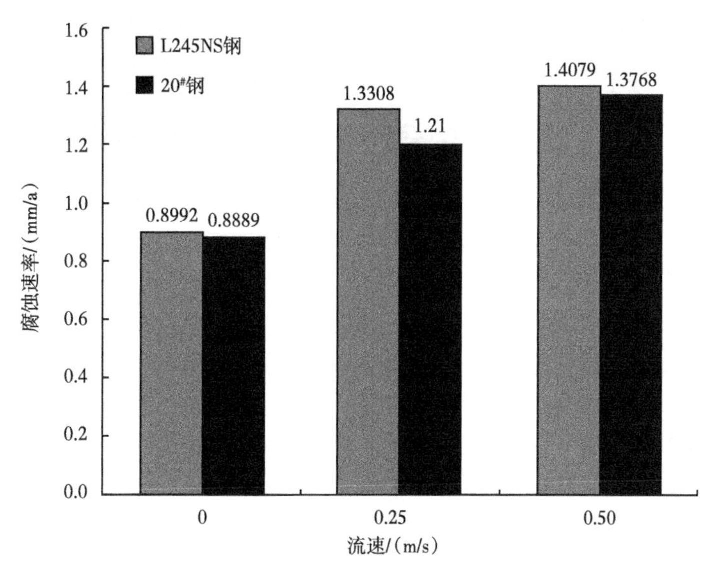

图5 20#和L245NS钢腐蚀速率随流速的变化直方图

流体对腐蚀过程的影响十分复杂，影响因素包含流体本身的性质，如流速、流型、冲刷角等，也包含腐蚀介质和腐蚀产物的性质，如腐蚀过程的扩散、腐蚀产物膜的强度等。流速主要影响腐蚀过程的前置液相传质和后置液相传质步骤。对于前置液相传质，流速增大使 H_2CO_3、H^+ 等去极化剂更快地扩散到电极表面，导致阴极去极化增强，消除扩散控制，使腐蚀速率增大；对于后置液相传质，流速增大使腐蚀产生的 Fe^{2+} 迅速离开腐蚀金属的表面，沉积形成腐蚀产物膜的概率减小，也会导致腐蚀速率增大。本实验流速较小，流体应属于层流状态，难以对已形成的腐蚀产物膜形成剪切破坏。

2.6 油水比对腐蚀规律的影响

总压不变，在 Cl^- 浓度10000mg/L，Ca^{2+} 浓度100mg/L，CO_2 分压0.75MPa，温度55℃，流速0.5m/s条件下，分别以20%、85%两种油水比(含水率)进行了腐蚀速率影响规律实验。由图6可见，两种钢材均在含水率为20%时腐蚀较轻，含水率为85%时腐蚀严重。

随着含水率增大，使介质从油包水变成水包油状态。当原油形成油包水状态时，与金属接触的就是油相，油是烃类物质，对金属起不到腐蚀作用，反而其含有非碳杂原子，可能导致在金属表面吸附，形成疏水层，起到缓蚀作用。当然油相也可能含有有机酸，但是在缺乏水的充分溶解情况下，酸很难电离产生 H^+，故也起不到较强的腐蚀作用。当原油

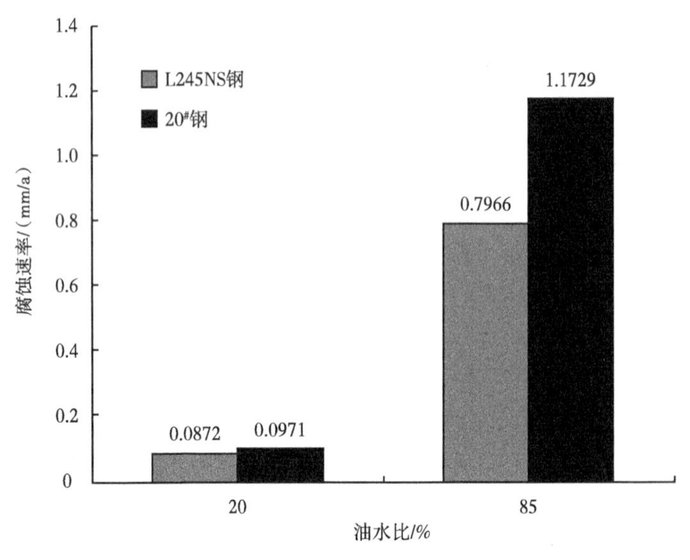

图 6　20#和 L245NS 钢腐蚀速率随油水比的变化直方图

形成水包油状态，与金属接触的就是水相，不仅与纯水相腐蚀相似，油中的部分腐蚀性物质还会在水中溶解，加速腐蚀。油水比对腐蚀的影响关键要看油品的转化点和乳化的稳定性。

3　腐蚀产物特征

3.1　20#钢

由图 7 可见，20#钢在 Ca^{2+}浓度为 100mg/L 时，腐蚀产物堆垛并不是十分致密，腐蚀产物附着不牢固，故腐蚀产物的保护性低。从 20#钢腐蚀产物能谱图及元素分析结果发现，腐蚀产物主要成分为铁，其相对原子数量占 63.61%，相对质量分数为 84.37%；碳的相对原子数量占 25.72%，相对质量分数为 7.34%；氧的相对原子数量占 5.26%，相对质量分数为 2%。腐蚀产物主要为 $FeCO_3$。

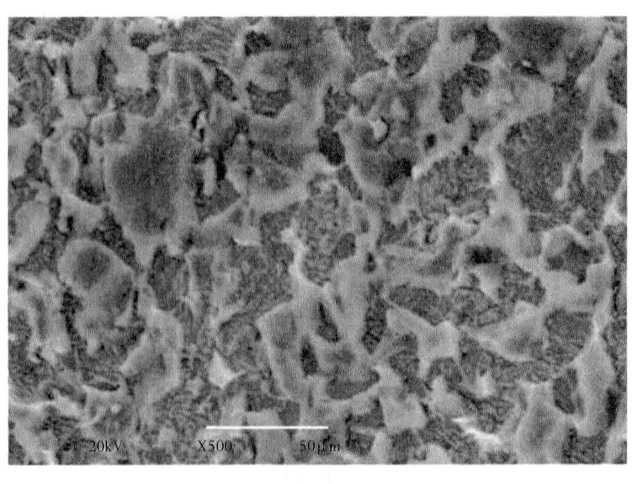

图 7　20#钢扫描电镜图(500 倍)

20#钢在 Ca^{2+}浓度为 6000mg/L 时，腐蚀产物主要成分也是铁，其相对原子数量占 53.45%，相对质量分数为 78.17%；碳的相对原子数量占 15.87%，相对质量分数为 4.99%；氧的相对原子数量占 24.19%，相对质量分数为 10.14%。腐蚀产物中 Ca 含量也有所增加，说明 $CaCO_3$ 结垢倾向有所增加，需要进一步研究。

3.2 L245NS 钢

由图 8 可见，L245NS 钢在 Ca^{2+}浓度为 100mg/L 时，腐蚀产物堆垛并不是十分致密，故物质的扩散通道依然存在，使得碳钢的腐蚀速率较高。从 L245NS 钢腐蚀产物及元素分析结果可见，腐蚀产物主要成分为铁，其相对原子数量占 66.06%，相对质量分数为 85.61%；碳的相对原子数量占 20.88%，相对质量分数为 5.82%；氧的相对原子数量占 8.49%，相对质量分数为 3.15%。这说明腐蚀产物主要是 $FeCO_3$，而几乎没有 $CaCO_3$ 结垢，可见此过程主要发生的是 CO_2 腐蚀。铁的含量非常高，是因为实验温度较低，腐蚀产物附着不牢固，腐蚀产物较少，测试数据含有基体 Fe。

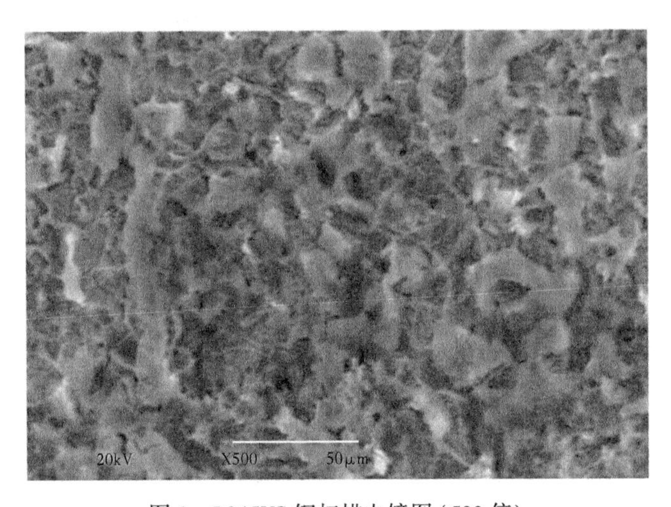

图 8　L245NS 钢扫描电镜图(500 倍)

L245NS 钢在 Ca^{2+}浓度为 6000mg/L 时，腐蚀产物主要成分也是铁，其相对原子数量占 71.43%，相对质量分数为 87.80%；碳的相对原子数量占 17.84%，相对质量分数为 4.72%；氧的相对原子数量占 5.55%，相对质量分数为 1.95%。腐蚀介质中 Ca^{2+}浓度增加，产物中 Ca 含量也略有增加。值得注意的是，介质中含钙量增高时必须考察 $CaCO_3$ 结垢的情况，实验中 Ca 含量还未能全部反映结垢的情况，因为腐蚀实验时试样是挂在高压釜中部，垢的沉积容易产生在底部，故还需要采用软件进行结垢预测或进行结垢研究。

4　腐蚀电化学分析

4.1　极化曲线分析

对 20#和 L245NS 钢在 Cl^-浓度为 10000mg/L (腐蚀速率最高)的条件下进行极化曲线分析。由图 9 可以看出，两条曲线整体均为阴极极化所控制。20#和 L245NS 钢分别以纵坐标自腐蚀电位-0.73V 和-0.68V 为界，上部分为金属氧化阳极区域，曲线开始走势缓慢上升，此时为活化控制，之后曲线走势变陡，转变为扩散控制，机理可由式(1)解释；下部分为氢还原的阴极区域，机理可用式(2)解释。

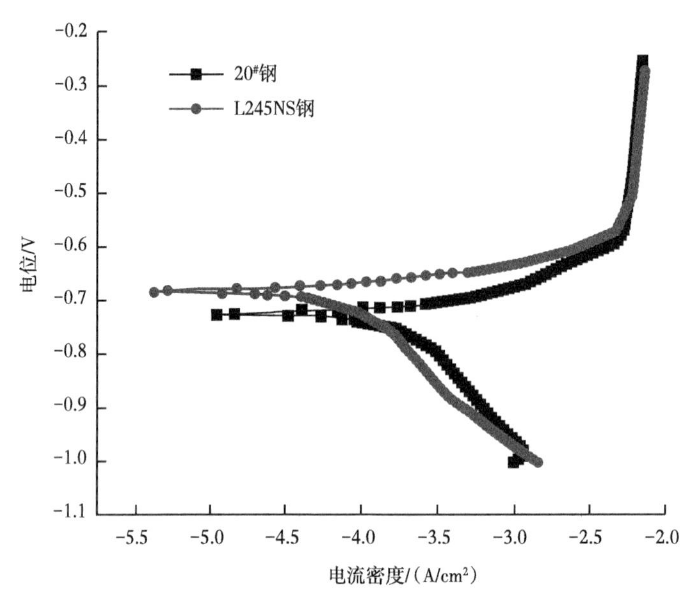

图 9　Cl^-浓度为 10000mg/L 时 20#和 L245NS 钢极化曲线

经对比 20#和 L245NS 钢的极化曲线，发现 20#钢自腐蚀电位(-0.73V)相对于 L245NS 钢(-0.68V)要低，自腐蚀电位越高越耐腐蚀，并且在 Cl^-浓度为 10000mg/L 腐蚀条件下，20#钢平均腐蚀程度比 L245NS 钢高。因此，在 Cl^-浓度 10000mg/L 时，L245NS 钢要略比 20#钢更耐腐蚀一些。但从极化曲线走势看，两种钢材的腐蚀机理是一样的。

$$M_{晶格} \rightarrow M^{z+}_{表面} \rightarrow M^{z+}_{溶液} \tag{1}$$

式中 M 为金属，金属表面失去+z 电子，产生金属阳离子 M^{z+}进入溶液。对铁来说为 $Fe \rightarrow Fe^{+} \rightarrow Fe^{2+} \rightarrow Fe^{3+}$。

$$\begin{aligned} &H^{+}+e^{-} \rightarrow H\ (原子氢) \\ &H+H \rightarrow H_2\ (氢分子) \\ &H_2+H_2 \rightarrow 2H_2\ (气泡) \end{aligned} \tag{2}$$

式(2)为 Fontana 的理想模型，可用于描述活化极化过程中在氢离子被吸附(附加的)的电极表面后，相继发生的反应步骤。

通过 20#和 L245NS 钢在 Ca^{2+}浓度为 6000mg/L（易结垢条件）条件下的极化曲线(图 10)分析可以看出，两条曲线整体为阴极极化控制。均以纵坐标自腐蚀电位-0.73V 为界，上部分为金属氧化阳极区域，反应机理可由式(1)解释，曲线开始走势缓慢上升，此时为活化控制，之后曲线走势变陡，转变为扩散控制；下部分为氢还原的阴极区域，其机理可用式(2)解释。

对比分析图 10 中两条极化曲线可见，两条曲线几乎重合。20#钢自腐蚀电位(-0.5V)与 L245NS 钢(-0.53V)接近，并且在 Ca^{2+}浓度 6000mg/L 时，20#与 L245NS 钢的平均腐蚀

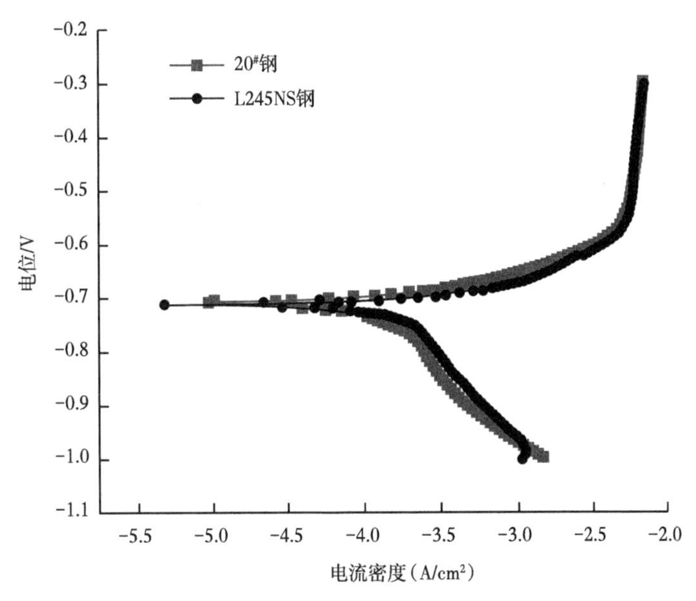

图 10 Ca²⁻浓度为 6000mg/L 时 20#和 L245NS 钢极化曲线图

速率分别为 1.0668mm/a 和 1.0277mm/a。因此，在 Ca^{2+}浓度为 6000mg/L 时，L245NS 钢与 20#耐腐蚀性能十分接近。

4.2 电化学阻抗谱分析

由图 11 和图 12 可见，在 Cl^-浓度为 10000mg/L 和 Ca^{2+}浓度为 6000mg/L 时，20#和 L245NS 钢的电化学阻抗谱均在中高频区形成一个较大的容抗弧，在低频区出现感抗弧，且 L245NS 钢的容抗弧半径要比 20#钢的容抗弧半径大。两种钢的交流阻抗谱均出现相同的特征，也表明腐蚀的电化学机理相同。

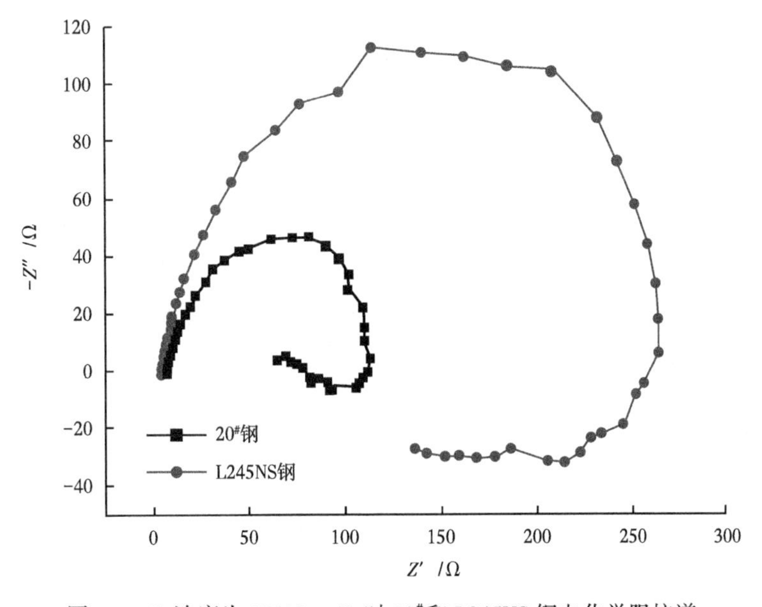

图 11 Cl^-浓度为 10000mg/L 时 20#和 L245NS 钢电化学阻抗谱

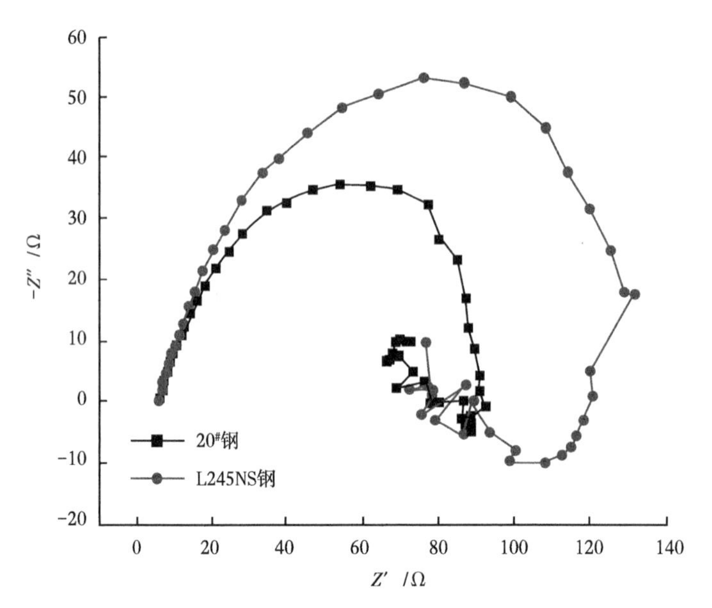

图 12　Ca^{2+}浓度为 6000mg/L 时 20#和 L245NS 钢电化学阻抗谱

通常容抗弧越大，材料耐腐蚀性能越好，从电化学阻抗谱分析看，L245NS 钢的耐腐蚀性能要优于 20#钢。但结合腐蚀速率及极化曲线数据可以得出，两种钢材的耐腐蚀性能差异甚微。

5　结论及认识

(1) 20#和 L245NS 钢腐蚀速率随 Cl^-和 Ca^{2+}浓度增加的变化较为复杂，并不是单调递增或递减，现场的水质变化本身具有复杂性，故较难直接分析水质的腐蚀性，但实验条件下两种钢的腐蚀速率均很高。

(2) 随着温度、压力和流速升高，腐蚀速率均呈现单调递增的规律，根据邻近区块的集输条件，总压、温度和流速均比本实验设定的低，故实际的腐蚀性相对较低，但仍然比 0.025mm/a 高很多。

(3) 在油田实际生产中，若介质平均腐蚀速率大于 0.25mm/a 或点蚀率大于 0.38mm/a 则属于严重腐蚀[13]，本文研究条件下两种钢材均属于严重腐蚀，若实际生产环境与本文实验条件相近，则两种碳钢不能直接应用，必须采取适当的内防腐措施。

(4) 虽然从电化学阻抗谱分析看，L245NS 钢的耐腐蚀性能要略优于 20#钢，但结合腐蚀速率和极化曲线数据发现，两种钢材的耐腐蚀性能差异甚微，因此在 20#和 L245NS 钢的比选过程中，应主要考虑力学性能、材料价格等因素。

(5) 受实验条件和时间限制，文中部分腐蚀变化规律还需进一步研究，如含水率在 20%～85%之间的腐蚀速率变化情况等。

参 考 文 献

[1] 赵景茂，顾明广，左禹. 碳钢在二氧化碳溶液中腐蚀影响因素的研究 [J]. 北京化工大学学报，2005，32(5)：71-73.

[2] 高洪斌．二氧化碳对油田集油管线腐蚀的预测［J］．石油天然气学报（江汉石油学院学报），2006，28（4）：410-413.
[3] 苏留帅，张瑶．油田二氧化碳驱集输管道的腐蚀机理研究［J］．当代化工，2015，44（11）：2655-2658.
[4] 曹志江．YSL 油田二氧化碳驱地面工艺研究［D］．大庆：东北石油大学，2016.
[5] 程雅雯，赵会军，张璇，等．原油含水率和温度对 X80 钢腐蚀实验研究［J］．油气田地面工程，2016，35（10）：101-104.
[6] 刘东，艾俊哲，郭兴蓬．二氧化碳环境中碳钢电偶腐蚀行为研究［J］．天然气工业，2007，27（10）：114-116.
[7] 刘晓辉．油气田 CO_2 环境中集输管线钢腐蚀电化学行为研究［D］．青岛：中国石油大学（华东），2014.
[8] 陈国浩．二氧化碳腐蚀体系缓蚀剂的缓蚀机理及缓蚀协同效应研究［D］．北京：北京化工大学，2012.
[9] 韩文静．油田油水介质下材料结垢机理研究［D］．大庆：大庆石油学院，2009.
[10] 李桂芝，孙冬柏，何业东．碳钢二氧化碳腐蚀研究现状［J］．油气储运，1998，17（8）：34-38.
[11] 龙凤乐，郑文军，陈长风．温度、CO_2 分压、流速、pH 值对 X65 管线钢 CO_2 均匀腐蚀速率的影响规律［J］．腐蚀与防护，2005，26（7）：290-293.
[12] 林冠发，白真权，赵新伟，等．温度对二氧化碳腐蚀产物膜形貌特征的影响［J］．石油学报，2004，25（3）：101-105.
[13] 中国石油集团工程设计有限责任公司西南分公司．钢质管道内腐蚀控制规范：GB/T 23258—2009［S］．北京：中国标准出版社，2009：1-2.

抗 CO_2 腐蚀环保型油基环空保护液研究

孙宜成[1] 陆 凯[2] 曾德智[2] 易勇刚[1] 刘从平[1] 石善志[1]

（1. 中国石油新疆油田分公司工程技术研究院；
2. 西南石油大学油气藏地质及开发工程国家重点实验室）

摘要：由于螺纹等连接件的密封性问题的存在，油气田开发过程中的 CO_2 不可避免会渗入环空，进而产生严重的 CO_2 腐蚀，有必要研制出一种环保高效的油基环空保护液以延长管柱服役寿命。首先，从 6 种油中优选出经济环保的白油作为基础油，其稠环芳香烃含量为 0.3%，远低于欧盟 2005/69/EC 指令中要求的 3%，符合环保要求；其次，通过配伍性实验对 9 种缓蚀剂进行油溶性筛选，并利用电化学方法对配伍性良好的缓蚀剂进行测试，筛选出了缓蚀性能较好的咪唑啉类缓蚀剂及其最佳注入浓度 1000mg/L，形成一种环保型油基环空保护液，其配方为白油+1000mg/L 咪唑啉类缓蚀剂；然后，对该油基环空保保护液进行理化性能测试，结果表明，其闪点不低于 160℃、倾点为-37℃、密度为 0.82g/cm³，符合安全生产要求；最后，采用高温高压釜模拟注 CO_2 井环空腐蚀工况环境，对该油基环空保护液进行防护效果评价，实验结果表明，P110 钢的在 CO_2 相中的腐蚀速率降到 0.05mm/a 以下，在油相中的腐蚀速率降到 0.01mm/a，缓蚀率可达 95%以上。研究结果表明，新型环保型油基环空保液具有良好的防护效果和耐温性能，符合环保要求，可用于 CO_2 腐蚀工况环空管柱的防护。

关键词：气井；油套环空；CO_2 腐蚀；环空保护液；配方

注 CO_2 驱油或是生产过程中都会有大量的 CO_2 伴随并与管道接触，CO_2 溶于水后形成碳酸，钢材在碳酸溶液中会产生腐蚀，当 CO_2 分压超过 0.2MPa 时就会产生严重腐蚀。例如在我国的新疆油田、吉林油田、江苏油田的注 CO_2 气井以及南海西部的高含 CO_2 生产井，且井筒温度最高达 120℃左右，CO_2 最高超过 10MPa，面临严峻的 CO_2 腐蚀问题，严重威胁着油气田生产开发[1-10]。近年来，环空保护液作为保护油气井环空管材的重要技术，在国内外得以广泛应用[11-14]。目前，环空保护液分为水基环空保护液和油基环空保护液。由于水基环空保护液综合成本低、配制及施工简单方便，对储层损害小，广泛应用于国内外油田。然而，水基环空保护液容易溶解氧、二氧化碳等气体，作用于普通碳钢材料的油套管时，对缝隙腐蚀和应力腐蚀方面抑制效果较差，而油基环空保护液具有良好的热稳定性和抗腐蚀性等性能。因此研发一种适用于高含 CO_2 油气井的油基环空保护液具有重要意义，该环空保护液能够有效抑制油套管环空的 CO_2 腐蚀，具有良好的环保性、耐温性，确保环空管柱长期安全生产。

1 油基环空保护液配方实验

1.1 基础油选择

基础油的选择需要考虑很多因素。油基环空保护液的污染性主要从稠环芳香烃含量方面考虑，稠环芳香烃含量越低，污染性越小，欧盟多环芳香烃 2005/69/EC 指令中要求为 3%。油基环空保护液中需要使用大量的基础油，会产生高昂的经济费用。井筒中存在高温高压环境，所以基础油的闪点是一个重要指标。因此，选择基础油时需综合考虑经济、环保、安全等方面因素。

对 6 种不同型号的油进行资料收集，得到表 1 结果，从表 1 可以看出，价格方面相比，柴油相对便宜而机油则较贵；环境污染方面，白油和机油符合环保要求，而柴油相比之下污染较大；闪点方面，柴油的闪点较低，有较高的安全隐患，而白油和机油闪点较高，安全性较好。因此，综合以上因素考虑，选择①号油作为油基环空保护液的基础油。

表 1　六种基础油的性能指标列表

油相类别	闪点/℃	密度/(g/cm³)	价格/(元/t)	稠环芳香烃含量/%
①号油	140	0.844	7000	0.3
②号油	150	0.877	7400	0.3
③号油	55	0.853	4800	4.1
④号油	56	0.818	5500	5.2
⑤号油	230	0.855	40000	0.3
⑥号油	210	0.921	12400	2.2

注：①和②为白油、③和④为柴油、⑤和⑥为机油。

1.2　缓蚀剂选择

为了筛选出满足注入井管柱需求的缓蚀剂，依照石油行业标准《油田采出水处理用缓蚀剂性能指标及评价方法》（SY/T 205273—2014），筛选出油溶性良好的抗 CO_2 腐蚀缓蚀剂，并利用电化学方法筛选出缓蚀效果较好的缓蚀剂以及缓蚀剂最佳注入浓度，为注入井的正常生产提供性能优良的缓蚀剂，为油气开采提供安全保障。

1.2.1　缓蚀剂油溶性评价

抗 CO_2 腐蚀缓蚀剂选型是根据油田特定的环境进行选择评价的，其针对性和适用性具有一定的范围。如果缓蚀剂与基础油的配伍性不好，两者混合后容易产生分层或沉淀，影响缓蚀效果。因此首先评价了缓蚀剂与基础油的配伍性。

对收集到的咪唑啉类、酯类、胺类等 9 种抗 CO_2 缓蚀剂进行油溶性评价，分别用序号（编号为①~⑨）表示。实验所用基础油为上一小节筛选出的①号油。实验所用器材有：烧杯、量筒、具塞比色管、恒温水浴锅等。

缓蚀剂油溶性实验目前并未建立标准，因此本实验参考标准 SY/T 5273—2014 中的水溶性测试步骤执行。

实验后得到 9 种缓蚀剂与①号油的油溶性测试实验结果如图 1 所示。

由图 1 可知，前五种缓蚀剂与①号油有良好的配伍性，混合后溶液呈均相；而后四种混合后则出现沉淀分层现象，只有少量分散到基础油中，表示后四种缓蚀剂与①号油的配伍性较差。因此，选择①~⑤号缓蚀剂继续做筛选实验。

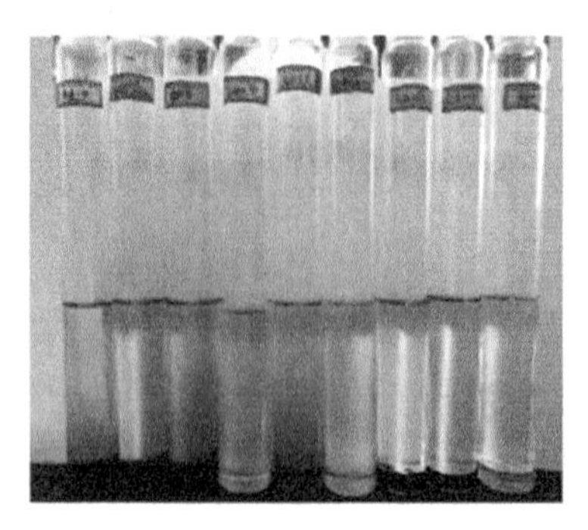

(a)未摇匀前(加热前)

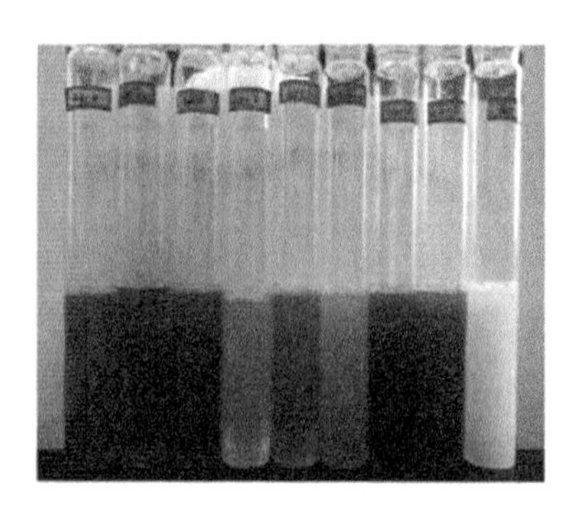

(b)摇匀后(加热前)

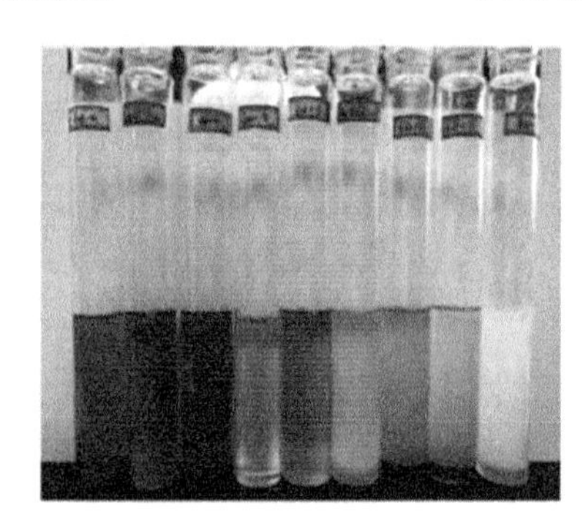

(c)加热后

图1　缓蚀剂的油溶性实验结果

1.2.2　电化学实验

1.2.2.1　实验材料

三电极体系，工作电极P110碳钢，参比电极为饱和甘汞电极，辅助电极为铂电极，扫描范围为-0.6~1.4V，电位扫描速度为1mV/s，工作电极需按要求用砂纸打磨，蒸馏水清洗，无水乙醇除水，石油醚除油。实验采用的试剂均为分析纯，腐蚀介质为模拟油田地层水，由蒸馏水配制。

1.2.2.2　实验内容

实验参考标准《金属和合金的腐蚀 电化学试验方法 恒电位和动电位极化测量导则》(GB/T 24196—2009)，在温度60℃，常压的条件下分别进行加100mg/L缓蚀剂和不添加缓蚀剂的电化学测试实验，通过实验结果筛选适用于该油田的缓蚀剂。

1.2.2.3　实验步骤

(1)开路电位(OCP)测试。

在三电极体系中加入模拟溶液1000mL，持续通二氧化碳2h，去除溶液中的氧并使二氧化碳达到饱和，再将电化学工作站与三电极体系连接，通过USB接口连接装有Parstat-2273测试软件的计算机。仪器预热完成后，设置电极和电解池参数，实验温度为室温(60℃)，测量开路电位，待数值稳定后即可以得到开路电位值。

(2)动电位扫描曲线。

设置动电位扫描范围为-0.6~1.4V（相对于开路电位），扫描速率为1mV/s，用该系统配套软件进行数据采集，并对数据进行拟合分析。

(3)实验结果。

为了分析常压条件下5种缓蚀剂对P110钢腐蚀的影响，对P110钢进行了不同缓蚀剂类型中的腐蚀电化学测试，腐蚀介质在实验前进行CO_2饱和，并与空白组进行对比。

自腐蚀电流密度是评价材质在腐蚀介质中腐蚀程度的关键参数。从表2看出，在模拟地层水环境中，⑤号缓蚀剂的缓蚀率最高，为75.42%，比其余几种缓蚀剂要高5%~20%；从自腐蚀电流密度上看，在加有⑤号缓蚀剂的溶液中P110钢的腐蚀电流密度最小，约为空白组的1/5，且均比其余几种小10%以上，自腐蚀电流密度越小，则表示腐蚀越轻微。

表2 P110钢在不同缓蚀剂中的极化曲线拟合结果

缓蚀剂类型	Icorr/A	Ecorr/V	缓蚀率 η/%
空白	3.8127×10^{-5}	-0.7114	—
①	1.5300×10^{-5}	-0.69179	59.87
②	1.1225×10^{-5}	-0.67575	70.56
③	1.1976×10^{-5}	-0.62294	68.59
④	1.0912×10^{-5}	-0.70335	71.38
⑤	9.3716×10^{-6}	-0.75046	75.42

注：Icorr为自腐蚀电流密度；Ecorr为自腐蚀电位。

根据电化学实验筛选结果可知，⑤号咪唑啉类缓蚀剂的缓蚀效果最佳，缓蚀率能达到75%，因此油基环空保护液中的缓蚀剂选择⑤号。之后将对⑤号缓蚀剂进行浓度筛选，通过电化学实验筛选出最合适的缓蚀剂浓度，得到表3拟合结果。

表3 P110钢在不同缓蚀剂浓度下的极化曲线拟合结果

缓蚀剂浓度/(mg/L)	Icorr/A	Ecorr/V	缓蚀率 η/%
0	3.8127×10^{-5}	-0.7114	—
100	9.3716×10^{-6}	-0.7504	75.42
300	8.2354×10^{-6}	-0.7439	78.40
500	6.4206×10^{-6}	-0.6953	83.16
700	4.2092×10^{-6}	-0.4983	88.96
900	3.5687×10^{-6}	-0.5263	90.64
1000	3.3666×10^{-6}	-0.5424	91.17

从表3可以看出，1000mg/L缓蚀剂浓度时自腐蚀电流密度最小，缓蚀率最高，缓蚀率随着缓蚀剂浓度的增大而升高，达到了91.17%。达到800mg/L后缓蚀率升高趋势变缓，继续增加缓蚀剂浓度对于提高缓蚀率已无明显效果，因此⑤号缓蚀剂的最佳浓度选择为1000mg/L。

最后，获得油基环空保护液配方，YJHK-L型：①号油+1000mg/L⑤号缓蚀剂。

2 油基环空保护液性能评价

2.1 理化性能测定

油基环空保护液处于油套管之间，受到井筒中温度压力的影响，需对其进行理化性能测试，包括闪点、倾点和密度等，测试闪点为了防止油品发热升温时易产生危险，火灾甚至爆炸；测试倾点为了防止存储环境温度过低而产生凝固；测试密度为了平衡井底环空压力。

闪点测试使用开口闪点测定仪（BSD-1），方法参照 GB/T 3536—2008，测得闪点大于160℃；倾点测试使用倾点测试仪（VNQ2000），方法参照 GB/T 3535—2006，测得倾点为37℃；密度测试使用密度测试仪（ODMD300A），方法参照 GB/T 2013—2010，测得密度为0.82g/cm^3。

依据理化性能测试结果可知，该油基环空保护液能够保证施工的安全性。

2.2 缓蚀性能评价

实验准备时，对所用的高温高压釜、环空保护液和空白组均进行充分除氧，将 P110 钢试样及配好的溶液倒入高温高压釜中反应 72h，反应中 CO_2 分压为 10MPa，实验结束后，对试样进行清洗，冷风吹干，称重并计算平均腐蚀速率，见表 4 和表 5。

表 4　P110 钢在超临界 CO_2 相中的腐蚀速率

温度/℃	空白/(mm/a)	环空保护液中/(mm/a)	缓蚀率/%
60	0.097	0.011	88.29
90	0.276	0.044	84.17
120	0.210	0.036	83.02

表 5　P110 钢在液相中的腐蚀速率

温度/℃	空白/(mm/a)	环空保护液中/(mm/a)	缓蚀率/%
60	7.972	0.013	99.83
90	1.265	0.009	99.26
120	0.704	0.010	98.59

由表 4 和表 5 可以看出，在空白组中试片的腐蚀速率均大于油田腐蚀控制指标(0.076mm/a)；而在油基环空保护液中的腐蚀速率则较小，60℃时降低到 0.013mm/a，温度继续上升，腐蚀速率控制在 0.01mm/a 以下，在不同温度下的腐蚀速率均低于0.076mm/a 的标准，表明该油基环空保护液的防护性能符合要求。

图 2 和图 3 是腐蚀速率和缓蚀率的统计图，从图中可以看出，环空保护液中，随着温度升高，P110 钢在超临界 CO_2 相中的腐蚀速率先增大后减小，最大值时为 0.044mm/a；在液相环境中，P110 钢的腐蚀速率为先降低后升高，最大值时为 0.013mm/a，均在油田腐蚀控制指标 0.076mm/a 以下。该环空保护液缓蚀率的趋势为随着温度升高逐渐降低，在 120℃时液相中的缓蚀率仍高于 98%，表明该环空保护液具有良好的耐温性能。

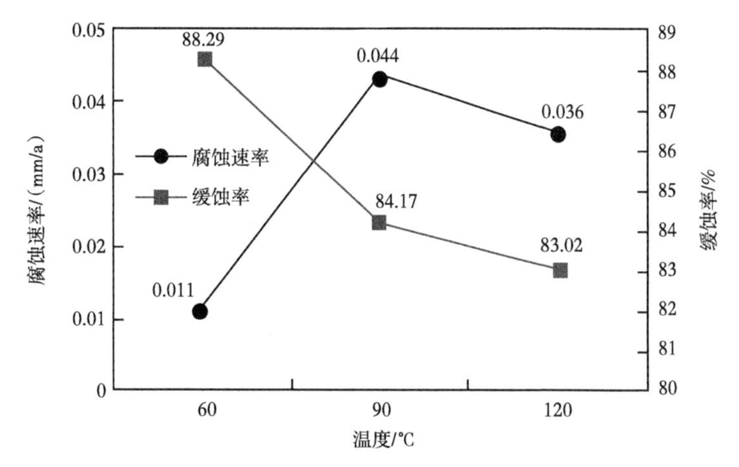

图 2　超临界 CO_2 相中环空保护液的防护效果

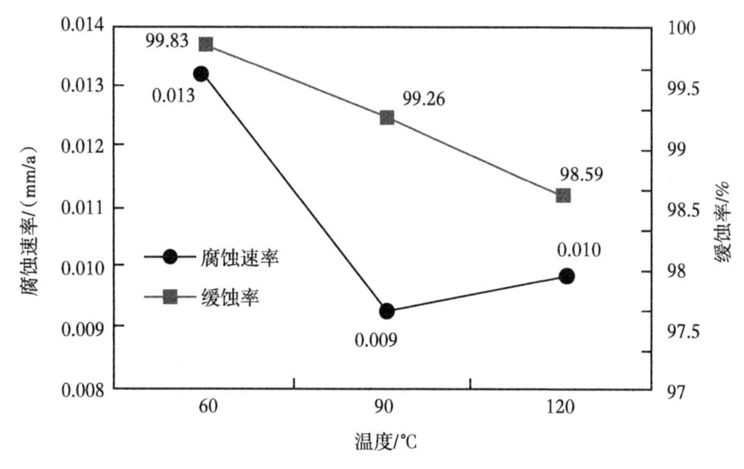

图 3　液相环境中环空保护液的防护效果

综上，该油基环空保护液具有良好的防护效果和耐温性能，同时兼具经济环保等优势，可以用于国内新疆油田、江苏油田和吉林油田的注 CO_2 井以及南海的高含 CO_2 的生产井环空的防护。

3　结论

(1)优选出了经济环保的基础油为白油，筛选出了缓蚀效果较好的缓蚀剂为咪唑啉类缓蚀剂，最佳注入浓度为 1000mg/L，最终其配方为白油+1000mg/L 咪唑啉类缓蚀剂。

(2)研制的环保型油基环空保护液开口闪点不低于 160℃，倾点为-37℃，密度为 0.82g/cm^3，能够保证施工安全，且污染性小，符合环保要求。

(3)油基环空保护液高温高压腐蚀实验结果表明，在模拟井下环空条件下，能够使 P110 钢的腐蚀速率在 CO_2 相中降到 0.05mm/a 以下，液相中降到 0.01mm/a，缓蚀率达 95%以上，具有良好的防护效果和耐温性能，可以用于注 CO_2井和高含 CO_2生产井环空管柱的防护。

参 考 文 献

[1] 王霞，马发明，陈玉祥，等．注 CO_2 提高采收率工程中的腐蚀机理及防护措施［J］. 钻采工艺，2006，29(6)：73-76.

[2] CHOI Y S，NEŠIĆS. Determining the corrosive potential of CO_2，transport pipeline in high PCO_2-water environments［J］. International Journal of Greenhouse Gas Control，2011，5(4)：788-797.

[3] 孙冲，孙建波，王勇，等．超临界 CO_2 油/水系统中油气管材钢的腐蚀机制［J］. 金属学报，2014，50(7)：811-820.

[4] 徐小峰，刘永辉，沈园园，等．南堡油田 P110、P110 套管 CO_2 静态腐蚀评价与应用［J］. 钻采工艺，2017，40(6)：19-21.

[5] HUA Y，BARKER R，NEVILLE A. Effect of temperature on the critical water content for general and localised corrosion of X65 carbon steel in the transport of supercritical CO_2［J］. International Journal of Greenhouse Gas Control，2014，31(2)：48-60.

[6] SPYCHER N，PRUESS K，KING J E. CO_2-H_2O mixtures in the geological sequesteation of CO_2. I assessment and calculation of mutual solubilities from 12 to 100℃ and up to 100 bar［J］. geochimica et cosmochimica acta，2003，67(16)：3015-3031.

[7] 王世杰．原油含水率对油气管材超临界 CO_2腐蚀行为的影响［J］. 腐蚀科学与防护技术，2015，27(1)：73-77.

[8] 吴贵阳，余华利，闫静，等．井下油管腐蚀失效分析［J］. 石油与天然气化工，2016，45(2)：50-54.

[9] 袁曦，肖杰，张碧波，等．井下油管腐蚀失效分析［J］. 石油与天然气化工，2017，46(1)：76-78.

[10] DESIMONE M P，GRUNDMEIER G，GORDILLO G，et al. Amphiphilic amido-amine as an effective corrosion inhibitor for mild steel exposed to CO saturated solution：Polarization，EIS and PM-IRRAS studies［J］. Electrochimica Acta，2011，56(8)：2990-2998.

[11] 李晓岚，李玲，赵永刚，等．套管环空保护液的研究与应用［J］. 钻井液与完井液，2012，27(6)：61-64.

[12] 饶天利，张文来，王涛，等．空气泡沫驱用环空保护液研制与应用［J］. 长江大学学报(自科版)，2015，25(12)：10-13.

[13] 赵向阳，孟英峰，侯绪田，等．Y 油田油套环空腐蚀环境分析与环空保护液优化［J］. 腐蚀科学与防护技术，2017，29(1)：91-96.

[14] 江晶晶，张强，常宏岗，等．川渝气田 FF-NL 级采气井口阀门腐蚀失效分析［J］. 石油与天然气化工，2016，45(3)：76-81.

（编辑：包丽屏）

镍钨合金镀层在高含 CO_2、低含 H_2S 环境下的腐蚀行为

裘智超　熊春明　叶正荣　伊　然　王　睿

（中国石油勘探开发研究院）

摘要：针对高含 CO_2、低含 H_2S 的腐蚀环境，研究镍钨合金镀层在此环境下的腐蚀行为。试验结果表明，镍钨合金镀层发生全面腐蚀，腐蚀速率仅为 0.0531mm/a。通过对腐蚀产物膜分析，腐蚀产物膜的主要成分为 Ni_3S_2，认为该产物膜保护性较好，从而使腐蚀速率降低。

关键词：镍钨合金镀层；CO_2；H_2S；腐蚀行为

随着越来越多酸性气田投入开发，H_2S、CO_2 共存导致的管材腐蚀问题日益引起关注。在 H_2S、CO_2 气体共存的工况下，气田防腐设计不仅需要防止硫化物应力开裂的风险，同时酸性气体引起的电化学腐蚀也要重点考虑[1-4]。在高含 CO_2、低含 H_2S 的腐蚀环境下，抗硫油管材质（如 90SS）可以抵抗硫化物应力开裂，但是腐蚀速率较高，需添加适用的缓蚀剂[5-6]；而镍基合金虽然能够较好地克服这两个问题，但是价格很高，大幅度增加生产建设成本。本文主要针对高含 CO_2、低含 H_2S 的腐蚀环境开展试验，明确镍钨合金镀层在此环境下的腐蚀行为，为此环境条件下防腐选材提供新的思路。

1　试验

1.1　试验材料

试验材料选用镍钨合金镀层材质，主要成分为镍，钨含量大约为 1%，镀层厚度约为 45μm，试样规格为 50mm×10mm×3mm 的板状试样，每组试验 4 个平行试样。试验前，将镍钨合金镀层试样表面用丙酮除油，干燥、标记并称量试样。将试样装在聚四氟乙烯夹具中，用硅胶密封非工作部位，干燥后待用。

1.2　试验条件

腐蚀试验模拟参考油田某区块的介质环境，见表 1。实验温度为 107℃，时间为 168h，流速为 2.5m/s，CO_2 分压为 1.43MPa，H_2S 分压为 0.02MPa。

表 1　试验介质参数

阳离子/(mg/L)				阴离子/(mg/L)		
K^+	Na^+	Ca^{2+}	Mg^{2+}	Cl^-	SO_4^{2-}	HCO_3^-
500.0	23261.7	3882.7	684.0	44357.2	814.4	475.8

1.3 试验方法

上述材料在所选定的试验条件下，在 3L 高温高压 FCZ 磁力驱动反应釜进行试验。试验前将模拟采出水溶液用 99. 995%高纯 CO_2 除氧 12h。装配好试样后，再用高纯 CO_2 除氧 2~3h，以除去安装过程进入的氧。然后关闭所有阀门升温至设定温度，并通入 H_2S、CO_2 至所需分压。试验完毕取出试样，用清水清洗，用无水乙醇浸泡 5min，丙酮除油吹干。用 HCl（500mL，ρ=1. 19g/mL）+去离子水（500g）溶液将镍钨合金镀层试样表面腐蚀产物去除。用失重法测量 3 个平行试样的均匀腐蚀速率，称重电子天平型号为 Sartorius BS224S，精确到 0. 1mg。腐蚀速率计算公式为

$$V=\frac{8.76\times10^4\times\Delta W}{S\times t\times\rho} \tag{1}$$

式中 ΔW——腐蚀前后试样的失重，g；

S——试样的腐蚀面积，cm^2；

ρ——金属的密度，试验中取 7. 85g/cm^3；

t——试验时间，试验中为 168h。

另一平行试样用电子探针显微分析仪观察腐蚀后的表面形貌，分析腐蚀产物的成分。利用 X 射线衍射仪对腐蚀产物膜的相结构进行定性分析，其工作条件为：40kV，150mA，Cu 靶。

2 结果与讨论

2.1 宏观腐蚀形态

镀层试样表面去除腐蚀产物膜前后的宏观形貌如图 1 所示。试样表面覆盖一层均匀的腐蚀产物，这层腐蚀产物膜的颜色接近镍钨合金镀层的颜色，如图 1(a)所示。根据 GB/T

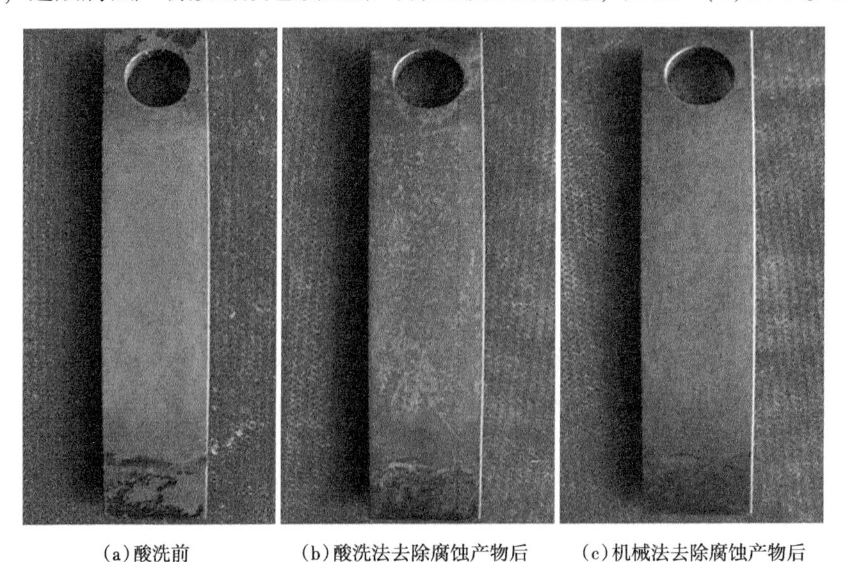

(a)酸洗前　(b)酸洗法去除腐蚀产物后　(c)机械法去除腐蚀产物后

图 1 试样腐蚀后表面宏观形貌

16545—2015 推荐方法酸洗也不能完全将腐蚀产物去除，如图 1(b)所示，酸洗后，试样表面仍残留大量灰黑色腐蚀产物。采用机械的方法去除该腐蚀产物后，可见镍钨合金镀层发生全面腐蚀，如图 1(c)所示。

2.2 腐蚀失重

表 2 为镍钨合金镀层油管腐蚀前后的重量。选择腐蚀前质量和机械除膜后质量之差为腐蚀失重，通过计算可得，在此腐蚀环境下的腐蚀速率为 0.0531mm/a。

表 2　腐蚀称量数据

材料	腐蚀前重量/g	酸洗除膜后质量/g	机械除膜后质量/g	酸洗后增重/g	腐蚀失重/g
镍钨镀层	11.0670	11.0654	11.0603	-0.0016	0.0067
	11.1305	11.1290	11.1225	-0.0015	0.0080
	11.1196	11.1198	11.1125	0.0002	0.0071

2.3 腐蚀产物膜微观形貌及成分分析

镍钨合金镀层表层腐蚀膜 SEM 形貌如图 2 所示。由图可见，表层腐蚀膜呈非晶态，局部鼓起。由局部放大 1000 倍［图 2(b)］清晰可见，表层腐蚀膜的表面虽存在一些细小的孔洞，但整体上非常致密。对图 2(b)中白方框标注部位进行 EDS 分析，分析结果如图 3 所示。表层腐蚀膜主要包含 Ni53.72%、S38.85%和 O7.7%，其中 Ni/S 比约为 1.5。图 4 中 X 射线衍射结果显示，表层腐蚀膜主要由 Ni_3S_2 及一定量的 Ni、$NiWO_4$ 和 WO_3 组成。

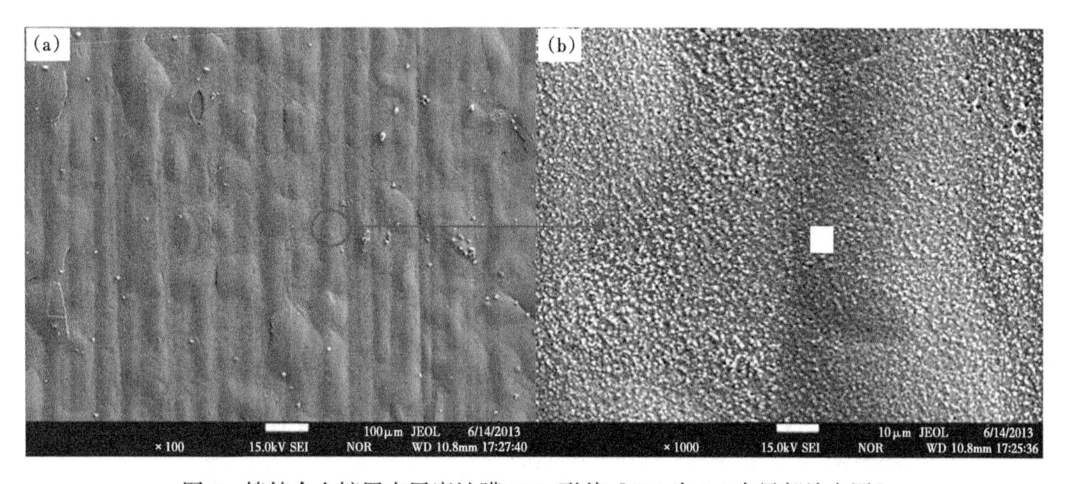

图 2　镍钨合金镀层表层腐蚀膜 SEM 形貌［(b)为(a)中局部放大图］

采用常规酸洗方法去除表面腐蚀膜后的 SEM 形貌如图 5 所示。由图可见，当酸洗以后腐蚀产物膜分为两层，外层孔洞较多，而内层更为致密。

对各部位进行 EDS 分析(图 6)，原子百分含量见表 3。分析结果表明外层主要包含 Ni52.79%、S37.83%和 O9.38%，内层主要包含 Ni52.52%、S40.59%和 O6.89%。两层的元素含量基本一致，二者均为 Ni_3S_2 膜。对比图 3 中腐蚀膜元素含量，可见酸洗后对腐蚀膜成分几乎没有影响。图 5(b)中的 1 部位主要包含 Ni 元素，说明该部位为镀层基体。从镀层基体 2000 倍放大图 5(c)可见，镀层表面存在密集的小凹坑，这可能是腐蚀所致。

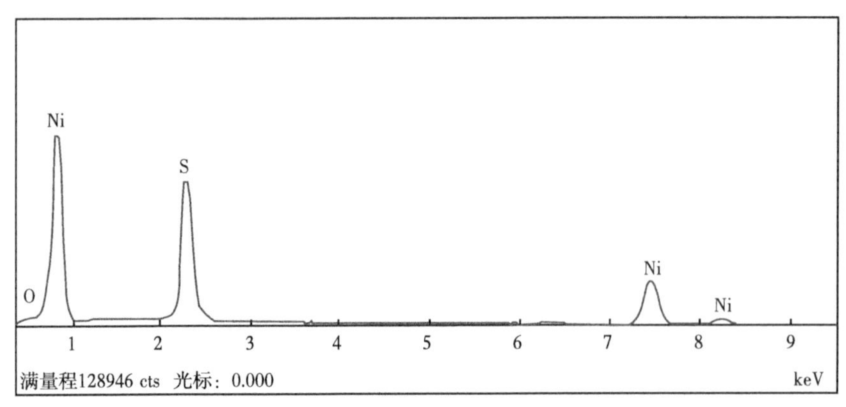

图 3　镍钨合金镀层表面 EDS 图谱

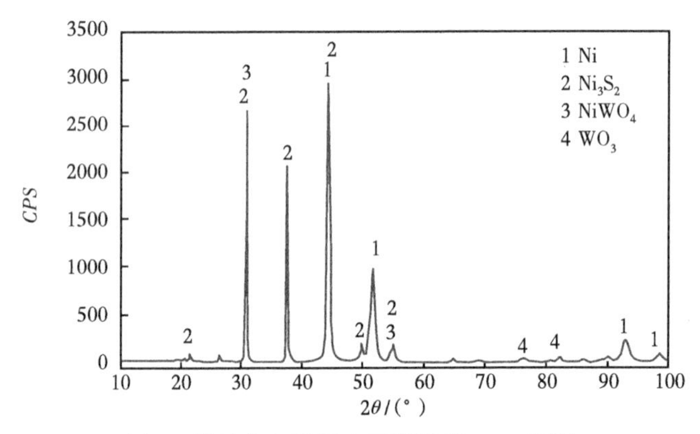

图 4　镍钨合金镀层表面腐蚀膜 XRD 图谱

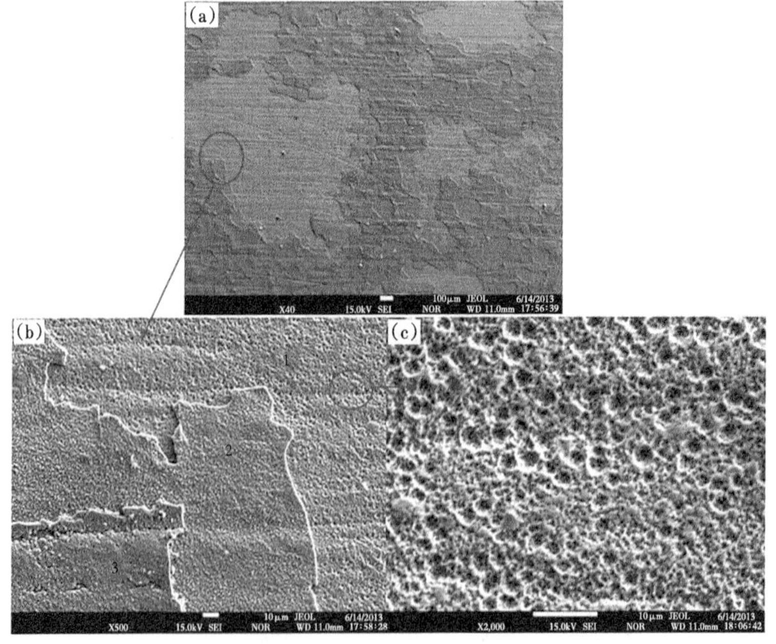

图 5　镍钨合金镀层酸洗后腐蚀膜 SEM 形貌

［(b)为(a)中局部放大图，(c)为(b)中局部放大图］

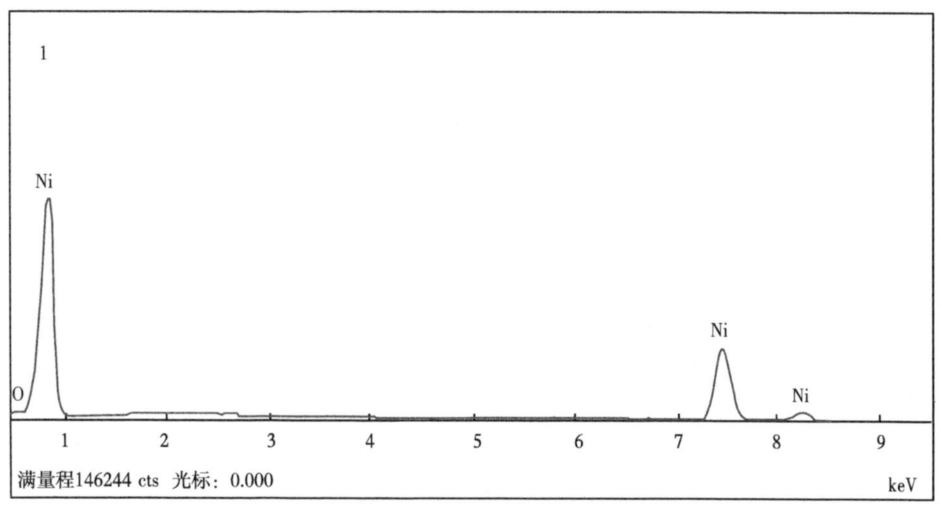

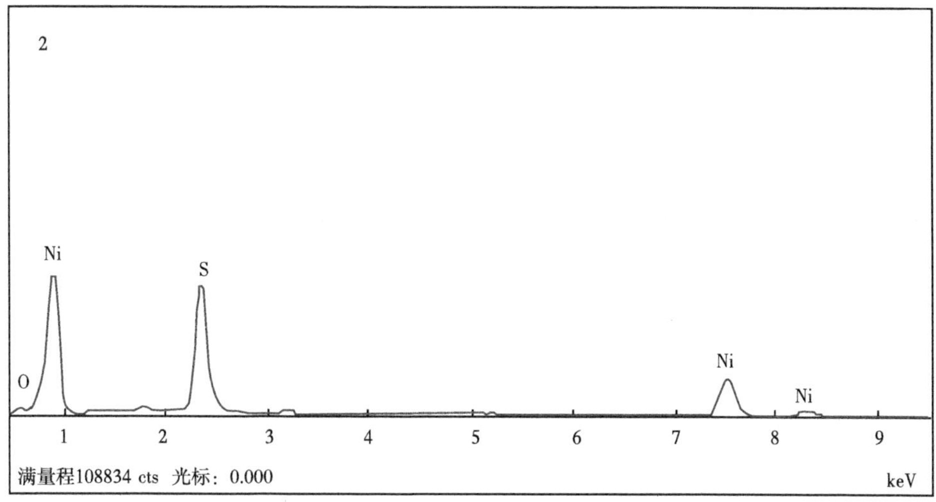

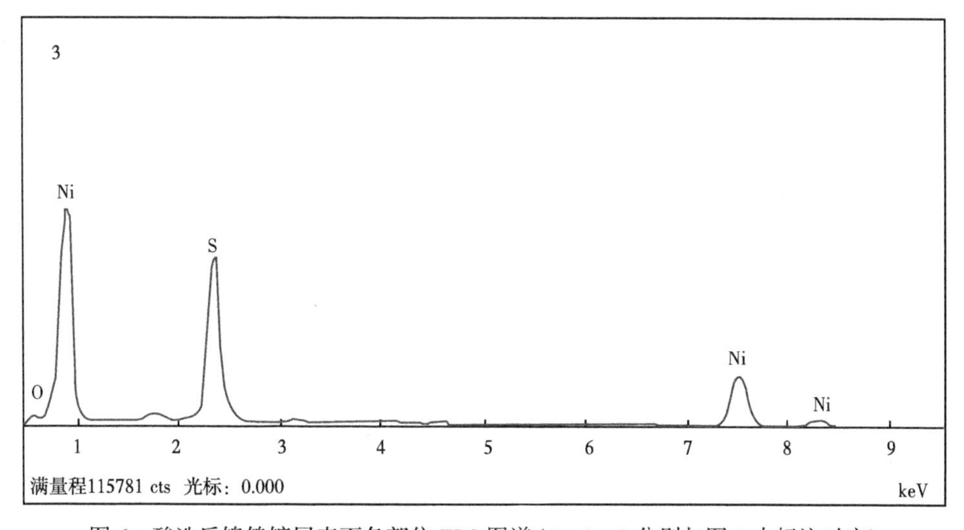

图 6 酸洗后镍钨镀层表面各部位 EDS 图谱（1、2、3 分别与图 5 中标注对应）

表 3　酸洗后表面各部位原子百分含量　　单位：%

检测位置	Ni	S	O
1	100.00	—	—
2	52.52	40.59	6.89
3	52.79	37.83	9.38

在本次实验中镍钨合金镀层表层腐蚀膜主要由 Ni_3S_2 及一定量的 $NiWO_4$ 和 WO_3 组成。酸洗后腐蚀产物膜分为两层，均以 Ni_3S_2 为主。研究表明，Ni—W 非晶态合金镀层有各向同性结构，化学组成均匀，因此在酸性环境中易于钝化，在合金表面形成一层均匀的钝化膜，这种非晶态的钝化膜不易脱落或受到机械破坏，同时能够有效地阻止腐蚀介质中的腐蚀性阴离子通过腐蚀膜，避免对基体造成腐蚀，其耐蚀性远高于不锈钢材质。在 H_2S/CO_2 条件下，镍钨合金镀层表面也会形成类似功能的腐蚀膜。且腐蚀产物膜中的 Ni_3S_2 其保护性和稳定性优于 Ni_xS_y 混合物，对基体具有更好的保护作用，使腐蚀速率降低。

3　结论

腐蚀试验表明镍钨合金镀层在此腐蚀环境下的腐蚀速率为 0.0531mm/a，发生全面腐蚀，且没有开裂。未酸洗前腐蚀膜主要由 Ni_3S_2 及一定量的 Ni、$NiWO_4$ 和 WO_3 组成。酸洗后腐蚀膜分为两层，均以 Ni_3S_2 为主。腐蚀试验结果表明镍钨合金镀层可以满足试验工况条件下的抗腐蚀要求。

参 考 文 献

[1] 阎伟，邓金根，董星亮，等. 油管钢在 CO_2/H_2S 环境中的腐蚀产物及腐蚀行为 [J]. 腐蚀与防护，2011，32(3)：193-196.

[2] 王召民，兰旭，赵景茂. L360 钢在高压 H_2S/CO_2 环境气液两相中的腐蚀行为 [J]. 腐蚀与防护，2011，32 (10)：782-784.

[3] 孙粲，谢发勤，田伟，等. 油管钢的 CO_2 和 H_2S 腐蚀及防护技术研究进展 [J]. 石油矿场机械，2009，38(5)：55-61.

[4] 韩燕，李道德，林冠发，等. Cl^-，CO_2 和微量 H_2S 共存时 13Cr 不锈钢的腐蚀性能 [J]. 理化检验：物理分册：2010，46(3)：145-150.

[5] 韩燕，赵雪会，白真权，等. P110 钢在 CO_2/H_2S 环境中的适应性研究 [J]. 腐蚀科学与防护技术，2012，24(1)：32-36

[6] 周卫军，郭瑞，张勇. H_2S 分压对 SM80SS 套管钢在 CO_2/H_2S 共存环境中高温高压腐蚀行为的影响 [J]. 腐蚀与防护，2009，30(11)：784-786.

Effect of temperature on corrosion behaviour of N80 steel in CO_2-saturated formation water

Ye Zhengrong Qiu Zhichao Yi Ran

(PetroChina Research Institute of Petroleum Exploration & Development)

Abstract: Corrosion behaviour of N80 steel in CO_2-saturated formation water was studied by weight loss measurement, electrochemical test and surface characterization. The results showed that the general corrosion rate initially increased and decreased with the increase of temperature and it reached maximum at 60℃ about 10mm/a. The polarization curves showed the similar results on corrosion rate of N80 steel after the exposure experiment in CO_2-saturated formation water. Localized corrosion was observed at the temperature of 40℃ and 50℃. The XRD pattern indicated that the corrosion product was mainly composed by Fe_3C when the temperature under 50℃, then $FeCO_3$ appeared when the temperature was above 50℃. At 70℃, the corrosion product was comprised of $FeCO_3$ totally. Generally, the temperature of 60℃ was the turning point for corrosion type and corrosion product transformation.

Keywords: N80 Steel; CO_2 Corrosion; Surface analysis; Localized corrosion

1 Introduction

In the process of oil and gas extraction and transportation, CO_2, as an associated gas, can cause serious corrosion to oil casing and gathering pipelines[1-3]. There are many influential factors on the corrosion behaviour of carbon steel in CO_2 corrosion such as temperature, pH, flow rate and etc.[4-6].

It is well recognized that temperature has the great influence in the corrosion process[7-12]. The previous studies have found that the general corrosion rate increases with the temperature increment since the solubility of $FeCO_3$ is high and it is no easy to form protective corrosion film on the surface at lower temperature[7-8]. However, when the temperature was over 60℃, the corrosion rate would reduce since the protectiveness of $FeCO_3$ corrosion layer increased with temperature due to the decreased $FeCO_3$ solubility. The formation of corrosion scale was great influence by the temperature. Some studies[7-10] showed that as temperature increased to 60℃ to 80℃, the corrosion film was more adherent to the substrate and it became more protective to the metal surface. Besides, it is interesting to note that when the temperature was below 40℃, the corrosion product was mainly consisted of Fe_3C with some $FeCO_3$. Both Fe_3C and $FeCO_3$ was the corrosion product of CO_2 corrosion[8, 12].

The influence of CO_2 partial pressure has been investigated intensely in recent years[13]. Many researchers have investigated the relationship between CO_2 partial pressure and corrosion rate[14-17]. Generally, higher CO_2 partial pressures result in higher corrosion rates since it can reduce pH and increase the rate of carbonic acid reduction.

The aim of this work was to investigate the corrosion behaviour of N80 steel in the oil formation water with various temperatures. Accordingly, high temperature and high pressure corrosion test was used for weight loss measurement and electrochemical test to study the effect of temperatures in CO_2-saturated formation water.

2 Experimental methods

2.1 Material and solution

In this experiment, N80 steel, with a chemical composition (%, mass fraction): C 0.29%, Si 0.26%, Mn 1.11%, P 0.008%, S 0.002%, Mo 0.024%, and Fe balance, was used as experimental material. The microstructure of N80 steel was shown in Figure 1. Specimens were machined with dimensions of $50 \times 13 \times 3mm^3$. Prior to the tests, the working surface of each specimen was abraded within silicon carbide paper of decreasing roughness (up to 800 grit) and rinsed with deionized water followed by alcohol. After drying with cold air, the specimens were weighted using an electronic balance with a precision of 0.1mg and then stored in a desiccator until use. The testing solution contained was prepared from analytical grade reagents and deionized water, simulating the formation water drawn out from an oil field according to Table 1.

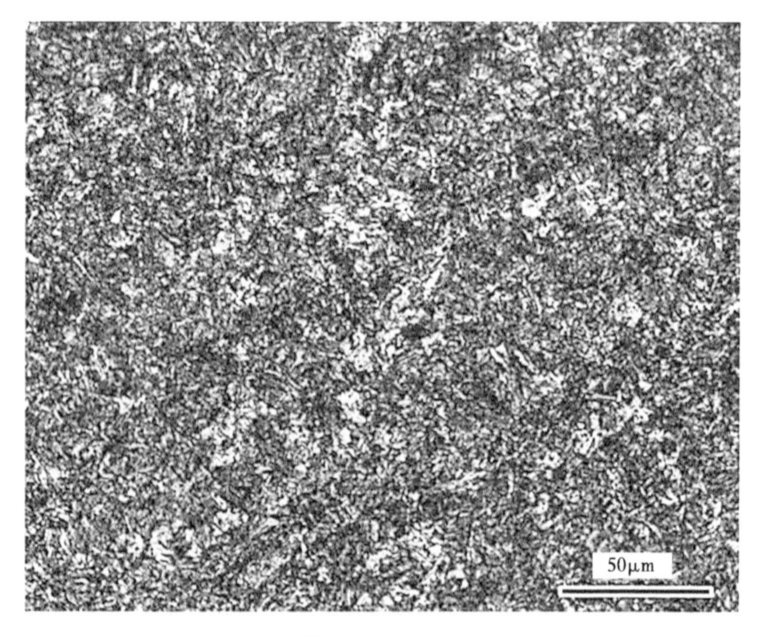

Figure 1 Microstructure of N80 steel

Table 1 Chemical composition of formation water

Composition	CO_3^{2-}	HCO_3^-	Cl^-	SO_4^{2-}	Ca^{2+}	Mg^{2+}	K^+ and Na^+
Content / (mg/L)	28.08	774.8	5405	882.7	1551	13.79	2434.14

2.2 Weight loss test

Corrosion experiments were conducted in a 3L autoclave to investigate the corrosion rated of N80 steel, and a schematic diagram was presented in Figure 2, which mainly consisted of a gas source supply device, a 3L autoclave, a controller and a waste gas treatment device. As listed in Table 2, the test was designed to determine the effect of temperature on the corrosion behaviour of N80 steel in formation water.

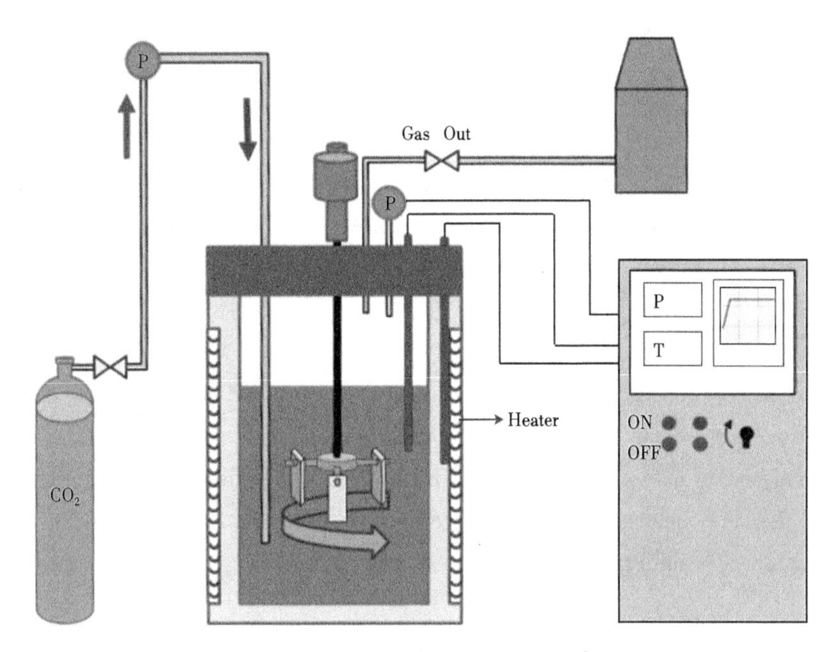

Figure 2 Schematic diagram of the apparatus for the corrosion test

Table 2 Test Conditions

Test	Temperature/℃	CO_2 Pressure/MPa	Flow rate/(m/s)	Test time/h
1	30、40、50、60、70	5	1.0	168

Before the specimens were placed in an autoclave, they were fixed in a specimen holder composed of polytetrafluoroethene(PTFE) to prevent the galvanic effect, and four specimens were placed in the autoclave for each test. Before corrosion test, 2L formation water, which was deoxygenized by pure N_2(99.999%) over 12h, was added to the autoclave. When the autoclave was sealed, purging CO_2 was adopted to remove the air for 2 h. After the autoclave was heated the required temperature, CO_2 gas was injected into the autoclave to 5MPa.

After the experiments, the specimens were removed from the autoclave, rinsed with deionized water and alcohol and dried with cold air. One of the four specimens was retained for surface characterization of corrosion scales. The rest three specimens were descaled in the solution consisting of hydrochloric acid, hexamethylene and deionized water at room temperature[18]. The weight loss of the specimen was measured to calculate the general corrosion rate via the following equation[19]:

$$V=\frac{87600\Delta W}{S\rho t} \tag{1}$$

where V is the corrosion rate, mm/a; ΔW is the weight loss, g; S is the exposed surface area of specimen, cm^2, ρ is the density of specimen, g/cm^3; t is the corrosion time, h; 87600 is the unit conversion constant. The general corrosion rate with error bars was calculated from the three parallel specimens for each test.

2.3 Electrochemical test

Electrochemical test was conducted with an electrochemical work station. A three-electrode electrochemical cell was used with N80 steel was working electrode (WE), platinum as counter electrode (CE), and Ag/AgCl electrode (0.1mol/L KCl) as reference electrode (RE). Polarization curve measurements were performed form −0.25 V to 0.25V vs. OCP with a scan rate of 0.5 mV/s.

2.4 Surface Characterization

After corrosion test, the surface morphologies of corroded specimens were observed by scanning electron microscope (SEM). The composition of corrosion products on the specimen surface was analysed by X-ray diffraction (XRD). The 3D profiles of the samples and sizes of corrosion pits after the removal of corrosion scales were observed and measured using Leica DM 2500M/S6D confocal scanning laser microscope.

3 Results and discussion

3.1 General corrosion rate and macroscopic morphology

Figure 3 shows the weight loss corrosion rate of N80 steel after corrosion in CO_2-saturated water for 168h. The corrosion of 4mm/a was recorded at 30℃ and it increased until the temperature reached 60℃. When the temperature increased to 70℃, the general corrosion rate was about 9mm/a. It can be seen that the general corrosion rate increased initially with the increase of temperature, and then decreased after the temperature of 60℃. The general corrosion rate reached maximum about 10 mm/a at 60℃.

Some studies have shown that the corrosive kinetics of CO_2 has a change near 60℃. When the temperature was between 60℃ and 110℃, a protective layer of corrosion product is formed on the iron surface, which suppresses the corrosion and thus the corrosion rate has a maximum value[7-8].

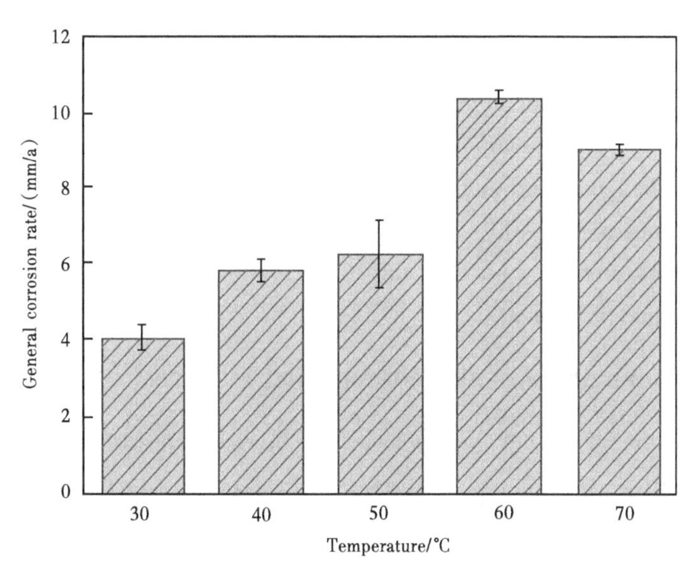

Figure 3 Corrosion rate of N80 steel exposed to CO_2-saturated formation water for 168h at 5MPa with various temperatures

Figure 4 shows the macroscopic morphologies of corrosion scales on N80 steel. A uniform corrosion film was formed at 30℃. With the increase of temperature, some small holes appeared on the corrosion film surface and these holes became more at 50℃. When the temperature reached

Figure 4 Macroscopic morphologies of corrosion scales on N80 steel exposed to CO_2-saturated formation water for 168 h at 5 MPa with different temperatures: (a)30℃; (b)40℃; (c)50℃; (d)60℃; (e)70℃

60℃, severe corrosion morphology can be observed in Figure 4 (d), most of corrosion scale fell off from the matrix and there was small amount of corrosion scale was still remained on the specimen. However, as the temperature increase to 70℃, the corrosion scale was almost fell off totally but with a lower general corrosion rate compared to that at 60℃.

Compared all the corrosion morphologies with various temperatures, it was found that localized corrosion occurred at 40℃ and 50℃. The corrosion type was changed from general corrosion to localized corrosion, and then turned to general corrosion finally. The result was in according to other reported studies[14].

3.2 SEM micromorphology and composition analysis

Figure 5 shows the microscopic morphologies of N80 steel exposed to CO_2-saturated formation water for 168h at 5MPa with different temperatures. It was observed that some small holes were formed on the corrosion scale at 30℃ initially. The holes became larger with the increase of temperature. From the magnification of corrosion morphology, some crystal corrosion product can be found on the surface corrosion layer as shown in Figure 5 (c) to Figure 5 (e). When the temperature reached 60℃, the corrosion scale became discontinuous and lager crystals were observed compared

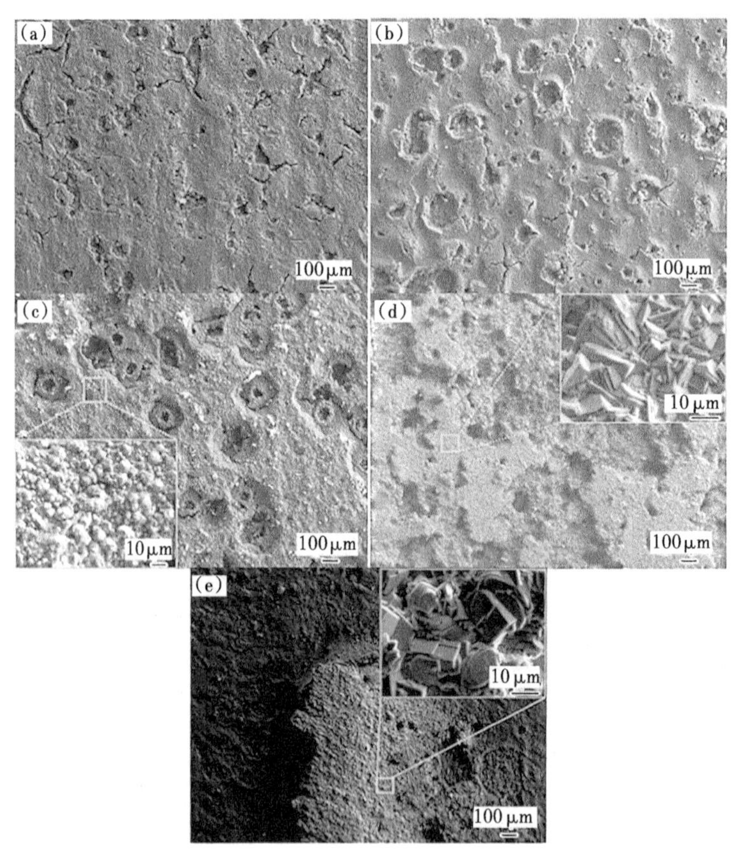

Figure 5 SEM morphologies of corrosion scales on N80 steel exposed to CO_2-saturated formation water for 168 h at 5 MPa with different temperatures: (a) 30℃; (b) 40℃; (c) 50℃; (d) 60℃; (e) 70℃

to that at 50℃. This character was still remained at the temperature of 70℃.

From the microscopic morphologies of N80 steel in different test temperatures, it was obvious that localized corrosion occurred at 40℃ and 50℃. However, this corrosion type turned to general corrosion when the temperature increases to 70℃.

Figure 6 shows the XRD of N80 steel after corrosion in CO_2-saturated formation water for 168h. It is evident that Fe_3C was primarily detected in the relative low temperature (under 50℃). When the temperature increased to 60℃, some $FeCO_3$ crystals were observed in the corrosion products and the corrosion product was comprised of $FeCO_3$ and Fe_3C. However, as the increasing of temperature reached 70℃, the corrosion products were mainly composed by $FeCO_3$ and Fe_3C disappeared. In this work, it was interesting to note that $FeCO_3$ formed at 60℃. According to some studies[8, 12], both $FeCO_3$ and Fe_3C were two typical corrosion product in CO_2 corrosion. The temperature of Fe_3C formation did not have a certain range while $FeCO_3$ always formed at 50℃ to

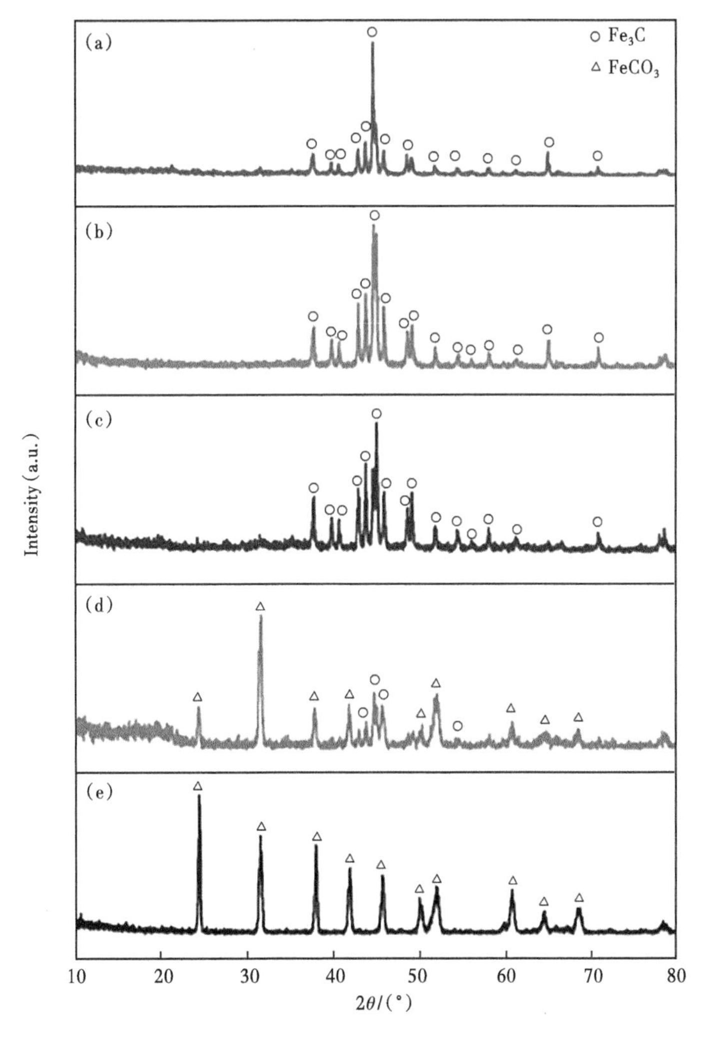

Figure 6 XRD results of corrosion scales on N80 steel exposed to CO_2-saturated formation water for 168h at 5 MPa with different temperatures:

(a) 30℃; (b) 40℃; (c) 50℃; (d) 60℃; (e) 70℃

70℃. This was in accordance to the research results.

3.3 Localized corrosion analysis and polarization curve measurements

The localized corrosion of N80 steel exposed to CO_2-saturated formation water only occurred at 40℃ and 50℃. When the temperature was higher or lower than these two conditions, the corrosion type was mainly general corrosion. Figure 7 shows the 3D surface morphologies of the N80 steels at 40℃ and 50℃, respectively. As shown in Figure 7 (a), localized corrosion was

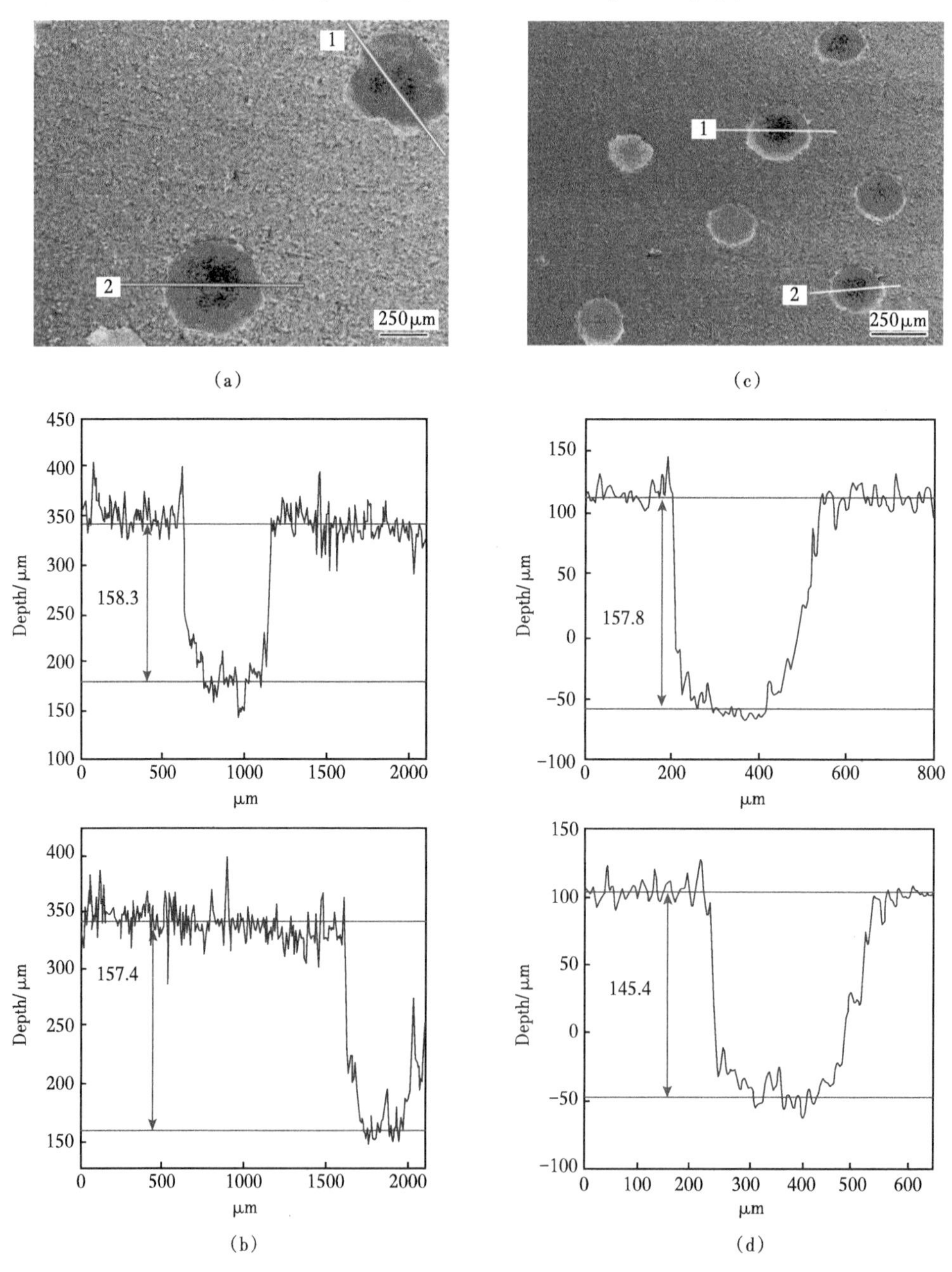

Figure 7 3D surface morphologies of the N80 steel immersed in CO_2-saturated formation water after 168 h: (a)(b)40℃; (c)(d)50℃

obvious on the N80 steel, and the depth and diameter of the localized corrosion pits were large at 40℃. When the temperature reached 50℃, many small localized corrosion pits formed on the steel, while the depth and diameter of the pits were lower than those at 40℃.

After the removal of corrosion scale, localized corrosion pits were analysed by the pit depth according to ASTM Standard G46—94[20]. The localized corrosion rate was calculated by the equation(2):

$$R_L = \frac{8.76h}{t} \tag{2}$$

where R_L is the localized corrosion rate, mm/a; h is the depth of localized corrosion pits, μm. The localized corrosion rate was an average of ten deepest pits obtained from three parallel samples.

Figure 8 shows the comparison of corrosion rate on general and localized corrosion at 40℃ and 50℃. It can be seen that the localized corrosion rate was much higher than that of general corrosion. When the temperature was 40℃, the general corrosion rate was lower than that of 50℃, while the localized corrosion rate was a bit higher under 40℃. The effect of localized corrosion caused much more damage compared to general corrosion since it would the failure source.

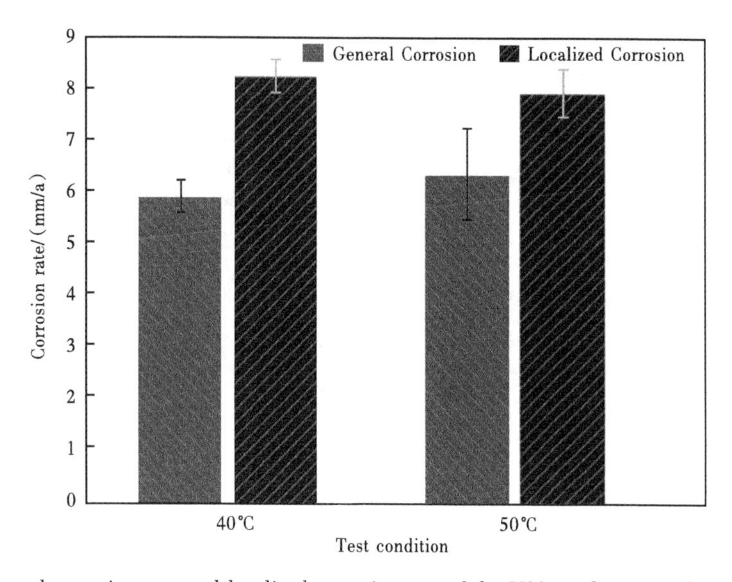

Figure 8 General corrosion rate and localized corrosion rate of the N80 steel immersed in CO_2-saturated formation water after 168h: (a)40℃; (b)50℃

Figure 9 shows the polarization curves of N80 steel after corrosion in CO_2-saturated formation water. The corresponding values of electrochemical parameters, including corrosion potential and corrosion current density are listed in Table 3. The change of current density under various temperatures was shown in Figure 9(b). It is evident that the trend of current density was similar to the general corrosion change varied with temperatures. The current density reached its maximum at 60℃ and then decreased to about $5.4A \times 10^{-5}/cm^2$.

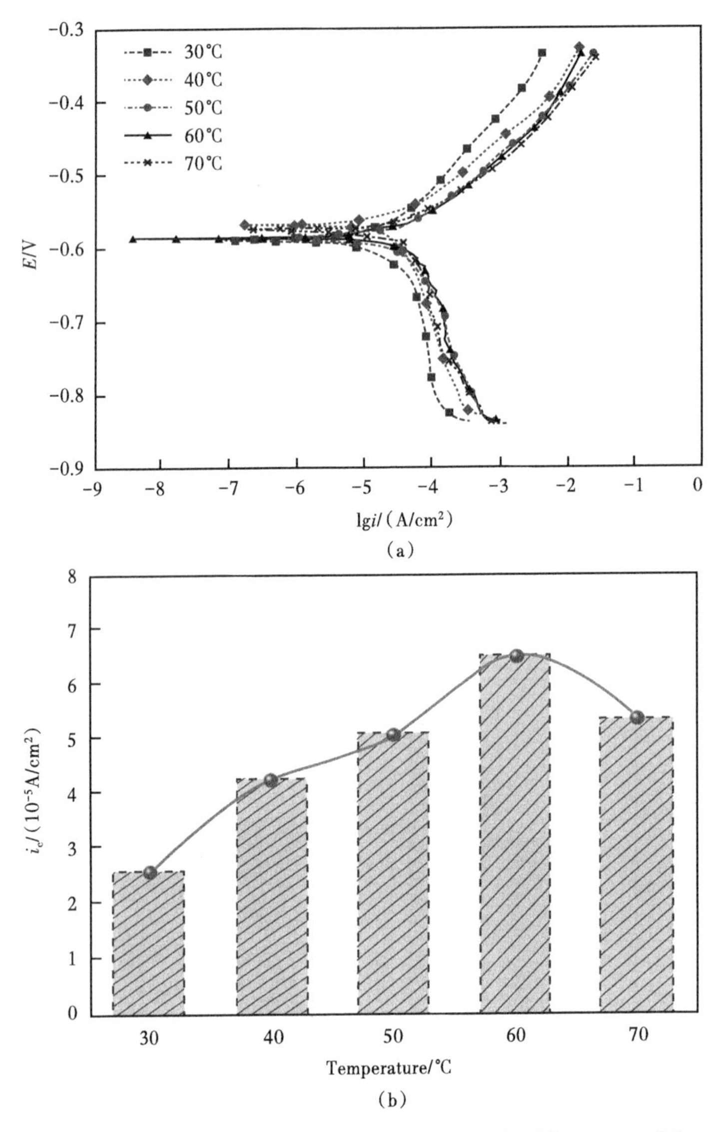

Figure 9 Results of N80 steel for electrochemical measurements in CO_2-saturated formation water: (a) Polarization curves; (b) Corrosion current density

Table 3 Fitted electrochemical parameters of the polarization curves of N80 steel after corrosion in CO_2-saturated formation water

Temperature/℃	Corrosion current density i_c/(10^{-5}A/cm^2)	Corrosion potential E_c/mV
30	2. 6018	−0. 590
40	4. 2862	−0. 570
50	5. 0832	−0. 591
60	6. 4955	−0. 558
70	5. 3629	−0. 576

4 Conclusion

In this work, the influence of temperature on corrosion behaviour of N80 steel was studied with both high temperature and high pressure corrosion test and electrochemical test. Obtained results showed that the most severe corrosion occurred at 60℃ and localized corrosion appeared only at 40℃ and 50℃. The corrosion products were mainly Fe_3C and $FeCO_3$. The corrosion product was composed by Fe_3C when the temperature under 60℃. However, as the increase of temperature reached 60℃, $FeCO_3$ was formed, and the corrosion product totally turned to $FeCO_3$ at 70℃.

References

[1] SCHMITT, G. Fundamental aspects of CO_2 corrosion [C]// Advances in CO_2 corrosion, vol. 1, NACE, Houston, TX, 1984: 10-19.

[2] KERMANI M B, MORSHED A. Carbon dioxide corrosion in oil and gas production—A compendium[J]. Corrosion, 2003, 59(8): 659-683.

[3] CROLET J L, BONIS M R. Prediction of the risks of CO_2 corrosion in oil and gas wells [J]. Spe Production Engineering, 1991, 6(4): 449-453.

[4] YIN Z F, FENG Y R, ZHAO W Z, et al. Effect of temperature on CO_2 corrosion of carbon steel [J]. Surface & Interface Analysis, 2010, 41(6): 517-523.

[5] AlSAYED, MOHD S A . Effect of flow and pH on CO_2 corrosion and inhibition [J]. Genba Panfuretto, 1989, 36 (2): 67-72.

[6] NYBORG R. Overview of CO_2 corrosion models for wells and pipelines [C]//CORROSION, NACE International, Houston, TX, 2002: 233.

[7] DUGSTAD A. Mechanism of protective film formation during CO_2 corrosion of carbon steel [C]// CORROSION, NACE International, Houston, TX, 1998: 31.

[8] MUÑOZ A, GENESCA J, DURAN R, et al. Mechanism of $FeCO_3$ formation on API X70 pipeline steel in brine solutions containing CO_2 [C]// CORROSION, NACE International, Houston, TX, 2005: 297.

[9] BOSCH C, JANSEN J P, POEPPERLING R K. Influence of chromium contents of 0.5% to 1.0% on the corrosion behaviour of low alloy steel for large-diameter pipes in CO_2 containing aqueous media [C]// CORROSION, NACE International, Houston, TX, 2003: 118.

[10] DUGSTAD A, LUNDE L , VIDEM K. Parametric study of CO_2 corrosion of carbon steel [C]// CORROSION, NACE International, Houston, TX, 1994: 14.

[11] SUI P F, SUN J B, HUA Y, et al. Effect of temperature and pressure on corrosion behavior of X65 carbon steel in water-saturated CO_2 transport environments mixed with H_2S [J] Int. J. Greenh. Gas Con. , 2018 (73): 60-69.

[12] JASINSKI R. Corrosion of N80-type steel by carbon dioxide/water mixtures [J] Corrosion, 1987, 43(4): 214-218.

[13] DUGSTAD A, LUNDE L, VIDEM K. Parametric study of CO_2 corrosion of carbon steel [C]// CORROSION, NACE International, Houston, TX, 1994: 14.

[14] SUN Y, NESIC S. A parametric study and modelling on localized CO_2 corrosion in horizontal wet gas flow [C]//Corrosion, NACE International, Houston, TX, 2004: 380.

[15] KINSELLA B, TAN Y J, BAILEY S. Electrochemical impedance spectroscopy and surface characterization

techniques to study carbon dioxide corrosion products [J]. Corrosion, 1998. 54 (10): 835-842.

[16] FU S -L, BLUTH M J. Study of sweet corrosion under flowing brine and/or hydrocarbon conditions [C]// CORROSION, NACE International, Houston, TX, 1994: 31.

[17] HESJEVIK S M, OLSEN S. Corrosion at high CO_2 pressure [C]//CORROSION, NACE International, Houston, TX, 2003: 345.

[18] ASTM Standard G1 - 03. Standard Practice for Preparing, Cleaning, and Evaluating Corrosion Test Specimens. ASTM International, West Conshohocken, PA, 2011.

[19] ASTM Standard G31-72. Standard Practice for Laboratory Immersion Corrosion Testing of Metals. ASTM International, West Conshohocken, PA, 2004.

[20] ASTM Standard G46 - 94. Standard guide for examination and evaluation of pitting corrosion. ASTM International, West Conshohocken, PA, 2003.

第三篇　二氧化碳驱油注采与地面工程技术

CO_2 注入井封隔器早期密封失效机理研究

张德平[1,2]　冯福平[1]　李　清[1,2]　严茂森[1]　艾　池[1]　丛子渊[1]

（1. 东北石油大学石油工程学院；
2. 中国石油吉林油田公司 CO_2 捕集埋存与提高采收率开发公司）

摘要：为了揭示 CO_2 注入井中性能优良的氢化丁腈橡胶封隔器早期密封失效的机理，根据失效井的特征分析以及 CO_2 的相态特点提出了实现恒定泄压速度的室内实验方法，并进行了不同 CO_2 泄压速度条件下橡胶表面形貌观测和力学性能测试分析。结果表明：随着泄压速度的增加，橡胶表面逐渐形成小气泡、大气泡甚至气泡破裂等龟裂现象，橡胶的密封性能参数均明显变差；注气井突然泄压，短时间橡胶内无法渗出的气体在内外压差作用下膨胀形成气泡甚至爆裂，是造成 CO_2 注入井封隔器早期密封失效的主要原因；为了防止封隔器的早期密封失效，推荐现场井口泄压速度控制在 5MPa/h 以内。

关键词：CO_2；封隔器；失效机理；泄压；橡胶

向油气藏中注入 CO_2 不仅能够实现温室气体的地质埋存，而且还能进一步提高低渗透油藏的采收率，是目前经济技术条件下实现 CO_2 效益减排的最佳方式[1-4]。例如吉林油田已应用该技术埋存 CO_2 110×10^4t，成功解决了长岭气田的 CO_2 伴生气处理问题，并累计增油 10×10^4t，实现了控制 CO_2 温室气体排放、为采油增能量的双赢。

然而部分 CO_2 注入井存在环空带压现象，增加了注气井安全生产的风险及由此产生的泄压费用。根据动态监测、井筒泄漏路径诊断测试、套压恢复测试和液面测试结果可知，封隔器密封失效是造成注入井环空带压的主要原因之一[5-6]，并且封隔器远未达到其预期使用寿命，属于早期密封失效。

胶筒是封隔器的核心部件，组成胶筒的橡胶在井下高温、高压以及酸性介质作用下的性能是决定封隔器密封能力的关键[7]。部分学者对不同温度、压力以及腐蚀环境下封隔器橡胶的力学性能进行了测试[8-14]，为 CO_2 注入井封隔器胶筒材料的选择提供了参考依据，但对实验中出现的橡胶起泡、破裂现象以及早期密封失效的原因并未进行深入的分析。本文即针对 CO_2 注入井的实际工况，分析了封隔器早期密封失效的机理，并通过室内实验进行了验证，得出了防止封隔器早期密封失效的原因和控制措施。

1　CO_2 注入井封隔器早期密封失效特征分析

标准状况下 CO_2 为无色无味的气体，其水溶性呈弱酸性，当温度达到 31.1℃、压力达到 7.38MPa 时，CO_2 发生相态转变进入超临界状态。超临界状态的 CO_2 具有许多不同于气体也不同于液体的独特性质，其密度接近于液体，且随着温度的升高而减小，随着压力的升高而非线性的增加。但其黏度却接近气体，扩散系数为液体的 100 倍，具有较好的溶解能力和传质特性，对封隔器橡胶具有很强的侵蚀作用，在高温、高压的共同作用下导致橡胶的力学性能下降甚至是本体开裂。为了防止注入的 CO_2 进入油套环形空间，CO_2 注入井均采用国外进口的封隔器，胶筒材质为氢化丁腈橡胶。氢化丁腈橡胶是以丁二烯和丙烯腈为骨架的共聚物，分子主链高度饱和，含有强极性的腈基，因此理论上具有优良的耐化学介质性能、热氧化稳定性、较高的抗压缩永久变形能力和较长的使用寿命，该封隔器的预期使用寿命为10年。然而使用过程中却发现如下特征：(1)封隔器的密封失效时间均远小于其预期使用寿命，短的甚至只有几个月就造成环空带压现象，具有明显的早期密封失效特征，即使存在高温、高压以及腐蚀的外界环境也不至于造成这种较为短期的密封失效现象，说明还有其他原因促使封隔器橡胶发生早期密封失效；(2)统计封隔器密封失效造成的环空带压井注气动态曲线发现，环空带压(套压)的首次出现均发生在某次停注后重新注入的时刻(图1)，说明这种停注压力的改变对封隔器橡胶密封能力的影响不容忽视。

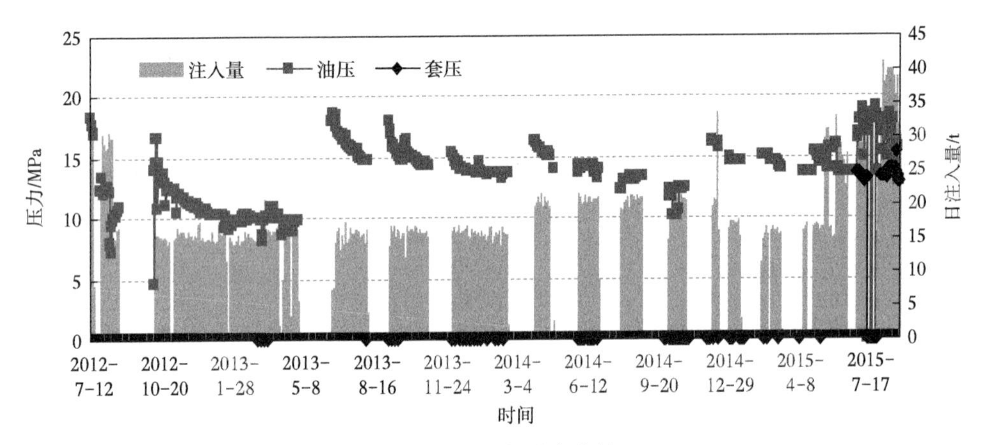

图1　某井注气动态曲线

根据 CO_2 注入井封隔器早期密封失效的特征可知，其失效的原因不仅与井下高温、高压和酸性介质有关，还主要受压力改变的影响。由于采用水气交替的方式来实现 CO_2 的驱油与埋存，因此注入井需要进行频繁的停注作业，这种急剧的压力变化所形成的“卸爆”效应会引起橡胶出现气泡、肿胀和爆裂等现象，造成橡胶不可恢复的损伤[15-16]。由注气动态曲线可以看出，封隔器密封失效造成环空带压均发生在注入井停注泄压以后，说明这种注入井突然泄压对橡胶密封能力的影响要超过高温、高压和腐蚀的作用，因此需要明确泄压速度对橡胶性能的影响程度。

2　泄压速度对橡胶性能影响的实验设计

CO_2 注入井封隔器胶筒在井下不仅要受到高温、高压和腐蚀作用的影响，还要承受停注引起的压力急剧变化，为了分析注入井泄压对橡胶性质的影响，开展了泄压速度对橡胶性能影响的测试实验，从而找出 CO_2 注入井封隔器早期密封失效的主要原因。

按照 CO_2 注入井井下实际情况，选取压力30MPa，温度95℃，泄压速度0.5~10MPa/h。

2.1　试件制备

选取封隔器橡胶材料，参照 GB/T 528—2009/ISO 37：2005、GB/T 531.1—2008/ISO 7619—1：2004、GB/T 7759.1—2015/ISO 815：2008，将实验胶件加工处理成哑铃形和圆柱形的标准尺寸（图2）。

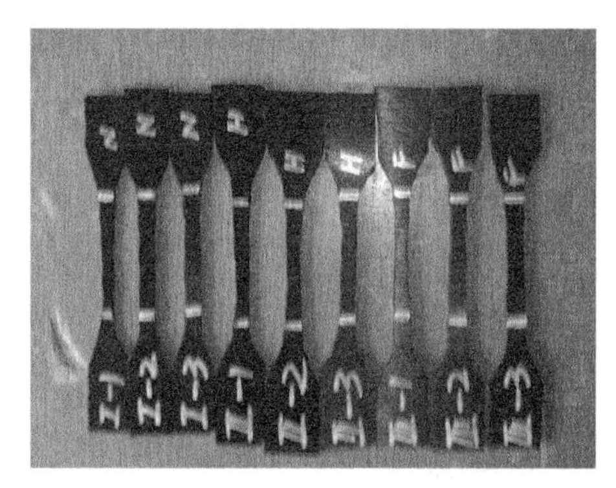

图 2　实验胶件形状

其中哑铃形胶件用于观测不同泄压速度对胶件表面形貌的影响，并测定抗拉强度和伸长率的变化，圆柱形胶件用于测量泄压速度对胶件硬度和压缩永久变形率的影响。CO_2 腐蚀及泄压实验仪器主要为高温高压反应釜和 ISCO 泵，胶件的性质变化主要通过电子万能拉伸压缩实验机来测定。

2.2　超临界 CO_2 恒定泄压速度控制方法

要想分析 CO_2 泄压速度对封隔器胶件性能的影响，需要在泄压过程中全程自动保持恒定的泄压速度，而现有仪器仪表均没有自动控制泄压速度的功能。理想气体可以通过保持固定流量的方法实现恒定的泄压速度，但超临界 CO_2 的密度随着压力、温度的变化也在发生改变，不再符合理想气体状态方程，因此也不能通过保持固定流量的方法来保证超临界 CO_2 恒定的泄压速度。

为了保证实验过程中泄压速度恒定，可以选用能够反映真实气体状态特性的 P-R 方程进行流量设计，并结合 ISCO 泵的分阶段退泵流量来实现。ISCO 泵的退泵模式能够在规定的时间内实现设定的流体泄出流量，P-R 方程可以计算在不同的压力条件下 CO_2 流体的摩尔体积，根据原反应釜内的摩尔体积以及固定压力条件下的摩尔体积即可得出在该时间段内实现泄压速度恒定的退泵流量。

P-R 方程表达式为：

$$p=\frac{RT}{V_m-b}\cdot\frac{\alpha(T)}{V_m(V_m+b)+b(V_m-b)}\tag{1}$$

其中

$$b=0.0778\frac{RT_c}{p_c}$$

$$\alpha(T)=\alpha(T_c)\alpha(T_t\ \omega)$$

$$\alpha(T_c)=0.45727\frac{R^2T_c^2}{p_c}$$

$$\alpha(T_t,\omega)=[1+k^*(1-T_t^{0.5})]^2$$

$$k^*=0.37464+1.54226\omega-0.26992\omega^2$$

式中　p——流体压力，MPa；

R——通用气体常数，8. 314 J. gmol^{-1}. K；

T——绝对温度，K；

V_m——气体摩尔体积，cm^3/mol；

T_c——临界温度，K；

p_c——临界压力，MPa；

T_t——对比温度，$T_t = T/T_c$；

ω——偏心因子。

对于二氧化碳，$\omega = 0.225$，$p_c = 7.377$MPa，$T_c = 304.13$K，则

$$k^* = 0.37464+1.54226\times0.225-0.26992\times0.225^2 = 0.707979$$

$$\alpha(T_c) = 0.45727\times8.314^2\times304.13^2/7.377 = 396306.77$$

$$\alpha(T_t,\omega) = [1+0.707979(1-T_t^{0.5})]^2$$

$$b = 0.0778\times8.314\times304.13/7.377 = 26.667$$

对方程(1)进行整理可得：

$$pV_m^3+(26.667p-8.314T)V_m^2-(2133.39p+443.43T-\alpha)V_m +18963.68p+5912.326T-26.667a = 0 \quad (2)$$

其中

$$a = 396306.77\times[1+0.707979(1-T_t^{0.5})]^2$$

由式(2)可以看出，知道了温度及压力，就可算出 CO_2 处于超临界状态下的摩尔体积，CO_2 在不同压力条件下的摩尔体积 V_m 计算结果见表 1。

表 1　不同压力条件下 CO_2 摩尔体积 V_m 计算结果

压力 p/MPa	气体摩尔体积 V_m/cm^3/mol	压力 p/MPa	气体摩尔体积 V_m/cm^3/mol	压力 p/MPa	气体摩尔体积 V_m/cm^3/mol	压力 p/MPa	气体摩尔体积 V_m/cm^3/mol
0. 5	6036. 55	8. 0	301. 32	15. 5	127. 37	23. 0	83. 52
1. 0	2976. 98	8. 5	279. 14	16. 0	122. 44	23. 5	82
1. 5	1957. 12	9. 0	259. 51	16. 5	117. 93	24. 0	80. 58
2. 0	1447. 19	9. 5	242. 04	17. 0	113. 81	24. 5	79. 24
2. 5	1141. 24	10. 0	226. 41	17. 5	110. 02	25. 0	77. 99
3. 0	937. 3	10. 5	212. 38	18. 0	106. 55	25. 5	76. 80
3. 5	791. 64	11. 0	199. 72	18. 5	103. 35	26. 0	75. 68
4. 0	682. 43	11. 5	188. 29	19. 0	100. 41	26. 5	74. 62
4. 5	597. 52	12. 0	177. 93	19. 5	97. 70	27. 0	73. 62
5. 0	529. 62	12. 5	168. 53	20. 0	95. 19	27. 5	72. 67
5. 5	474. 11	13. 0	159. 98	20. 5	92. 88	28. 5	70. 91
6. 0	427. 9	13. 5	152. 21	21. 0	90. 73	29. 0	70. 09
6. 5	388. 85	14. 0	145. 12	21. 5	88. 73	29. 5	69. 31
7. 0	355. 43	14. 5	138. 65	22. 0	86. 87	30. 0	68. 57
7. 5	326. 53	15. 0	132. 75	22. 5	85. 14		

将全部泄压时间等分成60个时间段，设反应釜内的气体容积为V，在T_1时刻反应釜内压力为p_1，则此时反应釜内的气体物质的量为

$$N_1=\frac{V}{V_{m1}} \tag{3}$$

式中 N_1——T_1时刻反应釜内的CO_2物质的量，mol；

V——反应釜内的气体容积，cm^3；

V_{m1}——T_1时刻反应釜内CO_2的摩尔体积，cm^3/mol。

T_2时刻反应釜内压力为p_2，则此时反应釜内的气体物质的量为

$$N_2=\frac{V}{V_{m2}} \tag{4}$$

式中 N_2——T_2时刻反应釜内的CO_2物质的量，mol；

V_{m2}——T_2时刻反应釜内CO_2的摩尔体积，cm^3/mol。

则在T_1—T_2时间段内应排出的气体体积为

$$V_T=22.4(N_1-N_2) \tag{5}$$

式中 V_T——T_1—T_2时间段内应排出的CO_2体积，cm^3。

则该时间段内ISCO泵的退泵流量为

$$L=\frac{V_T}{T_2-T_1} \tag{6}$$

式中 L——T_1—T_2时间段内ISCO泵的退泵流量，mL/min。

根据式(6)的计算结果，将全部泄压时间平均分成60个时间点，部分泄压速度条件下每个时间点ISCO泵气体流量设计如图3所示。

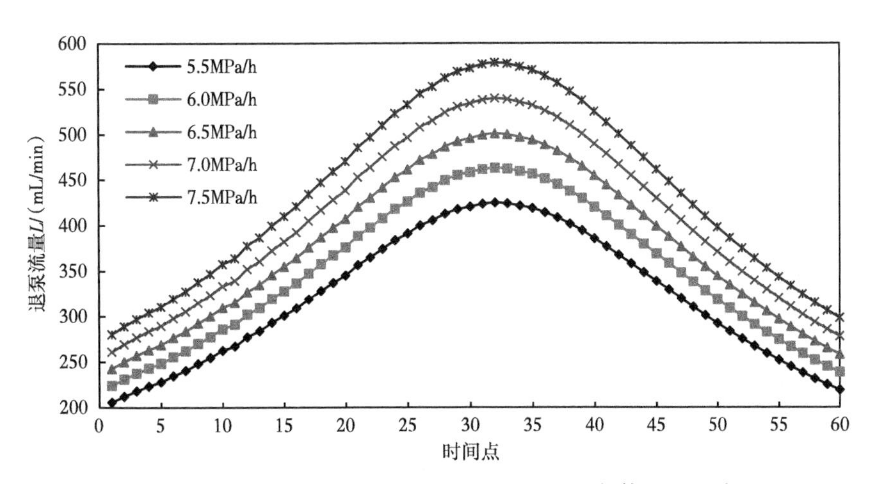

图3 不同泄压速度条件下每个时间点ISCO泵气体流量设计图

2.3 实验流程

(1)在进行每组泄压实验时，选取哑铃形和圆柱形的胶件各3个，将其置于高温高压反应釜中，釜中加入一定量的井下油水液体，并将高温高压反应釜的密封螺栓拧紧。

(2)将增压泵与 CO_2 气瓶和高压活塞容器相连，通过增压泵将高压 CO_2 注入活塞容器中。

(3)将高压活塞容器、压力传感器与高温高压反应釜连接起来。先向高温高压反应釜中注入一定量的气体，通过压力传感器，观察反应釜中气体压力的变化，若气体压力无变化，则说明反应釜气密性良好。

(4)将回压阀连在反应釜上，为后续泄压实验做准备。

(5)通过高压活塞容器向反应釜中注入 CO_2 气体，温度设定在95℃，待温度稳定后保证反应釜内压力为30MPa。

(6)静置7d，然后逐渐泄压，泄压操作时根据ISCO泵退泵原理进行，将ISCO泵出口端和回压阀回压连接处相连，将反应釜出口端与回压阀的入口端相连，回压阀出口端直接放空，按照计算结果在不同的时间段设定不同的退泵流量，使泄压速度实现0.5~10MPa/h。

(7)泄压实验完成后，用镊子从高温高压反应釜中取出实验胶件，观测表面形貌后干燥，并进行相应的拉伸、压缩试验。

3 泄压速度对橡胶性能影响的测试结果及分析

3.1 不同泄压速度下橡胶表面形貌观测

从不同泄压速度条件下橡胶表面形貌观测结果可以看出(表2、图4)，在泄压速度达到5MPa/h以上时，橡胶表面开始出现轻微的气泡，随着泄压速度的增大，橡胶表面起泡现象越来越明显，甚至会发生气泡破裂形成不规则的龟裂，导致橡胶发生破坏。

表2 不同泄压速度条件下橡胶试件表面形貌观测

泄压速度/MPa/h	试件1	试件2	试件3	泄压速度/MPa/h	试件1	试件2	试件3
0.5	无气泡	无气泡	无气泡	5.5	无气泡	轻微小泡	无气泡
1.0	无气泡	无气泡	无气泡	6.0	轻微小泡	无气泡	无气泡
1.5	无气泡	无气泡	无气泡	6.5	轻微小泡	轻微小泡	无气泡
2.0	无气泡	无气泡	无气泡	7.0	轻微小泡	轻微小泡	轻微小泡
2.5	无气泡	无气泡	无气泡	7.5	轻微小泡	明显气泡	轻微小泡
3.0	无气泡	无气泡	无气泡	8.0	轻微小泡	明显气泡	轻微小泡
3.5	无气泡	无气泡	无气泡	8.5	明显气泡	明显气泡	明显气泡
4.0	无气泡	无气泡	无气泡	9.0	明显气泡	气泡破裂	明显气泡
4.5	无气泡	无气泡	无气泡	9.5	明显气泡	气泡破裂	明显气泡
5.0	无气泡	无气泡	无气泡	10.0	气泡破裂	气泡破裂	明显气泡

泄压速度1.0MPa/h　　泄压速度5.5MPa/h　　泄压速度8.5MPa/h

图 4　不同泄压速度条件下橡胶表面形貌

3.2　橡胶表面起泡和龟裂原因分析

橡胶在高温、高压和 CO_2 腐蚀介质环境中时，橡胶的交联键发生氧化断裂，大分子基团降解并重新交联，分子链发生位移，致使化学应力松弛，橡胶出现软化和变形的现象，橡胶的物理性能下降。然而这种高温、高压和 CO_2 腐蚀介质造成橡胶老化的机理并不能解释实验后橡胶表面的起泡现象以及室内实验的短时间内耐化学介质性能、热氧化稳定性能良好的氢化丁腈橡胶表面开裂的现象。

分析整个实验过程可知，反应釜静置期间高压 CO_2 气体在浓度差和压力差的作用下，会缓慢地向橡胶中溶解、扩散和渗透，CO_2 分子进入橡胶内部的孔隙中或本体缺陷处并向前移动，直到气体在橡胶中达到饱和状态。突然泄压时，橡胶外部的气体压力迅速降低，但内部的高压气体在短时间内无法渗出，在内外压差的作用下 CO_2 气体在橡胶内膨胀形成气泡，若压差足够大气泡将会爆裂，橡胶表面开裂形成龟裂现象，导致橡胶发生不可恢复的损伤，其密封能力丧失。泄压速度越快，橡胶内外的压差就越大，橡胶表面的鼓胀、起泡和开裂现象就越明显。因此，室内实验和现场井口停注泄压速度过快是造成封隔器橡胶早期密封失效的主要原因，而高温、高压和腐蚀环境导致的封隔器橡胶老化一方面改变了橡胶的力学性能，另一方面促进了更多的气体进入橡胶内部，从而加剧了橡胶起泡和龟裂的程度。

3.3　不同泄压速度下橡胶力学性能测试结果

拉伸强度、拉断伸长率、硬度和压缩永久变形率是评价橡胶力学性能的主要指标：抗拉强度越高、拉断伸长率越大，表示拉伸性能越好；硬度越高表示抗压变能力越好；压缩永久变形率越小表示材料弹性恢复性能越好。氢化丁腈橡胶在不同泄压速度条件下的力学性能测试结果如图 5、图 6 所示。

从图 5、图 6 可以看出：与未腐蚀的橡胶相比（泄压速度为 0），缓慢泄压时（泄压速度 0.5MPa/h）橡胶的抗拉强度下降了 17.2%，拉断伸长率下降了 22.6%，邵氏硬度下降了 5.3%，压缩永久变形率提高了 14.3%；而急剧泄压时（泄压速度 10MPa/h）橡胶的抗拉强度下降了 48.6%，拉断伸长率降低了 65.2%，邵氏硬度下降了 15.0%，压缩永久变形率提高了 87.6%。与未腐蚀橡胶相比，腐蚀后不同泄压速度条件下橡胶的力学性能均有所变差，缓慢泄压时橡胶的力学性能变差的主要原因在于高温、高压以及酸性介质对其的老化

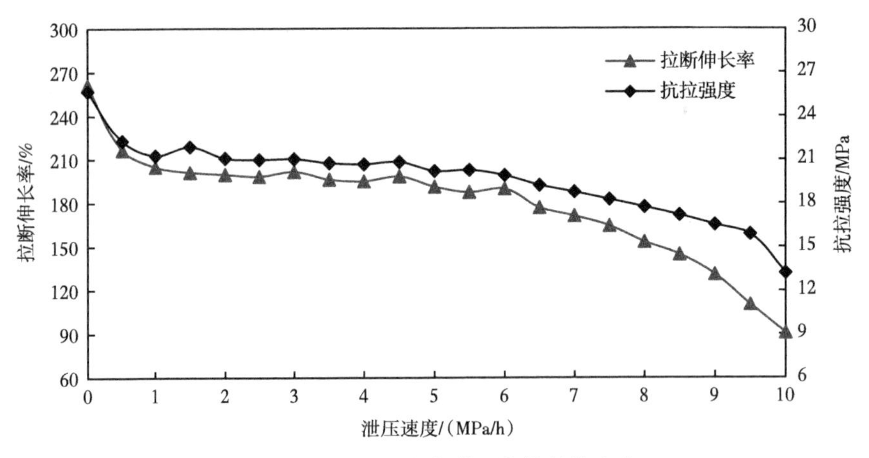

图 5　不同泄压速度条件下拉伸性能变化

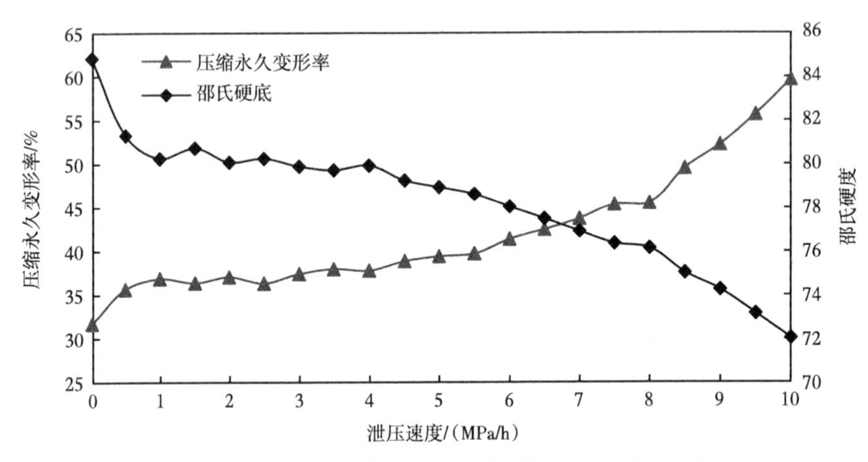

图 6　不同泄压速度条件下硬度和压缩永久变形率变化

作用，此时橡胶的力学性能虽然改变，但变化相对不大。而急剧泄压时，橡胶的力学性能发生了较大的改变，由此也说明了影响橡胶力学性能的主要原因为泄压速度，而高温、高压和腐蚀环境导致的封隔器橡胶老化并不是造成橡胶短期内力学性能发生较大改变以及起泡、开裂等密封性丧失的主要原因。CO_2 注入井多次急剧泄压使得封隔器橡胶这种不可逆的损伤逐渐累积，并在某次停注泄压时造成宏观上的密封失效，CO_2 气体通过封隔器进入油套环空造成环空带压现象，从而合理地解释了性能优良的氢化丁腈橡胶封隔器早期密封失效的机理以及环空带压现象发生在某次停注泄压再次注入时刻的原因。

从不同泄压速度条件下橡胶表面形貌及力学性能测试可以看出，随着泄压速度的增加，橡胶的拉伸强度、拉断伸长率、硬度和压缩永久变形率这些决定其密封性能的参数均明显变差，泄压速度越小其变化也越小，随着泄压速度的增加其变化率也逐渐增大，并在橡胶表面逐渐形成小气泡、大气泡甚至是气泡破裂等龟裂现象，当泄压速度超过 5MPa/h 后，橡胶表面可见小气泡的出现，图 5、图 6 的曲线也可见到相对明显的拐点，因此为了提高封隔器橡胶的使用寿命，泄压速度应控制在 5MPa/h 以内。根据该研究结果，2016 年以来现场注入井泄压时通过逐渐降低注入量的方法缓慢泄压，实现泄压速度控制在 5MPa/h 以内，有效减少了封隔器密封失效引起的环空带压井数量和环空压力值，取得了明显的效果，可以将该措施进一步推广到其他类型的注气井中。

4 结论

（1）CO_2 注气井井底高温、高压和腐蚀环境会使封隔器橡胶出现软化和变形的现象，橡胶材料物理性能下降，但并不是造成封隔器早期密封失效的主要原因，同时也无法解释注气井封隔器密封失效发生在某次停注后重新注入时刻的原因。

（2）不同 CO_2 泄压速度条件下橡胶表面形貌观测和力学性能测试分析表明，随着泄压速度的增加，橡胶表面逐渐形成小气泡、大气泡以及气泡破裂等龟裂现象，橡胶的密封性能参数均明显变差。

（3）注入高压条件下 CO_2 气体进入橡胶内部的孔隙中或缺陷处，突然泄压时橡胶内外形成较大的压差，短时间内无法渗出的气体在橡胶内膨胀形成气泡甚至开裂，是造成 CO_2 注入井封隔器早期密封失效的主要原因。

（4）井底高温、高压和腐蚀环境会使封隔器橡胶的影响无法避免，但可以通过控制井口泄压速度的方法来降低泄压对橡胶的影响，从而改善停注作业造成的封隔器早期密封失效现象，推荐现场井口泄压速度控制在 5MPa/h 以内。

参考文献

[1] ASHRAF W. Carbonation of cement-based materials: Challenges and opportunities [J]. Construction and Building Materials, 2016, 120: 558-570.

[2] LANGSTON M V, HOADLEY S F, YOUNG D N. Definitive CO_2 flooding response in the SACROC unit [C]. 1988, SPE 17321.

[3] SABTRA A, SWEATMAN R. Understanding the long-term chemical and mechanical integrity of cement in a CCS environment [J]. Energy Procedia, 2011, (4): 5243-5250.

[4] BAI M X, ZhANG Z, FU X F. A review on well integrity issues for CO_2 geological storage and enhanced gas recovery [J]. Renewable and Sustainable Energy Reviews, 2016, 59: 920-926.

[5] 朱红钧，唐有波，李珍明，等．气井 A 环空压力恢复与泄压实验 [J]．石油学报，2016，37(9)：1171-1178.

[6] 张智，李炎军，张超，等．高温含 CO_2 气井的井筒完整性设计 [J]．天然气工业，2013，33(9)：79-86.

[7] 杨春雷，李斌，郑旭，等．考虑工作温度的封隔器橡胶密封性和可靠性评价 [J]．应用力学学报，2017，34(6)：1079-1085.

[8] 曾德智，李坛，雷正义，等．橡胶 O 型圈耐 CO_2 腐蚀测试及适用性评价 [J]．西南石油大学学报（自然科学版），2014，36(2)：145-152.

[9] 朱达江，林元华，邹大鹏，等．CO_2 驱注气井封隔器橡胶材料腐蚀力学性能研究 [J]．石油钻探技术，2014，42(5)：126-130.

[10] 刘建新，王世杰，张瑞霞，等．用于 CO_2 驱分层注气的双向压缩封隔器 [J]．石油机械，2017，45(4)：87-89.

[11] 曾德智，李坛，周之人，等．高温高压高 CO_2 环境中橡胶 O 型圈的腐蚀损伤实验研究 [J]．核动力工程，2015，36(5)：194-198.

[12] 刘建新，魏伟，韩博，等．四丙氟橡胶和氢化丁腈橡胶的耐 CO_2 腐蚀性能 [J]．腐蚀与防护，2017，38(9)702-704.

[13] 朱达江，林元华，邹大鹏，等．CO_2 驱注气井封隔器橡胶材料腐蚀力学性能研究［J］．石油钻探技术，2014，42(5)：126-130.
[14] 邹大鹏．二氧化碳注气井封隔器胶筒密封性能研究［D］．成都：西南石油大学，2014.
[15] 张继华，任灵．橡胶密封件在高压气态下的“泄爆”效应［J］．宇航材料工艺，2009，(3)：16-19.
[16] 李坛．井筒橡胶材质腐蚀损伤及适用性评价研究［D］．成都：西南石油大学，2015.

A new model for predicting the decompression behavior of CO_2 mixtures in various phases

Shuaiwei Gu[1] Yuxing Li[1] Lin Teng[1] Qihui Hu[1]
Datong Zhang[1] Xiao Ye[1] Cailin Wang[1]
Jinghan Wang[1] Stefan Iglauer[2]

[1. Shandong Provincial Key Laboratory of Oil & Gas Storage and Transportation Security China University of Petroleum (East China);
2. Edith Cowan University, School of Engineering, 270 Joondalup Drive, Joondalup]

Abstract: The pipeline transportation has been considered as the best way to transport pressurized CO_2 and plays an important role in Carbon Capture and Storage (CCS) technology. The risk of ductile fracture propagation increases when a CO_2 pipeline is ruptured or punctured, and CO_2 decompression behavior must be determined accurately in order to avoid the catastrophic failure of the pipeline and to estimate the proper pipe toughness. Thus in this work, a new decompression model based on GERG-2008 equation of state was developed for modeling the CO_2 decompression behavior. And for the first time, a relaxation model was implemented to calculate the sound speed in two-phase region. The model predictions were in excellent agreement with experimental "shock tube" test data in the literature. Furthermore, via modeling, it has been demonstrated how impurities in the CO_2 and initial temperatures would affect the CO_2 decompression wave speed in various phases. The results obtained show that the effects of these factors on supercritical and gaseous CO_2 mixtures are absolutely different while liquid CO_2 mixtures behave very similarly when compared to supercritical CO_2 mixtures, which indicate that the toughness required to arrest fracture propagation is highly based on the initial phase states of CO_2 fluid.

Keywords: CO_2 pipelines; Decompression wave speed; CO_2 mixtures; Fracture propagation control; Equation of state

1 Introduction

Large amounts of greenhouse gases have been produced by burning fossil fuels and biomass in recent decades; particularly carbon dioxide (CO_2) has been identified as the major contributor to global warming[1]. Following the 2015 United Nations Climate Change Conference held in Paris, France[2], a broad political consensus was set out to limit the rise in global temperature to 2℃ compared with pre-industrial levels. This requires a 50% ~ 80% reduction in CO_2 emissions by 2050. Note that if CO_2 emissions are not mitigated, the CO_2 concentrations in the atmosphere may reach 800 mg/L by 2100[3]. Thus, Carbon Capture and Storage (CCS) has been introduced as a feasible technology to reduce CO_2 emissions to the atmosphere and mitigate the environment impact of fossil fuels[4-5]. To achieve this, CO_2 must be transported from the capture locations to the storage sites and pressurized pipelines appear to be the most efficient transportation option for large-scale projects[6]. However, potential accidental releases can take place due to the defects introduced into the pipe such as mechanical damage, corrosion or material defects, and operation mistakes[7]. Once the CO_2 pipeline ruptures, CO_2 cannot expand to atmospheric pressure instantaneously, resulting in maintained high mechanical stress levels in the rupture plane. Consequently the fracture can potentially grow rapidly along the pipeline at very high speeds[8]. A single phase fluid can cross the saturation curve and enter in the two-phase region during the rapid decompression. And due to the appearance of the second phase, the propagation speed of running-ductile fracture decreases significantly, causing the high pressure plateau on the decompression wave curve. Fracture propagation is commonly treated with the Battelle Two-Curve model[9] where aims to estimate the required toughness to arrest crack propagation. The minimum toughness required to arrest the propagation of fracture is the value of toughness corresponding to the tangent of the saturation pressure. This saturation pressure, i. e. the pressure plateau has a significant influence on the estimation of the toughness required to arrest fracture propagation. Thus, controlling the ductile fracture propagation especially correctly predicting the pressure plateau has been a key requirement for safe CO_2 pipeline operation.

In order to prevent such ductile fracture propagation, it is of great importance to fully understand the decompression characteristics of CO_2 in the pipeline especially the decompression wave speed. Indeed a series of decompression waves that propagate into the undisturbed fluid in pipe can be generated by pipeline rupture. Additionally, depending on the capture technology, the captured CO_2 is not 100% pure, but contains various impurities[10]. These impurities could be methane, nitrogen, oxygen and other compounds, which even in small quantities could affect the thermo-physical properties of the bulk CO_2 dramatically. Hence several experimental studies on CO_2 decompression behavior have been performed for pure CO_2 and CO_2 mixtures. Botros et al.[11-12] measured the decompression wave speed for pure CO_2 and binary CO_2 mixtures at high pressures(>7.3MPa). All decompression wave curves measured typically showed a very long constant-pressure plateau. Moreover, the effects of impurities on the decompression wave speed have also been analyzed to provide a basis for the design of certain pipeline systems. Thirteen(13) shock-tube tests for CO_2 and CO_2-mixtures with impurities(H_2, N_2, O_2, CH_4 included) in dense phase have been done by Cosham et al[13]. The initial experimental conditions were designed to vary from 3.89 MPa to 15.4 MPa and from 0.1℃ to 35.6℃ to improve the prediction of the pipe material toughness required to arrest the running-ductile fracture. Guo et al.[14] investigated the pressure response and phase transitions of CO_2 in different phase states within a large-scale pipeline (the pipeline segment used was 258m long and had an inner diameter of 233 mm). They found that the waveform characteristics of the pressure responses for supercritical CO_2 differed significantly from that of gaseous and liquid CO_2.

All these decompression tests have provided a large amount of experimental data for the development of numerical models which can predict the decompression wave speed effectively.

Specifically, several models were developed to calculate the decompression wave speed of CO_2 mixtures to explain the experimental results and improve the accuracy to estimate the rupture hazards. For instance, Elshahomi et al. [15] used computational fluid dynamics (CFD) and implemented GERG-2008 equation of state into ANSYS Fluent to calculate the thermo-physical properties of CO_2 mixtures. Decompression wave speed of CO_2 mixtures predicted by this CFD model had shown great agreement with the experimental data obtained from the shock-tube tests[11-12]. Teng et al. [16] investigated the decompression behavior of CO_2 fluid by applying the Method of Characteristics (MOC) based on the Peng-Robinson (PR) equation of state. The elastic coefficient K was first introduced to characterize the decompression wave speed of CO_2 in different phase states. However, there was no evident "plateau" for both gaseous CO_2 and CO_2-N_2 mixtures. Munkejord and Hammer[17] presented two-phase flow models (homogeneous equilibrium model and two-fluid model) to examine the effect of initial temperature and impurities on the decompression wave speed. Two equations of state including the PR EOS and EOSCG-GERG EOS were used and compared with the experimental data. They found that the choice of EOS mainly had an influence on the initial decompression wave speed. Furthermore, the two-fluid model was not well improved compared with the homogeneous equilibrium model. Apart from these models, some more complex decompression models have been developed accounting for the non-isentropic process. One well-known example is the CFD-DECOM[18] which was entirely based on the assumption of one-dimensional homogeneous equilibrium flow. Also models like PipeTech[7,19] and Picard and Bishnoi[20] took the effects of friction, heat transfer and pipe diameter into consideration, which was particular important for long pipelines with small diameter where the friction and heat transfer could have a complex effect on the evolution of flow parameters within pipelines. However, these various models mainly focused on dense and supercritical CO_2 while only few works involve the study on the decompression behavior of gaseous CO_2 (note that for any pressurized pipeline, regardless of the initial state of CO_2-gaseous, dense or supercritical, a complex phase-transition will occur near the fractures where pipe ruptures take place as CO_2 mixtures decompress). Furthermore, the relation between the decompression behavior and pipe ruptures is not very clear and the calculation methods of the decompression wave speed are still very complicated. As there is an ever-present trade-off between accuracy and efficiency, thus it is necessary to develop a much simpler method to calculate the decompression wave speed for CO_2 mixtures in different phases effectively.

In order to determine the decompression wave speed in CO_2 mixtures accurately, a precise real gas equation of state (EOS) must be used to predict the thermo-physical properties of these mixtures. However, no EOS has been developed or recommended as the option for CO_2 mixtures so far. We can only evaluate the strengths of EOSs in terms of the ability to predict the density, sound speed, heat capacity and vapor liquid equilibrium, and then apply it to our calculation model. The most common used Peng-Robinson EOS[21] is recommended for CO_2/CH_4 and CO_2/H_2S mixtures by Li and Yan[22-23] and Liu et al. [24] obtained the reasonable results about the dispersion simulation of pure CO_2 after having implemented the PR EOS into ANSYS Fluent. Mocellin et al. [25] investigated the dry-ice bank induced hazards related to the near field atmospheric dispersion of pure CO_2 based on the usual extend Peng-Robinson EOS[26] which was sufficiently reliable in the calculation and derivation of CO_2 properties. Span - Wagner EOS is generally used to model the thermodynamic properties of pure CO_2 with good accuracy[27]. However, several important parameters such as the density, viscosity and compressibility of the fluid will be strongly affected when small amount of impurities contained into CO_2 stream[28]. EOS - CG[29] is an equation based on the reduced Helmholtz energy, developed especially for the calculation of combustion gases with high CO_2 content. Also GERG-2008 EOS[30] was developed based on the reduced Helmholtz energy which can satisfy the request to describe the thermodynamic properties of natural gas. But noting that the GERG-2008 EOS had been proved to outperform other four EOSs including AGA-8[31], Benedict-Webb-Rubin-Starling(BWRS)[32], Peng-Robinson(PR)[21] and Redlich-Kwong-Soave(RKS)[33] in predicting the densities of CO_2 mixtures in the dense phase by Botros et al.[34-35]. Furthermore, Botros et al.[11-12] have found that the GERG-2008 EOS has a better agreement with experimental measurements than PR EOS on the prediction of decompression wave speed for liquid and supercritical CO_2. On the above basis, the GERG-2008 EOS was implemented in our simpler method to predict the thermodynamic properties of pure CO_2 and CO_2 mixtures.

The main objective of the present paper is thus to develop a simplified decompression model to predict the decompression wave speed of CO_2 mixtures in various phases (gaseous, liquid/dense and supercritical) following the mechanical failure of a pressurized CO_2 pipeline. A code based on GERG-2008 equation of state which has been successfully implemented was used to calculate the decompression of CO_2 mixtures in various initial phases. Once the fracture has initiated, the CO_2 fluid inside the pipeline will escape and the residual pressure of the escaping fluid will act on the internal wall on the pipeline, resulting in the propagation of the fracture along the pipeline. Thus, one-dimensional isentropic decompression assumption was made here which had been validated with experimental data as a common practice to model the expansive wave[13,36]. The sound speed in the two-phase region was modelled by the method proposed by Flatten and Lund[37] for the first time. The predicted decompression wave speeds were validated against experimental data available in the literature especially for the characterizing plateau of the two-phase region. Furthermore, the influences of various impurities, concentrations of impurity and initial temperatures on the decompression characteristics of CO_2 - rich mixture in various phases were also investigated to mitigate the risk of brittle fracture.

2 Equation of state

In order to determine the decompression behavior of real gas pipeline, the thermodynamic properties must be calculated with an accurate real gas EOS. The GERG-2008 EOS which is an expanded version of GERG-2004 equation was thus implemented into this new model. This EOS allows a suitable predictive description of multi - component mixtures over a wide range of compositions, which means it can predict the properties of a variety of carbon dioxide and other multi-component mixtures. Besides, experimental data were used to determine the coefficients and parameters of this EOS to better evaluate the behavior in different fluid regions including the gas phase, liquid phase and supercritical region. A phase diagram predicted for CO_2 fluid is shown in Figure. 1. The triple point is not covered here because that no solid phase occurs within the pipeline during the decompression process in our work.

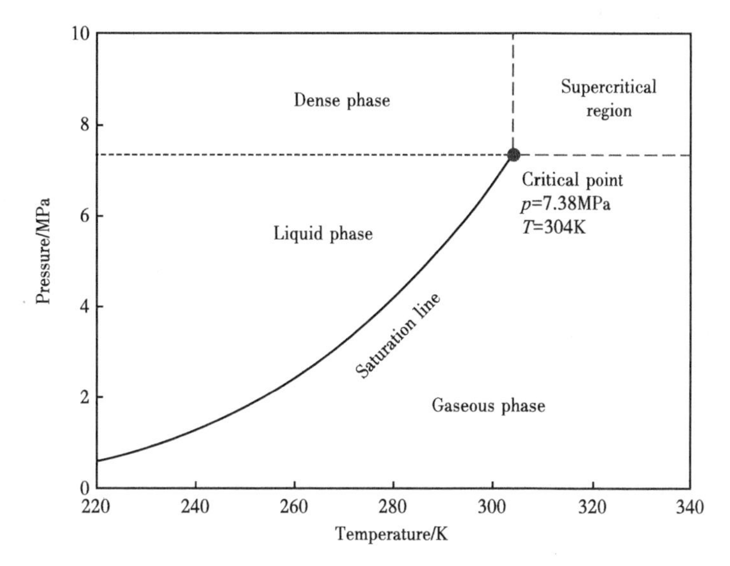

Figure 1 Schematic of the phase diagram for carbon dioxide

The GERG-2008 equation of state for CO_2 mixture is a multi-fluid approximation and it explicitly computes the reduced Helmholtz free energy α:

$$\alpha(\delta,\tau,\bar{x})=\alpha^0(\rho,T,\bar{x})+\alpha^r(\delta,\tau,\bar{x}) \tag{1}$$

where the function α^0 part represents the properties of the ideal-gas mixture at a given mixture density ρ, temperature T and molar composition $\bar{x}$, and is given by

$$\alpha^0(\rho,\ T,\ \bar{x}) = \sum_{j=1}^{N} x_j[\alpha^0_{0,\ j}(\rho,\ T) + \ln x_j] \tag{2}$$

The residual part α^r of the reduced Helmholtz free energy of the mixture is expressed as

$$a^r(\delta,\ \tau,\ \bar{x}) = \sum_{j=1}^{N} x_j\alpha^r_{0,\ j}(\delta,\ \tau) + \Delta\alpha^r(\delta,\ \tau,\ \bar{x}) \tag{3}$$

Where δ is the reduced mixture density and τ is the inverse reduced mixture temperature, defined as

$$\delta=\frac{\rho}{\rho_r\ (\bar{x})} \tag{4}$$

$$\tau=\frac{T_r\ (\bar{x})}{T} \tag{5}$$

The decompression wave speed is mainly governed by the speed of sound. Thus, in order to predict the sound speed of CO_2 mixtures in single phase and two-phase regions respectively, the following properties need to be calculated (with the GERG-2008 EOS): the fluid density ρ [kg/m^3]; the compressibility factor Z; the specific enthalpy of fluid h [J/kg]; the specific entropy of fluid s [J/(kg · K)]; the specific heat at constant pressure c_p [J/(kg · K)]; and $\frac{\partial \rho}{\partial T}$ the partial derivative of ρ with respect to T, [$kg/(m^3 \cdot k)$]. When calculating the vapor-liquid equilibrium properties, temperature, pressure and the chemical potentials of these two components have to be equal in all phases. And the following phase-equilibrium conditions must be satisfied:

Equality of temperature:

$$T' = T'' = T \tag{6}$$

Equality of pressure:

$$p' = p'' = p \tag{7}$$

Equality of chemical potentials:

$$\mu'_j = u''_j \ (j\text{: components}) \tag{8}$$

The calculation procedure for the speed of sound is described in detail below in section 3.2 (Properties above for CO_2 mixtures are calculated by NIST REFPROP 8.0).

3 Decompression model

The physical model of the pipeline rupture is shown in Figure 2. The horizontal pipe is initially filled with the pressurized CO_2 which will undergo a full-bore opening at one end while the other end is sealed (sealing wall). Here, the pipeline is infinitely long in the direction away from the full-bore opening, thus the pipeline end cannot have an influence on the decompression wave before the wave has reached it. The front velocity of the decompression wave does not depend on the propagation speed of running-ductile fracture and the outflow velocity at the rupture plane is particularly large. This outflow velocity is much larger than that of the flow inside the pipe, making the full-bore opening a transient process and there is not enough time for the heat transfer between the fluid and environment. Thus, the whole decompression can be assumed as completely isentropic which has already been proven suitable by Picard and Bishnoi[20]. In addition, following assumptions were made to develop this model.

(1) The flow in the pipe is one-dimensional isentropic flow (the effects of heat transfer and friction are not considered).

(2) The pipeline is horizontal and has no inclination.

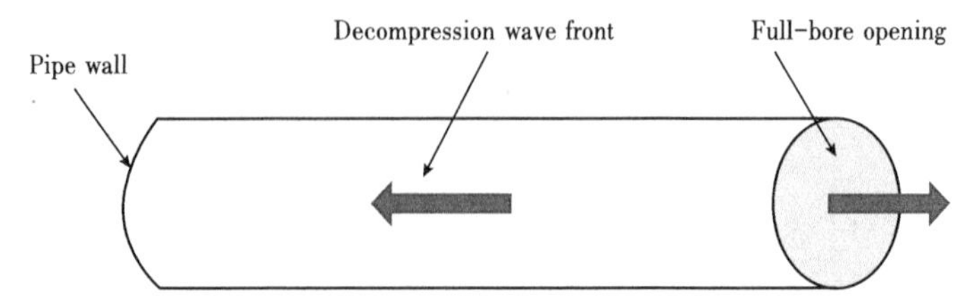

Figure 2 Physical model of pipeline rupture

(3) The fluid is considered homogenous so equilibrium conditions prevail during all expected phase-change mechanisms[38-39].

(4) The mixture pressure is equal to the saturation pressure when liquid and gaseous CO_2 coexist during isentropic decompression.

3.1 Homogenous equilibrium model

The CO_2 mixtures considered in this work are initially in dense phase (including supercritical and liquid phase) and gaseous phase respectively. Regardless of the initial phase state, both gaseous CO_2 and liquid CO_2 will coexist in the pipe (choked flow will be involved in the first stage of depressurization) after the isentropic line crossed the phase envelope into the two-phase region. The most common way of dealing with the choked flow is by using a homogenous equilibrium model (HEM)[40]. Besides, Munkejord et al.[17] had found that the two-fluid model could not provide much substantial improvement in the prediction of decompression wave speed over the homogeneous equilibrium model (HEM) (when compared to experimental data). Furthermore, full relaxation was assumed based on which the sound speed in two-phase region was modelled (see below). Therefore, homogeneous equilibrium model was assumed here based on the thermal and dynamic equilibrium between the phases, i. e., it was assumed that the liquid phase and gaseous phase move with the same velocity and have the same temperature and pressure.

Various properties of the HEM fluid are of key importance for modeling the decompression of CO_2 mixtures. This includes the specific molar volume v, the specific enthalpy h and the specific entropy s of the mixtures:

$$v = w_g v_g + (1 - w_g) v_l \tag{9}$$

$$h = w_g h_g + (1 - w_g) h_l \tag{10}$$

$$s = w_g s_g + (1 - w_g) s_l \tag{11}$$

where w represents the mass fraction and the subscript g denotes the gaseous CO_2 while the l denotes the liquid CO_2. These properties can be calculated with the GERG-2008 equation of state, see above.

3.2 Sound speed of CO_2 mixtures

The accurate estimation of the speed of sound (a) with the CO_2 mixture is vital as it determines how fast the pressure drop will propagate through the pipe during depressurization. Sound speed thus strongly influences the decompression wave speed of the CO_2 mixture in the pipe. For both single-phase and dual-phase systems, a is given by

$$a = \sqrt{\left(\frac{\Delta p}{\Delta \rho}\right)_s} \tag{12}$$

Note that a in single phase follows:

$$a = \sqrt{\lambda Z R T} \tag{13}$$

It is a well-known fact that the speed of sound will decrease dramatically when the isentropic decompression enters into the two-phase region[41]. However, it is still very difficult to predict the sound speed in two-phase region although some models have been proposed in the literature[37,42]. Here, we used the model raised by Flatten and Lund[37] which has been proved accurate for CO_2 fluid. The explicit relaxation procedures formulated in their model formally respected the first and second laws of thermodynamics. Various decompression (also called relaxation) processes for two-phase flows were investigated systematically such as the pressure - relaxation, pressure and temperature - relaxation and the full relaxation which was also noted as the homogeneous equilibrium model (HEM).

For any model B that arises from a model A through a relaxation procedure (*A* and *B* represent the relaxation procedures, shown in Figure 3), the sound speed can be related by

$$a_{\mathrm{B}}^{-2}=a_{\mathrm{A}}^{-2}+Z_{\mathrm{B}}^{\mathrm{A}} \tag{14}$$

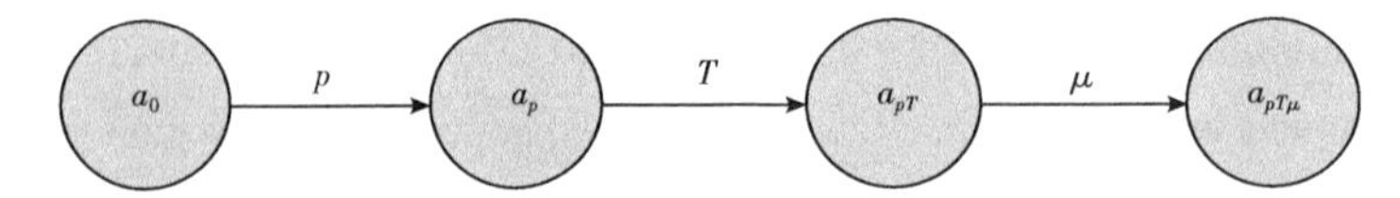

Figure 3 A hierarchy of relaxation models for two-phase flows

(The circles represent the various models, and the arrows represent relaxation processes)

For the pressure relaxation, the sound speed is given by

$$a_p^2=\rho\left(\frac{\varphi_{\mathrm{g}}}{\rho_{\mathrm{g}}a_{\mathrm{g}}^2}+\frac{\varphi_{\mathrm{l}}}{\rho_{\mathrm{l}}a_{\mathrm{l}}^2}\right) \tag{15}$$

In this work, we assumed that volume and phase transfer get to the equilibrium simultaneously. We thus assume full relaxation for the two-phase region

$$a_{pT\mu}^{-2}=a_p^{-2}+Z_{pT\mu}^{p} \tag{16}$$

where $Z_{pT\mu}^{p}$ is given by

$$Z_{pT\mu}^{p}=\rho T\left[\frac{\rho_{\mathrm{g}}\varphi_{\mathrm{g}}}{C_{p,\mathrm{g}}}\left(\frac{\partial s_{\mathrm{g}}}{\partial p}\right)_{\mathrm{sat}}^{2}+\frac{\rho_{\mathrm{l}}\varphi_{\mathrm{l}}}{C_{p,\mathrm{l}}}\left(\frac{\partial s_{\mathrm{l}}}{\partial p}\right)_{\mathrm{sat}}^{2}\right] \tag{17}$$

The entropy derivatives can be rewritten as

$$\left(\frac{\partial s_{\mathrm{k}}}{\partial p}\right)_{\mathrm{sat}}=\left(\frac{\partial s_{\mathrm{k}}}{\partial p}\right)_{T}+\left(\frac{\partial s_{\mathrm{k}}}{\partial T}\right)_{p}\left(\frac{\partial T}{\partial p}\right)_{\mathrm{sat}} \tag{18}$$

Combining the Maxwell relation $\left(\frac{\partial p}{\partial s}\right)_{p}=-\rho^2\left(\frac{\partial T}{\partial p}\right)_{s}$, and the fundamental thermodynamic differential $\mathrm{d}e_{\mathrm{k}}=T_{\mathrm{k}}\mathrm{d}s_{\mathrm{k}}+\frac{p}{\rho_{\mathrm{k}}^2}\mathrm{d}\rho_{\mathrm{k}}$, we obtain

$$\left(\frac{\partial T}{\partial p}\right)_{s_{\mathrm{k}}}=\frac{\Gamma_{\mathrm{k}}T}{\rho_{\mathrm{k}}a_{\mathrm{k}}^2} \tag{19}$$

Where Γ_k is the Gruneisen coefficient defined as

$$\Gamma_k = \frac{1}{\rho_k}\left(\frac{\partial p}{\partial e_k}\right)_{\rho_k} \tag{20}$$

Using the Clausius-Clapeyron relation, the temperature derivative on the saturation curve is given by

$$\left(\frac{\partial T}{\partial p}\right)_{sat} = -\frac{T\ (\rho_g - \rho_l)}{(h_g - h_l)\ \rho_g \rho_l} \tag{21}$$

Furthermore, during isentropic decompression($ds = 0$), following relation holds:

$$\left(\frac{\partial s}{\partial p}\right)_T = -\left(\frac{\partial s}{\partial T}\right)_p \left(\frac{\partial T}{\partial p}\right)_s \tag{22}$$

Combining Eq. (19), Eq. (21) and Eq. (22) yields

$$\left(\frac{\partial s_k}{\partial p}\right)_{sat} = \frac{\Gamma_k C_{p,k}}{\rho_k a_k^2} - \frac{C_{p,k}(\rho_g - \rho_l)}{\rho_g \rho_l (h_g - h_l)} \tag{23}$$

Inserting Eq. (23) into Eq. (16) together with Eq. (14) and Eq. (15), we can get the sound speed of CO_2 mixtures in two-phase regions.

3.3 Calculation method

It is well known that a great temperature drop can occur when multiphase CO_2 flow is choked and the temperatures can drop to $-50℃$ in these scenarios[43]. Thus to calculate the decompression wave speed, different temperature levels were considered. We introduce an arbitrary temperature increment $\Delta T = T_i - T_{i+1}$, however this temperature step value cannot be very large as the numerical error can increase with higher temperature step value. And it has also been observed that temperature steps less than 1 K do not improve the predictions of the decompression wave speed substantially for the texted mixtures and conditions. Thus, $\Delta T = 1\text{K}$ was chosen here.

With the temperature (T), pressure (p), composition and ΔT input parameters, decompression wave speed can then be calculated via the algorithm summarized in Figure 4. Precisely, for each step, once the temperature level was determined, a pressure value was assigned at random and the new pressure was then calculated iteratively until the entropy s_2 was equal to the initial entropy s_1. The phase states of the CO_2 mixtures were then obtained based on the calculated temperature T_{i+1} and pressure p_{i+1}. Subsequently the decompression wave speed was calculated based on the phase state of the CO_2 mixtures (at the different temperature levels) with the following equations. Note, however that the isentropic decompression calculation algorithm was stopped once the decompression wave speed became negative.

$$W_i = a_i - U_i \tag{24}$$

where a_i is the sound speed of the CO_2 mixtures which can be obtained via the method described in section 3.2. U_i is the local outflow speed which can be calculated with the relevant HEM Riemann

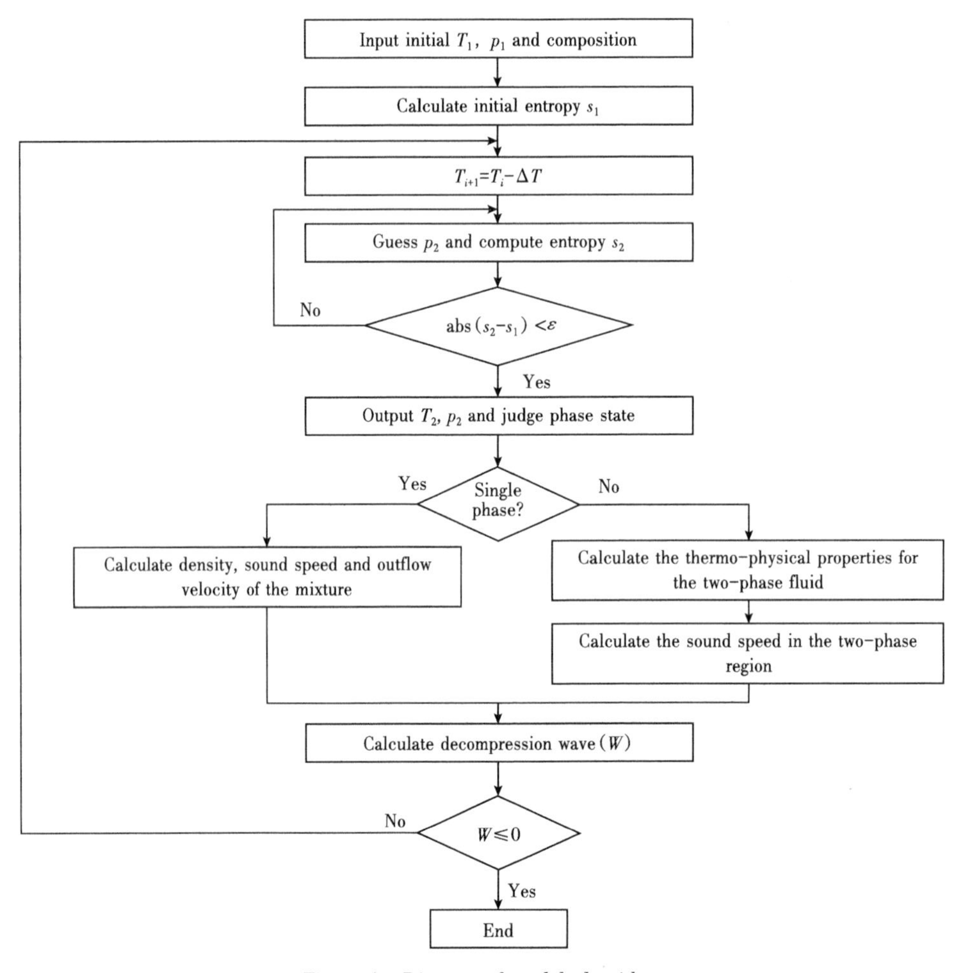

Figure 4 Diagram of model algorithm

invariant expressed as follows(For an isentropic flow, $dp=a^2d\rho$):

$$U_i=-\int_{p_i}^{p}\frac{a\,d\rho}{\rho}=-\int_{p_i}^{p}\frac{dp}{a\rho} \tag{25}$$

In general, Eq. (25) should be reduced to its differential form. In our work, the rupture was assumed at the right end of the pipe, thus the sign minus can be changed with a positive sign[20]. As a simpler alternative, it can be rewritten as:

$$dU=\frac{dp}{a_i\rho_i} \tag{26}$$

Here the subscript i denotes the i-th temperature calculation. For discrete differences, Eq. (26) results in:

$$\Delta U=\frac{\Delta p}{a_i\rho_i} \tag{27}$$

where $\Delta p=p_{i-1}-p_i$. For each temperature level, the local outflow velocity can then be given by:

$$U_i = U_{i-1} + \frac{p_{i-1} - p_i}{a_i \rho_i} \tag{28}$$

Thus, by knowing both the outflow velocity and the sound speed of CO_2 mixtures in the pipeline, the decompression wave speed can be computed from Eq. (24).

4 Results and discussion

In the following, the new decompression model is validated with the experimental tests available in literature and the decompression wave speed is analyzed for pure CO_2 in various phases. Furthermore, a detailed discussion on the effects of impurities and initial temperature on the decompression wave speed is presented. Comparisons between various initial phases are given especially on the characteristic plateau of the two-phase region which is fundamental for the ductile fracture control.

4.1 Validation of the new decompression model

In order to verify the accuracy of the new decompression model, calculated decompression wave velocities are compared with the experimental data found in the literature[11-12]. This comparison is made in Figure 5, where the red data points show the experimental data measured for pure CO_2 and the blue data points represent the results for a 96.67% (mole fraction) CO_2-3.33% (mole fraction) O_2 mixtures. Clearly, the decompression wave velocities predicted by this new decompression model show excellent agreement with the experimental data both for pure CO_2 and the CO_2 mixture. The plateaus of the curves (a key parameter in the control of fracture propagation

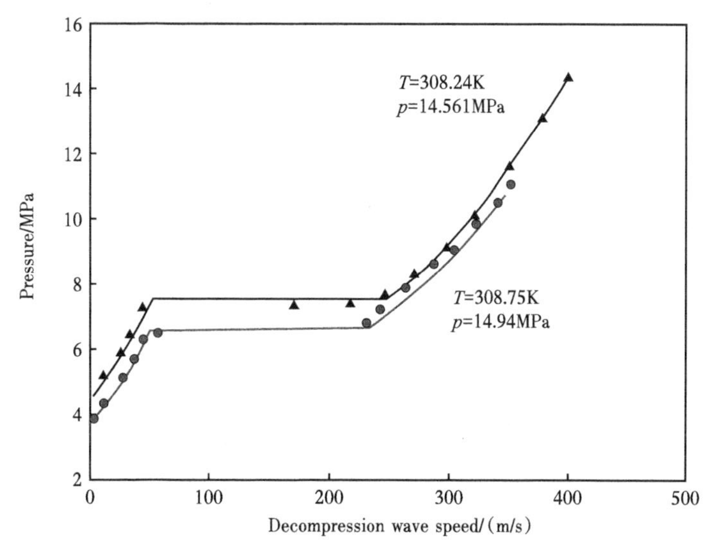

Figure 5 Comparisons between experimental data and predicted decompression wave speeds

(Red data points): Experimental data of pure CO_2; (Red Line): Predictions of pure CO_2;

(Blue data points): Experimental data of CO_2-O_2 mixture; (Blue Line): Predictions of CO_2-O_2 mixture

in CO_2 pipelines and thus crucial for the determination of pipe material toughness) match the experimental data particularly well. However, there is a slight deviation in the upper part of the decompression wave curve at high pressure for the pure CO_2. This is mainly attributed to the under estimation of the sound speed in CO_2 fluid by the GERG - 2008 equation of state at high pressures[11-12,44]. As the outflow velocity in this range is relatively low and the decompression wave speed is predominantly driven by the speed of sound according to the Eq. (24). Nevertheless, such a discrepancy is of limited significance since the saturation pressure alone controls the fracture behavior according to the Battelle Two-Curve Model (BTCM). Thus, these outcomes demonstrate that this new decompression model can successfully predict the decompression wave speeds for both CO_2 and CO_2 mixtures.

4.2 Decompression wave speed computations: pure CO_2

Initial phases within pipelines can have a significant influence on the decompression wave speed of CO_2 fluid. Therefore, decompression wave speed of pure CO_2 in different phase states including supercritical, liquid and gaseous phase is displayed in Figure 6. In general, all decompression wave curves appear a "plateau" although the plateaus of supercritical and liquid CO_2 are much longer than that of gaseous CO_2 (which is rather small). The pressure plateau is mainly caused by the discontinuity of the sound speed at the phase boundary. This is related to the sound speed of pure CO_2 in the different phases, as shown in Figure 7, where similar plateaus are observed. Once the pipeline releases, the flow will often be choked at the outlet and a two-phase flow will occur as a typical condition for CO_2 pipeline[45]. The sound speed of two-phase mixture is typically lower than that of both the gas and liquid phase. Besides, the density of CO_2 fluid can change isentropically without a change in pressure when the isentropic path crosses the liquid-gas two-phase region. Thus, the discontinuity of the sound speed can be seen when a phase transition

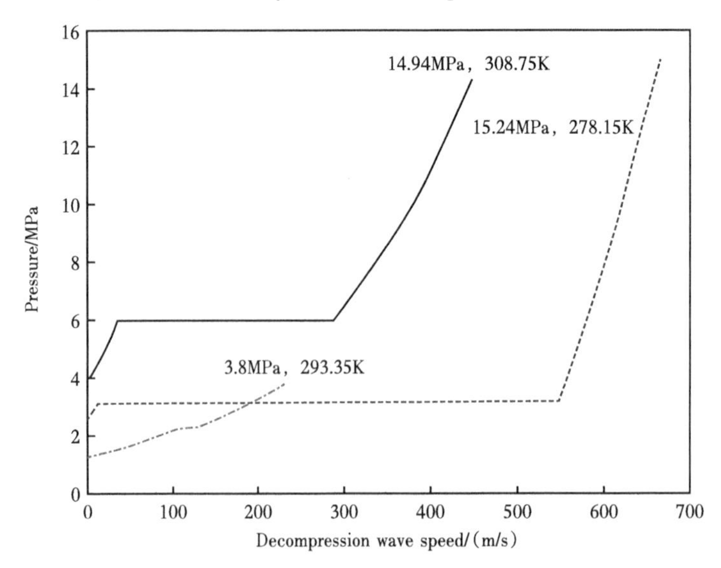

Figure 6 Decompression wave speeds for pure CO_2 in different phases

(Red line): supercritical phase; (Blue line): liquid phase; (Pink line): gaseous phase

occurs. The range of sound speed covered by liquid and supercritical CO_2 is much larger than that of gaseous CO_2, thus causing the longer plateaus on the decompression wave curves of supercritical and liquid CO_2. Furthermore, the greater density of liquid CO_2 increases the maximum decompression wave speed to 665m/s, much higher than that for gaseous CO_2(230 m/s).

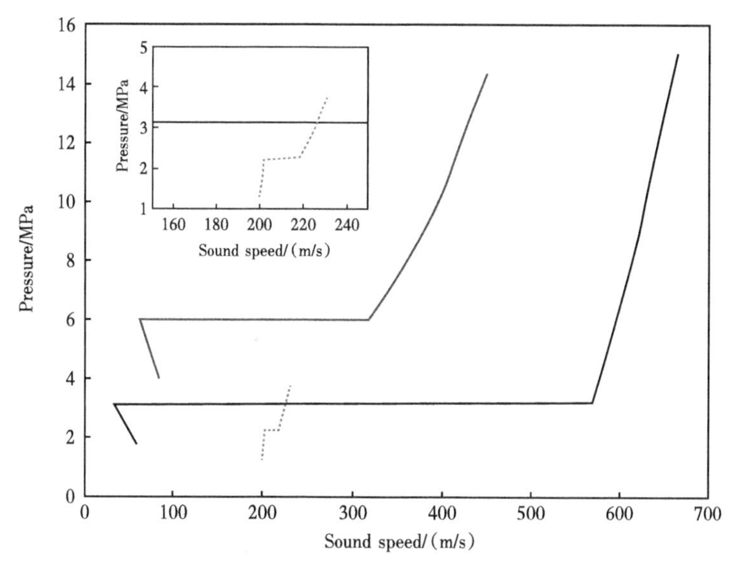

Figure 7 Sound speeds of pure CO_2 in different phases

(Red line): supercritical phase; (Blue line): liquid phase; (Pink line): gaseous phase

4.2.1 The effect of impurities

CO_2 captured by the three main methods (post-combustion, pre-combustion and oxy-fuel combustion) is not 100% pure and contains various impurities such as nitrogen (N_2), methane (CH_4), oxygen (O_2), sulfur dioxide (SO_2) and a range of other compounds (H_2, Ar, CO, etc.)[10]. Concentrations of these impurities captured depend on the type of CO_2 capture technologies and the maximum N_2 and O_2 mixed into CO_2 stream can be 10% (mole fraction) and 5% (mole fraction), respectively[46]. Thus, in order to better investigate the effects of impurity on the decompression behavior of pure CO_2, 4% is chosen here for each impurity and Table 1 lists the 15 binary CO_2 mixtures (including nonpolar and polar impurities) studied here with their initial conditions.

Table 1 The initial conditions of CO_2 mixtures and molar compositions

Composition	Mole fraction/%					Pressure/MPa	Temperature/K
	CO_2	CH_4	N_2	O_2	SO_2		
Case1	100	0	0	0	0	14.94	308.75
Case2	96	4	0	0	0	14.94	308.75
Case3	96	0	4	0	0	14.94	308.75
Case4	96	0	0	4	0	14.94	308.75

续表

Composition	Mole fraction/%					Pressure/MPa	Temperature/K
	CO_2	CH_4	N_2	O_2	SO_2		
Case5	96	0	0	0	4	14.94	308.75
Case6	100	0	0	0	0	15.24	278.15
Case7	96	4	0	0	0	15.24	278.15
Case8	96	0	4	0	0	15.24	278.15
Case9	96	0	0	4	0	15.24	278.15
Case10	96	0	0	0	4	15.24	278.15
Case11	100	0	0	0	0	3.8	293.35
Case12	96	4	0	0	0	3.8	293.35
Case13	96	0	4	0	0	3.8	293.35
Case14	96	0	0	4	0	3.8	293.35
Case15	96	0	0	0	4	3.8	293.35

To study the influence of various impurities, both nonpolar impurities (CH_4, N_2, O_2) and polar impurity (SO_2) were considered here. Figure 8 illustrates the predicted decompression wave speed for the CO_2 mixtures in supercritical, liquid and gaseous phase, respectively. Clearly, the influences of impurities on the decompression wave curves of supercritical and liquid CO_2 are similar. For these two phases, the initial decompression wave speeds of CO_2 fluid containing nonpolar impurities decreased visibly when compared to that of pure CO_2 (448m/s - CO_2 + impurities versus and 665m/s - pure CO_2, respectively). However, for SO_2 as a polar impurity, almost had no effect on the decompression wave curve (only a little lower which was inconspicuous) compared with pure CO_2. In contrast, gaseous CO_2 binary mixtures containing nonpolar impurities have larger initial decompression wave speeds than pure CO_2. Furthermore, the decompression wave curve plateau significantly shifted for supercritical and liquid CO_2 containing nonpolar impurities compared with pure CO_2. However, an opposite trend was found for the gaseous CO_2 where the plateau of pure CO_2 is located at higher pressure than that of the CO_2 mixtures (while polar impurity SO_2 shifted the plateau for gaseous CO_2). To explain this, Figure 9 shows the phase envelopes and isentropic decompressions for CO_2 mixtures (for brevity, only CO_2-N_2 binary mixtures are shown here) in supercritical and gaseous phase, respectively. The intersection point with the phase envelope of supercritical CO_2 containing N_2 is higher than that of the pure CO_2, resulting in the larger saturation pressure and the corresponding higher plateau. While for gaseous CO_2, the impurity shifts the intersection point and the plateau to lower pressures.

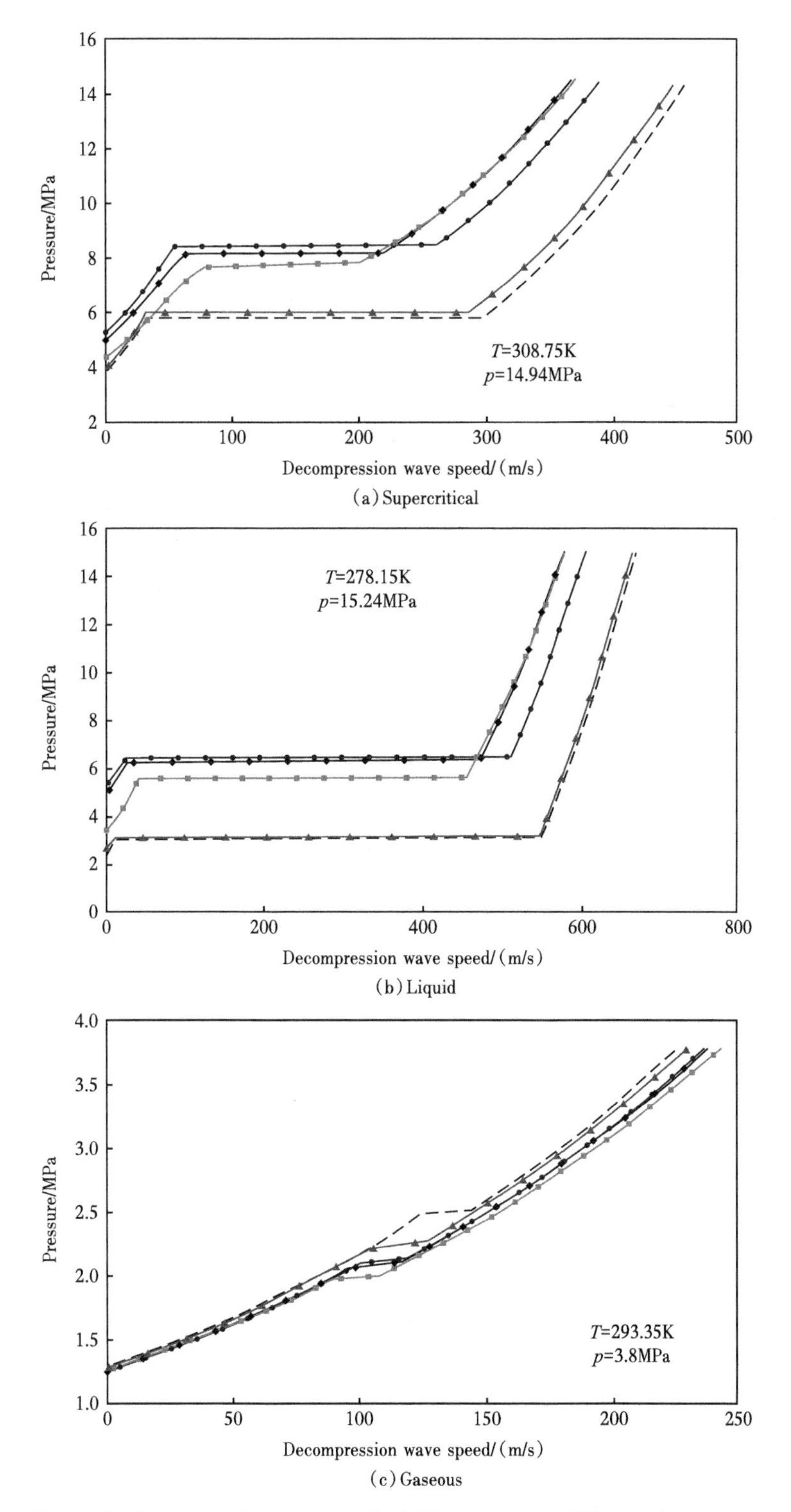

Figure 8 Decompression wave speed of CO_2 mixtures at different phase states

(Red line): 100% CO_2; (Black line): 96% CO_2+4% N_2; (Pink line): 96% CO_2+4% CH_4; (Blue line): 96% CO_2+4% O_2; (Black dashed line): 96% CO_2+4% SO_2

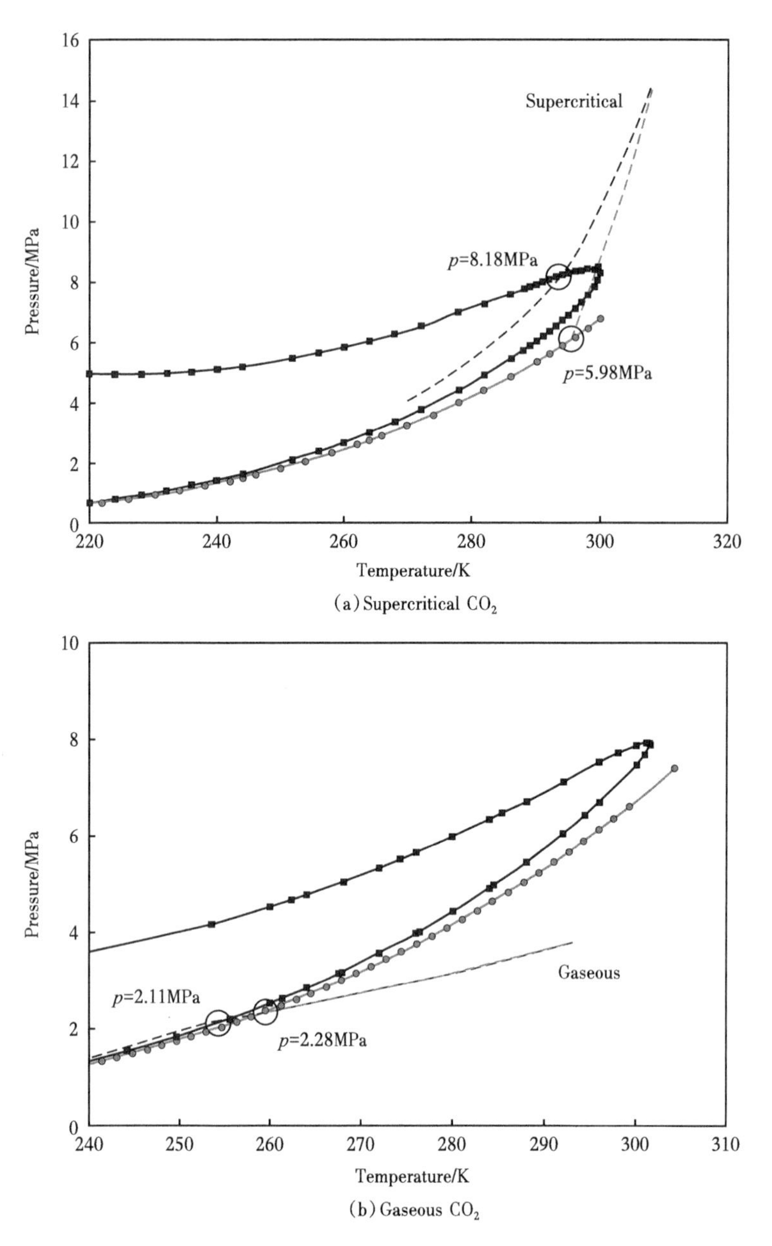

(a) Supercritical CO_2

(b) Gaseous CO_2

Figure 9 Isentropic decompression intersection points with the phase envelope for CO_2 fluid

(Green dashed line): Isentropic decompression of case 1 and case 11; (Red dashed line): Isentropic decompression of case 3 and case 13; (Green data points): Phase envelop of case 1 and case 11; (Red data points): Phase envelop of case 3 and case 13

According to the semi-empirical Battelle Two-Curve Method (BTCM), the minimum toughness required to arrest a fracture propagation is the value of toughness corresponding to the tangency between the decompression wave speed curve and the fracture speed curve[47]. Thus, for supercritical and liquid CO_2, the existence of nonpolar impurities such as N_2, CH_4 and O_2 increases the required toughness, while it lowers the required toughness in the case of gaseous CO_2. Besides, for a specific phase state, the pressure plateaus of CO_2 mixtures containing N_2 and

O_2 almost have the same pressure level, while for CO_2 containing CH_4, the pressure levels are smaller, resulting in lower required fracture arrest toughness. Furthermore, polar impurity such as SO_2 almost has no effects on the decompression wave curve of supercritical and liquid CO_2 and thus the required arrest toughness as well. However, for gaseous CO_2 fluid, the toughness could be increased when SO_2 mixed in.

4.2.2 The effect of impurity concentration

Even a small amount of impurities mixed into the CO_2 can dramatically influence the thermodynamic properties of the CO_2 fluid. For brevity, only N_2 is discussed here. Figure 10 illustrates the effects of N_2 concentrations on the phase envelope of CO_2-N_2 binary mixtures with 2%, 4% and 6% (mole fraction) N_2 respectively. Adding N_2 into the pure CO_2 shifts the critical point to lower temperature and higher pressure, and the bubble curve upwards and slightly left. Notably, an addition of 6% (mole fraction) N_2 to CO_2 increased the cricondenbar to approximately 8MPa.

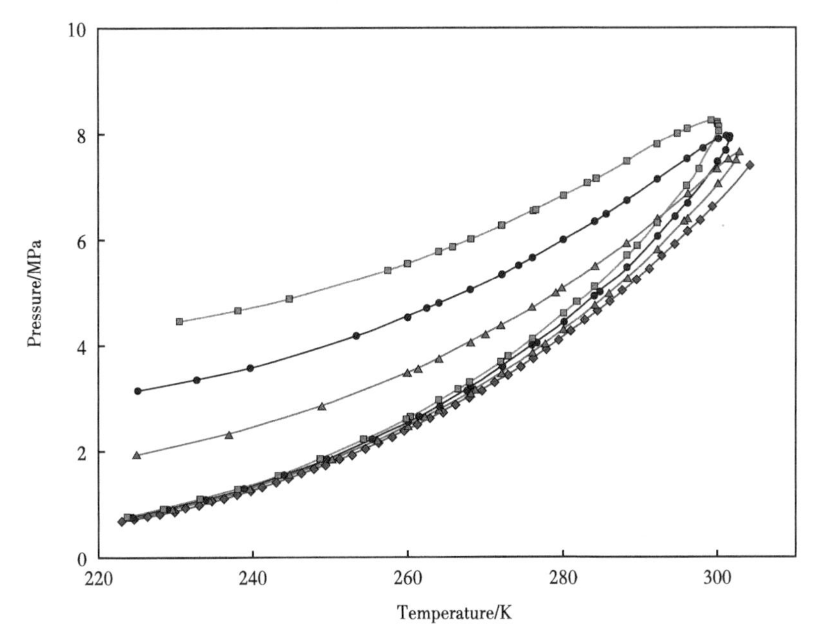

Figure 10 Phase envelopes of CO_2 mixtures with different N_2 concentrations
(Red data points): 100% CO_2; (Pink data points): 98% CO_2+2% N_2; (Blue data points): 96% CO_2+4% N_2; (Green data points): 94% CO_2+6% N_2

Moreover, as can be seen from the Figure 11, for supercritical CO_2, addition of N_2 reduced the initial decompression wave speed (at constant pressure), while it increased the initial decompression wave speed for gaseous CO_2. Furthermore, in case of supercritical CO_2, the decompression wave curve plateau shortened significantly with N_2 addition, while it remained approximately the same for gaseous CO_2. This translates into higher required toughness for supercritical CO_2(when N_2 is added), while toughness requirements are relaxed in case of gaseous CO_2.

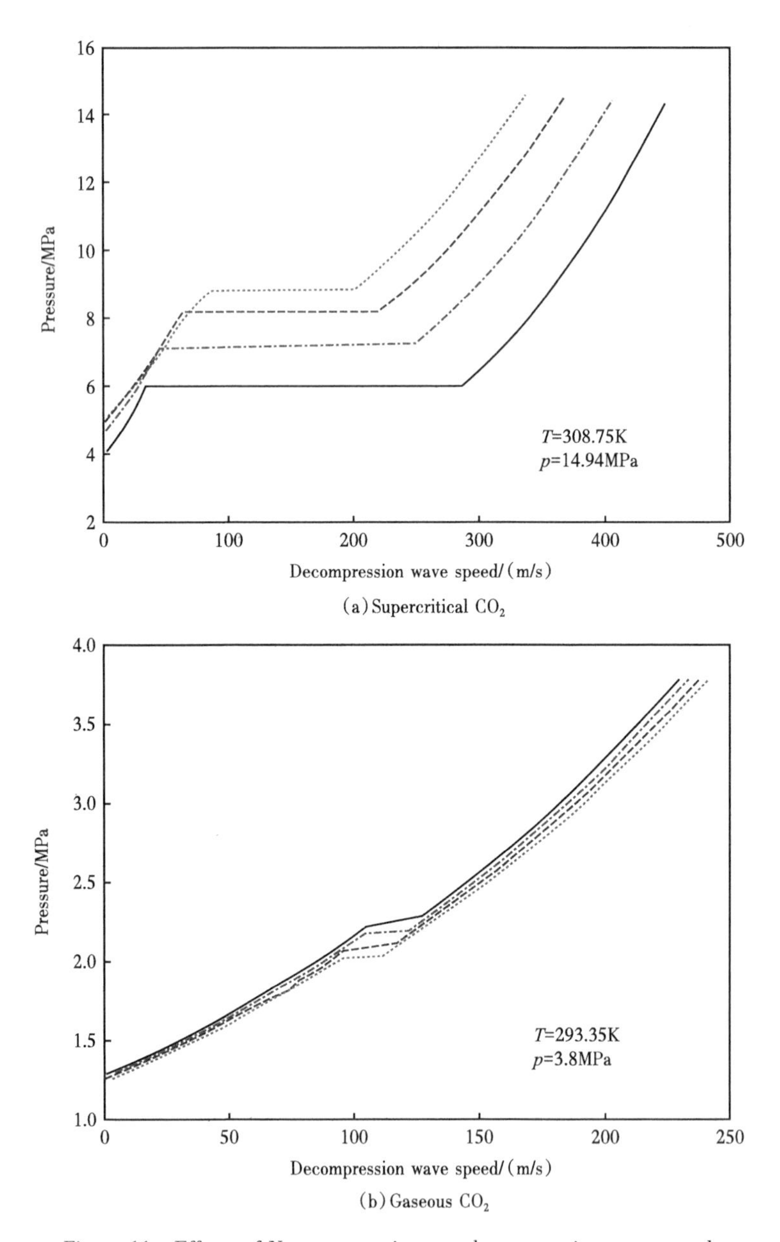

(a) Supercritical CO_2

(b) Gaseous CO_2

Figure 11 Effects of N_2 concentrations on decompression wave speed

(Red line): 100% CO_2; (Pink line): 98% CO_2+2% N_2; (Blue line): 96% CO_2+4% N_2; (Green line): 94% CO_2+6% N_2

4.2.3 The effect of initial temperatures

The influence of initial temperatures on the decompression wave speed of CO_2 mixtures containing 4% (mole fraction) CH_4 was examined here for supercritical CO_2 and gaseous CO_2 respectively (shown in Figuge 12). As can been seen from the Table 2, the maximum temperature of CO_2 pipeline operation can be in a range of 313.15 ~ 333.15K[48-49]. Thus, three different initial temperatures (308.15K, 318.15K and 328.15K) were considered here while the pressure remained the same for each phase. Initial temperature clearly affects the decompression wave

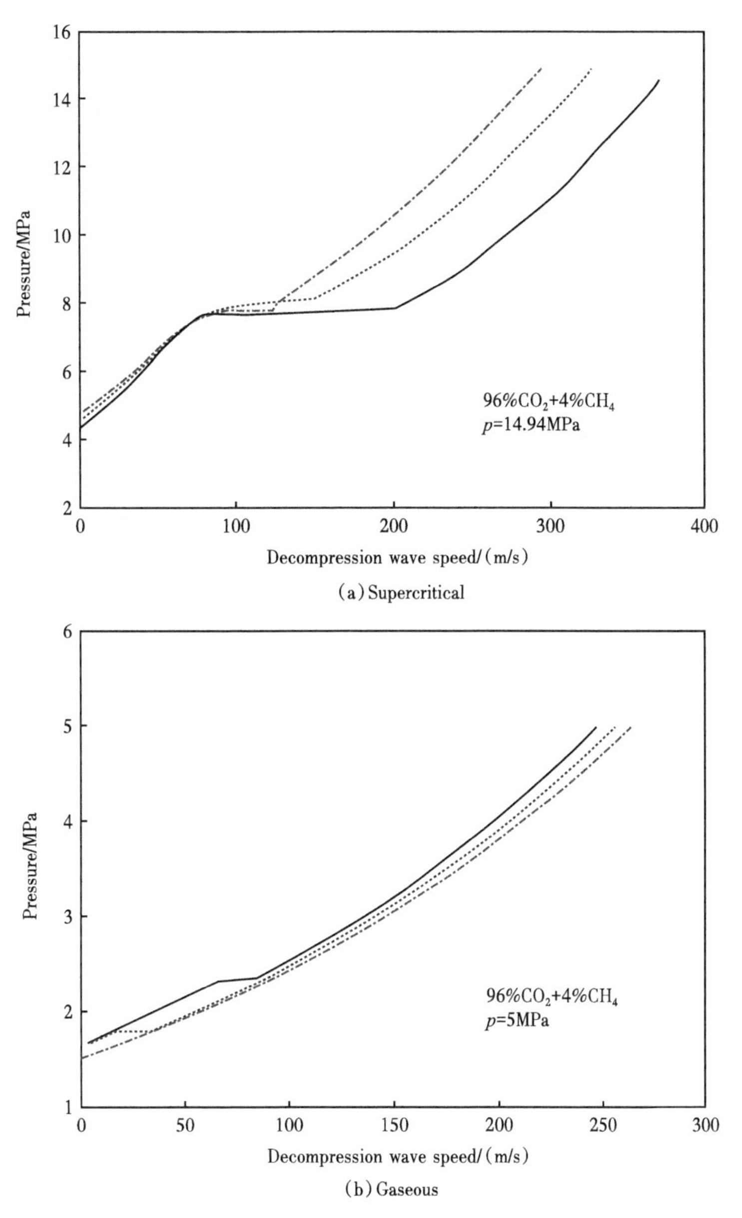

(a) Supercritical

(b) Gaseous

Figure 12 Effects of initial temperature on decompression wave speed
(Red line): 308.15 K; (Blue line): 318.15 K; (Pink Line): 328.15 K

speed; for the supercritical CO_2 (4% (mole fraction) CH_4 + 96 % (mole fraction) CO_2), increasing initial temperature decreased the initial decompression wave speed (from 370m/s to 327 and 294m/s when temperature increased from 308.15K to 318.15K and 328.15K). For gaseous CO_2 an opposite trend was found; the initial decompression wave speed decreased with increasing temperature although this effect was small. The decompression paths for the three different initial temperatures (in supercritical phase) and the phase boundary are shown in Figure 13. Clearly, due to the small effect of increasing initial temperature on the saturation pressure, the plateau remained almost constant and only became shorter as the temperature increased. And following this trend, the plateau would disappear at very much higher initial temperatures as the discontinuity of sound speed in the two-phase region was not so conspicuous like that of the lower initial temperatures. This reduction away was much more obvious for the gaseous CO_2 as the plateau was already inexistent at an initial temperature of 328. 15K. Besides, increasing the initial temperature from 308. 15K to 318. 15K lowered the plateau by 0. 5MPa. Interestingly, the initial decompression wave speed of the CO_2 mixture increased with increasing initial temperature, which implies that a lower toughness is required for gaseous CO_2 mixtures at higher initial temperatures.

Table 2 CO_2 handling infrastructures operative conditions

Parameter	Characteristic range
Length/km	1. 9~808
External diameter /mm	152~921
Maximum pressure /MPa	2. 1~20
Minimum pressure /MPa	0. 3~15. 1
Maximum temperature /℃	40~60
Minimum temperature /℃	-20~5

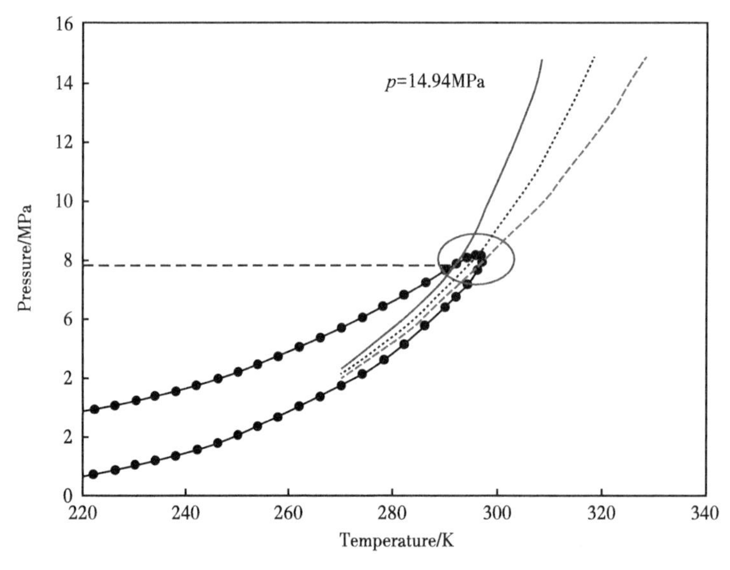

Figure 13 Intersection points with the phase envelope for a CO_2-CH_4 mixture [96%(mole fraction)CO_2+ 4%(mole fraction)CH_4]

(Red line): 308. 15 K; (Blue line): 318. 15 K; (Pink Line): 328. 15 K; (Black data points): Phase envelop

5 Conclusions

Transporting CO_2 mixtures by high pressure pipelines is a challenge and the control of ductile fracture propagation is a key question related to the development of CO_2 pipelines for Carbon Capture and Storage. For this control, the accurate determination of CO_2 decompression wave speed is vital for the estimation of the required toughness to arrest crack propagation[15]. Thus, a new decompression model to predict the decompression wave speed of CO_2 - rich mixtures in various initial phase states has been developed by authors. The model is based on the assumption of isentropic one - dimensional decompression and homogeneous flow, and the GERG - 2008 equation of state is invoked to calculate with the thermodynamic properties of the CO_2 mixtures. Furthermore, for the first time ever, Flatten and Lund' method has been implemented to calculate the sound speed in the two - phase region. The predicted results are in great agreement with experimental data available in literature for both pure CO_2 and CO_2 mixtures. Furthermore, effects of impurities in the CO_2 and initial temperature on CO_2 decompression wave speed were examined. The following innovative observations can be made from this work.

(1) The decompression wave speed curves of both pure CO_2 and CO_2 mixtures showed long pressure plateaus especially for supercritical and liquid phases.

(2) Nonpolar impurities including N_2, CH_4 and O_2 have opposite effects on the decompression characteristics of supercritical CO_2 and gaseous CO_2 while it is similar for liquid CO_2 and supercritical CO_2 containing nonpolar impurities.

(3) Polar impurity like SO_2 has little effects on the decompression wave curves of supercritical CO_2 and liquid CO_2 while shifts the pressure plateau for gaseous CO_2 pipelines.

(4) N_2 added into supercritical CO_2 increases the pressure level of the plateau, and thus increases the arrest toughness for CO_2 pipelines. However for gaseous CO_2, increasing N_2 concentration reduces the pressure plateau level.

(5) At the same initial pressure, increasing the initial temperatures decreases the initial decompression wave speed for supercritical CO_2 mixtures, whereas it increases that for gaseous CO_2 mixtures. Furthermore, the plateau in the decompression wave curve can disappear at very much higher initial temperatures.

In conclusion, the decompression model developed here is an effective tool for determining the decompression wave speed for CO_2 mixtures, so that CO_2 pipeline specifications can be optimized. Future work will focus on the geometry of the fracture which could have large influences on the pressure drop within CO_2 pipelines and also a target to investigate the interaction between the fractures and expansion wave speed. Besides, effects of water (as a key impurity) and co-presence of multi-impurities on the decompression behavior of CO_2 fluid can be considered.

Acknowledgements

The presented work was supported by the National Science Foundation of China (51374231), the Fundamental Research Funds for the Central Universities (16CX06005A) and the National Science and Technology Special Project (2016ZX05016-002).

Nomenclature

ρ Density (kg/m^3)

ρ_r Reducing density

T Temperature (K)

T_r Reducing temperature

$\bar{x}$ Molar composition

δ Reduced mixture density

τ Inverse reduced mixture temperature

N Number of components in the mixture

x_j Mole fractions of the mixture constituents

a_{0j}^{0} Dimensionless form of the Helmholtz free energy in the ideal-gas state

a_{0j}^{r} Dimensionless form of the Helmholtz free energy in the residual parti

$\Delta\alpha^{r}$ Departure function

p Pressure (Pa)

μ Chemical potential (J/kg)

w Mass fraction

v Specific molar volume (m^3/kg)

h Specific enthalpy (J/kg)

s Specific entropy (J/kg/K)

a Sound speed (m/s)

Z Compressibility factor

λ Isentropic expansion coefficient

R Universal gas constant (8.314J/kg/K)

Z_{B}^{A} Eigenstructure of the Flatten and Lund' model (s^2/m^2)

φ Volume fraction

c_p heat capacity (J/kg/K)

$C_{p,k}$ Extensive heat capacity (J/K/m^3)

e Specific internal energy (J/kg)

Γ Gruneisen coefficient

W Decompression wave speed (m/s)

U Local outflow speed (m/s)

ε Absolute error

Subscripts

sat Differentiation along the saturation curve

g Gaseous phase

l liquid phase

A, B Relaxation procedures

Superscript

' Gaseous phase

'' Liquid phase

References

[1] MYERS S S, WESSELLS K R, KLOOG I, et al. Effect of increased concentrations of atmospheric carbon dioxide on the global threat of zinc deficiency: a modelling study [J]. Lancet Global Health, 2015, 3(10): 639-645.

[2] SUTTER J D, BERLINGER J. Final draft of climate deal formally accepted in Paris [N]. CNN. Cable News Network, Turner Broadcasting System, Inc, 2015-12-12.

[3] WENNERSTEN R, SUN Q, LI H. The future potential for carbon capture and storage in climate change mitigation-an overview from perspectives of technology, economy and risk [J]. J Clean Prod, 2015, 103: 724-736.

[4] MARTYNOV S, BROWN S, MAHGEREFTEH H, et al. Modelling three-phase releases of carbon dioxide from high-pressure pipelines [J]. Process Saf Environ, 2014, 92(1): 36-46.

[5] MOCELLIN P, VIANELLO C, MASCHIO G. Carbon Capture and Storage Hazard Investigation: Numerical analysis of hazards related to dry ice bank sublimation following accidental carbon dioxide releases [J]. Chem. Eng. Trans., 2015, 43: 1897-1902.

[6] CHONG F K, LAWRENCE K K, LIM P P, et al. Planning of carbon capture storage deployment using process graph approach [J]. Energy, 2014, 76: 641-651.

[7] MAHGEREFTEH H, BROWN S, DENTON G. Modelling the impact of stream impurities on ductile fractures in CO_2 pipelines [J]. Chem. Eng. Sci., 2012, 74(22): 200-210.

[8] COSHAM A, EIBER R J. Fracture Control in Carbon Dioxide Pipelines: The Effect of Impurities [C]. International Pipeline Conference, 2008: 229-240.

[9] MATSUMOTO A, MELIAN A, SHAH A, et al. Failure stress levels of flaws in pressurized cylinders [M]. Astm Special Technical Publication. 1993: 536, 461-481.

[10] DEMETRIADES T A, GRAHAM R S. A new equation of state for CCS pipeline transport: Calibration of mixing rules for binary mixtures of CO_2 with N_2, O_2, and H_2 [J]. J. Chem. Thermodyn, 2016, 93: 294-304.

[11] BOTROS K K, GEERLIGS J, ROTHWELL B, et al. Measurements of decompression wave speed in pure carbon dioxide and comparison with predictions by equation of state [J]. J. Press. Vess. T., 2016, 138(3).

[12] BOTROS K K, GEERLIGS J, ROTHWELL B, et al. Measurements of decompression wave speed in binary mixtures of carbon dioxide and impurities [J]. J. Press. Vess. T., 2017, 139(2).

[13] COSHAM A, JONES D G, ARMSTRONG K, et al. The decompression behaviour of carbon dioxide in the dense phase [C]. International Pipeline Conference, 2012: 447-464.

[14] GUO X, YAN X, YU J, et al. Pressure response and phase transition in supercritical CO_2 releases from a large-scale pipeline [J]. Appl. Energy, 2016, 178: 189-197.

[15] ELSHAHOMI A, CHENG L, MICHAL G, et al. Decompression wave speed in CO_2 mixtures: CFD modelling with the GERG-2008 equation of state [J]. Appl. Energy, 2015, 140: 20-32.

[16] TENG L, LI Y, ZHAO Q, et al. Decompression characteristics of CO_2 pipelines following rupture [J]. J. Nat. Gas Sci. Eng. 2016, 36: 213-223.

[17] MUNKEJORD S T, HAMMER M. Depressurization of CO_2-rich mixtures in pipes: Two-phase flow modelling and comparison with experiments [J]. Int. J. Greenh. Gas Con., 2015, 37: 398-411.

[18] JIE H E, XU B P, WEN J X, et al. Predicting the decompression characteristics of carbon dioxide using computational fluid dynamics [C]. International Pipeline Conference, 2012: 585-595.

[19] MAHGEREFTEH H, BROWN S, MARTYNOV S. A study of the effects of friction, heat transfer, and

stream impurities on the decompression behavior in CO_2 pipelines [J]. Greenh. Gases., 2012, 2(5): 369-379.

[20] PICARD D J, BISHNOI P R. The importance of real-fluid behavior and nonisentropic effects in modeling decompression characteristics of pipeline fluids for application in ductile fracture propagation analysis [J]. Can. J. Chem. Eng., 2010, 66(1): 3-12.

[21] PENG D Y, ROBINSON D B. A new two-constant equation of state [J]. Industrial Eng. Chem. Fundam., 1976, 15: 59-64.

[22] LI H, YAN J. Evaluating cubic equations of state for calculation of vapor-liquid equilibrium of CO_2 and CO_2-mixtures for CO_2 capture and storage processes [J]. Appl. Energy, 2009, 86(6): 826-836.

[23] LI H, YAN J. Impacts of equations of state (EOS) and impurities on the volume calculation of CO_2 mixtures in the applications of CO_2 capture and storage (CCS) processes [J]. Appl. Energy, 2009, 86(12): 2760-2770.

[24] LIU X, GODBOLE A, CHENG L, et al. Source strength and dispersion of CO_2 releases from high-pressure pipelines: cfd model using real gas equation of state. Appl. Energy, 2014, 126: 56-68.

[25] MOCELLIN P, VIANELLO C, MASCHIO G. Hazard investigation of dry-ice bank induced risks related to rapid depressurization of CCS pipelines: Analysis of different numerical modelling approaches [J]. Int. J. Greenh. Gas Con., 2016, 55: 82-96.

[26] POLING B E, PRAUSNITZ J M, O'CONNELL J P. The Properties of Gases and Liquids [M]. 4th ed. New York: McGraw-Hill, 2001.

[27] SPAN R, WAGNER W. A New Equation of State for Carbon Dioxide Covering the Fluid Region from the Triple point Temperature to 1100 K at Pressures up to 800 MPa [J]. J. Phy. Chem. Ref. Data., 2009, 25(6): 1509-1596.

[28] WETENHALL B, RACE J M, DOWNIE M J. The Effect of CO_2 Purity on the Development of Pipeline Networks for Carbon Capture and Storage Schemes [J]. Int. J. Greenh. Gas Con., 2014, 30(2): 197-211.

[29] GERNERT J, SPAN R. EOS-CG: A Helmholtz energy mixture model for humid gases and CCS mixtures [J]. J. Chem. Thermodyn., 2016, 93: 274-293.

[30] KUNZ O, WAGNER W. The GERG-2008 Wide-Range Equation of State for Natural Gases and Other Mixtures: An Expansion of GERG-2004 [J]. J. Chem. Eng. Data., 2012, 57(11): 3032-3091.

[31] MARIĆ I. Derivation of natural gas isentropic exponent from AGA-8 equation of state [J]. Strojarstvo Časopis Za Teoriju I Praksu U Strojarstvu, 1997, 39(1-2), 27-32.

[32] STARLING K E, POWERS J E. Enthalpy of Mixtures by Modified BWR Equation [J]. Ind. Eng. Chem. Fund, 1970, 9(4): 531-537.

[33] SOAVE G. Equilibrium constants from a modified Redlich-Kwong equation of state [J]. Chem. Eng. Sci., 1972, 27(6): 1197-1203.

[34] BOTROS K K. Performance of five equations of state for the prediction of vle and densities of natural gas mixtures in the dense phase region [J]. Chem. Eng. Commun., 2002, 189(2): 151-172.

[35] BOTROS K K. Measurements of Speed of Sound in Lean and Rich Natural Gas Mixtures at Pressures up to 37 MPa Using a Specialized Rupture Tube [J]. Int. J. Thermophys., 2010, 31(11-12): 2086-2102.

[36] COSHAM A, EIBER R J, CLARK E B. GASDECOM: Carbon Dioxide and Other Components [C]. International Pipeline Conference, 2010: 777-794.

[37] FLATTEN T, LUND H. Relaxation two-phase flow models and the subcharacteristic condition [J]. Math. Mod. Meth. Appls., 2011, 21: 2379-2407.

[38] MOCELLIN P, VIANELLO C, SALZANO E, et al. Pressurized CO_2 releases in the framework of carbon sequestration and enhanced oil recovery safety analysis: Experiments and Model [J]. process saf. Environ. 2018, 116: 433-449.

[39] BENINTENDI R. Non-equilibrium phenomena in carbon dioxide expansion [J]. process saf. Environ. 2014, 92(1): 47-59.

[40] MUNKEJORD S. T, HAMMER M, LØVSETH S W. CO_2 transport: Data and models—A review [J]. Appl. Energy, 2016, 169: 499-523.

[41] AURSAND E, AURSAND P, HAMMER M, et al. The influence of CO_2 mixture composition and equations of state on simulations of transient pipeline decompression [J]. Int. J. Greenh. Gas Con., 2016, 54: 599-609.

[42] LUND H. A hierarchy of relaxation models for two-phase flow [J]. Siam. J. Appl. Math., 2012, 72(6): 1713-1741.

[43] TENG L, ZHANG D, LI Y, et al. Multiphase mixture model to predict temperature drop in highly choked conditions in CO_2 enhanced oil recovery [J]. Appl. Therm. Eng., 2016, 108: 670-679.

[44] BOTROS K K, GEERLIGS J, ROTHWELL B, et al. Effects of argon as the primary impurity in anthropogenic carbon dioxide mixtures on the decompression wave speed [J]. Can. J. Chem. Eng., 2016, 95(3): 440-448.

[45] MARTYNOV S, BROWN S, MAHGEREFTEH H, et al. Modelling choked flow for CO_2 from the dense phase to below the triple point [J]. Int. J. Greenh. Gas Con., 2013, 19(21): 552-558.

[46] LI H, ØIVIND WILHELMSEN, LV Y, et al. Viscosities, thermal conductivities and diffusion coefficients of CO_2 mixtures: review of experimental data and theoretical models [J]. Int. J. Greenh. Gas Con., 2011, 5(5): 1119-1139.

[47] WELLS A A. Fracture control: past, present and future. Exp Mec. 13(10), 401-410.

[48] NOOTHOUT P, WIERSMA F, HURTADO O, et al. CO_2 pipeline infrastructure-lessons learnt [J]. Energy Procedia. 63, 2481-2492.

[49] MO M. Pipeline Transportation of Carbon Dioxide Containing Impurities [M]. New York, 2012.

小尺度超临界 CO_2 管道小孔泄漏减压及温降特性

顾帅威　李玉星　滕　霖　王财林

胡其会　张大同　叶　晓　王婧涵

[中国石油大学(华东)山东省油气储运安全省级重点实验室]

摘要：超临界 CO_2 管道运行过程中一旦发生泄漏，将会造成严重的事故。本文基于小尺度 CO_2 管道(长 14.85m，内径 15mm)实验装置开展了超临界纯 CO_2 及含杂质超临界 CO_2 管道的小孔泄漏实验，测量了不同泄漏孔径及不同起始压力条件下超临界 CO_2 管道泄漏过程中管内介质的压力和温度响应曲线，分析了管道泄漏过程中 CO_2 的相态变化。研究结果表明，在超临界 CO_2 管道泄漏过程中，管内流体温度存在一个最低值，CO_2 由超临界态直接转变为气态；泄漏孔径越大，管道泄漏时间越短，管内介质温度所能达到的最低值更低；N_2 的存在缩短了管道泄漏的时间，提高了管内介质的最低温度，且 N_2 含量越高，该最低温度越高。此外基于管道泄漏时间的自保持性，得出了不同泄漏孔径和起始压力条件下管内压力随泄漏时间变化的经验公式。

关键词：管道泄漏；超临界二氧化碳；压力响应；最低温度；杂质

近年来，随着化石燃料的大量燃烧，大气中 CO_2 等温室气体的浓度日益增加，加剧了全球的温室效应。CO_2 捕集和封存技术(carbon capture and storage，CCS)被认为是缓解全球 CO_2 排放的最有效方式[1-4]，管道输送则是 CCS 技术链中重要的一环[5-7]。为了确保管道运输的经济和高效，CO_2 一般在超临界状态下进行输送[8-9]。然而目前国内外的 CO_2 管道输送技术并不成熟，管道在运行过程中可能会由于外界的机械损伤、管壁腐蚀、材料缺陷及人为的操作失误等产生破裂，引发泄漏[10]。当超临界 CO_2 管道发生泄漏时，管内的压力和温度会发生骤变，由于 CO_2 具有极强的焦耳-汤姆逊效应，管内介质温度的骤降容易导致管道发生脆性断裂[11]。管道内流体的减压特性是研究超临界 CO_2 管道低温脆性断裂过程的关键[12]。在大规模的超临界 CO_2 管道输送过程中，为了防止管道发生脆性断裂，应确保管内介质温度在运行过程中始终高于管道脆性断裂温度，因而对超临界 CO_2 管道泄漏过程中管内介质的温度响应和相态变化进行深入研究至关重要[13-14]。

国内外的一些专家学者已经对 CO_2 管道的泄漏特性进行了研究。喻健良等[15]基于工业规模 CO_2 管道(管道全长 256m，内径 273mm)开展了不同泄放孔径下超临界 CO_2 管道的泄放实验，测量了泄放过程中管内 CO_2 的压力和温度响应特性，并分析了管道减压过程中管内介质的相态变化。Ahmad 等[16]开展了大规模的密相 CO_2 管道泄放实验，实验管道总长 226.8m，管道规格为 ϕ219.1mm×12.7mm。实验发现，管道泄放开始后管内介质压力迅速降至饱和压力且在整个泄放过程中，管内流体温度最低降至-78℃。Xie 等[17]搭建了小规模的实验环道(长 23m，规格 ϕ40mm×5mm)，研究了超临界 CO_2 管道的小孔泄漏特性，分析了管道起始压力及泄漏孔径对管内介质压力响应曲线的影响规律，并提出管道的泄漏时间具有自适应性。Li 等[18-19]利用相同规格的实验装置，研究了管道泄漏后管内介质的流动与传热特性，发现在管道泄漏过程中，管内 CO_2 在泄漏口处形成节流，且越靠近泄漏口，管内流体与管壁之间的对流传热更强烈。Koeijer 等[20]基于长 140m 的管道进行了过冷液相 CO_2 的减压实验，研究发现在泄放过程中液相 CO_2 很快转为气液两相泄放，最后转变为气相泄放。Drescher 等[12]利用相同的实验管道，研究了不同 N_2 摩尔分数(10%、20%和 30%) 对液态 CO_2 管道泄漏特性的影响；此外基于均相流模型，综合考虑了介质与管壁之间的摩擦和对流换热等因素，建立了含杂质 CO_2 管道的减压模型。计算结果表明，液态 CO_2 管道中 N_2 含量越高，管内流体出现的最低温度越高且出现的时间更早。Zhou 等[21]采用 PR 方程并结合两相流声速计算模型，建立了高压 CO_2 管道的流动泄漏模型，计算了不同相态 CO_2 管道泄漏过程中管内介质的压力和质量流量变化，研究发现超临界 CO_2 管道泄漏时会在管道泄漏口处形成节流。目前有关超临界 CO_2 管道泄漏的实验研究数量有限，且主要限制于对纯 CO_2 管道泄漏实验现象的定性分析，而 CO_2 烟气中通常会混有 N_2、CH_4 和 O_2 等杂质[22]，少量杂质的混入会对超临界 CO_2 的相特性产生巨大影响，因而对超临界 CO_2管道的泄漏特性还需要进一步地深入研究。

本研究利用小尺度实验管道装置对不同泄漏孔径条件下超临界 CO_2 管道泄漏后的管内压力和温度进行了测量和分析，研究了管内温度响应曲线和相态变化规律，并给出了一套可用于预测管内压力响应曲线的计算公式。此外考虑了杂质(N_2)对超临界 CO_2 管道泄漏特性的影响，分析了 N_2 含量对管道泄漏过程中管内介质最低温度的影响规律，为超临界 CO_2 管道的脆性断裂及泄漏特性研究提供了实验依据。

1　实验装置及条件

1.1　实验装置

图 1、图 2 为现场实验装置及工艺流程图，该实验装置主要由长 14.85m、规格 ϕ21mm×3mm 的主管道、供气系统、泄放系统和数据采集系统等组成。气源由常规压力为 5MPa、纯度 99.99%的 CO_2 气瓶提供。主管道最高承压为 16MPa，外部覆盖有石棉层，在石棉层与主管道之间布置有加热功率为 0.2kW/m 的加热带用于控制管内流体的初始相态(超临界态)。泄放系统主要包括泄漏喷头和气动阀，泄漏喷头的开度由气动阀远程控制，压力控制气体由氮气瓶提供。数据采集系统采用美国 NI 公司的 LabVIEW 软件及 NIcRIO-9025 数据采集卡，压力和温度传感器的测量误差分别为±0.25%和±5%。

图 1　现场实验装置

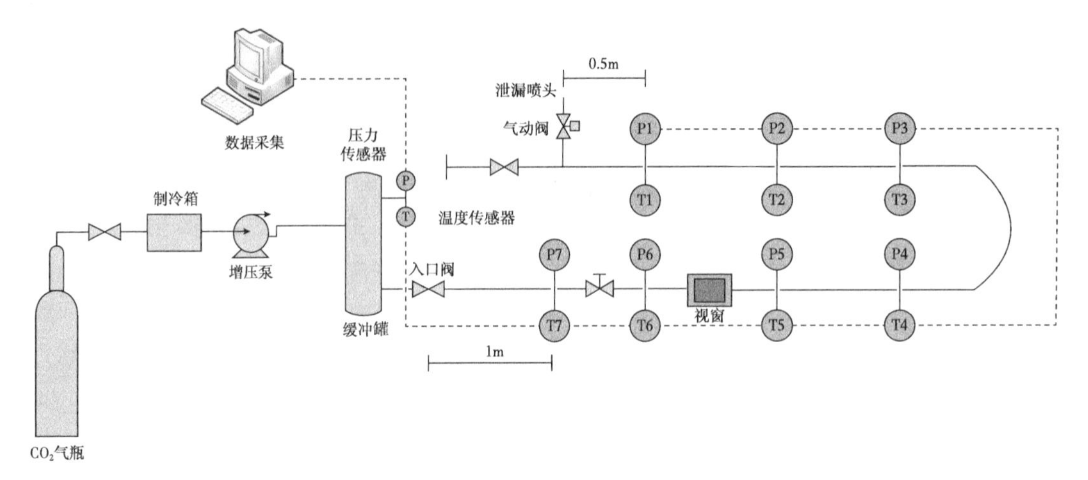

图2　实验工艺流程图

1.2　实验方案

在实际 CO_2 管道运行过程中，一旦 SCADA 系统检测到管内介质泄漏，管道两端的截断阀会自动关闭，此时管道类似于一个孤立的封闭系统，管内介质的流速可以忽略不计[18]。因而本实验在注气完成后，管道两端的阀门关闭，使得管内介质处于静止状态。实验过程中，在管道上布置了 7 个压力和温度传感器。其中 T1 和 T7 分别位于靠近泄漏端和管道末端的地方（P1 和 P7 为对应的压力）。为了研究泄漏孔径对超临界 CO_2 管道泄漏特性的影响，实验选取了 4 种不同截面形状的泄漏喷头（图 3）。泄漏喷头的有效直径计算见式（1）。

$$d_e = \sqrt{4S/\pi} \tag{1}$$

式中，S 为泄漏口的有效面积，4 种泄漏喷头的等效直径（d_e）分别为 1mm、2mm、2.764mm 和 3.568mm。国内外相关专家和学者对输气管道泄漏模型进行了一系列研究[23-25]，提出管道泄漏口孔径与管道外径的比值小于 0.2 时为小孔泄漏，定义 RHP 为泄漏孔径与管径的比值，见式（2）。

$$\text{RHP} = \frac{d_e}{D_p} \tag{2}$$

（a）RHP=0.048

（b）RHP=0.095

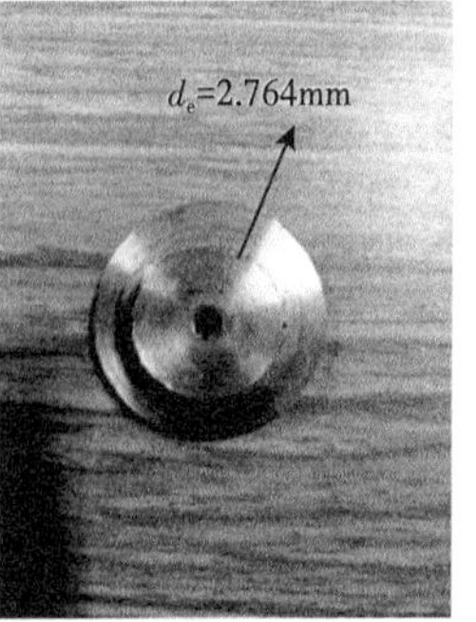

（c）RHP=0.132

（d）RHP=0.17

图 3　不同孔径的泄漏喷头

式中，D_p 为管道外径；d_e 为泄漏喷头的等效直径；4 种不同尺寸泄漏喷头的 RHP 值分别为 0.048、0.095、0.132 和 0.17。

1.3 实验条件

分别选取 4 组初始相态均为超临界态的 CO_2 开展不同泄漏孔径及不同起始压力的管道泄漏实验，实验初始条件见表 1。CO_2 管道运行的温度范围通常为 13～44℃[26]，为确保管内介质为超临界态（大于临界温度 31.4℃），实验中控制初始温度为 40℃[11,21]。此外为了研究杂质对超临界 CO_2 管道泄漏特性的影响，进行了 3 组含有不同摩尔分数 N_2（2%、4% 和 6%）的超临界 CO_2 管道泄漏实验，实验初始条件见表 2。

表 1　纯 CO_2 实验初始条件

试验	压力/MPa	温度/℃	泄漏孔径/mm	相态
1	8	40	1	超临界
2	8	40	2	超临界
3	8	40	2.764	超临界
4	8	40	3.568	超临界
5	7.5	40	1	超临界
6	8.5	40	1	超临界
7	9	40	1	超临界

表 2　含杂质 CO_2 实验初始条件

试验	压力/MPa	温度/℃	泄漏孔径/mm	N_2摩尔分数/%	相态
8	8	40	1	2	超临界
9	8	40	1	4	超临界
10	8	40	1	6	超临界

2 实验结果与讨论

2.1 管道内的压力响应

图 4 给出了不同泄漏孔径下管内介质的压力变化曲线。国内外专家学者[22,27]的实验结果表明在小孔泄漏过程中，由于泄漏时间较长，管道沿线各测点处的压力变化趋势几乎一致，因此，选取管道末端测点处（P7）的压力响应曲线来表示管内介质的压力变化（管内压力降至 1MPa 时，可视为泄漏结束）。从图中可以看出，由于超临界 CO_2 初始密度较大，管道泄漏之后管内压力均迅速降低。管道泄漏所需时间随着泄漏孔径的增大而逐渐变短（依次为 66s、20s、10s、6s），且管内介质压力随泄漏时间的变化近似为线性关系。

在管道初始参数确定的前提下，管道泄漏所持续的时间几乎由管内初始压力及泄漏孔径决定，见式(3)。

$$t=f(V_{pipe}, d_e, p_{initial}) \tag{3}$$

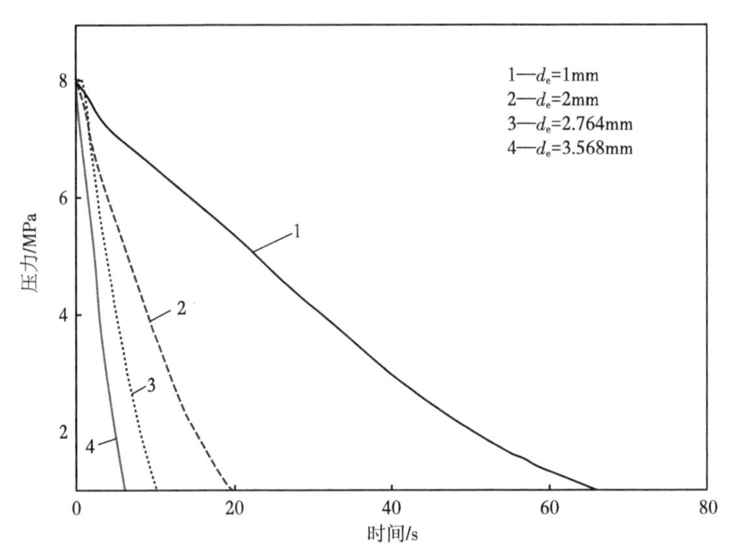

图 4　不同孔径泄漏过程中管内压力的变化曲线

Xie 等[17]的研究表明超临界 CO_2 管道发生泄漏之后，管道泄漏时间同泄漏口孔径及管内初始压力具有自保持性，即任意起始压力或泄漏孔径条件下，管道泄漏时间与泄漏孔径或管道起始压力量纲为 1 量的关系保持一致。因此定义管道泄漏时间及泄漏口尺寸的量纲为 1 量分别见式(4)和式(5)。

$$t^*(d_e)=\left.\frac{t(d_e)}{t(d_{min})}\right|_p \tag{4}$$

$$d^*=\frac{d_e}{d_{min}} \tag{5}$$

式中　$t(d_e)$ ——不同泄漏口径泄漏所需时间，s；

d_{min}——用于参考的最小泄漏喷头的等效直径，这里取 1mm；

$t(d_{min})$——泄漏孔径为 1mm 时的泄漏时间，s。

图 5 给出了泄漏时间与泄漏口等效直径量纲为 1 量之间的变化关系。由图可知，管道泄漏持续时间随着泄漏口等效直径的增大呈指数型下降，对管道初始压力为 8MPa 工况下的量纲为 1 泄漏时间进行拟合，得到关系式(6)。

$$t^*(d^*)=3.029\exp(-1.112d^*) \tag{6}$$

由于小孔径泄漏喷头泄漏时，管内介质压力随泄漏时间呈线性下降，因此确定了管内介质压力响应曲线的斜率，便可确定管内介质压力变化的经验公式。当泄漏孔径给定后，管道泄漏所需时间可由式(7)确定。

$$t=t|_{d=1mm}\times t^*(d^*) \tag{7}$$

确定管道泄漏时间之后，便可得到不同泄漏孔径下管内介质压力响应曲线的斜率，见式(8)。

$$k|_{d_e}=-\frac{p_{Ini}-1}{t|_{d_e}}\qquad (p_{Ini}>p_c) \tag{8}$$

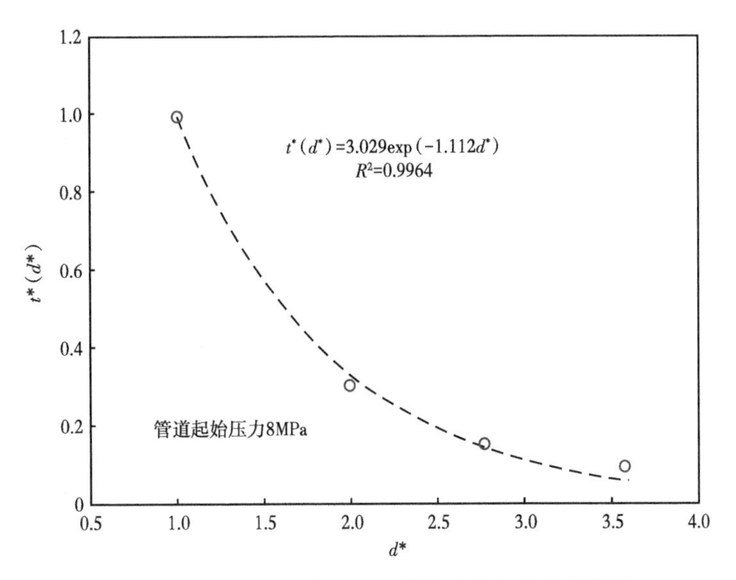

图 5　管道泄漏时间与泄漏口等效直径间的自保持性

式中　p_{Ini}——管道初始压力，MPa；

p_c——超临界 CO_2 临界压力，7.4MPa。

据此可得管内介质的压力响应曲线，见式(9)。

$$p(t)=k\big|_{d_e}\times t+p_{\text{Ini}}\qquad (p_{\text{Ini}}>p_c)\tag{9}$$

图 6 为不同起始压力下超临界 CO_2 管道泄漏的压力响应曲线，泄漏口孔径为 1mm（管内压力降至 1MPa 时，可视为泄漏结束）。在管道出口处由于管内压力与环境压力之间的不连续性形成强节流效应，使得整个泄漏过程分为过渡泄漏阶段和稳定泄漏阶段[17]。在过渡泄漏阶段，管内高密度的超临界 CO_2 以较高的流速（即当地声速）从泄漏口喷射出来，

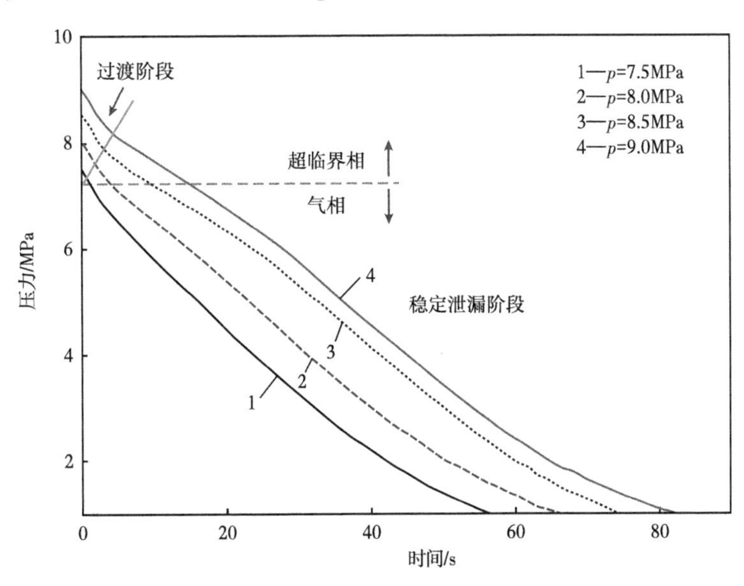

图 6　不同初始压力泄漏过程中管内压力变化曲线

导致管内介质质量迅速下降[28]，管内压力也随之快速下降直至进入稳定泄漏阶段。从图中可以看出，管内起始压力越高，管道泄漏由过渡阶段进入稳定阶段的转变压力也越高。当管道稳定泄漏后，管内介质压力随泄漏时间的变化规律可以近似为线性变化。由于管道泄漏时间与介质起始压力具有自保持性，因此定义量纲为 1 泄漏时间及初始压力分别见式(10)和式(11)。

$$t^*(p_{\text{Ini}}) = \left.\frac{t(p_{\text{Ini}})}{t(p_{\text{Ini-max}})}\right|_{d_e} \tag{10}$$

$$p^* = \frac{p_{\text{Ini}}}{p_{\text{Ini-max}}} \tag{11}$$

式中 $t(p_{\text{Ini}})$——不同起始压力条件下管道泄漏时间，s；

$p_{\text{Ini-max}}$——用于参考的最大泄漏初始压力，MPa（这里取 9MPa）；

$t(p_{\text{Ini-max}})$——起始压力为 9MPa 时的管道泄漏时间。

图 7 给出了管道泄漏时间与起始压力量纲为 1 量之间的变化曲线。由图可知，泄漏时间随管道起始压力的升高呈线性增加，对泄漏孔径为 1mm 时管道泄漏时间的量纲为 1 量进行拟合，得到关系式(12)。

$$t^*(p^*) = 1.886p^* - 0.8807 \tag{12}$$

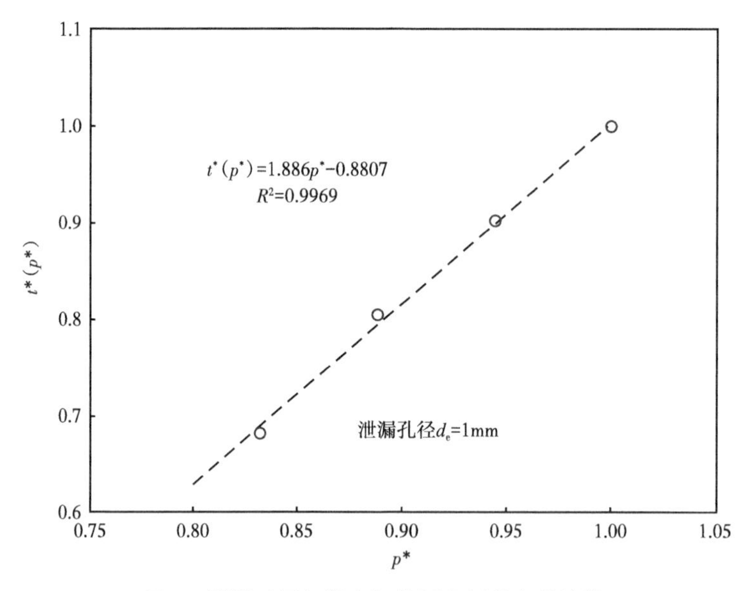

图 7　泄漏时间与管内初始压力间的自保持性

由于在稳定泄漏阶段，管内介质压力随泄漏时间呈线性下降，因此同样只需确定管内介质压力响应曲线的斜率，便可得到管内介质压力曲线的经验式。当管道起始压力给定后，管道泄漏所需时间可由式(13)确定。

$$t = t\big|_{p=9\text{MPa}} \times t^*(p^*) \tag{13}$$

由于管道泄漏过程中过渡阶段持续时间较短，因此可以用管道初始压力近似代替由过渡阶段向稳定泄漏阶段的转变压力，得到不同起始压力下管内介质压力响应曲线的斜率，见式(14)。

$$k\big|_{p_{\mathrm{Ini}}}=-\frac{p_{\mathrm{Ini}}-1}{t\big|_{p_{\mathrm{Ini}}}}\quad(d_e<9.2D_p)\tag{14}$$

据此可得管内介质的压力响应曲线，见式(15)。

$$p(t)=k\big|_{p_{\mathrm{Ini}}}\times t+p_{\mathrm{Ini}}\quad(d_e<0.2D_p)\tag{15}$$

当超临界 CO_2 管道发生小孔泄漏($d_e<0.2D_p$)时，结合上述经验公式，便可得到不同泄漏孔径和管道起始压力(大于临界压力) 条件下管内 CO_2 的压力响应曲线。

2.2 管内温度响应及相态变化

泄漏口孔径的大小将会在很大程度上影响管道出口处的泄漏速率以及管内流体与管壁之间的对流传热，从而影响管内介质的温度变化规律[29]。图 8 给出了不同泄漏孔径条件下，管道末端流体的温度响应曲线。对于任意孔径的泄漏，管内介质的温度响应曲线都出现了最低值。这是因为在管道泄漏初始阶段，泄漏孔处流速较大，管内压力的快速下降导致温度急剧下降；随后由于管内压力的下降，管道泄漏口处介质的出流速度不断减小，同时管壁与介质之间存在着对流传热，管内流体温降速率不断减慢，直到温度降至最低点；在泄漏末段，由于介质膨胀导致的温降速率低于管壁与流体之间的对流传热，管内温度开始缓慢回升。从图中可以看出，3 种不同泄漏孔径下管内流体所能达到的最低温度分别为 304.4K、298.6K 和 294.3K，即泄漏孔径越大，管道相同位置处的介质温降幅度更大。这是因为管内超临界 CO_2 的泄漏时间与管道的泄漏孔径大小有关，泄漏孔径越大，介质的泄漏时间越短，管壁与流体间的对流换热时间也更短，因而使得管内介质状态变化形成的温降远大于管壁与流体之间对流换热所产生的温降，从而加剧了管道发生脆性断裂的风险。图 8 还给出了泄漏孔径为 2mm 时，管道上 T1、T4 和 T7 3 个不同测点处的温度响应曲线，

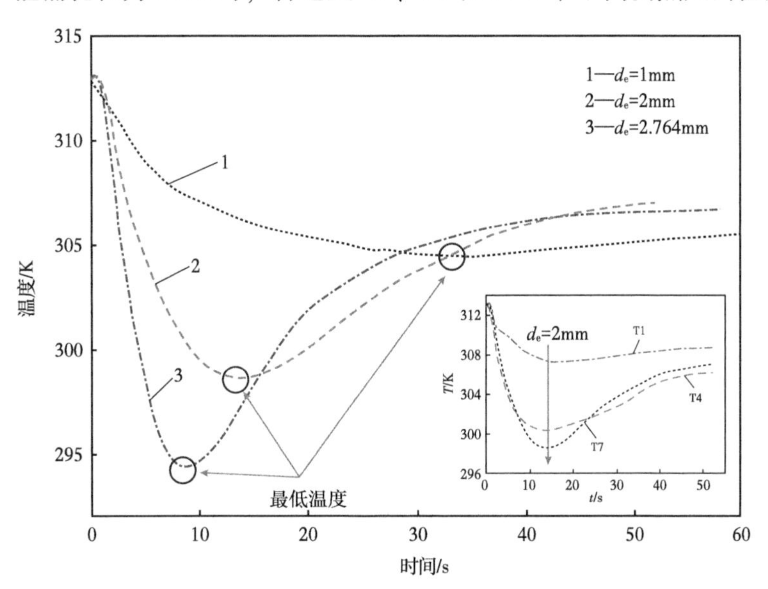

图 8　不同泄漏孔径条件下温度响应曲线

可以看出 3 个测点处的温降幅度：ΔT7>ΔT4>ΔT1，这说明离泄漏端越远，管内介质的温降幅度越大。

图 9 给出了 3 种不同泄漏孔径条件下超临界 CO_2 泄漏过程中的温度压力变化过程，A 表示 3 次实验的初始状态。泄漏开始后，介质压力迅速降至临界点 p_c(7.38MPa)，而管内温度仍高于临界温度 T_c(304K)，且在泄漏过程中，整个温压曲线都没有与饱和线相交，这说明在超临界 CO_2 管道小孔径泄漏过程中，管内介质相态很快就从超临界态转变为气态。此外，在泄漏过程中管内介质温度降到最低值时所对应的压力分别为 3.6MPa、2.6MPa 和 1.5MPa，泄漏孔径越大，管内介质温压曲线越接近饱和线。表 3 给出了不同泄漏孔径条件下，管内温度最低时管内介质的密度。从表中可以看出，泄漏孔径越大，管内介质在温度最低时所对应的密度值越小。这表明，当管内介质温度达到最低值时，泄漏孔越大，管道泄放的 CO_2 质量也越大。

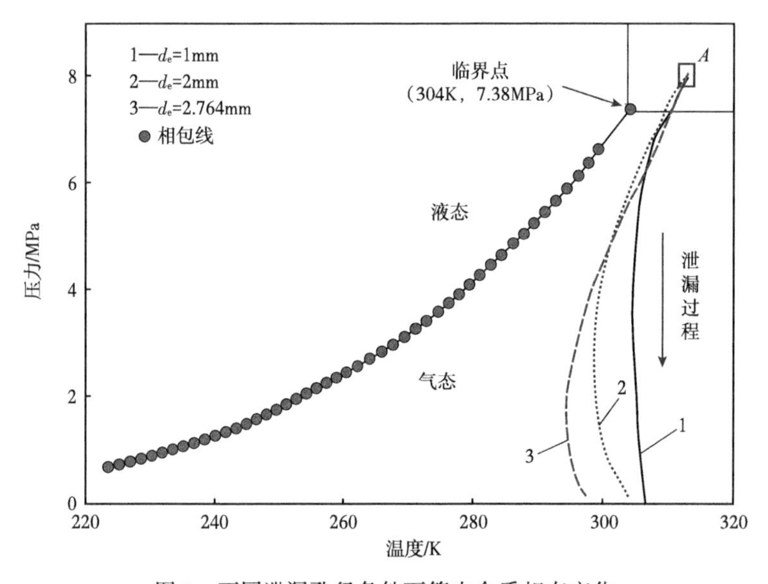

图 9　不同泄漏孔径条件下管内介质相态变化

表 3　不同泄漏孔径下管内温度最低时的介质密度

泄漏孔径/mm	压力/MPa	温度/K	密度/(kg/m^3)
1	3.6	304.4	77.473
2	2.6	298.6	53.756
2.764	1.5	294.3	28.334

2.3　杂质对压力和温度响应的影响

CO_2 烟气中通常会混有 N_2、CH_4 和 O_2 等杂质[21]。为了研究杂质对超临界 CO_2 管道泄漏特性的影响，实验中在管道内混入了不同 N_2 含量(2%、4%和 6%)，测量了不同实验条件下管内的温度压力变化，并与纯 CO_2 管道的泄漏特性进行了对比。图 10 给出了含有不同 N_2 含量的超临界 CO_2 管道泄漏过程压力温度响应曲线，泄漏孔径 d_e 均为 1mm。从图 10(a)中可以看出，N_2 的存在缩短了管道泄漏时间，且含量越高，管道泄漏越短。此外，在管道泄漏的初始阶段，管内介质压力迅速下降，在该过程中，含有6% N_2（摩尔分数）的超临界 CO_2 压降速率远小于纯 CO_2 管道的压降速率；而当管内介质压力降至临界压力以下时，管内 N_2 含量越高，其压力降低的速度更快。

图10(b)给出了含杂质超临界 CO_2 管道泄漏的温度响应曲线。由图可知，N_2 的混入使得管内介质的最低温度升高，且 N_2 含量越高，管内介质降至的最低温度越高。这是因为 N_2 的混入减小了超临界 CO_2 管道因节流产生的温降，N_2 含量越高，节流温降越小[7]。此外，随着管内 N_2 含量的增加，管内介质温度的最低值出现的时间也更早。基于管内所含 N_2 的摩尔分数，管内介质温度的最低值及介质温度最低值出现的时间，可以得出一条管内介质最低温度线，通过该最低温度线，可以确定含杂质超临界 CO_2 管道发生泄漏后，

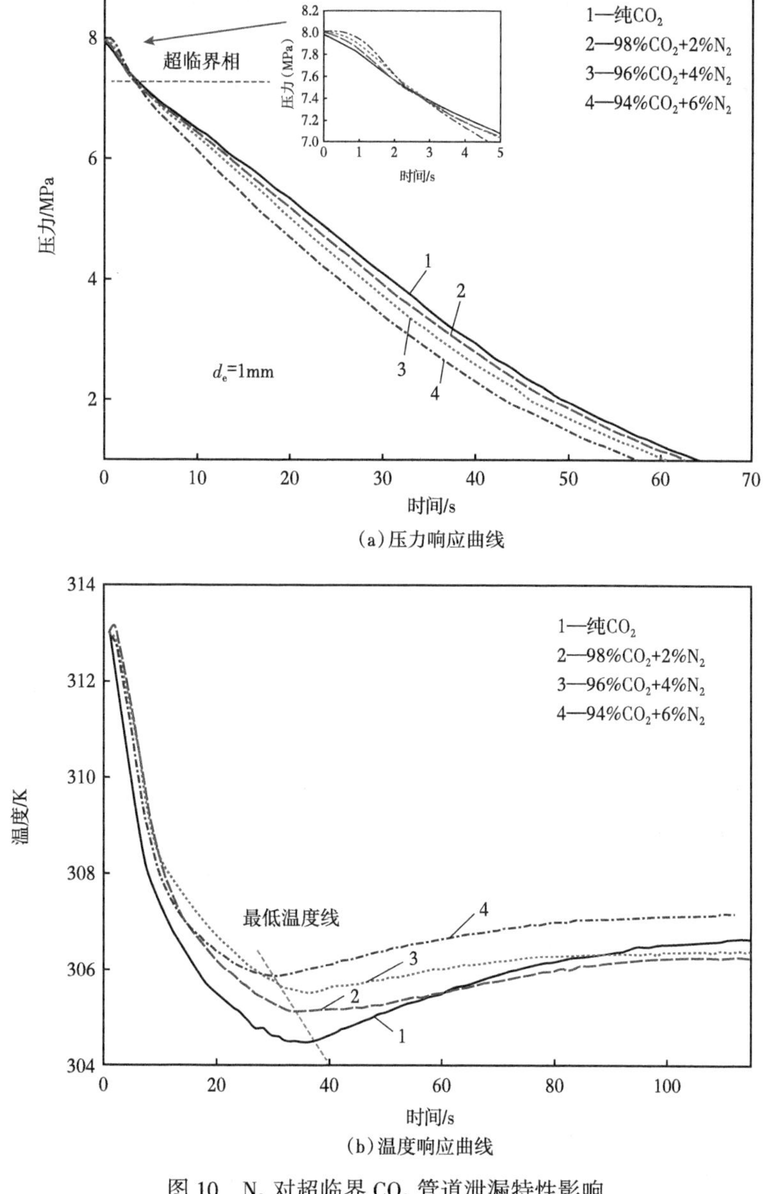

(a)压力响应曲线

(b)温度响应曲线

图10　N_2 对超临界 CO_2 管道泄漏特性影响

管内介质所能达到的最低温度及该最低值出现的时间，确保管道运行温度高于其脆性转变温度，有效地防止管道发生脆性断裂。

3 结论

目前，超临界 CO_2 管道输送的安全保障仍然是一个巨大挑战，为了保证管道安全运行，利用小尺度 CO_2 管道实验装置对超临界 CO_2 小孔泄漏减压特性进行了分析，得到了以下结论。

（1）超临界 CO_2 管道小孔泄漏时，管内压力随泄漏时间近似呈线性变化；泄漏孔径越大，管道起始压力越低，管道泄漏时间越短。

（2）基于超临界 CO_2管道泄漏时间的自保持性，得到了不同泄漏孔径和管内起始压力条件下，管内介质压力随泄漏时间变化的经验公式。

（3）超临界 CO_2 管道小孔泄漏时，CO_2 由超临界相直接转变为气相；管内介质温度在泄漏过程中出现了最低值，泄漏孔径越大，介质温度最低值越小，且离泄漏口越远，管内介质温降幅度越大。

（4）N_2 的存在缩短了超临界 CO_2 管道的泄漏时间，N_2 含量越高，管道泄漏时间越短，且管内介质的最低温度越高。

参考文献

[1] International Energy Agency I E. Energy technology perspectives 2012: pathways to a clean energy system [R]. France: International Energy Agency, 2012.

[2] GU Shuaiwei, GAO Beibei, TENG Lin, et al. Monte carlo simulation of supercritical carbon dioxide adsorption in carbon slit pores [J]. Energy & Fuels, 2017, 31 (9): 9717-9724.

[3] 郭晓明，毛东森，卢冠忠，等．CO_2 加氢合成甲醇催化剂的研究进展 [J]. 化工进展，2012，31（3）：477-488.

[4] 喻健良，郑阳光，闫兴清，等．工业规模 CO_2 管道大孔泄漏过程中的射流膨胀及扩散规律 [J]. 化工学报，2017，68（6）：2298-2305.

[5] WAREING C J, FAIRWEATHE M, FALLE S A E G, et al. Validation of a model of gas and dense phase CO_2 jet releases for carbon capture and storage application [J]. International Journal of Greenhouse Gas Control, 2014, 20: 254-271.

[6] 张大同，滕霖，李玉星，等．管输 CO_2 焦耳-汤姆逊系数计算方法 [J]. 油气储运，2018（1）：35-39.

[7] TENG Lin, ZHANG Datong, LI Yuxing, et al. Multiphase mixture model to predict temperature drop in highly choked conditions in CO_2 enhanced oil recovery [J]. Applied Thermal Engineering, 2016, 108: 670-679.

[8] BUMB P, DESIDERI U, QUATTROCCHI F, et al. Cost optimized CO_2 pipeline transportation grid: a case study from italian industries [J]. World Academy of Science Engineering & Technology, 2011(58): 138-145.

[9] 赵青，李玉星，李顺丽．超临界二氧化碳管道杂质对节流温降的影响 [J]. 石油学报，2016，37（1）：111-116.

[10] MAHGEREFTEH H, BROWN S, DENTON G. Modelling the impact of stream impurities on ductile fractures in CO_2 pipelines [J]. Chemical Engineering Science, 2012, 74: 200-210.

[11] 喻健良，郭晓璐，闫兴清，等．工业规模 CO_2 管道泄放过程中的压力响应及相态变化 [J]. 化工学

报，2015，66(11)：4327-4334.

[12] DRESCHER M, VARHOLM K, MUNKEJORD S T, et al. Experiments and modelling of two-phase transient flow during pipeline depressurization of CO_2 with various N_2 compositions [J]. Energy Procedia, 2014, 63: 2448-2457.

[13] KOEIJER G D, BORCH J H, DRESCHER M, et al. CO_2 transportdepressurization, heat transfer and impurities [J]. Energy Procedia, 2011, 4(22): 3008-3015.

[14] KOORNNEEF J, SPRUIJT M, MOLAG M, et al. Uncertainties in risk assessment of CO_2 pipelines [J]. Energy Procedia, 2009, 1(1): 1587-1594.

[15] 喻健良，朱海龙，郭晓璐，等．超临界 CO_2 管道减压过程中的热力学特性 [J]. 化工学报，2017，68(9)：3350-3357.

[16] AHMAD M, LOWESMITH B, KOEIJER G D, et al. COSHER joint industry project: large scale pipeline rupture tests to study CO_2, release and dispersion [J]. International Journal of Greenhouse Gas Control, 2015, 37: 340-353.

[17] XIE Qiyuan, TU Ran, JIANG Xi, et al. The leakage behavior of supercritical CO_2 flow in an experimental pipeline system [J]. Applied Energy, 2014, 130 (5): 574-580.

[18] LI Kang, ZHOU Xuejin, TU Ran, et al. The flow and heat transfer characteristics of supercritical CO_2 leakage from a pipeline [J]. Energy, 2014, 71(21): 665-672.

[19] LI Kang, ZHOU Xuejin, TU Ran, et al. An experimental investigation of supercritical CO_2 accidental release from a pressurized pipeline [J]. Journal of Supercritical Fluids, 2016, 107: 298-306.

[20] KOEIJER G D, BORCH J H, JAKOBSENB J, et al. Experiments and modeling of two-phase transient flow during CO_2 pipeline depressurization [J]. Energy Procedia, 2009, 1(1): 683-689.

[21] ZHOU X, LI K, TU R, et al. A modelling study of the multiphase leakage flow from pressurised CO_2 pipeline [J]. Journal of Hazardous Materials, 2016, 306: 286-294.

[22] BOTROS K K, GEERLIGS J, ROTHWELL B, et al. Effects of argon as the primary impurity in anthropogenic carbon dioxide mixtules on the decomplession wave speed [J]. Canadian Journal of Chemical Engineering, 2016, 95(3): 440-448.

[23] 冯文兴，王兆芹，程五一．高压输气管道小孔与大孔泄漏模型的比较分析 [J]. 安全与环境工程，2009，16 (4)：108-110.

[24] 霍春勇，董玉华，余大涛，等．长输管线气体泄漏率的计算方法研究 [J]. 石油学报，2004，25(1)：101-105.

[25] 杨昭，张甫仁，赖建波．非等温长输管线稳态泄漏计算模型 [J]. 天津大学学报(自然科学与工程技术版)，2005，38(12)：1115-1121.

[26] PHAM L H H P, RUSLI R. A review of experimental and modelling methods for accidental release behaviour of highpressurised CO_2 pipelines at atmospheric environment [J]. Process Safety & Environmental Protection, 2016, 104: 48-84.

[27] MARTYNOV S, BROWN S, MAHGEREFTEH H, et al. Modelling three -phase releases of carbon dioxide from high-pressure pipelines [J]. Process Safety & Environmental Protection, 2014, 92(1): 36-46.

[28] MUNKEJORD S T, HAMMER M. Depressurization of CO_2 - rich mixtures in pipes: two - phase flow modelling and comparison with experiments [J]. International Journal of Greenhouse Gas Control, 2015, 37: 398-411.

[29] 李康．小尺度超临界二氧化碳泄漏过程物理机理研究 [D]. 合肥：中国科学技术大学，2016.

CO_2-原油体系发泡特性实验研究

王财林[1,2]　顾帅威[1,2]　李玉星[1,2]　胡其会[1,2]
滕　霖[1,2]　王婧涵[1,2]　马宏涛[1,2]　张大同[1,2]

［1. 中国石油大学（华东）山东省油气储运安全省级重点实验室；
2. 中国石油天然气股份有限公司油气储运重点实验室］

摘要：为研究 CO_2 驱油田分离器内泡沫层产生及消除机理，设计了一套高压溶气原油泡沫测试系统，采用降压法研究了 CO_2-原油体系的发泡特性。利用高速摄像机对泡沫产生至衰变的演变过程进行了记录，总结分析了不同降压阶段的气泡行为，研究了降压速率和搅拌速率对原油发泡特性的影响规律。研究发现，随压力降低，稳定存在气泡的直径增大，气泡位置上移，发泡行为更加剧烈；降压速率增加对降压阶段的发泡行为无明显影响，但会加剧稳定工作压力下的发泡行为；在转速小于等于 120 r/min 条件下，搅拌速率增加会加剧降压阶段的发泡行为，但会加速稳定工作压力下的泡沫衰变。

关键词：二氧化碳；石油；泡沫；分离；降压；搅拌

目前世界气候变化问题突出，CO_2 等温室气体的大量排放是导致全球气候变暖的主要原因[1]。联合国政府间气候变化专门委员会（Intergovernmental Panel on Climate Change，IPCC）指出，碳捕集及埋存技术（carbon capture and storage，CCS）是实现 CO_2 减排的最有效方式[2-5]。CCS 和提高采收率技术相结合（CCS-EOR）可实现石油增产和 CCS 成本降低的双重目的，被认为是加快 CCS 技术部署的双赢解决方案[6-10]。目前美国的 CCS-EOR 技术已相对成熟，取得了显著增产效果；我国 CCS-EOR 技术正处于试验推广阶段，已建设运营了多个示范项目[11-17]。

在油层的温度压力下，注入的 CO_2 会溶解于原油和水中，其密度、黏度等特性会发生较大变化[18]。伴随采出液的开采，在井筒举升和管线流动过程中，溶解于采出液中的 CO_2 因压力降低会逐步析出，且当采出液进入分离器后，压力的进一步降低会导致 CO_2 大量逸出。原油中含有胶质、沥青质等表面活性物质，逸出的 CO_2 气体易在原油中发泡进而形成稳定的泡沫层[19]。泡沫层的存在会占据分离器内大量空间，影响液位控制；同时会导致分离效率下降，造成气中带液现象，危害下游压缩机和气体处理设备；严重时会发生“冒罐”事故[20]。因此研究原油泡沫的生成稳定机理及影响因素对分离设备的安全高效运行有重要意义。

目前针对原油泡沫问题的研究方法主要有气流法和降压法[21]。气流法原理是向带刻度的容器内装入一定量试液，向容器中匀速通入气体，一段时间后停止供气并记录泡沫最大体积和半衰期。原油发泡的根本原因是降压使溶解气逸出形成泡沫，因此先在一定压力下将气体溶于原油，再降压使气体逸出的降压法更符合现场实际[19]。

原油组成、原油黏度、温度、压力等因素会影响泡沫演变过程与界面膜性质，进而影响原油中泡沫的生成与稳定。Zaki 等[22-23]利用气流法研究了原油的发泡过程，指出沥青质聚集状态对泡沫生成稳定有影响，沥青质含量在溶解度极限附近时泡沫最稳定。Callaghan[24]采用气流法研究了黏度小于 20mPa·s 的原油中的泡沫稳定性，发现泡沫寿命与黏度近似成线性关系。刘德生等[25]研究了温度对泡沫衰变过程和泡沫表面膜性质的影响，证明在低温和高温下，泡沫的衰变过程不同，温度的变化对表面膜的性质影响很大。李东东等[26]采用降压法在高压平衡釜中研究了 CO_2-原油在 50℃、70℃和 105℃下的扩散系数，结果表明扩散系数随温度的增加而增加。吕明明等[27]利用气流法研究了 CO_2 泡沫的稳定性和衰变规律，结果表明 CO_2 泡沫的稳定性基本不受表面活性剂浓度的影响，CO_2 泡沫的衰变曲线近似一条直线。然而国内外针对油田分离器环境下原油发泡特性的研究较少，也缺少对 CO_2-原油体系中气泡演变过程的分析。

为研究油田分离器内 CO_2-原油体系的发泡特性，本文设计了一套模拟真实分离器环境的原油泡沫测试系统，利用高速摄像机对泡沫产生至衰变的整个演变过程进行了记录，分析了泡沫的衰变机理，并研究了降压速率和搅拌速率对 CO_2-原油体系泡沫行为的影响，以期对现场分离器的优化设计提供实验依据。

1 实验设备和方案

1.1 实验设备及材料

实验采用自主设计的高压溶气原油泡沫测试系统，该系统主要包括高压反应釜、供气系统、温控系统、数据采集系统和高速摄像系统等，实验装置流程如图 1 所示。

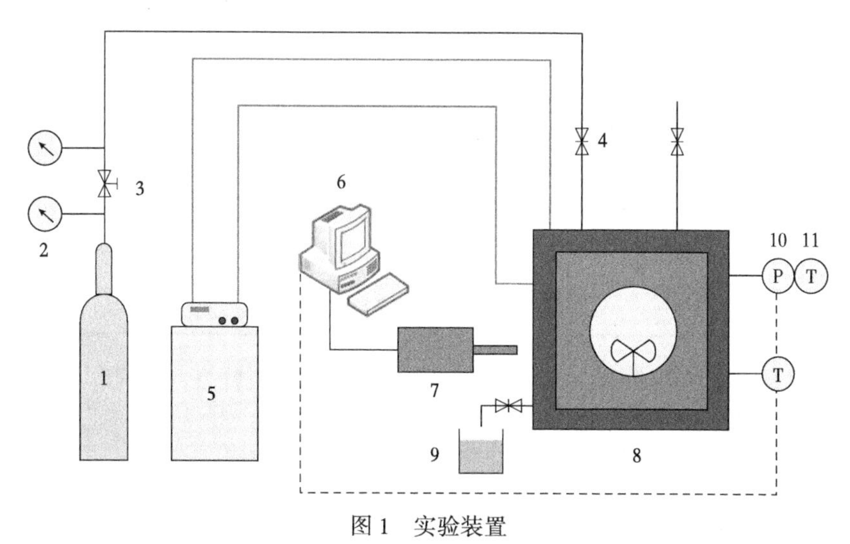

图 1　实验装置

1—CO_2 气瓶；2—压力计；3—降压阀；4—针阀；5—恒温水浴；6—数据采集系统；7—高速相机；8—可视高压釜；9—容器；10—压力传感器；11—热电偶

高压反应釜是进行 CO_2 溶解和原油发泡实验的主要场所，内部空间呈立方体型，边长为 10cm，设计容积为 900mL，最大承压 10MPa，工作温度范围为-30~100℃。高压反应釜设有圆形透明玻璃视窗，内置磁耦合搅拌器(附带扭矩仪)，其最大扭矩为 0.213N·m，最大转速可达到2500r/min，可以研究不同搅拌速率对发泡特性的影响。实验所用 CO_2 气体由常规压力为 5 MPa，纯度为 99.99%的 CO_2 气瓶提供。采用恒温水浴对反应釜内的温度进行控制，使釜内温度稳定在实验设定温度。高压反应釜内设有压力传感器和温度传感器，其测量误差分别为±0.25%和±5%，实验通过数据采集系统对釜内的温度、压力数据进行实时监控记录。采用高速摄像机记录实验过程中的泡沫行为。高速相机为日本 Photron 公司生产，型号为 Fastcam SA-X2，最高分辨率为 1024×1024 像素，最高拍摄速度为 200000 FPS。

实验介质选取吉林油田黑-46 井口原油，原油体积为 400mL。按照《石油沥青四组分测定法》(NB/SH/T 0509—2010)对油样的饱和分、芳香分、胶质和沥青质(SARA)含量进行了测定，测定结果见表 1。

表 1　黑-46 油样四组分测定结果

组分	质量分数/%
饱和分	69.54
芳香分	22.48
胶质	7.40
沥青质	0.58

1.2　实验方案

为模拟 CO_2 驱采出原油在分离器内的发泡行为，实验采用降压法，实验过程分为降压阶段和稳定工作压力阶段。首先将完成预热的原油注入反应釜内，温度恒定后记录液面高度并计算原油体积。然后将 CO_2 在高压下溶解于原油中，当体系压力达到设定的初始压力(初始稳定压力)并保持稳定后，打开放气阀对体系进行降压，直至压力达到设定的工作压力(稳定工作压力)，关闭放气阀。实验参数的选取基于吉林油田黑-46 区块气液分离器的调研结果，实验过程中温度恒定在 40℃，初始稳定压力和稳定工作压力分别设定为 2.0 MPa 和 0.5 MPa。通过控制放气阀开度和搅拌器转速来研究降压速率和搅拌速率对原油发泡特性的影响。具体的实验工况见表 2。

表 2　实验工况参数

序号	初始稳定压力/MPa	稳定工作压力/MPa	气液温度/℃	降压速率/MPa/min	降压过程中搅拌速率/(r/min)	稳定工作压力下的搅拌速率/(r/min)
1	2	0.5	40	0.38	0	0
2	2	0.5	40	0.65	0	0
3	2	0.5	40	2.11	0	0
4	2	0.5	40	0.38	80	0
5	2	0.5	40	0.38	120	0
6	2	0.5	40	0.38	0	80
7	2	0.5	40	0.38	0	120

2 实验结果与讨论

2.1 溶解度计算

根据压力和温度条件，通过 PR 方程可以求出反应釜上部空间的 CO_2 在标准状态下的体积，进而求出 CO_2 在该温度压力条件下的溶解度[28]。

PR 方程[29]为

$$p = \frac{RT}{v - b} - \frac{a(T)}{v(v + b) + bv - b^2} \tag{1}$$

$$a(T) = \alpha(T)a_c \tag{2}$$

$$a_c = \frac{0.45724R^2T_c^2}{p_c} \tag{3}$$

$$\alpha(T) = [1+k(1-T_r^{0.5})]^2 \tag{4}$$

$$k = 0.37464+1.54226\omega-0.26992\omega^2 \tag{5}$$

$$b = \frac{0.0778RT_c}{p_c} \tag{6}$$

式中 p——体系压力，Pa；

R——气体常数，J/(mol·K)；

T——体系温度，K；

v——摩尔体积，m^3/mol；

T_c——临界温度，K；

p_c——临界压力，Pa；

T_r——无量纲相对温度；

ω——偏心因子，CO_2 的偏心因子为 0.225。

采用 PR 方程分别计算出标准工况下的摩尔体积和反应釜内实际工况下的摩尔体积，然后利用式(7)将实际温度压力下的 CO_2 体积转换成标准状态下的体积。

$$V_b = \frac{V_s v_b}{v_s} \tag{7}$$

式中 V_b 和 V_s——标准工况下和实际工况下的 CO_2 体积，m^3；

v_b 和 v_s——标准工况下和实际工况下 CO_2 的摩尔体积，m^3/mol。

则 CO_2 的溶解度 R_S 计算见式(8)。

$$R_S = \frac{V_C - V_C'}{V_0} \tag{8}$$

式中 R_S——标准工况下的 CO_2 溶解度，m^3/m^3；

V_C 和 V_C'——标准工况下注入反应釜的和标准工况下溶解平衡时的 CO_2 体积，m^3；

V_0——原油体积，m^3。

根据实验结果可以计算出 CO_2 在不同压力下达到溶解平衡时的溶解度，计算结果如图 2所示。可以看出在温度恒定条件下，当压力在 0.5～2 MPa 范围内变化时，随压力升高，CO_2 在原油中的溶解度不断增加，且溶解度与压力的关系近似呈线性。

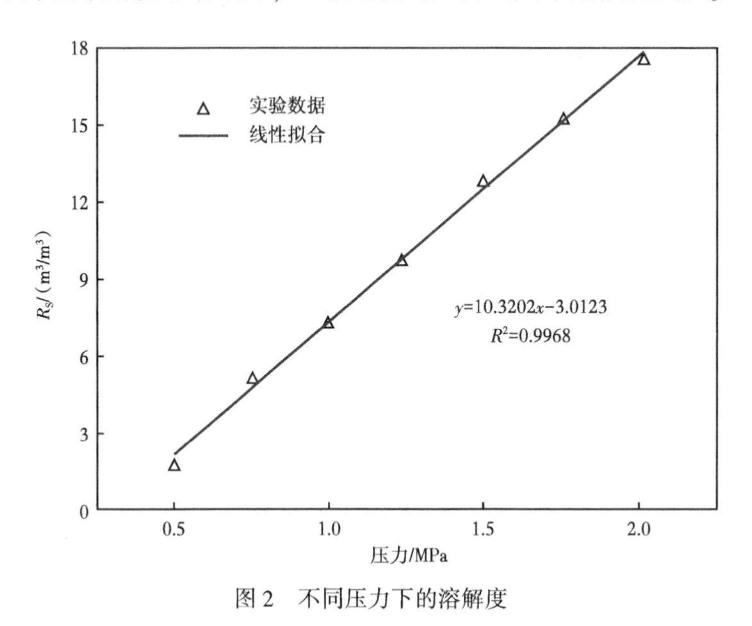

图 2　不同压力下的溶解度

2.2　泡沫行为分析

根据降压和稳定过程中高速摄像机观察到的发泡情况，可将气泡行为总结为五类：气泡产生、气泡单层排列、气泡聚并、气泡衰变和气泡多层堆叠。在降压过程的不同阶段，气泡的主要行为有明显差异，降压速率和搅拌也会对气泡行为造成显著影响。以下对气泡行为进行具体分析。

2.2.1　气泡产生

降压过程中，气相空间的 CO_2 逐渐被排出，气相空间压力下降，溶解于原油中的 CO_2 压力逐渐大于气相空间压力，CO_2 在原油中的溶解度也不断降低，因此在原油中会有气泡产生。

在缓慢降压前期（1.0～2.0MPa），高压釜内的原油体积基本保持不变，液面无明显波动。在压力降至约 1 MPa 时，高速摄像机视野内开始出现气泡，如图 3 所示，说明溶解于原油中的 CO_2 开始逸出，气泡在气油界面下约 0.25cm 处稳定存在。气泡生成初期形状成球形，直径约为 0.1cm，不同气泡之间相互独立，未出现聚并或破裂现象。

2.2.2　气泡单层排列

随压力进一步降低（0.7～1.0MPa），CO_2 在原油中的溶解度明显减小，原油中的 CO_2 气泡数量逐渐增多。此时 CO_2 气泡的行为主要表现为整齐的单层排列，如图 4 所示，气泡稳定存在位置保持在气液界面以下 0.25cm，气泡直径为 0.1～0.2cm，此时伴随有少量气泡的衰变与产生，衰变位置位于气液界面以下。

2.2.3　气泡聚并与气泡衰变

图 5 展示了降压后期（0.5～0.7MPa）的气泡聚并及衰变过程，从图中可以看出，随压

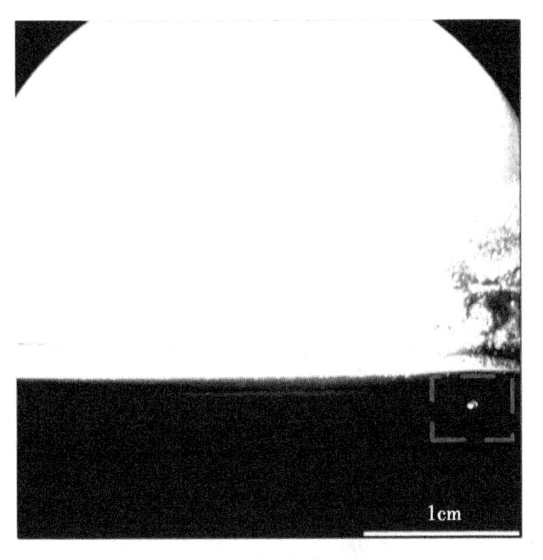

图 3　气泡产生

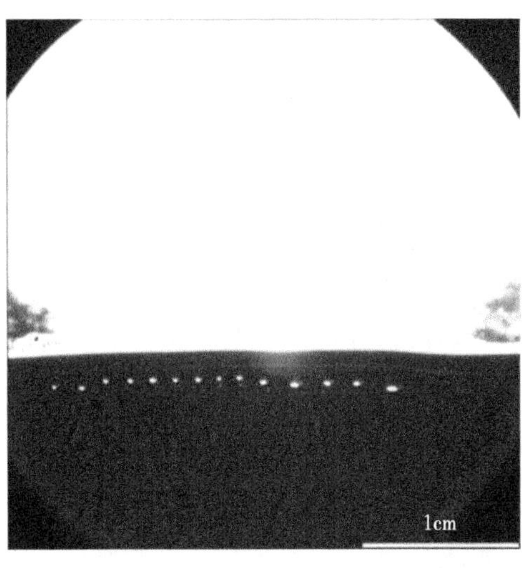

图 4　气泡单层排列

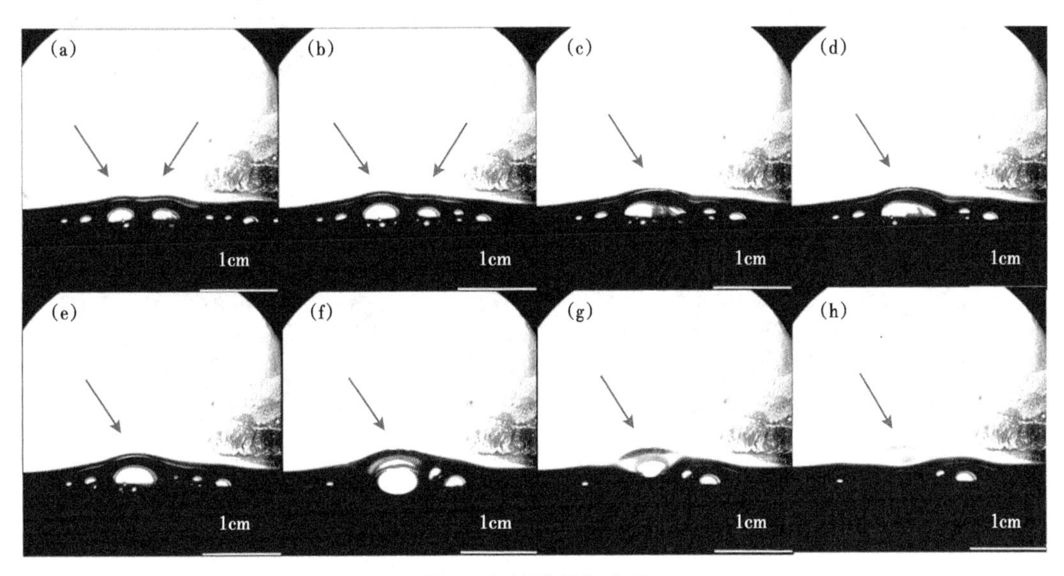

图 5　气泡聚并与衰变

力继续降低，气泡直径增大，稳定存在的气泡直径可达 0.5cm，气泡稳定存在位置上移，较大气泡的衰变位置在气液界面处。此过程中相邻气泡之间的聚并行为可分为三个过程：液膜排液，液膜聚并与气泡收缩。以两个气泡的聚并过程为例，一般情况下较大气泡的位置保持不变，较小气泡向较大气泡移动并产生排液，然后液膜合并成为一个大气泡。大气泡产生前期呈椭球型，在表面张力作用下，大气泡逐渐收缩为表面能较小的球形。大气泡的液膜变薄，气泡中的气体向气相扩散，气泡发生衰变。此过程可以通过 Laplace 方程进行解释。

由于气泡的大小是不均匀的，根据 Laplace 方程

$$p_i - p_o = \frac{2\sigma}{r} \tag{9}$$

式中　p_i 和 p_o——气泡内部和外部压力，Pa；

σ——表面张力，N/m；

r——气泡半径，m。

由于液体压力相同，小气泡内部压力大于大气泡内部压力，在压差作用下，小气泡内气体经液膜向大气泡内扩散，大气泡变大，液膜变薄，小气泡消失。合并后的气泡内部压力较大，气体会透过液膜向气相扩散，造成泡沫衰变[19]。

图 6 为多个气泡间的聚并行为，可以看出与双气泡聚并有明显差异。图中标注位置下部两直径较大的气泡首先产生聚并，此行为可以通过 Plateau 边界进行分析。

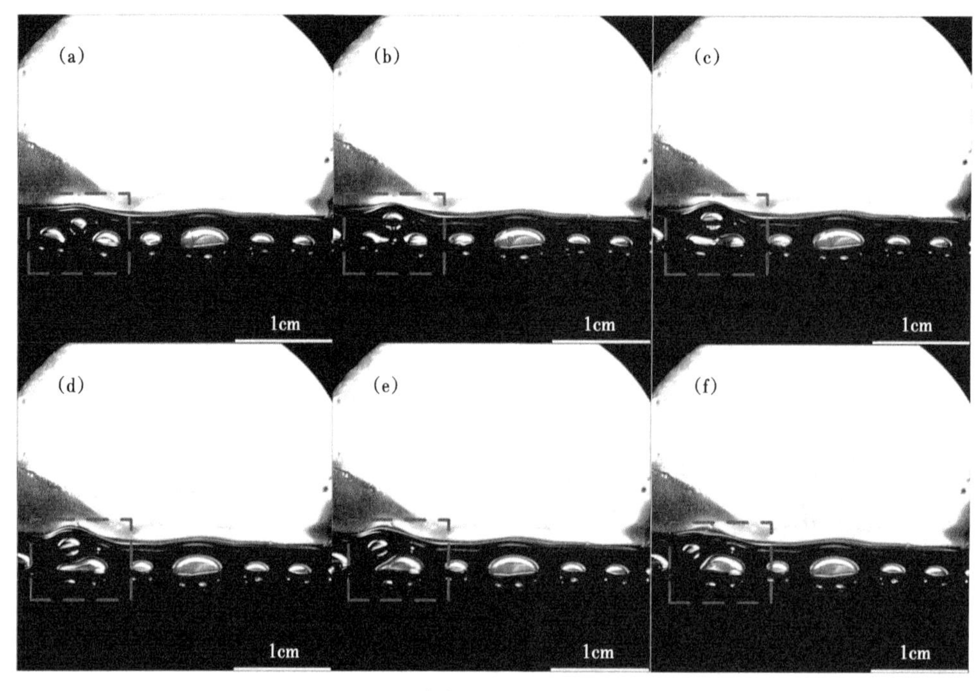

图 6　多气泡间的聚并行为

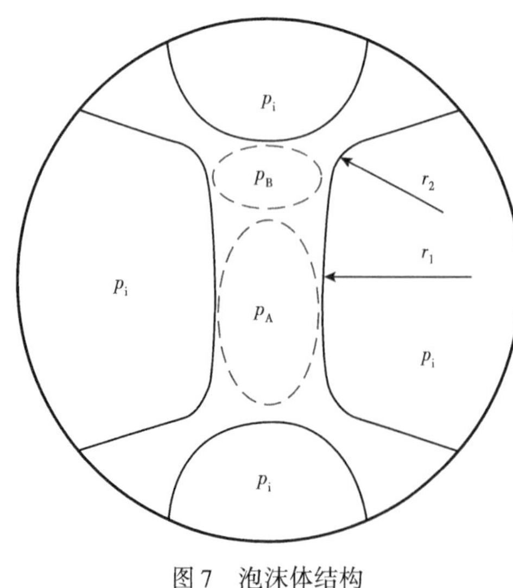

图 7　泡沫体结构

三个气泡的交界区称为 Plateau 边界区，简称 P 区。泡沫由气泡内的气体、气泡间的液体间隙以及 Plateau 边界组成[30]，如图 7 所示。假设气泡的曲率半径为 r_1，P 区的曲率半径为 r_2，气泡内的压力为 p_i，相邻两气泡间的液体压力为 p_A，P 区的液体压力为 p_B，则根据 Laplace 方程，可以确定左右液膜间隙与 P 区的压力差

$$\Delta p = p_A - p_B \tag{10}$$

其中

$$p_A = p_i - \frac{2\sigma}{r_1} \tag{11}$$

$$p_B = p_i - \sigma\left(\frac{1}{r_1} + \frac{1}{r_2}\right) \tag{12}$$

$$\Delta p = \sigma\left(\frac{1}{r_2} - \frac{1}{r_1}\right) \tag{13}$$

通常两气泡的交界面近乎平面，即 $r_1 \to \infty$，因此式(13)可以简写为

$$\Delta p = \frac{\sigma}{r_2} \tag{14}$$

由于 σ，$r_2>0$，因此 $\Delta p>0$，即 $p_A>p_B$，在这种压力差作用下，泡沫中的液体会从液膜间隙处流向 P 区，使 p_A 处液体间隙变薄，左右两气泡发生聚并[30]。

在聚并过程中可以观察到，聚并前期气泡呈哑铃型，聚并后期气泡逐渐收缩为球状并稳定存在。聚并后气泡保持稳定主要由 Gibbs-Marangoni 效应引起。泡沫受到冲击时，泡沫液膜局部变薄，表面积增加，表面活性剂分子密度减小，表面张力增大。在表面张力梯度的作用下，表面活性剂分子会沿表面扩张并携带有一定量的液体，使局部变薄的液膜又恢复到原来的厚度，这种现象叫表面弹性或 Gibbs 弹性。表面活性剂分子向局部变薄的液膜位置扩散并恢复原来的表面张力，需要一定时间，这就是 Marangoni 效应。原油中的胶质、沥青质等物质具有一定的表面活性剂作用，聚并前期的大气泡由于变形较大出现了局部液膜变薄的现象，Gibbs-Marangoni 效应使泡膜逐渐恢复到原来的厚度，泡沫稳定性增加[31]。

2.2.4 气泡多层堆叠

当压力由 0.5MPa 开始继续降低时，CO_2-原油体系表现出更明显的不稳定性，发泡行为更加剧烈。此时气泡行为表现为堆叠分布，不同气泡的大小差异明显，气泡直径分布从 0.05cm 至 1.5cm 不等，如图 8 所示。此过程中原油中的气泡稳定性级差，聚并及破裂行为明显，泡沫层厚度不断增加，最高可达 1.3cm，气泡不易衰变。

大量的气泡堆积会形成泡沫体，泡沫体有两种结构：气相被很薄的液膜隔开，气泡基本呈多面体形状，液体体积分率小的泡沫称为多面体泡沫；液体体积分率较高，气泡接近圆球形且之间有较厚液膜的泡沫称为球状泡沫，也被称为“气体乳状液”[19]。通过对发泡过程的观察，可以发现原油中的 CO_2 泡沫属于球状泡沫，这对气泡的衰变行为会产生重要影响。

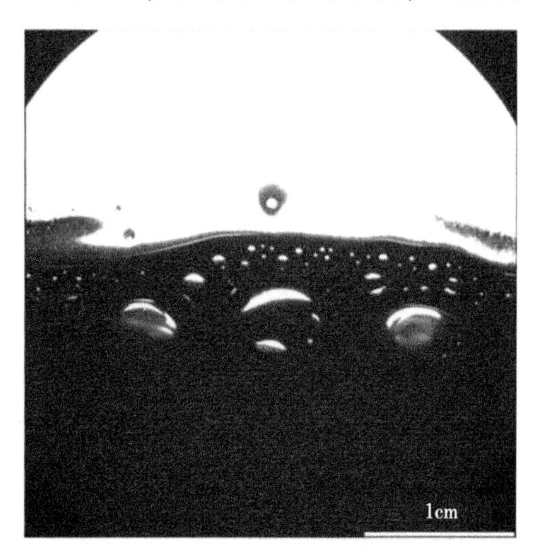

图 8　气泡多层堆叠

基于以上不同压力阶段的泡沫行为分析，在进行分离器设计及操作时应严格控制操作压力，避免压力低于 0.5MPa；同时可在降压后期（0.5～0.7MPa）采取措施以加速气泡聚并及衰变，达到高效消泡目的。

2.3 泡沫衰变机理

泡沫是热力学不稳定体系，泡沫衰变机理主要包括液膜液体流失和气体扩散[32]，这

两个过程主要与液膜性质(包括表面张力、液膜黏度、液膜渗透率系数等)有关。研究表明，气体扩散是 CO_2 泡沫衰减的主要机理[27]。液膜渗透率系数是表征气体扩散强度的重要参数，主要受气体性质影响。单层液膜可以看作是由上下两层表面活性剂单分子层和中间的液芯组成的，考虑液膜结构，Princen 等[33]提出的液膜渗透率系数的表达式为

$$K=\frac{D_w H}{h_2+2D_w/k_{ml}} \tag{15}$$

式中 K——液膜渗透率系数，cm/s；

D_w——气体在液膜中间层液相内的扩散系数，cm^2/s；

H——表征气体在液相溶解度大小的无量纲 Henry 常数；

h_2——液膜中间层液芯厚度，cm；

k_{ml}——表面活性剂单分子层的渗透率系数，cm/s。

由式(15)可以看出，在表面活性剂单分子层渗透率系数和液膜厚度差别不大的情况下，液膜渗透率系数主要与气体在液相的扩散系数以及溶解度有关。分析认为 CO_2 泡沫的衰变机理有两个方面，一方面气泡内部分 CO_2 溶于液膜，另一方面 CO_2 泡沫的液膜渗透率系数较大，泡沫内的 CO_2 易透过液膜向外扩散[27]，造成 CO_2 泡沫形成后的气泡尺寸和泡沫体积逐渐减小。

2.4 降压速率的影响

在初始压力和工作压力相同条件下，通过改变放空阀开度，研究了降压速率对原油发泡特性的影响，发现降压速率对工作压力阶段的发泡特性影响较大。图 9 为不同降压速率条件下的压降曲线。由于降压过程中放空阀开度保持不变，因此不同速率下的压降曲线近似呈线性。通过对压降曲线线性拟合可以获得近似降压速率值，从小到大依次为 0.38MPa/min、0.65MPa/min、2.11MPa/min。

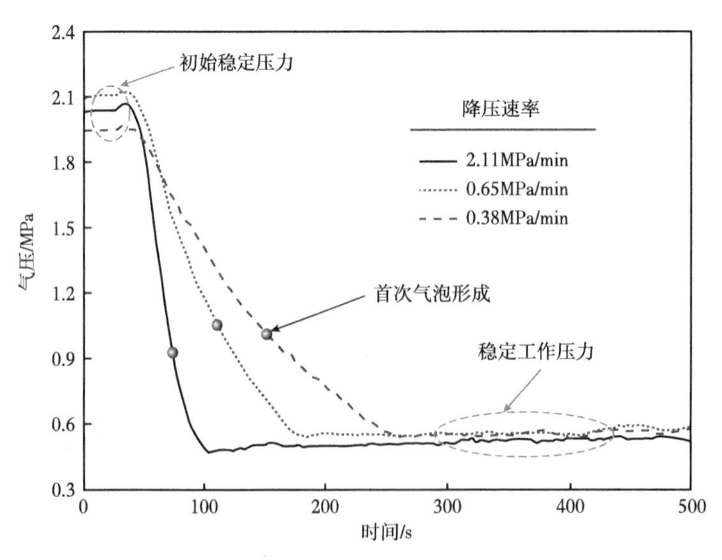

图 9　不同降压速率下的压降曲线

在降压阶段，不同降压速率下的发泡情况无明显差异，气泡直径位于 0.1~0.2cm 之间，视野内气泡数量在 5 个以下。降压速率越快，原油中第一次产生气泡的时间越早，但不同降压速率下第一次气泡生成的压力都位于 1MPa 左右。根据溶解度计算结果，在体系压力降至约 1MPa 时，CO_2 在原油里逐渐达到过饱和状态[34]，CO_2 开始逸出，而降压速率对 CO_2 在原油中的溶解度几乎无影响，因此降压阶段第一次气泡产生压力和发泡程度不随降压速率而变化。

图 10 为达到稳定工作压力 5min 后，发泡特性随降压速率的变化情况。可以看出，在稳定工作压力阶段，随降压速率增加，气泡直径明显增大，且气泡间的聚并衰变行为更频繁，反映出快降压速率下的原油发泡情况更剧烈。降压速率较慢时，降压过程中气液相之间有较长的传质时间，原油里过饱和的 CO_2 可以更充分地逸出至气相空间，从而减弱了稳定工作压力下的发泡现象。因此在进行 CO_2-原油体系的气液分离时，应尽量降低降压速率，以缓解分离器内的发泡情况。

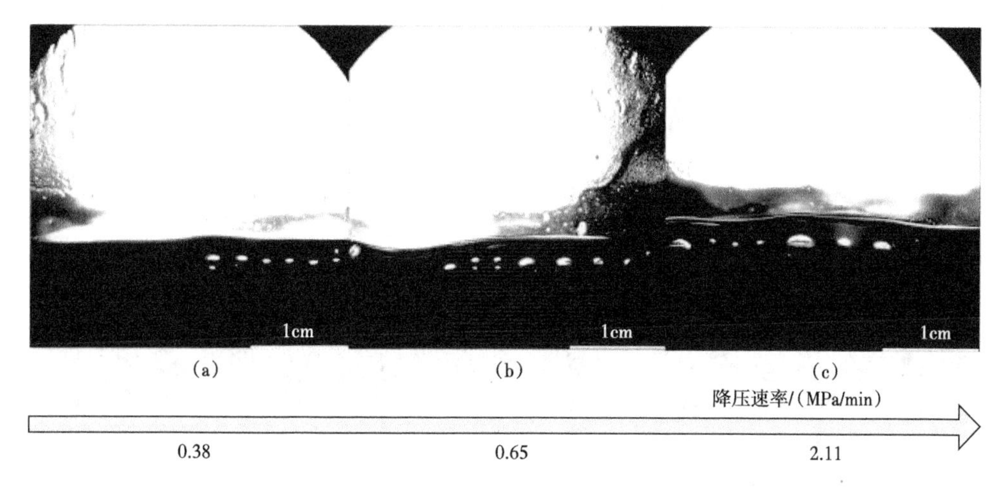

图 10　降压速率对稳定工作压力下发泡的影响

2.5　搅拌速率的影响

为保证分离器的分离效果，需对液位进行监测控制，应尽量减少液面波动。因此在研究搅拌速率的影响时，应满足不对液位造成明显波动的条件。实验中发现，当搅拌器转速小于等于 120r/min 时，液面波动很小，不会影响液位监测。通过改变搅拌器转速分别研究了搅拌速率对降压阶段和稳定工作阶段发泡特性的影响，发现不同阶段下搅拌速率对原油发泡的影响明显不同。

图 11 为搅拌速率对降压阶段发泡的影响，可以看出，随搅拌速率增加，气泡直径及气泡数量增加，发泡情况加剧。在降压过程中，CO_2 的溶解度不断降低，搅拌加速了液相中的对流传质速度，更多溶解于原油中的 CO_2 通过发泡和气泡衰变的方式持续向低压气相空间扩散，造成气泡数量增多；同时剪切力能产生额外的气泡[32]，加速大气泡的破裂，使其变成更小也更稳定的气泡。因此降压过程中的搅拌会严重加剧 CO_2 在原油中的发泡情况。

图 12 为稳定工作压力下开启搅拌 5min 后，不同搅拌速率下的发泡情况。可以发现稳定工作压力下的搅拌作用与降压阶段的搅拌作用相反，随搅拌速率增加，气泡间的聚并及

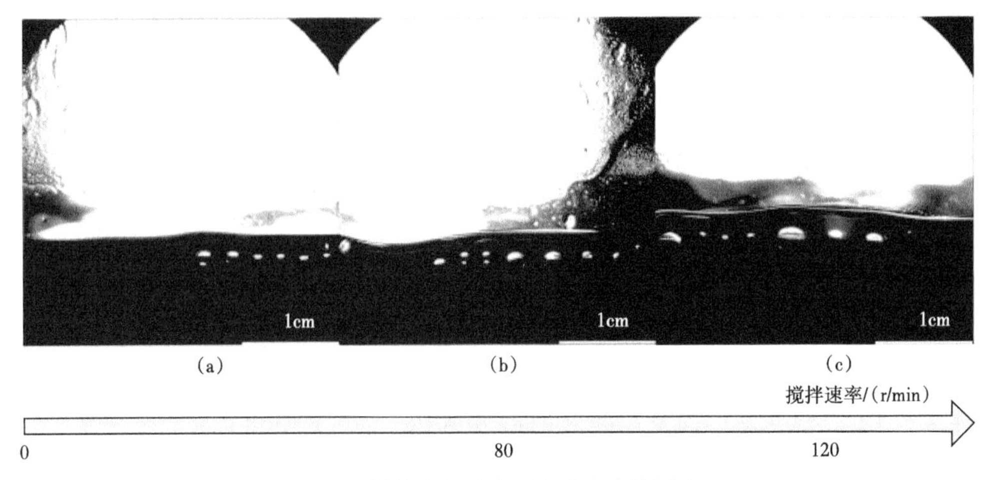

图 11　搅拌速率对降压阶段发泡的影响

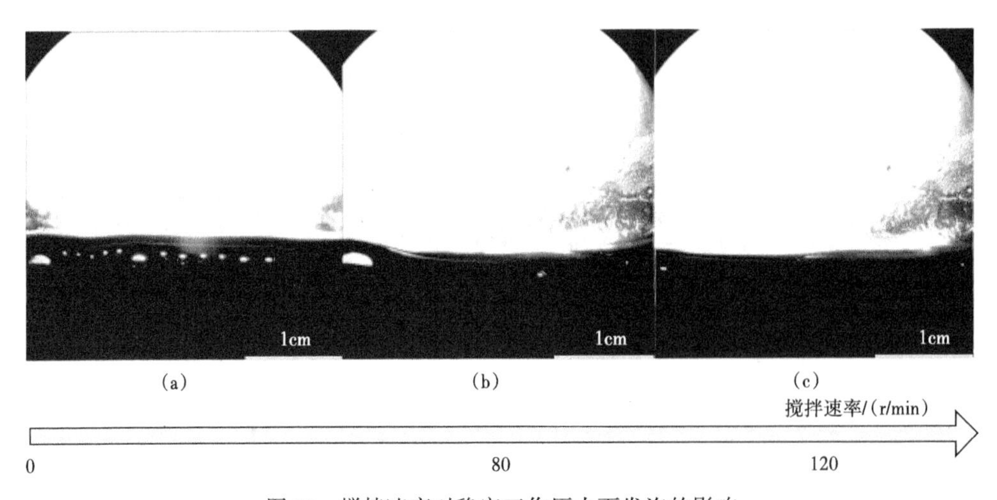

图 12　搅拌速率对稳定工作压力下发泡的影响

衰变速度加快。搅拌对泡沫衰减的影响主要体现在两个方面：增加液膜渗透率系数和增加对流传质速度[35]。在搅拌作用下，相邻气泡间的扩散层厚度减小，同时对于稳定压力下的气体扩散过程，搅拌会使 CO_2 在原油中的扩散系数成数量级增加[26]，因此液膜渗透率系数增大，有利于气泡的聚并与衰变；强制搅拌提高了体系流速，对流传质加快，原油中的高浓度 CO_2 更容易通过对流方式运移至气液界面附近而逸出，加速了 CO_2 在原油中的溶解平衡。因此在进行气液分离时，若满足液位控制条件，可在分离器工作压力下增加搅拌，以加速消泡过程。

3　结论

(1)不同降压阶段的气泡行为不同，随压力降低可将气泡行为总结为气泡产生、气泡单层排列、气泡聚并、气泡衰变和气泡多层堆叠五类，压力越低，稳定存在气泡的直径越大，气泡位置上移，发泡行为越剧烈。

(2)CO_2 泡沫的衰变机理有两个方面，一方面气泡内部分 CO_2 溶于液膜，另一方面 CO_2 泡沫的液膜渗透率系数较大，泡沫内的 CO_2 透过液膜向外扩散。

(3)降压速率增加对降压阶段的发泡行为无明显影响，但会加剧稳定工作压力下原油的发泡行为，因此进行气液分离时应减小降压速率。

(4)在转速小于等于 120r/min 条件下，搅拌速率增加会加剧降压阶段的发泡行为，但会加速稳定工作压力下的泡沫衰变。因此在进行气液分离时，若满足液位控制条件，可在分离器工作压力下增加搅拌，以加速消泡过程。

符号说明

A——液体中的气泡表面积，m^2；

D_w——气体在液膜中间层液相内的扩散系数，cm^2/s；

H——表征气体在液相溶解度大小的 Henry 常数；

h_2——液膜中间层液芯厚度，cm；

K——液膜渗透率系数，cm/s；

k_{ml}——表面活性剂单分子层的渗透率系数，cm/s；

p——体系压力，Pa；

p_A，p_B——Plateau 边界区不同区域的液体压力，Pa；

p_c——临界压力，Pa；

p_i——气泡内部压力，Pa；

p_o——气泡外部液体压力，Pa；

R——气体常数，J/(mol·K)；

R_S——标准工况下的 CO_2 溶解度，m^3/m^3；

r——气泡半径，m；

r_1，r_2——Plateau 边界区某气泡不同位置处的曲率半径，m；

T——体系温度，K；

T_c——临界温度，K；

T_r——相对温度；

V_b——标准工况下的 CO_2 体积，m^3；

V_s——实际工况下的 CO_2 体积，m^3；

V_C——标准工况下注入反应釜的 CO_2 总体积，m^3；

V_C'——标准工况下溶解平衡时的 CO_2 体积，m^3；

V_O——原油体积，m^3；

v——摩尔体积，m^3/mol；

v_b——标准工况下的摩尔体积，m^3/mol；

v_s——实际工况下的摩尔体积，m^3/mol；

Δp——Plateau 边界区不同区域的液体压力差，Pa；

σ——表面张力，N/m；

ω——偏心因子。

参考文献

[1] HASZELDINE R S. Carbon capture and storage: how green can black be? [J]. Science, 2009, 325(5948): 1647-1652.

[2] MEZT B. Climate change 2007: mitigation of climate change: contribution of working group III to the fourth assessment report of the intergovernmental panel on climate change [J]. Computational Geometry, 2007, 18(2): 95-123.

[3] 喻健良, 郭晓璐, 闫兴清, 等. 工业规模 CO_2 管道泄放过程中的压力响应及相态变化 [J]. 化工学报, 2015, 66(11): 4327-4334.

[4] TENG L, LI Y X, ZHAO Q, et al. Decompression characteristics of CO_2 pipelines following rupture [J]. Journal of Natural Gas Science & Engineering, 2016, 36: 213-223.

[5] GU S W, GAO B B, TENG L, et al. Monte carlo simulation of supercritical carbon dioxide adsorption in carbon slit pores [J]. Energy & Fuels, 2017, 31(9): 9717-9724.

[6] AGARWALI A, PARSONS J. Commercial structures for integrated CCS-EOR projects [J]. Energy Procedia, 2011, 4(22): 5786-5793.

[7] TENG L, ZHANG D T, LI Y X, et al. Multiphase mixture model to predict temperature drop in highly choked conditions in CO_2 enhanced oil recovery [J]. Applied Thermal Engineering, 2016, 108: 670-679.

[8] GODEC M, KUUSKRAA V, LEEUWEN T V, et al. CO_2 storage in depleted oil fields: The worldwide potential for carbon dioxide enhanced oil recovery [J]. Energy Procedia, 2011, 4(22): 2162-2169.

[9] GOZALPOUR F, REN S R, TOHIDI B. CO_2 EOR and storage in oil reservoir [J]. Oil & Gas Science & Technology, 2006, 60(3): 537-546.

[10] KOVSCEK A R, CAKICI M D. Geologic storage of carbon dioxide and enhanced oil recovery. II. Cooptimization of storage and recovery [J]. Energy Conversion & Management, 2005, 46(11): 1941-1956.

[11] QIN J, HAN H, LIU X. Application and enlightenment of carbon dioxide flooding in the United States of America [J]. Petroleum Exploration & Development, 2015, 42(2): 232-240.

[12] JOHNSSON F, REINER D, ITAOKA K, et al. Stakeholder attitudes on carbon capture and storage — an international comparison [J]. International Journal of Greenhouse Gas Control, 2010, 4(2): 410-418.

[13] 张德平. CO_2 驱采油技术研究与应用现状 [J]. 科技导报, 2011, 29(13): 75-79.

[14] REN B, REN S, ZHANG L, et al. Monitoring on CO_2 migration in a tight oil reservoir during CCS-EOR in Jilin Oilfield China [J]. Energy, 2016, 98: 108-121.

[15] SONG Z, LI Z, WEI M, et al. Sensitivity analysis of water-alternating-CO_2 flooding for enhanced oil recovery in high water cut oil reservoirs [J]. Computers & Fluids, 2014, 99: 93-103.

[16] MA J, WANG X, GAO R, et al. Jingbian CCS project, China: Second year of injection, measurement, monitoring and verification [J]. Energy Procedia, 2014, 63: 2921-2938.

[17] ZHAO D F, LIAO X W, YIN D D. Evaluation of CO_2 enhanced oil recovery and sequestration potential in low permeability reservoirs, Yanchang Oilfield, China [J]. Journal of the Energy Institute, 2014, 87(4): 306-313.

[18] HUANG F, HUANG H, WANG Y, et al. Assessment of miscibility effect for CO_2 flooding EOR in a low permeability reservoir [J]. Journal of Petroleum Science & Engineering, 2016, 145: 328-335.

[19] 周恒, 邢晓凯, 国旭慧, 等. 原油发泡问题研究进展 [J]. 石油化工高等学校学报, 2018, 31(1): 8-12.

[20] 曲正新. 原油泡沫的危害和消除方法 [J]. 当代化工, 2015, 44(5): 1132-1134.

[21] 程文学, 邢晓凯, 左丽丽, 等. 液体泡沫性能测试方法综述 [J]. 油田化学, 2014, 31(1): 152-

158.
[22] POINDEXTER M K, ZAKI N N, KILPATRICK P K, et al. Factors contributing to petroleum foaming. 1. Crude oil systems [J]. Energy & Fuels, 2002, 16(3): 700-710.
[23] ZAKI N N, POINDEXTER M K, KILPATRICK P K. Factors contributing to petroleum foaming. 2. Synthetic crude oil systems [J]. Energy & Fuels, 2002, 16(3): 711-717.
[24] CALLAGHAN I C. Non-Aqueous Foams: A Study of Crude Oil Foam Stability [M]. Foams: Physics, Chemistry and Structure. Springer London, 1989: 89-104.
[25] 刘德生, 陈小榆, 周承富. 温度对泡沫稳定性的影响 [J]. 钻井液与完井液, 2006, 23(4): 10-12.
[26] 李东东, 侯吉瑞, 赵凤兰, 等. 二氧化碳在原油中的分子扩散系数和溶解度研究 [J]. 油田化学, 2009, 26(4): 405-408.
[27] 吕明明, 王树众. 二氧化碳泡沫稳定性及聚合物对其泡沫性能的影响 [J]. 化工学报, 2014, 65(6): 2219-2224.
[28] 李曼曼. 超临界 CO_2 用于稠油长距离输送的探索性研究 [D]. 青岛: 中国石油大学(华东), 2011.
[29] PENG D Y, ROBINSON D B. A new two-constant equation of state [J]. Industrial & Engineering Chemistry Fundamentals, 1976, 15(1): 59-64.
[30] 唐金库. 泡沫稳定性影响因素及性能评价技术综述 [J]. 舰船防化, 2008, 4: 1-8.
[31] 燕永利. 非水相体系泡沫的形成及其稳定性机理研究进展 [J]. 应用化工, 2016, 45(11): 2135-2138.
[32] 赵国庆. 泡沫表观性能研究及在稠油开采中的应用 [D]. 济南: 山东大学, 2007.
[33] PRINCEN H M, MASON S G. The permeability of soap films to gases [J]. Journal of Colloid Science, 1965, 20(4): 353-375.
[34] 熊钰, 王冲, 王玲, 等. 泡沫油形成过程及其影响因素研究进展 [J]. 世界科技研究与发展, 2016, 38(3): 471-480.
[35] 赵仁保, 敖文君, 肖爱国, 等. CO_2 在原油中的扩散规律及变扩散系数计算方法 [J]. 中国石油大学学报(自然科学版), 2016, 40(3): 136-142.

超临界 CO_2 管道泄漏量计算研究

顾帅威[1,2]　李玉星[1,2]　滕　霖[1,2]
王财林[1,2]　胡其会[1,2]　张大同[1,2]

[1. 中国石油大学(华东)/山东省油气储运安全省级重点实验室；
2. 中国石油天然气股份有限公司油气储运重点实验室]

摘要：超临界 CO_2 管道一旦发生泄漏，会对人的健康和环境造成严重的危害。基于小尺度 CO_2 实验管道(长 14.85m，内径 15mm)开展了超临界 CO_2 管道的泄漏实验。测量了超临界 CO_2 管道泄漏过程中泄漏质量流量的变化规律，分析了泄漏孔径和 N_2 含量对超临界 CO_2 管道泄漏量的影响规律。基于等熵流动原理，建立了可以用于计算泄漏口处泄漏量的等熵泄漏模型。研究表明，等熵泄漏模型能够很好地预测管道的泄漏质量流量，在稳定泄漏阶段，模型计算值与实验测定值几乎一致；泄漏孔径越小，模型计算值与实验测定值之间的偏差也越小；N_2 的存在增大了管道初始泄漏量，而在稳定泄漏阶段，N_2 含量越高，泄漏质量流量越小。

关键词：泄漏；质量流量；超临界二氧化碳；杂质；等熵泄漏

近年来，随着化石燃料的大量燃烧，全球 CO_2 排放量急剧增加，对人类健康和环境造成了严重危害[1]。CO_2 捕集和封存技术(Carbon Capture and Storage，CCS)被认为是缓解全球 CO_2 排放的最有效方式[2-4]，管道输送则是 CCS 技术链中的重要一环[5-7]。为了确保管道运输的经济和高效，CO_2 通常以超临界态进行输送[8-9]。然而目前国内外的 CO_2 管道输送技术并不成熟，管道在运行过程中可能会由于外界的机械损伤、管壁腐蚀、材料缺陷及人为的操作失误等产生破裂，引发泄漏[10]。由于 CO_2 是一种密度大于空气的窒息气体，若 CO_2 浓度过高，则会对高浓度区域内的动植物产生窒息作用[11]。超临界 CO_2 管道的泄漏量决定了泄漏口周围环境的 CO_2 浓度，因而对超临界 CO_2 管道泄漏量的变化规律进行深入研究至关重要[12-13]。

国内外的一些专家学者已经对 CO_2 管道的泄漏量进行了相关研究。Li 等[14-15]搭建了小规模的实验环道(长 23m，规格 ϕ40mm×5mm)，研究了超临界 CO_2 管道的小孔泄漏特性。研究发现超临界 CO_2 管道的泄漏过程可以分为瞬态泄漏和稳定泄漏两个阶段。在瞬态泄漏阶段，超临界 CO_2 管道泄漏量急剧下降，而在稳定泄漏阶段则趋于稳定。Tu 等[16]利用相同的实验环道研究了不同相态 CO_2 管道泄漏的泄漏质量流量，研究发现 CO_2 在超临界状态下比气相 CO_2 的泄漏量大得多。Dixon C 等[17]假设泄漏口处 CO_2 全为液态，基于伯努利方程计算了管道泄漏口处的质量流量，并将计算值与实验测量值进行了比较，结果发现计算值比测量值高 10%左右。Martynov[18]等建立了等熵流动模型，认为管道泄漏口处介质流速的最大值为当地声速，泄漏口处的最大质量流量为压力的函数。目前有关超临界 CO_2 管道泄漏量的实验研究和模型算法数量有限，且主要局限于对纯 CO_2 泄漏量的定性分析。

因此对超临界 CO_2 管道泄漏量还需要进一步地深入研究。

本研究利用自主设计的实验管道装置对超临界 CO_2 管道泄漏质量流量进行了测定和分析。基于等熵泄漏原理，结合 CO_2 气液两相流声速计算模型，建立了适用于计算超临界 CO_2 管道泄漏量的等熵泄漏模型，模型考虑了泄漏口处壅塞流动对泄漏量的影响，并假定管道泄漏口处的质量流量达到最大值时，泄漏口处为壅塞状态。研究了不同泄漏孔径条件下，超临界 CO_2 管道泄漏量的变化规律。此外，考虑了杂质（N_2）对超临界 CO_2 管道泄漏量的影响，为 CO_2 管道泄漏特性研究提供了相关理论依据。

1 实验装置及条件

1.1 实验装置

图 1 为现场实验和装置流程图，该实验装置主要由长 14.85m、规格 ϕ21mm×3mm 的主管道、增压系统、泄放系统和数据采集系统等组成。气源由常规压力为 5MPa，纯度为 99.99%的 CO_2 气瓶提供。气态 CO_2 由制冷机液化并经增压泵增压至缓冲罐。主管道最高

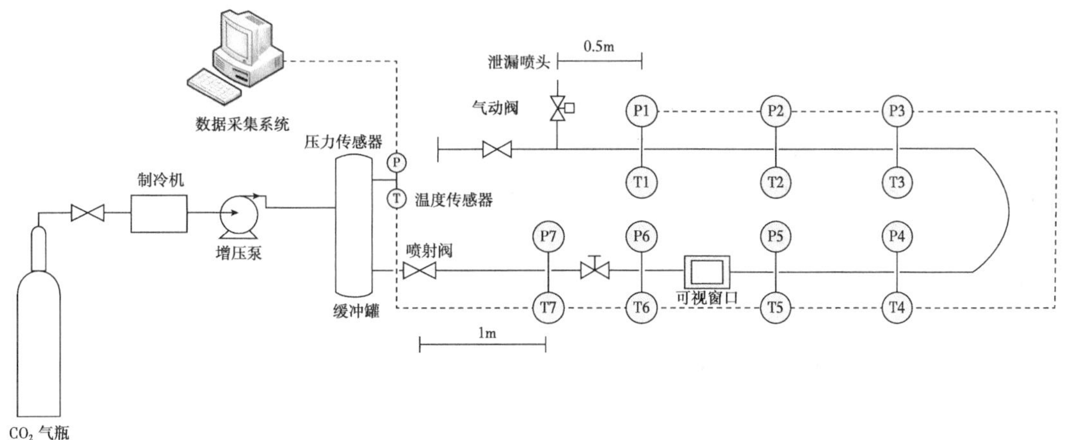

图 1　现场实验及装置流程图

承压为16MPa，外部覆盖有石棉层以确保与外界环境绝热，在石棉层与主管道之间布置有加热功率为0.2kW/m的加热带用于控制管内流体的初始相态。泄放系统主要包括泄漏喷头和气动阀，泄漏喷头的开度由气动阀远程控制，压力控制气体由氮气瓶提供。数据采集系统采用美国NI公司的LabVIEW软件及NIcRIO-9025数据采集卡，压力和温度传感器的测量误差分别为±0.25%和±5%。

1.2 实验方案

实验过程中，在管道上布置了7个压力和温度传感器。其中P1和T1靠近管道泄漏端用于测量泄漏口处介质的温度压力等参数。为了研究泄漏孔径对超临界CO_2管道泄漏量的影响，实验选取了3个不同等效直径的泄漏喷头，分别为1mm、2mm和2.764mm。不同泄漏孔径泄漏的实验工况见表1。此外为了研究杂质对超临界CO_2管道泄漏量的影响，进行了三组含有不同摩尔分数N_2(2%、4%和6%)的超临界CO_2管道泄漏实验，实验初始工况见表2。

表1 纯CO_2实验初始条件

试验	压力/MPa	温度/℃	泄漏孔径/mm	相态
1	8	40	1	超临界
2	8	40	2	超临界
3	8	40	2.764	超临界

表2 含杂质CO_2实验初始条件

试验	压力/MPa	温度/℃	泄漏孔径/mm	N_2摩尔分数/%	相态
1	8	40	1	0	超临界
4	8	40	1	2	超临界
5	8	40	1	4	超临界
6	8	40	1	6	超临界

1.3 实验步骤

整个管道泄漏实验主要为两部分，分别为不同泄漏孔径和含不同摩尔分数N_2的超临界CO_2管道泄漏。进行实验时，首先对管线进行扫气，清除管内的液态水及其他杂质。然后利用制冷机和增压泵将CO_2注入主管道(对于N_2-CO_2泄漏，则先注入N_2)。注气完毕后，关闭入口阀，打开加热带对管内介质进行加热。当管内流体的温度压力达到实验条件时，远程开启气动阀，管线上温度压力传感器同时开始数据采集。当管内压力降至0.1MPa时，实验结束，改变实验工况，进行下一组实验。

2 等熵泄漏质量流量计算模型

超临界CO_2管道发生泄漏时，由于管内初始压力较高，管道泄漏口处流速较大，可认为泄漏口处的流动为等熵流动。在等熵减压过程中，会产生较大的温降，因此可以将管道泄漏口处的质量流量看作是泄漏口处介质温度的函数，泄漏口处介质温度值为使得该函数达到最大值的温度，相应的质量流量则为最大泄漏质量流量。由于管内介质的流速相较于泄漏口处的流速小得多，动能可以忽略不计，因此在进行分析时可以看成是等焓流动。根据能量守恒方程可得

$$H_0+\frac{c_0^2}{2}=H_1+\frac{c_1^2}{2} \tag{1}$$

由式(1)可得

$$c_1=\sqrt{2\ (H_0-H_1)} \tag{2}$$

2.1 声速计算模型

在超临界 CO_2 管道泄漏过程中，管道泄漏口处会形成气液两相的阻塞流动，管道泄漏口处的介质流速不超过其当地声速[20]，管内介质的声速计算公式由式(3)确定。

$$a=\left[\left(\frac{\partial p}{\partial \rho}\right)_s\right]^{1/2} \tag{3}$$

当泄漏口介质进入气液两相区时，若管内压力处于平衡状态，则气液混合相的声速由式(4)确定。

$$\frac{1}{a_1^2}=\rho^2\left(\frac{x_g}{\rho_g^2 a_g^2}+\frac{1-x_g}{\rho_1^2 a_1^2}\right) \tag{4}$$

当气液两相的压力和温度都处于平衡时，管内 CO_2 混合相的声速由式(5)确定。

$$\frac{1}{a_2^2}=\frac{1}{a_1^2}+\frac{\rho}{T}\frac{C_{p,g}C_{p,1}(\xi_1-\xi_g)^2}{C_{p,g}+C_{p,1}} \tag{5}$$

ξ_1，ξ_g，$C_{p,g}$, $C_{p,1}$分别由式(6)至式(9)确定。

$$\xi_1=\left(\frac{\partial T}{\partial p}\right)_{sl} \tag{6}$$

$$\xi_g=\left(\frac{\partial T}{\partial p}\right)_{sg} \tag{7}$$

$$C_{p,g}=\rho_g x_g T\left(\frac{\partial s}{\partial T}\right)_g \tag{8}$$

$$C_{p,1}=\rho_1 x_1 T\left(\frac{\partial s}{\partial T}\right)_1 \tag{9}$$

本模型假定 CO_2 进入气液两相区时，其温度压力都处于平衡态，因此用 a_2 来表示气液两相的混合声速。

管道泄漏口处的质量流量可以由下式计算：

$$Q=\rho A u_c \tag{10}$$

2.2 模型计算方法

采用 Matlab 语言自行编制了相应的计算程序，模型计算框图如图 2 所示。由于 CO_2 具有极强的焦耳—汤姆逊效应，在管道泄漏口处会产生较大的节流温降[7]，因而在计算过程中，以管道泄漏之后每一时刻的温度 T_0 为管内介质的滞止温度，每下降 ΔT（$T_{i+1}=T_i-\Delta T$，ΔT 取 0.02K），对压力进行试算，直到前后两个温度对应的熵值相等，输出压力值 p_2。根据每一次输出的温度值 T_2 和压力值 p_2 计算泄漏口处的质量流量，直至泄漏质量流量达到最大值时，输出相应的质量流量并进入下一次循环。当管内介质压力降至 0.1MPa 时，程序终止。

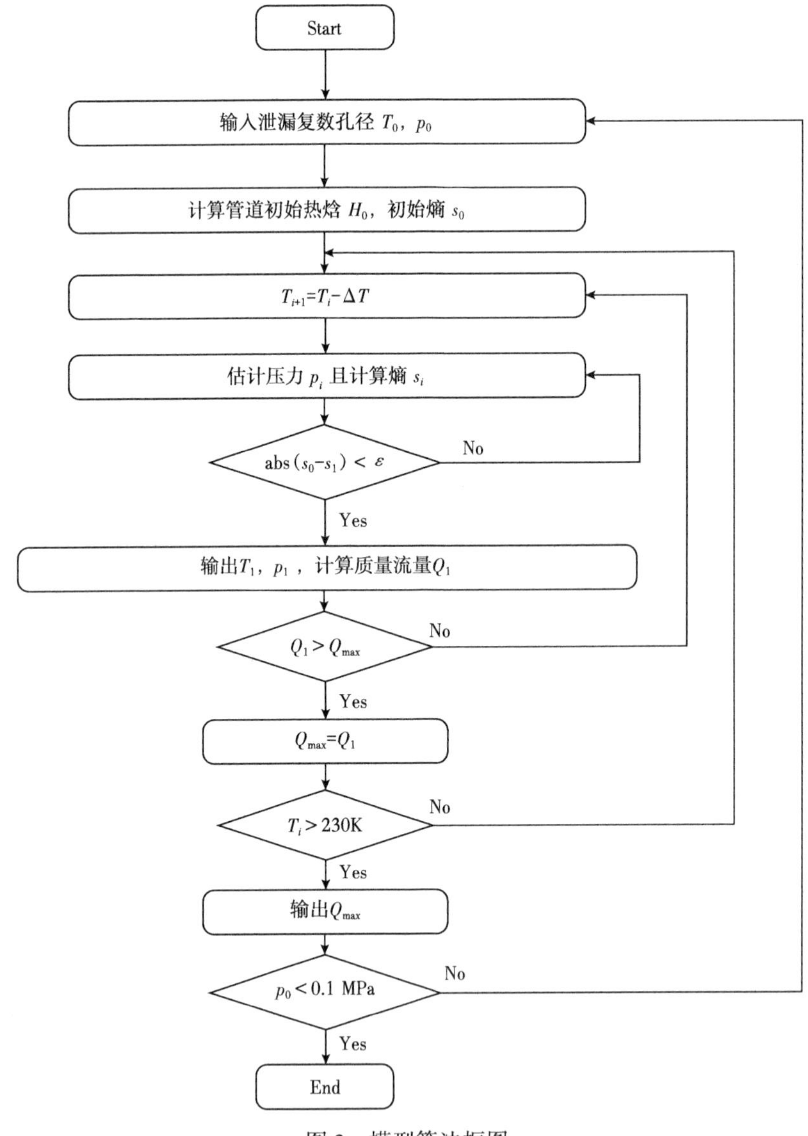

图 2　模型算法框图

p_0：管道初始压力；T_0：管道初始温度；H_0：管道初始热焓；s_0：管道初始熵；p_i：等熵过程中压力；T_{i+1}：等熵过程中温度；Q_{max}：每一步计算时的最大质量流量；ΔT：温度降；ε：绝对误差

3 结果与讨论

3.1 超临界 CO_2 泄漏质量流量

根据管道泄漏前后两个时刻下管内介质的质量差便可得到管道泄漏的质量流量。可以表示为

$$m_t = (\rho_{t+1} - \rho_t) \cdot V \tag{11}$$

图 3 给出了不同泄漏孔径下超临界 CO_2 管道泄漏质量流量的实验测定值和模型计算值。从图中可以看出，等熵泄漏模型的计算值与实验测定值在整体上吻合较好。在管道泄漏口处，由于管内压力与环境压力之间的不连续性形成强节流效应，使得整个管道泄漏过程可以分为瞬态泄漏阶段和稳定泄漏阶段[22]。在瞬态泄漏阶段，等熵泄漏模型计算所得的泄漏质量流量值低于实验测定值，泄漏孔径越小，计算值与实验测定值之间的偏差也越小。随着管道泄漏进入稳定泄漏阶段，模型计算值与实验测定值之间的偏差不断减小，在泄漏开始约 8s 之后可以认为实验测定值与模型计算值几乎一致。

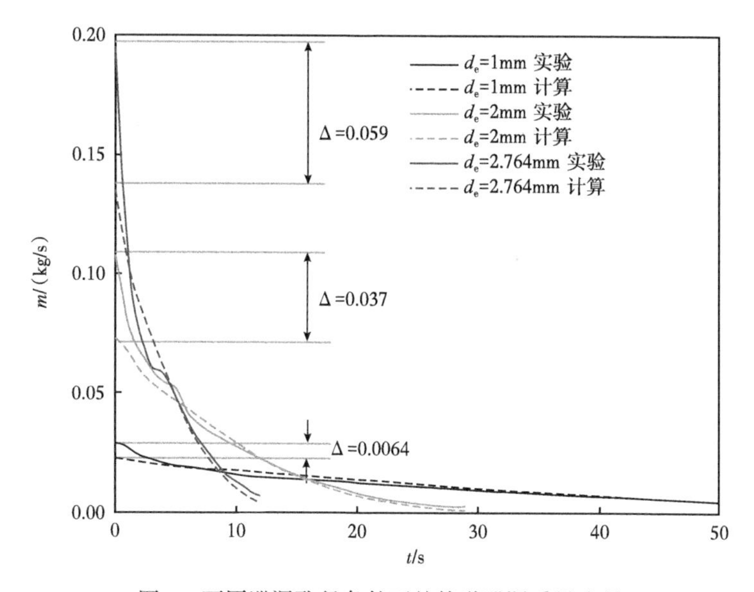

图 3 不同泄漏孔径条件下的管道泄漏质量流量

3.2 含杂质 CO_2 泄漏质量流量

CO_2 烟气中通常会混有 N_2，CH_4 和 O_2 等杂质[23]，少量杂质的存在将会对管内介质的热物性参数产生巨大影响，因此在研究过程中必须考虑相关杂质对超临界 CO_2 管道泄漏量的影响。实验中在管道内混入了不同摩尔分数的 N_2（2%、4%和 6%），测定了不同实验条件下管内介质的温度压力及泄漏质量流量的变化，并与纯 CO_2 管道的泄漏特性进行了对比。

图 4 给出了含有不同摩尔分数 N_2 的 CO_2 相包线，N_2 的混入使得 CO_2 的临界值以及泡点都相应的增大，而对露点的影响较小。N_2 含量越高，对 CO_2 临界点以及泡点的影响更

大。图 5 给出了含有不同摩尔分数 N_2 的超临界 CO_2 管道泄漏过程中的温度压力变化。管道泄漏孔径均为 1mm，A 表示四次实验的初始状态。从图中可以看出，管道泄漏开始后，介质压力迅速降至临界点 p_c（7.38MPa），而管内温度仍高于临界温度 T_c（304K），且在泄漏过程中，管内介质的温度压力曲线始终处于纯 CO_2 饱和线的右方（N_2 的混入使得 CO_2 的相包线整体上移，因此只给出了纯 CO_2 的饱和线），这说明在含 N_2 超临界 CO_2 管道泄漏过程中，管内介质相态直接从超临界态转变为气态，管内未出现超临界—气两相流动。

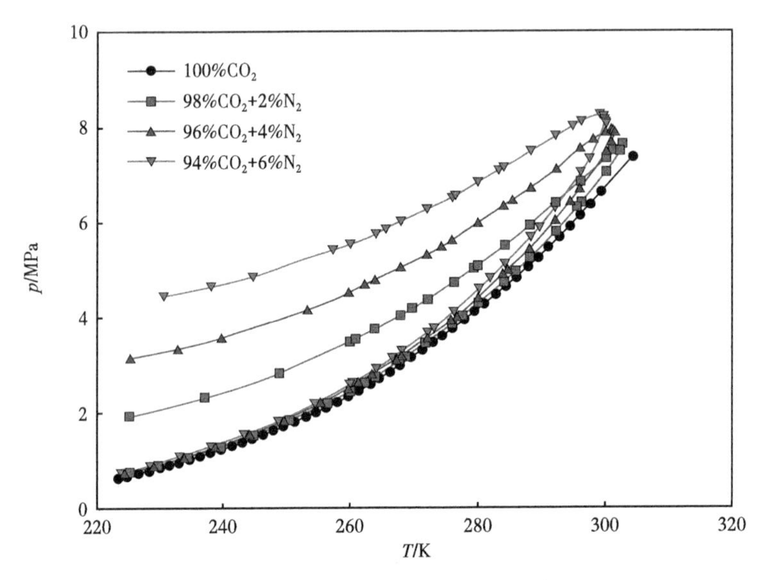

图 4　含杂质 CO_2 混合物的相包线

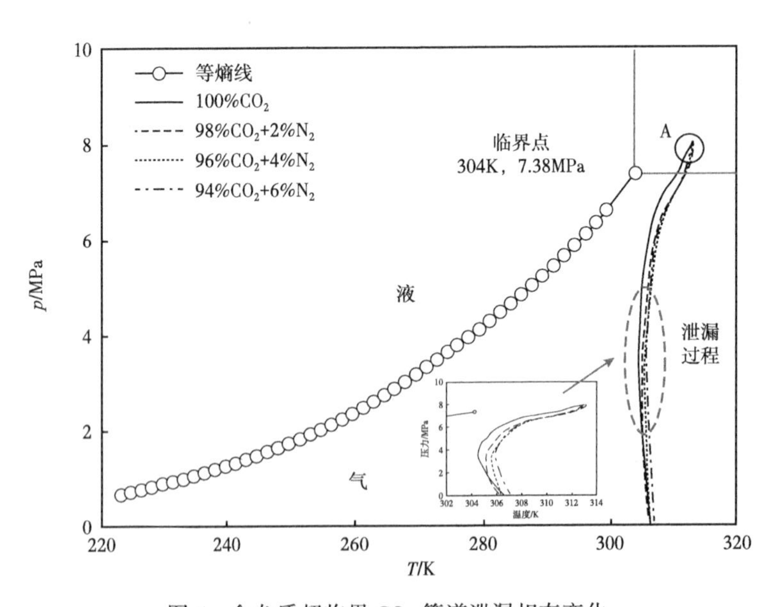

图 5　含杂质超临界 CO_2 管道泄漏相态变化

图 6 给出了含 N_2 超临界 CO_2 管道泄漏质量流量变化曲线。从图中可以看出，在管道泄漏的初始阶段（泄漏开始 10s 内），管内介质仍然为超临界态，N_2 的存在增大了管道泄漏的初始质量流量，且 N_2 含量越高，初始质量流量越大（从 0.028kg/s 增大至 0.078kg/s）。

这主要是因为 N_2 的存在降低了超临界 CO_2 的密度，减弱了其在管道泄漏口处的堵塞效应。随着泄漏过程的进行，N_2 含量对泄漏质量流量的影响逐渐减小。当管内介质由超临界态转变为气态时，N_2 的存在反而减小了管道的泄漏质量流量，且 N_2 含量越高，管道泄漏质量流量更小，但总体来说 N_2 的存在对气相区 CO_2 泄漏质量流量的影响可以忽略不计。

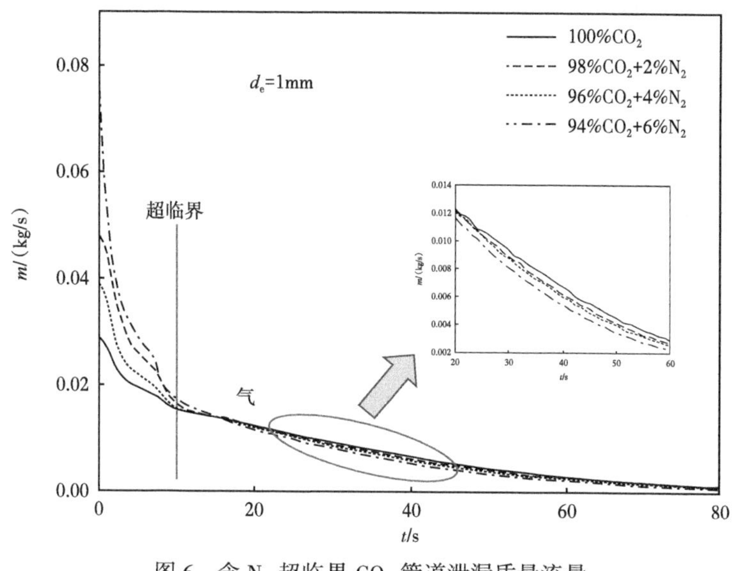

图 6　含 N_2 超临界 CO_2 管道泄漏质量流量

4　结论

目前，超临界 CO_2 管道输送的安全保障仍然是一个巨大挑战，为了保证管道安全运行，利用自主设计的 CO_2 管道泄漏实验装置对超临界 CO_2 管道的泄漏量进行了测定和分析，并建立了可用于计算 CO_2 管道泄漏量的等熵泄漏模型，得到了以下结论。

(1)等熵泄漏模型能够很好地预测超临界 CO_2 管道的泄漏质量流量，泄漏孔径越小，模型计算值与实验测定值的偏差越小。

(2)含 N_2 超临界 CO_2 管道泄漏过程中，管内介质直接由超临界相转变为气相。N_2 含量越高，初始泄漏质量流量越大。

符号说明

A——泄漏口面积，m^2；

a——管内介质的声速，m/s；

a_1——管内压力平衡时气液两相声速，m/s；

a_2——管内压力温度平衡时气液两相声速，m/s；

C_p——广义比热容，$J/(m^3 \cdot K)$；

c_0——管内介质流速，m/s；

c_1——泄漏口介质流速，m/s；

H_0——管内介质初始焓值，J/kg；

H_1——管道泄漏口处介质焓值，J/kg；

Q——管道泄漏质量流量，kg/s；
p——泄漏口处介质压力，MPa；
p_c——临界压力，MPa；
s——管道泄漏口处介质熵值，J/(kg·K)；
T——管道泄漏口处介质温度，K；
T_c——临界温度，K；
t——泄漏时间，s；
u_c——泄漏速度，m/s；
V——管道容积，m^3；
x——质量分数；
ρ——泄漏口处介质密度，kg/m^3；
ρ_c——泄漏口处介质密度，kg/m^3；
ξ——温度对压力的偏导数；
下角标
g——气相；
l——液相。

参考文献

[1] MUNKEJORD S T, HAMMER M, LØVSETH S W. CO_2 transport: Data and models - A review [J]. Applied Energy, 2016, 169: 499-523.

[2] TENG Lin, LI Yuxing, HU Qihui, et al. Experimental study of near-field structure and thermo-hydraulics of supercritical CO_2 releases [J]. Energy, 2018, 157: 806-814.

[3] GU Shuaiwei, GAO Beibei, TENG Lin, et al. Monte Carlo simulation of supercritical carbon dioxide adsorption in carbon slit pores [J]. Energy & Fuels, 2017, 31(9): 9717-9724.

[4] 喻健良，郑阳光，闫兴清，等. 工业规模 CO_2 管道大孔泄漏过程中的射流膨胀及扩散规律 [J]. 化工学报，2017，68(6)：2298-2305.

[5] WAREING C J, FAIRWEATHE M, FALLE S A E G, et al. Validation of a model of gas and dense phase CO_2 jet releases for carbon capture and storage application [J]. International Journal of Greenhouse Gas Control, 2014, 20: 254-271.

[6] 张大同，滕霖，李玉星，等. 管输 CO_2 焦耳-汤姆逊系数计算方法 [J]. 油气储运，2018(1)：35-39.

[7] TENG Lin, ZHANG Datong, LI Yuxing, et al. Multiphase mixture model to predict temperature drop in highly choked conditions in CO_2 enhanced oil recovery [J]. Applied Thermal Engineering, 2016, 108: 670-679.

[8] BUMBP, DESIDERI U, QUATTROCCHI F, et al. Cost Optimized CO_2 Pipeline Transportation Grid: A case Study from Italian Industries [J]. World Academy of Science Engineering & Technology, 2011, (58): 138-145.

[9] 赵青，李玉星，李顺丽. 超临界二氧化碳管道杂质对节流温降的影响 [J]. 石油学报，2016，37(1)：111-116.

[10] MAHGEREFTEH H, BROWN S, DENTON G. Modelling the impact of stream impurities on ductile fractures in CO_2 pipelines [J]. Chemical Engineering Science, 2012, 74(22): 200-210.

[11] ZHAO Qing, LI Yuxing. The influence of impurities on the transportation safety of an anthropogenic CO_2 pipeline [J]. Process Safety & Environmental Protection, 2014, 92(1): 80-92.

[12] KOEIJER G D, BORCH J H, DRESCHER M, et al. CO_2 transport-Depressurization, heat transfer and impurities [J]. Energy Procedia, 2011, 4(22): 3008-3015.

[13] KOORNEEF J, SPRUIJT M, MOLAG M, et al. Uncertainties in risk assessment of CO_2 pipelines [J]. Energy Procedia, 2009, 1(1): 1587-1594.

[14] LI Kang, ZHOU Xuejin, TU Ran, et al. The flow and heat transfer characteristics of supercritical CO_2 leakage from a pipeline [J]. Energy, 2014, 71(21): 665-672.

[15] LI Kang, ZHOU Xuejin, TU Ran, et al. An experimental investigation of supercritical CO_2 accidental release from a pressurized pipeline [J]. Journal of Supercritical Fluids, 2016, 107: 298-306.

[16] TU Ran, XIE Qiyuan, YI Jianxin, et al. An experimental study on the leakage process of high pressure CO_2 from a pipeline transport system [J]. Greenhouse Gases Science & Technology, 2015, 4(6): 777-784.

[17] DIXON C, GANT S, OBIORAH C, et al. Validation of dispersion models for high pressure carbon dioxide releases. IchemE Symposium Series, 2012, 21: 153-163

[18] MARTYNOV S, BROWN S, MAHGEREFTEH H, et al. Modelling choked flow for CO_2 from the dense phase to below the triple point [J]. International Journal of Greenhouse Gas Control, 2013, 19(21): 552-558.

[19] MONTIEL H, VÍLCHEZ J A, CASAL J, et al. Mathematical modelling of accidental gas releases [J]. Journal of Hazardous Materials, 1998, 59(2-3): 211-233.

[20] AURSAND E, AURSAND P, HAMMER M, et al. The influence of CO_2, mixture composition and equations of state on simulations of transient pipeline decompression [J]. International Journal of Greenhouse Gas Control, 2016, 54: 599-609.

[21] LI Zhuoran, JIA Wenlong, LI Changjun. An improved PR equation of state for CO_2-containing gas compressibility factor calculation [J]. Journal of Natural Gas Science & Engineering, 2016, 36: 586-596.

[22] XIE Qiyuan, TU Ran, JIANG Xi, et al. The leakage behavior of supercritical CO_2 flow in an experimental pipeline system [J]. Applied Energy, 2014, 130(5): 574-580.

[23] BOTROS K K, GEERLIGS J, ROTHWELL B, et al. Effects of Argon as the primary impurity in anthropogenic carbon dioxide mixtures on the decompression wave speed [J]. Canadian Journal of Chemical Engineering, 2016, 95(3): 440-448.

含杂质气态 CO_2 管道减压波传播特性

顾帅威　滕　霖　李玉星　胡其会　张大同　叶　晓　王财林

[中国石油大学(华东)/山东省油气储运安全省级重点实验室]

摘要：CO_2 管道运行过程中一旦发生断裂，将会造成严重的事故。为预测管材的止裂韧性，优化管道设计和运行参数，需对 CO_2 管道减压波传播特性进行准确预测。管道断裂过程中管内 CO_2 一旦发生相变进入气液两相区，其减压特性将会发生很大变化。针对我国现有的气态 CO_2 管道，结合气液两相流声速计算模型，基于 PR 方程，建立了气态 CO_2 管道减压波的预测模型，并开发了相应的计算程序。分析了不同杂质及其含量，管道断裂初始温度和压力等因素对气态 CO_2 管道减压特性的影响。结果表明：杂质的混入使得气态 CO_2 减压波曲线上的压力平台降低；气态 CO_2 管内 CH_4 含量越高，起始温度越高，起始压力越低，管道断裂扩展的风险越小。研究表明，该模型可用于预测气态 CO_2 减压波的传播特性，为管材选择、气质要求提供理论参考。

关键词：管道断裂；二氧化碳；减压波；杂质；相变

近年来，大量化石燃料的燃烧，加剧了全球的温室效应。CO_2 捕集和封存技术(CCS)被认为是缓解全球 CO_2 排放的最有效方式[1-2]，管道输送则是 CCS 技术链中的重要一环[3]。由于 CO_2 具有极强的焦耳—汤姆逊效应[4]，在运行过程中，管道容易发生脆性断裂。高压输送 CO_2 管线一旦发生断裂，往往会引发不堪设想的重大事故。CO_2 管线开裂后，在管道开裂处会向两端传播一个减压波，管内介质减压波的传播速度和管道裂纹的扩展速度决定了管道裂纹的止裂还是持续扩展[5]。若管内介质的减压波速度大于裂纹扩展速度，裂纹尖端的应力迅速减小，从而使裂纹扩展的速度大大降低，直至止裂。反之，如果管内介质的减压波速度小于裂纹扩展速度，则裂纹将会持续高速扩展。因此对管内 CO_2 减压波传播特性的研究具有重要意义。

国内外的一些学者已经对 CO_2 管道断裂后的减压特性进行了研究。Jie[6]建立了 CFD-DECOM 减压波预测模型，计算了密相 CO_2 及其混合物的减压波波速，分析了状态方程及管壁粗糙度等因素对减压波波速的影响，探讨了杂质种类及其含量对不同相态 CO_2 减压波的影响规律。Elshahomi[7]采用 ANSYS Fluent 软件建立了可以计算超临界态及液态 CO_2 混合物减压波波速的预测模型，分析了杂质种类和初始温度对减压波波速的影响。Teng[8]采用特征线法预测了不同相态 CO_2 的减压波传播特性，并提出了用弹性系数 K 来表征减压波波速的方法。Batro[9]基于 PR 方程和 GERG—2008 两个不同的状态方程，计算了以氩气为主要杂质的 CO_2 混合物的减压特性并与实验值进行对比，发现后者具有较高的精度。由于高压管道断裂的危害较大，国内外对 CO_2 管道断裂后减压特性的研究大多是基于超临界态或密相，而世界上绝大多数的超临界态 CO_2 管道都修建于美国。我国目前所存的 CO_2 管道多为油气田集输管道，大多采用气体输送。此外，我国的 CCS 技术仍处于发展阶段，有关

气态 CO_2 管道的相关研究较少。目前我国的 CO_2 管道虽然少于其他国家，但是其未来增加的趋势是可见的，因而对气态 CO_2 管道发生断裂之后的减压波预测至关重要。

杂质的存在会不同程度地影响管内 CO_2 的相特性。在管道断裂过程中，管内所混有的杂质使得管内的气态 CO_2 容易发生相变，进入气液两相区，导致其减压特性发生巨大变化。本文针对我国现有的气态 CO_2 管道，基于 PR 方程，开发了相应的程序，建立了适用于含杂质气态 CO_2 管道的减压波预测模型，综合分析了杂质及管道断裂初始条件对气态 CO_2 减压波传播特性的影响规律，并提出了合理化的建议。

1 减压波模型建立

管道在运行过程中可能会由于冲刷、腐蚀等因素产生破裂，从而在运行过程中受到外部干扰发生断裂。为了研究 CO_2 管道发生断裂后的减压波传播特性，需要建立相应的物理模型。国内外已经有一些预测减压波的相关模型，主要有 GASEDECOM[10]，DECOM[11]，PipeTech[12]等模型，这些模型大多都用于预测密相及超临界态 CO_2 的减压波传播特性，而对于 CO_2 从气相到气液两相流的减压波波速研究较少。为此，在国内外的研究基础上，本文建立了一个新的减压波预测模型，该模型考虑了相态变化对含杂质气态 CO_2 管道减压波传播的影响。图 1 给出了管道的断裂模型，当管道发生断裂时，管道断裂后的减压波前沿速度不依赖于裂纹的开裂速度[5]且整个泄放过程近似为等熵流动，因此对该模型做出以下假设：

(1)管内 CO_2 为一维等熵流动，与管径无关；

(2)管道为水平管道，不考虑高差；

(3)管内流体处于热力学完全平衡状态；

(4)气液相之间不存在滑移；

(5)绝热流动，不计传热和摩擦的影响。

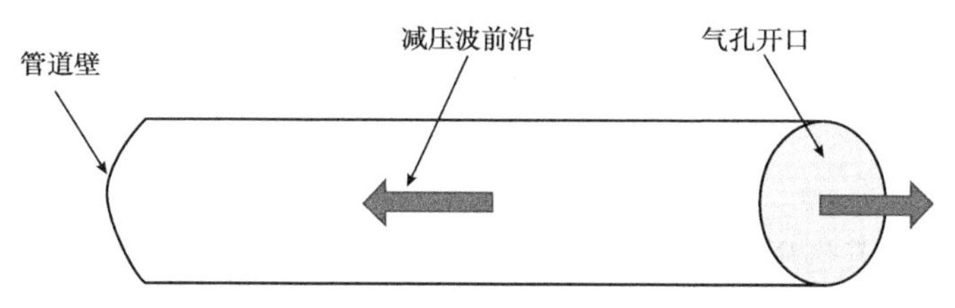

图 1 管道破裂物理模型

1.1 相态计算模型

管道断裂过程可以近似为等熵降压的过程。降压过程中，管内介质发生相变，进入气液两相区，此时可以将管内的流动近似为均相流[13]，气液相共存时的压力同管内介质的饱和压力相同。气液两相混合物的焓(h)、熵(s)及比体积(v)分别由下式给出：

$$v = x_g v_g + (1 - x_g) v_l \tag{1}$$

$$h = x_g h_g + (1 - x_g) h_l \tag{2}$$

$$s = x_g s_g + (1 - x_g) s_l \tag{3}$$

其中，x_g 为气相质量分数，下标 g 表示气态，l 表示液态。

为了准确预测 CO_2 管道断裂之后的减压波传播速度，必须准确计算管内 CO_2 及其混合物的热物性。迄今为止，还没有一个特定的状态方程被推荐用于计算 CO_2 混合物的相关物性，但是对 CO_2 气液相平衡、声速和密度预测的准确性可以用来评估各状态方程的适用性[14-17]。目前常用于计算减压波的状态方程有 BWRS[18]、GERG－2008[7]、PR[19] 和 SRK[20] 状态方程。Liu[21] 的研究表明 PR 方程能够准确预测等熵过程中 CO_2 的相关特性，并且满足工程应用的需求。

PR 状态方程为：

$$p=\frac{RT}{v-b}-\frac{a(T)}{v(v+b)+b(v-b)} \tag{4}$$

其中

$$a(T)=\sigma(T)a_c \tag{5}$$

$$a_c=0.45724\frac{(R/M)^2T_c^2}{p_c} \tag{6}$$

$$\alpha(T)=\left[1+k\left(1-\sqrt{\frac{T}{T_c}}\right)\right]^2 \tag{7}$$

$$b=0.0778\frac{\left(\frac{R}{M}\right)T_c}{p_c} \tag{8}$$

$$k=0.37464+1.54226w-0.26992w^2 \tag{9}$$

对于管输 CO_2 中混有的杂质，状态方程通常采用经典的 Vandle Waals[22] 单流体混合规则进行计算：

$$a_m=\sum_i\sum_j x_ix_ja_{ij} \tag{10}$$

$$b_m=\sum_i\sum_j x_ix_jb_{ij} \tag{11}$$

混合规则中的交互作用参数的组合规则如下：

$$a_{ij}=\sqrt{a_ia_j}(1-k_{ij}) \tag{12}$$

$$b_{ij}=(b_i+b_j)/2 \tag{13}$$

1.2 声速计算模型

在等熵降压的初始阶段，CO_2 仍为气态，此时声速是温度 T 的函数，可由下式确定：

$$a=\left[\left(\frac{\partial p}{\partial \rho}\right)_s\right]^{1/2} \tag{14}$$

当管内 CO_2 发生相变，进入气液两相区时，若管内压力处于平衡状态，则气液混合相的声速由下式确定：

$$\frac{1}{a_1^2} = \rho^2 \left(\frac{x_g}{\rho_g^2 a_g^2} + \frac{1 - x_g}{\rho_l^2 a_l^2} \right) \tag{15}$$

其中，a_g 和 a_l 分别是气相和液相的绝热声速，a_1 是压力平衡时气液相的混合声速。当气液两相的压力和温度都处于平衡时，管内 CO_2 混合相的声速由下式确定：

$$\frac{1}{a_2^2} = \frac{1}{a_1^2} + \frac{\rho}{T} \frac{C_{p,g} C_{p,l} (\xi_l - \xi_g)^2}{C_{p,g} + C_{p,l}} \tag{16}$$

其中，$k \in \{g, l\}$，ξ_k 和 $C_{p,k}$分别由下式确定：

$$\xi_k = \left(\frac{\partial T}{\partial p} \right)_{sk} \tag{17}$$

$$C_{p,k} = p_k x_k C_k \tag{18}$$

$$C_k = T \left(\frac{\partial s}{\partial T} \right) \tag{19}$$

本模型假定 CO_2 进入气液两相区时，温度压力都处于平衡态，因而以 a_2 来表示气液两相的混合声速。

1.3 减压波波速定义

减压波曲线是管道设计的重要参数之一，反映了管内介质压力与减压波波速之间的关系，减压波的波速的大小通常由下式确定：

$$W = a - U \tag{20}$$

其中 W 是减压波波速，a 和 U 分别是管内介质的局部声速和流速。

管道发生断裂之后，管内 CO_2 立即从开裂处流向大气，在管道断裂处速度达到最大，而减压波前沿的流速为 0。管道断裂处的出流速度由下式给出：

$$U = - \left[\int_{p_i}^{p} \frac{a \mathrm{d}\rho}{\rho} \right]_s \tag{21}$$

其中 p 是管内介质的初始压力，p_i 是等熵过程中的介质压力，a 是管内介质的当地声速，ρ 是介质密度。式(21)需要进行积分求解，为简化计算过程，可以将其改写成微分形式：

$$\mathrm{d}U = \frac{\mathrm{d}p}{a_i \rho_i} \tag{22}$$

为了对该微分方程进行离散，式(22)可以写成：

$$\Delta U = \frac{\Delta p}{a_i \rho_i} \tag{23}$$

式中：$\Delta p = p_{i-1} - p_i$，对于每一个温度梯度，管道断裂处的出流速度可以由下式确定：

$$U_i = U_{i-1} + \frac{p_{i-1} - p_i}{a_i \rho_i} \tag{24}$$

1.4 模型计算方法

采用 Matlab 语言自行编制了相应的程序，模型计算程序框图如图 2 所示。由于 CO_2 具有极强的焦耳—汤姆逊效应，在等熵降压过程中会产生较大的温降[4]，因而在计算过程中，以管道断裂的初始温度（T_1）为基准，每下降 ΔT（$T_{i+1}=T_i-\Delta T$，这里 ΔT 取 1K），对压力进行试算，直到前后两个温度对应的熵值相等，输出压力值 p_2。根据每一次输出的温度和压力判断 CO_2 混合物的相态，选择不同的模型计算相应的声速及密度。再结合管内介质的出流速度计算公式，计算相应温度压力条件下的减压波传播波速。当计算所得的减压波波速小于零时，程序终止。

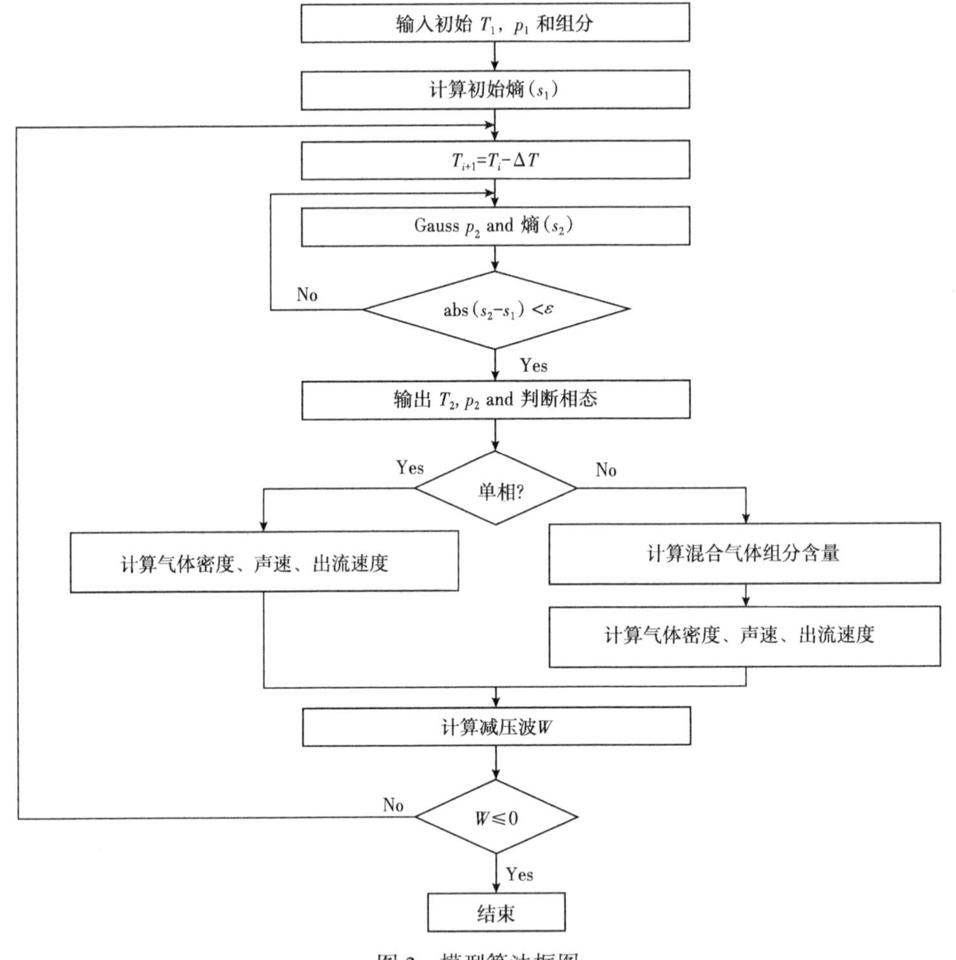

图 2 模型算法框图

2 结果与讨论

2.1 模型验证

为了验证减压波预测模型的正确性，编写了相应的计算程序，并将程序的计算结果与 Elshahomi 的实验数据[7]进行对比。图 3 给出了计算结果与实验数据所得的减压波曲线对比图，管道发生断裂的初始压力为28.568MPa，温度为313.65K。由图3可知，程序的计算结果与实验数据趋势一致，且吻合度较高，在气液两相区处均出现了平台。但是在进入气液两相区之前，由于PR方程对声速的预测低于实验值[6]导致计算所得的减压波波速小于相应的实验数据，但是其递减的趋势与实验数据一致。

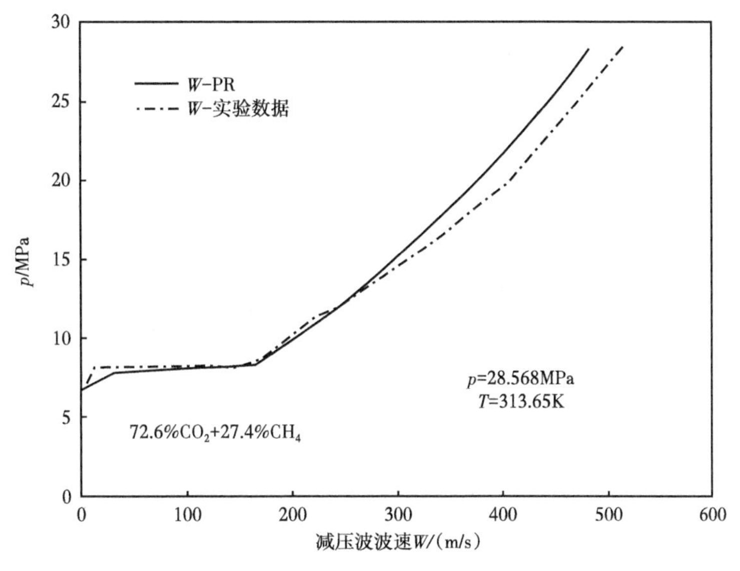

图3　含杂质 CO_2 管道减压波曲线对比图

通过以上分析可知，PR方程对高压 CO_2 减压波速的预测值低于实验值，而在低压下能够准确预测 CO_2 的减压波传播特性。因而，本程序可以用于气态 CO_2 管道断裂过程中减压波的传播特性研究。

2.2　杂质对减压波波速的影响

CO_2 烟气中通常会混有 N_2，CH_4 和 O_2 等杂质[9]，在计算过程中必须考虑相关杂质对 CO_2 减压波曲线的影响。表1给出了4种含有不同组分的 CO_2 混合物以及管道破裂时的初始温度和压力，管内 CO_2 初始状态都为气态。

表1　含杂质 CO_2 的初始状态

组分	质量摩尔分数/%				压力/MPa	温度/K
	CO_2	CH_4	N_2	O_2		
气质1	100	0	0	0	3.79	278.45
气质2	96	4	0	0	3.79	278.45
气质3	96	0	4	0	3.79	278.45
气质4	96	0	0	4	3.79	278.45

图4给出了含有不同杂质 CO_2 混合物的相包络线。从图中可知，杂质的混入使得 CO_2 的临界值以及泡点都相应的增大，而对露点的影响较小。同 CH_4 相比，N_2 和 O_2 对 CO_2 临界点以及泡点的影响更大。图5给出了相同初始条件下不同气质组分的减压波曲线图。由

图可知，杂质的混入增大了管内气态 CO_2 的初始减压波波速，且使得两相区处的压力平台变短。这是由于杂质的存在改变了 CO_2 的热物性，增大了管内气态 CO_2 的初始声速，降低了 CO_2 混合物在两相区处的声速突变幅度（图 6）。此外，由图 5 可知，当气态 CO_2 中混入 CH_4、N_2 和 O_2 等杂质时，其减压平台将会大幅度的降低，由双曲线模型可知[23-24]减压波曲线越低，越不容易与管道的断裂曲线交叉。因而少量 CH_4、N_2 和 O_2 等杂质的混入使得气态 CO_2 管道的减压波曲线整体下移，降低了管道断裂的风险，更有利于 CO_2 管道发生断裂之后的止裂。

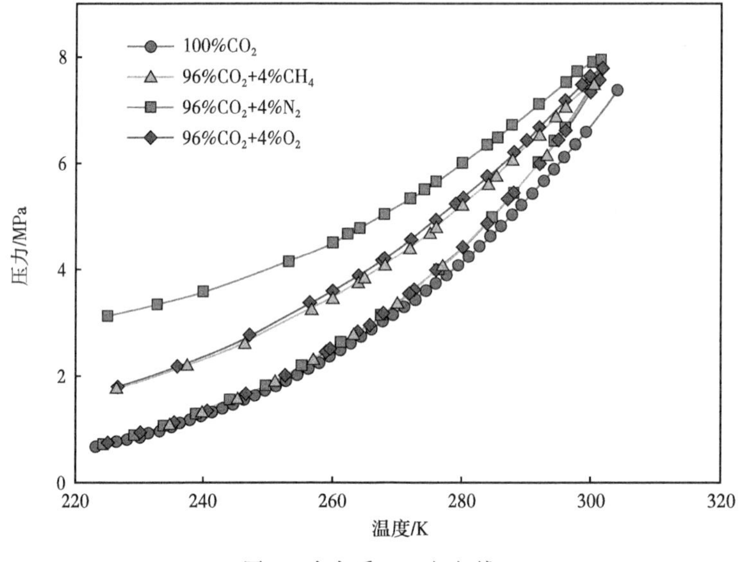

图 4　含杂质 CO_2 相包线

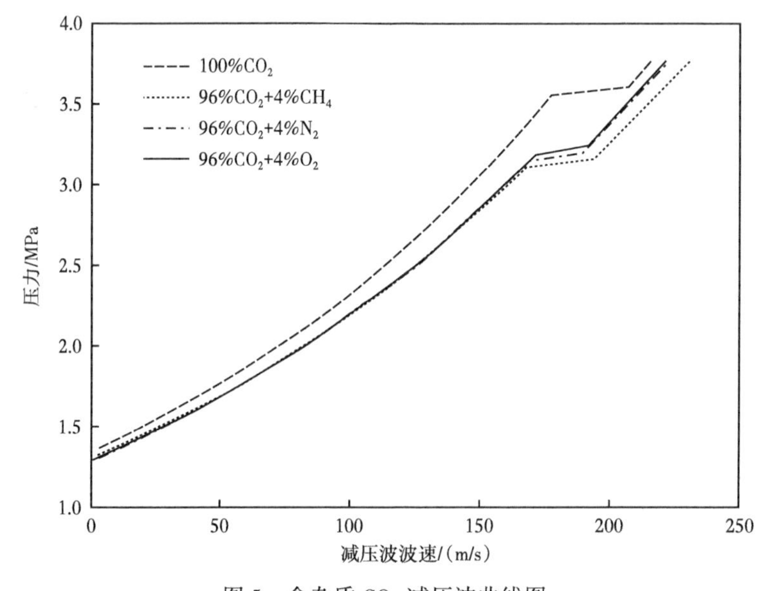

图 5　含杂质 CO_2 减压波曲线图

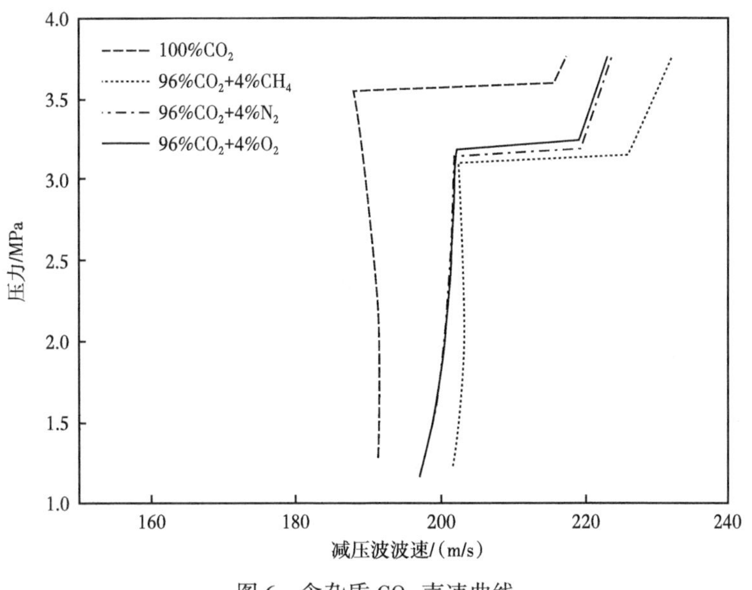

图 6　含杂质 CO_2 声速曲线

2.3　杂质含量对减压波的影响

由以上分析可知，杂质的混入会不同程度地影响气态 CO_2 管道的减压波传播特性，且 CH_4 的存在对气态 CO_2 管道减压波曲线的影响程度最大。此外由于少量杂质的存在将会对 CO_2 的热物性产生巨大影响，从而影响 CO_2 减压波曲线，因而图 7 给出了分别含有 2%，4%和 6%CH_4 的 CO_2 减压波曲线图。由图可知，CH_4 含量越高，气态 CO_2 混合物的初始减压波速度越大(约为 240m/s)。且随着 CH_4 含量的增加，CO_2-CH_4 混合物的露点线越低(图 8)，导致 CO_2-CH_4 混合物在降压过程中进入气液两相区的压力也越来越低，从而使得减压波曲线的平台变得更低，管道断裂的危险也大大降低。这表明纯气态 CO_2 管道一旦发生断裂，管道所需的止裂韧性远高于天然气管道。当管内介质进入气液两相区之后，

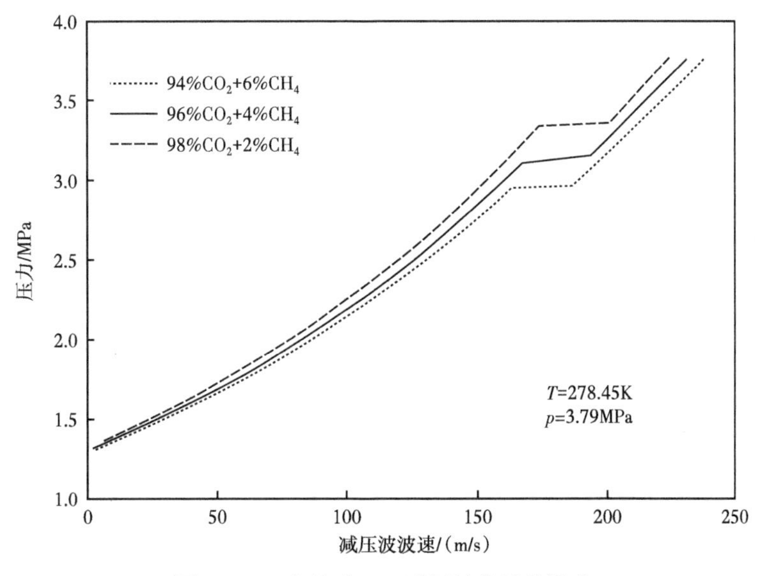

图 7　CH_4 含量对 CO_2 减压波曲线的影响

CO_2 减压波的变化趋势受 CH_4 含量的影响较小。

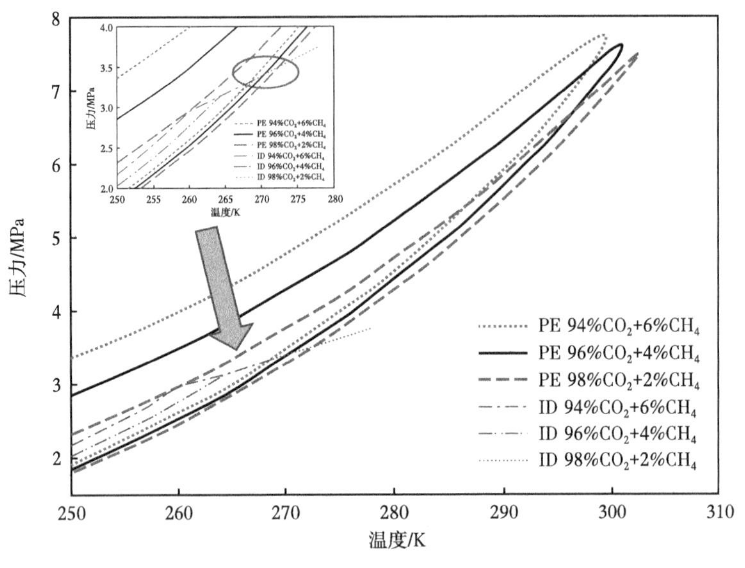

图 8　不同气质组分的相包线和等熵线

（PE：相包线，ID：等熵线）

2.4　温度对减压波的影响

图 9 给出了不同起始温度下（278.45K，293.15K 和 313.15K）CO_2-CH_4 二元混合物的减压波曲线图，管道断裂的初始压力均为 3.79MPa，CH_4 含量为 4%（摩尔分数）。由图可知，气态 CO_2 管道的减压曲线随着管内介质初始温度的升高而降低，管道断裂的初始减压波波速随着初始温度的升高从 230m/s 增加到 260m/s。图 10 给出了不同起始温度下 CO_2-CH_4 混合物的等熵降压曲线和相包线的交点。从图中可以看出，随着起始温度的升高，CO_2-CH_4 混合物进入气液两相区的压力更低，且较 5.3℃ 时的平台压力降低了大约

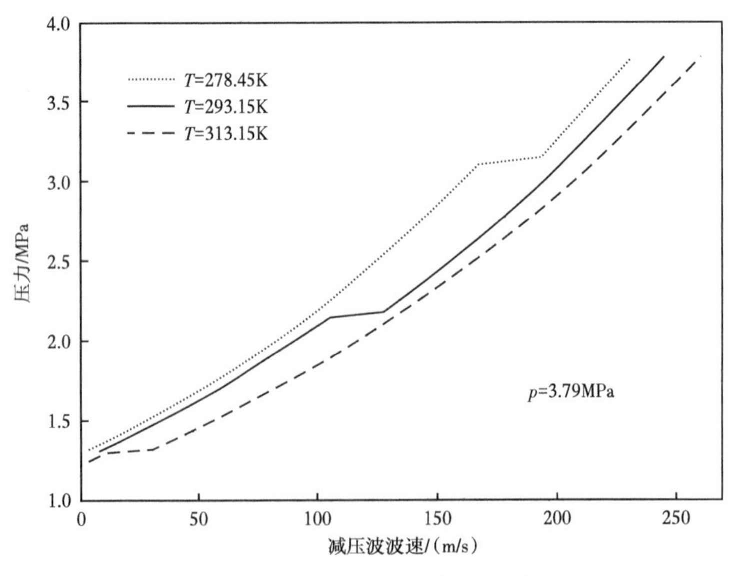

图 9　不同温度下 CO_2 减压波曲线

1.8MPa。此外，随着起始温度的升高，减压波曲线上的压力平台逐渐变短，在313.15K时，减压平台已经几乎消失。据此可以推测，当运行温度过高时，混有 CH_4 的气态 CO_2 管道的减压波曲线将会是一条光滑的曲线，管道断裂的风险大大减小，这表明气态 CO_2 管道高温下运行更加安全。

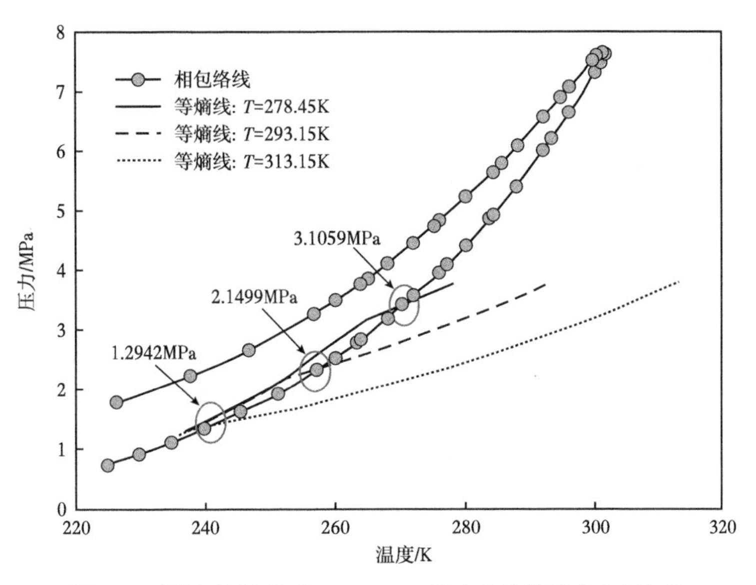

图10　不同起始温度下，CO_2-CH_4 混合物的等熵线和相包线

2.5　压力对减压波的影响

管内的运行压力会影响 CO_2 管道断裂时的初始状态，从而影响其减压波的变化规律。为了确保 CO_2 管道安全运行并降低其运行成本，气态 CO_2 管道的运行压力一般不超过4.8MPa[25]。图11给出了不同初始压力（4.79MPa、4.29MPa和3.79MPa）下，CO_2-CH_4

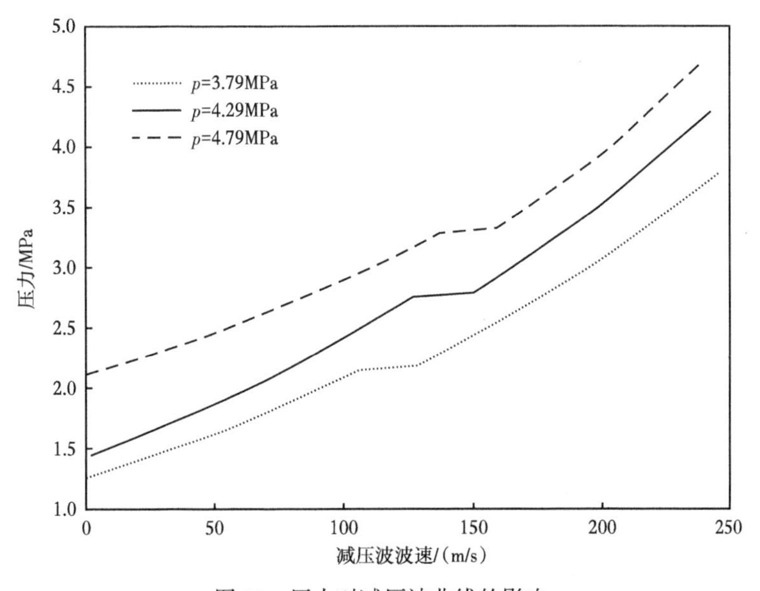

图11　压力对减压波曲线的影响

二元混合物的减压波曲线图。管内初始温度均为293.15K，CH_4 含量为4%。从图中可以看出，管道断裂时的初始减压波波速随着起始压力的升高而减小。管道输送的起始压力越小，其减压波曲线越低，且其减压平台也出现在压力更低的位置。由双曲线模型可知，减压波曲线越低，越不容易与管道的断裂曲线交叉，更利于管道的止裂。因而对于含杂质气态 CO_2 管道，在低压力下运行更安全。

3 结论

目前含杂质 CO_2 的管道输送安全保障仍然是一个巨大挑战。为了保证管道安全运行，结合两相流声速计算模型和气体出流速度模型，基于PR方程，建立了适用于含杂质气态 CO_2 管道减压波预测的计算模型，分析了杂质种类及其含量，管道断裂初始温度和压力对 CO_2 减压波曲线的影响规律，得到结论如下。

(1)对于纯气态 CO_2 和含杂质气态 CO_2 管道，其减压波曲线在气液两相区处会出现压力平台，且杂质的混入降低了气态 CO_2 管道的减压平台，减小了断裂扩展的风险。

(2)气态 CO_2 管道中混入的 CH_4 含量越高，其减压波曲线的压力平台越低，断裂扩展的风险越小。

(3)管道断裂初始温度越高，气态 CO_2 减压波曲线上的压力平台越低，当温度过高时，减压平台将会消失。

(4)减压波曲线的平台高低与管道断裂的初始压力有关，初始压力越小，减压平台越低，更利于管道的止裂。

符号说明

a_g——气相声速，m/s；

a_l——液相声速，m/s；

a_1——压力平衡时气液相的混合声速，m/s；

a_2——气液两相的混合声速，m/s；

C_k——比热容，kJ/(kg·K)；

C_g——气相比热容，kJ/(kg·K)；

C_l——液相比热容，kJ/(kg·K)；

h——气液两相总焓值，kJ/mol；

h_l——液相焓值，kJ/mol；

h_g——气相焓值，kJ/mol；

k——交互作用参数；

M——气体相对分子质量，kJ/kmol；

p——压力，MPa；

p_c——临界压力，MPa；

R——通用气体常数，kJ/(kmol·K)；

s——气液两相总熵值，kJ/(kmol·K)；

s_l——液相熵值，kJ/(kg·K)；

s_g——气相熵值，kJ/(kg·K)；

T——温度，K；

T_c——临界温度，K；

U——介质出流速度，m/s；

v——气液两相比体积，m^3/kg；

v_g——气相比体积，m^3/kg；

v_l——液相比体积，m^3/kg；

W——减压波波速，m/s；

x_g——气相质量分数；

ρ——密度，kg/m^3；

ρ_g——气相密度，kg/m^3；

ρ_l——液相密度，kg/m^3；

ω——偏心因子。

参考文献

[1] AGENCY I E. Energy Technology Perspectives 2012: Pathways to a Clean Energy System [R]. 2012.

[2] GU S W, GAO B B, TENG L, et al. Monte Carlo simulation of supercritical carbon dioxide adsorption in carbon slit pores [J]. Energy & Fuels, 2017.

[3] WAEWING C J, FAIRWEATHER M, FALLE S A E G, et al. Validation of a model of gas and dense phase CO_2 jet releases for carbon capture and storage application [J]. International Journal of Greenhouse Gas Control, 2014, 20: 254-271.

[4] TENG L, ZHANG D T, LI Y X, et al. Multiphase mixture model to predict temperature drop in highly choked conditions in CO_2, enhanced oil recovery [J]. Applied Thermal Engineering, 2016, 108: 670-679.

[5] 陈福来，帅健，冯耀荣，等．高压天然气输送管道断裂过程中气体减压波速的计算 [J]. 中国石油大学学报(自然科学版)，2009，33(4)：130-135.

[6] JIE H E, XU B P, WEN J X, et al. Predicting the Decompression Characteristics of Carbon Dioxide Using Computational Fluid Dynamics [C]// International Pipeline Conference. 2012: 585-595.

[7] ELSHAHOMI A, CHENG L, MICHAL G, et al. Decompression wave speed in CO_2, mixtures: CFD modelling with the GERG-2008 equation of state [J]. Applied Energy, 2015, 140: 20-32.

[8] TENG L, LI Y X, ZHAO Q, et al. Decompression characteristics of CO_2, pipelines following rupture [J]. Journal of Natural Gas Science & Engineering, 2016, 36: 213-223.

[9] BOTROS K K, GEERLIGS J, ROTHWELL B, et al. Effects of argon as the primary impurity in anthropogenic carbon dioxide mixtures on the decompression wave speed [J]. Canadian Journal of Chemical Engineering, 2016.

[10] CPSHAN A, EIBER R J, CLARK E B. GASDECOM: Carbon Dioxide and Other Components [C]// International Pipeline Conference. 2010: 777-794.

[11] CPSHAM A, JONES D G, ARMSRONG K, et al. The Decompression Behaviour of Carbon Dioxide in the Dense Phase [C]// International Pipeline Conference. 2012: 447-464.

[12] MAHGEREFTEH H, BROWN S, DENTON G. Modelling the impact of stream impurities on ductile fractures in CO_2, pipelines [J]. Chemical Engineering Science, 2012, 74(22): 200-210.

[13] Zhou X, Li K, Tu R, et al. A modelling study of the multiphase leakage flow from pressurised CO_2 pipeline [J]. Journal of Hazardous Materials, 2016, 306: 286-294.

[14] LI H, YAN J. Evaluating cubic equations of state for calculation of vapor-liquid equilibrium of CO_2 and CO_2

mixtures for CO_2 capture and storage processes [J]. Applied Energy, 2009, 86(6): 826-836.

[15] LI H, YAN J. Impacts of equations of state (EOS) and impurities on the volume calculation of CO_2 mixtures in the applications of CO_2 capture and storage (CCS) processes [J]. Applied Energy, 2009, 86(12): 2760-2770.

[16] POCARD D J, BISHNOJ P R. Calculation of the thermodynamic sound velocity in two-phase multicomponent fluids [J]. International Journal of Multiphase Flow, 1987, 13(3): 295-308.

[17] LI H, JAKOBSEN J P, ØIVIND WILHELMSEN, et al. PVTxy properties of CO_2 mixtures relevant for CO_2 capture, transport and storage: Review of available experimental data and theoretical models [J]. Applied Energy, 2011, 88(11): 3567-3579.

[18] STARLING K E, POWERS J E. Enthalpy of Mixtures by Modified BWR Equation [J]. Industrial & Engineering Chemistry Fundamentals, 1970, 9(4).

[19] PENG D Y, ROBINSON D B. A New Two-Constant Equation of State [J]. Industrial & Engineering Chemistry Fundamentals, 1976, 15(1): 92-94.

[20] SOAVE G. Equilibrium constants from a modified Redlich-Kwong equation of state [J]. Chemical Engineering Science, 1972, 27(6): 1197-1203.

[21] LIU X, GODBOLE A, CHENG L, et al. Source strength and dispersion of CO_2, releases from high-pressure pipelines: CFD model using real gas equation of state [J]. Applied Energy, 2014, 126: 56-68.

[22] 宫敬, 邱伟伟, 赵建奎. 输气管道断裂过程中减压波传播特性研究 [J]. 天然气工业, 2010, 30(11): 70-73.

[23] MAXEY W A, KIEFNER J F, EIBER R J. Ductile fracture arrest in gas pipelines [J]. Materialsence, 1976.

[24] KIEFNER J F, MAXEY W A, EIBER R J, et al. Failure Stress Levels of Flaws in Pressurized Cylinders [M]// Progress in Flaw Growth and Fracture Toughness Testing. 1973.

[25] 吴瑕, 李长俊, 贾文龙. 二氧化碳的管道输送工艺 [J]. 油气田地面工程, 2010, 29(9): 52-53.

CO_2 管内节流实验装置设计及实验研究

胡其会　滕　霖　王财林　张大同　叶　晓　顾帅威　李玉星

[中国石油大学(华东)储运与建筑工程学院；
中国石油大学(华东)山东省油气储运安全省级重点实验室]

摘要：节流作为应用最广泛的调压方法，在 CO_2 管输过程中发挥重要作用，而国内对不同相态下的 CO_2 管内节流研究较少。设计了一套高压 CO_2 管内节流实验装置，能够将气态 CO_2 加压稳定至不同相态，节流过程中可以对实验环道不同位置处的压力、温度参数进行实时数据记录。实验研究分析了气态和超临界态 CO_2 节流过程中管内压力、温度的变化规律。实验结果表明，不同相态下的管内节流压降、温降规律不同，气态 CO_2 的节流效应明显强于超临界 CO_2，在节流过程更容易使游离水结冰，从而出现冻堵现象；超临界 CO_2 节流后会发生相变，出现气液两相流动。实验对 CO_2 管道节流安全控制和管道冻堵防治具有指导意义。

关键词：碳捕集及埋存；CO_2 管道；管内节流；实验装置

近年来，化石燃料燃烧等人类活动产生了大量以 CO_2 为主的温室气体，加剧了全球性的气候变暖[1]。碳捕集及埋存技术(Carbon dioxide capture，storage，简称 CCS)是一项重要的温室气体减排解决方案，已被我国列为国家中长期科技发展规划。CO_2 管输技术是 CCS 的关键技术之一。节流作为应用最广泛的调压方法，在 CO_2 管输过程发挥重要作用。但 CO_2 气体节流效应较强，节流前后温降远大于一般气体[2]，而含杂质 CO_2 的节流特性更加复杂[3]。如果 CO_2 管道运行过程中节流压差过大，节流后会出现温度过低的现象：当 CO_2 中含水且温度低至冰点以下时，管内游离水会结冰堵塞管道；当温度低至三相点温度以下时，管内 CO_2 会发生相变，形成干冰堵塞管道，甚至会使管道发生脆断。因此，利用实验测量管输 CO_2 的节流温降，对于 CO_2 管道的节流控制和安全运行具有重要意义。

目前，对于天然气节流温降的研究已经十分成熟，李颖川等[4]基于能量守恒原理和范德华混合规则，导出了天然气节流温降的数学模型。彭世尼等[5]对采用 vdW、RK 方程直接求导法和理想气体状态方程的修正式求导法求得的焦耳—汤姆逊系数值与实测值、常规方法所得的值进行了对比。李玉星等[6]基于能量守恒原理和 BWRS 方程，建立了天然气气嘴节流温降模型。针对 CO_2 节流过程，在理论研究方面，Huang 等[7]建立了高压 CO_2 节流泄放过程中的干冰沉积和消融模型。李顺丽等[2]建立了 CO_2 等焓节流模型，并给出了考虑相变的 CO_2 节流后温度的计算方法。滕霖等[8-9]建立了 CO_2 孔口泄漏的瞬态流动模型和含 CO_2 的多相流节流模型。

而在实验研究方面，现有的研究主要集中于节流后 CO_2 的相变特性，包括黄冬平等的针型阀堵塞实验[10]、Yamaguchi 等的干冰管内沉积实验[11-12]等。目前，仍未有学者给出 CO_2 稳态节流温降的实验结果，因此 CO_2 节流实验研究仍具有较高科学研究价值，是对

CO_2 节流理论研究和工程应用的有效补充和参考。

本文基于 Joule-Thomson 效应原理，设计了 CO_2 节流实验装置，进行了不同相态 CO_2 节流实验，采集分析节流过程中管内参数变化情况，同时该装置可以对含杂质 CO_2 管内节流温降进行研究，对于 CO_2 管道节流安全控制和管道冻堵防治具有指导意义。

1 实验目的及原理

1.1 CO_2 物性

在常温常压下，CO_2 是一种无色无味气体，密度比空气大。它不可燃、无毒，但高浓度 CO_2 有窒息风险，在空气中达到 7%至 10%时，就会导致人无意识。图 1 为纯 CO_2 的相态图。纯 CO_2 的临界压力为 7. 38MPa，临界温度为 31. 1℃；三相点压力为 0. 52MPa，温度为-56℃。纯 CO_2 的相态可以分为 5 个区域：超临界流体区、密相区、一般液相区、气相区和固相区。

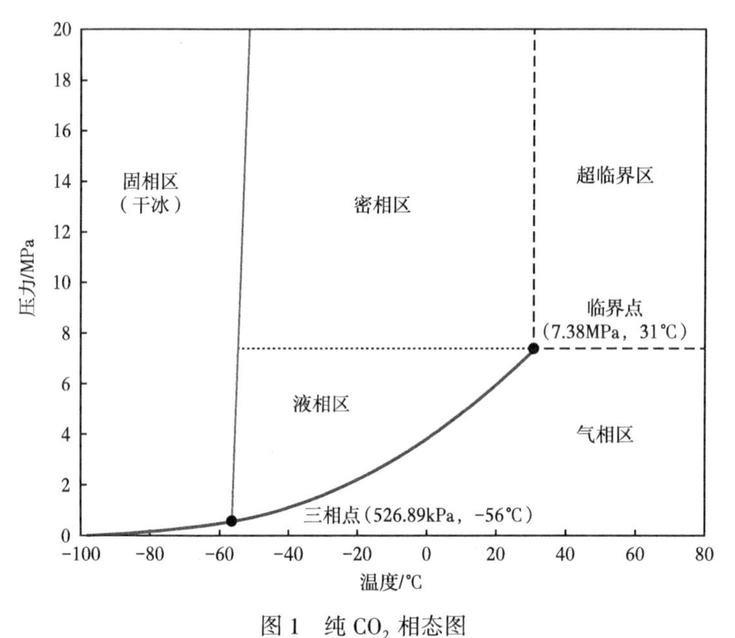

图 1　纯 CO_2 相态图

1.2 节流过程

流体在流道中经过阀门、孔板等突然缩小的断面时，会产生涡流使压力下降，这种现象称为节流[13]。节流过程的快速大压降会使管内温度发生较大变化（图 2）。在温度压力综合变化下，管内 CO_2 流体的相态及密度也会发生较大变化。

流体在流道内发生节流时与外界交换的热量很少，可忽略不计，因此可以视为绝热过程。节流部件长度较短，节流前后的位能变化可以忽略。忽略气体对外做功，根据稳定流动方程可以推导出绝热节流的能量方程式为：

$$h_1+\frac{c_1^2}{2}=h_2+\frac{{c_2}^2}{2} \tag{1}$$

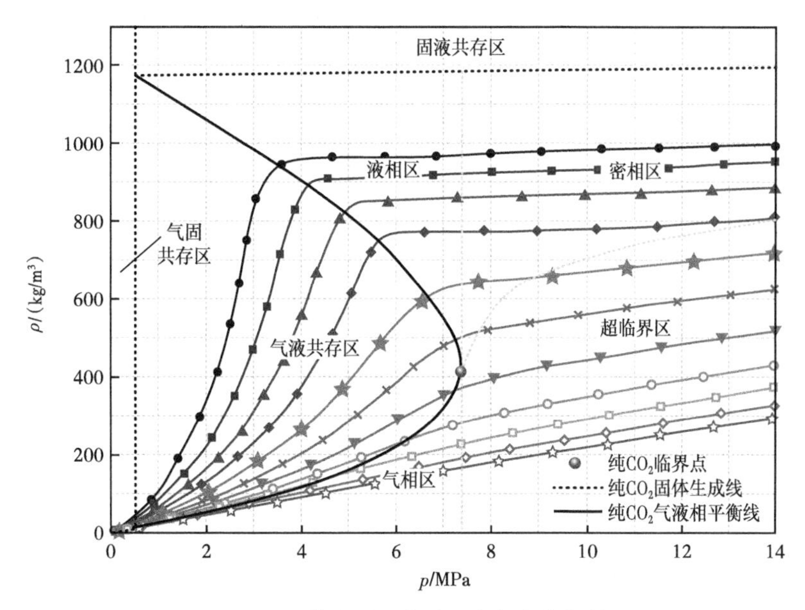

图 2　CO_2 节流后温度随压力的变化规律

式中　h_1、h_2——分别为节流前后流体的比焓；

c_1、c_2——分别为节流前后流体的速度。

在通常情况下，管道内节流前后速度变化不大，绝热节流前后动能之差远远小于焓差，可以忽略不计。

对于纯 CO_2，在临界压力附近的准临界区域内 CO_2 密度变化非常剧烈，易导致物性波动使流体跨越临界点产生相变。CO_2 在正常输送工况下进行节流降压时，受节流前后温度、压力的影响，节流过程可能会跨越临界点生成两相流，如果节流压差过大则可能会生成干冰[14]。

入口温度较高的超临界 CO_2 流体从超临界区直接进入气相区，未进入气液两相区。此时 CO_2 经过节流降压后温度和密度均逐渐降低，没有明显突变。整个节流过程温度密度平稳下降，没有形成两相流及干冰。入口温度较低的超临界 CO_2 经节流降压后首先转换为密相或者气相，温度和密度发生缓慢变化；然后产生气液两相，温度和密度发生突变[2]。

1.3　干冰堵塞危害

管内高压 CO_2 将在节流孔口处形成强节流效应，管内温度场发生骤变。当温度降至一定压力条件下的水冰点以下时，可能会出现游离水结冰冻堵管道的现象；当降至一定压力和温度时，CO_2 会发生相变形成干冰，可能会堵塞管道并严重影响管道的正常输送。此外强烈的低温也会对管道及附属设备造成损伤，使钢管更易产生脆断[15]。

2　实验装置设计及建造

实验装置流程图如图 3 所示。实验装置由 CO_2 增压部分和节流实验测试部分两部分组成。CO_2 增压部分利用 CO_2 泵和高压釜使来自气瓶 CO_2 的压力达到实验所需节流阀前压力，流入测试部分，在测试部分进行节流，测量阀后不同位置的温度、压力。

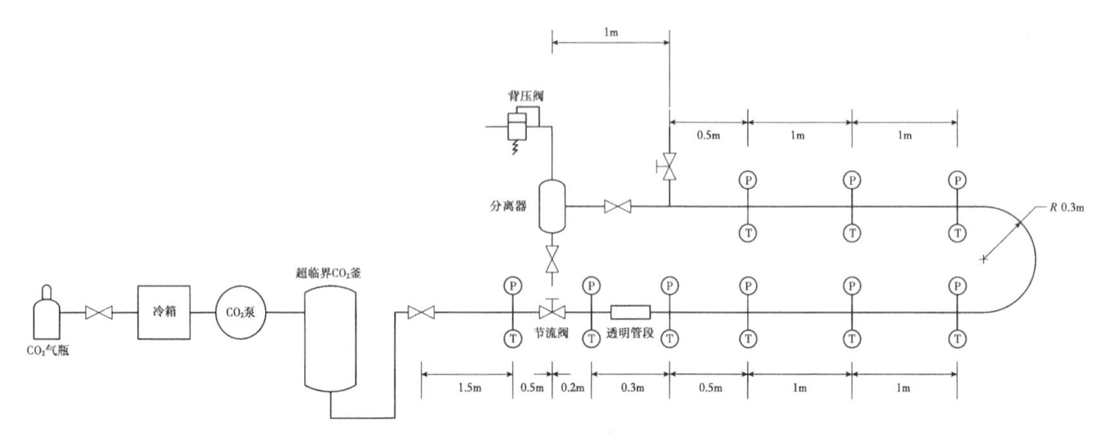

图3　实验装置流程图

CO_2 增压部分由 CO_2 气瓶、冷箱、CO_2 泵和带水浴的 CO_2 釜组成，实物图如图4(a)所示。由 CO_2 气瓶流出的 CO_2 经过冷箱的冷却成为液体，通过 CO_2 泵增压，进入 CO_2 釜中。通过本套流程，可将 CO_2 增压至临界压力以上。同时通过调节釜的水浴温度，可间接调节釜内 CO_2 温度，从而保证釜内温度压力的可控性，得到不同相态的 CO_2。

节流实验测试部分是一段内径为15mm不锈钢管道，壁厚为3mm，由总长为10m的直管段和一个弯管段组成，实物图如图4(b)所示。管道外壁设有加热套和保温层。管道上设有一个节流阀，节流阀后设有可视透明管段，便于观察节流后管内流动情况和 CO_2 相变情况。管道末端设置有一个分离器，分离器顶端为一个背压阀，用以调节节流阀后压力。管道上不同位置处布有压力温度传感器各9个，可以测量节流阀前后的流体流动参数。

(a) CO_2增压部分

(b)节流实验测试部分

图4　实验装置实物图

3　实验步骤

根据纯 CO_2 三相图可知，CO_2 必须在临界压力和临界温度之上才能达到超临界态，因此进行超临界状态下节流实验时，一大难点是实验装置必须能够提供足够压力(7.38MPa以上)将气态 CO_2 加压为超临界态，并维持稳定。这需要 CO_2 冷箱、CO_2 泵、恒温水浴匹配协调工作和基于数据采集系统的精准控制。节流过程的监测与控制也是一大难点。管道内的CO_2相态不同时，节流方案也不同，安全控制节流过程，主要体现在控制CO_2流体在系统内特别是流经节流装置等复杂流动过程中的相态变化，控制其压力及温度变化过程，因此需要对这两项参数进行实时监控记录。节流过程中，管道不同位置处的温度、压力分布不同，因此需要对实验管道不同位置处的温度压力进行实时记录，以判断实验过程中可能出现冰堵的位置。

实验过程中，通过CO_2泵将CO_2流体注入CO_2釜中，通过调节泵控制釜内压力，通过调节水浴温度控制釜内温度，使CO_2分别达到气态、密相和超临界态的不同工况。当釜内温度压力参数稳定后，打开节流阀进行不同工况下的CO_2管内节流实验。实验过程中采集主管道及节流管段压力及温度的动态变化。以下为具体的实验步骤。

(1)在实验准备过程，先以气态CO_2注入实验管道扫气，清除管内空气，使气态杂质对实验CO_2产生的组分不确定性影响最小。

(2)扫气完成后，打开CO_2釜之前的所有进气阀门和节流阀前阀门，关闭其他阀门。

(3)气瓶组中的CO_2通过制冷机组冷却成液态CO_2后，经过增压泵进入高压釜。

(4)通过控制CO_2泵的工作来调节CO_2流体压力，通过控制恒温水浴温度调节CO_2流体温度，直到釜内的CO_2达到实验所需相态，关闭CO_2釜进口阀门。

(5)待釜内温度压力参数稳定后，开启出口阀，然后使CO_2进入节流流程。同步采集主管道及节流管段压力及温度动态变化数据，直至节流阀后的CO_2压力、温度趋于稳定。

(6)实验结束时要关闭主管道出口阀及其他实验设备。

在实验的不确定性方面，温度传感器为探针探入式，对管内CO_2节流高速流动过程会产生扰动，产生测量误差。

4 实验方案设计及结果

4.1 实验方案

在此基础上设计实验方案，以验证多级节流对安全放空的作用，并分析节流过程中节流管及主管内主要参数变化规律，以期为大规模CO_2输送管道放空过程的安全控制技术研究提供可靠的实验数据。实验工况见表1。

表1 管输CO_2不同相态节流实验

工况	组分	相态	实验压力	实验温度
1	纯CO_2	气态	5.1MPa	28.5℃
2	纯CO_2	超临界	8.0MPa	38.2℃

4.2 实验结果

图5为气态CO_2节流过程中，节流阀后0.2m处的压力温度响应曲线。节流开始前，节流阀前的压力和温度分别稳定在5.1MPa和28.5℃左右。节流过程中，突然开阀使高压CO_2迅速流向阀后，导致阀后压力急剧升高，在7s内由1.3MPa迅速升至4.0MPa，之后高压CO_2逐渐经过实验环道从出口阀排出，管内压力下降，下降趋势整体呈现指数函数变

化，最终稳定在 1.8MPa 左右。根据节流过程的等焓原理，CO_2 节流后温度随压力下降而下降，因此节流阀后的温度在节流过程中出现急剧下降，在 15s 内由 29.5℃降至 12.7℃，之后又逐渐回升，最后稳定至 19.5℃左右。

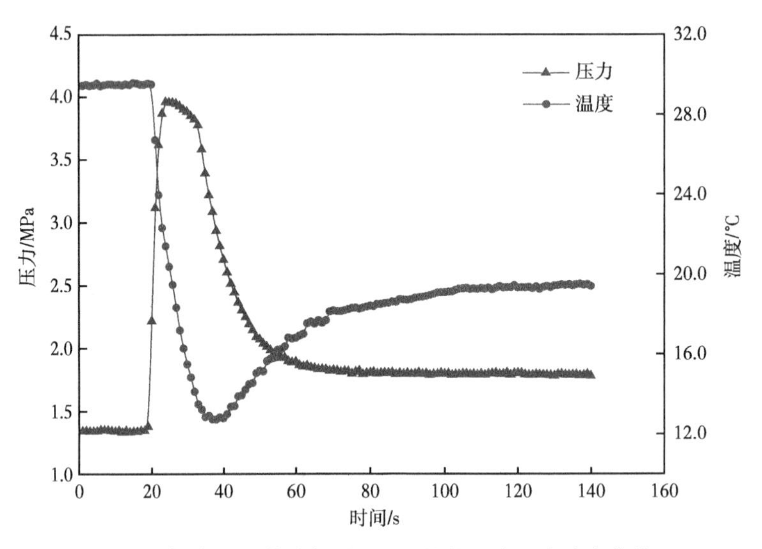

图 5　气态 CO_2 节流阀后 0.2m 处的压力温度响应曲线

图 6 为超临界相态 CO_2 节流过程中，节流阀后 0.2m 处的压力温度响应曲线。节流开始前，节流阀前的压力和温度分别稳定在 8.0MPa 和 38.2℃左右。节流过程中，阀后压力在 8s 内由 1.9MPa 迅速升至 5.6MPa，之后又逐渐下降，最终稳定在 1.9MPa 左右。在开始下降的约 75s 内保持 0.042MPa/s 的线性下降速率，然后下降速度减小。节流阀后的温度在节流过程中先急剧下降，在 5s 内由 25.4℃降至 18.0℃，然后迅速升高至 24.4℃，之后又缓慢下降，最后逐渐稳定至 22.9℃左右。出现这种现象的原因是节流后的 CO_2 相态发生了变化，CO_2 由超临界态逐渐变为气态。CO_2 进入气液两相区，大量 CO_2 气化吸热，从而使流体的温度发生了下降，但相对节流温降而言并不明显。通过节流阀后的透明管段

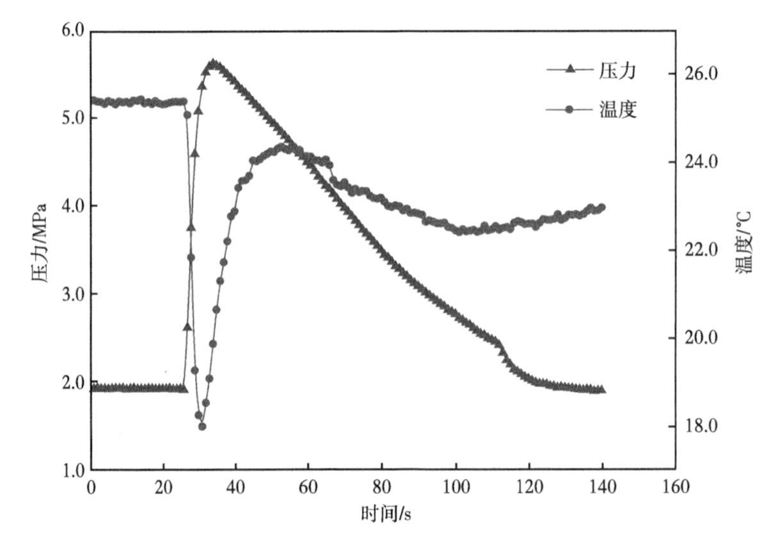

图 6　超临界态 CO_2 节流阀后 0.2m 处的压力温度响应曲线

可以观察到明显的两相流动，验证了上述分析的准确性。

对比两组不同相态下的管内节流实验，可以看出气态 CO_2 的节流效应明显强于超临界 CO_2，这主要是由于不同相态下 CO_2 的节流系数不同，气态 CO_2 的节流系数更大，因此温降效果更明显。

5 结语

本文设计了一套 CO_2 节流实验装置，可以进行不同相态下含杂质 CO_2 管内节流实验。通过 CO_2 增压部分调节 CO_2 达到所需的稳定相态，通过节流实验测试部分分析节流后的温度压力变化。实验结果表明，不同相态下的管内节流压降、温降规律不同，气态 CO_2 的节流效应明显强于超临界 CO_2，在节流过程更容易使游离水结冰出现冻堵现象；超临界 CO_2 节流后会发生相变，出现气液两相流动。实验对 CO_2 管道节流安全控制和管道冻堵防治具有指导意义。

参考文献

[1] SEEVAM P, BOTROS K K, ROTHWELL B, et al. Pipeline transportation of carbon dioxide containing impurities [M]. ASME Press, 2012.

[2] 李顺丽，李玉星，赵青，等．纯 CO_2 的节流特性 [J]. 天然气工业，2015，35(8)：93-98.

[3] 赵青，李玉星．杂质对管道输送 CO_2 相特性的影响规律 [J]. 油气储运，2014，33(7)：734-739.

[4] 李颖川，胡顺渠，郭春秋．天然气节流温降机理模型 [J]. 天然气工业，2003，23(3)：70-72.

[5] 彭世尼，陈建伦，杨建．天然气绝热节流温度降的计算 [J]. 煤气与热力，2006，26(1)：1-4.

[6] 李玉星，邹德永．气嘴流动特性及温降计算方法 [J]. 油气储运，2002，21(2)：15-19.

[7] HUANG D P, DING G L, QUACK H. Theoretical analysis of deposition and melting process during throttling high pressure CO_2 into atmosphere [J]. Applied Thermal Engineering, 2007, 27(8): 1295-1302.

[8] TENG L, LI Y, ZHAO Q, et al. Decompression characteristics of CO_2 pipelines following rupture [J]. Journal of Natural Gas Science & Engineering, 2016, 36: 213-223.

[9] TENG L, ZHANG D, LI Y, et al. Multiphase mixture model to predict temperature drop in highly choked conditions in CO_2 enhanced oil recovery [J]. Applied Thermal Engineering, 2016, 108: 670-679.

[10] 黄冬平，丁国良，HANS Q. 高压二氧化碳节流排放堵塞实验 [J]. 上海交通大学学报，2006，40(8)：1417-1421.

[11] YAMAGUCHI H, ZHANG X R, FUJIMA K. Basic study on new cryogenic refrigeration using CO_2 solid - gas two phase flow [J]. International Journal of Refrigeration, 2008, 31(3): 404-410.

[12] YAMAGUCHI H, NIU X D, SEKIMOTO K, et al. Investigation of dry ice blockage in an ultra - low temperature cascade refrigeration system using CO_2 as a working fluid [J]. International Journal of Refrigeration, 2011, 34(2): 466-475.

[13] 李玉星，姚光镇．输气管道设计与管理 [M]. 东营：中国石油大学出版社，2009：63.

[14] 赵青，李玉星．管道输送 CO_2 准临界特性及安全控制 [J]. 油气储运，2014(4)：354-358.

[15] MAZZOLDI A, HILL T, COLLS J J. CO_2 transportation for carbon capture and storage: sublimation of carbon dioxide from a dry ice bank [J]. International Journal of Greenhouse Gas Control, 2008, 2(2): 210-218.

不同相态 CO_2 管内稳态节流实验研究

张大同　滕霖　李玉星　叶　晓　顾帅威　王财林

[中国石油大学(华东)山东省油气储运安全省级重点实验室]

摘要：CO_2 管输过程中，节流容易导致 CO_2 温降过大，威胁管道的安全运行。本文采用自主设计的 CO_2 节流实验装置，进行了不同相态 CO_2 管内稳态节流实验，采集管内参数变化情况，分别研究了节流前后压差、节流前 CO_2 相态及杂质(N_2)含量对 CO_2 稳态节流温降的影响。实验结果表明：CO_2 的节流温降随节流前后压降的增大而增大，随 N_2 含量增大而减小；气态 CO_2 的节流效应最强，超临界态次之，液态 CO_2 节流效应最弱；节流前压力越大，相同压降的 CO_2 节流温降越小，节流前压力对气态 CO_2 节流温降的影响小于液态 CO_2。

关键词：二氧化碳；节流效应；稳态；实验研究；相态；杂质

温室气体(GHG)是指大气中通过吸收太阳能辐射到地球表面的红外线而导致温室效应的气体[1]。CO_2 是人类活动产生的最主要的温室气体，其排放量是影响全球变暖的重要因素之一。随着温室效应不断加剧，碳捕集与封存(CCS)技术作为最有效的应对温室效应的手段之一，得到了越来越多的重视。CCS 技术中，CO_2 管输技术是其核心技术之一。节流作为应用最广泛的调压方法，在 CO_2 管输过程中应用十分广泛。但 CO_2 气体节流效应较强，节流前后温降远大于一般气体[2]，而含杂质 CO_2 的节流特性更加复杂[3]。如果 CO_2 管道运行过程中节流压差过大，节流后会出现温度过低的现象，影响管道运行安全。当温度低至三相点温度以下时，管内 CO_2 会发生相变，形成干冰堵塞管道。因此，利用实验测量管输 CO_2 的节流温降，对于 CO_2 管道的节流控制和安全运行具有重要意义。

目前，对于天然气节流温降的研究已经十分成熟，很多学者对 CO_2 节流过程进行了理论研究。其中，李颖川等[4]基于能量守恒原理和范德华混合规则，导出了天然气节流温降的数学模型。彭世尼等[5]对采用 vdW、RK 方程直接求导法和理想气体状态方程的修正式求导法求得的焦耳-汤姆逊系数值与实测值、常规方法所得的值进行了对比。李玉星等[6]基于能量守恒原理和 BWRS 方程，建立了天然气气嘴节流温降模型。针对 CO_2 节流过程，在理论研究方面，李顺丽等[2]建立了 CO_2 等焓节流模型，并给出了考虑相变的 CO_2 节流后温度的计算方法；Teng 等[7]基于 BWRS 状态方程、相平衡原理和热平衡方程，提出了适用于高含 CO_2 的多相流节流效应模型。而在实验研究方面，现有的研究主要集中于节流后 CO_2 的相变特性，包括黄冬平等的针型阀堵塞实验[8]、Yamaguchi 等的干冰管内沉积实验[9-10]等。此外，Teng 等[11]利用商业软件，对节流下游 CO_2 固体颗粒沉积情况进行了数值模拟。目前，仍未有学者给出 CO_2 稳态节流温降的实验结果，因此 CO_2 稳态节流实验研究仍具有较高科学研究价值，是对 CO_2 节流理论研究和工程应用的有效补充和参考。

本文以 CO_2 管道节流过程为背景，采用自主设计的 CO_2 节流实验装置，进行了不同相态 CO_2 管内稳态节流实验，采集管内参数变化情况，对含杂质 CO_2 管内稳态节流温降进行了研究，对于 CO_2 管道节流安全控制和管道冻堵防治具有指导意义。

1　CO_2 管内稳态节流实验设计

1.1　实验原理

流体在流道中经过阀门、孔板等突然缩小的断面时，会产生涡流使压力下降，这种现象称为节流[12]。气体节流后压力下降通常会造成温度下降，即气体的节流效应。在阀门开度突然变化的过程中，管内 CO_2 的压力、密度发生剧烈变化，导致其相态也发生变化。

1.2　实验装置

实验装置流程图如图 1 所示。实验装置由 CO_2 增压部分和节流实验测试部分两部分组成。CO_2 增压部分利用 CO_2 泵和高压釜使来自气瓶 CO_2 的压力达到实验所需节流阀前压力，流入测试部分，在测试部分进行节流，测量阀后不同位置的温度、压力。

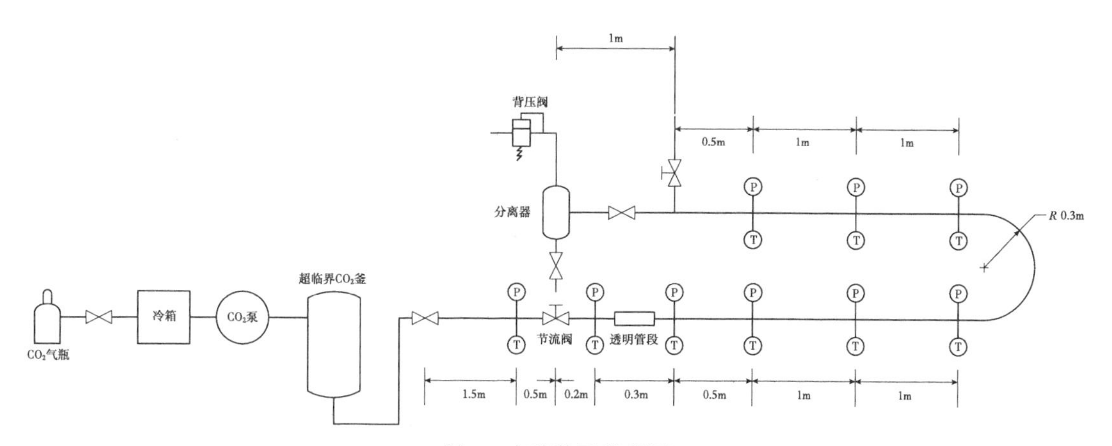

图 1　实验装置流程图

CO_2 增压部分由 CO_2 气瓶、冷箱、CO_2 泵和带水浴的 CO_2 釜组成，实物图如图 2(a) 所示。由 CO_2 气瓶流出的 CO_2 经过冷箱的冷却成为液体，通过 CO_2 泵增压，进入 CO_2 釜

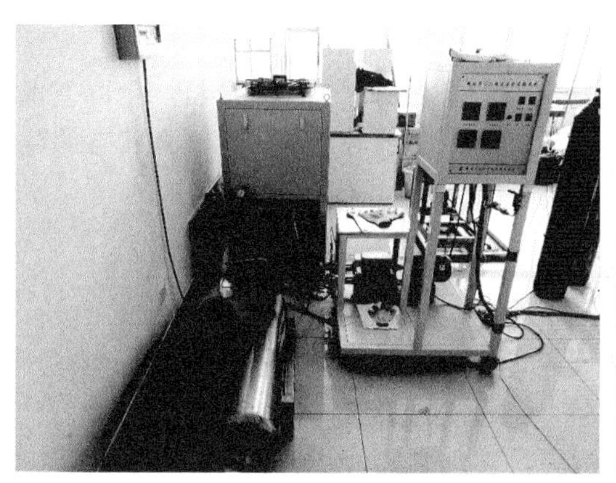

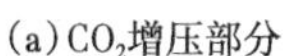

(a) CO_2增压部分　　(b) 节流实验测试部分

图 2　实验装置实物图

中。通过本套流程，可将 CO_2 增压至临界压力以上。同时通过调节釜的水浴温度，可间接调节釜内 CO_2 温度，从而保证釜内温度压力的可控性，得到不同相态的 CO_2。

节流实验测试部分是一段内径为15mm不锈钢管道，壁厚为3mm，总长为10m，实物图如图2(b)所示。管道外壁设有加热套和保温层。管道上设有一个节流阀，节流阀后设有可视透明管段，便于观察节流后管内流动情况和 CO_2 相变情况。管道末端设置有一个分离器，分离器顶端为一个背压阀，用以调节节流阀后压力。管道上不同位置处布有压力温度传感器各9个，可以测量节流阀前后的流体流动参数。

1.3 实验内容

将 CO_2 通过增压装置通入 CO_2 釜中，调节釜内温度和压力，使 CO_2 分别达到气态、密相和超临界态的不同工况，然后通过调节釜的进口阀开度和节流管段上的节流阀开度，使节流阀前后压差保持恒定，记录节流后温度变化情况。节流后温度逐渐趋于恒定，恒定值即为稳态节流的下游温度。测定不同工况下的节流温降，研究 CO_2 稳态节流过程。

分别设置釜内 CO_2 为气态、液态和超临界态的不同实验工况(表1)。由于实验无法精确调节釜内 CO_2 的温度压力，因此实验时将温度控制在±1℃范围内、压力控制在±0.5MPa范围内的工况均视作有效工况。实验的主要变量为节流前后压差 Δp、节流前 CO_2 相态(节流前压力 p_1、温度 T_1)及杂质(N_2)含量。

表1 CO_2 管内稳态节流实验工况

节流前 CO_2 相态	节流前温度、压力工况
气态	$p_1\approx$6MPa，$T_1\approx$30℃；$p_1\approx$5MPa，$T_1\approx$30℃；$p_1\approx$6.5MPa，$T_1\approx$30℃(含杂质)
液态	$p_1\approx$7MPa，$T_1\approx$25℃；$p_1\approx$8MPa，$T_1\approx$25℃
超临界态	$p_1\approx$8MPa，$T_1\approx$40℃

2 实验结果及讨论

2.1 节流前后压差对 CO_2 管内稳态节流温降的影响

CO_2 管内稳态节流温降随节流前后压差变化关系曲线如图3所示。

根据图3可知，CO_2 的节流温降随节流前后压降的增大而增大。要分析产生以上现象的主要原因，可从节流效应的原理入手。选取节流前后足够远的两个处于平衡状态的截面1、2列能量守恒方程如式(1)所示：

$$H_1+\frac{1}{2}C_1^2+Q-W=H_2+\frac{1}{2}C_2^2+g\Delta Z \tag{1}$$

忽略节流前后的高差和动能变化，气体对外做功为0，将节流过程近似视作绝热过程，可将能量守恒方程简化为式(2)：

$$H_1=H_2 \tag{2}$$

即气体节流前后焓值近似相等。根据焓的定义，可将等焓节流原理式(2)写作式(3)的形式。

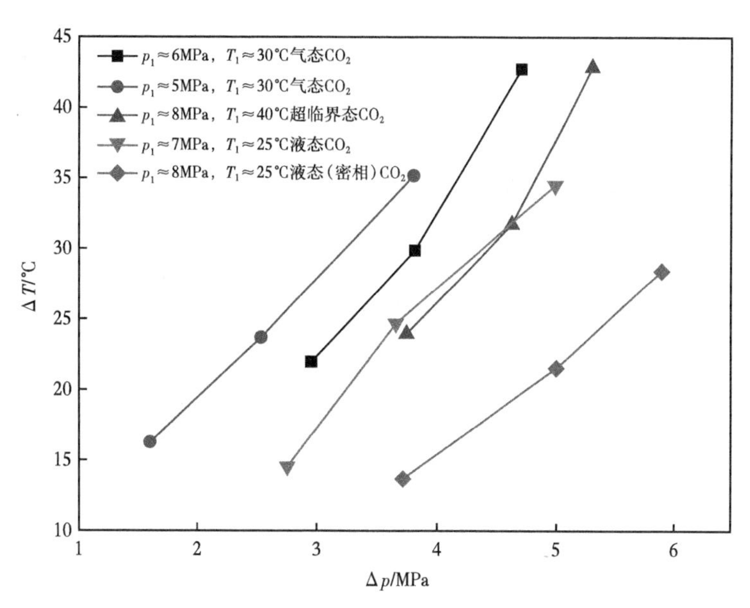

图 3　CO_2 管内稳态节流温降随节流前后压差变化关系曲线

$$u_1+p_1v_1=u_2+p_2v_2 \tag{3}$$

式中 u 代表内能；pv 为流动功。节流后压力降低，流动功随压力降低而增大，因此节流后内能降低。内能可以表示为内动能和内位能之和的形式，其中内动能是温度的单值函数。由于节流过程中气体比容增大，分子间距离增大，为克服分子间作用力，内位能必然增大。对于没有外界能量补给的节流过程，其内动能必然减小，造成气体节流后温度减小[13]。因此，节流压降越大，节流前后流动功变化量越大，同时克服分子间作用力所需内位能变化量也越大，使得节流温降越大。

2.2　节流前相态对 CO_2 管内稳态节流温降的影响

分析图 3 可知，气态 CO_2 的节流效应远强于液态 CO_2 的节流效应，而超临界态 CO_2 的节流温降位于两者之间。节流温降与节流前 CO_2 的相态有关的现象同样可以用节流效应产生的原理来解释。经过上文的分析，可知气体节流温降的来源是节流过程中内动能的减小，内动能的变化量等于流动功的变化量和内位能的变化量之和。而对于液体来说，节流过程中分子间距基本不变，其内动能减少量近似等于流动功增量，远小于气体节流的内动能减少量。因此，液体节流温降远小于气体节流温降。而超临界态 CO_2 的性质位于气液态之间，节流过程中分子间距变化量也位于气液态之间，故其节流温降也略大于液态节流温降，而小于气态温降。

对比不同工况下的液态 CO_2 节流实验结果可知，相同节流前温度的情况下，节流前压力越大，相同压降的液态 CO_2 节流温降越小。造成这种现象的主要原因是，节流后部分液体 CO_2 发生了相变，生成了气体 CO_2。气体的压力越低，其分子间距越大，同时发生相变的 CO_2 越多。而由于节流前 CO_2 以液态形式存在，节流前压力的不同对其分子间距影响近似可以忽略。因此节流过程压降相同时，节流前压力较低的液态 CO_2 在节流过程中内位能变化较大，故而造成节流后的较大温降。而对于气态 CO_2 来说，节流前压力的不同就意味着节流前分子间距不同，会抵消掉部分节流后压力对内位能的影响，故而对于相同压降的气态 CO_2 节流过程来说，节流前压力不同时，节流温降的差异要小于液态 CO_2。对比气态 CO_2 节流实验结果发现，节流前压力对气态 CO_2 节流温降的影响小于液态 CO_2，印证了上述分析的准确性。

2.3 杂质(N_2)含量对 CO_2 管内稳态节流温降的影响

利用气态 CO_2($p_1 \approx 6.5$MPa，$T_1 \approx 30$℃)进行压差为 4.5MPa 的管内稳态节流实验，其节流温降随杂质(N_2)含量变化关系曲线如图 4 所示。

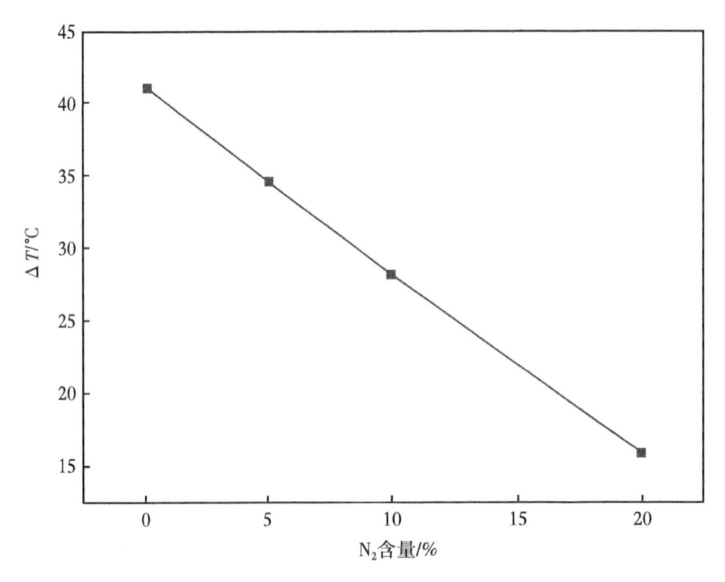

图 4　CO_2 管内稳态节流温降随杂质(N_2)含量变化关系曲线

分析图 4 可知，稳态 CO_2 节流温降随 N_2 含量增大而减小，即 CO_2 节流效应较 N_2 更强。根据节流效应产生的原理，从微观上分析，影响气体节流效应的因素主要是气体分子量和分子间作用力强弱。气体分子量越大，气体比容越小，分子间距离越大，节流后内位能变化越大，节流效应越明显；而气体分子间作用力越强，克服该作用力所需的能量越大，节流效应同样越明显。CO_2 是大分子量的极性分子，极性分子间范德华力强，因此其节流效应非常明显。而杂质 N_2 是比 CO_2 分子量小的非极性分子，因此其分子间作用力较弱，节流温降低于 CO_2。

3　结论

本文采用自主设计的 CO_2 节流实验装置进行了不同相态 CO_2 管内稳态节流实验，并分析了节流前后压差、节流前 CO_2 相态(节流前压力、温度)及杂质(N_2)含量等变量对节流温降的影响。针对研究结果，本文得出以下结论与建议。

(1) CO_2 的节流温降随节流前后压降的增大而增大。

(2)气态 CO_2 的节流效应远强于液态 CO_2 的节流效应，而超临界态 CO_2 的节流温降位于两者之间。

（3）相同节流前温度的情况下，节流前压力越大，相同压降的液态 CO_2 节流温降越小；相同压降的 CO_2 节流过程来说，节流前压力对气态 CO_2 节流温降的影响小于液态 CO_2。

（4）稳态 CO_2 节流温降随 N_2 含量增大而减小，即 CO_2 节流效应较 N_2 更强。

参考文献

[1] SEEVAM P, BOTROS K K, ROTHWELL B, et al. Pipeline transportation of carbon dioxide containing impurities [M]. ASME Press, 2012.

[2] 李顺丽，李玉星，赵青，等．纯 CO_2 的节流特性 [J]. 天然气工业，2015，35(8)：93-98.

[3] 赵青，李玉星．杂质对管道输送 CO_2 相特性的影响规律 [J]. 油气储运，2014，33(7)：734-739.

[4] 李颖川，胡顺渠，郭春秋．天然气节流温降机理模型 [J]. 天然气工业，2003，23(3)：70-72.

[5] 彭世尼，陈建伦，杨建．天然气绝热节流温度降的计算 [J]. 煤气与热力，2006，26(1)：1-4.

[6] 李玉星，邹德永．气嘴流动特性及温降计算方法 [J]. 油气储运，2002，21(2)：15-19.

[7] TENG L, ZHANG D T, LI Y X, et al. Multiphase mixture model to predict temperature drop in highly choked conditions in CO_2 enhanced oil recovery [J]. Applied Thermal Engineering, 2016, 108: 670-679.

[8] 黄冬平，丁国良，HANS Q. 高压二氧化碳节流排放堵塞实验 [J]. 上海交通大学学报，2006，40(08)：1417-1421.

[9] YAMAGUCHI H, ZHANG X R, FUJIMA K. Basic study on new cryogenic refrigeration using CO_2 solid-gas two phase flow [J]. International Journal of Refrigeration, 2008, 31(3): 404-410.

[10] YAMAGUCHI H, NIU X D, SEKIMOTO K, et al. Investigation of dry ice blockage in an ultra-low temperature cascade refrigeration system using CO_2 as a working fluid [J]. International Journal of Refrigeration, 2011, 34(2): 466-475.

[11] TENG L, LI Y X, HAN H, et al. Numerical Investigation of Deposition Characteristics of Solid CO_2 During Choked Flow for CO_2 Pipelines [C]//2016 11th International Pipeline Conference. American Society of Mechanical Engineers, 2016: V002T02A004.

[12] 李玉星，姚光镇．输气管道设计与管理 [M]. 东营：中国石油大学出版社，2009：63.

[13] 李顺丽，潘红宇，李玉星，等．杂质对管输 CO_2 节流过程的影响 [J]. 油气储运，2016(7)：742-746.

管输 CO_2 含水率计算方法研究

张大同　滕　霖　李玉星　叶　晓　顾帅威　王财林

[中国石油大学(华东)山东省油气储运安全省级重点实验室]

摘要：CO_2 管输过程中，含水率是影响管道腐蚀速度的重要指标，为确保管道的安全运行，必须准确计算 CO_2 的含水率。本文提出了两种含水率计算方法，分别是简化的热力学模型法和实验数据拟合的经验公式法。简化的热力学模型法利用 Peng-Robinson 状态方程计算相关物性参数，采用 $\phi-\gamma$ 方法对 CO_2-H_2O 两相体系进行了描述；而实验数据拟合的经验公式法则是采用现有的实验数据，拟合了气态和超临界态管输 CO_2 含水率计算经验公式。经验证，管输条件下两种方法的计算精确度平均误差分别为 1.40% 和 6.69%，均满足工程计算要求。根据误差分析结果，分别给出了两种方法的适用范围。

关键词：二氧化碳；含水率；管输；计算方法；简化模型；经验公式

近年来，人类活动产生的温室气体大量排放，导致温室效应持续恶化，全球变暖不断加剧。温室气体中，CO_2 的排放量巨大，其对温室效应的贡献占 60% 以上。因此，作为遏制全球变暖、控制 CO_2 排放量的重要手段，碳捕集与封存(CCS)技术的研究需要进一步推进，以达到规模化应用的要求。CCS 技术即碳捕集及储存技术，包括 CO_2 的捕集、管输及埋存三个环节。作为管输的上游环节，目前 CO_2 捕集应用最广泛、技术较为成熟的是吸收法，即采用溶液吸收人类活动产生的 CO_2 以达到收集的目的[1]。吸收法所得的 CO_2 不可避免地含有水，水与 CO_2 的共存会形成腐蚀性碳酸，对管道安全运行造成严重威胁。此外，CO_2 节流效应较强，节流前后温降远大于一般气体[2]，如果节流后温度低于冰点，水的存在可能会导致管道冻堵事故的发生[3]，进而造成管道超压、断裂等安全事故[4]。目前国际上广泛认可的挪威船级社于 2010 年发布的 CO_2 管道设计与操作标准(DNV-RP-J202)[5]中指出，管输 CO_2 应满足在任何管输工况下不出现液态水的要求，即经过管道上游的处理工艺后，CO_2 的含水率应小于所有可能管输工况的饱和含水率。因此，准确计算管输工况范围内 CO_2 的饱和含水率，对于 CO_2 管道上游处理工艺的设计与运行具有指导意义。

有关 CO_2 含水率的研究起步于 20 世纪中期，早期的很多研究者提供了一定温度压力范围内的 CO_2 含水率实验数据表格，可供查阅。其中，Wiebe 和 Gaddy[6]、Gillespie 和 Wilson[7]、Briones 等[8]、King 等[9]先后给出了 CO_2 含水率在一定工况范围内的实验数据。除了采用实验方法测量 CO_2 的含水率之外，还有学者采用了传统的相平衡及热力学方法对 CO_2 含水率进行了计算。其中，King 和 Coan[10]利用维里状态方程计算了 CO_2 的含水率，Zirrahi 等[11]提出了改进的 RK 方程的计算方法，吴建峰[12]利用 PR 方程的 $\phi-\phi$ 方法和 Chrastil 修正模型[13]分别计算了超临界 CO_2 的含水率。管道设计运行过程中，实验数据表格插值方法不便于计算机计算且精度较低，而上述热力学方法需要复杂的编程实现且计算时间空间占用率高，更加方便的经验公式是设计者和操作者的首选。但是现在仍没有学者提出针对 CO_2 管道含水率计算的经验公式。由于天然气管道建设起步较早，天然气含水率的研究已较为成熟，许多学者提出了适用范围不一的经验公式，对管输 CO_2 含水率的计算具有一定参考价值。天然气含水率经验公式按照其推导过程，大致可以分为三种[14]：含水率表拟合得到的经验公式（如 Sloan 和 Koh 提出的经验公式[15]）、实验数据拟合得到的经验公式（如诸林等提出的经验公式[16]）和基于相平衡原理的半经验公式（如 Mohammadi 等提出的简化热力学模型 STM[17]）。

基于以上分析，本文从工程应用的角度出发，分别提出了简化的热力学模型和实验数据拟合的经验公式两种方法。利用现有的实验数据分别对两种方法的误差进行了对比，验证了两种方法的准确性，对于 CO_2 管道运行及其上游处理工艺设计具有重要意义。

1 两种 CO_2 含水率计算方法

1.1 简化的热力学模型法

根据相平衡理论，对于 CO_2-H_2O 两相体系中的第 i 种组分，相平衡时有气液两相中的化学势相等，如式(1)所示。

$$\mu_i^g = \mu_i^L \tag{1}$$

式中 μ——化学势，J/kg；

上标 g 表示气态，L 表示液态；下标 i 表示第 i 种组分，1 代表 CO_2，2 代表 H_2O。

根据逸度的定义，式(1)可表示为式(2)的形式：

$$f_i^g = f_i^L \tag{2}$$

即相平衡时各相中任一组分的逸度相等。式中，f 为逸度，Pa。采用 $\phi-\gamma$ 方法描述，式(2)可写为式(3)的形式：

$$\phi_i^V y_i p = \gamma_i x_i f_i^0 \tag{3}$$

式中 ϕ^V——气相 i 组分逸度系数；

y——气相中 i 组分的摩尔分数；

p——压力，Pa；

γ——活度系数；

x——液相中 i 组分的摩尔分数。

其中，纯液体的逸度 f^0 按照式(4)计算。

$$f_i^0 = p_i^{sat} \phi_i^{sat} \exp\left[\frac{(p - p_i^{sat}) v_i^L}{RT}\right] \tag{4}$$

式中 p_i^{sat}——纯液体 i 在温度 T 下的饱和蒸气压，Pa；

ϕ_i^{sat}——饱和蒸气 i 在温度 T 和饱和蒸气压下的逸度系数；

v_i^L——组分 i 液体平均摩尔体积，$v_{CO_2}^L = 32.1 cm^3/mol$，$v_{H_2O}^L = 18.5 cm^3/mol$[18]；

R——通用气体常数，8.314J/(mol·K)。

式中饱和蒸气压使用 Antoine 方程计算，Antoine 方程如式(5)所示。

$$\lg p_{sat}=A-\frac{B}{T+C} \tag{5}$$

式中饱和蒸气压 p_{sat} 单位为 mmHg，温度 T 的单位为℃。参数 A、B、C 的取值见表 1[19]。

表 1　Antoine 方程参数取值

物质	适用温度范围/℃	A	B	C
H_2O	0~60	8.10765	1750.286	235
	60~150	7.96681	1668.21	228
CO_2	—	9.64177	1284.07	268.432

由于体系中仅存在 CO_2、H_2O 两种组分，因此各组分组成存在如式(6)所示的关系：

$$\begin{cases} y_1+y_2=1 \\ x_1+x_2=1 \end{cases} \tag{6}$$

将式(4)和式(6)代入式(3)中，可以得到式(7)：

$$\begin{cases} x_1=\dfrac{\phi_1^{V}p(1-y_2)}{p_1^{sat}\phi_1^{sat}\gamma_1}\exp\left[-\dfrac{(p-p_1^{sat})v_1^{L}}{RT}\right] \\ y_2=\dfrac{p_2^{sat}\phi_2^{sat}\gamma_2(1-x_1)}{\phi_2^{V}p}\exp\left[\dfrac{(p-p_2^{sat})v_2^{L}}{RT}\right] \end{cases} \tag{7}$$

式(7)是一个关于 x_1 和 y_2 的二元一次方程组。取

$$\begin{cases} A_y=\dfrac{p_2^{sat}\phi_2^{sat}\gamma_2}{\phi_2^{V}p}\exp\left[\dfrac{(p-p_2^{sat})v_2^{L}}{RT}\right] \\ B_x=\dfrac{\phi_1^{V}p}{p_1^{sat}\phi_1^{sat}\gamma_1}\exp\left[-\dfrac{(p-p_1^{sat})v_1^{L}}{RT}\right] \end{cases} \tag{8}$$

则式(7)可化为式(9)的形式：

$$\begin{cases} x_1=B_x(1-y_2) \\ y_2=A_y(1-x_1) \end{cases} \tag{9}$$

联立解得 CO_2 含水率表达式如式(10)所示。

$$y_2=\frac{1-B_x}{\dfrac{1}{A_y}-B_x} \tag{10}$$

经验证，管输范围内，A_y 和 B_x 数量级均在 10^{-3}~10^{-2} 之间，因此，B_x 远小于 1 和 $1/A_y$，式(10)可以化为：

$$y_2 = A_y = \frac{p_2^{sat}\phi_2^{sat}\gamma_2}{\phi_2^V p}\exp\left[\frac{(p - p_2^{sat})v_2^L}{RT}\right] \tag{11}$$

式(11)中的逸度系数采用 Peng-Robinson 方程[20]进行计算，如式(12)所示。

$$\ln\phi_i = \frac{b_i}{b_m}(z-1) - \ln(z-B) - \frac{A}{2\sqrt{2}B}\left(\frac{2\sum_{j=1}^{2}x_j a_{ij}}{a_m} - \frac{b_i}{b_m}\right)\ln\left[\frac{z+(1+\sqrt{2})B}{z+(1-\sqrt{2})B}\right] \tag{12}$$

由于 y_2 在管输范围内较小，数量级约为 10^{-3}，故在模型计算时，可直接先假设 $y_2=0$。在此假设条件下计算 ϕ_2 所需的气相各参数即为纯 CO_2 参数，简化了迭代过程，减少了模型计算工作量。

1.2 实验数据拟合的经验公式法

在 Wiebe 和 Gaddy[6]、Gillespie 和 Wilson[7]、Briones 等[8]、King 等[9]给出的实验数据中，选用管输范围内的数据，分别拟合关于 p、T 的简单多项式形式的气态和超临界态管输 CO_2 含水率计算经验公式。

(1)气态管输 CO_2 含水率计算公式。

在上述文献中选取温度范围为 25~75℃、压力范围为 2~6MPa 的气态 CO_2 不同工况点的含水率，回归得到气态管输 CO_2 含水率经验公式如式(13)所示。

$$y_2 = 4.333 - 0.01489T - 1.932p + 0.004746T^2 - 0.04299Tp + 0.4322p^2 \tag{13}$$

式中 y_2——含水率，‰(摩尔分数)；

T——温度，℃；

p——压力，MPa。

该拟合公式的残差平方和 SSE=0.9698；均方根误差 RMSE=0.5686；$R^2=0.9961$，拟合效果良好。

(2)超临界态管输 CO_2 含水率计算公式。

在上述文献中选取温度范围为 40~75℃、压力范围为 8~16MPa 的超临界态 CO_2 不同工况点的含水率，回归得到超临界态管输 CO_2 含水率经验公式如式(14)所示。

$$y_2 = -0.3423 - 0.1834T + 1.034p + 0.001811T^2 + 0.006734Tp - 0.04288p^2 \tag{14}$$

式中，各参数意义和单位与式(13)相同。

该拟合公式的残差平方和 SSE=0.2342；均方根误差 RMSE=0.1976；$R^2=0.9944$，拟合效果良好。

2 两种 CO_2 含水率计算方法适用范围

2.1 误差分析

将上述两种含水率计算方法计算结果与实测值[6-9]进行对比，并计算相对误差，将结果列入表 2 中。

表 2　CO_2 含水率计算结果及误差分析

管输相态	温度/℃	压力/MPa	含水率实测值/‰	简化模型法		经验公式法		实测值参考文献
				计算值/‰	误差/%	计算值/‰	误差/%	
气态	25	2.53	1.64	1.65	0.61	1.45	-11.35	6
	25	5.07	1.29	1.14	-0.87	1.52	32.60	6
	31.04	2.53	2.28	2.30	0.44	2.16	-5.65	6
	31.04	5.07	1.61	1.55	-0.64	1.42	-9.06	6
	50	2.53	6.20	6.03	0.17	6.63	10.11	6
	50	5.07	3.83	3.81	-0.26	3.33	-12.70	6
	75	2.53	18.16	18.01	-0.06	17.74	-1.58	7
	75	5.07	10.87	10.76	-0.46	11.08	2.47	7
超临界态	40	10.13	4.28	4.38	2.34	4.02	-6.03	9
	40	11.15	4.40	4.51	2.50	4.42	0.47	9
	40	12.67	4.67	4.56	-2.36	4.85	3.84	9
	40	15.2	5.07	5.22	2.96	5.12	1.05	9
	50	8.72	3.64	3.69	1.37	3.71	1.85	8
	50	10.06	4.29	4.27	-0.47	4.46	4.08	8
	50	12.21	5.43	5.18	-4.60	5.36	-1.31	8
	50	14.75	6.08	5.94	-2.30	5.90	-2.90	8

绘制模型计算误差分析图如图 1 所示。

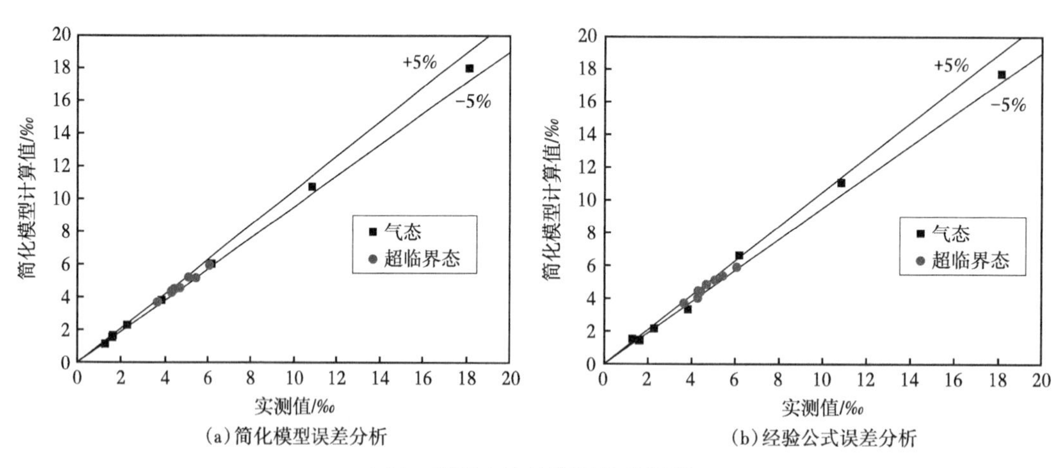

图 1　两种方法计算误差分析图

分析表 2 和图 1 可知，与实测值对比，简化模型法计算值平均相对误差为 1.40%，相对误差范围为-4.60%~2.96%，其中气态范围内平均误差为 0.44%，超临界态范围内平均误差为 2.36%；经验公式法计算值平均相对误差为 6.69%，相对误差范围为-11.35%~32.6%，其中气态范围内平均误差为 10.69%，超临界态范围内平均误差为 2.69%。其中，简化模型法在气态和超临界态管输范围内均具有高准确度，其误差来源主要包括状态方程计算逸度过程中产生的误差和简化假设造成的误差两部分。经验公式法在超临界态范围内具有良好的准确性，在气态范围内误差较简化模型法大，但仍然能满足一般工程计算需要。

2.2 适用范围分析

由误差分析可知，在气态管输范围内，简化模型法比经验公式法更加精确；而在超临界态管输范围内，两种方法精确度基本一致。在实际应用过程中，两种方法均仅需压力和温度两个参数即可计算管输 CO_2 的含水率，相比于传统的相平衡方法具有使用方便、计算速度快的优势。其中，经验公式法相比于简化模型法更加简便，利用简单的多项式形式计算含水率，无须编程迭代计算，具有更高的工程应用价值。

综合考虑两种方法在准确性及应用简便性两方面的优劣，本文对实际工程应用过程中含水率计算方法选择提出以下建议：在精确度要求较高的工程计算时，超临界态 CO_2 管道宜选择经验公式法计算含水率，气态 CO_2 管道宜选择简化模型法计算含水率；而在精确度要求较低的场合，气态和超临界态管输 CO_2 的含水率均可选择形式简单的经验公式法进行计算。

3 结论与建议

本文提出了适用于管输 CO_2 的含水率计算的两种方法，并就两种方法的准确性和适用范围进行了对比。针对研究结果，本文得出以下结论与建议。

(1)简化的热力学模型法利用 Peng-Robinson 状态方程计算相关物性参数，采用相平衡理论对 CO_2-H_2O 两相体系进行了描述，在气态和超临界态管输范围内均具有高精确度。

(2)实验数据拟合的经验公式法给出了关于 p、T 的简单多项式形式的气态和超临界态管输 CO_2 含水率经验公式，经验公式在超临界态范围内具有高精确度，在气态范围内精确度低于简化模型法，但仍能满足一般工程应用要求。

(3)在精确度要求较高的工程计算时，超临界态 CO_2 管道宜选择经验公式法计算含水率，气态管道宜选择简化模型法计算含水率；而在精确度要求较低的场合，气态和超临界态管输 CO_2 的含水率均可选择形式简单的经验公式法进行计算。

参考文献

[1] 骆仲泱，方梦祥，李明远，等．二氧化碳捕集封存和利用技术［M］. 北京：中国电力出版社，2012：15.

[2] 李顺丽，李玉星，赵青，等．纯 CO_2 的节流特性［J］. 天然气工业，2015，35(8)：93-98.

[3] TENG L，ZHANG D，LI Y，et al. Multiphase mixture model to predict temperature drop in highly choked conditions in CO_2 enhanced oil recovery［J］. Applied Thermal Engineering，2016，108：670-679.

[4] TENG L，LI Y，ZHAO Q，et al. Decompression characteristics of CO_2 pipelines following rupture［J］. Journal of Natural Gas Science and Engineering，2016，36：213-223.

[5] Veritas D N. DNV-RP-J202 Design and operation of CO_2 pipelines［J］. DET NORSKE VERITAS，Høvik，Norway，2010.

[6] Wiebe R，Gaddy V L. Vapor phase composition of carbon dioxide-water mixtures at various temperatures and at pressures to 700 atmospheres［J］. Journal of the American Chemical Society，1941，63(2)：475-477.

[7] Gillespie P C，Wilson G M. Vapor-liquid and liquid-liquid equilibria：water-methane，water-carbon

dioxide, water - hydrogen sulfide, water - npentane, water - methane - npentane [M]. Gas Processors Association, 1982.

[8] Briones J A, Mullins J C, Thies M C, et al. Ternary phase equilibria for acetic acid-water mixtures with supercritical carbon dioxide [J]. Fluid Phase Equilibria, 1987, 36: 235-246.

[9] King M B, Mubarak A, Kim J D, et al. The mutual solubilities of water with supercritical and liquid carbon dioxides [J]. The Journal of Supercritical Fluids, 1992, 5(4): 296-302.

[10] King Jr A D, Coan C R. Solubility of water in compressed carbon dioxide, nitrous oxide, and ethane. Evidence for hydration of carbon dioxide and nitrous oxide in the gas phase [J]. Journal of the American Chemical Society, 1971, 93(8): 1857-1862.

[11] Zirrahi M, Azin R, Hassanzadeh H, et al. Prediction of water content of sour and acid gases [J]. Fluid Phase Equilibria, 2010, 299(2): 171-179.

[12] 吴建峰. 水在超临界二氧化碳中的溶解度研究 [D]. 浙江：浙江工业大学，2014.

[13] 蒋春跃，潘勤敏，潘祖仁. 苯乙烯在超临界 CO_2 中的溶解度 [J]. 化工学报，2002，53(7)：723-728.

[14] Zhu L, Li L, Zhu J, et al. Analytical methods to calculate water content in natural gas [J]. Chemical Engineering Research and Design, 2015, 93: 148-162.

[15] Sloan Jr E D, Koh C. Clathrate hydrates of natural gases [M]. CRC press, 2007.

[16] 诸林，白剑，王治红. 天然气含水量的公式化计算方法 [J]. 天然气工业，2003，23(3)：118-120.

[17] Mohammadi A H, Chapoy A, Richon D, et al. Experimental measurement and thermodynamic modeling of water content in methane and ethane systems [J]. Industrial & engineering chemistry research, 2004, 43(22): 7148-7162.

[18] Spycher N, Pruess K, Ennis-King J. CO_2-H_2O mixtures in the geological sequestration of CO_2. I. Assessment and calculation of mutual solubilities from 12 to 100℃ and up to 600 bar [J]. Geochimica et cosmochimica acta, 2003, 67(16): 3015-3031.

[19] Thomson G W. The Antoine equation for vapor-pressure data [J]. Chemical reviews, 1946, 38(1): 1-39.

[20] Peng D Y, Robinson D B. A new two-constant equation of state [J]. Ind. Eng. Chem. Fundam, 1976, 15(1): 59-64.

Scale formation and management strategy in jiyuan oilfield

Qiongwei Li Huiying Yuan Zhiping Zhou Aihua Liu

(Oil & Gas Tech Research Institute, Changqing Oilfield Branch Company, Petrochina)

Abstract: Changqing oilfield has become one of the largest oilfields in China, with equivalent oil and gas output over 50 million tons per year since 2013. As a typical block with low permeability of changqing oilfield, jiyuan oilfield has produced 6.7 million tons of crude oil per year. The main formations of jiyuan oilfield are yan'an formation of jurassic and yan'chang formation of trias.

The injection water(IW) with sulfate is incompatible with formation water(FW) containing Ba^{2+}/Sr^{2+} and Ca^{2+}. The mixing of incompatible injected and formation water primarily leads to scale formation in the perforations, production casing, tubing, and downhole equipment of production wells and anywhere in surface equipment during oil production. Recently, the scale problem has been worsening as the watercut increases to 50%.

The typical scale and water samples during reservoir core flooding tests have been analyzed by inductively coupled plasma (ICP) spectroscopy, X-ray diffraction (XRD) and Scanning electron microscope (SEM) to make a better understanding of the scale formation mechanism. The scaling tendency of the mixing injected and formation water from several stratums has been predicted by using OLI scale software. To simulate the mixing of IW and FW within the reservoir, the IW and FW were injected into the reservoir core during the experiment, the results showed that the core permeability impairment is over 35%. The occurrence of scale affected core permeability and flow ability of the surface system.

To solve the scale problems of C_8 block, nanofiltration sulfate reduction (NFSR) system has been carried out and scale inhibitors were screened. 5 sets of NFSR systems for injection water have been applied to remove high content SO_4^{2-}. The results showed that this system decreased the pressure of injection wells at the beginning term. However, the long term effect of these systems are full of uncertainty and difficult to evaluate at current stage. The inhibition efficiencies of six chemical scale inhibitors(SI) have been tested, and the maximum inhibition efficiency reached 45% at the same time, the scaling time period was doubled. The new type efficient solidification scale inhibitor was recommended under the consideration of the cost of two scale control methods.

Keywords: scale formation; mechanism; sulfate; injection water; scale inhibitor

1 Introduction

Since 2013, Changqing Oilfield, which located in Erdos basin, has produced over 25 million tons of oil and 34 billion cubic meters of natural gas in total per year, becoming one of the largest oilfields in China. As one low permeability district of Changqing Oilfield, Jiyuan oilfield with the developed area of $1\times10^6 km^2$, has produced 6.7 million tons of crude oil per year. The main formations of Jiyuan are Yan'an formation of Jurassic and Yan'chang formation of Trias. The Yan'chang formation have several consist of C_{4+5}, C_6 and C_8. The average output liquid of oil wells is $5m^3/d$. The watercut is 40%~60% now. The density of crude oil is $0.75g/cm^3$ and with viscosity of 1.3mPa · s (20℃). The location of Jiyuan oilfield is shown in Figure 1 and the physical parameters of formation are listed in Table 1.

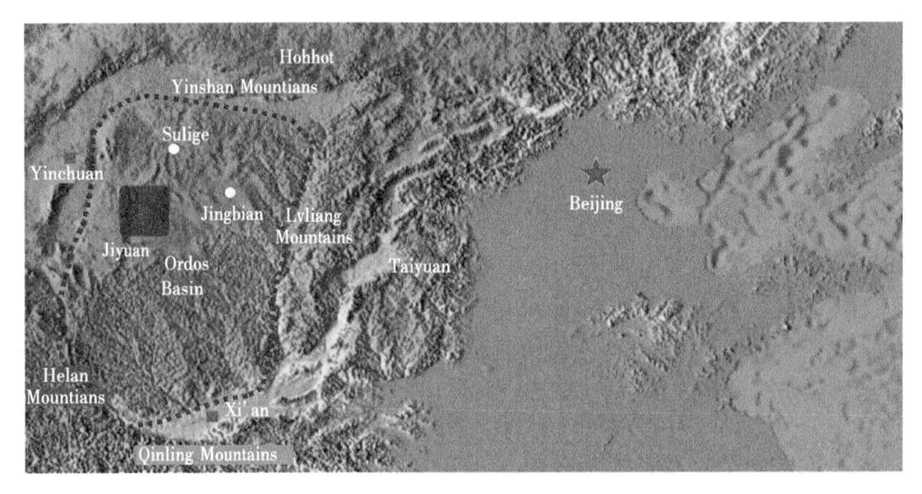

Figure 1 Location of Jiyuan oilfield

Table 1 Physical Parameters of Yan'chang Formation, Jiyuan oilfield

	C_{4+5}	C_6	C_8
Reservoir type	lithologic oil pool		
Reservoir depth/ m	2100	2300	2600
Porosity/%	10.6	11.5	8.6
Permeability/mD	0.52	0.65	0.12

Jiyuan Oilfield adopts water injection development method. The stratum water type of C_2, C_{4+5}, C_6 and C_8 is all $CaCl_2$, the average total salinity of the formation brine is 80g/L. The concentration of scaling cations (Ba^{2+}, Ca^{2+}) is relative higher, with maximum content up to 5076mg/L. The injection water containing Na_2SO_4, was obtained from Luohe formation with total salinity from 4900mg/L to 6300mg/L. The concentration of SO_4^{2-} is 2000~4500mg/L. Serious scaling problems in production system are gradually exposed because incompatibility between IW and FW.

The number of serious scaling oil wells is more than 3400 in Jiyuan oilfield. The average scale deposition rate in the production string is 3~4mm/a, and some wells is higher than 7~8mm/a. The scaling depth range of downhole tubular are mainly focus on 150~500m up of the pump, well liner, etc. The workover frequency was increased by 11.3% because of the serious scaling. The results of XRD indicated that there were mainly two types of the scale products. For wells without water breakthrough, the scale products are usually composed by $CaCO_3$, $BaSO_4$, organic depositions and corrosion products, which is shown in Figure 2. Meanwhile, for water breakthrough wells, the scale products were mainly barium sulfate and strontium sulfate as shown in Figure 3. The actual scaling capacity of oil wells' at different watercut stages is not clearly understood.

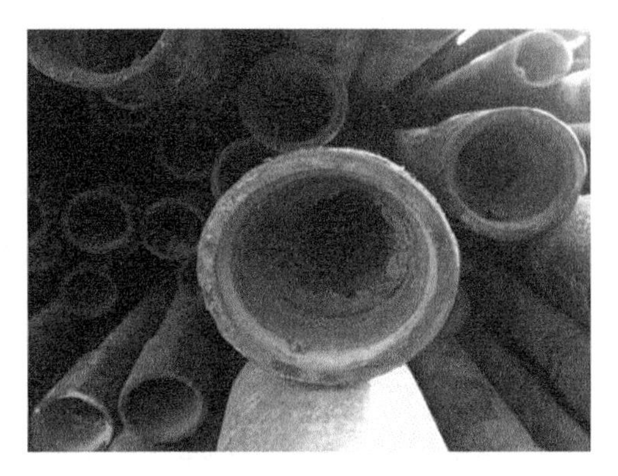

Figure 2 Scaling of downhole tubing

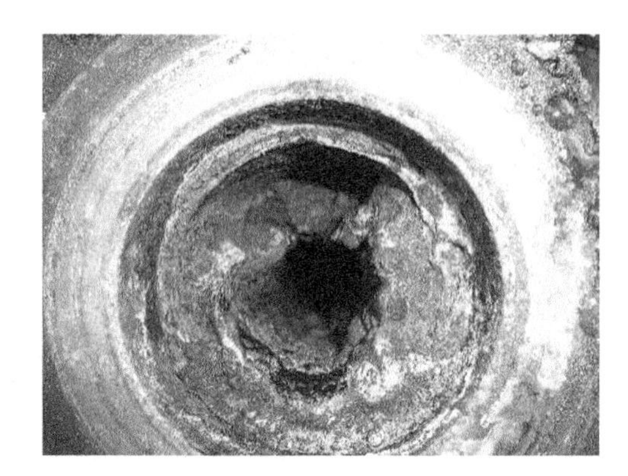

Figure 3 Scaling in riser pipe of heating furnace

As the developing model of Jiyuan oilfield is cluster wells, the surface gather process is tight-line pumping at cluster wells, and transfer oil at booster pump station or small district in order to meet the needs of production and to save investment. The number of scaling booster station is 179, with the pipeline blocking period by scale is average 10 months, for some serious parts only 4 months, as shown in Figure 3. The serious scale precipitation of pipelines and equipments in the station usually causes production discontinue, even worse need to be replace. Because there are many oil wells of different stratum in one cluster wells and the produced fluids of different stratum are mixed together, the scaling dynamic process and the changing tendency of scale amount are not clearly investigated. In this paper, the research is mainly based on C_8 stratum.

2 Experimental Procedure

2.1 Permeability impairment of the barium sulfate scaling

In order to evaluate the variation in the core permeability which was affected by barite scale formation, the CHANDLER 6100 core flooding test system was used and IW from typical district has been injected into reservoir core under steady constant pressure. The experiment procedure is described as below: [1-3]

(1) Treating core (cleaning, drying), testing original permeability and porosity according to standard GB/T 29172 "Method Routine Core Analysis";

(2) Preparation of simulated FW with different Ba^{2+} content (400mg/L, 600mg/L, 800mg/L, 1200mg/L, 1500mg/L, 2000mg/L, 2500mg/L, 3000mg/L);

(3) Filling of core by simulated FW;

(4) Retaining the experiment temperature at 55℃;

(5) Injecting the IW into core with different SO_4^{2-} content(400mg/L, 1200mg/L, 2000mg/L).

Core permeability damage ratio(η_d, %) is defined as follows:

$$\eta_d = (K_{(n)} - K_0)/K_0$$

where $K_{(n)}$ = test sample permeability at Ba^{2+} content n, mD; K_0 = original permeability, mD. In this work, η_d is measured for many systems but the main focuses on how the fate of the barium sulfate precipitation relates to η_d, as discussed below.

2.2 Analysis of dynamic scaling process

The composition of produced water from different stratums is tested by ICP-AES (cations analyze), ICP (anion analyze) and chemical analyze method (HCO_3^-/CO_3^{2-}). The brine composition is listed in Table 2.

Table 2 Water Analysis of Different Stratums

stratum	Cl^-/ mg/L	HCO_3^-/ mg/L	SO_4^{2-}/ mg/L	Ca^{2+}/ mg/L	Mg^{2+}/ mg/L	Ba^{2+}/Sr^{2+}/ mg/L	Na^+/K^+/ mg/L	TDS/ mg/L
C_{4+5}	63828	193	0	6894	95	1053	31510	104400
C_6	36687	113	18	1255	0	3097	21376	63500
C_8	43518	160	28	901	121	3145	25990	72000
IW	1280	64	2172	572	203	0	1500	4900

The OLI's ScaleChem (2003) prediction program has been used to simulate the scaling tendency underthe conditions of different IW: FW ratio. As can be seen in Figure 4, the scaling quantity of C_{4+5}, C_6 and C_8 with the same ratio of IW show great differences. The scaling quantity is higher than 500 mg/L when the watercut is more than 10%, and the amount of scale reaches largest when the watercut ranging from 40% to 60%.

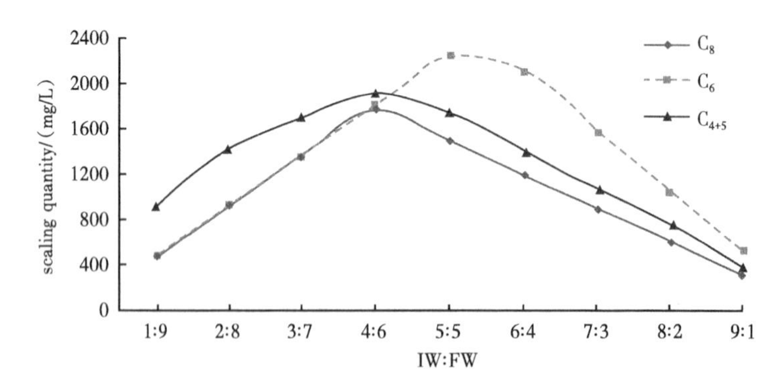

Figure 4 The scaling tendency of different watercut

To simulate the whole procedure of IW incursion, two typical IW and FW samples were selected and mixed with different volume ratio under the downhole condition of 60℃, 8 MPa, as Table 3 and Table 4. The scale depositions are composited of $BaSO_4$ and $CaCO_3$. The $BaSO_4$ scale become dominated after watercut higher than 30% and the ratio of $CaCO_3$ decreased from 38% to 5%. The maximum amount of scale precipitation was obtained when the watercut reached 40%.

Table 3 Water Analysis

Well no.	Cl^-/ mg/L	SO_4^{2-}/ mg/L	HCO_3^-/ mg/L	Mg^{2+}/ mg/L	Ca^{2+}/ mg/L	Ba^{2+}/ mg/L	Na^+/K^+/ mg/L	TDS/ mg/L
IW well 1	1014.40	2524.57	129.00	190.88	493.95	0	900.59	5119.28
C_8 well	45129.15	50.21	331.99	0	441.91	1829.73	28294.44	76077.43

Table 4 Simulated scale characters and quantity of different watercut stage

IW:FW	$BaSO_4$ deposit/(mg/L)	$CaCO_3$ deposit/(mg/L)	Total deposit/(mg/L)
1:9	480	1200	1680
2:8	870	1000	1870
3:7	1350	840	2190
4:6	1760	610	2370
5:5	1570	400	1970

The core permeability impairment ratio increased with SO_4^{2-} concentration increasing. The conclusioncan be drawn and described in Figure 5. The damage ratio is ranging from 37.55% to 66.37% when the SO_4^{2-} concentration is around 2000mg/L. The barite scale deposit caused by the mixing of brines containing Ba^{2+} and SO_4^{2-} is the main reason for core damage. The microstructure surface of natural core was observed before and after injection by SEM, the results are shown in Figure 6. It can be observed that there are lots of barium sulfate precipitated crystals with regular structure on the core surface and fracture pore. It's believed that barium sulfate precipitation takes place in the overall core and not in the surface only.

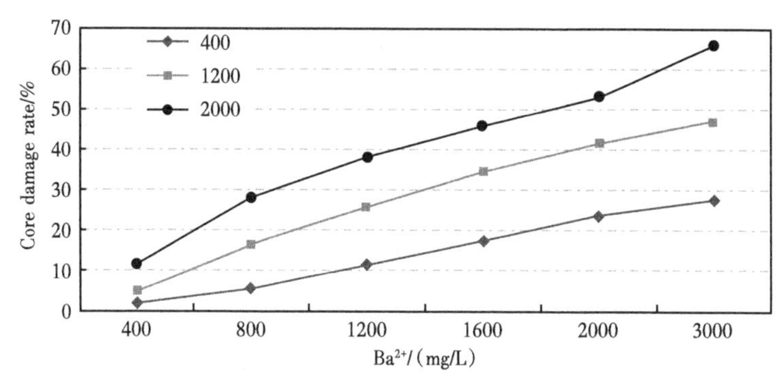

Figure 5 The core permeability variation affected by SO_4^{2-} in IW and Ba^{2+} in FW

(a) without IW (b) cover by scale (SO_4^{2-}=2000mg/L)

Figure 6 SEM photo of core surface before and after injected IW (×3000)

In Jiyuan oilfield, the dynamic scaling variation of surface gather system is different from formation or downhole string. One booster pump station usually undertakes upstream liquid from several or more than 10 cluster of wells. The degree of scaling of each station is different. The liquid quantity, formation watercut and Ba^{2+} concentration affected scaling degree. The scaling of 6 booster pump stations(domination 462 oil wells), which have serviced for 7 years were analyzed. The results show that the scaling speed was mainly controlled by liquid quantity and watercut, the maximum speed was 12.92kg/d. However, this speed was gradually reduced after watercut of produced liquid being higher than 60% (Figure 7). This regulation is the same as the conclusion of laboratory simulation.

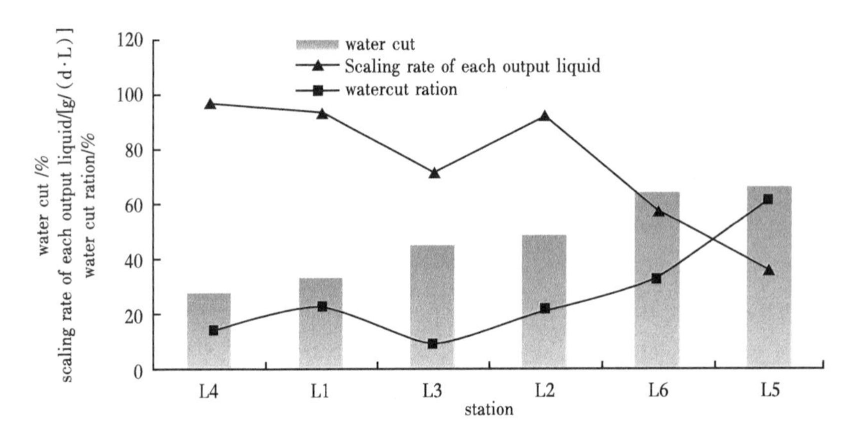

Figure 7 The scaling speed of 6 stations with different watercut stage

3 Scaling Mitigation Technology

3.1 Nanofiltration sulfate reduction (NFSR) technology for IW treatment

The solubility of $BaSO_4$ was the lowest among oilfield scales. IW desulfated is one of the fluid modification technologies which uses Nanofiltration membrane of Dow NF270 - 400 module to remove the bivalent cations such as SO_4^{2-} (Figure 8).

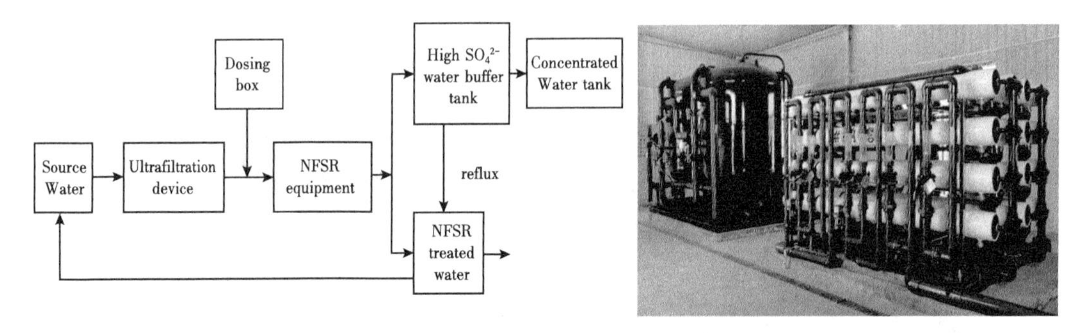

Figure 8 Treating procedure of NFSR and the field equipments

The water composition before and after treatment is shown in Table 5. It's found at the fields that the concentration of SO_4^{2-} in IW was reduced more than 90%, and reached lower than 600 mg/L after IW being treated by the NFSR equipment. According to the compatibility tests between IW mixed with FW C_8 and NFSR treated water mixed with FW C_8, it Is shown that the scale quantity of the latter was largely lowered.

Table 5 Main Ions Changing Comparison before and after NFSR

water	Cl^-/ mg/L	HCO_3^-/ mg/L	SO_4^{2-}/ mg/L	Na^+/K^+/ mg/L	Mg^{2+}/ mg/L	Ca^{2+}/ mg/L	TDS/ mg/L
IW	914. 68	65. 39	2499. 88	1073. 50	119. 02	403. 37	4993. 31
NFSR treated water	832. 15	58. 51	501. 29	680. 38	21. 16	117. 74	2293. 76
High SO_4^{2-} water	1932. 52	86. 04	3034. 09	1675. 66	171. 92	643. 20	7543. 43

Jiyuan oilfield has built 5 sets of NFSR equipment since 2012. The total water treatment ability is 600 ~ 2000m^3/d, including 433 IW wells. The longest one has been operated for more than 7 years. One of the 5 sets has shown the credible effect. The operation pressure changes from 0. 576MPa/a to 0. 357MPa/a. Meanwhile, the increasing slope was reduced than before. But the long-term effect which affected by equipment, operation management and the reuse of high SO_4^{2-} concentration, is still needed to be monitored and researched.

3. 2 Evaluation and application of SI

SI is one of the most frequently-used technology for scale mitigation. Static bottle test method has been used to compare the effect of 6 kinds commercial special inhibitors with high tolerance of calcium and barium. The water analysis of IW and C_8 is listed in Table 3. The synthetic brine mixture ratio in lab is 1 : 1 (watercut 50%) and 2 : 1 (watercut 67%). Those inhibitors are phosphonates, phosphate ester, polyacrylate copolymer, respectively[4-7].

Some inhibitors aggregates to haziness or floc and incompatible with mixed brines when the concentration of inhibitor over 50mg/L. The results of mixing each scale inhibitor with FW are shown in Figure 9. The samples of TH60 and EC61 showed perfect clarity and there was no haziness, floc or precipitate observed when the concentration is higher than 300mg/L. However, the inhibitor PASP present special properties. Not only scale control efficiency was relative lower, but also a thin and hard scale layer formed on the test vessel, which increased the difficulty in removing[8-10].

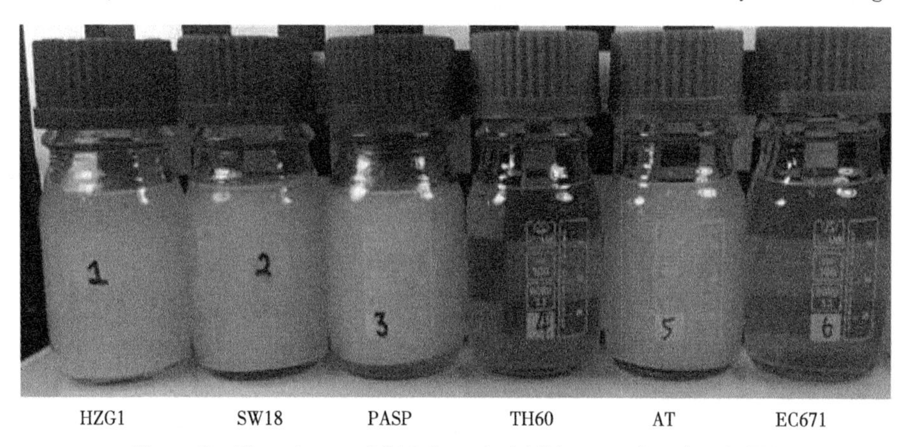

HZG1 SW18 PASP TH60 AT EC671

Figure 9 The mixture of 6 kinds scale inhibitors combined with FW

The maximum injection concentration was set to 100mg/L in order to control operation expenditure (OPEX). TH60 has the best chemical performance with inhibition efficiency of 42.5%. It has relatively better ability against $BaSO_4$ in high calcium environments. Field application of TH60 with continuing injection at concentration of 120mg/L has prolonged the scale cleaning cycle from 4 months to 8 months.

3.3 Economic comparison of mitigation technologies

The development of low permeability oilfield has to experience high pressure at low international oil price level. According to the market prices, the capital expenditure (CAPEX) and OPEX of NFSR and scale injection technology were analyzed.

NFSR technology has higher requirement for the equipment and plant etc. Taking the capacity of $3000m^3/d$ NFSR for example, the annual operating cost is US 247700\$ (85400 \$ per year for equipment and installation, 43000 \$ for power consumption, 34800 \$ for membrane cleaning agent, 19900 \$ for maintenance, 64800 \$ for replacing filter membrane. Annual operation time is 330d). The treatment cost for treating water is 0.26\$ $/m^3$.

The price of SI is 1700 \$/t. For one producer, the cost of inhibitor is about 300 \$/a with the injectionconcentration of 100mg/L and $5m^3/d$ output liquid. The annual cost for 100 similar wells is 30000 \$. It is more reasonable and flexible to injection chemical inhibitors than the other methods. However, it's still needs researching for an enduring scale inhibitor injection technology for the oilfield production system[11-14].

4 Conclusions

Jiyuan oilfield is a typical low permeability and low output oilfield in China inland. The incompatible mixing of IW and FW is the dominant mechanism of scale formation. The thermodynamic calculation results show the scaling quantity attains its maximum when watercut at 40% ~ 60% stage. The core flooding experiment illustrated that the permeability damage ratio of the reservoir core becomes increasing when the barium concentration in the formation water is greater than 1200mg/L, and it is greater than 37% when the sulfate concentration in the injection water is 2000mg/L. The main scale is $BaSO_4$ when the watercut is higher than 30%.

Nanofiltration sulfate reduction (NFSR) technology has been researched to reduce the high content of SO_4^{2-} in IW from more than 2000mg/L to less than 600mg/L. One NFSR system of 5 sets has showed obviously effect. But the long-term effect is still needed to be monitored and researched.

Comparing with the NFSR technology, the injection of chemical scale inhibitor is a more economic method considering the cost of CAPEX and OPEX, especially for low permeability oilfield with a huge amount of production wells and decentralized distribution. Due to the low inhibitor efficiency (lower than 42.5%) of current scale inhibitor, future researches would be suggested to develop some new capsulate solidification scale inhibitors applicable for the field.

Acknowledgements

The authors would like to thank Petrochina for permission to publish this work, and the sponsor of subject "CO_2 Flooding and Underground Key Technology Research of Extra/Super Low Permeability Oilfield", from National Science and Technology Major Project "Development of Giant Oil & Gas and Coal Bed Gas Field" (2016ZX05016-003).

References

[1] JORDAN M M, COLLINS I R, MACKAY E J. Low sulfate seawater injection for barium sulfate scale control: a life of field solution to a complex challenge [C]. SPE 98096, 2006: 192-209.

[2] JORDAN M M, SJURAETHER K, COLLINS I R, et al. Life cycle management of scale control within subsea fields and its impact on flow assurance, gulf of mexico and the north sea basin [C]. SPE 71557, 2001: 1-16.

[3] HINRICHSEN C J. Preventing scale deposition in oil production facilities: an industry review [C]// CORROSION 1998: 61.

[4] FLEMING N, RAMSTAD K, ERLKSEN S H., et al. Development and implementation of a scale-management strategy for oseberg sør" [J]. SPE Production & Operation, 2007: 307-317.

[5] Houston, TX: NACE. Laboratory screening test to determine the ability of scale inhibitors to prevent the precipitation of barium sulfate or strontium sulfate, or both, from solution (for oil and gas production systems): NACE TM0197—2010.

[6] Houston, TX: NACE. Laboratory screening test to determine the ability of scale inhibitors to prevent the precipitation of calcium sulfate and calcium carbonate from solution (for oil and gas production systems) [S]: NACE TM0374—2016.

[7] BEDRIKOVETSKY P G, MORAES G P, MONTEIRO R, et al. Characterization of sulfate scaling formation damage from laboratory measurements (to predict well-productivity decline) [J]. SPE 93121, 2005: 3-5.

[8] SHAW S S, SORBIE K S, BOAK L S. Scale inhibitor consumption in long-term static barium sulfate inhibitor inhibition efficiency tests [J]. SPE 164052, 2013: 1-26.

[9] SHAW S S, SORBIE K S, BOAK LS. The effects of barium sulphate supersaturation, calcium and magnesium on the inhibition efficiency: 1. Phosphonate Scale Inhibitors [C]. SPE 130373, 2010: 306-317.

[10] SHAW S S, SORBIE K S, BOAK L S. The effects of barium sulfate supersaturation, calcium and magnesium on the inhibition efficiency: 2. Polymeric Scale Inhibitors [C]. SPE 130374, 2010: 1-18.

[11] CENEGY L M, MCAFEE CA, KALFAYAN L J. Field study of the physical and chemical factors affecting downhole scale deposition in the north dakota bakken formation [J]. SPE Production & Operation, 2013: 67-74.

[12] KALFAYAN L J, MCAFEE C A, CENEGY L M, et al. Field wide implementation proppant-based scale control technology in the bakken field. SPE 165201, 2013: 1-9.

[13] WYLDE J J, SLAYER J L, FREHLICK B. An exhaustive study of scaling in the Canadian bakken: failure mechanisms and innovative mitigation strategies from over 400 wells [C]. SPE 153005, 2012: 1-8.

[14] SPICKA K J, LITTLENHALES I, FIDOE J, et al. squeezing the bakken: successful squeeze programs lead to shift in bakken scale control [C]. SPE 184565, 2017: 1-14.

Nomenclature

FW	Formation water
IW	Injection water

mm/a	Scale deposition rate with millimeter per year
η_d	Core permeability damage ratio
ICP	Inductively coupled plasma spectroscopy
XRD	X-ray diffraction
SEM	Scanning electron microscope
NFSR	Nanofiltration sulfate reduction
SI	Scale inhibitors
MPa	Mega Pascal
kg/d	Kilogram/day
kg/(d · L)	Kilogram/(day · liter)
CAPEX	Capital expenditure
OPEX	Operation expenditure

Commercial model number	Scale Inhibitor	Molecular Structure
HZG1	PPCA (Phosphino polycarboxylic acid)	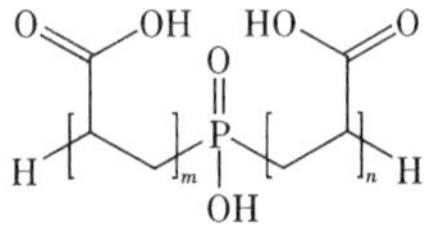
SW18	PESA (Polyepoxy suecinic acid)	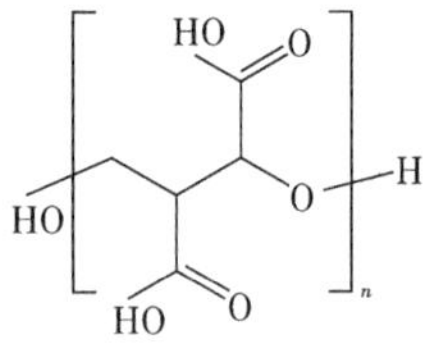
PASP	Polyaspartic acid	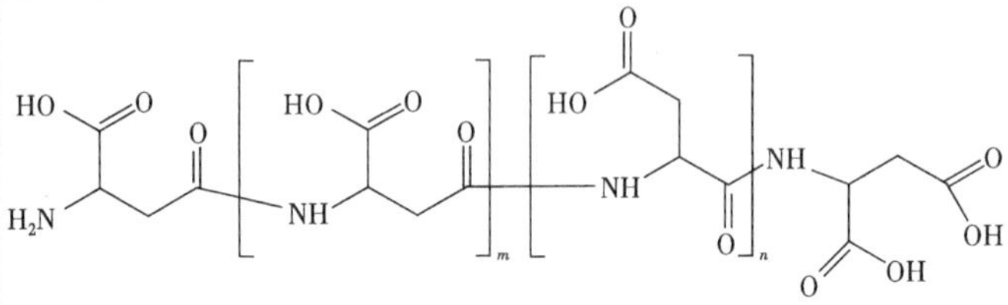
TH60	MAT (Maleic acid ter-polymer)	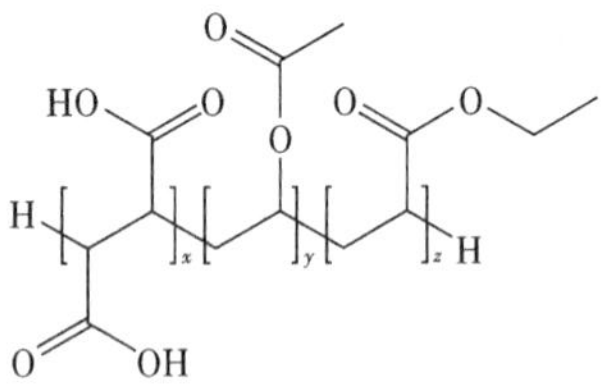
AT	HEDP(1-llydroxyethylidene-l, 1-diphosphonic acid-diphosphonate)	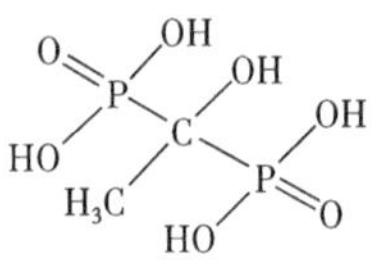
EC671	VS- Co (Vinyl sulphonate acrylic acid co-polymer)	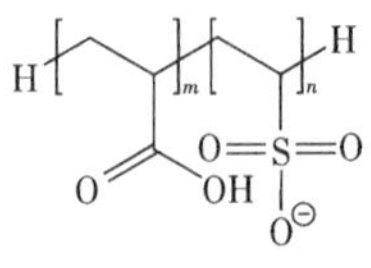

长庆油田小口径管道内检测机器人研究与应用

张志浩　孙银娟　杨　涛　孙芳萍　罗慧娟

（西安长庆科技工程有限责任公司）

摘要：综合涡流和超声波检测技术，针对长庆油田 CO_2 驱小口径管道，成功研制了小口径管道电磁涡流内腐蚀检测机器人和超声波内腐蚀检测机器人，并在长 2.97km、管径为 ϕ114mm、壁厚为 4.5mm 的管线上进行了试验。研制过程包括检测系统探头、腐蚀情况检测系统、壁厚检测系统、采集处理系统、动力控制系统、储存分析系统、里程记录单元以及上位机成像系统、整体检测系统的设计和开发。电磁涡流内腐蚀检测机器人可用于 ϕ89mm、ϕ114mm、ϕ133mm 管径的腐蚀检测，能够通过 4D 弯头，能将管道腐蚀、壁厚减薄甚至盗油孔等隐患进行检测、定位。超声波内腐蚀检测机器人，能够对输油管道进行全程检测和数据记录，确定缺陷在管道上的位置，形成相应波形曲线。

关键词：小口径管道；内腐蚀检测器；电磁涡流；超声波

因为管道损坏造成的石油、天然气泄漏或爆炸事故具有危害性大、持续时间长和不易治理等特点，所以对管道进行定向检测和维护是十分重要的[1]，我国的涡流检测技术研究和应用始于 20 世纪 60 年代[2]。管道运行过程中为了确保正常工作，避免发生事故和不必要的资源浪费，需要对管道进行损坏排查和维护。如果对所有管道进行普遍排查和维护，不仅浪费资源而且效率不高，所以研发必要的管道检测机器以对管道实现管道定向的在线监控十分重要。在世界范围内，管道的内检测以无损检测技术（Non-destructive Testing，NDT）为主[3-4]，但大部分内检测技术适用于 DN200mm 或 DN500mm 以上管线。经过几十年发展，管道的检测逐渐形成以射线、超声、磁粉、渗透、涡流为主的五大常规无损检测体系[5-7]。本文在综合分析以上技术优缺点的基础上，重点研究了适用于长庆油田 CO_2 驱等区域 DN100 及以下集输管道的涡流和超声 2 种内检测技术，并进行了现场应用试验。

1　管道内检测机器人研制

管道内检测机器人的研制过程包括检测系统探头、腐蚀情况检测系统、壁厚检测系统、采集处理系统、动力控制系统、储存分析系统、里程记录单元、上位机成像系统以及整体检测系统的设计和开发等内容，本文主要介绍腐蚀检测和壁厚检测系统研究。

1.1　腐蚀情况检测系统的研制

1.1.1　电磁涡流腐蚀检测系统

根据 DN100 电磁涡流内检测机器人检测的腐蚀缺陷曲线（图 1）。当某条管道整体腐蚀比较严重时，体现在腐蚀缺陷曲线图中则是从一端的焊缝开始，曲线出现连续低凹段直至下一焊缝处，如图1(a)所示，其纵坐标差值即为腐蚀减薄的部分，两个焊缝之间的长度(即横坐标差值)为腐蚀管段的长度。如果出现裂缝或者孔洞，会在曲线中间出现一个向下的跳跃尖峰，如图1(b)所示，尖峰的峰值就是裂缝或者孔洞的深度，尖峰的宽度就是裂缝或者孔洞的大小。从曲线中向下波动的峰的宽度可以判断管线缺陷形貌，一般较宽的峰为孔洞类缺陷，窄而细的峰为裂缝类缺陷。

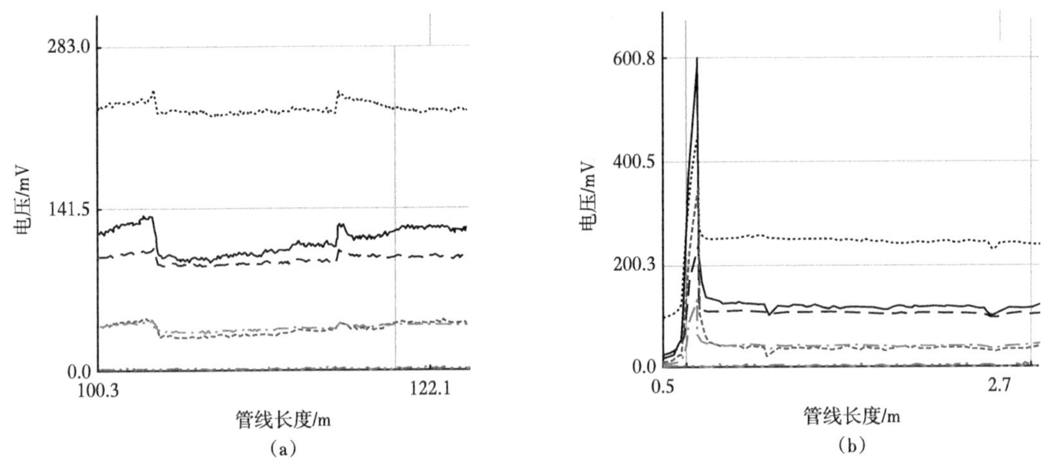

图1　壁厚减薄曲线

1.1.2　超声波检测系统

当管道内腐蚀出现壁厚整体减薄的情况时，测试方法参照均匀壁厚检测方法。当管道内出现坑点腐蚀时，分以下两种情况判断管道壁厚减薄情况[9-11]。

(1)当探头检测到内壁很浅的小点坑时(深度<$T_0/4$，T_0 为管道壁厚)，因声束的面积大于点坑，会在形成未腐蚀管壁处回波 A 和 B_1 时，也形成腐蚀点坑处回波 A′和 B_1'。并且浅点坑处表面波 A′将在 B_1 底波前[图2(a)]。然后根据相位识别的能力，区分出 A′和 B'_1，这样，将根据 A′、B_1'之间时间计算管壁厚度，得到管壁厚度减薄多少的结论。

(2)当探头检测到小于探头声束面积的内壁很深腐蚀点坑(深度>$T_0/4$)时，即裂纹时，因点坑处的表面波 A′已在 B_1 后[图2(b)]，需要通过相位及一些特殊相关算法，识别 A′、B_2 的回波，然后计算管壁厚度，得出管壁裂纹的深度。

1.2　壁厚检测系统的研制

1.2.1　电磁涡流检测

电磁涡流检测技术发展至今已从传统电磁涡流检测技术发展为多频涡流检测技术、远场涡流检测技术[8]和脉冲涡流检测技术[12-13]等；涡流检测信号的处理技术结合信号和信息处理技术的发展，由单频信号变化分析向阻抗平面分析技术、差分信号处理技术和阵列信号处理技术发展。本文研究的电磁涡流内检测机器人总共有1个主探测传感器和2个辅助探测传感器，如图3所示。它主要采用内插式自感式线圈，发射线圈和接收线圈在一个绕组上制作，减少了其他模式探头的伪峰的产生，制作简单，模型建立相对容易，比较适应长庆油田小管道多弯头的检测。主探测传感器主要根据接收到的感生电动势去判断管壁的壁厚、腐蚀情况。主探测传感器一共采集5条壁厚腐蚀曲线，然后根据曲线的形状、特

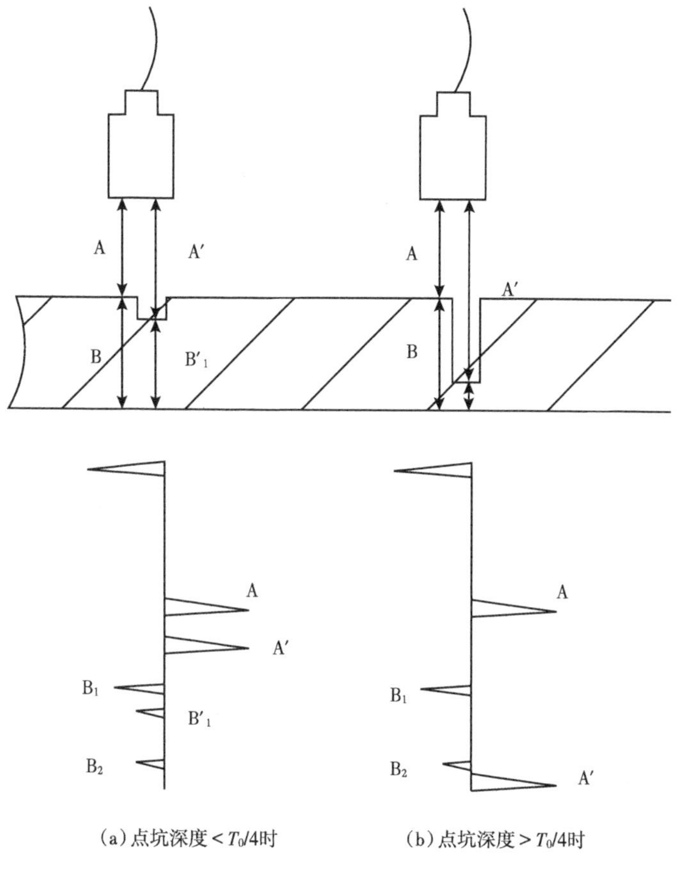

（a）点坑深度 < T_0/4时　　（b）点坑深度 > T_0/4时

图 2　腐蚀缺陷点坑超声检测原理图

性去判断曲线类型、深度等信息，它的精度可以达到 0.3mm。辅助探测传感器采用 2 个相互垂直的探头，并且都跟主探测传感器垂直，每个辅助探测传感器采集 3 条壁厚腐蚀曲

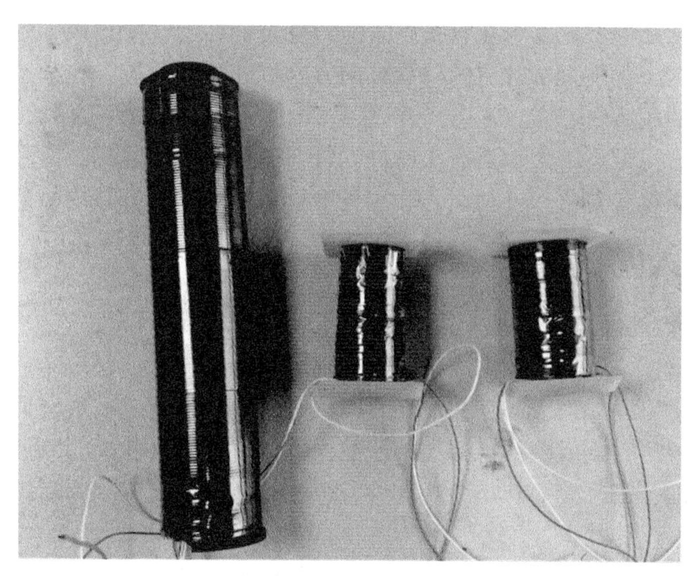

图 3　内检测机器人涡流探头

线，分别从不同的角度验证主探测传感器测量的结果。

1.2.2 超声波检测

如图 4 所示，由于均匀腐蚀面积大大超过探头的声束面积，超声探头在腐蚀区域内只接收到腐蚀区表面波 A 和底波信号 B。可根据接收的回波信号正确地计算出管道的壁厚值。

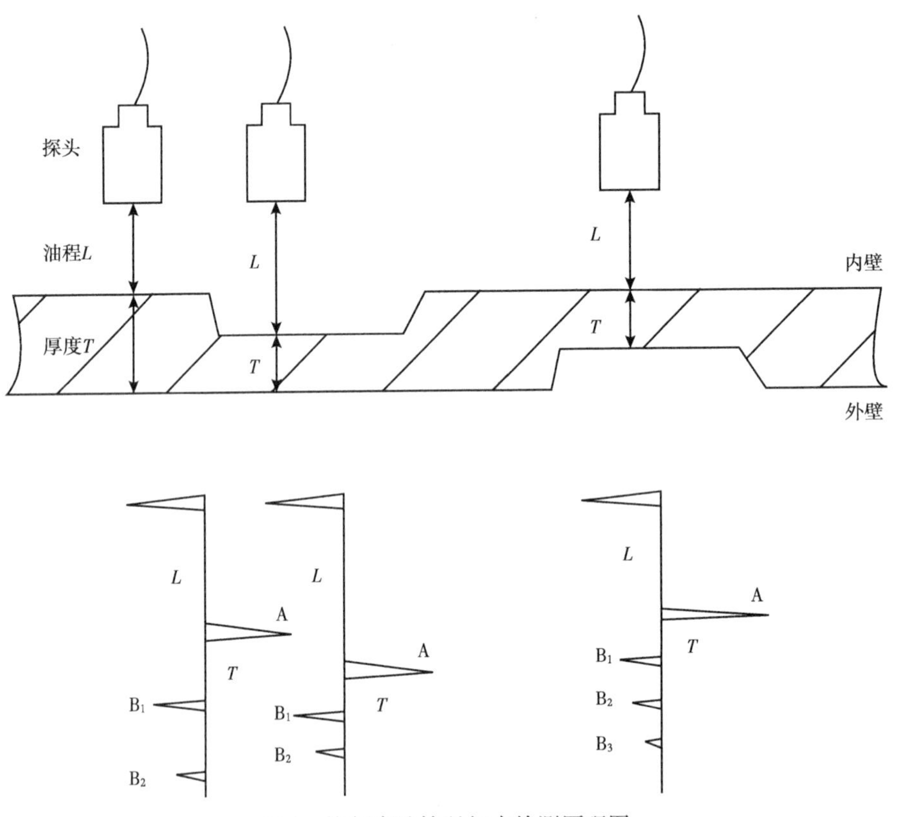

图 4 均匀腐蚀情况超声检测原理图

输油管道腐蚀部位可能发生在管壁外表面，也可能处于管壁内表面。超声波腐蚀检测机器人检测时，探头都垂直于管道内壁沿轴向方向以速度 v 前进。在前进过程中不断发射超声波脉冲测量油程 L 和厚度 T。当超声探头到达内表面均匀腐蚀部位时，管壁厚度减少，探头与内管壁间距离增大；当探头前进到管壁的外表面缺陷时，管壁厚度减少，但探头与内管壁间距离没有变化。可利用 L 和 T 的变化判断缺陷到底是内缺陷还是外缺陷。

1.3 检测机器人功能特点

1.3.1 电磁涡流内腐蚀检测机器人

电磁涡流内腐蚀检测机器人由匀量动力水推动沿管道行进，涡流传感器产生的强磁场在管壁形成对应磁力线，当管壁存在缺陷时，磁力线会出现相应畸变，同时传感器将畸变信号记录下来。检测完成后，从机器人下载数据通过上位机软件进行判读，形成相应波形曲线。将管道腐蚀、壁厚减薄甚至盗油孔等隐患进行检测、定位，为后续管道的安全使用提供一个清晰而科学的判据。

图 5 为电磁涡流内腐蚀检测机器人的样机，具体包括传感器单元、数据分析单元、电

池单元、里程记录单元，可用于 ϕ89mm、ϕ114mm、ϕ133mm 管径的腐蚀检测，可以通过4D 弯头。

图 5　电磁涡流内腐蚀检测机器人照片

1.3.2　超声波内腐蚀检测机器人

超声波内腐蚀检测机器人（图 6），同样依靠匀量动力水推动沿管道行进。在行进过程中，超声波传感器不断发出超声波信号，对输油管道进行全程检测和数据记录，根据超声波测距数据确定管壁缺陷数值，同时由内置的三轴加速度计传感器记录探头位移数据，并确定缺陷在管道上的位置。检测完成后，从机器人下载数据，再通过上位机软件进行判读，形成相应波形曲线。

图 6　超声波内腐蚀检测机器人照片

2　现场应用

2018 年 9 月，在长庆油田选取了长度为 2.97km，管径为 ϕ114 mm，壁厚为 4.5mm 的管线进行了检测试验，检测用时 6h13min，检测曲线如图 7 所示。结果显示，该段管线基本上无明显腐蚀，其基本厚度都在 4mm 以上，但轻微的坑点腐蚀现象较为普遍，个别地方有 0.5~1mm 的腐蚀坑点。每根管道相互之间的厚度有差别，基本为 0.5mm 左右腐蚀，管线的整体壁厚都在 4~4.5mm。此外，准确检测到了多处由于法兰或推力制动桩等造成的管线壁厚陡然增加信号，进一步验证了内检测机器人的灵敏度和准确性。

缺陷分析发现，0~149m 处，焊缝比较明显，每根管线清晰可见，其中：坐标 22.3m 异常，长度 1m 左右，厚度比周围厚 1mm 左右，类似于法兰连接，其他地方尚无明显缺陷；坐标 327~608m 处，焊缝比较明显，每根管线清晰可见；坐标 338~348m 异常，长度

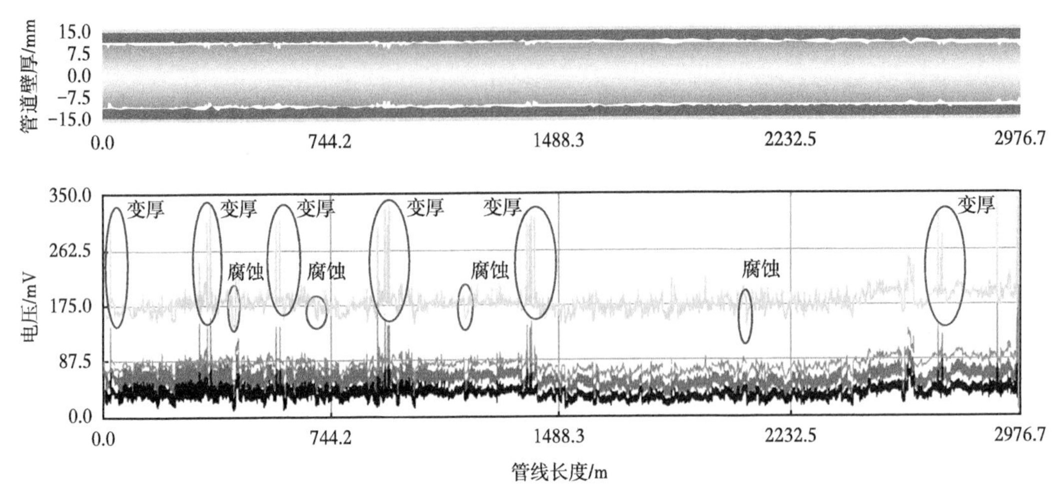

图 7　管线整体内检测曲线图

10m 左右，类似于法兰连接；坐标 567～580m 异常，长度 13m 左右，类似于法兰连接；坐标 420～431m 异常，长度 11m 左右，有大致 1mm 的腐蚀。

根据现场实际情况，对坐标 22.3m 异常处进行了开挖验证，发现此处为管线推力制动桩，导致管线壁厚增加，与分析结果一致。坐标 420～431m 处，现场开挖断管、剖片后，可见管线内壁腐蚀点明显。经超声波测厚仪测量，最严重坑点处实际剩余厚度为 3.2mm，与检测分析得出的数据基本一致。

运用电磁涡流原理完成了 2 条共 6.2km 旧管道的内腐蚀检测任务，完整获取了管道电磁涡流的波形曲线，对应发现管道的腐蚀状况及缺陷信息；检测数据与现场开挖验证比对，管道实际腐蚀状况与曲线波形判断吻合，验证了电磁涡流技术在管道内腐蚀检测的可行性。

通过对上述 2 条管线进行管道内腐蚀缺陷检测，基本可以判定被测管道的腐蚀缺陷情况较为严重，腐蚀缺陷的表现主要为全线大面积坑点腐蚀，其中有 3 处 1 级腐蚀，须立即维修更换，但未发现穿孔腐蚀；建议使用寿命为 3 年以上的管道，每年进行一次内腐蚀检测，可预估管道使用寿命，消除原油泄漏安全隐患；进行在用管线不停输状态下的内腐蚀检测试验，推进电磁涡流内腐蚀检测在输油管道安全检查的应用。

3　结语

通过对电磁涡流信号和超声波信号的研究，研发了电磁涡流内腐蚀检测机器人，并成功应用于管道的腐蚀检测，同时完成了超声波检测的可行性方案和超声波腐蚀检测机器人样机的装配调试。本文的研发结合了涡流技术和长庆油田管道现状，在小型化的基础上增加了柔性短节和封水皮碗，在利用水或者原油做动力的情况下实现 DN80 和 DN100 管道、多弯头管道的内腐蚀检测。检测人员可直观看出每条管道中的缺陷，能快速统计出管道的使用情况。如果能够每年检测一次，通过数据库的对比，就可以判断出管线的腐蚀速率和剩余使用年限，对于管道的安全使用具有指导意义。

参考文献

[1] 徐海军．石油管道腐蚀检测评价技术研究［J］．焊管，2008，31(1)：47-48.

[2] 郭春枢．近十年来我国电磁涡流检测技术的进展［J］．无损检测，1988，10(5)：134-138.

[3] 刘慧芳，张鹏，周俊杰，等．油气管道内腐蚀检测技术的现状与发展趋势［J］．管道技术与设备，2008，(5)：46-49.

[4] 黄海威．油田埋地钢质管道腐蚀检测与安全评价［J］．油气田地面工程，2005，24(8)：54.

[5] 武新军，张卿，沈功田．脉冲涡流无损检测技术综述［J］．仪器仪表学报，2016，37(8)：1698-1712.

[6] 张国光．管道周向励磁漏磁内检测技术的研究：［D］．沈阳：沈阳工业大学，2010.

[7] 段成功．基于脉冲涡流的管道检测方法研究［D］．沈阳：沈阳工业大学，2013.

[8] 王素菊，曲民兴．远场涡流无损检测技术［J］．无损检测，1996，18(9)：262-266.

[9] 王卫东．石油专用金属管材检验中超声波技术的实践应用［J］．中国金属通报，2018(6)：173，175.

[10] 赵诚．高温环境下压力容器与管道的超声波检测技术［J］．化工管理，2018(27)：155-156.

[11] 陈昂，周承虎．基于超声波原理的管道缺陷检测装置可靠性研究［J］．石油和化工设备，2017，20(8)：75-77.

[12] 杨宾峰，张辉，荆毅飞，等．基于脉冲激励的远场涡流检测机理及缺陷定量评估技术［J］．空军工程大学学报，2012，13(6)：45-49.

[13] 罗清旺．基于电磁涡流的管道缺陷检测方法研究：［D］．成都：电子科技大学，2018.

Experimental study on dispersion behavior during the leakage of high pressure CO_2 pipelines

Cailin Wang Yuxing Li Lin Teng Shuaiwei Gu
Qihui Hu Datong Zhang Xiao Ye Jinghan Wang

[Shandong Provincial Key Laboratory of Oil & Gas Storage and Transportation Security
China University of Petroleum (East China)]

Abstract: Pipeline transportation is considered as the most economical and efficient method for transporting large amounts of CO_2. The potential for pipeline leakage, possibly resulting in catastrophic accidents, makes it vitally crucial to predict and assess the consequences of accidental CO_2 pipeline releases. To investigate the dispersion behavior of high pressure CO_2 leaked from a pipeline, a new laboratory scale experimental setup with a total length of 14.85m and an internal diameter of 15 mm was constructed. Upward releases of supercritical, liquid and gaseous CO_2 containing 2%, 4%, 6% (mole fraction) nitrogen were carried out through an orifice of 1 mm. Evolutions of temperature and movement of dry ice particles in the far-field were studied. An improved dispersion model was proposed to analyze the abnormal low-temperature area found in pure CO_2 leakage. Furthermore, the effects of N_2 concentration, initial inner pressure and temperature on the temperature characteristics in the far-field were studied. The results show that the addition of N_2 has different effects on the temperature characteristics for CO_2 leakage with different initial phase states. The experimental results can be used to determine safety distances and verify outflow and dispersion models.

Keywords: CO_2 leakage; high pressure pipeline; dispersion behavior; impurity; temperature evolution

1 Introduction

Large amounts of carbon dioxide (CO_2) emissions caused by human activities can increase the rate of climate change and become a great threat to life on earth[1]. Fossil fuel combustion and transportation infrastructure now operating are expected to contribute substantial CO_2 emissions over the next 50 years[2]. In order to achieve global temperature stabilization, carbon capture and storage (CCS) has been put forward as an efficient method to reduce the CO_2 concentration level in the atmosphere[3-5]. In the CCS process, CO_2 would be captured from large point emission sources and transported to underground storage sites most for enhanced oil recovery (EOR)[6-7]. Depending on the capturing technology, CO_2 stream can be contaminated with various impurities including nitrogen (N_2), methane (CH_4), argon (Ar) and others, which could have a dramatic influence on the phase behavior of CO_2 fluid[8]. Pipeline transportation has been considered as the most economical and efficient way for large scale CO_2 transportation in previous studies[9]. As far as 6500 km of CO_2 pipelines are being operated in North America, Europe, the Middle East, Africa, and Australia, and CO_2 is transported in supercritical, liquid or gaseous phase[10]. However, CCS is still at the developing stage and various security problems have been raised in high pressure CO_2 transportation pipelines. Potential leakage can take place as a result of the destruction caused by mechanical damage, corrosion, construction or material defects[11]. Due to the relative high density of gaseous CO_2, the escaped CO_2 tends to accumulate in low-lying areas which might cause asphyxia endangering the safety of human and animals nearby. Meanwhile, the leaked high pressure CO_2 will undergo significant cooling due to rapid expansion which may even induce dry ice formation both in the pipeline and near-field dispersion zone[12]. Thus, a comprehensive understanding of leakage behavior from pressurized CO_2 pipelines is of crucial importance for early detection and prevention of any significant hazards.

Generally, the process of leakage from a high pressure CO_2 pipeline can be divided into three stages: transient flow inside the pipeline, near-field under-expansion and far-field dispersion[13]. In the dispersion process, the gas-solid two-phase jet entraining dry ice particles, gaseous CO_2, air and condensed water increases difficulty in modeling for predicting releases from a pressurized CO_2 pipeline[14]. Therefore, detailed experimental data are required to improve and validate far-field dispersion models.

In recent decades, a number of experiments on accidental release of pure CO_2 from high pressure pipelines or vessels have been designed to understand the atmospheric dispersion of CO_2. According to the release direction, these experiments can be roughly divided into two categories: horizontal release and vertical release. The horizontal release of pure CO_2 were conducted by the CO_2 PipeHaz (Quantitative Failure Consequence Hazard Assessment for Next Generation CO_2 Pipelines) project to study the large-scale jet-release behavior of CO_2[15-16]. Liquid CO_2 flow was released from a 2m^3 storage sphere though various nozzles at the exit plane of a 9m discharge pipe with an inner diameter of 50mm. Temperature and gas concentration in the dispersion region during outflow from the pipe were measured. Furthermore, significant solids within the near-field were observed during dense CO_2 release. The COSHER JIP (CO_2 Safety, Health, Environment and Risk-Joint Industry Project)[17] carried out a large-scale pipeline rupture experiment using a 226.6m long pipeline loop built with 219.1mm diameter steel pipe and fed from both ends by a 148m^3 reservoir of CO_2. CO_2 concentration and temperature within the dispersing gas cloud were measured and the results showed that a visible cloud reached a maximum height of about 60m. Witlox et al.[18-19] carried out several large-scale experiments conducted by the CO_2 PIPETRANS JIP (Safe, Reliable and Cost-effective Transmission of Dense CO_2 in Pipelines-Joint Industry Project), including high-pressure steady-state and time-varying cold CO_2 release and high pressure time-varying supercritical hot CO_2 release. Concentration and temperature of the CO_2 cloud were measured during the release of CO_2 from a 147m^3 underground vessel through orifices with various sizes from 25mm to 150mm. It was found that solid CO_2 generated in the dispersion area and sublimed rapidly. Guo et al. [20-21] developed a large-scale pipeline setup with a total length of

258m and an internal diameter of 233mm to study the near-field characteristics and dispersion behavior of high pressure CO_2 during horizontal release. The formation of visible cloud, the distribution of cloud temperatures and CO_2 concentrations in the far-field were analyzed. Ahmad et al. [22] investigated CO_2 release behavior from the vessel through a 6.35mm diameter nozzle to the atmosphere at four different initial pressures of 4MPa, 5MPa, 7.3MPa, and 10.5 MPa. It was found that a minimum temperature close to-83℃ was reached at 20~50cm from the nozzle, which was less than the sublimation temperature (-78℃). Furthermore, the jet temperature increased after 50cm from the release point which indicated that either all the solid particles had sublimated or that the rate of heat input from the air was greater than the heat required during the sublimation process.

Since leakage in the direction perpendicular to the long axis of pipeline is most likely to occur in actual pipeline operations, several vertical release experiments of high pressure CO_2 were carried out. Mazzoldi et al. [23] studied the sublimation and dispersion of CO_2 from a dry ice bank, arising from a downward leakage from a surface transportation system module. The results suggested that subliming gas behaved as a proper dense gas only for low ambient wind speeds. The COOLTRANS (CO_2 Liquid pipeline transportation) research program conducted the venting experiments of dense and gaseous CO_2 from high pressure pipelines through an upward vertical vent pipe[24-25]. It was shown that solid CO_2 formed in the centerline of jet-release within 4m near-field from the exit plane for the dense CO_2 release and no rainout was observed. Xie et al. [26-27] studied the upward leakage of supercritical CO_2 from a small hole with an experimental circulation pipeline system with a length of 23m and an inner diameter of 30mm. A typical highly under-expanded jet flow structure was observed and the maximum temperature decreasing along the centerline of far-field plume was studied as well. Guo et al. [12] studied the visible cloud and CO_2 concentration of gaseous, dense and supercritical phase CO_2 during vertical leakage through a 15 mm diameter orifice. The intersection of the jet flow and settling CO_2 mixture resulted in complex visible cloud formed in dense CO_2 release. However, temperature evolutions in the far-field and the influence of impurities were not considered.

To investigate the influences of impurities on decompression process inside a broken CO_2 pipeline, several experiments have been conducted and showed that the existence of impurities could significantly affect the temperature evolutions in the pipe[28-29]. However, little attention is paid to the effects of impurities on the dispersion behavior during high pressure CO_2 pipeline leakage.

Thus, a new laboratory scale pipeline system was developed in the present study to understand the dispersion behavior during leakage from a pressurized CO_2 pipeline containing impurities. The temperature distributions and evolutions in the far-field were measured during the leakage for various initial phase states and the maximum temperature drop was obtained. N_2 was chosen as the primary impurity here in order to investigate the effects of stream impurity on the dispersion behavior. Furthermore, the effects of initial inner pressure and temperature on the far-field temperature characteristics were analyzed.

2 Experiments

2.1 Experimental system

Experiments on CO_2 pipeline leakage behavior were conducted based on a newly designed setup shown in Figure 1 and the detailed device arrangements are presented in Figure 2. The setup is placed indoors to prevent wind and temperature influences, thus creating stable test conditions.

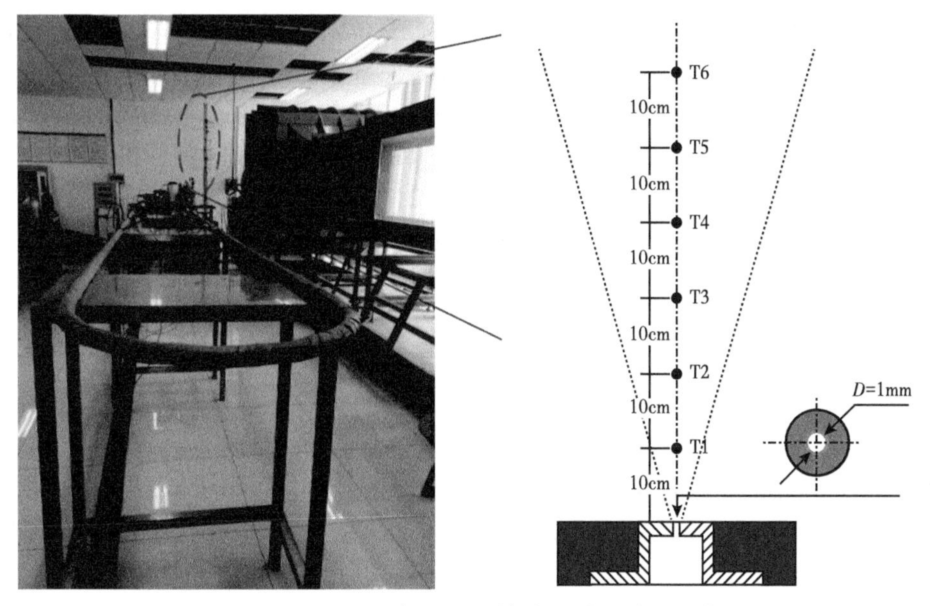

Figure 1 Experimental system of leakage from the pipeline

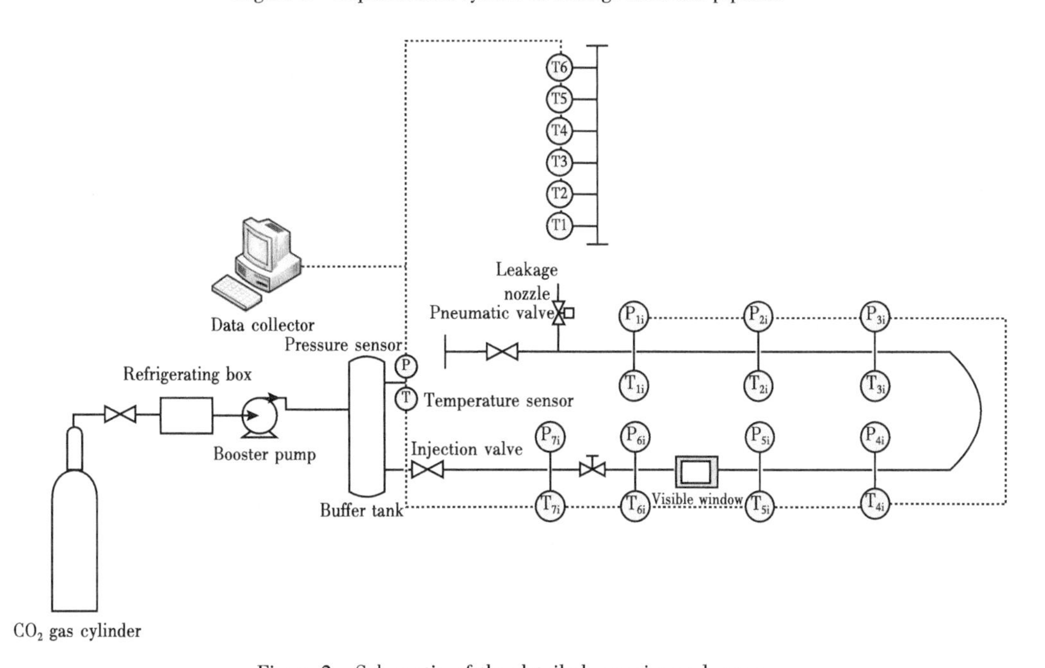

Figure 2 Schematic of the detailed experimental setup

The measurement setup consists of five parts: CO_2 injection system, main pipeline, leakage module, control panel and data acquisition system. CO_2 from the gas cylinder (with an initial pressure at around 5MPa and a purity of 99.99%) was first cooled down to liquid phase in the refrigerating box and then pumped into the high-pressure buffer tank through the booster pump. A thermostatic water bath was used to achieve accurate temperature control inside the vessel. After a period of stabilization, the CO_2 fluid was injected into the main pipeline wrapped by the heater band and insulation which could ensure a constant temperature field and a stable phase state before the experiment. The main pipeline was made of 304 stainless steel with length 14.85m, inner diameter 15mm, thickness of pipe wall 5mm and maximum bearing pressure 16MPa. Along the main pipeline, 7 pressure sensors and 7 thermocouples were mounted to monitor and control initial pressure and temperature in the pipe. Leakage module includes a leakage nozzle and a pneumatic valve which can achieve a remote switch of the leakage nozzle. The diameter of the leakage hole in all the tests was 1mm with a circular shape. In addition, thermocouple arrays T1 ~ T6 were mounted along the centerline to measure the axial plume temperature with measurement accuracy of ±1℃ as shown in Figure 1. The measurement data of thermocouple arrays was recorded by an online data acquisition system (NI cRIO-9025, a data acquisition card) with a LabVIEW software.

2.2 Experimental conditions and procedures

Sixteen tests including three different initial conditions (supercritical, liquid and gaseous phase) were performed to investigate the dispersion behavior during the release of pure CO_2 and CO_2-N_2 mixtures from a pipeline. 2%, 4% and 6% (mole fraction) N_2 were mixed into CO_2 fluid to study the effects of N_2 concentration on dispersion characteristics. Initial experimental conditions and environmental conditions are presented in Table 1. To obtain accurate test data and ensure the security of the experiments, the test procedures were planned as follows.

(1) The physical integrity of the experimental facility was checked and the instruments and data acquisition were tested.

(2) The pipeline was purged using gaseous CO_2 (N_2 was used for CO_2-N_2 mixtures leakage) to eliminate water and other impurities.

(3) For leakage tests of pure CO_2, liquid CO_2 was fed into the buffer tank in the early stage and then injected into the main pipeline by the booster pump. For leakage tests of CO_2-N_2 mixtures, appropriate mass of N_2 was injected into the main pipeline firstly and then CO_2 was injected into the pipe.

(4) When proper mass of CO_2 had been added into the pipe, all valves were shut down and the heating system was used to reach the initial expected conditions.

(5) Leakage nozzle was opened by the remote control after the pressure and temperature inside the pipe were maintained at the set value.

(6) During the release of CO_2 or CO_2-N_2 mixtures, the measurement data was recorded by the data acquisition system.

All the tests were stopped when the pipeline inner pressure decreased to 0.1MPa, and each test was repeated over 3 times in order to ensure reproducible results within the permitted error range.

Table 1 Experimental and environmental conditions

Number	Initial pressure/ MPa	Initial temperature/ ℃	Initial phase state	N_2/ (%, mole fraction)	Ambient temperature/ ℃
Test 1	5	23	Gaseous	0	10. 4
Test 2	8	40	Supercritical	0	15. 2
Test 3	6. 6	23	Liquid	0	13. 3
Test 4	5	23	Gaseous	4	9. 2
Test 5	8	40	Supercritical	4	13. 4
Test 6	6. 6	23	Gas-liquid	4	14. 4
Test 7	5	23	Gaseous	2	14. 5
Test 8	8	40	Supercritical	2	14. 3
Test 9	6. 6	23	Gas-liquid	2	11. 2
Test 10	5	23	Gaseous	6	14. 8
Test 11	8	40	Supercritical	6	15. 3
Test 12	6. 6	23	Gas-liquid	6	14. 5
Test 13	7. 5	40	Supercritical	4	16. 1
Test 14	8. 5	40	Supercritical	4	15. 9
Test 15	8	35	Supercritical	4	16. 2
Test 16	8	45	Supercritical	4	14. 4

3 Results and discussions

3. 1 Temperature evolutions of pure CO_2 leakage

In accidental leakage, highly pressurized CO_2 is released rapidly outside the leakage nozzle and experiences an explosive expansion. The expanded CO_2 in leakage results in a violent temperature drop of CO_2 fluid itself and the surrounding air, which is known as Joule-Thomson cooling (JTC)[7]. Inside the jet dispersion, an extremely low temperature can lead to dry ice formation. In order to study the dispersion behavior in the far-field during pure CO_2 pipeline leakage, release experiments with supercritical, liquid and gaseous initial phase states were carried out, and temperature evolutions were measured at different heights from the nozzle.

Figure 3 displays the temperature evolutions along the axial line in discharge area for tests 1, 2 and 3. To describe and compare the temperature drops with different initial conditions, ΔT is defined as

$$\Delta T = T_n - T_a \tag{1}$$

where T_n refers to temperature along the centerline of plume, T_a refers to ambient air temperature. Absolute values of maximum temperature drop $|\Delta T|_{max}$ are also shown in Figure 3. Clearly, the temperature variations in the jet centerline showed similar trend which could be

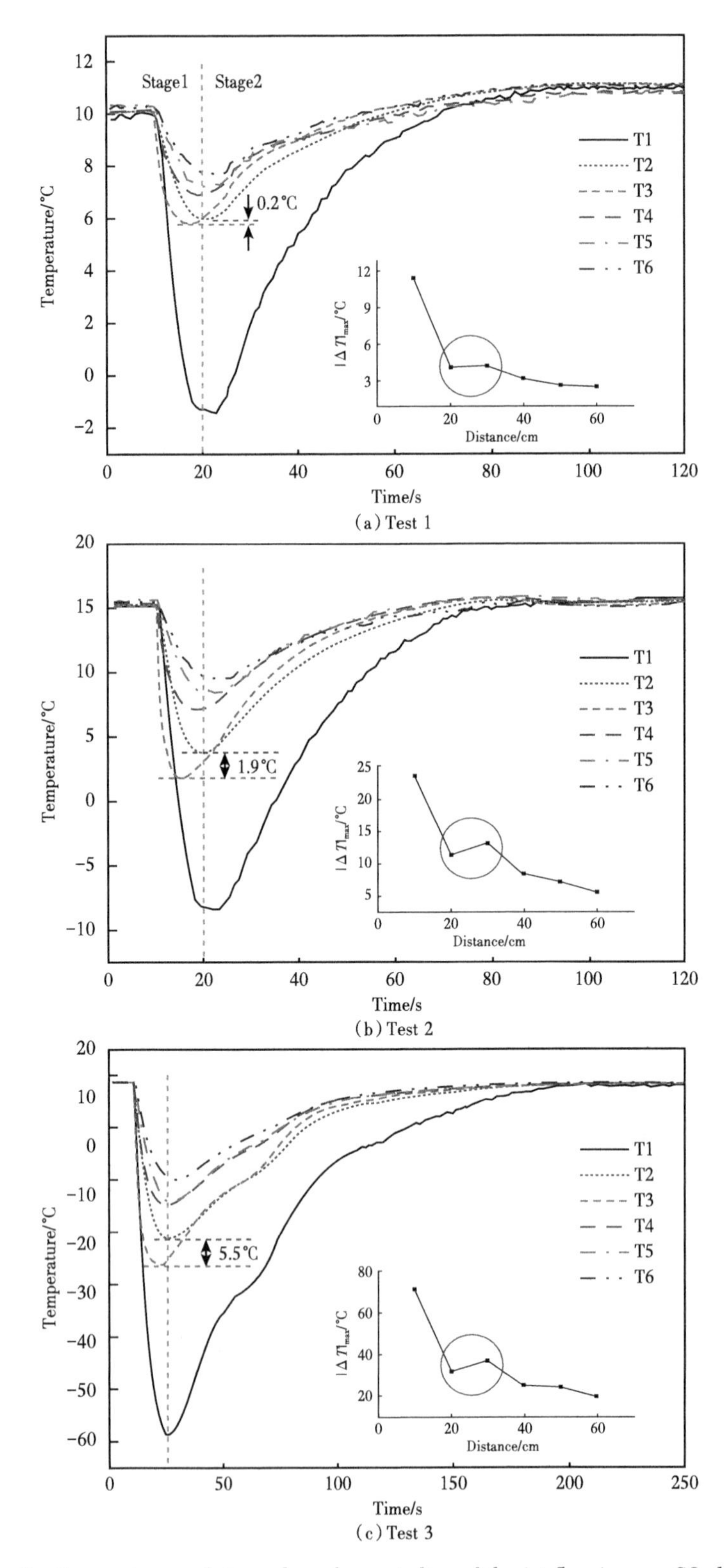

(a) Test 1

(b) Test 2

(c) Test 3

Figure 3 Temperature evolutions along the centerline of the jet flow in pure CO_2 leakage

divided into two main stages: rapid decrease stage and slow increase stage. Previous studies have found that a typical highly under-expanded jet flow appeared in the near-field of high pressure CO_2 release, contributing to a gas-solid two-phase flow consisting of dry ice particles, gaseous CO_2 and air[20-21, 26-27]. Dry ice particles and low-temperature gas were then carried by high-speed jet to the far-field region. Plume temperature in the far-field decreased because of the sublimation of dry ice particles and the expansion of escaped gas. As pressure at the leakage nozzle dropped, the expansion area of low-temperature gas became smaller and the fraction of dry ice particles and low-temperature gas along the axial direction decreased gradually. Additionally, ambient air was entrained into the jet due to velocity differences. In this process the temperature of jet started to increase slowly due to the convection heat transfer between jet flow and surrounding air[30-32].

For the CO_2 release with different initial phase states, $|\Delta T|_{max}$ obtained at the same measurement position showed great differences. As shown in Figure 3, the temperature drop of liquid CO_2 was the largest (reaching −58.6℃ at T1 with $|\Delta T|_{max}$ of 71.9℃) followed by supercritical phase, while gaseous CO_2 had the smallest. The results also showed that initial phase state had an effect on fall time and rise time of temperature while the time hardly changed with height for the same initial state. The temperatures in the far-field kept dropping for approximately 10 s during gaseous and supercritical CO_2 release while the duration was approximately 15 s in liquid phase tests. Because of the high initial inventory, more dry ice particles generated in liquid phase CO_2 tests causing more dramatic sublimation with longer duration in the far-field[21]. As a result, fall time was the longest and $|\Delta T|_{max}$ was the largest in liquid phase CO_2 release. The temperature recovery time was also the longest under liquid phase condition due to the high CO_2 concentration in liquid phase dispersion zone, which took longer to dissipate. In summary, the leakage of liquid CO_2 can lead to the most significant temperature drop in the far-field.

During the release of pure CO_2, the temperature in the far-field conformed to the law generally that the closer to the nozzle, the greater the temperature drop. This was due to the fact that the farther the distance from the leakage nozzle, the lower the gas expansion rate and dry ice fraction, and the area was less affected by the diffusion of low-temperature gas and the sublimation of dry ice. However, the temperature drop at location T3 (about 300 leakage diameters from the orifice) showed an abnormal phenomenon that it was greater than the temperature drop at location T2. Specifically, temperature at T3 was lower than T2 by 0.2℃, 1.9℃ and 5.5℃ in tests 1, 2 and 3 respectively. In the upward jet, the entrained air decreased in temperature and as a result the water present in the air could condense and freeze in this cooling. When a certain height was reached, the self-gravity and air resistance of the rising-moving dry ice particles, condensed water and low-temperature gas were greater than the inertial force, so the particles would gradually decelerate and eventually settled.

Based on the dispersion model of Guo et al. [12], an improved model was proposed in which a sedimentation area of dry ice particles, condensed water and low-temperature gas was indicated as shown in Figure 4. It was inferred that a sedimentation area was formed around position T3. In the mixing process of CO_2 mixtures and ambient air, high-concentration dry ice particles sublimated rapidly in the area accompanied by significant evaporation of water droplets. Therefore the abnormal low-temperature area emerged and became more obvious in liquid phase CO_2 release due to a larger amount of dry ice production. Since the jet direction and the direction of gravity are not on the same line of action, no abnormal low-temperature zone in the far field has been found in the horizontal release experiments[15-22].

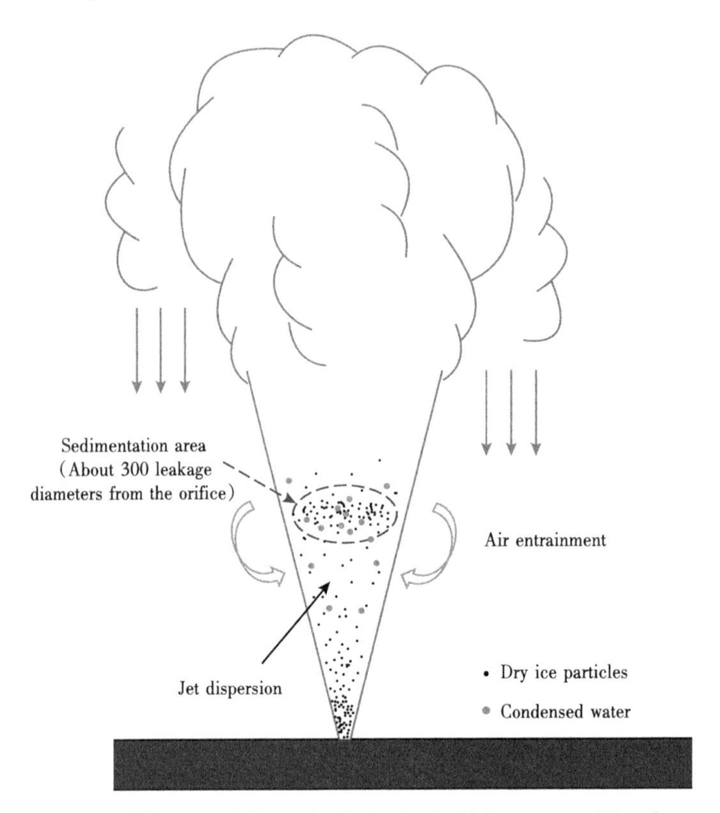

Figure 4 Schematic of dispersion behavior in high pressure CO_2 release

3.2 Effects of impurity on temperature evolutions

CO_2 from anthropogenic sources typically contains impurities which have a remarkable effect on the fluid properties. The influence should be considered by flow models for CO_2 transport. To develop and verify flow models for the depressurization of CO_2-rich mixtures, there is a need for experimental data. For investigating the dispersion behavior of high pressure CO_2 with impurities, releases of supercritical, liquid and gaseous CO_2 containing 2%, 4%, 6% (mole fraction) N_2 were performed.

Figure 5 shows the temperature evolutions along the centerline of the jet flow in tests 4, 5 and 6. Obviously, the temperature along the centerline of CO_2-N_2 mixture leakage presented similar trend with pure CO_2 leakage which showed a rapid decrease followed by a slow rise. The temperature drop of liquid phase was also the largest and gaseous CO_2-N_2 mixtures showed the smallest. Meanwhile, the fall time and rise time of the temperatures in CO_2-N_2 mixture release tests basically coincided with pure CO_2 under same initial inner conditions. But there were some important differences in temperature evolutions between the leakage of CO_2-N_2 mixture and pure CO_2.

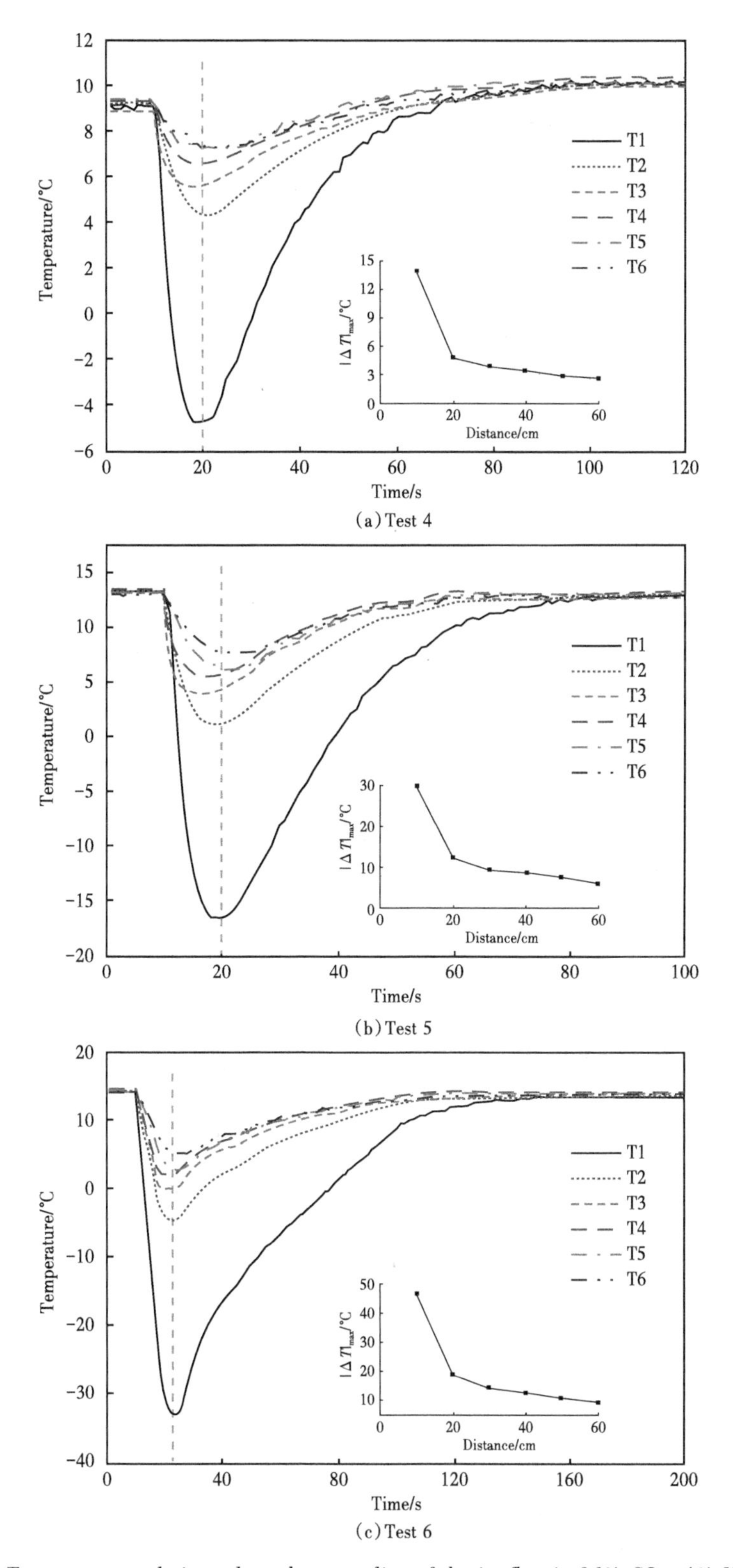

Figure 5 Temperature evolutions along the centerline of the jet flow in 96% CO_2+4% N_2 leakages

The first one was the temperature dropping level at same measurement position with same initial temperature and pressure. Variations of $|\Delta T|_{max}$ along the centerline of jet in pure CO_2 and 96% CO_2+ 4% N_2 release are shown in Figure 6. Clearly, the addition of N_2 had different effects on the temperature characteristics for CO_2 leakage with different initial phase states. For supercritical and gaseous CO_2 leakage, the temperature drop became more significant when N_2 was added except T3. However, the addition of N_2 was found to be very effective in weakening temperature drop for liquid CO_2 leakage. Furthermore, the difference of $|\Delta T|_{max}$ between liquid and supercritical phases was significantly reduced while the difference was almost invariant between supercritical and gaseous phases after adding the impurity.

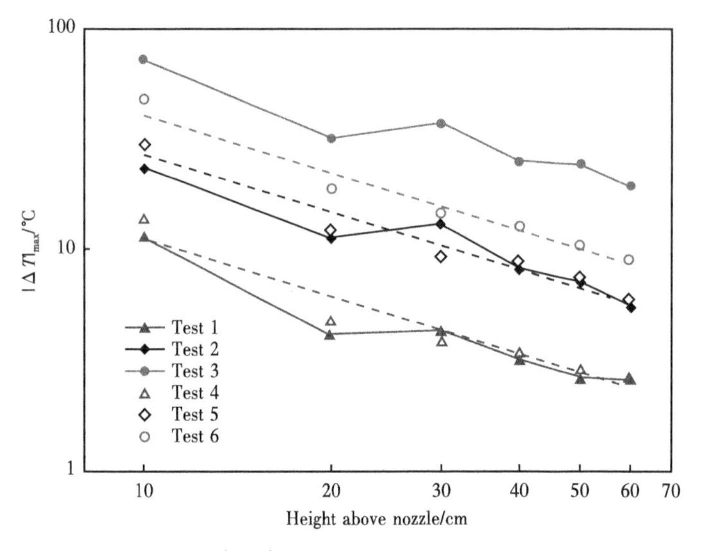

Figure 6 Variations of $|\Delta T|_{max}$ in pure CO_2 and 96% CO_2+4% N_2 release

Since location T1 was closest to the nozzle and least affected by surrounding air during the release, T1 was chosen to analyze the effects of N_2 concentration on temperature evolutions. Figure 7 shows $|\Delta T|_{max}$ at the position varying with mole percentage of N_2. For supercritical and gaseous CO_2 leakage, with the increase of N_2 concentrations, $|\Delta T|_{max}$ at T1 rose gradually. However, the opposite trend was observed during liquid CO_2 release.

Regarding the temperature characteristics, it is well known that when the flow of CO_2-rich mixture is choked, the temperature downstream of the nozzle exit can drop substantially due to the strong JTC. Taking the molecular type of N_2 into consideration, nonpolar impurity has weak van der Waals force and strong volatility. The nonpolar impurity can make a positive contribution to the JTC and the effect becomes stronger with the increase of N_2 concentrations[33]. As a consequence, the temperature drop was larger when N_2 was added, and the 6% (mole fraction) N_2 mixture reached the highest $|\Delta T|_{max}$ for supercritical and gaseous CO_2 experiments.

However, as for liquid CO_2 leakage, the addition of N_2 reduced the initial density of CO_2-N_2 mixtures remarkably and this effect played a leading role. Figure 8 illustrates the effects of N_2 concentrations on the phase envelopes of CO_2-N_2 binary mixtures with 2%, 4% and 6% (mole fraction) respectively. Clearly, adding N_2 into pure CO_2 shifts the critical point to a higher

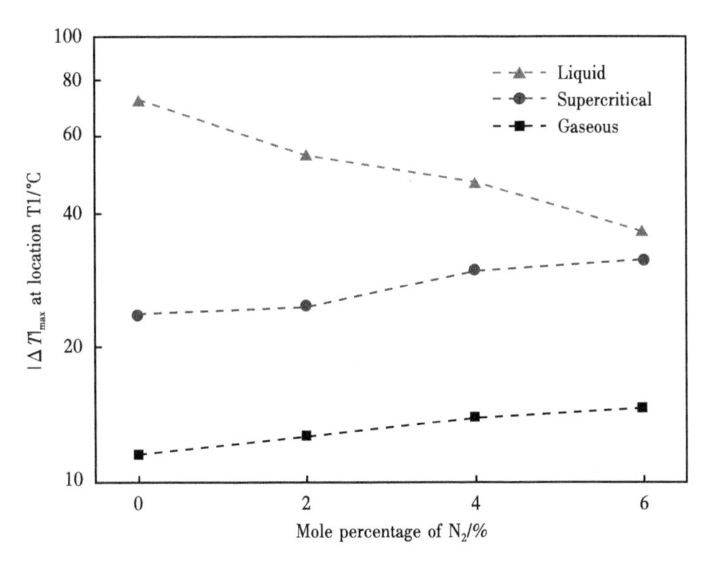

Figure 7 $|\Delta T|_{max}$ at location T1 varying with mole percentage of N_2

pressure and lower temperature, and the bubble curve upwards and slightly left. Notably, the initial liquid CO_2 state changed from liquid to liquid-gas, because of the shift of bubble curves when N_2 added into the CO_2 fluid[34]. Moreover, the gas component of the liquid-gas mixtures increased with N_2 concentrations causing a greater reduction in initial density. As a result, less dry ice particles were produced leading to a smaller temperature drop.

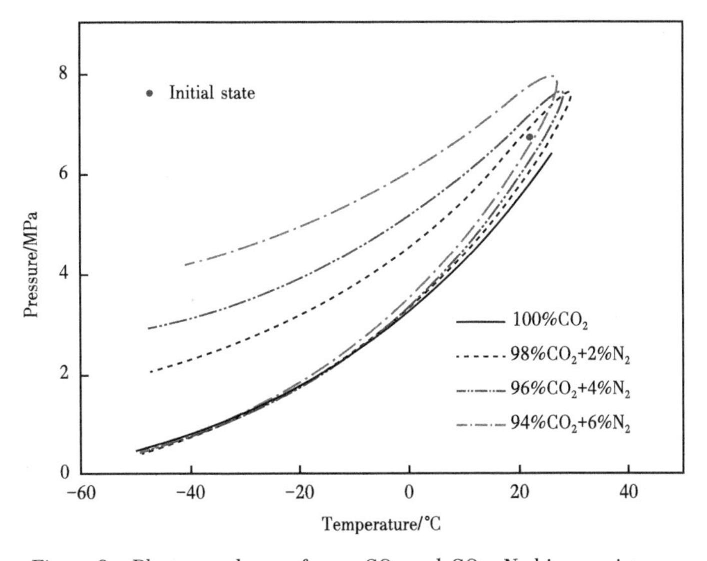

Figure 8 Phase envelopes of pure CO_2 and CO_2-N_2 binary mixtures

Another effect of the impurity was the disappearance of the abnormal low-temperature area in the far-field. After the addition of N_2, the production of dry ice decreased in the near-field and most dry ice particles sublimated rapidly before sedimentation during upward movement. Therefore the sedimentation effect of dry ice particles was not obvious and the temperature anomaly disappeared.

For the leakage of 96% CO_2+ 4% N_2, the relationship between maximum temperature drop and height above nozzle was approximately linear in double logarithm coordinate system in spite of initial phase states as shown in Figure 6. The dashed line represented the average correlation of $|\Delta T|_{max}$ and H in the far-field:

$$|\Delta T|_{max} \sim H^{\alpha}, \quad \alpha = -0.8617 \tag{2}$$

3.3 Effects of initial inner pressure and temperature on the leakage of supercritical CO_2 containing impurities

Technically, CO_2 can be transported through pipelines in the form of gas, supercritical fluid or in the subcooled liquid state. Operationally, most CO_2 pipelines used for enhanced oil recovery transport CO_2 as a supercritical fluid[35]. For supercritical CO_2 pipelines, not only impurity content but also operating pressure and temperature can have an impact on CO_2 fluid properties. As a result, release tests 13~16 were conducted to investigate the effects of initial inner pressure and temperature on leakage behavior of supercritical CO_2 containing impurities.

The effects of initial inner pressure and temperature on the far-field temperature characteristics of supercritical CO_2 containing impurities are illustrated in Figure 9 and Figure 10 respectively. For the same initial inner temperature (40℃), $|\Delta T|_{max}$ in the far-field increased with initial inner pressure. The most significant change was observed at T1 and the $|\Delta T|_{max}$ rose by 10℃ when the initial pressure was changed from 7.5 MPa to 8.0 MPa. However, $|\Delta T|_{max}$ in the far-field declined with the increase of initial inner temperature under the same initial pressure (8.0MPa). Similarly, the most obvious change of $|\Delta T|_{max}$ was circa 10℃ at T1 when the initial temperature was changed from 40℃ to 45℃.

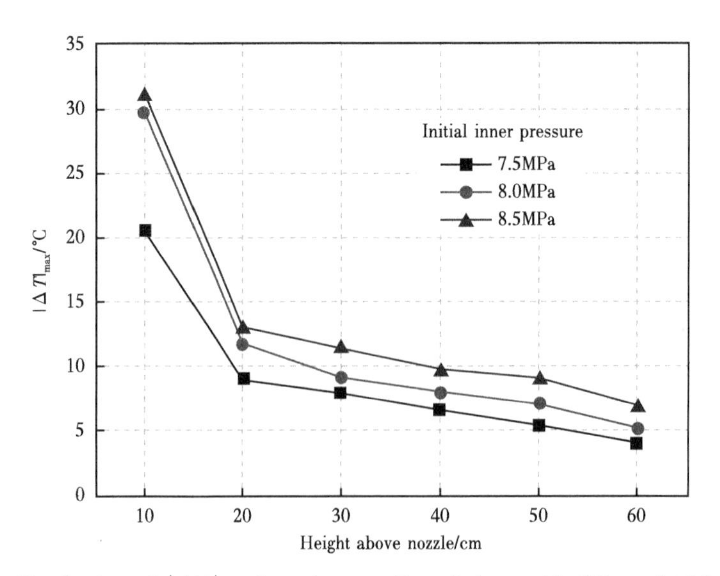

Figure 9 Distributions of $|\Delta T|_{max}$ along the centerline of plume with different initial pressures

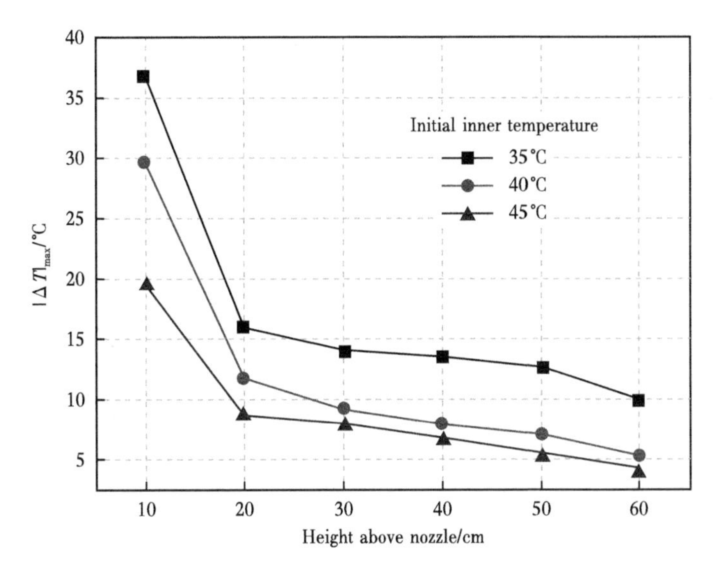

Figure 10 Distributions of $|\Delta T|_{max}$ along the centerline of plume with different initial temperatures

The effects of initial inner pressure and temperature can be analyzed by the initial densities. DNV[36] stated that Peng-Robinson equation of state (PR EoS)[37] was considered to provide sufficient accuracy for prediction of density in gaseous, liquid and supercritical CO_2 containing a spot of impurities. The PR EoS for a pure element can be written as

$$p=\frac{RT}{V-b}-\frac{a}{V^2+2Vb-b^2} \tag{3}$$

$$a=a_c\left[1+m\left(1-\sqrt{\frac{T}{T_c}}\right)\right]^2 \tag{4}$$

$$a_c=0.45723553\frac{R^2T_c^2}{p_c} \tag{5}$$

$$m=0.37464+1.54226\omega-0.26992\omega^2 \tag{6}$$

$$b=0.0777960\frac{RT_c}{p_c} \tag{7}$$

where p is the fluid pressure, R is the universal gas constant, T is the absolute temperature, V is the molar specific volume, T_c is the critical temperature, p_c is the critical pressure, ω is the Pitzer acentric factor. To apply the PR EoS to mixtures, the classical mixing rules of van der Waals are used to calculate the values of a and b parameters:

$$a=\sum_{i=1}^{N}\sum_{j=1}^{N}z_iz_j\sqrt{a_ia_j}(1-k_{ij}) \tag{8}$$

$$b=\sum_{i=1}^{N}z_ib_i \tag{9}$$

where z denotes the molar fraction in the liquid or the vapor phase; the subscripts i and j

identify the i-element and j-element of the mixture; k_{ij} represents the binary interaction parameter between components i and j, assuming the value zero for $i=j$.

The calculated results of 96% CO_2+ 4% N_2 mixtures with PR EoS are shown in Figure 11. It can be found that both the increase in pressure and the decrease in temperature can raise the density of the mixture, leading to an increase in the filling amounts of CO_2 and N_2 in the pipe. Additionally, pressure difference between inside and outside of the pipeline will increase with a rise in inner pressure causing a stronger JTC. As a result, more dry ice will generate and sublimate during the leakage contributing to a more noticeable temperature drop.

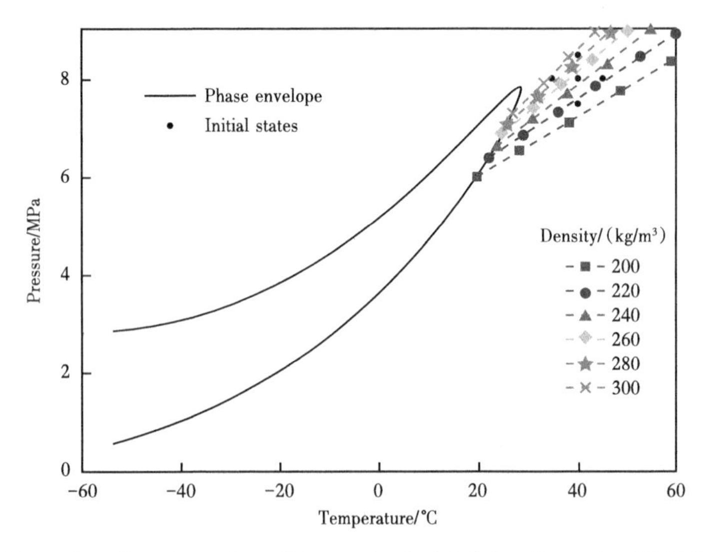

Figure 11 Experimental conditions and calculated densities using PR EoS

4 Conclusions

To understand the leakage behavior of high pressure CO_2-rich mixtures from a pipeline, a new laboratory scale experimental system was constructed. An array of six thermocouples was positioned along the centerline of plume to monitor temperature evolutions in the far-field. Upward release of supercritical, liquid and gaseous CO_2 containing 2%, 4%, 6% N_2 (mole fraction) were carried out through an orifice of 1mm. Evolutions of temperature and movement of dry ice particles in the far-field were investigated during the release. Furthermore, the effects of N_2 concentration, initial inner pressure and temperature on the temperature characteristics in the far-field were studied. According to the results and analysis, some conclusions are summarized as follows.

(1) For pure CO_2 leakage, the temperature drop of liquid CO_2 was the largest (reaching -58.6℃ at T1 with $|\Delta T|_{max}$ of 71.9℃) followed by supercritical phase, while gaseous CO_2 had the smallest. Besides, the temperature decrease of liquid CO_2 lasted longer than gaseous and supercritical CO_2 release.

(2) An abnormal low-temperature area was found during the leakage of pure CO_2 at position T3 (about 300 leakage diameters from the orifice). An improved dispersion model was proposed

and it was inferred that a dry ice sedimentation area was formed around T3. However, the temperature anomaly disappeared with the addition of N_2.

(3) The addition of N_2 had different effects on the temperature characteristics for CO_2 leakage with different initial phase states. For supercritical and gaseous CO_2 leakage, the temperature drop became more significant when N_2 was added except T3. However, the addition of N_2 could weaken the temperature drop for liquid CO_2 leakage. For the leakage of 96% CO_2+ 4% N_2, the maximum temperature drop was correlated with the height above nozzle exponentially with an index of −0.8617.

(4) For the leakage of supercritical CO_2 containing impurities, $|\Delta T|_{max}$ in the far-field increased with initial inner pressure, while declined with the increase of initial inner temperature. The most significant change of $|\Delta T|_{max}$ was observed at T1.

Further work will be carried out on CO_2 concentration and jet flow velocity in the far-field as well as the flow and heat transfer characteristics in the pipeline of CO_2-rich mixtures.

Acknowledgements

The presented work was supported by the National Science and Technology Major Project (2016ZX05016-002), the Fundamental Research Funds for the Central Universities (Grant No. 16CX06005A) and Key Laboratory of Oil & Gas Storage & Transportation, PetroChina (GDGS-KJZX-2016-JS-379). The authors thankfully acknowledge all these supports.

References

[1] SCHUUR E A, MCGUIRE A D, SCHADEL C, et al. Climate change and the permafrost carbon feedback [J]. Nature, 2015, 520: 171-179.

[2] DAVIS S J, CALDEIRA K , MATTHEWS H D. Future CO_2 emissions and climate change from existing energy infrastructure [J]. Science, 2010, 329: 1330-1333.

[3] KOYTSOUMPA E I, BERGINS C, KAKARAS E. The CO_2 economy: Review of CO_2 capture and reuse technologies [J]. J. Supercrit. Fluids, 2018, 132: 3-16.

[4] TENG L, LI Y, ZHAO Q, et al. Decompression characteristics of CO_2 pipelines following rupture [J]. J. Nat. Gas Sci. Eng, 2016, 32: 213-223.

[5] GU S, LI Y, TENG L, et al. A new model for predicting the decompression behavior of CO_2 mixtures in various phases [J]. Process Saf. Environ. Prot, 2018, 120: 237-247.

[6] DAI Z, VISWANATHAN H, MIDDLETON R, et al. CO_2 Accounting and Risk Analysis for CO_2 Sequestration at Enhanced Oil Recovery Sites [J]. Environ. Sci. Technol, 2016, 50: 7546.

[7] TENG L, ZHANG D, LI Y, et al. Multiphase mixture model to predict temperature drop in highly choked conditions in CO_2 enhanced oil recovery [J]. Appl. Therm. Eng. , 2016, 108: 670-679.

[8] SEEVAM P N, RACE J M, DOWNIE M J, et al. Transporting the Next Generation of CO_2 for Carbon, Capture and Storage: The Impact of Impurities on Supercritical CO_2 Pipelines, Int. Pipeline Conf. , 2008: 39-51.

[9] MUNKEJORD S T, HAMMER M, LØVSETH S W. CO_2 transport: Data and models-A review [J]. Appl. Energy, 2016, 169: 499-523.

[10] NOOTHOUT P. CO_2 pipeline infrastructure: Lessons learned [J]. Energy Procedia, 2014, 63: 2481-2492.

[11] XIANG Y, LI C, HESITAO W, et al. Understanding the pitting corrosion mechanism of pipeline steel in an impure supercritical CO_2 environment [J]. J. Supercrit. Fluids, 2018, 138: 132-142.

[12] GUO X, CHEN S, YAN X, et al. Flow characteristics and dispersion during the leakage of high pressure CO_2 from an industrial scale pipeline [J]. Int. J. Greenh. Gas Control, 2018, 73: 70-78.

[13] TENG L, LI Y, HU Q, et al. Experimental study of near-field structure and thermo-hydraulics of supercritical CO_2 releases [J]. Energy, 2018, 157: 806-814.

[14] MOLAG M, DAM C Modelling of accidental releases from a high pressure CO_2 pipelines [J]. Energy Procedia, 2011, 4: 2301-2307.

[15] WOOLLEY R M, FAIRWEATHER M, WAREING C J, et al. Experimental measurement and Reynolds-averaged Navier-Stokes modelling of the near-field structure of multi-phase CO_2 jet releases [J]. Int. J. Greenh. Gas Control, 2013, 18: 139-149.

[16] WOOLLEY R M, FAIRWEATHER M, WAREING C J, et al. CO_2 PipeHaz: Quantitative Hazard Assessment for Next Generation CO_2 Pipelines [J]. Energy Procedia, 2014, 63: 2510-2529.

[17] AHMAD M, LOWESMITH B, DE KOEIJER G, et al. COSHER joint industry project: Large scale pipeline rupture tests to study CO_2 release and dispersion [J]. Int. J. Greenh. Gas Control, 2015, 37: 340-353.

[18] WITLOX H W M, HARPER M, OKE A, et al. Phast validation of discharge and atmospheric dispersion for pressurised carbon dioxide releases [J]. J. Loss Prev. Process Ind, 2014, 30: 243-255.

[19] WITLOX H W M, HARPER M, OKE A, et al. Validation of discharge and atmospheric dispersion for unpressurised and pressurised carbon dioxide releases [J]. Process Saf. Environ. Prot., 2014, 92: 3-16.

[20] GUO X, YAN X, YU J, et al. Under-expanded jets and dispersion in supercritical CO_2 releases from a large-scale pipeline [J]. Appl. Energy, 2016, 183: 1279-1291.

[21] GUO X, YAN X, ZHENG Y, et al. Under-expanded jets and dispersion in high pressure CO_2 releases from an industrial scale pipeline [J]. Energy, 2017, 119: 53-66.

[22] AHMAD M, OSCH M B, BUIT L, et al. Study of the thermohydraulics of CO_2 discharge from a high pressure reservoir [J]. Int. J. Greenh. Gas Control, 2013, 19: 63-73.

[23] MAZZOLDI A, HILL T, COLLS J, CO_2 transportation for carbon capture and storage: Sublimation of carbon dioxide from a dry ice bank [J]. Int. J. Greenh. Gas Control, 2008, 2: 210-218.

[24] WAREING C J, FAIRWEATHER M, FALLE S A E G, et al. Validation of a model of gas and dense phase CO_2 jet releases for carbon capture and storage application [J]. Int. J. Greenh. Gas Control, 2014, 20: 254-271.

[25] WAREING C J, WOOLLEY R M, FAIRWEATHER M, et al. Large-Scale Validation of a Numerical Model of Accidental Releases from Buried CO_2 Pipelines [J]. Comput. Aided Chem. Eng., 2013, 32: 229-234.

[26] XIE Q, TU R, JIANG X, et al. The leakage behavior of supercritical CO_2 flow in an experimental pipeline system [J]. Appl. Energy, 2014, 130: 574-580.

[27] LI K, ZHOU X, TU R, et al. An experimental investigation of supercritical CO_2 accidental release from a pressurized pipeline [J]. J. Supercrit. Fluids, 2016, 107: 298-306.

[28] DRESCHER M, VARHOLM K, MUNKEJORD ST, et al. Experiments and modelling of two-phase transient flow during pipeline depressurization of CO_2 with various N_2 compositions [J]. Energy Procedia, 2014, 63: 2448, 2457.

[29] PHAM L. H. H. P., RUSLI R, A review of experimental and modelling methods for accidental release behaviour of high-pressurised CO_2 pipelines at atmospheric environment [J]. Process Saf. Environ. Prot., 2016, 104: 48-84.

[30] KOK B, UYAR M, VAROL Y, et al. Analyzing of thermal mixing phenomena in a rectangular channel with twin jets by using artificial neural network [J]. Nucl. Eng. Des., 2013, 265: 554-565.
[31] KOK B, VAROL Y, AYHAN H, et al. Experimental and computational analysis of thermal mixing characteristics of a coaxial jet [J]. Exp. Therm. Fluid Sci. , 2017, 82: 276-286.
[32] VAROL Y, KOK B, OZTOP H F, et al. An experimental study on thermal mixing in a square body inserted inclined narrow channels [J]. Int. Commun. Heat Mass Transfer, 2012, 39 (8): 1245-1252.
[33] ZHAO Q, LI Y, LI S. Safety control on the chocking process of supercritical carbon dioxide pipeline [J]. Adv. Mech. Eng. 6, 2014, 6: 253413.
[34] GU S, LI Y, TENG L, et al. An experimental study on the flow characteristics during the leakage of high pressure CO_2 pipelines, Process Saf. Environ. Prot., 2019.
[35] ZHANG Z X, WANG G X, MASSAROTTO P, et al. Optimization of pipeline transport for CO_2 sequestration [J]. Energ. Convers. Manage., 2006, 47(6): 702-715.
[36] VERITAS D N. Design and operation of CO_2 pipelines [J]. 2010.
[37] PENG D Y, ROBINSON D B. A new two-constant equation of state [J]. Ind. Eng. Chem. Fundam. , 1976, 15: 59-64.

第四篇　二氧化碳埋存机理与影响因素评价

油藏埋存 CO_2 泄漏机制及故障树分析

任韶然[1]　韩　波[1]　任建峰[1]　张　亮[1]　李德祥[1]
宫智武[1]　王晓慧[2]　陈国利[3]　熊小琴[4]

（1. 中国石油大学石油工程学院；2. 胜利油田技术检测中心；
3. 吉林油田勘探开发研究院；4. 新疆油田工程技术研究院）

摘要：利用故障树分析法，结合油田 CO_2 驱和埋存示范区泄漏及环境监测结果，对油藏埋存 CO_2 发生泄漏的途径和泄漏机制进行分析，并对 CO_2 驱和埋存示范区进行环境监测。结果表明：对圈闭性很好的油藏，井的密封性失效（包括套管和井口设施损坏）、固井不完善及水泥环腐蚀是造成 CO_2 泄漏的主要原因；整体上，埋存于地下的 CO_2 没有发生大规模的泄漏，但在近井土壤中 CO_2 含量有增加的趋势，越靠近井口土壤中 CO_2 含量越大，表明 CO_2 通过井内套管柱或不完整水泥环发生了微量泄漏。故障树分析结果对 CO_2 埋存区的泄漏监测和预防具有指导意义。

关键词：CO_2 地质埋存；故障树分析；CO_2 泄漏；井泄漏；环境监测

CO_2捕集与封存（CCS）作为一种新兴的、有望实现化石燃料零排放的技术越来越受到人们的关注[1-4]。它是将捕集到的 CO_2 注入地下特殊的地质构造中，达到永久封存 CO_2 的目的。用于封存 CO_2 的地质构造包括正在开发或废弃的油气藏、深部盐水层以及无开采价值的煤层[5-9]。将 CO_2 注入油气藏中不仅可以实现 CO_2 的封存还可以提高油气采收率，具有较好的经济效益，是目前封存 CO_2 的主要形式。经过多年的研究以及大量的 CO_2 埋存试验，CO_2 的地质埋存在技术上可行，但是人们对埋存于地下的 CO_2 是否会发生泄漏（即 CO_2 埋存的安全性）一直存在担心和怀疑，这也是限制 CO_2 地质埋存技术发展的重要因素[1,10-11]。埋存于地下的 CO_2 一旦发生大规模的泄漏会造成难以估量的自然灾害，采取合理的方法对埋存 CO_2 发生泄漏的风险和途径进行分析和预测，进而制定相应的应急措施至关重要。笔者在调研国内外油藏埋存 CO_2 发生泄漏原因的基础上，利用故障树分析法，结合 CO_2 驱和埋存示范区的环境监测工作，对油藏埋存 CO_2 发生泄漏的风险进行分析，对 CO_2 埋存的安全性进行评估，为埋存试验区制定 CO_2 泄漏预防与处置措施，增强对 CO_2 埋存安全性的认识提供基础。

1　油藏埋存 CO_2 泄漏途径

CO_2 的油藏埋存由于具有较好的经济效益（封存 CO_2 同时增产油气）及安全性（储层性质及盖层情况相对明确，好的气密性）而倍受青睐[1]。由于埋存于地下的 CO_2 大部分以游离态的形式存在，埋存体不可避免地受到自然和人类活动的影响，埋存于地下的 CO_2 仍然有泄漏的风险[1,3,12-15]。如图 1 所示(据文献[5]修改)。

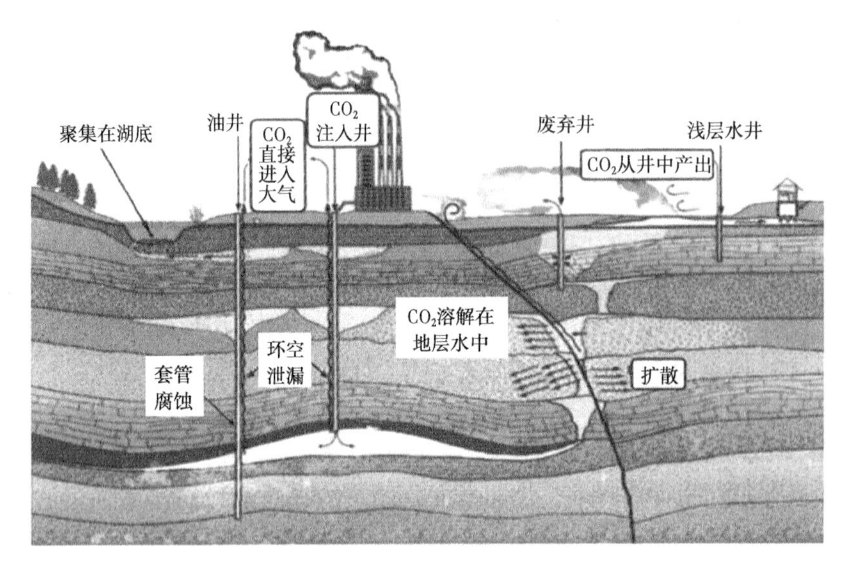

图 1　CO_2 在地质体中的泄漏途径

CO_2 泄漏的途径主要有：密封失效的井筒(注入井、监测井或废弃井)、可能存在的断层裂隙和通过盖层的扩散等[5,16-19]。

2　CO_2 泄漏的故障树分析

2.1　故障树的建立

故障树分析法是一种图形演绎法，是故障事件在一定条件下的逻辑推理方法。规范化的故障树包括三类事件和三种逻辑门，即顶事件、中间事件、基本事件、“与”门、“或”门和“非”门。将会对系统产生重大伤害的事件作为故障树的顶事件，以顶事件作为起点自上而下地分析导致顶事件发生的所有因素及其相互间的逻辑关系，并由此不断深入分析，直到找到事故的基本原因，即故障树的基本事件为止[20-22]。

通过调研国内外油藏埋存 CO_2 泄漏的原因，结合 CO_2 泄漏的机制，确定故障树的顶事件为油藏埋存 CO_2 泄漏，而造成 CO_2 封存失效的最直接原因是存在井泄漏通道或地质构造通道，这两个因素中的任何一个存在都会导致 CO_2 泄漏事故的发生。再以这两个因素作为次顶事件，采用类似的方法继续深入分析，直到找出导致事故发生的基本事件为止。表 1 为故障树的基本事件列表，本故障树中共考虑了 18 个基本事件。按照此原则做出油藏埋存 CO_2 泄漏的故障树(图 2)。由故障树可见，该故障树中“或”门的数量远大于“与”门的数量，根据两种逻辑门的定义(“或”门：只要有一个事件发生，就会有输出；“与”门：必须所有事件都发生才有输出)可知，油藏埋存 CO_2 发生泄漏的风险较大，需要在系统的薄弱环节加强防范措施。

表 1　CO_2 封存泄漏故障树基本事件

代码	事件	代码	事件
X_1	套管腐蚀穿孔	X_{10}	堵井水泥塞自身缺陷和裂隙
X_2	接头密封失效	X_{11}	注入压力过大
X_3	应力变化导致套管损坏	X_{12}	注入速度过快
X_4	井口密封失效	X_{13}	地震
X_5	阀门密封失效	X_{14}	地壳运动
X_6	水泥环和地层间的胶结失效	X_{15}	渗透率大
X_7	水泥环自身的缺陷和裂隙	X_{16}	盖层厚度小
X_8	水泥环和井壁间的胶结失效	X_{17}	CO_2 扩散
X_9	废弃井未经过防泄漏处理	X_{18}	游离态 CO_2

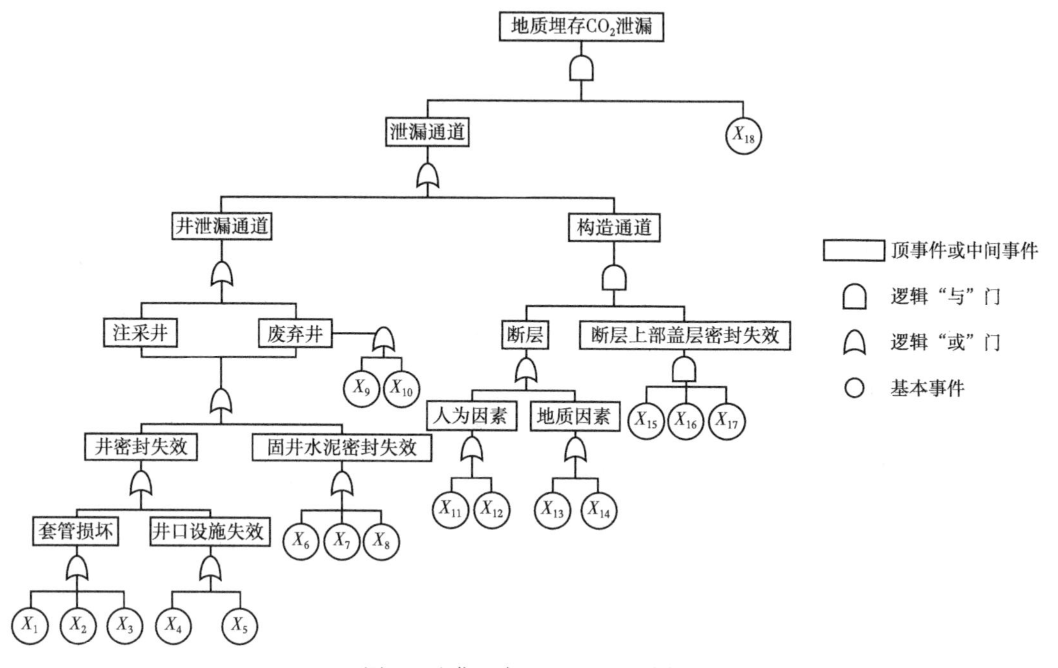

图 2　油藏埋存 CO_2 泄漏故障树

2.2　泄漏风险分析

故障树分析法的主要目标是发现系统的高风险部位，为制定预防措施及分析事故原因提供依据，主要的分析方法有定性分析和定量分析两种。本文中对油藏埋存 CO_2 发生泄漏的故障树进行定性分析以确定导致 CO_2 发生泄漏的主要因素。

(1)最小割集。

故障树定性分析的最主要的任务就是求出故障树的全部最小割集。割集是故障树的若干基本事件的集合，如果这些基本事件都发生，则顶事件必然发生。最小割集是基本事件数目不能再减少的割集，即在最小割集中任意去掉一个基本事件之后，剩下的基本事件集合就不是割集。一个最小割集代表引起故障树顶事件发生的一种故障模式。一般情况下，一个最小割集中包括的基本事件越少则最小割集越易发生，风险性越大[23]。

本文中采用下行法求出故障树的最小割集，其基本原理是从顶事件出发逐级向下，依次将各个逻辑门的输出事件用输入事件替换，遇到“与”门，增加割集的阶数，遇到“或”门，增加割集的个数，直到所有门的输入事件为基本事件为止。再利用集合运算法则将得到的割集进行简化合并，得到故障树的最小割集。油藏埋存 CO_2 泄漏的最小割集见表 2。该故障树共有最小割集 14 个，其中二阶最小割集 10 个，五阶最小割集 4 个。从故障树最小割集的分布来看，低阶最小割集的数量远大于高阶最小割集数量，说明 CO_2 发生泄漏的风险性很大。同时，在各最小割集中，基本事件 X_{18} 出现的频率最大，是导致 CO_2 发生泄漏的主要因素。在油藏 CO_2 地质埋存中，尤其是在埋存初期要加强环境监测，预防大量 游离态的 CO_2 发生泄漏。同时在埋存周期内要注意储层温度压力条件的变化，避免出现埋存 CO_2 的二次泄漏。

表 2　CO_2 封存泄漏故障树最小割集

序号	最小割集	序号	最小割集
1	X_1、X_{18}	8	X_8、X_{18}
2	X_2、X_{18}	9	X_9、X_{18}
3	X_3、X_{18}	10	X_{10}、X_{18}
4	X_4、X_{18}	11	X_{11}、X_{15}、X_{16}、X_{17}、X_{18}
5	X_5、X_{18}	12	X_{12}、X_{15}、X_{16}、X_{17}、X_{18}
6	X_6、X_{18}	13	X_{13}、X_{15}、X_{16}、X_{17}、X_{18}
7	X_7、X_{18}	14	X_{14}、X_{15}、X_{16}、X_{17}、X_{18}

(2)基本事件结构重要度分析。

结构重要度分析就是在不考虑基本事件发生的概率的情况下，仅从故障树结构上分析各基本事件的发生对顶事件发生的影响程度。结构重要度分析方法有两种，第一种是分别计算各基本事件的结构重要度系数，这种方法的计算结果精确，但是计算过程繁琐；第二种方法是用最小割集近似判断各基本事件的结构重要度。本文中采用第二种方法近似计算油藏埋存 CO_2 泄漏中各基本事件的结构重要度，计算公式为

$$I_k(i)=\frac{1}{k}\sum_{r=1}^{k}\frac{1}{m_r(X_i\in E_r)} \tag{1}$$

式中　k——故障树最小割集数量；

m_r——最小割集 E_r 所包含的基本事件的数量。

由上述方法得到的基本事件结构重要度排序为 $I(X_{18})>I(X_{10})=I(X_9)=I(X_8)=I(X_7)=I(X_6)=I(X_5)=I(X_4)=I(X_3)=I(X_2)=I(X_1)>I(X_{17})=I(X_{16})=I(X_{15})>I(X_{14})=I(X_{13})=I(X_{12})=I(X_{11})$。

从各基本事件结构重要度排序可知：存在游离态的 CO_2 是埋存 CO_2 发生泄漏的最主要因素。同时，根据各基本事件对埋存 CO_2 发生泄漏的贡献程度，套管的腐蚀损坏以及油气井井口阀门密封失效等造成的井密封失效，水泥自身裂隙及胶结面失效造成的固井密封性失效，盖层的封闭性差，埋存点注入速度过快、注入压力过大以及地壳构造运动导致的断层(断裂带)的产生，是导致埋存 CO_2 泄漏的关键因素。

从以上对基本事件结构重要度的分析可知，对于圈闭性良好的油藏，井泄漏通道(包括井密封性失效及固井水泥密封失效)的存在是导致 CO_2 发生泄漏的最主要因素，如图3所示。埋存的 CO_2 通过失效的胶结面、破损的水泥环、腐蚀的套管泄漏到地层表面，造成近井带 CO_2 含量增大。

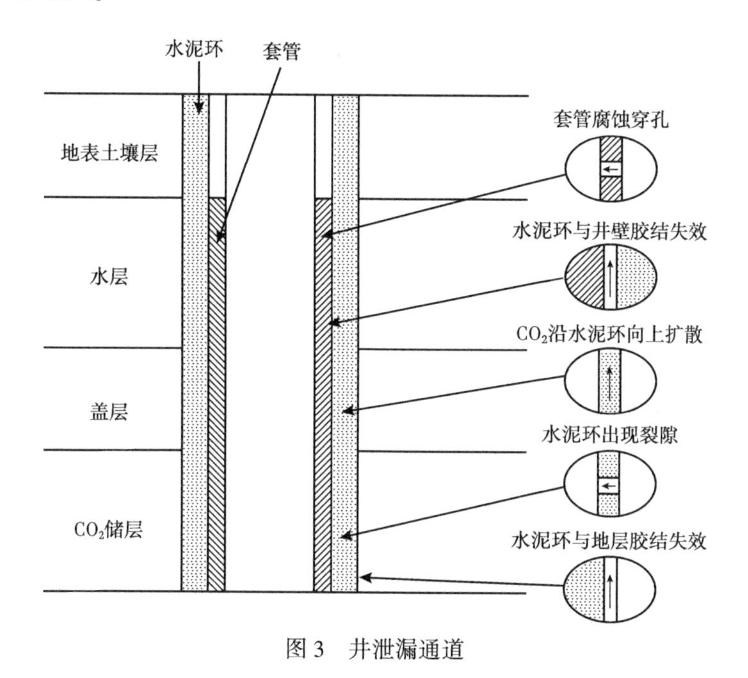

图3　井泄漏通道

3　CO_2 泄漏地面环境监测

地面泄漏环境监测是一种简单有效的判断 CO_2 埋存是否安全的基本措施。通过环境监测，可以实时掌握 CO_2 对埋存试验区自然环境的影响，一旦发现可能的泄漏途径，能够及时采取补救措施，避免 CO_2 泄漏产生重大的自然灾害。同时，科学完善的环境监测制度是确保公众对 CO_2 地质埋存信心的重要依据。

环境监测的主要对象包括浅层水、土壤气以及大气中的 CO_2 含量等。浅层水常受到水源地限制，而且不宜获得；大气中 CO_2 含量常常到风的影响，且微量的变化不宜发现。土壤气较易获得，且不受风的影响，可作为判断 CO_2 是否发生泄漏的主要有效数据。在 CO_2 驱和地质埋存试验区进行的长期环境监测阶段，主要监测内容为试验区内注入井及生产井周围土壤中的 CO_2 含量变化情况。

3.1　背景值的监测

背景值为实施 CO_2 埋存工作前监测到的 CO_2 含量值，作为以后监测阶段判断 CO_2 是否发生泄漏的环境背景对比值。CO_2 埋存试验区的背景值监测数据见表3。

表3　基准数据监测

取样日期	监测点	CO_2 含量/10^{-6}
2012-05-16	试验区外 X-1 井周围 30m “下风处”	370
	试验区外 X-1 井周围 30m 地下 1m 土壤中	3600

3.2 监测结果分析

为了分析 CO_2 的泄漏程度和近地表处 CO_2 的含量分布，选择一口注入井 X-2 和一口生产井 X-3 进行取样监测。分别在井南、北两个方位距离井口 5m、10m、15m 和 25m 处设置监测点，得到注入井 X-2 和生产井 X-3 附近土壤中 CO_2 含量分布，结果如图 4 所示。

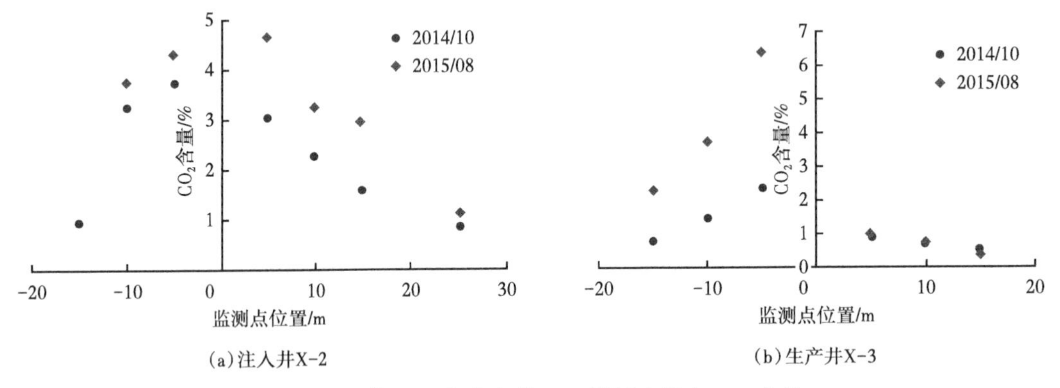

图 4 注入井 X-2 和生产井 X-3 附近土壤中 CO_2 含量

2014 年 10 月和 2015 年 8 月，在注入井 X-2 以及生产井 X-3 附近土壤中取样检测 CO_2 含量，发现后期检测到的 CO_2 含量明显大于前期。并且，距离井口越近，检测到的土壤中 CO_2 含量越大，随着监测点对于井口距离的增大，土壤中的 CO_2 含量逐渐减小，趋于基准值。

通过对 CO_2 驱和埋存试验区的环境监测数据进行分析可以发现，整体上土壤中 CO_2 含量处于正常的范围内，埋存的 CO_2 没有发生大规模的泄漏，但同时应该注意到，土壤中 CO_2 含量有逐渐增大的趋势。越靠近井口附近，土壤中 CO_2 含量越高，当距离超过 30m 时，土壤中的 CO_2 含量迅速下降，在距离井口 100m 处，土壤中 CO_2 含量处于基准值范围。这证明埋存的 CO_2 通过套管柱的微裂隙在压力差和浮力作用下产生微量泄漏，CO_2 的泄漏主要发生在近井带，与故障树的分析结果一致。由于在距井口较远处的土壤中或井口附近空气中并未监测到显著的 CO_2 含量变化，可以证明没有发生大规模的 CO_2 泄漏。

4 CO_2 埋存防泄漏措施建议

从埋存试验区环境监测数据可知，虽然整体上没有发生大规模的 CO_2 泄漏，但是试验区土壤中 CO_2 的含量逐年增加，可判定 CO_2 发生泄漏的风险仍然存在。基于故障树分析，对埋存试验区防泄漏措施提出以下建议。

(1)在 CO_2 埋存初期加强环境监测，防止游离态的 CO_2 发生大规模的泄漏。同时，在埋存周期内要密切注意储层温度、压力等条件的变化，以免发生埋存 CO_2 的二次泄漏。

(2)在固井工作中，通过选用优质固井水泥、优化固井过程等措施提高固井质量，防止由于固井不完整而导致井的密封性失效。

(3)对埋存试验区内油气井管柱进行防腐蚀处理，同时定期对 CO_2 埋存试验区内油气井井口装置、套管柱等设备进行检查和维修。

(4)对埋存试验区的废弃井进行相应的防泄漏和封闭处理。

(5)在选择埋存点时要尽量避开有断层和地质活动频繁的区域，同时要避免因为人类活动对地层造成伤害的区域。

5 结论

(1)通过建立故障树对油藏埋存 CO_2 发生泄漏的途径进行分析和对 CO_2 发生泄漏的风险进行评估发现，故障树中“或”门的数量远大于“与”门的数量，故障树的最小割集数量较多并且最小割集中低阶最小割集的数量远大于高阶最小割集数量，这说明 CO_2 泄漏的途径很多，埋存 CO_2 发生泄漏的风险性较大。

(2)游离态的 CO_2 是导致泄漏发生的最主要因素，在埋存初期要加强环境监测，预防埋存初期大量的游离态 CO_2 发生泄漏。同时，在 CO_2 埋存周期中，要注意储层温度、压力的变化，避免埋存 CO_2 发生二次泄漏。

(3)井泄漏通道(包括井密封性失效及固井水泥密封失效)的存在是导致 CO_2 发生泄漏的最主要原因，埋存的 CO_2 通过失效的胶结面、破损的水泥环、腐蚀的套管泄漏到地层表面，造成在近井带 CO_2 含量增大。

(4)基于 CO_2 驱与埋存示范环境监测数据可知，越靠近井口附近，土壤中 CO_2 含量越高；当距离超过30m时，土壤中的 CO_2 含量迅速下降，在距离井口100m处，土壤中 CO_2 含量处于基准值范围。这证明埋存的 CO_2 通过套管柱的微裂隙在压力差和浮力作用产生微量泄漏。CO_2 的泄漏主要发生在近井地带，与故障树分析的结果一致。

参考文献

[1] 任韶然，李德祥，张亮，等．地质封存过程中 CO_2 泄漏途径及风险分析［J］．石油学报，2014，35(3)：591-601.

[2] 任韶然，张莉，张亮．CO_2 地质埋存：国外示范工程及其对中国的启示［J］．中国石油大学学报(自然科学版)，2010，34(1)：93-98.

[3] 张旭辉，郑委，刘庆杰．CO_2 地质埋存后的逃逸问题研究进展［J］．力学进展，2010，40(5)：517-527.

[4] 刘兰翠，李琦．美国关于二氧化碳地质封存井的要求［J］．低碳世界，2013，20(1)：42-52.

[5] ZHANG Y，OLDENBURG C M，BENSON S M. Vadose zone remediation of carbon dioxide leakage from geologic carbon dioxide sequestration sites［J］. Vadose Zone Journal，2004，3(3)：858-866.

[6] LIU L C，LI Qi，ZHANG J T，et al. Toward a framework of environmental risk management for CO_2，geological storage in China：gaps and suggestions for future regulations［J］. Mitigation & Adaptation Strategies for Global Change，2016，21(2)：191-207.

[7] 李琦，宋然然，匡冬琴，等．二氧化碳地质封存与利用工程废弃井技术的现状与进展［J］．地球科学进展，2016，31(3)：225-235.

[8] 谷丽冰，李治平，侯秀林．二氧化碳地质埋存研究进展［J］．地质科技情报，2008，27(4)：80-84.

[9] 罗二辉，胡永乐，李昭．CO_2 地质埋存技术与应用［J］．新疆石油天然气，2013，9(3)：14-21.

[10] 蔡博峰．二氧化碳地质封存及其环境监测［J］．环境经济，2012(8)：44-49.

[11] 李琦，刘桂臻，张建，等．二氧化碳地质封存环境监测现状及建议［J］．地球科学进展，2013，28(6)：718- 727.

[12] GOZALPOUR F, REN S R, TOHIDI B. CO_2 EOR and storage in oil reservoir [J]. Oil & Gas Science & Technology, 2005, 60(3): 537-546.
[13] EKE P E, NAYLOR M, HASZELDINE S, et al. CO_2 leakage prevention technologies [R]. SPE 145263, 2011.
[14] KOVSCEK A R. Screening criteria for CO_2 storage in oil reservoirs [J]. Petroleum Science & Technology, 2002, 20(7/8): 841-866.
[15] HAWKES C D, MCLELLAN P J, BACHU S. Geomechanical factors affecting geological storage of CO_2 in depleted oil and gas reservoirs [J]. Work & Occupations, 2005, 44(10): 52-61.
[16] TAO Q, CHECKAI D, HUERTA N J, et al. Model to predict CO_2 leakage rates along a wellbore [R]. SPE 135483, 2010.
[17] 张森琦，刁玉杰，程旭学，等．二氧化碳地质储存逃逸通道及环境监测研究 [J]. 冰川冻土，2010，32(6)：1251-1261.
[18] SAADATPOOR E, BRYANT S L, SEPEHRNOORI K. CO_2 leakage from heterogeneous storage formations [R]. SPE 135629, 2010.
[19] GUEN Y L, GOUEVEC J L, CHAMMAS R, et al. CO_2 storage: managing the risk associated with well leakage over long time scales [J]. SPE Projects, Facilities & Construction, 2009, 4(3): 87-96.
[20] 陈利琼，张鹏，梅云新，等．油气管道危害辨识故障树分析方法研究 [J]. 油气储运，2007，26(2)：18-30.
[21] YUHUA D, DATAO Y. Estimation of failure probability of oil and gas transmission pipelines by fuzzy fault tree analysis [J]. Journal of Loss Prevention in the Process Industries, 2005, 18(2): 83-88.
[22] 董玉华，高惠临，周敬恩，等．长输管线失效状况模糊 故障树分析方法 [J]. 石油学报，2002，23(4)：85-89.
[23] 阎凤霞，董玉华，高惠临．故障树分析方法在油气管线方面的应用 [J]. 西安石油大学学报(自然科学版)，2003，18 (1)：47-50.

（编辑：李志芬）

A prediction model for sustained casing pressure under the effect of gas migration variety

Fuping Feng Ziyuan Cong Wuyi Shan
Chaoyang Hu Maosen Yan Xu Han

(Key laboratory of Enhanced Oil & Gas Recovery, Institute of Petroleum Engineering, Northeast Petroleum University)

Abstract: Sustained casing pressure (SCP) is a challenge in the well integrity management in oil and gas fields around the world. The flow state of leaked gas will change when annulus protective fluid migrated up. To show the influence of gas migration on casing pressure recovery, a prediction model of SCP based on Reynolds number of bubbles was established. The casing pressure prediction of typical wells and the sensitivity analysis of casing pressure are performed. The results show that the casing pressure recovery time decreases with the increase of cement permeability. However, larger cement permeability has little effect on the casing pressure after stabilization. Increasing the height of annulus protective fluid reduces the stable casing pressure value and shortens the casing pressure recovery time. Compared with the existing models, the results show that the time of casing pressure recovery will be shortened by the change of gas migration, and the effect of bubble $Re<1$ on SCP will be greater. The new model can be used to detect and treat SCP problem caused by small Reynolds number gas leakage.

Keywords: sustained casing pressure; gas migration variety; Reynolds number; prediction model

1 Introduction

Sustained casing pressure of annulars cannot be bled to zero, or it will build back up to original pressure[1]. SCP will bring both risks to the safe production of wells, and the cost of pressure relief[2]. In recent years, SCP has become a common phenomenon threatening the safety of injection and production wells. According to statistics, over 43% of wells in the outer continental shelf of the Gulf of Mexico (GOM) in the United States have been reported with SCP[3]. In Tarim Oilfield of China, there are over 93% SCP in high pressure gas wells, and the maximum casing pressure even exceeds 50 MPa[4]. The Norwegian Institute of Technology (SINTEF) tracked and analyzed 217 production wells in 10 years and found that SCP increased from 1.7% to 25.5%[5]. SCP problem poses a severe challenge to the safety of oil and gas wells, which is a common problem and safety problem faced by the world petroleum industry.

The main causes of SCP are divided into three categories: (1) Gas lift, annulus detection and thermal recovery may cause SCP; (2)The top of the annulus is the gas cap. The volume expansion of the gas in the gas cap is caused by the change of temperature, which leads to SCP; (3)Gas leakage can cause SCP[6]. After wellhead pressure relief, SCP expansion effect caused by operation can be eliminated. Casing leakage failure can be eliminated by replacing the casing string, but the loss of cement sheath is permanent. At present, the research on SCP focuses on the derivation of mathematical model. Pressure calculation models for cement sheath loss are divided into two categories.

(1) The movement of gas in annulus protective fluid is neglected, and only the gas channeling in cement annulus and gathering at gas cap are considered. XU and Wojtanowicz[7-8] establish casing pressure prediction model by using hydrostatic column pressure balance equation without considering the migration of cross-flow gas in annular protective fluid, then combined with the variation of the viscosity and deviation factor of the leaked gas under different pressures, and the pressure prediction model was further improved. T. Rocha-Valadez et al.[9] based on XU model, through fitting the field measured data with killing well, completed the acquisition of cement permeability, annulus protective hydraulic shrinkage coefficient and other parameters which cannot be easily measured and calculated. Nicolas J[10] transforms the effective permeability of cement sheath into equivalent geometry of discrete leakage path and determines the leakage rate of gas in annulus through transport model. However, these models did not consider the same process of gas migration in annulus protective fluid and only apply to the case of cement slurry returning to the ground.

(2) It considers the gas channeling in the cement annulus and the change of the gas channeling in the annulus protective fluid. This kind of model is suitable for the condition that cement slurry does not return to the ground. After the leakage gas enters the annulus protective fluid, its motion state changes constantly, and reaches the equilibrium state of zero resultant force in the process. At this point, the rising velocity is called the terminal velocity[11]. XU and Wojtanowicz[12] calculated the rising velocity of the gas through the drift flow model; On this basis, Zhu et al.[13] realize the pressure prediction of annulus A in CO_2 injection wells combined with the phase transformation law of CO_2. However, in their study, the effect of Reynolds number of bubbles on gas terminal velocity was neglected. Zhou et al.[14] neglected the liquid velocity and assumed the bubbly flow of channeling gas in annulus protective fluid. The one-dimensional Navier-Stokes(N-S) equation was used to establish the gas force balance equation. The annulus fluid was regarded as non-Newtonian fluid to predict the pressure value. The staggered grid and semi-implicit difference method were used to solve the SCP prediction model. However, there are obvious differences in the motion law of bubbles under different Reynolds numbers. This model cannot distinguish the rising velocity of bubbles with different Reynolds numbers. Uncertainty of the terminal rising velocity of bubbles will affect the accuracy of casing pressure prediction.

In this paper, considering the correlation between initial bubble radius and Reynolds number of bubbles, an casing pressure prediction model for calculating different Reynolds number bubbles was established for cement not returning to the ground. Based on the Reynolds number of bubbles, this paper considers two models: large Reynolds number bubbles rising velocity model and small Reynolds number bubbles rising velocity model. Based on this model, casing pressure of an example well is predicted. Then, sensitivity analysis of casing pressure prediction is made by changing calculation parameters. The prediction results show that cement permeability and annular fluid height are the key parameters affecting casing pressure recovery. Compared with the XU model, the flow rate of gas at both ends of annulus protective fluid calculated by the new model is different, which indicates that the velocity of gas in annulus protective fluid will change. Computation and comparison of case wells are carried out, it is shown that the variation degree of gas is different under variable Reynolds number. There is a greater difference between them when the Reynolds number of gas bubbles is lower. It is explained that the variation of gas in annular protective fluid cannot be ignored. This further indicates that it is important to consider the Reynolds number of gas bubbles for exploring the law of gas migration in annulus protective fluid, detecting and controlling the casing pressure in situ.

2 Initial bubble force analysis

After separating from the surface of cement, gas flows into the gas cap by migration in annulus protective fluid, and causes an increase in casing pressure, as shown in Figure 1.

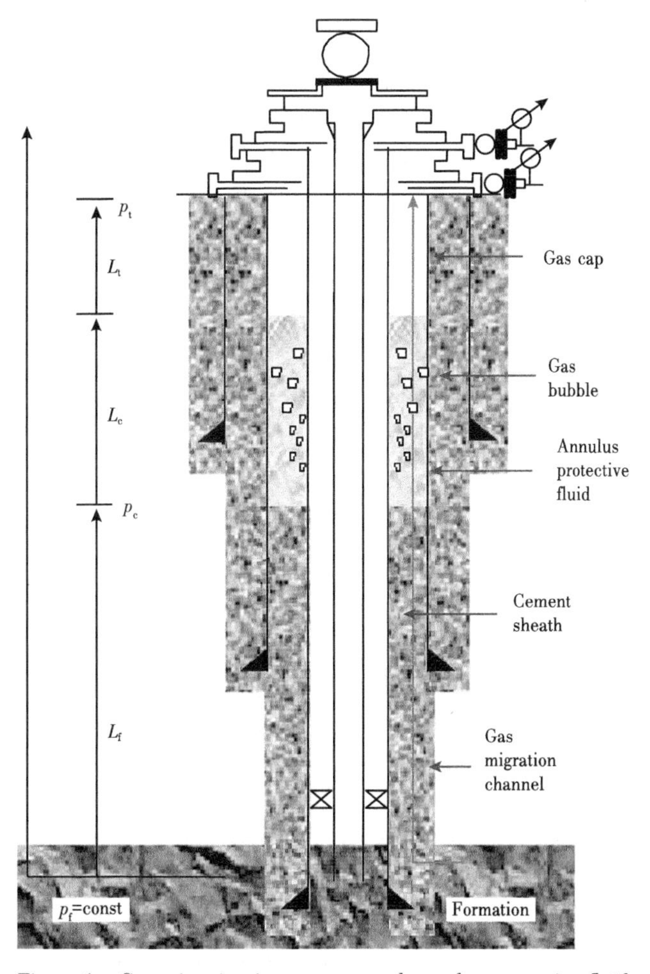

Figure 1 Gas migration in a cement and annulus protective fluid

In the process of detaching from the surface of cement sheath, the force acting on a bubble is affected by:

(1) Buoyancy: Upward force produced by the difference in gas-liquid density.

$$F_f = V_b(\rho_l - \rho_g)\ g = \frac{4}{3}\pi r_b^3(\rho_l - \rho_g) g \tag{1}$$

where V_b——initial bubble volume, m^3;

r_b——initial bubble diameter, m;

ρ_l——annulus protective fluid density, kg/m^3;

ρ_g——gas density, kg/m^3;

g——gravitational acceleration, $9.8m/s^2$.

(2) Surface tension: inhibits bubble growth and maintains bubble shape.

$$F_\sigma = \pi d_0 \sigma \cos\theta \tag{2}$$

where d_0——cement pore diameter, m;

σ——surface tension coefficient of annulus protective fluid and gas, N/m;

θ——angle of the bubble growth direction and vertical direction at the hole of the cement sheath, (°).

(3) Viscous resistance: The gas entering annulus through cement pore needs to break through the interfacial tension between gas and liquid, thus forming bubbles in annulus protective fluid and expanding constantly. In the process of bubble expansion, the annulus protective fluid around the bubble will produce slight flow, which will produce resistance to the bubble. If the bubble and the cement sheath do not separate, Stokes resistance formula is applied[15].

$$F_{vis} = 3\pi d_b \mu_l v_b \tag{3}$$

where v_b——growth rate of bubble radius, m/s;

μ_l——viscosity of annular protective fluid, Pa · s.

(4) Inertia resistance: the gas enters the annular protective fluid from the cement to form bubbles, which expand at a corresponding rate, causing a change in momentum.

$$F_t = \frac{d(Mv_b)}{dt_b} \tag{4}$$

M is the apparent mass of the bubble, which is the sum of the bubble and the annular protective liquid surrounding the bubble. The annular protective liquid affected by bubble expansion is 11/16 of the bubble volume[4], then

$$M = V_b(\rho_g + \frac{11}{16}\rho_l) \tag{5}$$

At the interface between cement and annulus protective fluid, the growth and detachment of bubbles are affected by buoyancy, surface tension, inertia force and viscous resistance. Buoyancy is the driving force that causes bubbles to move upward and detach from cement sheath. The gas flowing from cement pore provides gas source for the growth of bubbles. Under the condition that the pore of cement surface remains unchanged, the gas flowing through the cement surface affects the size of initial bubbles. The flow rate of gas channeling under different pressures can be calculated according to the following formula:

$$q_g = \frac{dV_b}{dt_b} = \frac{KAT_{sc}}{2\mu_g T_f L_f p_{sc}}(p_f^2 - p_c^2) \tag{6}$$

where K——permeability of cement sheath;

A——area of annulus, m^2;

T_{sc}——standard condition temperature, K;

μ_g——gas viscosity, Pa · s;

T_f——formation temperature, K;

L_f——length of cement, m;

p_{sc}——standard condition pressure, Pa.

In vertical wells, the direction of bubble growth on the surface of cement sheath is vertical. In practice, the pore size distribution on the surface of cement sheath is non-uniform. For convenience of calculation, the pore radius r_0 on the surface of cement sheath can be approximately expressed as follows[16]:

$$r_0 = \frac{1}{2}d_0 = \frac{\phi \bar{D}_p}{6\ (1-\phi)} \tag{7}$$

The surface tension of the bubble is as follows:

$$F_\sigma = \frac{\sigma \pi \phi \bar{D}_p}{3(1-\phi)} \tag{8}$$

where ϕ——porosity of cement sheath, dimensionless;

$\bar{D}_p$——cement particle diameter, m.

Inertia force and viscous drag also hinder the growth of bubbles. According to the balance of resultant forces acting on bubbles during separation, it can be expressed in Equation(9):

$$\frac{4}{3}\pi r_b^3(\rho_l - \rho_g)g = \frac{d(Mv_b)}{dt_b} + 6\pi r_b \mu_l v_b + \frac{\sigma \pi \phi \bar{D}_p}{3(1-\phi)} \tag{9}$$

The expansion of inertial force is as follows:

$$\frac{d(Mv_b)}{dt_b} = M\frac{dv_b}{dt_b} + v_b\frac{dM}{dt_b} \tag{10}$$

Using Equation(5)、Equation(9) and Equation(10), we have:

$$\frac{4}{3}\pi r_b^3\ (\rho_l - \rho_g)g = \frac{(\rho_g + \frac{11}{16}\rho_l) \cdot q_g^2}{12\pi r_b^2} + \frac{3q_g\mu_l}{2r_b} + \frac{\sigma\pi\phi\bar{D}_p}{3\ (1-\phi)} \tag{11}$$

With the leakage rate of gas (from cement sheath into annulus protective fluid), the initial bubble radius can be calculated by simulating when the bubbles leave cement. Then the Reynolds number of bubbles can be calculated, and gas rising velocity model calculated.

3 Bubble rising velocity model based on Reynolds number

After the bubbles break away from the cement surface, they rise along the annulus protective fluid under the action of buoyancy. The initial size and rising velocity of bubbles in the annulus affect the distribution ratio and flow state of gas-liquid two-phase in the annulus, and ultimately act on the Reynolds number. In general, bubbles in fluids can be classified into many types. The Reynolds number describe the shape of bubbles:

$$Re=\frac{\rho v d_0}{\mu_1} \tag{12}$$

Leal[17] summarized a large number of experimental results and gave the shapes in different Reynolds number ranges. When $Re<1$, the inertia force of bubbles is small, but the surface tension and viscous resistance are large, and the bubbles are spherical; when $Re<1000$, the bubbles are enlarged by inertia force, and the bubbles are flattened into ellipsoids; when $Re>1000$, the bubble deformation is further intensified, and the bottom of the spherical bubbles is depressed into caps or skirts.

3.1 Bubble rising velocity model with small Reynolds number

When the Reynolds number of bubbles is small, the rising velocity of bubbles is relatively slow, and the morphology of bubbles hardly changes during the rising process. It can be seen as a sphere[18]. Rising bubbles are affected by buoyancy, gravity and viscous drag, as shown in Figure 2.

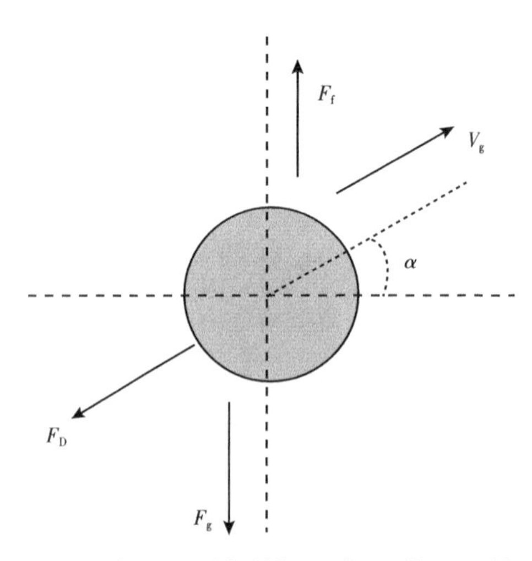

Figure 2 Force diagram of bubbles with small Reynolds number

When Reynolds number is small(<1), creeping flow theory is used to calculate the bubble motion resistance.

Where C_D is the drag coefficient, its approximate value is $24/Re$.

The resultant forces of small Reynolds number bubbles in the rising process of annulus protective fluid are as follows:

$$F_{tol} = F_f - F_g - F_D \sin\alpha \tag{13}$$

Small Reynolds number bubbles rise slowly in annulus protective fluid, and their migration path can be regarded as a straight line, i. e. $\alpha = 90°$. The force formula of small bubbles can be expressed as follows:

$$F_{tol} = \frac{4}{3}\pi r_b^3 (\rho_l - \rho_g) g - \frac{4}{3}\pi r_b^3 \rho_g g - \frac{1}{2} C_D \pi r_b^2 \rho_l v_t^2 \tag{14}$$

The rising acceleration of small Reynolds number bubble is:

$$a = \frac{\frac{4}{3}\pi r_b^3 (\rho_l - \rho_g) g - \frac{4}{3}\pi r_b^3 \rho_g g - \frac{1}{2} C_D \pi r_b^2 \rho_l v_t^2}{m_g} \tag{15}$$

When$\alpha = 0$, the bubble reaches its terminal velocity in annulus protective fluid

$$v_t = \sqrt{\frac{2 r_b \rho_g g}{3 C_D \rho_l}} \tag{16}$$

3.2 Bubble rising velocity model with large Reynolds number

When the Reynolds number of bubbles is large, the shape of bubbles will change obviously during annular transport. Under the same flow conditions, the larger the Reynolds number of bubbles, the more obvious the deformation is. Because the bubble shape acts directly on the rising velocity during the rising process, and there are many bubbles in the annulus protective fluid, and the deformation law is complex, it is difficult to accurately establish the calculation model describing the rising velocity of large Reynolds number bubbles by mechanical method. The approximate calculation is made by using the model of rising velocity of large bubbles given by Collins[19]:

$$v_t = 0.652\sqrt{(g r_b)} \tag{17}$$

4 SCP prediction model

After reaching the terminal velocity, the bubbles continue to rise along the annulus protective fluid. When the bubbles move to the upper interface of annulus protective fluid, the bubbles burst and the pressure in the annulus rises when the gas in the bubbles is injected into the gas cap. In practice, the bubbles that cause the pressure do not migrate as individual ones but in the form of swarm bubbles. Sun and Zhu[20] presented a computational model for the relationship between the velocity of a single bubble and swarm bubbles in a non-Newtonian fluid. The value of a_1, a_3, a_4

can obtained[16].

$$\frac{v_{t,w}}{v_{t,s}}=(1-s^{-1})\left\{\frac{n(19-2n-8n^2)}{3(1-s^{-1})[8(1-n)a_1+2(1+2n)a_3-12(1-n)a_4]+3(n-1)(1-n-4n^2)}\right\}^{\frac{1}{n}} \tag{18}$$

where $v_{t,w}$——swarm bubble terminal velocity, m/s;

$v_{t,s}$——single bubble terminal velocity, m/s;

α——gas holdup;

n——power law index.

The terminal velocity of swarm bubble is:

$$v_{t,w}=\sqrt{\frac{2r_b\rho_g g}{3C_D p_l}}\cdot(1-s^{-1})\left\{\frac{n(19-2n-8n^2)}{3(1-s^{-1})[8(1-n)a_1+2(1+2n)a_3-12(1-n)a_4]+3(n-1)(1-n-4n^2)}\right\}^{\frac{1}{n}} \tag{19}$$

$$v_{t,w}=0.652\sqrt{(gr_b)}\cdot(1-s^{-1})\left\{\frac{n(19-2n-8n^2)}{3(1-s^{-1})[8(1-n)a_1+2(1+2n)a_3-12(1-n)a_4]+3(n-1)(1-n-4n^3)}\right\}^{\frac{1}{n}} \tag{20}$$

Initially, the gas flowing from the formation has not entered the gas cap, and the wellhead pressure does not rise at this time. Because the formation pressure is greater than the interface pressure of cement, gas enters annulus protective fluid from formation in the form of swarm bubbles, and eventually migrates to gas cap. The SCP can be calculated as Xu et al. [7]:

$$p_t^n=\frac{1}{2}\left(p_t^{n-1}-\frac{v_t^{n-1}}{C_m V_m^{n-1}}+\sqrt{\left(p_t^{n-1}-\frac{v_t^{n-1}}{C_m V_m^{n-1}}\right)^2+\frac{4T_{wh}\sum_{i=1}^{n}(p_t^i+0.00981\rho_l L_f)\cdot Av_{t,w}^i}{C_m V_m^{n-1}T_{wb}}}\right) \tag{21}$$

$v_{t,w}^i$ is the velocity enters the gas cap which considering the Reynolds number in Equation (21), unlike previous application of the rising velocity of gas v_t.

The solution process of the new model is shown in Figure 3. At the beginning of each time step, q_g can be calculated by Equation (6), where the value of p_c is obtained at previous time step. Using Equation (11) we can get the initial bubble radius r_b. At this time, the model for calculating $v_{t,w}^i$ needs to be selected according to the Reynolds number of the initial bubbles. If Reynolds number is less than 1, velocity can be calculated by Equation (19). Otherwise, Equation (20) is needed. After the SCP is obtained from Equation (21), one time step calculation is completed.

Iterative calculation is used for the above process. And verification can be determined whether there is pressure difference between the upper and lower ends of cement sheath after obtaining the SCP value p_t of last time step. Because of the previous p_t, p_c and p_t will increase until $p_f=p_c$ is terminated. This is the basis for verifying whether iterative calculation is needed or not.

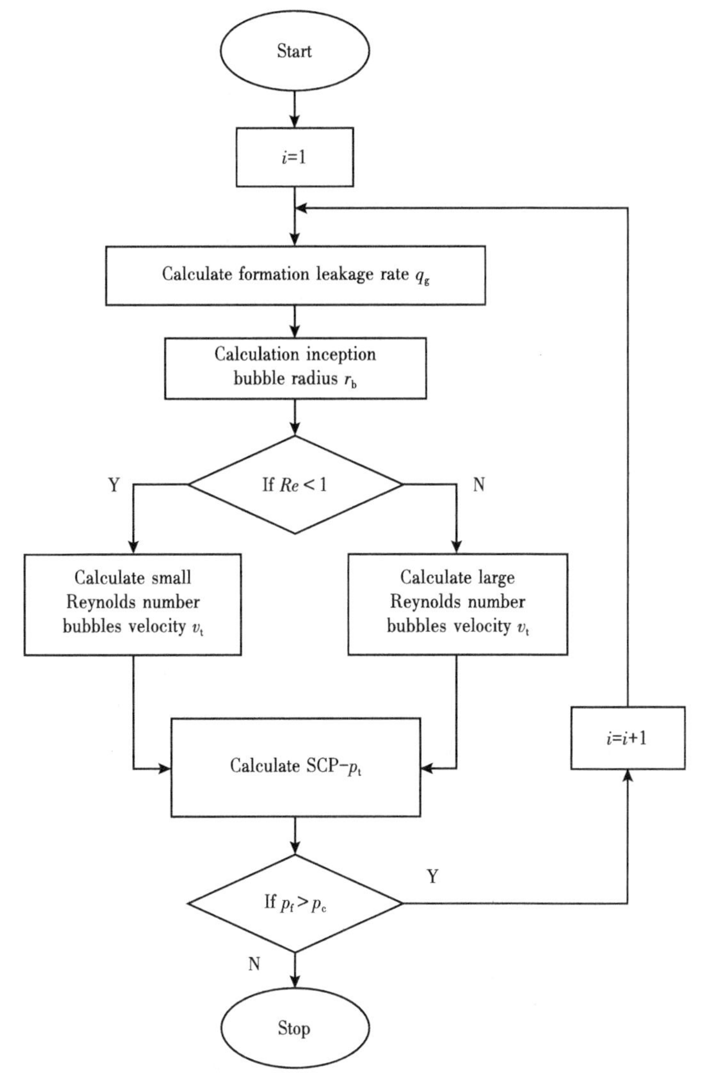

Figure 3 Flow chart of mathematical model

5 Example calculation and analysis

5.1 Analysis of SCP in well 23 and well 24

Using the same calculation parameters as XU[7] to carry out the calculation of this model, the parameters involved and the wellbore structure are shown in Table 1, Figure 4 and Figure 5.

Table 1 Well parameters

Properties	Units	#23	#24
T_{wb}	K	319	306
T_f	K	350	324
T_{wh}	K	288	288

Continued

Properties	Units	#23	#24
D_o	m	0. 25268	0. 25268
D_i	m	0. 1777	0. 19355
L_t	m	8. 23	0
L_c	m	2521. 61	1960. 78
L_f	m	555. 04	980. 54
K	mD	0. 003	1. 496
μ_g	Pa · s	2.0×10^{-5}	1.5×10^{-5}
μ_l	Pa · s	0. 056	0. 056
ρ_l	kg/m^3	1200	1920
c_m	Pa^{-1}	2.758×10^{-2}	1.034×10^{-2}
Z	—	0. 86	0. 92

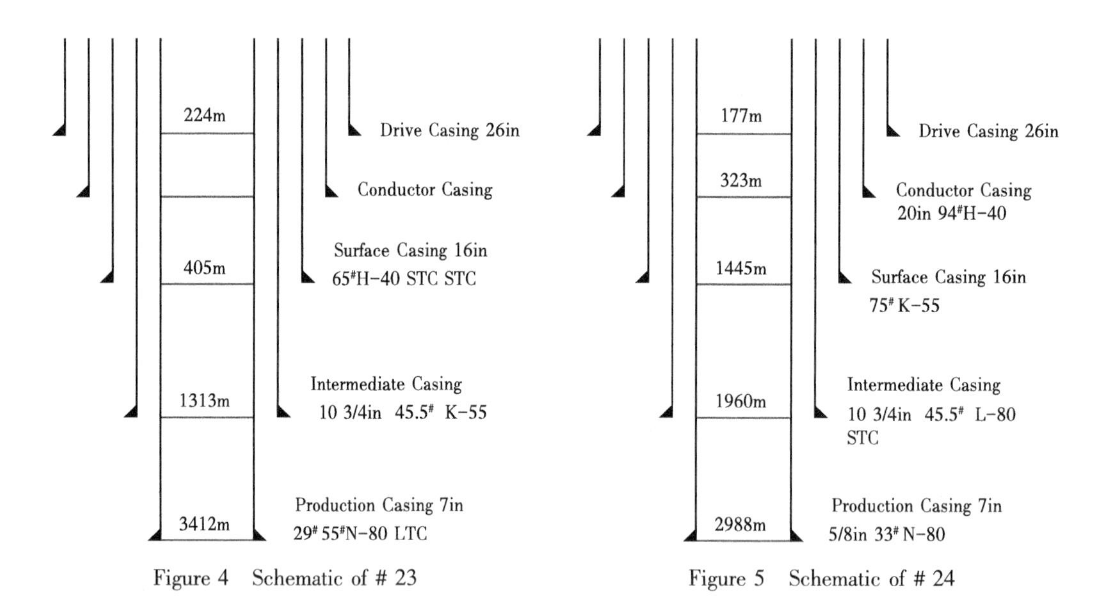

Figure 4 Schematic of # 23

Figure 5 Schematic of # 24

Table 2 gives the data of Reynolds number from the beginning to the end of calculation for two wells. The initial Reynolds number of #23 leaked gases is 0. 5521, which decreases with the increase of time. A small Reynolds number bubble casing pressure calculation model is applied; #23 Reynolds number of leaked gas is always greater than 1 in the calculation process. The calculation model of pressure in annulus of bubble with large Reynolds number is applied.

Table 2 Study results for well 23 and well 24

Parameters	#23		#24	
	Start	End	Start	End
Re	0. 5521	0. 0116	251. 2	5. 853

Figure 6 and Figure 7 show the calculation results of two case wells. Apparently, the upper and lower flow of the annular protective fluid decreases continuously, and the decline rate of the leakage flow reduces constantly. Meanwhile, the upper flow in the annular protective fluid is greater than the lower flow. That's caused by reducing pressure difference between the gas cap and the formation with the continuous rise of casing pressure. In early stage, the rising velocity of bubble is accelerated and generates a higher upper leakage flow in the annular protective fluid. According to the above comparisons, larger rise of bubble velocity is caused by the lower Reynolds number, but it has little effect on the leakage flow.

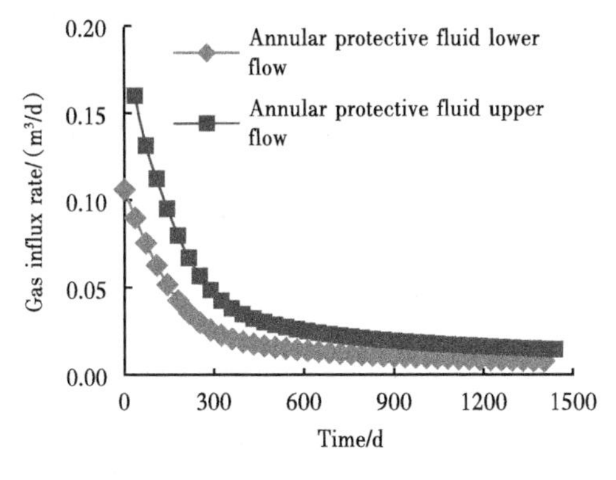

Figure 6 Comparison of #23 flow

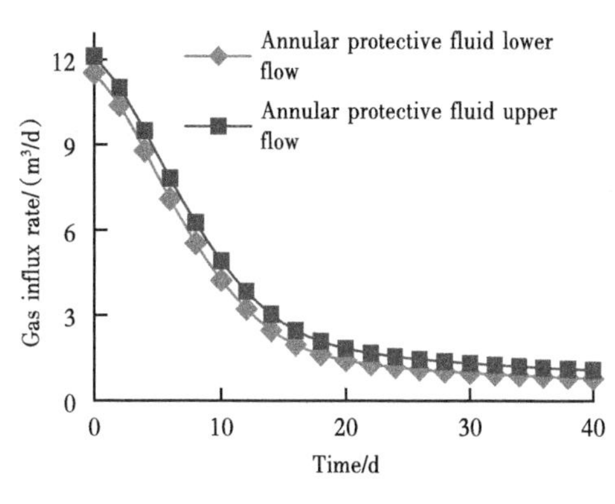

Figure 7 Comparison of #24 flow

The new model is applied to predict the #23 and #24 casing pressure. The XU SCP calculation model is compared, and the results are shown in Figure 8 and Figure 9. Given the migration state change of the leaking gas in the annular protective fluid, the new model obtains a larger casing pressure, and the time to reach the maximum casing pressure is shorter. In # 24, the calculation result difference between the new model and XU model is smaller, but the difference between # 23 is larger. Compared with XU model, the new model has better matching effect with well history data, which indicates that the new model can be applied to calculate annular pressure considering gas migration in annular protective fluid.

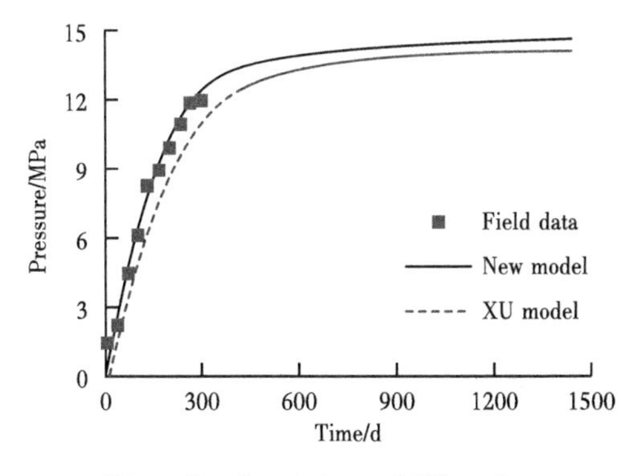

Figure 8 Comparison of #23 casing pressure prediction

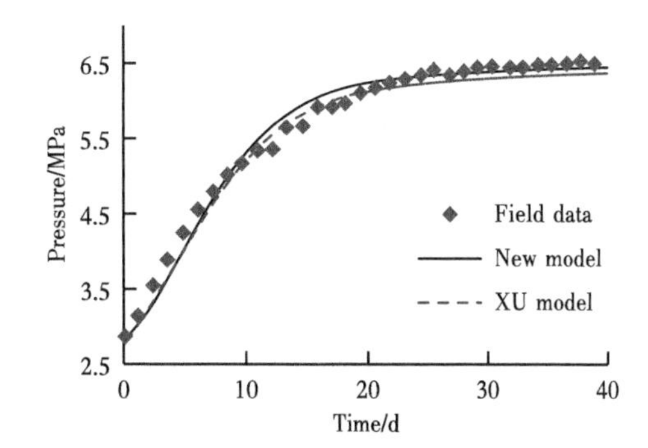

Figure 9 Comparison of #24 casing pressure prediction

5.2 Effect of well parameters on SCP buildup

Figure 10 shows the casing pressure recovery curve when the cement permeability changes. According to the figure, the early stage of pressure recovery is sensitive to the size of the permeability, and a small change in the permeability may cause a large fluctuation in the casing pressure value. When the cement permeability increases, the casing pressure at the wellhead is higher, and the time to reach the maximum SCP value is faster in the same time, but the change of the cement permeability has no effect on the maximum casing pressure. With larger permeability of cement sheath, the deviation of annular pressure value between the new model and XU model decreases. The cement with low permeability allows the gas to obtain a lower leakage flow, and also makes the initial bubble Reynolds number smaller. This makes it easier for the bubbles to change their motion state during the rising process, resulting in that the leakage at the annular protective liquid-gas cap interface increases. As a result, the SCP value has a higher rate of increase compared with the high permeability cement well. This also explains why the accuracy of the new model has been improved more obviously in the calculation of # 23 than in # 24.

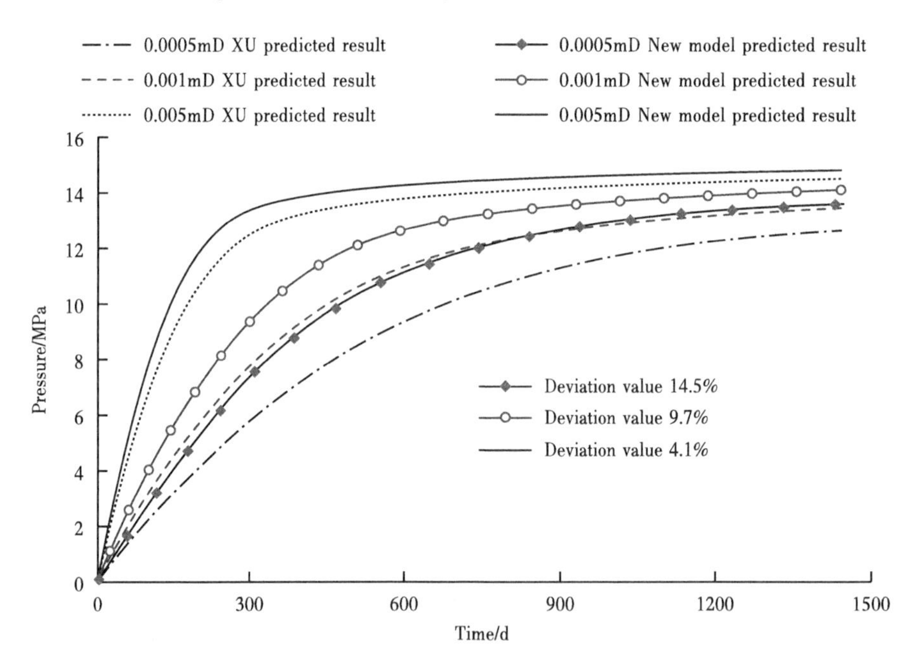

Figure 10 Calculation comparison of influence of cement permeability on SCP

The casing pressure under different cement permeability is compared and calculated for #23. When the cement permeability is higher than 0.007mD, the bubble's Reynolds number is greater than 1, corresponding to the calculation model of the large bubble SCP, and the deviation value with the XU model at this time is 3.2%. When the permeability increased again, the deviation values of the two do not change much, indicating that when the Reynolds number of the bubble reaches a certain value, the motion state tends to be stable during the closed annular rising process.

Figure 11 shows the relationship between the casing pressure and the pressure recovery time at three annular protective fluid height. Figure 11 indicates that reducing the height of the annular protective fluid can effectively slow the rising velocity of the casing pressure, so that it reaches the maximum SCP value over a wide time range; however, hydraulic pressure provided by annular protective fluid decreases as the height of annular protective fluid decreases, which resulting in an increase in the maximum SCP value. During the practical on-site construction process, the injection height of the annular protective fluid properly designed can reduce the casing pressure, while delaying the time for the operating well to reach the maximum SCP value. By comparing with the model of XU, the new model predicts higher casing pressure, and the deviation of the two shows an upward trend with the decrease of the annular protective fluid height. As the lowered height of the annular protective fluid will need larger cement length. At this time, the gas flow into annulus protective fluid decreases, and results in lower Reynolds number of initial gas bubbles. Therefore, the lower the annulus protective fluid height, the greater the deviation value is. This result also proves that the motion state of the bubble with low Reynolds number is more likely to change in the annular protective fluid.

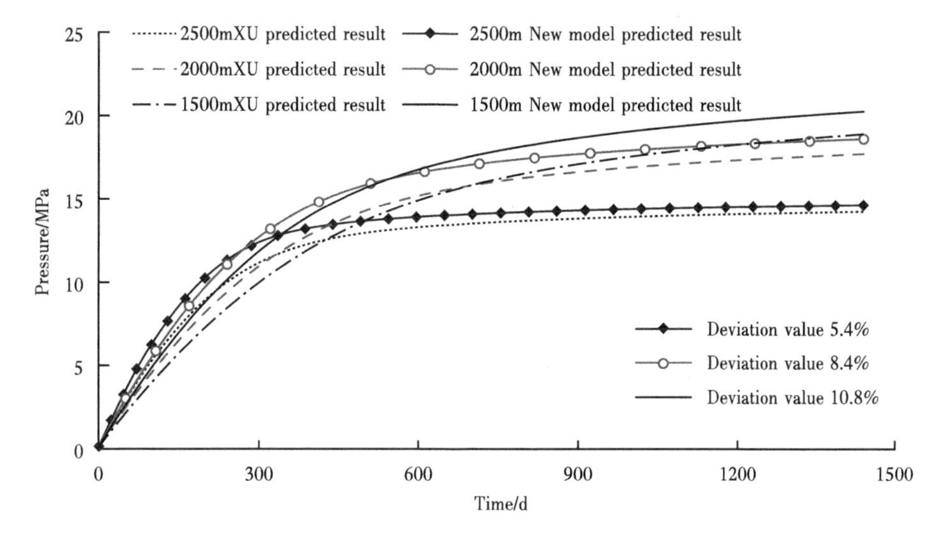

Figure 11 Calculation comparison of influence of annular protectile fluid height on SCP

However, the premise of the model established in this paper is that the annulus protective fluid is needed above the cement sheath. In this case, the annular pressure rise can be predicted based on the Reynolds number of the initial bubbles. If annulus protective fluid does not exist, that means cement needs to return to the ground, the SCP calculated by the new model will generate a large error, which is the limitation of the new model. Obviously, some factors affecting SCP have not been considered in this paper and need further study. Our further research will propose a more comprehensive approach to improve the model.

6 Conclusion

(1) In this paper, considering the gas migration in annulus protective fluid, a model of

annulus pressure based on Reynolds number is established.

(2) Reynolds number of initial bubbles affects the variation of gas in annulus protective fluid. If Reynolds number of initial bubbles is greater than 1, and the gas migration state changes slightly. Otherwise, the gas changes obviously.

(3) As the permeability of cement sheath decreases, the Reynolds number of initial gas bubbles decreases. In this case, the deviation value of SCP calculated by the new model and XU model increases significantly. The influence of Reynolds number of initial bubbles on annular pressure cannot be ignored.

(4) Reducing the height of annulus protective fluid effectively slow down the rate of early annulus pressure rise, but increases the maximum pressure value, which is likely to cause casing failure.

Acknowledgments

The authors would like to acknowledge the financial support by the National Natural Science Foundation of China (Grant No. 51774094)、the Petro China Innovation Foundation (Grant No. 2017D-5007-0310)、Heilongjiang Province Post-doctoral Special Subsidy (Post-doctoral Young Talents Program) (Grant No. LBH-TZ12) and the National Science and Technology specific projects of the 13th Five-year Plan (Grant No. 2016ZX05016002).

References

[1] MOHAMMAD K, WOJTANOWICZ AK. Development of improved testing procedure for wells with sustained casing pressure [J]. SPE 170693, 2014.

[2] WU S, ZHANG L, FAN J, et al. 2018. A leakage diagnosis testing model for gas wells with sustained casing pressure from offshore platform [J]. Journal of Natural Gas Science and Engineering, 55: 276-287.

[3] ADAM T B, STUART L S'JAMES B R. 1999. Sustained casing pressure in offshore producing wells [C]. Offshore Technology Conference, 05.

[4] LI H Z. 1999. Bubbles in non-newtonian fluids: formation, interactions and coalescence [J]. Chemical Engineering Science, 54, 2247-2254.

[5] YAN M. 2017. Research on the prediction model of sustained casing pressure caused by the leakage of gas well tube [D]. Northeast Petroleum University.

[6] PENG J Y, ZHOU L Z, RUNG Y, et al. 2008. Risk evaluation of high-pressure gas wells in the kela-2 gas field [J]. Natural Gas Industry, 28, 110-112.

[7] XU R, WOJTANOWICZ A K. 2001. Diagnosis of sustained casing pressure from bleed-off/buildup testing patterns [J]. SPE 67194.

[8] XU R, WOJTANOWICZ A K. 2017. Pressure buildup test anal-ysis in wells with sustained casing pressure [J]. Natural Gas Science and Engineering, 38, 608-620.

[9] ROCHA-VALADEZ T, HASAN A R, MANNAN S, et al. 2014. Assessing Wellbore Integrity in Sustained-Casing-Pressure Annulus [J]. SPE169814.

[10] HUERTA N J, CHECKAI D, BRYANT S L. 2009. Utilizing Sustained Casing Pressure Analog to Provide Parameters to Study CO_2 Leakage Rates Along a Wellbore [J]. SPE126700.

[11] SHEN X. 2008. Bubble Formation and Bubble Rising in Gas-Liquid Flow [D]. University of Science and

Technology.

[12] XU R, WOJTANOWICZ A K. 2003. Diagnostic Testing of Wells with Sustained Casing Pressure - An Analytical Approach [C]. Canadian International Petroleum Conference.

[13] ZHU H, LIN Y, ZENG D, et al. 2012. Mechanism and prediction analysis of sustained casing pressure in "a" annulus of CO_2 injection well [J]. Journal of Petroleum Science & Engineering, 92-93, 1-10.

[14] ZHOU Y, WOJTANOWICZ A K, LI X, et al. 2018. Analysis of gas migration in sustained-casing-pressure annulus by employing improved numerical model [J]. Journal of Petroleum Science and Engineering, 169, 58-68.

[15] WANG Z, SHEN H. 1997. Simple derivation of stokes resistance formula [J]. Journal of University of Electronicence & Technology of China, s1, 261-264.

[16] SUN, S. 2014. Research on Wellbore Flow Model for Managed Pressure Drilling at Constant Bottomhole Pressure [D]. Northeast Petroleum University.

[17] LEAL L G. 1978. Bubbles, drops and particles [C] //R. Clift, J. R. Grace and M. E. Weber. Academic Press, 1978. 380 pp, International Journal of Multiphase Flow, 5, 229-230.

[18] SATYANARAYAN A, KUMAR R, KULOOR N R. 1969. Studies in bubble formation—Ⅱ bubble formation under constant pressure conditions [J]. Chemical Engineering Science, 24, 749-761.

[19] COLLINS, R. 1966. A second approximation for the velocity of a large gas bubble rising in an infinite liquid [J]. Journal of Fluid Mechanics Digital Archive, 25 (3), 12.

[20] SUN D, Zhu J. 2004. Approximate solutions of non - newtonian flows over a swarm of bubbles [J]. International Journal of Multiphase Flow, 30, 1271-1278.

初始矿物组分对 CO_2 矿物储存影响的模拟研究

赵宁宁　许天福　田海龙　杨志杰　封官宏　王福刚

（吉林大学　地下水资源与环境教育部重点实验室）

摘要：二氧化碳地质封存（CO_2 geological sequestration，CGS）是一种直接、高效的减少大气中 CO_2 含量的方式。本文以鄂尔多斯盆地 CGS 示范工程场地刘家沟组实测数据为基础，利用数值模拟方法，研究储集层岩石初始矿物组分变化对 CO_2 矿物封存能力的影响。结果表明，在长石为主的砂岩储集层中，绿泥石、方解石和长石类矿物是主要的溶解矿物，铁白云石是主要的固碳矿物，初始矿物中钾长石、方解石含量变化对矿物封存量的影响极小，奥长石含量对矿物封存量有一定程度的影响，而绿泥石初始含量显著影响矿物封存量。

关键词：二氧化碳地质封存；矿物储存；数值模拟；初始矿物组分

工业革命以来，由人类活动排放到大气中的 CO_2 温室气体逐年增加，引起一系列严重的环境问题[1]，得到世界各国的关注[2-3]。在经过合理的选址论证后，将 CO_2 集中注入地面以下 800m（CO_2 以超临界态存在）的封闭地质构造中（CO_2 地质封存），被认为是减少向大气中排放 CO_2 的最直接有效的技术之一[4-5]。沉积盆地深部咸水层以其独特的优点，常被国际上公认为适宜 CO_2 地质封存的理想的封存场所[4-8]。世界上首个深部咸水层封存 CO_2 示范工程是 1996 年开工的挪威北海 Sleipner 工程，该工程区的概念模型结果揭示 CO_2 的储存机理。2010 年 6 月，中国建成亚洲规模最大的深部咸水层封存 CO_2 的示范工程。此外，美国、加拿大、澳大利亚、日本、韩国等示范工程建设也比较成熟。基于示范工程获取的实际资料进行的理论研究表明，CO_2 在深部咸水层中的封存主要涉及构造圈闭、溶解捕获、矿物捕获 3 种机理[8-11]。其中，矿物捕获可以将 CO_2 长久的封存在岩石圈中，具有较高的安全性[12-14]。

目前，在矿物封存方面已有大量研究。Gulf Coast 模型，模拟分析了方解石、白云石和片钠铝石等矿物的固碳作用[15-17]。此外，矿物的溶解与 CO_2 封存量也有关系[18]，并得到 De Silva 等[19]的验证，表明地层的初始矿物组分是影响矿物封存的一个重要因子。不同深部咸水层的初始矿物组分，导致 CO_2 矿物封存形式以及封存量发生较为复杂的改变，很大程度上影响到矿物封存的安全性[20-23]。因此，针对指定的研究区域开展地质封集层初始矿物组分变化对矿物封存量的影响是十分必要的。

目前，中国已经在蒙陕交界地带的鄂尔多斯盆地开展了 CGS 示范工程研究。前期的地质探测结果表明深部咸水含水层中的刘家沟组砂岩地层具备良好的岩性条件，是 CO_2 地质封存的有利层位。本文以刘家沟组为研究对象，利用数值模拟的方法探究不同初始矿物组分条件下 CO_2 矿物封存量的变化规律，以期为 CO_2 地质封存工程的储集层优选、储存能力评估、储盖层合理划分等实施过程提供有价值的参考。

1　模型建立

1.1　程序概述

本次模拟使用非等温—多相流体反应运移模拟程序 TOUGHREACT V2.0，该程序在TOUGH2的框架上扩展了地球化学反应运移方面的功能[24]，由美国劳伦斯伯克利国家重点实验室开发。求解方法为隐式时间加权法；水流、溶质迁移与化学反应模块之间用顺序迭代法耦合。适用于一维、二维以及三维问题求解，考虑了水溶液中气体溶解与脱气过程等化学反应、矿物的溶解沉淀等局部平衡反应和动力学过程[25]等。该程序现已被广泛应用于如 CO_2 地质封存、地热资源开发等多个领域的工作中，并取得了令人满意的成果[24]。

1.2　模型设置

1.2.1　概念模型及边界条件

本文研究目标储集层为顶板埋深1690m、底板埋深1699m的刘家沟组含水层。根据该层的实测数据，建立了以注入井为角点的三维物理模型［图1(a)］，模型的长、宽和厚度分别为30km、30km和9m。

如图1(a)所示，本次模拟在平面上将储集层概化为30km×30km的矩形区域，进行不规则网格剖分，剖分为111个网格；垂向为9m，均匀剖分为9层，每层1m。

如图1(b)所示，本次研究仅针对储集层内 CO_2 矿物封存量的转化，不考虑上覆盖层问题，因此，将模型顶、底部设为非渗透性边界；研究对象为实际注入区右上1/4区域，研究区域边界 *a*、*b* 与其他区域相邻，由于模型为均质各向同性的地层，具有很好的对称性，边界两侧储集层压力相等，压差为零，边界上没有水流通过，因此，将模型边界 *a*、*b*

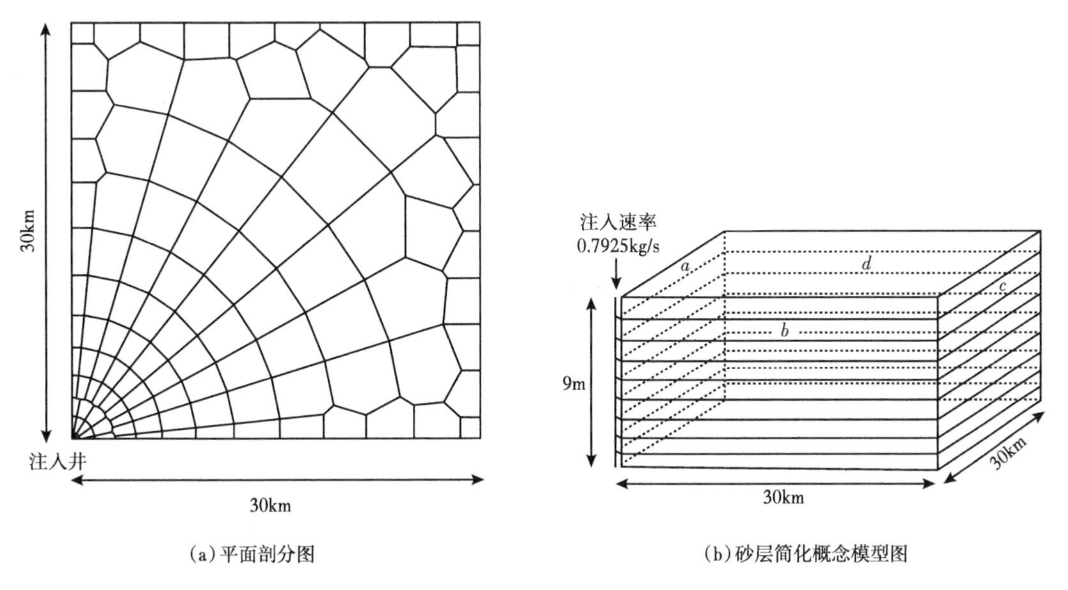

(a)平面剖分图　　(b)砂层简化概念模型图

图1　CO_2注入砂层简化概念模型图及平面剖分图

设为零流量边界；为了避免边界对模拟结果的影响，径向边界距离设为30km，并将此边界(c、d)设为具有固定压力和温度的一类边界。

1.2.2 封存物性参数设置

本次模拟主要为了讨论 CO_2 矿物封存形式以及改变矿物初始体积分数对矿物封存量的影响趋势，不做定量分析，因此将储集层概化为均质各向同性、无限延伸的砂岩地层。结合鄂尔多斯盆地实测资料，得到储集层物性参数(表1)；模拟采用的液相和气相(超临界)相对渗透率计算模型及毛细管压力计算模型由文献[16]获得。参数设置见表1。

1.2.3 地球化学初始条件

模型所采用的储集层初始矿物组分根据岩石露头样品的XRD测试资料得到，见表2。

天然情况下，地下水系统中水岩相互反应已达到平衡状态。但是实际所得水样在离开原位环境以后发生变化，导致某些矿物不再平衡，因此模拟之前需要确定初始水成分。模拟中初始水的获得方法采用目前文献中比较通用的一种方式，将地层所获取水样的实际盐度转化为相应浓度的NaCl溶液，再将NaCl溶液与地层初始矿物相互反应，将与地层矿物达到平衡的地下水作为模拟的初始水成分(表3)。

根据工程资料，垂向9层均设计 CO_2 注入孔。注入速率为0.7925kg/s，注入时间为20a，总注入量为 50×10^4t，模拟时间为1000a。

2 模拟结果与讨论

将鄂尔多斯盆地刘家沟组作为基础方案。为了更清楚地查明 CO_2 在垂向和侧向上的运移规律，在三维模型的 X-Z 方向做切片，进行相关分析。

CO_2 以超临界状态被注入储集层，形成 CO_2 高浓度区、CO_2-水两相混合区和纯水区。并发生反应：

$$CO_2(aq)+H_2O \rightarrow H^+ + HCO_3^-$$

表1 储集层岩石物性参数

<table>
<tr><th>储集层物性参数</th><th>参数数值</th><th>相对渗透率模型和毛细管压力模型</th></tr>
<tr><td>含水层厚度/m</td><td>9</td><td rowspan="7">1. 相对渗透率模型
液相（Van Genuchten，1980）
$K_{rl}=\sqrt{S^*}\{1-(1-[S^*]^{1/m})^m\}^2$　　$S^*=(S_l-S_{lr})/(1-S_{lr})$
S_{lr}：残留水饱和度　　$S_{lr}=0.30$
m：指数　　$m=0.457$
气相（Corey，1954）：
$K_{rg}=(1-\hat{S})^2(1-\hat{S}^2)$　　$\hat{S}=(S_l-S_{lr})/(S_l-S_{lr}-S)$
S_{gr}：残余气饱和度　　$S_{gr}=0.50$</td></tr>
<tr><td>孔隙度/%</td><td>0.1</td></tr>
<tr><td>渗透率/m^2</td><td>2.81×10^{-14}</td></tr>
<tr><td>压缩系数/Pa^{-1}</td><td>4.5×10^{-10}</td></tr>
<tr><td>岩石密度/(kg/m^3)</td><td>2600</td></tr>
<tr><td>温度/℃</td><td>56.03</td></tr>
<tr><td>底板压力/MPa</td><td>16.990</td></tr>
<tr><td>盐度/%</td><td>0.03</td><td>2. 毛细管压力(Van Genuchten，1980)
$p_{cap}=-p_0([S^*]^{-1/m}-1)^{1-m}$　　$S^*=(S_l-S_{lr})/(1-S_{lr})$
S_{lr}：残留水饱和度　　$S_{lr}=0$
m：指数　　$m=0.457$
p_0：毛细进入压力　　$p_0=19.61$kPa</td></tr>
</table>

表 2　矿物初始体积分数

矿物名称	化学组成	体积分数	矿物名称	化学组成	体积分数
石英	SiO_2	0.5400	绿泥石	$Mg_{2.5}Fe_{2.5}Al_2Si_3O_{10}(OH)_8$	0.0378
高岭石	$Al_2Si_2O_5(OH)$	0.0100	菱镁矿	$MgCO_3$	0
伊利石	$K_{0.6}Mg_{0.25}Al_{1.8}(A_{10.5}Si_{3.5}O_{10})(OH)_2$	0.0250	菱铁矿	$FeCO_3$	0
方解石	$CaCO_3$	0.2000	片钠铝石	$NaAlCO_3(OH)_2$	0
奥长石	$Ca_{0.2}Na_{0.8}Al_{1.2}Si_{2.8}O_8$	0.0250	白云石	$CaMg(CO_3)_2$	0
钾长石	$KAlSi_3O_8$	0.1100	铁白云石	$CaMg_{0.3}Fe_{0.7}(CO_3)_2$	0
钠蒙脱石	$Na_{0.290}Mg_{0.26}Al_{1.77}Si_{3.97}O_{10}(OH)_2$	0.0100	赤铁矿	Fe_2O_3	0
钙蒙脱石	$Ca_{0.145}Mg_{0.26}Al_{1.77}Si_{3.97}O_{10}(OH)_2$	0.0100	钠长石	$NaAlSi_3O_8$	0

表 3　储集层初始水化学组分浓度

化学组分	浓度/(mol/L)	化学组分	浓度/(mol/L)
pH	8.737	$SiO_2(aq)$	0.1836×10^{-7}
Na^+	0.3406	AlO_2^-	0.1125×10^{-6}
K^+	0.7545×10^{-4}	HCO_3^-	0.2020×10^{-1}
Ca^{2+}	0.9490×10^{-1}	Cl^-	0.5298
Mg^{2+}	0.1127×10^{-9}	SO_4^{2-}	0.1836×10^{-7}
Fe^{2+}	0.2481×10^{-5}		

导致地层水的 pH 值降低，原有的平衡被破坏，出现矿物的溶解和沉淀。由于 CO_2-水两相混合区 pH 值较低，且存在丰富的溶解有 CO_2 的水溶液，因此矿物溶解沉淀主要发生在两相混合区。

2.1　溶解矿物

CO_2 的溶解使地层水的 pH 值迅速降低，方解石、奥长石、钾长石和绿泥石发生溶解反应：

$$CaCO_3(\text{方解石})+H^+\rightarrow Ca^{2+}+HCO_3^-$$

$$CaNa_4Al_6Si_{14}O_{40}(\text{奥长石})+34H_2O+6H^+\rightarrow 4Na^++Ca^{2+}+6Al(OH)_3+14H_4SiO_4$$

$$2KAlSi_3O_8(\text{钾长石})+8H^+\rightarrow 2Al^{3+}+6SiO_2+2K^++4H_2O$$

$$2Mg_{2.5}Fe_{2.5}Al_2Si_3O_{10}(OH)_8(\text{绿泥石})+20H^+\rightarrow 5Mg^{2+}+5Fe^{2+}+4Al(OH)_3+6H_4SiO_4$$

1000 年时，矿物达到最大溶 解范围约为 2500m。此时，绿泥石最大溶解掉 0.5%［图 2(a)］；方解石溶解掉 0.3%［图 2(b)］；长石类矿物均溶解掉 0.25%［图 2（c)、图 2(d)］。

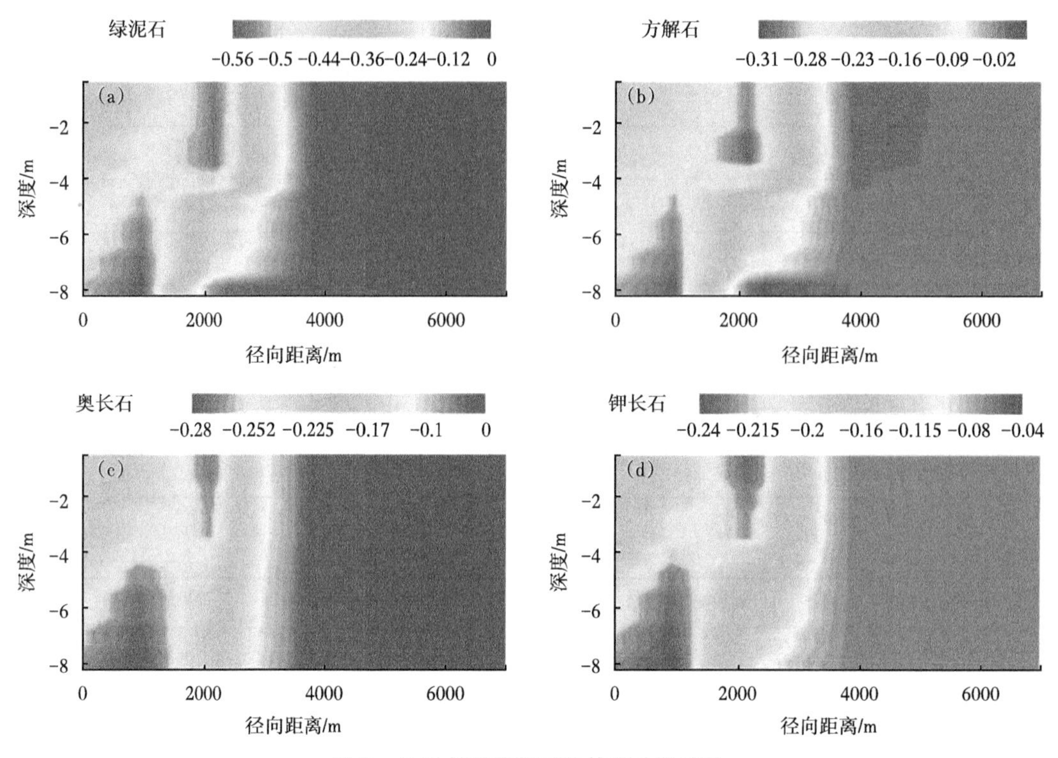

图 2　1000 年时溶解矿物体积分数变化

2.2　沉淀矿物

随着绿泥石、方解石和长石类矿物的溶解，含水层中的 Mg^{2+}、Na^{+}、Ca^{2+} 等离子浓度改变，发生沉淀反应：

$20HCO_3^- + 10Ca^{2+} + 3Mg^{2+} + 7Fe^{2+} \rightarrow 10CaMg_{0.3}Fe_{0.7}(CO_3)_2$（铁白云石）$+20H^+$

$2.3K^+ + 2.3Al^{3+} + 6.9H_4SiO_4 + 0.25Mg^{2+} + H^+ + H_2O \rightarrow K_{0.6}Mg_{0.25}Al_{1.8}(Al_{0.5}Si_{3.5}O_{10})(OH)_2$（伊利石）$+1.7K^+ + 3.4SiO_2(aq)$

$0.26Mg^{2+} + 0.29Na^+ + 1.77Al(OH)_3 + 3.97H_4SiO_4 \rightarrow Na_{0.29}Mg_{0.26}Al_{1.77}Si_{3.97}O_{10}(OH)_2$（钠蒙脱石）$+0.81H^+ + 9.19H_2O$

$0.26Mg^{2+} + 0.145Ca^{2+} + 1.77Al(OH)_3 + 3.97H_4SiO_4 \rightarrow Ca_{0.145}Mg_{0.26}Al_{1.77}Si_{3.97}O_{10}(OH)_2$（钙蒙脱石）$+0.81H^+ + 9.19H_2O$

$HCO_3^- + Mg^{2+} \rightarrow MgCO_3$（菱镁矿）$+H^+$

1000 年时，矿物达到沉淀的最大范围约 2500m。此时，铁白云石最大沉淀 0.6%［图 3(a)］；伊利石最大沉淀 0.5%［图3(b)］；钠蒙脱石最大沉淀 0.12%［图 3(c)］，钙蒙脱石最大沉淀 0.09%［图 3(d)］；菱镁矿最大沉淀 0.06%［图 3(e)］。其中，铁白云石是最主要的固碳矿物。

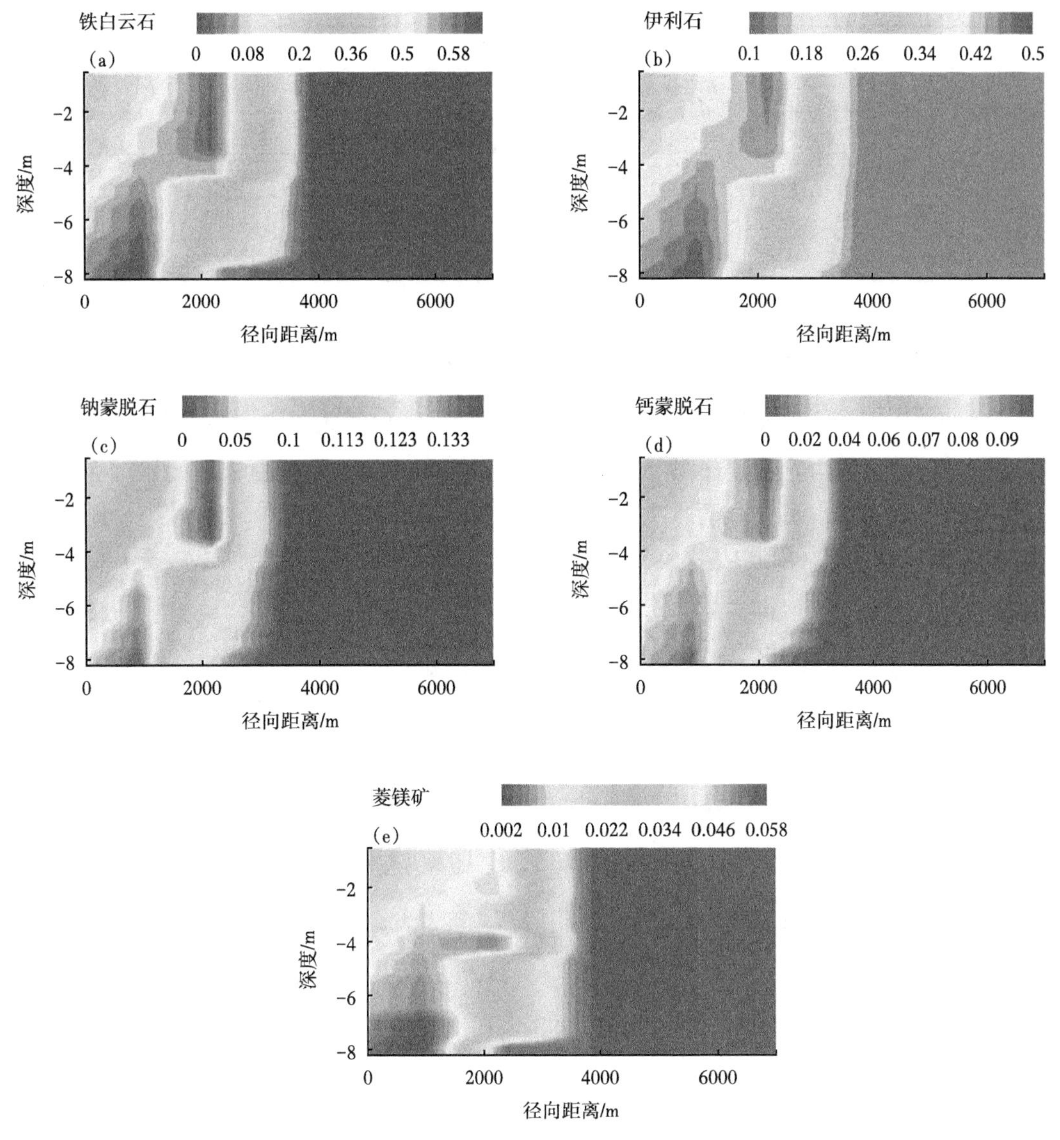

图 3 1000 年时主要沉淀矿物体积分数变化

负号表示溶解，正号表示沉淀；图例单位为%，表示矿物体积分数的变化量

3 矿物初始含量敏感性分析

根据基础方案的结果，以刘家沟组岩石露头样品的测试数据作为矿物体积含量变化范围的依据，改变奥长石、钾长石、方解石、绿泥石 4 种溶解矿物的初始体积分数(表 4)进行数值模拟，来分析矿物初始含量对 CO_2 矿物储存量的影响。

石英在酸性环境中性质较为稳定，故其他矿物体积分数变化时，均通过改变石英体积含量来平衡总矿物的体积分数。同时，为了更好地分析矿物转化过程及最终形式，选取了位于集中发生矿物溶解沉淀区域的网格 11T5(网格坐标：$X=960.9$，$Y=398.0$，$Z=-4.5$)进行监测。

表 4　参数敏感性分析模拟方案

方案编号	方案设计
方案一	基础方案
方案二～四	奥长石体积分数分别变为 1%、5%、10%
方案五～七	钾长石体积分数分别变为 6%、9%、14%
方案八～十一	方解石体积分数分别变为 5%、10%、15%、25%
方案十二～十五	绿泥石体积分数变分别变为 2%、3%、4%、5%

3.1　绿泥石初始含量对 CO_2 矿物储存量的影响

由图 4(a)，CO_2 注入初期，钙、钠蒙脱石沉淀消耗的 Mg^{2+} 小于绿泥石溶解产生的 Mg^{2+}，所以绿泥石溶解使地层水中 Mg^{2+} 含量呈增加趋势。150a，铁白云石开始沉淀，消耗 Mg^{2+}，因此 150～200a Mg^{2+} 浓度减少。200a 后，铁白云石沉淀速率较之前减小，而绿泥石溶解速率未发生变化，因此地层水中 Mg^{2+} 浓度又不断增加。到 600a 时，菱镁矿也开始发

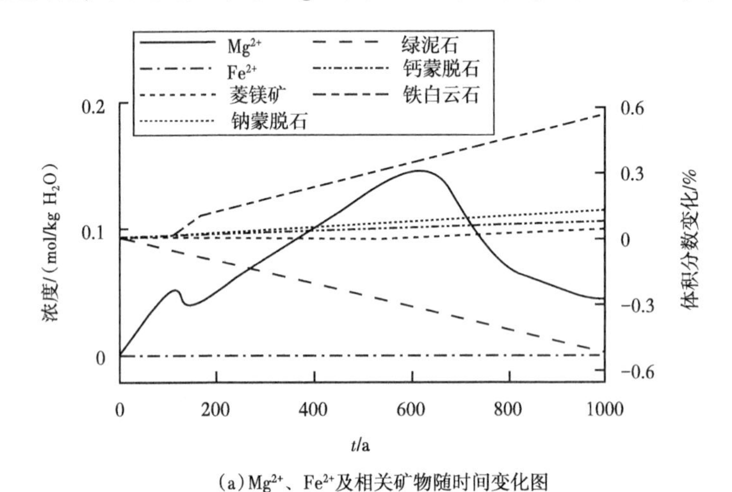

(a) Mg^{2+}、Fe^{2+}及相关矿物随时间变化图

(b) 绿泥石对矿物储存量的影响

图 4　离子、矿物及矿物储存量随时间变化图

生沉淀，与铁白云石共同消耗 Mg^{2+}，使得 Mg^{2+}浓度开始下降。而绿泥石溶解产生的 Fe^{2+}基本全部提供给铁白云石，Fe^{2+}是控制铁白云石沉淀的关键离子，因此在绿泥石溶解和铁白云石沉淀的平衡下，地层水中 Fe^{2+}浓度保持稳定。

铁白云石是固定 CO_2 的重要矿物，而铁白云石沉淀需要的 Fe^{2+}受控于绿泥石溶解，由图 4(b)可以看出，绿泥石的初始体积分数与固碳矿物的含量明显呈正相关关系。随着绿泥石初始体积分数的增加，CO_2 地质储存量也相应增大。

3.2 其他矿物对 CO_2 矿物储存的影响

分析结果表明，另外 3 种矿物初始含量变化对结果影响不显著，因此将方解石、钾长石和奥长石初始含量变化造成的影响放在一起讨论。

钾长石在酸性条件下发生溶解，产生 K^+。由图 5(a)，钾长石的溶解和伊利石的沉淀同时进行，结合质量关系可以得到钾长石基本完全转化为伊利石的结论。因此，钾长石溶解产生 K^+，同时被伊利石沉淀消耗，K^+浓度不会出现大范围的增加或减少，在地层水中比较稳定，结合图 5(b)可以看到，钾长石基本不具备矿物捕获 CO_2 的能力，改变钾长石初始体积，对 CO_2 矿物捕获基本没有影响。

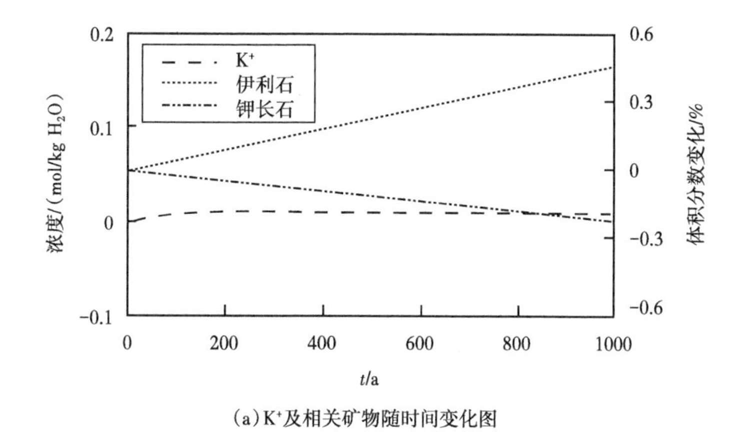

(a) K^+及相关矿物随时间变化图

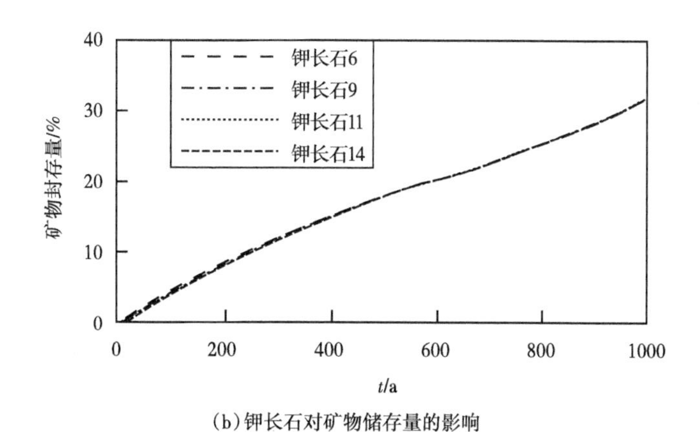

(b) 钾长石对矿物储存量的影响

图 5 离子、矿物及矿物储存量随时间变化图

由图 6(a)，注入 CO_2 后，奥长石在酸性条件下首先发生溶解，产生的 Ca^{2+} 提供给钙蒙脱石沉淀，此时地层水中 Ca^{2+} 浓度减小；随着 CO_2 溶解反应的进行，地层水的 pH 值大幅减小，150 年左右方解石开始溶解，初期溶解速率较大，导致 150~200 年间，Ca^{2+} 浓度稍有上升，此后，随着方解石和奥长石溶解逐渐稳定，铁白云石和钙蒙脱石也持续的消耗 Ca^{2+}，Ca^{2+} 浓度一直减小。

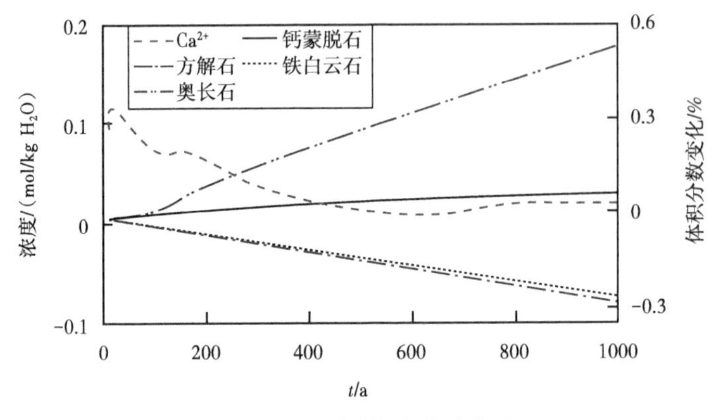

(a) Ca^{2+} 及相关矿物随时间变化图

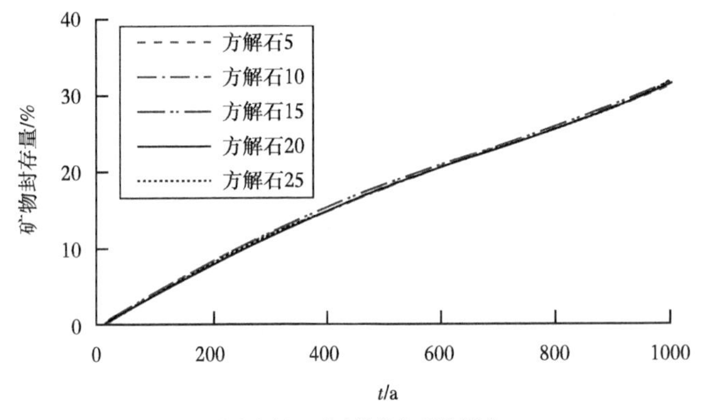

(b) 方解石对矿物储存量的影响

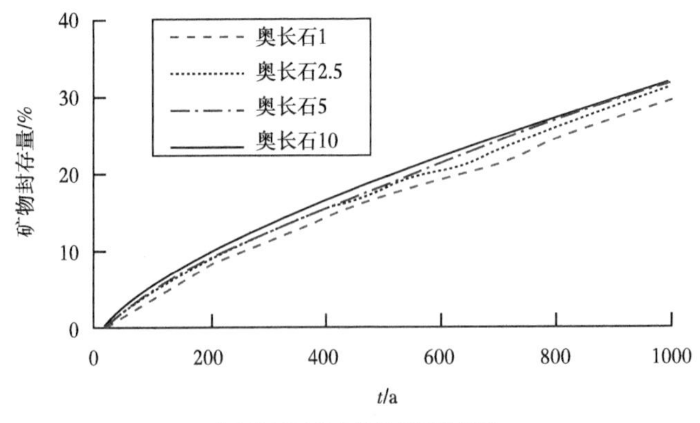

(c) 奥长石对矿物储存量的影响

图 6　离子、矿物及矿物储存量随时间变化图

方解石本身作为一种含碳矿物，溶解后为铁白云沉淀提供 Ca^{2+}，以铁白云石的形式继续固定 CO_2，所以整体上固碳矿物的总量变化极小，只是固碳的矿物发生了变化。根据图6(b)可以看到，改变方解石的初始含量，对 CO_2 矿物封存量影响极小。而铁白云石沉淀需要的 Ca^{2+}，不仅由奥长石提供，还可由其他矿物或者地层水中丰富的 Ca^{2+} 提供，因此改变奥长石初始体积分数只在一定程度上对矿物封存量有影响[图6(c)]，效果并不显著。

4 结论

(1) CO_2 注入储集层后发生复杂的水-岩-气的相互作用，导致各类矿物的溶解和沉淀。发生溶解的矿物主要是有长石类、方解石和绿泥石，发生沉淀的是钙钠蒙脱石、铁白云石和伊利石等；其中固定 CO_2 的矿物主要是铁白云石。

(2)方解石和钾长石的初始含量变化对 CO_2 矿物储存量影响极小；随着奥长石含量的增加，矿物储存量在一定程度上逐渐增加；而绿泥石初始含量变化显著影响矿物封存量，随着绿泥石初始体积分数的增加，矿物封存量显著增加。

(3)含绿泥石和长石较多的地层具有较大的矿物封存 CO_2 的潜力。因此，在进行 CO_2 地质储存场地选取和储集层划分时应优先考虑绿泥石和奥长石含量较高的区域和层位。

参考文献

[1] 王广华，张静，张凤君，等．砂岩储集层中 CO_2-地层水—岩石的相互作用 [J]．中南大学学报(自然科学版)，2013，44(3)：1167-1173.

[2] HOLLOWAY S. Storage of fossil fuel-derived carbon dioxide beneath the surface of the Earth [J]. Annual Review of Energy and the Environment，2011，26(1)：145-166.

[3] IPCC. Climate change 2007：The physical science basis. Summary for policy makers. IPCC Working Group 1 Fourth assessment report [R]. Geneva，Switzerland：IPCC，2007.

[4] BACHU S. Screening and ranking of sedimentary basins for sequestration of CO_2 in geological media in response to climate change [J]. Environmental Geology，2003，44(3)：277-289.

[5] IPCC. Carbon dioxide capture and storage [R]. Geneva，Switzerland：IPCC，2005.

[6] 李小春，刘延锋，白冰，等．中国深部咸水含水层 CO_2 储存优先区域选择 [J]．岩石力学与工程学报，2006，25(5)：963-968.

[7] 杨潇瀛．CO_2 流体对储集层砂岩地质改造作用的实验研究 [D]．长春：吉林大学，2012.

[8] 郭建强，文冬光，张森琦，等．中国二氧化碳地质储存适宜性评价与示范工程 [M]．北京：地质出版社，2014：13-19.

[9] 孙枢．CO_2 地下封存的地质学问题及其对减缓气候变化的意义 [J]．中国基础科学，2006，8(3)：17-22.

[10] SAADATPOOR E，BRYANT S L，SEPEHRNOORI K. New trapping mechanism in carbon sequestration [J]. Transport in Porous Media，2010，82(1)：3-17.

[11] 莫绍星，龙星皎，李瀛，等．基于 TOUGHREACT-MP 的苏北盆地盐城组咸水层 CO_2 矿物封存数值模拟 [J]．吉林大学学报(地球科学版)，2014，44(5)：1647-1658.

[12] LIU N，LIU L，QU X Y，et al. Genesis of authigene carbonate minerals in the Upper Cretaceous reservoir，Hong-gang Anticline，Songliao Basin：A natural analog for mineral trapping of natural CO_2 storage [J]. Sedimentary Geology，2011，237(3-4)：166-178.

[13] 范基姣，张森琦，郭建强，等．水环境同位素技术在二氧化碳地质储存中的应用探讨 [J]．水文地

质工程地质，2013，40(1)：106-109.
[14] 李兰兰，叶坤，郭会荣，等. 矿物封存二氧化碳实验研究进展［J］. 资源与产业，2013，15(2)：117-123.
[15] XU T F，APPS J A，PRUESS K. Reactive geochemical transport simulation to study mineral trapping for CO_2 disposal in deep arenaceous formations［J］. Journal of Geophysical Research，2003，108(B2)，doi：10. 1029 /2002JB001979.
[16] XU T F，APPS J A，PRUESS K. Numerical simulation of CO_2 disposal by mineral trapping in deep aquifers［J］. Applied Geochemistry，2004，19(6)：917-936.
[17] XU T F，APPS J A，PRUESS K. Mineral sequestration of carbon dioxide in a sandstone-shale system［J］. Chemical Geology，2005，217(3-4)：295-318.
[18] DALKHAA C，SHEVALIER M，NIGHTINGALE M，et al. 2-D reactive transport modeling of the fate of CO_2 injected into a saline aquifer in the Wabamun Lake Area，Alberta，Canada［J］. Applied Geochemistry，2013，38：10-23.
[19] DE SILVA G P D，RANJITH P G，PERERA M S A. Geochemical aspects of CO_2, sequestration in deep saline aquifers：A review［J］. Fuel，2015，155：128-143.
[20] 于炳松，赖兴运. 成岩作用中的地下水碳酸体系与方解石溶解度［J］. 沉积学报，2006，24(5)：627-635.
[21] 万玉玉. 鄂尔多斯盆地石千峰组咸水层 CO_2 地质储存中 CO_2 的迁移转化特征［D］. 长春：吉林大学，2012.
[22] 岳高凡. 典型二氧化碳地质储集层中二氧化碳不同形式储存量转化预测［D］. 长春：吉林大学，2014.
[23] 杨志杰，王福刚，杨冰，等. 砂岩中绿泥石含量对 CO_2 矿物封存影响的模拟研究［J］. 矿物岩石地球化学通报，2014，33(2)：201-207.
[24] PRUESS K，OLDENBURG C，MORIDIS G. TOUGH2 user's guide version 2. 0［M］. Berkeley：Earth Science Division，Lawrence Berkeley National Laboratory，University of California，2012.
[25] XU T F，SPYCHER N，SONNENTHAL E L，et al. TOUGHREACT Version 2. 0：A simulator for subsurface reactive transport under non-isothermal multiphase flow conditions. Computers & Geosciences，2011，37(6)：763-774.

（编辑：刘莹）

中高渗透倾斜储层与水平储层中 CO_2 封存过程的差异性对比研究

王福刚[1]　郭　兵[1]　杨永智[2]　汪　芳[2]　田海龙[1]

(1. 吉林大学地下水资源与环境教育部重点实验室;
2. 中国石油勘探开发研究院)

摘要：CO_2 地质封存是减少 CO_2 向大气排放，缓解温室效应的有效手段之一。由于构造和成岩作用，倾斜地层在自然界中普遍存在，研究倾斜储层对 CO_2 封存量及安全性的影响具有实际意义。依托新疆维吾尔自治区某 CO_2 地质封存示范工程，采用数值模拟方法，分析了中高渗透储层地层倾角变化对 CO_2 地质封存过程的影响。结果表明，中高渗透倾斜储层与水平储层相比，在储层压力场分布、CO_2 在储层中的侧向运移距离、CO_2 的注入速率和总封存量等方面均存在明显差异。CO_2 注入储层将导致近井区域地层压力显著升高。倾斜地层相比于水平储层，由于倾角的存在，储层压力呈不对称分布，CO_2 侧向运移距离显著加大。另外，倾斜地层中压力传递和消散过程与水平储层差异显著，受此影响，倾斜储层与水平储层相比，二者的 CO_2 总注入量的差值随时间呈现非单调性变化。在注入初期，倾斜储层 CO_2 总注入量小于水平地层，随着注入时间延续，倾斜储层总注入量逐渐接近并超过水平地层。在注入时长为 20 年的前提下，相较于水平地层，倾斜地层倾角越大越有助于增加 CO_2 的总注入量，这一研究结果与低渗透储层的结论正好相反。但是，储层倾角的增大会增大 CO_2 的泄漏风险，对于倾角 6°的储层，100 年时间尺度，储层 CO_2 向浅部垂向运移距离为 752.6m，增加了 CO_2 向浅部含水层和大气泄漏的风险。因此，在 CO_2 地质封存场地选址中，应充分考虑倾斜地层对封存效率及安全性的影响。本次研究成果丰富了倾斜储层倾角变化对 CO_2 地质封存量影响的认识。

关键词：CO_2 地质封存；倾斜储层；数值模拟；渗透率；CO_2 运移距离；封存效率；安全性；新疆维吾尔自治区

工业革命以来，大量化石燃料燃烧产生的 CO_2 气体排放到大气后加剧了“温室效应”，由此引发了一系列的环境问题[1-2]。因此，第六届国际气候变化委员会(IPCC)的气候报告强调，务必在 21 世纪中叶将全球温度增幅控制在 1.5℃以内[3]。控制 CO_2 的排放被认为是限制气温增长的关键[4]，而 CO_2 地质封存(CGS)被认为是一种直接有效减少 CO_2 排放的手段，且具有较强的可操作性[5]。

CO_2 封存技术较早在欧洲一些国家得到应用，例如北海的斯莱普钠项目、英国石油公司在阿尔及利亚开展的萨拉赫项目等[6]。2010 年，我国神华集团在鄂尔多斯盆地开展了 CO_2 捕获和封存示范项目[7-9]，实际注入规模达到了 10×10^4t/a。

在开展 CO_2 地质封存项目的同时，众多国内外学者进行了基于实际场地的数值模拟，旨在为 CO_2 大规模注入提供技术上的支撑[10-12]。目前国内外关于 CO_2 地质封存过程的研究多基于水平地层展开。然而，由于构造活动和成岩作用，地层往往不是水平的。因此，开展地层倾斜程度对 CO_2 地质封存效率及安全性影响的研究是具有实际意义的。已开展的倾斜储层相关研究中，Goater 等以北海项目为例，评价了有效渗透率、渗透率非均质性及倾斜储层（0.27°~3°）对 CO_2 封存效率的影响[13]；Hesse 等基于数值模拟构建了一个简单的模型来评估二维承压倾斜含水层中的 CO_2 的运移[14]；Pruess 等利用数值模拟研究了倾斜储层中 CO_2 羽状分布特征[15]；王福刚等以鄂尔多斯盆地石千峰组作为研究对象，研究了低孔、低渗透倾斜地层（孔隙度：0.12~0.15，渗透率：1.0~10mD）中注入压力、地层倾角对 CO_2 注入量的影响[16]。目前，对于中高渗透倾斜地层的相关研究还不多见，系统性研究亟待加强。由于中高渗透地层流动条件较好，是进行 CO_2 地质封存的适宜储层。因此，针对该类型倾斜储层进行 CO_2 地质封存效率及安全性的研究是必要的。

新疆准噶尔盆地阜康地区能源丰富，周边分布有华能、鲁能、鸿基焦化、松迪焦化、中泰化学等大型发电厂和化工厂。这些企业在能源的开采与利用过程将会产生大量的 CO_2，在该地区进行 CO_2 地质封存工程能够有效缓解本地区 CO_2 过度排放的状况。本文以该地区 CO_2 地质封存示范场地东沟组为目标地层，基于场地储层特征和储层环境条件，采用数值模拟方法，研究倾斜地层对 CO_2 地质封存效率及安全性的影响，为该地区进行 CO_2 地质封存提供科学依据。

1 研究场地概况

研究区行政区划属于新疆维吾尔自治区昌吉回族自治州和伊犁哈萨克自治州阿勒泰境内，位于阜康市东北方向约 30km。研究区在地理上位于我国第二大沙漠古尔班通古特沙漠的东部，西部为沙漠腹地，东北部为阿尔泰山脉，南部为天山山脉博格达山，东部为北塔山[17-19]。由于该地区东沟组的孔隙度和渗透率较高，并且储层埋深 2000~2286m，温度和压力等条件都比较适合 CO_2 地质封存，因此选取东沟组作为目标储层。研究区位于阜康凹陷，东沟组在整个研究区内均有分布，上覆古近系，与下伏白垩系连木沁组与胜金口组呈角度不整合接触，地层起伏平缓，倾角最大为 6°，倾向西南[20]。该组岩性沉积环境为河流三角洲相沉积，岩性主要为黄灰色、紫红色、灰黄色泥质粉砂岩，紫红色粉砂岩，灰色细砂岩与黄灰色、褐红色、紫红色泥岩、砂质泥岩、棕褐色泥岩。

此次研究的目标注入井为位于研究区阜康凹陷中部的一口预探井[21]（图 1），该井地面海拔和井深分别为 463.83m 和 5140m，位于阜康市东北 30km。

根据搜集资料，该井 3 个含水层射孔层位均为砂岩储层，自下往上分别为第一层：白垩系连木沁组和胜金口组，井深 2392.00~2407.00m；第二层：白垩系东沟组，井段 2246.50~2265.00m；第三层：白垩系东沟组，井段 2036.50~2066.20m。由于第三层储层厚度较大，埋深位置适中，孔渗条件较好，适宜 CO_2 注入，选取其作为本次研究的 CO_2 注入的目标层位。

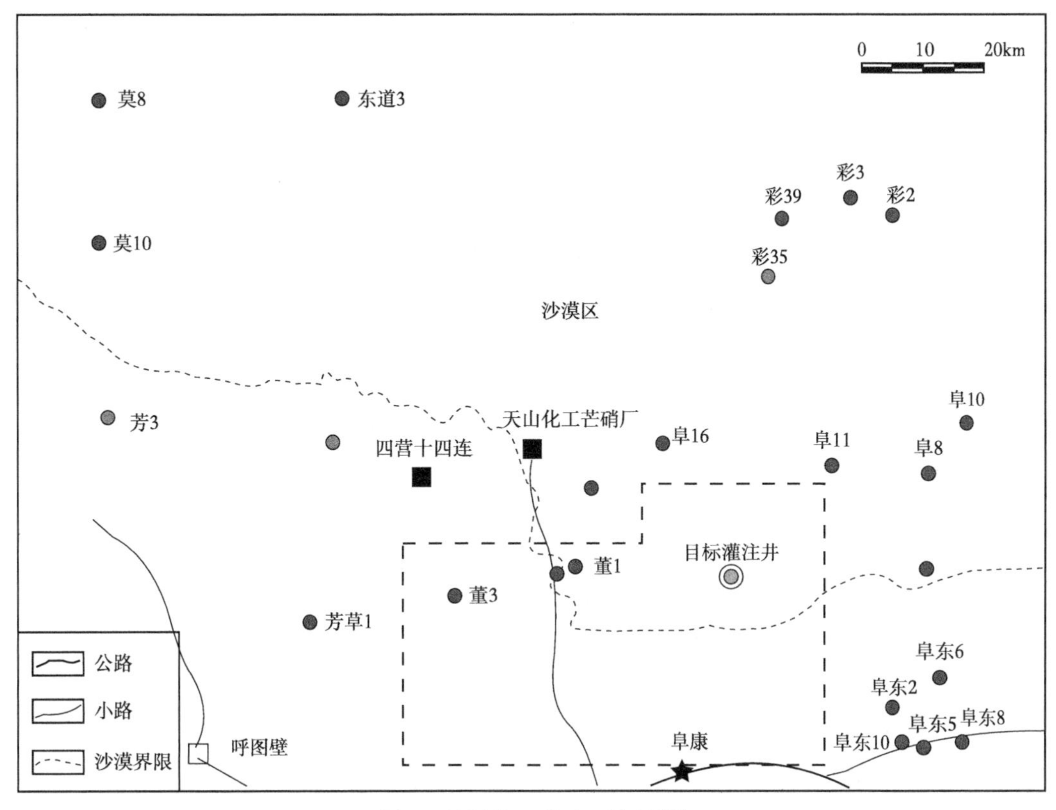

图 1　目标注入井地理位置[21]

2　数值模型构建

2.1　概念模型

三维模型能够更加真实地反映实际地层流体流动情况[22]，因此本次研究将实际地层进行三维概化[图 2(a)]。根据实际的勘查资料，目标储层主要为粉砂岩、细砂岩，中间夹杂着泥质粉砂岩和砂质泥岩，顶板和底部基岩以泥岩为主。实际目标层垂向深度为 2036.80~2066.20m，厚度共计 29.40m。为了减小侧向边界对模拟结果的影响，模型中 x 方向的长度和 y 方向的宽度分别设置为 29km 和 14.5km。为了便于与水平地层的注入效果进行对比，在倾斜储层中将注入井垂直于地层布设。注入井的位置位于三维地层模型的中间部位[图 2(b)]，规定注入井左侧和右侧区域分别为上半部分区域和下半部分区域。鉴于模型的计算精度和计算机的计算能力，模型 xy 平面上采取不等距网格剖分，x、y 方向上剖分网格数量分别为 51 和 26，并对注入井附近的网格进行加密剖分，距离注入井越远网格尺寸越大，网格的大小范围为 1~1000m。注入井附近的网格设置为 1m，井筒为 0.3m；垂向上根据地层孔渗变化情况，共剖分了 48 层，模型共计 63648 个网格。为了减小压力扩散到边界对模拟结果造成的影响，侧向边界设置为恒温恒压边界。鉴于顶部盖层和底部基岩层，厚度比较大，孔隙度和渗透率都很小，所以将顶板和底板设置为零流量边界条件。CO_2 的初始饱和度视为 0，初始 CO_2 的质量分数为 0。初始温度和压力条件严格根据目标灌注井的实测资料设定，不同的深度其值不同。盐度来自实测地层水样的测定结果，其值为 0.043。储层流体流动符合达西定律，储层的温度和压力分别为 59.4℃ 和 20.51MPa。

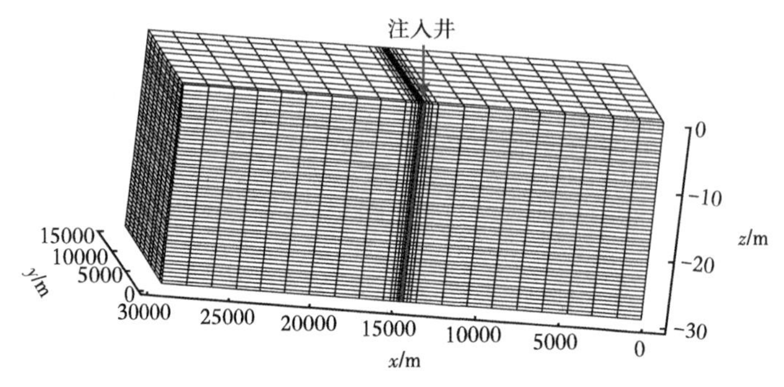

(a) 三维地层概念模型

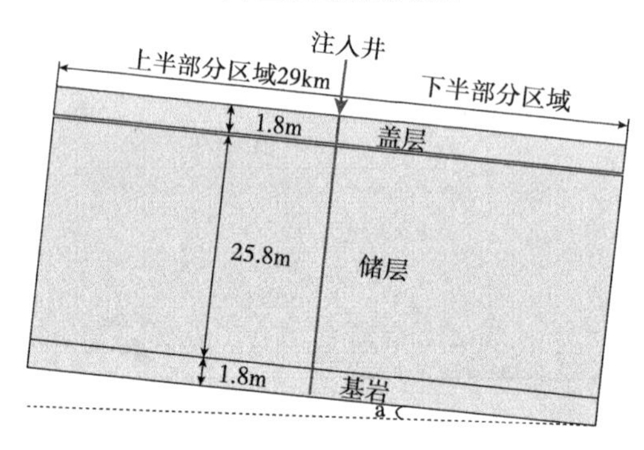

(b) xz方向的剖面图

图 2　三维地层概念模型和 xz 方向的剖面图

2.2　数学模型与参数确定

描述二氧化碳注入过程的气液相的质量守恒方程：

$$\frac{\partial M_K}{\partial t} = -\nabla F_K + q_K \tag{1}$$

式中　F——质量或者能量通量，$kg/(m^2 \cdot s)$；

M——质量或能量，kg/m^3；

K——组分，其中 K=w，g，s（w，g，s 分别为水、气和固）；

q——单位时间源汇，$kg/(m^3 \cdot s)$；

t——时间，s。

模型的初始条件包括：温度和压力条件、盐度和咸水中 CO_2 的质量分数。具体数学表达式为：

$$\begin{cases} S_s(x,\ y,\ z,\ t)\,|_{t=0} = 0.043,\ S_g(x,\ y,\ z,\ t)\,|_{t=0} = 0 \\ p(x,\ y,\ z,\ t)\,|_{t=0} = \rho_w g_0 z \\ T(x,\ y,\ z,\ t)\,|_{t=0} = T_i(\text{常数}) \end{cases} \tag{2}$$

式中　S——饱和度；

ρ——密度，kg/m^3；

p——压力，Pa；

z——埋深，m；

g_0——重力加速度，m/s^2；

T——温度,℃。

在 CO_2 注入深部地层以后，CO_2 在注入井附近聚集导致储层局部高压，驱动着 CO_2 侧向运移，与此同时，压力也会迅速在储层中向外扩散。模型边界条件如下：

$$\begin{cases} p(x,\ y,\ z,\ t)\mid_{x,\ y=14500}=p_i(\text{常数}) \\ T(x,\ y,\ z,\ t)\mid_{x,\ y=14500}=T_i(\text{常数}) \\ q_K(x,\ y,\ z,\ t)\mid_{\text{上、下边界}}=0 \end{cases} \tag{3}$$

式中　q——单位时间源汇，$kg/(m^3/s)$；

K——组分，其中 K=w，g，s（w，g，s 分别为水、气和固）；

t——时间，s；

T——温度(℃)；

p——压力，Pa。

本次研究将地层概化为 48 个子储层，同一储层内为均质各向同性，各子储层孔渗条件根据实测值进行设置(图 3)。模型中的温度和压力条件取自测井资料，模型中的毛细管压力和相对渗透率模型如以下公式所示。

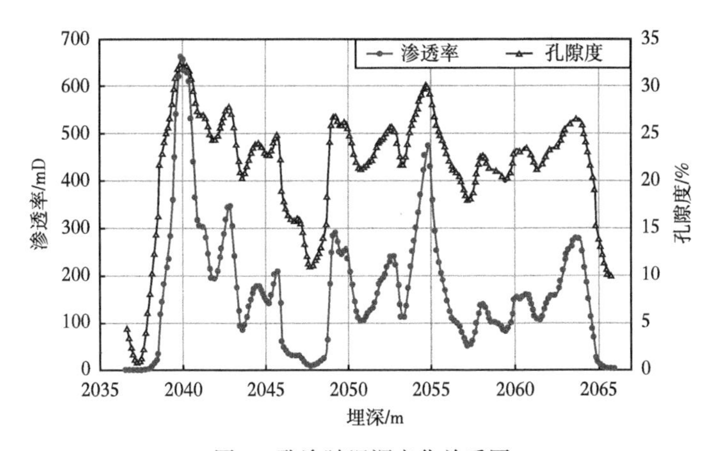

图 3　孔渗随埋深变化关系图

毛细管压力计算采用 Van Genuchten 模型[23]，可用以下公式表示：

$$p_{cap}=-p_0[(S^*)^{-1/\lambda}-1]^{1-\lambda} \tag{4}$$

$$S^*=(S_t-S_{lr})/(S_{ls}-S_{lr}) \tag{5}$$

式中　p_0——毛细管排驱压力(突破压力)，Pa；

S_l——液相饱和度；

S_{lr}——残余液体饱和度；

S_{ls}——液体饱和度，一般取值 1.0；

λ——通过实验获得的参数，一般使用经验值 0.457。

毛细管压力随着岩体孔隙度和渗透率的改变而改变。这种因孔、渗变化导致的毛细管压力的变化可以利用 Leverett J-function[24]来定量描述：

$$J(S_w) = \frac{p_{cap}}{\varphi\cos\theta}\sqrt{\frac{K}{\phi}} \tag{6}$$

式中 S_w——液相(水)的饱和度；

p_{cap}——毛细管压力，Pa；

K——渗透率，mD；

ϕ——孔隙度；

φ——表面张力，N；

θ——气相和液相之间的接触角。

液体相对渗透率模型采用 Van Genuchten 模型：

$$K_{rl} = \sqrt{S^*}\{1 - [1 - (S^*)^{1/\lambda}]^{\lambda}\}^2 \tag{7}$$

气体相对渗透率模型选用 Corey 模型[25]：

$$K_{rg} = (1-\hat{S})^2(1-\hat{S}) \tag{8}$$

$$\hat{S} = (S_t - S_{lr})/(1 - S_{lr} - S_{gr}) \tag{9}$$

式中 S_{gr}——残余气体饱和度。

目标层导热系数、比热容、岩石密度等参数均通过实验测试获取，具体数值见表 1。

表 1 模型中参数取值

主要参数	参数取值
模拟地层总厚度/m	29.70
孔隙度	0.01~0.33
渗透率/mD	0.2~660.5
岩石密度/(kg/m³)	2650
岩石热传导系数/[W/(m·℃)]	2.50
岩石比热容/[J/(kg·℃)]	920
温度梯度/(℃/km)	21.48
储层温度/℃	59.40
储层平均压力/MPa	20.51
注入压力与地层压力差/MPa	4.00

2.3 模拟方案和模拟软件

根据示范场地的实际资料，白垩系东沟组地层倾角的最大值为 6°。本次模拟设计了 4 种方案 Case1~Case4，设置的地层倾角分别为 0°、2°、4°和 6°。注入井与储层采用 4MPa 的注入压差进行目标储层的全层位定压注入，连续注入 20 年，停注后模拟 80 年，总模拟时间为 100 年。

本次研究采用的数值模拟软件为 TOUGH2 中的 ECO_2N 模块[26]。TOUGH2 是一个可以用于研究三维孔隙和裂隙介质中多相、多组分非等温流体流动过程的数值模拟程序，主要应用于地热封存工程、饱和或非饱和介质中的流体流动和组分迁移、核废料的隔离研究、环境评估与修复以及 CO_2 地质封存等[27]。

3 结果分析

3.1 压力场空间分布与演化

CO_2 的注入势必会引起地层孔隙压力的升高。如图 4 所示，注入 20 年之后，近井处储层压力出现了明显的上升，随着与井筒间距离的增大，压力变化逐渐变小。水平地层中，注入 20 年后，压力侧向影响范围扩展到了 8km 之外，但并未影响到模型边界。倾斜地层中，注入井两侧压力不再呈对称分布，并且压力分布的差异性随着倾角的增大逐渐增大。这是因为 CO_2 的密度小于水，在倾斜地层中 CO_2 会在浮力的作用下逐渐向

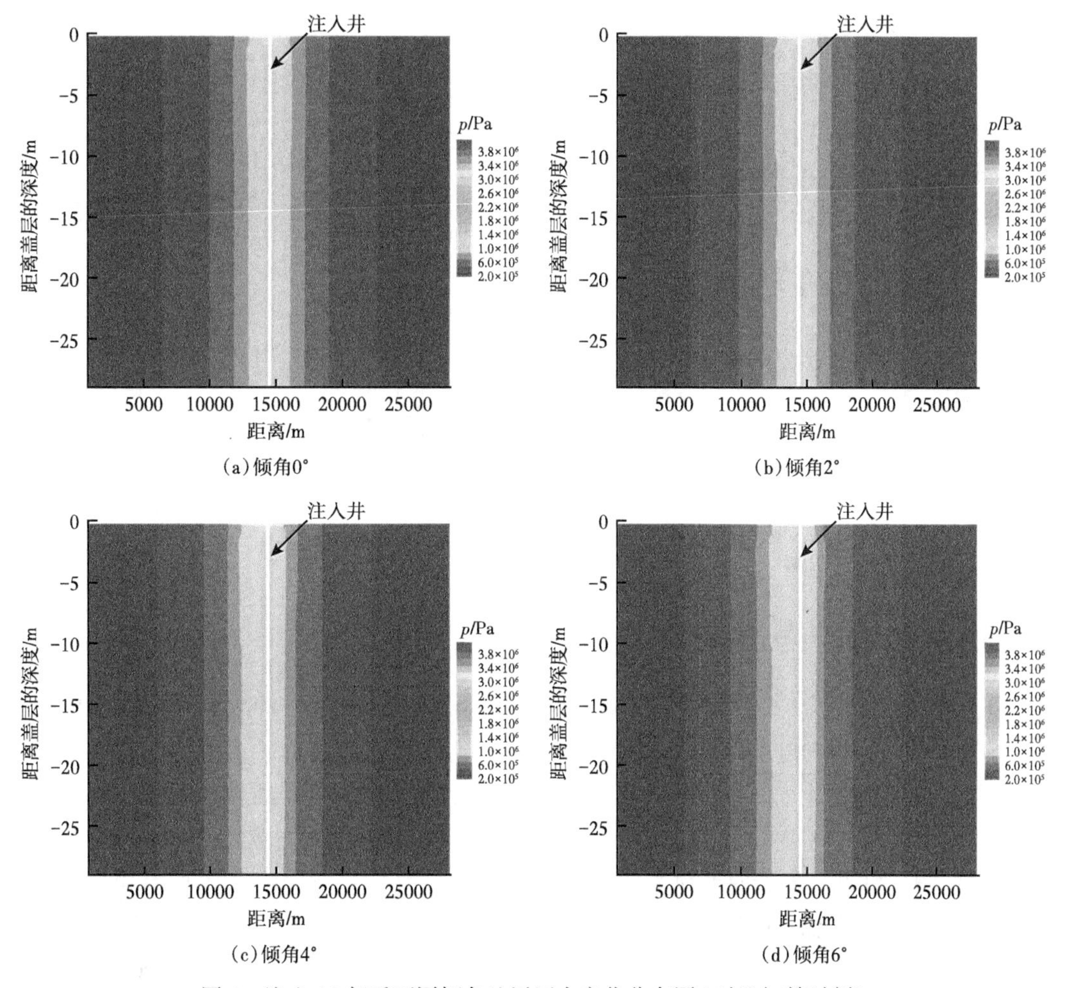

图 4　注入 20 年后不同倾角地层压力变化分布图(对比初始时刻)

浅部运移（模型的上半部分区域）。同样受地层倾角的影响，在浮力作用下 CO_2 在倾斜地层中的扩散速度将会更快，从而使得停注后压力更快地消散。如图 5 所示，停注 80 年后，水平地层中注入井附近依然存在明显的压力聚集区。相比之下，倾斜地层中压力分布在停注 80 年之后基本恢复正常，并未出现明显的压力聚集区。

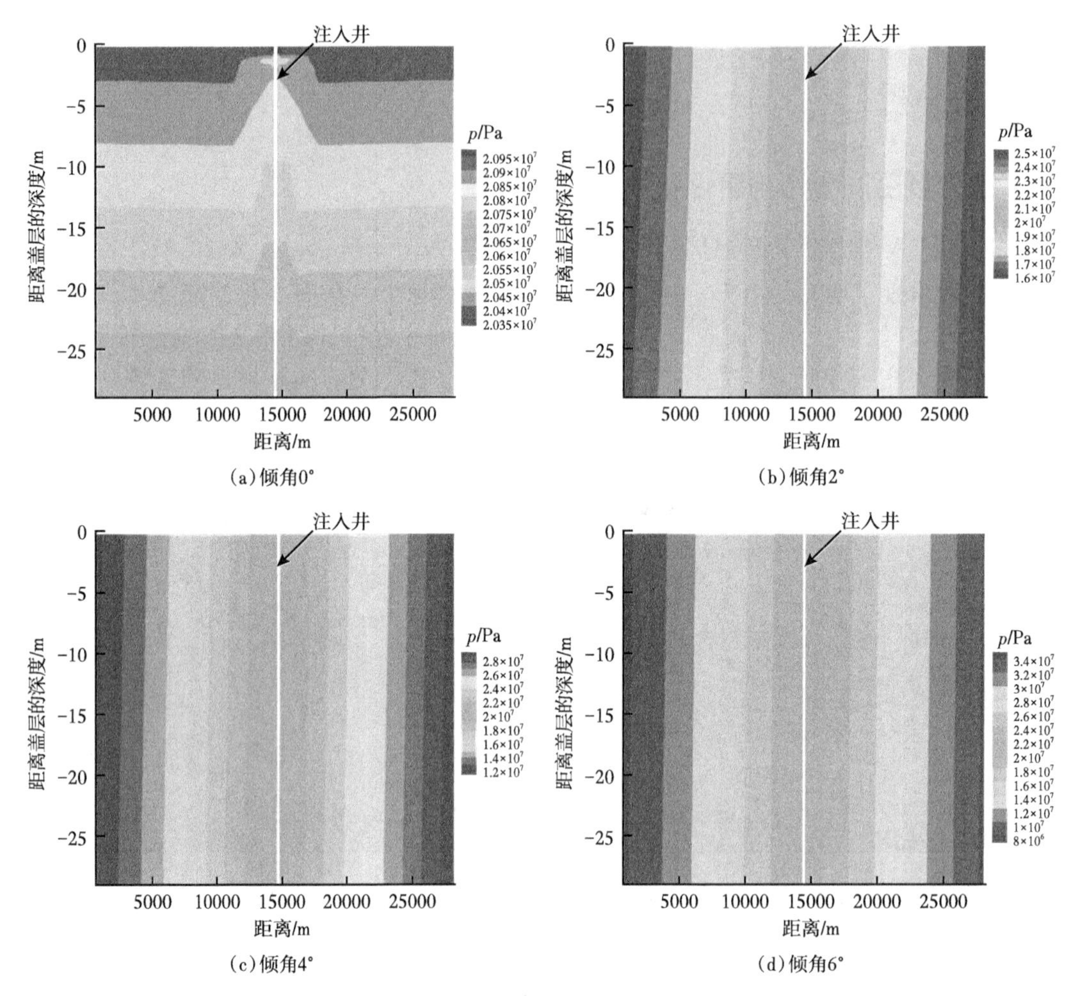

(a) 倾角0°　(b) 倾角2°　(c) 倾角4°　(d) 倾角6°

图 5　100 年后不同倾角地层中压力分布图

3.2　CO_2 空间分布与运移距离

图 6 为定压注入 20 年后，不同方案中超临界态 CO_2 在地层中的分布情况。由模拟结果可以看出，CO_2 饱和度的空间分布模式与压力分布相似，但是影响范围要明显小于压力影响范围。水平地层中 CO_2 注入 20 年后，CO_2 最大侧向运移距离约为 2860m；倾斜地层倾角分别为 2°、4°、6°时，注入 20 年后，CO_2 最大侧向运移距离分别为 3060m、3100m 和 3200m。由图 7 可见，随着时间延长，不同倾斜度地层中 CO_2 侧向运移距离差异显著。地层倾角越大，CO_2 在地层中的最大侧向运移距离差异越显著。例如，当地层倾角由 0°增加到 6°时，停注 80 年后，CO_2 最大侧向运移距离由 3050m 升高到了 7200m。倾斜地层中，CO_2 在浮力作用下快速向浅部运移虽然在一定程度上有助于压力的消散，促进了 CO_2 的持

续注入，但同时这也将显著增加 CO_2 向浅部含水层甚至是大气泄漏的风险。

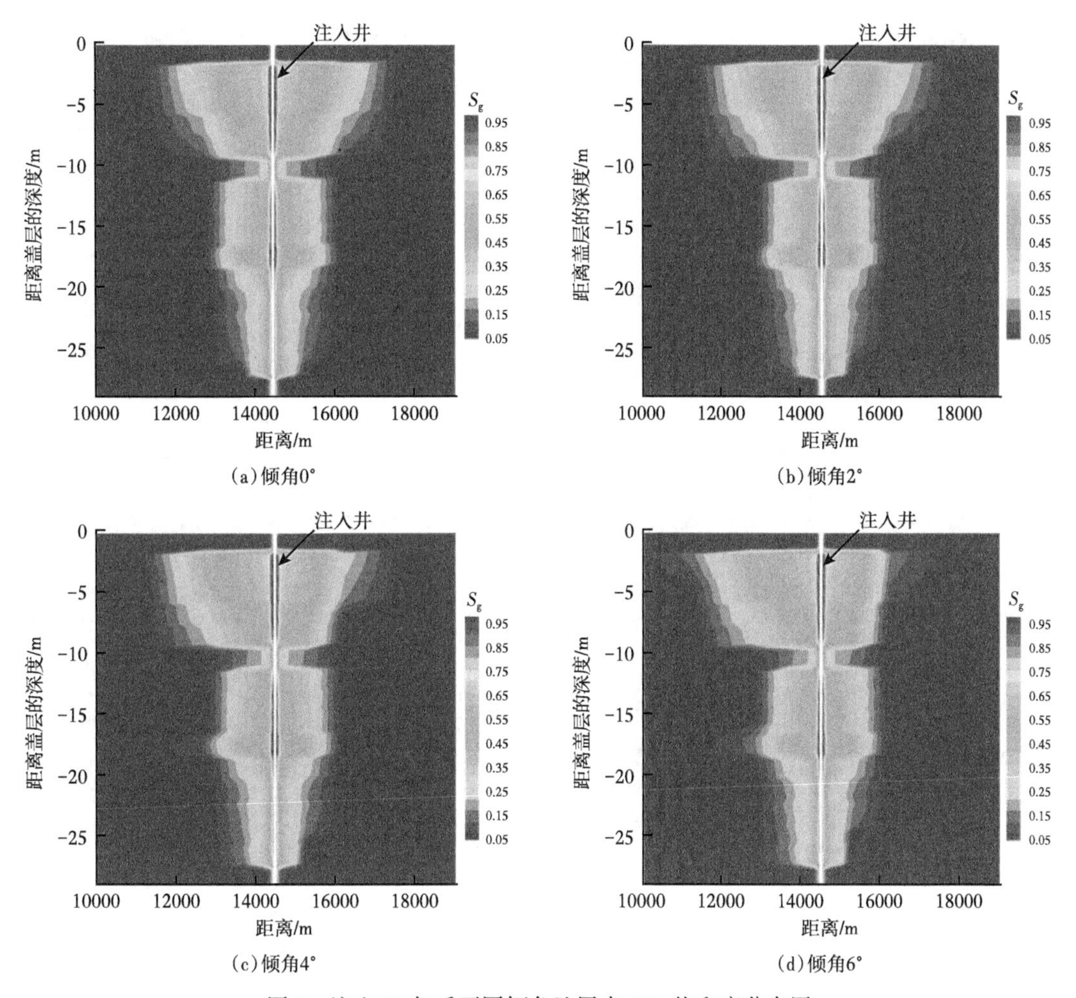

图 6　注入 20 年后不同倾角地层中 CO_2 饱和度分布图

图 8 展示了整个运行期间(注入期 20 年，停注期 80 年)，倾斜地层中 CO_2 向浅部运移过程(由于模拟期间 CO_2 并未穿透上覆盖层，所以认为水平地层中 CO_2 向浅部的运移距离为零)。如图 8 所示，停注 80 年后，倾角分别为 2°、4°和 6°的倾斜地层中 CO_2 向浅部最大的垂向运移距离(即侧向运移距离在垂向上的投影距离)分别为 470. 38m、595. 81m 和 752. 60m (注入层位初始埋深为 2040m)。可见，随着地层倾角的增大，CO_2 向浅部泄漏的风险显著升高。当倾斜地层出露地表时，随着时间的增长，CO_2 可能沿着倾斜地层泄漏到大气中。

3. 3　CO_2 封存量随时间的变化过程分析

CO_2 在深部地层的存在形式主要包括超临界态、溶解态和固态(生成矿物沉淀相)，其中超临界态在短时间尺度内占主导地位[28]。停注之后，CO_2 逐渐溶解，超临界 CO_2 的比例逐渐降低，溶解态 CO_2 的量缓慢增加。前人研究结果表明，固态 CO_2 形成并占据主导地位所需时间较长，通常需要数千年以上[29]。由于本文研究时间为 100 年，故不考虑矿物

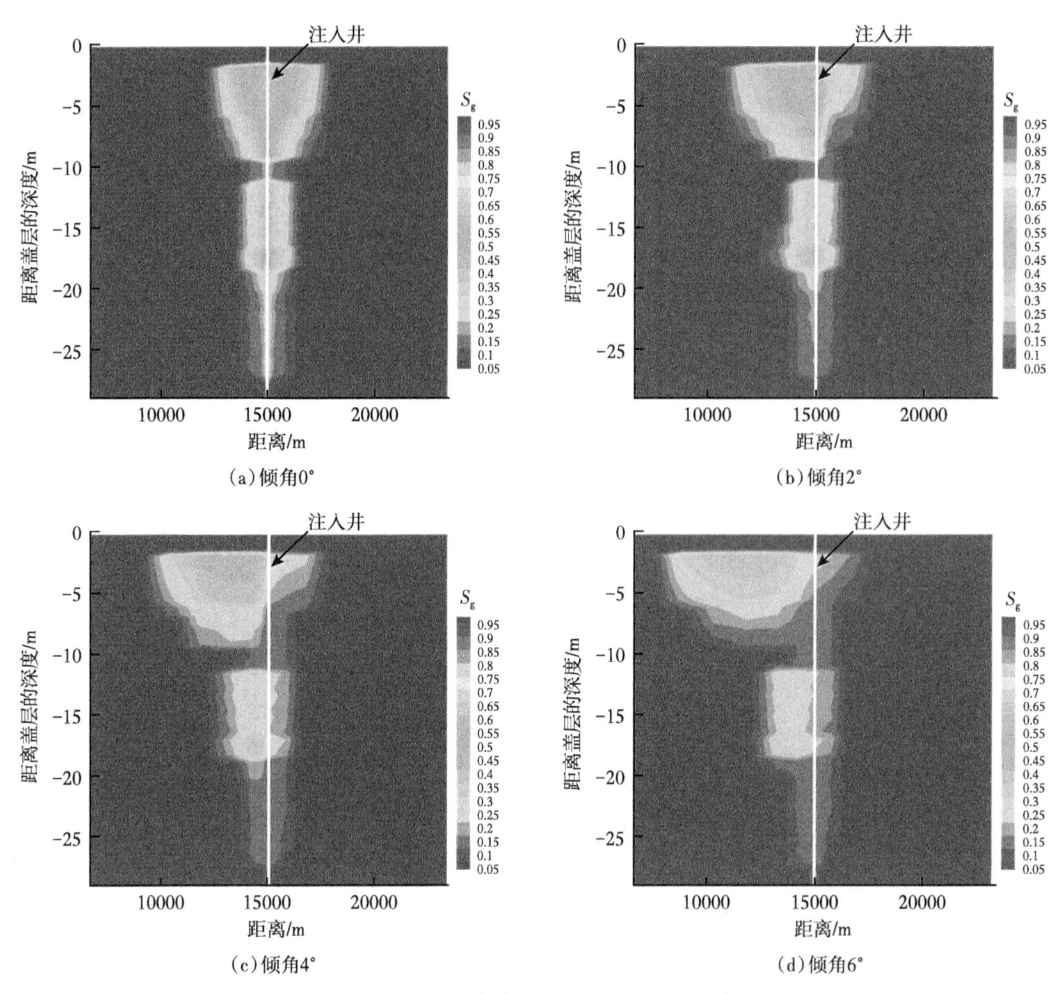

图7 100年后不同倾角地层中 CO_2 饱和度分布图

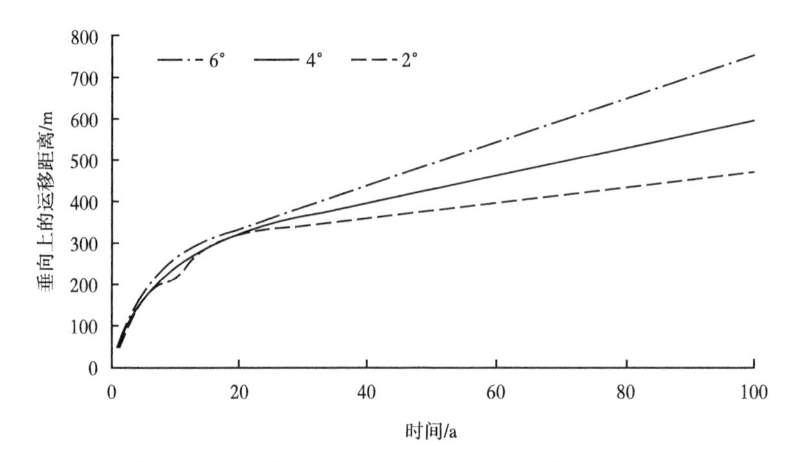

图8 不同倾角地层中 CO_2 最大垂向运移距离变化图

固碳作用的影响。

由表2可知，注入20年，倾角分别为2°、4°和6°的倾斜地层相比于水平地层 CO_2 的总封存量分别提高了13294t、29016t和65512t，总封存量提升率分别为0.274%、0.598%和1.351%。由于在不对称的储层压力和浮力的共同作用下，中高渗透倾斜地层更有利于注入压力的消散，从而倾角增大提升了 CO_2 的总注入量，这一结果与前人基于鄂尔多斯二氧化碳地质封存示范工程中的低孔、低渗透储层倾角变化对封存量的影响规律正好相反[16]。可见，中高渗透储层的流体运移规律和低渗透储层的流体运移规律存在很大的差异性。造成这一现象的原因可由不同倾角储层 CO_2 注入速率随时间的演化关系[图9(a)]分析得到解释。由图9(a)可以看出，在注入初期(前8年)，储层空隙空间未被 CO_2 充分

表2　注入20年时水平地层和不同倾角地层中 CO_2 总封存量

地层倾角	超临界态封存量/t	溶解态封存量/t	总封存量/t
0	4845014	4854	4849868
2°	4858290	4872	4863162
4°	4874002	4882	4878884
6°	4910462	4918	4915380

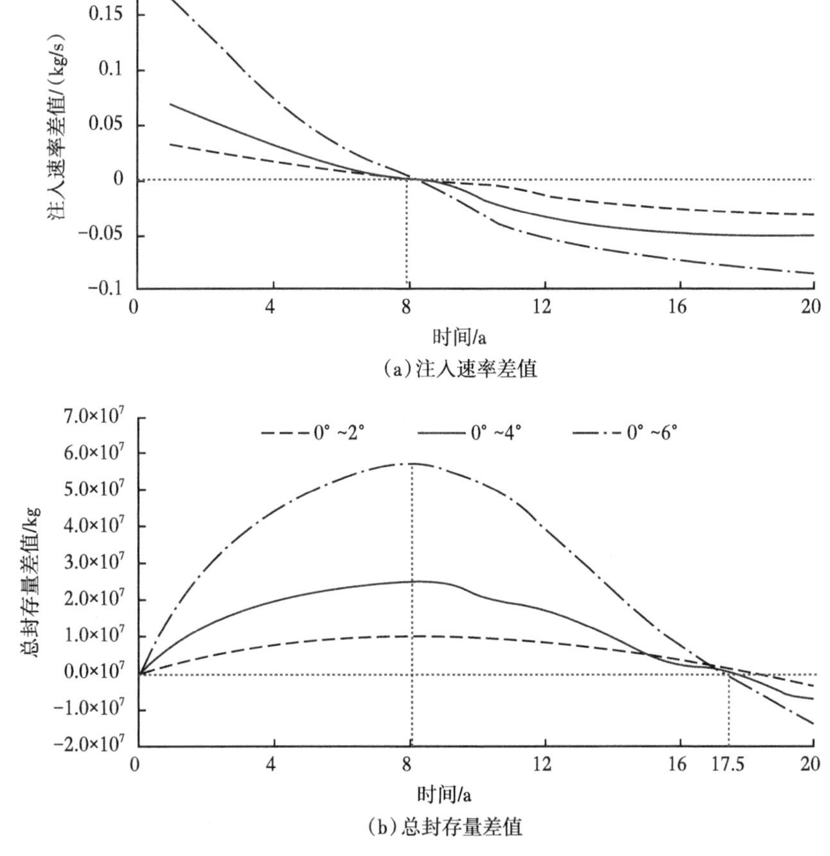

(a)注入速率差值

(b)总封存量差值

图9　不同倾角下 CO_2 注入速率差值及总封存量差值

充注，在压差一定的情况下，水平地层单位时间储存 CO_2 能力更大，表现为水平储层 CO_2 的注入速率大于倾斜储层，因此水平储层注入速率与倾斜储层二氧化碳注入速率差值为正值；之后，随着压力积累，注入井附近空隙被充分填注，由于倾斜地层中压力消散更快，更有利于 CO_2 的持续注入，所以倾斜地层中 CO_2 的注入速率逐渐超过水平地层。在注入速率的差异性变化前提下，CO_2 总注入量变现出非单调性变化。在注入 17.5 年之前，水平储层 CO_2 总注入量大于倾斜储层，在 17.5 年时刻，各方案 CO_2 总注入量基本相等，之后随着注入时间增加，地层倾角越大的储层 CO_2 总注入量越大，表现出地层倾角对 CO_2 总注入量的促进作用。

4 结语

本文以新疆某二氧化碳封存示范场地为例，研究了中高渗透地层倾角变化对二氧化碳储层过程的影响，得到以下认识。

(1)在地层压力传递与 CO_2 储层运移方面，CO_2 注入引起地层孔隙压力的升高，近井处储层压力最先上升，然后压力逐渐向远离井的方向传递，倾斜地层由于受地层倾角的影响，地层压力分布呈不对称的形态，压力场的传播范围远大于水平地层。各种倾角情况下，压力的波及范围远超过 CO_2 运移范围。地层倾角的存在会促进 CO_2 向浅部运移，这将大大增加 CO_2 向浅部含水层及大气中泄漏的风险。

(2)在封存量方面，对于中高渗透储层，长时间连续注入条件下，倾角越大，储层压力消散越快，因此其 CO_2 总封存量越大。这一研究结果与前人基于低渗透储层倾角变化对封存量的影响[30-31]取得的认识正好相反。倾斜高渗透地层虽然有利于储层压力的消散和提高注入量，但同时也显著增大了 CO_2 向浅部泄漏的风险。因此，在 CO_2 地质封存选址过程中，应综合考虑倾斜地层对封存效率及安全性的影响。

参考文献

[1] SAJJAD F, NOREEN U, ZAMAN K. Climate change and air pollution jointly creating nightmare for tourism industry [J]. Environmental Science and Pollution Research, 2014, 21(21): 12403-12418.

[2] KINGSLEY A, JIANGUO D, JOHN P. Causal relationship between agricultural production and carbon dioxide emissions in selected emerging Economies [J]. Environmental Science and Pollution Research, 2018.

[3] WOLF E, ARNELL N, FRIEDLINGSTEIN P, et al. Climate updates: what have we learnt since the IPCC 5th assessment report [J]. 2017.

[4] LI Q, WU S, LEI Y, et al. China's provincial CO_2 emissions and interprovincial transfer caused by investment demand [J]. Environmental Science and Pollution Research, 2018.

[5] BENSABAT J. Geological storage of CO_2 in deep saline formations [M]. Springer, 2017.

[6] Ge X Z, Zhao Y J, Yuan H M, et al. Present situation and the development of CO_2 geological storage abroad [M]. Geology Publishing`House, Beijing in Chinese. 2012.

[7] LIU H, HOU Z , WERE P, et al. Simulation of CO_2 plume movement in multilayered saline formations through multilayer injection technology in the Ordos Basin, China [J]. Environmental Earth Sciences, 2014, 71 (10): 4447-4462.

[8] NGUYEN M C, ZHANG X, WEI N, et al. An object-based modeling and sensitivity analysis study in

support of CO_2, storage in deep saline aquifers at the Shenhua Site, Ordos Basin [J]. Geomechanics and Geophysics for Geo-Energy and Geo-Resources, 2017, 3(3): 293-314.

[9] NGUYEN M C. A Geostatistical study in support of CO_2 storage in deep saline aquifers of the Shenhua CCS Project, Ordos Basin, China [J]. China. Energy Procedia, 2017, 114: 5826-5835.

[10] GOATER A L, BIJELJIC B, BLUNT M J. Dipping open aquifers—the effect of top-surface topography and heterogeneity on CO_2 storage efficiency [J]. International Journal of Greenhouse Gas Control, 2013, 17: 318-331.

[11] GHEIBI S, VILARRASA V, HOLT R M. Numerical analysis of mixed-mode rupture propagation of faults in reservoir-caprock system in CO_2, storage [J]. International Journal of Greenhouse Gas Control, 2018, 71: 46-61.

[12] GUO J, WEN D, ZHANG S, et al. Potential and suitability evaluation of CO_2 geological storage in major sedimentary basins of China, and the demonstration project in Ordos Basin [J]. Acta Geologica Sinica-English Edition. 2015, 89(4): 1319-1332.

[13] BU F, XU T, WANG F, et al. Influence of highly permeable faults within a low-porosity and low-permeability reservoir on migration and storage of injected CO_2 [J]. Geofluids. 2016, 16(4): 769-781.

[14] HESSE MA, ORR FM, TCHELEPI HA. Gravity Currents with Residual Trapping [J]. Fluid Mech. 2008, 611: 35-60.

[15] PRUESS K, NORDBOTTEN J. Numerical simulation studies of the longterm evolution of a CO_2 plume in a saline aquifer with a sloping caprock [J]. Transp Porous Media. 2011, 90(1): 135-151.

[16] WANG F, JING J, Xu T, et al. Impacts of injection pressure of a dip-angle sloping strata reservoir with low porosity and permeability on CO_2 injection amount [J]. Greenhouse Gases: Science and Technology, 2017, 7(1): 92-105.

[17] AHMED T K, NASRABADI H. Case study on combined CO_2 sequestration and low-salinity water production potential in a shallow saline aquifer in Qatar [J]. Journal of Environmental Management, 2012, 109: 27-32.

[18] COURT B, BANDILLA K W, CELIA M A, et al. Initial evaluation of advantageous synergies associated with simultaneous brine production and CO_2 geological sequestration [J]. International Journal of Greenhouse Gas Control, 2012, 8: 90-100.

[19] BUSCHECK T A, SUN Y, CHEN M, et al. Active CO_2 reservoir management for carbon storage: analysis of operational strategies to relieve pressure buildup and improve injectivity [J]. International Journal of Greenhouse Gas Control, 2012, 6: 230-245.

[20] 何登发，张 磊，吴松涛，等. 准噶尔盆地构造演化阶段及其特征 [J]. 石油与天然气，2018，39(5)：845-861.

[21] 杨志杰. 二氧化碳增强咸水开采工程中储层压力管控和布井方案优化研究 [D]. 长春：吉林大学，2019.

[22] BU F, XU T, WANG F, et al. Influence of highly permeable faults within a low-porosity and low-permeability reservoir on migration and storage of injected CO_2 [J]. Geofluids, 2016, 16(4).

[23] GENUCHTEN V, TH. M. A closed-form equation for predicting the hydraulic conductivity of unsaturated soils1 [J]. Soil Science Society of America Journal, 1980, 44 (5): 892.

[24] EL-KHATIB NOAMAN. Development of a modified capillary pressure *J*-function [C]. Middle East Oil Show, 1995.

[25] COREY Arthur T. The Interrelation between gas and oil relative permeability [J]. Producers Monthly, 1954, 19(1): 38-41.

[26] PRUESS, KJ. GARCIA. Multiphase flow dynamics during CO_2 disposal into saline aquifers. Environmental

Geology, 2002, 42(2-3): 282-295.

[27] JING J, YANG Y, Wang F. Impacts of salinity on CO_2 spatial distribution and storage amount in the formation with different dip angles [J]. Environmental Science and Pollution Research International, 2019, 26(22): 22173-22188.

[28] 田海龙. CO_2-咸水—岩相互作用对盖层封闭性影响研究 [D]. 长春：吉林大学，2014.

[29] 赵宁宁，许天福，王福刚，等. 初始矿物组分对 CO_2 矿物封存影响的模拟研究 [J]. 矿物岩石地球化学通报，2016，35 (04)：674-680.

[30] JING J, YANG Yan-lin, WANG Fu-gang, et al. Impacts of salinity on CO_2 spatial distribution and storage amount in the formation with different dip angles. [J]. Environmental Science and Pollution Research International, 2019, 26(22).

[31] 靖晶，杨艳林，王福刚，等. 地层倾角对 CO_2 地质封存的影响研究——以鄂尔多斯 CCS 工程为例 [J]. 工程勘察，2014，42(6)：39-44.

深部储层中 CO_2 沿断层泄漏量的影响因素

夏盈莉[1,2]　许天福[1,2]　杨志杰[1,2]
封官宏[1,2]　袁益龙[1,2]　田海龙[1,2]
(1. 吉林大学环境与资源学院；2. 吉林大学地下水资源与环境教育部重点实验室)

摘要：CO_2 地质封存(CGS)是 CO_2 减排的重要手段之一，天然裂隙的存在则是 CGS 的潜在风险。CO_2 地质储存过程中储层上覆盖层及其浅部含水层是防止 CO_2 泄漏的天然屏障，为了探究深部咸水层中 CO_2 沿断层的泄漏过程并获得断层渗透率及储层中超临界 CO_2 流体初始条件(初始饱和度、初始泄漏压力)对 CO_2 沿断层泄漏速率和泄漏量的影响程度，依据鄂尔多斯盆地 CO_2 灌注工程示范区资料，使用多相、多组分溶质运移数值模拟软件 TOUGH2 建立了 2D 概念模型。结果表明，深部咸水层中的 CO_2 在压力差和浓度差的作用下沿断层发生泄漏，到达浅部含水层后开始发生侧向运移，100a 内运移了约 200m 的水平距离；由于浮力的作用，CO_2 集中在含水层顶板处，有效地防止了 CO_2 向外泄漏。影响因素分析表明，100a 内断层渗透性能为低渗透、中渗透和高渗透条件时，CO_2 累计泄漏量分别为 0、1050t 和 3000t；CO_2 初始饱和度分别为 0.20、0.50 和 0.99 时，CO_2 累计泄漏量分别为 550t、1050t 和 1650t；初始泄漏压力分别为 17.3MPa、17.6MPa 和 18.1MPa 时，CO_2 累计泄漏量则分别为 900t、1050t 和 1400t。除此之外，断层渗透性、CO_2 初始气体饱和度和初始泄漏压力对 CO_2 泄漏的影响还体现在泄漏发生时间和平均泄漏速率上。研究显示，各因素对 CO_2 沿断层泄漏过程的影响程度表现为断层渗透性能>CO_2 初始饱和度> CO_2 初始泄漏压力。

关键词：CO_2；泄漏量；断层；数值模拟；鄂尔多斯盆地

工业活动在推动社会经济发展的同时也产生了大量的 CO_2，加速了全球变暖的脚步[1]。将 CO_2 捕集起来埋藏到地球深部合适地层中[2-6]是实现 CO_2 减排的一个重要手段[7-9]，大量 CO_2 被封存在储层中会受到压力梯度的作用而发生运移扩散。由于地层的非均质性，CO_2 流体在运移扩散过程中可能会遇到地层沉积过程中形成的断层等优势通道，从而泄漏到浅部含水层甚至地表，对浅层地下水和地表的生态环境造成污染[10]。Lewicki 等[11]对已发生的 CO_2 泄漏事件的起因、特征及经验教训等进行归纳总结，从中得到地质封存的 CO_2 可能会沿着废弃井筒或天然裂隙、地震诱发断层等通道发生泄漏的相关认知。

关于 CO_2 的泄漏问题，国内外有许多专家学者都进行了研究，如 Nordbotten 等[12]利用多层 CO_2 储层和多个可作为 CO_2 泄漏途径的井筒模型预测 CO_2 的泄漏量，其模拟过程较灵活，模拟结果也可适用于多个地区；Kang 等[13]对近海碳封存时 CO_2 沿断层的泄漏过程进行模拟，并研究了不同 CO_2 注入速率的影响；Pruess 等[14-16]利用数值模拟方法，研究了沿裂隙和废弃井筒泄漏时 CO_2 的相态变化过程；以上研究着眼于 CO_2 的泄漏过程，Apps 等[17-18]则采用试验测试和数值模拟的方法说明了 CO_2 的泄漏会对上覆含水层的水质造成影响，体现了研究 CO_2 泄漏问题的必要性。在对 CO_2 泄漏问题进行研究时，还要考虑

影响 CO_2 泄漏量的因素，从而能更好地控制 CO_2 的泄漏，Lu 等[19]分别对盖层、含水层和断层的渗透率进行了敏感性分析，结果显示断层渗透率对 CO_2 泄漏量的影响程度最大；Antonio 等[20]在进行 CO_2 沿断层泄漏的模拟时，探讨了盖层和储层厚度对泄漏量的影响。综合而言，目前国外对 CO_2 泄漏问题的研究主要集中在泄漏过程中的相变以及 CO_2 的泄漏对生态环境造成的影响等方面，多是对某一场地条件下 CO_2 的泄漏过程加以刻画或将研究结果应用于实际场地加以验证，而关于 CO_2 泄漏量影响因素的研究则多着重于地层固有性质的影响程度的探讨。但在实际工程中选定施工地点后，这些因素便不可改变，该研究主要考虑可控因素对 CO_2 泄漏量的影响，可为 CO_2 地质储存工程实施提供一定的参考依据。另外，由于断层渗透率对 CO_2 泄漏量的作用较为明显，是一个不可忽略的影响因素，在研究过程中也要考虑。目前国内关于 CO_2 泄漏问题的研究较少，多是对泄漏过程进行了定性分析[21-23]，其中胡叶军等[24]考虑了断层与注入井间距离、断层倾角、断层破碎带宽度、断层渗透率、CO_2 注入速率及注入深度对 CO_2 泄漏量的影响，对断层性质方面的因素考虑得较为全面，但未考虑 CO_2 初始特征的作用，其认为断层破碎带宽度和断层渗透率的影响程度最强，再一次说明了断层渗透率是不可忽略的因素。

该研究以我国鄂尔多斯盆地 CO_2 灌注工程示范场地为研究区[25-26]，以刘家沟组为目标储层建立深部咸水层[27-31]中 CO_2 沿断层泄漏的数值模型，分析 CO_2 沿断层泄漏的运移规律，并探讨断层渗透性能、初始泄漏压力、CO_2 初始饱和度等不确定因素对 CO_2 泄漏速率和泄漏量的影响规律，以期为 CO_2 地质储存工程选址和灌注工作提供参考。

1 研究区概况

鄂尔多斯盆地位于陕西省和内蒙古交界处，地形较平缓，海拔总体较高，为北温带干旱、半干旱大陆性气候。研究区内从老至新发育古生界至新生界地层[32-33]，其中太原组、山西组、石盒子组、石千峰组、刘家沟组为 CO_2 储层，和尚沟组、纸坊组和延长组为盖层。该研究以刘家沟组为目标储层，储层岩性以含砾砂岩、粗砂岩为主，孔渗条件较好，盖层以泥岩、粉砂质泥岩为主要岩性，基本不透水。经物探资料分析，区内断层一般为近南—北走向，构造较为单一，距注入井 2km 范围内约有 16 条断层，其中有 5 条贯穿刘家沟组。因此，研究区内存在的断层可能会成为 CO_2 泄漏的通道。通过收集和分析鄂尔多斯盆地场地资料和射孔数据，可知盆地多数地区地温梯度为 2.0~2.8℃/(100m)，只在盆地中南部地区出现大于 3.0℃/(100m) 的地温梯度，平均为 2.7℃/(100m)[34]。研究区内地层压力符合静水压力分布规律；盆地内含水系统包括寒武系—奥陶系碳酸盐岩岩溶含水系统、白垩系碎屑岩裂隙孔隙含水系统及石炭—侏罗碎屑岩裂隙与上覆松散层孔隙含水层系统[35]，研究区位于鄂尔多斯盆地中东部，区内含水系统主要为白垩系碎屑岩裂隙孔隙含水系统，部分地区为石炭—侏罗碎屑岩裂隙与上覆松散层孔隙含水层系统，即区内含水层主要分布在白垩系、石炭—侏罗系中，厚度为 60~80m。

2 研究方法

2.1 模拟工具及控制方程简介

采用多相流多组分数值模拟软件 TOUGH2 进行模拟，使用 ECO2M 模块，模拟时间为

100a。TOUGH2 是国际上公认的模拟一维、二维和三维孔隙或裂隙介质中多相流、多组分及非等温的水流及热量传递的数值模拟程序。ECO_2M 是 TOUGH2 中一个可以综合刻画深部咸水层中 H_2O-CO_2-NaCl 多相混合物的热力学和热物理性质变化的模块，它考虑了 CO_2 可能出现的所有相态，包括超临界和亚临界、液相和气相以及各种相态之间的转换过程，适用的温压范围是 10~110℃、≤60MPa[36]。

该研究主要分析 CO_2-咸水-热量的作用过程，不考虑化学作用，基于此可建立质量守恒微分方程：

$$\frac{\partial M_k}{\partial t}=-\Delta F_k+q_k \tag{1}$$

式中 M_k——k 组分的体积质量，kg/m^3；

F_k——k 组分的质量流速矢量，$kg/(s \cdot m^2)$；

q_k——k 组分的源汇项。

基于式(1)，可分别对模型中咸水、CO_2 和热量建立质量守恒方程，如式(2)至式(4)：

$$\frac{\partial}{\partial t}[\phi(s_1\rho_1X_{w1}+s_g p_g X_{wg})]=-\nabla\left\{X_{w1}\rho_1\left[-K\frac{K_{r1}}{\mu_1}(\nabla p_1-\rho_1 g)\right]+X_{wg}\rho_g\left(-K\frac{K_{rg}}{\mu_g}(\nabla p_g-\rho_g g)\right]\right\}+(q_{w1}+q_{wg}) \tag{2}$$

$$\frac{\partial}{\partial t}[\phi(s_1\rho_1X_{c1}+s_g p_g X_{wg})]=-\nabla\left\{X_{c1}\rho_1\left[-K\frac{K_{r1}}{\mu_1}(\nabla p_1-\rho_1 g)\right]+X_{cg}\rho_g\left(-K\frac{K_{rg}}{\mu_g}(\nabla p_g-\rho_g g)\right]\right\}+(q_{c1}+q_{cg}) \tag{3}$$

$$\frac{\partial}{\partial t}[\phi(s_1\rho_1U_1+s_g p_g U_g)+(1-\phi)\rho_s U_s]=-\nabla\left\{h_1\rho_1\left[-K\frac{K_{r1}}{\mu_1}(\nabla p_1-\rho_1 g)\right]+h_g\rho_g\left(-K\frac{K_{rg}}{\mu_g}(\nabla p_g-\rho_g g)\right]\right\}+q_h \tag{4}$$

式中 s_1 和 s_g——模型中液相、气相饱和度，满足 $s_1+s_g=1$；

ρ_1、ρ_g、ρ_s——液相、气相、固相的密度，kg/m^3；

X_{w1}、X_{wg}——液相、气相中咸水的质量分数；

X_{c1}、X_{cg}——液相、气相中 CO_2 的质量分数；

ϕ——岩石骨架孔隙度；

K——绝对渗透率，m^2；

K_{r1}、K_{rg}——液相、气相的相对渗透率；

μ_1、μ_g——液相、气相的动力黏滞系数，$Pa \cdot s$；

p_1、p_g——液相、气相压力，Pa；

g——重力加速度，m/s^2；

q_{w1}、q_{wg}、q_{c1}、q_{cg}、q_h——液相中咸水的源汇项、气相中咸水的源汇项、液相中 CO_2 源汇项、气相中 CO_2 源汇项、热相关源汇项；

U_l、U_g、U_s——液相、气相、固相中的内能，J/kg；

h_l、h_g——液相、气相在岩体中的导热系数，W/(m/K)。

2.2 二维储盖层岩相概念模型构建

为了分析 CO_2 沿断层的运移及扩散规律，建立二维概念模型(图1)。实际场地资料显示刘家沟组底板埋深为 1699m，其上部石炭—侏罗系内分布有含水层。Tao 等[37] 在 2013 年的研究结果显示，透水地层会使断层顶部 CO_2 的流量降低为零，说明透水地层能够有效地阻止 CO_2 泄漏，因此只考虑 CO_2 沿断层向上泄漏到最底部含水层的情况。根据实测资料，最底部含水层处于三叠系纸坊组砂岩岩层中，将其顶板埋深设定为 1300m。另外为了直观显示含水层对 CO_2 泄漏的阻碍作用，实际模拟范围应高于含水层顶板一定厚度，此处设置为 100m，因此模型垂向高度取 499m；另外根据地层岩性条件将水平方向宽度设定为 200m。当考虑断层时，CO_2 在断层两侧的运移规律相同，所以只讨论断层一侧的变化规律即可。实际资料显示，在注入井 2km 范围内有 16 条断层，其中有 5 条切入刘家沟组，分布穿切关系较复杂，不易刻画，该研究将其简化为一条宽为 5m 的直立断层，连接上覆含水层和刘家沟组储层，即断层高度为 339m。

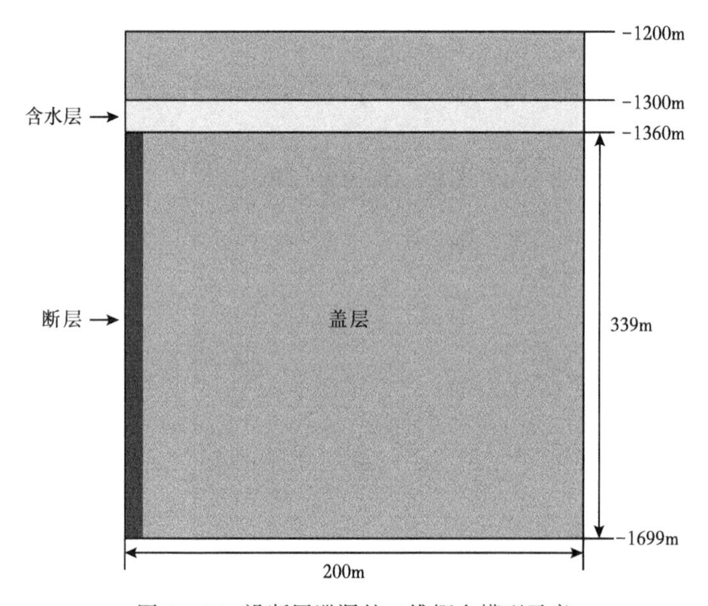

图1　CO_2 沿断层泄漏的二维概念模型示意

为了使模拟结果更贴近实际，在对模型进行空间离散时采用不等距剖分：垂向上在含水层和底板处加密，其余等距剖分，每层 10m，共剖分为 73 层；水平方向上在断层处加密，将宽度为 5m 的断层等距剖分为 10 列，每列 0.5m，其余每列宽度从 1m 至 30m 递增，共剖分为 44 列。

在该研究数值模型中，将 CO_2 储层刻画为底部一层网格，网格体积计算方法如式(5)：

$$V_{CO_2} = V_S \times a \times \phi = \frac{M_{CO_2}}{\rho} \tag{5}$$

式中 V_{CO_2}——储存的 CO_2 体积，m^3；

M_{CO_2}——储存的 CO_2 质量，kg；

ρ——超临界 CO_2 密度，kg/m^3；

a——储层中 CO_2 饱和度；

V_S——储层一定质量 CO_2 所需的地层体积，m^3。

根据实际工程资料可知，研究区 CO_2 的总储存量为 2×10^8kg，储层孔隙度为 0.1，超临界 CO_2 密度约为 $700kg/m^3$，初始饱和度设置为 0.5，计算可得所需地层体积为 $5.72\times10^6m^3$，即为底部 44 个网格的总体积。

2.3 储盖层数值模型参数及定解条件设置

储盖层数值模型的物性参数依据实际地层测试结果设置见表 1。盖层的渗透率为 0.01mD，孔隙度为 0.10；含水层的渗透率为 28.1mD，孔隙度为 0.25；在模型设置时将断层刻画为砂岩断裂带，其孔渗条件是水平方向渐变的。参考 Gherardi 等[38]对断裂带的分区方法，将 5m 宽的断层等分为 5 个区域，一区为断层核部，其孔渗条件最好，渗透率为 100mD，孔隙度为 0.35；五区靠近围岩，孔渗条件最差，渗透率为 0.1mD，孔隙度为 0.15，各区具体取值见表 2。数值模型模拟时间为 100a。

表 1 数值模型主要地层孔渗参数

地层	渗透率/mD	孔隙度	宽度/m	总厚度/m
盖层	0.01	0.10	200	499
断层	0.1 ~100	0.15~0.35	5	339
含水层	28.1	0.25	200	60

表 2 断层水平方向孔渗条件分区结果

项目	分区				
	1	2	3	4	5
水平方向分布范围/m	0~1	1~2	2~3	3~4	4~5
渗透率/mD	100	50	10	1	0.1
孔隙度	0.35	0.30	0.25	0.20	0.15

模型的定解条件包括初始和边界条件，其中初始条件包括压力、盐度、CO_2 饱和度及温度，模型中初始压力场和温度场的分布分别按照静水压力平衡和地温梯度给定；模型主体为盖层，被咸水充填，所以 CO_2 初始饱和度为 0；盐度依据实际地层水样资料设定为 0.03。依据实际资料将模型底部 CO_2 储层压力设定为 17.6MPa，饱和度为 0.5。考虑到模型边界对数值解的影响，将远离断层的右侧边界设定为第一类边界；考虑到模型顶底板和断层外边界的作用以及热量传递，将上下边界和左侧边界设定为隔水导热边界。

2.4 数值模拟方案设计

由文献[24]可知，深部咸水层中 CO_2 沿断层泄漏过程主要受 CO_2 的初始条件和断层特征两方面的影响。CO_2 的初始条件主要包括初始压力、饱和度、温度和黏滞度等，其中黏滞度一般较固定，约为0.03Pa·s，温度主要受地层温度的控制，也不会轻易发生变化，所以该研究主要考虑底部储层中 CO_2 的初始压力和饱和度这两个因素。除此之外，断层的物性特征(断层规模、孔渗条件等)也会对 CO_2 泄漏量产生影响。由于一个地区的断层规模在一定时期内是固定的，所以该研究不予考虑。综上所述，笔者对 CO_2 的初始泄漏压力、初始饱和度和断层渗透性能这3个不确定因素进行研究，设计了如表3所示的模拟方案。

表3　数值模拟方案设计表

方案编号	初始泄漏压力/MPa	初始饱和度	断层渗透性
base-case	17.6	0.50	中渗透
case1	17.3	0.50	中渗透
case2	18.1	0.50	中渗透
case3	17.6	0.99	中渗透
case4	17.6	0.20	中渗透
case5	17.6	0.50	低渗透
case6	17.6	0.50	高渗透

经重力平衡计算，模型底板处地层压力为17.1 MPa，base-case、case1、case2分别考虑了 CO_2 初始压力高于地层压力0.5MPa、0.2MPa、1.0MPa的情况，其模拟结果对比分析可得到 CO_2 初始压力对泄漏量和泄漏速率的影响；case3、case4与base-case对比可知 CO_2 初始饱和度的作用，case5和case6则是考虑了断层渗透性能的影响。每个敏感性研究方案模型的边界条件与2.3节描述的保持一致。考虑到孔隙度和渗透率存在一定的正相关关系，当改变断层渗透率时，对其孔隙度值也进行了适当调整，依据实际岩性资料中的渗透率数值范围进行分级，不同方案中断层孔渗参数见表4。

表4　断层渗透率分级结果

分区	高渗透性		中渗透性		低渗透性	
	渗透率/mD	孔隙度	渗透率/mD	孔隙度	渗透率/mD	孔隙度
1	500	0.45	100	0.35	10	0.25
2	200	0.40	50	0.30	5	0.20
3	100	0.35	10	0.25	1	0.18
4	50	0.30	1	0.20	0.5	0.15
5	10	0.25	0.1	0.15	0.1	0.12

3　结果分析

3.1　CO_2 沿断层的运移规律

CO_2 沿断层泄漏1a、5a、10a、30a、50a、100 a时的饱和度分布如图2所示。

由图2可知，随着时间的推移，CO_2 沿着断层向上泄漏，30a后运移至上覆含水层，此后，由于上覆含水层的阻碍作用不再向上泄漏。泄漏到上覆含水层内的 CO_2 在浮力的作

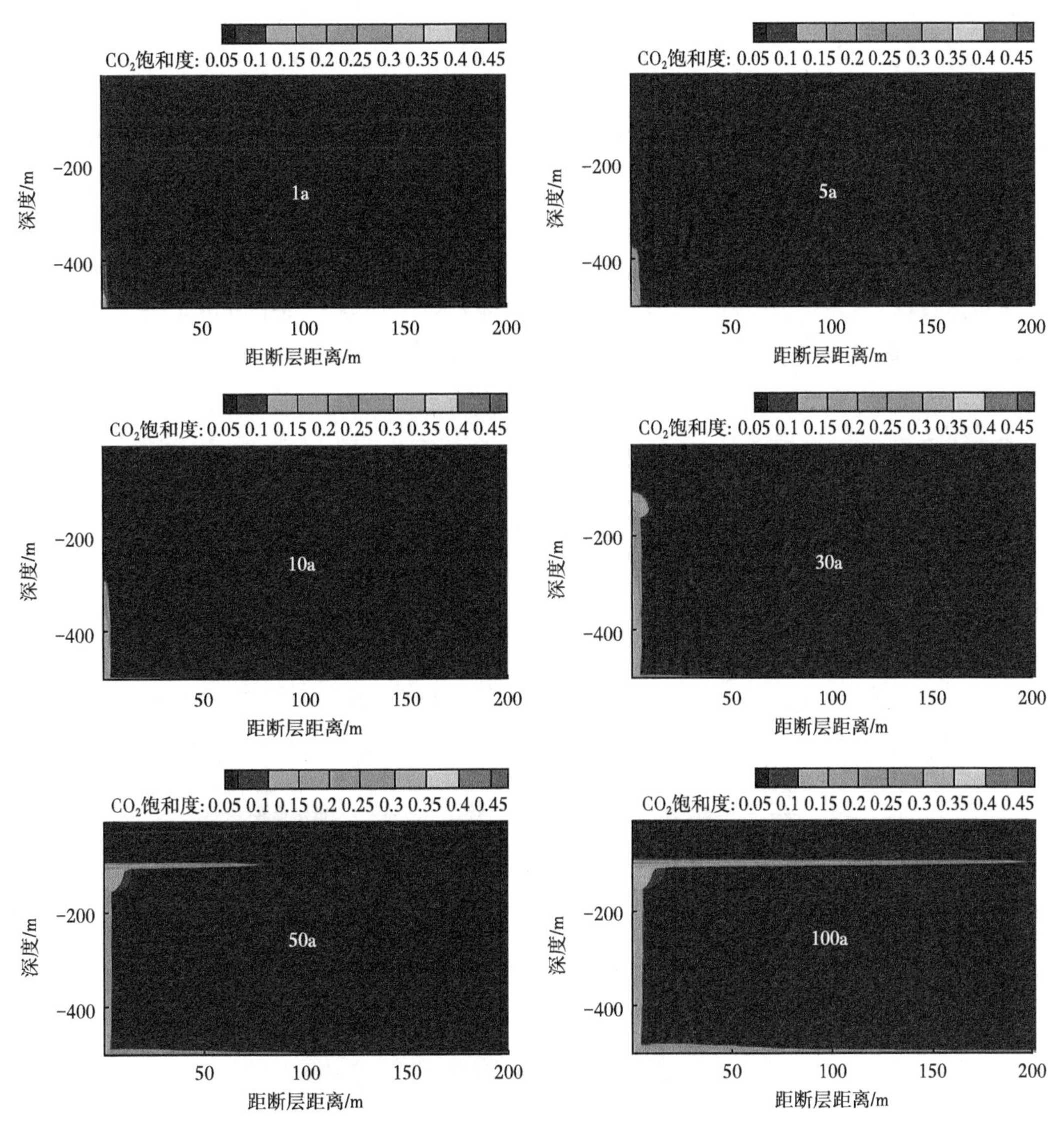

图2　泄漏过程中 CO_2 饱和度时空分布

注：图中红色虚线框代表断层的分布范围

用下聚集在顶板处，并向水平方向扩散；同时，在无断层处，储层中的 CO_2 以极缓慢的速度向盖层中运移。CO_2 泄漏 100a 后，泄漏到上覆含水层中的 CO_2 在水平方向扩散了 200m，而盖层内的 CO_2 垂向运移距离不到 10m，表明断层是 CO_2 向上覆含水层甚至地表泄漏的主要通道。CO_2 的泄漏会引起产生严重的生态环境效应，而不同的 CO_2 泄漏量产生的影响程度也大不相同，因此要对 CO_2 泄漏量的影响因素进行分析，依据分析结果可采取相应防治措施，从而降低储层中 CO_2 发生泄漏的可能性。

3.2　影响因素分析

3.2.1　断层渗透性能对泄漏量的影响

通过对比分析 base-case、case5 及 case6 的结果，研究其他条件相同时断层渗透性能

对 CO_2 泄漏量的影响。断层不同渗透性能条件下 CO_2 泄漏到上覆含水层的量及泄漏速率随时间的变化特征如图 3 所示。由图 3 可见，断层渗透率增大可引起 CO_2 泄漏量和泄漏速率明显增加。100a 时，中渗透条件下 CO_2 的泄漏量约为 1050t，高渗透条件下可达到约 3000t，而当断层为低渗透性时(最大渗透率为 10mD，孔隙度为 0.25)，CO_2 的泄漏速率和泄漏量均为零，这是由于低渗透率时 CO_2 泄漏速率较小，100a 内不易穿透垂向厚度如此大的低渗透断层而泄漏至上覆含水层。另外，断层渗透性能明显影响了 CO_2 在断层内的运移速率，进而影响 CO_2 泄漏到上覆含水层的总量。断层渗透性能越好，CO_2 泄漏至上覆含水层的时间越早，高渗透条件下 CO_2 在第 8a 时即发生了泄漏，而中渗透条件下第 22a 时才发生泄漏，这也体现了高渗透断层可能成为 CO_2 泄漏的优势通道。

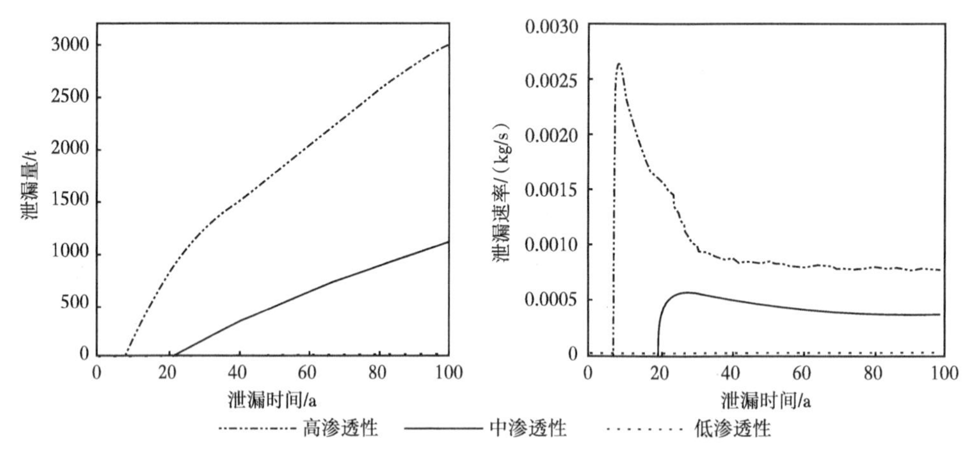

图 3　不同断层渗透性能条件下 CO_2 泄漏量和泄漏速率随时间的变化特征

100a 时低渗透断层内的 CO_2 饱和度分布如图 4 所示，100a 时 CO_2 沿断层仅运移了约 260m，未泄漏至上覆含水层，可解释了图 5 中泄漏量和泄漏速率均为零的现象。因此，即

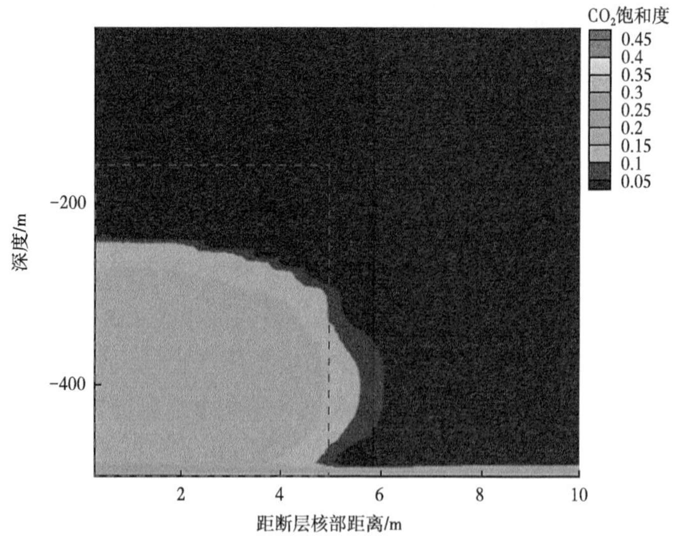

图 4　低渗透条件下 100a 时 CO_2 饱和度分布

注：图中红色虚线框代表断层的分布范围

使地层中存在断层，当其为压扭性断层，渗透性较差时，在一定时期内仍可以忽略其对 CO_2 封存产生的影响。

3.2.2 CO_2 初始饱和度

对比分析 base-case、case3 和 case4 的模拟结果，研究其他条件相同时，CO_2 初始饱和度对 CO_2 泄漏量的影响。不同初始饱和度下 CO_2 沿断层泄漏到上覆含水层中的泄漏量和泄漏速率随时间的变化特征如图 5 所示，其他条件相同时，储层中 CO_2 的初始饱和度越大，其泄漏量和泄漏速率就越大，发生泄漏的时间也越早。CO_2 初始饱和度为 0.20、0.50 和 0.99 时，100a 的累计泄漏量分别可达到 550t、1050t 和 1650t。另外，当初始饱和度从 0.20 增至 0.50 时，泄漏时间提前了约 20a；初始饱和度从 0.50 增至 0.99 时，泄漏时间提前了约 5a。与断层渗透性能的影响效果不同的是，初始饱和度的降低不会阻止 CO_2 的泄漏，泄漏速率呈现先增加后减小的趋势，最终达到稳定值，主要原因是 CO_2 泄漏后期地层压差减小并趋于稳定，压力梯度带来的动力作用也就趋于稳定。

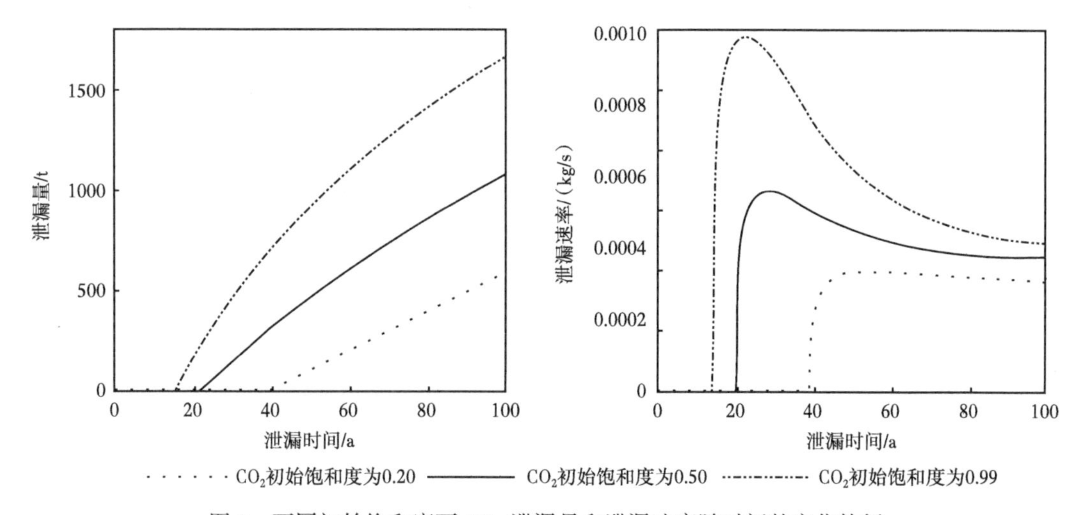

图 5 不同初始饱和度下 CO_2 泄漏量和泄漏速率随时间的变化特征

3.2.3 初始泄漏压力

对比分析 base-case、case1、case2 的模拟结果，研究在其他条件相同时，不同初始泄漏压力对 CO_2 泄漏量的影响。不同初始泄漏压力下 CO_2 沿断层泄漏到上覆含水层中的泄漏量和泄漏速率随时间的变化特征如图 6 所示。从图 6 中可以看出，初始压力越大，泄漏量越大，发生泄漏的时间也越早。初始泄漏压力为 17.3MPa、17.6MPa 和 18.1MPa 时，CO_2 的累计泄漏量分别达到了 900t、1050t、1400t。初始泄漏压力依次从 17.3MPa 增至 17.6MPa、18.1MPa 时，CO_2 泄漏至上覆含水层的时间均提前了约 8a，说明初始泄漏压力对 CO_2 泄漏过程的影响较为明显。泄漏速率随时间变化的整体趋势是先增后减，最终趋于稳定。在泄漏前期，最大泄漏速率与初始泄漏压力呈正相关，但在后期趋于稳定时，三者的泄漏速率变化曲线基本重合，这可能是因为压力传递较快，前期初始泄漏压力越大，与地层的压力差就越大，泄漏速率也就越大，后期压力传递完成，三种初始泄漏压力产生的压差差异缩小甚至消失，泄漏速率也就趋于一致。

不同初始饱和度和泄漏压力下的 CO_2 平均泄漏速率如图 7 所示，可以看出，初始饱和度增量为 0.3 时，平均泄漏速率从 6.00t/a 增至 10.86t/a，增加了 4.86t/a，而初始泄漏压

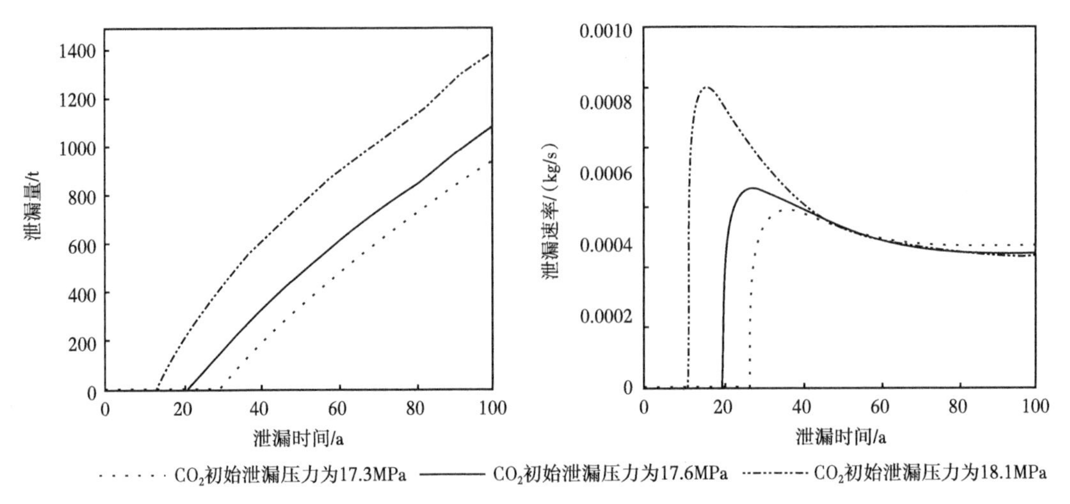

图 6　不同初始泄漏压力下 CO_2 泄漏量和泄漏速率随时间的变化特征

力增量为 0.3MPa 时，平均泄漏速率只增加 1.3t/a。另外，初始饱和度和泄漏压力分别增加 0.5MPa 和 0.5MPa 时，平均泄漏速率分别增加了 5.95t/a 和 3.11t/a，因此可认为相比初始泄漏压力，初始饱和度对 CO_2 平均泄漏速率的作用更为明显。

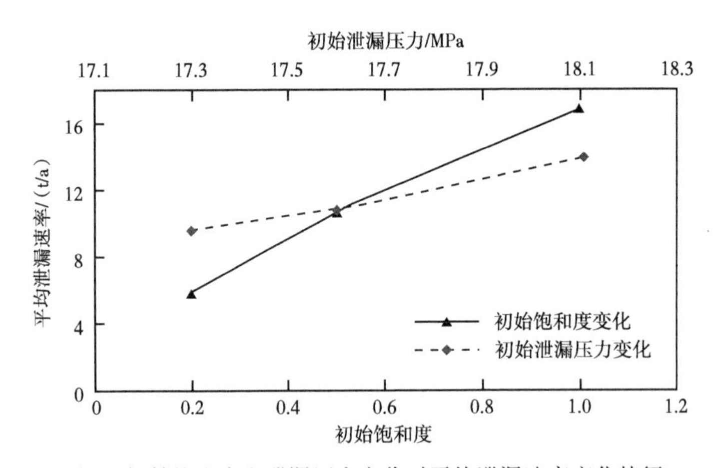

图 7　初始饱和度和泄漏压力变化时平均泄漏速率变化特征

相比以往研究区内的研究[39-41]而言，该研究考虑了地质封存时 CO_2 自身特征即 CO_2 初始饱和度和泄漏压力对泄漏量的影响，同时与前人研究认为较重要的因素——断层渗透性能的影响效果对比分析，可发现断层渗透性能较差时，CO_2 在一定时期内可能不会发生泄漏，而 CO_2 初始饱和度和泄漏压力则不会产生这样的作用。

4　结论

(1) CO_2 在压力差和浓度差的作用下会沿断层向上发生泄漏，当遇到上覆含水层时 CO_2 会进入含水层中。在浮力的作用下，CO_2 会在上覆含水层的顶板处聚集，并逐渐在含水层内部产生水平方向扩散，泄漏 100a 时，水平方向扩散距离达到约 200m。

(2) CO_2 的泄漏量和泄漏速率与断层的渗透率和储层中 CO_2 初始饱和度在整个泄漏期内均呈正相关。随着断层渗透率和储层中 CO_2 初始饱和度的增加，CO_2 泄漏至含水层的时间也会提前。断层渗透性能较差时，100a 内没有 CO_2 泄漏至含水层，而从中渗透条件增加到高渗透条件时，泄漏时间提前了 14a；CO_2 初始饱和度从 0.20 增至 0.50 时，发生泄漏的时间提前了 20a；从 0.50 增至 0.99 时，提前了 5a，基本可以说明断层渗透性能对 CO_2 泄漏的影响程度要大于 CO_2 初始饱和度。

(3) 泄漏前期，CO_2 初始泄漏压力对 CO_2 的泄漏量和泄漏速率影响较大，但是泄漏后期不同 CO_2 初始泄漏压力下的泄漏速率基本相同。这主要是由于泄漏后期压力传递完成，不同初始泄漏压力产生的压差差异缩小甚至消失引起的。

(4) 断层渗透性能、CO_2 初始饱和度及初始泄漏压力均是 CO_2 泄漏过程的重要影响因素，其影响主要体现在泄漏发生时间、泄漏量及平均泄漏速率这三方面。断层渗透性能为低渗透、中渗透和高渗透条件时，CO_2 累计泄漏量分别为 0、1050t 和 3000t；CO_2 初始饱和度分别为 0.20、0.50 和 0.99 时，累计泄漏量分别为 550t、1050t 和 1650t；初始泄漏压力分别为 17.3MPa、17.6MPa 和 18.1MPa 时，累计泄漏量则分别为 900t、1050t、1400t。结合泄漏发生时间及平均泄漏速率的分析结果，可认为三者对 CO_2 沿断层泄漏过程的影响程度由大至小依次为断层渗透性能 > CO_2 初始饱和度 > CO_2 初始泄漏压力。

参考文献

[1] GOZALPOUR F, REN S R, TOHIDI B. CO_2 EOR and storage in oil reservoir [J]. Oil & Gas Science and Technology, 2005, 60(3): 537-546.

[2] OLDENBURG C M. Screening and ranking framework for geologic CO_2 storage site selection on the basis of health, safety, and environmental risk [J]. Environmental Geology, 2008, 54(8): 1687-1694.

[3] BACHU S. Comparison between methodologies recommended for estimation of CO_2 storage capacity in geological media [C]//Carbon Sequestration Leadership Forum, Phase III Report, 2008.

[4] METZ B, DAVIDSON O, DE Coninck H, et al. IPCC special report on carbon dioxide capture and storage [R]. Intergovernmental Panel on Climate Change, Geneva (Switzerland). Working Group III, 2005.

[5] BACHU S, BONIJOLY D, BRADSHAW J, et al. CO_2 storage capacity estimation: methodology and gaps [J]. International Journal of Greenhouse Gas Control, 2007, 1(4): 430-443.

[6] SCHILLING F, BORM G, WURDEMANN H, et al. Status report on the first European on-shore CO_2 storage site at Ketzin (Germany) [J]. Energy Procedia, 2009, 1(1): 2029-2035.

[7] BOOT-HANDFORD M E, ABANADES J C, ANTHOBY E J, et al. Carbon capture and storage update [J]. Energy & Environmental Science, 2014, 7(1): 130-189.

[8] BRUANT R, GUSWA A, CELIA M, et al. Safe storage of CO_2 in deep saline aquifers [J]. Environmental Science & Techonlogy, 2002, 36(11): 240A-245A.

[9] BENSON S M, HEPPLE R, APPS J, et al. Lessons learned from natural and industrial analogues for storage of carbon dioxide in deep geological formations [J]. Lawrence Berkeley National Laboratory, 2002.

[10] SHIPTON Z K, EVANS J P, KIRSCHNER D, et al. Analysis of CO_2 leakage through 'low-permeability' faults from natural reservoirs in the Colorado Plateau, east-central Utah [J]. Geological Society of London, 2004, 233(1): 43-58.

[11] LEWICKI J L, BIRKHOLZER J, TSANG C F. Natural and industrial analogues for leakage of CO_2, from storage reservoirs: identification of features, events, and processes and lessons learned [J]. Environmental Geology, 2007, 52(3): 457-467.

[12] NORDBOTTEN J M, KAVETSKI D, CELIA M A, et al. Model for CO_2 leakage including multiple geological layers and multiple leaky wells [J]. Environmental Science & Technology, 2009, 43(3): 743-749.

[13] KANG K, HUH C, KANG S G. A numerical study on the CO_2 leakage through the fault during offshore carbon sequestration [J]. 2015, 18 (2): 94-101.

[14] PRUESS K. On CO_2 fluid flow and heat transfer behavior in the subsurface, following leakage from a geologic storage reservoir [J]. Environmental Geology, 2008, 54(8): 1677-1686.

[15] PRUESS K. Modeling CO_2 leakage scenarios, including transitions between super - and sub - critical conditions, and phase change between liquid and gaseous CO_2 [J]. Energy Procedia, 2011, 4: 3754-3761.

[16] PRUESS K. Leakage of CO_2 from geologic storage: role of secondary accumulation at shallow depth [J]. International Journal of Greenhouse Gas Control, 2008, 2(1): 37-46.

[17] APPS J A, ZHENG L, ZHANG Y, et al. Evaluation of potential changes in groundwater quality in response to CO_2 leakage from deep geologic storage [J]. Transport in Porous Media, 2010, 82(1): 215-246.

[18] LITTLE M G, JACKSON R B. Potential impacts of leakage from deep CO_2 geosequestration on overlying freshwater aquifers [J]. Environmental Science & Technology, 2010, 44(23): 9225-32.

[19] LU Chuanlu, SUN Yunwei, BUSCHECK T A, et al. Uncertainty quantification of CO_2 leakage through a fault with multiphase and nonisothermal effects [J]. Greenhouse Gases: Science and Technology, 2012, 2 (6): 445-459.

[20] ANTONIO P R, JONNY R, PIERRE J, et al. Induced seismicity and CO_2 leakage through fault zones during large - scale underground injection in a multilayered sedimentary system [C]//EGU General Assembly Conference Abstracts, 2014, 16: 3164.

[21] 柏明星，艾池，冯福平．二氧化碳地质存储过程中沿井筒渗漏定性分析 [J]．地质论评，2013，59 (1)：107-112.

[22] 唐丹，王万福，熊焕喜，等．地质封存工程中 CO_2 沿井筒渗漏影响因素分析 [J]．油气田环境保护，2014，24(3)：1-4.

[23] 胡叶军，王媛，刘阳．深部咸水层二氧化碳沿断层泄漏的运移规律研究 [J]．科学技术与工程，2015(4)：40-46.

[24] 胡叶军，王媛，任杰．咸水层封存 CO_2 沿断层带泄漏的影响因素分析 [J]．中国科技论文，2016，13：1437-1444.

[25] 李小春，刘延锋，白冰，等．中国深部咸水含水层 CO_2 储存优先区域选择 [J]．岩石力学与工程学报，2006，25 (5)：963-968.

[26] 郭建强，文冬光，张森琦，等．中国二氧化碳地质储存潜力评价与示范工程 [J]．中国地质调查，2015(4)：36-46.

[27] BANDO S, TAKEMURA F, NISHIO M, et al. Solubility of CO_2 in aqueous solutions of NaCl at (30 to 60)C and (10 to 20)MPa [J]. Journal of Chemical & Engineering Data, 2003, 48(3): 576-579.

[28] VILARRASA V, BOLSTER D, DENTZ M, et al. Effects of CO_2 compressibility on CO_2 storage in deep saline aquifers [J]. Transport in porous media, 2010, 85(2): 619-639.

[29] BACHU S, BONIJOLY D, BRADSHAW J, et al. CO_2 storage capacity estimation: methodology and gaps [J]. International Journal of Greenhouse Gas Control, 2007, 1 (4): 430-443.

[30] PRUESS K, GARCIA J. Multiphase flow dynamics during CO_2 disposal into saline aquifers [J]. Environmental Geology, 2002, 42(2/3): 282-295.

[31] 杨永智，沈平平，宋新民，等．盐水层温室气体地质埋存机理及潜力计算方法评价 [J]．吉林大学学报(地球科学版)，2009(4)：744-748.

[32] 王峰．鄂尔多斯盆地三叠系延长组沉积、层序演化及岩性油藏特征研究［D］．成都：成都理工大学，2007.

[33] 朱广社．鄂尔多斯盆地晚三叠世—中侏罗世碎屑岩、沉积、层序充填过程及其成藏效应［D］．成都：成都理工大学，2014.

[34] 张盛．鄂尔多斯盆地古地温演化与多种能源矿产关系的研究［D］．西安：西北大学，2006.

[35] 侯光才，张茂省，王永和，等．鄂尔多斯盆地地下水资源与开发利用［J］．西北地质，2007(1)：7-34.

[36] PRUESS K. ECO2M：a TOUGH2 fluid property module for mixtures of water，NaCl，and CO_2，including super-and sub-critical conditions，and phase change between liquid and gaseous CO_2［J］. Lawrence Berkeley National Laboratory，2011，LBNL-4590E

[37] TAO Qing，ALEXANDER D，BRYANT S L. Development and field application of model for leakage of CO_2 along a fault［J］. Energy Procedia，2013，37：4420-4427.

[38] GHERARDI F，XU Tianfu，PRUESS K. Numerical modeling of self-limiting and self-enhancing caprock alteration induced by CO_2 storage in a depleted gas reservoir［J］. Chemical Geology，2007，244(1)：103-129.

[39] 卜繁婷．储层内部小断层对 CO_2 空间分布及储存量的影响研究［D］．长春：吉林大学，2015.

[40] 张晓普，于开宁，李文．鄂尔多斯地区深部咸水层二氧化碳地质储存适宜性评价［J］．地质灾害与环境保护，2012（1）：73-77.

[41] 王力．鄂尔多斯盆地榆林地区山西组二氧化碳地质封存数值模拟研究［D］．西安：西北大学，2014.

不同碎屑矿物 CO_2 参与的水-岩作用效应数值模拟

李凤昱　许天福　杨磊磊　封官宏
杨志杰　袁益龙　赵宁宁　田海龙
（吉林大学地下水资源与环境教育部重点实验室）

摘　要：鄂尔多斯盆地地质历史上的 2 次烃源充注使得以 CO_2 为主的气体进入砂岩储层，导致储层内发生了以水-岩反应为主的成岩作用，最终使储层发生高度致密化。鉴于储层致密化过程研究对有利储层的评价和预测极其重要，以鄂尔多斯盆地东北部下石盒子组 8 段致密储层为例，在实测水化学、矿物等数据的基础上，运用岩石学测试分析及数值模拟方法，利用简化的二维地质模型，采用多相、多组分反应溶质运移程序 TOUGHREACT，研究不同碎屑矿物条件下，CO_2 进入储层后所发生的水-岩反应及其对储层孔隙度的影响，确定了最有利于储层致密化形成的碎屑矿物条件。结果表明，长石类矿物溶解所产生的自生高岭石、伊利石及铁白云石是造成储层孔隙度和渗透率减小的主要矿物。绿泥石在 CO_2-水-岩作用的过程中，极易发生溶蚀，主要产物为铁白云石。碎屑组成中较高含量的含钙矿物对于储层的致密化有重要意义。含钙矿物总体积分数为 0.315 时，在 CO_2 参与下发生的水-岩反应中，孔隙度最大降幅可达 40.0%。

关键词：鄂尔多斯盆地；含油气盆地；CO_2-水-岩反应；储层孔隙度；致密化

鄂尔多斯盆地是中国最大的油气盆地之一，天然气资源极其丰富，开发潜力巨大[1]。近年来，以石盒子组（苏里格等气田的主力产气层）为代表的上古生界天然气勘探程度不断加深，其中鄂尔多斯盆地天然气产量为 $75\times10^8m^3$，约占中国天然气总产量的 18.5%[2]，因此，研究鄂尔多斯盆地上古生界储层具有十分重要的意义。前人大量的勘探实践及研究表明，鄂尔多斯盆地上古生界砂岩气藏主要为低孔、超低渗透、低丰度的致密岩性气藏[3-5]，随着勘探、开采工作的不断深入，所面临的难题越来越复杂，但首先必须明确致密砂岩储层的形成机理，才能准确地评价和预测有利储层。

前人对于储层致密过程的研究表明，强烈的成岩作用对储层的致密化起着决定性的作用[6-8]，其中压实作用和胶结作用是致密砂岩气形成的必要条件。水—岩反应作为成岩作用中的重要部分，越来越受到关注。地下水作为具有代表性的地质流体，会和与其接触的围岩发生物质交换，而气体的参与更易破坏地下水与矿物之间的化学平衡，引发一系列的矿物溶解、沉淀，从而改变储层的孔隙度。因此，水—岩反应对储层的演化，包括致密化的影响至关重要。

近年来，随着铸体薄片、扫描电镜等现代分析测试技术的发展和完善，成岩作用的研究得到了飞速的发展，其已由最初的局部区域地层岩石学测试逐步扩展到盆地范围大尺度、多因素、多学科交叉的综合学科，进而过渡到以地质流体、水—岩相互作用机制、成岩作用定量化等为主的研究时期[9-13]。

成岩作用数值模拟方法不仅能够解决时间跨度和空间尺度都非常大的问题，而且能够对某一特定地质时刻的反应过程进行再现，因此成为从成岩作用角度出发进行储集层评价和预测有效技术[14]。其中水-岩反应作为成岩作用中的重要过程一直以来都是地球科学领域所关注的热点。地质流体同储层围岩相互作用的水-岩反应过程中，化学、微生物行为、矿物的溶解沉淀过程会造成各自一系列的物理性质改造，这些耦合过程结合空间尺度共同造成的结果会反馈到地质系统的反应体系中。而多组分反应溶质运移模拟（reactive transport modeling，RTM）作为地质系统应用的重要工具，能够将流体流动、溶质运移和化学反应进行整合，是研究地质科学基础理论、解决复杂流体和地球化学耦合过程问题的新方法[10]。

Sanford 等[11]运用变密度水流溶质运移耦合模型分析了沿海淡水和咸水混合带存在的灰岩潜在成岩作用，此反应溶质运移耦合模型被广泛应用在与碳酸盐地台密切相关的成岩作用研究中。Whitaker 等[12]运用 RTM TOUGHREACT 模拟水热驱动下孤立碳酸盐地台的成岩作用（白云石化研究），并对影响白云石化作用速率的因素（温度、盐度、地层非均质性等）进行了深入研究。Jones 等[13]使用溶质运移模型预测了埋藏前后孤立碳酸盐地台地热对流驱动下成岩作用空间演化。对于和非线性复杂物理化学过程密切相关的白云岩化过程及大时间跨度及空间尺度成岩作用过程来说，多组分反应溶质运移是认识上述问题十分适合且强大的辅助工具，能够定量描述成岩作用及对储层质量的影响[10]。

因此，本文利用实测资料获得水文地质参数，运用 TOUGHREACT 模拟程序对研究区 CO_2 参与成岩过程中所发生的水-岩反应进行研究。根据研究区实测碎屑矿物及地层水资料，确定模型初始矿物含量及地层水中各离子浓度，模拟 CO_2 进入储层后所发生的水-岩反应。然后，通过调整碎屑矿物的含量，建立 5 个不同碎屑矿物条件的模型，对比不同碎屑矿物条件下 CO_2-水-岩反应及对储层孔隙度的影响，确定储层致密化的碎屑矿物条件，为致密储层的形成机理提供理论依据。

1 研究区地质概况

1.1 地质背景

鄂尔多斯盆地位于中国中西部，共横跨陕、甘、宁、蒙、晋等 5 个省，盆地呈近矩形轮廓，北达阴山，南至秦岭，东接吕梁山，西邻六盘山，总面积达 $37\times10^4 km^2$，本部面积达 $25\times10^4 km^2$[15]。古生代的鄂尔多斯盆地是中国典型的克拉通盆地[16]。研究区位于鄂尔多斯一级构造——伊陕斜坡内（图 1），乌审旗气田、榆林气田及苏里格气田的大部分区域都在研究区的范围之内。

1.2 成岩过程

鄂尔多斯盆地上古生界成岩作用极其强烈且复杂，与储层孔隙度密切相关的成岩作用类型主要为压实作用、溶蚀作用及胶结作用，其中，压实作用和胶结作用是研究区储层致密化的主要原因[17]。

刘成林等[16]研究表明苏里格气田下石盒子组储层现今处于晚成岩 A 阶段，部分处于

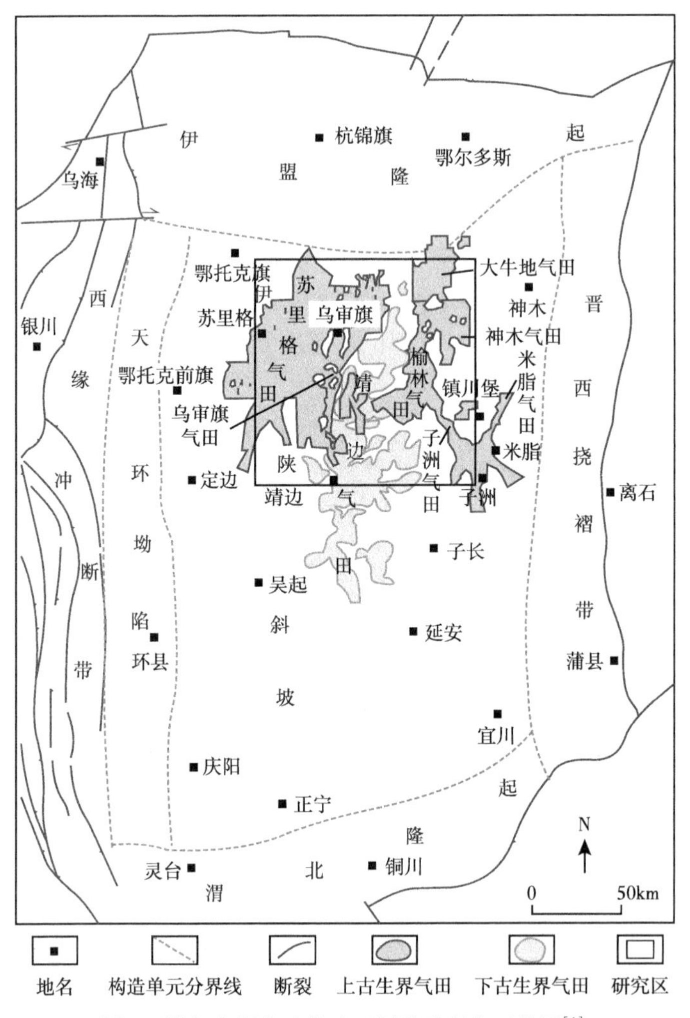

图 1　鄂尔多斯盆地构造区划分及研究区范围[1]

晚成岩 B 阶段。王雅楠等[18]以苏 14 井下石盒子组 8 段(盒 8 段)储层的成岩作用同孔隙度演化关系作为研究重点，对物性、电镜等实验结果进行分析，表明目前储层已经进入晚成岩阶段 B 期，现有的低渗透储层是各种成岩作用的共同影响，胶结作用使孔隙度损失了 23.52%。罗静兰等[19]在研究鄂尔多斯上古生界盒 8 段储层的成岩演化时，指出压实作用和胶结作用分别导致岩屑石英砂岩孔隙度减少 18.20%和 15.40%，确定导致岩屑石英砂岩孔隙度降低的主要胶结物为伊利石、伊/蒙混层及凝灰质填隙物，其中岩屑石英砂岩成岩演化序列大致为：同生成岩阶段、早成岩阶段，绿泥石薄膜生成，压实作用发生，石英次生加大；中成岩 A 期，长石类矿物发生大量溶解，自生伊利石、高岭石出现，方解石沉淀；中成岩 B 期，少量方解石生成，少量溶蚀作用。李杪等[20]采用各类薄片显微镜下的定量统计，利用扫描电镜等分析测试手段，对不同类型的砂岩成岩演化中存在的差异进行讨论，其中，确定岩屑石英砂岩由压实作用和胶结作用造成的孔隙度丧失率分别为 13.20%和 10.60%。

在不同地区，典型成岩过程(石英次生加大，伊/蒙混层向伊利石转化等)发生时间、程度略有不同，甚至缺失，但可以确定的是，长石等铝硅酸盐矿物的溶解及石英质胶结生成物、自生高岭石、自生伊利石和含铁碳酸盐生成等是储层发生致密化的重要化学作用。显然，长石矿物的溶解为黏土矿物的沉淀提供了良好的物质基础。

尤其当 CO_2 流体从底部进入储层，会同初始地层水混合，形成酸性溶液，起初方解石、绿泥石及长石类矿物发生溶解，同时长石向高岭石转化，随着溶液中硅质的增加，石英逐渐沉淀，大量铁白云石生成，后期高岭石又向伊利石转化，最终导致孔隙度降低，储层发生致密化。本文数值模拟研究的重点是储层发生致密的各种胶结作用。

2 水–岩反应数值模拟

2.1 模拟程序

本文所用的 TOUGHREACT 程序最初由许天福等[21]发布，是由 TOUGH2 引入化学反应模块发展而来，是一个用于在孔隙和裂隙介质中，有化学反应参与的非等温多相流反应溶质运移模拟程序。该程序在许多领域得到了广泛的应用，其数值模拟结果对实践有很好的指导作用，同时也能对理论进行验证。2011 年程序的开发者考虑到黏土矿物表面吸附与解吸过程的重要性，对程序功能方面进行了技术更新，对物理作用、水–岩作用过程中的表面积算法进行了优化，发布了最新的 TOUGHREACT 2.0 版本[22]。

多相流体、热流和化学运移的主要控制方程有着相同的结构，都是以质量或能量守恒作为前提，这些方程中所描述的相互作用与本文中水–岩反应关系最为密切的就是矿物溶解/沉淀导致溶质含量和矿物体积分数的改变。同时，孔隙度的改变取决于矿物含量的变化，在整个反应体系中矿物溶解带来的体积减小大于矿物沉淀造成的体积增大时，孔隙度增大，反之，孔隙度减小。

TOUGHREACT 在矿物溶解和沉淀过程中所采用的动力学速率表达式来自 Lasaga 等[23]：

$$r_m = \pm k_m A_m \left| 1-(Q_m/K_m)^{\mu} \right|^n \tag{1}$$

在式(1)中的动力学速率常数只考虑了在纯水中已经研究很充分的中性机制，而矿物的溶解和沉淀经常在 H^+ (酸性机制) 和 OH^- (碱性机制) 催化下进行。对于很多矿物，包括这 3 个机制的反应速率常数为[10]：

$$\begin{aligned} k = {} & k_{25}^{nu}\exp\left[\frac{-E_a^{nu}}{R}\left(\frac{1}{T}-\frac{1}{298.15}\right)\right] + k_{25}^{H}\exp\left[\frac{-E_a^{H}}{R}\left(\frac{1}{T}-\frac{1}{298.15}\right)\right] a_H^{n_H} \\ & + k_{25}^{OH}\exp\left[\frac{-E_a^{OH}}{R}\left(\frac{1}{298.15}\right)\right] a_{OH}^{n_{OH}} \end{aligned} \tag{2}$$

2.2 概念模型

目的储层埋深为 3400m，平均厚度为 60m（表 1）。为了更好地反映 CO_2 进入储层后的运移过程，及储层孔隙度和渗透率在空间上的分布，研究采用二维模型(图 2)。模型长度为 10km，宽度为 1m，厚度为 60m，垂向上模型均匀分为 12 层。在 10km 的水平范围内，由于气体在注入点附近反应最为强烈，故采用中间加密、两侧稀疏的剖分原则，在

0~4500m，5500~10000m，每150m为一个网格，在4500~5500m，每100m为一个网格，水平方向共70个网格。因此，数值模拟中，网格共计840个。

表1　CO_2-水-岩反应模型参数

参数	取值
含水层厚度/m	60
水平渗透率/mD	100
垂直渗透率/mD	10
孔隙度/%	15
压缩系数/Pa^{-1}	4.5×10^{-10}
岩石密度/(kg/m^3)	2600
温度/℃	100
压力/MPa	34
盐度(NaCl质量分数)	0.06
CO_2注入速率/(kg/s)	9.3×10^{-1}
液相相对渗透率	$\begin{cases}K_{r1}=\sqrt{S_0}\left[1-(1-S_0^{1/n})^n\right]^2\\S_0=(S_1-S_{lr})/(1-S_{lr})\\S_{lr}=0.30\\n=0.457\end{cases}$
气相相对渗透率	$\begin{cases}K_{rg}=(1-S_2)^2-(1-S_2^2)\\S_2=\dfrac{(S_1-S_{lr})}{(S_1-S_{lr}-S_{gr})}\\S_{gr}=0.05\end{cases}$
毛细管压力	$\begin{cases}p_c=-P_0\ (S_0{}^{-1/n}-1)^{1-n}\\S_0=(S_1-S_{lr})/(1-S_{lr})\\S_{lr}=0.03\\n=0.457\\P_0=0.01961\end{cases}$

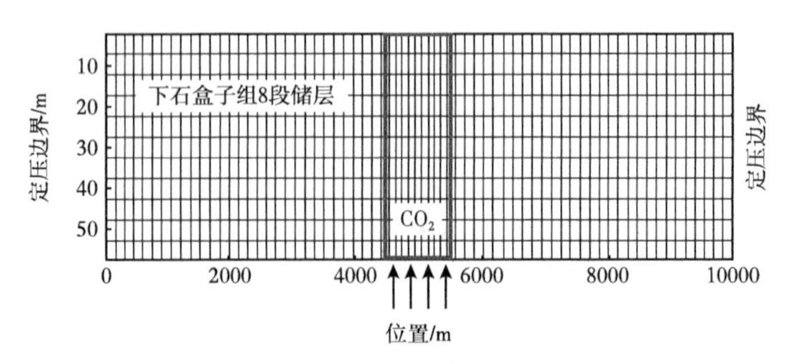

图2　二维简化概念模型

2.3 流体系统

2.3.1 初始条件

假设模型初始为均质的，各参数见表 1。据刘小洪[15]研究表明，鄂尔多斯东北部盒 8 段实测孔隙度在 0.3%~21.8%，实测渗透率在 0.001~500mD。本文模拟的初始时刻为压实作用之后，因此假定初始孔隙度为 15%，渗透率为 10mD。据刘小洪[15]的研究结果，研究区在中侏罗世末至早白垩世期间存在 2 次明显的烃类流体充注，温度分别为 80~110℃和 120~140℃，大量研究表明第 1 次的充注对储层孔隙度的改造较大，因此，本次模拟选取 100℃。结合鄂尔多斯盆地实测资料，确定模型的其他参数(表 1)。

2.3.2 边界条件

CO_2 从底部中间注入，水平方向最外层为定压边界，上下边界均为隔水边界(图 2)。

鄂尔多斯这种典型的沉积盆地油气成藏的过程中离不开烃源的充注，而对于研究区这种致密化极高的储层来说，其油气资源的形成和展布与烃源充注的范围和强度有着更为密切的联系[24]。中国大中型气田形成条件表明，大中型气田的形成都要有一个生气中心，同时要具备一定的生气强度，一般要大于 $20\times10^8m^3/km^2$[24]。赵靖舟等[25]进一步分析认为，鄂尔多斯上古生界致密砂岩气藏运移距离短，封盖作用强，可将其中大气田形成的生烃强度下限定为 $10\times10^8m^3/km^2$，因此，本文选取烃气强度为 $10\times10^8m^3/km^2$。

鄂尔多斯盆地各层天然气所含非烃类气体的类别中，含量最高且分布较为广泛的则是 CO_2，分布范围在 0~4%(平均为 0.63%)[17]。考虑到压实后进入储层的 CO_2 含量有限，因此，将烃源充注中 CO_2 含量设置为 1.89%。

在整个模型底部 4500~5500m 范围内进行充注，充注面积为 $1000m^2$，CO_2 含量为 1.89%，CO_2 密度为 $468kg/m^3$。则注入总量的计算方法为：

$$M = P \cdot A \cdot \rho_{CO_2} \cdot C_{CO_2} \tag{3}$$

根据式(3)计算可得，注入总量约为 8.8×10^6kg，因此，模型中注入总速率 9.3×10^{-4} kg/s，注入时间为 300a，总模拟时间为 10×10^4a。

2.4 化学系统设置

2.4.1 碎屑矿物

成岩序列受控于盆地大构造演化和区域成岩作用，是反演(恢复)和预测成岩过程特定组分变化的重要依据[26]。前人对鄂尔多斯东部地区石盒子组砂岩类型及基本特征进行了大量测试及分析[2,11]，本文参考李杪等[20]对盒 8 段砂岩基本特征的描述，将盒 8 段砂岩处理为以岩屑石英砂岩为主，其骨架矿物面积百分含量如图 3(a)所示，胶结物面积百分含量如图 3(b)所示。

杨斌虎[27]通过物源分析确定鄂尔多斯盆地上古生界盒 8 段沉积物源主要来自盆地北缘阴山地块出露的基底岩系。其中，早元古代晚期孔兹岩，位于阴山地块西部的 TTG(即原岩为云英闪长岩、花岗闪长岩、奥长花岗岩)片麻岩以及古老花岗岩为盒 8 碎屑岩的主要物源。

大量铝硅酸盐类矿物的溶解会致使地层水中过饱和的硅质发生沉淀，研究区目的储层

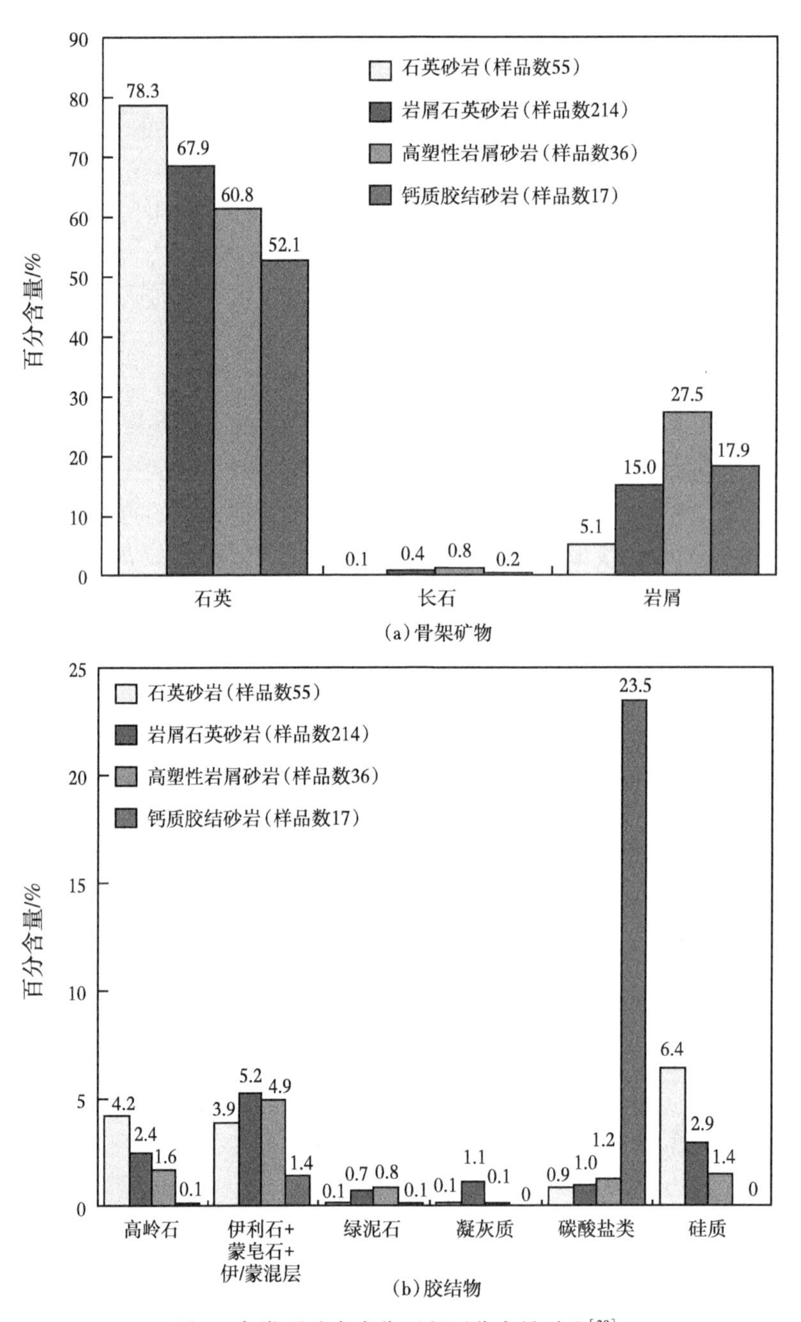

图3　各类型砂岩成分面积百分含量对比[20]

发现有石英，实测平均值为67.9%[图3(a)中岩屑石英砂岩]，由此推测基础方案中初始石英含量为50%，长石类矿物的实测值偏少，含量小于1%[图3(a)岩屑石英砂岩]，因此在恢复初始长石类矿物含量时，考虑长石向伊利石、高岭石和方解石等转化的过程，对长石含量进行补偿，由此确定基础方案中长石初始含量为28%，而初始黏土矿物的含量较低。基础模拟方案见表2。

表 2　石盒子组岩层原生矿物初始体积分数及可能产生的次生矿物(体积分数为零)

矿物名称	初始体积分数				
	基础方案	方案 1	方案 2	方案 3	方案 4
石英	0.50	0.61	0.43	0.45	0.47
钠长石	0.03	0.01	0.03	0.08	0.03
钾长石	0.09	0.06	0.09	0.14	0.09
钙长石	0.16	0.10	0.18	0.11	0.16
方解石	0.07	0.07	0.10	0.07	0.05
高岭石	0.02	0.02	0.02	0.02	0.02
伊利石	0.025	0.025	0.025	0.025	0.025
钠蒙脱石	0.01	0.01	0.01	0.01	0.01
钙蒙脱石	0.015	0.015	0.035	0.015	0.015
绿泥石	0.05	0.05	0.05	0.05	0.10
白云石	0	0	0	0	0
菱铁矿	0	0	0	0	0
片钠铝石	0	0	0	0	0
铁白云石	0	0	0	0	0
总量	0.97	0.97	0.97	0.97	0.97

以基础方案为基准，通过调整不同的矿物含量，设置 4 组对比方案(表 2)。方案 1 中减少了 3 种长石类矿物的含量；方案 2 中具有较多含量的含钙矿物，具有代表性的钙长石、方解石和钙蒙脱石，含钙矿物的总量提升了 28.6%；方案 3 和基础方案比较，具有较多的钠/钾长石，较少的钙长石；方案 4 中绿泥石的含量增加到了 0.1，是基础方案中的 2 倍。在 4 个方案中，矿物的增加或减少，通过石英的含量进行调整，保证碎屑矿物的总含量为 0.97，其余 0.03 则为不参与反应的物质。

2.4.2　水化学

地下水会对矿物进行溶滤作用，在与矿物发生物质交换的过程中会改变其离子成分的含量。前人对鄂尔多斯盆地东北部具有代表性的苏里格气田及其周围的地层水的地球化学特征及成因进行了大量研究。按照苏林分类[28]，研究区地层水为氯化钙($CaCl_2$)型水。地层水和石油、天然气存在于同一层流体系中，有着密切的成因联系[29]，非烃类气体(主要是 CO_2)的充注同样会对地层水的分布有着决定性的影响。由于存在良好的地质封闭格局，地下水在某段特定时期同外界的联系几乎被完全阻隔，油气充注后残留的地层水处于浓缩还原状态，Ca^{2+}和 Cl^-在众多化学元素中脱颖而出，脱硫酸作用使得 SO_4^{2-}含量不断减少，最终形成了现有的化学水特征。据窦伟坦[30]对苏里格地区地层水化学特征分析，得到组分见表 3。

表 3　苏里格地区盒 8 段地层水化学特征[30]

pH 值	(K^++Na^+)/mg/L	Ca^{2+}/mg/L	Mg^{2+}/mg/L	Cl^-/mg/L	SO_4^{2-}/mg/L	HCO_3^-/mg/L	总矿化度/g/L	水型
5~6/5.88	5384~9902/7401.72	5821~15295/10406.46	38~612/279.59	19080~42239/30289.15	0~594/213.31	76.9~464/249.61	31.21~68.3/48.51	$CaCl_2$ 型水

注："/" 后为平均值。

据表 3 推算反应前化学水组分，同时根据不同方案中矿物含量的设定（表 2），选取 1.0mol/L 的 NaCl 进行平衡，得到模型中初始水化学组分见表 4，pH 值为 6.88。

表 4　石盒子组储层初始水化学组分

化学组分	质量浓度/(mol/kg)	化学组分	质量浓度/(mol/kg)
K^{+}	1.577×10^{-4}	Al^{3+}	6.490×10^{-6}
Na^{+}	1.950×10^{-2}	SO_4^{2-}	7.651×10^{-11}
Ca^{2+}	9.270×10^{-1}	HCO_3^{-}	9.149×10^{-3}
Mg^{2+}	2.170×10^{-14}	Cl^{-}	9.997×10^{-1}
Fe^{2+}	3.015×10^{-3}	SiO_2（溶液）	1.378×10^{-3}

2.5　反应动力学参数

模拟选用 TOUGHREACT 的 ECO2N 模块，方解石一般反应速率相对较快，易达到平衡，采用平衡控制，其他矿物采用动力学控制，反应速率受中性、酸性和碱性 3 个机制共同控制，用于计算矿物动力学速率常数的参数见表 5，均摘自 Xu 等[10,22,31]，各个矿物反应速率常数计算方法见式(2)。

表 5　用于计算矿物动力学速率常数的参数[10,22,31]

矿物	比表面积/cm^2/g	矿物反应动力学速率的计算参数							
		中性机理		酸性机理			碱性机理		
		k_{25}/mol/($m^2\cdot s$)	E_a/kJ/mol	k_{25}/mol/($m^2\cdot s$)	E_a/kJ/mol	n_H	k_{25}/mol/($m^2\cdot s$)	E_a/kJ/mol	n_{OH}
石英	9.8	1.023×10^{-14}	87.7						
钠长石	9.8	2.754×10^{-13}	69.8	6.918×10^{-11}	65.0	0.457	2.512×10^{-16}	71.0	−0.572
钙长石	9.8	7.586×10^{-13}	17.8	3.162×10^{-4}	16.6	1.411			
钾长石	9.8	3.890×10^{-13}	38.0	8.710×10^{-11}	51.7	0.50	6.310×10^{-22}	94.1	−0.823
方解石	9.8	平衡控制							
绿泥石	9.8	3.020×10^{-13}	88.0	7.762×10^{-12}	88.0	0.50			
白云石	9.8	2.951×10^{-8}	52.2	6.457×10^{-4}	36.1	0.5			
铁白云石	9.8	1.260×10^{-9}	62.76	6.457×10^{-4}	36.1	0.5			
片钠铝石	9.8	1.260×10^{-9}	62.76	6.457×10^{-4}	36.1	0.5			
高岭石	151.6	6.918×10^{-14}	22.2	4.898×10^{-12}	65.9	0.777	8.913×10^{-18}	17.9	−0.472
钠蒙脱石	151.6	1.660×10^{-13}	35.0	1.047×10^{-11}	23.6	0.34	3.020×10^{-17}	58.9	−0.4
钙蒙脱石	151.6	1.660×10^{-13}	35.0	1.047×10^{-11}	23.6	0.34	3.020×10^{-17}	58.9	−0.4
伊利石	151.6	1.660×10^{-13}	35.0	1.047×10^{-11}	23.6	0.34	3.020×10^{-17}	58.9	−0.4

3　结果分析及讨论

3.1　模拟结果

3.1.1　地层水 pH 值及离子浓度(基础方案)

如图 4 所示，注入储层的 CO_2 气体在浮力的作用下向盖层顶部聚集，同时侧向扩散，并逐渐溶于水中，产生碳酸，发生不稳定分解：

$$CO_2(aq)+H_2O \rightarrow H_2CO_3 \tag{4}$$

$$H_2CO_3 \rightarrow H^+ + HCO_3^- \tag{5}$$

$$HCO_3^- \rightarrow H^+ + CO_3^{2-} \tag{6}$$

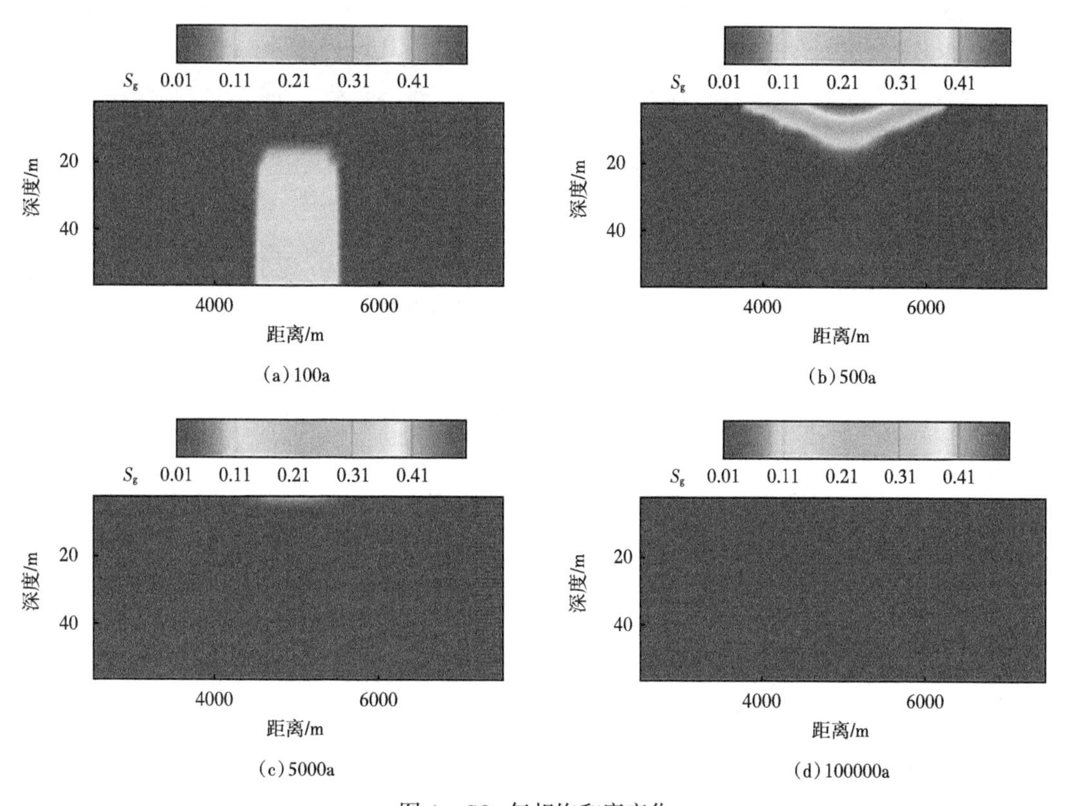

图 4　CO_2 气相饱和度变化

溶解在地层水中的 CO_3^{2-}、HCO_3^- 和 H^+ 会积极地参与到水-岩反应中，最终导致气态 CO_2 的含量不断减少，在 5000a 时仅在距离顶板约 5m 的区域内有少量的气体 CO_2[图 4(c)]，此时 CO_2 气体饱和度约为 0.106。地层水的 pH 值会随 CO_2 的溶解程度、各类水-岩反应进行的程度等而发生改变。不同时刻地层水的 pH 值变化分布如图 5 所示，在水平方向 4500~5500m 范围内，500a 时最低降低到约 4.29[图 5(b)]，随着反应不断进行，长石等易溶矿物与酸性水接触并发生溶蚀，被释放到地层水中的离子同碳酸根离子结合，生成沉淀，在水平方向 4800~5200m 范围内，pH 值最大回升至约 5.89 [图 5(d)]。

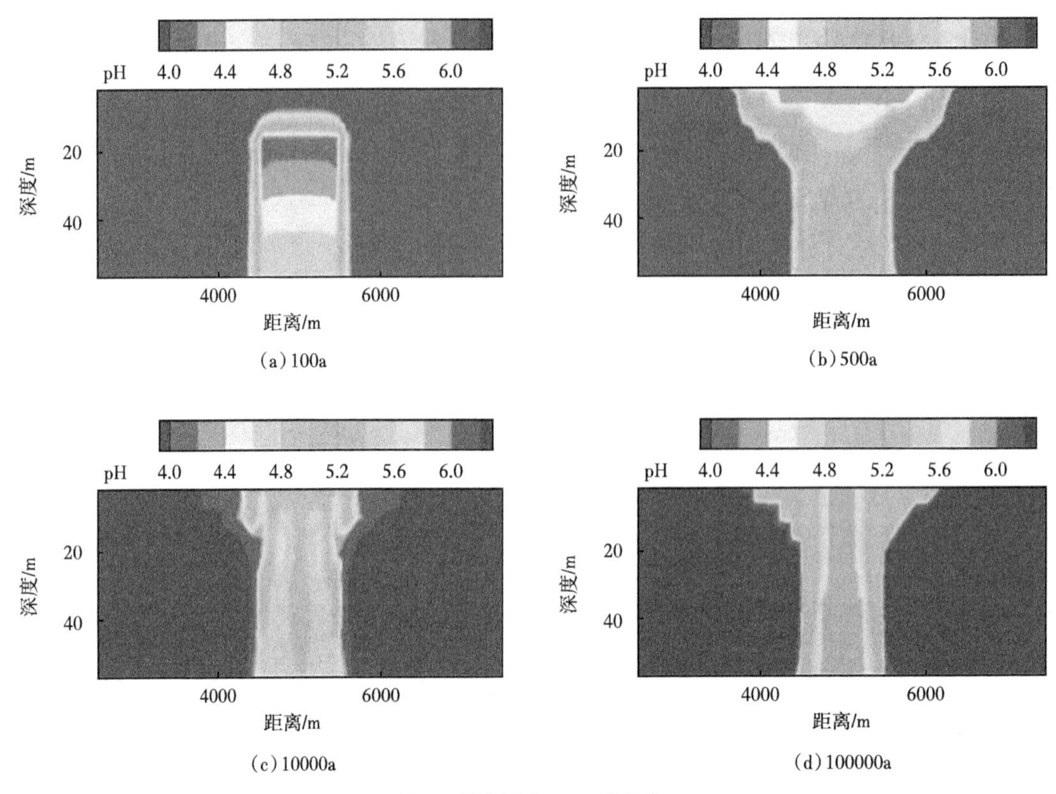

(a) 100a　(b) 500a　(c) 10000a　(d) 100000a

图 5　地层水的 pH 值变化

图 6 模拟了 10×10^{4}a 时地层水中典型离子浓度分布。Ca^{2+}浓度主要受钙长石、方解石的影响，CO_2 酸性水会溶解钙长石，大量 Ca^{2+} 进入地层水中，并与 CO_3^{2-}结合生成大量碳酸钙沉淀，导致强烈反应区中 Ca^{2+}浓度最低约为 0.002mol/L[图 6(a)]，其小于初始值。K^+浓度主要受钾长石溶解及生成伊利石沉淀 2 个过程影响，若溶解量大于沉淀量则过多的 K^+会留存在地层水中，反之，钾离子则会以伊利石的形式沉淀。Na^+的浓度主要受钠长石溶解、沉淀及生成片钠铝石沉淀过程的影响，模拟 10×10^{4}a 时，Na^+的浓度最大约为 1.85mol/L，越靠近反应区边缘 Na^+浓度越小，说明在反应区中心区域[图 6(c)]，钠长石遇 CO_2 酸性水溶解产生的 Na^+浓度要大于钠长石化及生成片钠铝石沉淀过程所消耗的 Na^+浓度。HCO_3^-来源于地层水中碳酸的第一步解离[式(5)]。随着 CO_2 不断充注，地层水中溶有 HCO_3^-浓度不断增多，停注后，方解石及铁白云石等矿物的沉淀消耗了 HCO_3^-，使得反应区内 HCO_3^-含量有所减少，最终反应区内剩余 HCO_3^-最大浓度约为 0.28 mol/L。

3.1.2　矿物变化

图 7 为典型矿物体积分数随时间变化，其可以定量表示 CO_2 参与条件下的成岩过程中的矿物转化。酸性条件下，矿物发生一系列化学反应。基本模型中，钙长石和钾长石 10×10^{4}a 时的最大溶解量分别约为 13.6%和 7.65%，钙长石的溶解促进了方解石和高岭石的沉淀，10×10^{4}a 时方解石和高岭石的最大沉淀量分别约为 6.81%和 13.8%。通过对比各个时间钾长石的溶解范围和伊利石的沉淀范围(见图 7 中钾长石，伊利石)，推断钾长石的溶解促进了伊利石的沉淀。10×10^{4}a 时，钾长石的最大溶解量约为 7.65%，伊利石的最大沉淀量约为 16.8%。10×10^{4}a 时，绿泥石最大溶解量约为 4.25%，提供了大量的 Fe^{2+}及 Mg^{2+}

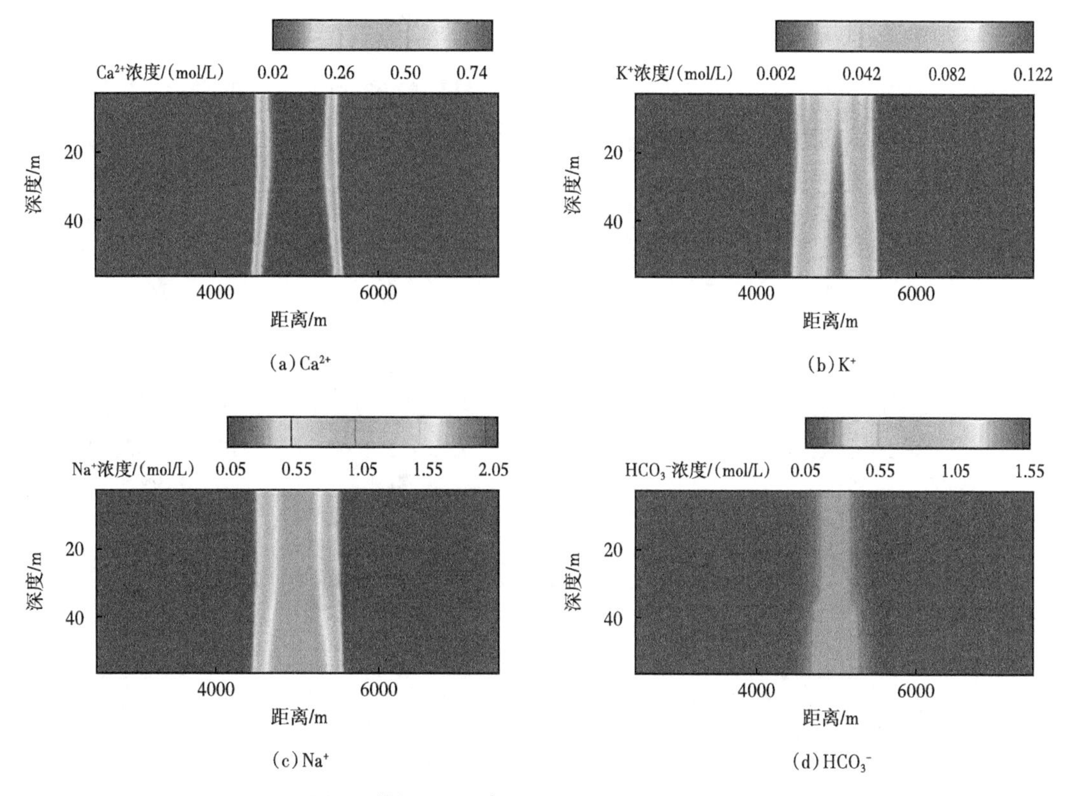

(a) Ca^{2+}　(b) K^+　(c) Na^+　(d) HCO_3^-

图 6　模拟 10×10^4a 时地层水中不同离子浓度

离子，为铁白云石的沉淀提供了物质基础，铁白云石最大沉淀量约为 5.97%。

上述成岩过程所涉及的反应方程为：

$$长石类矿物+H_2O+H^+\rightarrow（K^+，Na^+，Ca^{2+}）+SiO_2+高岭石 \tag{7}$$

$$高岭石+K^+\rightarrow伊利石+H_2O+H^+ \tag{8}$$

$$蒙皂石+K^++Al^{3+}\rightarrow伊利石+Na^++Ca^{2+}+Fe^{3+}+Mg^{2+}+Si^{4+} \tag{9}$$

3.2　不同方案对比分析与讨论

4 种方案均根据基础方案各个矿物的含量对不同类矿物（如长石类矿物、含钙矿物等）的含量进行了调整（增多或减少），因此，分别代表了储层中不同典型的碎屑矿物组合，从而引发各组方案中差异化的水-岩反应（图 8），最终导致形成了不同的孔隙度分布。

3.2.1　方案 1（长石类矿物含量低）

方案 1 中钙长石、钠长石和钾长石的含量分别为 0.10、0.01、0.06，是 4 种方案中铝硅酸盐矿物总含量最低的组合，钙长石溶解总量的减少导致了高岭石和方解石沉淀量最低，最大沉淀量分别约为 7.79%和 2.99%（图 8 方案 1 高岭石、方解石）；伊利石也随溶液中溶有的 K^+浓度减少而减少，可以验证，铝硅酸盐矿物的溶解能够为次生矿物的沉淀提供物质基础。钙长石、钠长石、钾长石三者含量的减少不利于次生黏土矿物及碳酸盐的沉淀。

3.2.2　方案 2（含钙矿物含量高）

方案 2 中钙长石、钙蒙脱石和方解石的含量是所有方案中最多的，分别为 0.18、

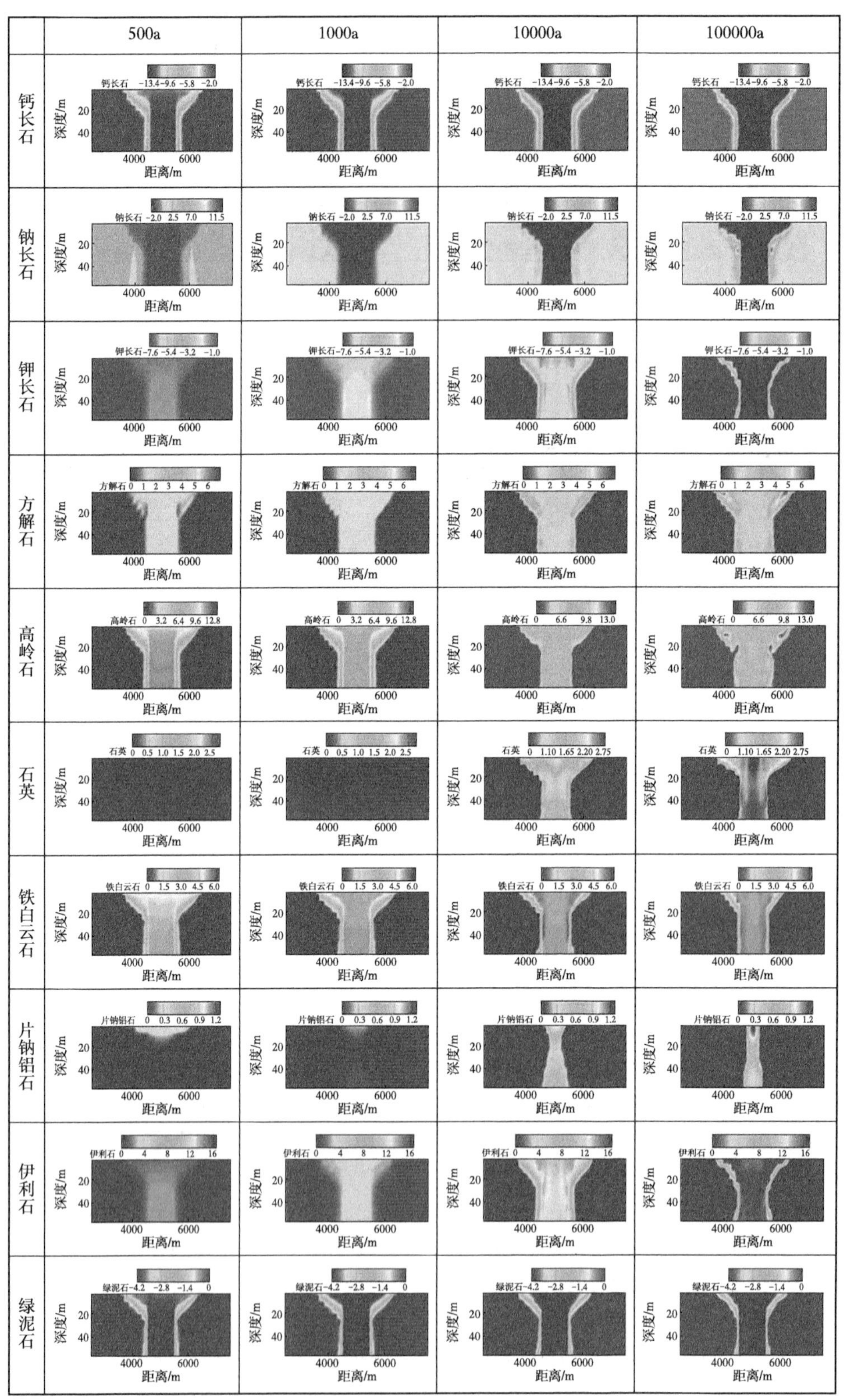

图 7　典型矿物体积分数变化分布

（负值代表溶解，正值代表沉淀）

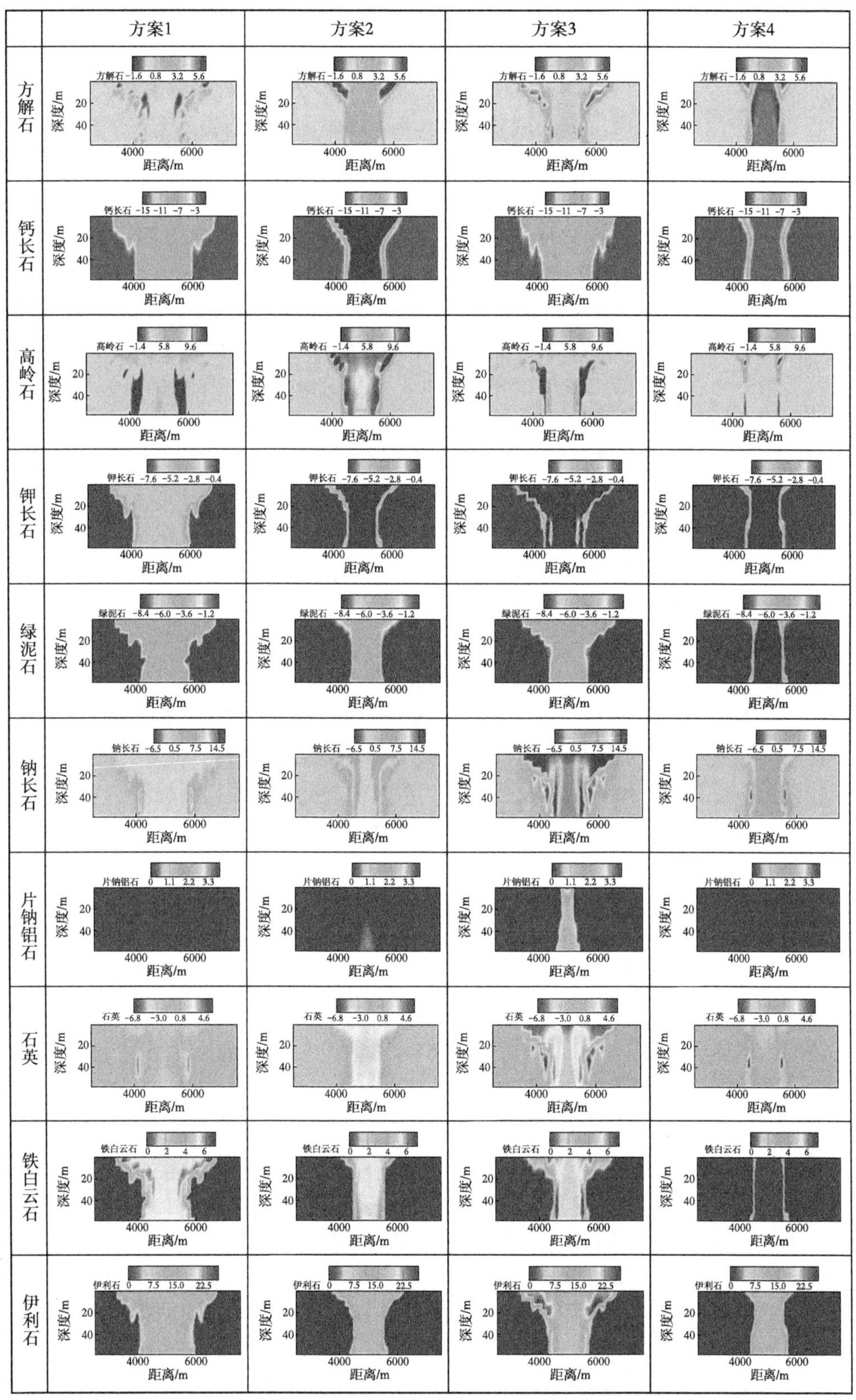

图 8 不同方案模拟 10×10^4a 时典型矿物体积分数变化分布

（负值代表溶解，正值代表沉淀）

0.035、0.10，三者之和占碎屑矿物总量的32.5%。含钙矿物比基础方案中多了28.6%，其中钙长石最大溶解量约为15.3%(图8方案2钙长石)，是4组方案中最大的；高岭石和方解石的最大沉淀量分别约为18.6%和7.1%(图8方案2高岭石、方解石)，尤其在距离储层顶板20m范围内，二者沉淀区域分布及其相似基本同钙长石强烈溶解的区域吻合。

3.2.3 方案3(钠、钾长石总含量高)

方案3中钠长石、钾长石的含量是所有方案中最多的，分别为0.08和0.14。钠长石的溶解促进了片钠铝石的沉淀，片钠铝石最大沉淀量可达约3.88%(图8方案3片钠铝石)。方案3中钠长石的最大溶解量约为6.8%，溶液中溶解有大量的Na^+离子，因此出现局部的钠长石化(最大沉淀量约为17.1%，见图8方案3钠长石)，使局部孔隙度降低。

同时由于钙长石含量的减少，更多的H^+会溶解钾长石和钠长石，伊利石和片钠铝石的最大沉淀量分别达到约27.2%和3.88%(图8方案3伊利石、片钠铝石)。伊利石取代高岭石成为铝硅酸盐矿物溶解的主要产物。

3.2.4 方案4(绿泥石含量高)

方案4中，由于绿泥石初始含量为0.1，在4组方案中最高，因此该方案中绿泥石的溶解量是所有方案中最高的，达8.5%(图8方案4绿泥石)。同时模拟结果中，铁白云石的沉淀量达到最大，沉淀量最大约为7%(图8方案4铁白云石)。原因是绿泥石中所含的Fe^{2+}和Mg^{2+}为铁白云石的沉淀起了决定性的作用。

3.2.5 差异性对比

对比方案2和方案3，方案2中钙长石的大量溶解能够引起高岭石的显著沉淀且石英沉淀量较少(最大沉淀量约为3.09%，图8方案2石英)，但方案3中钠、钾长石大量溶解没能使得高岭石发生广泛沉淀，反而石英的最大沉淀量约为5.77%(图8方案3石英)。因此推断，钙长石遇到CO_2酸性流体发生溶解，溶液中的硅质主要向高岭石转化，小部分向石英转化；在对照方案3中钠、钾长石的溶解范围和石英的沉淀范围，推断钠、钾长石的溶解能够促进石英的形成，且影响强度大于钙长石。

简单概括为，当钠长石、钾长石、钙长石三者初始总含量为0.3，钙长石总量同钠、钾长石总量相对比值为3∶2，有CO_2参与时发生的水—岩反应中，钙长石的溶解对高岭石的沉淀起到决定性的作用；当钠长石、钾长石、钙长石三者初始总量为0.33，钠、钾长石总量同钙长石总量相对比值为2∶1，有CO_2参与时发生的水—岩反应中，钠、钾长石的含量对石英的生成最为重要。

3.3 不同方案孔隙度对比分析

不同矿物的溶解沉淀过程中体积净增量导致孔隙度变化，10×10^4a时不同方案孔隙度的空间分布如图9所示。从图9中可以看出，基础方案的孔隙度最低下降至约9.9%[图9(e)]。方案1中3类长石溶解总量降低，导致次生矿物沉淀量减少，孔隙度最低可降至约11.6%[图9(a)]。方案2的最低孔隙度可达约9.0%，与初始孔隙度15%相比，下降幅度约为40%，是所有方案中下降幅度最大的，可见在初始矿物碎屑组成中较高含量的含钙矿物对于储层的致密化有重要意义。方案3较多的钠、钾长石发生溶解转化为片钠铝石及伊利石，使得孔隙度最低下降到约10.3%[图9(c)]。方案4中绿泥石大量的溶解明显促进了铁白云石的生成，孔隙度最低降到约10.7%[图9(d)]。可见含铁碳酸盐在孔隙中的填充为储层致密化做出了贡献。

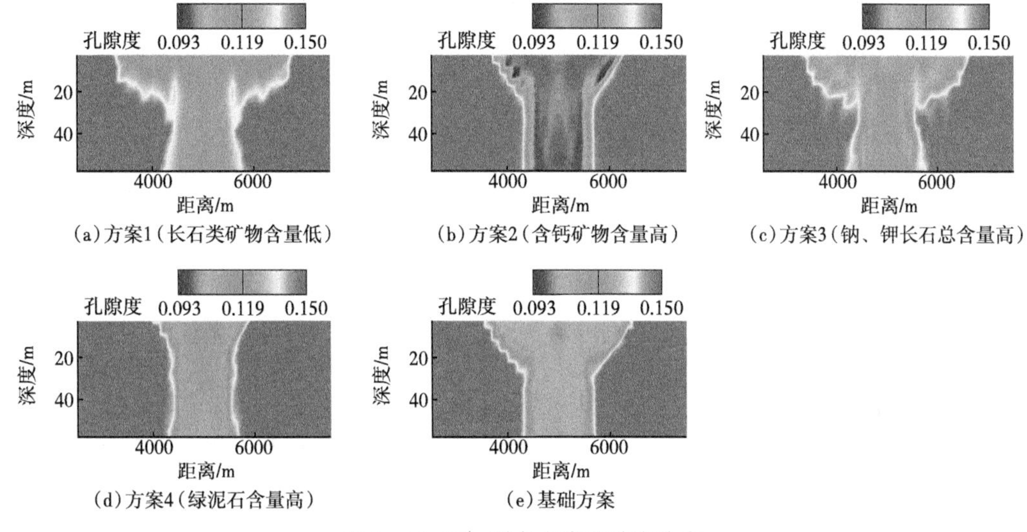

图9 10×10^4a 时各方案孔隙度分布

4 结论

(1)当碎屑矿物中钙长石总量同钠、钾长石总量相对比值为3∶2时，初始钙长石的含量对高岭石的沉淀最为重要，当钙长石同钠、钾长石总量相对比值为1∶2，钠、钾长石的含量对石英的生成最为重要。

(2)绿泥石在酸性流体 CO_2(气态)侵入条件下极易发生溶蚀，且能为次生矿物铁白云石的沉淀提供物质基础(Fe^{2+}和 Mg^{2+})，从而促进储层致密化进程。当绿泥石初始含量达0.1时，铁白云石最大沉淀量约为7%，孔隙度最低降低到约10.7%，降幅为28.7%。

(3)当初始碎屑矿物中含钙矿物含量为0.315时，孔隙度最低降到9.0%，其与初始值15%相比，下降幅度可达40%。因此，碎屑矿物中的含钙矿物对于储层的致密化有重要意义。

(4)数值模拟中虽对不同碎屑矿物参与下的水-岩反应进行了敏感性分析，但不能确定研究区地质历史时期真正的储层致密化类型是哪类(或确定具体哪种典型的碎屑矿物组合类型)，目前只能通过数值模拟结果分析，指出 CO_2-水-岩作用过程中含钙矿物含量的增加有利于储层致密化等。

符号注释

r_m——矿物反应速率，正号代表沉淀，负号代表溶解，mol/(s·kg·H_2O)；

m——不同矿物类型；

A_m——矿物的反应比表面积，m^2/(kg·H_2O)；

k_m——反应速率常数，mol/(m^2·s)；

K_m——每1mol矿物 m 分解的矿物-水反应的反应平衡常数；

Q_m——离子活度积；

μ、n——由实验测得(通常情况下取值为1)。

nu、H 和 OH——中性、酸性和碱性机制；

k_{25}——25℃时反应速率常数；

n_H 和 n_{OH}——指数常量；

R——气体常数，kJ/(mol·K)；
T——绝对温度，K；
E_a——活化能，kJ/mol；
a——组分的活度；
S_{lr}——残余水饱和度；
S_{gr}——残余气体饱和度；
P_0——强度系数，MPa；
K_{rl}——相对渗透率(液相)；
S_0——中间变量；
n——指数，$n=0.457$；
S_l——液体饱和度；
K_{rg}——相对渗透率(气相)；
S_2——中间变量；
p_c——毛细管压力；
M——注入总量，kg；
P——烃气强度，m^3/km^2；
A——产气面积，m^2；
ρ_{CO_2}——CO_2 密度，kg/m^3；
C_{CO_2}——CO_2 含量。

参考文献

[1] 杨华，付金华，刘新社，等. 鄂尔多斯盆地上古生界致密气成藏条件与勘探开发 [J]. 石油勘探与开发，2012，39(3)：295-303.
[2] 武文慧. 鄂尔多斯盆地上古生界储层砂岩特征及成岩作用研究 [D]. 成都：成都理工大学，2011.
[3] 曹青. 鄂尔多斯盆地东部上古生界致密储层成岩作用特征及其与天然气成藏耦合关系 [D]. 西安：西北大学，2013.
[4] 李仲东，张哨楠，李良，等. 鄂尔多斯盆地上古生界压力演化及成藏过程分析 [J]. 中国科技论文在线，2008，3(11)：841-848.
[5] 黎菁，杨勇，王少飞，等. 苏里格气田东区致密砂岩储层物性下限值的确定 [J]. 特种油气藏，2011，18(6)：52-56.
[6] 毕明威，陈世悦，周兆华，等. 鄂尔多斯盆地苏里格气田苏 6 区块二叠系下石盒子组 8 段砂岩储层致密成因模式 [J]. 地质论评，2015，61(3)：599-613.
[7] 朱东亚，张殿伟，张荣强，等. 中国南方地区灯影组白云岩储层流体溶蚀改造机制 [J]. 石油学报，2015，36(10)：1188-1198.
[8] 张荣虎，杨海军，王俊鹏，等. 库车坳陷超深层低孔致密砂岩储层形成机制与油气勘探意 [J]. 石油学报，2014，35(6)：1057-1069.
[9] 李忠，陈景山，关平. 含油气盆地成岩作用的科学问题及研究前沿 [J]. 岩石学报，2006，22(8)，2113-2122.
[10] 许天福，金光荣，岳高凡，等. 地下多组分反应溶质运移数值模拟：地质资源和环境研究的新方法 [J]. 吉林大学学报(地球科学版)，2012，42(5)：1410-1425.
[11] SANFORD W E, KONIKOW L F. Simulation of calcite dissolution and porosity changes in saltwater mixing zones in coastal aquifers [J]. Water Resources Research, 1989, 25(4): 655-667.

[12] WHITAKER F F, XIAO Yitian. Reactive transport modeling of early burial dolomitization of carbonate platforms by geothermal convection [J]. AAPG bulletin, 2010, 94(6): 889-917.

[13] JONES G D, XIAO Yitian. Geothermal convection in the Tengiz carbonate platform, Kazakhstan: reactive transport models of diagenesis and reservoir quality [J]. AAPG Bulletin, 2006, 90(8): 1251-1272.

[14] 何东博，应凤祥，郑浚茂，等．碎屑岩成岩作用数值模拟及其应用 [J]. 石油勘探与开发，2004，31(6)，66-68.

[15] 刘小洪．鄂尔多斯盆地上古生界砂岩储层的成岩作用研究与孔隙成岩演化分析 [D]. 西安：西北大学，2008.

[16] 刘成林，朱筱敏，曾庆猛．苏里格气田储层成岩序列与孔隙演化 [J]. 天然气工业，2005，25(11): 1-3.

[17] 刘新社．鄂尔多斯盆地东部上古生界岩性气藏形成机理 [D]. 西安：西北大学，2008.

[18] 王雅楠，李达，齐银，等．苏里格气田苏 14 井区盒 8 段储层成岩作用与孔隙演化 [J]. 断块油气田，2011，18(3): 297-300.

[19] 罗静兰，刘新社，付晓燕，等．岩石学组成及其成岩演化过程对致密砂岩储集质量与产能的影响：以鄂尔多斯盆地上古生界盒 8 天然气储层为例 [J]. 地球科学(中国地质大学学报)，2014，39(5): 537-545.

[20] 李杪，罗静兰，赵会涛，等．不同岩性的成岩演化对致密砂岩储层储集性能的影响：以鄂尔多斯盆地东部上古生界盒 8 段天然气储层为例 [J]. 西北大学学报(自然科学版)，2015，45(1): 97-106.

[21] XU Tianfu, SONNENTHAL E, SPYCHER N, et al. TOUGHREACT - a simulation program for non - isothermal multiphase reative geochemical transport in variably saturated geologic media: applications to geothermal injectivity and CO_2 geological sequestration [J]. Computers & Geosciendces, 2006, 32(2): 145-165.

[22] XU Tianfu, SPYCHER N, SONNENTHAL E L, et al. TOUGHREACT Version 2.0: a simulator for subsurface reactive transport under non - isothermal multiphase flow conditions [J]. Computers & Geosciences, 2011, 37(6): 763-774.

[23] LASAGA A C. Chemical kinetics of water-rock interactions [J]. Journal of Geophysical Research: Solid Earth, 1984, 89(B6): 4009-4025.

[24] 石宝衍，戚厚发，戴金星，等．加速天然气勘探步伐 努力寻找大中型气田 [C]//天然气地质研究论文集．北京：石油工业出版社，1989：1-7.

[25] 赵靖舟，付金华，姚泾利，等．鄂尔多斯盆地准连续型致密砂岩大气田成藏模式 [J]. 石油学报，2012，33(增刊 1): 37-52.

[26] 孙凤华，陈祥，王振平．泌阳凹陷安棚深层系成岩作用与成岩阶段划分 [J]. 西安石油大学学报(自然科学版)，2004，19(1): 24-27.

[27] 杨斌虎，鄂尔多斯盆地上古生界盒 8、山 1 段物源与沉积相及其对优质天然气储层的影响 [D]. 西安：西北大学，2009.

[28] 张厚福，方朝亮，高先志，等．石油地质学 [M]. 北京：石油工业出版社，2008：27-31.

[29] 梁积伟，李荣西，陈玉良．鄂尔多斯盆地苏里格气田西部盒 8 段地层水地球化学特征及成因 [J]. 石油与天然气地质，2013，34(5): 625-630.

[30] 窦伟坦，刘新社，王涛．鄂尔多斯盆地苏里格气田地层水成因及气水分布规律 [J]. 石油学报，2010，31(5): 767-773.

[31] XU Tianfu, APPS J A, PRUESS K, et al. Numerical modeling of injection and mineral trapping of CO_2 with H_2S and SO_2 in a sandstone formation [J]. Chemical Geology, 2007, 242(3/4): 319-346.

（编辑：王培玺）

第五篇　二氧化碳捕集、驱油与埋存发展规划

吉林油田 CO_2 捕集技术研究与实践

孙博尧　李明卓　杜忠磊

（中国石油吉林油田公司）

摘要：在 CO_2 驱油与埋存实践中，为了实现含 CO_2 伴生气循环利用及 CO_2 零排放，吉林油田现场应用了多种 CO_2 捕集技术。本文根据现场各类气源，对比评价国内外 CO_2 捕集脱碳工艺，优选适用于吉林油田的 CO_2 捕集技术，满足油藏开发需求，实现 CCUS-EOR 闭环运行。

关键词：CO_2 捕集；天然气脱碳；对比评价

CO_2 捕集技术发展主要经历五个阶段，20 世纪 40—50 年代以物理溶剂吸收工艺为主，20 世纪 50—60 年代以热钾碱法和醇胺法为主要脱除工艺，20 世纪 70 年代初热钾碱法广泛应用于合成氨工业，20 世纪 80 年代初选择性的 MDEA 等脱碳溶剂逐渐进入工业应用，低温分离、膜分离技术和变压吸附技术也随之发展起来，20 世纪 90 年代初基于 MDEA 的配方型溶剂或混合胺工艺成为主要脱碳的技术，为适应现场生产的需要，根据 CO_2 不同含量，采取不同的脱碳方式，同时形成多种技术的联合方法，包括膜加变压吸附技术，低温分离加混合醇胺法等。

1　国外脱碳技术

美国、加拿大工业化分离 CO_2 以醇胺法为主，用于低 CO_2 浓度情况。膜分离技术用于高 CO_2 浓度粗分离，印度尼西亚膜加胺混合脱碳工艺、墨西哥的变压吸附等，可将 70% CO_2 含量天然气处理到 5%以下，深度脱除 CO_2 工艺新的发展是以 MDEA 溶剂为基础开发出配方型溶剂。2021 年，沃巴什谷资源有限责任公司（Wabash Valley Resources LLC）在其位于美国印第安纳州西特雷霍特（West Terre Haute）的气化厂改建项目中采用霍尼韦尔 UOP 工艺包，每年将捕集和封存 165×10^4t 二氧化碳并生产清洁氢能。该项目成为美国迄今为止最大的碳封存项目之一。

2　国内脱碳技术

国内 CO_2 分离方法很多，工业上使用比较普遍的是低温甲醇法、改良热钾碱法、分子筛法、膜分离法、变压吸附法等脱碳工艺，而用于天然气工业的主要是甲基二乙醇胺法（MDEA 法），一般采用活化 MDEA 技术，例如中国海油东方气田和吉林长岭气田含 CO_2 天然气脱碳均采用活化 MDEA 法。

目前脱碳技术已较为成熟，完全能满足工业生产需要。脱碳工艺的选择取决于诸多因素，既要考虑工艺方法本身的特点，还需从整个处理流程安排，并结合原料路线、加工方法和工艺、副产 CO_2 的用途等多方面进行综合考虑。

CO_2 存在于各种混合气体中，根据来源、组成以及 CO_2 的用途不同，选择用于 CO_2 脱除或回收的工艺方法也不相同。通常情况下，CO_2 脱除或回收主要应用于以下两种情形。

一类是将 CO_2 作为一种无用或有害的成分进行脱除，如在天然气、合成氨和制氢等工艺过程气中捕集 CO_2，以使气体组成能满足使用、管输及后续工艺要求，这类工艺应用占绝大多数。

另一类则是将 CO_2 作为一种重要碳原料和具有较高利用价值的产品加以回收，如从天然气、工业副产气、烟道气、窑炉气等混合气体中捕集 CO_2，以便进一步加工和利用。

随着吉林油田 CO_2 气的突破，伴生气中将含有大量的 CO_2 气体，当气油比及 CO_2 含量上升时，伴生气中的 CO_2 含量在 5%~90%，压力一般在 0.1~0.3MPa，无法直接作为燃料，更不能直接排入大气，需将其埋存。

3 吉林油田 CO_2 捕集脱碳技术

在吉林油气田开发过程中，存在四类含 CO_2 天然气。

第一类天然气，以长深 4 井为代表，CO_2 含量最高达 97%~98%，仅含少量 CH_4 和 N_2，基本上不含 H_2S。因此不需要进行脱碳或者脱烃处理，只需经简单的预处理后即可用于回注驱油[1]。

第二类天然气，以长岭气田登娄库为代表，甲烷含量为 92.68%，CO_2 含量小于 3%，基本不含重烃组分（C_{2+}含量<2%），因此不需要进行脱碳处理，只需进行水露点控制后即可作为商品天然气外输。

第三类天然气，以长岭气田营城组火山岩气层气为代表，甲烷含量为 60%~70%，CO_2 含量达到 27%（平均），因此必须经脱碳处理和水露点控制后才能作为商品天然气外输。

第四类是油田伴生气，以注 CO_2 三次采油（EOR）后随原油采出的伴生气为代表，伴生气中 CO_2 含量不仅相当高，且在很大范围内波动（0~90%）。同时，原料气的组成复杂，C_{2+}组分的含量较高，故处理工艺比较复杂。

对于上述不同 CO_2 含量的四类天然气，第三类和第四类必须进行脱碳处理，即需要在全面分析评价现有脱碳工艺技术的基础上，针对这两类天然气，筛选和研究出合适的脱碳工艺方法。

3.1 活化 MDEA 工艺

MDEA（N-甲基二乙醇胺），分子式为 $C_3H_{13}NO_2$，具有弱碱性，在吸收 CO_2 气体后形成不稳定的化合物，具有较为容易解吸等特点，因此可以采取降低压力使其发生闪蒸的方式进行溶液的再生，但是存在吸收 CO_2 速率低的缺点[3]。醇胺法中脱 CO_2 常用活化 MDEA 工艺[5]。

原料气经过滤分离，自下部进入脱碳吸收塔与自上而下的贫胺液逆流接触，大部分 CO_2 被脱除，外输湿净化气中 CO_2 含量小于 3%。吸收塔底出来的富胺液经闪蒸、换热后，进入再生塔上部，富胺液自上而下流动，经自下而上的蒸汽汽提，解吸出 CO_2 气体，送至下游回收利用。再生塔底出来的贫胺液经换热、冷却后，由溶液循环泵送至脱碳吸收塔，完成溶液的循环。

3.2 膜+醇胺法工艺

膜分离过程是利用各气体组分在高分子聚合物中的溶解、扩散速率不同，在膜两侧分压差的作用下导致其渗透通过(纤维)膜(壁)的速率不同而实现分离的过程。推动力(膜两侧相应组分的分压差)、膜面积及膜的选择分离性，构成了膜分离的三要素。依照气体渗透通过膜的(相对)速率快慢，可把气体分成“快气”和“慢气”。常见气体中，H_2O、H2、He、H_2S、CO_2 等称为“快气”；而称为“慢气”的则有 CH_4 及其他烃类、N_2、CO、Ar 等。膜分离采用的膜单元结构主要分为中空纤维型和螺旋卷型两大类。

原料气经过滤分离，进入换热器加热，预处理后的原料气进入膜分离系统，渗余气侧得到浓缩烃类，直接送到用户指定的地方；低压侧的渗透气富含 CO_2，进入醇胺法脱碳装置(图 1)。

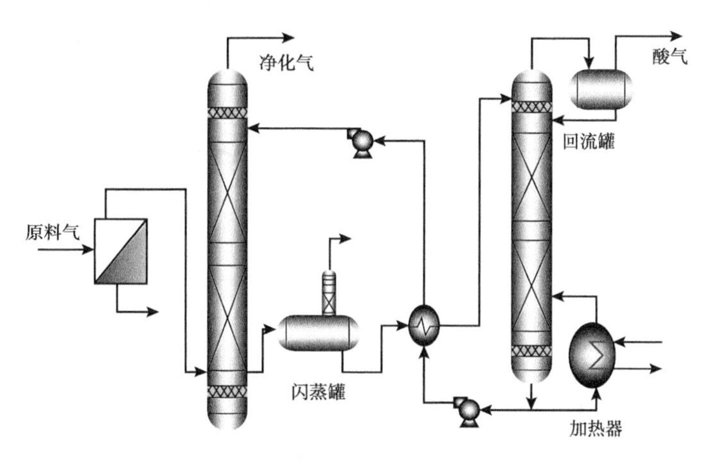

图 1　膜+醇胺法工艺流程

富含 CO_2 渗透气进入醇胺法脱碳装置，自下部进入脱碳吸收塔与自上而下的贫胺液逆流接触，渗透气中几乎全部 CO_2 被脱除。净化气送至下游的脱水装置处理，控制其水露点。吸收塔底出来的富胺液，经闪蒸、换热，进入再生塔上部，富胺液自上而下流动，经自下而上的蒸汽汽提，解吸出 CO_2 含量 98%以上的 CO_2 产品气。

3.3　低温分离工艺

低温分离是利用原料气中各组分相对挥发度的差异，通过冷冻制冷，在低温下将气体中各组分按工艺要求冷凝下来，然后用蒸馏法将其中各类物质依照蒸发温度的不同逐一加以分离。

根据不同工况条件，低温分离法有多种流程安排，还可以在冷凝液加入添加剂以改善分离效果，目前应用较多的工艺是美国 Koch Process Systems 公司开发的 Rayn-Holmes 工艺。典型四塔流程(图 2)：原料气经加压、脱水后，进入乙烷回收塔，从塔顶出来的含 CO_2 气体经加压、冷却后进入 CO_2 回收塔。该塔不采用添加剂，塔底得到的 CO_2 中不含甲烷，用泵加压后直接进行回注。从 CO_2 回收塔顶出来的甲烷气体中含 $CO_2$15%~30%，进入脱甲烷塔，但其 CO_2 的含量要低得多，加入循环添加剂，则从塔顶得到产品气。乙烷回收塔的塔底物进入添加剂回收塔，分馏成轻质 NGL 和重质 NGL。C_2~C_4 从塔顶得到，而塔底则可获得 C_{4+}、添加剂及部分 NGL 产品。

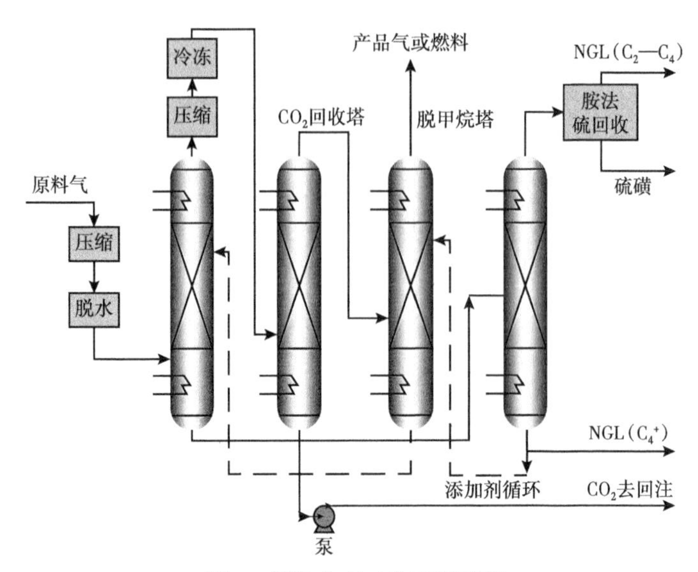

图 2　低温分离工艺四塔流程

3.4　变压吸附工艺

变压吸附(PSA)工艺是利用吸附剂对不同气体的吸附容量随着压力变化而有差异的特性，在吸附剂选择吸附的条件下，加压吸附混合物中的杂质(或产品)组分，减压解吸这些杂质(或产品)组分而使吸附剂得到再生，以达到实现分离的目的。在 PSA 用于分离 CO_2 的工艺过程中，所采用的吸附剂对 CO_2 具有较强的选择吸附能力。吸附剂对混合气中各组分的吸附力强弱依次为：CO_2>CO>CH_4>N_2>H_2。

原料气经预处理分离油水后，进入变压吸附(PSA)装置。变压吸附工序由十二个吸附塔组成，每个吸附塔在一个吸附周期中需经历吸附、多次均压降、逆放、抽真空、多次均压升、终充等工艺过程。在吸附剂上的 CO_2 经降压、抽真空及冲洗联合方式解吸，得到 CO_2 纯度为 95.5%的产品(图 3)。

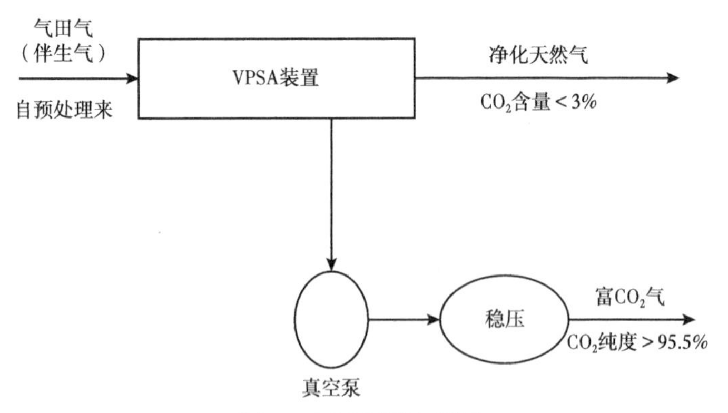

图 3　变压吸附流程图

3.5　膜+变压吸附工艺

集成工艺包括膜分离单元和变压吸附单元。膜分离单元分为预处理(除雾器、过滤器和加热器)和膜分离两部分。根据原料量、天然气产品收率、纯度等要求的不同，可通过调节膜操作参数等方法来改变天然气中 CO_2 的浓度及非渗透气流量。

原料气经过滤分离，进入换热器加热，预处理后的原料气进入膜分离系统，渗余气侧得到浓缩烃类，直接外输；低压侧的渗透气富含 CO_2，进入变压吸附脱碳装置。通过膜分离的渗透气，经水冷降温进入变压吸附提纯 CO_2 和 CH_4 工序。原料气自下而上通过其中正处于吸附状态的吸附塔，天然气中的 CO_2 在吸附剂上被选择性的吸附，CH_4 从吸附塔顶部流出，得到合格的 CH_4 产品。在吸附剂上的 CO_2 经降压、冲洗等方式解吸，得到纯度为 98%的产品(图 4)。

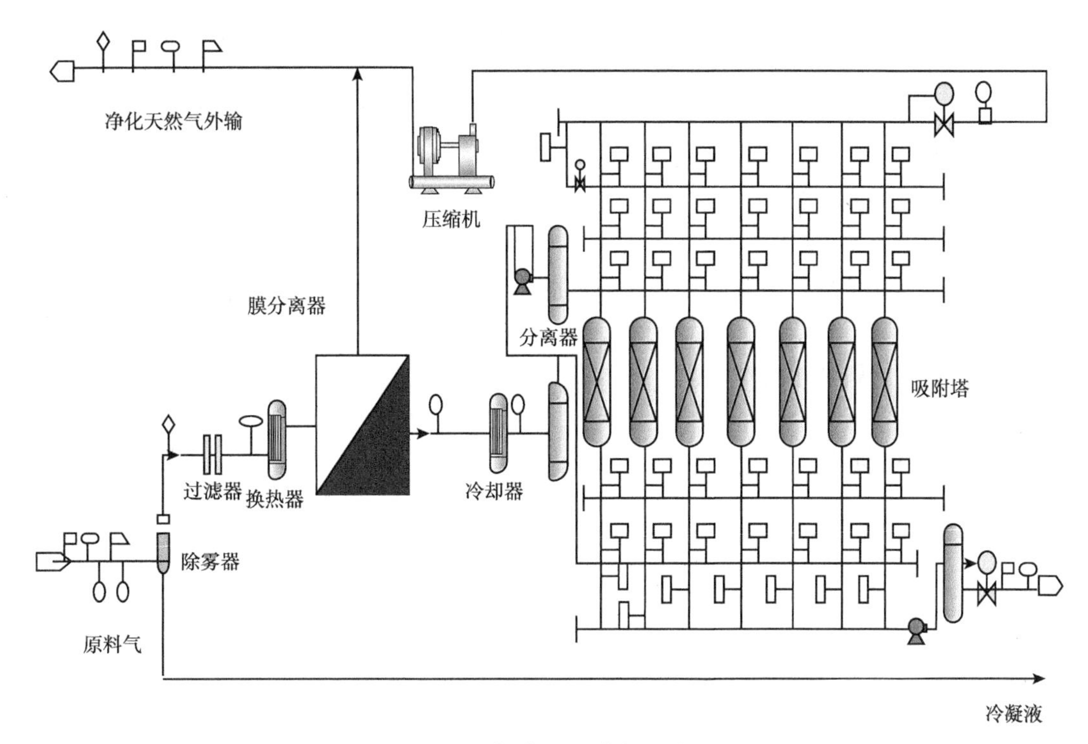

图 4　膜+变压吸附流程图

3.6　脱碳工艺优缺点对比

3.6.1　活化 MDEA 工艺

优点：此类配方溶剂具有酸气溶解度较高、烃类(C_{3+})溶解度较低、蒸气压低、化学/热稳定性好、无毒无腐蚀等特性。同时，富液可通过降压闪蒸出大量 CO_2，故在醇胺法脱碳工艺中本法是单位能耗最低的。在操作条件相同的情况下，本法的能耗约为混合胺法的50%。

缺点：分流流程较复杂，相应设备投资较高。专用的 MDEA 溶剂价格较高。需要增加脱水装置控制水露点。

3.6.2　膜+醇胺法工艺

优点：通过膜分离将 CO_2 脱除至较低水平，再通过醇胺法精脱，从而使脱碳达到理想的水平，且能较强地适应流量及 CO_2 含量的变化。

缺点：膜材料和膜分离单元制作等技术比较复杂，特别是建设天然气净化膜分离装置，我国目前尚缺乏自主开发的专有技术和工程经验，并且需要增加脱水装置控制水露点。

3.6.3 低温分离工艺

优点：适合于CO_2含量较高以及注CO_2进行三次采油后采出气中CO_2含量和流量出现较大波动的情况。该工艺得到的CO_2产品是干燥的、高压的，用于EOR回注时可降低压缩需要。

缺点：设备投资费用相对较大，能耗相对较高。

3.6.4 变压吸附工艺

优点：常温操作，无腐蚀性介质，设备、管道、管件寿命均达15年以上，维修费用低。全电脑控制，自动运行，还可实现自动切除故障塔，从而实现长周期安全运行。不用蒸汽，电耗低，运行费用低。CH_4损失率小于1.0%，回收的CO_2纯度在95.50%以上。

缺点：PSA工艺为了获得高纯度的CO_2及较高的烃回收率，需要很多的吸附塔，设备投资费用相对较大。

3.6.5 膜+变压吸附工艺

优点：CH_4损失率小于0.5%，回收的CO_2纯度在98.0%以上。水露点达-50℃。可省去脱水装置。能耗较低，设备简单安全、易操作、占地小，运行费用低，没有新污染物产生。技术成熟并具有创新性。

缺点：设备投资费用相对较大。国内尚无应用此工艺的先例。

4 现场应用情况

吉林油田矿场建成并试验了胺法、膜法、变压吸附三类CO_2捕集脱碳装置。

长岭净化站分三期建设脱碳装置，总处理规模为$450\times10^4m^3/d$，均采用“一段吸收+二级闪蒸再生—活化MDEA脱碳”的工艺技术，创国内首例。

含CO_2天然气CO_2捕集方法首先应考虑原料气的工况条件及产品气的气质要求；同时，也应兼顾节能、环保等诸多因素的影响。就吉林长岭气田含CO_2天然气而言，主要考虑以下几个因素。

(1)从含CO_2天然气类型来看，需要脱碳处理的是CO_2含量在30%以内的天然气。

(2)原料气中CO_2分压达到1.2MPa以上，按国内外当前技术水平，在醇胺法中只有活化MDEA工艺才有可能在技术经济上比较合理，且此类工艺在国内经多年的研发已基本掌握其技术要点。

(3)原料气经处理后是作为商品气外输，即CO_2体积分数不超过3%，采用醇胺法很容易达到。

一期装置2009年12月投产，活性配方溶液浓度为MDEA45%(质量分数)+活化剂5%(质量分数)+水50%(质量分数)，实现了溶剂国产化，打破国外的垄断，投资降低32%，运行费用降低25%。

二期研究优化，再生塔重沸器采用热虹吸式，节省胺液循环泵，闪蒸塔由立式改为卧式，取消闪蒸气冷却和分离系统。优化后，分离效果进一步提升，能耗降低，胺液循环量比一期降低25%，产品天然气中CO_2含量降低0.2%，节电$60\times10^4kW\cdot h/a$。

长岭净化站经过三期建设，总脱碳规模达$450\times10^4m^3/d$，天然气中CO_2平均含量为23.7%(摩尔分数)，投产至今运行稳定。

随着长岭气田开发的不断深入，考虑到天然气 CO_2 含量陆续增高，先期设计的胺法工艺不具备适应30%以上 CO_2 含量天然气脱碳的需要，现场中试了膜系统处理技术，建成 $5\times10^4m^3/d$ 试验装置，试验了二级卷式橡胶膜和中空纤维膜，二级膜分离工艺两种膜都能获得合格（CO_2 体积分数≤3%）的烃类天然气，但由于采用膜分离装置，装置工程投资较高，膜分离的非渗透气（产品气）中烃损耗较大，且渗透气（CH_4 含量约17.5%）液化所需温度太低（-104℃），以及渗透气的热值较低，需补充燃料气才能燃烧后排放，因此，工厂 CO_2 排放量较大，对环境影响较大，并且膜分离装置的膜的价格较高，使用寿命较短，工厂的操作运行费用较高。

在吉林油田CCS-EOR试验过程中，随着 CO_2 的突破，伴生气中将含有大量的 CO_2，当气油比及 CO_2 含量上升时，伴生气中的 CO_2 含量在5%～90%，压力一般在0.1～0.3MPa，CO_2 达到一定含量时，无法直接作为燃料，更不能直接排入大气，需将其埋存，根据 CO_2 驱伴生气组分变化预测及现场试验数据，伴生气处理可采用两种工艺。

方案一：采用压缩机直接将伴生气增压至注入压力进入注入干线，送至注入井。

方案二：采用变压吸附工艺进行甲烷和 CO_2 分离，分离后的烃类增压进入输气管网，分离后的 CO_2 增压后去注入系统。

2015年7月，黑79注入站试验变压吸附装置1套（表1），试验规模为 $8\times10^4m^3/d$，进行了 CO_2 驱产出气、长岭气田营城组天然气及其混合气的分离试验（图5）。进口原料气中 CO_2 含量为5%～90%，产品天然气 CO_2 含量小于3.0%，副产品 CO_2 纯度在95%以上，CH_4 损失率小于1.0%，水露点低于-20℃，可省去脱水装置。

表1　变压吸附装置现场运行参数表

项目	PSA原料天然气	净化天然气	CO_2 气
流量/(m^3/h)	3400	396	3004
压力/MPa	2.7	≥2.50	0.02
温度/℃	25	25	30
组成摩尔分数/%			
CH_4+N_2	6.7	56.91	0.076
C_2	2.7	20.85	0.31
C_{3+}	1.3	10.04	0.15
C_{4+}	0.5	3.77	0.07
C_{5+}	0.8	5.49	0.18
O_2	0.2	0.19	0.24
CO_2	88	2.94	99.2
回收率	CH_4 回收率：99.0%/CO_2 脱除率99.61%		

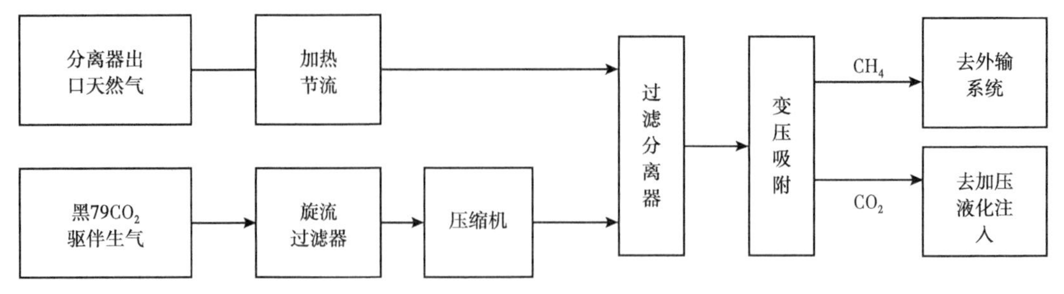

图5　黑79注入站工艺流程示意图

5　总结

吉林油田应用"模拟计算+中试+矿场应用"三位一体研究方法，明确了胺法、膜法、变压吸附、低温分离脱碳技术适应条件和适用环境。针对不同CO_2含量、气质组分和规模，通过技术经济对比，可采用不同的脱碳工艺或集成工艺(表2)：

(1)CO_2含量为3%~30%天然气：胺法最经济，以活化MDEA法作为首选工艺，也适合电厂烟道气捕集；

(2)CO_2含量为30%~90%天然气：可采用多级膜分离、膜+变压吸附及膜+醇胺法等工艺；

(3)CO_2含量大于90%天然气：推荐与纯CO_2混合注气以降低处理成本，如果考虑回收CO_2用于回注驱油，可采用低温分离及变压吸附工艺。

表2　CO_2脱碳技术应用对比表

序号	技术类型	适用工况	技术优势	技术不足	应用情况
1	胺法脱碳工艺	含CO_2<30%的稳定气源	运行成本低，管理难度小	CO_2含量范围受限	国内外天然气、电厂脱碳
2	变压吸附脱碳工艺	CO_2含量、产量变化较大，且要求双指标合格的工况	CO_2含量处理范围大，纯度高，出口烃类气体无需脱水	同规模投资高，操作管理难度大	多用于制氮、氢
3	膜法脱碳工艺	组合应用于前期高含量初脱，后期配套胺法	高CO_2含量处理，可与其他工艺联合使用	同规模投资高，出口天然气CO_2含量高	国内外天然气碳粗分离

净化厂脱硫尾气的 CO_2 捕集液化工艺探讨

李亚萍　刘子兵　范君来　林　亮　卢鹏飞

（长庆油田公司长庆科技工程有限公司）

摘要：以 CO_2 作为驱油剂注入油藏，可以大幅度地提高原油采收率。为了降低投资，提高 CO_2 的捕集率，本文通过对 CO_2 捕集液化工艺的对比，提出了对于净化厂脱硫尾气的 CO_2 捕集液化采用先化学吸收提弄或变压吸附提弄，再增压、干燥、液化的工艺方案。并对捕集工艺的主要参数和投资费用进行对比，结果表明选用先化学吸收提弄的工艺方案投资较低，CO_2 捕集率较高，且主工艺流程简单可靠。

关键词：CO_2；捕集液化；增压液化；脱氮；不凝气回收

国内外大量研究和实践表明，CO_2 驱油技术是复杂油藏有效开发的“利器”，是实现老油田持续提高采收率、新油田提高开发水平、致密油寻找更好开发途径的必由之路和必然要求，是油田可持续发展的战略需求。

中国目前是世界上最大的碳排放国，面临艰巨减排任务，2017 年碳排放量占全球 19.12%，其次是美国 18.44%，欧盟 13.37%，俄罗斯 5.19%。中国人均碳排放量 5.5t，美国 23.5t，欧盟 10.3t。长庆靖边气田天然气净化厂 2017 年的日均碳排放量约 800t，根据最新颁布的《中华人民共和国环境保护法》要求，将实行排放指标及总量控制，购买排放指标将使长庆要缴纳数量不菲的排污费。因此，创新与发展 CO_2 驱油与埋存技术既是长庆油田承担国家节能减排和社会责任的迫切需求，亦是为长庆油田持续稳产提供技术支撑的迫切需求[1-2]。

1　CO_2 捕集液化方法

工业上排放的 CO_2 气体一般都含有其他杂质，需要通过分离、吸收、吸附等方法回收，常用的回收工艺技术大致分为物理吸收法、化学吸收法、吸附法、催化燃烧法、低温蒸馏法、膜分离法等。

1.1　气源概况

原料气气源为天然气净化厂脱硫脱碳装置中脱除的酸气，酸气进入硫黄回收装置脱硫后产生尾气。

硫黄回收装置采用选择性催化氧化工艺，酸气中的 H_2S 与 O_2 在反应器内反应直接生成硫黄。反应所需的 O_2 由鼓风机鼓入空气供给，空气中的 N_2 进入尾气中，H_2S 含量越高，鼓入的空气量越大，带入到尾气中的 N_2 越多，反之亦然。

1.2 气质组分

1.2.1 进硫黄回收装置的酸气组成

酸气量：$(8\sim18)\times10^4m^3/d$（20℃，101.325kPa）。

典型酸气组分见表1。

表1 典型酸气组成数据表 单位：%

组分	CH_4	H_2S	CO_2	H_2O	合计
组成摩尔分数	0.2036	8.6700	85.9285	5.1979	100

1.2.2 硫黄回收装置的尾气组成

天然气净化厂硫黄回收装置选用选择氧化工艺，将 H_2S 直接氧化为S。表2为硫黄回收装置实际生产中的尾气组分尾气的参数为：温度：120～125℃；压力：10～15kPa；流量：$10\times10^4m^3/d\sim21.6\times10^4m^3/d$。

表2 硫黄回收装置尾气的气质组分 单位：%

组分	CO_2	N_2	CH_4	H_2S	SO_2	O_2	H_2O	S_8	合计
组成摩尔分数	77.7140	11.3358	0.1781	0.2151	0.0738	0.3732	10.0769	0.0331	100

注：硫黄回收尾气中 H_2S 浓度为 $3100mg/m^3$，SO_2 浓度为 $2000mg/m^3$，单质硫浓度为 $3582mg/m^3$，折合尾气中 SO_2 浓度为 $15000mg/m^3$。

根据环保要求，2018年在第一净化厂硫黄回收装置后增设尾气处理装置一套，采用焚烧+碱洗工艺将尾气中的单质硫、H_2S、SO_2 等脱除达标后，进烟囱直接排入大气中或进入拟建的 CO_2 捕集回收装置[3]。

尾气处理装置脱硫后尾气的模拟参数如下：

温度：40～50℃；

压力：0.5～1kPa；

流量：$8450\sim16900m^3/h$。

尾气的组分见表3。

表3 尾气处理装置的典型组分表（模拟） 单位：%

组分	CO_2	H_2O	O_2	N_2	SO_2	合计
组成体积分数	47.105	7.575	2.735	42.570	0.015	100.0

注：SO_2 含量≤$960mg/m^3$。

1.3 采用酸气或硫黄回收装置尾气直接捕集 CO_2 的可行性分析

酸气的主要组分为 CO_2 和 H_2S，这两种介质的物性和沸点详见表4。

表4 CO_2 和 H_2S 的物性和沸点对比表

气体	H_2S	CO_2
分子量	34	44
性质	有刺激性气味的气体	无色、无臭、无味的窒息性气体

续表

气体	H_2S	CO_2
沸点(常压)	-60.4℃	-78.46℃
沸点(1.0MPa)	-2.44℃	-39.85℃
沸点(2.0MPa)	22.71℃	-19.65℃
沸点(2.5MPa)	31.97℃	-12.29℃
沸点(3.0MPa)	40.02℃	-5.92℃
沸点(3.5MPa)	47.20℃	-0.27℃

H_2S 的沸点比 CO_2 的沸点略高一些，如果采用脱硫前酸气直接捕集液化 CO_2，H_2S 更容易液化，液化后的 CO_2 中含有 10%(摩尔分数)的液态 H_2S，而 CO_2 更易气化，无法采用精馏进行分离。

如果采用胺液吸收法或膜分离法先分离 H_2S 的方式，胺液吸收法需要在高压下吸收、低压下解吸，能耗高，分离效果差；膜分离法需要有较大的压力差，能耗高，分离效果差。这些方法均无法得到纯度较高的 CO_2 气体。因此，采用脱硫前酸气捕集 CO_2 无可靠成熟工艺。

2 净化厂脱硫尾气 CO_2 捕集液化工艺

本文以一处理量为 $20\times10^4m^3/d$ 的净化厂脱硫尾气 CO_2 液化站工程为例来进行探讨。

对于该项目的脱硫尾气 CO_2 液化工艺分为以下三种方案来进行探讨。

2.1 先增压液化，再分馏脱氮+不凝气回收工艺

2.1.1 不凝气采用变压吸附回收

不凝气采用变压吸附(PSA)回收的工艺流程如图 1 所示。

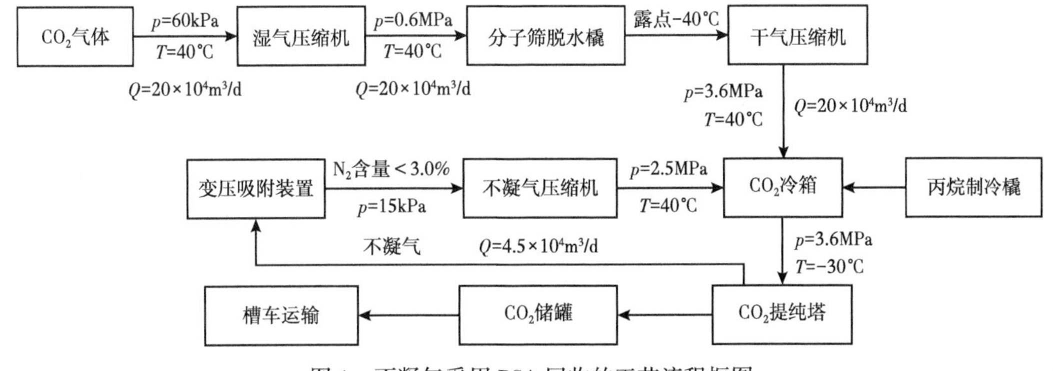

图 1 不凝气采用 PSA 回收的工艺流程框图

不凝气采用 PSA 回收的主要参数及投资情况详见表 5。

表 5　不凝气采用 PSA 回收的主要参数及投资

过程	液化压力/MPa	液化温度/℃	CO_2 捕集率/%	CO_2 捕集量/t/d	CO_2 纯度/%	投资/万元
直接液化	3.6	-30	60~70	92~196	99.0	8087
不凝气回收	2.5	-25	85~92	35~79	99.4	1525

2.1.2　不凝气采用胺吸收回收

不凝气采用胺吸收回收的工艺流程如图 2 所示。

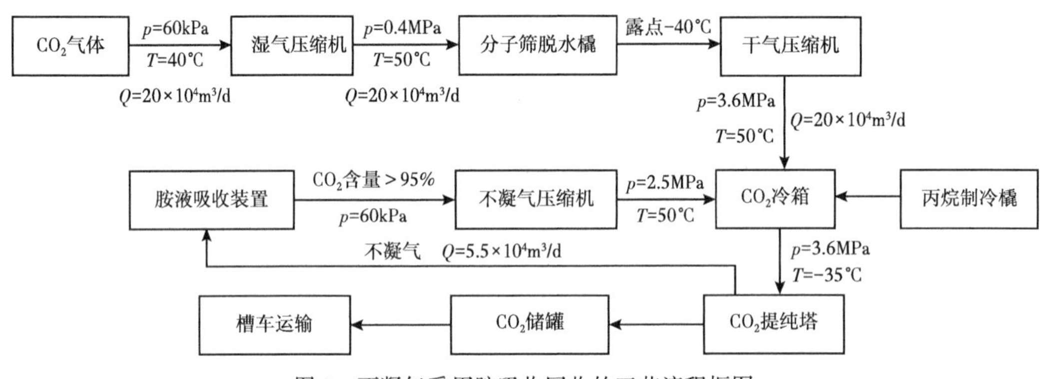

图 2　不凝气采用胺吸收回收的工艺流程框图

不凝气采用胺吸收回收的主要参数及投资情况详见表 6。

表 6　不凝气采用胺吸收回收的主要参数及投资

过程	液化压力/MPa	液化温度/℃	CO_2 捕集率/%	CO_2 捕集量/t/d	CO_2 纯度/%	投资/万元
直接液化	3.6	-30	60~70	92~196	99.0	8132
不凝气回收	2.5	-25	85~92	35~79	99.4	1558

由表 5 和表 6 可以看出，不凝气采用 PSA 回收的投资和能耗均较胺吸收低，故推荐采用 PSA 吸收，其主要能耗情况详见表 7。

表 7　先增压液化，再分馏脱氮+不凝气回收的主要能耗表

能　耗		参数
罗茨鼓风机	能耗/(10^5kJ/h)	2.6
	电耗/(kW·h)	110
湿气压缩机组	压缩能耗/(10^5kJ/h)	22.48
	空冷器能耗/(10^5kJ/h)	23.36
	电耗/(kW·h)	840
干气压缩机组	压缩能耗/(10^5kJ/h)	20.50
	空冷器能耗/(10^5kJ/h)	23.14
	电耗/(kW·h)	840

续表

能　耗		参数
丙烷制冷系统	压缩能耗/(10^5kJ/h)	35.27
	空冷器能耗/(10^5kJ/h)	82.3
	电耗/(kW·h)	1120
不凝气压缩机组	压缩能耗/(10^5kJ/h)	9.51
	空冷器能耗/(10^5kJ/h)	10.06
	电耗/(kW·h)	580
分子筛脱水橇的电耗/(kW·h)		80
变压吸附装置的电耗/(kW·h)		10
CO_2 液化的能耗/(10^3J/t)		2171.26
CO_2 液化的电耗/(kW·h/t)		312.44

2.2 先脱氮提纯，后增压液化工艺

由于尾气中含有约17%的氮气、氧气等杂质气体，这些气体降低了 CO_2 气体的分压，对 CO_2 的液化压力和温度有一定影响[4-5]。因此，方案二采用先脱氮提纯，后增压液化的工艺路线。工艺流程如图3所示。

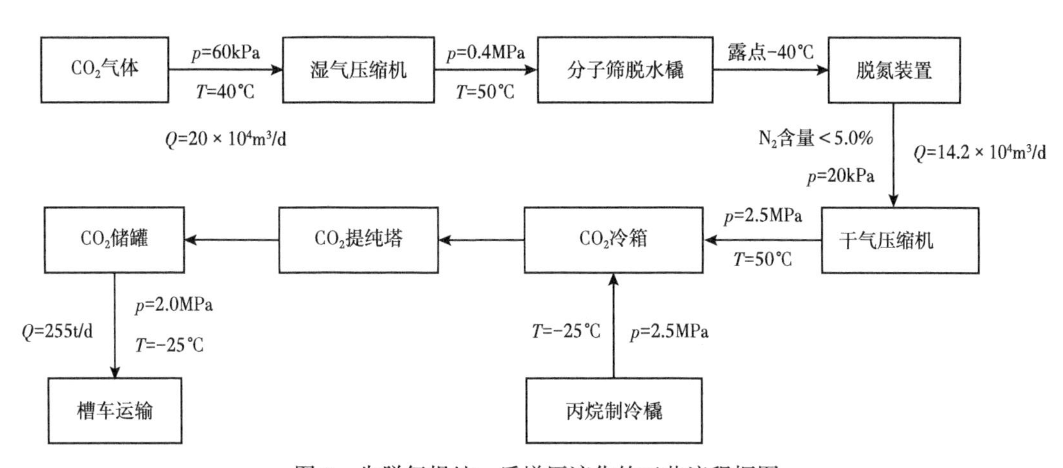

图3　先脱氮提纯，后增压液化的工艺流程框图

先脱氮提纯，后增压液化工艺的主要参数及投资情况详见表8，主要能耗表详见表9。

表8　先脱氮提纯，后增压液化工艺的主要参数及投资

过程	液化压力/MPa	液化温度/℃	CO_2 捕集率/%	CO_2 捕集量/t/d	CO_2 纯度/%	投资/万元
先脱氮提纯，后增压液化	2.5	-25	85~88.0	127~255	99.4	10639

表 9　先脱氮提纯，后增压液化工艺的主要能耗表

能　耗		参数
罗茨鼓风机	能耗/(10^5kJ/h)	2.6
	电耗/(kW·h)	110
湿气压缩机	压缩能耗/(10^5kJ/h)	19.06
	空冷器能耗/(10^5kJ/h)	21.08
	电耗/(kW·h)	640
干气压缩机	压缩能耗/(10^5kJ/h)	30.23
	空冷器能耗/(10^5kJ/h)	31.73
	电耗/(kW·h)	1040
丙烷制冷系统	压缩能耗/(10^5kJ/h)	26.96
	空冷器能耗/(10^5kJ/h)	64.07
	电耗/(kW·h)	920
分子筛脱水橇的电耗/(kW·h)		80
变压吸附装置的电耗/(kW·h)		460
CO_2 液化的能耗/(10^3J/t)		1842
CO_2 液化的电耗/(kW·h/t)		305.88

2.3　直接增压液化工艺

直接增压液化工艺流程如图 4 所示。

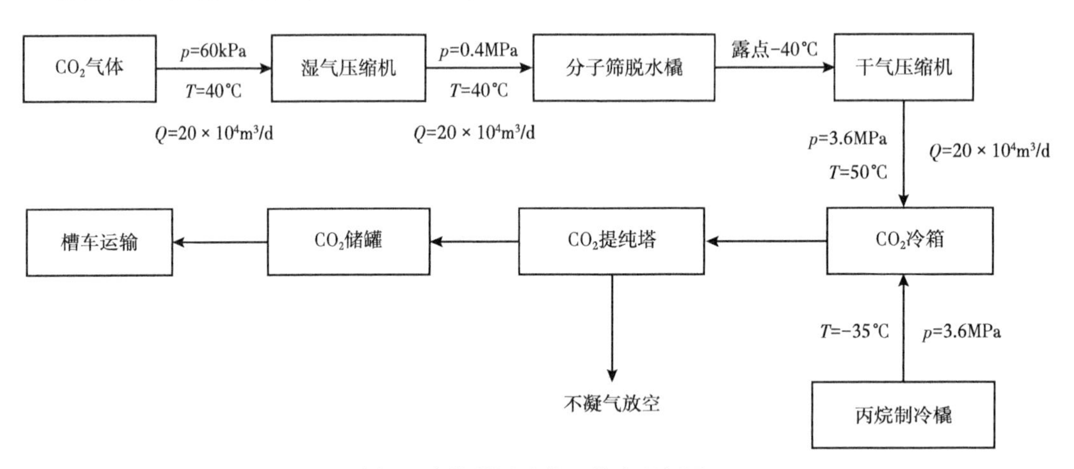

图 4　直接增压液化工艺流程框图

直接增压液化工艺的主要参数及投资情况详见表 10，主要能耗表详见表 11。

表 10　直接增压液化工艺的主要参数及投资

过程	液化压力/MPa	液化温度/℃	CO_2 捕集率/%	CO_2 捕集量/t/d	CO_2 纯度/%	投资/万元
直接液化	3.6	-30	60~70	92~196	99.0	8132

表 11　直接增压液化工艺的主要能耗表

能　耗		参数
罗茨鼓风机	能耗/(10^5kJ/h)	2.6
	电耗/(kW·h)	110
湿气压缩机组	压缩能耗/(10^5kJ/h)	22.48
	空冷器能耗/(10^5kJ/h)	23.36
	电耗/(kW·h)	840
干气压缩机组	压缩能耗/(10^5kJ/h)	20.50
	空冷器能耗/(10^5kJ/h)	23.14
	电耗/(kW·h)	840
丙烷制冷系统	压缩能耗/(10^5kJ/h)	26.96
	空冷器能耗/(10^5kJ/h)	64.07
	电耗/(kW·h)	920
分子筛脱水橇的电耗/(kW·h)		80
CO_2 液化的能耗/(MJ/t)		2242
CO_2 液化的电耗/(kW·h/t)		341.63

3　三种工艺方案的对比

对该项目的三种工艺方案的主要参数、投资及优、缺点进行对比，其结果详见表 12。

表 12　三种工艺方案的对比表

主要参数	方案一	方案二	方案三
CO_2 液化温度/℃	直接液化：−30 不凝气回收：−25	−25	−30
CO_2 液化压力/MPa	直接液化：3.6 不凝气回收：2.5	2.5	3.6
CO_2 纯度/%	99.0	99.4	99.0
CO_2 捕集率/%	85~92	85~88	60~70
CO_2 捕集量/(t/a)	$4.19\times10^4 \sim 9.08\times10^4$	$4.19\times10^4 \sim 8.42\times10^4$	$3.31\times10^4 \sim 6.43\times10^4$
运行成本/(万元/a)	1113.64	1012.0	870.32
工程投资/万元	9690	10639	8132
20 年折现/万元	17997.8	18188.5	14624.6
优点	1. 装置的投资较低； 2. CO_2 捕集率较高； 3. 主工艺流程简单可靠	1. 装置的变工况适应能力强，气质变化对液化参数无较大影响； 2. 装置能耗低	1. 装置的投资较低； 2. 工艺流程简单
缺点	1. 装置能耗略高； 2. 装置的工艺流程相对复杂	1. 装置的工艺流程相对复杂； 2. 变压吸附装置故障，需全部停产，影响较大	1. 装置能耗高； 2. 捕集率低，产量低，不满足要求
结论	推荐方案一		

从处理量为 $20\times10^4 m^3/d$ 的净化厂脱硫尾气 CO_2 液化站工程的三种工艺方案的投资及主要参数对比可以看出：采用直接增压液化工艺的投资最低，但 CO_2 捕集率低，产量低，故不满足要求；采用先增压液化，再分馏脱氮+不凝气回收工艺的投资较低，且 CO_2 捕集率较高，主工艺流程简单可靠。因此，净化厂脱硫尾气 CO_2 液化站工程推荐采用先增压液化，再分馏脱氮+不凝气回收工艺。

参考文献

[1] 王遇冬．天然气处理原理与工艺［M］. 北京：中国石化出版社，2007.

[2] 王开岳．天然气净化工艺［M］. 北京：石油工业出版社，2005.

[3] GPSA. Engineering DataBook［M］. 12th ed. Tulsaok.，2017.

[4] 李亚萍，赵玉君，呼延念超，等．MDEA/DEA 脱硫脱碳混合溶液在长庆气区的应用［J］. 天然气工业，2009，10.

[5] 南京特种气体厂有限公司．工业液态二氧化碳：GB 6052—2011[S]. 北京：中国标准出版社，2011.

长庆气田净化厂二氧化碳捕集与液化技术

王 智[1] 胡建国[2] 范君来[1] 李亚萍[2]

（1. 中国石油长庆油田公司长庆工程设计有限公司；2. 中国石油长庆油田公司）

摘要：本文探讨了长庆气田净化厂捕集二氧化碳的可行性及捕集位置，提出了针对长庆气田净化厂的尾气正压焚烧加氢氧化钠碱洗尾气处理工艺及胺液捕集加丙烷制冷的二氧化碳捕集、液化工艺，并通过工艺流程模拟得到长庆气田各个净化厂的二氧化碳回收率及回收能耗，为长庆气田净化厂二氧化碳回收的工程实践提供有力的技术支撑和指导。

关键词：二氧化碳捕集；二氧化碳液化；净化厂尾气回收；工艺流程模拟

二氧化碳的捕集是实现二氧化碳驱油与埋存的重要组成部分，是实现 CCUS-EOR 的资源基础[1]。长庆气田净化厂硫黄回收工艺后的尾气含二氧化碳量较高，如实现捕集和液化，既能为长庆气田减排二氧化碳，也能为长庆油田的二氧化碳驱油现场试验提供液态碳源[2]。本文立足于长庆气田净化厂，探索长庆气田净化厂二氧化碳捕集及液化的可能性及较为经济合理的二氧化碳捕集及液化工艺流程，形成适合长庆气田净化厂二氧化碳捕集及液化工艺技术。

1 CO_2 捕集可行性分析及捕集位置选取

净化厂处理流程如图 1 所示。天然气进入脱硫脱碳装置脱除其所含的几乎所有的 H_2S 和部分的 CO_2，送至脱水装置，脱水后的净化天然气去现有产品气管线。脱硫脱碳装置酸气送至硫黄回收装置处理，硫黄回收装置尾气经尾气处理达标后，排放气直接排放。

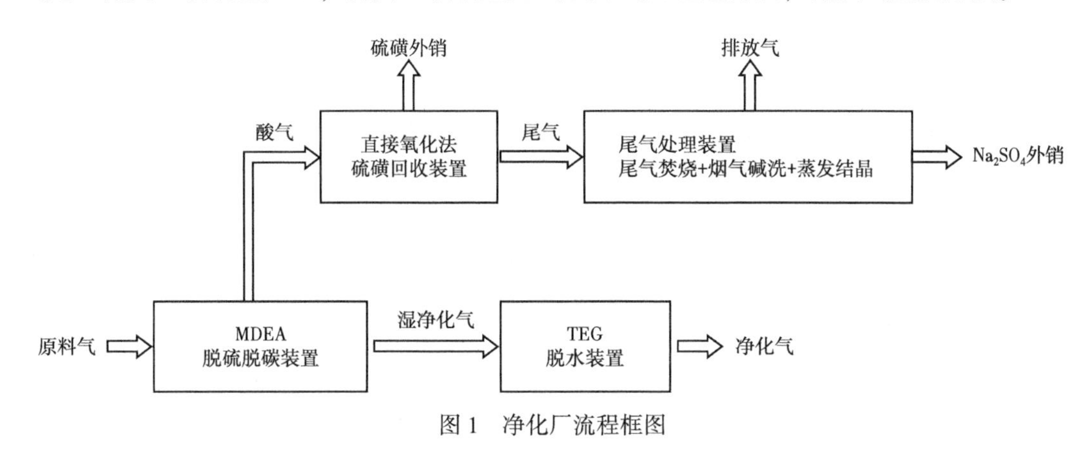

图 1 净化厂流程框图

1.1 脱碳脱硫装置酸气 CO_2 捕集可行性分析

根据长庆气田净化厂多年以来的运行数据，出脱硫脱碳装置的酸气量为一般为 4000~7500m^3/h（20℃，101.325kPa），温度约 40℃，压力约为 50kPa，酸气组分见表 1。

表 1　典型酸气组成数据表　　单位：%

组分	CH_4	H_2S	CO_2	H_2O	合计
组成摩尔分数	0.2036	5.6700	88.9285	5.1979	100

对酸气采用配方溶液选择分离捕集 CO_2，获得含 95.24% CO_2 气体约 5635m^3/h，由于分离过程中 15%~25%的 CO_2 损失，CO_2 回收率为 75%~85%，损耗较大，捕集含 CO_2 气体组分见表 2。

表 2　捕集含 CO_2 气体组分　　单位：%

组分	CH_4	H_2S	CO_2	H_2O	合计
组成摩尔分数	0	0.0152	95.24	4.388	100

捕集后酸气约 1864m^3/h，酸气组分见表 3。

表 3　捕集后酸气组分　　单位：%

组分	CH_4	H_2S	CO_2	H_2O	合计
组成摩尔分数	0	23.08	72.56	4.35	100

净化厂硫黄回收采用氧化法[3]，核心技术是其选择氧化催化剂，直接把 H_2S 氧化成硫，在 160℃即可使用，反应床层温度大于 280℃，催化剂将失去活性。选择氧化为强放热反应，1%体积分数的 H_2S 转化使催化剂床层温度升高约 60℃。

原设计酸气 H_2S 含量 5.67%，捕集后酸气 H_2S 浓度升高至 23.08%，虽然酸气总量减少，但由于 H_2S 浓度大幅升高，催化剂温度难以控制，捕集提纯后 CO_2 气体含有 150~300mg/m^3 硫化氢，难以分离。液化后混入液体 CO_2，硫黄回收将无法运行，所以不能从酸气直接捕集 CO_2。

1.2 硫黄回收尾气 CO_2 捕集可行性分析

天然气净化厂硫黄回收装置将 H_2S 直接氧化为硫。硫黄回收装置的尾气温度为 120~125℃，压力为 10~15kPa，流量为 10×10^4m^3/d~21.6×10^4m^3/d。表 4 为硫黄回收装置实际生产中的尾气参数及组分。

表 4　硫黄回收装置尾气的气质组分　　单位：%

组分	CO_2	N_2	CH_4	H_2S	SO_2	O_2	H_2O	S_8	合计
组成摩尔分数	77.714	11.336	0.178	0.215	0.074	0.373	10.077	0.033	100

硫黄回收尾气中 H_2S 浓度为 3100mg/m^3，SO_2 浓度为 2000mg/m^3，单质硫浓度为 3582mg/m^3。硫黄回收后尾气组分复杂，含有 H_2S 和 SO_2，并且夹带了大量的单质硫蒸汽，无法进行 CO_2 捕集。

1.3 尾气处理后排放气 CO_2 捕集可行性分析

净化厂硫黄回收装置设计硫回收率≥99.6%，硫黄回收装置处理后的尾气，进入现有焚烧装置焚烧排放，SO_2 平均排放浓度在 2.95mg/m^3 左右。不同温度条件下饱和状态（本身携带）硫含量见表 5。从尾气处理后排放气捕集 CO_2 是较为可行的技术路线。

表 5　饱和状态（本身携带）硫含量

温度,℃	120	125	130	135	140	145	150	155	160
硫蒸汽浓度/(mg/m^3)	0.904	0.119	1.552	2.009	2.582	3.296	4.179	5.267	6.598

2　硫黄回收尾气净化处理工艺

针对长庆气田硫黄回收尾气组分特点，采用“尾气正压焚烧+NaOH 碱洗尾气处理”硫黄回收尾气净化处理工艺。先在焚烧炉内将单质硫、H_2S 燃烧转化成 SO_2，选用质量分数为 15%的氢氧化钠溶液作为吸收液，吸收烟气中的二氧化硫碱液，生成 Na_2SO_4 溶液，生成的硫酸钠溶液至下游蒸发结晶装置，尾气中 SO_2 最低可达 50mg/m^3 达到外排标准。流程框图如图 2 所示。

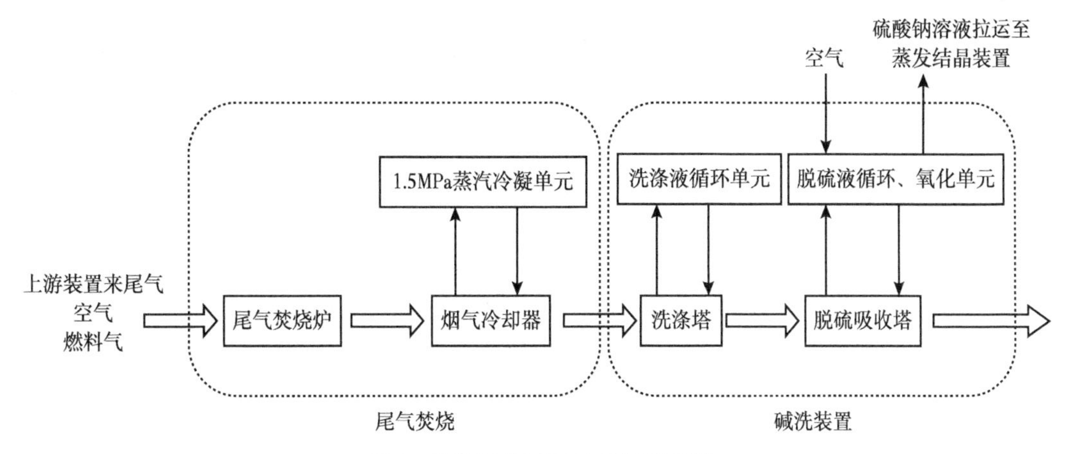

图 2　硫黄回收尾气处理流程框图

硫黄回收尾气处理物料平衡表见表 6。

表 6　物料平衡表

进料序号	物料名称	单位		
		kg/h	t/d	t/a
1	尾气量	15050	361	119196
2	碱液（质量分数为 15%）	1072	26	8490
3	焚烧用风	9071	218	71842
4	燃料气	356	9	3183
5	氧化气	235	6	1861
6	合计	25784	619	204209

续表

出料序号	物料名称	单位		
		kg/h	t/d	t/a
1	净化烟气	23600	566	186912
2	硫酸钠溶液（质量分数为16%）	2184	52	17297
3	合计	25784	619	204209

3 硫黄回收尾气 CO_2 液化工艺

3.1 基础参数

净化厂硫黄回收尾气增加碱洗工艺，处理后尾气参数如下：

温度：40~50℃；

压力：0.5~10kPa；

流量：16900m^3/h。

尾气组分见表7。

表7 净化厂脱硫后尾气组分表 单位：%

组分	CO_2	H_2O	O_2	N_2	SO_2
组成体积分数	47.1075	7.59	2.73	42.57	0.0025

3.2 工艺优选

针对排放气中等 CO_2 浓度，选择以下四种工艺进行研究分析[4]，选择出适合长庆净化厂排放气 CO_2 捕集液化技术。

3.2.1 工艺一：胺液捕集+丙烷制冷液化工艺

尾气经过初步增压至700kPa分离后，进入胺液吸收塔，CO_2 捕集后经过二次增压至2.5MPa、分子筛脱水后进入丙烷制冷单元，液化后进入提纯塔，提纯后经制冷单元过冷后进储罐，设置两具1500m^3 球罐。工艺流程框图如图3所示。

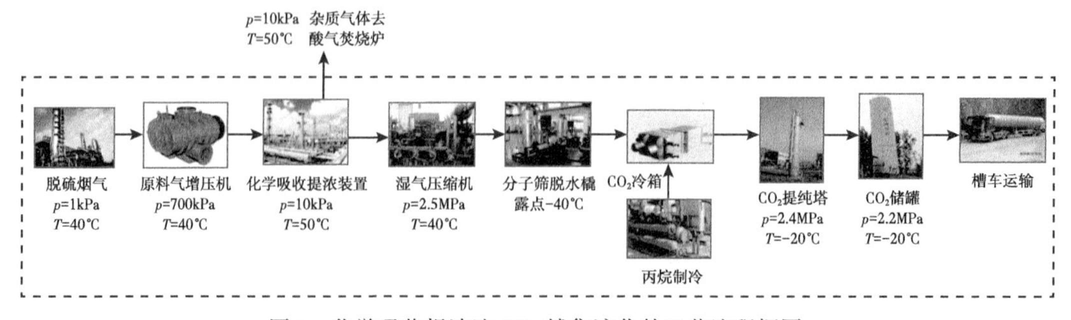

图3 化学吸收提浓法 CO_2 捕集液化的工艺流程框图

3.2.2 工艺二：PSA 捕集+丙烷制冷液化工艺

尾气经过初步增压至 600kPa 冷却后，进入分子筛脱水和 PSA 捕集单元，解吸气中 CO_2 含量高于 95%，CO_2 捕集经过二次增压 2.5MPa 后进入丙烷制冷单元，液化后进入提纯塔，提纯后进入制冷单元过冷进入储罐，设置两具 1500m^3 球罐。工艺流程框图如图 4 所示。

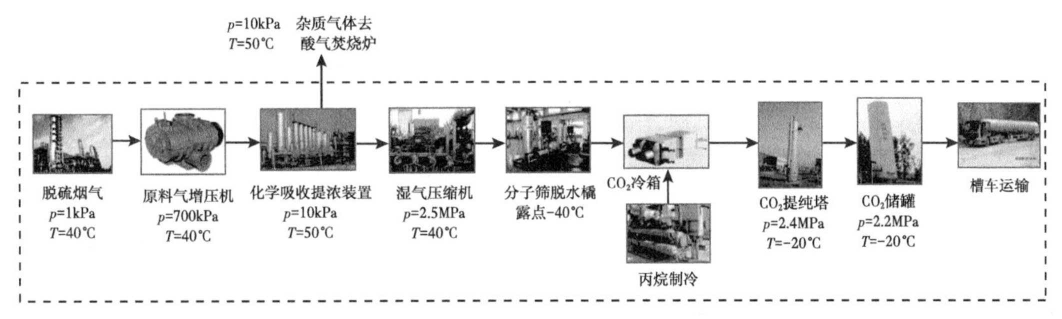

图 4　变压吸附提浓法 CO_2 捕集液化的工艺流程框图

3.2.3 工艺三：直接增压丙烷制冷液化+不凝气 PSA 捕集+增压液化工艺

尾气经过初步增压冷却脱水后，直接进入丙烷制冷单元液化提纯，不凝气经过 PSA 捕集增压后，进入丙烷制冷单元液化提纯，提纯后进入制冷单元过冷进入储罐，设置两具 1500m^3 球罐。

由于脱硫尾气中 CO_2 分压较低，需要将脱硫尾气增压至 5.0MPa 以上才能将 51% 的 CO_2 液化回收，因此，为了提高 CO_2 回收率，需要将不凝气进行提浓后再次回收，工艺流程框图如图 5 所示。

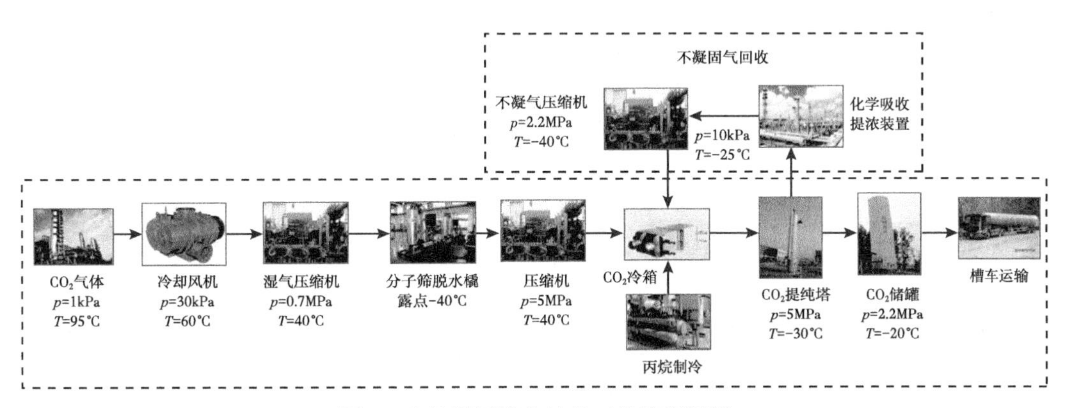

图 5　直接增压液化法的工艺流程框图

3.2.4 工艺四：直接增压丙烷制冷液化+不凝气排放工艺

尾气经过初步增压冷却脱水后，直接进入丙烷制冷单元液化提纯，提纯后进入制冷单元过冷进入储罐，不凝气直接排放。由于氮气含量高，增压能耗高、液化率低，CO_2 回收率低（41.97%），不考虑采用此工艺。

3.3 技术经济分析

对可行的三种工艺方案的主要参数、投资及优、缺点进行对比，其结果见表 8。

表 8　三种工艺方案的对比表

<table>
<tr><td rowspan="2">主要参数</td><td rowspan="2">方案一</td><td rowspan="2">方案二</td><td colspan="2">方案三</td></tr>
<tr><td>直接液化</td><td>不凝气</td></tr>
<tr><td>CO_2 液化温度/℃</td><td>-25</td><td>-25</td><td>-30</td><td>-25</td></tr>
<tr><td>CO_2 液化压力/MPa</td><td>2.4</td><td>2.4</td><td>5.0</td><td>2.4</td></tr>
<tr><td>产品 CO_2 纯度/%</td><td>99.9</td><td>99.5</td><td colspan="2">99.5</td></tr>
<tr><td>CO_2 捕集率/%</td><td>93.82</td><td>81.89</td><td colspan="2">84.435</td></tr>
<tr><td>CO_2 捕集量/(t/d)</td><td>352.1</td><td>307.4</td><td colspan="2">316.9</td></tr>
<tr><td>运行成本/(万元/a)</td><td>1955</td><td>2337</td><td colspan="2">3195</td></tr>
<tr><td>工程投资/万元</td><td>11187</td><td>11589</td><td colspan="2">13135</td></tr>
<tr><td>CO_2 成本/(元/t)</td><td>265</td><td>335</td><td colspan="2">432</td></tr>
<tr><td>优点</td><td>1. 装置的投资较低；
2. CO_2 捕集率较高；
3. 工艺流程成熟可靠；
4. 产品 CO_2 运行成本较低</td><td>1. 装置的变工况适应能力强，气质变化对液化参数无较大影响；
2. 装置工艺流程较为简单</td><td colspan="2">装置的变工况适应能力强，如果需求量少，可不运行不凝气回收</td></tr>
<tr><td>缺点</td><td>1. 装置的工艺流程较复杂；
2. 原料气质变化对液化参数影响较大</td><td>1. 装置的投资、运行成本等较低；
2. CO_2 捕集率略低</td><td colspan="2">1. 装置的工艺流程较复杂；
2. 投资高，运行费用高</td></tr>
</table>

注：天然气按照 1.98 元/m^3，电按照 0.6 元/(kW · h)考虑。

从净化厂脱硫尾气 CO_2 捕集及液化的工艺方案对比来看，采用化学吸附法[3]提浓后捕集的投资最低，CO_2 捕集率较高，并且产品 CO_2 运行成本较低，工艺流程成熟可靠，综上，工艺一即胺液捕集+丙烷制冷液化工艺较为可取。

3.4 吸收剂优选及最优胺液循环量

单一 MDEA 醇胺溶液与 CO_2 反应速率较慢，加入活化剂(如 MEA、DEA、PZ)可提高 MDEA 对 CO_2 的吸收性能，改善效果依次为：PZ>MEA>DEA，增大活化剂溶剂配比有利于进一步提高活化性能；MDEA 和 PZ 可用于深度脱除 CO_2 的场合，本研究中富含 CO_2 尾气胺液 CO_2 提纯单元采用 PZ 作为 MDEA 吸收溶液活化剂。

模拟 CO_2 捕集分离胺液循环量对回收率的影响，如图 6 所示。可以看出当胺液循环量增加到一定程度，CO_2 回收率随着胺液循环量的增加不再提高，存在一个临界值 225m^3/h，低于循环临界值 CO_2 回收率降幅较大。能耗分析基本和回收率变化曲线一致。

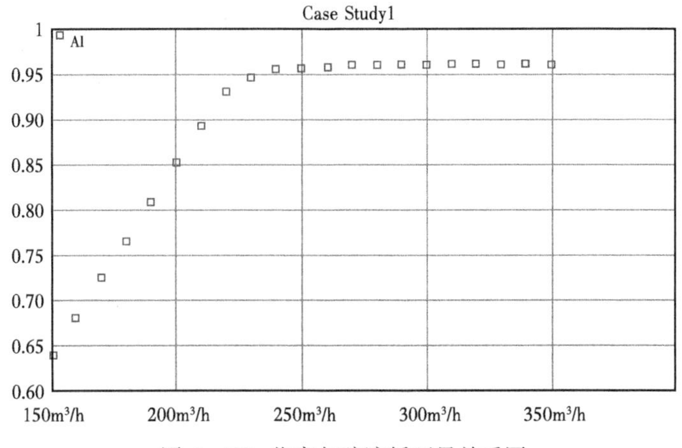

图 6　CO_2 收率与胺液循环量关系图

4　净化厂尾气处理排放气 CO_2 液化流程

4.1　模型建立

目前广泛应用于烃类物系的方程主要有 SRK、PR、BWR、SHBWR、LKP 等，对于 CO_2捕集及液化工艺推荐采用 PR 状态方程。根据净化厂尾气组分特点，对 CO_2 液化工艺进行计算[5]。图 7 为模拟工艺流程图，物料平衡表见表 9。通过工艺模拟计算，根据净化厂尾气处理排放气组分的特点，设计了适合长庆净化厂含 CO_2 尾气液化工艺流程。

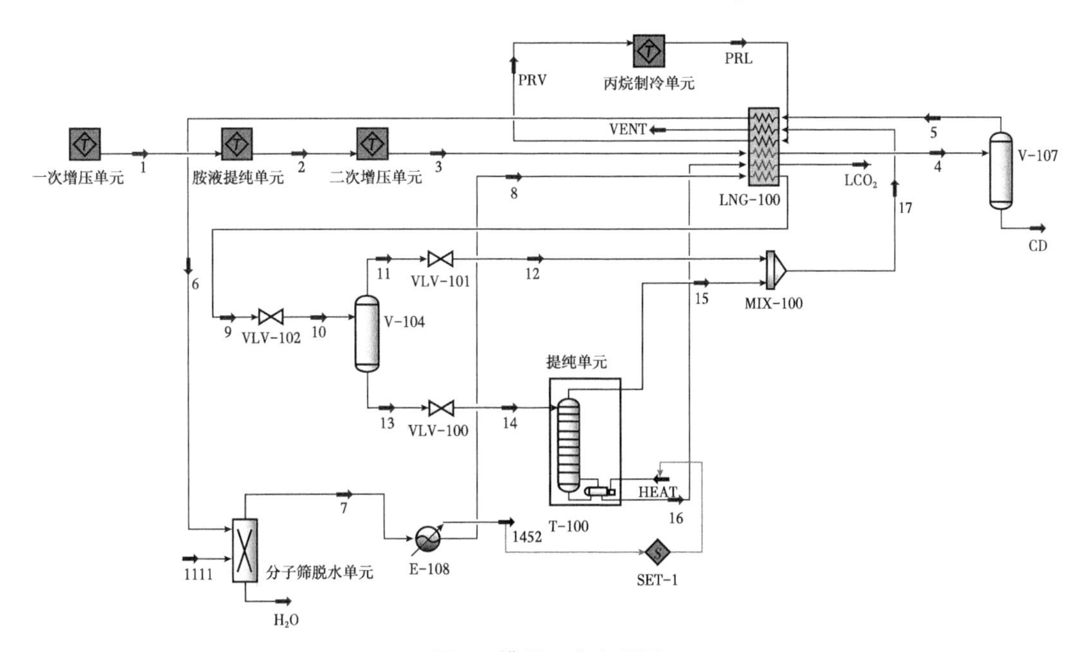

图 7　模拟工艺流程图

表 9　CO_2 液化物料平衡

名称	1	2	3	4	5	6
气体相分率	0.999797	0.999662	1	0.996484	1	1
温度/℃	40	40.00258	40	10	10	30
压力/kPa	720	160	2450	2400	2400	2350
摩尔流量/(kmol/h)	704.6906	372.0488	356.0873	356.0873	354.8353	354.8353
质量流量/(kg/h)	25426.89	15915.37	15626.75	15626.75	15603.66	15603.66
液相质量流量/(m^3/h)	37.46297	19.21685	18.92728	18.92728	18.90395	18.90395
热流量/(kJ/h)	1.4×10^8	1.4×10^8	1.4×10^8	1.4×10^8	1.4×10^8	1.4×10^8
名称	7	8	9	10	11	12
气体相分率	1	1	0	0	1	0.982322
温度/℃	30	11.3107	-20	-20	-20	-15.7188
压力/kPa	2300	2250	2200	2200	2200	2200
摩尔流量/(kmol/h)	354.5283	354.5283	354.5283	354.5283	0	0
质量流量/(kg/h)	15597.26	15597.26	15597.26	15597.26	0	0
液相质量流量/(m^3/h)	18.89788	18.89788	18.89788	18.89788	0	0
热流量/(kJ/h)	1.4×10^8	-1.4×10^8	1.5×10^8	1.5×10^8	0	0
名称	13	14	15	16	17	H_2O
气体相分率	0	0	1	0	1	0
温度/℃	-20	-20.0226	-18.7672	-18.0017	-18.7672	30
压力/kPa	2200	2100	2050	2050	2050	2300
摩尔流量/(kmol/h)	354.5283	354.5283	18.07386	336.4544	18.07386	0.30702
质量流量/(kg/h)	15597.26	15597.26	790.067	14807.19	790.067	6.398174
液相质量流量/(m^3/h)	18.89788	18.89788	0.957154	17.94073	0.957154	6.07E-03
势流量/(kJ/h)	1.5×10^8	1.5×10^8	7034672	1.4×10^8	7034672	-88283.7
名称	LCO_2	VENT	CD	PRL	PRV	** New
气体相分率	0	1	0	0.421793	1	
温度/℃	-21	30	10	-25.4333	2.93E-03	
压力/kPa	2000	2000	2400	200	150	
摩尔流量/(kmol/h)	336.4544	18.07386	1.252025	425.1457	425.1457	
质量流量/(kg/h)	14807.19	790.067	23.09133	18747.65	18747.65	
液相质量流量/(m^3/h)	17.94073	0.957154	2.33E-02	37.00112	37.00112	
势流量/(kJ/h)	1.4×10^8	6994055	-362097	-5×10^7	4.5×10^7	

4.2　长庆气田净化厂尾气 CO_2 捕集工艺计算

根据表 10 的净化厂模拟结果，长庆 5 个净化厂硫黄回收尾气中主要成分为 CO_2 和 N_2，其余为少量的 O_2，CO 和水。尾气 CO_2 含量总体小于 50%，CO_2 回收率在 91%以上。CO_2 回收量在 104~382t/d。根据表 11，CO_2 回收能耗在 2064~7832kW。

表 10　净化厂模拟结果

名称	体积流量/(m^3/h)	尾气 CO_2 平均体积分数/%	尾气 N_2 平均体积分数/%	回收液体 CO_2/(t/d)	液体 CO_2 纯度/%	CO_2 回收率/%
第一净化厂	16900	47. 1	42. 5	352. 1	99. 96	93. 82
第二净化厂	14100	46. 1	41. 5	286. 8	99. 96	93. 57
第三净化厂	4900	47. 1	40. 2	101. 6	99. 96	93. 86
第四净化厂	14850	39. 3	42. 7	251. 8	99. 95	91. 1
第五净化厂	18700	47. 5	43. 5	382	99. 96	93. 65

表 11　净化厂模拟能耗统计

名称	增压机能耗/kW	制冷压缩机能耗/kW	压缩机总功耗/kW	溶液循环泵能耗/kW
第一净化厂	2478	1075	3597	43. 78
第二净化厂	2047	874	2921	36. 8
第三净化厂	716	309	1026	13
第四净化厂	2021	769	2790	32. 8
第五净化厂	2727	1164	3891	49. 11

5　结论

本文探讨了长庆气田净化厂捕集二氧化碳的可行性及二氧化碳的捕集的最佳位置。并针对长庆气田净化厂提出了硫黄回收尾气的正压焚烧加氢氧化钠碱洗尾气处理工艺及胺液捕集加丙烷制冷的二氧化碳捕集液化工艺，并通过工艺模拟，得到长庆气田各个净化厂二氧化碳回收率及回收能耗。可为长庆气田净化厂二氧化碳回收的工程实践提供有力的技术支撑和指导。

参 考 文 献

[1] 胡永乐，郝明强，陈国利，等．中国 CO_2 驱油与埋存技术及实践［J］. 石油勘探与开发，20219，46(04)：716-727.

[2] 马鹏飞，韩波，张亮等．油田 CO_2 驱产出气处置方案及 CO_2 捕集回注工艺［J］. 化工进展，2017，36(增刊 1)：533-539.

[3] 王遇冬．天然气处理原理与工艺［M］. 北京：中国石化出版社，2007.

[4] 晏水平，方梦祥，张卫风等．烟气中 CO_2 化学吸收法脱除技术分析与进展［J］. 化工进展，2006，25(9)：1018-1024.

[5] 李奇，姬忠礼，段西欢等．基于 HYSYS 建模的含硫天然气净化装置能耗分析［J］. 油气储运，2011，30(12)：941-944.

伴生气 CO_2 捕集与液化工艺研究

穆中华　张　平　白剑锋　王　博　郄海霞　林　亮　王昌尧

（长庆工程设计有限公司）

摘要：目前国内关于 CO_2 驱油技术及 CO_2 捕集技术方面的研究较多，但对 CO_2 驱油采出伴生气中 CO_2 气体的捕集及回收利用的研究较少。对伴生气中 CO_2 气体进行捕集既能补充 CO_2 驱油技术的 CO_2 气源，还能起到封存 CO_2 减少碳排放的作用。本文通过软件模拟的方式，探究了 CO_2 驱油采出伴生气中 CO_2 气体的捕集及液化的相关工艺流程，通过计算确定了伴生气中 CO_2 气体捕集及液化流程的关键参数，为 CO_2 驱油技术采出伴生气的地面处理提供了思路。

关键词：CO_2 捕集；CO_2 液化；CO_2 提纯；膜分离；变压吸附

CO_2 驱油技术是指通过向地层注入 CO_2 气体提高油田原油采收率的技术。CO_2 驱油技术在国外已经进入工业应用阶段且技术较为成熟，我国对 CO_2 驱油技术的研究起步虽晚，但在 CO_2 驱油技术方面已积累了一定的经验，在江苏、中原、大庆、胜利等多个油田先后进行了现场试验并取得了一定的成就。在国家力争实现“碳达峰，碳中和”目标的背景下，利用 CO_2 驱油技术提高地层原油采收率不仅可以增加产油量，还可以起到埋存 CO_2 降低碳排量的作用。油田开发过程中采用 CO_2 驱油技术需具备稳定的 CO_2 气源，且“双碳”目标要求减少大气中的 CO_2 排放量，所以开发合理的 CO_2 捕集工艺流程对油田开采过程中产生的 CO_2 进行捕集显得尤为重要。CO_2 捕集的方法包括胺法捕集[1]、溶剂吸收[2]、固体吸附[3]以及膜分离[4]等多种方式，此外采用多种捕集方式联合[5]捕集提纯 CO_2 的技术的可行性也被学者证实。长庆油田在姬塬油田示范区开展了 CO_2 驱油与埋存关键技术的试验。本文主要介绍长庆姬塬油田 CO_2 驱油与埋存关键技术示范区内 CO_2 的捕集与液化的关键技术，为国内 CO_2 驱油技术的规模化应用提供参考。

1　CO_2 捕集工艺

1.1　化学吸收法

化学吸收法从 20 世纪 30 年代问世以来，已有 60 余年的发展历史。化学吸收法广泛应用于伴生气、天然气、炼厂气的净化以及合成氨工业中。化学吸收法通常采用热碳酸钾或者醇胺类水溶液作为吸收剂，通过碱性溶液与天然气中的酸性组分（包括 H_2S、CO_2 等）反应生成某种化合物，吸收了酸性组分的碱性溶液（富液）进行再生反应，又将该组分分解释放出来。该种工艺流程简单，CO_2 产品纯度高，自开始使用以来，得到了充分的发展与应用。

1.2 变压吸附法

变压吸附(PSA)法是一种新型气体吸附分离技术，该技术利用吸附剂对于同一种气体的在不同压力下的不同吸附量实现对气体的吸附和分离解吸，这种技术具有产品纯度高、设备简单、操作维护方便、可实现完全自动化等优点。随着分子筛性能的改进和质量提高及变压吸附工艺的不断改进，变压吸附法产品纯度和回收率不断提高，促使变压吸附实现了经济和技术可行。

1.3 膜分离技术

气体膜分离技术依靠待分离混合气体与薄膜材料之间的化学或物理反应，使得一种组分快速溶解并穿过该薄膜，从而将混合气体分成穿透气流和剩余气流两部分。目前膜分离技术在油气处理中的应用探索取得了一定成果。膜法 CO_2 脱除的原理为物理分离，CO_2 比水、甲烷和乙烷等在膜中有着更好的溶解扩散性能，因此在一定的压差推动下，CO_2 可以优先被溶解渗透。膜分离技术特别适合于 CO_2 一次性的大量脱除。

化学吸收法、变压吸附法以及膜处理法等 CO_2 分离技术的特点见表 1。

表 1　CO_2 分离技术特点

分离方法		纯度	适用工况	优点	缺点
化学吸收法	热碱法	99%	适用于 CO_2 含量低于 40%	溶液循环量小，适应重烃含量高的工况	溶液结晶，腐蚀性强，能耗高
	MDEA	99%	适用于 CO_2 含量低于 40%	工艺成熟，CO_2 分离精度高	存在起泡、腐蚀等问题
变压吸附法		95%	用于 CO_2 含量高于 30%时大流量采出气处理	操作弹性大，适用于高浓度 CO_2 的处理	燃料气回收率低
膜处理法		90%	用于高 CO_2 含量气体粗脱除或 CO_2>75%时采出气分离	模块化设计，安装维护方便	燃料气回收率低

2 伴生气中 CO_2 捕集工艺

长庆姬塬油田 A 综合试验站以 CO_2 驱油采出流体中的伴生气为原料进行 CO_2 的捕集。高含 CO_2 伴生气经“捕集分离、CO_2 脱水、多级增压、丙烷制冷、液化提纯”后 CO_2 气体可实现循环注入(图 1)。而低碳伴生气可作为下游的燃料气。

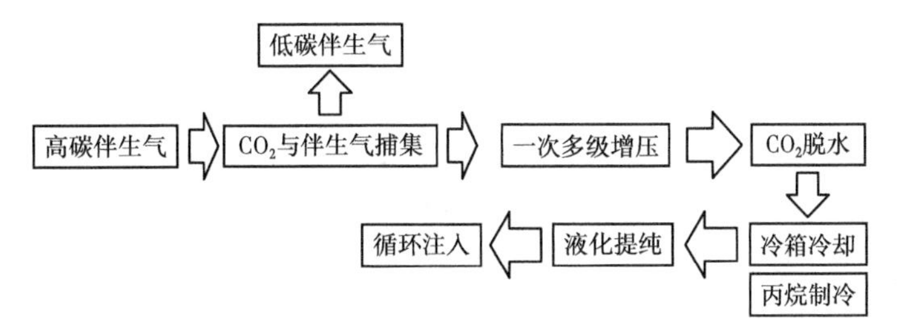

图 1　伴生气 CO_2 分离工艺技术路线

处理上限：根据《某区 CO_2 驱气窜界限初判》确定 A 综合试验站伴生气 CO_2 分离工艺需要处理伴生气中 CO_2 的浓度高限值为 80%。

处理下限：结合目前现场实际以及伴生气中 CO_2 浓度高于 30%时无法燃烧的经验，确定伴生气 CO_2 分离工艺需要处理伴生气中 CO_2 的浓度低限值为 30%。

捕集 CO_2 所用伴生气的来源包括两相分离器、三相分离器、净化罐及沉降罐中分离出的伴生气。使用 Unisim 软件模拟 CO_2 捕集过程。模拟中所用的伴生气物料的物性及组分组成见表 2 及表 3。

表 2 基础数据表

名称	气量/(m^3/h)	温度/℃	压力/MPa
净化罐、沉降罐来气	31.32~42.10	3~30℃	常压
两相/三相分离器来气	500	5~45℃	0.2~0.30（A）

表 3 Unisim 软件模拟计算开采初期及末期伴生气组分表

开采阶段	开采初期		开采末期	
伴生气组成 摩尔分数/%	分离器伴生气 （两、三相）	净化罐、沉降罐	分离器伴生气 （两、三相）	净化罐、沉降罐
CH_4	0.412084	0.161937	0.097113	0.041854
C_2H_6	0.025881	0.046027	0.011122	0.016061
C_3H_8	0.010629	0.039288	0.006026	0.016376
i-C_4H_{10}	0.000637	0.003244	0.000438	0.001556
nC_4H_{10}	0.001003	0.005522	0.000743	0.002796
i-C_5H_{12}	0.000096	0.000618	0.000089	0.000369
n-C_5H_{12}	0.010610	0.070551	0.012742	0.053782
n-C_6H_{14}	0.004800	0.035342	0.007360	0.031848
n-C_7H_{16}	0.003240	0.025597	0.005829	0.025018
n-C_8H_{18}	0.001418	0.011914	0.002851	0.011998
n-C_9H_{20}	0.000336	0.002980	0.000736	0.003027
n-$C_{10}H_{22}$	0.000088	0.000817	0.000207	0.000831
n-C_{11}	0.000021	0.000205	0.000053	0.000209
n-C_{12}	0.000007	0.000067	0.000018	0.000068
n-C_{13}	0.000002	0.000023	0.000006	0.000023
n-C_{14}	0.000001	0.000006	0.000002	0.000006
n-C_{15}	0.000000	0.000003	0.000001	0.000003
n-C_{16}	0.000000	0.000001	0.000000	0.000001
n-C_{17}	0.000000	0.000000	0.000000	0.000000
n-C_{18}	0.000000	0.000000	0.000000	0.000000
H_2O	0.012209	0.027789	0.026377	0.025508
CO_2	0.516939	0.568070	0.828287	0.768666
合计	1.0	1.0	1.0	1.0

根据基础数据表，伴生气 CO_2 捕集装置的处理量为 13000m^3/d。抽气压缩机的设计排量可取油罐蒸发气量的 1.5~2.0 倍，因此，抽气机橇的处理量为 2000m^3/d。

根据气体组分，伴生气 CO_2 液化装置处理规模为 7500m^3/d。伴生气 CO_2 捕集主要为脱除伴生气中的 CO_2 气体。目前国内使用膜法或变压吸附法回收伴生气中 CO_2 的项目少，技术不成熟，A 综合试验站试验项目中 CO_2 浓度变化范围大，对工艺的适应性要求高，所以 CO_2 捕集采用膜+变压吸附的工艺。为提高变压吸附捕集 CO_2 的效率，考虑在变压吸附工艺中增设增压流程。变压吸附的增压流程由膜处理装置内的压缩机提供，在现有设施的基础上统筹考虑，实现提高伴生气中 CO_2 捕集效果的同时还能降低总体投资。

经模拟，压力为 0.30MPa、温度为 5~45 ℃的含 CO_2 伴生气首先进入压缩机增压至 2.0MPa，冷却至 45 ℃后，分离出液体进入膜分离器。在膜的作用下获得 1.8MPa、45℃的渗透气(CO_2 浓度约 45%)节流至 0.5MPa 去变压吸附装置，0.1MPa、45℃的尾气(CO_2 浓度高于 95%)流向变压吸附装置后的真空泵。压力为 0.50MPa 温度为 45℃的膜渗透气进入变压吸附装置，经预处理分离掉液体后进入变压吸附塔，除去甲烷及烃类以外的 CO_2 杂质，获得 CO_2 浓度小于 5%的伴生气后输送至燃气管网。变压吸附装置的逆放解吸气与真空解吸气混合(组分 CO_2 纯度为≥95%)后流向回收处理装置(图 2)。

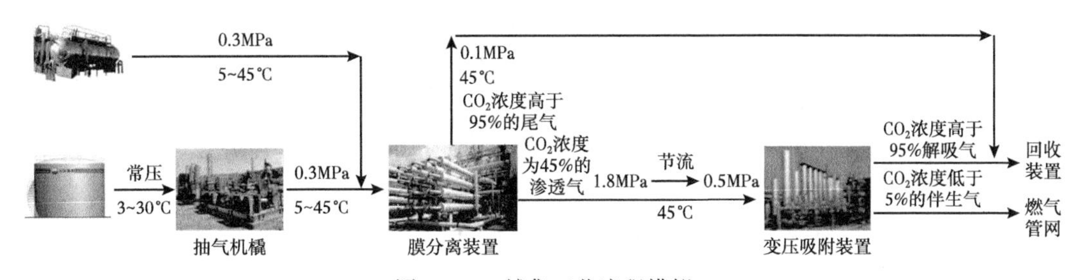

图 2　CO_2 捕集工艺流程模拟

3　CO_2 液化工艺

捕集后的二氧化碳，经过液化提纯后，即可注入地层进行驱替原油。常见的液化方式有低温低压液化和常温高压液化。A 综合试验站内的经过捕集装置处理的高浓度 CO_2(≥95%)经真空抽吸、增压、脱水后，再经丙烷冷剂制冷液化、提纯，最后在储罐储存并循环利用(图 3)。

经捕集装置处理的高浓度 CO_2 气体经过液环式真空泵进行抽吸后进入湿气分离器，分离出液体后的压力约为 0.01MPa、温度为 25~45℃的 CO_2 气体进入下游增压装置进行增压液化。分离出的液体经过工质液增压泵增压、空冷器冷却后进入液环式真空泵循环利用。

CO_2 的液化需要避开三相点和临界点。目前纯 CO_2 液化的压力为 2.2MPa，冷却温度为-20℃。压力为 0.01MPa（G）、温度为 5~45℃的真空抽吸装置来气(CO_2≥95%)进入压缩装置进行二级增压，增压后的气体压力为 2.40MPa（G）、温度为 50℃，增压后的 CO_2 气体进入脱水装置进行脱水。

国内外工业气体脱水常用的方法主要有吸收法、吸附法、冷却法、超音速脱水法等。A 综合实验站伴生气中二氧化碳的气量小、温度适中，脱水露点降最低为 50℃，综合各种脱水技术特点及适应性，选用分子筛吸附法进行脱水。分子筛采用双塔流程，一塔吸附，

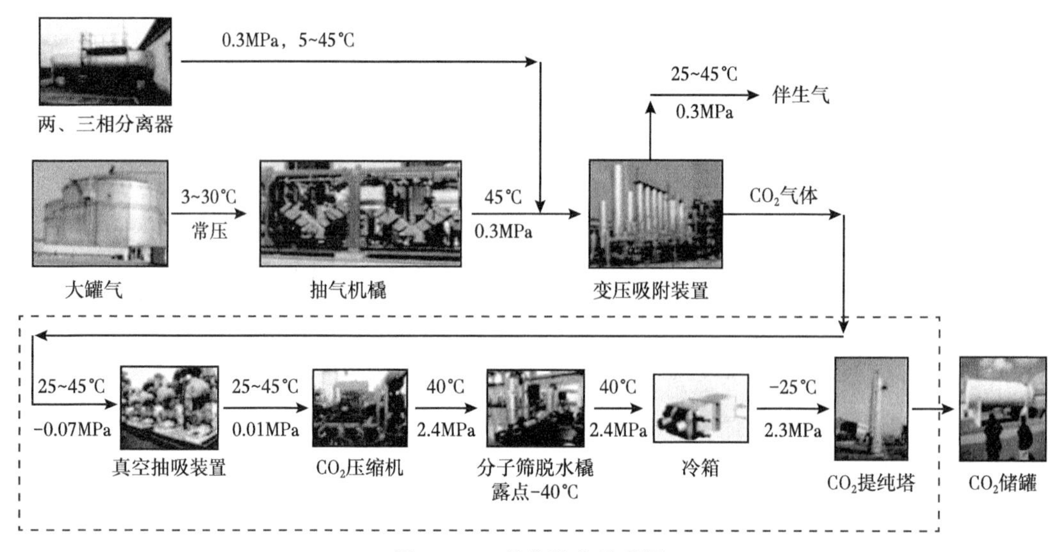

图 3　CO_2 捕集液化流程图

一塔再生，连续运行。吸附流程中湿二氧化碳气体进入分子筛脱水塔吸附脱水，脱水后的干气经过后置过滤器后进入下游装置。再生流程中再生气最初取自脱水后干气，后续取自提纯塔塔顶不凝气，经过电加热到200~240℃后自下而上进入再生塔底部，将分子筛吸附的水解吸出来，与再生气一起进入冷却器冷却到40℃后进入分离器分离出游离水，再生饱和湿气进入分子筛装置入口。

分子筛脱水后的气体压力为2.3MPa（G）、温度为20℃，进入冷箱冷却至-20℃液化后进入提纯塔进行提纯，塔底重沸器采用电加热器，塔底液体 CO_2（$CO_2 \geq 99\%$）经过冷箱换热、计量后进入已建的 CO_2 储罐。塔顶不凝气经过冷箱回收冷量后进入放空系统。

在 CO_2 的液化提纯过程中，根据干气增压单元确定液化压力和温度，推荐冷却温度为-20℃。目前工业中常用的浅冷制冷系统主要为丙烷制冷、胺制冷和氟利昂R22制冷等。丙烷对人体伤害较小且工艺成熟，因此选用丙烷制冷系统。制冷单元主要包括压缩冷凝机组、气液分离器及贮液橇块三部分。压缩冷凝机组利用丙烷压缩机将丙烷增压后，经过冷凝、节流膨胀后温度降低，进入提纯装置的冷箱换热后继续进入丙烷压缩机增压，以达到循环制冷的目的。气液分离器主要对丙烷进行气液分离，贮液橇块主要对压缩冷凝机组运行中的润滑油进行储存处理。

4　结论

(1)膜+变压吸附的工艺适用于长庆油田 CO_2 驱油技术采出伴生气中的 CO_2 气体的捕集，可使分离后的 CO_2 气体纯度和天然气纯度均能达到95%以上；

(2)膜+变压吸附工艺流程适用于 CO_2 浓度变化范围大，对工艺的适应性要求高的 CO_2 气体的捕集；

(3)经过膜+变压吸附工艺流程进行捕集的 CO_2 气体在脱水及冷却提纯后纯度可超过99%。

参考文献

［1］刘岱，李博鑫，石壮，等．制氢弛放气中 CO_2 胺法捕集工艺模拟及优化［J］．油气田环境保护，2021，31(5)：26-29.

［2］阮并元．CO_2 捕集技术之溶剂吸收技术［J］．石油石化绿色低碳，2021，6(5)：75.

［3］阮并元．CO_2 捕集技术之固体吸附剂技术［J］．石油石化绿色低碳，2021，6(5)：75-76.

［4］李飒，林千果，徐冬，等．膜分离—变压吸附协同捕集低浓度烟气二氧化碳工艺模拟研究［J］．现代化工，2021，41(9)：201-205.

［5］史博会，王靖怡，廖清云，等．多法联用 CO_2 捕集提纯工艺模拟［J］．天然气工业，2021，41(5)：110-120.

CCUS产业发展特点及成本界限研究

胡永乐　郝明强

（中国石油勘探开发研究院）

摘要：世界范围内CCUS（CO_2捕集、利用与埋存）产业发展迅速，并且逐渐从单环节项目向全产业项目发展；捕集对象从电厂和天然气处理，扩展到钢铁、水泥、煤油、化肥及制氢等行业。目前，产业驱动方式主要有5种：政府及公共基金、国家激励政策、税收、强制性减排政策及碳交易等。我国规模集中排放CO_2的企业主要以电厂、水泥、钢铁和煤化工为主，其排放量约占总量的92%。按浓度划分，以低浓度的电厂、水泥、钢铁及炼化行业为主，高浓度的煤化工、合成氨、电石及中浓度的聚乙烯行业排放源相对较少。CO_2来源成本由捕集、压缩及运输3部分构成，这3项成本均受捕集规模的影响，而捕集成本还与排放源浓度密切相关，高浓度排放源以压缩成本为主，低浓度排放源以捕集成本为主。多数油田对CO_2成本的承受力低于其来源成本，这之间的差距需要寻求技术、政策及市场等方面的途径来填补。

关键词：CO_2捕集、利用与埋存；产业模式；驱动方式；成本构成

当前，碳捕集、利用与埋存（CCUS）技术作为应对全球气候变化的重要技术途径之一，受到世界各国的广泛关注。国际能源署研究表明，到2050年将空气中的温室气体浓度限制在4.5×10^{-4}以内的所有碳减排技术中，CCUS的贡献为9%左右。因此，全球主要能源研究机构、碳减排倡导组织及一些国家和地区将CCUS技术作为未来主要的碳减排技术[1-3]。一方面，该项技术具有较大的碳减排潜力；另一方面，它与化石燃料系统具有良好的结合度，而且可以被广泛应用于其他行业，如石油开采、机械加工、化工、消防、食品加工和生物养殖等[4-7]。该文将介绍国内外CCUS的产业发展现状、我国规模集中CO_2排放源的特点，分析CO_2来源成本与驱油成本界限，并提出缩小成本差距的几个主要途径。

1　国内外CCUS产业发展现状

1.1　CCUS产业各环节技术成熟度

CCUS是一项新兴产业，就整个产业链而言，目前还处在研发和示范阶段。但从技术角度看，其所涉及的捕集、运输和埋存3大环节，均有较为成熟的技术可以借鉴。

在捕集阶段，电力行业燃烧后处理技术已较为成熟，所有发电类型均可采用；燃烧前处理技术属新兴技术，虽然发电机昂贵（由于附加的煤气化单元），但捕集成本较低；氧化燃料技术不太成熟，应用较少，比燃烧后处理成本高。工业部门捕集技术成熟度差异较

大，发展状况不一，其中从高纯 CO_2 源捕集方面面临的技术挑战较少，相对较为成熟；而低浓度的如水泥、钢铁、炼油等行业的 CO_2 捕集则尚待发展[8-9]。

在运输阶段，运输方式灵活多样，且已在其他行业有较成熟的经验可借鉴。其中，CO_2 的管道输送正作为一项成熟技术在商业化应用[10]。但需要重点关注的是如果进入大规模推广阶段，该如何制定合理的全局运输规划。

在埋存阶段，石油公司在长期的油气藏勘探开发过程中，已经拥有一支系统、专业化的勘探开发工程队伍，并在地质勘探、钻井、开发领域积累了丰富的实践经验。国内外已开展的一系列 CO_2 驱油的现场应用，为 CO_2 在油气藏和其他地质体的埋存做出了工程实践的样板。目前，国际上也已开展海上盐水层及废气油气田埋存 CO_2 的示范项目[11]。

1.2 在执行的 CCUS 项目特点

根据 GCCSI 的统计，目前世界上共有 CCUS 项目超过 400 个，其中年捕集规模在 40×10^4t 以上的大规模综合性项目有 43 个(含目前运行、在建和规划的项目)。

从 CO_2 排放源类型及规模来看，世界大规模综合性项目涉及的排放源有电厂、天然气处理、合成气、煤液化、化肥、制氢、钢铁、炼油及化工行业。其中电厂捕集量最大，占52%；其次是天然气处理，占20%；合成气占14%[7]。

在平均单个项目 CO_2 捕集量方面，天然气处理、合成气、煤液化及电力行业的 CO_2 捕集规模较大，可高达 $(500\sim850)\times10^4$t/a，平均单个项目 CO_2 捕集量为 $(200\sim370)\times10^4$t/a；化肥、制氢、钢铁、炼油及化工行业 CO_2 捕集规模相对较小，平均为 $(90\sim120)\times10^4$t/a[8]。

1.3 CCUS 产业模式及驱动方式

按 CCUS 产业捕集、运输、利用及埋存环节的组合关系，可将目前国内外 CCUS 产业模式分为 3 类：(1)CU 型：产业环节组合为捕集—利用，即对排放的 CO_2 进行捕集，其捕集的 CO_2 直接利用于化学品、制冷、饮料等；(2)CTUS 型：产业环节组合为捕集—运输—利用+埋存，如美国在 Oklahoma 运行中的 Enid 化肥项目，捕集量约为 0.68×10^8t/a，采用陆陆管道运输模式，用于 CO_2 驱油；(3)CTS 型：捕集—运输—埋存，如挪威在北海已运行的 Sleipner CO_2 注入盐水层项目。目前，世界上大规模综合性项目中，美国、加拿大及中东地区以 CTUS-EOR 产业模式为主，欧洲及澳大利亚—新西兰则以 CTS-盐水层及废弃油气田模式居多。我国运行及在建产项目中，多以 CO_2 利用为主，因此，产业模式多为 CU 型，部分为 CUS 型，完整产业链的 CTUS 相对较少；计划执行的大规模项目中，完整产业链、永久埋存的产业模式 CTUS 或 CTS 开始增多[14-17]。

目前，CCUS 产业发展的驱动方式主要有 5 种，分别为：政府及公共基金、国家激励政策、税收(碳税)、强制性减排政策及碳交易等。其中，激励政策包括政府或组织机构投资补贴、税收减免、矿区使用费的优惠、CO_2 价格担保和政府对投资贷款的担保等。需要指出的是，目前 CCUS 项目多处在研发和示范阶段，其主要的驱动力来源于政府的资金支持和国家激励政策，以及税收等因素[18-19]。随着产业的发展，当从示范阶段走向大规模工业化推广和商业化运行阶段，强制性减排与碳交易市场可能成为其主要的驱动因素。

1.4 国内外 CCUS 项目特点对比

近年来，世界上正在运行的大规模综合性 CCUS 项目，其 CO_2 主要来源于高浓度的天然气处理、化肥生产及合成气；正在建设的 CCUS 项目，其 CO_2 主要来源于电厂及制氢企业；计划中的项目，捕集的对象扩展到钢铁、水泥、煤油、化工等行业。项目的 CO_2 捕集规模在（40～850）×10^4t/a，多数大于 100×10^4t/a，运输距离为 0～315km，多数超过 100km。从埋存类型来看，在运行及执行项目中有 62.5%是 EOR 项目；正在计划中的项目，CO_2-EOR 项目比例减少，约占 46%，盐水层埋存项目增多[20]。

中国 CCUS 项目与国际比较，其特点是运行及执行的项目中，完整产业链的项目相对较少，规模相对较小，捕集对象类型相对单一，长距离管道运输相对较少，盐水层埋存的项目较少。近十多年，我国相关部门加大对油田 CO_2 驱油与埋存技术发展的支持力度，先后设立了两期国家 973 项目、863 项目和三期国家科技重大专项项目，开展了理论、技术、示范工程攻关，在中国石油、中国石化等石油公司还配套设立科技专项。经过持续攻关，我国无论在理论、技术还是矿场试验方面都取得了重大进展，在吉林、胜利等油田成功建成了 CO_2 驱油与埋存的示范基地。

2 我国规模集中 CO_2 排放源的特点

2.1 CO_2 排放量计算方法

依据国际通用的 IPCC 方法，计算 CO_2 的排放量：

$$E_{CO_2}=EF\cdot P \tag{1}$$

$$E_{CO_2}=EF\cdot P_c\cdot a\cdot T \tag{2}$$

式中 E_{CO_2}——CO_2 排放量，t/a；

EF——CO_2 排放因子；

P——产品产量，t/a；

P_c——产品年产能，t/a；

a——产能利用系数；

T——设备平均利用时间，h。

在该方法中，工业生产中 CO_2 排放量区分为燃料燃烧和工艺过程排放 2 部分。由于将燃料数据和产品数据分开统计，不易反映集中排放源的特点，所以以企业产量和产能为基础，采用同时考虑燃料燃烧和工艺过程因素的综合排放因子，计算点源的排放量，汇总得到总排放量。

排放量计算中，排放因子的确定是关键，它是为燃料类型、燃烧效率、工艺工程、技术水平、减排程度及技术进步等诸多因素的函数[21]。中国能源活动排放源设备体系庞大而分散，逐一实测确定受到经济条件的约束，企业公布数据又受到可信度的质疑。因此，该文在计算过程中，对各工业部门分别采用排放因子的平均值（表 1）。

表 1　8 个主要行业 CO_2 排放源的排放因子

行业	煤化工				火电	水泥	钢铁	合成氨	炼化	聚乙烯	电石
	甲醇合成	烯烃合成	煤直接液化	煤间接液化							
排放因子	2	6	2.1	3.3	1	0.882	1.27	3.8	0.219	2.541	5.2

2.2 主要行业 CO_2 排放规模及排放量构成

规模集中排放 CO_2 的企业主要包括 8 个行业，分别是热电厂（装机容量较大的企业）、水泥、钢铁、煤化工、炼化、聚乙烯、合成氨、电石等。由图 1 可见，按排放量排序，我国主要的排放源类型以电厂、水泥、钢铁和煤化工为主，其排放量占总量的 92%，其余 4 类占比相对较小，约为 8%。

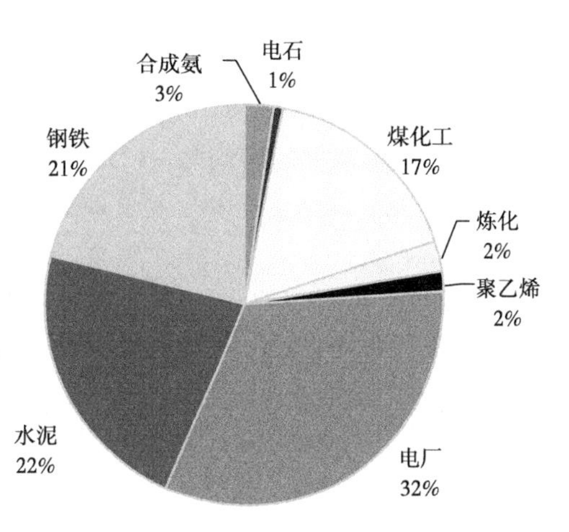

图 1　8 个主要行业 CO_2 集中排放源排放量占比

按单个企业 CO_2 排放规模对比，煤电企业 CO_2 排放量多在 10×10^8t/a 左右，电石、炼化、合成氨及聚乙烯企业 CO_2 排放量规模相对较小，几十至几百万吨不等，一般在 5.0×10^8t/a 以内，煤化工、钢铁、水泥行业企业 CO_2 排放量范围很大，一般在 $(1\sim30)\times10^8$t/a，如图 2 所示。

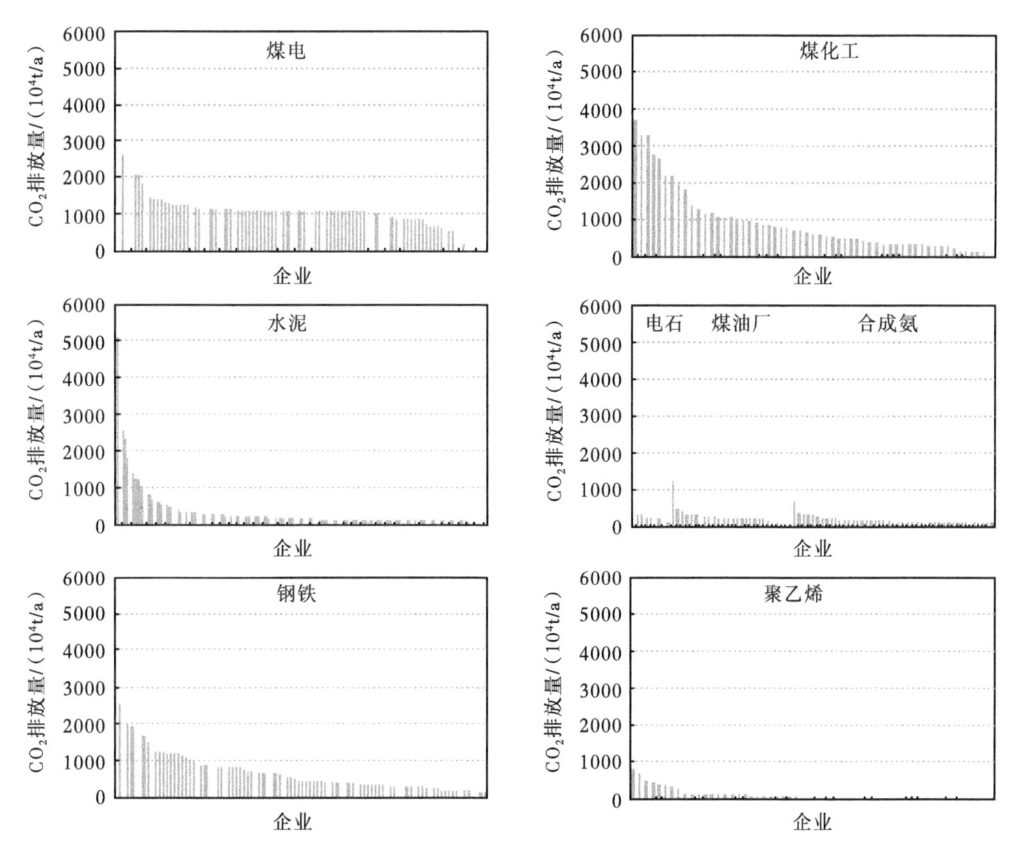

图 2　我国 8 类主要行业 CO_2 排放规模对比

2.3 规模集中 CO_2 排放源分布特点

从这些规模集中 CO_2 排放企业的分布位置来看，CO_2 排放源的分布与中国人口、经济发展状况大体相一致，主要分布在中国的东部，西部相对较少。

(1)热电。

热电厂属低浓度的排放源，CO_2 排放浓度在 8%~15%，但就排放量而言，是规模最大的 CO_2 排放源，占据了 8 个行业总排放量的 32%。电厂主要集中在我国的东南沿海一带和华北及东北地区。

(2)水泥。

近年来，我国水泥行业发展迅速，其 CO_2 排放量仅次于火力电厂，约占 CO_2 总排放量的 22.4%。水泥企业主要分布在我国东南沿海一带经济发达地区和西南地区，在西北和东北地区分布较少。水泥属于低浓度的排放源，其排放浓度大约在 11%~29%。

(3)煤化工。

煤化工是一个新型产业，由于中国丰富的煤炭资源，促使了煤化工在我国的兴起，其每年排放的 CO_2 约占总排放量的 16.8%。我国的煤化工企业分布也具有地域性，主要分布在产煤大省山西、陕西一带，在新疆也建有煤化工基地。煤化工属于高浓度的 CO_2 排放源，很多企业排放的 CO_2 气体经过简单的处理就可以用于 EOR（提高采收率），大大降低了其来源成本。

(4)钢铁。

钢铁企业 CO_2 年排放量约占总排放量的 21.2%，成为继热电厂和水泥之后的第三大 CO_2 排放行业。由于钢铁企业需要发达的交通支持，所以钢铁企业主要分布在我国交通比较发达的华东、华南地区。钢铁企业属于低浓度排放源。

(5)合成氨。

合成氨企业每年排放的 CO_2约占总排放量的 2.68%，虽然规模较小，但其属于高浓度排放源，捕集成本和压缩成本较低，具有较好的成本优势，是优先考虑使用的 CO_2 排放源。这些企业主要分布在华东、华南一带，新疆地区也有少量合成氨企业。

(6)炼化。

炼化主要是指石油炼化，我国的炼油能力居世界前三，炼油企业每年排放的 CO_2 量约占排放总量的 2.29%，虽然排放量小，所占的比例也较小，但其中部分是属于石油系统内的排放源，资源利用较为便捷。

(7)聚乙烯。

与其他行业相比，聚乙烯企业 CO_2 排放量相对较小，约占总排放量的 1.92%。聚乙烯属于中浓度排放源，主要分布在华北地区，在东北和新疆有少量的该类企业。

(8)电石。

电石行业的 CO_2 排放量仅占总排放量的 0.73%。排放浓度较高，主要分布在我国的新疆和东北地区。

从这些企业的排放特点和规模来看，以低浓度的排放源居多，如电厂、水泥、钢铁及炼化等行业；高浓度及中浓度的排放源相对较少，如煤化工、合成氨、电石、聚乙烯等行业。但总体上，我国几大主要产油区附近均有比较丰富的 CO_2 排放源，其中新疆油田和长庆油田，其周围有相对较多的煤化工、合成氨和电石企业，这些都是高浓度的

CO_2 排放源；华北油田、冀东油田、大港油田周围主要是中浓度的聚乙烯和低浓度的水泥及电力企业；而东北地区的大庆油田和吉林油田周围主要是低浓度的热电厂、炼化和钢铁企业。

3　CO_2 来源成本与驱油成本界限

3.1　CO_2 来源成本的构成及影响因素

CO_2 来源成本主要包括捕集成本、压缩成本和运输成本。目前，对电厂及工业企业 CO_2 捕集投资的估算方法主要有 3 种：工程量法、回归法及规模指数法(规模因子法)，该文采用规模指数法。压缩及运输成本的计算采用了美国加州大学 Davis 分校 MCCOL-LUM D L 和 OGDEN J M 的研究方法[22-23]。

CO_2 来源成本的主要影响因素包括 CO_2 流量、排放浓度和运输距离。

对于 CO_2 的捕集成本，主要影响因素是 CO_2 的排放浓度和流量。如图 3 所示，CO_2 的排放浓度越高，捕集成本越低，排放浓度越低则捕集成本越高；当浓度相同时，CO_2 捕集成本随流量的增大而降低，但影响程度因浓度的高低而不同，当 CO_2 排放浓度较低时，流量的影响更为显著。

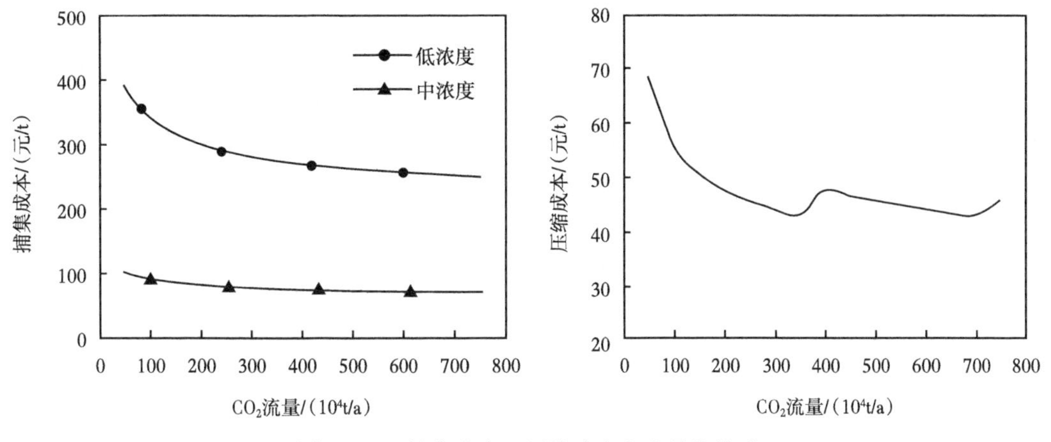

图 3　CO_2 捕集成本、压缩成本和流量的关系

对于 CO_2 的压缩成本，主要影响因素是 CO_2 流量和运输距离。流量对成本的影响趋势为：在一定流量范围，压缩成本随流量的增加而减小，当流量达到一定规模时，由于压缩功率的加大而需增加压缩链，使得投资和运行成本增加，因而造成曲线的跳跃。

对于 CO_2 的运输成本，主要影响因素是运输距离和 CO_2 流量。如图 4 所示，运输成本随运输距离的增加呈幂函数递增，随 CO_2 流量的增加呈幂函数递减，运输距离越长随流量递减速度越快。

高浓度排放源的 CO_2 来源成本以压缩成本为主，约占 90%；中浓度排放源的 CO_2 来源成本则以捕集成本为主，约占 60%，压缩成本占 35%左右；低浓度排放源的 CO_2 来源成本以捕集成本为主，约占 80%。

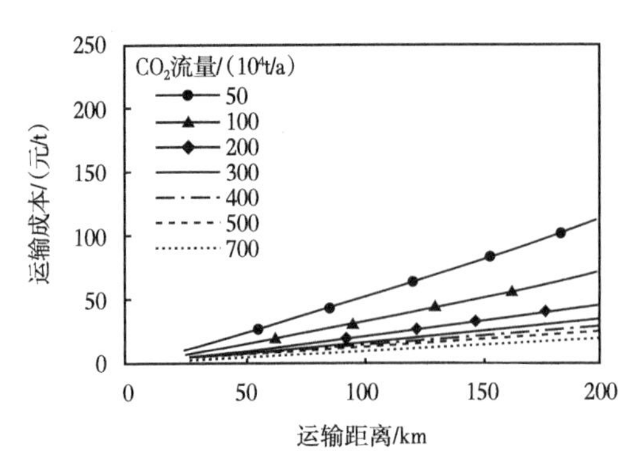

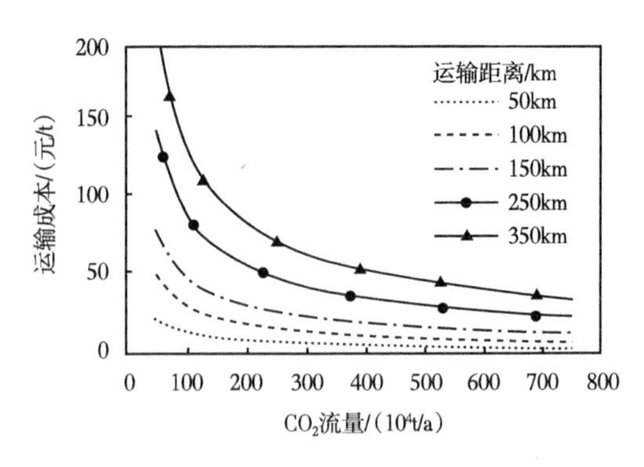

图 4　CO_2 运输成本和流量、运输距离的关系

3.2　不同油区 CO_2 来源成本估算

根据上述 CO_2 来源成本的估算方法，测算不同油田的 CO_2 来源成本。

以来源成本最低为原则选用 CO_2 排放源，捕集成本估算结果表明：高浓度排放源在排放点的成本（捕集成本+压缩成本）多小于 150 元/t，但对于一些排放量较小的排放源，其成本有的也达到 250 元/t；中浓度排放点的成本多在 108～190 元/t；而低浓度排放点的成本多在 270～420 元/t。

经运输管道路径优化后，加上运输成本，即为至井口的来源成本。测算结果表明，如果油区附近有距离较近的高浓度排放源，且其排放量可满足油田所需的 CO_2 用量，则其来源成本相对较低，如长庆油田和新疆油田等；如果油区附近以中低浓度排放源为主，且规模相对较小，则其来源成本则相对较高，一般要在 200～300 元/t 以上，见表 2 和如图 5 所示。

表 2　10 个油区实例 CO_2 来源成本估算（至井口）　　单位：元/t

油田	A	B	C	D	E	F	G	H	I	J
最大值	669	117	731	557	511	327	672	320	430	406
最小值	48	60	60	133	98	243	147	282	294	276
平均值	61	74	328	244	258	273	276	296	298	314

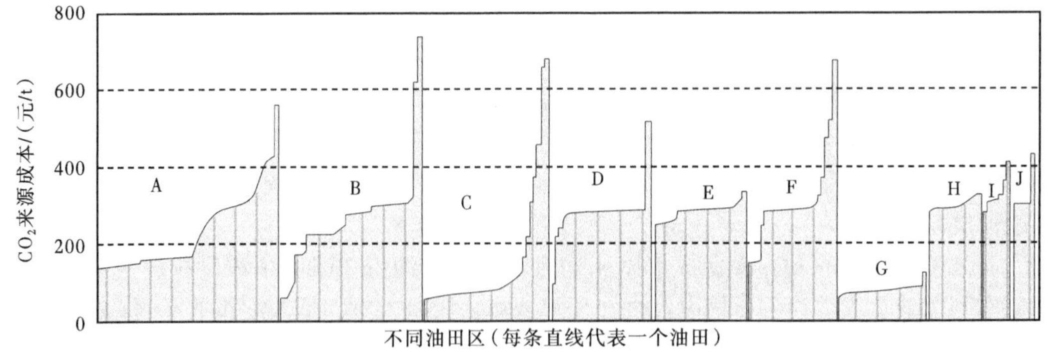

图 5　不同油区不同油田 CO_2 来源成本（捕集+压缩+运输）

3.3 CO_2 驱油承受成本测算

测算不同油田进行 CO_2 驱油时所能承受的 CO_2 来源成本，关键参数取值为：油价 60 美元/bbl、增值税 17%、城建税 7%、教育附加费 3%、资源优惠税 0.035%、所得税 25%、贴现率 12%、特别收益金起征点为油价 65 美元/bbl、率税 20%~40%、实行 5 级超额累进从价定率计征，折旧年限 10 年。

测算结果见表 3。各油田 CO_2 驱油（CO_2-EOR）对 CO_2 来源成本的承受能力因油田的产量、递减速度、埋藏深度等因素的不同而有较大的差异。约有 27%的油田无承受能力，51%的油田虽有一定承受力，但多低于 200 元/t，只有 23%的油田可承受 200 元/t 以上的来源成本。

表 3　10 个不同油区 CO_2 承受成本分级统计

油区	技术可行油田数量	不同 CO_2 价格时经济可行油田个数			
		<0 元/t	0~200 元/t	200~400 元/t	>400 元/t
A	34	8	23	3	
B	24	6	14	4	
C	39	11	14	9	5
D	50	12	28	10	
E	25	8	11	5	1
F	27	8	14	5	
G	12	4	4	4	
H	6	1	3	2	
I	7	4	3		
J	6	2	2	2	
合计	223	60	113	44	6

为了研究影响 CO_2 承受成本的主要因素，设计不同的油价、不同的贴现率、不同的优惠政策、资源税减免等情形，对比分析其影响程度。具体参数取值如下：油价分别为 40 美元/bbl、50 美元/bbl、60 美元/bbl、70 美元/bbl、80 美元/bbl、90 美元/bbl、100 美元/bbl；贴现率分别为 12%、10%、8%和 5.58%；优惠政策分别为有无埋存补贴，补贴为 15 美元/t；有无资源税减免。

图 6 为 C 油区不同油田在不同油价时所能承受的 CO_2 来源成本变化曲线。从图中可以看出，油价上涨可以大幅度提高 CO_2 承受成本。对于有一定承受力的油田（即承受成本大于零），当油价每增加 10 美元/bbl，承受成本增加 12~92 元/t。承受力越高的油田，增长幅度越大；同一油田，油价从低到高承受力增长的幅度（10 美元/bbl）也有所不同，65 美元/bbl 油价以下，增长幅度相对较大，65 美元/bbl 油价以上，因需缴纳特别收益金，增长幅度减小。

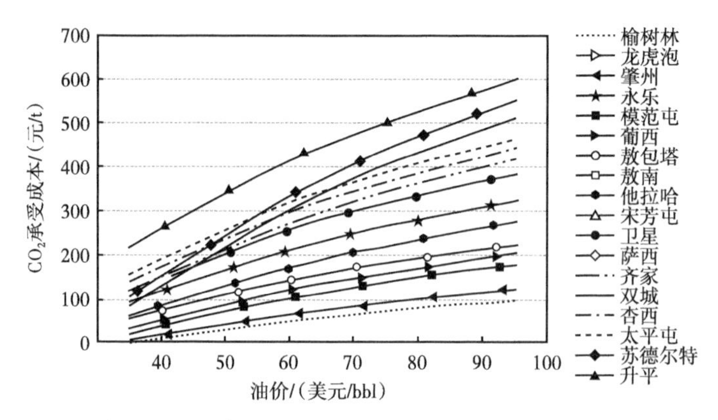

图 6　C 油区各油田对 CO_2 承受成本随油价变化曲线

图 7 为 A 油区不同油田在不同贴现率时所能承受的 CO_2 来源成本变化柱状图。从图中可以看出，降低投资回报率可增加 CO_2 承受成本。当贴现率由行业收益率 12%降为 10%，CO_2 承受成本的增量为 2.65~47.38 元/t，平均增加 26.9 元/t；当以社会平均收益 8%计算时，CO_2 承受成本的增量为 4.87~99.30 元/t，平均增加 56.3 元/t；当以无风险资金成本 5.58%计算时，CO_2 承受成本的增量为 6.87~167.55 元/t，平均增加 95.2 元/t，且原承受力越低，降低贴现率带来的增量越大。

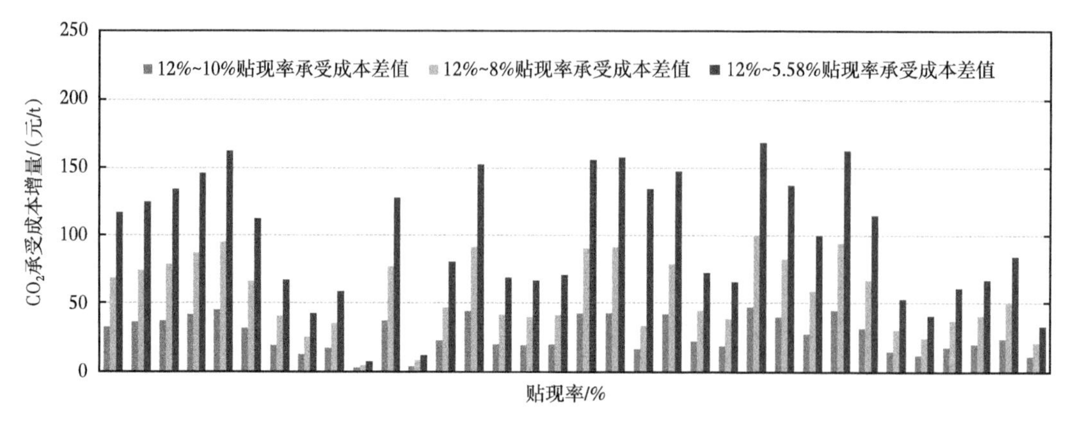

图 7　A 油区各油田对 CO_2 承受成本随贴现率变化对比

分 3 种情况分析优惠政策对 CO_2 承受成本的影响，分别为：当前条件下、免除资源税和给予埋存补贴 3 种情形。对比结果表明，资源税和埋存补贴对 CO_2 承受成本影响非常显著，如果每埋存 1t 给予一定补贴，或者减免资源税，可以使得一大批原来在技术上可以进行 CO_2 驱油而经济上却没有效益的油田，实现 CO_2-EOR。

3.4　缩小来源成本和驱油承受成本差距的可能途径

由上述分析可见，多数油田对 CO_2 驱油的成本承受力低于其来源成本，这之间的差距需寻求技术、政策及市场等方面的途径来填补，才能推进并且实现 CCUS 的可持续发展。可以通过以下 2 个方面的途径逐步改善这种状况[24-26]。

(1)从 CO_2 来源环节考虑通过降低成本来缩小差距。降低 CO_2 来源成本主要是指排放点的捕集成本，如果将 CO_2 捕集成本降低 20%~30%，可使经济可行的油田个数从 19%增加到 25%~29%，特别对于有低浓度高捕集成本的油田，其对油区经济可行项目的增加效果非常明显。

（2）从油田埋存环节考虑争取优惠政策。通过减免资源税或给予一定的埋存补贴，能够大幅度提高国家 CCUS 的发展规模，尤其在低油价时影响更为显著；而且对于一些油区，必须依靠政策扶持才能开展。例如，当免除资源税和给予埋存补贴时，可使成本差值大于零的经济可行油田个数从 19%分别增加到 32%、43%。

如果能够同时实现降低 CO_2 来源成本和免除资源税或给予埋存补贴的优惠政策，二者的双重作用将可以大幅度缩小成本差距，使经济可行的油田数量有较大幅度的增加，有望将经济可行油田数量从原来的 20%左右提高至 50%以上。

4 结论

（1）对比分析了国内外 CCUS 项目的技术成熟度、类型、分布、规模、特点，以及 CCUS 产业模式和产业驱动方式。

（2）我国规模集中排放 CO_2 的企业主要以电厂、水泥、钢铁和煤化工为主，约占总排放量的 92%。按浓度划分，以低浓度的电厂、水泥、钢铁及炼化行业的排放源居多，高浓度的煤化工、合成氨、电石及中浓度的聚乙烯行业排放源相对较少。

（3）CO_2 来源成本由捕集成本、压缩成本及运输成本 3 部分构成，这 3 项成本均受捕集规模的影响，而捕集成本还与排放源浓度密切相关，高浓度排放源以压缩成本为主，低浓度排放源则以捕集成本为主。多数油田对 CO_2 驱油的成本承受力都低于其来源成本，可通过技术、政策及市场等手段缩小其成本差距。

参考文献

[1] 秦积舜，李永亮，吴德斌，等．CCUS 全球进展与中国对策建议［J］．油气地质与采收率，2020，27（1）：20-28.

[2] 杨勇．胜利油田特低渗透油藏 CO_2 驱技术研究与实践［J］．油气地质与采收率，2020，27（1）：11-19.

[3] 严巡，刘让龙，王长权，等．盐间油藏原油和 CO_2 最小混相压力研究［J］．非常规油气，2019，6（5）：54-56.

[4] 张本艳，周立娟，何学文，等．鄂尔多斯盆地渭北油田长 3 储层注 CO_2 室内研究［J］．石油地质与工程，2018，32（3）：87-90.

[5] 丁妍．濮城油田低渗高压注水油藏转 CO_2 驱技术及应用［J］．石油地质与工程，2019，33（6）：73-76.

[6] SVENSSON R，ODENBERGER M，JOHNSSON F，et al. Transportation systems for CO_2—application to carbon capture and storage［J］. Energy Conversion and Management，2004，45（15）：2343-2353.

[7] 李阳．低渗透油藏 CO_2 驱提高采收率技术进展及展望［J］．油气地质与采收率，2020，27（1）：1-10.

[8] 贾凯锋，计董超，高金栋，等．低渗透油藏 CO_2 驱油提高原油采收率研究现状［J］．非常规油气，2019，6（1）：107-114.

[9] AYDIN G，KARAKURT I，AYDINER K. Evaluation of geologic storage options of CO_2：Applicability，cost，

storage capacity and safety [J]. Energy Policy, 2010, 38(9): 5072-5080.

[10] BENZ E, TRUCK S. Modeling the price dynamics of CO_2 emission allowances [J]. Energy Economics, 2009, 31 (1): 4-15.

[11] HEROLD J, MENDELEVITCH R. Modeling a carbon capture, transport, and storage infrastructure for Europe [J]. Environmental Modeling and Assessment, 2014, 19(6): 515-531.

[12] ANANTHARAMAN R, ROUSSANALY S, WESTMAN S F, et al. Selection of optimal CO_2 capture plant capacity for better investment decisions [J]. Energy Procedia, 2013, 37: 7039-7045.

[13] HAN J H, LEE I B. Development of a scalable infrastructure model for planning electricity generation and CO_2 mitigation strategies under mandated reduction of GHG emission [J]. Applied Energy, 2011, 88 (12): 5056-5068.

[14] HAN J H, LEE I B. Development of a scalable and comprehensive infrastructure model for carbon dioxide utilization and disposal [J]. Industrial & Engineering Chemistry Research, 2011, 50 (10): 6297-6315.

[15] KEMP A G, KASIM A S. A futuristic least-cost optimization model of CO_2 transportation and storage in the UK/UK continental shelf [J]. Energy Policy, 2010, 38(7): 3652-3667.

[16] KLOKK Ø, SCHREINER P F, PAGÈS-BERNAUS A, et al. Optimizing a CO_2 value chain for the Norwegian continental shelf [J]. Energy Policy, 2010, 38(11): 6604-6614.

[17] 牛保伦. 边底水气藏注二氧化碳泡沫控水技术研究 [J]. 特种油气藏, 2018, 25 (3): 126-129.

[18] MIDDLETON R S, BIELICKI J M. A scalable infrastructure model for carbon capture and storage: Sim CCS [J]. Energy Policy, 2009, 37 (3): 1052-1060.

[19] MCCOY S T, RUBIN E S. An engineering-economic model of pipeline transport of CO_2 with application to carbon capture and storage [J]. International Journal of Greenhouse Gas Control, 2008, 2 (2): 219-229.

[20] DAVISON J. Performance and costs of power plants with capture and storage of CO_2 [J]. Energy, 2007, 32(7): 1163-1176.

[21] RUBIN E S, CHEN C, RAO A B. Cost and performance of fossil fuel power plants with CO_2 capture and storage [J]. Energy Policy, 2007, 35(9): 4444-4454.

[22] RUBIN E S, YEH S, ANTES M, et al. Use of experience curves to estimate the future cost of power plants with CO_2 capture [J]. International Journal of Greenhouse Gas Control, 2007, 1(2): 188-197.

[23] 邓瑞健, 田巍, 李中超, 等. 二氧化碳驱动用储层微观界限研究 [J]. 特种油气藏, 2019, 26 (3): 133-137.

[24] 何应付, 赵淑霞, 计秉玉, 等. 砂岩油藏 CO_2 驱提高采收率油藏筛选与潜力评价 [J]. 油气地质与采收率, 2020, 27(1): 140-145.

[25] 鞠斌山, 于金彪, 吕广忠, 等. 低渗透油藏 CO_2 驱油数值模拟方法与应用 [J]. 油气地质与采收率, 2020, 27(1): 126-133.

[26] 王海妹. CO_2 驱油技术适应性分析及在不同类型油藏的应用: 以华东油气分公司为例 [J]. 石油地质与工程, 2018, 32(5): 63-65.

(编辑: 李青)

CO_2 -EOR and its Storage Potential in China

Hu Yongle[1] Dou Hongen[1] Song Lili[2] Jiang Kai[2] Zhu Dan[3]

(1. Research Institute of Petroleum Exploration and Development(RIPED);

2. School of Energy Resources, China University of Geosciences, Beijing;

3. China University of Petroleum)

Abstract: The paper presents various trapping mechanisms of CO_2-EOR storage capacity. In order to study CO_2 storage capacity at different reservoirs and regions in China, the paper shows clearly what problems existing in the previous methodologies, and the new evaluation equations of CO_2-EOR and its storage capacity are derived by the authors, it is easy for estimating potential of CO_2-EOR and its storage capacity, it can be recommended for engineering operation of CO_2-EOR. In addition, China's CO_2-EOR demonstration projects are introduced, including Jilin, Shengli and Yanchang and so on. China's prospect on CO_2-EOR will be sighted, high purity CO_2 can be captured from coal-chemical plants, its price is relative cheap, and the kind of man-made CO_2 resources offers a good opportunity for implementing CO_2-EOR. Finally, the paper points out that CO_2-EOR technology is a good pathway for reducing CO_2 emissions to deal with the global climate change.

Key Words: CO_2-EOR; evaluation equation; demonstration projects; storage potential

1 Introduction

Global warming has been become a hot topic in the world in recent years, human being faces great challenges in reducing emissions due to its coal-dominated energy mix and large yet growing carbon dioxide emissions, CO_2 Capture and Utilization Sequestration (CCUS) will likely become a strategic technology option to help reduce CO_2 emission in the world in the future.

The US longest of CO_2-EOR is the Permian Basin in West Texas and eastern New Mexico. Currently, 56 oil fields in the Permian basin are using CO_2-EOR, oil producing is approximately 2721t/d and accounts for as much as 85% of CO_2-EOR. It would not be economic to continue oil production in many of these fields without CO_2-EOR. One example of CO_2-EOR is the Denver Unit of the Wasson oilfield operated by Occidental Petroleum. Oil production began in the Denver unit in 1938, and oil production peaked in the mid-1940s. The operator began pressure maintenance with water flooding in 1965. CO_2-EOR began in 1983, and oil production leveled off about two years later. Through 2008, the Wasson field's Denver Unit produced an incremental 16.33×10^4t of oil through CO_2-EOR. The total original oil in place in the Denver Unit is estimated at 272×10^4t.

In looking at the life cycle of the Wasson field Denver Unit, primary recovery resulted in the production of 17. 2% of the original oil in place (OOIP) ; secondary recovery 30. 1% of the OOIP. The Denver Unit has an additional expected recovery of 19. 5% through CO_2-EOR. The total of all recovery, including primary, secondary and CO_2-EOR, is expected to reach 66. 8% of the original oil in place. The actual recovery factors from this project and other projects can be applied to estimate the significant opportunity of 9. 12×10^8t of additional economic oil to be recovered with CO_2-EOR[1-3].

Enhanced oil production from miscible CO_2 floods in the US is reported to be on the order of 33333t/d, while enhanced oil production from immiscible floods is reported to be on the order of 367t/d.[3]

The US has implemented CO_2-EOR incentive polices, also, Canada government and EU both have supported CCS projects to propose and encourage the technology development of CCS. According to IPCC 2015 special report[2], the policy, market and operation of global CCS project is to fight for global climate change. The purpose of this paper introduces situation of CO_2-EOR and its storage potential in China.

2 Mechanism of CO_2 Storage

There are several ways in which CO_2 can be trapped at 800m or deeper in saline formations or oil and gas reservoirs in sedimentary basins. Generally, we divided mechanism of CO_2 storage into four categories. Figure 1 shows the different trapping mechanism[5-6]. (1) Structural/stratigraphic trapping [Figure 1 (a)] ——traps CO_2 as a buoyant fluid within geological structures and flow system (also known as physical trapping or hydro-geological trapping). (2) Residual trapping—— CO_2 is trapped as small droplets by interfacial (or surface) tension [Figure 1(b)]. (3) Solubility trapping [Figure 1(c)] —— the CO_2 dissolves into the surrounding formation water making that water about 1% more dense. (4) Mineral trapping [Figure 1(d)] —dissolved CO_2 reacts with the reservoir rock, forming solid carbonate minerals.

CO_2 is injected into storage site that is the geological formation. CO_2 moves up through the storage site until it reaches an impermeable layer of rock overlaying of the storage site, this layer is known as the cap rock and traps CO_2 in the storage formation. This storage mechanism is called "structural storage". Structural storage is the primary storage mechanism of CO_2 and is the same process that has kept oil and gas securely trapped under the ground for millions of years providing confidence that CO_2 can be safely stored indefinitely.

As the injected CO_2 moves up through the geological storage site towards the cap rock, some of it is left behind in the microscopic pore spaces of the rock. CO_2 is tightly trapped in the pore spaces by a mechanism known as "residual storage". Eventually, this residually trapped CO_2 will dissolve into the formation water where the water becomes fully saturated with CO_2. Residual trapping involves trapping CO_2 at the irreducible saturation point, segregating the CO_2 bubble into droplets that become trapped in individual or groups of pores. The residual trapping means the CO_2 will be left behind as residual or droplets in the pore spaces when the supercritical CO_2 is injected into the reservoir.

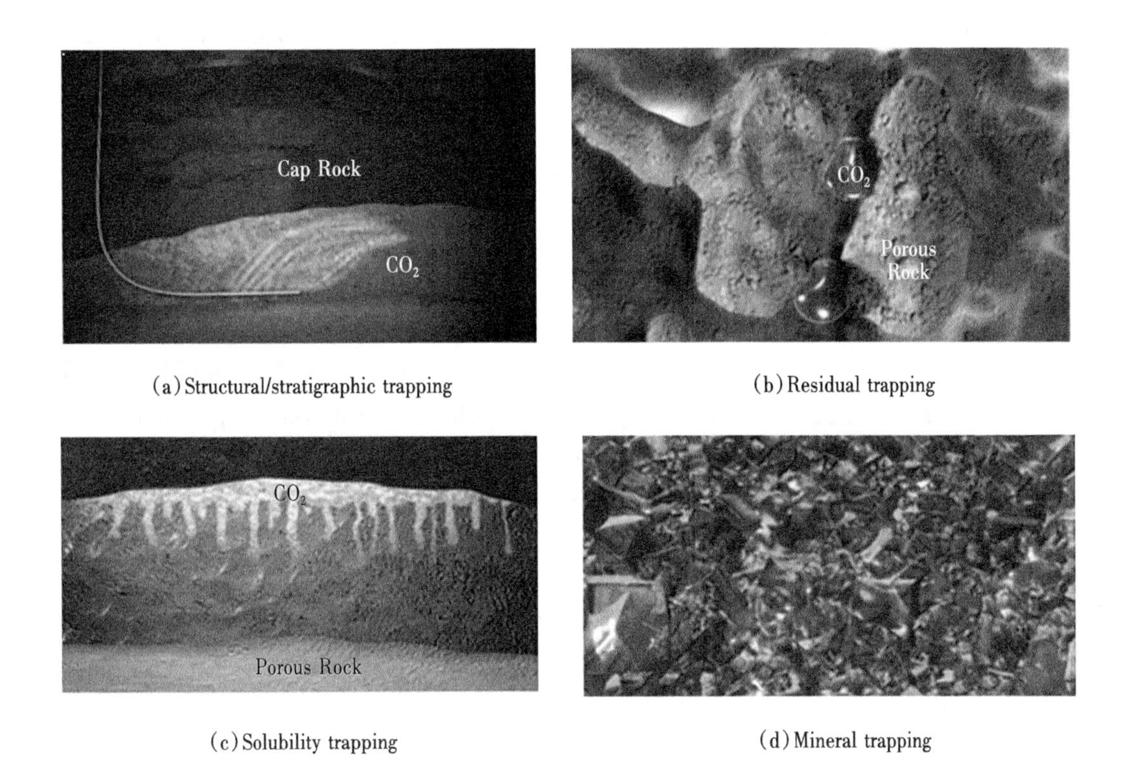

(a) Structural/stratigraphic trapping　(b) Residual trapping

(c) Solubility trapping　(d) Mineral trapping

Figure 1　Mechanism of CO_2 storage

CO_2 stored in a geological formation will begin to dissolve into the surrounding salty water. This makes the salty water begin to sink down to the bottom of the storage site. This is known as "dissolution storage". The solubility trapping means that CO_2 dissolves into the salt water and crude oil in reservoir, which traps the CO_2 even more securely. CO_2 dissolves into the aqueous phase and alters the pH through reactions coupled to the dissociation of water. Reactions of the following type occur when CO_2 dissolves in water:

$$H_2O+CO_2 \leftrightarrow H_2CO_3 \leftrightarrow HCO_3^-+H^+$$

The mineral trapping means that when CO_2 dissolves in water it forms a weak carbonic acid which can react with the minerals in the surrounding rock to form solid carbonate minerals. This trapping process will take very long time. Finally "mineral storage" occurs when the carbon dioxide held within the storage site binds chemically and irreversibly to the surrounding rock. One of the fastest geochemical precipitation reactions is the precipitation of calcium carbonate, which occurs when free calcium ions exist in the presence of bicarbonate ions in supersaturated amounts, and is most effective at high pH values. The reaction produces calcite, and it is this reaction that forms the theoretical basis for the storage of CO_2 as the mineral calcite.

$$Ca^{2+}+HCO_3^- \leftrightarrow CaCO_3+H^+$$

For the more complex minerals commonly found in aquifers, the reaction is of the form:

$$Feldspars+Clays+CO_2 = Kaolinite+Calcite+Dolomite+Siderite+Quartz$$

Where CO_2 is permanently fixed as the carbonate minerals calcite, dolomite and siderite, CO_2 mineral traps are most effective when the aquifer contains minerals that are proton sinks that is, the basic silicate minerals such as the feldspars and clay minerals. Consequently, mineral trapping of CO_2 is favored in aquifers containing an abundance of clay minerals—typically, siliciclastic aquifers are favored over carbonate aquifers.

3 Estimation Method of CO_2-EOR

CO_2-EOR and CO_2 storage in oil reservoirs have a certain potential to provide an actual solution for reducing greenhouse gas (GHG) emissions. The carbon dioxide may be injected into the gas cap of an oil reservoir in order to provide additional pressure drive for oil recovery. Alternatively, the CO_2 may be injected as a flood and used to "sweep" the residual oil. The use of CO_2 in miscible floods is a proven technology, and its activity continues to increase in the U. S. When CO_2 is injected into the reservoir, it dissolves in the oil, thus reducing its viscosity and moving the oil towards the producing well. Inherently, there is always CO_2 co-produced with the oil. However, it will be captured and re-injected into the reservoir. For immiscible floods, significantly more CO_2 may be left in the reservoir.

Many scholars did not give any estimation methods of CO_2-EOR storage[19-35] in the past research. At present, estimation method of CO_2-EOR is still to use experimental data of core flooding, generally, CO_2-EOR value cannot be obtained from the experimental data directly, because we cannot obtain sweep efficiency from core flooding of CO_2-EOR, it is difficult to determine CO_2-EOR value from core flooding. Our research presents a new method for estimating CO_2-EOR value by operation parameters of CO_2 injection and OOIP. Firstly, we use a new parameter K_{CO_2} for calculating CO_2 storage capacity; it is addressed CO_2 utilization factor. It is the net amount of CO_2 required of incremental recovery, then, it is expressed as following:

$$K_{CO_2} = \frac{\sum_{i=1}^{n}\left([Q_{iCO_2}]_i \rho_{CO_2} - [Q_{rCO_2}]_i \rho_{CO_2}\right)}{\sum_{i=1}^{n}[Q_o]_i \rho_o} \tag{1}$$

Whereis K_{CO_2}——CO_2 utilization factor, %;

n —— year number of CO_2 injection;

$[Q_{iCO_2}]_i$—— i-th year CO_2 injection capacity, Gt;

$[Q_{rCO_2}]_i$——i-th year CO_2 return capacity from underground, Gt;

$[Q_{rCO_2}]_i$—— i-th year oil production, Gt;

ρ_o——oil density in formation condition, 0. 8t/m^3;

ρ_{CO_2}—— CO_2 density in formation, 0. 7t/m^3.

Generally, CO_2 utilization factor is estimated to be between 1. 1 to 5tons-CO_2/tons-oil, with an average value of 3tons-CO_2/tons-oil. For field scale miscible CO_2—EOR floods, projected incremental recoveries range from 7% to 23% of the original oil in place (OOIP) and from the data available on immiscible floods, actual incremental oil recovery has been on the order of 9% to 19% of the original oil in place with net CO_2 requirements of 2. 2 to 5. 2tons-CO_2/tons-oil[37]. Because of the inherently higher utilization efficiency of CO_2 in miscible systems, virtually all world CO_2-EOR projects are miscible in nature.

$$E_R = \frac{\sum_{i=1}^{n} [Q_{CO_2}]_i \rho_{CO_2}}{Ah\phi(1 - S_{wi})\rho_o K_{CO_2}} = \frac{\sum_{i=1}^{n} [Q_{CO_2}]_i \rho_{CO_2}}{NK_{CO_2}} \tag{2}$$

Where N——geological reserves suitable for CO_2-EOR, Gt;

S_{wi}——initial water saturation, %;

K_{CO_2}——value ranges from 1. 1~5. 2;

A —— bearing oil area, m^3;

h ——oil pay thickness, m;

ϕ —— porosity of reservoir, %.

E_R—— oil recovery, %.

For example, according to reference[38], OOIP of the block Hei - 59 is 860000t, CO_2 cumulative injection is 210000t, oil production is 120000t, and the produced CO_2 is 9600t, expected CO_2 storage capacity is 263700t. Through equation 1, we calculate K_{CO_2} = 1. 67, then, E_R = 263700/(860000×1. 67) = 18. 4%.

4 Situations CO_2-EOR Projects and its Prospect in China

4. 1 Situations CO_2-EOR Projects

Since 2006, Chinese Ministry of Science and Technology (MOST) approved CNPC to undertake a National Fundamental Research Program ("973" project); which is "*Research on Utilizing Greenhouse gas as a Resource for EOR and Storage*". In 2008, Chinese government approved another research project, which is National Key Research program, the project is "*CO_2 capture and Storage for EOR*". MOST has been approved to carry out the research program to 2020.

As a member of Oil and Gas Climate Initiative(OGCI), Petrochina has implemented basic research of CCS-EOR and Jilin oilfield pilot testing since 2006, and now it has stepped in the commercial application, and has achieved remarkable economic and social benefits. Testing block are Hei59, Hei-79-south, Hei-79-Noth and Hei-46. CO_2 comes from Changshen gas field (Figure 2), CO_2 content accounts for 23% of nature gas. CO_2 estimation reserves more than 100×$10^8 m^3$. The gas field is far away from 8km to CO_2 flooding blocks, and Changshen gas field used amine method decarburization(Table 1).

The oilfield is a low permeability reservoir, porosity is 12. 5%, permeability is 3mD, injection medium is liquefied supercritical sate, and injection rate is 40t/d per well, maximum pressure is 22MPa, average oil production is 3. 3t/d, more than water flooding of 1. 8t/d.

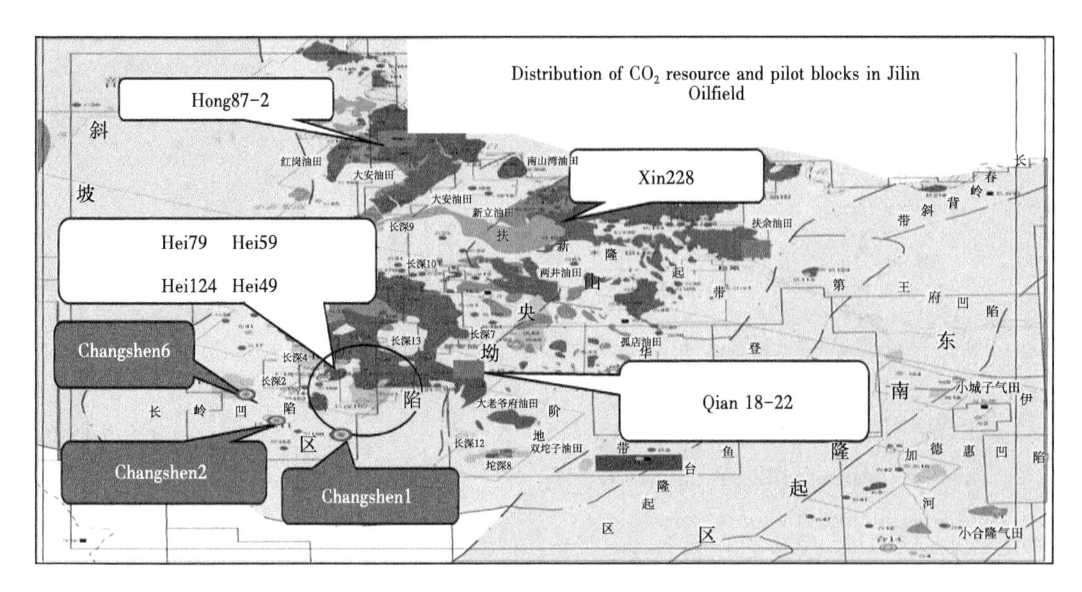

Figure 2 CO_2 source in Jilin Oilfield

Table 1 CO_2 capture and Transportation

No.	Parameters	Value
1	CO_2 capture capacity	4.5×10^6 m^3/d
2	CO_2 treatment capacity	50%~110%
3	CO_2 content at the inlet	<30%
4	CO_2 purity at the exit	>95%
5	CO_2 content at the outlet	<3%
6	Gas transportation distance	50km
7	Liquid transportation distance	20. 3km
8	Supercritical transportation distance	32km
17	Oil production	5. 2t/d
18	CO_2 injection	24×10^4t
19	Output gas transportation distance	16km

For now, oil production 12×10^4t/a in the four testing blocks. CO_2 injection wells come up to 69. An actual CO_2-EOR case: there are 6 injectors and 24 producers, the reservoir depth is at 2445m, injection rate ranges from 30t/d to 40t/d per well (liquefied CO_2). Maximum injecting pressure at wellhead arrives 22MPa. Average oil production is 3. 3t/d per well, more than 1. 8t/d of water flooding. In Jilin oilfield, production well used inversed seven-spot pattern (Figure 3), CO_2 injection is up to 35×10^4t/a, oil production is over 120×10^4t/a. By April 2017, and the CO_2-EOR of the oilfield had realized the successful storage of 1.1×10^6t of CO_2, the storage efficiency over 96%, average oil recovery of CO_2-EOR is more than waterflooding.

SINOPEC's CO_2-EOR pilot[39], Gao-89-1block started miscible CO_2 flooding in 2008 (Figure 4), miscible pressure is 28. 1 MPa, injectors are 11 wells, the oilfield is a low

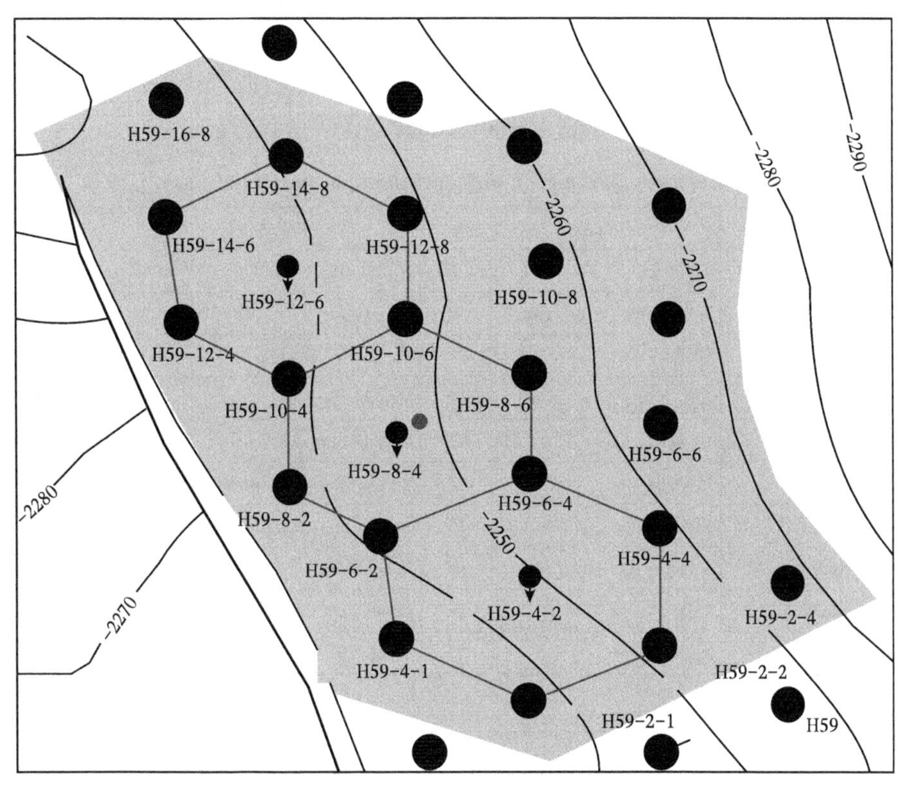

Figure 3 Pilot of Block Hei-59 in Jinlinoilfield

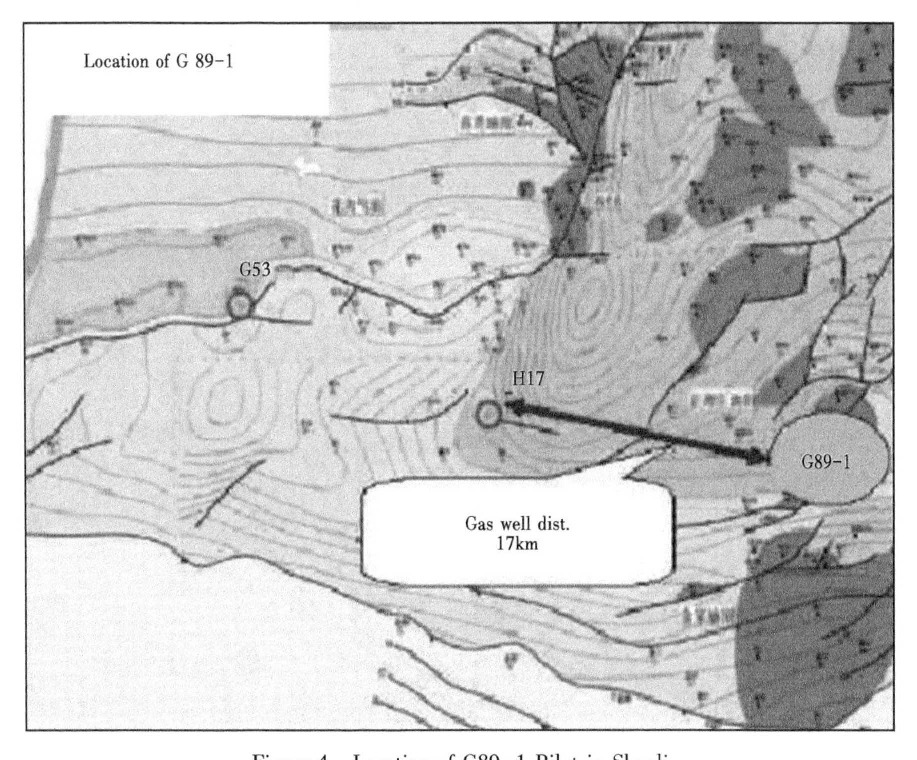

Figure 4 Location of G89-1 Pilot in Shenli

permeability reservoir, porosity is 13%, permeability is 4.7mD, injection medium is liquefied supercritical state, injection rate ranges from 20~63t/d per well, maximum pressure is 19.5MPa, oil production at center well is 5.2t/d (Table 2). G89-1 is also low permeability reservoirs (Figure 5), CO_2 injection started from January 2008.

Table 2 Reservoir parameters and operation parameters of block G89-1

No.	Parameters	Value	No.	Parameters	Value
1	Area of bearing oil	4.33km^2	9	Oil density	0.87g/cm^3
2	OOIP	2.89×10^{6}t	10	Oil viscosity	1.5 mPa · s
3	Reservoir depth:	3000m	11	Formation pressure	30MPa
4	Well pattern	230~350m (five spots)	12	Miscible pressure	28.1MPa
5	Producer	14 wells	13	Injection pressure	6~19.5MPa
6	Gas injection	11 wells	14	Bottom flow pressure of producer	15MPa
7	Porosity	13%	15	Bottom flow pressure of injector	23.3~27.4MPa
8	Permeability	4.7mD	16	Injection rate	19.6~63t/well
17	Oil production	5.2t/d	19	Cumulative oil production	5.5×10^{4}t
18	CO_2 injection	240×10^{4}t	20	Predicted oil recovery	8.9%~26.1%

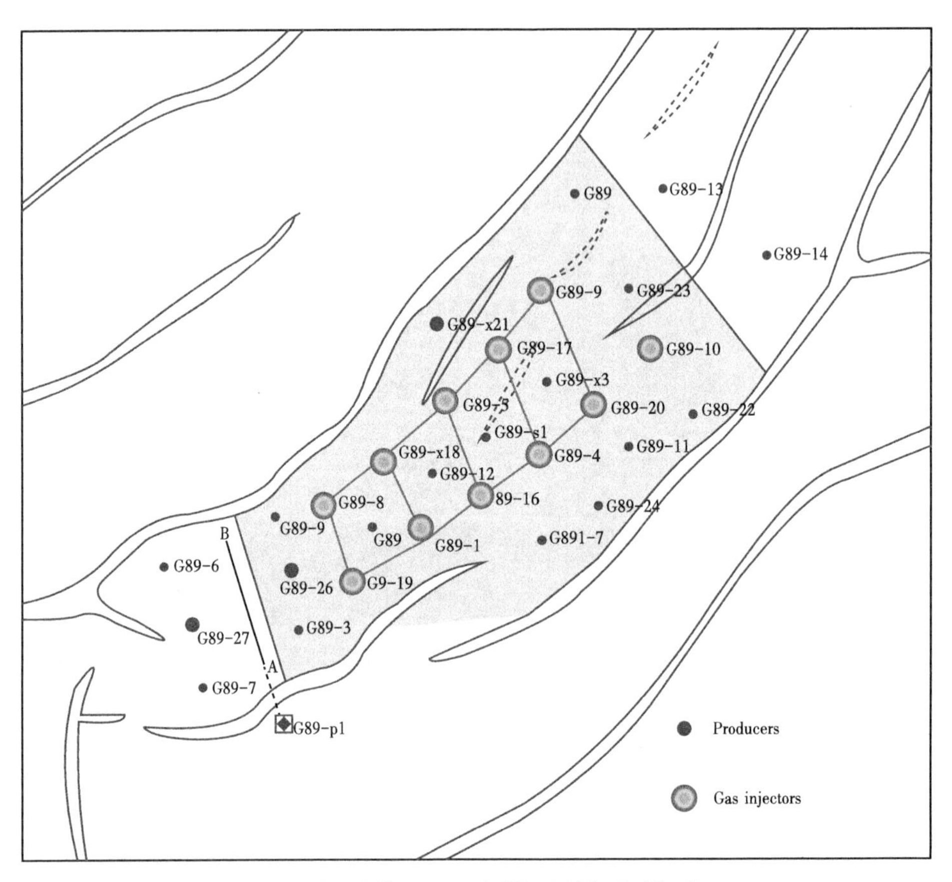

Figure 5 Well pattern of G89-1 Pilot in Shenli

As of April 2016, cumulative CO_2 injection is over 20×10^4t in G89-1, 85% of the injected amount of CO_2 will be trapped underground. For this pilot, the expected oil recovery factor will arrive 26.1%, during CO_2-EOR process, incremental oil recovery is 17.2% more than waterfooding.

Yanchang petroleum group implemented CO_2-EOR pilot at Jingbian of Yanchang oilfield in 2011[39]. Target in play zone is the ultra and low permeability Chang6 reservoir of the Yanchang Formation. CO_2 is sourced from the coal chemical process at 50000t/a by Yulin Energy Chemical Company. The project started from 2012, porosity is 12%, permeability is 1mD, reservoir pressure is 13MPa, injector well depth is 1600m, and injector pressure is 8MPa.

In the Jingbian test area, simulation modeling estimated that reserve recovery is 19.27% at the end of 2015 using a continuous CO_2 injection method, 13.04% larger than water flooding, and average oil production rate is 1.17%. According to the simulation models, the producing CO_2-oil ratio is $196.78m^3/m^3$, and CO_2 storage rate is 80%.

This site began oil production in 2007 and has been the subject to water flooding since 2008. In 2012 CO_2 flooding operations began and a about total of 50000t CO_2 have been stored to date. The Chang6 oil-bearing reservoir was deemed feasible for CO_2-EOR based on geological modeling and numerical simulations, as well as the analysis of the data from previous water and CO_2 flooding results. On the basis of the early reservoir research and the conclusions from laboratory research, 20 well groups in 203 well blocks were selected as the CO_2 injection test well group. The test well group consists of 88 wells with 20 injection wells and 68 front line oil wells.

4.2 CCUS Prospect in China

Developing coal chemical industry will be able to capture the high purity CO_2, which has a big capture potential in western China, Petrochina has low permeability oilfields in western China, CO_2-EOR in provide great potentials for CO_2 storage, it is an effective approach to deal with the present low oil crude price.

At present, Petrochina's Changqing oilfield has performed a CO_2 pilot in extra-low permeability reservoir, Huangsan block in Erdos basin on July 1st 2017, there are three CO_2 injectors, expected CO_2 injection is about 100000t per year. And Petrochina will plan to expand CO_2-EOR project in Erdos basin and Sungar Basin in future five year.

SINOPEC's Shengli oilfield, CO_2-EOR technology covers low permeability reserves 300×10^4t, enhanced oil recovery 15%, CO_2 will be need 4.35×10^6t from Shengli Power Plant.

SINOPEC's original plan will built up two CCUS demonstration projects, one is 1×10^6t/a with flu gas from Shengli coal-fired power plant, and another is 500×10^4t/a for CO_2-EOR with coal gas from Sinopec Qilu Petrochemical plant. Transportation distance is 74~80 km, pressure is 4 MPa, leakage monitoring uses acoustic leak detector. The project was forced to stop because the low oil price started from middle of 2014 to now. However, Shengli coal-power of SINOPEC can build a captured CO_2 equipment of 40000t every year, in future conditions, the company will build CO_2 capture capacity to rise 1×10^6t/a. In addition, the projects of Qilu petrochemical of the origin station to Gaoqing of the terminal station and CO_2 liquefaction and purification have also completed the argumentation of feasibility.

Yanchang Petroleum Group started construction of the second CO_2 capture plant, a 360000t/a at Yulin Energy-Chemical Plants was scheduled to be completed in 2018, CO_2 capture facility is only around 10 km from the CO_2 - EOR sites. The plant will produce 0.45×10^3t/a of polypropylene, 0.25×10^3t/a of polyethylene and 0.2×10^3t/a of 2-ethyl hexanol, and will use same process for CO_2 capture as the Yulin Coal Chemical Company capture project, and builds a 105km pipeline from the coal-chemical plant to target oilfields, and expand the CO_2 capture project to 1×10^6t in 2020[39].

For now, in China's oilfields, there are 13×10^8t of petroleum reserves that can be suitable for CO_2-EOR, expected value of CO_2-EOR is 15%, K_{CO_2} value takes 3.5, and CO_2 storage efficiency takes 85%. We convert equation 3 to below new equation to calculate CO_2 storage capacity Sc of CO_2-EOR.

$$S_C = \sum_{i=1}^{n} [Q_{CO_2}]_i \rho_{CO_2} = NK_{CO_2} E_R \tag{3}$$

We submit value of K_{CO_2} and E_R into equation 4, CO_2 effective storage capacity between 5.03×10^8t.

5 Conclusions

A New evaluation method of CO_2 - EOR is built in the paper, CO_2 utilization factor is introduced to calculate equation of CO_2-EOR, it is not only easy to get accuracy parameters for estimating value of CO_2-EOR, but also can consider CO_2 storage efficiency for estimating CO_2 effective storage capacity.

CO_2 Capture and injection into oil reservoirs for EOR is a good practical and economical way for reducing CO_2 emissions.

A certain potential CO_2 storage capacity lies in China, along with oil production growth through the application of CO_2-EOR. China's oil companies have developed a set of CO_2-EOR technologies in recent years for dealing with global climate change.

There are coal-chemical projects will be built in Northwestern of China in the future years, such as Erdos Basin and Junggar Basin are potential areas of CO_2-EOR storage, masses and high purity CO_2 can be captured from the coal-chemical plants to transport to targeting oilfields. Therefore, these basins are ideal regions to promote CCUS project.

References

[1] Evaluating the Potential for "Game Changer" Improvements in Oil Recovery Efficiency from CO_2 Enhanced Oil Recovery, National Energy Technology Laboratory, Advanced Resources International, February 2006.

[2] Carbon Dioxide Enhanced Oil Recovery Untapped Domestic Energy Supply and Long Term Carbon Storage Solution, National Energy Technology Laboratory, U. S. Department of Energy, March 2010.

[3] Improving Domestic Energy Security and Lowering CO_2 Emissions with "Next Generation" CO_2-Enahanced

Oil Recovery(CO_2-EOR), National Energy Technology Laboratory, Advanced Resources International, June 2011.

[4] Shaw J, Bachu S, Bonijoly D, et al. Discussion paper on CO_2 storage capacity estimation (Phase 1): a taskforce for review and development of standards with regards to storage capacity measurement, CSLF-T-2005, 15 August 2005.

[5] Storage, http://www. ccsassociation. org/what-is-ccs/storage/

[6] Module 5 CO_2 storage options and trapping mechanisms, Original text: W. D Gunter, for APEC Capacity Building in the APEC Region, Phase II Revised and updated by CO_2CRC and ICF International. https://hub. globalccsinstitute. com/publications/building-capacity-co2-capture-and-storage-apec-region-training-manual-policy-makers-and-practitioners/module-5-co2-storage-options-and-trapping-mechanisms.

[7] Holm L W. The Mechanism of Gas and Liquid Flow Through Porous Media in the Presence of Foam [J]. SPEJ, 1968: 359-369.

[8] How CO_2-EOR Works? The National Enhanced Oil Recovery Incentive http://neori. org/resources-on-co2-eor/how-co2-eor-works/, 2017.

[9] Gao H, He Y, Zhou X. Research progress on CO_2 EOR technology [J]. Spec. Oil Gas Reservoirs, 2009, 16 (1): 6-12.

[10] Koottungal L. worldwide EOR survey [J]. Oil Gas J. 2012, 110 (4): 57-69.

[11] Wang H, Liao X, Zhao X, et al. Potential evaluation of CO_2 flooding enhanced oil recovery and geological sequestration in Xinjiang Oilfield [J]. J. Shaanxi Univ. Sci. Technol. 2013, 31(2): 74-79.

[12] Shi Songlin, Kang Jian. Study on CO_2 Injection for Enhancing the Oil Recovery at Gao89 Block in Shengli Oilfield [J]. Advanced Materials Research, 2013, Vol. 734-737: 1464-1467.

[13] Campbell B T. Flow Visualization for CO_2/Crude Displacements [J]. SPEJ, 1985: 665-687.

[14] Langston M V, Hoadley S F, Young D N. Definitive CO_2 Flooding Response in the SACROC Unit [J]. SPE Enhanced Oil Recovery Symposium, April 16-21, 1988, Tulsa, Oklahoma, SPE-17321-MS.

[15] Keeling R. J., "CO_2 Miscible Flooding Evaluation of the South Welch Unit, Welch San Andres Field", SPE Enhanced Oil Recovery Symposium, April 15-19, 1984, Tulsa, Oklahoma, SPE-12664-MS.

[16] Tanner C. S. and P. T. Baxley, "Production Performance of the Wasson Denver Unit CO_2 Flood", SPE Enhanced Oil Recovery Symposium, April 22-24, 1992, Tulsa, Oklahoma, SPE-24256-MS.

[17] Bernard G. C., L. W. Holm and C. P. Harvey, "Use of Surfactant to Reduce CO_2 Mobility in Oil Displacement", SPEJ, August 1980, 281-292.

[18] Harvey R. L., D. R. Fisher, S. P. Pennell, and M. A. Honnert, "Field Tests of Foam to Reduce CO_2 Cycling", SPE Enhanced Oil Recovery Symposium, April 21-24, 1996, Tulsa, Oklahoma, SPE-35402-MS.

[19] Kuhlman M. I., H. C. Lau and A. H. Falls, "Surfactant Criteria for Carbon Dioxide Foam in Sandstone Reservoirs", SPE RE&E, 3(1), February 2000, 35-41.

[20] Bradshaw J., Bachu S., Bonijoly D., Burruss R., Holloway S., Christensen N. P. and Mathiassen O. M., 2007. CO_2 storage capacity estimation: Issues and development of standards. International Journal of Greenhouse Gas Control 1(1), 62-68.

[21] Bachu, S., Bonijoy, D., Bradshaw, J., Burruss, R., Holloway, S., Christensen, N. P., Mathiassen, O. M., 2007. CO_2 storage capacity estimation: methodology and gaps. Int. J. Greenhouse Gas Control 1, 430-443.

[22] Pingping S., Xinwei L. and Qiujie L., 2009. Methodology for estimation of CO_2 storage capacity in reservoirs. Petroleum Exploration and Development 36(2), 216-220.

[23] US-DOE-NETL, 2010a. Carbon Sequestration Atlas of the United State and Canada, 3rd ed. U. S. Department of Energy-National Energy Technology Laboratory-Office of Fossil Energy http: //www. netl. doe. gov/technologies/carbon seq/refshelf/atlas/

[24] Bachu, S., 2008. CO_2 storage in geological media: role, means, status and barriers to deployment. Prog. Energy Combust. Sci. 34, 254-273.

[25] Zhou, Q., Birkholzer, J. T., Tsang, C. -F., Rutqvist, J., 2008. A method for quick assessment of CO_2 storage capacity in closed and semi-closed saline formation. Int. J. Greenhouse Gas Control 2, 626-639.

[26] Kopp, A., Class, H., Helmig, R., 2009a. Investigations on CO_2 storage capacity in saline aquifers Part 1. Dimensional analysis of flow processes and reservoir characteristics. Int. J. Greenhouse Gas Control 3, 263-276.

[27] Kopp, A., Class, H., Helmig, R., 2009b. Investigations on CO_2 storage capacity in saline aquifers Part 2. Estimation of storage capacity coefficients. Int. J. Greenhouse Gas Control 3, 277-287.

[28] Szulczewski, M., Juanes, R., 2009. A simple but rigorous model for calculating CO_2 storage capacity in deep saline aquifers at the basin scale. Energy Procedia 1, 3307-3314.

[29] van der Meer, L. G. H., Egberts, P. J. P., 2008a. A general method for calculating subsurface CO_2 storage capacity. In: Offshore Technology Conference , Houston, Texas, USA, 19309, pp. 887-895.

[30] van der Meer, L. G. H., Egberts, P. J. P., 2008b. Calculating subsurface CO_2 storage capacities. The Leading Edge April, 502-505.

[31] CSLF, 2008. In: Bachu, S. (Ed.), Comparison between Methodologies Recommended for Estimation of CO_2 Storage Capacity in Geological Media. Carbon Sequestration Leadership Forum (CSLF).

[32] Xiaoliang Zhao, Xinwei Liao, Evaluation method of CO_2 sequestration and enhanced oil recovery in an oil reservoir, as applied to the Changqing Oilfields, China, Energy Fuels 26(2012) 5350-5354.

[33] Zhao, H.; Liao, X. Key Problems Analysis on CO_2 Displacement and Geological Storage in Low Permeability Oil Reservoir, China. J. Shaanxi Univ. Sci. Technol. 2011, 29(1), 1-6.

[34] Bradshaw, J.; Bachu, S.; Bonijoly, D.; Burruss, R. A taskforce for review and development of standards with regards to sequestration capacity measurement. Carbon Sequestration Leadership Forum (CSLF), Oviedo, Spain, April 30, 2005, 6-8.

[35] Hendriks, C.; Graus, W.; Van Bergen, F. Global carbon dioxide storage potential and costs; ECOFYS: Utrecht, The Netherlands, 2004; pp 1-71.

[36] Goodman, A., Bromhal, G., Strazisar, B., Rodosta, T., Guthrie, G., 2013. Comparison of Publicly Available Methods for Development of Geologic Storage Estimates for Carbon Dioxide in Saline Formations, NETL Technical Report Series. U. S. Department of Energy, National Energy Technology Laboratory, Morgantown, WV, 1-84.

[37] Enhanced Oil Recovery is NOT Carbon Sequestration, http: //www. energyjustice. net/coal/eor.

[38] James P. Meyer, Summary of Carbon Dioxide Enhanced Oil Recovery(CO_2EOR) Injection Well Technology, Prepared for the American Petroleum Institute, http: //www. api. org/~/media/Files/EHS/climate-change/Summary-carbon-dioxide-enhanced-oil-recovery-well-tech. pdf.

[39] Zhang Liang, Li Xin, Ren Bo et al. CO_2 Storage Potential and Trapping Mechanisms in H-59 Block of Jinlin Oilfield China, International Journal of Greenhouse gas Control, 2016, 11(2), 267-280.

[40] https: //wenku. baidu. com/view/7d9a2da825c52cc58ad6beac. html.

[41] Yanchang Petroleum Report 2: CO_2 storage and EOR in ultra-low permeability reservoir in the Yanchang Formation, Ordos Basin. Shaanxi Yanchang petroleum (Group)CO., LTD, November 2015.

基于油藏 CO_2 驱油潜力的 CCUS 源汇匹配方法

汪　芳[1,2]　秦积舜[1,2]　周体尧[1,2]　杨永智[1,2]

（1. 提高石油采收率国家重点实验室；
2. 国家能源二氧化碳驱油与埋存技术研发（实验）中心）

摘要：CO_2 捕集、利用与埋存(CCUS)商业化的关键因素是通过工业 CO_2 排放源与油田的源汇匹配，筛选出最具经济性的匹配方案。基于油藏驱油潜力和油田 CO_2 驱注气的阶段开发特点，以油田可承受 CO_2 极限成本为约束条件，CCUS 商业化项目的总成本现值最小为优化目标，建立了工业 CO_2 排放源与具有效益开发潜力油藏的 CCUS 源汇匹配评价流程和相关指标计算方法。并以我国东部地区某油田及附近碳源为例，筛选出可承受 CO_2 极限成本大于 150 元/t 的油田区块，将 CCUS 全生命周期划分为 6 个阶段，完成燃煤电厂(碳源地)与油田区块间管道布局和 CO_2 注入井的接替(分阶段)注采规划，并发现当油价高于 70 美元/bbl 时，油田区块的平均可承受 CO_2 极限成本接近该源汇匹配下的全生命周期 CO_2 平均供给成本。

关键词：CO_2 捕集、利用与埋存(CCUS)；可承受极限成本；源汇匹配；管道和注采规划

CO_2 捕集、利用与埋存(CCUS)指将工业排放源中的 CO_2 捕集后注入油藏驱替原油，提高石油采收率，同时将 CO_2 永久埋存在油藏地质体中[1]。CO_2 驱油技术增产原油收益可以提供持续的现金流，因此被视为目前最具经济竞争力的 CCS 技术[2]。CCUS 是资本高度密集的产业[2]，CCUS 源汇匹配指在一定的区域内，优选 CO_2 排放源和油藏封存汇，合理规划 CO_2 捕集和注入埋存方案及管道布局设想，以降低项目的资本投资，破除 CCUS 商业化推广壁垒。

国内外关于 CCUS 源汇匹配的研究提出了众多管网布局模型和规划方案，如美国能源技术实验室(NETL)的 WEST-CARB 模型[3]、欧盟联合研究中心(JRC)的 InfraCCS 模型[4]、清华大学的 ChinaCCUS 模型[5]和 CCSA 的英国 CCS 规划[6]等。上述模型和规划将油藏和盐水层的 CO_2 埋存潜力统一计算为埋存空间容量，忽视了油藏与盐水层的物性差异，因此上述方法仅适用于产业战略规划，不能满足 CCUS 商业化项目设计和规划的需求。State CO_2-EOR Deployment Work Group 的全美 CO_2 管网规划方案[7]和 Ambrose[8]等基于油田理论埋存潜力的源汇匹配方法，未考虑 CO_2 驱油技术具有阶段注气开发的特点，因此仅可作为盆地区域 CO_2 驱油技术布局和管网规划的依据。

本文针对不同行业的 CO_2 排放源和不同物性油藏，在油藏 CO_2 驱油与埋存潜力评估的基础上，构建了涵盖油藏筛选、管网布局和油田接替开发规划方案等要素的源汇匹配方法，该方法的核心思想是寻求 CCUS 全生命周期投入产出比最低，以降低项目投资成本和各环节投资风险，实现整个产业链的经济效益最大化。文中通过具体实例，给出了我国东部区域典型油田与周边工业 CO_2 排放源的 CCUS 项目规划。

1 方法理论依据

1.1 油藏封存汇的筛选

与盐水层地质体不同，油藏区块在开展 CCUS 源汇匹配之前，需要以油藏和原油的固有特性为基础，通过 CO_2 驱潜力评价，从众多油藏中初筛选出具有效益开发潜力的油藏区块，明确是否为混相驱、驱替方式和气驱残余油饱和度，并对适合的油藏开展油藏精细描述，通过数值模拟，编制注气方案。

目前的油藏筛选指标主要包括储层岩石特征指标、油藏特征指标和原油特征指标[9-10]等，由于经济性是决定 CCUS 是否可行的核心指标，本文引入油田区块可承受 CO_2 极限成本这一新筛选指标，进一步筛除经济效益差的油藏，减少无效源汇匹配。

油田气驱开发阶段内的总利润为收益与生产经营投资的差额，即

$$NPV = C_{os} + C_{sv} - C_{capex} - C_{CO_2} - C_{opex} - C_{tax} \tag{1}$$

式中 C_{os}、C_{sv}、C_{capex}、C_{CO_2}、C_{opex}、C_{tax}——分别为原油销售收入现值、固定资产残值现值、操作成本现值、CO_2 购入成本现值、税金现值及其他，元。

记 CCUS 项目开发年限为 N，则原油销售总收入和固定资产残值总和为：

$$C_{os} + C_{sv} = \sum_{t=1}^{N} [F_{oil} \times O_{oil}(t) \times \alpha] \times (1 + r)^{-t} + R_f \times N_W \times F_{capex} \times (1 + r)^{-N} \tag{2}$$

式中 N_W——注气井和泵油井总数，口；

F_{oil}——油价，元/t；

$Q_{oil}(t)$——t 时间段的产油量，t；

r——折现率,%；

R_f——固定资产残值率,%；

F_{capex}——单井固定投资成本，元。

生产经营投资包含固定投资、操作成本、税费和 CO_2 购买成本等。固定投资包括钻井、CO_2 驱注采工程和地面工程等投资；操作成本涵盖基本运行费、人工费、注入费、油气处理费、采出 CO_2 净化费等；税费是指销售税金、资源税和特别收益金总和，记单井平均固定投资为 F_{capex}，CO_2 驱吨油操作成本为 F_{opex}，综合税率记为 R_s，则固定投资成本、操作成本和税费总和为：

$$C_{capex}+C_{opex}+C_{tax} = \sum_{t=1}^{N} [F_{capex} \times N_w(t) + F_{opex} \times Q_{oil}(t) + R_s \times Q_{oil}(t) \times \alpha] \times (1+r)^{-t} \tag{3}$$

式中 $N_w(t)$——t 时间段注气井和采油井总数，口；

F_{opex}——单井操作成本，元；

R_s——资源税和特别收益金，元/t；

α——原油商品率,%。

每吨 CO_2 购买价格记为 F_{CO_2}，项目运行期限内 CO_2 购买成本总和为：

$$C_{CO_2} = \sum_{t=1}^{N} [Q_{CO_2}(t) \times F_{CO_2}] \times (1 + r)^{-t} \tag{4}$$

式中 $Q_{CO_2}(t)$——t 时间段的 CO_2 注入量，t；

F_{CO_2}——CO_2 价格，元/t。

当 CO_2 的购买成本使得油田 CO_2 驱油项目总利润现值为 0 时，此时的 CO_2 价格即为该油田区块可承受的 CO_2 极限成本，即：

$$NPV(F_{limit-CO_2}) = 0 \tag{5}$$

联立式(1)至式(5)得到油田区块可承受的 CO_2 极限成本：

$$F_{limit-CO_2} = \left\{ \left[(F_{oil} \times \alpha - F_{opex} - R_t \times F_{oil} \times \alpha - R_s \times \alpha) \times \sum_{i=1}^{N} Q_{oil}(t) - F_{capex} \times \sum_{i=1}^{N} N_w(t) \right] \times (1+r)^{-t} + R_f \times N_w \times F_{capex} \times (1+r)^{-N} \right\} / \sum_{i=1}^{N} Q_{CO_2} \times (1+r)^{-t} \tag{6}$$

CCUS 油藏筛选的约束条件：

$$F_{limit-CO_2} \geqslant F_{CO_2} \tag{7}$$

现阶段新型煤化工企业的煤制合成气工艺环节排放的高浓度 CO_2 的捕集和压缩成本为 120~140 元/t[2]，而运输成本与源汇距离和输送量相关，因此在目前驱油技术条件下，可承受 CO_2 极限成本<150 元/t 的油田区块开展 CCUS 的经济性较差，暂不考虑开展源汇匹配。

1.2 油藏 CO_2 驱动态开发分析

依照吉林油田 CCUS 示范工程 CO_2 驱注采动态分析，油田区块目前水驱条件下，停止水驱开发，开始实施 CO_2 驱。注气方式为先连续注 0. 2 HCPV 的 CO_2，再水气交替(体积比为 1∶1)注入 0. 4HCPV，注入速度为 0. 033~0. 047HCPV/a。通过模拟 15a 的注采数据，可以看出开展 CO_2 驱后，油田年 CO_2 注入量是动态变化的(图 1)[10]。通常油田开展 CO_2 驱 5a 后，伴生气净化后循环注入，使油田区块新购入的 CO_2 气量减少。由于油藏 CO_2 驱油与单纯的 CO_2 封存在注气阶段性上的差异，在 CCUS 源汇匹配中需结合油田区块的接替开发开展动态源汇匹配及优化。

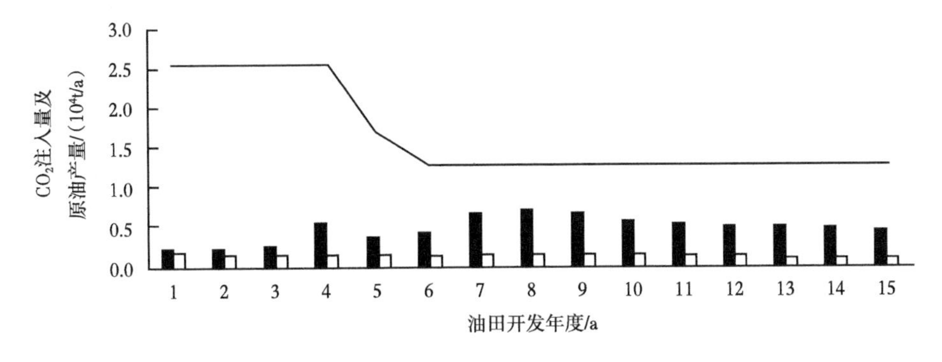

图 1 CO_2 驱单井注采产量剖面

2　CCUS源汇匹配方法的设计和构建

2.1　模型架构及假设条件

本文首先在地理信息系统（ArcGIS）中建立包含油藏区块的油藏参数信息和工业 CO_2 排放源信息的源汇数据库；继而通过开展油藏 CO_2 驱油潜力评价，对油田区块进行筛选和分级，明确有效 CO_2 封存汇；最终将筛选出的油田区块 CO_2 驱注采数据结果和源汇间加权距离导入GAMS软件，将优化结果返回给ArcGIS和CCUS经济评价模块，生成管道的空间分布图和油田 CO_2 驱接替开发方案。

CCUS源汇优化模型中有以下假设条件：

（1）CO_2 驱油潜力差和可承受的 CO_2 成本较低的油田区块现阶段不开展源汇匹配。

（2）优先匹配捕集成本较低的工业 CO_2 排放源。

（3）油田区块 CO_2 注入量和循环量的动态接替，以达成CCUS的近零排放要求。

（4）碳捕集装置、压缩装置和输送管道的基建投资大且运行成本高，成本经济性与装置规模化成正比，因此单点 CO_2 排放源与多个油田区块匹配经济性更优。

2.2　数学建模

CCUS总成本现值由4部分构成：捕集装置投资和运行维护费用现值、压缩装置投资和运行维护费用现值、网管投资和运行维护费用现值、驱油投资（钻采工程、地面工程等）和运行维护现值。以5a为1个阶段，每一阶段的优化目标是使该阶段CCUS总成本现值最小。目标函数计算公式如下：

$$\text{Min: } F = \sum_{i=1}^{N}\left[C_{\text{CAPEX}}^{\text{capture}}(i) + C_{\text{OPEX}}^{\text{capture}}(i)\right] \times y_{\text{capture}}(i,t) + \sum_{i=1}^{N}\left[C_{\text{CAPEX}}^{\text{compress}}(i) + C_{\text{OPEX}}^{\text{compress}}(i)\right] \times y_{\text{compress}}(i,t) + \sum_{i=1}^{N}\sum_{j=1}^{M}\left[C_{\text{CAPEX}}^{\text{transport}}(i,j) + C_{\text{OPEX}}^{\text{transport}}(i,j)\right] \times y_{\text{transport}}(i,j,t) + \sum_{i=1}^{N}\left[C_{\text{CAPEX}}^{\text{eor}}(i) + C_{\text{OPEX}}^{\text{eor}}(i)\right] \times y_{\text{eor}}(i,t) \tag{8}$$

式中　$C_{\text{CAPEX}}^{\text{capture}}(i)$、$C_{\text{OPEX}}^{\text{capture}}(i)$——分别为 CO_2 捕集装置 i 的建设投资和运行维护成本；

$C_{\text{CAPEX}}^{\text{compress}}(i)$、$C_{\text{OPEX}}^{\text{compress}}(i)$——分别为压缩机 i 的建设投资和运行维护成本；

$C_{\text{CAPEX}}^{\text{transport}}(i)$、$C_{\text{OPEX}}^{\text{transport}}(i)$——分别为油田区块 $i \sim j$ 之间的管道建设投资和运行维护成本；

$C_{\text{CAPEX}}^{\text{eor}}(i)$、$C_{\text{OPEX}}^{\text{eor}}(i)$——分别为 CO_2-EOR钻采和地面工程基建投资和运行维护成本。

约束条件包括针对节点的捕集量限制、注入量限制、质量平衡，针对油田区块阶段性投产限制、压缩容量约束、质量流量限制等方面。

CO_2 捕集量限制：

$$\sum_{i=1}^{N} Q_{\text{eor}}(i,t) \leqslant \sum_{j=1}^{M} Q_{\text{capture}}(j,t)$$

$$\forall i \in S,\ \forall j \in R,\ \forall t \in \{1,2,\cdots,30\} \tag{9}$$

油田区块 CO_2 注入量限制：

$$y_{eor}(i,t)\times[Q_{eor}(i,t)+Q_{cyc}(i,t)]\leqslant Q_{sink}(i,t)$$

$$\forall i\in S,\forall t\in\{1,2,\cdots,30\} \tag{10}$$

质量平衡：

$$\sum_{i=1}^{N}Q(j,i,t)-\sum_{i=1}^{N}Q(i,k,t)-Q_{eor}(i,t)=0$$

$$\forall i\in R,\forall j\in R,\forall k\in R,\forall t\in\{1,2,\cdots,30\} \tag{11}$$

CO_2 驱稳产后油田投产限制：

$$\sum_{i=0}^{N}y_{eor}(i,t+5)\leqslant\sum_{i=0}^{N}y_{eor}(i,t)+1$$

$$\forall i\in R,\forall t\in\{1,2,\cdots,30\} \tag{12}$$

压缩设备容量约束：

$$\sum_{i=1}^{N}P_{compress}^{capacity}(i,t)-\sum_{i=1}^{N}P_{compress}(i,t)\geqslant 0$$

$$\forall i\in P,\forall t\in\{1,2,\cdots,30\} \tag{13}$$

管道质量流量约束：

$$y_{transport}(i,j,t)\times Q_{minlimit}\leqslant Q(i,j,t)\leqslant y_{transport}(i,j,t)\times Q_{maxlimit} \tag{14}$$

$$y_{transport}(i,j,t)+y_{transport}(j,i,t)\leqslant 1$$

$$\forall i\in R,\forall j\in R,\forall t\in\{1,2,\cdots,30\} \tag{15}$$

式中 $Q_{capture}(j,t)$——排放源 j 在 t 时间段 CO_2 捕集量，t；

$Q_{eor}(i,t)$——油田区块 i 在 t 时间段 CO_2 注入量，t；

$Q_{cyc}(i,t)$——油田区块 i 在 t 时间段采出气循环注入量，t；

$Q_{sink}(i,t)$——t 阶段油田区块 i 的 CO_2 埋存潜力，t；

$Q(j,i,t)$——t 阶段由油田区块 j 流向油田区块 i 的 CO_2 量，t，i 与 j 相等时为 0；

$Q(i,k,t)$——t 阶段由油田区块 i 流向油田区块 k 的量，t；

$Q_{maxlimit}$——管道流量的上限，t，一般可设为全部油田 CO_2 需求量之和；

$Q_{maxlimit}$——管道流量的下限，t；

$P_{compress}^{capacity}(i,t)$——$t$ 时间段 i 压缩机的总压缩功率，10^3W；

$P_{compress}(i,t)$——t 时间段压缩机的压缩功率，10^3W；

$y_{capture}(i,t)\in 0,1,\forall i\in S,\forall t\in\{1,2,\cdots,30\}$；

$y_{compress}(i,t)\in 0,1,\forall i\in P,\forall t\in\{1,2,\cdots,30\}$；

$y_{transport}(i,j,t)\in 0,1,\forall i\in R,\forall j\in R:\forall t\in\{1,2,\cdots,30\}$；

$y_{eor}(i,t)\in 0,1,\forall i\in R,\forall t\in\{1,2,\cdots,30\}$；

S——CO_2 排放源集合；

P——压缩机集合；

R——油田区块集合。

排放企业捕集 CO_2 后，所减排的碳可用于排放权交易获利；石油企业利用 CO_2 驱油增产，同时也面临 CO_2 地层泄露的风险，油田企业经营风险增大，因此政府推行减免资源税或者埋存补贴才有利于推动油田企业选择 CCS-EOR。

$$
\begin{aligned}
\text{Min}: F = & \sum_{i=1}^{N} \left[C_{\text{CAPEX}}^{\text{capture}}(i) + C_{\text{OPEX}}^{\text{capture}}(i) + C_{\text{CER}} \times Q_{\text{capture}}(i) \right] \times y_{\text{capture}}(i,t) + \\
& \sum_{i=1}^{N} \left[C_{\text{CAPEX}}^{\text{compress}}(i) + C_{\text{OPEX}}^{\text{compress}}(i) \right] \times y_{\text{compress}}(i,t) + \sum_{i=1}^{N} \sum_{j=1}^{M} \left[C_{\text{CAPEX}}^{\text{transport}}(i,j) + C_{\text{OPEX}}^{\text{transport}}(i,j) \right] \times \\
& y_{\text{transport}}(i,j,t) + \sum_{i=1}^{N} \left\{ C_{\text{CAPEX}}^{\text{EOR}}(i) + C_{\text{OPEX}}^{\text{EOR}}(i) + C_{\text{RT}} \times Q_{\text{oil-production}}(i) + C_{\text{DS}} \times \right. \\
& \left. \left[Q_{\text{eor}}(i) - Q_{\text{cyc}}(i) \right] \right\} \times y_{\text{eor}}(i,t)
\end{aligned} \tag{16}
$$

式中 C_{CER}——碳排放权价格，元/t；

C_{RT}——原油开采资源税，元/t；

C_{DS}——CO_2 埋存补贴，元/t；

$Q_{\text{oil-production}}(i)$——$CO_2$ 驱原油增产量，t。

3 案例分析

本文选取我国东部地区典型油田与周边工业 CO_2 排放源作为案例进行源汇匹配研究。CO_2 排放源与油田区块分布如图 2 所示，区域内油田区块分布较为分散，附近大规模工业 CO_2 排放源呈聚群分布，以燃煤电厂、水泥厂和钢铁厂为主，无煤化工、制氢等高浓度工业 CO_2 排放源。本文以区域内单点 CO_2 排放量$>100\times10^4$t/a、分布最密集且捕集技术较为成熟的燃煤电厂作为碳源。根据数据收集，筛选出该区域装机容量大于 300×10^3W 的燃煤电厂共 15 座，可捕集 CO_2 量超过 2000×10^4t/a。通过 CO_2 驱油的潜力评价方法[10]评价区域内 9 个油田区块的技术可行性，该区域内油田 CO_2 封存量为 6000×10^4t，可注入井数为 1020 口。

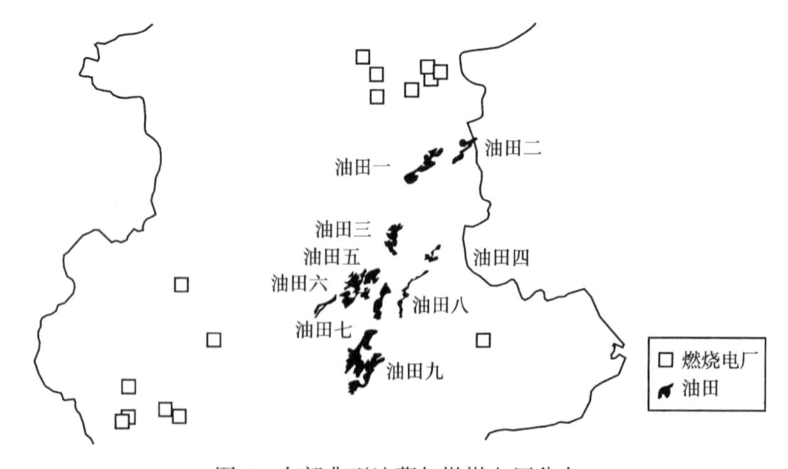

图 2 东部典型油藏与燃煤电厂分布

3.1 油田区块筛选

首先模拟水气交替注入方式，计算各区块 15a 的水、气、油和循环气注采参数。初步筛选出油田六和油田九可注入井数上限和累计总注入量过低，不适合开展 CO_2 驱技术提高石油采收率。再应用式(9)计算剩余各油田区块 CO_2 承受极限成本进行二次筛选，在不考虑碳排放权交易价格和 CO_2 埋存补贴的条件下，油田七和油田八在原油价格为 110 美元/bbl 条件下，可承受 CO_2 极限成本才为正值，在目前技术和政策条件下亦不适宜开展 CO_2 驱技术，筛选结果见表 1。通过 2 次油藏筛选，仅剩 5 个油田在技术和经济上适宜开展 CCUS。

表 1　油藏筛选结果

油田区块	潜力评价		技术上是否可行	可承受 CO_2 极限成本/(元/t)		经济上是否可行
	单井注入量/10^4t/a	可注入井数上限/口		原油价格 60 美元/bbl	原油价值 110 美元/bbl	
四	0.285	20	否	—	—	
六	0.241	70	是	<0	32	否
八	0.301	30	是	<0	3	否
九	0.325	25	否	—	—	

3.2 CCUS 阶段开发规划

适合开展 CO_2 驱的 5 个油田区块作为 5 个 CO_2 输送主管道节点，共计 875 个注入井作为 CO_2 输送支线管道节点。以 CO_2 捕集装置、运输管道等设备的运行周期为 30a、单井 CO_2 驱开发为 15a 计，依据上文中 CCUS 源汇优化方法，对筛选后的 5 个油田区块未来 30a 内阶段开发规划进行分析和评价，以达到排放企业、管道输送企业和油田企业的经济性最优。通过优化得到 30a 内共 6 个阶段的源汇匹配和管道布局如图 3 所示。

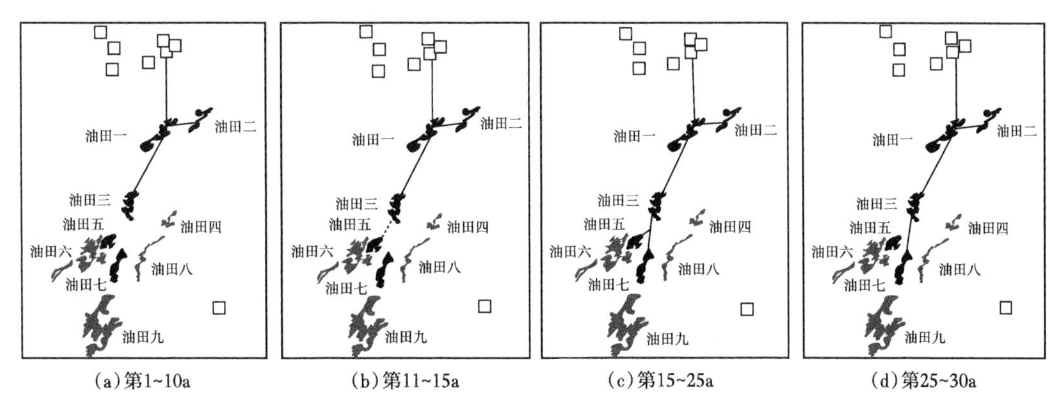

图 3　各阶段源汇匹配结果及管道布局

CO_2 排放源优选区域内 1 家装机容量为 $2\times330\times10^3$W 的新建燃煤电厂，发电率 80%时该燃煤电厂年发电量为 46×10^8kW·h，两台机组 CO_2 排放量约为 452×10^4t /a。可满足区域内 5 个油田区块接替开发注气量需求。

5 个油田区块各阶段投产方案的优化结果见表 2。

表 2　各阶段油田区块投产井数、停注井数和新建管道长度规划

<table>
<tr><th>项目</th><th>油田区块</th><th>第一阶段
1~5a</th><th>第二阶段
6~10a</th><th>第三阶段
11~15a</th><th>第四阶段
16~20a</th><th>第五阶段
21~25a</th><th>第六阶段
26~30a</th></tr>
<tr><td rowspan="6">CO_2 捕集量/
$10^4t/a$</td><td>一</td><td>51
（注 120 口）</td><td>26
（注 120 口）</td><td>26
（注 120 口）</td><td>—</td><td>—</td><td>—</td></tr>
<tr><td>二</td><td>54
（注 116 口）</td><td>54
（注 164 口）</td><td>54
（注 202 口）</td><td>33
（停注 116 口，注气 114 口）</td><td>13
（停注 164 口，注气 56 口）</td><td>7
（停注 202 口，注气 28 口）</td></tr>
<tr><td>三</td><td>95
（注 173 口）</td><td>120
（注 305 口）</td><td>107
（注 345 口）</td><td>95
（停注 173 口，注气 172 口）</td><td>11
（停注 305 口，注气 40 口）</td><td>—</td></tr>
<tr><td>五</td><td>—</td><td>—</td><td>13
（注 30 口）</td><td>8
（注 30 口）</td><td>8
（注 30 口）</td><td>—</td></tr>
<tr><td>七</td><td>—</td><td>—</td><td>—</td><td>64
（注 46 口）</td><td>150
（注气 150 口）</td><td>103
（注气 150 口）</td></tr>
<tr><td>总计</td><td>200</td><td>200</td><td>200</td><td>200</td><td>182</td><td>110</td></tr>
<tr><td colspan="2">管道建设长度/
km</td><td colspan="2">132
（气源—油田一管道 49；
油田一 —二管道 27；
油田一 —三管道 56）</td><td>油田三—五
采用槽车运输</td><td colspan="3">43
（油田三—七管道 43；
油田七—五槽车运输）</td></tr>
</table>

在管道规划方案下，结合油田利用 CCUS 成本分析计算模块，对源汇匹配方案进一步开展经济性分析和评估。区域最优规划下，在 CO_2 捕集装置和管网设施的寿命年限内，5 个油田区块分阶段开发，30a 内注入并埋存 CO_2 共计 5460×10^4t，生产原油 1245×10^4t。CO_2 捕集装置设计为 $200\times10^4t/a$，建设投资成本为 6.4 亿元，压缩装置投资成本为 2.7 亿元，管道共计 175km，分两期建设，第一期 3 条管道建设投资 2.29 亿元，第二期 1 条管道建设投资 0.88 亿元，全生命周期 CO_2 的平均供给成本为 272 元/t。当油价为 70 美元/bbl 时，油田区块的可承受 CO_2 极限成本可降至 270 元/t。因此在现阶段原油价格和政策条件下，规划区域开展 CCUS 的经济可行性较低。

国际油价或将长期在 60 美元/bbl 左右徘徊，导致油田可承受的 CO_2 极限成本将长期维持在较低的范围内。通过筛选和测算，我国中西部地区油田可承受 CO_2 极限成本普遍高于东部油田，排放烟气中含中高浓度 CO_2 的煤制油、煤制天然气和煤制合成氨等新型煤化工企业也分布在人口密度较低的中西部地区。建议根据本文研究方法，引入中长期 CCUS 政策，如电价补贴，差价合约（CfD）、CO_2 驱资源税减免等激励政策[2]，对鄂尔多斯盆地和准噶尔盆地内排放高浓度 CO_2 的煤化工企业聚群与距离 100 km 范围内的同省份的油田开展源汇匹配，规划出现阶段商业可行的规模化 CCUS 项目。

4　结论

现有的 CCUS 源汇匹配方法未考虑到油藏 CO_2 驱油潜力和油田阶段开发的特点，规划

结果难以作为 CCUS 商业推广的依据。本文构建的基于油藏埋存潜力的 CCUS 源汇匹配方法，在油藏潜力评价和筛选的基础上，提出油田区块可承受 CO_2 极限成本的方法的油藏筛选新方法，进一步筛出注气经济效益差的油藏，在油田接替开发方式基础上的源汇匹配方法，增强了油藏与工业 CO_2 排放源间匹配、管道布局规划和油田开发的合理性和有效性，提高了 CCUS 全生命周期经济效益。

应用结果显示，依照本文研究成果开展的区域内 CCUS 源汇匹配，可为我国东部地区的油田公司与燃煤电厂的 CCUS 商业化合作规划提供参考。

参考文献

[1] IEA. 20 Years of Carbon Capture and Storage [R]. Paris, France, 2016. https://webstore. iea. org/20-years-of-carbon-capture-and-storage.

[2] Roadmap for Carbon Capture and Storage Demonstration and Deployment in the People's Republic of China [R]. Manila, Philippines: ADB, 2015. https://www. adb. org/publications/roadmapcarbon-capture-and-storage-demonstration-and-deployment-prc.

[3] HERZOG H, MYER L. West coast regional carbon sequestration partnership CO_2 sequestration GIS analysis J/OL]. [2013-03-01]. http://www. netl. doe. gov/kmd/cds/disk22/H% 20-%20Injectivity% 20and% 20Field% 20Tests% 20from% 2020Sequestration% 20RD&D/wEST% 20Coast% 20Regional% 20Carbon% 20Sequestration%20Partnership/GIS. pdf.

[4] MORBEE J, SERPA J, ZIMAS E. Optimal planning of CO_2 transmission infrastucture: The JRC InfraCCS tool [J]. Energy Procedia, 2011, 4: 2772-2777.

[5] 孙亮，陈文颖．基于 GAMS 的 CCUS 源汇匹配动态规划模型 [J]. 清华大学学报(自然科学版)，2013，53(4)：421-426.

[6] Delivering CCS Essential Infrastructure for A Competitive, Low-Carbon Economy [Z]. London, UK: CCSA, 2016.

[7] State CO_2-EOR Deployment Work Group. 21st Century Energy Infrastructure: Policy Recommendations for Development of American CO_2 Pipeline Networks [Z]. 2017.

[8] AMBROSE W A, BRETON C, HOLTZ M H. CO_2 source-sink matching in the lower 48 United States, with examples from the Texas Gulf Coast and Permian Basin [J]. Environmental Geology, 2009, 57(7): 1537-1551.

[9] 邓波，李鸿，曹建，等．注 CO_2 驱油藏先导性筛选评选方法 [J]. 西南石油大学学报(自然科学版)，2009，31(2)：105-108.

[10] 雷怀彦，龚承林，官宝聪．注 CO_2 混相驱油藏筛选新方法 [J]. 中国石油大学学报(自然科学版)，2009(1)：72-76.

[11] 沈平平，廖新维，刘庆杰．二氧化碳在油藏中埋存量计算方法 [J]. 石油勘探与开发，2009(2)：216-220.

新疆准东油田各区块 CO_2 地质封存潜力评估

何佳林[1]　师庆三[1,2]　董海海[3]　侯　锐[4]

（1. 新疆大学地质与矿业工程学院；2. 阿勒泰地区行署；
3. 新疆油田公司勘探开发研究院；4. 新疆正天华能环境工程技术有限公司）

摘要：结合二氧化碳地质封存的相关技术机理，利用国际通用潜力评估公式，通过对准东地区的油藏指标、气源指标、交通状况等指标的评估，系统地提出了适合新疆准噶尔盆地东部 CO_2 地质封存适应性评估方法。本文依次评估了准东油田中 5 大区块的封存潜力，结果表明 B 油田、C 油田及 E 油田相对适宜，适应性评价值为 B 油田 5.458、C 油田 5.725、E 油田 6.3，其中，E 油田油藏条件好，地质条件适应程度高，基础设施完善，理论上可实现 CO_2 地质封存 490.6×10^4t，为准东油田在各区块实施 CO_2 地质封存技术提供了优化筛选的方法及数据参考。对新疆地区利用 CO_2 地质封存技术达到低碳减排起到了示范作用。

关键词：CO_2；地质封存；适应性评估；封存潜力；区块

中国北方遍布着大量 CO_2 工业排放源，仅新疆地区平均每年约有 622.79×10^6t 的 CO_2 排放到大气中去，在低碳减排方面有着巨大的压力。而 CO_2 地质利用与地质封存技术，提出了增加 CO_2 利用环节，大大降低了技术实施的成本消耗，也使得技术的实施推广更为可行。国内许多学者先后开展了东北地区、华中地区、陕北地区的 CO_2 地质利用与封存技术的理论潜力评估，为适合中国地质背景的 CO_2 理论封存潜力评估方法奠定了基础[1]。

目前，关于 CO_2 地质封存的研究成果和研究范围成果主要集中在我国东部和中部，且大多集中在以盆地为单位进行评估，新疆准东油田基地作为新疆主要油气能源基地之一，有很大的潜力。本文针对区块这一小范围来开展 CO_2 封存潜力评估，通过对准东地区各个油田的各项指标的评比和理论 CO_2 封存量的计算，最终评比出准东油田的最佳封存区块。对该地区利用 CO_2 地质利用与封存技术实现低碳减排具有重要的探索意义[2]。

1　准噶尔盆地东部区域地质背景

准噶尔盆地是中国第二大盆地，面积约 $38\times10^4km^2$。准噶尔盆地具有双基底结构：下部为前寒武纪结晶基底，上部为晚海西期（泥盆—早中石炭世）的褶皱基底[3]，主要沉积层为二叠系、三叠系、侏罗系、白垩系、古近—新近系、第四系[4]，沉积岩总厚度达 15000m，其中侏罗系分布最广泛。准噶尔盆地现今被划分为六个一级构造单元，包括乌伦古坳陷、陆梁隆起、中央坳陷、山前断褶带、东部隆起、西部隆起[5]。分为 14 个凸起、15 个凹陷、3 个断阶、断褶带，共 32 个二级构造单元。

2 准东地区地质封存与 CO_2-EOR 潜力评价

2.1 评价指标体系建立

通过前期的工作，对准东地区主力油田进行了相关数据的收集，对其油藏储量、油藏深度、原油密度、盖层情况、储层特征、断裂情况、气源信息及周边环境各项指标进行了分级，并制定了相应的评价标准，见表 1。

表 1 准东油田各区块 CO_2-EOR 地质封存适宜性评价标准

石油储量/10^6t		>100	30~100	30	0~30	0
油藏深度/m		1500~2000	2000~2500	2500~3000	3000~3500	≥3500
			1200~1500	1000~1200	800~1000	<800
原油密度/(g/cm^3)		<0.82	0.82~0.86	0.86~0.88	0.88~0.9	≥0.9
盖层评价指标	有无盖层	众多	多	有	有	无
	盖层分布的连续性	连续、稳定	较连续、较稳定	中等、较稳定	连续性较差、较不稳定	连续性差、不稳定
	盖层厚度/m	≥300	150~300	100~150	50~100	<50
	破坏程度	≥300	150~300	100~150	50~100	<50
断裂活动类型	地质特征	有限断层和裂缝并有大的泥岩	有限断层有限裂缝	中等断层中等裂缝	有限大断层有限大裂缝	大断层大裂缝
	封闭性	好	好	中等	差	差
储层岩性		碎屑岩，层状分布	混合，层状分布	碳酸盐岩，层状分布	非沉积岩	无盐岩
储层厚度/m		<10	10~20	20~30	30~40	>40
孔隙度/%		10~15	15~20	20~25	25~30	≥30
			8~10	6~8	4~6	<4
渗透率/mD		0.1~10	10~50	50~200	200~500	≥500
基础设施		完善	较完善	中等	不完善	无
气源距离/km		<50	50~100	100~200	200~300	>300
气源规模/(10^6t/a)		>55	25~55	10~25	5~10	<5
收益		远远大于成本	大于成本	持平	小于成本	远远小于成本
评价标准		好	较好	一般	较差	差

2.2 评价计算公式

根据中国地质调查局水文地质环境地质调查中心的《中国二氧化碳地质储存潜力评价与示范工程》对准东地区的油藏指标（油藏储量、油藏深度、原油密度、盖层情况、储层特征及断裂情况）、气源指标（气源距离、气源规模）、交通状况等指标进行赋值 9、7、5、3、1[6]，对应的评价集为 {适宜，较适宜，一般适宜，较不适宜和不适宜}，得出每个评价指标的评价分值。根据注入 CO_2 安全性为主要标尺，对评价指标进行分析确定权重值。最后再应用加权平均法计算出 CO_2 地质储存适宜性以及 CO_2-EOR 适宜性综合评分值[7]。

加权平均计算法

$$P = \sum_{i=1}^{n} P_i A_i, \quad (i = 1,2,3,\cdots,n) \tag{1}$$

式中　P——评价单元的综合评分值；

n——评价因子的总数；

P_i——第 i 个评价指标的给定指数；

A_i——第 i 个评价指标的权重。

3　准东地区地质封存与 CO_2-EOR 潜力评估结果

3.1　准东地区 CO_2-EOR 技术适宜性评价

经过前面论述，将各种影响 CO_2-EOR 技术因素综合得到准东地区 CO_2-EOR 技术适宜性评价参数表；根据《全国二氧化碳地质储存潜力与适宜性评价》结合评价参数及权重值用评价公式对准东主力油田进行适宜性评价的计算[8]，详见表 2。

表 2　准东地区 CO_2-EOR 技术地质封存驱油适宜性评价表

准则层	评价指标	权重值	A	B	C	D	E
			得分值	得分值	得分值	得分值	得分值
油藏	油藏储量	10%	8749×10^4t	1843×10^4t	426.47×10^4t	1663×10^4t	1900×10^4t
			7	7	3	3	7
	油藏深度	10%	2470m	2273m	1400m	2700m	2300m
			7	7	7	5	7
	原油密度	5%	0.8432g/cm^3	0.8278g/cm^3	0.8040g/cm^3	0.7480g/cm^3	0.8273g/cm^3
			7	7	9	7	7
地质	盖层情况	25%	411m	100m	95m	15m	25m
			4.3	4.3	4.3	4.3	5
	孔隙度	5%	7%~12%	17%~26%	5.33%~25.33%	6.4%~20.9%	20%
			9	3	3	5	7
	渗透率	5%	3.75mD	59mD	0.13~55 mD	0.01~416 mD	165mD
			9	3	3	3	5
	油藏断裂情况	25%	油藏裂缝复杂发育,无法实施 CO_2 地质封存	东西走向 3 条逆断裂，北东南西向及北西南东向各 1 条	油藏裂缝发育有小范围圈闭	油藏被断裂切割，形态不完整	油藏有断裂并形成圈闭
			0	5	7	3	7
经济	交通状况	5%	206 国道	阜彩路、幸福路	阜彩路、幸福路	阜彩路、幸福路	古尔班通古特沙漠公路
			9	9	9	9	9
	气源距离	10%	a：160km b：20km c：76km	a：90km b：56km c：150km	a：140km b：12km c：105km	a：114km b：45km c：138km	a：200km b：78km c：100km
			7	6.33	7	6.33	5
综合得分			4.875	5.458	5.725	4.458	6.3

注：a 为准东工业园区，b 为五彩湾工业园区，c 为喀木斯特工业园区。

通过式(1)计算结果表明，准东主力油田从 CO_2-EOR 油藏指标、气源及环境指标方面综合评价值分别为：A 油田 4.875、B 油田 5.458、C 油田 5.725、D 油田 4.458、E 油田 6.3。说明准东的主力油田中，A 油田因为其油藏裂缝复杂发育，CO_2 封存有泄漏风险不适合封存；D 油田因其油藏断裂情况不宜实施 CO_2-EOR 技术。B 油田、C 油田及 E 油田相对适宜，且 E 油田评估分数最高，实施效果最好。

3.2 准东地区 CO_2-EOR 技术封存理论储量结果

3.2.1 理论封存储量计算方法

CO_2 地质封存的封存总量是评价油藏封存潜力的主要指标。CO_2 在油藏中主要是通过构造地层储存。对于构造圈闭的储存结构，储量计算主要是根据储层的孔隙度、渗透率、空间延展和 CO_2 的密度，极端孔隙中可容纳的超临界 CO_2。以此来评价 CO_2 在这两种空间中的地质储存潜力。

目前，CO_2 在油藏中理论存量的计算方法主要是以物质平衡方程为基础，是其假设油气采出所让出的空间全部可用于 CO_2 的存储[9]。

美国是开展利用 CO_2 地质封存驱油技术最多的国家，技术已经非常成熟。Jerry Shaw 等提出 CO_2 在油藏中的存储量用两个方程计算[9-10]。

在 CO_2 突破之前

$$M_{CO_2to}=\rho_{CO_2r}\times(E_{RBT}\times N\times B_o) \tag{2}$$

在 CO_2 突破之后

$$M_{CO_2to}=\rho_{CO_2r}\times[(E_{RBT}+0.6(E_{RHCPV}-E_{RBT})]N\times B_o \tag{3}$$

式中 M_{CO_2to}——二氧化碳在封存油藏中的封存量；

ρ_{CO_2r}——二氧化碳在封存油藏条件下的密度；

N——封存油藏原油储量；

B_o——封存油藏原油体积系数；

E_{RBT}——原有的石油采收率；

E_{RHCPV}——注入某一烃类孔隙体积(HCPV)二氧化碳时原有的采收率。

3.2.2 理论封存储量结果

采用上述公式对准东地区与 E 油田的 CO_2 封存潜力进行了估算，准东地区理论可实现 CO_2 地质封存 1076.82×10^4t，E 油田理论可实现 CO_2 地质封存 490.6×10^4t。

4 结论

(1)本文首次系统地建立准东地区 CO_2-EOR 适宜性评价体系，使其能够充分利用油藏数据、气源指标、交通状况等指标开展适应性评价，评价精度进一步提高。

(2)准东地区利用 CO_2 地质封存技术潜力巨大，期望理论 CO_2 封存量可达 1076.82×10^4t，其中，E 油田期望理论 CO_2 封存量可达 490.6×10^4t。

(3)准东的主力油田中，A 油田因为其油藏裂缝复杂发育，CO_2 封存有泄漏风险不适合封存，评分为 4.875；D 油田因其油藏断裂情况不宜实施 CO_2-EOR 技术，评分为 4.458。B 油田、C 油田及 E 油田相对适宜，且 E 油田评估分数最高，实施效果最好，评分为 6.3。

参考文献

[1] 刁玉杰，朱国维，金晓琳，等．四川盆地理论 CO_2 地质利用与封存潜力评估［J］．地质通报，2017，36（6）：1088-1095.

[2] 魏守道．碳交易政策下企业碳封存的效应研究［J］．暨南学报（哲学社会科学版），2016，38（1）：122-128.

[3] 吴晓智，刘得光，唐勇．准噶尔盆地腹部深层构造特征与油气资源［C］∥中国地质学会全国构造会议，北京．2008.

[4] 王锐．准噶尔盆地中 4 区块 D1 井区油气来源与成藏模式［J］．油气地质与采收率，2006，13（1）：59-61.

[5] 杨海波，陈磊，孔玉华．准噶尔盆地构造单元划分新方案［J］．新疆石油地质，2004，25（6）：686-688.

[6] 刘熠．新疆准噶尔盆地 CO_2-EOR 技术应用潜力研究［D］．乌鲁木齐：新疆大学，2015.

[7] 王敬霞，雷磊，于青春．我国碳酸盐岩储层 CO_2 地质储存潜力与适宜性［J］．中国岩溶，2015，34（2）：101-108.

[8] 郭建强，文冬光，张森琦，等．中国二氧化碳地质储存潜力评价与示范工程［J］．中国地质调查，2015，2（4）：36-46.

[9] 沈平平，廖新维，刘庆杰．二氧化碳在油藏中埋存量计算方法［J］．石油勘探与开发，2009，36（2）：216-220.

[10] 徐婷，杨震，周体尧，等．中美二氧化碳捕集和驱油发展状况分析［J］．国际石油经济，2016，24（4）：12-16.

（编辑：赵新科）

Driving factor analysis of carbon emissions in China's power sector for low-carbon economy

Dan Yan Yalin Lei Li Li

(1. School of Humanities and Economic Management, China University of Geosciences, Beijing;
2. Key Laboratory of Carrying Capacity Assessment for Resource and Environment,
Ministry of Land and Resources, Beijing)

Abstract: The largest percentage of China's total coal consumption is used for coal-fired power generation, which has resulted in the power sector becoming China's largest carbon emissions emitter. Economic and social development will continue to drive the electricity demand to maintain growth trends; the driving factors of carbon emissions changes are more involved in economics, society and industry, and there is a two-way causality among the factors. However, most of the previous studies adopted the LMDI model to describe the situations related to electricity consumption from a similar perspective, lacking considerations of the different socio-economic factors. This study examines the impacts of eight factors from different aspects on carbon emissions within power sector from 1981 to 2013 using the extended Stochastic Impacts by Regression on Population, Affluence and Technology (STIRPAT) model. The regression coefficients are effectively determined by a partial least squares regression (PLS) method with superiority in overcoming the multicollinearity among the independent variables. The empirical results show that (1) the degree of influence of various factors from strong to weak is urbanization level (UL) >technology level (T_1) >population (P) >GDP per capita (A) >line loss (T_2) >power generation structure (T_3) >energy intensity (T_4) >industry structure (IS); (2) different from previous research, economic activities are no longer the most important contributing factor; the strong correlation between electricity consumption and economic growth is weakening; and (3) the coal consumption rate of power generation had the most obvious inhibitory effect, indicating that technological progress is still a vital means of achieving emissions reductions in China's power sector. Finally, policy implications are proposed for low-carbon economy. Policy makers should perfect the low-carbon development model of urbanization, accelerate the development of low-carbon power technology and improve power transmission efficiency.

Key words: Power sector; carbon emissions; driving factors; STIRPAT model; China

1 Introduction

Since the 1960s, climate change has become a scientific issue that has been widely concerned. The world has reached a consensus on 2℃ as a long-term goal to address climate change. If the CO_2 concentration reaches 550×10^{-6} in the atmosphere, the earth's temperature will rise by more than 2℃ The fifth assessment report released by Intergovernmental Panel on Climate Change (IPCC) claimed that the massive use of fossil fuel based on human activity is the main cause of increasing greenhouse gases (GHGs) in recent years, especially CO_2 emissions. From 1990—2012, a substantial increase in global coal production resulted in the power sector-generated CO_2 emissions doubling, with this sector becoming the world's largest carbon emissions sector, accounting for 42%[1].

Over the past 30 years, China's economic growth has been close to 10% on average; energy consumption and CO_2 emissions have increased dramatically, and China has become the largest carbon emitter worldwide, accounting for 25% of the global carbon emissions[2]. The large amount of CO_2 emissions prompted China to assume its international responsibilities; in 2009, the Chinese government indicated that it would strive to cut its carbon intensity by 40%~45% before 2020, compared with that in 2005; in addition, a formal commitment on reaching the peak of its GHGs emissions around 2030 while striving to peak earlier was also made by the Chinese government in 2014[3]. CO_2 emissions are closely related to fossil energy consumption; thus, the peak emission goal formed the reverse transmission mechanism for coal consumption, indicating that the amount of coal consumption in China in 2020 and 2030 must be less than 3.8×10^8t and less than 3.4×10^8t, respectively[4].

Electricity generation is mainly dominated by coal in China; coal consumption for the power sector accounted for 44.73% of the total. Based on our estimations, there was a dramatic growth in the carbon emissions of power sector between 1981 to 2013 (Figure 1), to be more specific, it had reached the peak at 3758×10^6t in 2013, accounting for 41.8% of China's total carbon emissions, which also resulted in this sector becoming China's top carbon dioxide emitter.

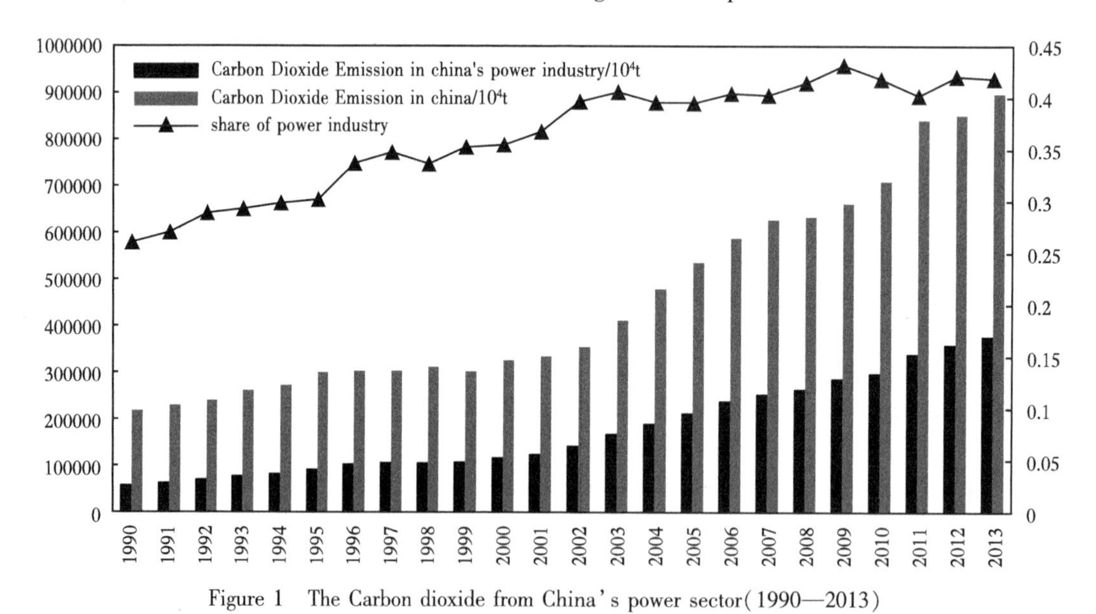

Figure 1 The Carbon dioxide from China's power sector (1990—2013)

The 13th Five-Year Plan states that the carbon emissions from power and other key industries should be controlled effectively, and that development areas should take the lead in achieving peak emissions targets[5]. Understanding the driving factors involved in economics, society and industry of emissions is essential towards giving policies for the future development of the power sector.

Over the past 30 years, the full-calibre installed power-generating capacity in China has increased by 22.7 times, from 60 gigawatts (gW) in 1980 to 1360 gigawatts (gW) in 2014, and power consumption has increased by 18.7 times, from 295 TWH in 1980 to 5523 TWH in 2014[6]. However, this country is entering a slower economic growth, moving from an economy driven by investment and exports to one mainly relying on consumption and services, the growth of electricity demand has also been slowing; the growth of electricity consumption has also been undergoing a transition from depending on energy intensiveness to emerging industries, service industries and residential electricity demands. Considering the social and economic factors influencing carbon emissions from the power sector under conditions of new urbanization and industrialization processes, we must determine which policies will have better effects.

This remainder of this research is divided into four parts, as follows: Part 2 reviews the previous work on this study. Part 3 presents the calculation of carbon emissions from the power sector, the basic STIRPAT model and its extended form and the PLS method to manage multicollinearity. Part 4 describes the main results and provides a discussion. Part 5 offers conclusions and potential policy implications.

2 Literature review

2.1 Research on driving factors behind power sector

As the main sector for energy processing and conversion, the power sector has played a key role in achieving low-carbon economy. Multiply factors involved in electricity market behaviours, then affecting the carbon emissions changes from the power sector. Previous scholars have used different methods and thus drawn different conclusions. Malla[7] employs the LMDI model for studying on the effects of three factors influencing carbon emissions within electricity industry from 7 countries, the results showed that during 1990—2030, the effect of the electricity production remains the major factor responsible for rise in emissions. LMDI method was also used by Shrestha et al.[8] to conclude that the dominant factor behind the performances of CO_2 emissions vary from one country to another. Decomposition model was used by Steehhof and Weber[9] to estimate the factors affecting the trends of Canadian electricity industry's carbon emissions, while the authors took considerations of weather and government policies. A factors decomposition model of CO_2 emission changes from China's electricity production was built by Hou and Tan[10] based on LMDI method, the changes in carbon emissions by eletricity production were decomposed into five fators: income effect, electricity production intensity, power production structure, population effect and coal consumption rate. Zhang et al.[11] used LMDI method to find the rules of influence factors of carbon emissions, and finally pointed out that economic activities were the main contributing factors, but the efficiency of electricity production was vital in reducing carbon emissions. Different from[11], Yang and Lin[12] extended the sample range, indicating that EI (electricity intensity) and EAs (economic activities) are the main factors driving CO_2 emissions changes from the power industry, accounting for 42.33% and 57.05% of the total increase during 1985—2011; they also confirmed that EE (energy efficiency) in the power industry plays a key role in energy savings and emissions reductions. Zhao et al.[13] applied autoregressive-distributed lag (ARDL) model to estimate the CO_2 emissions from power industry in China from 1980—2010, the results showed that equipment utilization hours had the most significant impact on CO_2 emissions; in addition, the added value of the industry had a positive influence in the short term, and the pressures created by CO_2 emission reduction is an important motivator of technological progress within the power industry.

Socio-economic drivers related to CO_2 emissions in Iran's power sector are fully considered by Noorpoor and Kudahi[14], the outputs of the STIRPAT model showed that they both had played a positive role in increasing these emissions. Karmellos et al.[15] used an LMDI model to investigate the key drivers behand carbon emissions within the power sectors in all of the European Union countries from 2000 to 2012; in addition, the sample data were divided into two stages to detect the effects of the economic crisis.

Most of the previous studies have adopted the LMDI model, as it has a strong theoretical basis and adaptability, is easy to use and offers better results interpretation. LMDI has been widely used in different countries, sectors and environmental problems[16-18]; however, the factors that can be investigated by the index decomposition method still have some limitations. The decomposition factors are similar, and many other factors cannot be included in the analysis. In the past research, there have been few studies excavating the nature of the relationship between CO_2 emissions and socio-economic factors, and the sample data lagged behind; the explanatory variables were selected from one particular point of view, which paid insufficient attention to social, economic and household consumption (Table 1).

Table 1 The main driving factors of carbon emissions from power industry

Authors	Sample	Period	methodology	The main driving factors										
				P	EP	EA	EI	EE	ES	FM	ET	IS	TP	EL
Ram M. Shrestha et al.	15 countries	1980—2004(2009)	LMDI			√	√		√	√				
Sunil Malla	7 countries	1990—2005(2009)	LMDI		√		√		√					
Paul A. Steenhof and Chris J. Weber	Canada	1990—2008(2011)	Laspeyres Index Decomposition				√	√		√				√
Hou and Tan	China	1985—2009(2011)	LMDI	√			√	√	√					
Ming Zhang et al.	China	1991—2009(2013)	LMDI			√	√	√						
Xiaoli Zhao et al.	China	1980—2010(2013)	ARDL			√							√	√
Lisha Yang and baoqiang Lin	China	1985—2011(2016)	LMDI	√		√	√	√	√	√				
M. Karmellors et al.	European Union countries	2000—2012(2016)	LMDI			√	√	√		√	√			
A. R. Noorpoor and S. Nazari Kudahi	Iran	2003—2013(2016)	STIRPAT	√		√	√							

Note: P, EP, EA, EI, EE, ES, FM, ET, IS, TP, EL respectively refer to population, electricity production, economic activity, energy intensity, energy efficiency, energy structure, fuel mix, electricity trade, industrial structure, technical progress and electricity lost.

2.2 The application of the STIRPAT model to CO_2 emissions

GHG emissions from human activities are mainly affected by drivers, such as population, affluence and technological progress; on this issue, the IPAT model and its derivative STRIPAT model or deformation are among the mainstream research methods with the characteristics of flexible design parameters and targeted research problems. Li et al.[19] combined the path analysis with STIRPAT model to discuss the driving factors behind China's growing carbon emissions, and got the contributing degree of the factors, similar studies were performed by Lin et al.[20] This model has also been applied by Fan et al.[21] to explore the effects of population, affluence and technology on the environmental impact of countries with different income levels. In an empirical analysis on the factors influencing CO_2 emissions in Beijing, Wang et al.[22] introduced R&D output to represent the technology level and finally concluded the emphasis of carbon emissions reduction.

When there exists multicollinearity between variables, a few scholars have applied ridge regression to deal manage it[23-25]. However, due to subjectivity, the method cannot accurately reflect the results. As the association between variables tends to be complex and can be two-way, the traditional OLS method sets too many restrictions. The partial least squares (PLS) method can better solve these problems, specifically, it includes more information about independent variables in the algorithm; and these characteristics are increasingly favored by scholars in recent years[26-27].

Compared with other models, the STIRPAT model is more reliable and includes more information. People can choose different indicators to reflect the development degree in a region; therefore, this model could be better employed for analysis of the driving factors at different levels of the environment in a region. According to the above review, the researches based on STIRPAT model have focused on the national level or the city level, and few studies apply the STIRPAT model to power industry. This paper contributes to closing this gap.

With the acceleration of urbanization, China's energy consumption has gradually turned from the production type to the consumer type[28], which not only led to economic and social changes but has also affected lifestyles and energy consumption changes. Few studies have fully considered the macroeconomic and social background regarding analysis of the drivers of emissions behind China's power sector, for example, the population, residents' income, the urbanization level and so on. China has experienced an adjustment of industrial structure upgrades, economic growth is slowing, and people's living conditions have gradually improved, then the impact of these factors cannot be ignored.

3 Methods and data

3.1 Data collection

The paper adopted the data interval 1981—2013, and the data for total population and urbanization rate were collected from the China Statistic Yearbook(1982—2013), we used 1981 as the base year, and the GDP per capita was converted to constant prices.

The data for the proportion of second industries comes from the China Energy Statistics Yearbook(1982—2014). The data for the proportion of thermal power generation to total power generation, line loss rate, coal consumption rate of power plants over 6000 kW and electricity consumption per unit of GDP come from China Electricity Council(CEC).

3.2 Calculation of carbon emissions from China's power sector

The Intergovernmental Panel on Climate Change(IPCC)[29] provided specific principles and methods for calculating GHGs emissions in 2006, which have been widely used. The calculation of CO_2 emissions from China's power sector is based on the IPCC method 1, combining the related parameters from the guide for the compilation of provincial GHG inventories, during 1981—2013.

Assuming that no CO_2 emissions were generated in the process of power consumption, the CO_2 emissions were calculated from the perspective of power production.

$$CO_2 = \sum_{i=1}^{8} CO_{2,i} = \sum_{i=1}^{8} E_i \times NCV_i \times CEF_i \times COF_i \times \frac{44}{12} \quad (1)$$

Because there is no separate category of the power sector in China's statistical yearbooks, the steam/hot water production and supply sector were used as a substitute for the power sector. In equcation(1) i represents energy types; NCV represents the average low caloric value; E represents energy consumption, the data of which in power production process comes from China energy statistical yearbook(1982—2014); CEF represents the coefficient of carbon emissions per unit of heat; COF represents the carbon oxidation factor, that is, the energy-burning carbon oxidation rate; and 44 and 22 represent the molecular weights of carbon dioxide and carbon, respectively. Referring to the actual situation of China, among the above parameters, NCV was adopted from the appendix of the "China Statistical Yearbook 2013"; CEF and COF were adopted from the "Provincial Greenhouse Gas Inventory Preparation Guide".

3.3 The STIRPAT model

The classic environmental pressure evaluation model (IPAT model) was raised by the American ecologist Ehrlich and Holdren[30] in 1970s; the three factors that directly affect the environment were the population(P), affluence(A), technology(T) and the interaction between them. Establishing the identical relative formula of four variables:

$$I = P \times A \times T \quad (2)$$

This formula provides a conceptual framework for the relationships among the four variables with a simple theory and form. There are deformations of this equation: I = PBAT[31] and I = PACT[32]; however, all of these models can only estimate the proportionate impact. Dietz and Rosa[33] proposed the improved nonlinear STIRPAT model, which abandoned the assumption of unit elasticity, so as to facilitating the empirical analysis, and it can realize the assessment of the environmental pressure by various types of driving factors through the decomposition of technical items.

$$I_t = aP_t^b A_t^c T_t^d e_t \quad (3)$$

For quantitative analysis of sequence data, the model was changed into the logarithmic form:

$$\ln I_t = a + b\ln P_t + c\ln A_t + d\ln T_t + e_t \quad (4)$$

where a is the constant term, t indicates the period, e is the error term, and b, c, and d stand for the elastic coefficients of the independent variables, indicating the percentage change in environmental impact caused by the percentage changes in P, A, and T. Whether traditional IPAT model or random STIRPAT model, P, A and T can be decomposed according to the specific circumstances. Therefore, formula(4) is reformulated as formula(5):

$$\ln I_t = \alpha + b\ln P_t + c\ln A_t + d\ln T_{it} + f\ln T_{2t} + g\ln T_{3t} + h\ln T_{4t} + j\ln \mathrm{IS} + k\ln \mathrm{UL} + e_t \quad (5)$$

The variables in formula (5) are defined as follows: I represents carbon emissions, and P represents the population size, which is different from[13], who omitted the population factor. A represents economic level indicated by GDP per capita, and T stands for the technology level, which has been decomposed into T_1, T_2, T_3 and T_4. UL and IS represent the urbanization level and industrial structure (Table 2).

Table 2 Description of the model variables

Variable	Symbol	Definition	Unit
Carbon emissions	I	power sector related carbon emissions	10^4t
Population	P	total population	10^4 units
Economic level	A	GDP per capital (1981 = 100 constant)	yuan
Coal consumption rate	T_1	standard coal consumption for per unit power generation	g/(kW·h)
Line lose rate	T_2	proportion of the loss of electricity over the total electricity power generation in power grid	%
Power generation Structure	T_3	proportion of thermal power generation over total power generation	%
Energy intensity	T_4	power consumption per unit of GDP	(kW·h)/ 10^4 yuan
Industrial Structure	IS	proportion of second industry accounted for total GDP	%
Urbanization level	UL	proportion of city population over the total population	%

3.4 Multicollinearity testing

Multicollinearity refers to accurate or approximately accurate linear relationships among explanatory variables. There are two types of results: first, if there is perfect collinearity among various explanatory variables, the regression coefficients are uncertain, but this situation is very rare in reality; second, if the collinearity is high but not complete, the estimate of the regression coefficients has a tendency to result in large standard errors. The correlation coefficient matrix of each of two variables (Table 3) showed that a few correlation coefficients between the various explanatory variables can be high; for further inspection, the variance inflation factor (VIF) method was used to examine the multicollinearity among variables. VIF is the variance inflation factor calculated by multiple determination coefficients determined by auxiliary regression of multiple explanatory variables. When VIF is larger, it explains that the multicollinearity among the variables is stronger. When VIF≥10, indicating that there exists serious multicollinearity among explanatory variables, it can unduly influence the results of least squares estimation. In this study, the VIFs of the variables $\ln P$, $\ln A$, $\ln T_1$, $\ln T_2$ and lnUL are far greater than 10, so there exists a serious problem of multicollinearity (Table 4). As shown in the illustration, the variables $\ln A$, $\ln T_2$, and $\ln T_3$ cannot pass the t-test, which means the results gained from the OLS method are questionable.

Table 3 Correlation matrix between variables

	$\ln I$	$\ln P$	$\ln A$	$\ln T_1$	$\ln T_2$	$\ln T_3$	$\ln T_4$	ln IS	ln UL
$\ln I$	1.00								
$\ln P$	0.973**	1.00							
$\ln A$	0.961**	0.960**	1.00						
$\ln T_1$	-0.978**	-0.940**	-0.956**	1.00					
$\ln T_2$	-0.883**	-0.797**	-0.861**	0.917**	1.00				
$\ln T_3$	0.593**	0.687**	0.548**	-0.515**	-0.357*	1.00			
$\ln T_4$	-0.521**	-0.678**	-0.60**	0.494**	0.288	-0.552**	1.00		
ln IS	0.544**	0.535**	0.446**	-0.430*	-0.282	0.469**	-0.348**	1.00	
ln UL	0.992**	0.964**	0.963**	-0.980**	-0.916**	0.561**	-0.539**	0.494**	1.00

note: ** significant at 1% level;

* significant at 5% level.

Table 4 Driving factors of carbon emissions by OLS

	Unstandardized Coefficients	Std. Error	Standardized Coefficients	t-Statistic	Sig.	VIF
C	-41.953	7.343		-5.713	0.000	
$\ln P$	3.977	0.732	0.465	5.434	0.000	108.463
$\ln A$	0.005	0.035	0.006	0.148	0.884	23.876
$\ln T_1$	-1.320	0.365	-0.174	-3.619	0.001	34.142
$\ln T_2$	0.503	0.361	0.060	1.393	0.177	27.473
$\ln T_3$	-0.605	0.518	-0.018	-1.169	0.254	3.558
$\ln T_4$	1.235	0.139	0.133	8.897	0.000	3.295
ln IS	1.077	0.243	0.053	4.436	0.000	2.087
ln UL	1.296	0.265	0.479	4.891	0.000	141.894

a. Dependent Variables: ln I

3.5 Partial Least Squares Regression (PLS) method

Wood and anobah[34-35] proposed a new multivariate statistical analysis method to overcome multicollinearity, namely Partial Least Squares Regression (PLS). It can be performed under the conditions of the existence of serious multiple correlations in the variables, and it contains all of the original variables in the final model. The main discrepancy between PLS method and ordinary multiple regression analysis is that, PLS extracted a number of new synthetic variables (also called components) with the best explanatory ability for the system, rather than directly adopted the original variables set. The results obtained by PLS method, therefore, is more reliable and holistic.

The main principle of PLS method is that the components t_1 and u_1 are extracted from the data tables of X and Y, respectively. The components are totally independent of each other; and should contain as much as information about the original variables. In addition, the correlation between the two should achieve a maximum.

After all the data were standardized, PLS implements the regression of X to t_1, and Y to u_1, if the satisfactory accuracy of the model has been achieved, the algorithm terminates; otherwise, the second regression analysis is implemented, and so forth, until satisfactory accuracy can be reached. PLS is an iterative algorithm built-in, it's almost impossible to calculate by hand, this study uses software SIMAC-P for this research.

The index Variable Importance for Projection (VIP) is used to judge the importance of every independent variable. It is generally believed that, when VIP is larger than 1, the corresponding independent variables are important, and when VIP is less than 0.5, the independent variables are not important.

$$\mathrm{VIP}_j = \sqrt{\frac{p}{Rd(Y;\ t_1,\ \cdots,\ t_m)} \sum_{h=1}^{m} Rd(Y;\ t_h) \cdot w_{hj}^2} \tag{6}$$

In the above formula, VIP_j represents the VIP of $x_j (j=1,\ 2,\ \cdots p)$; $Rd(Y;\ t_1, \cdots,\ t_m) = \sum_{h=1}^{m} Rd(Y;\ t_h)$ means the accumulative capacity; $t_1, \cdots, t_m$ are principal components extracted from the variable X, w_{hj} is the no. j component of the wh-axis, and it is used to measure the marginal contributions of x_j for the constitution of component t_h, and for any $h=1,\ 2, \cdots m$,

$$\sum_{j}^{p} w_{hj}^2 = w'_h w_h = 1 \tag{7}$$

4 Results and discussion

4.1 Model results

Firstly, the goodness of fit of the model can be illustrated by two important tables or plots: the t_1/t_2 scatter plot (also called the T^2 oval plot) and t_1/u_1 scatter plot.

T^2 oval plot are used to observe the distribution of sample points and similarity structure in the plane, t_1 and t_2 are carry the most information about the X variable and can offer the greatest degree of interpretation of the Y variables. If all the sample data are included in the T^2 oval plot, it indicates that there are no aberrance points, and the sample data can be accepted perfectly[36]. Obviously, all the sample points in this study are included in the oval (Figure 2), and there is no need to make changes in the model.

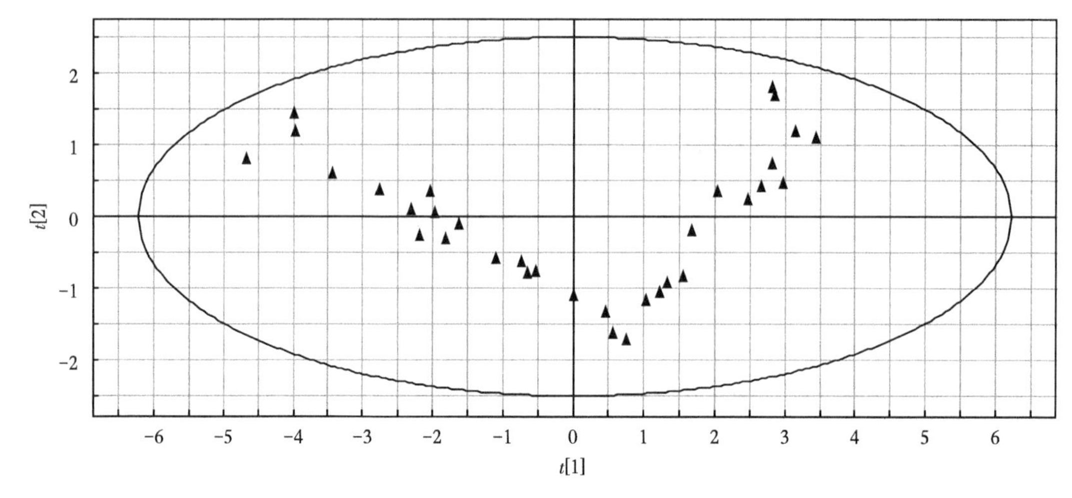

Figure 2 T^2 oval plot

In the t_1/u_1 scatter plot, if t_1/u_1 relationship is presented as near linear, the establishment of the model is reasonable[36]. It is clear from the illustration (Figure 3) that t_1 has a significant linear relationship with u_1; thus, t_1 and u_1 can well represent the variable X and Y respectively, and it is reasonable to establish the model by PLS.

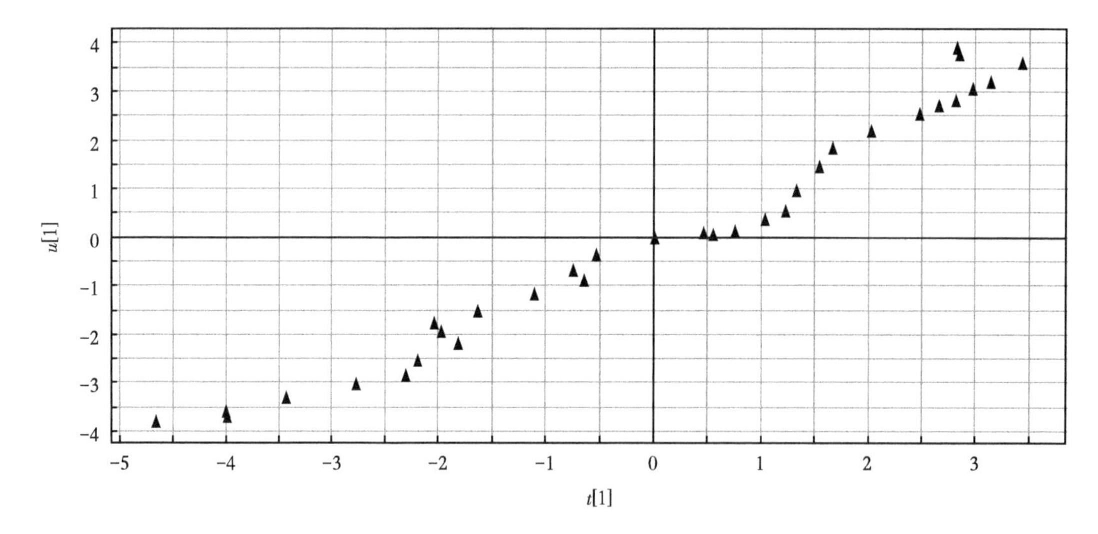

Figure 3 t_1/u_1 scatter plot

If all of the data points are located in the vicinity of the diagonal, it shows there is litter discrepancy between the predicted values and the original observations[36]. It can be seen from Figure 4 (Figure 4) that the original observations and the predicted values show good linear relationship, indicating that fitting of the model is ideal.

The index VIP is used to judge the importance of every independent variable; when VIP values are greater than 1, it can be considered that the corresponding variable plays a more important role in explaining the Y variable. If the independent variable has a relatively small VIP index (less than 0.5); it is considered that explanatory capability of the variable is not strong in

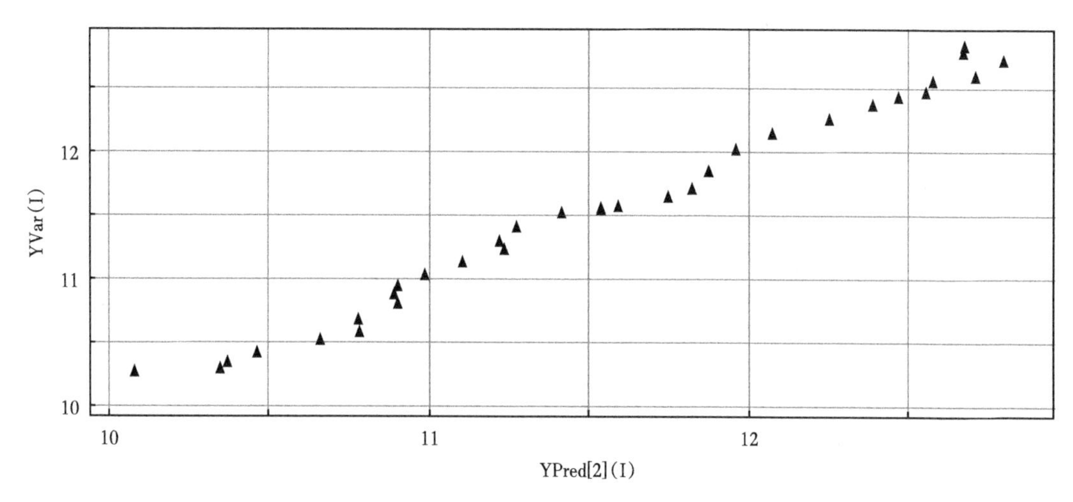

Figure 4　Scatter plots of predicted value and observed value of carbon emissions by PLS model

the model; the VIP values of UL, T_1, P, A, and T_2 are greater than 1(Figure 5). Among them, UL is the most important contributing factor.

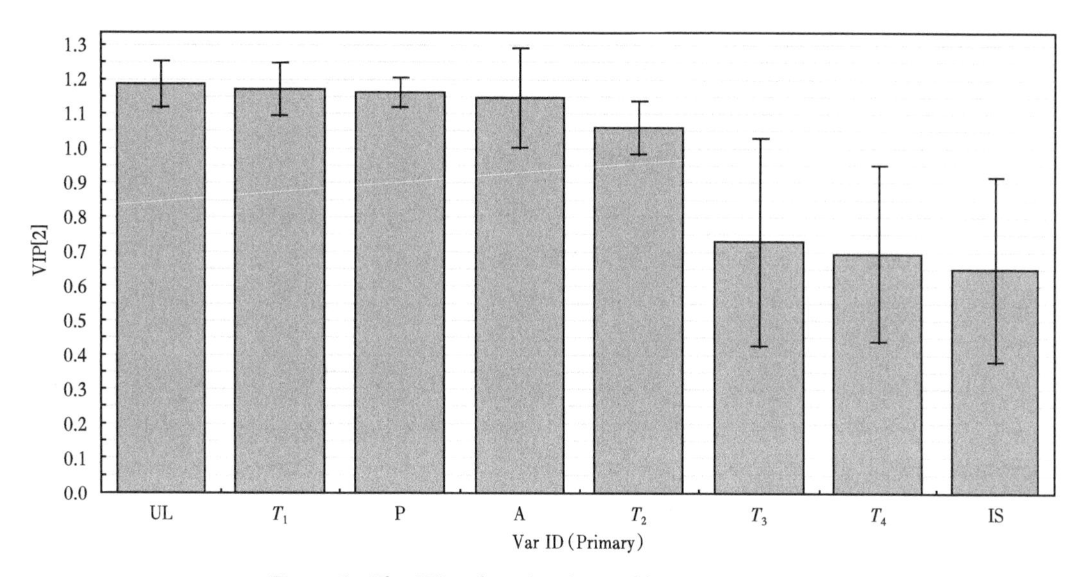

Figure 5　The VIP value of each variables in PLS method

R^2Y(cum) represents the cumulative explanatory capacity of the principal components extracted from the original Y variable to the original Y variables. Q^2(cum) represents the cumulative cross validation. Generally speaking, when the two indicators are all greater than 0.8, the results generated by the model are effective. The coefficient of P was 0.171 after the principal component t_1 was extracted (Table 5). When t_1 and t_2 were extracted, the coefficient become 0.175; when t_1, t_2 and t_3 were all extracted, the coefficient became 0.20, which indicated that a 1% change in the population would cause a 0.171%~0.201% change in the CO_2 emissions. That is, P had an elasticity of 0.171 ~ 0.201. When two principal components t_1 and t_2 were considered, P、A、T_1、T_2 and UL had an elasticity of 0. 175, 0. 178, -0. 208, -0. 199, and 0. 203, respectively. The regression coefficients and the VIP value of each variable have good consistency. Therefore, P、A、T_1、T_2 and UL could be the major drivers of the carbon emissions. The coefficients of T_3、T_4、and IS were very small(<0. 1), so they might have little impact on the carbon emissions.

Table 5 The regression coefficients results of the PLS method

Components extracted	t_1	t_1 and t_2	t_1, t_2 and t_3
Constant	14. 315	14. 315	14. 315
ln P	0. 171	0. 175	0. 201
ln A	0. 169	0. 178	0. 169
ln T_1	-0. 172	-0. 208	-0. 216
ln T_2	-0. 155	-0. 199	-0. 158
ln T_3	0. 104	0. 042	0. 05
ln T_4	-0. 092	0. 019	0. 06
ln IS	0. 096	0. 093	0. 134
ln UL	0. 175	0. 203	0. 214
R^2Y(cum)	0. 969	0. 988	0. 990
Q^2(cum)	0. 967	0. 983	0. 984

4. 2 Variable importance discussion

According to the model coefficients and the VIP values of the variables(Figure 5), P、A、T_1、T_2 and UL might be the major drivers of carbon emissions(Y). The impact of T_3、T_4 and IS on carbon emissions(Y) could not be determined or were not important. The specific analysis is as follows.

(1) Urbanization level has the strongest positive influence on the performances of carbon emissions within power sector, mainly because there exists a highly positive correlation between urbanization and the growth of power demand. Generally speaking, the energy consumption of one urban resident is three times more than that of one rural resident. The urbanization level in China increased by nearly 30% to reach 53. 73% from 1981 to 2013, and the annual average increased by 1. 05%, but it was still 30% ~ 70% of the rapid development in urbanization rate, improving 1% from 50% to 75% of the rapid development process of urbanization; the total electricity consumption increased by an average of 4. 6%[37]. The electricity consumption and urbanization rates in developing countries are mainly related to exponential growth, but in developed countries the two rates present a logistic growth curve model, and there are signs of the saturation of power demand.

(2) The technical indicators "standard coal consumption per power generation" and "line loss rate" both have strong explanatory power for carbon emissions. The former has the most obvious inhibitory effects, indicating that technological progress is still the vital means for achieving emissions reductions in China's power sector. This finding is the same as the studies of some previous scholars[11-12]. The coal consumption rate continued to show a downward trend,

falling from 442g/(kW · h) in 1981 to 302g/(kW · h) in 2013, and it is related to the national policy and development tactic. The line loss rate is the second major driving factor in inhibiting carbon emissions from the power industry, decreasing from 9% in 1981 to 6.7% in 2013. Because the electricity production and consumption are large, losses in transmission and distribution cannot be ignored. The power losses in transmission and distribution in China amounted to 289.616 × 10^8kW · h in 2012, or more than two years of electricity consumption in Shanghai in the current year. Although China has increased its investment in the construction and development of power grids, some cities still have outdated and aging power equipment.

(3) Growth in population is also an important contributor to carbon emissions.

First, population growth will boost demand for electricity generation; Second, electrification has improved the use of household appliances, most of which are domestically produced; thus, manufacturing will drive the demand for electricity generation. China has always been a country with a large population, and although the one-child policy led to a lower growth rate of the population, the total population still shows a growing trend. The population rate in China has been growing at close to 1% per annum during 1981—2013. Chinese thermal power generation has risen an average of 9.32% annually on the same time; its growth rate was significantly higher than the former. China's annual CO_2 emissions per person has reached 6 tonnes, and some of the developed eastern regions have reached 10 tonnes, showing a sustained growth trend[38]. This growth has approached the peak CO_2 emissions of Europe, Japan and other developed countries, and it can be predicted that the carbon emissions from power sector will maintain its growth trend with the increase in the total population in China.

(4) Different from the conclusions that have been reached in some papers[11], Economic activities are not the most important contributor in promoting carbon emissions from power sector in China. There is a strong connection between power consumption and economic development[39]. The growth rate of electricity production in China has been substantially synchronized with the electricity elasticity coefficient (Figure 6) from 1990 to 2014, and a small decline could be seen in the electricity elasticity coefficient from 2013. The average annual electricity growth speed was

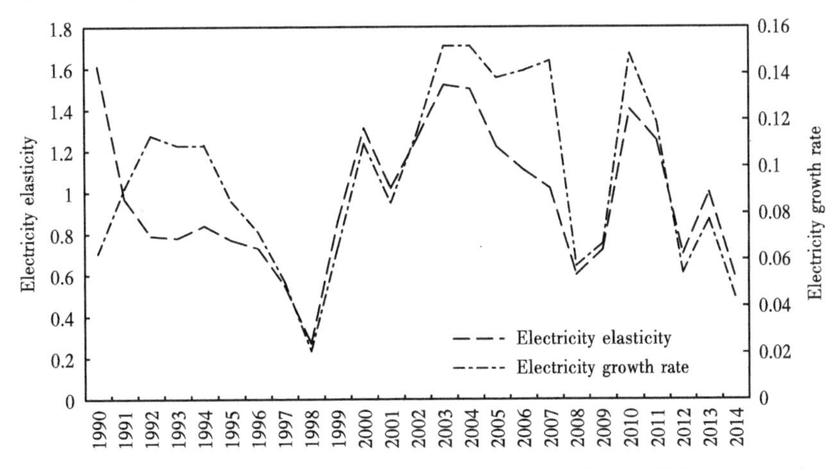

Figure 6 Electricity growth rate and Electricity elasticity in China, 1990—2014 (the china statistic yearbook)

5.7% in China during the "Twelfth Five-Year Plan" period, with an overall slowdown of nearly 50%, compared with an average of 11% during "Eleventh Five Year Plan" period, suggesting that, as the economy loses its power, the strong correlation between electricity demand and economic growth weakened.

(5) The weakest relationship exists between industrial structure and carbon emissions from power sector. As the adjustment of second industries has not been obvious from 1981 to 2013. The proportion of second industries in total industry decreased from 45.81% in 1981 to 43.67% in 2013, presenting a small change in the float.

5 Conclusions and policy implications

As the significant increase of carbon emissions from the power sector, it should be given the priority by policy makers. This paper examines the impacts of seven factors from different aspects on carbon emissions within power sector from 1981 to 2013 using the STIRPAT model. The empirical results determined by PLS method indicate that the main drivers from strong to weak were as follows: urbanization level (UL) > technology level (T_1) > population (P) > GDP per capita (A) > line loss (T_2) > power generation structure (T_3) > energy intensity (T_4) > industry structure (IS). Different from the previous conclusions, economic activities were no longer the most significant contribution factor, implying that, as the economy loses its power, the strong correlation between electricity demand and economic growth weakened. Industrial structure has the minimum impact on carbon emissions from the power sector, it may because the adjustment of second industries has not been obvious over the past three decades. Urbanization level was the most significant, positive driving factor, and the technical indicators "coal consumption rate" and "line loss rate" both had strong explanatory power for carbon emissions from the power sector; the former had the most obvious inhibitory effect, indicating that technological progress is still the vital means to achieve emissions reduction in China.

According to the above analysis, policies implications are proposed for the future development of the power sector.

(1) Perfecting the low carbon development model of urbanization.

Both population size and urbanization level have important impacts on the CO_2 emissions from the power industry; in particular, the urbanization level has the greatest impact. The government should continue to control the population size and perfect the low carbon development model of urbanization, specifically including the promotion of low-carbon urbanization fiscal policies, the strengthening of the application of market instruments, and the guiding of low carbon lifestyles for residents. There exists a highly positive correlation of the urbanization rate with electricity demand growth, and the growth laws are different in the early, middle and late stages. Therefore, special attention should be paid scientifically to the electricity load changes caused by rural populations transferring to cities, as well as the medium-and long-term forecasts.

(2) Accelerating the development of low-carbon power technology.

Clean coal technology is one of the dominant technologies to solve environmental problems worldwide, such as the ultra-supercritical unit (USC), the overall coal gasification cycle power generation (IGCC), the circulating fluidized bed (CFB) and so on, which should be comprehensively promoted in the construction of thermal power units. Carbon capture and storage technology (CCS) will be the single largest share of emissions reduction technology in the future, while CCS technology is still in preliminary stages in China currently; thus policy makers should focus their efforts on development and application. At least 60 types of key technical support were needed to achieve low carbon economy, 42 of which China has not yet mastered, that is, 70% of the core technology needs to be imported. Technical options, to a certain degree, determine the future of emission levels in China, so the government should actively strengthen international cooperation in low-carbon technologies with developed countries, providing a positive development environment for China's power industry.

(3) Improving power transmission efficiency and strengthening smart grid construction.

Placing priority on the scheduling of clean energy generators and high-efficiency large generating units can vigorously enhance power transmission efficiency, and it can promote CO_2 emissions reductions from the power industry. The construction of smart grid can improve the cross level resource scheduling, enhance the transmission capacity of power grid. The optimization of the grid structure can fully replace energy-saving equipment with high energy consumption and high-loss products, minimizing power consumption in the transportation process. In addition, smart grids are a win-win choice for both users and companies because they provide a platform for users to interact with the grid. Strengthening demand side management will effectively reduce the power consumption intensity and lower carbon emissions from the power sector while helping users achieve energy management to establish a low-carbon, energy-efficient lifestyle.

Conflict of Interests

The authors confirm that the mentioned received funding in the "Acknowledgment" section did not lead to any conflict of interests regarding the publication of this manuscript. And the authors declare there is no conflict of interest in the manuscript.

Acknowledgments

This work was supported by the grant from the National Natural Science Foundation of China (No. 71173200), the Development and Research Center of China Geological Survey (No. 12120114056601 and No. 12120113093200) and National Science and Technology Major Project (No. 2016ZX05016005-003). In addition, the authors would like to appreciate Professor Campbell from Michigan Technological University for his comments and suggestions.

References

[1] IEA. CO_2 emissions from fuel combustion 2014: OECD/IEA [R]. Paris, 2014.

[2] World Development Indicators; 2012. <http://data.worldbank.org/datacatalog/world-development-

indicators>.

[3] Xinhua 2014. U. S. -China Joint Announcement on Climate Change(in Chinese). Available at: http: // news. xinhuanet. com/energy/2014-11/13/c_127204771. htm. (last accessed 14. 07. 16).

[4] SCIO(The State Council Information Office of the People's Republic of China)2014. National response to climate change program (2014 - 2020) (in Chinese). Available at: http: //www. scio. gov. cn/xwfbh/xwbfbh/wqfbh/2014/20141125/xgzc32142/Document/1387125/1387125 _ 5. htm (last accessed 14. 07. 16).

[5] Xinhua 2016. The 13th Five Year Plan for national economic and social development of the people's Republic of China (in Chinese). Available at: http: //news. xinhuanet. com/politics/2016lh/2016 - 03/17/c _ 1118366322_13. htm(last accessed 14. 07. 16).

[6] CEC (China Electricity Council) 2015. "The Current Status and Prospect of China's Power Industry." Beijing: China Electricity Council(in Chinese). Available at: http: //www. cec. org. cn/yaowenkuaidi/2015-03-10/134972. html. (last accessed 14. 07. 16).

[7] MALLA S. CO_2 emissions from electricity generation in seven Asia-Pacific and North American countries: A decomposition analysis [J]. Energy Policy, 2009, 37(1): 1-9.

[8] SHRESTHA R M, ANANDARAJAH G, LIYANAGE M H. Factors affecting CO_2 emission from the power sector of selected countries in Asia and the Pacific [J]. Energy Policy, 2009, 37(6): 2375-2384.

[9] STEENHOF P A, WEBER C J. An assessment of factors impacting Canada's electricity sector's GHG emissions [J]. Energy Policy, 2011, 39(7): 4089-4096.

[10] HOU J, TAN Z. The factor decomposition of CO_2 emission changes in electricity production in China [J] (in Chinese). Electric Power, 2011, 44(11): 39-42.

[11] ZHANG M, LIU X, WANG W, et al. Decomposition analysis of CO_2 emissions from electricity generation in China [J]. Energy Policy, 2013, 52: 159-165.

[12] YANG L, LIN B. Carbon dioxide-emission in China's power industry: Evidence and policy implications [J]. Renewable and Sustainable Energy Reviews, 2016, 60: 258-267.

[13] ZHAO X, MA Q, YANG R. Factors influencing CO_2 emissions in China's power industry: Co-integration analysis [J]. Energy Policy, 2013, 57: 89-98.

[14] NOORPOOR A R, KUDAHI S N. CO_2 emissions from Iran's power sector and analysis of the influencing factors using the stochastic impacts by regression on population, affluence and technology(STIRPAT) model [J]. Carbon Management, 2015, 6(3-4): 101-116.

[15] KARMELLOS M, KOPIDOU D, DIAKOULAKI D. A decomposition analysis of the driving factors of CO_2 (Carbon dioxide) emissions from the power sector in the European Union countries [J]. Energy, 2016, 94: 680-692.

[16] FAN T, LUO R, XIA H, et al. Using LMDI method to analyze the influencing factors of carbon emissions in China's petrochemical industries [J]. Natural Hazards, 2015, 75(2): 319-332.

[17] OUYANG X, LIN B. An analysis of the driving forces of energy-related carbon dioxide emissions in China's industrial sector [J]. Renewable and Sustainable Energy Reviews, 2015, 45: 838-849.

[18] LIN B, LONG H. Emissions reduction in China's chemical industry-Based on LMDI [J]. Renewable and Sustainable Energy Reviews, 2016, 53: 1348-1355.

[19] LI H, MU H, ZHANG M, et al. Analysis on influence factors of China's CO_2 emissions based on Path-STIRPAT model [J]. Energy Policy, 2011, 39(11): 6906-6911.

[20] LIN S, ZHAO D, MARINOVA D. Analysis of the environmental impact of China based on STIRPAT model [J]. Environmental Impact Assessment Review, 2009, 29(6): 341-347.

[21] FAN Y, LIU L C, WU G, et al. Analyzing impact factors of CO_2 emissions using the STIRPAT model [J].

Environmental Impact Assessment Review, 2006, 26(4): 377-395.

[22] WANG Z, YIN F, ZHANG Y, et al. An empirical research on the influencing factors of regional CO_2 emissions: evidence from Beijing city, China [J]. Applied Energy, 2012, 100: 277-284.

[23] ZHU Q, PENG X. The impacts of population change on carbon emissions in China during 1978-2008 [J]. Environmental Impact Assessment Review, 2012, 36: 1-8.

[24] ZHAO C, CHEN B, HAYAT T, et al. Driving force analysis of water footprint change based on extended STIRPAT model: Evidence from the Chinese agricultural sector [J]. Ecological Indicators, 2014, 47: 43-49.

[25] HUO J, YANG D, ZHANG W, et al. Analysis of influencing factors of CO_2 emissions in Xinjiang under the context of different policies [J]. Environmental Science & Policy, 2015, 45: 20-29.

[26] WANG Y, ZHAO T. Impacts of energy-related CO_2 emissions: evidence from under developed, developing and highly developed regions in China [J]. Ecological Indicators, 2015, 50: 186-195.

[27] LI B, LIU X, LI Z. Using the STIRPAT model to explore the factors driving regional CO_2 emissions: a case of Tianjin, China [J]. Natural Hazards, 2015, 76(3): 1667-1685.

[28] QI Y, ZHANG X. Annual review of low-carbon development in China(2015-2016) [M] (in Chinese), Social Sciences Academic Press, Beijing, 2016.

[29] IPCC Third Assessment Report. Climate Change 2006 [R]. Cambridge University Press, Cambridge, 2006.

[30] EHRLICH P R, HOLDREN J P. Impact of population growth [J]. 1971.

[31] SCHULZE P C. I= PBAT [J]. Ecological Economics, 2002, 40(2): 149-150.

[32] WAGGONER P E, AUSUBEL J H. A framework for sustainability science: A renovated IPAT identity [J]. Proceedings of the National Academy of Sciences, 2002, 99(12): 7860-7865.

[33] DIETZ T, ROSA E A. Rethinking the environmental impacts of population, affluence and technology [J]. Human ecology review, 1994, 1: 277-300.

[34] WOLD S, MARTENS H, WOLD H. The multivariate calibration problem in chemistry solved by the PLS method [M] //Matrix pencils. Springer Berlin Heidelberg, 1983: 286-293.

[35] WOLD S, ALBANO C, DUNN M, et al. Pattern regression finding and using regularities in multivariate data [J]. Analysis Applied Science Publication, London, 1983.

[36] WANG H W, WU Z B, MENG J. Partial Least-Squares Regression-Linear and Nonlinear Methods [J]. National Defense Industry Press, Beijing, 2006. (in Chinese)

[37] XIAO X, ZHOU Y, ZHANG N. Study on the Relationship Between Urbanization Process and Electricity Demand Growth [J] (in Chinese). Electric Power, 2015, 48(2): 145-149.

[38] CEC(China Electricity Council) 2015 "Du Xiangwan: low carbon power has the future." Beijing: China Electricity Council (in Chinese). Available at: http://www.cec.org.cn/huanbao/zhuanjiaguandian/2015-04-07/136164.html(last accessed 14.07.16)

[39] QIU W, DONG S. Econometric Analysis on Power Consumption and Correlated Factors [J] (in Chinese). Journal of North University of China(Natural Science Edition), 2007.

Global CCS Projects Situation and its Challenges

Dou Hongen[1] Hu Yongle[1] Sun Lili[2] Jiang Kai[2] Zhu Dan[3]

(1. Research Institute of Petroleum Exploration and Development(RIPED);
2. School of Energy Resources, China University of Geosciences in Beijing;
3. China University of Petroleum, Beijing)

Abstract: The paper reviews the global typical CO_2 capture and geological storage (CCGS) and CO_2 capture utilization and storage (CCUS) projects in past two decades, including scales of CO_2 capture, storage and projects efforts. In addition, by study of CCGS/CCUS chain, we divide the challenges in CCGS/CCUS into two categories, the first is technology and operation of CCGS/CCUS, the second is various environments of implementing CCGS/CCUS. Final, the authors focus on CCS technology, public perception, finance and policies to put forward strategies for fighting the challenges of operating CCGS/CCUS projects. It is emphasized that government needs to launch incentive tax policies and relative regulations for implementing CCGS/CCUS projects to deal with global climate change. The government should be become a leading role between government and enterprise, enterprise and enterprise for promoting CCGS/CCUS practical technology development.

Key words: CO_2 capture; CO_2 storage; Climate change; CCGS/CCUS projects

1 Introduction

Since the industrial revolution, with the development of industrialization, human activity is more and more dependent on fossil fuels, which emits a great of greenhouse gas (GHG). CO_2 as the main GHG caused global warming has elicited significant attention worldwide, the United Nations Framework Convention on Climate Change (UNFCCC) in 1992 discuss methods for stabilization of GHG concentrations in the atmosphere at a level[1]. In just over 200 years, the amount of CO_2 in the atmosphere has increased by 30%[2] and the emitted more than 500×10^6t of CO_2 per year on average within the latest 20 years. And CO_2 concentration for the last 250 years has increased from 270×10^{-6} to 390×10^{-6}. It is estimated that half of this amount has occurred in the last 50 years, the growth rate of CO_2 concentration has far beyond the scope of natural capability, which leads to a series climate problem. So in 2009, more than 100 countries under the UNFCCC endorsed a goal for deep cuts in CO_2 emissions to hold the increase in global temperature to below 2℃. To achieve this, we need large-scale of CO_2 mitigation projects.

There are many methods to reduce CO_2 emission, including nuclear energy and wind, but CCS is a viable option, CO_2 emissions come mainly from large-scale emission sources, such as thermal power plants and steel mills. CCS can contribute around 13% of total energy-related CO_2 reductions by 2050, compared to a "do nothing" approach[3] (2015, IEA, Energy technology Perspectives). Concurrently, according to the IEA report, below 2℃ target is becoming more difficult and costly with every year that passes[4]. The report also states that unless CCS is widely deployed if 2 limit will not be achievable under existing and proposed policy commitments. IPCC's report highlights that without CCS, the cost of achieving 450×10^{-6} CO_2-equivalent concentrations by 2100 could be 138 percent more costly[5].

With the technical R&D, scholars have done a lot of researches on the whole CCS chain, cost is one of the main factors to restrict the operation of large-scale CCS project, many researchers attempted to solve the cost issue, Edward S. Rubin thought that CCS cost is associated with CO_2 capture systems especially the current costs of CO_2 capture[6], its cost accounts for 75 percent of the whole CCS process. So many scholars hope to improve the adsorption and separation technology to raise the capture efficiency and reduce the cost. Steeneveldt et al., Kanniche and Bouallou, Figueroa, Thiruvenkatachari, ShigeoMurai and Yuichi Fujioka, and Pires compared different CO_2 capture technology, cost and proposed the trend of CO_2 capture technology, and pointed out the merit and demerit of the current capture technology[7-12].

On the CO_2 transportation, Vandeginste and Piessens published a review of CO_2 pipeline transportation, it revealed that pipeline diameter is the crucial parameter for estimating cost of CO_2 transportation[13]. Some researchers analyzed uncertainties risk and assessed quantitative risk in transportation[14-16].

For the previous research on CO_2 storage, Lackner and Brennan, proposed four principles for the long-term CO_2 storage, including safe, environment, verifiable and liability[17]. Keller assessed the economy of CO_2 storage and analysis of the optimal timing[18]. Damen presented the current knowledge of health, safety and environmental risks of CO_2 geological storage[19]. Allen and Brent studied the CO_2 leakage consequences and effect for the environment[20]. Biondi and Biondo and Madsen Rod researched different monitoring techniques to detect CO_2 leakage and the effective geology sequestration sites, these monitoring techniques could warn CO_2 leakage and also quantify the amount of CO_2 released[21-22]. IEAGHG reviewed the offshore monitoring technology, it compared with the current onshore monitoring practice, technology gaps and synergies in order to give recommendations for future research and development(R&D)[23].

In external environment from CCS performing, Waldhober, Sharp, Curry and Reiner researched on the public attitudes towards CCS, the researchers confirmed that despite a growing awareness of climate change[24-27], CCS remains relatively unknown to the public (van Alphen 2007)[28], Bradbury and Stephens considered the factors that influence on the public acceptance to include multiple-scales, i. e. local, regional, national and global and indicated the future of CCS commercialization[29-30]. Through reviewing the development of CCS in China, Zeng Ming, who pointed out that relevant government sectors should strengthen policy support[31]. Government supported strongly CCS in many countries, especially in the US has implemented CO_2-EOR incentive polices; Canada and UK also proposed some policies to encourage the development of

CCS. According to IPCC 2015 special report, the policy, market and operation of global CCS projects are fighting for global climate change[32].

It is clear that CCS is an important technology for tackling climate change and maintaining sustainable. Therefore, this study aims to review the global CCS development situation and its challenges.

2 Global typical CCS projects

The below describes the global typical CCS projects, including project distribution, project number, project capture amount and storage capacity and so on.

According to GCCSI report[32], there are 38 large-scale CCS projects-combined CO_2 capture capacity of approximately 70×10^6t/a. 21 projects are in operation or construction(40.3×10^6t/a); 6 projects in advanced planning(8.4×10^6t/a); 11 projects in earlier stages of planning(21.1×10^6t/a). Figure 1 shows steady stream demonstration in CCS activities in the world.

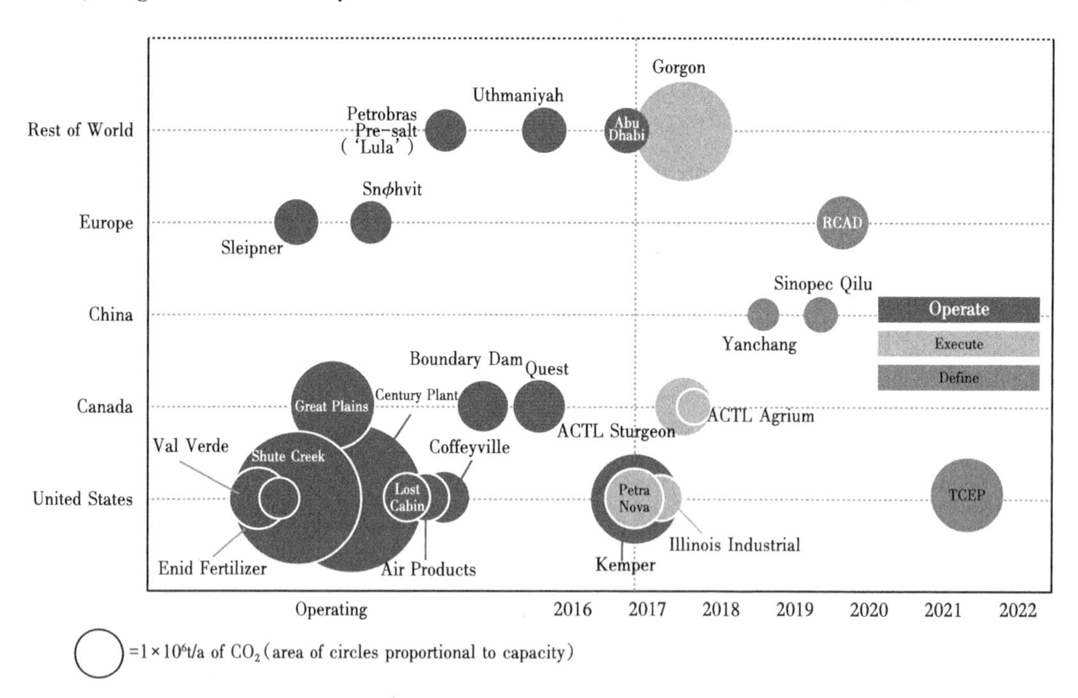

Figure 1 Large-scale CCS projects in operation Source: GCCSI Report, 2016

CO_2 capture capacity research on CCS projects, the total CO_2 capture capacity reached around 29.5×10^6t/a in 2016(Figure 2). In addition to the 15 large-scale projects are presently in operation, 14 projects are in the execute stage, 6 projects are in define stage, and 3 projects are in identify stage. CCS projects are expected to capture CO_2 around 41×10^6t/a. Figure 2 shows the total CO_2 capture capacity of three different stages.

In operation CCS projects, there are 11 large-scale CCS projects in the Americas region, 2 projects in Europe and Middle East respectively, the CCS in industry fields come from gas processing, coal-power, iron and steel and chemical industries, CCS has entered a landmark

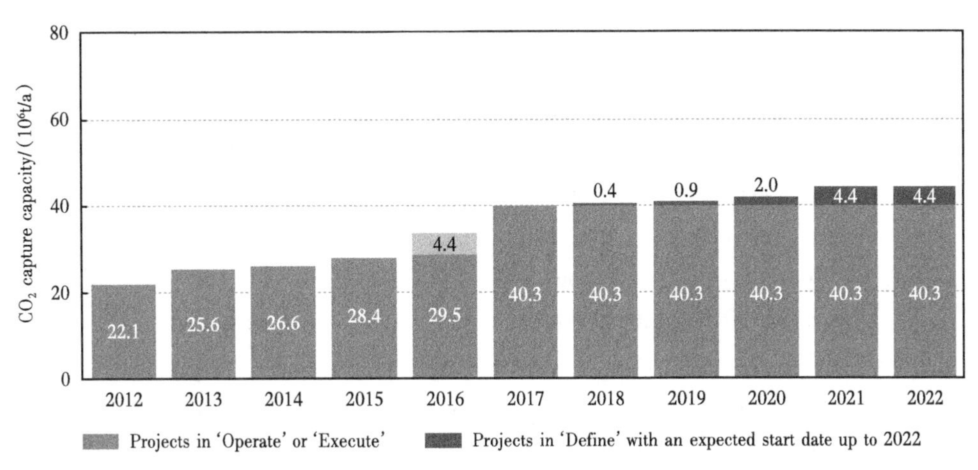

Figure 2 CO_2 capture capacity of three different operation stages

Source: GCCSI Report, 2016

period for the development of technology.

In this paper, we review the global typical CCS projects, including CO_2 capture utilization and storage(CCUS) and CO_2 capture and geological storage(CCGS), Table 1 shows main large scale CCS projects in the world.

CO_2-EOR is a typical CCUS and has over 40 years of operational experience and offers a commercial CCS that results in carbon storage and oil produced with a lower carbon footprint. CO_2 injection into depleted oil fields can trap the mobile oil to improve oil recovery. Whole CCS process is a closed-loop, the injected CO_2 is produced with the oil if CO_2 is breakthrough into oil wells, it can recycle to come back to the surface and re-separate and re-inject to reservoirs. At the end of the project, essentially, all of the injected CO_2 will be stored in the reservoir rocks.

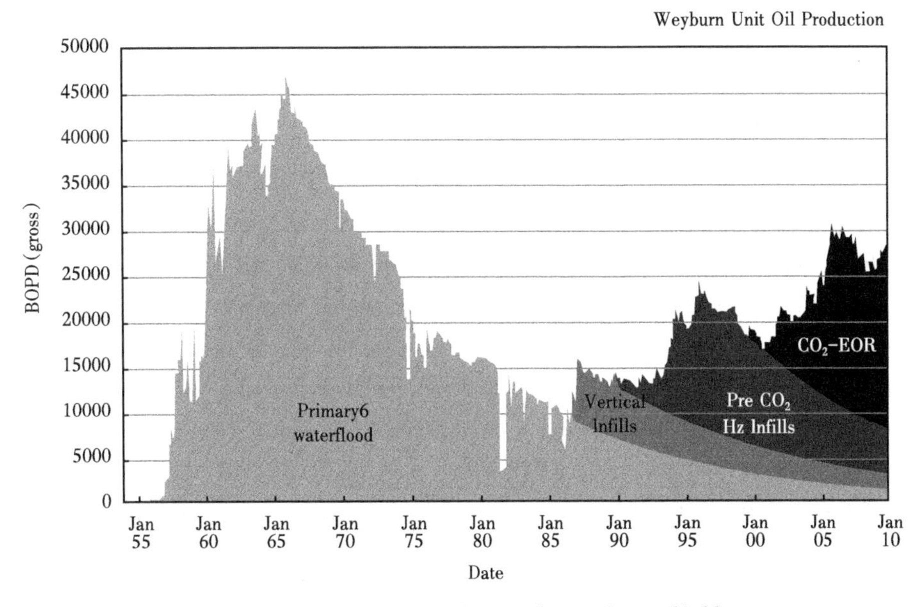

Figure 3 Production graph from the Weyburn oilfield

The Weyburn oilfield was oil production only 1088t/d by 1990. CO_2 began to be injected in 2000, and within 5 years oil production had grown to nearly 4082t/d. Weyburn project in Canada, Weyburn-Midale, is a coal gasification operation that produces synthetic natural gas and various petrochemicals from coal. This project has captured CO_2 about 2.8×10^6t/a from the coal gasification plant located in North Dakota, transported by pipeline 320km across the Canadian border and injected into depleted oil fields in Saskatchewan for EOR. Figure 3 (courtesy of Cenovus Energy) shows a peak production during CO_2 injection of just over 4082 tons of oil per day. "Infills" mean additional wells drilled into the oilfield, first vertical and then, when the horizontal well technology was developed in the 1990s. Both of these measures temporarily increased oil production. CO_2 injection started in January 2000, has led to a significant jump in production. To expand CO_2-EOR project at Weyburn, Cenovus Energy purchased CO_2 from two sources. Since 2000, Cenovus Energy has been receiving it from a coal gasification plant in North Dakota that captures the CO_2 and transports it via pipeline to Weyburn. To increase the certainty of CO_2 supply, Cenovus Energy entered into an agreement in 2012 to purchase CO_2 from SaskPower's coal-fired Boundary Dam Power Station, which is the site of an integrated carbon capture and storage project. Deliveries from the Boundary Dam project began in October 2014. To data, there are now over 100 injection wells, CO_2 approximately 30×10^6t have been stored into the oilfield, expected CO_2 61×10^6t will be stored in the whole project life.

The Boundary Dam CCS Project was launched in October 2014 and is the world's first operational large-scale CCS project equipped with post-combustion capture in the coal-fired power plant. The captured 1×10^6t/a CO_2 is used primarily for EOR at the Weyburn oil unit, and a proportion is also stored in the associated Aaqui store project.

In Saudi Arabia, the Uthmaniyah CO_2-EOR Demonstration Project is the first operational large-scale CCS project in the Middle East. In the project, CO_2 is captured around 0.8×10^6t/a of CO_2 from a natural gas liquids plant for injecting into the Uthmaniyah production unit (part of the super-giant Ghawar oilfield) for EOR. And the project is focused on a number of sequestration researches and includes a comprehensive monitoring and surveillance plan.

As it is well known, CCGS is CO_2 capture and geological sequestration; it is a pure storage, no any economic benefits, in this case, CO_2 will be deposited in the subsurface permanently. CO_2 storage in deep geological formations is also a good choice for CO_2 mitigation when CO_2 inject to saline aquifers, depleted oil and gas reservoirs, and very deeper coal seams.

The long history of Norway demonstrating the secure storage of CO_2 in the offshore environment was emphasized in 2016, Sleipner has experienced 20 years of CO_2 injection, and CO_2 is separated from produced gas and re-injected into the Utsira saline aquifer (800 ~ 1000m below ocean floor) above the hydrocarbon reservoir zones. The aquifer extends much further north from the Sleipner facility at its southern. To data, more than 16×10^6t CO_2 have been securely stored beneath the seafloor. The large size of the reservoir is expected to store CO_2 up to 6×10^8t.

Statoil started Snøhvit project of CO_2 injection in 2008, whereby 0.7×10^6t/a CO_2 is separated from a liquefied natural gas (LNG) production facility and stored into a deep saline formation Tubåsen, located at 2600m below the seafloor. It has to date injected over 3×10^6t CO_2.

Quest CCS project was launched in Alberta, Canada in November 2015. it is the first large-scale CCS project in North America to store CO_2 exclusively in a deep saline formation. The Quest project used amine absorption to capture CO_2 from the manufacture of hydrogen for upgrading bitumen to synthetic crude oil at the Scotford refinerynear Edmonton. Approximately 1.2×10^6t/a CO_2 is captured and transported through 64km of onshore pipeline into a saline aquifer in the Cambrian basal sands for geological storage. Knowledge sharing is critical to greater global CCS deployment, and Quest can provide a blueprint for the successful development of future CCS projects. As part of its funding is agreement with the government of Alberta, Shell is openly sharing details on Quest's design, processes and lessons learned from the benefit CCS projects worldwide.

Table 1 Main large scale CCS projects in the world

Project	Country	Capture	Size/ 10^6t/a	Industry	Transport	storage	Start
Sleipner	Norway	Pre-combustion	0.9	Gas processing	None Direct Injection	Deep saline	1996
Weyburn	Canada	Pre-combustion	3.0	natural gas synthetic	Pipeline 315km	EOR	2000
Snøhvit	Norway	Pre-combustion	0.6~0.8	LNG production	Pipeline 152km	offshoresaline	2008
Coffeyville gastification plant	USA	Industrial separation	1.0	Fertilizer production	Pipeline 112km	EOR	2013
Boundary Dam	Canada	Post-combustion	1	Power generation	Pipeline 100km	EOR	2014
Kemper County	USA	Pre-combustion	3.5	Power generation	Pipeline	EOR	2014
Quest	Canada	Pre-combustion	1.08	hydrogen processing	Pipeline 65km	Deep saline	2015
Uthmaniyah	Saudi Arabia	Pre-combustion	0.8	Gas processing	Pipeline 700km	EOR	2015
Gorgon	Australia	Pre-combustion	3.4~4.0	Natural gas processing	Pipeline 7km	onshore saline	2016
Illinois Industrial	USA	Industrial separation	1.0	Ethanol production	Pipeline 1.6km	onshore saline	2016

3 Challenge in global CCS projects in the future

As described in the themed issue, CCS faces a number of critical challenges to its development, including technology, standards, policy, legislation, risk and so on. We discuss on two aspects in this paper. The first is technology and operation of CCS, the second is various environments of implementing CCS.

3.1 Challenge in CCS cost and technology

CCS involves three basic stages: the capture, drying and compression of carbon dioxide from power stations and industrial sites, either pre-or-post-combustion; the transport of the captured gas, probably by way of pipeline or ship; and its storage away from the atmosphere for hundreds to thousands of years-most likely in depleted oil and gas reservoirs, depleted coal seams or in deep saline formations.

Every part of CCS projects involves many technologies from capture to storage, and needs variety of technology cooperation and synergies. The development and deployment of those technologies is crucial to promote the viability and cost effectiveness of CCS.

In most CCS systems, the cost of capture is the largest cost component(roughly 70 percent of the total CCS project costs[33]). Costs of electricity and fuel vary considerably from country to country, and these factors also influence the economic viability of CCS options. IPCC report that the capture cost ranges from 5 $/t to 115 $/t for the components of a CCS system as applied to a given type of power plant or industrial source (Table 2)[34], which limit the large-scale deployment of CCS projects. Moreover, capture costs associate with the choice of technologies, power plant and industrial applications[11], so it is important to optimize a CO_2 capture process and increase the feasibility of CCS. Recently some capture technologies have great progress, but others are still in research. So immature technology, antiquated equipment, higher cost and lower efficiency are the main obstacles of capture.

Table 2 The CO_2 capture cost from different industrial source

CCS system components	Cost range	Remarks
Capture from a coal- or gas-fired power plant	15~75 US$/t$CO_2$ net captured	Net costs of captured CO_2, compared to the same plant without capture
Capture from hydrogen and ammonia production or gas processing	5~55 US$/t$CO_2$ net captured	Applies to high-purity sources requiring simple drying and compression
Capture from other industrial sources	25~115 US$/t$CO_2$ net captured	Range reflects use of a number of different technologies and fuels

Transportation is a common practice around the world and is not expected to be a major barrier to CCS project development[35]. For most large-scale projects, pipelines are the favored method of transporting CO_2 between the capture and storage sites, but it involves in many aspects of the problem including environment, safety, and legal. the experience shows that CO_2 makes two-phase flow in pipeline, especially during transient operations such as shut-down and restart of a pipeline[36], the resulting dynamic behavior of the two-phase flow, causing slugging, is still not fully understood and would require special attention in future developments.

CO_2 storage include Geological storage, CO_2-EOR, ocean storage and mineral storage, no matter what kind of storage, the CO_2 leakage is one of the largest barriers to large-scale CCS[19], so it is surprisingly important on the long-term stability of CO_2 storage in underground formation, CO_2 is expected to dissolved in the native formation fluids or react with formation minerals to increase the storage security, however, some fractions of CO_2 could escape along with the geologic seals, once CO_2 leakage in the sequestration site and escape to the atmosphere or underground shallow layer , it not only cause significant climate change, but also potential contaminate soil and water(local environmental impact), even bring great damage to the human production, life and ecological system. Therefore, monitoring technology of CO_2 and risk control technology of CO_2 leakage both are very biggest challenges in the future CCS projects.

3.2 challenges in environment

The second challenge is various environments of implementing CCS, including public awareness, standards/criteria, policy ready and regulations/laws of the government, and risk evaluation, finance mechanism. The experiences proved that public awareness is often a decisive component of a successful CCS project development. The scale of projects and their locations - different countries and communities - resulted in projects facing a variety of public acceptance challenges. Even acceptance can determine the future of a project. Such as Belchatow project was cancelled due to public opposition. So the public cognition and attitude is crucial to the development of CCS.

Over the past decade, Although many country are aware of the importance of carbon reduction, and actively, but mainly in strategy, respond to potential CCS projects, all the positive statements above do not mean that the funding for the future CCS projects are secured. Most of the policy makers have a "wait and see" attitude thinking of cost and benefits which induced the policy not to well guide the CCS project development. Moreover, CCS projects have large up-front capital costs as well as high operational expenses and considerable funds are required to secure full deployment of this technology, so lack of consistent, reliable and long-lasting source of financial mechanisms are also the main reason for delays in CCS deployment. All of above factors resulted in CCS projects that are facing a variety of challenges, and have had larger gaps between the hope and large-scale commercial operation.

4 Coping strategies for CCS

According to the challenges in the operation of CCS, relevant coping strategies were proposed including the technology, regulations, policies, and so on.

4.1 CCS technology

The costs associated with whole CCS process should be reduced through intensive research and demonstration. Especially in capture stage (60% ~ 80% of the total cost of CCS chain), practical capture and separation technologies for post-combustion, pre-combustion as wellas oxy-fuel combustion, as well as absorption, adsorption, gas separation membranes need to be developed. According to DOE report, a new capture generation technology is being developed, which combined two or more separate method and integrated these technical advantages, capture cost is expected to cut down$ 40 per tons with the use of a new generation technology in 2020[37].

Comparing with CO_2 capture, transportation is rather mature CCS technologies; especially pipelines are favored transportation method between the capture and storage sites for large-scale CCS. Therefore, further CCS activities are focused on research on CO_2 injection and reservoir

plume, and it is sequestrated in subsurface permanently.

The safety could be the greatest barrier for the CO_2 storage, pressure is a good way to assess the security of storage site, including storage site geology and geophysics character and storage capacity, which could choose a suitable site for long - term storage to avoid CO_2 leakage. Monitoring sequestration sites was considered as a good strategy to cope the leakage. Monitoring technologies include atmospheric monitoring, seismic monitoring, specific absorption rate (SAR) monitoring, surface monitoring and subsurface monitoring techniques[21-23]. Different monitoring techniques can be employed to detect CO_2 leakage if the carbon can sequester into the subsurface of the intended reservoir. Through the development of different monitoring technology, we can faster, better and more accurate monitoring of CO_2 underground storage condition to prevent leakage.

4.2 public perception

Public perception is one of the important aspects in management of any proposed CCUS project. We need to tell public what's CCUS? Why we do CCUS? There is strategy to use the public-medias for rising public perception, our research suggests that a number of CCS popular science books, education films, web-based materials should be published to promote all CCS chains, including CO_2 capture, transport, injection, storage and monitoring. Concurrent communication platform and resources should be supplied for informing and educating the public (both at-large, and for stakeholders living near a proposed project), all of which is proved to be critical in gaining public support. Especially developing countries should increase the publicity, strengthen the public support and promote the development of the CCS commercialization.

4.3 CCS finance

CCS project involves in many chains, consume a large amount of energy and expense high cost, so, good CCS financial mechanism is a basic guarantee for the implementation of CCS project. Multiple channels financing of CCS project includes government subsidy support, guidance nongovernmental organizations investment in order to realize industrialization of the CCS projects in the future. In order to absorb private capital for CCS project deployment, government must take action to offer a more robust financing tools and public-private partnership (PPP) models. At the same time, government undertakes corresponding financial and social risk in the whole CCS project, which is beneficial for the long-stable development of CCS. Concurrent experience was learnt from successful CCS projects to strengthen international cooperation between government and government, government and enterprise, enterprise and enterprise.

CCS is a complicated system engineering, which relates to the government, enterprises and society. It needs the support of government policy, enterprise's action and social recognition and financial support, be short of one cannot. Considering the three modes of the CCS operation are shown as following. Mode 1: building CCS rules among government, enterprises and social. CO_2 emitters pay for capture cost, social investment and government subsidies for CO_2 transport ation, and CO_2 emitters with CO_2 users afford CO_2 storage cost, and build rules for sharing interests.

Mode 2: CO_2 emitters undertake CO_2 capture cost, the CO_2 users and CO_2 emitters undertake CO_2 transportation costs together, and storage fee will be borne by the CO_2 user. Mode 3: national may consider imposing enterprise high carbon taxes from the high CO_2 emitters, forcing the companies to improve technology and process or to look for cooperating with CO_2 users to reduce CO_2 emissions, eventually achieve the goal of CO_2 emission reduction.

4.4 policy

Since CCS technology and the carbon market is not yet perfect, it is extremely difficult to realize the industrialization of CCS projects that simply rely on market forces. Therefore, at the beginning of the application and development of CCS, government must take important initial steps (policies, laws and institutions) to guide the CCS steady and rapid development, and gradually improve the corresponding laws and regulations in the process of CCS/CCUS, establish responsibility and risk mechanism. At the same time, government should carry out different CCS incentives measures to reduce pressure on the cost, including tax credits, exemptions; loan guarantees, low interest loans, grants and bonus allowances and so on. Under the dual guidance of market and policy, CCS/CCUS will be a gorgeous future.

Because CO_2 emission reduction associates with the human being survival and development, it has a special attribute, which is the public welfare. It is suggested that the relevant transfer clauses of CO_2 emission reduction technology should be different from other technologies, the suggestion should be carried out by UN Framework Convention on Climate Change(UNFCCC) , it can work out favorable clauses of CCS technology transfer, any countries and organizations in the CCS technology transfer and introduction can be in accordance with the clauses. Next, it is recommended to form a joint venture organization of research and development(R&D) to carry out R&D of CCS technology, and a principle is sharing risks and sharing benefits.

How to solve the barriers of the CCS development on real significance, our research shows that climate change is affecting the human being survival, CO_2 emissions is closely related to climate change. However, and carbon trading can only is between enterprises and enterprises of commercial behavior, it does not guarantee any CCS projects. The CCS project is a complex system from the CO_2 capture to final CO_2 storage/CO_2 plugging, and it is more complicated than carbon trading market, to involve government policy, public participation and enterprise participation. So, we suggest that UNFCCC should organize a specific convention to urged each country to establish a carbon tax legislation, should not been obstructed by any personal will, it is ensured that CO_2 deduction is a mandatory by means of convention and legislation, this makes CCS a like ordinary sense of the business.

5 Suggestions and conclusions

CCS is a powerful strategy to reduce the greenhouse gas emission, which has a rapid development in recent years. However, CCS as a new emission reduction measures, it still faces many problems and challenges. First, the public's perception of CCS is not enough or suspicion, which is not conducive to the development of CCS technology; Moreover, there are still many problems need to solve for the operation and application of CCS project, such as the industrialization, costs, technical maturity, leakage risk, monitor and control mechanism, operating funds and policy support, which are the main obstacles for the development of CCS in the future.

According to the problems and challenges mentioned above, some suggestions were raised for the future development of CCS projects as follows:

(1) In order to reduce the risk of CO_2 leakage and ensure long-term storage, the development and innovation of CCS technology should be accelerated, the CO_2 hub, cluster and transportation network should be constructed, and the long term mechanism of monitoring and management should be established.

(2) In order to ensure the good operation of the CCS project, the relevant policies, laws and regulations of CCS should be developed and improved.

(3) In order to enhance the public awareness and acceptance of CCS, the CCS technology should be propagandized and promoted.

(4) To carry out international cooperation, the project can be take into CDM, and then CDM can be taken as one of the financing channels to develop CCS.

Acknowledgment

The research was sponsored by National Key Project of Science and Technology of the Ministry of Science and Technology (MOST) (Grant No. 2016ZX05016-006). We thank Research Institute of Petroleum Exploration and Development (RIPED) for agreeing to publish this research paper.

Reference

[1] UNFCCC, Report of the Conference of the Parties on its fifteenth session, Copenhagen, Denmark. 2009.

[2] IPCC, IPCC Special Report on Carbon Dioxide Capture and Storage. Intergovernmental Panel on Climate Change, New York, 2015.

[3] IEA, Energy technology perspectives . OECD/IEA. Paris, 2014.

[4] IEA, Energy technology perspectives. OECD/IEA. Paris, 2015.

[5] IPCC, Climate change 2014: Synthesis report, Summary for policy makers. 2014.

[6] RUBIN E S, MANTRIPRAGADA H. The Outlook for Improved Carbon Capture Technology [J]. Progress in Energy and Combustion Science. 2012, 38 (5): 1-42.

[7] STEENEVELDT R, BERGER B, TORP T A. CO_2 capture and storage-closing the knowing-doing gap [J]. Chem. Eng. Res. Des. , 2006, 84: 739-763.

[8] KANNICHE M, BOUALLOU C. CO_2 capture study in advanced integrated gasification combined cycle [J]. Appl. Therm. Eng, 2007, 27: 2693-2702.

[9] FIGUEROA J D, FOUT T, PLASYNSKI S, et al. Advances in CO_2 capture technology-The US Department of Energy's Carbon Sequestration Program [J]. Int. J. Greenh. Gas Con., 2008, 2: 9-20.

[10] THIRUVENKATACHARI R, SU S, AN H. Post Combustion CO_2 Capture by Carbon Fiber Monolithic

Adsorbents [J]. Prog. Energ. Combust. , 2009, 35: 438-455.

[11] MURAI S, FUJIOKA Y. Challenges to the carbon dioxide capture and storage(CCS)technology [J]. IEEJ Transactions on Electrical & Electroic Engineering, 2008; 3: 37-42.

[12] PIRES J C M, MARTINS F G. Recent developments on carbon capture and storage: an overview [J]. Chemical Engineering Research and Design, 2011, 89: 1446-1460.

[13] VANDEGINSTE V, PIESSENS K. Pipeline design for a least-cost router application for CO_2 transport in the CO_2 sequestration cycle [J]. Int. J. Green. Gas Con., 2008, 2: 571-581.

[14] CHRYSOSTOMIDIS I, ZAKKOUR P, BOHM M, et al. Assessing issues of financing a CO_2 transportation pipeline infrastructure [J]. Energy Procedia, 2009, 1: 1625-1632.

[15] KOORNNEEF J, SPRUIJT M, MOLAG M, et al. Uncertainties in risk assessment of CO_2 pipelines [J]. Energy Procedia, 2009, 1: 1587-1594.

[16] KOORNNEEF J, SPRUIJT M, MOLAG M, et al. Quantitative risk assessment of CO_2 transport by pipelines: A Review of Uncertainties and Their Impacts [J]. J. Hazard. Mater., 2010, 177: 12-27.

[17] LACKNER K S, BRENNAN S. Envisioning Carbon Capture and Storage: Expanded Possibilities Due To Air Capture, Leakage Insurance and C-14 Monitoring [J]. Climate Change, 2009, 96: 357-378.

[18] KELLER K, MCINERNEY D, BRADFORD D F. Carbon dioxide sequestration: How much and when [J]. Climate Change, 2008, 88: 267-291.

[19] DAMEN K, FAAIJ A, TURKENBURG W. Health, Safety and Environmental Risks of Underground CO_2Storage-Overview of Mechanisms and Current Knowledge [J]. Climate Change, 2006, 74: 289-318.

[20] EUGENIO R, CINZIA C, ANTONIO D, et al. Impact of CO_2 leakage from sub-seabed carbon dioxide capture and storage (CCS) reservoirs on benthic virus-prokaryote interactions and functions [J]. Front. Microbiol. , 2015, 6: 935.

[21] BIONDI B, RIDDER S D, CHANG J. Continuous Passive-Seismic Monitoring of CO_2Geologic Sequestration Projects [J]. 2016.

[22] MADSEN R, XU L, CLAASSEN B, et al. Surface Monitoring Method for Carbon Capture and Storage Projectsp [J]. Energy Procedia, 2009(1): 2161-2168.

[23] IEA, IEAGHG, Review of Offshore Monitoring for CCS Projects, IEA Greenhouse Gas R&D Program. 2015.

[24] BEST-WALDHOBER M, DAAMEN D. Public Perceptions and Preferences Regarding Large Scale Implementation of Six CO_2 Capture and Storage Technologies. Centre for Energy and Environmental Studies [D]. University of Leiden, The Netherlands, 2006.

[25] SHARP S D, JACCARD M K, KEITH D W. Anticipating Attitudes toward underground CO_2 storage [J]. International Journal of Greenhouse Gas Technologies, 2009, 3: 641-651.

[26] CURRY T E. Public Awareness of Carbon Capture and Storage: A Survey of Attitudes toward Climate Change Mitigation. MIT, Cambridge, MA, 2004.

[27] REINER D, CURRY T, MD Figueiredo, et al. An international comparison of public attitudes towards carbon capture and storage technologies [C]. In: Proceedings of the 8th International Conference on Greenhouse Gas Control Technologies, Trondheim, Norway.

[28] ALPHEN K V, VOORST Q, HEKKERT, M P, et al. Societal acceptance of carbon capture and storage technologies [J]. Energy Policy, 2007, 35: 4368-4380.

[29] BRADBURY J, RAY I, PETERSON T, et al. The role of social factors in shaping public perceptions of CCS: results of multistate focus group interviews in the U. S [J]. Energy Procedia, 2009. 1: 4665-4672.

[30] STEPHENS J C, BIELICKI J, RAND G M. Learning about carbon capture and storage: changing stakeholder perceptions with expert information [J]. Energy Procedia, 2009, 1(1): 4655-4663.

[31] ZENG Ming, OUYANG Shaojie, ZHANG Yingjie. CCS technology development in China: Status, Problems

And Countermeasures—Based on SWOT Analysis, Renewable and Sustainable Energy Reviews 39, 2014, 604-616.

[32] Global Carbon Capture and Storage Institute Ltd 2016, The global status of CCS: Volume 2: Projects, policy and Markets. Melbourne, Australia.

[33] Akimoto K, Ohsumi T, Fujioka Y, et al. Carbon dioxide capture and storage technology [M]. Edited by RITE, Kogyo Chosakai Publishing, Inc. 2006.

[34] IPCC. IPCC Special Report: Carbon Dioxide Capture and Storage technical summery [R]. 2015.

[35] IPCC. IPCC Special Report: on Carbon Dioxide Capture and Storage [R]. Prepared by Working Group III, Cambridge, United Kingdom and New York, NY, USA: Cambridge University Press, 2005.

[36] MUNKEJORDA S T, BERNSTONE C, CLAUSENC S, et al. Combining thermos-dynamic and fluid flow modeling for CO_2 flow assurance [J]. Energy Procedia, 2013, 37: 2904-2913.

[37] U. S. DOE, National Energy Technology Laboratory, 2014 DOE/NETL-2007/1281, Cost and Performance Baseline for Fossil Energy Plants, Volume 1, Bituminous Coal and Natural Gas to Electricity, Revision 4.

Assessment of CO_2 storage potential and Carbon Capture, Utilization and Storage prospect in China

Lili Sun[1] Hongen Dou[2] Zhiping Li[1] Yongle Hu[2] Xining Hao[3]

(1. School of Energy Resources, China University of Geosciences;

2. Research Institute of Petroleum Exploration and Development;

3. Research Institute of China National Offshore Oil Corporation)

Abstract: Carbon capture, utilization and storage (CCUS) is regarded as a very promising technology to reduce CO_2 emission in China, which could improve the contradiction between economic development and environment protection. In order to study the CO_2 storage potential for deploying CCUS projects in China, considering China' s special geological features and current national conditions, a new evaluation method of CO_2 storage capacity was proposed using the material balance approach combined with various CO_2 storage mechanisms in different formations, and the CO_2 storage capacity was calculated in saline aquifer for CO_2-EWR, oil reservoir for CO_2-EOR and coal bed for CO_2-ECBM respectively. The result shows that China has great CO_2 storage potential, which is estimated to be over 1841Gt. The different features and application prospect of CO_2-EWR, CO_2-EOR and CO_2-ECBM in China were analyzed, which give guidance on critical technologies breakthrough and costs reduction along the CCUS chain. With the joint effort and support by policy and finance, CCUS will make great contribution to the development of low carbon economy for China and the world.

Key word: CCUS; storage capacity; evaluation method; CO_2 emission; climate change

1 Introduction

In recent years, dealing with climate change by reducing greenhouse gas emissions has become a hot issue in global world. To achieve the goal of temperature control, various carbon reduction technologies have attracted extensive attention. Because carbon capture and storage (CCS) technology could capture CO_2 from industrial emission sources directly, it was considered as the most effective carbon reduction technology[1]. However, with the development of CCS technology, some associated risks and economic issues have been emerging constantly[2-3]. Especially in developing countries, it is difficult to afford the enormous cost of CCS projects, not to mention the large scale deployment[4]. In order to balance emission constraint and economic benefits, simultaneously, considering China's national conditions, carbon capture, utilization and storage (CCUS) was proposed (which adds the "CO_2 utilization") and has gained the international recognition[5-6], it is expected to be one of the best methods for combining massive storage and efficient utilization of CO_2.

China is a country with more coal, less oil and less gas. The energy structure determines that coal will still be the dominated energy in short term, which account for about 80% of the total CO_2 emission. With economy development and energy consumption growth, it will make more severe challenges for CO_2 emissions reduction. Although the chinese government has made great efforts to reduce CO_2 emissions, most efforts hope to change the situation of coal - dominated energy struture[7], but it is not practical in current situation. CCUS supplys a good solution as it can control CO_2 emissions and meanwhile support China's coal - dominated energy structure[8]. Furthermore, CO_2 utilization (e. g. CO_2 enhance oil recovery (CO_2-EOR), CO_2 enhance water recovery (CO_2-EWR), CO_2 enhance coalbed methane recovery (CO_2-ECBM)) in the full CCUS chain could offset part of costs incurred in CCUS projects[9]. Therefore, CCUS is an inevitable choice for development low carbon economy in China[10-11].

As the world's biggest energy consumer and greenhouse gas emitter, China pays close attention to CCUS development. CCUS demonstration projects have been launched gradually. However, due to some practical factors, this technology has not yet been industrialized. To make certain CO_2 storage potential in different formations is an important basis for deploy CCUS projects. Although many researchers and organizations have evaluated the CO_2 storage potential in China[12-14], there were different results of CO_2 storage capacity due to the lack of standard method and comprehensive data. In this paper, based on screening criteria and storage mechanism analysis, a comprehensive evaluation method for CO_2 storage capacity was established in different formations, which provide preliminary insights on the potential for CCUS technology to deploy widely in China.

2 Screening criteria for CO_2 Storage site

The goal of site selection is to identify a suitable storage site in a certain region and further evaluate the storage capacity for deployment CCUS projects. Some organizations think that a suitable storage site must meet three basic requirements: (1) sufficient capacity to store the expected CO_2 volume, (2) sufficient injectivity for the expected rate of CO_2 capture and supply, (3) effective containment to avoid leakage risks[15-16]. Based on these basic requirements, the corresponding screen criteria of basin scale, sub - basin scale, and country/region scale were proposed gradually[17-19]. Although each criteria has its own application scope, most of these criteria are suitable for the geological condition of marine deposits. However, Chinese geological formations for CO_2 storage are mostly continental deposits with complicated characteristics (e. g. strong lithological heterogeneity, small average thicknesses, high fault density, and lower matrix permeability), all of which suggest that those criteria couldn't apply in China directly.

In addition, the selection of CO_2 storage site is a complex process, and involves various of aspects. Besides geological conditions, reservoir conditions (e. g. reservoir types, rock wettability, et al.) are also very important factors in site selection, but they have not yet been included in any screening criteria in China. Thus, in this paper, combined basin scale site selection criteria with

China's unique geological features, a more severe reservoir scale screening criterion was discussed in different formations. Quantitative reservoir scale screening criteria for CO_2-EWR, CO_2-EOR and CO_2-ECBM are listed from Table 1 to Table 3.

Table 1 screening criteria for CO_2-EWR

Criteria	Suitable condition
capacity	>2×10^{6}t
Reservoir type	sandstones and carbonates
Reservoir thickness	>20m
Depth	800~2500m
Temperature	>35℃
Pressure	>7.5MPa
Porosity	>10%
Permeability	>20mD
Caprock thickness	>20m
Caprock integrity	Rather no fault
Salinity	>3g/L

Table 2 screening criteria for CO_2-EOR

Criteria	Miscible	Immiscible
capacity	>4×10^{6}t	
Reservoir type	sandstones and carbonates	
Rock wettability	Water wet or week oil wet	
Depth	>450m	600~900m
Thickness	<40m	10~20m
Temperature	60~121℃	>35℃
Pressure	>minimum miscibility and <fracture pressures	>7.5MPa
Porosity	>3%	>3%
Permeability	>5mD	>0.1mD
caprock thickness	>10m	>10m
Oil density	<0.88	>0.9
Oil viscosity	<10mPa·s	10~1000mPa·s
Oil saturation	>0.3	0.3~0.7

Table 3 screening criteria for CO_2-ECBM

Criteria	Suitable condition
capacity	>1×10^{6}t
thickness	>10m
Depth	300~1500m

续表

Criteria	Suitable condition
Temperature	>35℃
Pressure	>7. 5MPa
Porosity	>5%
Permeability	>1mD
Caprock thickness	>10m
Ash content	<25%
Methane content	2. 5~50m³/t
Coal rank	0. 6%~1. 5%

3 Storage mechanism

There are two categories of CO_2 storage mechanisms in formation, physics storage/displacement storage and chemistry storage. Physics storage mechainsm includes structural trapping, residual trapping and adsorption trapping. Chemistry storage mechanism includes solubility trapping and mineral trapping[20-21]. There may be one or more trapping types in the same formation, but effective time is various with each trapping type[22]. Structual trapping is the primary storage mechanism at the CO_2 injection stage, and supply a large storage capacity. In the process of CO_2 migration, residual trapping and solubility trapping occur, and the residually trapped CO_2 dissolve into the formation water eventually. After ten to thoustand years, mineral trapping occur when part of dissolved CO_2 react with the formation minerals to form solid carbonate minerals. The characteristics of different storage mechanisms can be seen in Table 4.

Table 4 Characteristics of CO_2 storage mechanisms

Storage mechanism	Trapping type	Nature of trapping	Effective time	Capacity limitation
Physics storage	Structural	CO_2 percolates up by buoyancy and seal within cap rock.	Immediate	Limited by compression of fluid and rock in reservoir
	Residual	CO_2 fills interstices and seals by capillary and interfacial tension	Immediate to thousands of years	Occupy part of reservoir volume. Eventually dissolves into formation fulid
	Adsorption	CO_2 displaces methane and preferentially adsorbs on coal surface	Immediate	Adsorption ability varies with coal rank
Chemistry storage	Solubility	CO_2 migrates and dissolves into formation fluid	Hundred to thousands of years	Influence by temperature, pressure and salinity of formation
	Mineral	CO_2 reacts with rock to form solid carbonate minerals	Ten to thousands of years	Reaction rate slow. New mineral could ' clog ' up pore throats and reduce injectivity

Note adsorption trapping predominantly occur in coal beds.

Unlike the CO_2 trapping occur in deep asline aquifer and oil reservoir, adsorption is the main trapping mechanism in coal seams, where injected CO_2 displaces the coalbed methan and adsorbs on the surface of coal seams. It supplys a large CO_2 storage capacity in coal beds[23].

Through the analysis of CO_2 storage mechanism in different formations, residual trapping could supply a part of storage capacity, over time, it eventually dissolves into formation water. Mineral trapping occur when dissolved CO_2 reacts with rock minerals, it is part of CO_2 trapped by solubility trapping. Because residual trapping and mineral trapping are transformed or derived from the solubility trapped CO_2, and mineral trapping is a complex process and occurs on very long periods, which can not supply a large storage capacity at the CO_2 injection stage. In this paper, the evaluation method of CO_2 storage capacity only considers structural, solubility and adsorption trapping.

4 CO_2 storage capacity evaluation methods

Nowadays, many institutions & organizations provide simplistic methods to evaluate CO_2 storage capacity in different formations. The Department of Energy (DOE) method and the Carbon Sequestration Leadership Forum (CSLF) method are two main prevail evaluation methods. The DOE method is based on volumetric equations theory for capacity resource estimation in the three main storage systems (deep saline aquifers, oil and gas reservoirs, and coal beds), and it provides storage efficiency to estimate capacity resource from a combination of storage mechanisms. However, resource capacity estimation by DOE method represents the geological storage capacity only under the most favorable economic and technical scenarios[24]. The CSLF method is based on the mass balance theory to evaluate the storage capacity in different formations, and it supplys a resource pyramid for storage capacity, but it does not consider the solubility trapping mechanism. The solubility trapping is important and occupy certain proportion, so it shouldn' t be ignored easily[25]. In addition, the volumetric calculations equations were used to calculate the storage capacity for both methods, which leading to the calculation results exist a large range of error. Table 5 shows the different in these two evaluation methods.

Table 5 Overview of CO_2 storage methods

Method	DOE	CSLF
Terminology	Storage resource	Storage capacity
Theory	Volumetric balance	Mass balance
Trapping mechanism	Structural and hydrodynamic	Structural and stratigraphic

Since CCUS projects in China are at early stage, and the data is imperfect. This paper mainly focuses on the theoretical CO_2 storage capacity in saline aquifer for EWR, oil reservoir for EOR and coal bed for ECBM. Thus, based on the previous research, a modify evaluation method was proposed combining material balance theory with various CO_2 storage mechanisms. Moreover, the geological reserves and recovery factor were used for calculating CO_2 storage capacity, which make the results more reliable, because that is more physically reasonable than directly using the volumetric calculations equations. Detailed evaluation method is shown as below.

4.1 Saline aquifers for EWR

CO_2 enhance water recovery (CO_2 - EWR) is a process of injecting CO_2 into deep saline aquifers to displace saline water for CO_2 storage. Compared with direct CO_2 storage by increasing the pressure of deep saline aquifers, CO_2-EWR can control the release of reservoir pressure by production well to achieve the goal of security and stability geological storage, and the production water can be collected and processed for industrial or agricultural utilizations[26-27]. So eveluation of CO_2 storage capacity in saline aquifers for EWR must consider the water production. The fundamental assumptions were made: (1) some CO_2 displaces the movable water to product through production wells and occupies the pore space of produced water; (2) some CO_2 dissolves into irreducible water. Therefore, the calculated formula is as follows,

$$\begin{aligned} M_{CO_2t} &= \sum_{i=1}^{n} (M_{CO_2str_i} + M_{CO_2sol_i}) \\ &= \sum_{i=1}^{n} (\rho_{CO_2r} \times N_{EWR_i} \times R_{saline} + \rho_{CO_2r} \times N_{EWR_i} \times (1 - R_{saline}) \times C_{ws_i} \end{aligned} \tag{1}$$

Where, M_{CO_2t} is the theoretical CO_2 storage capacity in sedimentary basin, 10^9t; n is the number of brine aquifer within sedimentary basin; $M_{CO_2str_i}$ is the structure trapping CO_2 capacity, 10^9t; $M_{CO_2sol_i}$ is the solubility trapping CO_2 capacity, 10^9t; N_{EWR_i} is the geological reserves for CO_2-EWR, m^3; ρ_{CO_2r} is the CO_2 density in standard condition, 1.977×10^{-3} t/m^3; R_{saline} is the brine recovery, %; C_{ws_i} is the CO_2 solubility in brine.

4.2 Oil reservoirs for EOR

Estimation of the CO_2 storage capacity in oil reservoirs is relatively mature, because oil reservoirs are better known and characterized than other two systems as a result of exploration and production of crude oil. Moreover, CO_2-EOR has been practiced in China for a long period[28-29]. However, previous CO_2-EOR mainly emphasized the maximum oil recovery and minimal amount of the CO_2 injection. The target of CCUS is to storage much more CO_2 and get a higher recovery simultaneously. So the approach that was used to estimate CO_2 storage capacity in oil reservoirs emphasized all of the available volume for CO_2 storage. The basic assumption conditions are as follows.

(1) Some injected CO_2 displaces formation fluid and occupies the pore space of produced oil and water. The produced water is equal to the cumulative production minus the cumulative injection water; (2) Some injected CO_2 dissolves in residual oil and formation water; (3) In the process of the CO_2 injection, CO_2 only replaces formation fluid without breaking the original equilibrium state. Therefore, the calculation method for theoretical CO_2 storage capacity in oil reservoir is defined:

$$
\begin{aligned}
M_{CO_2t} &= \sum_{i=1}^{n} (M_{CO_2dis_i} + M_{CO_2so_i} + M_{CO_2sw_i}) \\
&= \sum_{i=1}^{n} \{\rho_{CO_2} \times [R_{oil} \times \frac{N_{EOR_i}}{\rho_{or_i}} - V_{iw} + V_{pw}] \\
&\quad + \rho_{CO_2} \times \left(\frac{N_{EOR_i} \times S_{wi}}{\rho_{or}(1 - S_{wi})} + V_{iw} - V_{pw}\right) \times C_{ws_i} \\
&\quad + \rho_{CO_2} \times (1 - R_{oil}) \times \frac{N_{EOR_i}}{\rho_{or}} \times C_{os_i}\}
\end{aligned}
\tag{2}
$$

Where, M_{CO_2t} is the theoretical CO_2 storage capacity in sedimentary basin, 10^9t; n represent the number of oil reservoir within sedimentary basin; $M_{CO_2dis_i}$ is the displacement storage CO_2 capacity, 10^9t; $M_{CO_2so_i}$ and $M_{CO_2sw_i}$ are the solubility trapping CO_2 capacity in residual oil and formation water separately, 10^9t; N_{EOR_i} is the geological reserves for CO_2-EOR, 10^9t; ρ_{CO_2} is the CO_2 density in formation, 0.7t/m^3; R_{oil} is the oil recovery, %; V_{iw} and V_{pw} are the total volume of the injected water and production water in oil reservoir separately, m^3; S_{wi} is the reservoir initial water saturation; C_{ws_i} and C_{os_i} are the CO_2 solubility in formation brine and oil.

4.3 Coal beds for ECBM

CO_2 storage in coal seams is very different from that in saline formation and oil field, as its storage mechanism is by adsorption as opposed to storage in rock pore space. CO_2 preferentially adsorbed onto the coal micropore surfaces, displacing the existing methane (CH_4). Therefore, evaluation of coal seams storage capacity requires comprehensive analysis of coal adsorption ability, and it is various with the quality of coal seam. Moreover, CO_2-ECBM is still at a demonstration phase, and there is still a lot of work to be done regarding efficient field development and operational practice[30-31]. So the approach for estimating the CO_2 storage capacity in coal seams was presented with the emphasis on CO_2/CH_4 replacement ratio.

In general, the basic assumptions were made: (1) coal is not mined. (2) CO_2 displaces the coalbed methane and it is adsorbed on the coal surfaces. The theoretical CO_2 storage capacity in coal beds can be evaluated as follows:

$$
M_{CO_2t} = \sum_{i=1}^{n} (\rho_{CO_2r} \times N_{ECBMi} \times R_{coal} \times D_{R_i}) \tag{3}
$$

Where, M_{CO_2t} is the theoretical CO_2 storage capacity in sedimentary basin, 10^9t; n is the number of coal bed within sedimentary basin; N_{ECBMi} is the geological reserves for CO_2-ECBM, m^3; R_{coal} is the assumed coalbed methane recovery, %; D_{R_i} is the volumetric replacement ratio of CO_2 to CH_4 in different depth.

5 CCUS prospect in China

5.1 CO_2 storage potential evaluation

According to the screening criteria for CCUS in Section 2, China's main basins were reviewed and assessed to screen out the suitable formations for CO_2 geological storage. In addition, combined the estimation method presented in Section 4 with geological reserves information derived from the third national oil and gas resources survey, and atlas of groundwater resource and environment in China[32-34], a summary of CO_2 storage potential in main sedimentary basins was provided in Table 6.

Table 6 The theoretical CO_2 storage capacity in different sedimentary basins of China

Basin	Theoretical Storage Capacity/10^9t		
	CO_2-EWR	CO_2-EOR	CO_2-ECBM
Tarim Basin	405.08	0.07	0.14
Ordos Basin	137.10	0.39	4.45
Bohaiwan Basin	186.75	2.06	
Songliao Basin	119.65	1.58	0.03
Zhunggar Basin	99.71	0.20	1.52
Qaidam Basin	81.51	0.08	
Sichuan Basin	47.56	0.02	0.09
Subei Basin	48.61	0.10	
Erlian Basin	46.12	0.03	
Terpan-Hami Basin	29.91	0.12	2.20
Jianghan-Dongting Basin	28.67	0.02	
Sanjiang Basin	23.68		
Hehuai Basin	20.19		0.19
Qinshui Basin	16.20		0.75
Hailaer Basin	8.72		0.12
NanXiang Basin	3.74	0.07	
Santanghu Basin			0.99
Liupanshui Basin			0.11
Sanjiang-Mulinhe Basin			0.24
South China Sea Area	337.51	0.12	
East China Sea Area	185.04	0.04	
Total	1826.07	4.90	10.82

The estimated results show that there are significant CO_2 storage capacity in China's main sedimetary basins. The total estimated CO_2 storage capacity in three storage options adds up to 1841×10^9t. Putting the theoretical storage capacity estimate into perspective, there could storage over 190 times of China' s total CO_2 emissions in 2015. This provides a promising solution to reduce CO_2 emission in China.

As can be seen from the three storage options, deep saline aquifer has the larggest storage capacity, which is estimated to 1826. 07×10^9t and accounting for 99% of the total storage capacity. However, due to many practical factors (e. g. technology, cost, risk and source-sink matching), CO_2-EWR is still in the initial stage and should be paid more attention in the future. In the near to medium term, CO_2-EOR is considered as the favorable candidate for the benefit of considerable revenues by incrementally oil production, the storage capacity is estimated to 4. 90×10^9t. As for CO_2 storage in coal beds to enhance coalbed methane recovery (ECBM), the storage capacity is estimated about 10. 82×10^9t.

As can be seen from the basin scale of China, the Tarim, Ordos, Bohai Bay, Songliao, and Junggar basins have large geological CO_2 storage potential, accounting for 60% of the total storage capacity, which are considered as priority regions for CCUS demonstration.

5. 2 CCUS prospest

The evaluation results show that China has significant potential to develop CCUS technology for CO_2-EWR, CO_2-EOR and CO_2-ECBM. Moreover, as the largest developing country and greenhouse gas emitter, China is facing great pressure from economic development and ecological environment, which provides a good opportunity to promote the development of CCUS.

In recent years, the chinese government paid high attention on the CCUS technology and issued a series of policy guidelines on CCUS[35], moreover, CCUS technology has been listed in the national medium and long term development plan[36]. With strong government support, and wide cooperation among energy companies, universities, and research institutes, it is reasonable to believe that CCUS will become an important technology for low carbon economy of China.

As a new CCUS technology, CO_2-EWR shows a very charming development prospect in China. Especially in western China, the characteristic of resource distribution is rich coal and lack of water, which causes the coal industry facing severe water shortage, and a series of complex social, economic and environmental issues were induced[37]. Combined CO_2-EWR with coal chemical industry, it will provide a good solution for achieving low carbon economy in western regions, because it can alleviate the tremendous pressure of CO_2 emission, and supply a scarce water resource for coal chemical industry. However, CO_2-EWR is in initial research stage all over the world. Considering the current technical maturity and economic feasibility of CO_2-EWR, it is not realistic for commercial application in a short term.

CO_2-EOR is a relatively mature CCUS technology, and it has been applied in China over 40 years. Some researches suggest that CO_2-EOR could improve oil recovery by 8%~15%, and to produce 1m^3 of crude oil needs to inject 2. 4~3 t CO_2[22]. Oil reservoir is the most economic site for CO_2 storage currently, because the benefits obtained from additional production crude oil by CO_2 injection, which can offset partial costs of CO_2 capture, transport and storage. In addition, CO_2 flooding also has very good application prospect in high water cut and low permeability reservoirs. In the future, efficient utilization of CO_2 is the best way for carbon emissions reduction, and CO_2-EOR is an inevitable choice currently and will surely have great prospect in China.

China is rich in coal resources and it is distributed widely, moreover, there exists considerable proportion of unmined coal which is favorable storage site for ECBM. Unfortunately CO_2-ECBM is still in the early stage in China and a lot of research work need to carry out. Since 2010, China United Coal bed Methane Company (CUCBM) has started to explore the possibility of CO_2 storage site for ECBM in Shanxi, Shaanxi and Inner Mongolia, which will provide support for further CO_2-ECBM projects[38].

At present, there are nine main pilot operational projects in China[39] (Table 7), which mainly implemented in the power and the coal-chemical sectors. Four projects of which just carried out capture process in full CCUS chain, the other processes (transport, utilization and storage) need cross-sector cooperation. Four projects are integrated full chain CCUS projects for EOR and storage CO_2 in deep saline aquifer. These four full chain CCUS projects have made great progress in all aspects of CCUS and laid a solid foundation for China to implement larger scale CCUS projects. However, the aggregated CO_2 capture capacity is just about $0.623 \sim 0.753 \times 10^8$ t/a, which is only a small fraction of the total CO_2 emission in China. Currently, CCUS only plays a small role in carbon emissions reduction in China. It is still a long way to implement large scale carbon emissions reduction in China.

Table 7 Main pilot operational projects in China

project	Capture capacity/ 10^3 t/a	Capture type	Demonstration content
Chongqing Hechuan Shuanghuai Power Plant CO_2 Capture Industrial Demonstration Project	10	Post-combustion	CO_2 Capture
Huaneng Gaobeidian Power Plant Carbon Capture Pilot Project	3	Post-combustion	CO_2 Capture
PetroChina Jilin Oilfield EOR Pilot Project	200	Industrial separation	CO_2-EOR
Shanghai Shidongkou 2nd Power Plant Carbon Capture Demonstration Project	120	Post-combustion	CO_2 Capture
Shenhua Group Ordos Carbon Capture and Storage (CCS) Demonstration Project	100	Pre-combustion	CO_2 storage in deep saline aquifer
Sinopec Shengli Oilfield Carbon Capture Utilization and Storage Pilot Project	30~40	Post-combustion	CO_2-EOR
Yanchang Carbon Capture Utilization and Storage Pilot Project	50~80	Post-combustion	CO_2-EOR
Huaneng GreenGen IGCC CCUS Pilot Scale System	60~100	Pre-combustion	CO_2-EOR
Huazhong University of Science and Technology (HUST) Oxyfuel Project	50~100	Oxy-fuel combustion	CO_2 Capture

CCUS become an important technical option for reducing CO_2 emissions, but it still faces many difficulties, such as high cost, immaturity of key technologies, lack of supporting infrastructure and related policies. After the obstacles and opportunities were identified, the guidance should be given for CCUS development. Firstly, in order to reduce the cost and energy consumption of CO_2 transportation and compression, China can accelerate CCUS projects development in those favorable regions, such as the place with large number of power, iron and steel, cement and chemisy plants which can provide enough CO_2 emission source. As matching of source and sink, CO_2 can be captured and transported from a nearby source to each storage reservoir, which can signicantly reduce cost and energy consumption. Secondly, CO_2-EOR offer a great opportunity to develop CCUS as it can enhance oil recovery, which not only can reduce cost, with the progress of technogy may even be profitable. It is urgent to promote large scale demonstration project for verifying safty of long-term storage and imporve oil recovery. Thirdly, as an emerging technology, CCUS needs the support by policy and finance, and international corporation should be strenghened, to concentrate the limited resources for critical technologies breakthrough along the CCUS chain.

There is still a long way for CCUS industrialization, however, CCUS will undoubtedly provide a win-win solution for China, because it could optimize resources and achieve the dual goals of maximizing economic benefits and CO_2 emission reduction. Based on the current level of CCUS development in China, combined with the national medium and long term development program, Asian development bank gives an expected CO_2 emission reduction of ($10 \sim 20$) $\times 10^6$t CO_2 by 2020, 160×10^6t CO_2 by 2030, and 15×10^9t CO_2 by 2050[40]. In future, the CCUS technology will make great contribution to the development of low-carbon economy for China and the world.

6 Conclusions and Suggestions

CCUS technology provides a good solution against the global climate change, especially in China. CO_2 emission reduction is a long and arduous task. In this paper, a comprehensive evaluation method of CO_2 storage potential was established, which include storage site screening, storage mechanism analysis, and storage capacity evaluations. With the evaluation method, CO_2 storage capacity was evaluated in China, and CCUS prospect was investigated, some key findings are obtained.

The theoretical CO_2 storage capacity in China' s main sedimetary basins was evaluated. It is found that China has large prospects of CO_2 storage capacity, which is estimated to be about 1841×10^9t, more than 190 times of China's total CO_2 emission in 2015.

Different CCUS technologies have different features and advantages with respect to the situation in China. In the near to medium term, CO_2-EOR was considered as the most favorable CCUS technology which should be given priority development.

The operated CCUS projects only play a tiny role in CO_2 emission reduction in China, but these will provide guidance on CCUS development. Currently the most important task is to master the key technologies and reduce the cost, under the national policy and finance support, CCUS will undoubtedly play more and more important role on sustainable development.

Acknowledge

This work was sponsored by the National Major S&T Project (No. 2016ZX05016-006). Permission to publish this paper by PetroChina, is gratefully acknowledged.

Reference

[1] IPCC. Climate change 2014: synthesis report. Summary for policy makers [R]. http: //www. ipcc. ch/pdf/assessment-report/ar5/syr/AR5_SYR_FINAL_SPM. pdf(accessed 2015. 10. 15).

[2] MINCHENER A J. Gasification based CCS challenges and opportunities for China [J]. Fuel, 2014, 116 (1): 904-909.

[3] HE M, LUIS S, RITA S, et al. Risk assessment of CO_2 injection processes and storage in carboniferous formations: a review [J]. J Rock Mech Geotech Eng., 2011, 3: 39-56.

[4] ZHANG X, FAN J L, WEI Y M. Technology roadmap study: carbon capture, utilization, and storage (CCUS) in China [J]. Energy Policy, 2013, 59: 536-550.

[5] Ministry of Science and Technology (MOST). Carbon Capture, Utilization and Storage Technology Development in China. http: //toronto. china-consulate. org/chn/gdtp/P020101013127678149466. pdf. 2011. (accessed 2010. 07. 01).

[6] KRAVANJA Z, VARBANOV P, KLEMEŠ J. Recent advances in green energy and product productions, environmentally friendly, healthier and safer technologies and processes, CO_2 capturing, storage and recycling, and sustainability assessment in decision-making [J]. Clean Technol Environ Policy, 2015, 17: 1119-1126.

[7] LIU H, GALLAGHER K. Driving carbon capture and storage forward in China [J]. Energy Procedia, 2009, 1: 3877-3884.

[8] LIU T, XU G, LIU X. Impacts of CCS and Other CO_2 Mitigation Options on China's Electric Power Industry [J]. IEEE, 2010, 104: 28-31.

[9] ACCA21. The assessment report on CO_2 utilization technology in China, https: //www. iea. org/media/workshops/2013/ccs/acca21china/Assessment_on_CO_utilizationTechnologyInChina. pdf 2014. (accessed 2013. 12. 05).

[10] NG K, ZHANG N, SADHUKHAN J. Decarbonised coal energy system advancement through CO_2 utilisation and polygeneration [J]. Clean Technol Environ Policy, 2011, 14: 443-451.

[11] XIE H, LI X C, FANG Z M, et al. Carbon geological utilization and storage: current status and perspective [J]. Acta Geotech., 2013, 9: 7-27.

[12] LI Q, WEI N, LIU Y, et al. Dahowski RT, CO_2 point emission and geological storage capacity in China [J]. Energy Procedia, 2009, 1: 2793-2800.

[13] WANG Y, XU Y Q, ZHANG K, Investigation of CO_2 storage capacity in open saline aquifers with numerical models [J]. Procedia Engineering, 2012, 31: 886-892.

[14] SHEN P P, LIAO Y, LIU Q. Methodology for Estimation of CO_2 Storage Capacity in Reservoirs [J]. Petroleum Exploration and Development, 2009, 36: 216-220.

[15] CGS Europe. State-of-the-Art Review of CO_2 Demand Controlled Ventilation Technology and Application. http: //repository. cgseurope. net/eng/cgseurope/knowledge-repository/key-reports/evaluation. aspx.

[16] Global CCS Institute. The Global Status of CCS: 2015, Volume 3: CCS Technologies. Melbourne, Australia.

https: //hub. globalccsinstitute. com/publications/global-status-ccs-2015-volume-3-ccs-technologies.

[17] BACHU S. Screening and ranking of sedimentary basins for sequestration of CO_2 in geological media in response to climate change [J]. Environmental Geology, 2003, 44: 277-289.

[18] WEI N, LI X C, WANGY, et al. A preliminary sub-basin scale evaluation framework of site suitability for onshore aquifer-based CO_2 storage in China [J]. International Journal of Greenhouse Gas Control, 2013, 12: 231-246.

[19] PATRICIOA J, ANGELIS-DIMAKIS A, CASTILLO-CASTILLO A, et al. Region prioritization for the development of carbon capture and utilization technologies [J]. Journal of CO_2 Utilization, 2017, 17: 50-59.

[20] ZHAO X L, LIAO X W, WANG W F. The CO_2 storage capacity evaluation: Methodology and determination of key factors [J]. Journal of the Energy Institute, 2014, 87: 297-305.

[21] RAZA A, REZAEE R, GHOLAMI R, et al. A screening criterion for selection of suitable CO_2 storage sites [J]. Journal of Natural Gas Science and Engineering, 2016, 28: 317-327.

[22] ZHANG L, LI X, REN B, et al. CO_2 storage potential and trapping mechanisms in the H-59 block of Jilin oilfield China [J]. International Journal of Greenhouse Gas Control, 2016, 49: 267-280.

[23] BACHU S, BRADSHAW J, BONIJOLY D. CO_2 storage capacity estimation: Issues and development of standards [J]. International Journal of Greenhouse Gas Control, 2007, 1: 62-68.

[24] ANGLA G, ALEXANDRA H, GRANT B, et al. U. S. DOE methodology for the development of geologic storage potential for carbon dioxide at the national and regional scale [J]. International Journal of Greenhouse Gas Control, 2011, 5: 952-965.

[25] BACHU S, BONIJOLY D, BRADSHAW J, et al. Comparison between Methodologies Recommended for Estimation of CO_2 Storage Capacity in Geological Media [C]. Carbon Sequestration Leadership Forum (CSLF). Cape Town, South Africa, 2007.

[26] LI Q, WEI Y N, LIU G Z , et al. Combination of CO_2 geological storage with deep saline water recovery in western China: Insights from numerical analyses [J]. Applied Energy, 2014, 116: 101-110.

[27] LI Q, WEI Y N, LIU G Z, et al. CO_2-EWR: a cleaner solution for coal chemical industry in China [J], J. Clean. Prod. , 2015, 103: 330-337.

[28] ZHAO D. F, LIAO X W, YIN D D. Evaluation of CO_2 enhanced oil recovery and sequestration potential in low permeability reservoirs, Yanchang Oilfield [J]. China. Journal of the Energy Institute, 2014, 87: 306-313.

[29] WEI N, LI X C, DAHOWSKI R T, et al. Economic evaluation on CO_2-EOR of onshore oil fields in China [J]. International Journal of Greenhouse Gas Control, 2015, 37: 170-181.

[30] GODEC M, KOPERNA G, GALE J. CO_2-ECBM: A review of its status and global potential [J]. Energy Procedia, 2014, 63: 5858-5869.

[31] WHITE C M, SMITH D H, JONES K L, et al. Sequestration of Carbon Dioxide in Coal with Enhanced Coalbed Methane Recovery-A Review [J]. Energy&fuel, 2005, 19: 659-724.

[32] ZHANG Z H, LI L. The altlas of groundwater Resourced and Environmental of China [M] . Beijing: ChinaMap Publishing house, 2004.

[33] DUAN Z H, SUN R. An improved model calculating CO_2 solubility in pure water and aqueous NaCl solutions from 273 to 533 K and from 0 to 2000 bar [J]. Chemical Geology, 2003, 193: 257-271.

[34] BP. BP Statistical Review of World Energy 2015. http: //www. bp. com/en/global/corporate/energy-economics/statistical-review-of-world-energy. html.

[35] NDRC. National plan on climate change 2014-2020, National Development and Reform Commission, China, 2007. http: //www. ccchina. gov. cn/WebSite/CCChina/UpFile/File188. pdf.

[36] SCC. Thirteenth Five-year work plan of integrated control of greenhouse gas emissions. State Coucil of China; 2015.

[37] LI Q, WEI Y N, CHEN Z A. Water-CCUS nexus: challenges and opportunities of China' s coal chemical industry [J]. Clean Technol Environ Policy, 2016, 18: 775-786.

[38] United States Energy Association. U. S. -China clean coal industry forum(CCIF). http: //www. usea. org/event/2015-us-china-clean-coal-industry-forum-ccif, 2015(accessed 2015. 10. 06).

[39] Global CCS Institute, The Global Status of CCS: 2015. Volume 2: Projects, Policy and Markets. https: // hub. globalccsinstitute. com/publications/global-status-ccs-2015-volume-2-projects-policy-and-markets, 2015(accessed 2015. 11. 04).

[40] Asian Development Bank, Roadmap carbon capture storage demonstration and deployment in the people' s republic of China, http: //hub. globalccsinstitute. com/sites/default/files/publications/196843/global-status-CCS-2015-summary. pdf.